全国高等医药院校药学类专业第六轮规划教材

生物化学

第5版

（供生物制药、生物技术、生物工程、海洋药学、制药工程、药物制剂等专业用）

主　编　李　谦　崔　勇

副主编　王凤山　刘岩峰　李　荷

编　者　（以姓氏笔画为序）

王凤山（山东大学药学院）

刘纯慧（山东大学药学院）

刘岩峰（沈阳药科大学）

李　荷（广东药科大学）

李　谦（中国药科大学）

李春梅（广东药科大学）

杨刚强（烟台大学药学院）

崔　勇（沈阳药科大学）

潘　怡（中国药科大学）

中国健康传媒集团
中国医药科技出版社 ·北京

内容提要

本教材是“全国高等医药院校药学类专业第六轮规划教材”之一，主要介绍了氨基酸与多肽、蛋白质、糖类、脂质、酶、核酸等生物大分子结构与功能，糖类、脂质、氨基酸与核苷酸的分解代谢，糖类、脂质等物质代谢，基因信息的传递、受体与细胞转导等内容。本教材为书网融合教材，纸质教材有机融合电子教材、教学配套资源（PPT、微课、视频等）、题库系统、数字化教学服务（在线教学、在线作业、在线考试），使教学资源更加多样化、立体化。

本教材主要供全国高等医药院校生物制药、生物技术、生物工程、海洋药学、制药工程、药物制剂等专业师生教学使用，也可供药学类相关领域的从业人员参考阅读。

图书在版编目（CIP）数据

生物化学／李谦，崔勇主编. -- 5 版. -- 北京 ：
中国医药科技出版社，2025. 7. -- ISBN 978-7-5214
-5445-1

Ⅰ. Q5

中国国家版本馆 CIP 数据核字第 20252PR929 号

美术编辑 陈君杞
版式设计 友全图文

出版 **中国健康传媒集团** | 中国医药科技出版社
地址 北京市海淀区文慧园北路甲 22 号
邮编 100082
电话 发行：010－62227427 邮购：010－62236938
网址 www. cmstp. com
规格 889mm×1194mm $^1/_{16}$
印张 28 $^3/_4$
字数 845 千字
初版 2003 年 1 月第 1 版
版次 2025 年 8 月第 5 版
印次 2025 年 8 月第 1 次印刷
印刷 北京印刷集团有限责任公司
经销 全国各地新华书店
书号 ISBN 978-7-5214-5445-1
定价 88.00 元

获取新书信息、投稿、为图书纠错，请扫码联系我们。

出版说明

“全国高等医药院校药学类规划教材”于20世纪90年代启动建设。教材坚持“紧密结合药学类专业培养目标以及行业对人才的需求，借鉴国内外药学教育、教学经验和成果”的编写思路，30余年来历经五轮修订编写，逐渐完善，形成一套行业特色鲜明、课程门类齐全、学科系统优化、内容衔接合理的高质量精品教材，深受广大师生的欢迎。其中多品种教材入选普通高等教育“十一五”“十二五”国家级规划教材，为药学本科教育和药学人才培养作出了积极贡献。

为深入贯彻落实党的二十大精神和全国教育大会精神，进一步提升教材质量，紧跟学科发展，建设更好服务于院校教学的教材，在教育部、国家药品监督管理局的领导下，中国医药科技出版社组织中国药科大学、沈阳药科大学、北京大学药学院、复旦大学药学院、华中科技大学同济医学院、四川大学华西药学院等20余所院校和医疗单位的领导和权威专家共同规划，于2024年对第四轮和第五轮规划教材的品种进行整合修订，启动了“全国高等医药院校药学类专业第六轮规划教材”的修订编写工作。本套教材共72个品种，主要供全国高等院校药学类、中药学类专业教学使用。

本套教材定位清晰、特色鲜明，主要体现在以下方面。

1.融入课程思政，坚持立德树人 深度挖掘提炼专业知识体系中所蕴含的思想价值和精神内涵，把立德树人贯穿、落实到教材建设全过程的各方面、各环节。

2.契合人才需求，体现行业要求 契合新时代对创新型、应用型药学人才的需求，吸收行业发展的最新成果，及时体现2025年版《中国药典》等国家标准以及新版《国家执业药师职业资格考试考试大纲》等行业最新要求。

3.充实完善内容，打造精品教材 坚持“三基五性三特定”，进一步优化、精炼和充实教材内容，体现学科发展前沿，注重整套教材的系统科学性、学科的衔接性，强调理论与实际需求相结合，进一步提升教材质量。

4.优化编写模式，便于学生学习 设置“学习目标”“知识拓展”“重点小结”“思考题”模块，以增强教材的可读性及学生学习的主动性，提升学习效率。

5.配套增值服务，丰富学习体验 本套教材为书网融合教材，即纸质教材有机融合数字教材，配套教学资源、题库系统、数字化教学服务等，使教学资源更加多样化、立体化，满足信息化教学需求，丰富学生学习体验。

“全国高等医药院校药学类专业第六轮规划教材”的修订出版得到了全国知名药学专家的精心指导，以及各有关院校领导和编者的大力支持，在此一并表示衷心感谢。希望本套教材的出版，能受到广大师生的欢迎，为促进我国药学类专业教育教学改革和人才培养作出积极贡献。希望广大师生在教学中积极使用本套教材，并提出宝贵意见，以便修订完善，共同打造精品教材。

中国医药科技出版社
2025年1月

数字化教材编委会

主　编　崔　勇　李　谦

副主编　王凤山　刘岩峰　李　荷

编　者　（以姓氏笔画为序）

王凤山（山东大学药学院）

刘纯慧（山东大学药学院）

刘岩峰（沈阳药科大学）

李　荷（广东药科大学）

李　谦（中国药科大学）

李春梅（广东药科大学）

杨刚强（烟台大学药学院）

崔　勇（沈阳药科大学）

潘　怡（中国药科大学）

前 言

为深入贯彻党的二十大精神，全面落实国务院办公厅关于加快医学教育创新发展的指导意见，紧密对接新医科建设对药学教育改革的新要求，满足新时代医疗卫生事业对人才培养的新需求，根据本套教材编写总体思路，本轮教材的修订紧扣“三基”（基本知识、基本理论、基本技能）与“五性”（思想性、科学性、先进性、启发性、适用性）原则，以培养具有扎实生化基础与药学应用能力的复合型人才为目标，在生命科学技术迅速发展的新时代，融入生物化学学科前沿知识与药学特色，构建“基础理论－技术应用－创新发展”的立体化知识体系。

全书以生物大分子结构与功能为基础，系统阐述物质代谢、能量代谢及遗传信息传递的基本规律，在延续上一版教材的体系、结构与主要内容的基础上，对教材的章节安排与内容编写等方面作了若干修订。修订要点如下：①坚持将立德树人贯彻落实到教材建设的各个环节，在知识传授过程中融入课程思政内容，不断提高学生思想觉悟、道德品质及文化素养；②优化教材内容，强化生物大分子的结构与功能及其研究技术，补充生物大分子药物应用模块，为专业课学习打下牢固基础；在物质代谢与代谢调控中补充了药物代谢转化机制及与疾病的发生与防治有关的生化理论与知识；③第 15 章受体与细胞信号转导更侧重于阐述信号转导的分子机制和细胞内的生化反应过程，更多地介绍与药物作用机制研究的联系，帮助学生理解药物体内过程的生化基础；④创新模式，每章设置学习目标、知识拓展、重点小结与思考题模块，增强教材的可读性和实用性，培养学生理论联系实际的创新思维能力和综合分析能力。

本教材为书网融合教材，纸质教材与电子资源深度融合，在线学习平台配套教学数字化资源，教学课件、图片、视频、动画及题库系统，完善数字化教学服务，实现教学信息发布、答疑交流、学生在线测试、教学资源拓展等功能。

本教材由李谦、崔勇担任主编，具体编写分工如下：绪论、第六章、第九章、第十二章由李谦编写；第一章、第三章由王凤山、刘纯慧编写；第二章由潘怡编写；第四章由刘纯慧编写；第五章由杨刚强编写；第七章、第八章由李荷、李春梅编写；第十章、第十一章、第十五章由刘岩峰编写；第十三章、第十四章由崔勇编写。

我们衷心希望本教材能为培养具有创新精神与实践能力的药学人才提供有力支撑。由于编者水平与经验有限，书中难免存在不足与疏漏之处，恳请使用本教材的广大师生与读者批评指正，以便我们不断修订完善。

编 者

2025 年 5 月

目 录

第二篇 物质代谢与能量代谢

第三篇 生物信息的传递

绪　论

一、生物化学的概念和任务

生物化学（biochemistry）是生命的化学（chemistry of life），是研究生物体的化学组成和生命过程中的化学变化规律的一门科学。它是从分子水平来研究生物体（包括人类、动物、植物和微生物）内基本物质的化学组成、结构及在生命活动中这些物质所进行的化学变化（即代谢反应）的规律及其与生物功能的关系的一门科学，是生物学与化学相结合的一门基础学科。

20 世纪 50 年代，生物化学进入分子生物学时代，它打破了传统生物学与化学的学科壁垒，将生命体视为由生物分子（如核酸、蛋白质、糖类、脂类等）构成的复杂化学系统，通过解析这些分子的结构、功能及其相互作用，阐明生命过程的化学机制。21 世纪以来，系统生物学与合成生物学的兴起，利用各种“组学”技术解剖生命的复杂性，推动生物化学从“单分子解析”迈向“复杂生命系统的化学重构”。如今正处在 AI 驱动的精准医学与合成生物学时代，生物化学正以“分子设计”为核心，在疾病治疗、能源转型、生态保护等领域勾勒出变革性蓝图，成为连接自然科学与人类社会的关键纽带。

生物化学的研究内容发展呈现出阶段性的层次递进，通常可划分为静态生物化学、动态生物化学和功能生物化学（或分子生物学导向的功能研究）三个维度。这三个层次并非完全割裂，而是相互衔接、逐步深入，体现了人类对生命化学本质的认知从“静态描述”到“动态机制”再到“功能调控”的演进过程。

（一）静态生物化学

组成生物体的重要物质有核酸、蛋白质、糖类、脂类、无机盐和水等，另外还有含量较少而对生命活动极为重要的维生素、激素和微量元素。这些物质种类繁多，结构复杂，是一切生命现象的物质基础。研究这些基本物质的化学组成、结构、理化性质、生物功能及结构与功能的关系，即为静态生物化学。

（二）动态生物化学

生物体内的各种基本物质在生命过程中，不断地进行着互相联系、互相制约、互相对立而又统一的、多样复杂的、有规律的化学变化，其结果是生物体与外界环境进行有规律的物质交换，称为新陈代谢（metabolism）。通过新陈代谢为生命活动提供所需的能量，更新体内基本物质的化学组成，这是生命现象的基本特征，是揭示生命现象本质的重要环节。体内的代谢途径既要适应环境的变化，又要互相协调，这样复杂的体系是通过多种调节因素来完成的。研究物质代谢的体内动态过程及在代谢过程中能量的转换和代谢网络的调节规律，即为动态生物化学。

（三）功能生物化学

生物体尤其是人体具有各种生理功能，如肌收缩、神经传导、腺体分泌、视觉和听觉等生命过程，这些生理功能都是以物质代谢为基础的。研究生物分子的功能调控及其相互作用，解析各种代谢反应与生理功能的关系也是了解生命现象规律的重要环节之一，称为功能生物化学。

分子生物学的发展使生物学的各个领域在分子水平上密切联系、互相渗透、交叉融合，从而成为了解所有生命现象的分子基础。分子生物学、细胞生物学、计算生物学深度交叉，形成“功能生物化学”

与“系统生物学”的协同，即从单一分子功能研究转向多分子网络的系统调控。未来功能生物化学会从“解析自然功能”迈向“编程人工功能”，即通过合成生物学设计非天然生物分子，构建超越自然进化的生命系统。这一过程中，生物化学的三个层次将进一步融合，形成“结构-动态-功能”的闭环研究范式，推动人类从“理解生命”走向“设计生命”。

二、现代生物化学研究的主要内容

现代生物化学的研究内容十分广泛，它整合了化学、生物学、物理学、信息学等多学科理论与技术，旨在揭示所有生物个体和细胞的物质组成，各种生物大分子的结构、化学变化规律、生物功能、相互作用及其动态调控机制。随着技术革新和学科交叉的深入，现代生物化学的研究内容已从传统的静态结构与代谢研究，拓展到涵盖分子机制解析、功能网络调控、精准干预策略等多维度的前沿领域。

（一）生物大分子的结构与功能

体内生物大分子的种类繁多，结构复杂，都是由基本结构单位按一定顺序和方式连接而形成的多聚体（polymer），相对分子质量一般大于 10^4。核酸、蛋白质、多糖、蛋白聚糖和复合脂类等是体内重要的生物大分子，它们都是由各自基本组成单位构成的多聚体。例如，由核苷酸作为基本组成单位，通过磷酸二酯键连接形成多核苷酸——核酸；由氨基酸作为基本组成单位，通过肽键连接形成多肽链——蛋白质；聚糖也是由一定的基本单位聚合而成。生物大分子的重要特征之一是具有信息功能，由此也称之为生物信息分子。

对生物大分子的研究，除了确定其一级结构（基本组成单位的种类、排列顺序和方式）外，更重要的是研究其空间结构及与功能的关系。分子结构是功能的基础，而功能则是结构的体现。生物大分子的功能还需通过分子之间的相互识别和相互作用而实现。目前的研究重点主要有蛋白质结构组学、核酸的结构与功能、生物大分子的相互作用，利用冷冻电镜、X 线晶体衍射、核磁共振等技术，解析蛋白质及其复合物的高分辨率结构，揭示其构象动态与功能的关系；研究 DNA/RNA 的高级结构，探索其在基因表达调控、表观遗传中的作用；通过酵母双杂交、免疫共沉淀、表面等离子共振等技术，解析蛋白质-蛋白质、蛋白质-核酸、蛋白质-小分子的相互作用网络，为药物设计提供靶点模型。人工智能（AI）驱动的结构预测工具（如 AlphaFold3）已能基于氨基酸序列预测蛋白质三维结构，准确率接近实验水平，极大加速了未知蛋白的功能研究。

（二）物质代谢与代谢调节

新陈代谢是生命的基本特征，每个生物个体都时刻不停地与外环境进行物质交换，摄取养料，排出废物，提供生命活动所需的能量，更新体内的基本物质组成，以维持内环境的相对稳定，从而维持生命活动与繁衍后代。

据统计，以 60 岁年龄计算，一个人在一生中与环境进行着大量的物质交换，约相当于 60000kg 水、10000kg 糖类、600kg 蛋白质以及 1000kg 脂类。因此，稳定的物质代谢是正常生命过程的必要条件，若物质代谢发生紊乱则可引起疾病，因此研究物质代谢及其相互之间的关系和代谢调节是生物化学的重要组成部分。

对生物体内的主要物质代谢途径已基本清楚，但仍有众多的问题需深入研究。比如代谢通路动态分析，运用代谢组学和同位素示踪技术，解析糖、脂、氨基酸等代谢物的动态流向，揭示代谢网络在生理和病理中的重编程机制。研究线粒体氧化磷酸化、脂肪酸 β-氧化等过程的调控机制，探讨其与衰老、代谢性疾病（如肥胖、糖尿病）的关联。代谢稳态调控中关注激素（如胰岛素、胰高血糖素）和转录因子（如 PPARs、HIF-1α）对代谢通路的全局调控，以及肠道微生物群对宿主代谢的影响。开发靶向代谢酶的药物（如 AMPK 激动剂改善胰岛素抵抗），或通过调控肠道菌群干预代谢性疾病是主要的应用方向。

（三）生物信息的传递与调控

生物信息的传递包括基因信息的传递与调控和细胞信息的传递。

基因信息传递涉及遗传、变异、生长、分化等诸多生命过程，也与遗传病、恶性肿瘤、心血管病等多种疾病的发病机制有关。因此，基因信息的研究在生命科学中的作用越显重要。现已确定DNA是遗传的主要物质基础，基因即DNA分子的功能片段。基因分子生物学除了进一步研究DNA的结构与功能外，更重要的是研究DNA复制、基因转录、蛋白质生物合成等基因信息传递过程的机制及基因表达的时空规律。

目前研究主要集中在转录调控网络，通过解析RNA聚合酶、转录因子（如TFIID复合体）与顺式作用元件的相互作用，研究表观遗传修饰（DNA甲基化、组蛋白乙酰化）对基因转录的调控。探索mRNA的剪接、修饰（如m6A甲基化）、翻译调控机制，以及非编码RNA在基因表达中的作用。分析表观遗传动态变化，环境因素对表观基因组的影响，以及表观修饰在细胞记忆、跨代遗传中的机制（如组蛋白密码的遗传传递）。单细胞表观基因组测序技术（如scATAC-seq）可在单细胞水平解析染色质可及性，揭示细胞异质性和发育轨迹中的调控网络。

信号转导与细胞调控网络的跨膜信号传递通过解析受体酪氨酸激酶（RTK）、G蛋白偶联受体（GPCR）介导的信号通路（如MAPK、PI3K-AKT通路），研究配体-受体结合后的级联反应与细胞命运决定。关注第二信使（cAMP、Ca^{2+}）、激酶-磷酸酶网络对信号的放大与整合，以及信号通路间的串扰（如炎症信号与代谢通路的交互作用）。新兴领域如空间信号组学利用原位杂交、proximity ligation assay(PLA)等技术，解析信号分子在亚细胞结构中的动态分布与时空调控。

未来，随着技术的革新与跨学科合作的深化，生物化学将继续在揭示生命奥秘、应对全球健康挑战中发挥核心作用。

三、生物化学与药学科学

药学生物化学是研究与药学科学相关的生物化学理论、原理与技术及其在药物研究、药物生产、药物质量控制与药物临床应用的基础学科。

20世纪中叶以来，许多新理论、新技术迅速渗透到药学研究领域，如电子学、波谱技术、立体化学、量子理论与遗传中心法则等新概念的迅速导入，使人们对物质结构、生物大分子的结构与功能和分子遗传学理论有了深入了解，加之生理学、生物化学与分子生物学的进展，使实验医学有了重大突破，从而为新药的发展提供了理论、概念、技术和方法，到20世纪末，药学科学步入了另一新的发展阶段，其特点是以化学模式为主体的药学科学迅速转向以生物学和化学相结合的新模式，生物化学与分子生物学在当代药学科学发展中起了先导作用。各种组学技术，如基因组学、蛋白质组学、转录组学、代谢组学等以及系统生物学的迅速发展为新药的发现和研究提供了重要的理论基础和技术手段。

应用现代生化技术从生物体获取生理活性物质，除可直接开发成为有意义的生物药物外，尚可从中寻找到结构新颖的先导物，设计合成新的化学实体。生物化学药物是运用生物化学的研究成果，将生物体的重要活性物质用于疾病防治的一大类药物，在临床应用的已达数百种。中草药学的研究对象，也是取材于天然生物体，其有效成分的分离纯化及作用原理的研究，也常常应用生物化学的原理与技术。组合生物合成技术、各种药用天然产物以及微生物活性物质的生物合成和生物转化技术正在成为开创现代绿色化学制药工业的有效手段。

药物化学是研究药物的化学性质、合成及结构与药效的关系，应用生物化学理论可以为新药的合理设计提供依据，以减少寻找新药的盲目性，提高发现新药的概率。

近代药理学主要研究药物作用的分子机制以及药物在体内的代谢转化和代谢动力学。因此其研究理论与技术手段与生物化学密切相关，并已形成一个重要学科分支——生化药理学。分子药理学是在分子水平上研究药物分子与生物大分子相互作用的机制，因此生物化学与分子生物学是其理论核心基础。

生物药剂学是研究药物制剂与药物在体内的过程（包括吸收、分布、代谢转化和排泄的关系，本质上就是一系列复杂的生物化学反应），从而阐明药物剂型因素、生物因素与疗效之间的关系，因此生化代谢与调控理论及其研究手段是生物药剂学的重要基础。

生物化学通过揭示生物大分子（如蛋白质、核酸、糖类）的结构与功能，为药物设计提供关键靶点。生物化学对疾病相关分子网络的系统性研究（如代谢异常、信号通路紊乱），使药物能够从单一靶点作用转向多通路协同调控，这正是精准药学的核心逻辑。生物化学与分析化学的结合（如质谱流式细胞术、核磁共振代谢组学），更实现了对药物-机体相互作用的动态追踪，推动"药物代谢组学"成为评估药效与毒性的关键工具。

生物化学在制药工业生产实践中也起着重要作用。以生物化学、微生物学和分子生物学为基础发展起来的生物工程制药工业已经成为制药产业的一个新门类。生物化学的技术突破直接催生了现代生物制药产业。生物大分子的结构与功能解析是药物研发的核心起点，生物合成与基因工程技术是生物制药的核心生产手段，生物药物分离纯化与质量控制依赖生物化学分析技术。从早期基于生化提取的生物大分子分离纯化技术，到重组 DNA 技术实现的基因工程药物（如重组胰岛素、干扰素、白细胞介素、单克隆抗体）的生产，再到 CRISPR-Cas9 基因编辑技术介导的基因治疗药物，生物化学始终是生物制药创新的核心驱动力。例如，抗体-药物偶联物（ADC）的研发依赖于对抗体结构域与药物分子的化学偶联机制的精准把控；mRNA 疫苗的成功则得益于对核苷修饰、脂质纳米颗粒递送系统的生物化学优化。此外，合成生物学技术（如人工合成代谢通路）正在革新药物合成方式，使微生物细胞工厂生产青蒿素、紫杉醇等复杂天然药物成为可能，颠覆了传统化学合成的局限。现代生物工程技术在制药工业中的广泛应用将使传统制药工业发生深刻变革。

总之，生物化学是现代药学科学的重要理论基础，是药学院校学生学好专业课、从事新药研究、药物生产、药物使用与药政管理的必要基础学科，更是生物技术、生物工程、生物制药和海洋药学等专业的重要专业基础课程。

四、发展中的生物化学

生物化学作为一门动态演进的学科，始终以探索生命的化学本质为核心，在技术革新与学科交叉中不断突破边界。其发展历程不仅是一部对生命分子机制的解密史，更是人类运用化学语言重构生命认知、干预生命过程的创新史。从最初对生物大分子的静态描述，到如今对复杂生命系统的动态模拟与定向改造，生物化学正以前所未有的速度重塑着自身的学科版图，并推动着医学、农业、能源等领域的革命性变革。

生物化学始于 20 世纪初形成的一门新兴学科，目前已成为自然科学中发展最快、最引起人们重视的学科之一。其发展过程有两个重要突破，其一是对酶的化学本质及其催化作用理论的发现，另一个是核酸及其结构与功能研究的突破。

生物化学的诞生始于对"活力论"的颠覆。19 世纪初，魏勒（Wohler）从无机物氰酸铵合成尿素，是人工合成有机物的创始人。1877 年霍佩-赛勒（Hoppe-Seyler）建立了生理化学学科，首次提出"biochemistry"这个词。1897 年布克奈（Buchner）等证明了无细胞的酵母提取液也具有发酵作用，可以使糖生成乙醇和二氧化碳，为近代酶学的发展奠定了基础。之后，弗歇（Fischer）阐明了酶对底物的作用，提出"锁钥学说"来解释酶作用的专一性。1926 年艾贝尔（Abel）获得了牛胰岛素结晶，他们对蛋白质的结构与功能的研究作出了许多贡献。瓦博（Warburg）由于对细胞呼吸研究做出了出色的贡献而获得了诺贝尔奖。1937 年 Krehs 创立了三羧酸循环理论从而奠定了物质代谢研究的理论基础。1944 年麦克劳德（Macleod）和麦卡蒂（Mc carty）发现并证明了 DNA 是生物遗传的信息分子。沃森与克里克（Watson 和 Crick）于 1953 年创立了 DNA 的双螺旋结构模型，随后证明了遗传的中心法则（the central dogma），从而开创了分子生物学的新纪元。

1973 年 Cohen 建立了体外重组 DNA 方法，这标志着生物工程的诞生。1981 年西克（T. Cech）发现了四膜虫 rRNA 的自我拼接，从而打破了一切酶都是蛋白质的传统概念。1985 年 PCR 首次以文字形式出现。1992 年发现蛋白激酶，探明了蛋白质磷酸化的真谛。1990 年生命科学领域的头号工程即人类基因组研究计划正式启动。2000 年，宣布人类基因组“工作框架图”完成。2001 年 2 月科学家绘制完成人类基因组序列图。这一计划的完成无疑将从根本上阐明生命活动的遗传学基础，并为基因诊断、基因治疗及基因工程药物的开发创造了前提，人类也就步入了创造生物新品种、新物种和改写人类自己的 DNA 结构的新时代。

人类基因组计划的初步结果对生物化学的发展提出了新的挑战。生物化学家曾预测人类的基因组中应涵盖 7 万 ~10 万个基因，然而事实上却只有 3 万 ~4 万个可翻译的基因，仅仅是线虫或果蝇基因数的两倍，这就表明人类的基因更加复杂，具有更多的选择性后加工，从而产生巨大数目的蛋白质产物。可见，发现和鉴定所有基因仅是第一步，而对基因的结构、功能及其调控研究显得尤为重要，因此功能基因组研究迅速崛起。基因组信息学，蛋白质空间结构模拟以及药物设计就构成了生物信息学（bioinformatics）的重要组成部分，将更好地阐明生命现象的本质与规律。

进入 21 世纪，后基因组时代的生物化学，以“组学”技术为手术刀，解剖生命的复杂性。蛋白质组学（proteomics）研究蛋白质的定位、结构与功能、相互作用以及特定时间的蛋白质表达谱等，揭示同一基因可通过可变剪接产生千余种蛋白质异构体。转录组学（transcriptomics）研究细胞在某一功能状态下所含 mRNA 的类型与拷贝数。而事实上，RNA 的生物功能远远超出了遗传信息传递作用的范围，从而促进“功能 RNA 组学”的产生，以探讨不同细胞，在不同时间状态下 snmRNA 的表达谱与功能变化。代谢组学（metabolomics）研究生物体对外源性物质的刺激，环境变化或遗传修饰所做出的代谢应答的全貌和动态变化过程。疾病代谢组学着重研究疾病发生发展的生物标记和指纹信息，尤其是在疾病发生发展过程中和外源性物质如药物作用下人体代谢的整体变化。表观基因组学（epigenomics）则阐明在基因组的水平上环境如何通过化学修饰（如 DNA 甲基化）调控基因表达。如今，借助单细胞测序与空间组学技术，研究者可在单碱基分辨率与亚细胞定位层面解析生命活动，使生物化学从“还原论”的碎片拼接，转向“系统论”的动态网络模拟。随着计算生物技术、组学（omics）生物技术与合成生物技术等系统生物技术（systems biotechnology）的突破，生物化学也进入了系统生物科学（简称系统生物学，systematic biology）全球化迅速发展时代。

20 世纪 20 年代以来，中国生物化学家在营养学、临床生化、蛋白质变性学说和免疫化学的抗原-抗体分析及免疫反应机制等方面的研究都作出了有益的贡献。1965 年我国在世界上首先用人工方法合成有生物活性的结晶牛胰岛素，1971 年又完成了用 X 线衍射方法测定牛胰岛素的分子空间结构，分辨率达 0. 18nm。1979 年我国用人工方法合成酵母丙氨酸转运核糖核酸。中国生物化学家在合成生物学、结构生物学、疾病机制、基因组学等多个前沿领域都取得了突破性进展：例如剪接体三维结构的解析，阐明了 RNA 剪接的分子机制；人工合成单染色体真核酵母生物，颠覆染色体结构理论；病毒结构与感染机制研究为疫苗设计提供靶点；代谢工程与生物制造实现了青蒿素前体等的合成生物学生产。此外，基因编辑技术优化、蛋白质组学精准医学应用及表观遗传学 DNA 甲基化机制研究等均达国际领先水平，显著提升中国在生物化学领域的全球影响力。

当今生命科学研究的特征是对分子、细胞、组织、器官乃至整体水平的多方位综合研究。技术驱动生物化学与其他学科前沿交叉产生颠覆性突破。结构生物学由于冷冻电镜技术（2017 年诺贝尔化学奖）的革新，使核糖体、G 蛋白偶联受体（GPCR）等复杂分子机器的动态构象变化得以实时捕捉，颠覆了传统 X 线晶体学对静态结构的依赖。如今，研究者可通过计算生物学模拟蛋白质折叠路径（如Alpha Fold2 预测蛋白质结构），实现“从基因序列到三维结构”的逆向推导，极大加速了药物靶点的识别与设计。

生物化学与工程学的交叉催生出合成生物学，科学家不仅能“解读”生命密码，更能“编写”新的生物系统：人工合成酵母染色体（Sc2.0 计划）、设计非天然氨基酸插入的蛋白质（如含荧光标记的人工 tRNA）、构建微生物细胞工厂生产可降解塑料（PHA）等。2023 年，我国科学家利用化学合成技术首次实现从二氧化碳到淀粉的全人工合成，标志着生物化学在突破自然代谢路径、解决粮食与能源问题上的里程碑意义。

以荧光探针、光交联剂为工具，化学生物学正实时追踪活细胞内分子互作：荧光共振能量转移（FRET）技术监测蛋白质构象变化，CRISPR-Cas9 系统结合小分子抑制剂实现基因编辑的时空精准调控。这些技术使“在体解析生命过程”成为可能，推动生物化学研究从体外实验走向活体动态监测。

人工智能与生物化学的深度融合，使得机器学习正在重塑研究范式，AlphaFold3 已实现蛋白质-蛋白质复合物结构预测，GPT-4 等大模型可基于组学数据构建疾病分子网络并预测药物响应。未来，“湿实验”与“干计算”的闭环迭代将加速从数据到知识的转化，催生“智能生物化学”新分支。生命健康领域基于单分子测序的癌症早筛技术、RNA 靶向药物（如反义 RNA 治疗脊髓性肌萎缩症）、细胞治疗（CAR-T 细胞免疫疗法）等均依赖生物化学对免疫细胞信号通路的解析。可持续发展领域利用合成微生物群落（SynComs）修复土壤污染、人工光合作用系统捕获二氧化碳、利用 CRISPR 技术改造作物抗病基因，展现生物化学在碳中和与粮食安全中的关键作用。深空探索领域人工合成生命体（如极简细胞 Syn3.0）为地外生存提供生命支持系统的设计原型，生物化学正成为星际航行的基础学科。

生物化学的发展史，本质是人类对“生命何以成为生命”这一终极问题的持续追问。从显微镜下的分子反应，到 AI 模拟的生命代谢网络，每一次技术突破都拓展着认知的边疆，每一个分子机制的阐明都孕育着改变世界的可能。对于新一代研究者而言，如今的生物化学既是一座布满历史坐标的智慧宝库，更是一片等待开拓的创新蓝海。在这个基因与算法共舞、分子与系统交织的时代，唯有保持对生命化学的好奇与敬畏，方能在探索中续写生物化学学科的下一个辉煌篇章。

（李　谦）

第一篇 生物大分子的结构与功能

第一章 氨基酸与多肽

PPT

学习目标

1. 通过本章的学习，掌握常见的蛋白质氨基酸的分类及结构特点和多肽的结构及性质；熟悉氨基酸的特征化学反应及分离分析原理和多肽的合成方法及原理；了解氨基酸的一般生产方法和生物体内重要的多肽。

2. 具有基于氨基酸和多肽的结构特点设计氨基酸和多肽分离和分析方法的能力。

3. 养成根据物质（氨基酸、多肽）的结构和性质去解决一类物质的共性问题和个性问题的思维模式。

第一节 氨基酸

微课

一、氨基酸的结构

氨基酸（amino acids）是组成蛋白质的基本单位，通常由5种元素组成，即碳、氢、氧、氮和硫。在自然界中，已经发现的氨基酸种类非常多，但其中常见的组成蛋白质的氨基酸只有20种左右（表1-1）。因为遗传密码表中只有这20种氨基酸的密码，这20种氨基酸也称为编码氨基酸。按照氨基酸是否参与蛋白质的组成可以将氨基酸分为常见的蛋白质氨基酸、不常见的蛋白质氨基酸和非蛋白质氨基酸，它们在结构上存在一定的差别。

表1-1 常见的蛋白质氨基酸

中文名	英文名	三字符号	一字符号	等电点
甘氨酸	glycine	Gly	G	5. 97
丙氨酸	alanine	Ala	A	6. 00
缬氨酸	valine	Val	V	5. 96
亮氨酸	leucine	Leu	L	5. 98
异亮氨酸	isoleucine	Ile	I	6. 02
苯丙氨酸	phenylalanine	Phe	F	5. 48
脯氨酸	proline	Pro	P	6. 30
色氨酸	tryptophan	Typ	W	5. 89
丝氨酸	serine	Ser	S	5. 68
酪氨酸	tyrosine	Tyr	Y	5. 66
半胱氨酸	cysteine	Cys	C	5. 07

续表

中文名	英文名	三字符号	一字符号	等电点
甲硫氨酸（蛋氨酸）	methionine	Met	M	5.74
天冬酰胺	asparagine	Asn	N	5.41
谷氨酰胺	glutamine	Gln	Q	5.65
苏氨酸	threonine	Thr	T	5.60
天冬氨酸	aspartic acid	Asp	D	2.97
谷氨酸	glutamic acid	Glu	E	3.22
赖氨酸	lysine	Lys	K	9.74
精氨酸	arginine	Arg	R	10.76
组氨酸	histidine	His	H	7.59

（一）常见的蛋白质氨基酸

在常见的组成蛋白质的20种氨基酸中，除了脯氨酸外均具有如下结构。

$$H_2N—CH—COOH$$
$$|$$
$$R$$

这些氨基酸均含有氨基和羧基，且均连接在同一个α-碳原子上，故称为α-氨基酸。除了甘氨酸之外，其余α-氨基酸的α-碳原子都连接有四个不同的取代基，因而α-碳是具有手性的，即每种氨基酸都存在两种互为影像的对映异构体，分别用*R*或L来标识。尽管在自然界中也存在*R*构型的氨基酸，但组成蛋白质的氨基酸却都是L构型的。

（二）不常见的蛋白质氨基酸

除了常见的20种组成蛋白质的氨基酸外，还有部分不常见的蛋白质氨基酸，如羟脯氨酸（hydroxyproline，Hyp）（弹性蛋白和胶原蛋白中）、羟赖氨酸（hydroxylysine，Hyl）（弹性蛋白和胶原蛋白中）、6-*N*-甲基赖氨酸［6-*N*-methyllysine，Lys(Me)］（肌球蛋白和组蛋白中）、γ-羧基谷氨酸（γ-carboxyglutamic acid，Gla）（凝血酶原中）、*N*-甲基甘氨酸（*N*-methylglycine，NMG）（哺乳动物肌肉中）、磷酸丝氨酸（phosphoserine，P-Ser）（酪蛋白中）等，这几种不常见的蛋白质氨基酸结构并无特定规律（图1-1）。

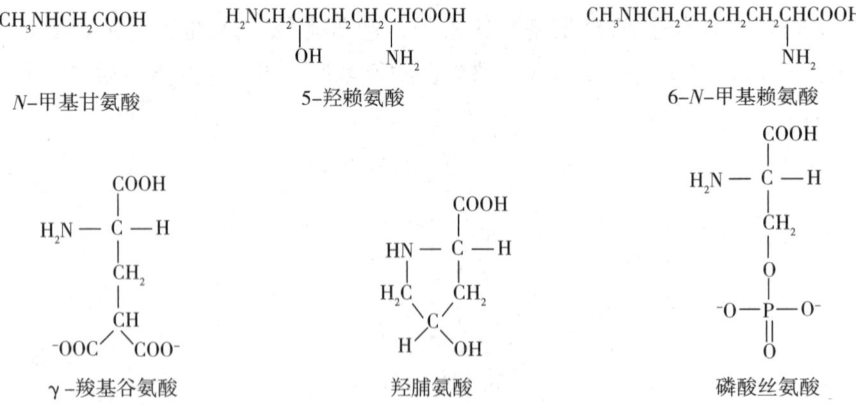

图1-1　不常见的蛋白质氨基酸

（三）非蛋白质氨基酸

除了上述蛋白质氨基酸外，自然界中还存在许多非蛋白质氨基酸，它们多以游离的状态存在于生物的某些组织或细胞中，其氨基均不在羧基的α位，一般称它们为天然存在的氨基酸。如维生素泛酸的组成成分β-丙氨酸、某些氨基酸合成代谢的中间产物同型丝氨酸（高丝氨酸，homoserine，Hse）和同型半胱氨酸（高半胱氨酸，homocysteine，Hcy）、脑组织中存在的γ-氨基丁酸（gamma-aminobutyric acid，

GABA）、西瓜中含有的瓜氨酸（citrulline，Cit）、与尿素的合成密切相关的鸟氨酸（ornithine，Orn）以及动物细胞中广泛存在的牛磺酸（taurine，Tau）等（图1－2）。

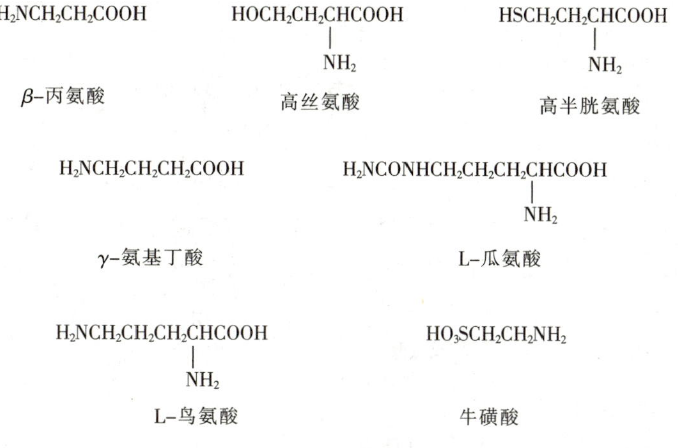

图1－2　非蛋白质氨基酸

二、氨基酸的分类

氨基酸可以根据其化学结构进行分类，包括根据氨基酸与羧酸的关系分类，或根据分子中氨基和羧基的数目不同进行分类。一般根据组成体内蛋白质的20种氨基酸的氨基和羧基的数目不同进行分类，将其分为中性氨基酸、酸性氨基酸和碱性氨基酸；再将中性氨基酸按照其侧链极性的不同将其分为中性非极性氨基酸和中性极性氨基酸。

（一）中性非极性氨基酸

该类氨基酸中（脯氨酸除外）含有一个氨基和一个羧基，侧链为非极性，在水溶液中的溶解度小于中性极性氨基酸。这类氨基酸主要有甘氨酸、丙氨酸、缬氨酸、亮氨酸、异亮氨酸、苯丙氨酸和脯氨酸（图1－3）。

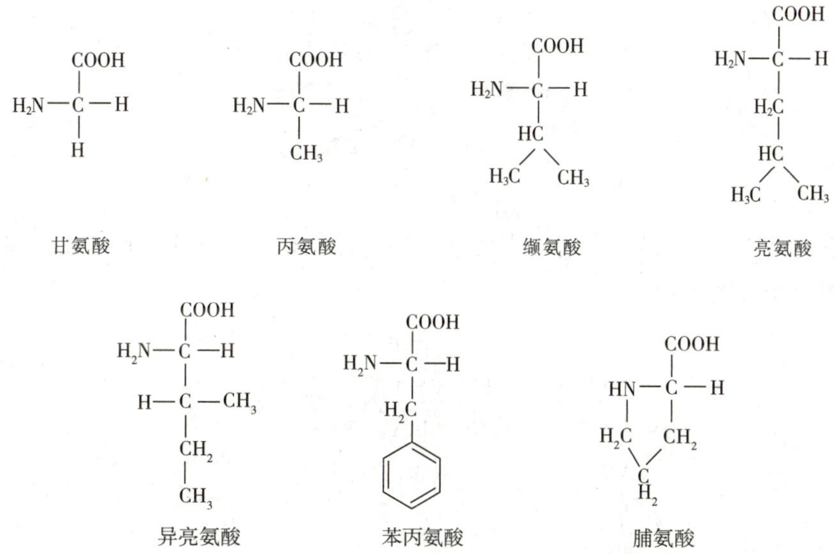

图1－3　中性非极性氨基酸

（二）中性极性氨基酸

该类氨基酸同样含有一个氨基和一个羧基，但由于侧链为极性，在水溶液中的溶解度较大。该类氨基酸主要有色氨酸、丝氨酸、酪氨酸、半胱氨酸、甲硫氨酸（蛋氨酸）、天冬酰胺、谷氨酰胺和苏氨酸（图1－4）。在蛋白质结构中，适当位置的两个半胱氨酸分子会通过二硫键连接，在维持蛋白质的结构方面起着重要的作用。

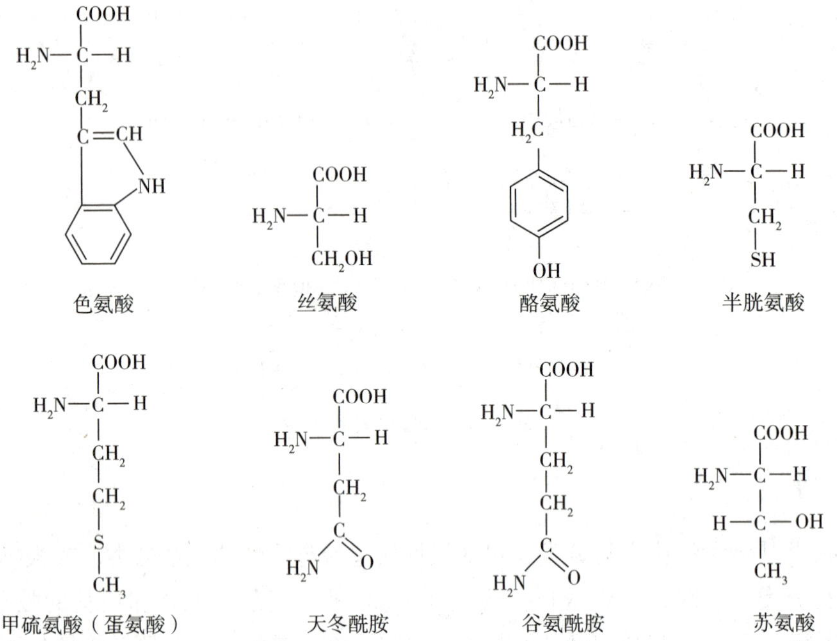

色氨酸 丝氨酸 酪氨酸 半胱氨酸

甲硫氨酸（蛋氨酸） 天冬酰胺 谷氨酰胺 苏氨酸

图1－4 中性极性氨基酸

（三）酸性氨基酸

该类氨基酸含有一个氨基和两个羧基，主要包括天冬氨酸和谷氨酸（图1－5）。

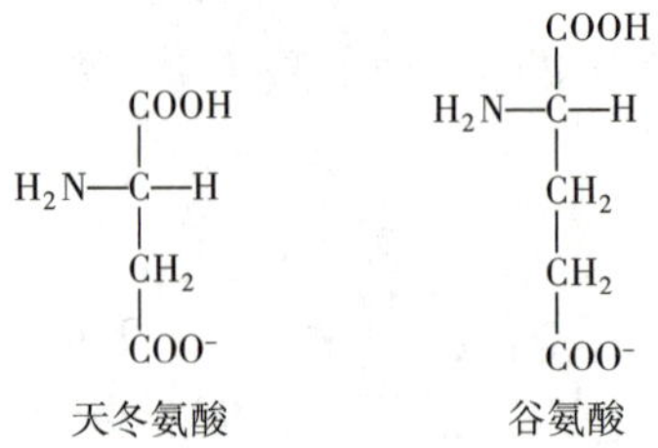

天冬氨酸 谷氨酸

图1－5 酸性氨基酸

（四）碱性氨基酸

该类氨基酸含有一个羧基和一个氨基，其侧链分别另外含有一个氨基、胍基或咪唑基，主要包括赖氨酸、精氨酸和组氨酸（图1－6）。

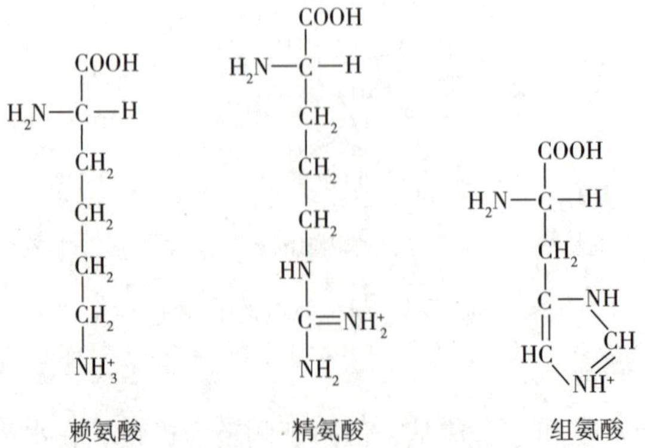

赖氨酸 精氨酸 组氨酸

图1－6 碱性氨基酸

三、氨基酸的酸碱特性

（一）氨基酸的解离

氨基酸中既含有氨基又含有羧基，故是一种两性电解质（ampholyte），具有两性解离的特性，其解离方式取决于所处溶液的 pH 值。在中性溶液中，氨基酸以两性离子（dipolarion）存在。两性离子又称为兼性离子（zwitterion）、偶极离子，即在同一个分子中含有等量的正负电荷。在碱性溶液中，氨基酸含有的酸性的 α-羧基可与 OH^- 结合，失去质子（H^+）变成带负电荷的阴离子（$—COO^-$）。在酸性溶液中，氨基酸含有的碱性的 α-氨基可与质子结合成带有正电荷的阳离子（$—NH_3^+$）。

（二）氨基酸的等电点

在某一 pH 的溶液中，氨基酸解离成阳离子和阴离子的趋势及程度相等，成为兼性离子，呈电中性，此时溶液的 pH 称为该氨基酸的等电点（isoelectric point，pI）。氨基酸在 pI 时溶解度最小、最稳定，在酸、碱条件下溶解度增加。直接用离子交换树脂和离子交换膜分离以及间接的溶解度晶析分离，都是利用氨基酸所具备的阴阳离子的两性电解质性质。

氨基酸的 pI 的计算公式为：$pI = 1/2(pK_1 + pK_2)$。式中，pK_1代表氨基酸的 α-羧基的解离常数的负对数，pK_2代表氨基酸的 α-氨基的解离常数的负对数。从该公式可以看出，氨基酸的 pI 与离子浓度无关，是由 pK_1和 pK_2决定的。

（三）氨基酸的甲醛滴定

氨基酸既含有酸性基团又含有碱性基团，但不能直接用酸碱滴定法来测定其含量，因为它的酸碱滴定的等电点 pH 过高或过低，没有适当的指示剂可用。如氨基酸的 α-氨基的 pH 为 9.7 左右，完全解离时，pH 可达 11 或更高。在室温和 pH 中性条件下，甲醛与氨基酸的 α-氨基结合，生成羟甲基衍生物（H^+一次放出），从而降低了氨基的碱性。可选择酚酞指示剂（变色范围为 pH 8.2~10），用氢氧化钠滴定放出的 H^+，因为每放出一个 H^+，就相当于有一个氨基氮，从氨基氮量就可以计算出氨基酸的量。

$$\underset{\displaystyle NH_3^+}{R—CHCOO^-} \rightleftharpoons \underset{\displaystyle NH_2}{R—CHCOO^-} \longrightarrow \underset{\displaystyle NHCH_2OH}{R—CHCOO^-} \longrightarrow \underset{\displaystyle N(CH_2OH)_2}{R—CHCOO^-}$$

一羟甲基衍生物　　二羟甲基衍生物

四、氨基酸的特征化学反应

氨基酸的化学性质是由它的结构决定的，很多氨基酸的结构仅仅是在侧链上存在差别，因此很多氨基酸具有许多共同的性质，而个别氨基酸也由于侧链的特殊结构表现出了许多特殊的性质。

（一）α-氨基参加的反应

1. 成盐作用 酸水解液中的氨基酸，多以氨基酸盐酸盐的形式存在。

2. 亚硝酸反应 氨基酸与亚硝酸反应放出氮，其中的一个氮来自氨基酸，另一个来自亚硝酸。该反应是 Van Slyke 氨基氮测定的理论基础。此反应可用来判断蛋白质的水解程度，蛋白质水解愈完全，释放出的 α-氨基酸愈多，与亚硝酸反应放出的氮愈多。

$$\underset{\displaystyle NH_2}{R—CH—COOH} + HNO_3 \rightleftharpoons \underset{\displaystyle OH}{R—CH—COOH} + N_2\uparrow + H_2O$$

氨基酸　　羟酸

3. 与2,4-二硝基氟苯的反应 在弱碱性（pH 8~9）、暗处、室温条件下，氨基酸可以与2,4-二硝基氟苯反应产生黄色的二硝基苯氨基酸（dinitrophenylamino acid，DNP-氨基酸），该反应多被用于鉴定多肽或蛋白质的N端氨基酸。除α-氨基外，酚羟基、ε-氨基、咪唑基也有反应，但反应的产物在酸性条件下不溶于乙醚、乙酸乙酯，而是留在水相中。

$$\text{H—C(R)(COOH)—NH}_2 + \text{F—C}_6\text{H}_3(\text{NO}_2)_2 \xrightarrow{\text{pH 8~9}} \text{H—C(R)(COOH)—NH—C}_6\text{H}_3(\text{NO}_2)_2 + \text{HF}$$

氨基酸　　2,4-二硝基氟苯　　DNP-氨基酸

4. 与苯异硫氰酸（PITC）的反应 在弱碱性条件下，氨基酸可以与PITC反应生成苯氨基硫甲酰氨基酸（PTC-氨基酸）。在酸性条件下，生成的PTC-氨基酸环化而转变为苯乙内酰硫脲氨基酸（PTH-氨基酸）。瑞典科学家Edman首先使用该反应测定蛋白质N端的氨基酸。

$$\text{C}_6\text{H}_5\text{—N=C=S} + \text{H}_2\text{N—CH(R)—C(=O)—OH} \longrightarrow \text{PTH-氨基酸}$$

苯异硫氰酸　　苯氨基硫甲酰氨基酸

5. 与丹酰氯（DNS-Cl）反应 氨基酸可以与DNS-Cl反应产生有荧光的DNS-氨基酸的衍生物。

$$\text{DNS-Cl} + \text{H}_2\text{N—CH(R)—COOH} \longrightarrow \text{DNS—NH—CH(R)COOH} + \text{HCl}$$

DNS-Cl　　DNS-氨基酸

（二）α-羧基参加的反应

在一定的条件下，氨基酸的α-羧基可以和醇反应成酯。氨基酸还可以和碱如氢氧化钠反应生成氨基酸的钠盐。当氨基酸转变为相应的氨基酸酯或盐后，其羧基的化学反应性就被掩盖，而氨基的化学反应性相应增加，可与一些酰基试剂反应。

（三）α-氨基和α-羧基共同参加的反应

茚三酮反应（ninhydrin reaction） 在pH 5~7和80~100℃条件下，大多数氨基酸与茚三酮乙醇溶液反应形成蓝紫色的化合物，并放出氨和二氧化碳，这是α-氨基酸特有的反应。氨和胺类也与茚三酮反应，但不放出二氧化碳。氨基酸与茚三酮反应产生的蓝紫色化合物在570nm有最大吸收，可用于定量测定，但不能作为唯一的定量测定的依据。因有氨等化合物的干扰，要定量测定，可测定放出的二氧化碳的量，因为只有氨基和羧基连在同一个α-碳原子上的化合物与茚三酮反应才放出二氧化碳。谷氨酰胺和天冬酰胺与茚三酮反应产生棕色化合物，而脯氨酸与茚三酮反应形成黄色的产物，在440nm有最大吸收，可定量测定。

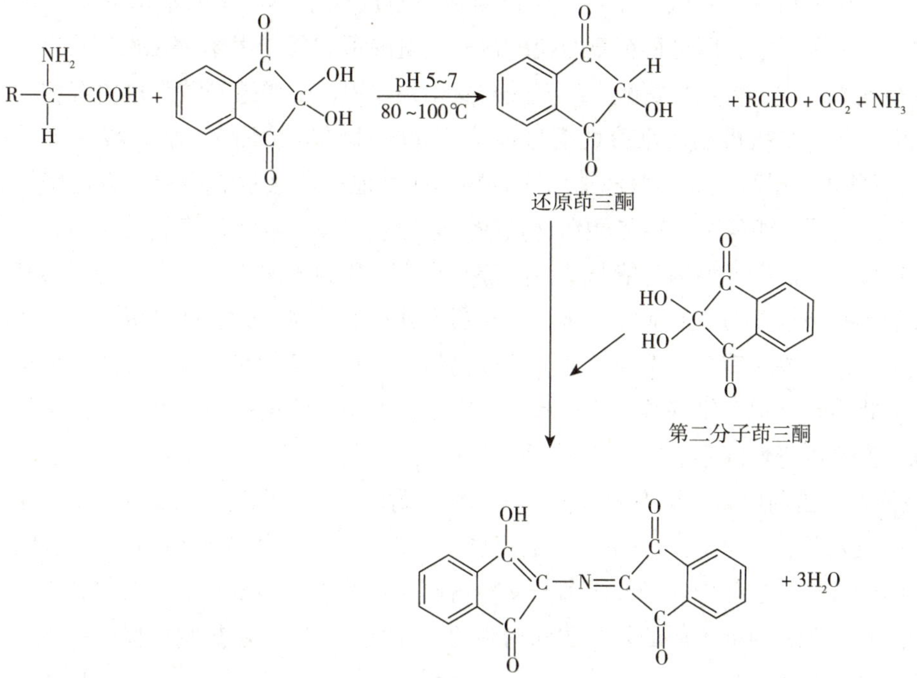

还原茚三酮

第二分子茚三酮

$+3H_2O$

（四）侧链基团参加的反应

1. 米伦（Millon）反应　酪氨酸及含酪氨酸的蛋白质可以与米伦试剂反应，生成红色的硝酸汞、亚硝酸汞等的混合物。

2. 福林（Folin）反应　福林试剂的主要成分是磷钼酸和磷钨酸。在碱性条件下，酪氨酸及含酪氨酸的蛋白质和福林试剂反应产生一种蓝色的化合物。

3. Sakoguchi 反应　该反应是精氨酸特有的反应。试剂的主要成分是碱性次溴酸钠和 α-萘酚，精氨酸可与之反应产生红色的产物。

4. Pauly 反应　试剂的主要成分为：5% 的对氨基苯磺酸盐酸溶液、亚硝酸钠和碳酸钠，组氨酸、酪氨酸与该试剂在 0～4℃反应生成橘红色的产物。

5. 乙醛酸（glyoxalate）反应　这是色氨酸特有的反应。色氨酸与乙醛酸和浓硫酸反应，在溶液的界面处产生一种紫红色的物质。

6. 半胱氨酸的反应　半胱氨酸可与亚硝酸-铁氰化钠的甲醇溶液反应产生一种红色的化合物。

五、氨基酸的分离与分析

（一）氨基酸的分离

氨基酸的分离方法很多，包括溶解度法、沉淀法、离子交换法和电渗析法等。不同的方法具有不同的特点，在氨基酸的实际分离过程中往往是多种分离方法共同使用。

1. 溶解度或等电点法　利用氨基酸的溶解度的不同，可以将部分氨基酸从一个混合体系中分离出来。例如在一个含有酪氨酸和胱氨酸的混合氨基酸体系中，首先在低温时将其溶解，此时由于酪氨酸和胱氨酸较难溶于水，可以实现这两种氨基酸与其他氨基酸的分离；之后，将酪氨酸和胱氨酸的混合物加热，此时酪氨酸溶解度增大而胱氨酸溶解度变化较小，又可以实现酪氨酸和胱氨酸的分离。当氨基酸处于 pI 时，其在水中的溶解度最小，最易沉淀，因此也可以利用调节 pH 的方法分离氨基酸的混合物。

2. 特殊沉淀剂法　是最早应用于氨基酸分离纯化的方法之一，该法是采用某些有机或无机试剂与相应氨基酸形成不溶性衍生物的一种分离方法。

如精氨酸与苯甲醛在碱性和低温条件下可缩合成溶解度很小的苯亚甲基精氨酸，分离提取该沉淀后，用盐酸水解除去苯甲醛，即可得精氨酸盐酸盐。亮氨酸可和邻二甲苯-4-磺酸反应，生成亮氨酸的磺酸盐，后者与氨水反应，得到亮氨酸。组氨酸与氯化汞作用，生成组氨酸汞盐的沉淀，再经硫化氢处理就可得组氨酸。天冬氨酸可制成难溶性铜盐结晶，分离回收天冬氨酸。脯氨酸、丝氨酸和丙氨酸在pH 2~7 能与四氯邻苯二甲酸生成难溶性加成化合物，而其他中性氨基酸不能生成这些加成物，所以可以分别结晶析出。同样，组氨酸、精氨酸和鸟氨酸等碱性氨基酸水溶液与五氯酚作用，也能生成难溶性加成化合物而得以分离。缬氨酸因为能与苯甲酸等芳香族羧酸制成加成化合物，可利用其难溶性加以分离。将苏氨酸的铜盐或镍盐与醛制成加成化合物，利用其难溶性使之分别结晶析出。

特殊沉淀剂法由于操作简单、选择性强，至今仍是生产某些氨基酸的常用方法。如果进一步与离子交换技术结合，将会显著提高氨基酸的分离效果和收率，但是，使用这种技术生产药用氨基酸时必须注意残留的特殊沉淀剂的毒性问题。

3. 离子交换法 是利用离子交换剂对不同氨基酸吸附能力的差异进行分离的方法。在一定的 pH 条件下，由于不同氨基酸其 pI 不同，所带的净电荷也不同，从而与离子交换树脂结合的能力不同。这样，就可根据氨基酸的性质，选择阳离子或阴离子交换树脂与这些氨基酸反应，然后再选择一定 pH 和离子强度的缓冲液进行洗脱，根据不同的氨基酸和树脂的结合能力不同，在洗脱过程中将不同氨基酸依次从柱上洗出，达到相互分离的目的。

4. 电渗析法 是用离子交换膜分离氨基酸。离子交换膜是具有一定孔隙度和某种解离基团的薄膜，由于孔隙度及解离基团的作用，对电解质具有选择性。离子交换膜包括带有负电性的磺酸基团的阳离子交换膜和带有正电性的季胺基团的阴离子交换膜，它们分别允许带正电荷和负电荷的离子通过。当有外加直流电场存在时，阴离子透过阴离子交换膜向阳极区迁移，阳离子透过阳离子交换膜向阴极区迁移，电流靠溶液中的阴、阳离子向两极的迁移来传导。

氨基酸为两性电解质，在高于其 pI 的溶液中带有负电荷，能透过阴离子交换膜向阳极移动；反之，在低于其 pI 的溶液中可以透过阳离子交换膜向阴极移动。因此，在中性时电渗析，可以实现分离酸性、碱性和中性氨基酸的目的。另外，氨基酸的分子与无机离子相比更大，在电渗析时其选择透过性更小，不易透过阴（阳）离子交换膜，且滞后透析。因此，可以选择在氨基酸的 pI 时透析，实现脱盐目的，然后再调节 pH 进行进一步的分离。

（二）氨基酸的分析

1. 纸色谱（paper chromatography） 指的是滤纸纤维上吸着一层水为静止相，另一部分是能溶于水的有机溶剂，如苯酚或正丁醇作为流动相，它沿着滤纸长的方向向上或向下流动，被分离物质依据在两相中分配系数的不同实现分离。氨基酸的极性越弱，则随有机溶剂移动的趋势越大；极性越强，则被保持在静止相的趋势越大。同类氨基酸的移动速率与相对分子质量有关，相对分子质量越大，移动速率越大，甚至只相差一个次甲基的同系物移动速率可能会有很大的差别，因此可用于氨基酸的鉴定。纸色谱完成后，将滤纸干燥，喷射水合茚三酮染色溶液，不同的蓝紫色斑点即指示不同的氨基酸的位置，并用比移值（R_f 值）来表示。R_f 值表示的是氨基酸移动距离与溶剂移动距离的比值，各个氨基酸具有特定的 R_f 值。

另外，还可以将氨基酸混合物溶液滴在一张滤纸的转角处，然后让溶剂沿着 X 轴的方向流动，进行纸色谱，再用另一种溶剂沿 Y 轴方向展开，这样就达到了更大的散布，这种方法称为双向纸色谱。

2. 薄层色谱（thin layer chromatography） 主要用于氨基酸的定性鉴别。如将色氨酸、甲硫氨酸、亮氨酸、异亮氨酸、甘氨酸、赖氨酸、苏氨酸、缬氨酸、苯丙氨酸、组氨酸和精氨酸等 11 种氨基酸定量混合，并分别制备对照液，分别点在同一薄层板上，取正丁醇-水-异丁酸-醋酸（50：50：5：7）

做展开剂，进行单向三次展开，喷以显色剂（吲哚醌 1g，溶于无水乙醇 100ml 和冰醋酸 10ml 中），置 100℃干燥 5~10 分钟，至显色完全为止。由于分离程度与各氨基酸显色的不同，可以区别这 11 种氨基酸。另外，茚三酮－硝酸钠试剂作为显色剂也可显出不同的色斑。

3. 高效液相色谱　以液体做移动相的色谱称为液相色谱（liquid chromatography，LC）。高效液相色谱（high performance liquid chromatography，HPLC）配备有高效能填充剂、高压输液泵、高灵敏度的检测器，能够迅速简便地分析微量样品，精度高，而且再现性好，该法同样在氨基酸的分析中发挥了重要作用。大多数氨基酸无紫外吸收和荧光发射特性，标准折射探测仪对氨基酸检测也无足够的灵敏度。为提高分析检测灵敏度和分离选择特性，通常将氨基酸衍生。衍生方式有柱前衍生法与柱后衍生法（表 1－2）。

表 1－2　两类氨基酸分析技术比较

因素	柱后 HPLC	柱前 RP-HPLC
灵敏度	nmol~pmol	pmol~fmol
分析时间	45~120 分钟	6~45 分钟
方法难易	一般	易
分辨率	好	好
重现性	好	好
费用	高	平

传统的氨基酸分析技术中，利用离子交换色谱分离氨基酸后，柱后与茚三酮反应，灵敏度为几百皮摩尔，后来又发展起来的柱后衍生化试剂有邻苯二甲醛（OPA）、荧光胺和戊烷-2,4-二酮/甲醛等。其中，OPA 的最为常用，检测极限可达到 5～10pmol，但是应用时需要先将邻苯二甲醛氧化开环后才可衍生。

反相高效液相色谱（reversed phase high performance liquid chromatography，RP-HPLC）与各种柱前衍生相结合的氨基酸分析技术发展迅速，其中常用到的柱前衍生化试剂有 OPA、丹酰氯（DNS-Cl）、磺酰氯二甲胺偶氮苯（DABSYL-Cl）、氯甲酸芴甲酯（FMOC-Cl）、苯异硫氰酸（PITC）和 4-异硫氰酸邻苯二酰肼（ILITC）等。不同的柱前衍生化试剂具有不同的特点，OPA 法简便、快速；DNS 法可测定亚氨基酸，且最适于测定 Cys_2，但反应时间较长且紫外检测时灵敏度低；DABS 可测定亚氨基酸，但是影响定量的干扰峰较多；FMOC 法可测定亚氨基酸，但不能检测 Cys_2，另外部分氨基酸定量不够准确。具体衍生化试剂的选择需要根据需要进行选择，必要时还可以选择几种衍生化方法共同使用。

4. 离子交换色谱（ion exchange chromatography）　常被用于氨基酸的定量分析。其基本原理是：在一定的 pH 条件下，不同氨基酸由于其 pI 不同所带的净电荷不同，与离子交换树脂结合的能力不同，这样，就可根据氨基酸的性质选择阳离子或阴离子交换树脂与这些氨基酸反应，然后再选择一定 pH 和离子强度的缓冲液进行洗脱，不同的氨基酸和树脂的结合能力不同，在洗脱过程中将依次被从柱上洗出，洗脱之后的氨基酸便可以通过与一定的显色剂反应实现定量分析。

5. 氨基酸自动分析仪　是以离子交换色谱为基础发展起来的，其商用型号非常多，但无论哪种型号的机器，其原理是相同的。

一般氨基酸分析仪用的是强酸性阳离子交换树脂，由苯乙烯及二乙烯苯合成，其中苯乙烯是主要成分，磺酸基连结在其上，形成磺化苯乙烯。二乙烯苯是交联剂，它把磺化苯乙烯的直链结构错综地连贯起来，防止因吸水溶解而溃散。离子交换树脂的交联度非常重要。所谓交联度（degree of cross linking），是指二乙烯苯占树脂单体总量的百分率。交联度大，树脂的结构紧密，孔隙度小，适用于相对分子质量较小的氨基酸的分离。一般氨基酸分析仪用树脂的交联度为 8%~12%。

氨基酸自动分析仪的分析过程是：在一定的温度条件下上样后，用泵以一定流量将缓冲液送入离子交换柱中。从交换柱流出的溶液与一定流量的茚三酮混合，在通过沸腾水浴中的螺旋管时，含氨基酸的部分即显色，把其通入比色仪的流动池，即可比色定量，并由记录仪读取读数。两个流动池串联，一个是用570nm，另一个是用440nm（脯氨酸显色）进行测定。也有采用一根交换柱使用适当的缓冲液对全部氨基酸进行分离定量的方法。并且，通过改进树脂，加大缓冲液流量，在短时间内进行分析的仪器种类也在逐渐增多。

注意茚三酮要在pH 5.5才适于呈色反应，否则出峰很低。一般样品调控至pH 2.2，通过柱子后就变成pH 5.5。另外，茚三酮试剂在光及空气中不稳定，易被氧化，故新配的茚三酮溶液要先充氮气除去氧，再加三氯化钛（$TiCl_3$）作为稳定剂，加$TiCl_3$后1小时就可稳定，若加氯化锡（$SnCl_2$）要24小时才能稳定，$TiCl_3$另一优点是不会产生沉淀，配制成溶液也极方便。

六、氨基酸的一般生产方法

氨基酸一般生产方法有水解法、微生物发酵法、化学合成法以及酶合成法等。除酪氨酸、胱氨酸、羟脯氨酸用水解法外，其他氨基酸已采用产量大、成本低、现代化水平高的发酵法和化学合成法生产，也采用前体发酵和酶合成法。

（一）水解法

水解法（hydrolization）是最早发展起来的生产氨基酸的基本方法。它是以蛋白质为原料，经酸、碱或蛋白水解酶水解后，再分离纯化各种氨基酸的工艺过程，分酸水解法、碱水解法和酶水解法。

1. 酸水解法（acid hydrolysis） 一般采用6~10mol/L的盐酸，在110~120℃下，水解12~24小时。该法的优点是水解彻底，不引起氨基酸的消旋作用。缺点是色氨酸完全被破坏，它与含醛基的化合物如糖类作用，生成一种黑色物质，称为腐黑质。另外，天冬酰胺和谷氨酰胺分别被转变为天冬氨酸和谷氨酸，丝氨酸和酪氨酸等含羟基的氨基酸随着时间的延长也有不同程度的破坏。该法在工业生产上常用。

2. 碱水解法（alkaline hydrolysis） 一般采用4~6mol/L的氢氧化钠或2~4mol/L的氢氧化钡在100~110℃下水解6~24小时。该法的优点是水解完全，色氨酸不被破坏。缺点是氨基酸易发生消旋作用，丝氨酸、苏氨酸、精氨酸和胱氨酸等大部分被破坏。该法一般较少用于生产，主要用于蛋白质中色氨酸的定量分析。

3. 酶水解法（enzymic hydrolysis） 是用蛋白酶（如胰蛋白酶等）在适宜的pH、温度下水解蛋白质。该法的优点是反应条件温和，蛋白质不被破坏，不发生消旋作用。缺点是水解不彻底，中间产物如肽类较多，一般时间较长。该法也较少用于氨基酸生产，主要用于生产蛋白胨和水解蛋白。

（二）微生物发酵法

最早应用微生物发酵法制造氨基酸始于1956年，采用淀粉作原料，直接发酵获得了谷氨酸。到了20世纪60年代初期，阐明了氨基酸生物合成路线及其代谢调节机制以后，用营养缺陷型和抗代谢类似物育种新方法，有目的地培育产酸率高的新菌种，是氨基酸发酵的第二个突破，世界各国都纷纷研究并实现了工业化生产。现已有多种氨基酸可以用发酵法生产或试生产，如赖氨酸、色氨酸、亮氨酸、异亮氨酸、苯丙氨酸、苏氨酸、缬氨酸、甲硫氨酸、组氨酸、精氨酸、丝氨酸、天冬氨酸、丙氨酸等。

（三）化学合成法

用化学合成手段制造氨基酸占有一定的地位，特别是以石油化工产品为原料时，价格低廉，成本低，适合工业化生产。但是，化学合成制造的氨基酸都是*dl*-型消旋体，需要进行拆分才能得到L-型产品。用微生物固定化酶分离*dl*-型的方法具有收率高、成本低和周期短的优点，促进了化学合成氨基酸的发展。

化学合成法可采用多种原料和多条路线，生产的品种有甲硫氨酸、甘氨酸、色氨酸、苏氨酸、缬氨酸、谷氨酸、赖氨酸、苯丙氨酸、丙氨酸等。

（四）酶合成法

微生物发酵法直接制造L-型氨基酸，有很多优点，但也存在着发酵浓度低、反应时间较长、设备规模较庞大、动力费用较高、有副反应和分离精制花费大等问题。近年来，在化学合成法和发酵法的基础上发展建立了一个新的制造工艺——酶合成法（enzymatic synthesis），它是以化学合成法配制基质，利用酶促反应（即酶的水解、裂解、合成作用）直接制备各种氨基酸（表1-3）。特别是固定化酶和固定化细胞等技术的迅速发展，解决了酶合成法中较为突出的缺点，从而促进了在生产实际中的应用。

表1-3　酶合成法制造氨基酸举例

酶名称	菌种	基质	产品	收率（%）
L-天冬氨酸脱酸酶	*Pseudomonous dacuhae*	L-天冬氨酸	L-丙氨酸	90
L-精氨酸脱亚胺酶	*Pseudomonous putida*	L-精氨酸	L-瓜氨酸	90.5
L-组氨酸脱胺酶	*Achromobacter liquidum*	L-组氨酸	尿氨酸	92
L-氨基己内酰胺水解酶	*Cryptocorcus laurensil*	*dl*-氨基己内酰胺	L-赖氨酸	99.5
dl-2-氨基-4羧基噻唑啉水解酶	*Pseudomonous ovalis* IFO-3738	*dl*-2-氨基-4羧基噻唑啉	半胱氨酸	75
D-乙内酰脲水解酶	*Pseudomonous striata*	*dl*-苯甘氨酸乙内酰脲	D-氨基甲酰苯甘氨酸	72
L-乙内酰脲水解酶	*Bacillushrevis* ATCC 8185	*dl*-丙炔酸乙内酰脲	L-谷氨酸	90

酶合成法一般投料浓度高，反应时间短，无副反应且收率高。制造的氨基酸品种有L-天冬氨酸、L-丙氨酸、L-瓜氨酸、L-赖氨酸、L-色氨酸和L-胱氨酸等。

第二节　多　肽

一、肽键和肽链

（一）肽键

多肽（polypeptide）是由氨基酸通过肽键连接而成的多聚化合物。肽键（peptide bond）是蛋白质分子中基本的化学键，它是由一个氨基酸分子的α-羧基与另一个氨基酸分子的α-氨基缩合脱水而成，其结构如下。

$$H_3\overset{+}{N}-\underset{R_1}{\overset{H}{C}}-\overset{O}{\overset{\|}{C}}-\bar{O} + H_3\overset{+}{N}-\underset{R_2}{\overset{H}{C}}-\overset{O}{\overset{\|}{C}}-\bar{O} \longrightarrow H_3\overset{+}{N}-\underset{R_1}{\overset{H}{C}}-\boxed{\overset{O}{\overset{\|}{C}}-\underset{H}{N}}-\underset{R_2}{\overset{H}{C}}-\overset{O}{\overset{\|}{C}}-\bar{O} + H_2O$$

肽键

肽键从结构上看就是酰胺键。两个氨基酸脱水缩合反应失去一个水分子生成一个肽键，多肽分子中的肽键数等于失去的水分子数，等于氨基酸数减去形成的肽链数。组成多肽链的氨基酸在参与形成肽键之后，脱水而结构不完整，被称为氨基酸残基（amino acid residue）。

在蛋白质或多肽中，赖氨酸除了α-氨基外，侧链上还有一个ε-氨基；天冬氨酸和谷氨酸除了α-羧基外，还分别有β-羧基和γ-羧基。这些非α-氨基或羧基可与肽链中存在的游离羧基或氨基缩合而形成酰胺键，这样的酰胺键称为异肽键（isopeptide bond）。异肽键仅存在于少数天然肽或蛋白质中，如谷胱甘肽通过谷氨酸的 γ-羧基与半胱氨酸的 α-氨基缩合形成的异肽键而连接，结构如下。

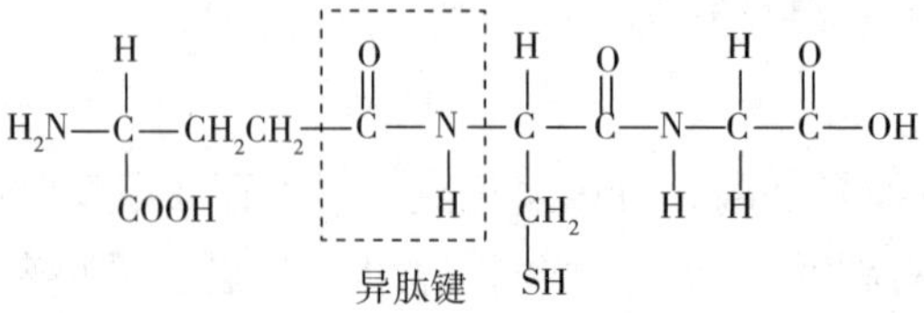

$$H_2N-CH(COOH)-CH_2CH_2-\underbrace{CO-NH}_{异肽键}-CH(CH_2SH)-CO-NH-CH_2-COOH$$

（二）肽链

氨基酸通过肽键相连形成的化合物称为肽。两个氨基酸残基形成的肽称为二肽，三个氨基酸残基形成的肽称为三肽，依此类推。一般将十个氨基酸残基以下组成的肽称为寡肽（oligopeptide），将十个氨基酸以上组成的肽称为多肽或多肽链（polypeptide chain），其结构如下。

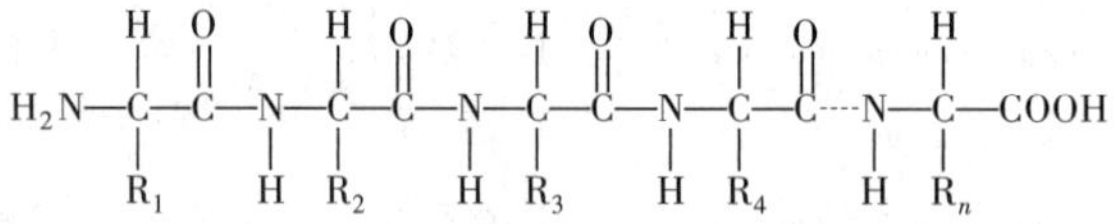

$$H_2N-CH(R_1)-CO-NH-CH(R_2)-CO-NH-CH(R_3)-CO-NH-CH(R_4)-CO\cdots NH-CH(R_n)-COOH$$

多肽链中的骨干是由氨基酸的羧基与氨基形成的肽键部分有规则地重复排列而成，称为共价主链；R 基部分，称为侧链。多肽分子结构中可含有一条或多条共价主链和许多侧链（图 1-7）。

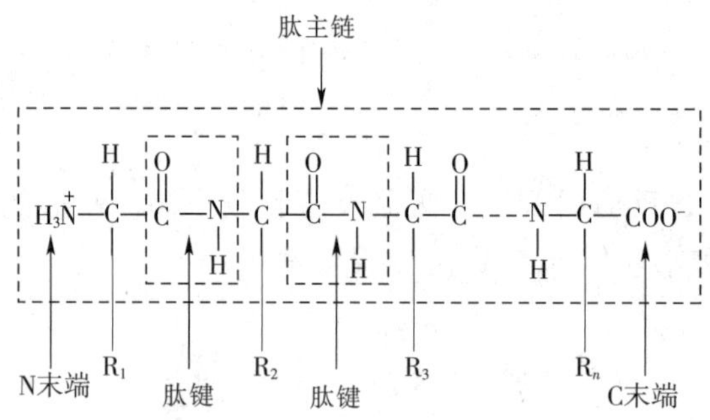

图 1-7　多肽链的模式结构

多肽链的结构具有方向性。一条多肽链有两个末端，含自由 α-氨基一端称为氨基端或 N 端；含自由 α-羧基一端称为羧基端或 C 端。习惯上，人们在书写肽的分子结构式时，将 N 端写在左边，C 端写在右边；肽的命名也是从 N 端到 C 端，以羧基端氨酰基的衍生物来命名。如四肽 Tyr-Ala-Cys-Gly，是由酪氨酸、丙氨酸、半胱氨酸和甘氨酸四个氨基酸残基组成的四肽，酪氨酸残基为 N 端，而甘氨酸残基为 C 端，称为酪氨酰-丙氨酰-半胱氨酰-甘氨酸，以“氨酸”结尾表明其羧基末端未参与肽键的形成。其结构如下。

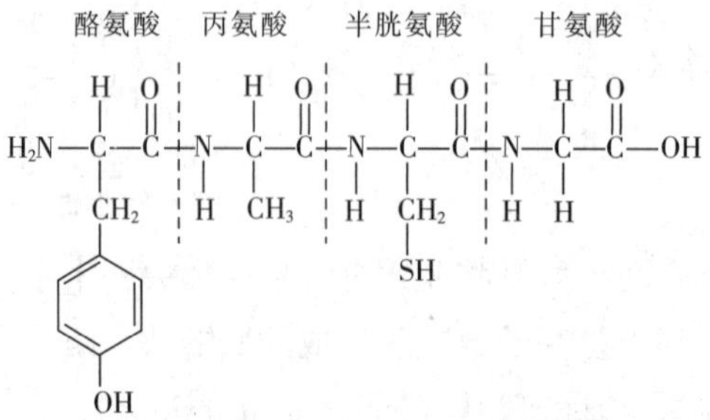

酪氨酸　丙氨酸　半胱氨酸　甘氨酸

$$H_2N-CH(CH_2-C_6H_4-OH)-CO-NH-CH(CH_3)-CO-NH-CH(CH_2SH)-CO-NH-CH_2-COOH$$

若其中任何一种氨基酸残基顺序发生改变，即另一种不同的四肽顺序异构体，多肽顺序异构体的存在使得自然界中的多肽种类繁多。多肽链的一级结构阐明该肽链的氨基酸残基的数目、结构和顺序，是蛋白质作用的特异性、空间结构的差异性和生物功能多样性的基础。肽链中除含有肽键外，有些还含有少量的二硫键（disulfide bond），它是由两分子的半胱氨酸残基的巯基脱氢而形成的，存在于肽链内或肽链间。如胰岛素是由两条肽链经二硫键连接而成的。

多肽链存在三种形式，即无分支的开链多肽、分支开链多肽和环状多肽。环状多肽是由开链多肽的末端氨基与末端羧基缩合成肽键而形成的。

二、肽键的特征

（一）肽键的化学特征

肽键具有部分双键的性质。肽键上氮原子的孤对电子与相邻羰基之间产生共振，形成共振杂化体，这样的肽键的键长为 0.132nm，介于 C═N 双键（键长 0.127nm）和 C—N 单键（键长 0.147nnm）之间，且更接近双键的长度，因此肽键具有部分双键的性质，绕键旋转的能障较高，约为 75kJ/mol。因此，在体温条件下，肽键不能自由旋转。肽键的共振结构如下。

肽键的双键性质使得组成肽键的四个原子及其相邻的两个 α 碳原子处在同一个平面上，为半刚性平面结构，称为肽平面（planar unit of peptide）或肽单位（peptide unit）（图 1－8）。对已知结构的蛋白质的分析表明，多数的肽平面是没有扭曲的平面，不是绝对刚性的，可在一定范围内旋转，如果用二面角 ω 来描述肽平面的扭曲程度，即描述肽键的旋转情况的话，则 ω 多数是 180°，可扭曲程度 $\Delta\omega$ 介于 －20° ~ ＋10°。

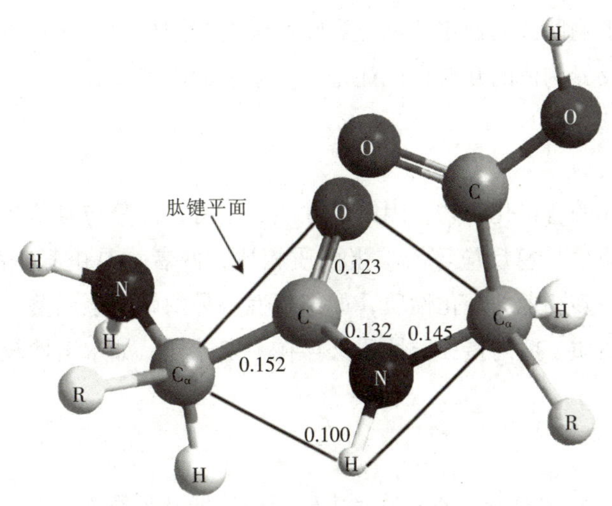

图 1－8　二肽的肽键平面

多肽链是由许多重复的肽平面连接而成，它们构成肽链的主链骨架。肽链中只有肽平面和 α－碳原子间连接的单键可以自由旋转，此单键的旋转决定两个肽平面的位置关系，因而肽平面是肽链构成 α－螺旋及 β－折叠结构的基础，是肽链盘曲折叠的基本单位。

（二）肽键的顺反异构

肽键具有部分的双键特征，那么肽键上的取代基也就可能出现类似于烯类那样的顺反异构体（图 1－9）。两个 α－碳原子在肽键两侧的，为反式构型；两个 α－碳原子在肽键同侧的，为顺式构型。

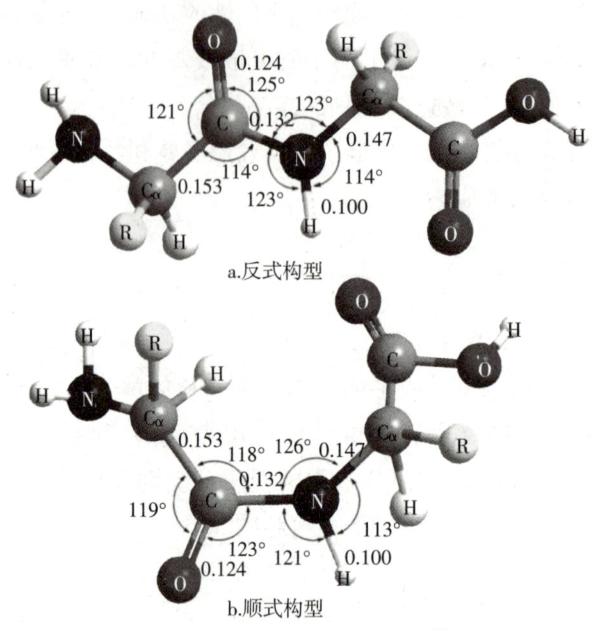

图 1－9 肽键的反式构型和顺式构型

蛋白质或肽链中的肽键，一般是反式构型。这种构型使得相邻的 C_α原子处于刚性平面的相反两侧，避免了与两个 C_α原子及与其相连的 R 基团的空间干扰，从而使肽键处于低能状态，并因此保持稳定；而在顺式结构中，两个 R 基团彼此靠近，产生空间位阻。因此，反式构型比顺式构型稳定。但是在一些蛋白质或多肽中，脯氨酸的氨基参与形成的肽键可能出现顺、反两种构型。脯氨酸残基参与的顺式和反式肽键的能量差约为 13kcal/mol，顺式和反式出现的概率之比为 2∶8。

肽键的顺反异构不仅影响肽链的稳定性，也影响肽链的空间构象。在新生肽链折叠、蛋白质的变性和复性时，一些肽键的顺反异构体的互变也往往是动力学上的限速步骤。

三、肽的性质

肽是由氨基酸残基组成的有机化合物，因此其性质必定有一部分与氨基酸相同或相关，例如两性解离及等电点、紫外吸收性质、呈色反应等。与蛋白质相比，两者均是由氨基酸经肽键连接而成的化合物，肽与蛋白质之间存在许多相近的理化性质，如亲水性、易酶解、金属螯合性等。但由于肽的相对分子质量及链长度远小于蛋白质，肽与蛋白质性质又存在一定差异，如水溶性较高、黏度较低、稳定性较高等。

（一）物理性质

1. 相对分子质量 通常将相对分子质量低于 10×10^3 的聚酰胺称为多肽，高于 10×10^3 者称为蛋白质，但这种界限并不严格，如胰岛素的相对分子质量为 5437，但习惯上称为蛋白质，有时也称多肽。

2. 水溶性 多数肽分子往往具有许多极性侧链，如—OH、—NH_2、—COOH 等，它们可以与水分子形成氢键缔合，或与正负离子形成极性区。所以，很多多肽化合物均具有水溶性。多肽的水溶性大于蛋白质，天然蛋白质的水溶液浓度超过 13% 就会形成凝胶，而多肽在 50% 的高浓度下和在较宽的 pH 范围内仍能保持溶解状态。分子中含 Lys、Glu、Asp、Arg、Ser 等氨基酸残基越多，肽的水溶性越强。

3. 旋光性 除了 Gly 残基以外，组成肽的每个氨基酸残基均有手性原子，因此肽均具有旋光性。一般短肽的旋光度等于其各个氨基酸残基的旋光度的总和。蛋白质水解得到的各种短肽，只要不发生消旋作用，也具有旋光性。

（二）化学性质

1. 多肽的两性电离和等电点　多肽是由氨基酸残基组成的，氨基酸是两性电解质，肽与氨基酸一样在水溶液和结晶状态都以两性离子的形式存在，这主要是由 N 端 α-氨基和 C 端 α-羧基以及酸性和碱性氨基酸残基侧链上可电离的功能基团造成的。

肽作为带电颗粒可以在电场中移动，移动方向取决于分子所带的净电荷。肽的带电情况主要与溶液的 pH 和其分子上的可电离基团的 pK 值有关。当肽溶液处于某一 pH 时，多肽分子为兼性离子，所带正负电荷相等，静电荷为零，此时溶液的 pH 称为多肽的等电点（isoelectric point，pI）。肽溶液的 pH 大于等电点，该肽分子带负电荷，反之则带正电荷。多肽的三种解离状态示意如下。

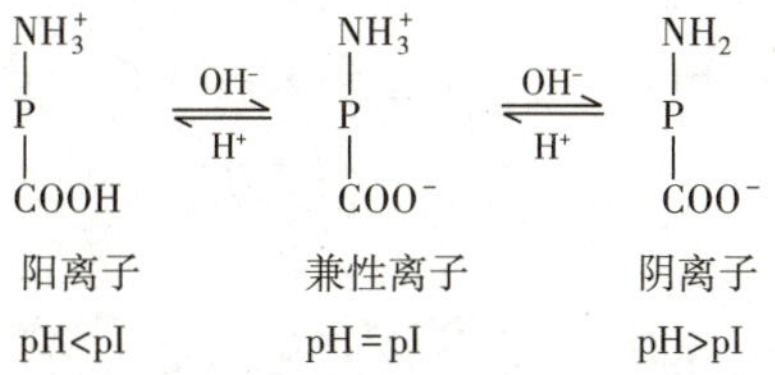

$$\underset{COOH}{\overset{NH_3^+}{P}} \underset{H^+}{\overset{OH^-}{\rightleftharpoons}} \underset{COO^-}{\overset{NH_3^+}{P}} \underset{H^+}{\overset{OH^-}{\rightleftharpoons}} \underset{COO^-}{\overset{NH_2}{P}}$$

阳离子	兼性离子	阴离子
pH<pI	pH＝pI	pH>pI

各种不同的肽具有特定的等电点，例如 Gly-Asp 的等电点为 3.63，Gly-Gly-Gly 的等电点为 5.58。这与其所含碱性氨基酸和酸性氨基酸的种类和数目不同有关。一般来说，酸性氨基酸含量较多的肽，等电点偏酸；碱性氨基酸含量较多的肽，等电点偏碱。

多肽的两性解离和等电点特性，对于多肽的分离纯化和分析具有重要的理论指导意义，如多肽的等电点沉淀、电泳和离子交换色谱等方法的基本原理均与等电点有关。

2. 肽的紫外吸收　由于多肽分子中含有共轭双键的色氨酸、酪氨酸残基，因此在 280nm 波长处有特征吸收峰。多肽的 A_{280} 与其浓度成正比关系，常用于多肽的定量测定。

3. 肽的变性与金属螯合性　多肽尤其是相对分子质量较大的多肽与蛋白质相似，它们多具有二级甚至三级结构，这些结构与多肽的生物活性密切相关。当多肽遇热、酸、碱、有机溶剂时，其二级、三级结构就会解体，导致生物活性丧失。多肽变性后，其性质往往会发生改变，如溶解度显著降低，等电点、黏度及旋光性的改变等。

肽分子中具有—OH、—NH_2、—COOH、—SH 以及咪唑基，在一定的空间位置中可与多价重金属（M）形成稳定的螯合物。这种特性可赋予多肽独特的生物活性，如 Zn-肽的免疫调节作用和谷胱甘肽的重金属解毒作用等。肽与重金属形成的螯合物结构如下。

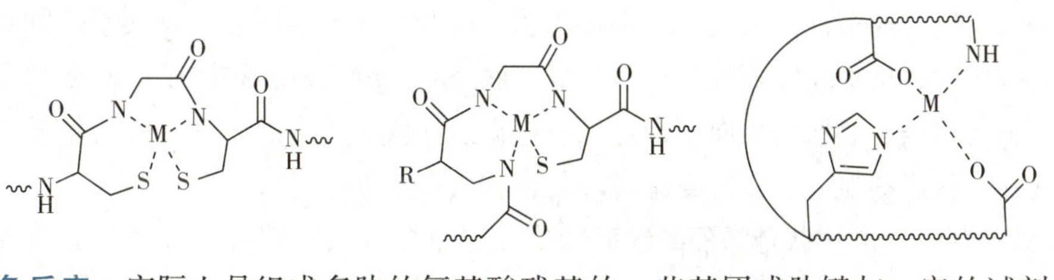

4. 肽的颜色反应　实际上是组成多肽的氨基酸残基的一些基团或肽键与一定的试剂所产生的化学反应，这些反应均可用于多肽的定性和定量分析。以下是几种重要的颜色反应。

（1）茚三酮反应　在 pH 5~7 时，多肽的 α-氨基酸与水化茚三酮（苯丙环三酮戊烃）在加热条件下产生蓝色的反应，称茚三酮反应（ninhydrin reaction）。凡具有氨基、能放出氨的化合物都有此反应。该法可用于多肽、蛋白质以及氨基酸的定性与定量分析。

（2）双缩脲反应　多肽在碱性溶液中与硫酸铜作用呈现紫红色，称双缩脲反应（biuret reaction）。凡分子中含有两个以上肽键的化合物都呈此反应，肽键越多颜色越深。此法常用于多肽或蛋白质的定性和定量分析。

(3) 米伦反应 肽溶液中加入米伦试剂（亚硝酸汞、硝酸汞及硝酸的混合液），肽先沉淀，经加热变为红色沉淀。此为酪氨酸的酚核所特有的反应，因此含有酪氨酸的肽均呈米伦反应。

(4) 酚试剂反应 在碱性条件下，多肽分子中的酪氨酸、色氨酸可与酚试剂（含磷钨酸－磷钼酸化合物）生成蓝色化合物，蓝色的深度与多肽的浓度成正比。此法是测定多肽和蛋白质浓度的常用方法，灵敏度高，但容易受多肽或蛋白质中氨基酸组成的特异影响。

此外，多肽还可与乙醛酸试剂、浓硝酸等试剂发生颜色反应。

四、生物体内的重要多肽

自然界中除了存在大量的蛋白质外，还存在大量的具有活性的肽类，机体中的内分泌系统、免疫系统、心血管系统等部位均有活性肽的分布，这些活性肽发挥了广泛而重要的生物活性。

（一）来自血液的活性肽

1. 舒缓肽

(1) 结构与性质 舒缓肽（bradykinin，BK）是以前体蛋白形式——舒缓激肽原（属于 α 球蛋白）存在于血液中的。前体蛋白质经激肽释放酶（bradykrein）酶解后，可得到含有 9 个氨基酸残基的肽，因为对平滑肌具有缓慢的收缩作用，故命名为舒缓肽，其序列为 Arg－Pro－Pro－Gly－Phe－Ser－Pro－Phe－Arg。舒缓肽的血浆半衰期（$t_{1/2}$）较短，因种属不同差异较大，人体中舒缓肽的 $t_{1/2}$ 仅为 17 秒，很快会被激肽酶及其他组织蛋白酶降解。在激肽水解酶Ⅱ的作用下，舒缓肽的 C 端 2 肽 Phe－Arg 被切下而失活，氨肽酶可水解 N 端的精氨酸而使舒缓肽迅速失活。另外舒缓肽还可被羧肽酶 B、胰凝乳蛋白酶以及其他酶所破坏。

(2) 作用与应用 舒缓肽除了参与心血管、肾脏、凝血和纤溶等正常生理过程的调节外，在疼痛、炎症、高血压、血管通透性改变、肿瘤发生以及细胞增殖和凋亡等诸多的病理生理过程中也起着非常重要的作用。

1) 对神经系统的作用 舒缓肽既可直接作用于感觉神经纤维使其对其他刺激的敏感性明显提高，也可协同其他致痛物质如前列腺素和 5－羟色胺间接提高神经系统对痛觉刺激的敏感性。舒缓肽在脑缺血急性期可以加重脑损伤。舒缓肽对胃肠神经系统也有着非常重要的作用，能诱发豚鼠小肠肌间和黏膜下神经元膜电位的缓慢去极化，增加其放电频率，从而提高神经元的兴奋性。

2) 对心血管的作用 舒缓肽是体内很强的血管扩张因子，能舒张微血管和小动脉，收缩大动脉和冠状动脉，增高血管壁的通透性。小剂量应用缓激肽可以开放血肿瘤屏障，有利于抗肿瘤药物通过血肿瘤屏障到达脑肿瘤组织，增加化疗药物的疗效。舒缓肽还是一种心脏保护因子，心肌缺血前及缺血再灌注过程中局部注射可以缩小心肌梗死面积，降低缺血再灌注心律失常发生率，同时舒缓肽还可以改善缺血心肌的能量代谢，提高缺血心肌内的高能磷酸化合物及糖原的贮备。

3) 致痛、致炎作用 舒缓肽是强烈的致痛物质，能直接刺激感觉传入神经引起疼痛。舒缓肽还有促进白细胞诱导物分泌的作用。当组织损伤时局部的组织蛋白酶被激活，舒缓肽合成增加，除引起局部疼痛、毛细血管扩张、血管通透性增加外，还引起白细胞聚集，产生红、热、肿、痛等炎症反应。此外，舒缓肽作为一种炎性介质，具有很强的刺激肺泡上皮细胞等多种细胞分泌 IL－6 的能力。

由于舒缓肽在心血管系统中发挥着重要的保护作用，在高血压、缺血性心脏病、充血性心力衰竭等多种心血管疾病的治疗中，舒缓肽受体激动剂/拮抗剂可能具有重要的临床价值。

2. 血管紧张肽

(1) 结构与性质 血管紧张肽，也称血管紧张素（angiotensin，AT），是由血液中的血管紧张肽原（angiotensingen，ATG）经裂解得到的一组多肽类物质，包括血管紧张肽Ⅰ（AT－Ⅰ）、Ⅱ（AT－Ⅱ）

和Ⅲ（AT-Ⅲ）。它们与肾素、血管紧张肽原、血管紧张素转化酶（angiotensin converting enzyme，ACE）、血管紧张肽降解酶（氨基肽酶）和血管紧张肽受体共同组成肾素-血管紧张肽系统（renin-angiotensin system，RAS）。在肾素的作用下，14 肽的 ATG 转变为 10 肽的 AT-Ⅰ，其相对分子质量为1064.2，序列为Asp-Arg-Val-Tyr-Ile-His-Pro-Phe-His-Leu。AT-Ⅰ在血浆中的浓度为0.1~1ng/100ml，半衰期为30分钟。AT-Ⅰ再经ACE的作用，切除C端的两个氨基酸残基（His-Leu），变成8肽AT-Ⅱ。AT-Ⅱ具有很强的生物活性，但$t_{1/2}$很短，经血浆和组织液中氨基肽酶的作用被水解为7肽AT-Ⅲ，在几分钟内可被组织和血浆的肽酶灭活。

对体内多数组织细胞来说，AT-Ⅰ不具有明显的生物活性作用；AT-Ⅲ的缩血管作用较弱，只有AT-Ⅱ的10%~20%，但刺激肾上腺皮质球状带细胞合成和释放醛固酮的作用较强；AT-Ⅱ的作用最强，分布最广泛，具有很强的生物学效应，因此，对AT-Ⅱ受体研究的最多。根据其受体的药理学和生物学特性的不同，目前已知AT受体有AT_1R、AT_2R、AT_3R和AT_4R 4种亚型，在人体内AT-Ⅱ主要通过与AT_1R、AT_2R结合发挥生理作用。在大脑，AT_1R主要分布于与调节血压、水盐代谢、尿钠排泄及血管升压素形成和释放有关的区域；在外周组织，AT_1R只分布在肝、肺、肾、肾上腺皮质、胃肠道、主动脉、附睾、输精管和胎盘。AT_2R则主要分布于肾上腺髓质、卵巢和胰腺。现已知的大部分心血管效应由AT_1R介导，AT_2R可拮抗AT_1R的功能。

（2）作用与应用　AT通过靶细胞膜的特异受体及钙离子浓度的介导而发挥多种生理作用，如收缩血管、升高血压、刺激醛固酮分泌、促进心肌和血管细胞增殖等。此外，AT在肿瘤的发生、发展、炎症反应以及血管形成等方面也发挥重要作用。

1）升压作用　AT-Ⅱ是强有力的升压剂，是已知最强的缩血管活性物质之一。外周或中枢给予AT-Ⅱ均可使血压升高。AT-Ⅱ升压作用的原理包括：直接作用于心脏和血管平滑肌的特异性受体，使心跳加速，心排血量增加；增强交感神经系统的活动，使交感神经末梢肾上腺素（NE）释放增加，重摄取减少；促进肾上腺髓质释放NE；通过促进神经垂体的精氨酸血管升压素（AVP）释放；AT-Ⅱ促进肾上腺皮质分泌醛固酮，使血容量增加。

2）促进醛固酮的分泌　肾素-血管紧张素-醛固酮系统是全身血压、水盐代谢的强有力的内分泌调节系统。AT-Ⅱ能刺激醛固酮的分泌，但作用弱于血AT-Ⅲ。

3）对肿瘤生长的作用　AT-Ⅱ在细胞组织中的过量表达与肿瘤的形成有直接关系。在许多癌细胞中均发现了AT-Ⅱ的高表达。狄茂军等运用免疫组化法在肝癌组织中发现AT_1R表达升高，阳性率高达92.6%，而癌旁组织呈低阳性率，正常的肝脏组织未检测到AT_1R的阳性表达。AT_1R的高表达可能是晚期肝癌在营养缺乏的条件下维持生长转移的重要因素。

4）对内分泌的影响　AT-Ⅱ能刺激或影响血管升压素的分泌，但机制尚不清楚。目前许多学者认为是其作用于垂体的结果。

5）增强渴觉　AT-Ⅱ可能直接作用于大脑和垂体的一些室周器，如后缘区、穹隆下器等，使交感缩血管紧张活动加强，增强渴觉，导致饮水行为。AT-Ⅱ还可刺激视上核，使血管升压素释放，进而引起饮水行为。

AT_1R是AT-Ⅱ的主要受体，针对肿瘤组织中AT_1R的高表达，AT_1R拮抗剂在肿瘤治疗中的作用引起广泛的关注。坎地沙坦作为长效的AT_1R拮抗剂，可以明显减小肉瘤大小和血管化作用，并且可以治疗肾癌细胞向肺转移，有效抑制肺转移酶的数量，降低内皮细胞生长因子（VEGF）受体，以及肺小结新生血管。此外，AT_1R拮抗剂在治疗激素抵抗的前列腺癌、高血压病、心力衰竭、保护肾功能，延缓肾脏病进展，逆转左室肥厚和血管重塑等效应具有重要意义。

3. 谷胱甘肽

（1）结构与性质　谷胱甘肽（glutathione）是由谷氨酸、半胱氨酸和甘氨酸通过肽键缩合而成的三肽化合物，是一种用途广泛的活性短肽。分子中有一特殊的γ-肽键，即由谷氨酸的γ-COOH与半胱氨酸的α-NH_2缩合成的肽键，半胱氨酸上的巯基为其活性基团，其分子式为$C_{10}H_{17}O_6SN_3$，相对分子质量为307.33，化学结构如下。

```
           谷氨酸               ¦   半胱氨酸  ¦
           COOH           O     ¦  H2C—SH    ¦         甘氨酸
            |             ||    ¦ H  |       ¦ H    H2
   H2N— C —(CH2)2— C —+— N — C — C —+— N — C—COOH
            H                   ¦      H  ||  ¦
                                ¦         O   ¦
```

谷胱甘肽的熔点为189~193℃，等电点为5.93。谷胱甘肽能溶于水、烯醇、液氨和二甲基甲酰胺，不溶于醇、醚和丙酮。其固体较为稳定，水溶液在空气中则易被氧化。体内存在还原型谷胱甘肽（reduced glutathione，GSH）和氧化型谷胱甘肽（oxidized glutathione，GSSG）两种形式，正常人体GSH和GSSG的比例为100：1，谷胱甘肽还原酶（GSR）能催化两种形式的互变。谷胱甘肽广泛存在于所有生物细胞中，其中以酵母、小麦胚芽以及人和动物肝、肾、红细胞和眼睛晶状体中含量较为丰富。全血中GSH的正常质量浓度约为371mg/L，人体的肝和肾是GSH主要的合成、代谢和排泄器官。

（2）作用与应用

1）抗氧化作用　谷胱甘肽作为体内一种重要的抗氧化剂，能够清除掉人体内的自由基；由于GSH本身易受某些物质氧化，所以它在体内能够保护许多蛋白质和酶等分子中的巯基不被有害物质氧化，从而保证蛋白质和酶等分子生理功能的正常发挥；人体红细胞中谷胱甘肽的含量很多，这对保护红细胞膜上蛋白质的巯基处于还原状态，防止溶血具有重要意义，而且还可以保护血红蛋白不受过氧化氢、自由基等氧化从而使它持续正常地发挥运输氧的能力。

2）解毒作用　GSH能与进入机体的有毒化合物（丙烯腈、氟化物、一氧化碳）、重金属离子或致癌物质等直接结合，将其转化为无害的物质，排泄出体外，起到中和解毒的作用。

3）其他作用　GSH能够纠正乙酰胆碱、胆碱酯酶的不平衡，起到抗过敏作用；可以防止皮肤老化及色素沉着，减少黑色素的形成，改善皮肤抗氧化能力；可缓解恶性肿瘤患者化疗所致的毒副反应；可防治糖尿病神经病变、糖尿病肾病、糖尿病脂肪肝等并发症；能够抑制乙醇侵害肝脏产生脂肪肝，减轻病毒性肝炎、肝炎肝硬化以及药物性肝损伤症状。

目前，谷胱甘肽药物广泛应用于临床，除利用其巯基以螯合重金属、氟化物、芥子气等毒素中毒外，还作为辅助药物用于慢性乙型肝炎合并脂肪肝损害、酒精性脂肪肝、糖尿病神经病变、糖尿病肾病、糖尿病脂肪肝、溶血性疾病以及角膜炎、白内障和视网膜等疾病的治疗。谷胱甘肽还作为生物活性添加剂及抗氧化剂用于功能食品。

（二）脑中的活性肽

1. 促黑激素

（1）结构与性质　促黑激素（melanophore-stimulating hormone，MSH）亦称（垂体）中叶激素，系从牛、猪、羊等的腺垂体中叶提取的类激素。目前MSH可分为α-MSH、β-MSH和γ-MSH，三者均由前体激素——阿黑皮素原（proopiomelanocortin，POMC）经裂解产生。α-MSH由13个氨基酸残基组成，序列为Ser-Tyr-Ser-Met-Glu-His-Phe-Arg-Trp-Gly-Lys-Pro-Val，N端乙酰化，C端酰胺化，相对分子质量为1655，不同种属间序列无差异性；β-MSH的氨基酸序列因动物种属的不同而略有差异，人的β-MSH由22个氨基酸残基组成；γ-MSH又分γ_1-MSH、γ_2-MSH、γ_3-MSH，分别由11、12、27个氨基酸残基组成。不同种类的促黑激素都有一段相同的中心序列Met-Glu-His-Phe-Arg-Trp-Gly。α-MSH主要

在下丘脑弓状核、下丘脑背侧区、隔区及垂体前叶、中叶表达，在下丘脑的含量最高。在其他外周组织如T淋巴细胞、B淋巴细胞、单核细胞、角朊细胞、黑色素细胞以及朗格汉斯细胞也有α-MSH的分布。正常人血浆中β-MSH为20～110ng/L，α-MSH不能检出，在某些病理情况下可大大增加。MSH在循环中的$t_{1/2}$仅为10分钟。

（2）作用与应用

1）促进色素的沉着　MSH对低等脊椎动物及哺乳动物色素的沉着都发挥重要作用。其作用的机制可能包括：激活黑色素细胞内的关键酶——酪氨酸酶，并促进该酶的合成，从而促进黑色素的生成；与黑素皮质素Ⅰ型受体（melanocortin 1 receptor，MC1R）结合，使胞内cAMP水平增加，使黑色素小体扩散；促进黑色素细胞膜上MC1R的表达，使小体数量增加；特异性地促进黑色素细胞的分化、发育。

2）调节神经内分泌功能　MSH参与多种神经内分泌物质分泌的调节，主要包括：促进生长激素（GH）的分泌，调节醛固酮的分泌，抑制促肾上腺皮质激素释放激素（CRH）的释放，抑制胰岛素的释放，调节催乳素（PRL）和黄体生成素（LH）的分泌等。

3）抗炎作用　MSH具有强的抗炎作用，α-MSH与其受体——鸟嘌呤结合蛋白（G蛋白）结合发挥其抗炎作用。正常情况下，MSH在血液循环中浓度是非常低，一般为（21.3±0.63）pg/ml，但在一些炎症性疾病中，血循环或炎症局部的α-MSH浓度增高，提示在炎症性疾病中，α-MSH水平的提高可能是对抗炎症的一种天然手段。

4）其他作用　α-MSH具有修复神经功能、抗发热、调节心血管功能、调节免疫、影响啮齿动物注意力、学习、记忆、社会行为等作用。

α-MSH因具有效果明确的抗炎作用而具有十分广阔的临床应用前景，尤其在治疗人类获得性免疫缺陷综合征、类风湿关节炎、心肌梗死等方面具有重要意义。

2. 加压素和催产素

（1）结构和性质　加压素（vasopressin，VP）是最早从垂体中提取的肽类激素之一，由于其还具有抗利尿作用，所以又称抗利尿激素（antidiuretic hormone，ADH）。加压素是由下丘脑视上核分泌的相对分子质量为1084.34的9肽，其第4位和第9位的半胱氨酸残基以二硫键形成一个6肽的环状结构。目前已证实人体有三种血管升压素受体亚型（V_1、V_2和V_3）分别介导血管收缩、水重吸收和中枢作用。

催产素（oxytocin，OT）是由下丘脑室旁核合成和分泌的9肽，相对分子质量为1007.35，其分子结构与加压素相似，但第3位和第8位氨基酸分别是异亮氨酸和亮氨酸。

加压素和催产素的氨基酸序列见图1-10。

```
                    S————————————————————S
                    |                    |
NH2—Gly—Arg—Pro—C—Asn—Gln—Phe—Tyr—C—COOH
                          a
                    S————————————————————S
                    |                    |
NH2—Gly—Leu—Pro—C—Asn—Gln—Ile —Tyr—C—COOH
                          b
```

图1-10　加压素和催产素的氨基酸序列

a. 加压素；b. 催产素

（2）作用与应用　加压素具有抗利尿、调节心血管功能、增强记忆、镇痛作用。此外，加压素还能促进肝糖原的分解，对子宫平滑肌和乳腺管肌上皮也有一定的收缩作用，但远较催产素弱。血管升压素作为一种非肾上腺素能的周围血管收缩药而在心肺复苏中发挥作用。血管升压素及其人工衍生物还可以用于治疗上消化道出血、尿崩症和出血性疾病、手术中低血压、血管扩张性休克和门静脉高压症等危重症。

催产素不仅有催产和促进排乳作用，而且对神经内分泌功能、体液渗透压的调节、血管功能活动的调节、学习记忆、动物的行为、消化道功能、体温调节、痛觉调节等生理活动都有作用。在剖宫产中，术前静滴催产素可以起到良好的预防产后出血的作用。另外，催产素能明显降低子宫切口裂伤及新生儿重度窒息发生率，临床上催产素常用于宫缩乏力、促进产程进展或减少产后出血。

3. 促甲状腺释放因子

（1）结构与性质　促甲状腺释放因子（thyrotropin releasing factor，TRF）是由下丘脑合成和分泌的促进垂体活性物质释放的因子，仅由谷氨酸、组氨酸和脯氨酸三个氨基酸残基组成，N 端的谷氨酸环化成焦谷氨酸，C 端的脯氨酸被酰胺化（图 1－11）。

TRF 中的组氨酸残基是决定其活性的关键结构，若将组氨酸的左旋形式改为右旋，则其生物活性仅为原来的 3%，若将咪唑环氧化，则 TRF 活性完全消失。TRF 的相对分子质量为 392.39。TRF 易溶于无水甲醇，略溶于三氯甲烷，不溶于吡啶。由于 N 端和 C 端分别环化和酰胺化，这样的结构能够抵御胰蛋白酶、糜蛋白酶及二肽酶等胃肠道蛋白酶的消化。

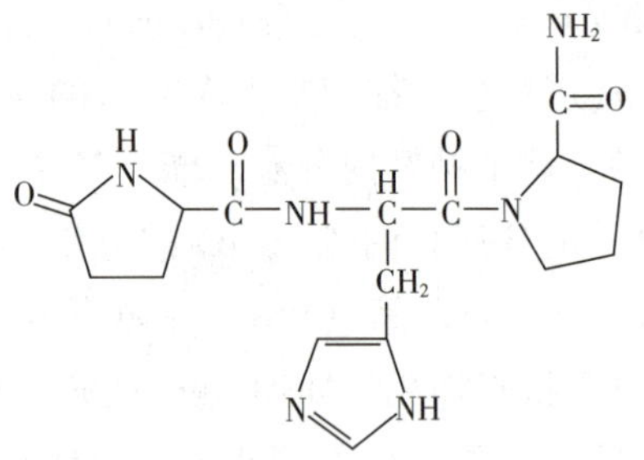

人和动物 TRF 的化学结构相同，故无种属特异性。TRF 在下丘脑中的浓度最高，在其他神经组织及外周器官也有 TRF 存在。

图 1－11　促甲状腺释放因子的分子结构

（2）作用与应用　TRF 的主要作用是刺激脑垂体促甲状腺激素细胞释放促甲状腺激素（TSH）。TRF 不仅调节 TSH 的合成与分泌，而且能通过糖基化作用调节 TSH 的分子结构。TRF 也能促进催乳素（PRL）释放，其释放 PRL 的阈值与释放 TSH 是同级的。此外，TRF 还能促进胰高血糖素的分泌。

在中枢神经系统，TRF 既可作为一种神经激素通过受体调节其他递质起作用，也可以作为一种神经递质直接起作用。在动物实验中，TRF 可引起行为改变，如兴奋、精神欣快、情绪暴躁等。神经生理研究表明，TRF 直接影响单个神经元的电活动，进而影响神经递质 NE 和 ACh 引起的兴奋和抑制作用。TRF 还能引起明显的呼吸效应，对不同种属动物，从外周或脑室给 TRF 均能引起明显的呼吸加快，伴随体温下降。

4. 促黄体生成激素释放因子

（1）结构与性质　促黄体生成激素释放因子（LH releasing factor，LHRF）序列为 Glu－His－Trp－Ser－Tyr－Gly－Leu－Arg－Pro－Gly，是由下丘脑的神经分泌细胞中合成并释放的 10 肽激素。其中，N 端的 Glu 环化为焦谷氨酸，C 端酰胺化。LHRF 在 Gly^6－Leu^7 间形成两个 β 折叠，该部位对 LHRF 受体具有高度亲和力。LHRF 受体为跨膜 7 次的 Gq 蛋白偶联受体，LHRF 与其受体结合后通过第二信使途径产生细胞效应。LHRF 广泛分布在下丘脑及其他神经系统，外周器官和组织中也有 LHRF 的存在。

（2）作用与应用　LHRF 调控着垂体内促黄体生成激素（LH）和促卵泡激素（FSH）的分泌，维持正常的月经周期，在妊娠早期，LHRF 对控制胎盘激素的产生和胎儿的生长发育有一定的生理作用。此外，生理剂量 LHRF 阵发性释放可激活垂体－性腺轴，引起 LH 的阵发性释放，引起青春期男性血浆雄激素水平升高以及性器官和第二性征的发育，能维持血浆促性腺激素及性激素水平，并维持正常的男性性功能。

LHRF 激动剂目前已有产品出售，用于治疗不孕症和治疗性激素依赖的癌症，LHRF 拮抗剂的研究还处于试验阶段。

5. 生长激素释放抑制因子

（1）结构与性质　生长激素释放抑制因子（SRIF）又称生长激素释放抑制激素，由丘脑下部提取、人工合成或基因工程生产的多肽激素，由 14 个氨基酸残基组成，序列为 Ala－Gly－Cys－Lys－Asn－Phe－

Phe-Trp-Lys-Thr-Phe-Thr-Ser-Cys，其中第3位和第14位的两个半胱氨酸形成二硫键，这种共价键连接不仅能维持其构象，而且增强了结构的稳定性。在自然界中，SRIF还能以串联的二聚体形式存在。在SRIF的分子结构中，第7、8、9位的氨基酸残基是维持其生物活性的主要部位，任何氨基酸残基的替代都将引起生物活性的丧失。改变第6、11位氨基酸残基，其生物活性也发生明显改变，而1~5和12~14位氨基酸的改变对其生物活性不产生任何影响。SRIF在血液中的$t_{1/2}$大约为4分钟，能被许多肽酶降解，降解部位在Trp^{8}-Lys^{9}。

（2）作用与应用　SRIF作为一种下丘脑分泌的多功能抑制因子，有广泛的抑制作用。

1）抑制生长激素（GH）和促甲状腺激素（TSH）的释放　当电刺激前部室周核时，垂体门脉血中SRIF含量明显升高，同时GH的分泌也受到抑制，脑室注射SRIF抗血清中和内源性SRIF，血中GH含量明显升高。有关资料表明，SRIF可抑制TSH释放，降低基础TSH水平。此外，SRIF对催乳素（PRL）和促肾上腺皮质激素（ACTH）的分泌也有抑制作用。

2）对消化系统的调节作用　SRIF能抑制胰高血糖素和胰岛素的分泌，抑制胃肠道激素的分泌，抑制胃液、胃蛋白酶、胰蛋白酶及胆汁的外分泌，抑制胃肠运动。此外，SRIF还能减少营养物质如葡萄糖、氨基酸、油脂的吸收，减少肠系膜血流量，增加血管阻力等。

3）对免疫系统的作用　近年来发现免疫细胞亦能合成SRIF，并表达SRIF受体，SRIF能抑制人外周血中单核细胞产生干扰素-γ，抑制小鼠脾细胞的增殖，还能抑制自然杀伤（NK）细胞的活性。SRIF抑制小鼠脾细胞增殖的机制可能是通过配体-受体途径激活或抑制细胞内信号转导的级联反应，导致细胞生理功能改变来发挥作用的。神经内分泌免疫系统间相互调节的机制值得进一步探讨。

临床上SRIF主要用于治疗肢端肥大症和中老年糖尿病等疾病。

6. 促肾上腺皮质激素释放因子

（1）结构与性质　促肾上腺皮质激素释放因子（corticotropinreleasing factor，CRF），又称促皮质素释放因子，促肾上腺皮质（素）激素释放激素，主要由中枢下丘脑室旁核细胞合成并分泌的41肽。CRF分子C端的1~8个氨基酸残基是活性部位所在，若删除C端的1~6、1~7或1~8片段，CRF的活性下降到10%以下。CRF及CRF相关肽通过与受体（CRFR）结合后，激活细胞内的腺苷酸环化酶和磷脂酶C，刺激cAMP生成、磷酸肌醇水解以及有丝分裂原激活蛋白的激活或其他信号途径而发挥作用。

（2）作用与应用　CRF作为下丘脑-垂体-肾上腺（HPA）轴功能与糖皮质激素合成的直接调控者在抑郁症发病中发挥重要的作用。当机体长期处于应激状态时，HPA轴功能持续亢进，CRF释放增加，肾上腺皮质激素分泌增加，机体可出现抑郁症状。而给重度抑郁的患者服用CRFR拮抗剂R121919可以显著地降低抑郁和焦虑的评分；CRF及CRF相关肽，通过心血管系统的CRFR表现出扩张血管、加快心率、增加心肌收缩力和正性变时作用从而增加左心室心排血量，同时也能降低全身的动脉压以及动脉弹性（左室舒张末期压力）及周围血管阻力；此外，CRF在Meynert基底核内可损害大鼠的空间辨别性学习能力和记忆的巩固。

临床上，CRF可作肾上腺皮质功能亢进症的诊断助剂、抗炎剂。

7. 来自神经系统的吗啡样肽

（1）结构与性质　迄今为止，已发现的来自神经系统的吗啡样肽已有数十种，包括脑啡肽、强啡肽、内啡肽、内吗啡肽及孤啡肽。脑啡肽系统比较重要的有甲硫氨酸-脑啡肽、亮氨酸-脑啡肽、甲七肽和甲八肽；强啡肽系统包括强啡肽A（1~17肽）（1~8肽）和强啡肽B（1~29肽）及α-新内啡肽等。它们在体内分布比较广泛，除脑内和神经系统外，也存在于消化、循环、内分泌、生殖等系统中。吗啡样肽的受体分为μ、κ、δ、d、e、y及o几类，每种又有不同的亚型。这些受体在脑内分布广泛，第三脑室及导水管周围灰质、丘脑内侧、脊髓胶质区与痛觉的传入、整合及感受有关；边缘系统和蓝斑核与痛觉伴随的情绪及精神活动有关；中脑盖前核的吗啡样肽受体与缩瞳有关；延髓孤束核受体与镇咳、呼吸抑制、中枢交感张力降低有关；脑干极后区、孤束核、迷走神经脊核，以及肠肌本身的吗啡样肽受体与胃肠活动有关。

（2）作用与应用　来自神经系统的吗啡样肽是一类具有吗啡样活性的重要物质，在体内起神经递质和激素的功能。大量研究表明，吗啡样肽对机体的心血管功能、内分泌免疫网络的调节及消化系统、痛觉系统、呼吸系统等都有重要的调节作用。

对心血管系统，吗啡样肽具有降低血压、减慢心率的效应，此效应是通过阿片受体实现的；对消化系统，吗啡样肽能抑制胃肠运动，促进胃液分泌，增加胃黏膜血流量；对呼吸系统，吗啡样肽可以作用于呼吸中枢，降低呼吸频率，减少每分通气量，减少中枢化学感受器对二氧化碳的感受阈值；还可以作用于肺组织，抑制呼吸活动；吗啡样肽的镇痛作用主要表现在对炎症性疼痛的缓解作用；吗啡样肽可增加摄食活动，此效应是通过其与相应受体相互作用实现的。

（三）肠道中的活性肽

1. 胆囊收缩肽

（1）结构与性质　胆囊收缩肽（cholcystokinin，CCK）是从十二指肠发现并提取的一种能使胆囊收缩的多种分子的总称，最早从猪小肠内分离出的 CCK 是 33 肽，相对分子质量 3918，以后陆续发现 CCK_{39}（4678）、CCK_{12}（1611）、CCK_{8}（1130）、CCK_{4}（599）、CCK_{58}等。其中以 CCK-8 和 CK-33 为主要形式。CCK 的生物活性取决于 C 端的氨基酸片段。C 端的 5 个氨基酸序列与胃泌素的 C 端相同。人工合成的 CCK_{8}和 CCK_{12}具有天然 CCK_{33}的全部活性。CCK_{33}的分子结构为：Lys-Ala-Pro-Ser-Gly-Arg-Val-Ser-Met-Ile-Lys-Asn-Leu-Asp-Pro-Ser-His-Arg-Ile-Ser-Asp-Arg-Asp-Tyr-Met-Asp-Phe。

CCK 作为胃肠激素和神经肽，广泛分布于消化系统、中枢及外周神经系统、外周血液等组织器官中，具有种属和组织特异性。CCK 的前体蛋白经体内酶降解成各种 CCK 片段，在肠道组织主要加工成 CCK_{33}，而在中枢神经系统则主要加工成 CCK_{8}。CCK_{33}是 CCK 前体 C 端的一部分，CCK_{8}是 CCK_{33} C 端的部分，由第 96~103 位氨基酸组成，具有 CCK_{33}的全部生物活性，且活性更强。肠内的 CCK_{8}不含硫（dCCK），脑内的 CCK_{8}含有硫（sCCK），其结构为：Asp-Tyr（SO_3H）-Met-Gly-Trp-Met-Asp-Phe。血浆中的 CCK 浓度为 2.3nmol/L，半衰期约为 5~7 分钟。CCK 受体有 CCK-A（外周型）和 CCK-B（中枢型）两种。这两种受体均属于 G 蛋白偶联受体超家族，参与细胞内多种信号转导。

（2）作用与应用　CCK 除了在胃肠道具有调节功能外还是一种重要的神经递质，在消化系统和神经系统中具有多种生理功能，肠道中的 CCK 可调节胰酶的释放和胆囊的收缩；神经系统的 CCK 作为递质参与多种中枢神经系统的功能，如抑制摄食、焦虑、镇痛和调节胰岛素分泌、血压、记忆等功能。

1）对消化系统的作用　CCK 最主要的功能是使胆囊收缩，促进胆汁排除。在人进食后，血浆 CCK 可升高到（5.0 ± 0.8）nmol/L，在 15 分钟时胆囊收缩一半，60 分钟时达到最完全。静脉内连续注射 CCK，血浆浓度可达 3nmol/L，胆囊在 60 分钟时亦达到最大收缩。CCK 也可刺激胰腺分泌胰消化酶和碳酸氢盐，使胰液中酶活力增强，并促进十二指肠腺分泌肠液。CCK 被认为是一种饱感因子，CCK 和瘦素共同作用产生饱感，可降低动物的进食量，CCK 还能促进瘦素的分泌。用高特异性的 CCK 受体拮抗剂可以阻止 CCK 对摄食的抑制作用，使摄食量增加。

2）对神经系统的作用　CCK 可能是中枢神经系统内的一种兴奋性递质。用微电泳法导入 CCK，可迅速地引起皮层、黑质或脊髓神经元的兴奋。体外研究也发现，CCK 对海马皮层的锥体细胞有兴奋作用。大鼠侧脑室注射 CCK_{8}，可抑制黄体生成素和促甲状腺素的分泌，促进生长激素和催乳素的分泌。

3）对痛觉的调制　中枢 CCK 不仅有对抗阿片肽类物质的镇痛作用，而且还有对抗阿片肽的降低血压、减缓心率的作用。经由脊髓蛛网膜下隙注射 CCK_{8}对痛阈虽无明显影响，但能对抗吗啡和电针镇痛、促进吗啡耐受和电针耐受的发生。

2. 胃泌肽

（1）结构与性质　胃泌肽（gastrin，GT）又称促胃液素，其分子结构具有大小不同的多种形式，主要有 GT-34、GT-17、GT-14、GT-16 及 GT-4。GT-17 是由 17 个氨基酸残基组成的肽，不含碱性氨基酸，是胃窦胃泌肽提取物中的主要形式，且活性最高；GT-34 是外周循环胃泌肽存在的主要形式。用胰蛋白酶消化后 GT-34 可转化成 GT-17，但其生理活性仅为 GT-17 的 1/10；GT-14 主要存在于组织及血液中，由 GT-17 的 C 端 14 个氨基酸残基组成，其活性约为 GT-17 的 1/2；GT-4 为 GT-17 的 C 端 4 个氨基酸残基，在脑、肠组织中含量丰富，可能是一种神经递质。

（2）作用与应用

1）刺激胃酸和胃蛋白酶原分泌　进食 0.5~1 小时后，食物刺激幽门部黏膜，促进大量的胃泌肽分泌，进而出现大量的酸性胃液分泌。

2）促进消化道平滑肌收缩　胃泌肽对消化道平滑肌有缓和的促进收缩的作用。它能使食管下端的肌张力增加，括约肌关闭，起到防治胃内容物反流的作用，它还可增强胃蠕动，这种蠕动有助于胃内容物的流出。持续滴注较大剂量的五肽胃泌肽，胃窦部出现规律性收缩，胃排空时间缩短；它对于小肠、结肠、胆囊的收缩也有一定促进作用。

3）营养作用　胃泌肽可促进胃黏膜和消化道黏膜细胞分裂增殖、黏膜血流量增加。在它的持续作用下，胃与十二指肠黏膜明显增厚，壁细胞增多。

3. 血管活性肠肽

（1）结构与性质　血管活性肠肽（vasoactive intestinal peptide，VIP）是从猪小肠提取物中分离出的一种有明显扩张血管、降低血压的物质。属于促胰液素-胰高血糖素-血管活性肠肽家族的一员。VIP 是高度保守的分子，由 28 个氨基酸组成，C 端酰胺化，相对分子质量约为 3827，氨基酸序列为：His-Ser-Asp-Ala-Val-Phe-Thr-Asp-Asn-Tyr-Thr-Arg-Leu-Arg-Cys-Gln-Met-Ala-Val-Lys-Lys-Tyr-Leu-Asn-Ser-Ile-Leu-Asn-NH_2。

其中 C 端的 11 肽为其生物活性部分。VIP mRNA 在中枢和外周神经系统中广泛表达，其主要存在于消化道的 D_1 细胞和中枢及周围神经系统，如大脑皮质、下丘脑、纹关体和海马等，此外还存在于心、肺、肾和皮肤等的神经丛。VIP 基因的表达受其他激素的影响，包括甲状腺素、雌激素、催乳素及糖皮质激素，神经递质 5-HT 也能调节 VIP 的表达。VIP 受体属于 G 蛋白偶联受体，分布在脑、胃肠、心血管、肝、肺、肾和脾等部位，VIP 与其受体结合，激活腺苷酸环化酶，通过 cAMP 第二信号系统发挥其生物学效应。

（2）作用与应用　VIP 作为神经和内分泌系统中一种多功能的神经递质和神经调节因子，对机体的消化系统、神经系统、内分泌系统、免疫系统都发挥着重要的调节作用。VIP 的主要作用包括以下几个方面。

1）对心脏的正性变力作用　VIP 可增强心肌的收缩能力，使血管和呼吸道的平滑肌舒张，导致血流加快、血压降低、肺通气量增大。

2）对消化系统的作用　VIP 对肠液的分泌具有很强的促进作用，但对胰腺的分泌其促进作用很弱；对血管具有很强的扩张作用；VIP 作为一个抑制性的肠神经递质，引起胃和食管下段括约肌舒张，通过肠系膜下的神经节细胞除极作用，减缓肠蠕动。

3）对神经系统的保护作用　近几年来 VIP 对神经系统的保护和营养作用不断被人们所认识。体外试验显示 VIP 能提高培养的星形胶质细胞（AS）摄取谷氨酸的能力，对抗谷氨酸诱导的细胞死亡，提示 VIP 在脑缺血性损伤中具有神经保护作用。

4）对免疫系统的调节作用　已证明 VIP 能抑制 IL-6、TNF-α、IL-12 和趋化因子的产生，并且能抑制由内毒素激活的巨噬细胞产生 NO。此外以剂量和时间依赖的方式，在 mRNA 水平上 VIP 能抑制 IL-8 的产生，这种抑制效应是由特异 VIP 受体介导的。VIP 能诱导体外培养的巨噬细胞产生 Th2 型细胞因子（IL-4、IL-5）、抑制其产生 Th1 型细胞因子（IFN-γ 和 IL-2）。此外，VIP 还能对 T 细胞和树突细胞进行调节。

临床上，VIP 已成功地用于治疗原发性肺动脉高压（PPH）、继发性肺动脉高压（SPH）和体循环的高血压。

4. 肠促胰液肽

（1）结构与性质　肠促胰液肽（secretin）是胃肠激素的一种，是 W. M. Bayliss 和 E. H. Starling（1902）从十二指肠黏膜的酸性提取液中发现的。肠促胰液肽是由 27 个氨基酸组成的碱性多肽，与胰高血糖素、抑胃多肽（GIP）和 VIP 化学结构上有许多相似之处，共同属于胰高血糖素家族，此家族的共同特点是结构上无活性片段，但结构的完整性对其生物活性的维持是必需的，氨基酸序列略有变动即失去生物活性。在肠促胰液肽的氨基酸序列中，有 14 个氨基酸与胰高血糖素相同，9 个与 VIP 和 GIP 相同。肠促胰液肽广泛存在于胃肠道、脑和胃肠腔内容物中，主要产生于十二指肠和上段空肠，在肠道中的含量为胃肠激素中最少的一种。用免疫化学等方法证明，肠黏膜的 S 细胞释放促进胰液素，十二指肠黏膜内的肠促胰液肽含量最高。肠促胰液肽主要由肾脏清除，但也可被富含毛细血管的组织器官清除。

肠促胰液肽的释放受多种因素的影响，目前已确认的与其分泌有关的物质有盐酸、胆汁、脂酸钠、脂肪酸、氨基酸及钙离子。有人发现，饮酒亦能使血浆内肠促胰液肽的免疫活性升高。而生长抑素和脑啡肽能抑制肠促胰液肽的释放与分泌。

（2）作用与应用

1）刺激胰液外分泌　肠促胰液肽有很强的刺激胰腺分泌水和碳酸氢盐的作用，其主要作用部位为胰岛管上皮细胞。

2）刺激胆汁分泌　肠促胰液肽具有利胆作用，能刺激人和哺乳动物的胆汁分泌，使碳酸氢盐的含量增加，氯和钾离子浓度下降，碳酸酐酶抑制剂——醋唑磺酸对肠促胰液肽的利胆作用有抑制作用。肠促胰液肽主要作用于胆管和胆小管而发挥利胆作用，这和胆盐作用于肝细胞和肝小叶内的微细胆管发挥利胆作用不同。分泌的胆盐进入十二指肠，能引起肠促胰液肽的释放，而后者又能刺激胆汁分泌并排放至十二指肠。

3）刺激小肠分泌　肠促胰液肽可使小肠吸收水盐相对减少，并可抑制小肠（特别是空肠）的蠕动。可直接扩张肠系膜动脉、肝动脉，且此作用不被神经切除、普萘洛尔和酚妥拉明等所拮抗，亦可使心排血量增多。这些作用有利于小肠消化吸收。

5. 甘丙肽

（1）结构与性质　甘丙肽（galanin，GAL）是 1983 年 Tatemoto 等首次在猪小肠中成功地提取到的一种生物活性多肽。由于其 N 端是甘氨酸，C 端是丙氨酸，故命名为甘丙肽。大多数脊椎动物的 GAL 是 C 端酰胺化的 29 肽，但人类 GAL 为 30 肽，C 端多了一个非酰胺化的丝氨酸，GAL N 端 1~15 片段是高度保守的，是其与受体作用的部位，而 C 端差异较大（表 1-4）。

GAL 广泛分布于中枢和外周神经系统中，在下丘脑、海马、杏仁核、中央导水管周围灰质、前脑基底皮层、室下带、嗅球以及脊髓背根神经节等区域都可检测到 GAL 及其受体的表达。GAL 参与了性与生殖、摄食、学习与记忆、痛觉、神经内分泌等多种生理功能的调节。目前已经克隆了 3 种 GAL 受体，分别是 GALR1、GALR2 和 GALR3。它们都是与 G 蛋白相偶联的受体，不同的 GAL 受体可能参与不同的生理过程。

表 1-4 人类与脊椎动物甘丙肽的氨基酸序列

物种	氨基酸序列
人	GWTLNSAGYLLGPHAVGNHRSFSDKNGLTS
牛	GWTLNSAGYLLGPHALDSHRSFQDKHGLA
羊	GWTLNSAGYLLGPHAIDNHRSFHDKHGLA
猪	GWTLNSAGYLLGPHAIDNHRSFHDKYGLA
犬	NSAGYLLGPHAIDNHRSFHEKPGLT
小鼠、大鼠	GWTLNSAGYLLGPHAIDNHRSFSDKHGLT
鸡、鹌鹑	GWTLNSAGYLLGPHAVDNHRSFNDKHGFT
鳄	GWTLNSAGYLLGPHAIDNHRSFNEKHGIA
牛蛙	GWTLNSAGYLLGPHAIDNHRSFNDKHGLA
虹鳟	GWTLNSAGYLLGPHGIDGHRTLSDKHGLA
弓鳍鱼	GWTLNSAGYLLGPHAVDNHRSLNDKHGLA

（2）作用与应用

1）镇痛作用　已有许多研究证明 GAL 在痛觉调节中发挥重要作用。在大鼠下丘脑弓状核中注射甘丙肽可以引起明确的镇痛作用，并且这种镇痛作用是通过弓状核到中脑导水管周围灰质通路起作用的。脊髓水平的内源性的 GAL 也具有镇痛作用。甘丙肽引起镇痛作用的机制目前尚不清楚。其中一个可能方式就是通过间接途径，比如影响其他神经递质的作用而发挥功能。

2）神经保护作用　研究发现，GAL 可以保护海马神经元的低氧性损伤，GAL 通过抑制海马 CA、区锥体细胞的兴奋性突触后电位来抑制兴奋性氨基酸的释放，保护脑细胞功能。神经损伤后 GAL 发挥营养、修复神经的作用机制，可能是通过与其特异性Ⅱ型受体结合实现的。此外，GAL 还能通过调节神经祖细胞的分化增殖修复神经组织。

3）对胃肠道的调节　GAL 能引起猪小肠平滑肌收缩，并与 CCK、Ach 有协同作用，GAL 抑制进食后人的胃肠运动，延迟胃排空时间，使食物从口腔到盲肠的存留时间延长。GAL 也能抑制进餐后血糖的升高，参与调节与血糖水平有关的胰岛素、胰高血糖素等激素。GAL 可抑制小鼠体内胰岛素的基础水平及刺激后的分泌，提高血浆胰高血糖素水平。GAL 还可抑制大鼠肠促胰液肽的释放，进而抑制大鼠肠促胰液肽和铃蟾肽引起的狗的胃酸分泌。

此外，GAL 还有对神经内分泌的调节、对摄食的调节、促进有丝分裂等作用。

（四）其他组织中的活性肽

1. 心钠肽

（1）结构与性质　心钠肽（atrial natriuretic peptide，ANP）又称心钠素，是由心房合成、贮存和分泌的一种活性多肽，又称心房钠尿因子（ANF）或心房利尿钠肽（ANP）。具有强大的利钠、利尿、舒张血管、降低血压和对抗肾素-血管紧张素系统和抗利尿激素作用。

心钠肽是一组不同相对分子质量的肽类混合物，从大鼠和人的心房中已分离出 10 余种心房肽样物质，其基本结构相似，只是氨基酸 N 端和 C 端有区别或只有个别氨基酸不同。人的心钠素有 α、β、γ 三种分子形式，其相对分子质量分别为 3×10^3、6.1×10^3 及 13×10^3。α-hANP 是心钠素的主要活性形式，由 28 个氨基酸组成，分子内有两个二硫键，形成环状结构；β-hANP 由二条相互倒置的 α-hANP 经两个二硫键并联而成，可裂解成 α-hANP；γ-hANP 素由 126 个氨基酸组成，是 α-hANP 的前体。大鼠 ANP 前体由 152 个氨基酸组成，人 hANP 前体由 151 个氨基酸组成。α-hANP 活性是 β-hANP 的 4 倍、

γ-hANP 的 5 倍。

ANP 在心房的含量最高，是心室含量的 100 倍，右心房含量高于左心房，近心外膜肌细胞内含量高于近心内膜肌细胞的含量。ANP 还分布在大脑和中枢神经系统，以下丘脑和隔区的含量最高，其次是大脑皮质、纹状体和延髓。ANP 也存在于血浆和脑脊髓液里。血浆中的心钠素来源于心房和肺。

ANP 储存在心房肌细胞的特殊颗粒中。高盐刺激、细胞外液渗透压升高、血容量的增加、心房肌的牵张、心率和血压的增高、血管紧张素、抗利尿激素、肾上腺皮质激素、降钙素基因相关肽、内皮素等因素及体液因子，都能促进 ANP mRNA 的表达。α-ANP 在体内的降解极快，其血浆生物半衰期仅有 2.5 分钟，主要经肾脏降解。ANP 的受体广泛分布在心血管系统、肾脏、肺脏、神经系统、肾上腺、胎盘和睾丸等器官和组织。ANP 受体有两种亚型：B 和 C 受体。B 受体与颗粒性鸟苷酸环化酶偶联，其相对分子质量约为 130×10^3，与 ANP 有高亲和力，结合后产生利钠、利尿、舒张血管、抑制醛固酮分泌的作用。C 受体由两个亚单位组成，每个亚单位的相对分子质量为 65×10^3，经二硫键并联而成，它可以延缓 ANP 的降解，调节 ANP 的代谢率。

ANP 在体内的降解极快，主要在肾脏降解，其次为肺和肝脏。参与降解的酶主要是一种类脑啡肽的水解酶，属于金属蛋白水解酶类。它可被脑啡肽酶强效抑制剂塞奥芬（thiorphan）、邻菲罗啉（phenanthroline）和 EDTA 等抑制，静脉注射这些抑制剂，可明显抑制 ANP 的降解，增加血浆 ANP 的水平。

（2）作用与应用

1）利钠及利尿作用　ANP 具有很强的利钠、利尿作用，并具有快、短、强的特点。注射 ANP 后 1～2分钟起效，持续 30 分钟，利尿能力为呋塞米的 500～1000 倍，同时也增加了钾、钙、镁、氯离子及磷酸盐的排泄。ANP 通过增加肾小球滤过率、增加肾髓质的血流量及抑制近曲小管和集合管对钠的重吸收，产生利尿利钠作用。

2）抑制肾素-血管紧张素-醛固酮系统　ANP 能抑制肾近球旁细胞释放肾素，并通过对肾素-血管紧张系统的抑制以及对肾上腺皮质的直接作用，抑制醛固酮的分泌，它不仅抑制醛固酮的基础分泌率，亦能抑制由促肾上腺皮质激素（ACTH）、血管紧张素、钾等刺激的醛固酮分泌。ANP 抑制醛固酮的作用可能与钙和磷脂酶 A 有关。

3）抑制垂体后叶加压素的合成、释放及作用　ANP 不仅抑制中枢加压素的释放，也抑制其对肾脏集合管和血管平滑肌的作用。

4）对心脏、血管系统的作用　ANP 无正性或负性变力作用，可通过减少血容量使心排血量下降，ANP 可通过激活 cGMP 进而激活 G 蛋白激酶，增加细胞膜钙泵活性，并阻断钙离子通道，进而减少了细胞外钙离子内流，促进细胞内的钙离子外流，抑制细胞内和肌浆网内钙离子的释放，降低细胞内钙离子的浓度，最终导致血管舒张。ANP 对不同部位的血管的舒张强度不一，对动脉系统如主、肾、颈、肺动脉选择性扩张作用最强，其次是肠系膜动脉，对小血管基本上无作用，另外 ANP 还有对抗交感神经及其递质去甲肾上腺素的作用。

5）其他　ANP 预处理可减轻大鼠肝脏缺血再灌注损伤，其机制可能与提高肝组织 SOD 含量，抑制脂质过氧化，保护线粒体有关；ANP 具有促进肺泡表面活性物质的分泌而改善通气功能；在脑组织视上核，ANP 通过提高渗透压阈值、抑制渴阈从而使人体适应渗透压提高了的内环境；在胰脏，ANP 调整胰腺内分泌，促进胰腺外分泌，从而促进消化功能；在胃肠道，ANP 促进对盐的吸收，从而促进吸收功能；ANP 还能增强巨噬细胞吞噬，增强免疫功能及促进凝血等作用。

最近发现，ANP 具有抗肿瘤生长作用，它不仅能减缓肿瘤增长速度，还能减少肿瘤生长和生存所需的血管新生。因此认为，ANP 可能作为一种内源性血管抑制剂，在抗肿瘤转移疗法中发挥重要作用。

ANP 作为体内强大的利钠、利尿剂、血管舒张剂，临床上已用于治疗高血压急性心力衰竭、心功能不全、肾功能不全、肝硬化及原发性醛固酮增多症患者，副作用小。但由于 ANP 的半衰期及作用时间均较短，价格昂贵，故临床应用受到限制，目前人们正在应用基因工程的方法研制高效、长效的 ANP，以期在临床应用中发挥更好的作用。

2. 降钙素和降钙素基因相关肽

（1）结构与性质

1）降钙素的结构与性质　降钙素（calcitonin，CT）是由甲状腺旁小叶细胞（C 细胞）分泌的、由 32 个氨基酸残基组成的能降低血钙的肽类激素，与相应受体结合区集中在 9~32 位氨基酸残基序列，3~6 位氨基酸残基序列为生物活性集中区。CT 的相对分子量约为 3000，N 端 1~7 位有链内双硫键，C 端为脯氨酰基。CT 与降钙素基因相关肽（calcitonin gene-related peptide，CGRP）来自一个共同的 CT/ CGRP 单拷贝基因，位于第 11 对染色体上。

目前，人、猪、牛、羊、大鼠、鲑鱼、鳗鱼中降钙素的氨基酸序列均已测定。不同种属动物中降钙素的氨基酸序列及活性存在一定的差别。其中，鲑鱼降钙素（salmon calcitonin，sCT）的比活性最高，人降钙素（human calcitonin，hCT）的比活性最低。CT 分子中的 32 个氨基酸残基对于其活性的保持具有重要作用。N 端的二硫键和 C 端的脯氨酸去除后，生物活性将丧失。正常人血清中 CT 含量甚微，为 10 ~ 20ng/L，主要经肾脏灭活。

2）降钙素基因相关肽的结构与性质　CGRP 是 1983 年发现的来自降钙素基因的新神经肽。CGRP mRNA 编码合成一个相对分子质量为 1600 的 CGRP 前体蛋白，经酶切生成 37 肽的 CGRP。CGRP 的 C 端含有苯丙氨酸残基，第 2 和第 7 位半胱氨酸残基间形成二硫键。空间结构分析表明，CGRP 的二级结构在第 8 和第 18 位氨基酸残基间形成一个随机卷曲。第 1~7 位残基和二硫键在保持 α 螺旋的稳定中起重要作用，而 C 端的 19~37 位残基的作用不大。CGRP 的 C 端残基是受体结合的主要部位，二硫键在其中起一定作用，而 N 端的卷曲结构则可能主要参与启动后续的信号转导过程，与其生物学作用关系密切。故其结构的完整对其生物学作用的充分发挥非常重要。例如，将 24 位与 35 位 Lys 或者 N 端氨基酸残基乙酰化，能导致其生物学作用显著降低。

（2）作用与应用

1）降钙素的作用与应用　CT 的主要生理作用是调节体内钙、磷的代谢，主要通过减弱溶骨过程，增强成骨过程，使骨组织释放的钙盐减少从而降低血钙。CT 对儿童血钙的降低比较明显，对成人的血钙浓度调节作用较小，主要是因为 CT 引起的钙浓度下降已强烈地刺激甲状旁腺素（PTH）释放。此外，CT 还作用于肾脏，抑制肾小管对钙、磷、钠、氯的重吸收；作用于胃腺抑制胃酸分泌，参与大脑制止应激性溃疡的产生，抑制胃损伤。

CT 不仅在治疗 Paget 病疗效可靠，还能治疗各种原因引起的高钙血症。在治疗原发性骨质疏松症、骨关节炎等疾病 CT 也发挥了重要作用。

2）降钙素基因相关肽的作用与应用　CGRP 具有广泛的生物学效应。对心血管系统，CGRP 具有能够舒张外周血管和冠状血管、调节微血管通透性、促进新生血管生成、抑制平滑肌细胞增殖的作用；对消化系统，CGRP 具有能够调节胃酸分泌、胰液和小肠液分泌、胃肠激素的释放、胃肠运动和血流等生物学作用；对免疫系统，CGRP 可明显抑制如 T 细胞转化、T 细胞产生 IL-2、NK 细胞的杀伤功能和巨噬细胞分泌肿瘤坏死因子（TNF）等，但可增加人 T 细胞的趋化作用；此外，CGRP 具有促进成骨作用。

五、多肽的化学合成

1953 年 Du Vigneau 合成了催产素，1965 年中国科学院在世界上首次合成了牛胰岛素，从而使多肽的化学合成发展到一个新的阶段。多肽的全合成不仅具有重要的理论意义，而且具有重要的应用价值。

通过多肽的全合成可以验证一个新多肽的结构、设计新的多肽，用于研究结构与功能的关系，制备新的多肽药物等。

多肽的合成是一个不断连接氨基酸残基的过程，一般从 C 端（羧基端）向 N 端（氨基端）进行。早期的多肽合成是在溶液中进行的，称为液相合成法。1963 年，美国生物化学家 Merrifield 发明了多肽固相合成法（solid-phase peptide synthesis，SPPS）。与液相法相比，固相法大大简化了每步产物的纯化，为自动化合成多肽奠定了基础。自此以后，SPPS 被广泛应用于多肽和蛋白质的研究领域，特别是短肽的合成。该方法经过不断地改进和完善，已经由原来的手工操作转变为全自动，合成多肽的种类也日益增多。因此，Merrifield 于 1984 年获得了诺贝尔化学奖。在固相合成多肽和高通量筛选技术的基础上，Furka、Lam 和 Houghten 等人于 1991 年同时提出了组合化学（combinatorial chemistry）的新概念，该方法能在短时间内合成出成千上万甚至成百万上千万个化合物，使多肽的快速合成与筛选展现出令人乐观的前景。

（一）固相合成

多肽固相合成涉及多步反应，但中心思想就是把每一个保护好的氨基酸作为建筑块来构建一个生物大分子——多肽。其基本方法是先将要合成肽链的 C 端已进行氨基保护的氨基酸的羧基通过适当的 Linker键合于不溶性高分子载体上，然后脱去氨基保护基，同过量的第二个活化了羧基并进行了氨基保护的氨基酸经缩合反应成肽，如此反复达到所需合成肽链的长度后，再选择适当试剂除去侧链保护基并从树脂上裂解产物。由于每步反应的产物均键合在载体树脂上，原料和试剂均在溶剂中，因此反应后只需过滤、洗涤、再过滤的操作即可除去剩余的原料、试剂和可溶性副产物，大大简化了液相合成中的分离、纯化操作。

1. 聚合物载体和 Linker

（1）聚合物载体　用于固相合成多肽的载体在合成条件下应是惰性的、不溶性的，具有一定的机械强度并且有良好的溶胀性。多数采用聚苯乙烯及二乙烯基苯等高聚物的衍生物，包括氯甲基树脂、羟基树脂（如 PAM 树脂、Wang 树脂、HMPA 树脂）、氨基树脂（如 MBHA 树脂、Rink 树脂）等。载体树脂的溶胀状况对缩合反应有明显的影响，为了使载体有较大的网络空间足以容纳不断增长的肽链，并且便于反应物进入载体的内部，一般均采用 1%~2% 交联度的聚苯乙烯珠状树脂或微孔树脂。

（2）Linker　是连接载体与目标化合物之间的结构片段，载体必须引入 Linker 后才具有合成目标化合物的功能。此外，完成目标化合物的组装后，只有通过 Linker 结构的裂解才能切除载体游离出最终产物。一个理想的 Linker 必须在整个合成过程中十分稳定，并在合成后可以定量地切割下来而又不破坏合成的目标分子。应根据与树脂相连的肽链 C 端氨基酸的类型选择适合的 Linker。Linker 按局部结构可分为苄酯型、苄胺型和非苄型三大类；按反应基团的结构可分为基础型（即不含反应基团）、含卤素原子型、含—OH 型、含—NH_2 型、含—SH 型、醛酮及羟肟酸型和双键型。肽链 C 端氨基酸与载体上的 Linker的键合是 SPPS 中组装目的肽的第一步反应，按 C 端氨基酸的反应基团大致分为羧酸型键合、醇型键合、胺型键合、硫酯型键合及其他类型键合。最终要得到目的肽必须经过 Linker 的裂解，经典的裂解方式有酸解、皂化、氨解及光解，后来又发展了新的非经典裂解方式，如梯次裂解、平行裂解、醛 Linker 多功能裂解等。

2. 基团保护　要实现多肽的控制合成，必须事先把氨基酸上不应发生接肽反应的官能团，如 N 端氨基酸残基的自由—NH_2、C 端氨基酸残基的自由—COOH 以及侧链上的一些活泼基团加以封闭或保护。

（1）氨基的保护　氨基是亲核性很强的基团，经酰化后，亲核性消失，因此对游离氨基实施酰化是保护氨基的基本方法。但是，考虑到肽键形成后，应在温和条件下将保护基除去，因此对氨基保护基有特殊要求。常用的氨基保护基有9-芴甲氧羰基（fluorenyl-methyloxyloxycarbonyl，Fmoc）、叔丁氧羰基（tertiary butyloxycarbonyl，Boc）、苄氧羰基（carbobenzoxy，CBZ）、对甲苯磺酰基（p-toluenesulfonyl，Tos）、三苯甲基（triphenylmethyl，Trt）等。Boc是常用的氨基保护基，可用三氟乙酸（trifluoroacetic acid，TFA）脱除，产物容易分离。Fmoc的特点是对酸稳定，可用含哌啶的二甲基甲酰胺（dimethyl-formamide，DMF）脱除。Fmoc基团有特征性紫外吸收，易于监测反应的进行，给自动化合成多肽带来方便。

（2）羧基的保护　通常是用无水乙醇或甲醇在盐酸存在下进行酯化，使羧基接上烷基。除去保护基可在常温下用氢氧化钠皂化法。

（3）侧链的保护　有些氨基酸除了含氨基和羧基外，还有其他功能基团，在合成多肽时都要用适当的保护基加以封闭。如精氨酸的胍基用对甲苯磺酰基（Tos）、2,4,6-三甲基苯基磺酰基（Mts）或2,3,6-三甲基-4-甲氧基苯磺酰基（Mtr）保护，酪氨酸的酚羟基通常用叔丁基保护，丝氨酸和苏氨酸的羟基通常用苄基（Bzl）保护，天冬氨酸和谷氨酸的β-和γ-羧基可用新型保护基如β-2,4-二甲基-3-戊酯、环烷酯醇和金刚烷醇酯保护，组氨酸的咪唑基较理想的保护基是Boc，半胱氨酸常用的保护基有对甲苄基（MBzl）、对甲氧苄基（Mob）、三苯甲基（Trt）以及对弱酸稳定的Bzl等。

（4）脱保护　最常用的脱保护基系统是三氟乙酸（TFA）、氢氟酸（hydrofluoric acid，HF）、有机磺酸和含硅试剂。三氟乙酸法可以脱除一些不耐酸的保护基，如Boc、金刚烷氧羰基等，本法比较温和，副反应少，越来越多地应用于固相合成法中。三氟乙酸法脱除保护基及裂解树脂上肽链的操作比较简单，只需在样品中加入适量三氟乙酸振摇或搅拌至完全溶解，反应时间随具体情况而定。目前应用较多的是三氟乙酸-乙二硫醇-水的混合溶剂。

3. 缩合剂　可以生成肽键的缩合方式有许多，例如活泼酯法、混合酸酐法、对称酸酐法、叠氮物法及酶促合成法。其中，适合固相肽合成的以活泼酯法和对称酸酐法为主，关键是选择合适的缩合剂。在固相合成中应用最早、最广泛的缩合剂是二环己基碳二亚胺（dicyclohexylcarbodiimide，DCC），但生成的副产物二环己脲用大量溶剂也不能完全除掉。故在缩合反应过程中，同时加入添加剂，不仅可减少副反应，也可提高产率。常用的添加剂有*N*-羟基琥珀酰亚胺（HOSu）、1-羟基苯并三氮唑（HOBt）和3-羟基-4-氧-3,4-二氢-1,2,3-苯并三氮嗪。除了碳二亚胺型缩合剂，还有苯并三唑鎓盐型、吡啶并三唑鎓盐型、磷酸酯型等。目前，又开发了新型的复合型缩合剂，如1-氧-3-双二甲胺羰基苯骈三氮唑四氟化硼盐/1-羟基苯并三氮唑/二异丙基乙胺（TBTU/HOBt/DIEA）/苯并三唑-1-四甲基六氟磷酸酯/1-羧基苯并三氮唑（HBTU/HOBt）等。

4. 合成方法　Merrifield发明固相合成法时建立的是用叔丁氧羰基（Boc）保护α-氨基的Boc固相合成法，后来Carpino又发展了用9-芴甲氧羰基（Fmoc）保护α-氨基的Fmoc固相合成法。以这两种方法为基础的各种多肽自动合成仪也相继出现和发展，并仍在不断得到改造和完善。

（1）Boc固相法　在Boc固相法中，氨基保护基采用三氟乙酸可脱除的Boc。合成时将一个Boc-氨基酸衍生物共价交链到树脂上，用三氟乙酸脱除Boc，用三乙胺中和游离的氨基末端，然后通过DCC活化、偶联下一个氨基酸。最终脱保护基多采用氢氟酸法和三氟甲磺酸法。用Boc固相法已合成了许多生物大分子，如酶、生长因子、人工蛋白等。

在Boc合成法中，反复地用酸来脱保护会使部分肽从树脂上脱落，合成的肽越大丢失越严重。酸催化还会引起侧链的一些副反应。Boc合成法尤其不适于合成含色氨酸等对酸不稳定的肽类。因此，Boc合成法正逐渐被Fmoc合成法所替代，二者的比较如表1-5所示。

表 1－5 Boc 和 Fmoc 两种肽合成法的比较

相关条件	Boc 固相法	Fmoc 固相法
脱除 α 保护基的条件	30%～50% TFA/DCM	20% 哌啶/DMF
固相载体类型	PAM，MBHA	Wang，HMPA，Rink
裂解试剂	强酸	弱酸
自动化合成	较少	很方便
原料平均价格比	1	2~3
对环境的影响	酸排放较多	污染很小

（2）Fmoc 固相法　Fmoc 作为氨基保护基的优点在于它对酸稳定，用三氟乙酸等试剂处理不受影响，仅需用温和的碱处理，通过β-消除反应即可脱除。侧链的保护采用对碱稳定的 Boc 等。肽段最后用 TFA/CH_2Cl_2定量地从树脂上切除，避免了采用强酸（如液态氢氟酸）可能产生的氨基酰化等副反应。同时，Fmoc 基团有特征性紫外吸收，易于监测控制反应的进行，因此越来越受到人们的青睐。下面简要地介绍 Fmoc 固相合成法的基本原理和过程。

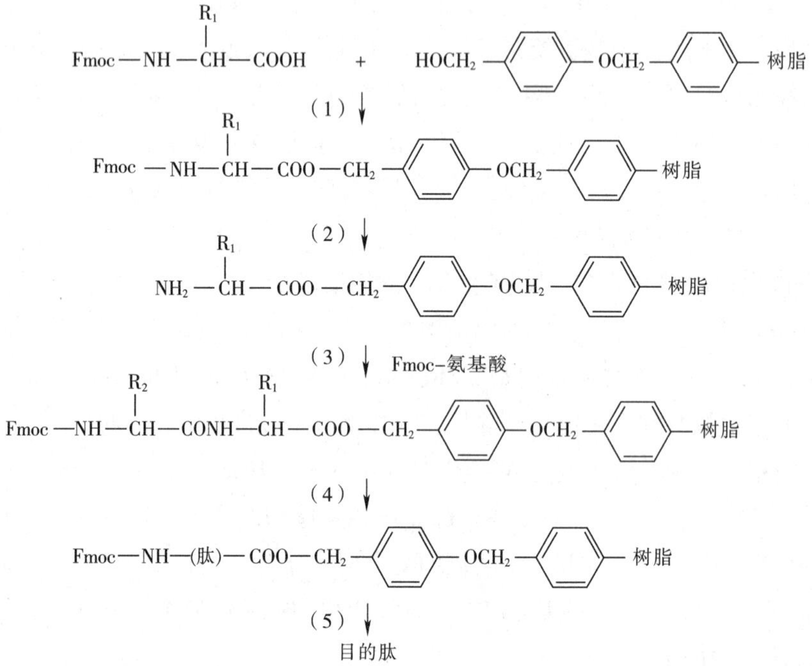

Fmoc—NH—CH(R_1)—COOH ＋ $HOCH_2$—C₆H₄—OCH_2—C₆H₄—树脂

↓（1）

Fmoc—NH—CH(R_1)—COO—CH_2—C₆H₄—OCH_2—C₆H₄—树脂

↓（2）

NH_2—CH(R_1)—COO—CH_2—C₆H₄—OCH_2—C₆H₄—树脂

↓（3）Fmoc-氨基酸

Fmoc—NH—CH(R_2)—CONH—CH(R_1)—COO—CH_2—C₆H₄—OCH_2—C₆H₄—树脂

↓（4）

Fmoc—NH—(肽)—COO—CH_2—C₆H₄—OCH_2—C₆H₄—树脂

↓（5）

目的肽

图 1－12　Fmoc 固相法

（1）C 端氨基酸与 Linker-树脂结合；（2）Fmoc 的脱除、洗涤；（3）偶联、洗涤；（4）重复（2）~（3）步；（5）脱保护基、裂解

如图 1－12 所示，首先将一个用 Fmoc 对 α-氨基进行保护的氨基酸通过一个 Linker 连接到不溶性载体上，随后将 α-氨基脱保护，用溶液洗涤氨基酸-连接物-树脂。将第二个预先活化的 α-氨基已被 Fmoc 保护的氨基酸通过偶联反应连接上去，此外也可以用 α-N 端及侧链保护的肽段代替单个氨基酸进行偶联。缩合反应完成后，用溶液洗涤，重复进行脱保护、偶联，直到得到目的肽，最后将肽-连接物-树脂裂解。

（3）片段缩合法　对于含十几个氨基酸残基的小肽来说，每次缩合一个氨基酸的固相逐步法的收率是令人满意的，但超过二十肽以后，副产物的大量增加使分离纯化很困难。为了克服这一缺点，除了使用高效的新型缩合剂、改进反应条件外，采用片段缩合方式是一种非常有效的方法。其基本方法是在固相载体上每次键合的不是一个氨基酸，而是一个肽段。肽段的长度可以短至含 2~3 个氨基酸残基，也可长至 8~10 个氨基酸残基，但不宜过长。片段缩合法的优点在于对产物的总收率及纯度均有明显提高，且纯化操作也比逐步法容易得多。最早采用该法的是以 4 +2 方式合成的六肽，首先用液相法制备全保护的四肽，然后与二肽树脂缩合。我国化学家用 6 +9 +5 +5 +3 的分段方式完成了胰高血糖素的固相合成，获得了总收率为 25% 的结晶纯品。

5. 合成多肽的检测　固相合成肽，尤其是合成较长的肽时，每一个氨基酸的缩合率应该达到 99% 以上，否则得到的产物将非常不纯。因此，监测每一步反应进行的程度显得格外重要。

（1）定性颜色反应　茚三酮显色法（Kaiser 法），即用茚三酮颜色反应快速测定树脂上的氨基，从而判断酰化反应是否完全。用茚三酮法检测聚苯乙烯树脂氨基的灵敏度可达到 5μmol/g，这样的灵敏度已可检测出缩合反应是否进行了 99% 以上。茚三酮检测时，由于末端氨基酸残基及序列不同，出现的颜色强弱不同。天冬氨酸、天冬酰胺会产生很弱的蓝色或淡棕色。生色试剂 2,4,6-三硝基苯磺酸与树脂上氨基反应显示橙红色，灵敏度为 3μmol/g 树脂。

（2）定量自由氨基检测　采用水杨醛法。用于接肽后树脂上残余氨基的量以及脱保护基后总氨基量的测定，可以定量地检测缩合反应以及脱除保护基的反应是否完全，如不完全即可及时反复处理。用 2% 水杨醛 +6% 吡啶的乙醇溶液同树脂上的氨基反应（60℃，30 ~35 分钟），洗净后，再用 5% 苄胺的乙醇溶液将水杨醛置换下来（60℃，30 分钟），溶液稀释后，检测 315nm 的光吸收值，计算氨基的量。此法对于—NH_2在 0. 15μmol/mg 树脂以上的样品的相对偏差在 5% 以内。

（3）仪器分析检测　随着分析技术和分析仪器的发展，已有许多新技术用于 SPPS 的监测中。

1）红外光谱（IR）检测　单珠傅里叶变换红外光谱显微谱克服了常规红外光谱所需树脂的量多及成本高的缺点，并且在测量时间少于 5 分钟的情况下就可获得高质量、高重现性和高信噪比的图谱，已成功地应用到 SPPS 各个阶段的定性或定量研究中。

2）核磁共振（NMR）检测　凝胶相 NMR 通过普通的探针就能获得原始的^{13}C-NMR 图谱信息，但响应值线宽过大，树脂信号太强，只能获得有限的结构信息，而魔角自旋 NMR 的应用改善了固相合成肽^{1}H 和^{13}C-NMR 图谱的质量。

3）质谱（MS）检测　飞行时间二级离子质谱（TOF-SIMS）已成功地用于监测固相载体上的接肽反应。

6. 合成肽链的纯化和鉴定　多肽合成后，由于在介质中存在着副产物，因此仍需纯化，但这比从天然原料中纯化要方便得多。一般蛋白质分离纯化的技术都可配合使用，如结晶法、超滤法、高效液相色谱（HPLC）、离子交换色谱和亲和色谱等，其中反相高效液相色谱（RP-HPLC）因具有快速、高效和回收率较高等特点，已越来越多地用于固相合成多肽的纯化中。而纯化后的多肽多采用基质辅助激光解离飞行时间质谱（MALDI-MS）来检测其相对分子质量。

7. 应用及展望　固相合成法最适合于合成 50 个氨基酸残基以内的多肽，当目的肽超过 50 个氨基酸残基时，就需要与别的方法结合使用。短肽类药物序列短、结构简单、作用效果好，正逐渐成为研究热点，目前很多短肽药物正在运用多肽固相合成法对其进行研究与制备，如胸腺素 α_1、乙肝疫苗新型免疫原性多肽、神经免疫调节肽等。

随着多肽化学和糖化学的发展，目前糖肽固相合成已取得了极大的进展。对于 *O*-连接糖肽和 *N*-连接糖肽，利用糖基化氨基酸的构建单元策略仍是目前最普遍的方法。构建单元策略最大的缺点就是需预先在液相中合成糖基化氨基酸构建单元，因而固相糖基化策略是未来发展的趋势。相信通过化学方法合成具有特定糖链和肽链结构的糖肽乃至糖蛋白可以为研究糖蛋白在生物体内的功能和构效关系、阐明细胞间粘连及信号传导、机体的免疫反应等提供重要的研究基础。此外，SPPS 的研究范围已扩展到环肽的合成、N→C 肽的合成以及非经典肽的合成。

虽然多肽固相合成法经过不断改进和完善已经能合成很多具有生物活性的多肽和蛋白质，但是其本身还存在着很多问题。如直接合成的序列短、合成所需时间长、合成的效率和纯度低、成本高等，这些问题的存在大大限制了多肽固相合成法的应用范围。针对上述多肽合成中存在的问题，科学家们一直在努力解决，通过合成方法与仪器的改进来提高多肽合成效率。如利用片段缩合法可提高多肽合成的长度，Miranda 认为该法是固相多肽合成中最有发展前景的一种方法，但是该方法也只限于 40 ~ 200 个氨基酸残基。通过改进多肽合成仪的功能，可使合成过程完全自动化，从而提高合成效率、节约试剂、降低成本。通过合成技术的不断成熟、合成仪器的不断改进，可扩大合成多肽的范围、缩短合成时间、减少合成成本等，同时通过多肽固相合成法可以引进稀有氨基酸，进行新的蛋白质的结构与功能的研究。多肽固相合成法在药物研究、蛋白质结构研究等领域呈现出不可比拟的优越性，在生物制药及蛋白质工程中有着广阔的应用前景。

（二）组合合成

所谓组合化学（combinatorial chemistry），亦称同步多重合成化学或组合合成化学，是一种将化学合成、组合理论、计算机辅助设计结合为一体的技术。多肽组合化学是以氨基酸为构件，高分子不溶性载体树脂、反应珠、聚乙烯小针等作为根基，用类似固相接肽程序，采用组合方式将氨基酸系统地组装到载体肽链上，建立组合不同、结构各异的肽库的技术。通过分库高通量筛选，选择平均活性高于其他的一组为目的分库，再采用现代分离手段或经典多肽合成方法分别得到分库中各单一分子，经鉴定、筛选获取活性最高的目标化合物为先导物。这样可在很短的时间筛选成千上万的肽分子，因此可大大加快新药开发中先导物的发现。

1. 多肽组合合成的常用方法 从理论上讲，组合合成的总反应产物数 N 是由两个因素决定的：每一步的合成构件数目 b 和合成的步骤数 x。例如，对于一个三步的线性组合反应，如果每步的反应物数目分别是 b_1、b_2 和 b_3，那么理论上的总反应产物的数目是 $N = b_1 \times b_2 \times b_3$。以肽类化合物为例，用 20 种天然氨基酸为构件，二肽便有 20^2 种组合，三肽有 20^3 种组合，以此类推，到八肽将有 20^8 种组合。组合化学研究的目标就是怎样有效地得到这一反应的所有产物 N。组合合成的另一研究目标是反应产物的结构多样化问题。实际上，这还是一个数字问题。反应物的数目越多，反应组分越多，产物的数目越大，产物的结构也就越多样化。因此，组合化学合成的根本问题就是怎样快速地得到更多包罗万象的化合物。常见的组合库的构建方法有混合－均分法（一株一肽）、迭代法、多针法、茶叶袋法等。现在列举多肽合成中组合库的几种构建方法。

（1）混合-均分法（一株一肽）　是建立最早、应用最广泛的组合化学方法。该法利用树脂做载体，进行随机合成，可以同步合成上百万个多肽分子。首先将 19 种保护的天然氨基酸（由于半胱氨酸易氧化成二硫键，故未用）分别连在树脂上，混合后脱除保护基，再分成 19 份，分别与 19 种保护氨基的天然氨基酸进行偶联反应，可得 19 × 19 种连在树脂上的二肽，如此再进行 3 次，可合成出 19^5 = 2476009 种连在树脂上的侧链保护五肽，脱除侧链保护但不从树脂上切下，可得近 2.5×10^6 个连在树脂上的不同肽段组合的肽库。此方法可保证同一树脂上的肽段序列是相同的，即保证了一个树脂上只有一种肽，故称为“一株一肽”。图 1－13 是以 3 种氨基酸为底物用该法合成三肽的过程。

（2）迭代法　用迭代法处理含两个单元的三肽时，先合成两个子库 A_1-X-X 和 A_2-X-X，选择 A_1 和 A_2 中哪一个性能更优。假设确定 A_1，即固定位置 1，再合成两个子库 A_1-B_1-X 和 A_1-B_2-X，检验性能后，假设确定 B_2，再合成两个子库 A_1-B_2-C_1 和 A_1-B_2-C_2。最后筛选得到最佳产物 A_1-B_2-C_1，如图 1－14 所示。因此，含 8 个三肽的库，需进行 3 × 2 个展开步骤，对于含 20^4（160000）个四肽的库，需展开 4 × 20 个步骤。

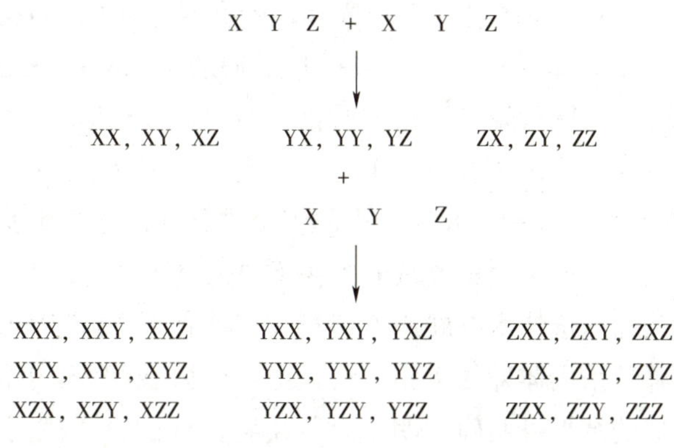

图1-13　混合-均分法（一株一肽）组合合成示意图

（3）茶叶袋法　该方法将载体树脂珠置于带微孔的聚乙烯或聚丙烯小袋中，反应时将数小袋浸入同一种反应器溶剂中，原料、溶剂和试剂分子可自由通过袋上的微孔。进行脱保护-洗涤-缩合循环的固相接肽反应，反应每完成一步，若下一个氨基酸不同，可将某些小袋取出，投入另一反应器中进行下步接肽反应，最后以每小袋为一个组合，裂解游离相关肽段，进行生物活性筛选。茶叶袋法反应装置简单、操作方便、节省溶剂的用量、成本低，适合实验室操作。利用茶叶袋法已合成了胸腺五肽D-氨基酸取代类似物，以相应的D-型氨基酸置换L-型氨基酸，得到包括32种取代组合的肽库，从而为筛选稳定性更强的胸腺五肽类似物，探索新的药理活性奠定了基础。

（4）多针法　该方法以聚乙烯针状小棒为固相载体，先在小棒一端接上连接物（linker）结构，另一端则固定于支持板上，每块板可固定几十支平行排列的小棒。反应时将此板小棒的头浸于相对应滴度板的孔穴中进行缩合反应，整个过程采用Merrifield标准合成方法完成，最后脱去保护基，但不从载体上切下肽链，让肽段悬挂于树脂上可多次重复地进行活性研究。发明该方法的实验室在3年内合成出了20万个肽化合物，并与酶联免疫吸附试验（ELISA）相结合，找到了口蹄疫病毒膜蛋白的抗原决定簇。

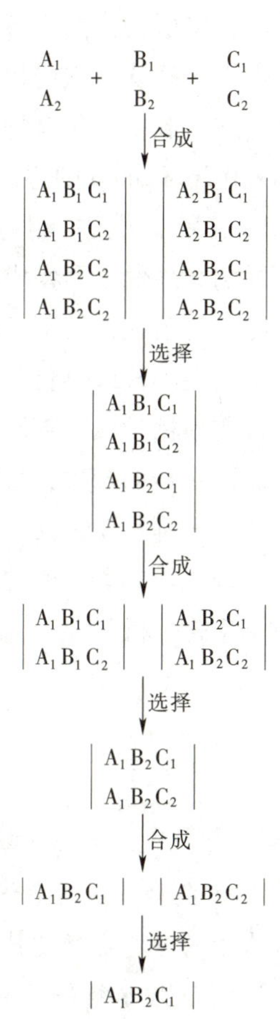

图1-14　迭代法组合合成示意图

（5）纤维载体法　以纤维素纸片作固相载体，载体表面—OH接上linker结构后将此种载体纸片装在玻璃柱内，每柱载体片愈多，合成量愈大。将柱排列，每柱合成一种肽类似物，柱愈多产物种类愈多。缩合到各不相同的构件时，每柱单独反应。合成完毕后去保护基，最后分别裂解得到制备量的产物。为了进行快速粗筛，又发展了在纤维纸片上点阵式合成法。此法是将预制的活化羧基组分滴加至纸片上相互间隔1cm左右的“氨基点”上缩合，几小时后再依次洗涤-脱保护-洗涤-缩合等多次接肽循环。Houghten小组将该方法与ELISA技术相结合，在几天内就完成了对人巨细胞病毒（hCMV）蛋白抗原决定簇的定位。此法操作简单，但无制备意义，只适于ELISA式的功能试验。

2. 目标产品的筛选　为了跟踪反应进行的程度和确定一个化合物是否已按计划合成，人们曾采用“解离分析”方法，即将产物从树脂上解离下来，再用常规分析手段进行分析，从而监测反应或者确定树脂所连接产物的结构。但是，这种间接方法耗费大量时间和原料，不是直接有效的方法。一些新技术的应用，无需将产物从树脂上切割下来就可以进行分析。如红外光谱（IR）能够直接观测到树脂珠所连接化合物的官能团吸收峰。傅里叶变换红外光谱（FTIR）是一种简捷实用的检测方法，用得较多的是单珠 FTIR 微量谱技术。漫反射红外傅里叶变换光谱颇有价值，不需制备样品，分析简单且时间短，可实现自动化。目前肽库的分析以质谱法为主，包括基质辅助激光解离飞行时间质谱（MALDI-MS）、电喷雾离子化质谱（ESI-MS）、飞行时间二级离子质谱（TOF-SIMS）等，可对固相表面进行非破坏性分析，得到详尽的库信息，以探测库的多样性和复杂性。与其他技术联用，如 HPLC/MS，键合相毛细管电泳/MS 和 MS/MS 等方法，可对固相库和液相库的多个成分进行分析和表征。

配合计算机控制的自动操作系统和微量灵敏的生物反应及检测系统，人们就可对获得的化合物库进行高通量药物筛选。高通量药物筛选技术发展速度相当快，目前的筛选速度已经达到每日筛选数万甚至数十万个样品。高通量药物筛选采用体外的实验方法，主要是基于药物作用靶点在分子和细胞水平上评价化合物的生物活性，故筛选的结果可明确阐明化合物生物活性的分子机制。具体分析方法包括以酶、受体、离子通道、核酸等为靶点的检测方法。以 Selectide 技术为例，固相筛选主要是依据分子水平的筛选模式，将所合成的固载化学库分子直接与活性蛋白反应，再用蛋白染色或标记的方法将活性株挑选出来进行结构确认，它的特点是快速，仅数小时即可筛选 $10^7 \sim 10^8$ 个树脂球（每一个树脂球上负载一个化合物，或负载多个化合物）。液相筛选是指将合成的分子从树脂载体上切入溶液中进行生物筛选，目前主要采用 Houguten 的逐位或二元定位方法和化学库编码方法进行。

3. 应用及展望 组合合成发展迅速，已应用于肽类先导化合物的合成及筛选，大大缩短了新药的开发周期并降低了开发成本。已有研究小组用混合－均分法合成了一个含 31000 个三肽的肽库，用来确定内皮素的潜在拮抗剂。Lam 等用 19 种天然氨基酸（半胱氨酸除外）进行 5 次“分-混”或缩合反应，建立了人血小板纤维蛋白原受体糖蛋白 gpⅡb/Ⅲa 肽库和 B 细胞淋巴瘤特异肽库，并确定了先导物的结构。目前短糖长肽型糖肽的固相法组合合成已相当成熟，但要使长糖型糖肽用固相法实现常规实用的合成尚需进一步的探索，特别是在固相载体上糖苷键的形成及其立体选择性等方面还需深入研究。在同一载体上既可延长肽链又可延长糖链，将具有更广泛的适用性，从而将成为今后研究的热点。

组合化学有着广阔的发展前景，它的研究方法和思维必将推广到科学领域的各个范畴，也将促使合成向小型化、微量化、计时化、自动化和商品化发展。

答案解析

思考题

1. 纸色谱、薄层色谱、离子交换色谱和高效液相色谱是氨基酸分析常采用的技术，这几种分析技术所基于的分析原理是什么？

2. 简述酸水解法、碱水解法和酶水解法制备氨基酸的一般原理及优缺点。

3. 在固相合成多肽过程中，常用定性颜色反应、定量自由氨基检测和仪器分析检测对多肽合成情况进行监测，它们各起什么作用？

（王凤山　刘纯慧）

书网融合……

微课

习题

第二章　蛋白质

PPT

学习目标

1. 通过本章学习，掌握蛋白质的分子结构、功能多样性及其与结构的关系；熟悉蛋白质的理化性质、分离纯化方法及结构测定技术；了解蛋白质折叠的分子机制、结构预测前沿技术及蛋白质类药物的应用，理解变性与复性的本质及生物学意义。

2. 具备运用结构–功能关系分析生物现象、设计实验分离纯化蛋白质及解析其结构的基础能力。

3. 树立“结构决定功能”的科学思维，形成分子层面的生命现象分析习惯；培养严谨的实验设计与数据分析素养，关注蛋白质研究在生物医药领域的价值；激发对蛋白质科学前沿与交叉学科研究的探索兴趣。

第一节　蛋白质的分子结构

蛋白质分子是由氨基酸构成，氨基酸之间通过肽键相连形成多肽链分子结构。生物体内蛋白质分子的多肽链并不是一条简单的线性序列，而是折叠成具有特定空间构象，具有生物活性，并呈现一定形状的生物大分子。目前已能从原子分辨水平去阐明成百上千个蛋白质的三维结构，其中许多蛋白质的功能已可以根据它们的构象给予解释。

构象（conformation）是分子中所有原子的空间排布。这些原子的空间排列是取决于它们绕键的旋转角度，因此构象与构型不同，一个蛋白质构象的改变不涉及其共价键的破坏。因此如果考虑到一个蛋白质分子中每个氨基酸残基中所有原子的连接键都发生旋转，则对于一个蛋白质分子可能存在的构象数目将是天文数字。然而在生理条件下，每个蛋白质分子似乎仅呈现出一种天然构象的单一稳定形状，这就说明一个蛋白质分子中的任一个氨基酸残基的实际构象自由度是非常有限的。

一、蛋白质结构的四个层次

（一）蛋白质分子的形状和大小

根据蛋白质的形状、溶解度和功能，蛋白质可分为以下三大类。

1. 纤维状蛋白（fibrous protein）　具有比较简单、有规则的线性结构，呈细棒或纤维状，一般不溶于水，分子延展具有韧性、为单个细胞和机体提供机械支撑，典型的纤维状蛋白质是由单一的、重复的二级结构构成的，通常组装成“缆”或“丝”，如胶原蛋白、弹性蛋白、α–角蛋白和丝蛋白等。有些纤维状蛋白如肌球蛋白和血纤维蛋白原是可溶性的。

2. 球状蛋白（globular protein）　形状近球形或椭球形，球状蛋白分子中常含有几种类型的二级结构，并折叠成具有特定构象的三级结构，其多肽链折叠紧密，疏水的氨基酸侧链位于分子内部、亲水的侧链暴露在外部，因此在水中溶解性好。球状蛋白分子一般都具有一个裂隙，是特异识别和结合其他化合物的活性部位，球状蛋白许多是细胞内的酶蛋白。

3. 膜蛋白（membrane protein） 与细胞的各种膜系统结合或镶嵌在膜内。根据与膜结合的方式，膜蛋白可分为外在蛋白、内在蛋白和脂锚定蛋白。外周蛋白仅与膜的表面保持接触，因此大多是可溶的，例如细胞色素 c。内在蛋白部分或完全嵌入脂双层，具有富含疏水氨基酸的疏水性跨膜结构域。脂锚定蛋白通过共价连接的脂质固定在膜上。内在蛋白和脂锚定蛋白大多不溶于水但能溶于去污剂溶液。

蛋白质是相对相对分子质量很大的生物大分子。均一的蛋白质其相对分子质量及其组成的氨基酸数目与序列以及肽链的长度都应该是相同的。不同蛋白质其相对分子质量变化范围有很大不同，从 6×10^3 ~ 10×10^5 或更大（表 2-1）。胰岛素是相对较小的蛋白质，牛胰岛素的相对分子质量为 5733，人胰岛素的相对分子质量为 5808。肌联蛋白是骨骼肌纤维中第三类丰富蛋白质，是相对较大的蛋白质，它的相对分子质量为 2.7×10^6。而在 2024 年，科学家们在小定鞭金藻中发现了生物学领域中前所未见的巨大蛋白质，被命名为 PKZILLA-1，其相对分子质量为 4.7×10^6。

表 2-1 蛋白质分子的大小

蛋白质	相对分子质量（$\times10^3$）	残基数目（链）	亚基组织方式
胰岛素 a（牛）	5.733	21（A）	$\alpha\beta$
		30（B）	
细胞色素 c（马）	12.5	104	α_1
核糖核酸酶（牛胰）	12.64	124	α_1
溶菌酶（卵清）	13.93	129	α_1
肌红蛋白（马）	16.89	153	α_1
糜蛋白酶（牛胰）	22.6	13（α）	$\alpha\beta\gamma$
		132（β）	
		97（γ）	
血红蛋白（人）	64.5	141（α）	$\alpha_2\beta_2$
		146（β）	
血清清蛋白（人）	68.5	550	α_1
己糖激酶（酵母）	96	200	α_4
γ-球蛋白（马）	149.9	214（α）	$\alpha_2\beta_2$
		446（β）	
谷氨酸脱氢酶（肝）	332.694	500	α_6
肌球蛋白（兔）	470	1800（重链 H）	$h_2\alpha_1\alpha_2'\beta_2$
		190（α）	
		149（α′）	
		160（β）	
核酮糖二磷酸羧	560	475（α）	$\alpha_3\beta_3$
化酶（菠菜）		123（β）	
谷氨酰胺合成酶（*E. coli*）	600	468	α_{12}

有些蛋白质仅由一条多肽链构成，如溶菌酶和肌红蛋白，这些蛋白称为单体蛋白质（monomeric protein）。有些蛋白质是由两条或多条多肽链构成，如血红蛋白（两条 α 链和两条 β 链）和己糖激酶（4 条 α 链），这些蛋白称为寡聚（oligomeric）或多聚（multimeric）蛋白质；其中每条多肽链称为亚基或亚单位（subunit），亚基之间通过非共价键相互缔合。如果把这些寡聚蛋白质看作一个分子，那么蛋白质相对分子质量可达百万，例如谷氨酰胺合成酶（12 个亚基），相对分子质量 600×10^3。如果连同辅基也算进去，像烟草花叶病毒（tobacco mosaic virus，TMV）由 2130 个亚基和一条 RNA 链构成的超分子

复合体（supramolecular complex），其相对分子质量约为 400×10^3。这些寡聚蛋白质或复合体虽然不是由共价键连接成的整体分子，而在一定条件下可以解离成它们的亚基，但是它们在生物体内是相当稳定的，可以从细胞或组织中以均一的甚至结晶的形式分离出来，并且有一些蛋白质只有以这种寡聚蛋白质的形式存在，其活性才能得到或充分得到表现。

（二）蛋白质结构的四个组织层次

通常讲到蛋白质结构包括一级结构（primary structure）、二级结构（secondary structure）、三级结构（tertiary structure）和四级结构（quaternary structure）四个层次。一级结构就是肽键连接的氨基酸序列；一级结构盘绕折叠成有规律的二级结构；二级结构进一步折叠形成更复杂空间结构的三级结构；2 个以上折叠成三级结构的肽链组成四级结构（图 2－1）。

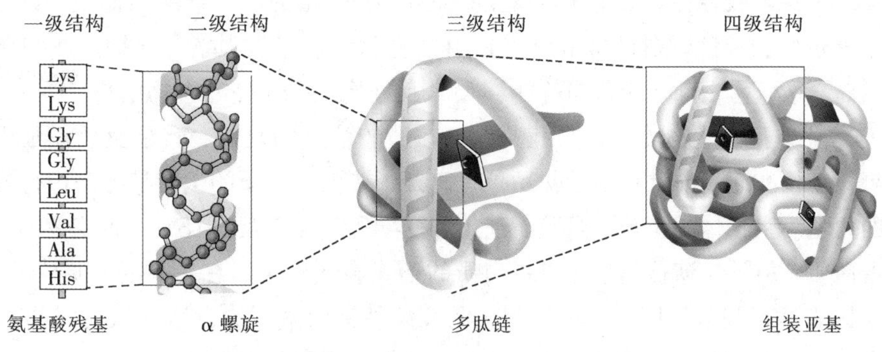

图 2－1　蛋白质结构的四个层次

每种蛋白质都有其特定的一级结构，即氨基酸序列，而且决定着其空间结构，人们一直试图在寻找类似于遗传密码的氨基酸序列与空间结构之间的所谓的“第二遗传密码”。二级结构主要指的是有规律盘绕、折叠形成的 α 螺旋和 β 折叠，三级结构是指一条多肽链形成紧密的一个或多个球状单位或结构域。四级结构并不是每个蛋白质都具有的，只有那些是由两条或两条以上多肽链组成的蛋白质才具有四级结构。一般说，纤维蛋白的特性通过它的二级结构就可表现出来，但球蛋白的生物学功能通常都是以三级结构表现出来的，而某些球蛋白的生物学活性则需要四级结构来表现。

（三）蛋白质功能的多样性

没有蛋白质就没有生命。许多重要的生命现象和生理活动往往都是通过蛋白质来实现的，一切生命现象都是蛋白质的功能体现，生物的多样性体现了蛋白质生物学功能的多样性。自然界蛋白质的种类繁多，据估计，最简单的单细胞生物如大肠埃希菌含有 3000 余种不同的蛋白质；人体含有 10 万种以上不同的蛋白质；而整个生物界蛋白质的种类约为 10^{10} 数量级。这些不同的蛋白质，各具有不同的生物学功能，它们决定不同生物体的代谢类型及各种生物学特性。蛋白质的重要性不仅在于它广泛、大量存在于生物界，更在于它在生命活动过程中起着重要的作用。目前被发现的蛋白质的生物学功能主要包括以下几个方面。

1. 生物催化作用　生命的基本特征是物质代谢，酶作为生物新陈代谢的催化剂，几乎全部体内生化反应都需要它的参与，而多数酶的化学本质是蛋白质。例如参与糖酵解途径的己糖激酶、参与 DNA 复制的 DNA 聚合酶及参与氧化磷酸化的 ATP 合酶等。正是这些酶类决定了生物的代谢类型，从而才有可能表现出不同生物的各种生命现象。

2. 代谢调节作用　生物体存在精细有效的调节系统以维持正常的生命活动。参与代谢调节的许多激素是蛋白质或多肽，如胰岛素、生长激素及各种促激素等。胰岛素可调节血糖的水平，若分泌不足可导致糖尿病。

3. 免疫保护作用 机体的免疫功能与抗体有关，而抗体是一类特异的球蛋白。它能识别进入体内的异体物质，如细菌、病毒和异体蛋白等，并与其结合而失活，使机体具有抵抗外界病原侵袭的能力。免疫球蛋白也可用于许多疾病的预防和治疗。

4. 转运和贮存作用 体内许多小分子物质的转运和贮存可由一些特殊的蛋白质来完成。如血红蛋白运输氧和二氧化碳；血浆运铁蛋白转运铁，并在肝形成铁蛋白复合物而贮存；不溶性的脂类物质与血浆蛋白结合成脂蛋白而运输。许多药物吸收后也常与血浆蛋白结合而转运。

5. 运动与支持作用 负责运动的肌肉收缩系统也是蛋白质。如肌动蛋白、肌球蛋白、原肌球蛋白和肌原蛋白等，这是躯体运动、血液循环、呼吸与消化等功能活动的基础。马达蛋白质，如动力蛋白和驱动蛋白，是一类依赖 ATP 水解提供能量、介导细胞内物质运输或产生机械运动的蛋白质。皮肤、骨骼和肌腱的胶原纤维主要含胶原蛋白，它有强烈的韧性，1mm 粗的胶原纤维可耐受 10 ~40kg 的张力，这些结构蛋白（胶原蛋白、弹性蛋白、角蛋白等）给细胞和组织提供强度和保护。一些形成细胞骨架的蛋白质如肌动蛋白、微管蛋白和血影蛋白等能够对细胞的形态起结构支撑作用。

6. 控制生长和分化作用 生物体可以自我复制，在遗传信息的复制、转录及翻译过程中，除了作为遗传基因的脱氧核糖核酸起了非常重要的作用外，离开了蛋白质分子的参与是无法进行的，它在其中充当着至关重要的角色。生物体的生长、繁殖、遗传和变异等都与核蛋白有关，而核蛋白是由核酸与蛋白质组成的结合蛋白质。另外，遗传信息多以蛋白质的形式表达出来。有一些蛋白质分子（如组蛋白、阻遏蛋白等）对基因表达有调节作用，通过控制、调节某种蛋白基因的表达（表达时间和表达量）来控制和保证机体生长、发育和分化的正常进行。还有一些细胞因子蛋白例如表皮细胞生长因子、成纤维细胞生长因子、促红细胞生成素能够促进特定细胞的生长和分化。

7. 接受和传递信息作用 完成这种功能的蛋白质为受体蛋白，其中一类为跨膜蛋白，另一类为胞内蛋白。如细胞膜上蛋白质类激素受体、细胞内甾体激素受体以及一些药物受体。受体首先和配基结合，接受信息，通过自身的构象变化，或激活某些酶，或结合某种蛋白质，将信息放大、传递，起着调节作用。

8. 生物膜的功能 生物膜的基本成分是蛋白质和脂类，它和生物体内物质的转运有密切关系，也是能量转换的重要场所。生物膜的主要功能是将细胞区域化，使众多的酶系处在不同的分隔区内，保证细胞正常的代谢。生物膜上的蛋白质（膜蛋白）是膜功能的主要执行者，例如细胞连接与黏附蛋白，负责介导细胞间或细胞与细胞外基质的连接；通道蛋白与载体蛋白，负责物质的跨膜运输。

总之，蛋白质的生物学功能极其广泛（表 2 -2）。除了承担催化、调节、运输等经典功能外，蛋白质还具有许多特殊功能。例如，许多生物产生的毒素蛋白是其重要的防御或捕食工具。蛇毒中富含溶血蛋白与神经毒素，这些毒性多肽或蛋白质通过破坏猎物细胞膜或阻断神经信号传导，帮助蛇类捕食或抵御天敌；蜥蜴、蜘蛛、蜂类等产生的毒素蛋白亦属此类。细菌毒素如白喉毒素、霍乱毒素等，则是细菌的“防卫”手段之一，通过干扰宿主细胞蛋白质合成或破坏细胞信号通路，在宿主内定植或扩散。在极端环境适应方面，南北极海洋鱼类体内的抗冻蛋白展现出独特功能。这类蛋白质相对分子质量较大，能通过特异性结合冰晶表面，抑制冰晶生长，从而在零下水温中保护细胞及组织不被冻结。还有一些蛋白属于甜味蛋白或具有味觉调节功能的蛋白，例如应乐果甜蛋白和马槟榔甜蛋白具有甜味，神秘果蛋白本身无甜味，但能与舌味蕾的甜味受体结合，使酸性食物尝起来呈甜味。

自 20 世纪 80 年代以来，科学家发现一些蛋白质可凭借单一结构执行两种或多种不相关功能，这类特殊蛋白被称为兼职蛋白。它们在体内究竟行使何种功能，取决于它的亚细胞定位、表达于何种细胞、以单体还是多聚体形式存在、与其他蛋白或大分子的相互作用等因素。

表 2-2　蛋白质生物学功能的多样性

蛋白质的类型与举例	生物学功能
酶类：己糖激酶	使葡萄糖磷酸化
糖原合成酶	参与糖原合成
脂酰基脱氢酶	脂肪酸的氧化
转氨酶	氨基酸的转氨作用
DNA 聚合酶	DNA 的复制与修复
激素蛋白：胰岛素	降血糖作用
ACTH	调节肾上腺皮质激素合成
防御蛋白：抗体	免疫保护作用
纤维蛋白原	参与血液凝固
转运蛋白：血红蛋白	O_2 和 CO_2 的运输
清蛋白	维持血浆胶体渗透压
脂蛋白	脂类的运输
收缩蛋白：肌球蛋白、肌动	参与肌肉的收缩运动
核蛋白	遗传功能
视蛋白	视觉功能
受体蛋白	接受和传递调节信息
结构蛋白：胶原	结缔组织（纤维性）
弹性蛋白	结缔组织（弹性）

生命活动是不可能离开蛋白质而存在的。因此，有人称核酸为“遗传大分子”，而把蛋白质称作“功能大分子”。

在药学领域，人类早在古代就已利用动物脏器来防治疾病。近代，人们已大规模地生产和应用生化药物，这类药物可从动植物和微生物直接提取制备，也可采用现代生物技术来生产。其有效成分许多为蛋白质或多肽（如酶类、一些激素等）；即使有效成分本身并非蛋白质，但由于它们在组织细胞内与大量蛋白质共同存在，在提取或分离时也必然遇到有关蛋白质的处理问题。因此，蛋白质的研究不仅具有重要的生物学意义，而且对有关药物的生产、制备、分析、贮存和应用等也具有重要的现实意义。

二、蛋白质的一级结构

（一）蛋白质一级结构的决定因素

蛋白质的一级结构（primary structure）又称共价结构或基本结构。氨基酸的排列顺序决定蛋白质的一级结构，蛋白质是由不同氨基酸种类、数量和排列顺序，通过肽键连结构成的高分子含氮化合物。蛋白质一级结构是理解蛋白质空间结构、作用机制以及与其同源蛋白质生理功能的必要基础。

在蛋白质分子中从 N 端至 C 端的氨基酸排列顺序称为蛋白质的一级结构，一级结构中的主要化学键是肽键，此外，蛋白质分子中所有二硫键的位置也属于一级结构范畴。

如牛胰岛素是第一个被测定一级结构的蛋白质分子，由英国化学家 F. Sanger 于 1953 年完成，并于 1958 年获得诺贝尔化学奖。图 2-2 为牛胰岛素的一级结构，胰岛素有 A 和 B 两条多肽链，A 链有 21 个氨基酸残基，B 链有 30 个氨基酸残基。如果把氨基酸序列（amino acid sequence）标上数码，应以氨基末端为 1 号，依次向羧基末端排列。牛胰岛素分子中有 3 个二硫键，1 个位于 A 链内，称为链内二硫键，由 A 链的第 6 位和第 11 位半胱氨酸的巯基脱氢而形成的，另 2 个二硫键位于 A、B 两链间（图 2-2），称为链间二硫键。

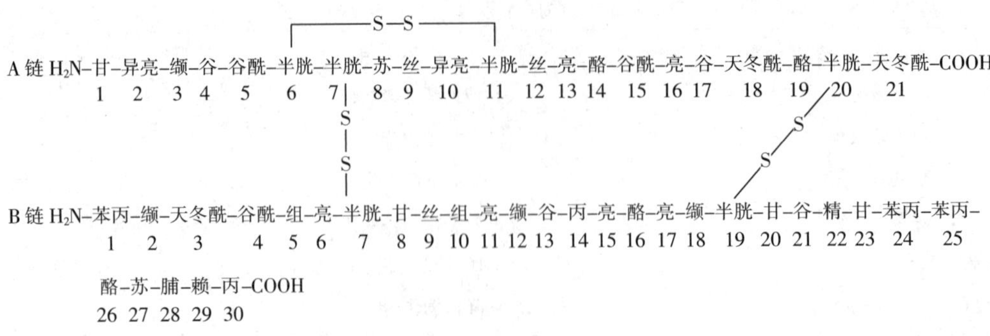

图 2-2 牛胰岛素的一级结构

蛋白质一级结构是其空间构象和特异生物学功能的基础，但许多研究表明，蛋白质的一级结构并不是决定蛋白质空间构象的唯一因素。

（二）蛋白质一级结构的测定

1. 蛋白质测序的策略 供测定蛋白质一级结构的样品必须是均一的，纯度应在97%以上，必须知道它的相对分子质量（允许误差在10%左右）。测序策略要点如下。

（1）测定蛋白质分子中多肽链的数目 由蛋白质N端或C端的摩尔数和蛋白质的相对分子质量可以确定蛋白质分子中的多肽链数目，如果蛋白质分子只含一条多肽链（单体蛋白），则蛋白质的摩尔数应与末端的摩尔数相等；如果末端的摩尔数是蛋白质摩尔数的倍数，则表明该蛋白质分子是由多条多肽链组成，如果检测到多于一种的末端，则表明该蛋白质由两条或多条不同的多肽组成，表明该样品是杂多聚蛋白质。

（2）拆分蛋白质分子的多肽链 如果蛋白质分子是由一条以上多肽链构成的，则这些链必须加以拆分。如果是寡聚蛋白质，多肽链（亚基）是借助非共价相互作用缔合的，则可用变性剂如8mol/L尿素、6mol/L盐酸胍或高浓度盐处理，就能使寡聚蛋白质中的亚基拆开。如果多肽链间是通过共价二硫桥（—S—S—）交联的，如胰岛素（含两条多肽链）和α-胰凝乳蛋白酶（含3条多肽链）则可采用氧化剂或还原剂将二硫键断裂。

拆开后单个多肽链可根据它们的大小和（或）电荷的不同进行分离。

（3）断开多肽链内的二硫桥 多肽链内半胱氨酸残基之间的—S—S—桥必须先行断裂，再进行下步分析。

（4）分析每一多肽链的氨基酸组成 经分离、纯化的多肽链一部分样品进行完全水解，测定它的氨基酸组成（amino acid composition），并计算出氨基酸成分的分子比或各种残基的数目。

（5）鉴定多肽链的N端和C端残基 多肽链的另一部分样品进行末端残基的鉴定，以便建立两个重要的氨基酸序列参考点。

（6）裂解多肽链成较小的片段 用两种或几种不同的断裂方法（指断裂点不一样）将每条多肽链样品降解成两套或几套重叠的肽段或称肽碎片。每套肽段进行分离、纯化，并对每一纯化了的肽段进行氨基酸组成和末端残基的分析。

（7）测定各肽段的氨基酸序列 目前最常用的肽段测序方法是Edman降解法，并有自动序列分析仪可供利用。此外尚有酶解法和生物质谱法等。

（8）重建完整多肽链的一级结构 利用两套或多套肽段的氨基酸序列彼此间有交错重叠可以拼凑出原来的完整多肽链的氨基酸序列。

（9）确定半胱氨酸残基间形成的—S—S—交联桥的位置。

2. 氨基酸组成分析 将经纯化的蛋白质样品经完全水解，用氨基酸分析仪测定，一般仅需 6μg 样品，耗时不到一小时。

用于蛋白质的氨基酸组成分析的水解方法有酸水解法与碱水解法。酸水解法用 6mol/L HCl 于 110℃ 在真空或充氮的安瓿内进行水解 10 ~24 小时，水解后除去 HCl，所得氨基酸不消旋，但色氨酸全部破坏，丝氨酸、苏氨酸和酪氨酸部分破坏，天冬酰胺和谷氨酰胺水解成游离氨基酸和铵离子，由水解液中的氨量可以计算酰胺基总量。为测定色氨酸可以用碱水解，通常用 5mol/L NaOH，于 110℃，在真空或充氮条件下，水解 20 小时左右，近年改用甲基磺酸代替 HCl 水解蛋白。蛋白质的氨基酸组成一般用每摩尔蛋白质中含摩尔氨基酸残基数表示或用每 100 g 蛋白质中含氨基酸克数表示。

3. N 端和 C 端氨基酸残基的鉴定

（1）N 端氨基酸的分析 末端分析不仅用于确定蛋白质分子中多肽链的数目，而且还用于氨基酸排列顺序的测定，常用方法如下。

1）二硝基氟苯法（DNFB） 蛋白质或多肽的 N 端氨基与 DNFB 反应，生成 DNP 多肽衍生物。由于 DNP 基团与氨基形成的键对酸的稳定性远较肽键高，不易为酸水解。因此，当 DNP 肽用酸水解时，所有肽键被水解生成相应的氨基酸和 DNP 末端氨基酸，这样好像给 N 端氨基酸以标记，以区别水解液中非 N 端氨基酸。DNP 氨基酸用有机溶剂提取而与其他氨基酸分开。分离出 DNP 氨基酸可用纸色谱、TLC 或 HPLC 等进行定性和定量。

$$\text{DNFB—F} + \text{H}_2\text{N—}\underset{\text{CH}_3}{\overset{\text{H}}{\text{C}}}\text{—}\overset{\text{O}}{\overset{\|}{\text{C}}}\text{—}\underset{\text{H}}{\text{N}}\text{—Asp—Phe—Glu—Thr—COOH}$$

$$\Big\downarrow \ \text{−HF 标记}$$

$$\text{DNP—NH—}\underset{\text{CH}_3}{\overset{\text{H}}{\text{C}}}\text{—}\overset{\text{O}}{\overset{\|}{\text{C}}}\text{—}\underset{\text{H}}{\text{N}}\text{—Asp—Phe—Glu—Thr—COOH}$$

$$\Big\downarrow \ \text{+HCl 水解}$$

$$\underbrace{\text{DNP—NH—}\underset{\text{CH}_3}{\overset{\text{H}}{\text{C}}}\text{—COOH}}_{\text{DNP-氨基酸}} + \underbrace{\text{Asp+Phe+Glu+Thr}}_{\text{非N氨基酯混合物}}$$

2）二甲氨基萘磺酰氯法（DNS-Cl） 方法的原理与 DNFB 法相同。本法的特点是反应生成的 DNS 氨基酸具有强烈的荧光，灵敏度比 DNFB 法高 100 倍；DNS 氨基酸可不必提取而直接鉴定。

DNFB 法和 DNS 法用于测定 N 端氨基酸是很有效的，但它们并不能在同一个肽链上重复应用，因为肽链在酸水解一步反应中已完全降解为氨基酸，这使其在氨基酸顺序分析中受到限制。

3）Edman 降解法 该法标记并仅仅水解释放多肽链 N 端残基，留下所有其他完整的肽链。Edman 降解法测序主要涉及偶联、水解、萃取等步骤。首先用标记 N 端残基的试剂苯异硫氰酸（PITC），在 pH 9.0 ~9.5 碱性条件下，与肽链 N 端自由的 α-氨基偶联，生成苯氨基硫甲酰基衍生物（PTC-肽）。然后 PTC 肽在酸性中经裂解，环化生成苯乙内酰硫脲氨基酸（PTH-氨基酸）和剩余多肽（N 端少一个氨基酸的多肽）。PTH-氨基酸可用醋酸乙酯抽提后进行鉴定。其反应如下。

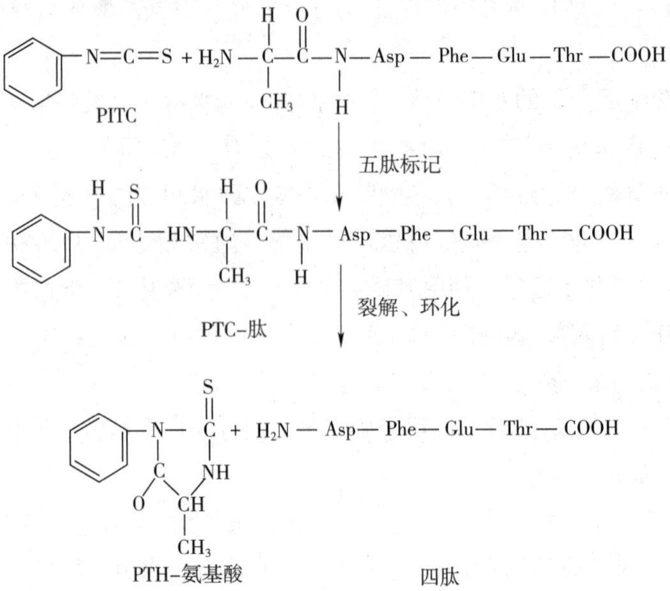

PITC + $H_2N-CH(CH_3)-CO-NH-$Asp—Phe—Glu—Thr—COOH

↓ 五肽标记

PTC-肽：$C_6H_5-NH-CS-HN-CH(CH_3)-CO-NH-$Asp—Phe—Glu—Thr—COOH

↓ 裂解、环化

PTH-氨基酸 + H_2N-Asp—Phe—Glu—Thr—COOH（四肽）

Edman 降解的最大优越性是在水解除去末端标记的氨基酸残基时，不会破坏余下的多肽链。留在溶液中的减少了一个氨基酸残基的肽可再重复进行上述反应过程，整个测序过程现在都是通过测序仪自动进行。每一循环都获得一个 PTH-氨基酸，经 HPLC 就可鉴定出那一种氨基酸。由此可见，Edman 降解法不仅可以测定 N 端残基，更有意义的是从 N 端开始逐一地把氨基酸残基切割下来，从而构成了蛋白质序列分析的基础。应用此法一次可连续测定 60 个以上的氨基酸顺序。目前使用的氨基酸序列分析仪（sequenator）快速、灵敏，微量的蛋白质样品就足够测定其完整的氨基酸序列。

4）氨肽酶法（aminopeptidase） 这是一类肽链外切酶，能从肽链的 N 端开始逐个切掉氨基酸。因此，理论上只要能跟随酶水解过程依次检测出释放的氨基酸，便可确定肽的顺序。但由于酶对各种氨基酸残基水解速度不同，对结果分析难度大而受到限制。

（2）C 端氨基酸的分析 一般说来，C 端分析比 N 端分析的误差大。

1）肼解法（hydrazinolysis） 多肽与无水肼加热发生肼解，C 端氨基酸以自由形式释出，而其他氨基酸则生成相应的酰肼化合物。后者与苯甲醛反应生成不溶于水的二苯基衍生物而沉淀，上清液游离的 C 端氨基酸可用 DNFB 法或 DNS 法及色谱技术鉴定。

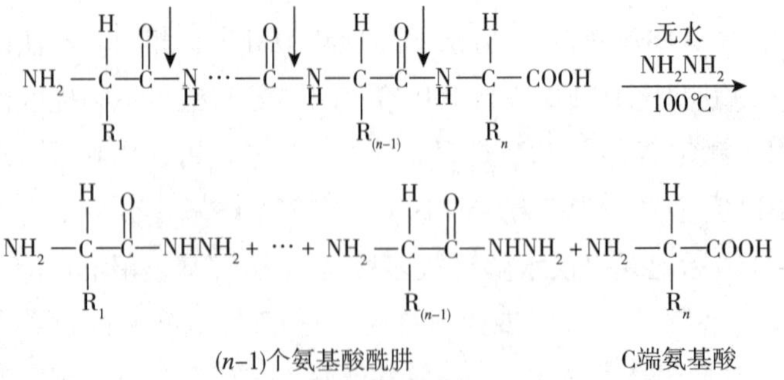

$$NH_2-CH(R_1)-CO-NH\cdots-CO-NH-CH(R_{(n-1)})-CO-NH-CH(R_n)-COOH \xrightarrow[100℃]{无水\ NH_2NH_2}$$

$$NH_2-CH(R_1)-CO-NHNH_2+\cdots+NH_2-CH(R_{(n-1)})-CO-NHNH_2+NH_2-CH(R_n)-COOH$$

（n−1）个氨基酸酰肼　　C端氨基酸

2）羧肽酶法（carboxypeptidase） 羧肽酶是一类肽链外切酶，能特异地从 C 端将氨基酸依次水解下来，是 C 端分析常用的方法。已发现的羧肽酶有 A、B、C 和 Y 四种，它们各自的专一性不同。羧肽酶 A 可水解脂肪族或芳香族氨基酸（Pro 除外）构成的 C 端肽键；羧肽酶 B 则水解由碱性氨基酸构成的 C 端肽键；羧肽酶 C 水解 C 端的 Pro；近来发现羧肽酶 Y 能切断各种氨基酸在 C 端的肽键，是一种最适用的羧肽酶。

4. 大分子多肽氨基酸顺序的确定 一般说来，对小分子肽用前述方法直接测定其氨基酸顺序，而对大分子肽尚难直接测定。目前对大分子多肽氨基酸顺序测定方法是：先将大分子多肽裂解为小的肽片，经分离纯化后，分别测定各肽片的顺序。对肽链裂解的方法要求选择性强、裂解点少和反应产率高。肽链裂解方法有两大类，即化学裂解法和酶解法等。一般常用两种以上的方法对肽链进行有控制的部分裂解，由于不同的方法裂解各异，可从已测出氨基酸顺序的小肽片段中找到关键性的“重叠顺序”，即可确定各小肽片在整个大分子肽链中的位置，从而推导出该大分子肽链的氨基酸顺序。

例如：有一肽链，分别用 A 法和 B 法限制性的裂解，得不同的小肽片段并测定其顺序如下。

A 法：甲硫-苯丙；甘-丝；缬-赖-酪-丙。

B 法：酪-丙-甲硫-苯丙；甘-丝-缬-赖。

这些肽段怎样连接？若仅用 A 法或 B 法的结果都很难确定其顺序。如综合两法的结果，找出其关键的“重叠顺序”，便可推导出此多肽的氨基酸排列顺序。

重叠顺序：缬-赖-酪-丙。

多肽顺序：甘-丝-缬-赖-酪-丙-甲硫-苯丙。

这些方法适用于由一条无二硫键的多肽链组成的蛋白质。如蛋白质由几条不同的多肽链通过非共价键结合，则需用蛋白质变性剂（脲、盐酸胍等）拆开，分离纯化后再测定；如蛋白质含二硫键，则可用过甲酸氧化或巯基乙醇还原后再测定。

5. 核酸推导法 以上蛋白质序列分析方法不是获得氨基酸顺序的唯一方法。由于快速 DNA 序列分析的开展、基因密码的阐明和分离基因技术的发展，可根据蛋白质的氨基酸顺序是由核酸的核苷酸顺序决定的，只要测出核酸的核苷酸顺序，即可根据三个核苷酸确定一个氨基酸的密码推导出蛋白质的氨基酸顺序的原理（详见核酸与蛋白质生物合成部分），有效地确定蛋白质一级结构。此法的优点是：目前测定 DNA 核苷酸顺序的技术已相当成熟；对经典化学法难以分析的大分子蛋白质或生物体含量很低的蛋白质，应用此法十分有效。实际上两项测序技术可以取长补短互为补充。若基因已分离出来了，DNA 序列分析比蛋白质的序列分析更为迅速和准确；若基因还没有分离出来，就必须直接测定多肽链的序列，并且可以提供二硫键的位置等信息，这是在 DNA 序列分析中不可能得到的。另外，知道了蛋白质的氨基酸排列顺序也能促进相关基因的分离。

6. 电喷射电离串联质谱法（ESI tandem MS 或 MS－MS） 电喷射电离的基本步骤是：①蛋白质溶液在高电场（数千伏）中通过毛细管静电分散成携带高电荷［蛋白质平均每千相对质量单位获得一个正电荷（质子）］的微滴；②蛋白质离子从这些微滴中被解吸进入气相（借助在热 N_2 气流中蒸发微滴水分）；③蛋白质离子进入质谱仪分析。串联质谱法将蛋白质离子在两台串联的质谱仪上进行分析。第一台质谱仪（MS_1）用于从蛋白质水解液中分离寡肽，然后选出每一寡肽（P_1、P_2 或 P_3 等）进行下一步分析。在进入第二台质谱仪（MS_2）的途中，选出的寡肽于碰撞池（collision cell）通过与氮气或氩气分子碰撞裂解成离子碎片（F_1、F_2、F_3 等），这些碎片被吸引入第二台质谱仪进行分析。裂解主要发生在寡肽中连接相继氨基酸的肽键上。因此产生的碎片代表一套大小只差一个氨基酸残基的肽段。这样的两个碎片相对分子质量之差为 56［肽主链（NH—CH—CO）的质量］加被裂解掉的那个残基的 R 基相对分子质量，其范围从 1(Gly) 到 130(Trp)。由于这个差值是各个氨基酸的特征值（残基质量），因此可根据整套离子碎片的质量差来推定氨基酸序列（Leu 和 Ile 需另作处理）。MS－MS 测序的优点是灵敏度高，所需的样品量少（可分析亚皮摩尔即 $<10^{-12}$ mol 水平的肽），测定速度快，特别是蛋白质的胰蛋白酶水解液经毛细管 HPLC 分离后的肽混合物即可直接进样串联质谱仪，这样可免去繁重的肽分离纯化工作。

三、蛋白质的二级结构 微课

蛋白质的二级结构（secondary structure）是指蛋白质分子中某一段肽链的局部空间结构，也就是多肽链的主链骨架若干肽单位，各自沿一定的轴盘旋或折叠，并以氢键为主要的次级键而形成的有规则构象，如α螺旋、β折叠、β转角和无规卷曲，蛋白质的二级结构不涉及氨基酸残基侧链的构象。

一个蛋白质分子可含有多种不同二级结构或多个同种二级结构，而且在蛋白质分子内空间上相邻的两个以上的二级结构还可协同完成特定的功能。

1. 肽单位 肽键是构成蛋白质分子的基本化学键，肽键与相邻的两个α-碳原子所组成的基团，称为肽单位（peptide unit）或肽平面。多肽链是由许多重复的肽单位连接而成，它们构成肽链的主链骨架。肽单位和各氨基酸残基侧链的结构和性质对蛋白质的空间构象有重要影响。

肽单位 $C_\alpha—C(=O)—N(H)—C_\alpha$

多肽链中的肽单位 $H_2N—C_\alpha H(R_1)—C(=O)—NH—C_\alpha H(R_2)—C(=O)—NH—C_\alpha H(R_3)—C(=O)—$

根据X射线衍射结构分析的研究结果表明，肽单位具有以下特性。

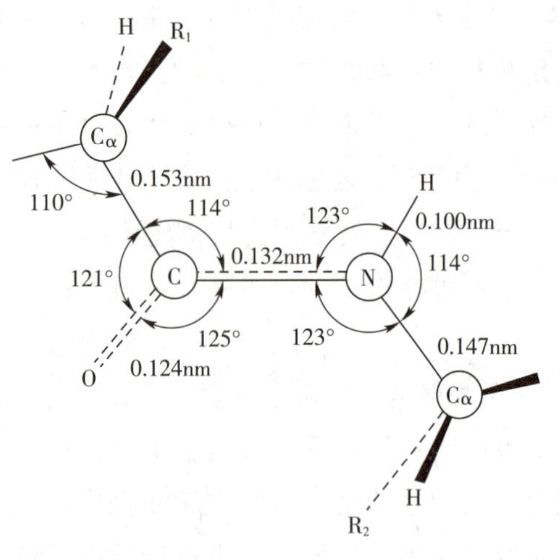

图2-3 肽单位

（1）肽键具有部分双键的性质，不能自由旋转。肽键中的C—N键的键长为0.132nm比C—N单键（键长0.147nm）短，而比C＝N双键（键长0.127nm）长（图2-3）。

（2）肽单位是刚性平面（rigid plane）结构。即肽单位上的六个原子都位于同一个平面，称为肽键平面（图2-4）。

（3）肽单位中与C—N相连的氢和氧原子与两个α碳原子呈反向分布。

根据这些特性，可以把多肽链的主链看成由一系列刚性平面所组成。因为主链C—N键具有部分双键的性质，不能自由旋转，使肽链的构象数目受到很大的限制。主链C_α—N和C_α—C键虽然可以旋转，但也不是完全自由的，因为它们的旋转受到R基团和肽键中氢及氧原子空间阻碍的影响，影响的程序与侧链基团的结构和性质有关，这样使多肽链构象的数目又进一步受到限制。显然在肽键平面上，有1/3的键不能旋转，只有两端的α-碳原子单键可以旋转，因此，多肽链的盘旋或折叠是由肽链中许多α-碳原子的旋转所决定的。

由于肽键平面对多肽链构象的限制作用，使蛋白质的二级结构的构象是有限的，主要有α螺旋、β折叠和β转角等。

2. α螺旋（α-helix） 蛋白质分子中多个肽键平面通过氨基酸α-碳原子的旋转，使多肽链的主骨架沿中心轴盘曲成稳定的α螺旋构象（图2-5）。α螺旋具有下列特征。

（1）螺旋的方向为右手螺旋，每3.6个氨基酸旋转一周，螺距为0.54nm，每个氨基酸残基的高度为0.15nm，肽键平面与螺旋长轴平行。

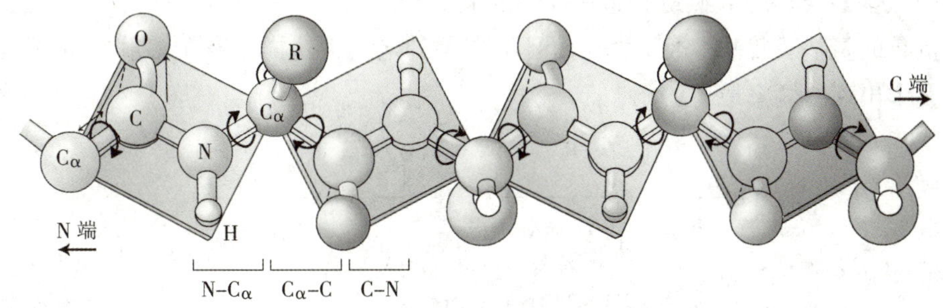

图 2-4 肽单位的平面结构

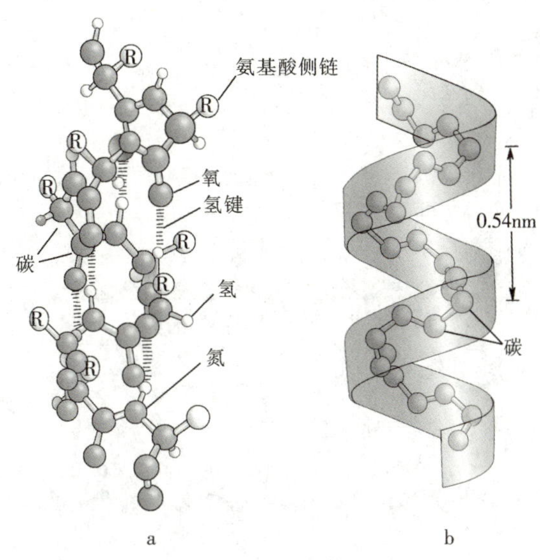

图 2-5 蛋白质分子的 α 螺旋结构

a. α 螺旋结构模型；b. α 螺旋骨架模型

（2）氢键是 α 螺旋稳定的主要次级键。相邻的螺旋之间形成链内氢键，即一个肽单位的 N 上氢原子与第四个肽单位羰基上的氧原子生成氢键。α 螺旋构象允许所有肽键参与链内氢键的形成，因此 α 螺旋靠氢键维持是相当稳定的。若破坏氢键，则 α 螺旋构象即遭破坏。

（3）肽链中氨基酸残基的 R 基侧链分布在螺旋的外侧，其形状、大小及电荷等均影响 α 螺旋的形成和稳定性。如多肽中连续存在酸性或碱性氨基酸，由于所带电荷而同性相斥，阻止链内氢键形成趋势而不利于 α 螺旋的生成；较大的氨基酸残基的 R 侧链（如异亮氨酸、苯丙氨酸、色氨酸等）集中的区域，因空间阻碍的影响，也不利于 α 螺旋的生成；脯氨酸或羟脯氨酸残基的存在则不能形成 α 螺旋，因其 N 原子位于吡咯环中，C_α—N 单键不能旋转，加之其 α-亚氨基在形成肽键后，N 原子上无氢原子，不能生成维持 α 螺旋所需之氢键。显然，蛋白质分子中氨基酸的组成和排列顺序为 α 螺旋的形成和稳定作用具有决定性的影响。

3. β 折叠（β pleated sheet） 又称 β 片层。β 折叠中多肽链的主链相对较伸展，多肽链的肽平面之间呈手风琴状折叠（图 2-6）。此结构具有下列特征。

（1）肽链的伸展使肽键平面之间一般折叠成锯齿状。

（2）两条以上肽链（或同一条多肽链的不同部分）平行排列，相邻肽链之间的肽键相互交替形成许多氢键，是维持这种结构的主要次级键。

（3）肽链平行的走向有顺式和反式两种，肽链的 N 端在同侧为顺式，两残基间距为 0.65nm；不在同侧为反式，两残基间距为 0.70nm。反式较顺式平行折叠更加稳定。

（4）肽链中氨基酸残基的 R 侧链分布在片层的上下。

能形成 β 折叠的氨基酸残基一般不大，而且不带同种电荷，这样有利于多肽链的伸展，如甘氨酸、丙氨酸在 β 折叠中出现的概率最高。

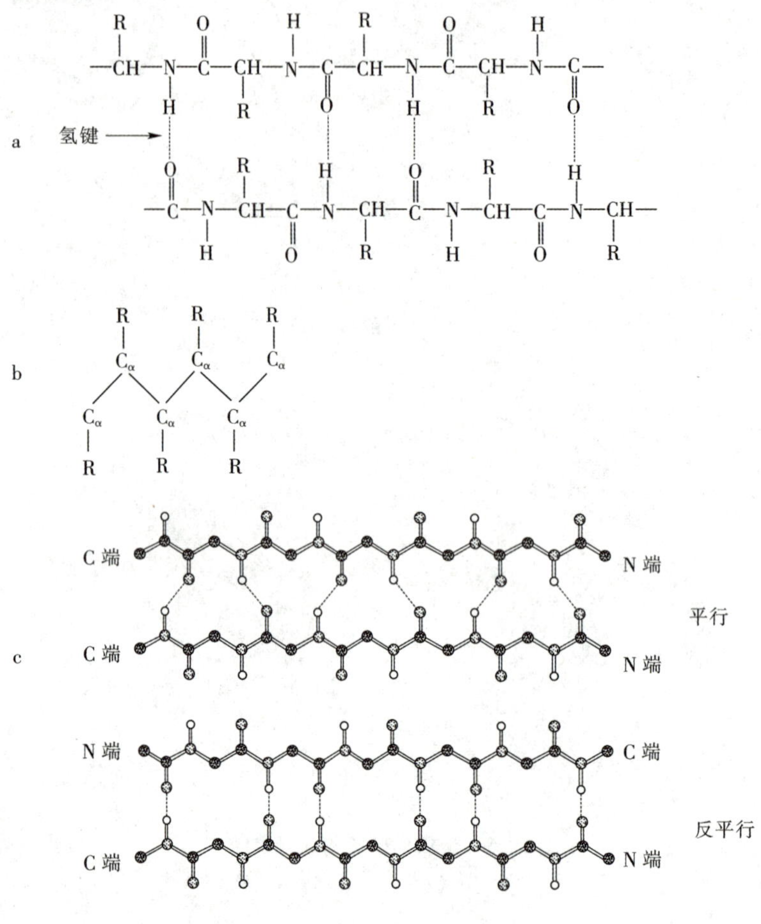

图 2-6　蛋白质分子的 β 折叠结构

a. β 折叠中两条多肽链之间形成氢键；b. 侧链（R 基）结合到 C_α 原子位于 β 折叠的上方和下方；c. 极性的多肽链形成平行、反平行的 β 折叠

4. β 转角（β bend 或 β turn）　伸展的肽链形成 180°的回折，即 U 型转折结构。它是由四个连续氨基酸残基构成，第一个氨基酸残基的羰基与第四个氨基酸残基的亚氨基之间形成氢键以维持其构象（图 2-7）。

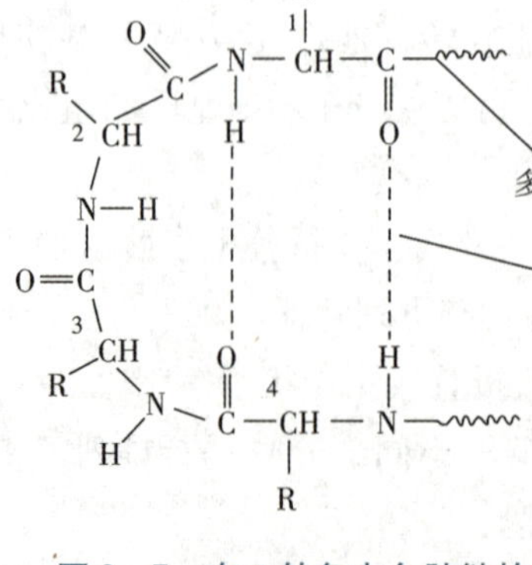

图 2-7　在 β 转角中多肽链的折叠

5. 无规卷曲（random coil）　蛋白质二级结构中除上述有规则的构象外，尚存在因肽键平面不规则排列的无规律构象，称为自由折叠或无规卷曲。

研究表明：一种蛋白质的二级结构并非单纯的 α 螺旋或 β 折叠结构，而是这些不同类型构象的组合，只是不同蛋白质各占多少不同而已。实例见表 2-3。

表 2-3　部分蛋白质分子中 α 螺旋与 β 折叠的占有量

蛋白质名称	α 螺旋（%）	β 折叠（%）
血红蛋白	78	0
细胞色素 c	39	0
溶菌酶	40	12
羧肽酶	38	17
核糖核酸酶	26	35
凝乳蛋白酶	14	45

四、蛋白质的超二级结构

超二级结构（super-secondary structure）又称模块（motif）、模序，是指在多肽内顺序上相邻的二级结构常常在空间折叠中靠近，彼此相互作用，形成有规则的二级结构聚集体。超二级结构有多种形式，如 α 螺旋组合（αα）、β 折叠组合（ββ）和 α 螺旋 β 折叠组合（βαβ）等（图 2-8）。它们可直接作为三级结构的“建筑块”或结构域的组成单位，是介于二级结构和结构域间的一个构象层次。超二级结构的形成，主要是组成它们的氨基酸残基侧链基团相互作用的结果。

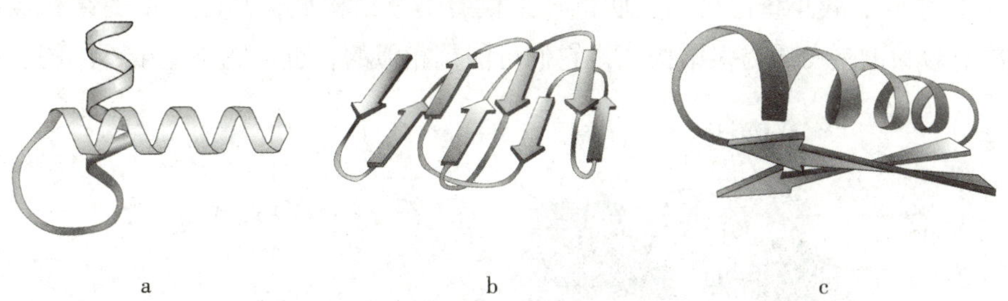

图 2-8　蛋白质中的超二级结构

a. αα 组合；b. βββ 组合；c. βαβ 组合

模块（motif）是具有特殊功能的超二级结构。在这些模块中，β 转角常为含 3~4 个氨基酸的片段，而环（lop）为较大的片段，常连接不规则的二级结构。

在许多钙结合蛋白分子中通常有一个结合钙离子的模块，它由 α 螺旋-环-α 螺旋三个肽段组成（图 2-9a），在环中有几个恒定的亲水侧链，侧链末端的氧原子通过氢键而结合钙离子。近年发现的锌指结构（zinc finger）也是一个常见的模块例子。此模块由一个 α 螺旋和两个反平行的 β 折叠三个肽段组成（图 2-9）。它形似手指，具有结合锌离子功能。此模块的 N 端有一对半胱氨酸残基，C 端有一对组氨酸残基，此四个残基在空间上形成一个洞穴，恰好容纳一个 Zn^{2+}。由于 Zn^{2+} 可稳固模块中 α 螺旋结构，致使此 α 螺旋能镶嵌于 DNA 的大沟中，因此含锌结构的蛋白质都能与 DNA 或 RNA 结合。可见模块的特征性空间构象是其特殊功能的结构基础。有些蛋白质的模块含有几个氨基酸残基组成，例如纤连蛋白中能与其受体结合的肽段，只是 RGD 三肽。

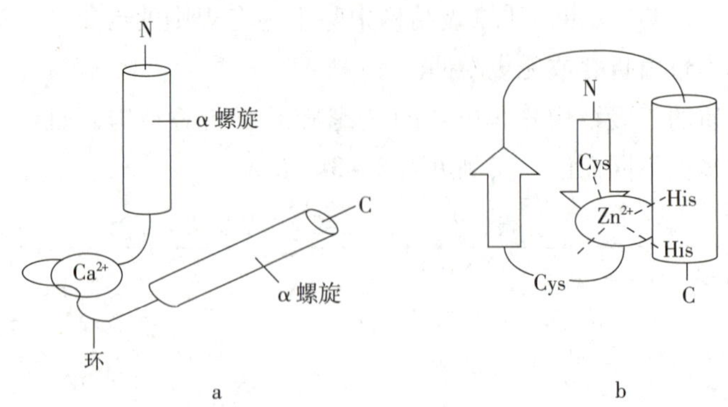

图 2-9　具有特殊功能的超二级结构的模块

a. 钙结合蛋白中与钙离子结合的模块；b. 锌指结构模块

五、蛋白质的结构域

结构域（domain）是位于超二级结构和三级结构间的一个层次。结构域是在蛋白质的三级结构内的独立折叠单元，通常都是几个超二级结构单元的组合。在较大的蛋白质分子中，由于多肽链上相邻的超二级结构紧密联系，进一步折叠形成一个或多个相对独立的致密的三维实体，即结构域。结构域与分子整体以共价键相连，一般难以分离，这是它与蛋白质亚基结构的区别。一般每个结构域由 100~200 个氨基酸残基组成，各有独特的空间构象，并承担不同的生物学功能。如免疫球蛋白（IgG）由 12 个结构域组成，其中两个轻链上各有 2 个，两个重链上各有 4 个；补体结合部位与抗原结合部位处于不同的结构域（图 2-10）。一般说，较小蛋白质的短肽链如果仅有 1 个结构域，则此蛋白的结构域和三级结构即为同一结构层次。较大的蛋白质为多结构域，它们可能是相似的，也可能是完全不同的。

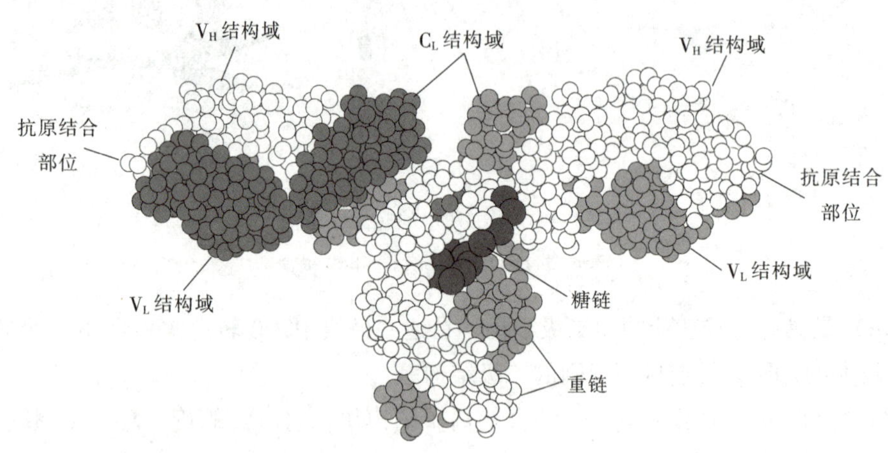

图 2-10　IgG 结构域（空间填充模型）

结构域的基本类型有 4 类：反平行 α 螺旋结构域（全 α 结构），平行或混合 β 折叠结构域（α,β 结构）、反平行 β 折叠结构域（全 β 结构）和富含金属或二硫键结构域（不规则小蛋白结构）。

六、蛋白质的三级结构

（一）蛋白质三级结构的特征

蛋白质的三级结构（teritary structure）是指整条肽链中全部氨基酸残基的相对空间位置，也就是分子中所有原子在三维空间的排布位置。这是具有二级结构、超二级结构或结构域的一条多肽链，由于其序列上相隔较远的氨基酸残基侧链的相互作用，而进行范围更广泛的盘曲与折叠，形成包括主、侧链在内的空间排列，构成结构紧密的三级结构（图 2-11）。已知球状蛋白质的三级结构具有某些共同特征，如分子中含有多种二级结构元件（包括 α 螺旋、β 折叠、β 转角和无规卷曲等）；球状蛋白折叠成球状或椭球状；球状蛋白三维结构有明显的折叠层次，即在一级结构相邻的二级结构需在三级结构中彼此靠近并形成超二级结构，进一步折叠成相对独立的三维空间结构；疏水侧链埋在分子内部，亲水侧链暴露于分子表面。

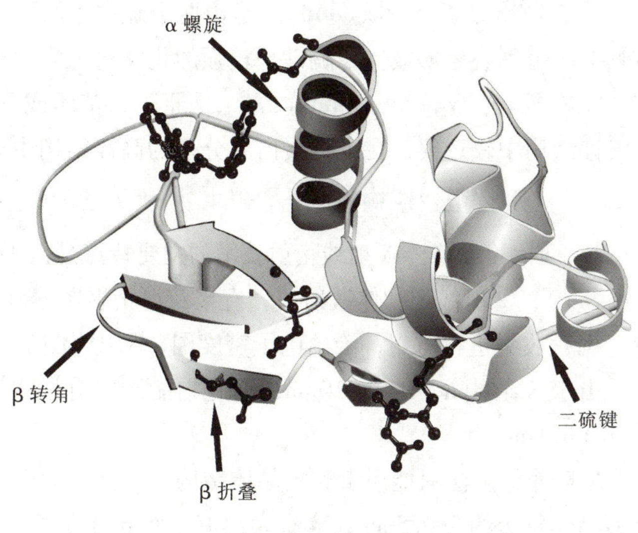

图 2-11 溶菌酶的三级结构

（二）维持蛋白质构象的化学键

维持蛋白质构象的化学键主要是一些次级键，亦称副键，它们是蛋白质分子的主链和侧链上的极性，非极性和离子基团等相互作用而形成的。这些次级键一般键能较小，因而稳定性较差，但由于次级键的数量众多，因此在维持蛋白质分子的空间构象中起着极为重要的作用。主要的次级键有氢键，疏水键、盐键、配位键和范德华引力等（图 2-12）。

1. 氢键（hydrogen bond） 由连接在一个电负性大的原子上的氢与另一个电负性大的原子相互作用而形成。氢键是次级键中键能最弱的，但其数量最多，所以是最重要的次级键。一般多肽链中主链骨架上羰基的氧原子与亚氨基的氢原子所生成的氢键是维持蛋白质二级结构的主要次级键。而侧链间或主链骨架间所生成的氢键则是维持蛋白质三、四级结构所需的。

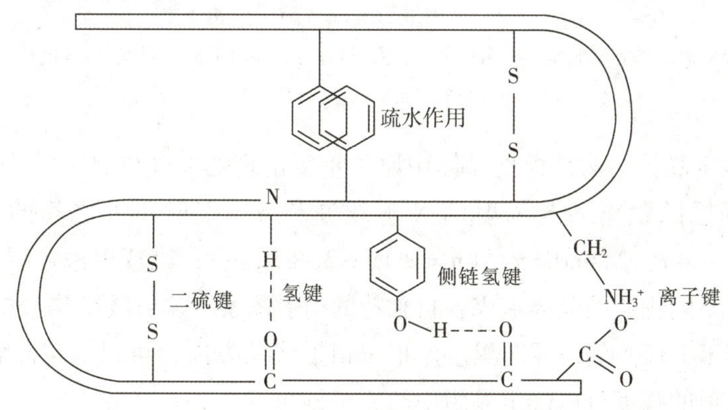

图 2-12 蛋白质分子中的次级键

2. 疏水键（hydrophobic bond） 是由两个非极性基团因避开水相而群集在一起的作用力。蛋白质分子中一些疏水基团因避开水相而互相黏附并藏于蛋白质分子内部，这种相互黏附形成的疏水键是维持蛋白质三、四级结构的主要次级键。

3. 盐键（salt bond） 又叫离子键。它是蛋白质分子中带正电荷基团和负电荷基团之间静电吸引所形成的化学键。

4. 配位键（coordinate bond） 是两个原子、由单方面提供共用电子对所形成的化学键。部分蛋白质含金属离子，如胰岛素（Zn）、细胞色素（Fe）等。蛋白质与金属离子结构中常含有配位键，并参与维持蛋白质的三、四级结构。

5. 二硫键（disulfide bond） 是由两个硫原子间所形成的化学键。在蛋白酶分子中它是两个半胱氨酸侧链的巯基脱氢形成。二硫键是较强的化学键，它对稳定具有二硫键蛋白质的构象有重要作用。

6. 范德华（van der waals）力 是原子、基团或分子间的一种弱的相互作用力。其在蛋白质内部非极性结构中较重要，在维持蛋白质分子的高级结构中也是一个重要的作用力。

（三）研究蛋白质构象的方法

1. X 射线衍射法 X 射线衍射技术的主要特点是：①光源不是可见光，而是波长很短的 X 射线（λ = 0.154nm）；②射线经物体散射后，直接获得衍射图案（diffraction pattern）。衍射图案用数学法（如电子计算机）收集进行重组，绘出电子密度图，从中构建出三维分子图像——分子结构模型（图 2-13）。

由于 X 射线 λ = 0.01~10nm，因此它能测定分子内原子间的距离（0.1nm 的数量级），达到高分辨率（<0.1nm）。

X 射线衍射法只能用于测定晶体结构，故又称为 X 射线晶体学技术。用于衍射分析的球状蛋白质的典型晶体每边约为 0.5mm，含有大约 10^{12} 个蛋白质（沿晶体每边排列 10^4 个分子）。

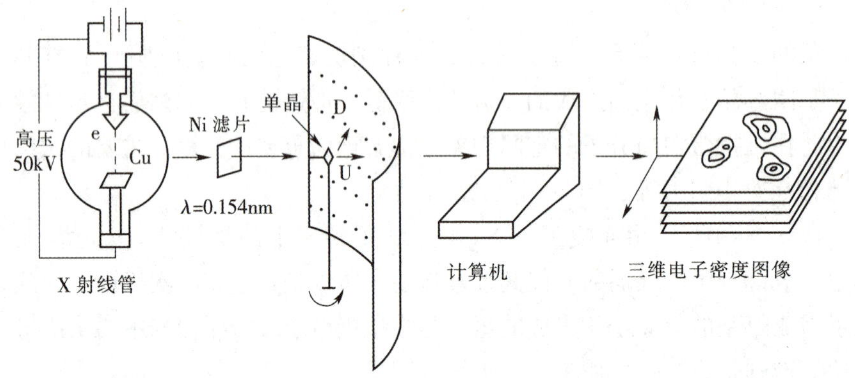

图 2-13　X 射线衍射晶体结构分析示意

Cu. 阳极靶，产生 X 射线；e. 高速电子；Ni. 镍滤片，获得单色 X 射线（λ = 0.154nm）；
D. 衍射光束；U. 未衍射光束

用 X 射线衍射法测定晶体结构是根据晶体中原子重复出现的周期性结构。当 X 射线穿过晶体的原子平面层时，只要原子层的距离 d 与入射的 X 射线波长 λ、入射角 θ 之间的关系能够满足布拉格（Bragg）方程式（图 2-14）：$2d\sin\theta = n\lambda$（$n = \pm1, \pm2, \pm3, \cdots$），则反射波可以互相叠加而产生衍射，形成复杂的衍射图案。不同物质的晶体形成各自独特的衍射图案。X 射线结构分析主要是根据衍射线的方向与强度，即衍射图案上斑点的位置与黑度。根据衍射线的方向，可以确定晶胞（晶体的重复单位）的大小和形状，根据衍射的强度可以确定晶胞中的原子排布。

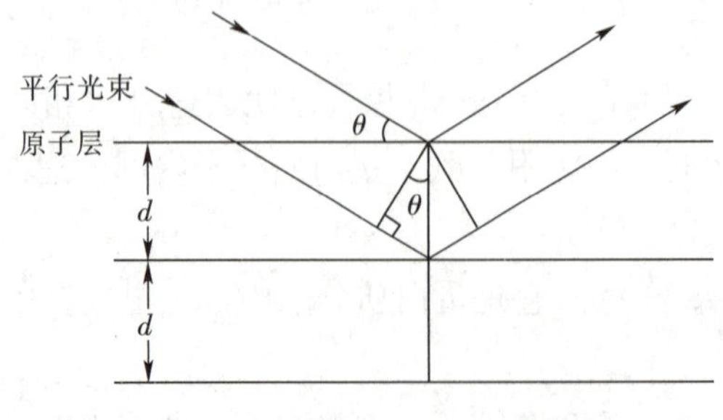

图 2-14　布拉格方程的图解

不同的晶体样品要求用不同的分析方法。微晶的纤维状蛋白质采用纤维法，单晶的球状蛋白质使用单晶回转法。

2. 圆二色光谱（circular dichroisn，CD）　CD可以更好地提供含手性中心的生物大分子的三维结构信息，基本上已替代了旋光色谱（ORD）技术。在CD光谱中，应用圆偏振光，将波长和振幅相同但相位相差四分之一周期且偏振平面相差90°的两个平面偏振光重叠可以得到圆偏振光，正如平面偏振光可能是左旋（L）或右旋（R）那样，圆偏振光也是如此。L和R圆偏振光的产生取决于两个平面偏振波峰的位置。手性分子与圆偏振光相互作用也与旋光测定一样存在相似的差异，通过样品后的光束是R和L成分的重新结合，得到椭圆偏振光的光束，在旋光法中，测量比旋光度 $[\alpha]_\lambda$，而CD法测量的是椭圆率 θ。多数生物大分子具有不对称性，有的是构型不对称性如L-氨基酸和D-氨基酸，有的是构象不对称性如左手和右手蛋白质螺旋。手性物质与左、右圆偏振光（E_L，E_R）的相互作用不同，因而对 E_L 和 E_R 的吸收也不同，便使左、右圆偏振光叠合成椭圆偏振光，这种光学效应就是生物分子的圆二色性，若用 E_L 和 E_R 表示手性物质对 E_L 和 E_R 光吸收的摩尔吸收系数，则 $\Delta\varepsilon=\varepsilon_R-\varepsilon_L$ 为圆二色性，以摩尔椭圆率 $[\theta]_\lambda$ 表示，$\Delta\varepsilon$ 和 $[\theta]_\lambda$ 的关系为

$$[\theta]_\lambda=\frac{\theta_\lambda}{cl}\times100=3300\Delta\varepsilon$$

式中，椭圆率 $\theta=\arctan$（短轴/长轴）$\approx\tan\theta\approx33cl\Delta\varepsilon$（对于小的 θ 来说）；c 为摩尔浓度；l 为光程厚度（cm）。$[\theta]_\lambda$ 的单位为度·厘米^2/分摩尔（deg·cm^2/dmol）。注意，$\Delta\varepsilon$ 可以是正值或负值，所以CD光谱与一般的吸收光谱不同，在这里正和负值都是允许的。

蛋白质的远紫外CD光谱反映主链构象。典型的α螺旋在208nm和222nm左右有两个负槽，在192nm有一个正峰。β折叠片也出现190nm附近的正峰，和位于215nm的负槽。相反，无规卷曲在199nm处有一个负槽（图2-15）。

圆二色性还能用于估算蛋白质中α螺旋、β折叠片和无规卷曲的含量。假设蛋白质分子全由这3种构象单元组成，它们所含的残基数占蛋白质分子的总残基数的百分数分别为 f_α、f_β 和 f_R，则

$$f_\alpha+f_\beta+f_R=1$$

再假设蛋白质分子中的各种构象单元在各个波长处的椭圆率也可以加和，则

$$[\theta]_\lambda=f_\alpha[\theta]_{\alpha,\lambda}+f_\beta[\theta]_{\beta,\lambda}+f_R[\theta]_{R,\lambda}$$

式中，$[\theta]_\lambda$ 为实验样品CD曲线在波长λ处的摩尔椭圆率；$[\theta]_{\alpha,\lambda}$、$[\theta]_{\beta,\lambda}$ 和 $[\theta]_{R,\lambda}$ 分别为100%α螺旋、100%β折叠和100%无规卷曲构象在波长λ处的摩尔椭圆率，这些数据可由人工合成的多聚氨基酸获得（图2-15）。因此利用上述公式，理论上只要选择3个不同波长的 $[\theta]$，即可得到一组三元一次方程，并由此解出未知数 f_α、f_β 和 f_R，现在实际上都是用现成的程序在计算机上完成的。

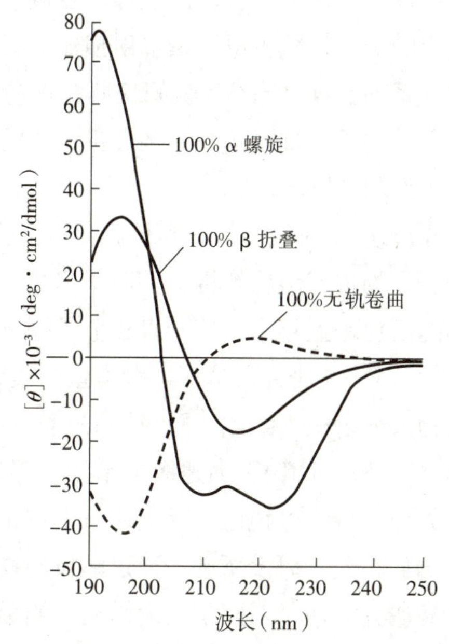

图2-15　多聚L-赖氨酸在不同构象条件下的标准远紫外CD光谱

3. 核磁共振波谱　在蛋白质三维结构研究中常用到 ^{1}H-NMR（质子磁共振，PMR），同时也用 ^{13}C-NMR、^{15}N-NMR和 ^{31}PNMR。

在几百毫特斯拉的外加磁场下，使用无线电波区的40MHz辐射将引起核磁共振而产生吸收，就可以得到NMR波谱。实际扫描的磁场范围比仪器提供的磁场范围要小一些，并且这种光谱特别描述了被吸收的无线电频率。

质子的分子环境决定了引起核磁共振的外加磁场强度，

磁场强度的差别可以通过化学位移（τ）来表示，并且将测到的化学位移与内标相对照，常用的内标是 $(CH_3)_4Si$（四甲基硅烷，TMS），它含有 12 个相同的质子。当外加磁场与质子周围的成键电子相互作用时产生第二磁场［诱导磁场，$15\times10^{-4}\sim20\times10^{-4}$T（特斯拉）］，出现化学位移的差别，如果诱导磁场与外加磁场方向相反，那么必须有较强的外加磁场才能产生核磁共振。但如果诱导磁场和外加磁场方向相同，那么较弱的外加磁场就能产生核磁共振。在磁场方向相反的情况下，原子核被屏蔽，屏蔽的程度与最接近的取代基的吸电子能力成反比。在诱导磁场与外加磁场方向相同的情况下，原子核去屏蔽。在 NMB 谱图的横坐标上，化学位移值在 0～10，并规定 TMS 的化学位移值为 10。质子类型可以通过吸收峰的位置来确定，而且每个峰面积与特定基团中质子数目成正比。核奥氏效应（nuclear overhauser effect，NOE）是原子核间的一种偶极 - 偶极的相互作用，其大小与核间距离的 6 次方成反比。

如果核间距离小于 0.5nm，磁化将从激发核转移到非激发核。二维核奥氏增强波谱法（NOESY）的波谱能够图解式地展示挨近的质子对。NOESY 谱的对角线相当于一维 NMR（化学位移）谱。对角线以外的峰称交叉峰，它代表距离不超过 0.5nm，有 NOE 联系的质子对。NOESY 谱中的重叠峰一般只要获得经 ^{15}N 和 ^{13}C 标记的蛋白质的 NMR 谱，则可分辨开来。照射这样的原子核可以沿第三轴把 NOE 重叠峰分开，这就是所谓多维 NMR 谱。蛋白质的三维结构根据大量的这种邻近关系可以重建。

NMR 和 X 射线晶体学是能够在原子水平上揭示蛋白质和其他生物分子三维结构的仅有的两种技术。X 射线方法能给出高分辨率的图像，但需要晶体，而 NMR 方法能研究溶液中的蛋白质结构，只要提供高浓度的溶液（对一个相对分子质量 15×10^3 蛋白质约 15mg/ml）。而且 NMR 谱还能提供大量有关动态的信息。实践证明，用这两种方法测得的三维结构非常接近。因此 NMR 和 X 射线技术在研究结构方面彼此可以很好地互补。

4. 冷冻电镜（cryo-electron microscopy，Cryo-EM） 是当今解析蛋白质三维结构的关键技术。是一种通过快速冷冻技术将生物样品固定在玻璃态冰中，利用电子束成像和三维重构解析蛋白质高分辨率结构的前沿技术。其原理基于电子与物质的相互作用，电子枪发射电子束，经电磁透镜聚焦并加速至 80～300keV 的高能量，随后照射超薄样品。部分电子穿过样品，通过物镜、成像透镜等形成图像，记录于荧光屏、感光胶片或 CCD 相机上。

在样品处理上，将蛋白质样品在液氮温度下快速冷冻，使其处于玻璃化状态，避免冰晶形成对蛋白质结构的破坏，减少电子束辐射损伤。成像时，高速旋转样品台，使样品在电子束下以随机角度曝光，获取一系列二维“冻结”瞬间快照，这些二维图像包含样品结构信息。之后，通过反卷积算法将二维投影图像转化为三维密度图，构建蛋白质的原子分辨率结构模型，且可通过改变电子束能量和强度调节图像分辨率与信噪比。

与传统 X 射线晶体学和核磁共振波谱学相比，冷冻电镜优势显著。它能对难以结晶的蛋白质或蛋白质复合物进行结构解析，突破了传统方法对样品结晶的限制。尤其适用于膜蛋白、病毒颗粒及动态复合物的研究。近年来，随着直接电子探测器与深度学习算法的突破，冷冻电镜的分辨率已接近原子级别（如 1.8Å），让研究人员深入洞悉蛋白质结构与功能的关系。同时，可在近生理条件下研究蛋白质与其他生物大分子的相互作用及动态过程，有助于揭示生命现象本质。许多重要生物大分子复合物，如 RNA 聚合酶、TRPV1 通道等的结构，都是借助冷冻电镜技术首次得以揭示。

如今，冷冻电镜已广泛应用于生物化学和结构生物学研究，并已成为药物研发和疾病研究的有力工具。例如在药物研发领域，通过解析药物靶标蛋白质结构，助力设计特异性更强、副作用更小的药物；在疾病研究方面，对阿尔茨海默病、帕金森病等与蛋白质错误折叠相关疾病的发病机制研究提供关键结构信息。随着成像技术和数据分析方法不断进步，如高分辨率相机和高效软件算法的应用，冷冻电镜在蛋白质结构解析中的应用愈发广泛，成为现代生物学研究不可或缺的重要工具。

5. 基于 AI 技术的蛋白质结构预测　蛋白质的功能与其三维结构紧密相关，然而解析蛋白质结构长期以来极具挑战。传统实验手段，如 X 射线晶体学、核磁共振波谱学及冷冻电镜技术，虽能获得高分辨率结构，但存在流程繁琐、耗时久、对样品要求严苛等问题。在这样的背景下，基于人工智能的程序例如 AlphaFold 和 RoseTTAFold 应运而生，为蛋白质结构解析开辟新路径。

AlphaFold 是由 DeepMind 开发的人工智能模型，其核心突破在于能够仅通过氨基酸序列快速、高精度地预测蛋白质三维结构。它将蛋白质序列信息转化为多种特征表示，如多序列比对（MSA）信息，通过搜索基因数据库获取与目标序列相似的其他序列进行对比，以此推测氨基酸间的关联，为预测三维结构提供关键信息；还有 Pair Representation，用于刻画氨基酸残基间的空间关系，如距离、角度等。这些信息被转化为矩阵形式，输入神经网络进行迭代学习。在架构设计上，其采用 Transformer 架构中的轴向注意力机制处理二维矩阵数据，多层 Evoformer 模块层层递进，不断更新和丰富特征表示，从而精准预测蛋白质的三维结构。2024 年，开发出 AlphaFold2 的两位科学家获得诺贝尔化学奖，成为 AI 技术驱动科学革命的标志性事件。同一年，AlphaFold3 发布，实现了进一步升级，不仅预测精度更高，还能预测更广泛的生物分子复合物结构及分子间相互作用。

AlphaFold 的出现，极大地加速了蛋白质结构解析进程，让科研人员能快速获取蛋白质结构信息。在基础研究领域，助力科学家深入理解蛋白质功能及相关生命过程；在药物研发中，有助于快速确定药物作用靶点的蛋白质结构，设计出更具针对性的药物分子，缩短研发周期、降低成本。

七、亚基缔合和蛋白质的四级结构

许多有生物活性的蛋白质由两条或多条肽链构成，肽链与肽链之间并不是通过共价键相连，而是由非共价键维系。每条肽链都有自己的一、二和三级结构。这种蛋白质的每条肽链被称为一个亚基（subunit）。由两个或两个上的亚基之间相互作用，彼此以非共价键相连而形成更复杂的构象：称为蛋白质四级结构。

1. 亚基　又称亚单位（subunit），有人称为原聚体或单体。亚基一般由一条多肽链组成，也有由两条或更多的多肽链组成。亚基本身各具有一、二、三级结构。由 2~10 个亚基组成具有四级结构的蛋白质称为寡聚体（oligomer），更多亚基数目构成的蛋白质则称为多聚体（polymer）。蛋白质分子中亚基结构可以相同，也可不同。一般亚基多无活性，当它们构成具有完整四级结构的蛋白质时，才表现出生物学活性（表 2－4）。

表 2－4　部分蛋白质中亚基数目与相对分子质量

蛋白质或酶	亚基数目	亚基相对分子质量
牛乳球蛋白	2	18375
过氧化氢酶	4	60000
磷酸果糖激酶	6	130000
烟草斑纹病毒	2130	17530
血红蛋白	4（$\alpha_2\beta_2$）	α：15130 β：15870
天冬氨酸转氨甲酰酶	12（C_6，R_6）	C：34000 R：17000

蛋白质的四级结构是由亚基缔合而成，所以其四级结构涉及亚基种类、数目和各亚基或原聚体在整个分子中的空间排布，包括亚基的接触点（结构互补）和作用力（主要是非共价相互作用）。大多数寡聚蛋白分子中亚基数目为偶数，尤其以 2 个和 4 个为多，个别的为奇数，如荧光素酶由 3 个亚基组成。蛋白质分子中的亚基种类多数为一种或 2 种。含 3 种以上不同亚基种类的蛋白质少见。

2. 亚基间的结合力　维持蛋白质四级结构的主要化学键是疏水键，它是由亚基间氨基酸残基的疏水基相互作用而形成的。一般能构成四级结构的蛋白质，其非极性氨基酸的量约占30%。这些多肽链在形成三级结构时，不可能将全部疏水氨基酸残基侧链藏于分子内，部分疏水基侧链位于亚基表面。亚基表面的疏水基侧链为了避开水相而相互作用形成疏水键，导致亚基的聚合。此外，氢键、范德华力、盐键、二硫键等在维持四级结构中也起一定的作用。

蛋白质亚基之间紧密接触的界面存在极性互相作用和疏水作用。相互作用的表面具有极性基团和疏水基团的互补排列。亚基缔合的驱动力主要是疏水作用，亚基缔合的专一性是由极性基团之间的氢键和离子键提供。

3. 亚基相互作用的方式 亚基缔合可分为相同（identical）亚基之间和不相同（nonidentical）亚基之间的缔合。相同亚基之间的缔合可进一步分为同种缔合（isologous）和异种缔合（heterologous）。同种缔合中相互作用的表面是相同的，形成的结构一定是封闭的二聚体，并且具有一个2-重对称轴。二聚体是四级结构中最常见的聚集体，例如前清蛋白的二聚体。如果发生进一步的同种缔合使成三聚体或四聚体，则必须利用蛋白质表面上的不同界面。许多蛋白质包括伴刀豆凝集素A和前清蛋白可通过两套同种缔合形成四聚体。

相同亚基的异种缔合中相互作用的表面是不相同的。异种缔合一定是开放末端的结构。许多蛋白质借异种缔合可以几乎无限聚合，形成线性或螺旋形的大聚集体，有些是病毒颗粒（如TMV）的外壳，有些是细胞和组织中具有重要功能的结构，例如微管蛋白（一种αβ-二聚体），它能聚合成管状纤维，称为微管。微管是纤毛（cilia）、鞭毛（flagella）和细胞骨架基质的基础。

第二节 蛋白质的结构与功能

研究蛋白质的结构与功能的关系是从分子水平上认识生命现象的一个极为重要的领域；对医药的研究也有十分重要的意义。它能从分子水平上阐明酶、激素等活性物质的作用机制以及一些遗传性疾病发生的原因，这将为疾病（如肿瘤、遗传性疾病）的防治和药物研究提供重要的理论根据。近年来蛋白质工程的发展就是以蛋白质的结构和功能的关系为基础，通过分子设计，有控制的基团修饰与合成或对表达产物蛋白质的化学修饰，对天然蛋白质进行定向改造，创造出自然界不存在但功能上更优越的蛋白质，为人类的健康服务。

蛋白质是生命的基础。各种蛋白质都具有其特异的生物学功能，而所有这些功能又都与蛋白质分子的特异结构密切相关。总的说来，蛋白质分子的一级结构是形成空间结构的物质基础，而蛋白质的生物功能是蛋白质分子特定的天然构象所表现的性质或具有的属性。研究蛋白质结构与功能的关系是生物化学要解决的重要问题。

一、蛋白质的一级结构与生物功能

（一）一级结构相似的蛋白质具有相似的生物功能

蛋白质一级结构的比较，常被用来预测蛋白质之间结构与功能的相似性。同源性较高的蛋白质之间，可能具有相类似的功能。蛋白质同源性（homology）是指由同一基因进化而来的一类蛋白质。已有大量的实验证明，一级结构相似的多肽或蛋白质，其空间构象和功能也相似。例如不同哺乳类动物的胰岛素分子结构都由A和B两条链组成，且二硫键的配对位置和空间构象也极相似，一级结构仅有个别氨基酸差异，因而它们都具有相同的调节糖代谢等的生理功能（表2-5）。

表 2-5 哺乳动物胰岛素氨基酸序列的差异

胰岛素（来源）	氨基酸残基序号			
	A_5	A_6	A_{10}	A_{30}
人	Thr	Ser	Ile	Thr
猪	Thr	Ser	Ile	Ala
狗	Thr	Ser	Ile	Ala
兔	Thr	Gly	Ile	Ser
牛	Ala	Gly	Val	Ala
羊	Ala	Ser	Val	Ala
马	Thr	Ser	Ile	Ala

注：A 表示 A 链，A_5 表示 A 链第 5 位氨基酸，其余类推。

在蛋白质一级结构中存在着发挥其功能的“关键”部位，当这些“关键”部位相同时，常常其生物功能也相同。

例如促黑激素（MSH）其作用是促进黑色素细胞的发育和分泌黑色素，控制皮肤色素的产生与分布。MSH 有 α 和 β 两类，不同来源的 MSH 一级结构各异，但具有相同的活性所必需的氨基酸顺序（表 2-6），因而表现出相同的生化功能。

表 2-6 α-MSH 和 β-MSH 活性必需氨基酸比较

MSH的来源	活性必需的氨基酸顺序
动物 α-MSH	11　　　17　22 肽 N'-----甲硫 谷 组 苯丙 精 色 甘------
β-MSH	7　　　13　18 肽 N'-----甲硫 谷 组 苯丙 精 色 甘------
人 β-MSH	4　　　10　13 肽 N'-----甲硫 谷 组 苯丙 精 色 甘------

（二）一级结构“关键”部位的改变，其生物活性也会改变

多肽的结构与功能的研究表明，改变多肽中某些重要的氨基酸，常可改变其活性。近年来应用蛋白质工程技术，如选择性的基因突变或化学修饰等，定向改造多肽中一些“关键”的氨基酸，可得到自然界不存在而功能更优的多肽或蛋白质，这对研究多肽类新药具有重要意义，举例见表 2-7。

表 2-7 多肽或蛋白质中氨基酸的变化与活性

多肽或蛋白质	氨基酸位置	相对活性
脑啡肽（5 肽）	甘$_2$　甲硫$_2$	1.0
衍生物	D-丙　甲硫—CO—NH_2	10.0
促黄体生成释放素（10 肽）	色$_3$　丝$_4$　甘$_6$　甘$_{10}$	1.0
衍生物	苯丙 —　—　—	0.04
	苯丙 —　D-色　甘—NH—C_2H_5	144.0
生长抑素（14 肽）	苯丙$_6$　色$_8$　苏$_{10}$　丝$_{13}$	1.0
衍生物	—　—　—　D-丝	0.01
	—　D-色　—　—	8.0
胰岛素（51 肽）	A-甘$_1$　天胺$_{21}$　B 组$_{10}$　苯丙$_{25}$	1.0
衍生物	×　—　—　—	0.05
	—　—　天—　—	2.5
肿瘤坏死因子（157 肽）	缬$_1$……　苏$_7$　脯$_8$　丝$_9$　天$_{10}$　亮$_{157}$	1.0
衍生物	×…　×…×　精　赖　精　苯丙	10.0

注：—表示与天然产物氨基酸相同，×表示切去该氨基酸。

（三）一级结构可以提供重要的生物进化信息

一些广泛存在于生物界不同种系间的蛋白质，比较它们的一级结构，可以帮助了解物种进化间的关系。如细胞色素 c（cytochrome c），物种间越接近，则一级结构越相似，其空间构象和功能也越相似。猕猴与人类很接近，两者一级结构只相差 1 个氨基酸残基，即第 102 位氨基酸猕猴为精氨酸，人类为酪氨酸；人类和黑猩猩的细胞色素 c 一级结构完全相同。面包酵母与人类从物种进化看，两者相差极远，所以两者细胞色素 c 一级结构相差达 51 个氨基酸。灰鲸是哺乳类动物，由陆生动物演化，它与猪、牛及羊只差 2 个氨基酸。

（四）一级结构的改变可引起分子病

基因突变可导致蛋白质一级结构的变化，使蛋白质的生物学功能降低或丧失，甚至可引起生理功能的改变而发生疾病。这种由遗传突变引起的、在分子水平上仅存在微观差异而导致的疾病，称之为分子病。现在几乎所有遗传病都与正常蛋白质分子结构改变有关。甚至有些缺损的蛋白质可能仅仅只有一个氨基酸异常。如镰状细胞贫血（sickle cell anemia）患者就是血红蛋白（HbS）与正常血红蛋白（HbA）在 β 链第 6 位有一个氨基酸不同（表 2－8）。

表 2－8 镰状细胞贫血患者与正常人血红蛋白氨基酸比较

血红蛋白	氨基酸
	1 → 2 → 3 → 4 → 5 → 6 → 7 → 8 →
HbA β 链	H_2N—缬－组－亮－苏－脯－[谷]－谷－赖－
HbS β 链	H_2N—缬－组－亮－苏－脯－[缬]－谷－赖－

HbAβ 链第 6 位为谷氨酸，而患者 HbSβ 链第 6 位换成了缬氨酸。HbS 的带氧能力降低，分子间容易“黏合”形成线状巨大分子而沉淀。红细胞从正常的双凹盘状被扭曲成镰刀状，容易产生溶血性贫血症。

二、蛋白质的空间构象与生物功能

蛋白质的特定空间构象与其特殊生理功能密切相关。例如角蛋白含有大量 α 螺旋结构，所以富含角蛋白的组织具坚韧，又富有弹性；而丝心蛋白分子中含有大量 β 折叠结构，致使蚕丝具有伸展性与柔韧性。

若蛋白质分子特定的空间构象受破坏，其生物学功能也丧失，如蛋白质变性；蛋白质以无活性的形式存在，在一定条件下，才转变为有特定构象的蛋白质而表现其生物活性，如酶原被激活，蛋白质前体的活化等；蛋白质与某些物质结合可引起蛋白质构象的改变，如蛋白质的变构与变构酶等。

（一）蛋白质前体的活化

生物体中有许多蛋白质是以无活性的蛋白质原的形式在体内合成、分泌。这些肽链只有以特定的方式断裂后，才呈现出它的生物学活性。这是生物体内一种自我保护及调控的重要方式，是在长期生物进化过程中发展起来的，也是蛋白质分子结构与功能高度统一的表现。这类蛋白质主要包括消化系统中的一些蛋白水解酶、蛋白激素和参与血液凝固作用的一些蛋白质分子等。除酶原外，还发现许多蛋白质（如蛋白类激素）在体内往往以前体形式贮存，这些蛋白质前体无活性或活性很低。研究已发现分泌性蛋白质除含有特征性的信号肽外，几乎所有的蛋白质都有其前体，即原蛋白（proprotein），含有前导肽或插入肽，这些需最终切除的肽段是在蛋白质生物合成过程中生成转运以及形成独特生理活性所需的空间结构所必需的。但一旦其相应的功能完成，肽段便被切除。如胰岛素的前体是胰岛素原，猪胰岛素原是由 84 个氨基酸残基组成的一条多肽链，其活性仅为胰岛素活性的 10%。在体内胰岛素原经两种专一性水解酶的作用，将肽链的31、32和62、63位的四个碱性氨基酸残基切掉，结果生成一分子C肽（29个氨基酸残基）和另一分子由A链（21个氨基酸残基）同B链（30个氨基酸残基）两条多肽链经两对二硫键连接的胰岛素分子。胰岛素分子具有特定的空间结构，从而表现其完整的生物活性。胰岛素在合成过程中除有一段信号肽外，合成完毕未修饰前还有一段C肽。含信号肽和C肽的胰岛素前体叫作前胰岛素原（preproinsulin）；前胰岛素原在内质网腔切除信号肽后叫作胰岛素原（proinsulin）；胰岛素原切除A、B链间的C肽后才形成有活性的胰岛素（图2-16）。

（二）蛋白质的变构现象

一些蛋白质由于受某些因素的影响，其一级结构不变而空间构象发生一定的变化，导致其生物学功能的改变，称为蛋白质的变构效应（allosteric effect）或别构作用。变构效应是蛋白质表现其生物学功能的一种普遍而十分重要的现象，也是调节蛋白质生物学功能极有效的方式。研究表明相对分子质量较大的（>55000）蛋白质多为具有四级结构的多聚体。具有四级结构的酶或蛋白质常处于某些代谢通路的关键部位，所以具有调节整个反应过程的作用，它们常是通过多聚体的变构作用而实现的。组成蛋白质的各个亚基共同控制着蛋白质分子完整的生物活性，并对信息（变构效应物）做出反应，信息与一个亚基的结合可传递到整个蛋白质分子，这个传递是通过亚基构象的改变而实现的。如血红蛋白是由$\alpha_1\beta_1$和$\alpha_2\beta_2$ 4个亚基构成的四级结构，其一个亚基构象的变化可以影响其他亚基与氧的结合。在Hb未结合O_2时，Hb的$\alpha_1\beta_1$和$\alpha_2\beta_2$呈对角排列，结构较为紧密，称为紧张态（T态），T态的Hb与O_2亲和力小，随着O_2的结合，4个亚基羧基末端之间的盐键断裂，使4个亚基的结构发生变化，结构变得松弛态，通过与O_2的逐个结合完成Hb的构象从T态变成R态，这是一种典型的变构效应。变构效应不仅发生在Hb与O_2之间，一些酶与变构剂的结合，配体与受体的结合也存在变构效应。所以变构效应是具有普遍生物学意义的蛋白质变构现象。

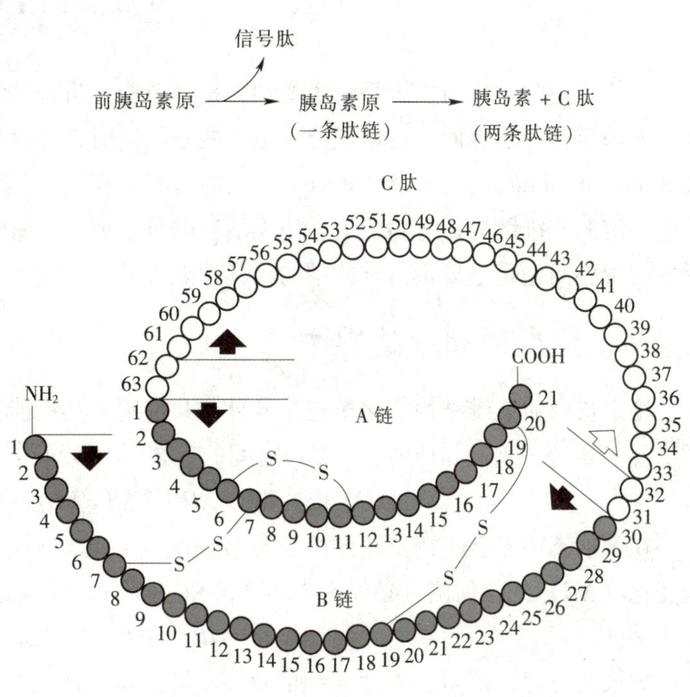

图2-16　胰岛素原转变为胰岛素

（三）蛋白质构象改变可以引起构象疾病

只有多肽的正确折叠才能维持蛋白质的正确构象和发挥蛋白质的正常功能。若蛋白质的折叠发生错误，尽管其一级结构不变，但蛋白质的构象发生改变，仍可影响其功能，严重时可导致疾病发生，有人将此类疾病称为蛋白构象疾病。有些蛋白质错误折叠后相互聚集，常形成抗蛋白水解酶的淀粉样纤维沉淀，产生毒性而致病，表现为蛋白质淀粉样纤维沉淀的病理改变，这类疾病包括人纹状体脊髓变性病、阿尔茨海默病、亨廷顿舞蹈病（Huntington disease）和疯牛病等。

疯牛病是由朊病毒蛋白（prion protein，PrP）引起的一组人和动物神经的退行性病变，这类疾病具有传染性、遗传性或散在发病的特点，其在动物间的传播是由PrP组成的传染性颗粒（不含核酸）完成的。PrP是染色体基因编码的蛋白质。正常动物和人的PrP为相对分子质量3335×10^3的蛋白质，其水溶性强、对蛋白酶敏感，二级结构为多个α螺旋，称为PrPC。富含α螺旋的PrPC在某种未知蛋白质的作用下可转变成全为β折叠的PrP致病分子，称为PrPSc。但PrPC和PrPSc两者的一级结构完全相同。

可见 PrPC 转变成 PrPSc 涉及蛋白质分子 α 螺旋重新排布成 β 折叠的过程。外源或新生的 rPSc 可以作为模板，通过复杂的机制使仅含 α 螺旋的 PrPC 重新折叠成为仅含 β 折叠的 PrPSc。PrPSc 对蛋白酶不敏感，水溶性差，而且对热稳定，可以相互聚集，最终形成淀粉样纤维沉淀而致病。所以疯牛病是一种蛋白质构象疾病。

第三节 蛋白质折叠的原则

一般认为驱动蛋白质折叠的主要动力是熵效应。折叠的结果是疏水基团埋藏在蛋白质分子内部、亲水基团暴露在分子表面。在形成分子疏水核心的同时，必然有一部分主链也被埋在里面。因此蛋白质折叠（protein folding）是一个具有双重意义的过程。在此过程中，从结构上，使伸展（unfolding）的肽链形成特定的三维结构；从功能上，使无活性的分子成为具有特定生物功能的蛋白质分子。因此，蛋白质折叠的中心问题是呈现蛋白质的结构与其功能关系的关键。

一、蛋白质折叠的热力学

稳定蛋白质三维结构的化学键是各种非共价键及其键能。然而蛋白质折叠归根结底取决于在某温度（T）下折叠态（F）和伸展态（U）之间的吉布斯（Gibbs）自由能差（ΔG）。

$$\Delta G = G_{\mathrm{F}} - G_{\mathrm{U}} = \Delta H - T\Delta S = (H_{\mathrm{F}} - H_{\mathrm{U}}) - T(S_{\mathrm{F}} - S_{\mathrm{U}}) \tag{2-1}$$

在伸展态中多肽主链及其侧链是与溶剂水（也称介质水或环境水）相互作用的，因此折叠时自由能变化（ΔG）的任何测量必须考虑多肽链和溶剂两者对焓变化（ΔH）和熵变化（ΔS）的贡献。

$$\Delta G_{\text{总}} = \Delta H_{\text{链}} + \Delta H_{\text{溶剂}} - T\Delta S_{\text{链}} - T\Delta S_{\text{溶剂}} \tag{2-2}$$

如果对方程（2-1）右边 4 项的每一项都理解，那么对蛋白质折叠的热力学基础应该是清楚的。折叠态蛋白质与伸展态相比，它是高度有序的结构，因此 ΔS 链（构象熵变化）是负数，并因而方程中 $-T\Delta S_{\text{链}}$项是正值。其他各项取决于特定的全体侧链的本质。$\Delta G_{\text{链}}$的本质，决定于残基与残基的相互作用和残基与溶剂的相互作用。

折叠态蛋白质中疏水侧链主要是通过弱范德华力（分散效应）彼此相互作用。伸展态蛋白质中疏水侧链与溶剂相互作用，其作用力比分散效应强，因为极性水分子诱导疏水基团中的偶极，产生明显的静电相互作用（范德华力中的诱导效应）。结果是，$\Delta H_{\text{链}}$对疏水侧链是正值，它有利于伸展态。然而$\Delta H_{\text{溶剂}}$对疏水侧链是负值，它有利于折叠态。这是因为折叠造成许多水分子彼此相互作用（有利的）代替水分子与疏水侧链相互作用（不利的）。$\Delta H_{\text{链}}$大小比 $\Delta H_{\text{溶剂}}$小，但这两项都不大，一般对折叠不起主要作用。然而 $\Delta S_{\text{溶剂}}$（疏水熵变化）疏水侧链是大的正值，因此极有利于折叠态。这是因为在伸展态时疏水侧链强迫溶剂水有序化的结果造成的。

对极性侧链 $\Delta H_{\text{链}}$是正值，而 $\Delta H_{\text{溶剂}}$是负值。因为溶剂水分子在极性基团周围在一定程度上也是有序的，所以 $\Delta S_{\text{溶剂}}$是小的正值。对蛋白质的极性侧链来说，$\Delta G_{\text{总}}$接近于零，对蛋白质折叠不作实质性的贡献。

总之，构象熵变化（$\Delta S_{\text{链}}$）是阻碍折叠，而疏水熵变化（$\Delta S_{\text{溶剂}}$）和分子内侧链相互作用引起的总焓变化（$\Delta H_{\text{链}} + \Delta H_{\text{溶剂}}$）是有利于折叠。对于一个典型的蛋白质来看，对折叠结构的稳定性作出单项最大贡献的是疏水残基引起的熵变化（$\Delta S_{\text{溶剂}}$）。对所有蛋白其结果是一样的，则在生理条件下，折叠结构是自由能最低的构象，因此肽链的折叠是自发过程。显然蛋白质折叠不是通过“随机搜索”找到自由能最低的构象，但蛋白质折叠途径中可以形成一系列特殊的部分折叠的中间产物，最终生成天然蛋白质的特定三维结构。对于从核糖体上合成出来的新生肽链其折叠在合成早期就已开始，而不是合成完成之后才开始的。在蛋白质翻译过程，随着肽链的延伸同时进行折叠，又不断进行构象的调整；先形成的结构会作用于后合成的肽链的折叠，而后形成的结构又会影响前面已经形成的结构的调整，因此在肽链延伸过程中形成的结构往往不一定是最终功能蛋白中的结构。这样，新生肽链的合成、延伸、折叠、构象调整，直到最终三维结构的形成，是一个同时进行着的、协调的动态过程，显然这与一条变性伸展的完整肽链的重折叠的情况是完全不同的。也就是说在蛋白质合成过程中，肽链边延伸边折叠，而已经合成的肽段的空间结构可以随肽链的继续延伸进行不断调整，这一调整过程直到肽链合成终了，并在共价化学修饰也完成之后才最后结束。所以说，折叠是在肽链合成到一定长度时，即已开始，在翻译过程全部完成之后才结束。

二、参与体内多肽链折叠过程的蛋白质

近来的研究揭示，至少有两类蛋白质参与体内多肽链的折叠过程，第一类是分子伴侣（molecular chaperone)，第二类是折叠酶，包括蛋白质二硫键异构酶和肽酰脯氨酸顺-反异构酶。前者能加速蛋白质正确二硫键的形成，后者催化肽-脯氨酸之间的肽键的异构化反应。这些反应常常是某些蛋白质折叠过程中的限速反应。

（一）分子伴侣

1987 年 Ellis 正式提出帮助新生肽链折叠的“molecular chaperone”的概念。其含义即“有关系的蛋白质，它们的功能是帮助其他含多肽结构的物质在体内进行正确的非共价的组装，但不是该蛋白质组装完成后的结构，也不是在发挥其正常生物功能时的组成部分。”

因此，分子伴侣的作用是防止新生肽链的错误折叠和聚集，而自身并不成为其最后天然结构的一部分。

这是对凡具有这类功能的所有蛋白质的总称，是在功能意义上的定义。它们的结构可以完全不同，也可以是不同类的蛋白质。为了研究的方便，根据其一级结构的相似性分成几个亚类，亚类之间的氨基酸序列并没有类似性。表 2 -9 列出已经鉴定的部分分子伴侣，预计新鉴定的分子伴侣将会很快增加。

表 2 -9 分子伴侣的类别

名称	作用
核质素（nucleoplasmin)	核小体装配，去装配
Hsp60（Chaperonins)	肽折叠，转运
Hsp70（Dnak)	肽折叠，转运，寡聚体去装配
Hsp90	结合位点的识别
DnaJ 蛋白	与 Hspey GrpE 的相互作用
GrpE 蛋白	与 Hsp70 的相互作用
SecB 蛋白	细胞多肽的转运
SRP	多肽的转运
Pro-sequences	蛋白酶折叠
ubiquitin tails	真核细胞中核糖体的组装
PapD 蛋白	菌毛的装配
PrtM & PrsA	分泌蛋白的折叠
Lim 蛋白	细菌脂酶的折叠
Rb 蛋白	转录因子的结合
prions	分子伴侣选择

由表2－9可以看出，分子伴侣蛋白质种类很多，其中被研究最多的是热休克蛋白（heat shock protein），目前广义称为应激蛋白（stress proteins）。应激蛋白是作为对外界各种刺激，如热、极端pH、毒素、缺氧等的保护反应，在细胞受到极端条件刺激时，它们会大量地迅速产生，大部分热应激蛋白经鉴定多是分子伴侣，其中以Hsp70和Hsp60研究最多，它们广泛分布于原核和真核生物细胞中。

1. Hsp70家族 这个蛋白质家族成员的相对分子质量约为70×10^3，由两个结构域组成。不同来源的Hsp70蛋白的N端结构域是高度保守的，且具有腺苷三磷酸酶（ATPase）活性，C端结构域保守性差，含有一个肽的结构部位。它们在细胞内含量丰富，统称为Hsp70。

Hsp70在热应激中的作用早已被广泛研究，近年发现它们也参与正常的细胞程序，如多肽的折叠、装配、跨膜和降解等。实验证实，Hsp70中的一个成员Bip，随所结合的多肽的长度增加（由4肽到7肽），其结合多肽的能力和刺激ATP水解的能力也增加，但再延长肽链长度，上述功能并不再增加，说明结合部位能容纳7肽。还发现Bip偏爱结合脂肪侧链多的多肽，可见这种相互作用是疏水性的。伸展的多肽链可能通过疏水作用与若干Hsp70分子结合。也就是说，Hsp70能识别和结合新合成的、部分折叠的新生肽链，使其稳定，以防止错误折叠和聚集。一旦合成完毕，多肽就从Hsp70上释放下来并进一步调整折叠成天然态。Hsp70与多肽结合释放所需能量来自与Hsp70结合的ATP的水解。

2. HSp60家族 这也是一类广泛存在的蛋白质。热应激、细菌感染等都能引起这类蛋白质在细胞内的表达增加。伴侣蛋白根据相对分子质量大小的不同可分为两种类型。大的叫伴侣蛋白-60（Cpn-60），其亚基相对分子质量约600×10^3，小的叫伴侣蛋白-10（Cpn-10），亚基相对分子质量10×10^3。Cpn-60是1种寡聚体，由14个相同的亚基形成双层饼状，每层饼由7个亚基组成。Cpn-10也是以寡聚体形式存在，由7个亚基组成单层环状。

伴侣蛋白的作用是促进与其结合的蛋白质肽链的折叠或装配成天然态。它识别的结构不是靶蛋白的氨基酸顺序或天然态，而是它们的部分折叠的非天然态。它们的作用是捕捉蛋白质的非天然态，并提供一个表面或工作台面，在其上结合非天然态蛋白质，然后通过一系列ATP水解，最后完成被结合的非天然态蛋白质的正确折叠或装配。

把Hsp70和伴侣蛋白的功能联系起来，我们可设想，Hsp70的作用是结合、稳定新合成的蛋白质肽链，维持其处于部分折叠的状态。一旦合成完成，就将其释放。这种被释放出的部分折叠的肽链立刻被chaperonin蛋白所捕捉并催化它们正确折叠成天然态。因此，一个合成的蛋白质肽链，可能依赖于1个或多个分子伴侣，或许不同的分子伴侣按前后次序工作，最后导致其折叠成有特定三维结构和生物功能的蛋白质分子。

蛋白质分子中除了共价的肽键和二硫键，还存在大量极其复杂的弱次级键的相互作用。因此新生肽链在一边合成一边折叠的过程中有可能暂时地形成在最终成熟蛋白分子中不存在、不该有的结构，诸如一些疏水表面，它们之间就可能发生本来不应该有的错误的相互作用而形成非功能的分子，甚至造成分子的聚集和沉淀。分子伴侣的功能是识别新生肽链折叠过程中暂时暴露的错误的结构，与之结合而生成复合物，从而防止这些表面之间过早的或错误的相互作用，阻止不正确的非功能的折叠途径，抑制不可逆的聚合物的产生，与之解离后使折叠继续向正确的途径进行。在某些情况下则促使错误折叠的产物分解。有些分子伴侣还表现有蛋白水解酶的活性。

（二）折叠酶

帮助蛋白质折叠的酶称折叠酶（foldase）。已知的有两个：一个是蛋白质二硫键异构酶，另一个是肽酰脯氨酸顺反异构酶。

蛋白质分子中的二硫键是在新生肽合成过程中或合成完成后由两个半胱氨酸的巯基氧化形成的，它与新生肽链的折叠密切相关，对维系蛋白质分子的结构稳定性和功能发挥也有重要作用。这个反应在体外是较慢的，在体内则由内质网管腔内含量极高的蛋白质二硫键异构酶催化进行。该酶还催化蛋白质分子内巯基与二硫键之间的交换反应，促使形成天然二硫键。它是目前发现的最为突出的多功能蛋白，除了具有二硫键异构酶的基本功能外，它还具有多种完全不同的功能。譬如它是脯氨酸-4-羟化酶的 b 亚基，又是微粒体内三酰甘油转移蛋白复合物的小亚基，它还是一种糖基化位点结合蛋白等等。

另外，蛋白质二硫键异构酶还具有分子伴侣作用，其分子伴侣功能不依赖于异构酶的活性中心，而多肽结合部位对发挥酶功能却是必要的。很可能首先通过它的多肽结合部位与伸展的或部分折叠的肽链结合，阻止了多肽的错误折叠，促进正确中间物的形成和相应二硫键的形成。可见蛋白质二硫键异构酶的酶活性与其分子伴侣作用是统一协调的。

在小分子或变性蛋白中，反式的脯氨酸亚氨基的肽键更稳定，但是在蛋白质分子中，由于空间结构的立体化学制约，部分的脯氨酸亚氨基的肽键是顺式的，在肽链折叠时这一部分肽键必需异构化为反式，才能形成蛋白质的天然空间结构。在体外，这一反应已知是一个较慢的反应。1984 年，Fischer 等发现催化这一顺反异构作用的酶是肽酰脯氨酸顺反异构酶。涉及脯氨酸残基氨基的肽键的顺反异构化，如果没有其他蛋白的帮助反应进行得很慢，当有肽酰脯氨酸顺反异构酶（reptidyl prolyl *cis*–*trans* isomerase）存在下，由于该酶可以催化脯氨酸反式异构体的形成，促使蛋白质加快正确折叠。

第四节　蛋白质的重要性质

一、蛋白质的变性

蛋白质的高分子特性形成了复杂而特定的空间构象，从而表现出蛋白质特异的生物学功能。某些物理的和化学的因素使蛋白质分子的空间构象发生改变或破坏，导致其生物活性的丧失和一些理化性质的改变，这种现象称为蛋白质的变性作用（denaturation）。

1. 变性的本质　蛋白质变性的学说最早由我国生化学家吴宪（1931）提出，他认为天然蛋白质分子受环境因素的影响，从有规则的紧密结构变为无规则的松散状态，即变性作用。由于研究技术特别是 X 射线衍射技术的应用，使对蛋白质变性的研究从变性现象的观察、分子形状的改变，深入到分子构象变化的分析。现代分析研究的结果表明，由于蛋白质分子空间构象的形成与稳定的基本因素是各种次级键，蛋白质变性作用的本质是破坏了形成与稳定蛋白质分子空间构象的次级键，从而导致蛋白质分子空间构象的改变或破坏，而不涉及一级结构的改变或肽键的断裂。生物活性的丧失是变性的主要表现，这说明了变性蛋白质与天然分子的根本区别。构象的破坏是蛋白质变性的结构基础。

2. 变性作用的特征

（1）生物活性的丧失　这是蛋白质变性的主要特征。蛋白质的生物活性是指蛋白质表现其生物学功能的能力，如酶的生物催化作用、蛋白质激素的代谢调节功能、抗原与抗体的反应能力、蛋白质毒素的致毒作用、血红蛋白运输 O_2 和 CO_2 的能力等，这些生物学功能是由各种蛋白质的特定的空间构象所表现，一旦外界因素使其空间构象遭受破坏时，其表现生物学功能的能力也随之丧失。有时空间构象仅有微妙的变化，而这种变化尚未引起其理化性质改变时，在生物活性上已可反映出来。因此，在提取、制备具有生物活性的蛋白质类化合物时，如何防止变性的发生则是操作过程的关键。

（2）某些理化性质的改变　一些天然蛋白可以结晶，而变性后失去结晶的能力；蛋白质变性后，溶解度降低易发生沉淀，但在偏酸或偏碱时，蛋白质虽变性但却可保持溶解状态；变性还可引起球状蛋白不对称性增加、黏度增加、扩散系数降低等；一般蛋白质变性后，分子结构松散，易为蛋白酶水解，因此食用变性蛋白更有利于消化。

3. 变性作用的因素和程度 能引起蛋白质变性的因素很多，物理因素有高温、紫外线、X 射线、超声波和剧烈振荡等；化学因素有强酸、强碱、尿素、去污剂、重金属（Hg^{2+}、Ag^{+}、Pb^{2+}）、三氯醋酸、浓乙醇等。各种蛋白质对这些因素敏感性不同，可根据需要选用。由于蛋白质分子空间构象的形成与稳定的基本因素是各种次级键，显然蛋白质的变性作用实质上是外界因素破坏这些次级键的形成与稳定，结果导致了蛋白质分子空间构象的改变或破坏。不同蛋白质对各种因素的敏感度不同，因此空间构象破坏的深度与广度各异，如除去变性因素后，蛋白质构象可恢复者称可逆变性；构象不能恢复者称不可逆变性。

例如，核糖核酸酶被 8mol/L 尿素与 β-巯基乙醇还原，即变性而失去其活性，若透析除去尿素和 β-巯基乙醇，也可恢复原有构象的活性（图 2-17）。

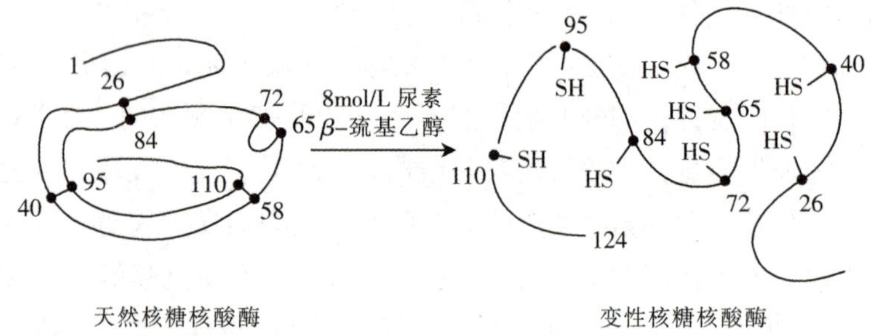

图 2-17 核糖核酸酶的还原变性

4. 变性作用的意义 蛋白质的变性作用不仅对研究蛋白质的结构与功能方面有重要的理论价值，而且对药品生产和应用亦有重要的指导作用。实践中对蛋白质的变性作用有不同的要求，有时必须尽力避免，而有时则必须充分利用。如乙醇（酒精）、紫外线消毒，高温、高压灭菌等是使细菌蛋白变性而失去活性；中草药有效成分的提取或其注射液的制备也常用变性的方法（加热、浓乙醇等）除去杂蛋白；在制备有生物活性的酶、蛋白质、激素或其他生物制品（疫苗、抗毒素等）时，要求所需成分不变性，而不需要的杂蛋白应使其变性或沉淀除去。此时，应选用适当的方法，严格控制操作条件，尽量防止所需蛋白质的变性。有时还可加些保护剂、抑制剂等以增强蛋白质的抗变性能力。

二、蛋白质的胶体性质

蛋白质是高分子化合物。由于其相对分子质量大，在溶液中所形成的质点大小为 1~100nm，达到胶体质点的范围，所以蛋白质具有胶体性质。如布朗运动、光散射现象、不能透过半透膜以及具有吸附能力等胶体溶液的一般特征。

蛋白质水溶液是一种比较稳定的亲水胶体。蛋白质形成亲水胶体有两个基本的稳定因素。

1. 蛋白质表面具有水化层 由于蛋白质颗粒表面带有许多亲水的极性基团，如—NH_3^+、—COO^-、—CO—NH_2、—OH、—SH、肽键等。它们易与水起水合作用，使蛋白质颗粒表面形成较厚的水化层，每克蛋白质结合水 0.3~0.5g。水化层的存在使蛋白质颗粒相互隔开，阻止其聚集而沉淀。

2. 蛋白质表面具有同性电荷 蛋白质溶液除在等电点时分子的净电荷为零外，在非等电点状态时，蛋白质颗粒皆带有同性电荷，即在酸性溶液为正电荷，碱性溶液中为负电荷。同性电荷相互排斥，使蛋白质颗粒不致聚集而沉淀。

蛋白质的亲水胶体性质具有重要的生理意义。因为，生物体中最多的成分是水，蛋白质与大量的水结合形成各种流动性不同的胶体系统。如构成生物细胞的原生质就是复杂的、非均一性的胶体系统，生命活动的许多代谢反应即在此系统中进行。其他各种组织细胞的形状、弹性、黏度等性质，也与蛋白质的亲水胶体性质有关。

蛋白质的胶体性质也是许多蛋白质分离、纯化方法的基础。因为蛋白质胶体稳定的基本因素是蛋白质分子表面的水化层和同性电荷的作用，若破坏了这些因素即可促使蛋白质颗粒相互聚集而沉淀。这就是蛋白质盐析、等电点沉淀和有机溶剂分离沉淀法的基本原理。透析法则是利用蛋白质大分子不能透过半透膜的性质以除去无机盐等小分子杂质。

三、蛋白质的两性解离与等电点

蛋白质是由氨基酸组成。氨基酸分子含有氨基和羧基。它既可接受质子，又可释放质子，因此氨基酸是两性电解质。蛋白质分子中除两末端有自由的 α-NH 和 α-COOH 外，许多氨基酸残基的侧链上尚有不少可解离的基团，如—NH_2、—COOH、—OH 等，所以蛋白质也是两性物质。

蛋白质与氨基酸一样在纯水溶液和结晶状态中都以两性离子的形式存在，即同一分子中可带有正负两种电荷，羧基带负电而氨基带正电。蛋白质的解离情况如下。

$$\mathrm{Pro}\begin{matrix}\mathrm{COOH}\\ \mathrm{NH_2}\end{matrix}$$

$$\upharpoonleft\!\downharpoonright$$

$$\underset{pH<pI}{\mathrm{Pro}\begin{matrix}\mathrm{COOH}\\ \mathrm{NH_3^+}\end{matrix}} \underset{H^+}{\overset{OH^-}{\rightleftharpoons}} \underset{pH=pI}{\mathrm{Pro}\begin{matrix}\mathrm{COO^-}\\ \mathrm{NH_3^+}\end{matrix}} \underset{H^+}{\overset{OH^-}{\rightleftharpoons}} \underset{pH>pI}{\mathrm{Pro}\begin{matrix}\mathrm{COO^-}\\ \mathrm{NH_2}\end{matrix}}$$

蛋白质在溶液中的带电情况主要取决于溶液的 pH。使蛋白质所带正负电荷相等，净电荷为零时溶液的 pH，称为蛋白质的等电点（isoelectric point，pI）。各种蛋白质具有特定的等电点，这与其所含的氨基酸种类和数目有关，即其中酸性和碱性氨基酸的比例及可解离基团的解离度（表 2－10）。

表 2－10　蛋白质的氨基酸组成与 pI

蛋白质	酸性氨基酸数	碱性氨基酸数	pI
胃蛋白酶	37	6	1.0
胰岛素	4	4	5.5
RNA 酶	10	18	7.8
细胞色素 c	12	25	9.8~10.8

一般地说，含酸性氨基酸较多的酸性蛋白，等电点偏酸；含碱性氨基酸较多的碱性蛋白，等电点偏碱。当溶液的 pH 大于 pI 时，蛋白质带负电荷；pH 小于 pI 时，则带正电荷。体内多数蛋白质的等电点为 5 左右，所以在生理条件下（pH 为 7.4），它们多以负离子形式存在。

蛋白质的两性解离与等电点的特性是蛋白质极重要的性质，对蛋白质的分离、纯化和分析等都具有重要的实用价值。如蛋白质的等电点沉淀、离子交换和电泳等分离分析方法的基本原理都是以此特性为基础。

四、蛋白质的沉淀反应

蛋白质分子聚集而从溶液中析出的现象，称为蛋白质的沉淀。蛋白质的沉淀反应有重要的实用价值，如蛋白类药物的分离制备、灭菌技术、生物样品的分析、杂质的除去等都要涉及此类反应。但是，蛋白质沉淀可能是变性，也可能是未变性，这取决于沉淀的方法和条件。这里介绍一些常用方法的基本原理。

1. 中性盐沉淀反应　蛋白质溶液中加入中性盐后，因盐浓度的不同可产生不同的反应。低盐浓度可使蛋白质溶解度增加，称为盐溶作用。因为，低盐浓度可使蛋白质表面吸附某种离子，导致其颗粒表面同性电荷增加而排斥加强，同时与水分子作用也增强，从而提高了蛋白质的溶解度；高盐浓度时，因破坏蛋白质的水化层并中和其电荷，促使蛋白质颗粒相互聚集而沉淀，这称为盐析作用。不同蛋白质因分子大小、电荷多少不同，盐析时所需盐的浓度各异。混合蛋白质溶液可用不同的盐浓度使其分别沉淀，这种方法称为分级沉淀。常用的无机盐有 $(NH_4)_2SO_4$、NaCl、Na_2SO_4 等。本法的主要特点是沉淀出的蛋白质不变性，因此本法常用于酶、激素等具有生物活性蛋白质的分离制备。

2. 有机溶剂沉淀反应 在蛋白质溶液中加入一定量的与水可互溶的有机溶剂（如乙醇、丙酮、甲醇等）能使蛋白质表面失去水化层相互聚集而沉淀。在等电点时，加入有机溶剂更易使蛋白质沉淀。不同蛋白质沉淀所需有机溶剂的浓度各异，因此调节有机溶剂的浓度可使混合蛋白质达到分级沉淀的目的。但是，本法有时可引起蛋白质变性，这与有机溶剂的浓度、与蛋白质接触的时间以及沉淀的温度有关。因此，用此法分离制备有生物活性的蛋白质时，应注意控制可引起变性的因素。

3. 加热沉淀反应 加热可使蛋白质变性沉淀。加热灭菌的原理就是因加热使细菌蛋白变性凝固而失去生物活性的结果。但加热使蛋白质变性沉淀与溶液的 pH 有关，在等电点时最易沉淀，而偏酸或偏碱时，蛋白质虽加热变性也不易沉淀。实际工作中常利用在等电点时加热沉淀除去杂蛋白。

4. 重金属盐沉淀反应 蛋白质在 pH 大于 pI 的溶液中呈负离子，可与重金属离子（Cu^{2+}、Hg^{2+}、Pb^{2+}、Ag^{+}等）结合成不溶性蛋白盐而沉淀。临床上抢救误食重金属盐中毒的患者时，给以大量的蛋白质使生成不溶性沉淀而减少重金属离子的吸收。

$$\mathrm{Pro}\begin{matrix}\diagup COO^-\\ \diagdown NH_3^+\end{matrix}\xrightarrow{pH>pI}\mathrm{Pro}\begin{matrix}\diagup COO^-\\ \diagdown NH_2\end{matrix}\xrightarrow{Ag^+}\mathrm{Pro}\begin{matrix}\diagup COOAg\\ \diagdown NH_2\end{matrix}\downarrow$$

5. 生物碱试剂的沉淀反应 蛋白质在 pH 小于 pI 时呈正离子，可与一些生物碱试剂（如苦味酸、磷钨酸、磷钼酸、鞣酸、三氯醋酸、磺基水杨酸等）结合成不溶性的盐而沉淀。

$$\mathrm{Pro}\begin{matrix}\diagup COO^-\\ \diagdown NH_3^+\end{matrix}\xrightarrow{pH<pI}\mathrm{Pro}\begin{matrix}\diagup COOH\\ \diagdown NH_3^+\end{matrix}\xrightarrow{+CCl_3COO^-}\mathrm{Pro}\begin{matrix}\diagup COOH\\ \diagdown NH_3^+CCl_3COO^-\end{matrix}\downarrow$$

此类反应在实际工作中有许多应用，如血液样品分析中无蛋白滤液的制备：中草药注射液中蛋白的检查及鞣酸、苦味酸的收敛作用等原理皆以此反应为依据。

蛋白质变性和沉淀反应是两个不同的概念，两者有联系但又不完全一致。蛋白质变性有时可表现为沉淀；亦可表现为溶解状态；同样，蛋白质沉淀有时可以是变性，亦可以不是变性，这取决于沉淀的方法和条件以及是否对蛋白质空间构象有无破坏而定，切不可只看表面现象而忽视本质。

五、蛋白质的颜色反应

蛋白质是由氨基酸通过肽键构成的化合物。因此，蛋白质的颜色反应实际上是其氨基酸一些基团以及肽键等与一定的试剂所产生的化学反应，并非是蛋白质的特异反应。所以，在利用这些反应来鉴定蛋白质时，必须结合蛋白质的其他特性加以分析，切勿以任何单一的反应来确认蛋白质的存在。蛋白质的颜色反应很多，用这些反应可作为蛋白质或氨基酸定性、定量分析的基础（表 2 - 11）。下面介绍几种重要的颜色反应。

1. 茚三酮反应 在 pH 5~7 时，蛋白质与茚三酮丙酮液加热可产生蓝紫色。此反应的灵敏度为 1μg，凡具有氨基、能放出氨的化合物几乎都有此反应，据此可用于多肽与蛋白质以及氨基酸的定性与定量分析。

表 2 - 11 氨基酸或氨基酸残基的特殊呈色反应

氨基酸名称	反应名称	试剂	颜色
酪氨酸	Millon	硝酸汞溶于亚硝酸	红色
	酚试剂反应	磷钼钨酸	蓝色
	黄色蛋白反应	浓硝酸	黄色
色氨酸	乙醛酸反应	乙醛酸 + 浓硫酸	紫色

续表

氨基酸名称	反应名称	试剂	颜色
	Ehrlich	对二甲氨基苯甲醛 + 浓盐酸	蓝色
精氨酸	坂口（Sakaguchi）反应	α-萘酚 + 次氯酸钠碱性溶液	深红色
组氨酸	Pouly 反应	偶氮磺胺酸碱性溶液	橘红色
半胱氨酸	硝普盐实验	亚硝酰铁氰化钠 + 稀氨水	红色
脯氨酸		本性吲哚醌	蓝色
甘氨酸		邻苯二醛乙醇溶液	墨绿
含硫氨基酸	醋酸铅反应	强碱 + 醋酸铅	黑色沉淀
芳香族氨基酸	黄色蛋白反应	浓硫酸	黄色→橙色
α-氨基酸	Folin 反应	1,2 - 萘醌 - 4 - 磺酸钠碱性液	深红

2. 双缩脲反应　蛋白质在碱性溶液中可与 Cu^{2+} 产生紫红色反应。这是蛋白质分子中肽键的反应，肽键越多反应颜色越深。氨基酸无此反应。故此法可用于蛋白质的定性和定量，亦可用于测定蛋白质的水解程度。水解越完全，则颜色越浅。

3. 酚试剂反应　在碱性条件下，蛋白质分子中的酪氨酸、色氨酸可与酚试剂（含磷钨酸-磷钼酸化合物）生成蓝色化合物。蓝色的强度与蛋白质的量成正比。此法是测定蛋白质浓度的常用方法，主要的优点是灵敏度高，可测定微克水平的蛋白质含量；但缺点是本法只与蛋白质中个别氨基酸反应，而受蛋白质中氨基酸组成的特异影响，即不同蛋白质所含酪氨酸、色氨酸不同而显色的强度有所差异，要求作为标准的蛋白质其显色氨基酸的量应与样品接近，以减少误差。

六、蛋白质的免疫学性质

（一）抗原和抗体及其应用

凡能刺激机体免疫系统产生免疫应答，并能与相应的抗体和（或）致敏淋巴细胞受体发生特异性结合的物质，统称为抗原。抗原刺激机体产生能与相应抗原特异结合并具有免疫功能的免疫球蛋白，称为抗体。抗原与抗体结合所引起反应，称为免疫反应。免疫反应是人类对疾病具有抵抗力的重要标志。正常情况下，免疫反应对机体是一种保护作用；异常情况时，免疫反应伴有组织损伤或出现功能紊乱，称为变态反应或过敏反应，这是一类对机体有害的病理性免疫反应。

1. 抗原（antigen，Ag）　抗原物质的特点是具有异物性、大分子性和特异性。蛋白质是大分子物质，异体蛋白具有强的抗原性，是主要抗原物质。研究表明，蛋白质的抗原性不仅与分子大小有关，还与其氨基酸组成和结构有关。如明胶蛋白，其相对分子质量高达 100×10^3，但组成中缺少芳香族氨基酸，几乎不具抗原性。一些小分子物质本身不具抗原性，但与蛋白质结合后而具有抗原性，这类小分子物质称为半抗原（hapten），如脂类、某些药物（青霉素、磺胺）等，这是一些药物引起变态反应的重要原因。

2. 抗体（antibody，Ab）　近年来随着对抗体理化性质、结构及免疫化学的深入研究，将具有抗体活性以及化学结构与抗体相似的球蛋白统称免疫球蛋白（immunoglobulin，Ig）。应注意到抗体都是免疫球蛋白，而免疫球蛋白不一定是抗体。即抗体是生物学和功能的概念，而免疫球蛋白是化学结构的概念。抗体具有高度特异性，它仅能与相应抗原发生反应，抗体的特异性取决于抗原分子表面的特殊化学基团称为抗原决定簇（antigenic determinant）。各抗原分子具有许多抗原决定簇。因此，由它免疫动物所产生的抗血清实际上是多种抗体的混合物，称为多克隆抗体（polyclonal antibodies）。用这种传统的方法制备抗体，其效价不稳定且产量有限，要想将这些不同抗体分离纯化是极其困难的。单克隆抗体（monoclonal antibody，McAb）是针对一个抗原决定簇、又是由单一的 B 淋巴细胞克隆产生的抗体。它是结构和特异性完全相同的高纯度抗体。制备单克隆抗体是采用 B 淋巴细胞杂交瘤技术。单克隆抗体具有高度特异性、均一性，又有来源稳定可大量生产等特点，这为抗体的制备和应用提供了全新的手段，同时还促进了生命科学领域里众多学科的发展。

3. 蛋白质免疫性质的应用 蛋白质免疫学性质具有重要的理论与应用价值，它不仅在医药而且在整个生命学科都显示广阔的应用前景。①疾病的免疫预防：卡介苗、脊髓灰质炎糖丸疫苗、白喉类毒素、乙肝的基因工程疫苗等；②疾病的免疫诊断：α-甲胎蛋白诊断肝癌，血型、HBsAs 检测等；③疾病的免疫治疗：破伤风抗毒素、狂犬病毒抗血清、抗蛇毒抗毒素、胸腺素和干扰素等，单克隆抗体也常作为靶向药物载体用于肿瘤治疗；④免疫分析：免疫扩散、免疫电泳；⑤标记免疫分析：放射免疫分析（RIA）、酶联免疫分析（ELISA）、荧光标记免疫分析等；⑥免疫分离纯化：免疫亲和层析。

但是，蛋白质的免疫学性质有时可带来严重的危害性，如异体蛋白进入人体内可产生病理性的免疫反应，甚至可危及生命。因此，对一些生产过程中可带入异体蛋白质的注射用药物，如生化药物、中药制剂、发酵生产的抗生素和基因工程产品等。其主要质量标准之一是异体蛋白的控制，过敏实验应符合规定，以保证药品的安全性。

（二）免疫球蛋白的种类、结构与功能

抗体经电泳分析，它主要存在于 γ 区，故称为 γ-球蛋白（或丙种球蛋白）。又因抗体具有免疫学性质，又称免疫球蛋白（immunoglobulin，简写 Ig）。

1. 免疫球蛋白的基本结构与分类 人体血浆中可含千百种不同的免疫球蛋白，它们都具有共同的基本结构单位，即四链体单位，又称 H_2L_2 结构（图 2-18）。

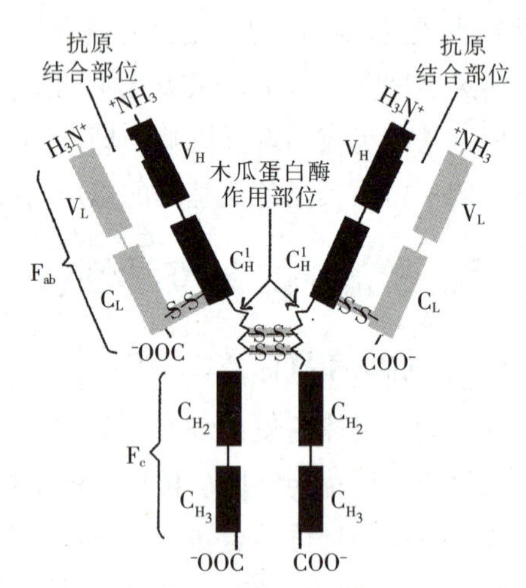

图 2-18 人免疫球蛋白 IgG 结构

V_H 为重链可变结构域；V_L 为轻链可变结构域；

C_{H_1}、C_{H_2} 和 C_{H_3} 为重链的 3 个恒定结构域；

C_L 为轻链恒定结构域

根据重链恒定区的氨基酸排列顺序不同，把抗体分为五大类，即 IgG、IgA、IgM、IgD 和 IgE。

用木瓜蛋白酶对 IgG 进行限制性酶解，即得三个活性片段。

$$\underset{\left(\begin{matrix}\text{相对分子质量}\\150\times10^3\end{matrix}\right)}{\text{IgG}} \xrightarrow{\text{木瓜蛋白酶}} \underset{\left(\begin{matrix}\text{每个相对分子质量}\\50\times10^3\end{matrix}\right)}{\text{2Fab}} + \underset{\left(\begin{matrix}\text{相对分子质量}\\50\times10^3\end{matrix}\right)}{\text{Fc}}$$

式中，ab 表示与抗原结合，F 表示片段。因 Fab 只含有一个与半抗原或抗原结合的部位，它与抗原不形成沉淀，这和完整的 IgG 分子不同，该抗体分子含有两个等同的抗原结合部位，IgG 能与抗原形成沉淀。Fc 片段不与抗原结合，易于结晶，故名 Fc，它具有其他重要的生物学活性。IgG 穿过胎盘膜并到达胚胎循环的能力取决于 Fc 上特异的胎盘传导部位的存在，Fc 上还有一个与补体结合的部位。

2. 免疫球蛋白的功能 免疫球蛋白四条肽链的 N 端为可变区，是抗体特异性的结构基础，也是抗体与抗原特异结合的部位。五类免疫球蛋白各有不同的生物学功能。

IgG 是最重要的一类抗体，占人血清抗体总量的 70%~80%。IgG 主要以单分子的四链体形式存在，即 H_2L_2。其功能是抗菌、抗毒素和抗病毒的作用。

IgA 占血清免疫球蛋白总量的 5%~25%。它最显著的特性是趋向于以不同的聚合形式存在，从单体到五聚体。人血清中 IgA 主要以单体（H_2L_2 的四链体）形式存在。分泌液中的 IgA 则以二聚体占优势，除含有“J”链（连结片段）外，还含有一条特殊的多肽，称为“分泌片”（secretory piece，SP），分泌

液 IgA 以（1gA）$_2$-J-SP 形式存在。IgA 的功能尚未确切了解，它是分泌液（眼泪、唾液和黏液）中存在的一类主要抗体，也是抵御入侵的细菌和病毒的第一道防线。

IgM 由 5 个 H_2L_2 和 1 条 J 链组成的五聚体，故相对分子质量大，约 190×10^3，又称巨球蛋白。人体受抗原刺激后，最早出现的免疫球蛋白是 IgM。它有溶菌、结合补体、中和病毒等功能。

IgD 和 IgE 的特有功能尚不清楚。IgE 在血清中含量最少，与变态反应有关。过敏症患者，如哮喘、过敏性鼻炎、过敏性湿疹等，其血清 IgE 浓度升高；季节性哮喘的儿童，其血清 IgE 浓度亦有季节性变化。

第五节　蛋白质研究的技术原理

一、蛋白质的分离与纯化技术原理

蛋白质的分离与纯化是研究蛋白质化学组成、结构及生物学功能等的基础。在生化制药工业中，酶、激素等蛋白质类药物的生产制备也涉及分离和不同程度的纯化问题。蛋白质在自然界是存在于复杂的混合体系中，而许多重要的蛋白质在组织细胞内的含量又极低。因此要把所需蛋白质从复杂的体系中提取分离，又要防止其空间构象的改变和生物活性的损失，显然有相当难度。目前，蛋白质分离与纯化的发展趋向是精细而多样化技术的综合运用，但基本原理均是以蛋白质的性质为依据。实际工作中应按不同的要求和可能的条件选用不同的方法进行组合与应用。

（一）蛋白质的提取

1. 材料的选择　蛋白质的提取首先要选择适当的材料，选择的原则是材料应含较高量的所需蛋白质，且来源方便。当然，由于目的不同，有时只能用特定的原料。原料确定后，还应注意其合适的保管与贮存。

2. 组织细胞的粉碎　一些蛋白质以可溶形式存在于体液中，可直接分离。但多数蛋白质存在于细胞内，并结合在一定的细胞器上，故需先破碎细胞，然后以适当的溶媒提取。应根据动物、植物或微生物原料不同，选用不同的细胞破碎方法。

3. 提取　蛋白质的提取应按其性质选用适当的溶媒和提取次数以提高收率。此外，还应注意细胞内外蛋白酶对有效成分的水解破坏作用。因此，蛋白质提取的条件是很重要的，总的要求是既要尽量提取所需蛋白质，又要防止蛋白酶的水解和其他因素对蛋白质特定构象的破坏作用。蛋白质的粗提液可进一步分离纯化。

（二）蛋白质的分离与纯化技术方法

1. 根据溶解度不同的分离纯化方法　利用蛋白质溶解度的差异是分离蛋白质的常用方法之一。影响蛋白质溶解度的主要因素有溶液的 pH、离子强度、溶剂的介电常数和温度等。在一定条件下，蛋白质溶解度的差异主要取决于它们的分子结构，如氨基酸组成、极性基团和非极性基团的多少等。因此，恰当地改变这些影响因素，可选择性地造成其溶解度的不同而分离。

（1）等电点沉淀　蛋白质在等电点时溶解度最小。单纯使用此法不易使蛋白质沉淀完全，常与其他方法配合使用。

（2）盐析沉淀　中性盐对蛋白质胶体的稳定性有显著的影响。一定浓度的中性盐可破坏蛋白质胶体的稳定因素而使蛋白质盐析沉淀。盐析沉淀的蛋白质一般保持着天然构象而不变性。有时不同的盐浓度可有效地使蛋白质分级沉淀。通常单价离子的中性盐（NaCl）比二价离子的中性盐［$(NH_4)_2SO_4$］

对蛋白质溶解度的影响要小。

（3）低温有机溶剂沉淀法　有机溶剂的介电常数较水低，如20℃时，水为79、乙醇为26、丙酮为21。因此，在一定量的有机溶剂中，蛋白质分子间极性基团的静电引力增加，而水化作用降低，促使蛋白质聚集沉淀。此法沉淀蛋白质的选择性较高，且不需脱盐，但温度高时可引起蛋白质变性，故应注意低温条件。如用冷乙醇法从血清分离制备人体清蛋白和球蛋白。

（4）温度对蛋白质溶解度的影响　一般在0～40℃，多数球状蛋白的溶解度随温度的升高而增加；40～50℃以上，多数蛋白质不稳定并开始变性。因此，对蛋白质的沉淀一般要求低温条件。

2. 根据分子大小不同的分离纯化方法　蛋白质是大分子物质，但不同蛋白质分子大小各异，利用此性质可从混合蛋白质中分离各组分。

（1）透析和超滤　透析（dialysis）法是利用蛋白质大分子对半透膜的不可透过性而与其他小分子物质分开。此法简便，常用于蛋白质的脱盐，但需较长时间。

超滤法（ultrafiltration）是依据分子大小和形状，在10^{-8}cm数量级进行选择性分离的技术。其原理是利用超滤膜在一定的压力或离心力的作用下，大分子物质被截留而小分子物质则滤过排出。选择不同孔径的超滤膜可截留不同相对分子质量的物质（表2－12）。此法的优点是可选择性地分离所需相对分子质量的蛋白质、超滤过程无相态变化、条件温和、蛋白质不易变性，常用于蛋白质溶液的浓缩、脱盐、分级纯化等。本法的关键是超滤膜的质量。随着制膜技术和超滤装置的发展与改进，使本法具有简便、快速、大容量和多用途的特点。

表2－12　超滤膜孔径与截留蛋白质的相对分子质量

膜孔平均直径（10^{-8}cm）	相对分子质量截留值	膜孔平均直径（10^{-8}cm）	相对分子质量截留值
10	500	22	3×10^4
12	1000	30	5×10^4
15	1×10^4	55	10×10^4
18	2×10^4	140	30×10^4

（2）分子排阻层析（molecularexclusion chromatography）　又名分子筛层析（molecular sieve chromatography）、凝胶过滤（gel filtration）。这是一种简便而有效的生化分离方法之一。其原理是利用蛋白质分子量的差异，通过具有分子筛性质的凝胶而被分离（图2－19）。

常用的凝胶有葡聚糖凝胶（Sephadex）、聚丙烯酰胺凝胶（Bio－gel）和琼脂糖凝胶（Sepharose）等。葡聚糖凝胶是以葡聚糖与交联剂形成有三维空间的网状结构物，两者的比例和反应条件决定其交联度的大小，即孔径大小，用G表示。G越小、交联度越大、孔径越小。当蛋白质分子的直径大于凝胶的孔径时，被排阻于胶粒之外；小于孔径者则进入凝胶。在层析洗脱时，大分子受阻小而最先流出；小分子受阻大而最后流出，结果使大小不同的物质分离（图2－19）。

（3）密度梯度离心（density gradient centrifugation）　蛋白质颗粒的沉降速度取决于它的大小和密度。当其在具有密度梯度的介质中离心时，质量和密度大的颗粒比质量和密度小的颗粒沉降得快，并且每种蛋白质颗粒沉降到与自身密度相等的介质梯度时，即停滞不前，可分步收集进行分析。在离心中使用密度梯度具有稳定作用，可以抵抗由于温度的变化或机械振动引起区带界面的破坏而影响分离效果。

3. 根据电离性质不同的分离纯化方法　蛋白质是两性电解质，在一定的pH条件下，不同蛋白质所带电荷的质与量各异，可用电泳法或离子交换色谱法等分离纯化。

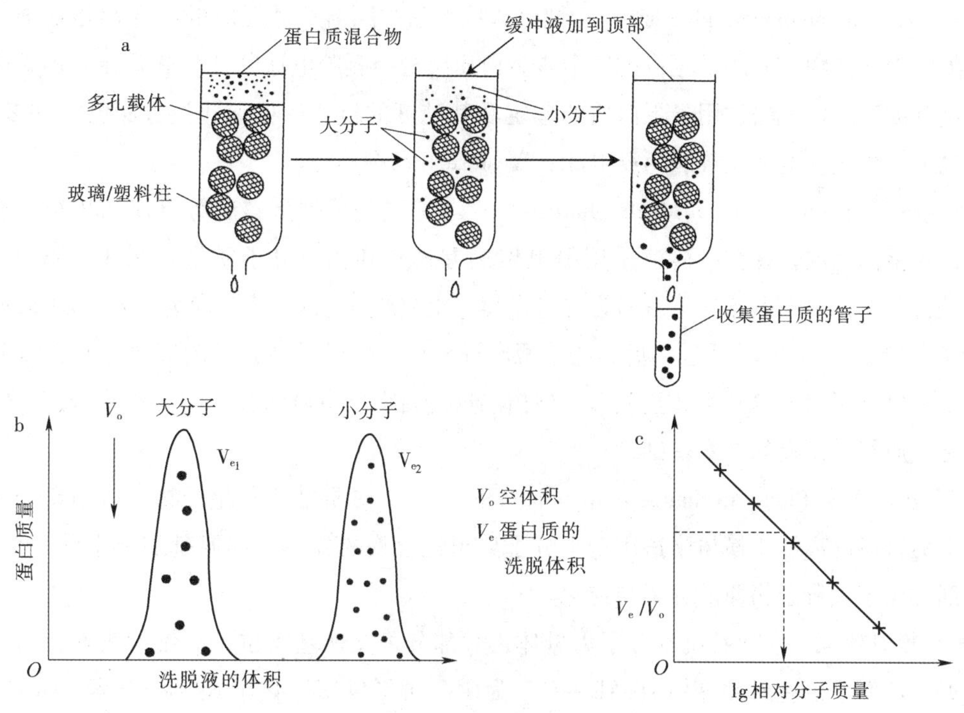

图 2-19　凝胶过滤

a. 凝胶过滤层析示意图；b. 洗脱曲线；c. 已知蛋白质相关洗脱体积对相对分子质量的对数作图

（1）电泳法　带电质点在电场中向电荷相反的方向移动，这种性质称为电泳（electrophoresis）。蛋白质除在等电点外，具有电泳性质。蛋白质在电场中移动的速度和方向主要取决于蛋白质分子所带的电荷的性质、数量及质点的大小和形状。带电质点在电场中的电泳速度以电泳迁移率表示，即单位电场下带电质点的泳动速度。

$$\mu = u/E = dL/Vt$$

式中，μ 为电泳迁移率；u 为质点泳动速度；E 为电场强度；d 为质点移动距离；L 为支持物的有效长度；V 为支持物两端的实际电压；t 为通电时间。

带电质点的泳动速度除受本身性质决定外，还受其他外界因素的影响，如电场强度、溶液的 pH、离子强度及电渗等。但是，在一定条件下，各种蛋白质因电荷的质、量及分子大小不同，其电泳迁移率各异而达到分离的目的。这是蛋白质分离和分析的重要方法。由于电泳装置、电泳支持物的不断改进和发展以及电泳目的的不同，它已构成形式多样、方法各异但本质相同的系列技术。

1）醋酸纤维薄膜电泳　它以醋酸纤维薄膜作为支持物，电泳效果比纸电泳好，时间短、电泳图谱清晰。临床用于血浆蛋白电泳分析。

2）聚丙烯酰胺凝胶电泳（PAGE）　又称分子筛电泳或圆盘电泳（disc electrophoresis），它以聚丙烯酰胺凝胶为支持物，具有电泳和凝胶过滤的特点，即电荷效应、浓缩效应、分子筛效应，因而电泳分辨率高。如醋纤膜电泳分离人血清只能分出 5~6 种蛋白成分，而本法可分出 20~30 种蛋白成分，且样品需要量少，一般用 1~100μg 即可。

3）等点聚焦电泳（isoelectric focusing）　它以两性电解质作为支持物，电泳时即形成一个由正到负极逐渐增加的 pH 梯度。蛋白质在此系统中电泳后各自集中在与其等电点相应的 pH 区域而达到分离。此法分辨率高，各蛋白 pI 相差 0.02pH 单位即可分开，可用于蛋白质的分离纯化和分析。

4）免疫电泳（immunoelectrophoresis） 把电泳技术和抗原与抗体反应的特异性相结合，一般以琼脂或琼脂糖凝胶为支持物。方法是先将抗原中各蛋白质组分经凝胶电泳分开，然后加入特异性抗体经扩散可产生免疫沉淀反应。本法常用于蛋白质的鉴定及其纯度的检查。目前此类方法已有许多新的发展，如荧光免疫电泳、酶免疫电泳、放射免疫电泳、Western Blot 分析等。

5）二维电泳（two-dimensional electrophoresis） 其原理是根据蛋白质等电点和相对分子质量的特异性的特性，将蛋白质混合物在电荷（采用等电聚焦方式）和相对分子质量（采用 SDS-PAGE 方式）两个方向上进行分离。双向电泳的第一向为等电聚焦（等电点信息），第二向为 SDS-聚丙烯酰胺凝胶电泳（相对分子质量信息）。样品经过电荷和质量两次分离后，可以得到分子的等电点和相对分子质量的信息。一次双向电泳可以分离几千甚至上万种蛋白，这是目前所有电泳技术中分辨率最高，信息量最多的技术，是蛋白质组学研究的技术基础。

（2）离子交换色谱（ion - exchange chromatography） 蛋白质是两性化合物，可用离子交换技术进行分离精制。但普通的离子交换树脂适用于小分子离子化合物的分离（如氨基酸、小肽等）。下面介绍的离子交换剂常用于大分子物质的分离与纯化。

1）离子交换纤维素 它以纤维素分子为母体，大部分可交换基团位于纤维素表面，易与大分子蛋白质交换。如二乙氨基乙基纤维素（DEAE - C）为阴离子纤维素，化学式为纤维素—OCH_2—CH_2N—$(C_2H_5)_2$。羧甲基纤维素（CMC—）为阳离子交换纤维素，化学式为纤维素—OCH_2—COOH。

2）离子交换凝胶 它把离子交换与分子筛两种作用结合起来，是离子交换技术的重要改进。一般是在凝胶分子上引入可交换的离子基团，如二乙氨基乙基葡聚糖凝胶（DEAE-Sephadex）、羧甲基葡聚糖凝胶（CM-Sephadex）等。

3）大孔型离子交换树脂 这类树脂孔径大，可交换基团分布在树脂骨架的表面，因此适用于较大分子物质的分离、精制。

4. 根据配基的特异生物学亲和力的纯化方法 亲和色谱（affinity chromatography）又名亲和层析、选择层析、功能层析或生物特异吸附层析。蛋白质能与其相对应的化合物（称为配基）具有特异结合的能力，即亲和力。这种亲和力具有下列重要特性。①高度特异性：如抗原与抗体、Protein A 与抗体、酶与底物或抑制剂、RNA 与其互补的 DNA 之间等，它们相互结合具有高度的选择性。②可逆性：在一定条件下上述化合物可特异结合形成复合物，当条件改变时又易解开。如抗原与抗体的反应，一般在碱性时两者结合，而酸性时则解离。

根据这种具有特异亲和力的化合物之间能可逆结合与解离的性质建立的色谱方法，称为亲和色谱。本法具有简单、快速、得率和纯化倍数高等显著优点，是一种具有高度专一性分离纯化蛋白质的有效方法（图 2 -20）。亲和色谱的步骤，以抗原纯化为例说明如下。

（1）配基的固相化 选用与抗原（Ag）相应的抗体（Ab）为配基，用化学方法使与固相载体相连接。常用的固相载体有琼脂糖凝胶、葡聚糖凝胶、纤维素等。

（2）抗原的吸附 将连有抗体的固相载体装入色谱柱，使含有抗原的混合物通过此柱，相应的抗原被抗体特异地结合，而非特异的抗原等杂质不能被吸附而直接流出色谱柱。

（3）抗原的洗脱 将色谱柱中的杂质洗净，改变条件使 Ag-Ab 从复合物解离，此时洗脱液中的抗原即为纯化抗原，经冷冻干燥于低温保存。

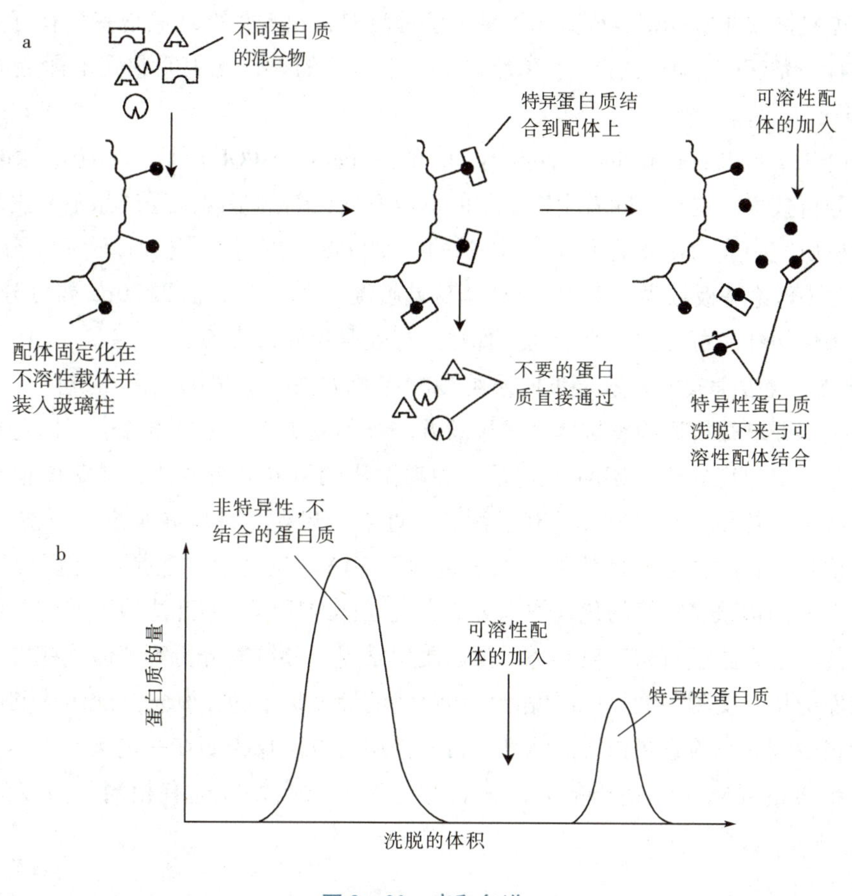

图 2-20　亲和色谱

a. 原理示意；b. 洗脱曲线

二、蛋白质的分析与鉴定技术原理

（一）蛋白质纯度的鉴定

蛋白质的纯度是指一定条件下的相对均一性。因为，蛋白质的纯度标准主要取决于测定方法的检测极限，用低灵敏度的方法证明是纯的样品，改用高灵敏度的方法则证明是不纯的。所以，在确定蛋白质的纯度时，应根据要求选用多种不同的方法从不同的角度去测定其均一性。下面介绍一些常用检查纯度的方法。

1. 色谱法　用分子筛或离子交换色谱检查样品时，如果样品是纯的应显示单一的洗脱峰；若样品是酶类，色谱后则显示恒定的比活性。如果是这样，可认为该样品在色谱性质上是均一的，称为“色谱纯”。

高压液相色谱（high pressure liquid chromatography，HPLC）在原理上与常压液相色谱基本相同。它具有气相色谱的优点，又不要求样品必须是可挥发性的；HPLC 采用特有的固相载体，加上在高压条件下工作，使它成为一种高效能的分析方法。HPLC 不仅可用于蛋白质纯度分析，也可用于少量样品的制备。

2. 电泳法　用 PAGE 检查样品呈现单一区带，也是纯度的一个指标，这表明样品在电荷和质量方面的均一性，如果在不同 pH 条件下电泳均为单一区带，则结果更可靠些；SDS-PAGE 检测纯度也很有价值，它说明蛋白质在分子大小上的均一程度，但此法只适用于单链多肽和具有相同亚基的蛋白质；等电聚焦电泳用于检查纯度，可表明蛋白质在等电点方面的均一性。生物体内有成千上万的蛋白质，它们之间在某些性质上可相同或非常相似，因此用一种方法检测时，出现重叠现象是完全有可能的。可以说纯的蛋白质电泳仅有一条区带，但仅有一条区带却不一定是纯的，仅能表明它在电泳上的均一性，称为“电泳纯”。

高效毛细管电泳（high performance capillary electrophoresis，HPCE）是在传统电泳的基础上发展的一种新型的分离分析技术。近年来随着生物工程的迅速发展，新的基因工程产品不断出现，使 HPCE 在生物技术产品分析研究中成为重要的手段。HPCE 的主要特点：快速（分析时间 1~15 分钟）、微量（样品 1~10nl）、高效（理论塔板数为 104~106/m）、高灵敏度（如人生长激素 20pg 即可分离检出），且试剂无毒性，实验条件缓冲液可变而不改变毛细管柱，有效避免柱污染等。

3. 免疫化学法 免疫学技术是鉴定蛋白质纯度的有效方法，它根据抗原与抗体反应的特异性，可用已知抗体检查抗原或已知抗原检查抗体。常用的方法有免疫扩散、免疫电泳、双向免疫电泳和放射免疫分析等。特别是放射免疫分析（RIA），它是一种超微量的特异分析方法，灵敏度很高，可达纳克至皮克水平，但需特殊设备和存在放射性的有害污染。近来新建立一种酶联免疫分析法（ELISA），它以无害的酶作为标记物代替同位素，此法的灵敏度近似于 RIA。免疫学方法是鉴定蛋白质纯度的特异方法，但对那些具有相同抗原决定簇的化合物也可能出现同样的反应。用此法检测的纯度称为“免疫纯”。

蛋白质纯度的鉴定方法还有超速离心法，蛋白质化学组成和结构分析等，但这些方法因需特殊设备或测定方法复杂而应用上受到限制。可以说蛋白质最终的纯度标准应是其氨基酸组成和顺序分析，但因其难度大而一般很少用它来检查蛋白质的纯度。目前常用的方法仅表明在一定条件下的相对纯度。实际工作中可根据对纯度的要求选用适当的方法，若对纯度要求高，应选有相当灵敏度的多种方法进行分析。

（二）蛋白质的分析

1. 蛋白质相对分子质量的测定 测定蛋白质相对分子质量有超速离心法、分子筛色谱法、SDS－聚丙烯酰胺凝胶电泳、生物质谱法等，下面介绍几种常用方法的基本原理。

（1）分子筛色谱法 又名凝胶过滤法。它以具有一定大小孔径的凝胶为支持物，起分子筛的作用。蛋白质分子直径小于凝胶孔径者可进入胶粒内部，大于胶孔者则排阻其外。当用洗脱液洗脱时，大分子移动速度高于小人子而先流出柱外。一般球形蛋白质洗脱体积取决于分子大小。实验表明，在一定的相对分子质量范围内，洗脱液的体积（V_e）是相对分子质量（M_r）对数的线性函数。

$$V_e = K_1 - K_2 \log M_r$$

式中，K_1和K_2是常数，随实验条件而定。因此，用已知相对分子质量的蛋白质在同样条件下色谱，以V_e 对 $\log M_r$ 作图而得一条标准曲线，即可求得待测蛋白质的近似相对分子质量。此法简便，不要求复杂设备，但要获得重复可靠的结果，应严格控制实验条件和操作。

（2）SDS-聚丙烯酰胺凝胶电泳（SDS-PAGE） 蛋白质由于所带电荷和分子大小不同，在电场中的电泳速度各异。如在电泳系统中加入十二烷基硫酸钠（SDS）和少量的巯基乙醇，则蛋白质的电泳速度主要取决于它的相对分子质量而与电荷无关。SDS 是一种阴离子表面活性剂，它与蛋白质结合成复合物，使不同蛋白质带上相同密度的负电荷，其数量远超过蛋白质原有的电荷量，从而消除不同蛋白质间原有的电荷差异；SDS 是一种变性剂，它能破坏蛋白质分子中的氢键和疏水键，巯基乙醇能打开二硫键，因此对具有四级结构的蛋白质，本法所测实为亚基的相对分子质量。

实验结果表明，蛋白质的电泳迁移率（D）与其相对分子质量（M_r）的对数呈线性关系。

$$\begin{aligned} \mathrm{Log} M_r &= K - \alpha \cdot d_e / d_o 。\\ &= K - \alpha \cdot D \end{aligned}$$

式中，K 和 α 为常数；d_e为蛋白质的移动距离；d_o为小分子示踪物的移动距离。根据方程用已知相对分子质量的蛋白质制得标准曲线，在同样条件下测出未知蛋白质的电泳迁移率，即可从标准曲线求得其近似相对分子质量。此法的优点是快速、微量，并可同时测定若干个样品。但此法误差较大，如能严格掌握实验技术也可获得满意的结果。

上述方法只能测得蛋白质的近似相对分子质量，如要获得更准确的相对分子质量，目前可采用生物质谱的方法或根据蛋白质的氨基酸组成或一级结构计算。

（3）生物质谱　质谱分析法是通过测定分子质量和相对应离子电荷实现对样品中分子的分析。通过质谱分析，可获得分析样品的相对分子质量、分子式、分子中同位素构成和分子结构等多方面的信息。在过去，该法只能用于分析小分子和中型分子，而用于生物大分子却难度很大。这是因为生物大分子比较脆弱，在应用此法在拆分和电离的过程中，生物大分子的结构和组成很容易被破坏。美国科学家 John. B. Fenn 采用对生物大分子施加电场方法以及日本科学家田中耕一采用激光轰击生物大分子的方法，均成功地使生物大分子相互完整地分离，同时也被电离。这两位科学家分别以“发明了对生物大分子进行确认和结构分析的方法”和“发明了对生物大分子的质谱分析法”而荣获 2002 年诺贝尔化学奖。

2. 蛋白质的含量测定

（1）凯氏定氮法（Kjedahl 法）　这是测定蛋白质含量的经典方法。其原理是蛋白质具有恒定的含氮量，平均为 16%，因此测定蛋白质的含氮量即可计算其含量；含氮量的测定是使蛋白质经硫酸消化为 $(NH_4)_2SO_4$，碱性时蒸馏释出 NH_3 用定量的硼酸吸收，再用标准浓度的酸滴定，求出含氮量即可计算蛋白质的含量。

（2）福林－酚试剂法（Lowry 法）　这是测定蛋白质浓度应用最广泛的一种方法。其原理是在碱性条件下蛋白质与 Cu^{2+} 生成复合物，还原磷钼酸-磷钨酸试剂生成蓝色化合物，可用比色法测定。此法优点是操作简便、灵敏度高，蛋白质浓度测定范围是 25~250μg/ml。但此法实际上是蛋白质中酪氨酸和色氨酸与试剂的反应，因此它受蛋白质的氨基酸组成的影响，即不同蛋白质中此两种氨基酸量不同使显色强度有所差异；此外，酚类等一些物质的存在可干扰此法的测定，导致分析的误差。

（3）双缩脲法　在碱性条件下，蛋白质分子中的肽键与 Cu^{2+} 可生成紫红色的络合物，可用比色法定量。此法简便，受蛋白质氨基酸组成影响小；但灵敏度小、样品用量大，蛋白质测定浓度范围为 0.5~10mg/ml。

（4）紫外－分光光度法　蛋白质分子中常含有酪氨酸等芳香族氨基酸，在 280nm 处有特征性的最大吸收峰，可用于蛋白质的定量。此法简便、快速、不损失样品，测定蛋白质的浓度范围是 0.1~0.5mg/ml。若样品中含有其他具有紫外吸收有杂质，如核酸等，可产生较大的误差，故应作适当的校正。

蛋白质样品中含有核酸时，可按下列公式计算蛋白质的浓度。

$$\text{蛋白质的浓度(mg/ml)} = 1.55A_{280} - 0.75A_{260}$$

式中，A_{280} 和 A_{260} 分别为 280nm 和 260nm 时吸光度值。

关于蛋白质浓度测定还有 BCA 比色法和 Bradford 蛋白分析法（或称Bio-Rad 蛋白分析法），这些方法主要特点是简便、快速、灵敏和抗干扰作用强，可望替代传统的 Lowry 法，但试剂较贵。

（5）BCA 比色法　其原理是在碱性溶液中，蛋白质将 Cu^{2+} 还原为 Cu^+ 再与 BCA 试剂（4,4′-二羧酸-2,2′-二喹啉钠）生成紫色复合物，于 562nm 有最大吸收，其强度与蛋白质浓度成正比。此法的优点是单一试剂、终产物稳定，与 Lowry 法相比几乎没有干扰物质的影响。尤其在 TritonX-100、SDS 等表面活性剂中也可测定。其灵敏度范围一般在 10~1200μg/ml。

（6）Bradford 蛋白分析法　这是一种迅速、可靠的通过染料法测定溶液中蛋白质的方法；其原理是基于考马斯亮蓝 G-250 有红、蓝两种不同颜色的形式。在一定浓度的乙醇及酸性条件下，可配成淡红色的溶液，当与蛋白质结合后，产生蓝色化合物，反应迅速而稳定。检测反应化合物在595nm的光吸收值，可计算出蛋白质的含量。此法特点是：快速简便，10分钟左右即可完成；灵敏度范围一般在25~200μg/ml。最小可测2.5μg/ml蛋白质；氨基酸、肽、EDTA、Tris、糖等无干扰。Bio-Rad的蛋白质定量检测试剂盒即以此法为依据。

3. 蛋白质结构分析技术原理 蛋白质结构分析主要包括氨基酸组成分析、一级结构分析（组成氨基酸的序列分析）及三维结构分析（包括二级结构、三级结构及四级结构分析），应用于蛋白质结构分析的方法包括物理分析法、化学分析法及计算机分析法。

（1）物理分析法

1）质谱法 该法被认为是测定小分子相对分子质量最精确最灵敏的方法。近年来，随着各项技术发展，使质谱所能测定的相对分子质量范围大大提高。基质辅助的激光解吸电离飞行时间质谱成为测定生物大分子尤其是蛋白质、多肽相对分子质量和一级结构的有效工具。目前质谱主要测定蛋白质一级结构包括相对分子质量、肽链氨基酸排序及多肽或二硫键数目和位置。

2）核磁共振法 多维核磁共振波谱技术成为确定蛋白质和核酸等生物分子溶液三维空间结构的唯一有效手段。近几年来，核磁共振方法迅速发展，已可用于确定相对分子质量为15000~25000蛋白质分子溶液的三维空间结构。

3）紫外-可见光谱法 蛋白质在紫外区的光吸收是由芳香族氨基酸侧链吸收光引起的，可见区的研究则限于蛋白质-蛋白质、酶-辅酶的相互作用等，有时还需引人生色团才能进行。

4）激光拉曼光谱 该光谱是基于拉曼散射和瑞利散射的光谱，当前两个主要发展方向是傅立叶变换拉曼光谱和紫外-共振拉曼光谱。

5）荧光光谱法 研究蛋白质分子构象的一种有效方法，它能提供激光光谱、发射光谱及荧光强度、量子产率等物理参数，这些参数从各个角度反映了分子的成键和结构情况。

6）红外光谱法 该法是近年发展起来的一种新型分析测试技术。研究人员利用红外光谱测定蛋白质的酰胺结构。

7）圆二色谱法 利用不对称分子对左、右圆偏振光吸收的不同进行结构分析。用远紫外CD数据能快速计算稀溶液中蛋白质二级结构、辨别三级结构的类型，近紫外CD光谱可灵敏地反映芳香氨基酸残基变化。

8）冷冻电镜技术 是解析生物大分子三维结构的重要技术，近年来因其高分辨率、非破坏性及适用性广的特点，成为结构生物学领域的核心工具。该技术特别适用于膜蛋白、病毒颗粒等难以结晶的样品。其基本原理是通过快速冷冻技术（-196℃）将蛋白质样品固定在玻璃态冰中，保持其近天然构象，再通过电子束成像和三维重构技术获得高分辨率结构信息。

（2）化学分析法

1）氨基酸分析 是对肽键全部水解后的蛋白质样品进行的，它可给出混合物中各氨基酸的总量，用RP-HPLC对氨基酸衍生物进行分离，色谱柱选用C_{18}硅胶柱。

2）序列分析 用氨基酸分析并不能得到氨基酸序列信息，因此，可以用Edman反复降解法对蛋白质进行序列分析，也可以用cDNA推导法来测定蛋白质的一级结构。还可以用串联质谱法灵敏、快速地测定蛋白质分子的氨基酸序列。

（3）计算机分析法 AI预测（以AlphaFold为例）：基于人工智能的蛋白质结构预测程序AlphaFold，能凭借氨基酸序列快速、高精度预测蛋白质三维结构。其预测流程分为三步：①输入处理，即将氨基酸序列转换为数值张量，并检索相似序列以提取进化信息；②表示学习，利用注意力机制捕捉残基间的空间关系，动态更新结构特征；③结构生成，通过条件扩散模型从噪声中逐步“去噪”，最终生成高分辨率三维结构。其出现极大加速了解析进程，助力基础研究和药物研发，在蛋白质结构解析中开辟了全新且高效的路径 。AlphaFold3 进一步扩展至蛋白质复合体、核酸及小分子结构的预测。

第六节　蛋白质类药物的研究与应用

蛋白质作为生物体的重要结构和功能分子，也是治疗疾病的关键药物。早在 20 世纪初，科学家就开始利用蛋白质治疗人类疾病，如 1922 年从猪或牛的胰腺提取胰岛素，用于救治 1 型糖尿病患者。蛋白质类药物主要包括多肽、基因工程药物、单克隆抗体、基因工程抗体及重组疫苗等。自 1982 年首个基因工程技术生产的蛋白质类药物 Humulin（重组胰岛素）上市以来，现代生物技术的发展使蛋白质类药物得以大规模生产，这类药物因高活性、高特异性、低毒性、生物学功能明确、成本低、成功率高且安全可靠，成为医药产品中的重要组成部分。目前，已上市的蛋白质类药物有 800 多种，且超过 2 万多个相关临床试验正在开展，广泛应用于癌症、类风湿关节炎、自身免疫性疾病、肝炎、激素替代治疗、代谢紊乱等领域。

一、激素类蛋白质药物

蛋白质类激素通过与靶细胞受体结合，调控机体新陈代谢、维持内环境稳定，对细胞增殖分化、生长发育等起关键作用。早期该类药物多从动物组织提取，易受污染且产量有限。随着重组 DNA 技术发展，如今可获取大量高纯度产品。

以胰岛素为例，它由胰岛 B 细胞分泌，含 51 个氨基酸残基。其主要功能是调节代谢，促进糖的利用、转化为糖原和脂肪，抑制糖异生及脂肪分解，也能促进蛋白质和核酸合成。重组人胰岛素与人体分泌的胰岛素一致，是治疗糖尿病的重要药物，通过修饰和改进制剂，已开发出速效、中效和长效的胰岛素制品（表 2－13）。

表 2－13　已上市的激素类蛋白质药物（部分）

激素	适应证	批准时间
重组人生长激素	儿童生长激素缺乏症、成人生长激素缺乏症	1985 年
重组胰岛素	糖尿病的替代治疗	1996 年
阿巴洛肽	骨质疏松症	2017 年
索马鲁肽	2 型糖尿病	2017 年
血管紧张肽	感染性休克或其他分布性休克	2017 年
长效生长激素	儿童生长激素缺乏症	2021 年
依柯胰岛素	2 型糖尿病（每周一次皮下注射）	2024 年

激素类药物的创新方向主要内容如下。

1. 长效化　通过聚乙二醇化（如 somapacitan）或 Fc 融合（如长效胰岛素）延长药物半衰期，减少给药频率。

2. 口服制剂　如口服胰岛素通过纳米颗粒技术可突破胃肠道屏障。

3. 精准调控　如双胰岛素类似物（德谷门冬双胰岛素）同时覆盖基础与餐时血糖需求。

二、细胞因子类蛋白质药物

细胞因子是具广泛生物学活性的小分子蛋白质或多肽，通过自分泌、旁分泌、内分泌方式，与细胞表面特异性受体结合，调节细胞代谢、分裂及基因表达，多种细胞因子常协同作用。重要的细胞因子包括干扰素、生长因子、白细胞介素、肿瘤坏死因子等（表2-14）。

表2-14 已上市的细胞因子类蛋白质药物（部分）

细胞因子	适应证	批准时间
促红细胞生成素	慢性肾病贫血	1989年
重组白细胞介素-2	转移性肾细胞癌	1992年
干扰素α	慢性丙型肝炎	1997年
重组人神经生长因子	周围神经损伤修复	2017年

2023年上市的由我国自主研发的艾贝格司亭α注射液的活性成分为：人粒细胞集落刺激因子（G-CSF）双分子和人免疫球蛋白（hIgG2）Fc片段组成的重组融合蛋白。作为第三代重组G-CSF（长效及强效型），其有望缓解化疗后肿瘤患者重度嗜中性粒细胞减少的程度，并缩短重度嗜中性粒细胞减少的时间。

三、抗体类蛋白质药物

抗体是免疫系统产生的免疫球蛋白，可特异性识别抗原并介导清除作用。在疾病预防、诊断和治疗中均有应用。例如，用丙种球蛋白预防病毒性肝炎、麻疹、风疹等；用抗DNA抗体诊断系统性红斑狼疮；用抗毒素中和毒素进行抗病毒治疗及免疫缺陷性疾病治疗等。随着人源化抗体技术的成熟，抗体药物在肿瘤、自身免疫病等领域成为“重磅炸弹”。人源化、多功能抗体和抗体偶联药物（ADC）是其发展趋势。

双特异性抗体（双抗）是一类能同时结合两种不同抗原或同一抗原上两个不同表位的抗体，通过桥接靶细胞（如肿瘤细胞）与免疫细胞（如T细胞）或阻断两条信号通路，实现精准靶向和增强治疗效果。抗体药物偶联物由抗体、连接子和细胞毒性药物组成，通过抗体靶向结合肿瘤细胞表面抗原，经内吞进入细胞后释放毒素，选择性杀死肿瘤细胞，兼具抗体的靶向性和化疗药物的细胞毒性（表2-15）。

表2-15 已上市的抗体蛋白质药物（部分）

抗体名称	靶点	适应证	批准时间
利妥昔单抗	CD20	非霍奇金淋巴瘤	1997年
曲妥珠单抗	HER2	HER2阳性乳腺癌、胃癌等	1998年
阿达木单抗	TNF-α	类风湿关节炎、强直性脊柱炎、银屑病等自身免疫性疾病	2002年
贝伐珠单抗	VEGF	肝癌、结直肠癌、肺癌等实体肿瘤	2004年
帕博利珠单抗	PD-1	黑色素瘤、非小细胞肺癌、食管癌等多种肿瘤	2014年
纳武利尤单抗	PD-1	黑色素瘤、肺癌、肾癌、肝癌等多种恶性肿瘤	2014年
阿替利珠单抗	PD-L1	非小细胞肺癌、小细胞肺癌、三阴性乳腺癌等	2016年
卡度尼利单抗（双抗）	PD-1/CTLA-4	宫颈癌、胃癌等恶性肿瘤	2022年
戈沙妥珠单抗（ADC）	Trop-2	转移性三阴性乳腺癌（mTNBC）、尿路上皮癌	2022年

蛋白质类药物在药物品种和销售额上已超过非蛋白质药物，展现出巨大的市场前景。随着蛋白质化学和分子生物学的发展，更多针对复杂疾病的蛋白质类药物将被研发，为人类健康提供更有效的治疗手段。同时，蛋白质药物的递送系统、稳定性优化及降低免疫原性等方面的研究也在不断推进，以进一步提升其治疗效果和安全性。

综上所述，蛋白质类药物凭借其独特的生物学特性和广泛的治疗应用，成为现代生物医药的重要支柱，持续推动着医学治疗的进步。

答案解析

思考题

1. 根据下列信息，推出一种肽的氨基酸序列。

（1）完全水解后，氨基酸组成分析发现 Gly、Leu、Phe、Ser 的物质的量比为 2∶1∶1∶1。

（2）用 2,4-二硝基氟苯处理该肽，再完全水解，得到 DNP-Ser。

（3）用胃蛋白酶（倾向于水解芳香族氨基酸氨基端的肽键）水解该肽，得到两个肽段，一个是含有 Leu 和 Phe 的二肽，另一个是 Ser 和 Gly 比例为 1∶2 的三肽。

2. 蛋白质的等电点（pI）如何决定其在溶液中的带电性质？若某蛋白质 pI 为 5.0，在 pH 7.4 的生理条件下带何种电荷？设计实验方案分离 pI 分别为 4.5、6.0 和 7.5 的三种蛋白质，说明原理及操作步骤（可结合电泳、离子交换层析等方法）。

3. 单克隆抗体药物（如利妥昔单抗）为何能特异性靶向肿瘤细胞？抗体药物偶联物（ADC）结合抗体和化疗药物的设计如何体现蛋白质结构与功能的精准应用？研发过程中可能面临哪些挑战（如免疫原性、靶向效率）？

（潘　怡）

书网融合……

微课

习题

第三章 糖 类

PPT

学习目标

1. 通过本章学习，掌握多糖的分类、重要多糖的结构与功能、多糖的理化性质测定、*N*-/*O*-聚糖的结构；熟悉多糖的分离纯化及降解的原理、结构分析一般原理、糖基化对蛋白质结构与功能的影响；了解糖基化与疾病的关系、糖组学的研究进展。

2. 具有利用糖化学和糖生物学基本理论和实践知识理解疾病发生和药物作用机制的能力。

3. 树立将糖化学和糖生物学的知识主动运用于药物发现、服务国家健康事业的意识。

第一节 多 糖

微课

多糖（polysaccharides），又称多聚糖，是由单糖组成的天然高分子化合物，广泛存在于植物、动物和微生物中，是维持生命活动正常运转的基本物质之一。目前，人类已发现几百种天然多糖。多糖不仅是生物有机体的主要结构支持物质（如纤维素、几丁质、果胶等）和主要能量来源（如淀粉、糖原），还是工业上的重要原料来源（如卡拉胶、田菁胶等）。此外，多糖还具有多种生物活性，与细胞的抗原性、细胞凝集反应、细胞连接、细胞识别等密切相关，其与非糖物质结合后，功能特性更为显著。目前多糖研究的主要目标是，一方面进一步寻找活性更高，特别是对肿瘤、人类获得性免疫缺陷综合征更有效的多糖；另一方面是研究构效关系，因为一旦构效关系阐述清楚，将对发现新的活性多糖具有指导意义，并为医学、药学、分子生物学等领域的理论研究做出贡献。

一、多糖的分类

多糖的分类方法较多，本书中仅介绍三种分类方法，即按其来源、生理功能、构成成分进行分类。

（一）按来源分类

1. 植物多糖 一类是从自然界植物，尤其是中药材中提取的水溶性多糖，如当归多糖、枸杞多糖、柴胡多糖、大黄多糖等。这类多糖因药理活性丰富、质量可控，已成为新药研究的热点之一。另一类是水不溶性植物多糖，如纤维素（植物支持组织的主要成分）和淀粉（养料贮存形式）。

2. 动物多糖 从动物组织、器官及体液中分离、纯化得到的多糖，大多为水溶性黏多糖，也是最早用作药物的多糖，如肝素、透明质酸、硫酸软骨素等。

3. 微生物多糖 从微生物中分离、纯化得到的多糖，对肿瘤治疗及调节机体免疫效果显著，如香菇多糖、茯苓多糖、银耳多糖、猪苓多糖、云芝多糖等。

4. 海洋生物多糖 从海洋、湖沼生物体内分离、纯化得到的多糖。这类多糖具有较为广泛的生物学效应，如几丁质（甲壳素）、海参多糖、海带多糖、螺旋藻多糖等。

5. 人工合成多糖 如人造纤维素、人工合成的脂多糖等。

（二）按生理功能分类

1. 贮存多糖（storage polysaccharide） 是细胞在特定生理阶段形成的材料，主要以固体形式存在，部分为溶解态或高度水化的胶体状态。这类多糖作为碳源底物被贮存，在需要时可通过生物体内的酶系统分解，释放能量，因此也被称为贮能多糖。淀粉和糖原分别是植物和动物最主要的贮存多糖。

2. 结构多糖（structural polysaccharide） 也称为水不溶性多糖，具有硬性和韧性。这类多糖在生长组织中合成，是构成细菌细胞壁或动植物支撑组织的必需物质，如几丁质和纤维素。

（三）按构成成分分类

1. 单纯多糖 仅由糖类组成，不含其他组分的多糖称为单纯多糖。根据其水解产物是否为同一种单糖，可分为均一多糖和不均一多糖。

（1）均一多糖（homopolysaccharide） 也称同多聚糖，由同一种单糖缩合而成，如淀粉、糖原、纤维素、木糖胶、阿拉伯糖胶、几丁质等。

（2）不均一多糖（heteropolysaccharide） 也称杂多糖，由不同类型的单糖缩合而成，如肝素、透明质酸，以及许多植物来源的多糖，如波叶大黄多糖、当归多糖、茶叶多糖等。

糖胺聚糖（glycosaminoglycan）也称黏多糖（mucopolysaccharide），是一类含氮的不均一多糖，其化学组成通常为糖醛酸及氨基己糖或其衍生物，有的还含有硫酸基。糖胺聚糖广泛存在于动植物组织中，是结缔组织间质和细胞间质的特有成分，也是细胞的天然黏合剂。根据组成不同，糖胺聚糖通常分为透明质酸、硫酸软骨素、硫酸角质素、硫酸皮肤素和肝素等。

2. 复合多糖 也称糖复合物（glycoconjugate）或结合糖，其结构中除了糖类，还含有其他组分，如蛋白质、脂质等，主要包括以下几类。

（1）糖蛋白（glycoprotein） 是糖与蛋白质以共价键结合形成的复合分子，其中糖含量通常少于蛋白质。糖与蛋白质的结合方式包括：① 与含羟基的氨基酸（如丝氨酸、苏氨酸、羟赖氨酸等）以糖苷键结合，称为 *O*-连接；② 与天冬酰胺的酰氨基连接，称为 *N*-连接。此外，还有连接着许多甘露糖的高甘露糖型糖蛋白等。常见的糖蛋白包括人红细胞膜糖蛋白、血浆糖蛋白、黏液糖蛋白等。许多酶、具有运载功能的蛋白质、激素、血型物质、作为结构原料或起保护作用的蛋白质等也属于糖蛋白。

（2）蛋白聚糖（proteoglycan） 是由糖与蛋白质结合形成的复杂大分子糖复合物，其中蛋白质含量通常少于多糖。蛋白聚糖主要由糖胺聚糖链共价连接于核心蛋白组成，根据组织来源不同，可分为软骨蛋白聚糖、动脉蛋白聚糖、角膜蛋白聚糖等；根据所含糖胺聚糖种类不同，可分为硫酸软骨素蛋白聚糖、硫酸皮肤素蛋白聚糖、肝素蛋白聚糖等。蛋白聚糖是动物结缔组织大分子的基本组成成分，也存在于细胞表面，参与细胞与细胞或细胞与基质之间的相互作用。

（3）糖脂（glycolipids） 是糖类与脂质形成的共价化合物，其组成和总体性质以脂质为主体。根据国际纯化学和应用化学联盟及国际生化联盟命名委员会的定义，糖脂必须是糖类通过其还原末端以糖苷键与脂质连接的化合物。根据脂质部分的不同，糖脂可分为：① 分子中含鞘氨醇的鞘糖脂（glycosphingolipid），分为中性和酸性鞘糖脂两类，分别以脑苷脂和神经节苷脂为代表；② 分子中含甘油酯的甘油糖脂（glyceroglycolipid）；③ 由磷酸多萜醇衍生的糖脂；④ 由类固醇衍生的糖脂。

糖脂广泛存在于生物体，主要功能包括参与细胞间相互作用和识别、细胞生长调节、癌变和信息传递以及与生物活性因子的相互作用、细胞表面标记和抗原及免疫学功能等。

（4）脂多糖（lipopolysaccharide） 也是糖与脂质结合形成的复合物，与糖脂不同的是，脂多糖以糖为主体成分。常见的脂多糖有胎盘脂多糖、细菌多糖等。

二、重要多糖的结构与功能

（一）淀粉

1. 结构 淀粉（starch）是由 D-葡萄糖以 α-1,4-糖苷键连接而成的同多聚糖。天然淀粉有两种结构，即直链淀粉与支链淀粉。

直链淀粉由 250~300 个 α-D-葡萄糖通过 α-1,4-糖苷键连接而成，相对分子质量为 3.2×10^4 ~ 1.0×10^5，占淀粉的 20%~30%。直链淀粉分子通常卷曲成空心螺旋结构，每个螺旋圈由 6 个 α-D-吡喃型葡萄糖残基组成，直径为 1.3nm，螺距为 0.8nm。

支链淀粉的相对分子质量为 1.0×10^5 ~ 1.0×10^6。其主链以 α-1,4-糖苷键连接，以 α-1,6-糖苷键连接形成分支侧链（图 3-1），每隔 8~9 个葡萄糖残基有一个分支，一般含 20~30 个 α-D-葡萄糖残基，侧链内的糖残基之间以 α-1,4-糖苷键相连，侧链也卷曲成螺旋。

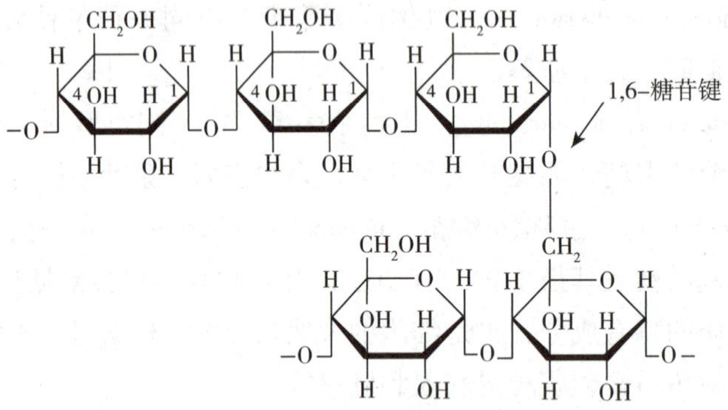

图 3-1 支链淀粉分支之间结合键

淀粉不溶于冷水，直链淀粉能溶于热水得澄明溶液，支链淀粉吸水膨胀呈黏胶状。多糖链的螺旋构象是碘显色反应的必要条件，直链淀粉遇碘产生蓝色，据认为这是由于葡萄糖单位形成 6 圈以上的螺旋所致。支链淀粉遇碘则产生紫红色。

淀粉用酸或酶促水解为葡萄糖的过程中会生成各种糊精和麦芽糖等一系列中间产物。各种糊精与碘作用可产生不同的颜色，因此分别称之为紫色糊精、红色糊精和无色糊精等。

淀粉的水解过程：淀粉→紫色糊精→红色糊精→无色糊精→麦芽糖→葡萄糖

与碘生成颜色：　蓝色　　紫色　　红色　　　无色　　无色　　无色

2. 功能 淀粉是高等植物的贮存多糖，主要存在于植物的茎（如马铃薯）、根（如薯类）、种子（如麦、米、玉米等）和果实中，它是供给人类能量的主要营养物质。

（二）糖原

糖原（glycogen）是动物体内糖类化合物的储存形式，相当于植物体中储存的淀粉，所以糖原被称为“动物淀粉”。它在动物组织内分布很广，以肝脏和肌肉中储量最多。

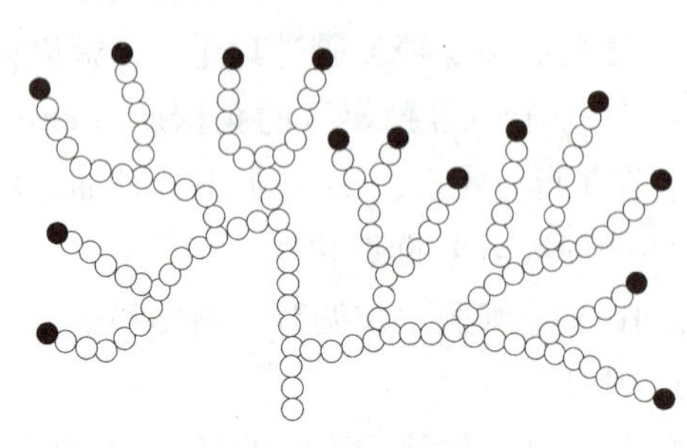

图 3-2 糖原分子的结构

1. 结构 糖原分子的结构与支链淀粉相似，但相对分子质量比支链淀粉更大，分支更多。糖原分子中 α-D-葡萄糖残基通过 α-1,4-糖苷键相互连接，支链分支点也是 α-1,6-糖苷键。在主链中平均每隔 3 个葡萄糖残基就有一个支链，每个支链平均长度相当于 12~18 个葡萄糖分子（图 3-2）。

糖原不溶于冷水，易溶于热的碱溶液，并在加入乙醇后析出。糖原与碘作用通常呈棕红色，彻底水解后产生 D-葡萄糖。

2. 功能 糖原在维持人体能量平衡方面起着十分重要的作用。肌糖原主要供肌收缩的急需；肝糖原则是血糖的重要来源，这对一些依赖葡萄糖作为能量来源的组织如脑、红细胞等尤为重要。

（三）葡聚糖

葡聚糖（dextran）又称为右旋糖酐，是酵母菌及某些细菌中的贮存多糖，存在于这些微生物生长过程中分泌的黏液里。

1. 结构 葡聚糖是由数个葡萄糖分子聚合而成的同多聚糖，但与淀粉、糖原不同之处是在葡聚糖之间几乎均为 α-1,6-糖苷键连接，偶尔也通过 α-1,2、α-1,3 或 α-1,4-糖苷键连接而成分支状。

2. 功能 葡聚糖在输血过程中可代替一部分全血，在临床上用作血浆体积的扩充剂（称为代血浆）。供药用的右旋糖酐的相对分子质量在 50×10^3~90×10^3，属于中等分子级。相对分子质量大于这个数值的右旋糖酐在体内会引起细胞凝集，不适于药用。相对分子质量平均为 20×10^3~40×10^3 的称为低分子右旋糖酐，它主要用于降低血液黏滞度，以防止血栓形成，并有助于改善微循环，兼有利尿作用。

（四）纤维素

纤维素（cellulose）是自然界中分布最广、含量最多的一种多糖，是天然植物纤维的主要成分。例如，棉花纤维中纤维素占97%~99%，木材纤维中占41%~43%。纤维素是植物细胞壁的主要结构组分，它也在某些被囊类动物中被发现。

1. 结构 纤维素是由 β-D-葡萄糖以 β-1,4 糖苷键连接而成的直链状同多聚糖，不形成螺旋构象，没有分支结构，易形成晶体。其中的 β-D-葡萄糖连接方式如图 3-3 所示。

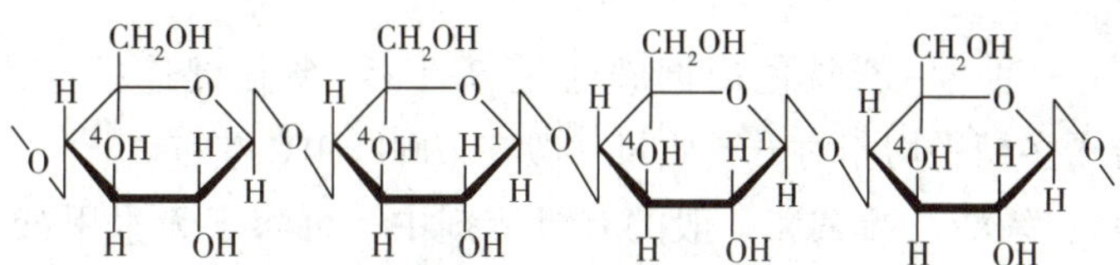

图 3-3 纤维素分子的 β-D-葡萄糖连接方式

纤维素分子间通过氢键和非共价键连接，形成有序排列的微纤丝，展现一定的规律性。纤维素为无色、无味的白色丝状物，不溶于水、稀酸、稀碱和有机溶剂，其结构中的 β-1,4-糖苷键对酸水解有较强的抵抗力，但强酸水解可产生 D-葡萄糖及部分水解产物纤维二糖。大多数哺乳动物无法分泌水解 β-1,4-糖苷键的酶，因此它们不能消化纤维素。而某些微生物、原生动物、蠕类和反刍动物则可消化利用纤维素，纤维素也是反刍动物的主要饲料。

2. 功能 纤维素在人体内不能直接被消化吸收，也不能提供能量，但它作为重要的膳食纤维能促进肠道蠕动。食物中的纤维素在人体胃肠道中吸附有机和无机物质，供肠道正常菌群利用，从而维持正常菌群平衡。此外，纤维素可减少胆固醇的吸收、降低血清胆固醇水平，对糖尿病患者而言，它在饮食中有特殊的价值。

纤维素与浓硝酸反应生成硝化纤维素（纤维素三硝酸酯），这是炸药的原料。纤维素一硝酸酯和二硝酸酯混合物的醇醚溶液为火棉胶，其在医药及化工领域应用广泛。纤维素与醋酸结合生成的醋酸纤维素是多种塑料的原料。此外，纤维素可制成离子交换纤维素，如羧甲基纤维素（CM-纤维素）、二乙氨基乙基纤维素（DEAE-纤维素）等，是常用的生化分离介质。

（五）琼胶

1. 结构 琼胶（agar）又称琼脂，是来源于石花菜藻等红藻的一种多糖混合物，其单糖组成为 L-半乳糖及 D-半乳糖。其化学结构是 D-半乳糖以 α-1,3-糖苷键连接成短链（含 9 个 D-半乳糖单位），再与 L-半乳糖以 1,4-糖苷键相连，L-半乳糖 C_6 结合一个硫酸基（图 3-4）。

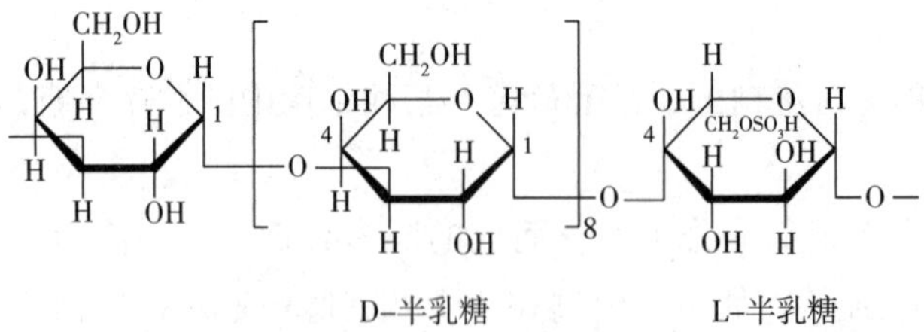

D-半乳糖　　L-半乳糖

图 3-4　琼胶的结构

琼脂不溶于冷水，可溶于热水成溶胶，冷却后成凝胶。

2. 功能　一般微生物不产生琼脂水解酶类，故琼脂被广泛用于微生物培养基的固体支持物。琼脂还被用作生物固定化技术的包埋材料。琼脂胶含有硫酸酯，不能作为电泳载体和凝胶过滤用。分离除去琼脂胶的纯琼脂糖是生化分离分析中常用的凝胶材料。琼脂在食品工业中应用很广，是公认无毒的低热食品，它不能被哺乳动物的消化酶水解，因此可作为一种有用的食用纤维添加剂。

（六）几丁质

几丁质（chitin）又称为壳多糖、甲壳素、甲壳质等，是虾、蟹和昆虫甲壳的重要成分，此外低等动物、菌类和藻类的细胞膜及高等动物的细胞壁等也含有几丁质。在自然界中几丁质的量仅次于纤维素。

1. 结构　几丁质是由一种 *N*-乙酰葡萄糖胺通过 β-1,4-糖苷键连接起来的直链型同聚糖（图 3-5）。这种线性的高分子多糖平均相对分子质量一般在 1000×10^3 左右。

几丁质大多不溶于水、稀酸、稀碱和一般的有机溶剂中，可溶于无水甲酸、浓无机酸，但会发生降解。

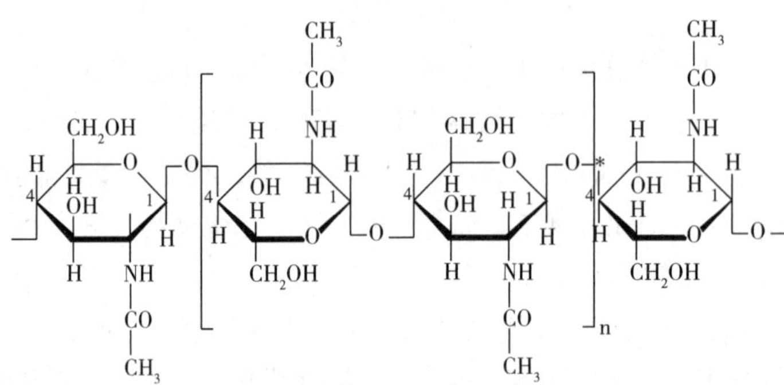

图 3-5　几丁质的结构

2. 功能

（1）促进创伤皮肤的再生，促进创伤的愈合　几丁质可作为生物医学材料在临床上使用，如制成用于烧伤治疗的人工皮肤等。

（2）抗肿瘤和促进免疫　几丁质可以通过活化免疫系统而显示抗肿瘤活性，并具有促进细胞免疫和体液免疫的功能。临床上直接口服几丁质可治疗微生物引起的感染，预防和辅助治疗癌症，用作免疫佐剂提高疫苗的效力等。

（3）用作生物医学材料　几丁质具有良好的成膜性、组织相容性与可降解性等理化性质，可作为药用辅料、可吸收的手术缝合线、贵重金属回收吸附剂、高能射线辐射防护材料、组织工程材料等。

（4）用于食品工业　几丁质是食品工业上重要的添加剂，用以做成各种保健食品。有报道，用微晶几丁质作为悬浮胶体均匀地分散于水中形成稳定的凝胶触变分散系，作为增稠剂优于微晶纤维素。几丁质还可使果汁或蔬菜汁脱酸和防止醋产生沉淀。

（5）其他 几丁质的部分去乙酰化可以生成脱乙酰壳多糖（chitosan），它是一种带正电荷的无毒的聚合物。脱乙酰壳多糖可以用作处理废水和工业废物的吸附剂，也可用于食品保存和做美容面膜。

（七）糖胺聚糖类

1. 透明质酸（hyaluronic acid，HA） 又名玻璃酸，是 Meyer 和 Palmer 于 1934 年从牛眼玻璃体中分离得到并命名的。透明质酸广泛存在于高等动物的关节液、软骨、结缔组织、皮肤、脐带、眼球玻璃体及鸡冠等组织和某些微生物的细胞壁中。在哺乳动物体内，以玻璃体、脐带和关节滑液的含量为最高。

（1）结构 透明质酸是由 D-葡萄糖醛酸和 *N*-乙酰-D-葡萄糖胺通过 β-1,3-糖苷键连接组成的二糖单位为重复单位，每个重复单位通过 β-1,4-糖苷键相互连接而成（图 3-6），无分支，在体内常与蛋白质结合构成一种蛋白多糖。其相对分子质量具有不均一性，一般为 500×10^3~2000×10^3。

透明质酸为白色絮状或无定形固体，无臭无味，具有吸湿性；溶于水，不溶于有机溶剂。

（2）功能

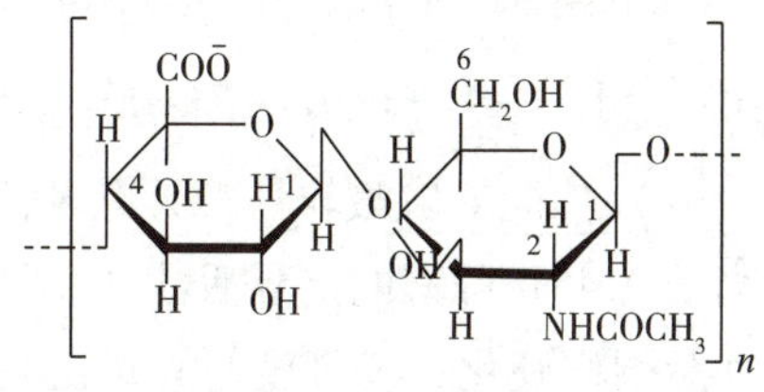

图 3-6 透明质酸的二糖单位

1）润滑作用 透明质酸特殊的结构单位和大分子构型使其溶液具有高度黏弹性，且与其所受外力有关。作为关节滑液的主要成分，当关节剪切力增大（快速运动）时，透明质酸主要表现为弹性，即其分子可储存部分机械能，从而有效减轻关节震动；当剪切力变小（慢速运动）时，则主要表现为黏性，即其分子网络能够将所承受的机械能扩散，从而起到润滑关节的作用。因此，透明质酸在关节腔内起保护、润滑、覆盖屏障、缓冲应力的作用。向关节腔内注射外源性的透明质酸，已被证明是治疗骨关节炎、类风湿关节炎、肩周炎、颞颌关节运动障碍等关节病的有效方法。此外，高相对分子质量透明质酸溶液的高黏弹性及仿形性使其在手术中可作为保护工具和手术工具，广泛应用于各种眼科手术。

2）保水作用 透明质酸具极强的亲水性，其理论保水值可达 500ml/g 以上，即可吸收超过自身重量 500 倍的水分，因而被称为理想的天然保湿因子。这一特性使透明质酸能调节蛋白质、水、电解质在皮肤中的扩散和转运，维持皮肤的水分平衡，同时能促进伤口愈合。基于其卓越的保湿性能，透明质酸被广泛应用于化妆品中。

3）大离子功能 透明质酸分子上带有大量负电荷，使其可能具有离子交换树脂的作用，能够调节细胞周围的正离子的流动和流速。透明质酸还可以抑制多种酶的活性，而通过透明质酸酶或其他方式的水解可削弱这种作用。因此，透明质酸-透明质酸酶系统可作为多种酶活力的调节剂。

2. 硫酸软骨素（chondroitin sulfate，CS） 是广泛存在于人和动物软骨及结缔组织中的氨基多糖。其药用制剂主要含有硫酸软骨素 A 和硫酸软骨素 C 两种异构体，是由动物喉、鼻中隔、气管等软骨组织提取制备的。

（1）结构 硫酸软骨素的基本结构与透明质酸的结构类似，仅其重复双糖单位中 *N*-乙酰-D-葡萄糖胺被 *N*-乙酰-D-半乳糖胺取代。硫酸软骨素的 *N*-乙酰半乳糖胺的 4 位或 6 位羟基被硫酸基取代，根据硫酸基的取代位置不同可分为软骨素-4-硫酸酯（硫酸软骨素 A）和软骨素-6-硫酸酯（硫酸软骨素 C）（图 3-7、3-8）。

由半乳糖胺和 L-艾杜糖醛酸组成双糖重复单位的聚合物则称为硫酸皮肤素（dermatan sulfate，DS），过去称之为硫酸软骨素 B（图 3-9），是主要存在于皮肤的黏多糖。

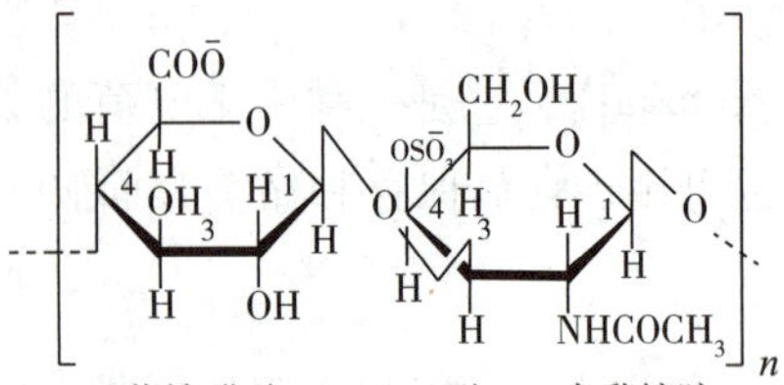

β-葡糖醛酸　N-乙酰-D-半乳糖胺-4-硫酸酯

图3-7　硫酸软骨素A的结构

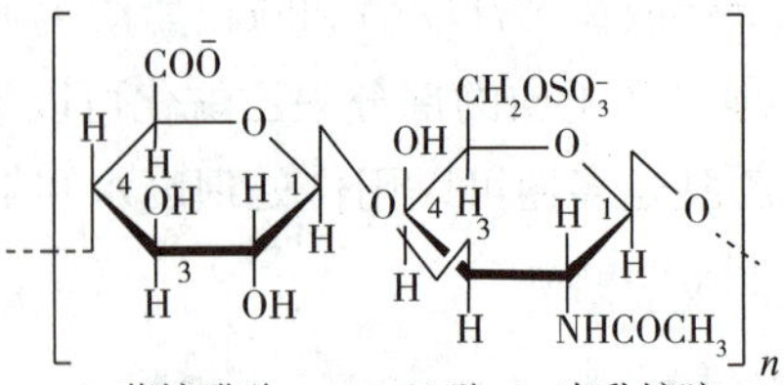

β-葡糖醛酸　N-乙酰-D-半乳糖胺-6-硫酸酯

图3-8　硫酸软骨素C的结构

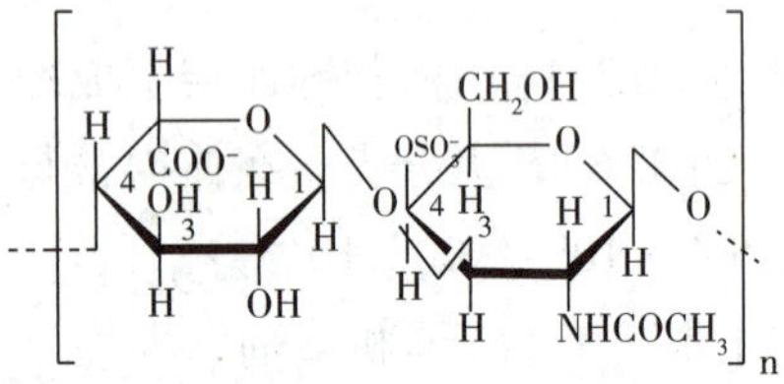

艾杜糖醛酸　N-乙酰-D-半乳糖胺-4-硫酸酯

图3-9　硫酸皮肤素的结构

硫酸软骨素含有50~70个双糖单位，相对分子质量为10×10^3~50×10^3。由于生产工艺不同，所得的产品平均相对分子质量也不同。一般碱水解提取法所得产品的平均相对分子质量偏低，而酶解或盐解法所得产品的平均相对分子质量较高，分子结构比较完整。

硫酸软骨素为白色粉末，有引湿性、旋光性；易溶于水，不溶于乙醇、丙酮、乙醚、三氯甲烷等有机溶剂。

（2）功能　硫酸软骨素具有多种生物活性与功能，包括：①弱的抗凝血作用，每1mg硫酸软骨素A相当于0.45U肝素的抗凝活性；②降血脂作用，可清除体内血液中的脂质和心脏周围血管的胆固醇，防治动脉粥样硬化；③可显著的减轻关节炎的炎症反应，保护骨关节；④免疫调节、抗氧化、加速伤口愈合和抗肿瘤作用等。

3. 肝素（heparin）　是从哺乳动物组织中提取的硫酸化的糖胺聚糖化合物，一般产品为钠盐或钙盐。Mclean在研究凝血问题时在肝脏中发现了这种抗凝血物质，并命名为“肝素”。

肝素在动物体内分布很广，在肝脏、肺、血管壁、肠黏膜等组织中都含有肝素。肝素在体内多以与蛋白质结合成复合物的形式存在，蛋白质去除后，肝素的抗凝血活性才表现出来。

（1）结构　肝素是由D-葡萄糖胺和L-艾杜糖醛酸或D-葡萄糖醛酸构成的二糖单位多聚物。其中，D-葡萄糖胺C_2的氨基和C_6、C_3的羟基常被硫酸酯化；L-艾杜糖醛酸是主要的糖醛酸成分，占糖醛酸总量的70%~90%，其C_2上的羟基被硫酸酯化，其D-葡萄糖醛酸一般不发生硫酸酯化。肝素分子结构中的主要和次要二糖单位如图3-10所示。

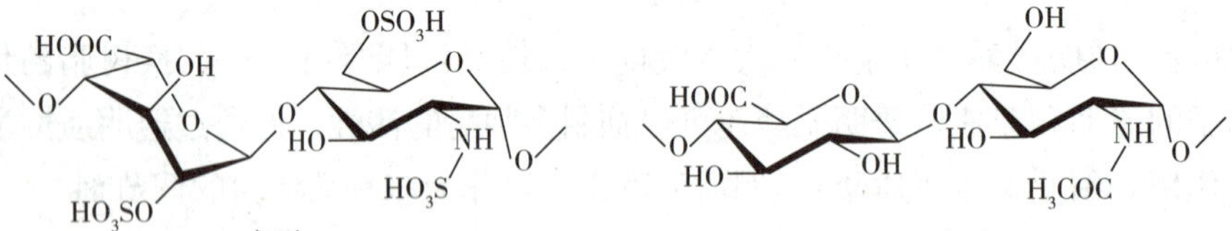

主要　次要

图3-10　肝素结构中主要和次要二糖单位的结构

肝素是由许多不同组分组成的非均一性的混合物。未分级肝素（unfractionated heparin，UFH）的相对分子质量为3×10^3~30×10^3，平均相对分子质量为12×10^3~15×10^3。笼统地说，商品肝素为未分级肝素，其中含有低相对分子质量和高相对分子质量两部分成分。一般认为，相对分子质量小于8000的部分称为低相对分子质量肝素（low molecular weight heparin，LMWH）。

肝素为白色粉末，有引湿性。肝素或其钠盐及钙盐易溶于水，不溶于乙醇、丙酮、二氧六环等有机溶剂。

（2）功能　肝素是具有最广泛生物活性与功能的黏多糖之一，其主要作用与功能如下。①抗凝血及抗血栓作用。肝素的抗凝血作用是通过与抗凝血酶Ⅲ（ATⅢ）形成复合物来加速ATⅢ中和已激活的凝血因子；灭活活性X因子（FXa）而防止凝血酶原转变为凝血酶；灭活凝血酶和早期凝血反应的凝血因子而防止纤维蛋白原转变为纤维蛋白，从而抗凝血。其抗血栓作用也是因为它能抑制凝血酶的生成或使其灭活。肝素是需要迅速达到抗凝作用的首选药物，在临床上用作血液体外循环时的抗凝剂。也用于预防静脉血栓栓塞病，并可预防大块的前壁透壁性心肌梗死患者发生动脉栓塞。②调血脂作用。肝素进入血液循环后，可促进血浆脂蛋白酯酶的释放，该酯酶有降低致动脉粥样硬化的低密度脂蛋白、极低密度脂蛋白、三酰甘油和胆固醇的作用，同时使有益的高密度脂蛋白增加。③可抑制血小板功能，抑制血管平滑肌细胞增殖，并可调控血管新生。④可作用于补体系统的多个环节抑制补体系统过度激活。与此相关，肝素还具有抗炎、抗过敏等作用。可用于治疗各种原因引起的弥散性血管内凝血（DIC）以及治疗肾小球肾炎、肾病综合征、类风湿关节炎等。

4. 硫酸角质素（keratan sulfate，KS） 有两种不同的类型，来自不同的组织。一种广泛存在于角膜的称为硫酸角质素Ⅰ，是角膜蛋白聚糖唯一的多糖成分。另一种存在于若干骨架组织（软骨、骨、髓核），称为硫酸角质素Ⅱ，总是与硫酸软骨素一起存在于骨骼蛋白聚糖中。硫酸角质素Ⅰ和Ⅱ的主要差异在于它们与蛋白质的连接，两者均不存在糖醛酸，都含有唾液酸、岩藻糖和甘露糖等。

（1）结构 硫酸角质素是由*N*-乙酰葡萄糖胺和D-半乳糖以β-1,3-糖苷键构成双糖重复单位，双糖单位之间以β-1,4-糖苷键相连。硫酸基主要在葡萄糖胺的C_6位，在某些半乳糖基上也含有硫酸基团。硫酸角质素结构如图3-9所示。

硫酸角质素与蛋白质结合的形式也各不相同。在角膜上是*N*-乙酰葡萄糖胺与天冬氨酸以*N*-糖苷键相连接；在软骨系统是*N*-乙酰葡萄糖胺与丝氨酸以*O*-糖苷键相连接。

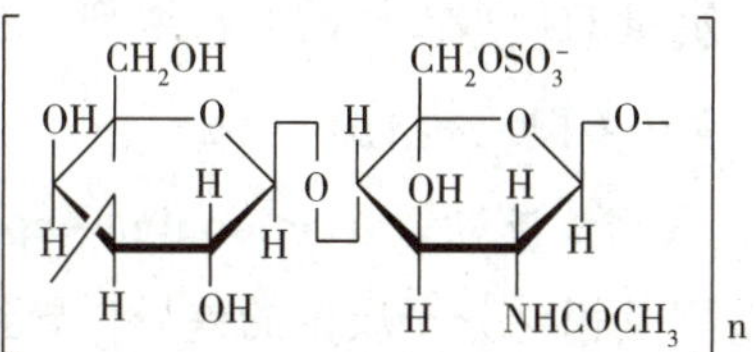

图3-11 硫酸角质素的结构

（2）功能 硫酸角质素多数与蛋白质结合形成蛋白聚糖，在生物学功能上主要起到基质构建和维持的作用。在胎儿期软骨的蛋白聚糖中几乎不含有硫酸角质素，但随着年龄增加其含量渐增，这可作为动物结缔组织伴随着年龄变化的例证。有研究表明，硫酸角质素蛋白聚糖与神经细胞发育及神经组织损失后修复有密切的关系。硫酸角质素的其他活性研究较少。

三、多糖的分离、纯化及降解的原理

（一）多糖的提取

1. 游离多糖的提取 对于游离多糖，可在对原料进行粉碎后用水或盐溶液直接进行提取。

（1）难溶于水的多糖的提取 有些多糖在中性水溶液中的溶解度较小，可根据其溶解特性，调节适当的pH值进行提取。

有些多糖适合用稀酸提取，能够得到较高的提取率。但酸性条件下可引起多糖中糖苷键的断裂，故应严格控制提取时间及pH值。

有些多糖在碱液中有更高的提取率，尤其是酸性多糖，可采用稀碱提取。常采用0.1mol/L氢氧化钠、氢氧化钾。为防止多糖降解，常通入氮气或加入硼氢化钠或硼氢化钾。此外，碱的浓度也应进行有效控制，因为过高的碱性可能导致多糖水解。

另外，稀酸、稀碱提取液应迅速中和或迅速透析。

（2）易溶于水的多糖的提取 水提取的多糖大多是中性多糖。用水作溶剂来提取多糖时，可以用热水浸煮提取，也可以用冷水浸提。

2. 结合多糖的提取 结合多糖主要指黏多糖。黏多糖通常与蛋白质结合形成复合物，提取过程相对复杂。以新鲜组织或丙酮脱脂脱水的组织为原料，虽然用水或盐溶液可提取部分黏多糖，但更多需采用酶降解蛋白质部分、碱处理使多糖与蛋白质间的糖肽键断裂，以促进黏多糖的溶解。采用碱与蛋白酶组合处理组织，可简化提取过程。提取液中的蛋白质可用普通蛋白质沉淀剂沉淀除去，也可用其他方法使其变性沉淀，如调节 pH、加热等。

（1）碱提取法 主要依据是蛋白-多糖结合物的糖肽键对碱的不稳定。该法的优点是能够从组织中提取较为完整的黏多糖，例如，研究人员已成功地从软骨中提取到硫酸软骨素。然而，该法有一定的局限性，在提取过程中，黏多糖分子可能从裂解的一端被碱进一步降解，如果希望保持多糖成分在特定的范围内的分子完整性，应谨慎使用此法，或尽可能地使用稀碱提取并避免高温操作。

（2）蛋白水解酶消化法 是一种常用的从组织中释放黏多糖的方法。通常选用专一性低的蛋白酶对蛋白质进行广泛的水解，从而释放出结合的黏多糖。常用的蛋白酶有胰蛋白酶（trypsin）、链霉蛋白酶（pronase）、糜蛋白酶（chymotrypsin）及一些微生物来源的酶等。在某些情况下，选用含多种酶类的混合酶进行提取可能更具优势。例如，胰酶或胰脏含有胰蛋白酶、糜蛋白酶、脂肪酶（lypase）、淀粉酶（amylase）等多种酶类，其不仅能广泛水解蛋白质，还可水解脂肪，使操作更加便捷。同时，它们还可水解糖原等成分，从而减轻对黏多糖的污染。

多糖的提取液一般浓度较低，通常需对提取液进行浓缩。如对热比较稳定的多糖，可采用加热蒸发或减压蒸进行浓缩；对于相对分子质量大的多糖，超滤法是一种理想的浓缩方法。此外，向多糖溶液中加入一定量的与水混溶的有机溶剂（如乙醇），可得到粗多糖沉淀物。

（二）多糖的纯化

1. 分级沉淀法（fractional precipitation） 是最简便、最常用的方法，其原理是利用不同多糖所含极性基团及相对分子质量的差异，导致它们在不同浓度的低级醇或低级酮中的溶解度不同。通过逐步提高溶液中醇或酮的浓度，使不同组分的多糖分级沉淀，从而实现分离。

2. 季铵盐络合法（quaternary ammonium salt complexation） 是一种针对黏多糖聚阴离子的纯化方法。黏多糖的聚阴离子与某些季铵盐表面活性物质，如十六烷基吡啶盐、十六烷基三甲基铵盐等阳离子，能形成季铵盐络合物。这些络合物在低离子强度的水溶液中不溶解，在高离子强度的水溶液中可以解离并溶解。由于不同的黏多糖聚阴离子电荷密度不同，它们的络合物溶解时所需盐的浓度也不同，因而可利用这一特性进行分级分离。一般地说，酸性强或相对分子质量大的多糖首先沉淀出来。实验时应严格控制多糖混合物的 pH 小于 9，且无硼砂存在，以避免中性多糖被沉淀。通常季铵盐水溶液的浓度为 1%~10%（W/V），在搅拌下滴加于 0.1%~1%（W/V）的多糖溶液中，此时酸性多糖即能从多糖溶液中沉淀出来。

3. Sevag 法 是一种从多糖中去除蛋白质的温和方法，其原理是使蛋白质变性沉淀而多糖不沉淀。具体操作是将样品提取液与 Sevag 试剂［三氯甲烷：正丁醇或正戊醇 =5∶1（V/V）］按 5∶1 的比例混合，剧烈振荡后离心除去变性蛋白质，反复多次至蛋白质除尽为止。该方法较温和，如与蛋白水解酶消化法配合使用，效果更佳。

4. 离子交换色谱法 是根据溶液中各种带电颗粒与离子交换剂之间结合力的差异进行分离的技术。不同多糖由于所带电荷数目和分子中电荷的排布不同，与离子交换剂的亲和力不同。离子交换剂吸附多糖后，可以通过改变离子强度和 pH，使多糖按一定顺序从离子交换剂上被洗脱下来。常用的交换剂有 CM-纤维素、DEAE-纤维素、DEAE-葡聚糖、DEAE-琼脂糖等。

5. 制备性区带电泳法（preparative zone electrophoresis） 是在一定的支持物上，于均一的载体电解质中，将样品加在中部位置，在电场作用下，样品中带正或负电荷的离子分别向负或正极以不同速度移动，分离成一个个彼此隔开的区带。区带电泳根据支持物的物理性状不同，可分为纸和其他纤维膜电泳、粉末电泳、凝胶电泳与丝线电泳。多糖在电场作用下按其分子大小、形状及所带电荷的不同而达到分离。

6. 凝集素亲和色谱法　该方法是根据凝集素可与游离或复合糖类中的单糖和寡糖发生专一性可逆结合的性质，采用固定化凝集素亲和色谱法（lectin affinity chromatography）进行分离纯化。此法条件温和、专一性强、不影响糖蛋白的生物活性。固定化的刀豆凝集素（concanavalin A，Con A）是应用最普遍的固定化凝集素，它能专一性地与甘露糖基结合。

7. 超滤法　是在一定压力下，使用一种特制的半透膜对混合溶液中相对分子质量和形态不同的溶质分子进行选择性过滤的方法。选择具有合适的相对分子质量截留值（molecular weight cut - off）的膜对多糖溶液进行超滤，不仅可除去溶液中的小分子杂质，还能起到浓缩作用。这种方法的优点是操作简单、成本低、产品收率高，适用于大规模的生产，并且不影响多糖的性质和活性。

（三）多糖的降解

天然来源的多糖由于其相对分子质量较大，不易溶于普通溶剂，致使其应用受限。选择适当的方法对多糖进行降解，得到低聚糖衍生物，不仅可增加其水溶性，还能因不同相对分子质量的多糖具有不同的活性而可扩大多糖的应用范围。目前，多糖类物质的降解方法主要有化学降解法、物理降解法、酶降解法等。

1. 化学降解法

（1）亚硝酸降解　亚硝酸（HNO_2）是一种常用的解聚剂，在酸性溶液中具有强氧化性。将多糖溶解于乙酸溶液中，在搅拌下缓慢滴入一定量的亚硝酸钠（$NaNO_2$）溶液，使之发生重氮化反应，脱去一分子 N_2，引起分子内重排使大分子链断裂，再用 $NaBH_4$ 还原端基，完成降解反应。此法可通过 $NaNO_2$ 的加入量和反应时间控制降解产物的相对分子质量，但存在产品的相对分子质量分布宽、均一性差，降解过程中破坏氨基、硫酸基等活性基团以及废物污染严重等缺陷。

（2）酸降解　糖苷键对酸不稳定，易被稀酸催化水解，使糖链断裂。反应一般在水或稀的醇溶液中进行，所用的酸为盐酸、硫酸、硝酸等无机酸类和甲酸、乙酸、草酸等有机酸类。酸降解一般在加热条件下进行，通过对反应物进行深度处理，增加其与酸的接触，可提高降解效率。

（3）氧化降解　多糖在氧化剂的存在下可以进行氧化降解（oxidation degradation）。其中，过氧化氢法开发最多，包括 H_2O_2 法、H_2O_2-$NaClO_3$ 法、H_2O_2-HCl 法等。此外，还有 $NaBO_3$ 法、ClO_2 法、Cl_2 氧化法等。H_2O_2 氧化降解多糖无毒、无副产物，是一种较理想的化学降解方法。但该法工艺条件较难掌握，反应的稳定性和重复性差。

（4）β-消除降解　在碱性的条件下，多糖糖苷键还原性末端糖基可发生 β-消除反应（β-elimination reaction），使糖苷键断裂。但碱性水解可引起多糖残基上硫酸基团脱落和多糖链结构的变化，而硫酸基一般被认为是多糖抗肿瘤所必需的，所以一般不采用碱水解。

2. 物理降解法

（1）超声波降解　超声波（ultrasonic wave）降解大分子物质的机制主要是机械性断键作用以及自由基的氧化还原反应。超声波的机械性断键作用源于物质的质点在超声波中高速振动及剪切力，使分子降解。该法的缺点是收率较低。

（2）微波降解　微波（microwave）的波长在 1mm ~ 1m，能对有机物的碳链结构进行整体的穿透，将能量迅速传递给反应物的各个官能团。多糖分子中带有羟基、氨基等极性基团，能迅速吸收电磁波的能量，产生热效应，使分子中的酰胺键和 β-1,4-糖苷键迅速获得能量，发生水解或降解。微波降解具有操作简便、能耗低、重现性好等特点。

（3）辐射降解　电离辐射（ionizing radiation）能使多糖聚合物的分子产生电离或激发等效应，分子链被打断，形成相对分子质量较小的低聚物。聚合物辐射降解是无规律降解，主链断裂呈无规律分布。辐射法为不需添加物的固相反应，反应易控制，无污染，品质高。例如，采用^{60}Co辐射源降解壳聚糖，可得一系列相对分子质量的降解产物。

3. 酶降解法　酶催化水解多糖具有反应条件温和、专属性高、降解速度快等特点，克服了化学降解产品相对分子质量分布宽、均一性差的缺点，是一种较为理想的降解方法。酶水解多糖的程度取决于酶的种类、溶液的pH值以及酶本身的纯度。但酶对周围环境很敏感，溶液中各种因素如温度、离子强度、酶浓度、底物浓度等都能显著地影响酶的催化反应速度，甚至使酶失去催化能力。

（1）专一性水解酶降解　常用的专一性水解酶有：麦芽糖酶只水解α-D-葡萄糖苷键，壳聚糖酶、纤维素酶只水解β-1,4-葡萄糖苷键，杏仁苷酶只水解β-六碳醛糖苷键等。专一性酶生产成本较高，不适用于工业化生产。

（2）非专一性水解酶降解　近年来发现了多种非专一性水解酶，如蛋白酶、脂肪酶、淀粉酶、溶菌酶、葡萄糖酶、胰酶等。非专一性水解酶使用成本低，具有良好的应用前景。

四、多糖的理化性质测定

（一）多糖的含量测定

1. 苯酚-硫酸法　苯酚-硫酸试剂可与游离的或寡糖、多糖中的己糖、糖醛酸（或甲苯衍生物）发生缩合反应，生成有色物质，该物质在波长490nm处有最大吸收，且吸收值与糖含量呈线性关系。

2. 蒽酮-硫酸法　糖类遇浓硫酸脱水生成糠醛或其衍生物，再与蒽酮试剂缩合产生蓝绿色物质，该物质于波长620nm处有最大吸收，显色与多糖含量呈线性关系。

3. 荧光分析法　糖类本身并没有荧光基团，需要使用特定的衍生化试剂与糖发生反应，使糖类物质生成具有荧光的物质，以达到检测的目的。根据作用机制，糖类的荧光探针大体有有机探针和金属探针两大类。

4. 分光光度法　长链多糖带有多个阴离子，在水溶液中离解后可与染料阳离子相互结合发生反应，从而引起染料吸收光谱的变化，应用分光光度法测定多糖含量即基于此原理。已研究过的染料有碱性吩噻嗪染料、碱性三苯甲烷染料、碱性二苯基萘基甲烷染料、阿利新蓝、偶氮染料等。

5. 电位滴定法（electric titration）　是利用多糖的氧化还原性质测定多糖含量的方法，该法在滴定过程中通过测量电位变化来确定滴定终点。在滴定过程中，随着滴定剂的不断加入，电极电位E不断发生变化，电极电位发生突跃时，说明滴定到达终点。

6. 比浊法（turbidimetry）　是根据悬浮体的透射光或散射光的强度以测定物质组分含量的一种分析方法。当光线通过一浑浊溶液时，因悬浮体选择地吸收了一部分光能，并且悬浮体向各个方面散射了另一部分光线，减弱了透过光线的强度。黏多糖在溶液中以聚阴离子形式存在，带负电荷，可与带阳离子的季铵盐氯化十六烷基吡啶在一定pH值和浓度范围内定量反应生成白色沉淀并形成混悬液，在波长680nm处吸收度与浓度呈正相关。

（二）多糖的纯度鉴定

多糖作为大分子化合物，具有不均一性，其纯度标准不能简单地用小分子化合物的纯度标准来衡量。多糖的纯度只代表某一多糖的相似链长的平均分布，通常所说的纯品实际上是在一定相对分子质量范围的组分。为准确评估多糖样品的纯度，通常需要采用多种方法进行测定。

1. 高效液相色谱法　为一种高效、快速的分析分离技术，具有灵敏度高、选择性好的特点。耐高压合成凝胶的出现，使得高效液相色谱法成为测定多糖纯度的重要工具。由于凝胶具有一定孔径，不同形状和大小的多糖分子在凝胶中的移动速度不同，当流出液经检测时，若只有一个单一对称的窄峰，则表明该多糖为均一组分。

2. 电泳法 包括醋酸纤维素膜电泳、玻璃纤维纸电泳、聚丙烯酰胺凝胶电泳、琼脂糖电泳等。中性多糖电泳因导电性弱、相对分子质量大，在电场中移动速度慢，故常采用高压电泳，并且用 pH 9~12 的硼酸盐缓冲液，糖类化合物易与硼酸离子结合成配合物而增加其导电性。电泳完成后，常用的显色剂包括阿利新蓝、甲苯胺蓝、*p*-茴香胺硫酸试剂、高碘酸西夫试剂等。

3. 比旋度法 不同的多糖具有不同的比旋度，同时在不同浓度的乙醇中具有不同溶解度。在多糖水溶液中加入乙醇，使其浓度为 10% 左右，离心得沉淀；再在上清液中再加入乙醇，使其浓度为 20% 到 25%，离心得第二次沉淀，如果两次沉淀物具有相同的比旋度，则说明该多糖为均一组分。

4. 超速离心法 分析超速离心（analytical ultracentrifugation）技术主要用于研究生物大分子的沉降特征和结构，可用于测定生物大分子的相对分子质量、检测样品纯度和大分子构象的变化。这种方法使用了特殊设计的转头和监测系统，通过紫外线的吸收或折射率的改变对沉降物进行检测。由于不同多糖分子的密度、大小和形状不同，在离心场中沉降速率不同。根据多糖样品是否形成单一条带，可以检测其纯度。

（三）多糖相对分子质量的测定

相对分子质量测定是多糖研究中的重要环节，但由于多糖的不均一性，其相对分子质量测定相对复杂，通常所测得的相对分子质量一般只能是一种统计平均值。

1. 高效凝胶渗透色谱法（high performance gel permeation chromatography） 是利用凝胶孔径排阻特定大小分子的方法，主要利用分子筛原理。高效凝胶填料孔径在 2~250nm 范围内，测定范围为 $1000 \sim 10 \times 10^6$。常用的凝胶为 Bio-Gel、Sephadex 等，而目前认为较好的是 Lonpak 系和 TSK 系的柱。常用水或缓冲液作洗脱剂，一般采用示差折光检测器或紫外检测器，或二者同时检测。该法具有高流量和高速分离效果，有利于保护生物活性分子不被污染或失活。

2. 多角度激光光散射法（multi-angle laser light scattering，MALLS） 是一种高聚物相对分子质量测定的绝对方法，其研究基础是高分子链各链段所发射的散射光波间的内干涉作用。该法的测定下限可达 1000，上限为 1000×10^6。光散射一次测定可得到重均相对分子质量、均方半径、第二维利系数等多个数据，因此在高分子研究中占有重要地位。需要注意的是，激光光散射实验中必须对样品严格除尘，因为溶液中的灰尘会产生强烈的光散射，严重干扰聚合物溶液光散射的测量。

另外，将光散射技术和凝胶色谱分离技术相结合，不但能测得大分子的绝对相对分子质量，还可测得相对分子质量分布，分辨相对分子质量大小不同的族群以及分子的形态、分枝率及聚焦态等，其功能与应用普及性正与日俱增。

五、多糖结构分析原理

（一）多糖组成成分的分析

分析多糖的结构首先需要分析多糖的单糖组成，即多糖分子中包括哪几种单糖，其组成比例是多少。一般需要将多糖完全水解成单糖，然后进行气相色谱分析或高效液相色谱分析。

1. 多糖的完全水解

（1）酸水解（acid hydrolysis） 苷键属于缩醛结构，易被酸催化水解，其历程是苷原子先质子化，然后失去 HOR，生成碳正离子，在水中溶剂化而成游离糖，机制如图 3-12 所示。

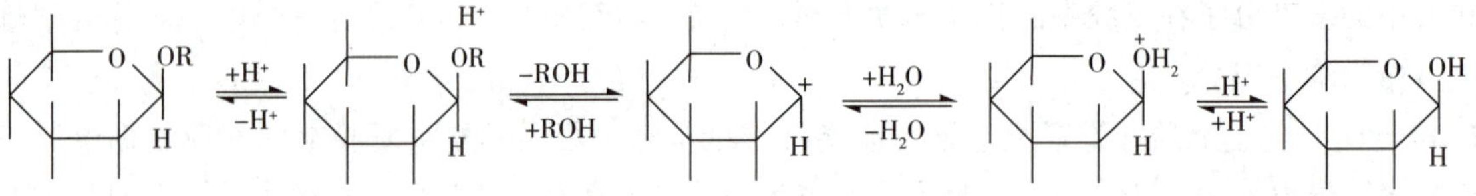

图 3－12 糖的酸水解

各种苷键受酸催化而水解的敏感性不同，因此需要根据多糖的结构选择合适的酸水解条件。常用的酸水解条件包括：①硫酸，浓度0.5~1mol/L，水解温度100℃，硫酸水解液中多余的酸可用弱碱性阴离子交换树脂或用碳酸钡（$BaCO_3$）去除，该条件广泛用于水解五碳或六碳聚吡喃糖；②盐酸，水解条件同硫酸，盐酸的除去采用减压蒸馏、真空蒸发或弱碱性阴离子交换树脂，也可用碳酸银（Ag_2CO_3）中和，该条件对游离单糖的破坏较大；③三氟乙酸，酸性较强，2mol/L的三氟乙酸可水解多数苷键（除了极难水解的糖醛酸苷），其优点是对糖残基破坏小，三氟乙酸可通过减压下蒸馏去除，后处理方便，广泛用于多糖的酸水解。

由于各种糖样品组成可能相差很大，所以要根据不同的情况对水解条件加以改进或选用相应的方法。

（2）甲醇解（methanolysis） 多糖在酸化的甲醇液中甲醇解，生成一对保持环型的甲苷异构体或开环的二甲基缩醛（酮），从而稳定化对酸敏感的糖。例如含有3,6-脱水半乳糖的琼脂多糖，酸水解易使3,6-脱水半乳糖破坏，甲醇解则生成琼脂双糖的二甲基缩醛而稳定（图3－13）。此外，含有硫酸酯的多糖在磺酸水溶液中水解苷键的同时水解硫酸酯键，二者速率相仿，而冷 HCl/CH_3OH 中甲醇解时可以保留硫酸酯。比较去硫酸和未去硫酸基的多糖甲基化物的降解产物，可以决定硫酸酯的位置。

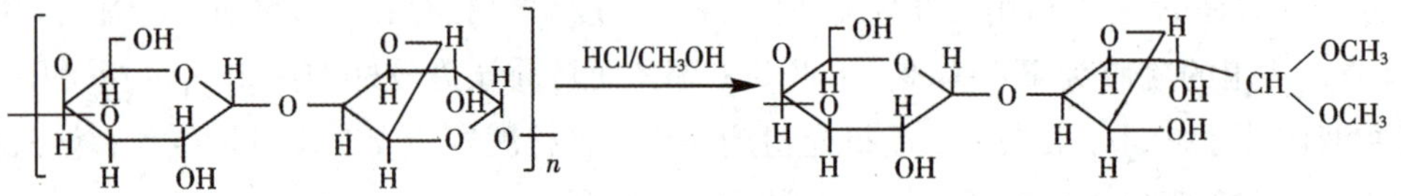

图 3－13 多糖的甲醇解

（3）乙酰解（acetolysis） 是一种部分水解方法，可以开裂一部分苷键而保留一部分苷键，从而在水解产物中得到乙酰化的低聚糖。具体方法是将多糖溶于含有3%~5%硫酸的乙酐和乙酸的混合液中，0℃或室温放置数天，除硫酸外，高氯酸或Lewis酸如氯化锌（$ZnCl_2$）、氟化硼（BF_3）等亦可用于此反应。反应机制是糖先乙酰化，受 CH_3CO^+ 进攻得到开环中间体。因此，产物中常有乙酰化糖的端基异构体生成（图3－14）。

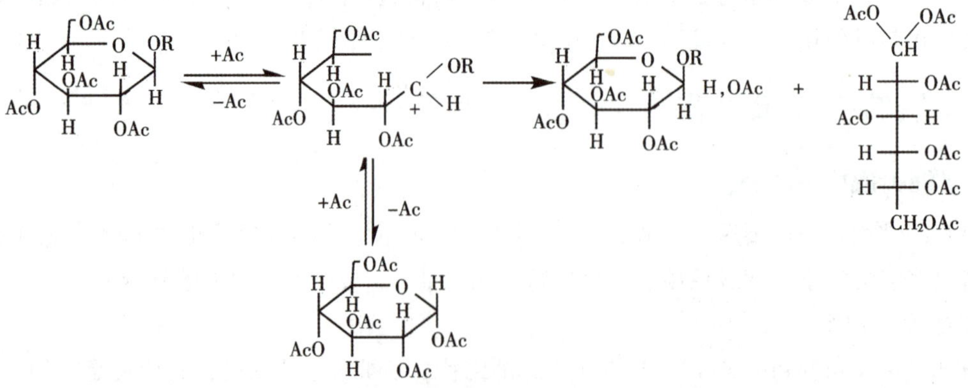

图 3－14 多糖的乙酰解

由于各种糖样品组成可能相差很大，所以要根据不同的情况对水解条件加以改进。

2. 糖的衍生与气相色谱分析 气相色谱分析主要是一种基于试样中各组分在色谱柱中的气相和液

相间的分配系数差异的分析技术。当汽化后的试样被载气带入色谱柱中运行时，样品组分就连续不断地在移动的气相和固定的液相之间进行反复多次的分配。经过一定的柱长后，便分别按分离顺序离开色谱柱进入检测器。检测器产生的信号经放大后，在记录器上描绘出色谱峰，成为各组分定性和定量的依据。通过与标准单糖的保留时间和峰面积进行对比，可以确定样品中单糖的组成和含量。

然而，采用气相色谱法测定糖类面临的主要困难是糖类本身缺乏足够的挥发性。因此，在气相色谱分析之前，必须将糖预先转化成易挥发、对热稳定的衍生物。目前，常用的糖类衍生方法有：糖醇乙酸酯衍生、糖腈乙酸酯衍生和三甲基硅醚衍生。

（1）糖醇乙酸酯衍生（alditol acetate derivatization） 糖在水中与硼氢化钠反应，被还原成相应的糖醇。随后，分解过量的硼氢化钠，除去硼酸根和水分，得到的干燥糖醇。糖醇于吡啶中与乙酸酐加热反应，生成糖醇乙酸酯衍生物。

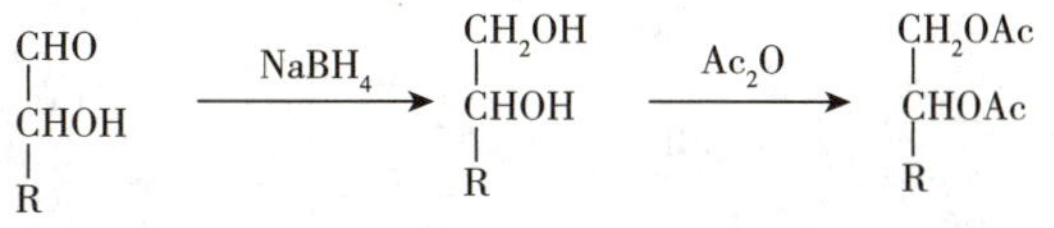

$$\begin{array}{c} CHO \\ | \\ CHOH \\ | \\ R \end{array} \xrightarrow{NaBH_4} \begin{array}{c} CH_2OH \\ | \\ CHOH \\ | \\ R \end{array} \xrightarrow{Ac_2O} \begin{array}{c} CH_2OAc \\ | \\ CHOAc \\ | \\ R \end{array}$$

（2）糖腈乙酸酯衍生（aldononitrile acetate derivatization） 糖和盐酸羟胺在吡啶中加热反应，生成糖肟。随后，加入乙酸酐后加热下继续反应，生成具有挥发性的糖腈乙酸酯衍生物。

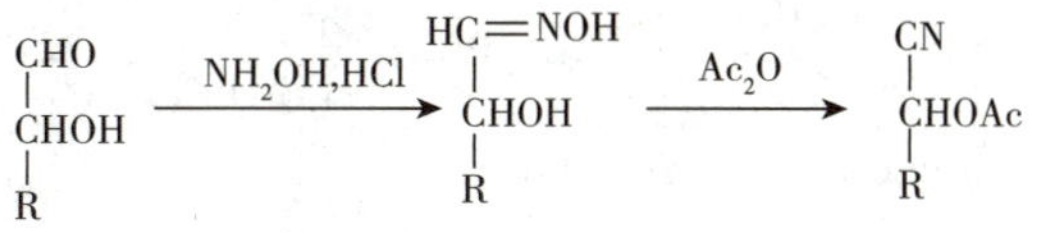

$$\begin{array}{c} CHO \\ | \\ CHOH \\ | \\ R \end{array} \xrightarrow{NH_2OH,HCl} \begin{array}{c} HC{=}NOH \\ | \\ CHOH \\ | \\ R \end{array} \xrightarrow{Ac_2O} \begin{array}{c} CN \\ | \\ CHOAc \\ | \\ R \end{array}$$

（3）三甲基硅醚衍生（trimethyl siloxane derivatization） 糖和六甲基二硅氮烷、三甲基氯硅烷在吡啶中反应，生成具有挥发性的三甲基硅醚衍生物，同时产生氯化铵沉淀。

$$3ROH + Me_3SiNHSiMe_3 + Me_3SiCl \longrightarrow 3ROSiMe_3 + NH_4Cl$$

3. 糖的高效液相色谱分析 由于糖没有特异的紫外吸收，使得直接使用高效液相色谱（HPLC）分析时需要依赖示差折光检测器（RI）或蒸发光散射检测器（ELSD）检测，其灵敏度和分辨率相对较低。为了克服这一限制，可采用衍生化将单糖转化为紫外或荧光特性的衍生物，常用于单糖衍生化的试剂很多，例如1-苯基-3-甲基-5-吡唑啉酮（PMP）、2,4-二硝基苯、对甲氧基苯胺、2-氨基吡啶、6-氨基喹啉、苯甲酸、对氨基苯甲酸酯类、对氨基苯甲酸（*p*-AMBA）等。

（二）多糖的糖苷键分析

在明确多糖的单糖组成后，接下来需要分析多糖的糖苷键（glucosidic bond），即单糖之间的连接位置。

1. 高碘酸氧化和 Smith 降解 高碘酸可以选择性地断裂糖分子中连二羟基或连三羟基的位置，生成相应的多糖醛、甲醛或甲酸。此反应定量地进行，每开裂一个 C—C 键消耗一分子高碘酸。由于高碘酸在波长223nm 处呈最大吸收，因此，可通过分光光度法测定高碘酸消耗量、甲酸的释放量，可以判断糖苷键的位置、直链多糖的聚合度、支链多糖的分支数目等。以葡聚糖为例，当糖基以1,2或1,4位连接时，平均每个糖基仅消耗一分子高碘酸，并且无甲酸释放；以1,3位连接的糖基不被高碘酸氧化；以1,6位连接的糖基或非还原末端经高碘酸氧化，消耗两分子高碘酸，同时释放一分子甲酸。

Smith 降解是将高碘酸氧化产物还原后，进行酸水解或部分酸水解。由于糖基之间以不同的位置缩合，用高碘酸氧化后则生成不同的产物。将氧化产物用硼氢化合物（如 KBH_4 或 $NaBH_4$）还原成稳定的多羟基化合物，经酸水解后用纸色谱或气相色谱鉴定水解产物（葡萄糖、赤藓醇、甘油等），由降解的产物可以推断糖苷键的位置。

以葡聚糖为例，反应式如图3-15所示。以1,2位键合的糖苷键产生甘油和甘油醛，以1,3位键合的糖苷键产生葡萄糖，以 1,4 位键合的糖苷键产生赤藓醇和羟基乙醛，以 1,6 位键合的糖苷键产生甘油和羟基乙醛，非还原末端基的降解产物亦为甘油。

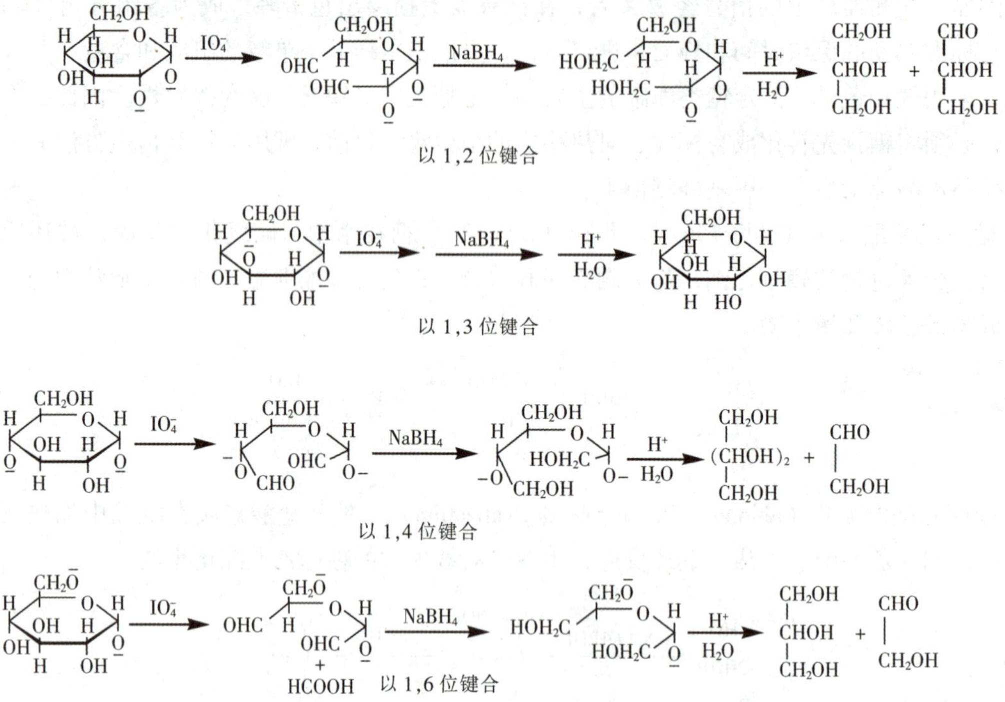

以 1,2 位键合

以 1,3 位键合

以 1,4 位键合

以 1,6 位键合

图 3－15　葡聚糖的 Smith 降解

反应可分为三步：第一步，在水或稀醇溶液中，用高碘酸在室温条件下将多糖氧化开裂为二元醛；第二步，将二元醛用硼氢化物还原成醇，防止醛与醇进一步缩合，以免增加水解难度；第三步，用酸进行水解，并对水解产物进行鉴定。

2. 甲基化分析　在测定寡糖、多糖以及配糖体中糖链的各种单糖残基的连接方式时，甲基化分析（methylation analysis）是必不可少的方法。其基本原理是：先将多糖中各种单糖残基中的游离羟基全部进行甲基化处理，进而将多糖中的糖苷键水解，水解后得到的化合物中，游离羟基所在的位置即为原来单糖残基的连接点。此外，根据不同甲基化单糖的比例，可以计算某一连接键型在多糖结构中的比例。

多糖的甲基化方法很多，如 Haworth 法、Hakomori 法、Purdie 法、Kalyan 法等。其中，Hakomori 法以二甲基亚砜（DMSO）为溶剂，用 DMSO 与氢氧化钠的反应产物甲基亚磺酰负离子 $CH_3SOCH_2^-$ 为强碱，碘甲烷作为甲基供体。因为 $CH_3SOCH_2^-$ 易与氧、水或二氧化碳反应而降解，所以整个过程应在氮气保护和无水条件下进行。Hakomori 法因样品需要量少、甲基化易于完全、反应在非水条件下进行因而糖较少发生降解而被广泛应用。然而，该方法对反应试剂和反应条件要求较高。Ciacanu 根据甲基化反应的机制，采用 DMSO/NaOH（固体）/CH_3I 一锅反应，通常可在 3 天内完成整个过程，且无需处理溶剂，近年来有部分取代 Hakomori 法的趋势。Needs 对此方法中易出现的副反应提出改进，即先加入固体氢氧化钠，反应 5~10 分钟后再加入 CH_3I。反应完全后的全甲基化产物，可通过红外光谱鉴定羟基吸收（3200~3600 cm^{-1}）的完全消失。

完全甲基化后，将多糖水解成各种部分甲基化单糖，经还原、乙酰化处理，可得到部分甲基化的糖醇乙酸酯，再经气相色谱与 GC－MS 联机分析，依据气相色谱的出峰顺序和对质谱谱图的主要离子碎片的分析，可以较准确地确定糖的连接键型。

图 3－16 为以 α－1,4－葡聚糖为例的甲基化分析过程。

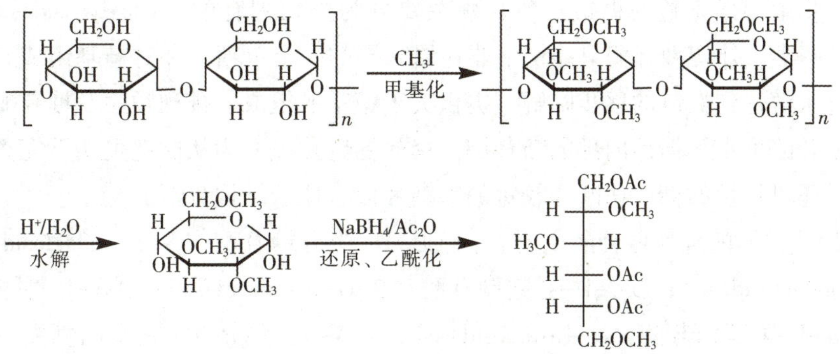

图 3-16 α-1,4-葡聚糖的甲基化分析

如果多糖中含有糖醛酸残基，必须先将羧基还原。还原方法有两种：①对于易溶于水的样品，可先用碳二亚胺-硼氢化钠法还原；②对于不溶于水的样品，可先进行甲基化，再用氢化铝锂将羧基形成的甲酯还原成甲醚。

（三）其他化学分析技术

1. 部分酸水解 甲基化分析法难以揭示糖链的顺序，部分酸水解（partial acid hydrolysis）则可弥补这一不足。通过部分酸水解，大分子被裂解成较小片段。各种低聚糖经柱色谱或其他方法分离后，可分别测定其结构，从而推测出整个糖链（或重复单元）的连接顺序。部分酸水解产物的基本结构常具有代表性，而相对分子质量较原样品小，有利于进行各种分析。鉴定所生成寡糖，亦可以提供异头物构型与顺序的信息。例如，水解产物中有龙胆二糖、龙胆三糖，则表明存在β-1,6-糖苷键；如水解产物中有昆布二糖、纤维二糖等，则表明存在β-1,3-糖苷键或β-1,4-糖苷键。

通过控制酸的浓度、温度、时间等条件，可以实现不同程度的部分水解。一般说来，呋喃型糖残基较吡喃糖残基易水解，支链糖残基较主链糖残基易水解。另外，多糖中的1,6-糖苷键对酸水解也相对稳定一些。

2. 糖醛酸还原 对于酸性多糖（含有糖醛酸的多糖），如植物细胞壁中的果胶类多糖、海藻中的卡拉胶及动物体内的糖胺聚糖等，由于糖醛酸具有羧基，不能被$NaBH_4$还原，按常规糖醇乙酸酯法处理不能在气相色谱中出峰。因此，酸性多糖的糖组成分析多采取分两步走的方法。第一步，按常规的糖醇乙酸酯法，经水解、$NaBH_4$还原、乙酰化后，气相色谱分析测定其中的中性糖残基组成及其比例；第二步，先用碳二亚胺类化合物和$NaBH_4$将糖醛酸的羧基还原成醇羟基，再按常规方法测定还原后的多糖中糖残基组成及其比例。通过比较第二步与第一步的结果，即可求得原酸性多糖所包含的糖残基种类及各糖残基间的比例关系。

糖醛酸还原通常使用的碳二亚胺试剂为 EDC［*N*-(3-dimethylaminopropyl)-*N'*-ethyl-carbodiimide hydrochloride］和 CMC［1-cyclohexyl-3-(2-morpholinolethyl］。其反应原理为：糖醛酸与水溶性的碳二亚胺试剂反应后，形成酰胺键，可被$NaBH_4$还原成相应的中性糖。反应过程为：将多糖样品溶于蒸馏水中，加入碳二亚胺试剂，于自动电位滴定仪上磁力搅拌反应。由于反应过程中吸收氢离子，体系的pH值会逐渐上升，所以需要向其中逐滴加入0.1mol/L HCl溶液，以调节溶液的pH值稳定在4.75，即终止滴定。然后用2mol/L $NaBH_4$进行还原，反应完毕后，反应液进行透析，冻干。一般样品需要重复还原2~3次，直至咔唑硫酸法检测不到糖醛酸或样品水解后薄层色谱检测没有糖醛酸。

（四）多糖结构的酶降解测定法

糖苷酶是糖链结构研究极为重要的工具，其作用特点和底物专一性使其在糖链结构研究中发挥关键作用。具体而言，糖苷酶可用于：①通过顺序降解，阐明糖链的一级结构；②确定每个组成单糖的异头构型；③从糖复合物上切得完整的糖链。糖苷酶主要分为外切糖苷酶（exoglycosidase）和内切糖苷酶（endoglycosidase）两类。外切糖苷酶只能切下非还原末端的一个单糖，并对糖基组成和糖苷酶有专一性要求，因而可通过水解达到糖链的逐步降解，提供关于糖基的组成、排列顺序及糖苷酶的α或β异头构型的信息。内切糖苷酶可水解糖链内部的糖苷键，释放糖链片段，为从肽链上切下完整的糖链提供了较理想的方法，有时还可将长的糖链切断为较短的寡糖片段，便于结构分析。

1. 外切糖苷酶 常用的外切糖苷酶主要有：①*β*-D-半乳糖苷酶（*β*-D-galactosidase）；②*α*-D-半乳糖苷酶（*α*-D-galactosidase）；③*β*-D-甘露糖苷酶（*β*-D-mannosidase）；④*α*-D-甘露糖苷酶（*α*-D-mannosidase）；⑤*α*-L-岩藻糖苷酶（*α*-L-fucosidase）；⑥*N*-乙酰-*β*-D-氨基己糖酶（*N*-acetyl-*β*-D-hexosaminidase）；⑦*N*-乙酰-*α*-D-氨基半乳糖酶（*N*-acetyl-*α*-D-galactosaminidase）；⑧神经氨酸酶（neuraminidase）。

对于*N*-糖链中常见的糖基，几乎都有相应的外切糖苷酶可供选择应用。然而，在将糖苷酶用于糖链的结构研究时，必须充分了解该糖苷酶对底物的专一性要求，特别是对糖苷配基一侧的专一性要求。为此，常常在糖苷酶名称的前面注明其来源，因为即使是同一种糖苷酶，由于来源不同，它们对底物糖苷键的取代位置也有不同的专一性要求。例如，不同来源的神经氨酸酶对*α*-2,6-唾液酸和*α*-2,3-唾液酸的水解能力不同，不同来源的*α*-L-岩藻糖苷酶对*α*-1,6-岩藻糖和*α*-1,3-岩藻糖的水解能力也不同。

2. 内切糖苷酶 已应用于糖链结构研究的内切糖苷酶没有外切糖苷酶那样种类多和成熟，常用的内切糖苷酶主要有：①内切*N*-乙酰*β*-D-氨基葡萄糖酶（endo-*N*-acetyl-*β*-D-glucosaminidase）；②内切*β*-D-半乳糖苷酶（endo-*β*-D-galactosidase）；③内切*N*-乙酰*α*-D-氨基半乳糖酶（endo-*N*-acetyl-*α*-D-galactosaminidase）；④肽-*N*-聚糖水解酶（peptide-*N*-glycan hydrolyase）。按内切糖苷酶作用机制，可将其分为两类；一类是酶切单糖-氨基酸或单糖-肽连接键，释放出完整的糖链，如内切*N*-乙酰-*β*-D-氨基葡萄糖酶和肽-*N*-聚糖水解酶；另一类是酶切糖-糖之间的连接键，释放出部分糖链片段，如内切*β*-D-半乳糖苷酶。

（五）多糖结构的波谱测定法

1. 红外光谱 红外（IR）光谱区域通常是指波数为4000~200cm^{-1}的中红外区。当这样的红外光通过样品，再测量在各种波数下透过样品的光的强度，由仪器记录下来的曲线，即红外光谱，其横坐标是波数，纵坐标是光的透射率。红外光谱图上的吸收峰主要提供分子中原子或官能团的信息。随着红外光谱技术的发展及在糖类研究中的应用，目前可以从红外光谱中识别糖环的类型（吡喃环或呋喃环）、确定多糖中吡喃糖的糖苷键的构型（α构型或*β*构型）以及鉴别单糖的种类（某些单糖有特定的振动吸收峰）等。

（1）官能团信息 ①3600~3000cm^{-1}：O—H和N—H的伸缩振动。糖类存在着分子间或分子内的氢键，O—H的伸缩振动在3600~3200cm^{-1}出现一个强的宽峰。完全酰化或甲基化后，这组峰会消失。②3000~2800cm^{-1}：C—H的伸缩振动。此区域常出现两组吸收峰，是糖类的特征峰，一般比较弱，为糖环上的C—H峰。③1750~1600cm^{-1}：C═O的伸缩振动，一般较强。分子中若有酸性糖，会在1740~1680cm^{-1}出现COOH的C═O吸收峰；各种糖的乙酸酯均有1775~1735cm^{-1}的吸收峰，各种糖的水化物均有1665~1635cm^{-1}的吸收峰，非水化物则无此吸收；多糖的乙酰氨基的C═O伸缩振动在1648cm^{-1}附近出现。④1400~1200cm^{-1}：C—H的弯曲振动，一般较弱。另外，硫酸基的S═O的伸缩振动峰出现在1250cm^{-1}附近，强度较大。⑤1200~1000cm^{-1}：C—O的弯曲振动。此区域内比较大的吸收峰是由两种C—O伸缩振动所引起的，其中一种是属于C—O—H的，另一种是糖苷键C—O—C。⑥970~840cm^{-1}：环的伸缩振动或端基差向异构体的弯曲振动。

（2）糖环类型和糖苷键构型 1200~1000cm^{-1}处三个强的吸收峰提示糖环的类型为吡喃型，而呋喃型在此区域只有两个峰。吡喃环在（917±13）cm^{-1}处有非对称环伸缩振动的特征峰，在（770±14）cm^{-1}处有对称环伸缩振动的吸收峰。呋喃糖环的特征峰出现在（799±17）cm^{-1}，为C—H的变角振动，在（879±7）cm^{-1}和（858±7）cm^{-1}处也会出现吸收峰。

吡喃糖的α和β的端基差向异构体是由端基的C—H变角振动造成的。α型差向异构体的C—H取平伏键，在（844±8）cm^{-1}处有一个吸收峰；β型的C—H取直立键，在（891±7）cm^{-1}处有一个吸收峰。但是，海藻糖、阿洛糖和异阿洛糖的α型和β型同时存在的情况下，就不能以此来判断。此外，半乳吡喃糖及甘露吡喃糖在875cm^{-1}附近有吸收峰，肌醇、环己连五醇C—H的变角振动也出现在875cm^{-1}处，脱氧糖的次甲基所引起的吸收峰是在867cm^{-1}。由于在这附近还有很多其他的吸收峰出现，所以很难准确判定它们。

需要注意的是，上述各种吸收峰值并不是完全套用的，在分析多糖结构时，需要与其他分析结果相互佐证，才能得出正确的结论。

2. 激光拉曼光谱 拉曼光谱（Raman spectrum）与红外光谱一样，都属于分子的振动和转动光谱，但红外光谱是吸收光谱，在红外波段，拉曼光谱是散射光谱。在可见波段，当极性基团的振动和分子的不对称振动使分子偶极矩变化时，发生红外吸收；而当非极性基团的振动和分子的对称振动引起分子的极化率变化时，产生拉曼散射。拉曼光谱适用于研究同原子的非极性键及分子的振动，红外光谱适用于研究异原子的极性键及分子的振动。

拉曼光谱技术较红外光谱技术具有若干优点：①拉曼光谱可由固体样品直接测定，无需将样品与医用石蜡或溴化钾混合压片；②由于水分子羟基振动干扰极微，拉曼光谱技术可直接检测在水或在溶液中样品的构象变化；③拉曼光谱的谱带一般比相应的红外光谱谱带尖锐，可更确切地提供信息。拉曼光谱对分子链结构变化敏感，用该技术测定偏振和退偏度对揭示生物高分子的螺旋或平面折叠结构的变化更具特殊意义。

虽然拉曼光谱早已用于蛋白和核酸的结构研究，但还很少用于多糖结构的研究。迄今，仅限于对葡萄糖同聚物、透明质酸、硫酸软骨素等的研究。

$^{4}C_{1}$（D）构象拉曼光谱异头C—H形变振动，α-D端基异构体谱带在865~837cm^{-1}，β-D端基异构体谱带在905~887cm^{-1}。α构型异头C_1拉曼谱带：D-麦芽糖在848cm^{-1}，直链淀粉在840cm^{-1}，支链淀粉在850cm^{-1}，糖原在840cm^{-1}，葡聚糖在844cm^{-1}；β-D端基异构麦芽糖异头C_1拉曼谱带在905cm^{-1}。

具α-D键的环己直链淀粉拉曼光谱在865cm^{-1}有强谱带，显示α-D键合，证明拉曼光谱可用于测定糖的端基构型。拉曼光谱对吡喃环硫酸基的取向反应灵敏。6-硫酸软骨素（chondroitin-6-sulfate）硫酸基处于平伏位置，C—O—S键的不对称振动拉曼谱带在820cm^{-1}；4-硫酸软骨素（chondroitin-4-sulfate）硫酸基处于直立位置，C—O—S键的不对称振动拉曼谱带在853cm^{-1}。6-硫酸软骨素和4-硫酸软骨素拉曼光谱在1064cm^{-1}与1079cm^{-1}的最强谱带，系各自硫酸基的对称伸缩振动。硒化Kappa-角叉菜胶拉曼光谱在850cm^{-1}和1050cm^{-1}附近的吸收显示Se═O和Se—C键的伸缩振动，在1717cm^{-1}和1742cm^{-1}的吸收显示金属复合。

3. 质谱（mass spectrum，MS） 基本原理是使试样汽化为气态分子或原子，在离子源中通过一定的方式发生电离而形成带电荷粒子。所产生的离子在高压电场中加速，再利用磁场使电荷粒子按质荷比（m/z）大小有顺序地实现按时间分离或按空间分离，然后到达收集器，产生信号，检测其相对强度，所记录下的信号构成质谱图。

利用MS对糖类进行研究起始于50年代末，早期发展较慢，主要是由于早期的MS主要局限于电子解离法（EI-MS），不适用于糖类这种强极性、难挥发、高温下易分解的物质。对于低相对分子质量的单糖或寡糖，可采用乙酰化、甲基化等方法使它们转变为可挥发的衍生物。早期的MS主要是研究这些衍生物形成碎片离子的一些规律或机制，直接应用于结构分析的报道较少，因为对于相对分子质量较大的寡糖或多糖即使转化成为衍生物也难以在允许的温度下汽化。近年来针对糖类、蛋白质等极性大分子聚合物，发展起来多种不需加热汽化的软电离技术，如快速原子轰击电离质谱（FAB-MS）、液态二次离子质谱（LSI-MS）、电喷雾质谱（ESI-MS）、基质辅助激光解吸电离质谱（MALDI-MS）等，使糖的分析有了很大的进展，可获得提供相对分子质量信息的分子离子峰和提供化合物结构信息的碎片峰。

（1）气相色谱-质谱联用技术（GC-MS） 用于多糖中单糖组成及连接位置的测定，是多糖结构分析不可缺少的工具。将多糖样品全甲基化保护羟基，水解后用硼氢化钠还原，再乙酰化得到部分甲基化的糖醇乙酸酯，经 GC-MS 进行测定，通过 MS 中的碎片离子峰推测 GC 分离出的各种甲基化糖醇乙酸酯的结构，可了解单糖的组成、单糖间的连接位置及大致的分支情况。

甲基化衍生物的裂解规律为：①各种单糖甲基化衍生物的基峰均为 43，为 CH_3CO^+；②被甲基化、乙酰化的单糖分子中，带有甲氧基的碳原子容易与相邻碳原子间发生断键，形成正离子。下面以 1,5-二乙酰基-2,3,4,6-四甲基-D-葡萄糖（1,5-di-*O*-acetyl -2,3,4,6-tetra-*O*-methyl -D-Glc）为例（图 3-17），分析其断裂方式。该衍生物的初级碎片（*m/z*）为 43、45、117、161、205。其中部分初级碎片发生进一步裂解，形成更加稳定的次级碎片。如 *m/z* 161 初级碎片脱去乙酸（CH_3COOH）后形成 *m/z* 101 碎片离子峰，或者脱去甲醇（CH_3OH）后形成 *m/z* 129 的碎片离子峰，而且 *m/z* 101 碎片离子峰还可脱去甲醛（HCOH）进一步形成 *m/z* 71 的碎片离子峰，*m/z* 129 可脱去次乙基（$CH_2C=$）形成 *m/z* 87 碎片；*m/z* 205 初级碎片脱去乙酸（CH_3COOH）形成 *m/z* 145 碎片离子。由此可知，实际所得碎片为 43、45、71、87、101、117、129、145、161、205。其余甲基化衍生物也可分析出其可能的碎片。

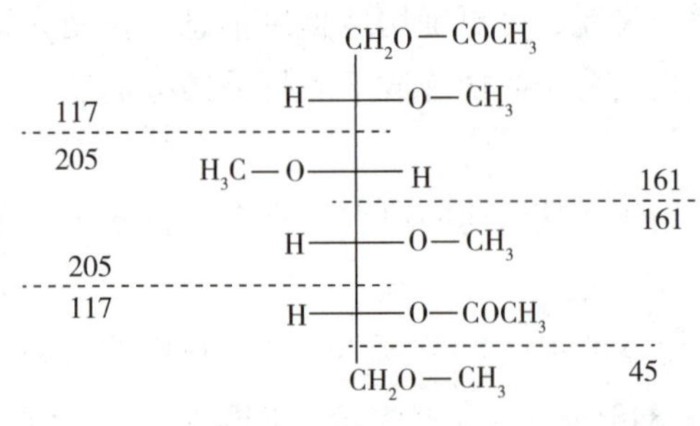

图 3-17 MS 裂解规律

（2）FAB-MS 是一种软电质谱技术，适用于像糖类这样极性强、不易挥发而且热稳定性差的样品。在快原子轰击过程中，样品通过正离子方式增加一个质子或阳离子，或通过负离子方式失去一个质子产生准分子离子作为谱图的主要信号，并给出反映连接顺序等信息的碎片。因此，FAB-MS 可用来测定寡糖链的相对分子质量。在测定相对分子质量的同时，还可根据糖的相对分子质量计算糖残基如去氧己糖、己糖、己糖胺等的组成和数量。通过负离子 FAB-MS 形成 $[M-H]^-$ 离子已成为确定寡糖中单糖组成的一种快速方便的方法。结构中含有负电荷基团如 *N*-乙酰神经氨酸基、磷酸基或硫酸基等的酸性多糖或寡糖，尤其适合于用负离子 FAB-MS 测定。FAB-MS 不仅可以测定寡糖及其衍生物的相对分子质量，还可以测聚合度高于 30 的糖的相对分子质量、确定糖链中糖残基的连接位点和连接顺序。

（3）ESI-MS ESI-MS 的软电离技术通过电离方式得到的分子离子一般带有多个电荷，所以在正离子或负离子谱上会看到 $[M+nH]^{n+}$ 或 $[M-nH]^{n-}$ 峰。质谱以质荷比来分离不同的离子，如果一个分子能带有多个电荷，则可测的相对分子质量会增加，这样使 ESI-MS 可测定的最大质量数可达到 10 万。对糖而言，ESI-MS 可以分析 25 个甚至更多单糖残基组成的含羧基或硫酸基等官能团的多糖。ESI-MS 若与 HPLC 联用，与现在常用的 FAB-MS 相比，其灵敏度和精确度都优于后者，而且对衍生化或非衍生化的寡糖样品均可进行分析。ESI-MS 由于可以使用比飞行时间（time of flight，TOF）分辨率更高的质谱检测器，所以这种技术常被用于进行糖型（glycoform）的分析。它还可与毛细管电泳（CE）等分离技术联用，以达到高效、快速和高精确度的分析。寡糖及其复合物于过碘酸氧化、还原、甲基化前后用 ESI-碰撞诱导裂解联用技术（ESI-collition induced dissociation，ESI-CID），可获得不同的碎片离子，由此能够获知低于 pmol 的寡糖及其复合物的相对分子质量、顺序、分支和连接信息。

4. 核磁共振波谱（NMR） 核磁共振（nuclear magnetic resonance，NMR）波谱方法是70年代才引入多糖结构的研究中。开始并不是获得多糖结构信息的最有力的工具，但随着NMR技术的发展和高磁场NMR仪的出现，所得到的NMR谱的质量越来越高，使原来在低磁场NMR仪上不能分辨的信号分开，以致可获得更多的信息，从而在糖类结构的光谱解析中逐渐起着决定性的作用。尤其20世纪80年代发展起来的2D-NMR技术，可使多糖的^{1}H-NMR和^{13}C-NMR谱得到归属，并使确定多糖的全结构成为可能。

（1）1D-NMR

1）^{1}H-NMR 由于不同糖残基中非异头质子的亚甲基和次甲基的化学环境非常接近，使得信号重叠严重，大部分质子共振峰出现在3.0~4.0ppm范围内，给解析带来困难。但异头氢质子H-1的化学位移处于较低场，在4.5~5.5ppm，一般情况下，此区域内有几个质子信号，示有几种单糖种类；通常α-型吡喃糖H-1质子化学位移大于4.95ppm，β-型吡喃糖H-1质子化学位移小于4.95ppm。糖环的构型也可由异头质子与邻位质子的偶合常数（J）来推断。如葡萄糖的优势构象（图3-18）中C_2-H为竖键质子，当C_1-OH处在横键上（β-D-苷），C_1-H和C_2-H的双面角近180°，J值在6~8Hz；当C_1-OH处在竖键上（α-D-苷），C_1-H和C_2-H的双面角近60°，J值在3~4Hz。借此可以区分α和β异构体。但甘露糖（图3-18）C_2构型和葡萄糖相反，C_2-H为横键质子，α和β异构体的C_1-H和C_2-H的双面角相近，约在60°左右，J值差别不大，不足以区分α和β异构体。

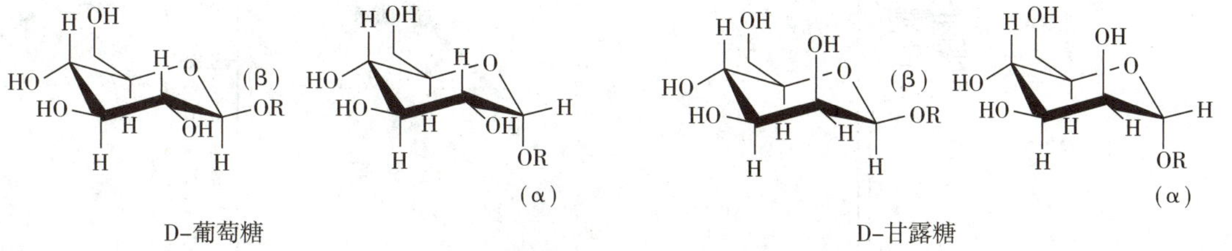

D-葡萄糖　　D-甘露糖

图3-18 葡萄糖和甘露糖的优势构象

此外，发生取代位置上的质子会出现“苷化位移”，即与未取代相比向低场位移。这样，如果糖残基中的每个质子信号都得以归属后，可通过与自由单糖的化学位移相对照，从而确定取代的位置。

2）^{13}C-NMR ^{13}C-NMR的化学位移范围较^{1}H-NMR广，达300ppm，具有较好的分辨率，并且许多文献有单糖、寡糖和多糖的碳谱数据，可用于对比，来确定各种碳的化学位移。和^{1}H-NMR一样，糖的异头碳位于较低场（δ为95~110），此范围内有几个信号，表示有几种单糖组成。需要注意的是，同一种单糖在多糖中的位置不同可能会导致异头碳不同的化学位移，一般比较接近，几乎重叠。取代基不同的空间排列对化学位移有较大的影响，异头碳上取代基为垂直键比为平伏键的化学位移处于较高场，据此可以判断糖环的构型，如D-葡萄糖，α型δ为97~101，β型δ为103~106。

根据苷化位移规则，即糖上羟基被其他基团取代后其相连羟基碳的化学位移向低场移动，可确定多糖残基中的取代位置和分支点的位置。如α-葡萄糖的C_4的化学位移是70.6ppm，C_4被取代后化学位移变为78.1ppm，因此，如果糖残基的各个碳都得以归属，就可以通过与已知单糖的碳的化学位移进行比较，确定糖链的连接位置；糖环上某一位置的碳若发生硫酸基的取代，则其化学位移向低场移动6~9ppm。因此，通过比较硫酸酯多糖脱硫前后的^{13}C-NMR谱，就可以确定硫酸基在糖环上的取代位置。另外，根据^{13}C-NMR的信号可以确定某些单糖的种类，例如，170~176ppm范围内的低场信号表明存在己糖醛酸的羧基或乙酰氨基，16~18ppm范围内的高场信号表明有6位脱氧糖的甲基存在。

（2）2D-NMR 是有两个时间变量，经两次傅里叶变换得到的两个独立的频率变量的谱图。多糖中相同原子的化学环境差别不大，信号重叠严重，利用2D-NMR技术可以使难以辨认的信号得到确认，测定出多糖的一级顺序、糖基化位点和糖苷键类型，并可得到多糖分子的构型及构象方面的信息。

1）COSY（correlation spectroscopy） 包括 H,H-COSY 和 C,H-COSY。H,H-COSY 提供的是分子中氢原子与氢原子间通过化学键的偶合关系，包括质子间孪生（$^2J_{HH}$）、邻位（$^3J_{HH}$）或远程如烯丙位和 W 形（$^4J_{HH}$）的偶合，一般没有质子间的空间偶合关系。偶合常数越大，偶合峰越强。通过糖上质子间的偶合关系，可从容易辨认的质子（如异头质子或甲基质子）开始，寻找糖上其他碳位的质子。来源于 *Angelica sinensis*（Oliv.）Diels 的 α-D-1,6-葡聚糖，由 H,H-COSY（图 3-19）归属了每个质子信号。C,H-COSY 是 ^1H 和 ^{13}C 核之间的位移相关谱，它把直接相连的 ^1H 和 ^{13}C 核关联起来，揭示出哪个 H 原子连接在哪个 C 原子上，一个 C 原子上连接几个 H 原子。由于 ^{13}C-NMR 信号具有比 ^1H-NMR 信号化学位移散布宽的特点，一些在 ^1H-NMR 中十分拥挤的区域中的质子信号在 C,H-COSY 中随化学位移分布极宽的 ^{13}C-NMR 信号而散布开来，大大简化了 ^1H-NMR 信号的解析。

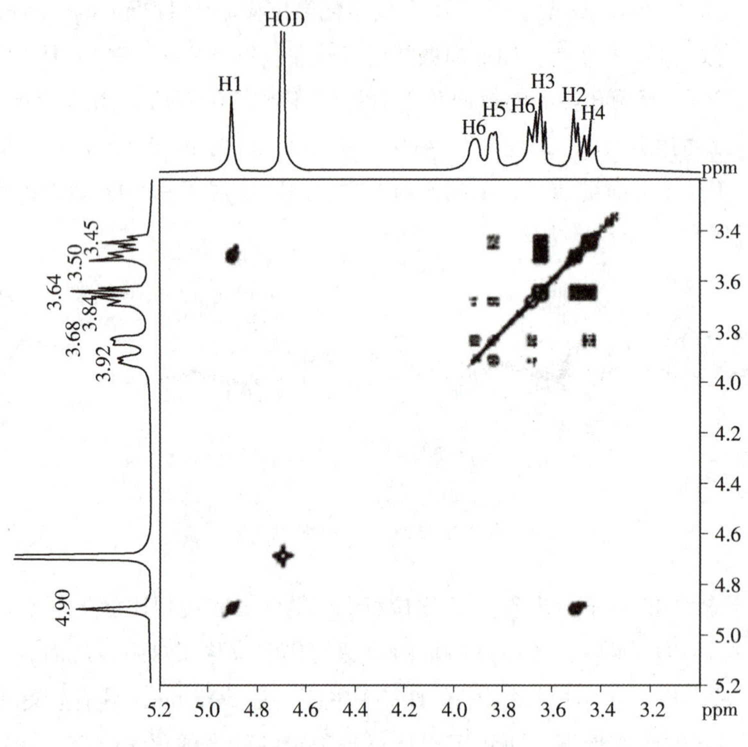

图 3-19 *Angelica sinensis* 葡聚糖的 H,H-COSY 图谱

2）TOCSY（total correlation spectroscopy） 是分子内氢偶合链的接力相干信息，如果偶合常数较大，其信息会像接力赛一样沿着碳链传递，中止于偶合常数小的部位。如 β-葡萄糖型残基中的质子都是反式垂直键，相邻质子间偶合常数较大，为 7~10Hz，在 TOCSY 中异头质子信号不仅显示与 2 位质子间的直接偶合相关峰，还显示出与 3,4,5 位质子间的接力相关峰；半乳糖型残基其 4 位质子为平伏键，与 3 位和 5 位质子间的偶合常数较小（1~4Hz），在 TOCSY 中异头质子信号除显示与 2 位质子直接偶合相关峰外，只显示出与 3,4 位质子间的接力相关峰，信号的传递在 4 位中止。因此，根据 TOCSY 的特征可以判断糖残基的类型。

TOCSY 实验结合 COSY 能够克服质子信号重叠无法解析的困难，只要从该偶合链中选择一个分辨良好、不与其他信号重叠的信号作为解析的起点，便可以鉴定属于该偶合链的所有氢信号。如从 *Rhodococcus sp.* 33 中得到的一个杂多糖（图 3-20），其单糖组成从 TOCSY 图谱（图 3-21）特征得到证实，并由其确定了各质子的化学位移值，其中：单糖残基 A 为半乳糖，H-1（δ4.48）显示与 H-2（δ3.64）、H-3（δ3.78）、H-4（δ4.16）的相关；单糖残基 B 为葡萄糖，H-1（δ4.63）显示与 H-2（δ3.41）、H-3 （δ3.67）、H-4（δ3.63）、H-6a（δ3.78）、H-36b（δ3.78）的相关；单糖残基 C 为甘露糖，H-1（δ4.66）只显示与 H-2（δ4.18）的偶合相关；单糖残基 D 为葡萄糖醛酸，H-1（δ4.69）显示与 H-2（δ3.46）、H-3（δ3.65）、H-4（δ3.75）的相关。因此 TOCSY 对于解析有许多重复结构单元、氢信号重叠严重的多糖分子非常有用。

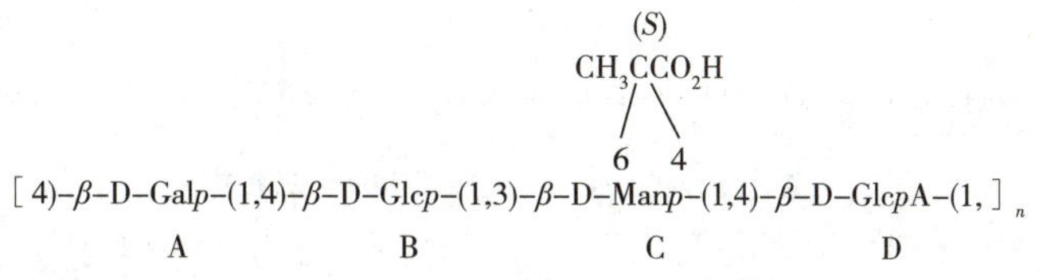

图 3-20 *Rhodococcus sp.* 33 多糖的结构

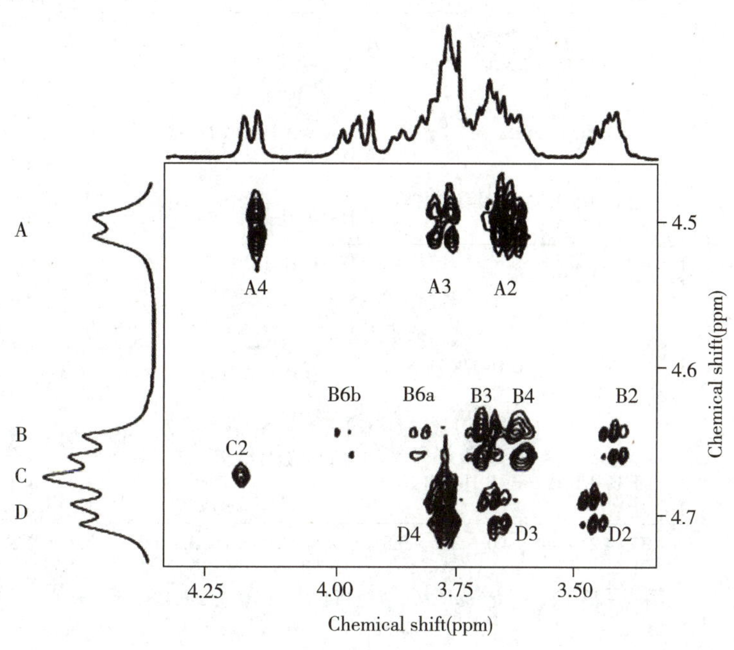

图 3-21 去丙酮酸的 *Rhodococcus sp.* 33 多糖的 TOCSY 图谱

3）NOESY 与 ROESY 分子内质子与质子间空间相互接近会产生核交叉弛豫现象，称 NOE（nuclear overhauser effect）效应。H，H-NOESY（nuclear overhauser effect spectroscopy）揭示的就是这种质子与质子间在空间的相互接近关系，而非通过键的偶合。如 β-葡萄糖的质子都是反式垂直键，邻位质子处于糖环不同的方向，在 NOESY 中不会出现 NOE 相关峰，而间位质子由于空间距离的接近，会有 NOE 相关峰出现。根据这些谱学特征，结合其他二维谱，可以确认不同的单糖残基。多糖中相连的两单糖残基间，异头质子与另一单糖残基相连位质子间由于空间的接近，会产生 NOE 效应，在 NOESY 中出现相关峰，可以推断单糖残基间的连接顺序和连接位置。如从 *Bordetella arium* 中得到的 *O*-多糖，单糖残基内（H_2，H_4）和（H_3，H_5）强的 NOE 效应证实了葡萄糖残基的存在，（H_1，H_3）和（H_1，H_5）强的 NOE 效应表明其为 β 构型，而（H_1，H_4）NOE 相关峰的出现为 1,4-糖苷键的特征。

ROESY（rotating frame overhauser effect spectroscopy）是旋转坐标系中的 NOESY，是在自旋锁定条件下测定的 H，H 之间的 NOE 相关。对于复杂的天然产物，利用 NOESY 测定，NOE 相关往往信号很少，对于结构解析十分不利，而用 ROESY 可以得到改善，不会出现相关峰强度为零的情况，可以得到更多的 NOE 相关信号。*Providencia stuartii* O44 中得到的 *O*-多糖（图 3-22），其 ROESY（图 3-23）揭示了各个残基间的相关：α-Fuc H-1 和 α-Glc H-3 在 δ5.27/3.78；α-Glc H-1 和 α-Qui H-4 在 δ5.03/3.26；

α-Qui H-1 和 α-GlcNAc H-3 在 δ5.01/3.88；α-GlcNAc H-1 和 α-GalNAc H-4 在 δ4.86/4.02；α-GalNAc H-1 和 α-Fuc H-3 在 δ5.24/4.05；β-GlcA H-1 和 α-Fuc H-4 在 δ4.55/4.11，证实了重复单元中单糖残基间的连接顺序和连接位置。

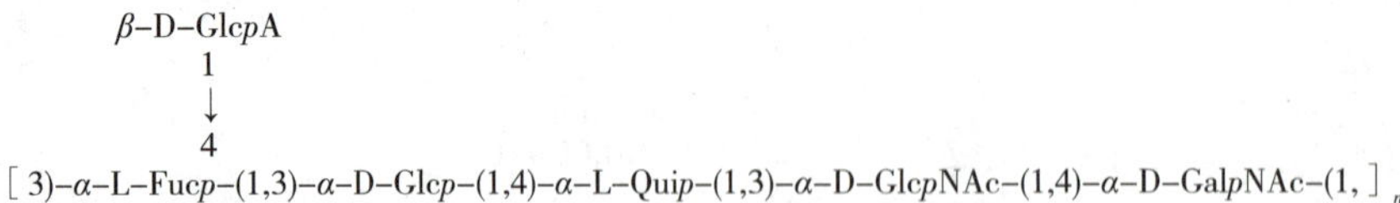

图 3-22 *Providencia stuartii* O44 *O*-多糖的结构

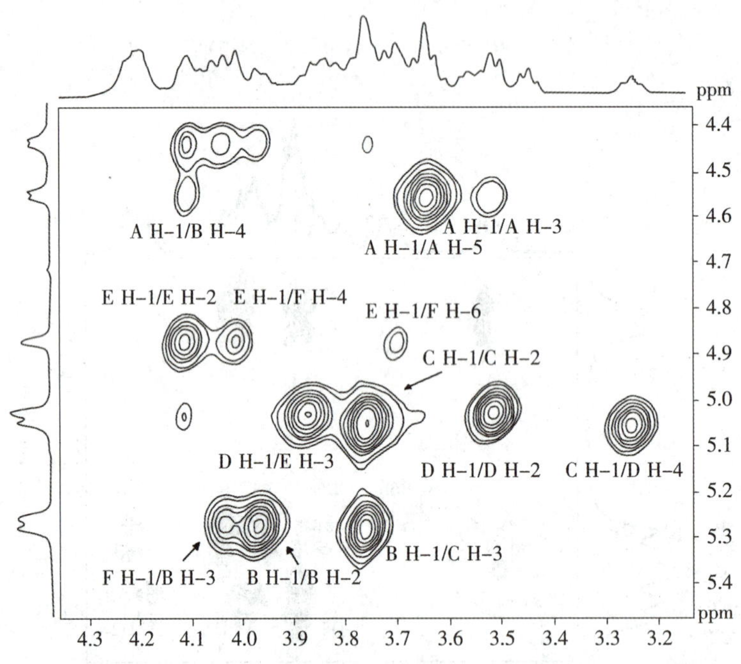

图 3-23 *Providencia stuartii* O44 *O*-多糖的 ROESY 图谱

4）HMQC、HSQC 与 HMBC　HMQC（heteronuclear multiple quantum coherence）即异核多量子相干，把^{1}H 核和与其直接相连的^{13}C 核关联起来，检测 C、H 之间的$^1J_{CH}$相关关系。HSQC（heteronuclear single quantum coherence）即异核单量子相干，与 HMQC 比较，只是技术不同，所得到的信息与 HMQC 相同，检测 C、H 之间的$^1J_{CH}$相关关系。如果已知某个 H（C）信号，通过 HMQC 或 HSQC 可以找出与之相对应的 C（H）信号。HMBC（heteronuclear multiple bond coherence）即异核多键相关，把^{1}H 核和远程偶合的^{13}C 核关联起来，检测相隔 2 键或 3 键的 C、H 之间的$^2J_{CH}$或$^3J_{CH}$相关关系。

与普通的 C、H-COSY 的区别是，HMQC、HSQC 和 HMBC 是通过丰度较高的 H 检测的 H、C-COSY，大大提高了 NMR 方法的检测灵敏度。通过 HMBC，可以获得跨越糖苷键的远程 H,C 相关信息，即相连的两单糖残基间异头质子与另一单糖残基相连位碳的偶合关系，从而推断单糖残基间的连接顺序和连接位置。如从 *Coprinus comatus* 菌丝体中得到一岩藻半乳糖 CMP3（图 3-24），其 HMBC（图 3-25）不仅显示出每个单糖残基内（A、B、C、D、E）H-1 与 C-2、C-3、C-5 相隔 2 键、3 键的偶合相关，尚揭示了单糖残基间 H-1(A)/C-2(B)、H-1(B)/C-6(C)、H-1(C)/C-6(E)、H-1(D)/C-6(B)、H-1(E)/C-6(D) 的连接位置。

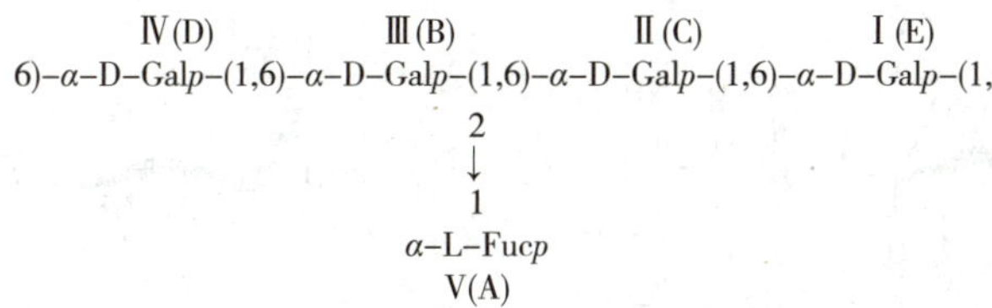

图 3-24 *Coprinus comatus* 多糖 CMP3 的结构

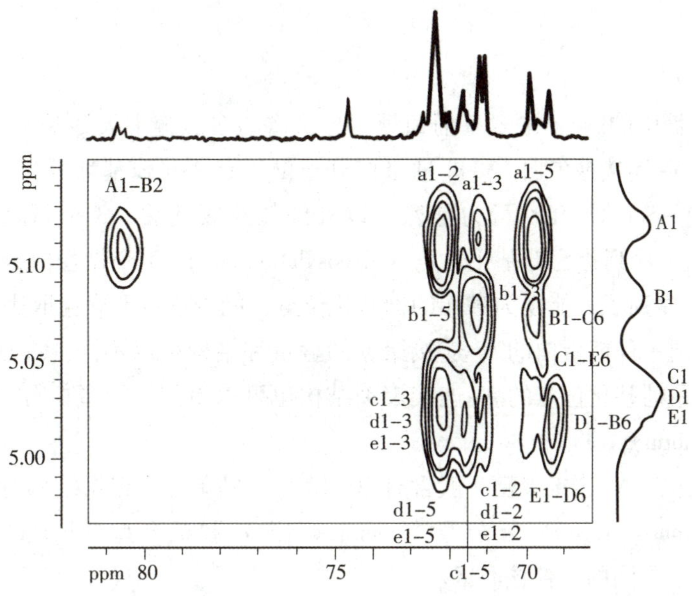

图 3-25 *Coprinus comatus* 多糖 CMP3 的 HMBC 图谱

第二节 糖复合物及其糖基化方式

糖复合物（glycoconjugate）又称糖缀合物，是糖类和其他非糖组分（蛋白质、脂类）以共价键结合形成的化合物，主要包括糖蛋白、蛋白聚糖与糖脂，近年还发现了蛋白质-糖-脂质三者的共价结合物。尽管糖蛋白和蛋白聚糖都是由共价键连接的蛋白质和聚糖两部分组成，但二者在聚糖占比、相对分子质量、合成途径及功能上存在显著差异。

一、糖蛋白

糖蛋白是由短的寡糖链与蛋白质共价相连构成的，其总体性质更接近蛋白质。糖与蛋白质之间以蛋白质为主，其一定部位上以共价键与若干短的寡糖链相连。这些寡糖不呈现重复的双糖系列，末端成员常常是唾液酸或L-岩藻糖。糖蛋白有的只含一个或几个糖基，另一些含有多个线性或分支的寡糖侧链。糖蛋白通常分泌到体液中或作为膜蛋白，后者定位于细胞外，并承担相应的功能。糖蛋白包括酶、激素、载体、凝集素、抗体等。

构成糖蛋白聚糖的单糖包括：β-D-葡萄糖（Glc）、α-D-甘露糖（Man）、α-D-半乳糖（Gal）、α-L-岩藻糖（Fuc）、葡萄糖醛酸（GlcUA）、艾杜糖醛酸（IdoUA）、*N*-乙酰氨基葡萄糖（GlcNAc）、*N*-乙酰氨基半乳糖（GalNAc）、*N*-乙酰神经氨酸（NeuNAc）即唾液酸（Sia）等。由这些单糖构成的聚糖以两种方式与蛋白质部分连接，即*N*-连接聚糖（*N*-linked glycan）和*O*-连接聚糖（*O*-linked glycan）（图 3-26），因此糖蛋白也相应分为*N*-连接糖蛋白和*O*-连接糖蛋白。

N-连接聚糖　　O-连接聚糖

图 3-26 N-连接聚糖和 O-连接聚糖

（一）N-连接糖蛋白

1. 糖基化位点　聚糖中的 N-乙酰氨基葡萄糖的异头碳与多肽链中天冬酰胺（Asn）残基的 γ 位酰胺氮以共价键相连形成 N-连接糖蛋白。并非糖蛋白分子中所有 Asn 残基都可与寡糖链相连，只有特定氨基酸序列，即 Asn-X-Ser/Thr（X 可为脯氨酸以外的任意氨基酸）3 个氨基酸残基组成的序列子（sequon）才有可能，这一序列称为糖基化位点（glycosylation site）。1 个糖蛋白分子或存在若干个 Asn-X-Ser/Thr 序列子，这些序列子只能视为潜在的糖基化位点，能否连接上聚糖取决于糖蛋白的空间结构。

不同种属、组织的同一种糖蛋白的 N-连接聚糖的含量和结构可以不同。即使是同一组织中的某种糖蛋白，不同分子的同一糖基化位点的 N-连接聚糖结构也可以不同，糖蛋白分子中聚糖结构的这种不均一性称为糖型（glycoform）。

2. N-连接聚糖的结构　N-连接聚糖一般含有 10~15 个单糖单位，根据结构特征可将 N-连接聚糖分为高甘露糖型（oligomannose type）、复杂型（complex type）和杂合型（hybrid type）三种类型（图 3-27），它们都含有一个共同的五糖核心区。

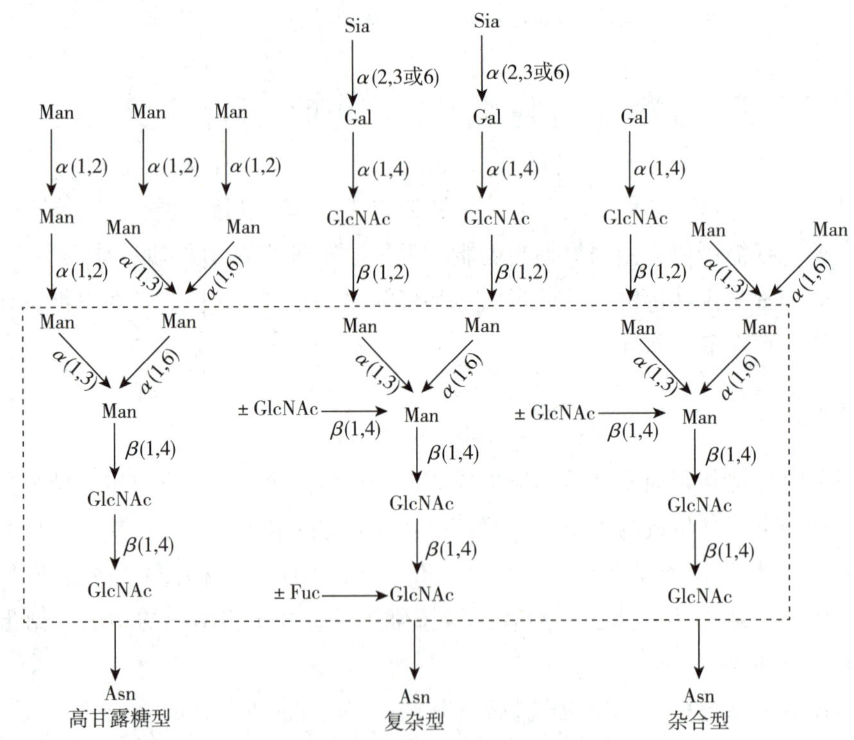

图 3-27　三型 N-连接寡糖的结构

（图中虚线为五糖核心区，± 表示可有可无之糖基）

（1）高甘露糖型　除核心五糖外只含 α-甘露糖残基，核心五糖三个非还原端连接的 α-甘露糖残基的数目和位置因糖链而异。

（2）复杂型 除五糖核心外，不含其他甘露糖残基，外链通过 GlcNAc 与五糖核心的两个 α-甘露糖残基相连。复杂型 *N*-聚糖的结构变化最大，这主要是由两种结构因素造成的：一是外链的数目可以为 1~5 条，宛如天线状，因此有单、双（或二）、三、四和五天线糖链结构（但单天线糖链很少见）；二是外链的结构可有多种多样，但天线末端常连有 *N*-乙酰神经氨酸（唾液酸）。这两者的组合可以形成大量的不同复杂型 *N*-糖链。

（3）杂合型 此型糖链具有复杂型和高甘露糖型的结构元件。与高甘露糖型的情况相似，有 1~2 个 α-甘露糖残基与核心五糖的 Man α-1,6-成分相连；复杂型糖链的外链结构亦与核心五糖的 Man α-1,3-相连。

3. *N*-连接聚糖的合成 合成场所是粗面型内质网和高尔基体，并且可与蛋白质肽链的合成同时进行。然而糖链与肽链的生物合成有本质的不同：肽链的生物合成基本上都是有模板的，而 *N*-糖链的合成没有模板。糖链生物合成是由糖基供体、糖基受体和糖基转移酶三类分子协调完成的，三者缺一不可，其中糖基转移酶占主导地位。*N*-连接聚糖的生物合成步骤如下。

（1）多萜醇-P-P-聚糖前体的合成和转移 多萜醇（dolichol）是一种带有一个醇基末端的长链多聚异戊二烯化合物，磷酸多萜醇（Dol-P）作为载体参与聚糖前体的合成。*N*-聚糖前体的合成从粗面型内质网的胞质面开始，在糖基转移酶的作用下，首先将 UDP-GlcNAc 分子中的 GlcNAc 转移至 Dol-P，然后逐个加上糖基。需要注意的是，糖基必须活化成 UDP 或 GDP 的衍生物才能作为糖基供体底物参与反应。在一系列特异性糖基转移酶的作用下，糖基被逐一添加，直至形成含 14 个糖基的长萜醇焦磷酸聚糖即Dol-P-P-$GlcNAc_2Man_9Glc_3$。然后，在寡糖基转移酶（oligosaccharyltransferase，OST）的作用下，含 14 个糖基的聚糖（有文献称之为 G 寡糖）作为一个整体被转移至肽链的糖基化位点 Asn 的酰胺氮上，Dol-P-P 游离出来，经酶解释放出无机磷（Pi），Dol-P-P 变成 Dol-P，进而被循环使用（图 3-28）。

$$CH_3-\overset{CH_3}{\overset{|}{C}}=CH-CH_2-(CH_2-\overset{CH_3}{\overset{|}{C}}=CH-CH_2)_n-CH_2-\overset{CH_3}{\overset{|}{C}H}-CH_2-CH_2-O-\overset{O}{\overset{\|}{\underset{O^-}{\underset{|}{P}}}}-O^-$$

磷酸多萜醇

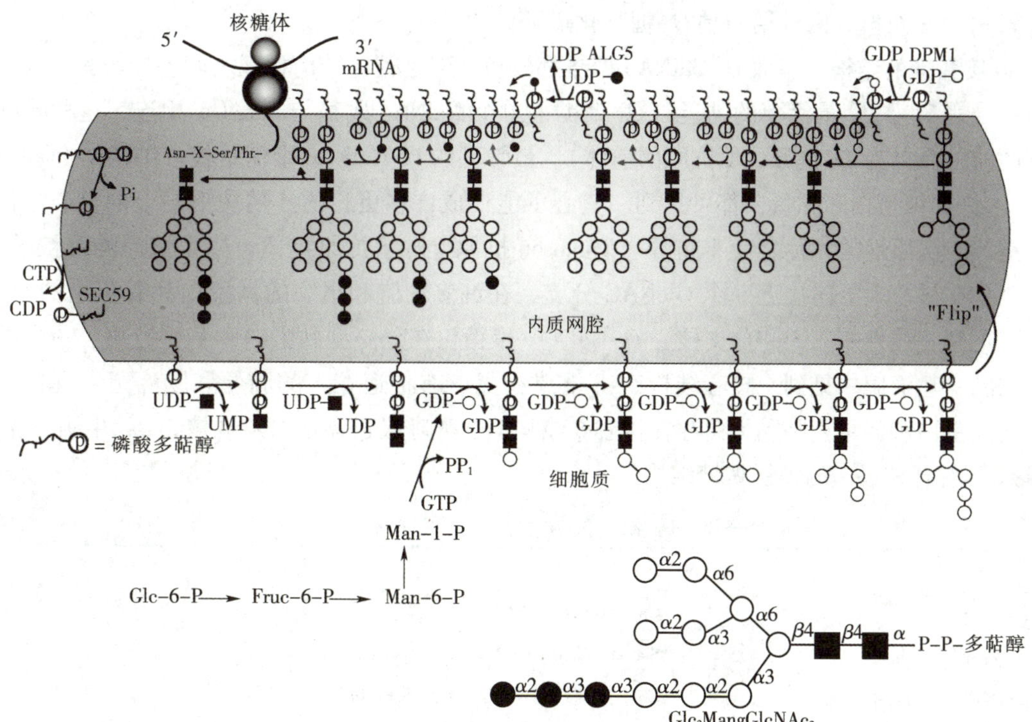

图 3-28 Dol-P-P-$GlcNAc_2Man_9Glc_3$的合成

（2）*N*-糖链的加工　聚糖链 $GlcNAc_2Man_9Glc_3$共价结合到肽链的 Asn-X-Ser/Thr 上以后，需要进行一系列的加工。加工起始于内质网腔内，先是在葡萄糖苷酶的作用下依次去掉 3 个葡萄糖残基形成 $Man_9GlcNAc_2$，内质网内中许多糖蛋白具有 α-甘露糖苷酶 I 的作用，特异性去掉 $Man_9GlcNAc_2$中间臂末端的 α-1,2-甘露糖残基形成 $Man_8GlcNAc_2$。加工后的含 8 个甘露糖残基的 *N*-聚糖被运送至高尔基体，在 α-甘露糖苷酶 I A、I B 和 I C 的作用下依次去掉 3 个 α-1,2-甘露糖残基形成 $Man_5GlcNAc_2$，$Man_5GlcNAc_2$是形成复杂型和杂合型 *N*-聚糖的关键中间产物。然而，不是所有的 *N*-聚糖都被加工成 $Man_5GlcNAc_2$，这些加工不完全的聚糖不能被改造形成杂合型或复杂型结构，有的 $Man_5GlcNAc_2$也可避免进一步修饰，这些情况下形成的糖蛋白的聚糖链为高甘露糖型 $Man_{5\sim9}GlcNAc_2$。

（3）$Man_5GlcNAc_2$糖链修饰形成复杂型和杂合型 *N*-聚糖　复杂型和杂合型 *N*-聚糖的生物合成在高尔基体中间膜囊进行。在 *N*-乙酰氨基葡萄糖转移酶（GlcNAcT-Ⅰ）的作用下，在七糖基非还原端的 α-1,3-甘露糖残基上加上一个 GlcNAc，然后在 α-甘露糖苷酶Ⅱ的作用下，$GlcNAcMan_5GlcNAc_2$的 α-1,3-甘露糖残基和 α-1,6-甘露糖残基被去掉形成 $GlcNAcMan_3GlcNAc_2$，然后在 GlcNAcT-Ⅱ的作用下形成复杂型 *N*-聚糖的前体。$GlcNAcMan_5GlcNAc_2$的 α-1,3-甘露糖残基和 α-1,6-甘露糖残基如果不被 α-甘露糖苷酶Ⅱ去掉或不完全被去掉，则形成杂合型 *N*-聚糖。

（二）*O*-连接糖蛋白

O-糖链的结构比 *N*-糖链简单，但是种类比 *N*-糖链多得多。已发现有 GalNAc-Ser/Thr、GlcNAc-Ser/Thr、Gal-Ser、Xyl-Ser、Ara-Ser/Thr、Man-Ser/Thr 以及 Gal-Hyl、Ara-Hyp、Fuc－Ser 等。其中以通过 GalNAc-Ser/Thr 形成的 *O*-糖链（*O*-GalNAc 糖链）的研究得最多，由于 *O*-GalNAc 糖链主要分布于黏蛋白（mucin），亦称之为黏蛋白 *O*-糖链。本部分以黏蛋白为例介绍 *O*-GalNAc 糖链的结构、生物合成。

1. 糖基化位点　聚糖中的 GalNAc 与多肽链的 Ser 和 Thr 残基的羟基以共价键相连而形成 *O*-连接糖蛋白。它的糖基化位点的确切序列子还不清楚，但通常糖蛋白的 *O*-糖基化位点周围常富含脯氨酸，特别在糖基化位点附近－1 和＋3 位。带电荷的氨基酸不会出现在－1 和＋3 位。脯氨酸的出现有利于蛋白质形成 β 转角和 β 折叠，两种结构是 *O*-糖基化最常见的。

2. *O*-连接聚糖的结构　多数 *O*-GalNAc 糖链都较短，但是糖链结构相互之间差异较大，有多种不同的核心结构（表 3－1）。最简单的黏蛋白 *O*-聚糖是单个 GalNAc 残基与 Ser/Thr 相连，这种聚糖通常是产生抗原性的，命名为 Tn 抗原（T 抗原的前体）。最常见的 *O*-GalNAc 聚糖是核心结构 1（Gal-β-1,3-GalNAc－），许多糖蛋白和黏蛋白都可见到。核心 1 能形成许多更长的、结构更复杂的核心结构。由于核心 1 也是产生抗原性的，称之为 T 抗原（Thomsen 抗原，肿瘤抗原）。Tn 与 T 抗原均可被唾液酸化。核心结构 2 是在核心 1 上连接上一个 GlcNAC 分支，在许多细胞和组织的糖蛋白和黏蛋白的 *O*-GalNAc 聚糖中都可见到。线性核心 3 和分支核心 *O*-GalNAc 聚糖仅在分泌型黏蛋白和某些分泌黏蛋白的组织如支气管、结肠、唾液腺中见到。核心结构 5~8 非常少见，有报道在人的胎便和肠癌组发现核心 5 黏蛋白，在人肠黏蛋白和卵巢囊肿黏蛋白存在核心 6 结构，在人呼吸道黏蛋白发现核心 8，牛颌下黏蛋白*O*-GalNAc 聚糖具有含核心 7 的短链聚糖结构。

表 3－1　黏蛋白中常见的 *O*-聚糖核心结构

核心结构	连接方式
Tn 抗原	GalNAc－α－Ser/Thr
唾液酸化 Tn 抗原	Sia－α－2,6－GalNAc－α－Ser/Thr
核心 1 或 T 抗原	Gal－β－1,3－GalNAc－α－Ser/Thr
核心 2	GlcNAc－β－1,6－(Gal－β－1,3－GalNAc)－α－Ser/Thr

续表

核心结构	连接方式
核心 3	GlcNAc－β－1,3－GalNAc－α－Ser/Thr
核心 4	GlcNAc－β－1,6－(GlcNAc－β－1,3－GalNAc)－α－Ser/Thr
核心 5	GalNAc－α－1,3－GalNAc－α－Ser/Thr
核心 6	GlcNAc－β－1,6－GalNAc－α－Ser/Thr
核心 7	GalNAc－α－1,6－GalNAc－α－Ser/Thr
核心 8	Gal－α－1,3－GalNAc－α－Ser/Thr

所有的核心结构都可被唾液酸化。核心 1~4 和核心 6 还以延伸的、复杂的 *O*-聚糖出现，这些聚携带抗原，如 ABO 和 Lewis 血型决定簇、线性 I 型抗原（Gal-β-1,4-GlcNAc-β-1,3-Gal－）和（GlcNAc-β-1,6-）分支 I 型抗原。1 型（延伸单元基于 Gal-β-1,3-GlcNAc 序列）和 2 型（延伸单元基于 Gal-β-1,4-GlcNAc 序列）多次延伸可为另外的糖或功能基团的结合提供一个支架（scaffold），延伸后的 *O*-GalNAc 聚糖末端结构以 α-糖苷键连接 Fuc、Gal、GlcNAc 和唾液酸，GalNAc 可以是 α-连接和 β-连接。

3. *O*-连接聚糖的合成 与 *N*-连接聚糖合成不同，*O*-连接聚糖合成是在多肽链合成后进行的，而且不需聚糖载体。在多肽－*N*-乙酰半乳糖胺基转移酶（polypeptide-*N*-acetyl-galactosaminyltransferase，ppGalNAcT）的作用下，将 UDP-GalNAc 中的 GalNAc 基转移至多肽链的 Ser/Th 的羟基上，形成 *O*-连接，然后逐个加上糖基，合成不同的 *O*-GalNAc 聚糖核心。与 *N*-糖基化和 *O*-甘露糖基化相反，没有连接脂类的中间产物参与生物合成，在高尔基体内也没有糖苷酶参与 *O*-GalNAc 聚糖的加工，只有糖基转移酶参与聚糖核心的合成。最后在 *N*-乙酰葡萄糖胺基转移酶和半乳糖转移酶的作用下，聚糖通过反复加上 GlcNAc-β-1,3-Gal-β-1,4（poly-*N*-acetyllactosamine）形成 I 抗原，少数延伸反应形成 GalNAc-β-1,4-GlcNAc-(LacdiNAc）序列和 Gal-β-1,3-GlcNAc-序列；在 β-1,6-*N*-乙酰葡萄糖胺基转移酶作用下加上线性聚乙酰乳糖胺形成 I 抗原。最后是复杂结构的 *O*-GalNAc 聚糖合成。ABO 和其他基于聚糖的血型常以唾液酸、Fuc、硫酸基作为末端结构。与 *N*-聚糖不同，*O*-GalNAc 聚糖没有 *N*-聚糖中常见的 NeuAc-α-2,6-Gal 连接，例如唾液酸化 Tn 抗原及延长的核心 1 和 3。因此，在大多数产黏蛋白哺乳动物中，α-2,6-唾液酸转移酶对 GalNAc 修饰，α-2,3-唾液酸转移酶对 Gal 修饰，一些唾液酸转移酶和硫转移酶更喜欢以 *O*-GalNAc 为底物。

二、蛋白聚糖

蛋白聚糖（proteoglycans）是一类非常复杂的大分子糖复合物，主要由核心蛋白与一至多条糖胺聚糖（glycosaminoglycans，GAGs）链共价接合形成的。糖胺聚糖，亦称黏多糖（mucopolysaccharide），是由二糖单位重复连接而成的线性多糖。其二糖单位之一为氨基己糖（氨基葡萄糖或氨基半乳糖）故称糖胺聚糖，另一个是糖醛酸（葡萄糖醛酸或艾杜糖醛酸）。除糖胺聚糖外，蛋白聚糖还含有一些 *N*-连接聚糖或 *O*-连接聚糖。

蛋白聚糖一般聚糖含量多于蛋白质，糖胺聚糖比其他三种聚糖大得多（如一条相对分子质量为 20×10^3 的 GAG 含 ~80 个糖残基，而一条典型的双天线 *N*-聚糖只含 10~12 个残基），所以糖胺聚糖通常决定着蛋白聚糖的化学特性。糖胺聚糖链的种类、数量、长度以及硫酸化的程度等决定了糖胺聚糖复杂多样，加上核心蛋白种类颇多，使蛋白聚糖呈现多样化的特点。

（一）重要的糖胺聚糖

根据二糖单位的组成、结构及糖-肽连接方式，糖胺聚糖被分为多种，主要有透明质酸（hyaluronic acid，HA）、硫酸软骨素（chondroitin sulfate，CS）、硫酸皮肤素（dermatin sulfate，DS）、肝素（heparin，Hp）和硫酸乙酰肝素（heparan sulfate，HS）（或称硫酸类肝素）以及硫酸角质素（keratan sulfate，KS），其结构与功能见本章第一节。

（二）核心蛋白

与糖胺聚糖链共价结合的蛋白质称为核心蛋白（core protein），它的种类很多，相对分子质量从 $20\times10^3\sim25\times10^3$kDa。由于成熟蛋白聚糖的核心蛋白常是包埋在糖胺聚糖及寡糖链的复杂结构之内，因此用常规蛋白质测序是相当困难的。电子显微镜旋转投影技术特别是分子生物学技术的发展，解决了研究核心蛋白分子结构的难题。目前应用 cDNA 克隆技术使核心蛋白全氨基酸顺序得到阐明的已不下10 余种。兹以 4 种不同的蛋白聚糖为例作简要介绍：①核心蛋白最小的蛋白聚糖，称为丝甘蛋白聚糖（serglycin）。其核心蛋白相对分子质量仅约 20×10^3，含有 24 个连续重复的 Ser-Gly 序列，是连接糖胺聚糖链的部位。丝甘蛋白聚糖存在于造血细胞和肥大细胞的贮存颗粒中，是典型的细胞内蛋白聚糖。②饰胶蛋白聚糖（decorin），核心蛋白相对分子质量约 36×10^3，因能修饰胶原蛋白而得名，以富含亮氨酸重复序列的结构花式为其特征。③黏结蛋白聚糖（syndecan），核心蛋白相对分子质量 32×10^3，含有胞质结构域、插入膜质的疏水结构域和胞外结构域，胞外结构域连有硫酸肝素和硫酸软骨素，是细胞膜表面主要蛋白聚糖之一。④蛋白聚糖聚合物（aggrecan），细胞外基质的重要成分之一，核心蛋白相对分子质量高达 $225\times10^3\sim250\times10^3$。蛋白聚糖聚合物可分为几个结构域，其中包括 3 个球状结构域及在成熟蛋白聚糖中连结寡糖和糖胺聚糖链的中间区域。这种蛋白聚糖是软骨中的主要结构大分子。

蛋白聚糖一般具有的特点有：其核心蛋白可分为几个不同的结构域；所有核心蛋白均含有相应的糖胺聚糖取代结构域；一些蛋白聚糖通过核心蛋白特殊结构域锚定在细胞表面或细胞外基质的大分子中。另外，有些核心蛋白还含有其他具备特异性相互作用性质的结构域。

（三）连接区

除透明质酸外，所有的糖胺聚糖的延伸是在一个与核心蛋白共价连接的所谓连接区（寡糖链）上进行的。连接区合成的开始和糖肽间连键类型与糖蛋白中的相同，只是寡糖链形式有所不同。CS/DS 链和 HS/Hp 链连接区是一个四糖链：GlcUA-1,3-Gal-β-1,3-Gal-β-1,3-Xyl-β-1-*O*-Ser，属 *O*-寡糖链；聚糖的二糖单位（己糖醛酸→己糖胺）装配在它的非还原端 GlcUA 上。软骨蛋白聚糖聚合物的连接区是 *O*-GalNAc，这是一个分支的六糖链，CS 或 KS 就是取代其中一个分支末端的 Sia 残基与核心蛋白相连。还有很多蛋白聚糖的连接区是 *N*-寡糖链，如存在于角膜中的小分子硫酸角质素蛋白聚糖，其 KS 就是通过一个双天线复杂型 *N*-寡糖链与核心蛋白连接的。

（四）蛋白聚糖的生物合成

在内质网上，蛋白聚糖先合成核心蛋白的多肽链，多肽链合成的同时即以 *O*-连接或 *N*-连接的方式在丝氨酸或天冬酰胺残基上进行聚糖加工。聚糖的延长和加工修饰主要是在高尔基体内进行，以单糖的 UDP 衍生物为供体，在多肽链上逐个加上单糖，而不是先合成二糖单位。每一单糖都有其特异性的糖基转移酶，使聚糖依次延长。聚糖合成后再予以修饰，糖胺的氨基来自谷氨酰胺，硫酸基则来自“活性硫酸”或 3′-磷酸腺苷-5′-磷酰硫酸。差向异构酶可将葡萄糖醛酸转变为艾杜糖醛酸。

三、糖脂

根据国际纯化学与应用化学联盟和国际生化联盟（IUPAC-IUB）命名委员会所下的定义，糖脂（glycolipids）是指糖类通过其还原末端以糖苷键与脂类相连接形成的化合物。糖脂是一类两亲（amphipathic）化合物，其脂质部分是亲脂的（lipophilic），而糖链部分是亲水的（hydrophilic）。

糖脂在生物体分布甚广，但含量较少，仅占脂质总量的一小部分。糖脂的种类繁多，根据脂质部分的不同可分为4类：①分子中含鞘氨醇的鞘糖脂（glycosylsphingolipid）；②分子中含甘油脂的甘油糖脂（glyceroglycolipid）；②由磷酸多萜醇衍生的糖脂（polyprenol phosphate glycolside）；④由类固醇衍生的糖脂（steryl glycolside）。其中，研究得较为深入的是鞘糖脂。

（一）鞘糖脂

鞘糖脂（图3－29）是糖链以糖苷键与神经酰胺相连形成的。其亲脂部分神经酰胺为鞘氨醇被脂肪酸酰化形成的，脂肪酸一般是碳原子数14~26的长链脂肪酸，有饱和的，也有不饱和的，以饱和和低不饱和脂肪酸居多；亲水的糖链一般较短，多在10个糖基以下。根据糖链所含单糖的性质，鞘糖脂可分为中性鞘糖脂和酸性鞘糖脂，前者指糖链中只含中性糖类，后者除中性单糖外，还含有唾液酸或硫酸化的单糖。

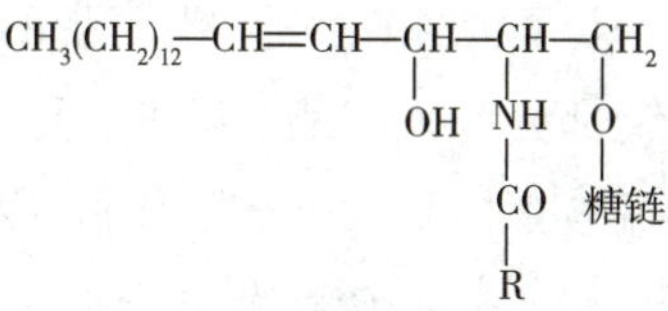

图3－29 鞘糖脂的结构

1. 中性鞘糖脂 半乳糖基神经酰胺（galactosylceramide，GalCer）是第一个被发现的中性鞘糖脂，是单个半乳糖以糖苷键与神经酰胺C_1位上的羟基相连（图3－30）。GalCer由Thudichum于1884年从人脑中分离得到，是人脑中含量最丰富的糖脂分子，因此又称脑苷脂（cerebroside）。与GalCer不同，其他中性鞘糖脂是从患溶菌酶贮藏疾病、降解聚糖的酶错误或缺失的遗传性疾病等的患者的组织中发现的。如神经节系列的中性鞘糖脂及其唾液酸化衍生物是从Tay-Sachs患者的脑中发现的，同样葡萄糖基神经酰胺（glucosylceramide，GlcCer）是从Gaucher患者的脾中发现的。

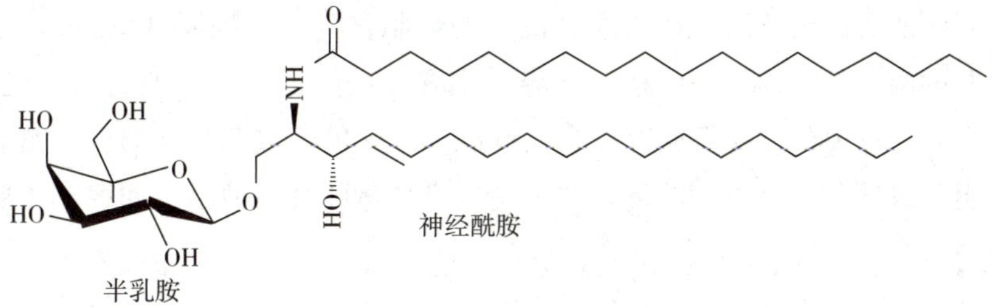

图3－30 半乳糖基神经酰胺的结构

随着分离、纯化和分析技术的提高，在所有脊椎动物的组织中均发现了中性鞘糖脂，仅基于聚糖结构变化而描述的独特的鞘糖脂就达数百种，如哺乳动物非神经组织的主要鞘糖脂红细胞系列和异细胞系列、乳糖系列和新乳糖系列等。图3－31是常见各系列中性鞘糖脂的核心糖链的结构。

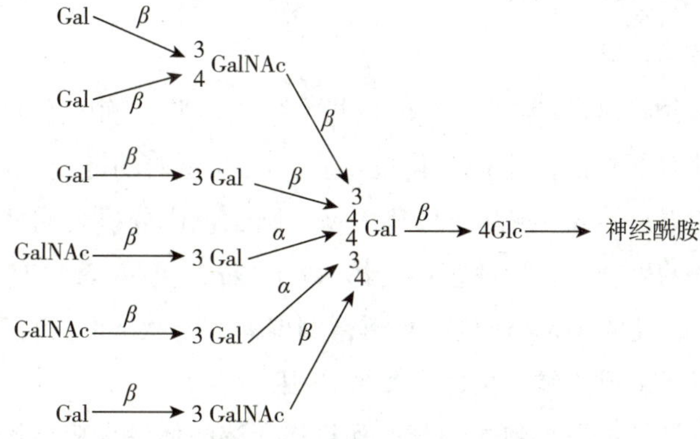

图3－31 各种系列中性鞘糖脂的核心糖链结构

含岩藻糖的中性鞘糖脂——岩藻糖脂（fucolipids）受到人们的特别关注，因为它们中间有一些具有人类ABH血型、Lewis血型等抗原活性。岩藻糖脂不仅作为人类血型的细胞表面抗原，而且还可能作为肿瘤标志物，因为某些肿瘤会产生一些岩藻糖脂，而这些岩藻糖脂在相应正常组织中不存在或较少。另外，在红细胞膜上还存在一些含20个以上糖基的、高度复杂的鞘糖脂即巨糖脂（megaloglycolipids），其组成单糖为Glc、Gal、GlcNAc和Fuc，具有ABH血型活性和Ti抗原活性。

上述各类鞘糖脂的糖链中都不含酸性基团，所以称为中性鞘糖脂。

2. 酸性鞘糖脂 鞘糖脂的糖链中如果含酸性基团，诸如硫酸根、唾液酸等，则称为酸性鞘糖脂。糖链部分含硫酸酯的鞘糖脂称为硫酸鞘糖脂（sulfoglycosphingolipids），也叫硫苷脂（sulfatides）。最简单的硫酸鞘糖脂为硫酸脑苷脂（cerebroside sulfate），基结构式为HSO_3-3-Gal-β-1,1′-Cer（缩写为I^3SO_3-GalCer），这一硫酸鞘糖脂是脑、肾和小肠中的一个主要鞘糖脂，异染性脑白质病患者的脑和肾中也有相当数量的这一鞘糖脂。硫酸鞘糖脂广泛分布于哺乳动物的各器官中，脑中最多，除肾脏、胃、小肠外，在脾、肺、红细胞、血清中都能测出，已经分离出十几种不同的硫酸鞘糖脂，如硫酸乳糖基神经酰胺（lactosyl ceramide sulfate）、硫酸化和二硫酸化的神经节系列的鞘糖脂、硫酸化乳糖和新乳糖系列鞘糖脂等。

糖链中含有唾液酸的鞘糖脂统称为神经节苷脂（gangliosides）。尽管已知的唾液酸有几十种，但出现在神经节苷脂中的主要有两种：即*N*-乙酰神经氨酸（*N*-acetylneuraminic acid）和*N*-羟乙酰神经氨酸（*N*-glycolylneuraminic acid）。人体内的神经节苷脂几乎全是*N*-乙酰神经氨酸，*N*-羟乙酰神经氨酸则主要存在于动物的非神经组织及人的某些肿瘤组织的神经节苷脂中。

（二）甘油糖脂

糖分子直接或间接地通过磷酸结合在二酰甘油上的糖脂称为甘油糖脂（glyceroglycolipids）。甘油糖脂与神经糖脂是糖脂的两大类。神经糖脂是动物界中主要的糖脂，而甘油糖脂则广泛存在于高等植物、绿藻类和细菌类中，其中重要的甘油糖脂有存在于叶绿体膜上的单或双半乳糖苷二酰甘油酯、结核菌菌体上的磷酸肌醇低聚甘露糖苷。另外，哺乳动物体内也有少量的甘油糖脂，如存在于脑中的半乳糖苷二酰甘油酯等。

四、糖基化对蛋白质结构与功能的影响

在生物体内，至少有1/3的蛋白质以糖蛋白的形式存在。长期以来，研究多集中于糖蛋白的蛋白质部分，对聚糖的功能知之甚少。近年来随着聚糖结构与功能研究技术的发展，对聚糖功能的研究越来越受到重视。聚糖不但能够影响蛋白质部分的构象、聚合、溶解及降解，还参与糖蛋白的相互识别和结合等，这些独特作用是蛋白质和核酸不能替代的。

（一）对糖蛋白新生肽链的影响

不少糖蛋白的*N*-连接聚糖参与新生肽链的折叠并维持蛋白质正确的空间构象。例如，通过核酸点突变去除疱疹性口炎病毒的G蛋白的两个糖基化位点后，此G蛋白的链内二硫键就错配成链间二硫键，空间构象发生改变；同样的方法使α_1-抗胰蛋白酶去糖，圆二色谱分析表明肽链的折叠发生改变。糖蛋白中的糖链还能够影响亚基的聚合，如运铁蛋白受体（transferrin receptor）有3个*N*-连接聚糖，分别位于Asn_{251}、Asn_{317}和Asn_{727}，已发现Asn_{727}连接高甘露糖型聚糖，与肽链的折叠和运输密切相关；而Asn_{251}连接三天线复杂型聚糖，对于形成正常二聚体起重要作用。

糖蛋白的聚糖还可影响糖蛋白在细胞内的分拣和投送。溶酶体酶合成后被运输至溶酶体内就是一个典型的例子。溶酶体酶在内质网合成后，其聚糖末端的甘露糖在高尔基体内被磷酸化成甘露糖-6-磷酸，然后与存在于溶酶体膜上的甘露糖-6-磷酸受体识别并结合，定向转移至溶酶体内。若聚糖链末端甘露糖不被磷酸化，那么溶酶体酶只能分泌至血浆，而溶酶体内几乎没有酶，导致疾病产生。

（二）对蛋白质生物学性质的影响

1. 对蛋白质溶解性和稳定性的影响 处于糖蛋白分子表面的糖链可提高蛋白质的溶解性质，如原核生物表达真核蛋白易形成包涵体，重要的原因是蛋白质未能糖基化。糖基化对蛋白质稳定性具有重要的影响，如糖链的加入能增强纤连蛋白这种细胞外基质蛋白的稳定性，而去糖基化的纤连蛋白对蛋白酶更敏感从而导致其稳定性下降。另外，多羟基糖侧链还可能影响蛋白质的水溶性及蛋白质带电荷的性质。

2. 对蛋白质生物活性的影响 一般来说，去除聚糖的糖蛋白容易受蛋白酶水解，说明聚糖可保护肽链，延长其半衰期。不少酶属于糖蛋白，若去除聚糖，并不影响酶的活性，但也有些酶的活性依赖其聚糖，如β-羟基-β-甲基戊二酸单酰辅酶A还原酶（HMGCoA）去聚糖后其活性降低90%以上，脂蛋白脂酶*N*-连接聚糖的核心五糖为酶活性所必需。但蛋白质的聚糖也可起屏障作用，影响糖蛋白的作用。

免疫球蛋白G（IgG）也是*N*-连接糖蛋白，其聚糖主要存在于Fc段。IgG的聚糖与IgG结合于单核细胞或巨噬细胞上的Fc受体、对补体C1q的结合和激活以及诱导细胞毒等过程有关。若IgG去除聚糖，其铰链区的空间构象遭到破坏，上述与Fc受体和补体的结合功能就丢失。IgG的*N*-糖链缺失外链Gal后，可成为一种自身抗原，被免疫系统识别而产生自身抗体，形成Ag-Ab复合物，沉积于关节腔内，引起炎症，类风湿关节炎、红斑狼疮等都是与IgG的糖链结构改变有关的自身免疫性疾病。

3. 对蛋白质药代动力学的影响 蛋白质药物的糖基化可延长药物在体内的半衰期，这对于指导蛋白质药物的研究具有重要意义。例如，Amgen公司的科学家合成了一种新型的促红细胞生成蛋白（novel erythropoiesis stimulating protein，NESP）。与促红细胞生成素（EPO）相比，NESP在33和88位各增加了1个*N*-糖基化位点，其体内半衰期是EPO的3倍，从而达到了减少用药次数的目的。

4. 对蛋白质免疫原性的影响 糖蛋白的糖链可通过阻止肽链中的一些抗原决定簇被免疫系统识别实现免疫屏蔽作用。因此，通过对蛋白质糖基化修饰或改变糖基化水平，可达到降低活性蛋白药物的免疫原性。

（三）在分子识别和细胞识别中的作用

聚糖中单糖间的连接方式有1,2、1,3、1,4、1,6几种，又有α和β之分，这种结构的多样性是聚糖起到分子识别作用的基础。猪卵细胞透明带中相对分子质量为55×10^3的ZP-3蛋白，含有*O*-连接聚糖，能识别精子并与之结合。受体与配体识别和结合也需聚糖的参与。如整合蛋白（integrin）与其配体——纤连蛋白结合，依赖于完整的整合蛋白*N*-连接聚糖的结合，若用聚糖加工酶抑制剂处理K562细胞，使整合蛋白聚糖改变成高甘露糖型或杂合型，均可降低与纤连蛋白识别和结合的能力。红细胞的血型物质含糖达80%~90%，ABO系统中血型物质A和B均是在血型物质*O*-聚糖非还原端各加上GalNAc或Gal，仅一个糖基之差，使红细胞能分别识别不同的抗体，产生不同的血型，可见聚糖功能之奇妙。细菌表面存在各种凝集素样蛋白，可识别人体细胞表面的聚糖结构而侵袭细胞。

五、糖基化与疾病

糖蛋白中寡糖链具有重要的生物功能。在疾病状态下，由于寡糖链代谢酶类的活力改变，可引起糖链结构的异常，进而导致糖蛋白及其所在的细胞的功能失常，甚至出现恶性表型，例如肿瘤细胞。结构异常的糖链也可能被免疫系统识别，产生自身抗体，从而引起自身免疫性疾病。下面是糖基化异常导致的一些疾病。

（一）糖缺乏糖蛋白综合征

糖缺乏糖蛋白综合征（carbohydrate-deficient glycoprotein syndrome，CDGS）是新出现的一组临床表现异质性的常染色体隐性糖基化异常的疾病。根据血清运铁蛋白的等电聚焦图谱分析，已经界定了4种类型的CDGS（Ⅰ～Ⅳ型），其中以CDGSⅠ型最常见。根据临床表现和分子缺陷性质，CDGSⅠ型又可细分为Ⅰa、Ⅰb和Ⅰc型三种亚型，其中CDGS Ⅰa型是CDGS中最常见的一种类型。CDGS Ⅰa患者一般出生时有典型的肌张力减退、畸形、不易存活、肝功能障碍、特别易受感染等表现，还表现为脑发育不全、脂肪分布异常等，20%患者出生后几年内死亡。生化和分子遗传学分析发现CDGS Ⅰa型的糖基化缺陷是由磷酸甘露糖变位酶2基因座（PMM2）缺陷引起的，而PMM2编码GDP-Man和Dol-P-Man生物合成关键步骤的酶。在CDGS Ⅰa型中，磷酸甘露糖变位酶缺乏活性，降低了GDP-Man和Dol-P-Man水平，继而引起$Glc_3Man_9GlcNAc_2$合成的减少，或产生截短形式的Dol-P-寡糖，最终导致*N*-连接聚糖蛋白糖基化缺失或异常，如使血清运铁蛋白糖基化发生糖缺失或改变。其他类型的CDGS同样是由于*N*-聚糖组装、转移和早期加工有关的遗传缺陷引起的。

（二）白细胞黏附缺陷Ⅱ型

白细胞黏附缺陷Ⅱ型（leukocyte adhesion deficiency Ⅱ，LAD Ⅱ）为一罕见的原发性免疫缺陷病，其病因是由于岩藻糖代谢异常，使GDP-Man生成GDP-Fuc的量降低，导致白细胞表面选择素配体岩藻糖化抗原SLeX缺陷，引起白细胞的滚动功能异常，影响其黏附在血管内皮细胞上，不能穿透血管壁进入炎症区域。

（三）先天性红细胞生成不良性贫血Ⅱ型

先天性红细胞生成不良性贫血Ⅱ型（congenital dyserythropoietic anemia Ⅱ，CDA Ⅱ）是一种常染色体隐性遗传缺陷。患者要承受无效生成红细胞的后果，包括贫血、骨髓反应性增生、脾大、胆结石、肝病等。尽管其发病缺陷是否由于糖基化尚不确定，但对该患者细胞聚糖的分析表明，一对红细胞膜蛋白携带的*N*-聚糖结构尚有缺陷。正常情况下，这些蛋白质含有二天线复合型*N*-聚糖，而且有两个天线上都用长链多聚乳糖胺修饰，但CDA Ⅱ患者的这些蛋白质几乎不含多聚乳糖胺。因此，可推断CDA Ⅱ应与糖基化异常有关。

（四）半乳糖血症

半乳糖血症（galactosemia）是人类的一种基因型遗传代谢缺陷性疾病，是由于缺乏半乳糖-1-磷酸尿苷酰转移酶导致婴儿不能代谢奶汁中乳糖分解生成的半乳糖所致，表现为血和尿中半乳糖增多。半乳糖血症主要症状是营养障碍、白内障、智力低下和肝脾肿大等。食物中无半乳糖时，症状可好转。成人后能产生尿苷二磷酸-半乳糖焦磷酸化酶（UDP-galactose pyrophosphorylase），能将半乳糖-1-磷酸转化为UDP半乳糖，使半乳糖不会蓄积。

（五）Ehlers-Danlos综合征

Ehlers-Danlos综合征（Ehlers-Danlos syndrome，EDS），也称唐氏综合征（21三体综合征）或皮肤弹力过度症（cutis hyperelastica），是一类与蛋白聚糖合成缺陷有关的疾病。EDS（早老型）临床表现为结缔组织失常，以患者不易存活、皮肤疏松、骨骼肌异常、肌张力低、关节活动过度等为特征，还伴有运动和语言发育迟缓。患者的饰胶蛋白聚糖（docerin）部分缺失，并且某些分子的合成没有延伸的糖胺聚糖链。这主要是由于负责将半乳糖添加到木糖基丝氨酸（xylosylserine）上的半乳糖基转移酶Ⅰ的活性降低，在患者中仅达到正常的5%，且患者的这种酶是热不稳定性的；负责将第二个半乳糖残基加到

GAG 核心链上的酶——半乳糖基转移酶 H，仅有正常活性的 20%。

（六）糖基化改变与癌症

糖基化变更是癌细胞的普遍特征，并且有某些类型的聚糖结构被公认为肿瘤发展的标志物。下面讨论在癌细胞中常见的专一的酶学途径变更及其改变的糖基化与临床预后的相关性，这些变化的遗传学基础，以及可以表明在恶变中这些途径的重要性的体外检测及体内研究。

肿瘤细胞如同在胚胎发生中的正常细胞一样，也经历被活化和快速生长、附于其他各种细胞型或细胞基质并侵入组织的过程。正如脊椎动物的胚胎发育和细胞激活中典型地伴有细胞糖基化类型的改变，糖基化改变也是细胞恶变向肿瘤发展的普遍特征就不足为奇了。在 70 年代晚期，随着单克隆抗体技术的发展，研究者们在寻求抗肿瘤的“魔弹”中发现了许多“肿瘤特异性”抗体是针对糖抗原表位的，特别是针对那些由糖鞘脂携带的糖抗原表位。进一步研究表明这些糖抗原决定簇是“癌-胚抗原”，即它们也在胚胎组织、肿瘤细胞及少数某些类型的正常成人细胞表达。某些糖基化改变的类型与带瘤动物及患者的实际预后有相关意义，这使得人们对这些变化更加重视。

在恶变细胞中可能发生各种类型的糖基化变化。已发现常见的糖链结构的变化有：某些结构的表达丧失或表达过度；不完全的或截短的结构的持续表达；前体的堆积；和较少见的是出现新的结构。在正常生物合成途径中改变糖基化过程早期的分支点可明显影响一种类型结构的相对量，从而使得另一种结构成为主要成分。然而，这并不是由简单的随机的肿瘤细胞中的生物学紊乱所造成，现已有更多的数据说明，只有生物合成途径的有限部分常与细胞的恶性转化及肿瘤的发展有关。最常见的与癌症相关的糖基化改变包括：*N*-聚糖分支的变更；唾液酸数量、连键以及乙酰化的改变；*N*-羟乙酰神经氨酸在人肿瘤中的表达；糖胺聚糖表达的变更；糖鞘脂表达的变更与脱落；半乳凝素和多聚乳糖胺的表达；ABH（O）血型有关结构表达的改变；糖基磷脂锚定表达的丧失等。

（七）糖基化改变与糖尿病并发症

糖尿病（diabetes mellitus，DM）是一类由于胰岛素分泌不足或（和）胰岛素作用低下而引起的代谢性疾病，长期高血糖将产生心血管和神经系统疾病等并发症。糖尿病并发症与糖基化异常密切相关。糖尿病患者体液中由于积累了大量游离的葡萄糖，造成糖的醛基与蛋白质的氨基端在非酶催化下发生化学反应生成晚期糖基化终产物（advanced glycation end products，AGEs）。AGEs 是蛋白质老化的标志，可被降解、清除老化蛋白质的酶所识别而被降解、清除。现在越来越多的事实表明，AGEs 不仅与被修饰的大分子的降解有关，还与其受体相互作用激活多个信号传导通路、促进多种细胞因子的合成与释放、促使糖尿病并发症的发生与发展有关。

糖尿病肾病（diabetic nephropathy，DN）是糖尿病的一种严重血管并发症，是引起糖尿病患者死亡的主要原因之一。其基本病理改变为肾小球系膜细胞增殖、肾小球基底膜增厚、细胞外基质增多和肾小球硬化。DN 的发病机制极其复杂，其中 AGEs 与实验性 DN 的许多病理性改变有关，如 AGEs 可通过改变细胞电荷、溶解度、结构等而产生一系列化学的、细胞的和组织的效应，进而这些效应导致细胞衰老；AGEs 还可与特异受体以及黏连蛋白发生反应以影响细胞因子（包括 TGF21 和 CTGF）的表达，从而调控多种肾细胞的生长和增殖。另外，AGEs 的形成可抑制 NO 产生，由于 NO 是血管舒张因子，有抗血管平滑肌增殖的作用，因此 AGEs 的积聚导致血管增厚、弹性减低、内皮功能不良，影响组织重构，引起血管平滑肌过度增殖，血管通透性增加，导致心血管和视网膜病变等并发症。

糖尿病另一个特别令人关注的代谢改变是细胞中 UDP-GlcNAc 量的增加。一种观点认为细胞质中 UDP-GlcNAc 的增加进一步增加了细胞核与细胞质糖蛋白的 *O*-GlcNAc 水平，从而改变蛋白质的磷酸化和功能。研究表明：核蛋白 *O*-GlcNAc 化增加可导致糖尿病心肌病，内皮细胞 NO 合酶 *O*-GlcNAc 化可引起勃起功能障碍。

六、糖组学

（一）糖组学的概念与产生

1988 年，牛津大学 Dwek 教授首次提出糖生物学的概念，由此诞生糖生物学。此后，糖生物学在糖链结构、生物合成、生理功能方面等取得了极大的进展。随着基因组学和蛋白质组学相继崛起，作为第三种生命信息分子的糖链正越来越受到重视，糖组学便应运而生。糖组（glycome）是指细胞内所有的糖链（包括糖复合物），而糖组学（glycomics）则是研究生物中所有糖类化合物的分子结构与生物功能的关系、糖类的生物合成与分解代谢规律、糖类工具酶的基因表达与调控机制以及糖脂、糖蛋白合成与组装机制等的一门前沿学科。

（二）糖组学的研究内容

糖组学的研究复杂程度远超基因组学、蛋白质组学。目前，糖组学关注的焦点是糖蛋白，为了更好地与蛋白质组学衔接，研究对象被锁定为糖肽。研究核心内容为：①分析单物种生物所产生的所有聚糖；② 以糖肽为研究对象，确认编码糖蛋白的基因；③结合有效的理化和生化性质，研究糖蛋白糖链的性质。糖组学主要分为三大研究方向：结构糖组学、功能糖组学以及生物信息学，其中结构糖组学主要包括“糖捕获”技术、亲和层析技术等，功能糖组学主要包括微阵列技术等。

（三）糖组学的研究方法

1. 结构糖组学相关技术 糖链的分离纯化即“糖捕获”技术是糖组学研究的第一步，基本策略是：根据不同糖蛋白类型使用凝集素柱进行纯化；然后利用特异性蛋白酶的消化产生糖肽，最为理想的是每一糖肽只有单一的糖链组成；利用凝集素亲和层析从经过消化的混合物中初步分离出糖肽，采用反相或双相 HPLC 与不同类型的柱联合应用进一步纯化；最后对糖肽进行鉴定。目前基本研究目标是初步建立糖组数据库，数据库至少包括编码核心蛋白的基因、糖肽的相对分子质量、吡啶胺化寡糖在二维图谱的位置、系列凝集素的解离常数 4 个重要参数，主要研究方法包括序列分析、质谱及解离常数测定。然而，糖捕获技术也存在着缺陷，主要是：由于该技术是通过肽-*N*-糖苷酶 F（peptide-*N*-glycosidase F，PNGase F）将 ^{18}O 结合至 *N*-糖基化位点从而准确地识别每个糖基化位点，因此不能应用于 *O*-糖肽；应用凝集素收集糖肽，糖肽的种类会受到限制。因此，Aebersold 等提出利用化学方法收集更多的糖肽。从生物学角度考虑，亲和糖捕获技术比化学捕获技术更有意义，而且后者很难鉴定一些低表达蛋白；但从整体角度而言，两种技术存在互补。

前沿亲和色谱法（frontal affinity chromatography，FAC）是目前测定解离常数值的最佳方法，具有方便、敏感、高效等特点，能有效分析蛋白酶、核酸酶以及凝集素之间的相互作用。该法最主要特点是在样品浓度不变的情况下，将过量体积的样品（如荧光标记糖肽）连续地加入凝集素柱中，再利用电喷雾电离质谱或荧光进行检测，与电喷雾电离质谱比较，荧光检测更为快速灵敏。目前该色谱法已成功实现与 HPLC 系统的联用。此外，为了应用于糖肽，研究者亦考虑用 4-氟-7-硝基-2,1,3-苯并氧杂噁二唑进行标记检测。

除此之外，结构糖组学还有其他一些研究方法，如：①双相凝胶电泳结合荧光染色和质谱技术；②毛细管电泳结合质谱技术；③核磁共振技术，该技术不仅能够精确地指出糖链中与蛋白作用的确切位点，还可用于确认抗原决定簇，检测糖链的构象，提供一系列有关构象方面的信息，但是核磁共振技术的敏感性不高，需要大量样品才能获取高质量的结构数据。

2. 功能糖组学相关技术　微阵列技术能够充分、全面、有代表性地展现整个糖组学，其优势体现在高通量性和敏感性。目前微阵列技术主要应用于识别糖与蛋白质间的相互作用，如寻找抗生素治疗的新靶点以及进一步研究细菌的耐药机制。微阵列技术一般包括3种类型：单糖或二糖微阵列、多糖微阵列、寡糖微阵列。

（1）单糖或二糖微阵列　该技术是将单糖以及二糖通过异化Michael反应结合于玻璃板表面，再通过荧光标记的植物凝集素特异性显示糖与蛋白质间的相互作用。

（2）多糖微阵列　该技术是将多糖或糖蛋白固定于硝化纤维素包被的玻璃板。固定的效果取决于相对分子质量的大小，相对分子质量较大的更易固定。多糖微阵列可以应用于细菌多糖的抗原性分析。

（3）寡糖微阵列　该技术的目的在于应用寡糖链来筛选能与其相互作用的配体。寡糖相对分子质量较低且具有一定亲水性，故其不能直接以非共价结合的方式固定在固体介质上。为了克服这些缺陷，Feizi等建立了一种寡糖微阵列技术，将寡糖连接在酯链上，这些新生糖脂以及糖基化神经酰胺能固定于硝酸纤维素膜，并可筛选出糖蛋白配体，之后利用薄层色谱和质谱来鉴定配体成分的序列。目前寡糖微阵列技术还处于起始阶段，将来其发展主要着眼于如何快速高密度地在微小孔上合成寡糖以及如何更好地从自然界获取寡糖。

3. 生物信息学　目前糖组学数据库及生物信息学还处于萌芽阶段，由于糖链结构的复杂性，用于基因组学和蛋白质组学的生物信息学算法和技术都无法直接应用于糖组学。至今只有为数不多的有关糖组学方面的网络工具及数据库，并且由于缺乏一致的算法，各个数据库的相关数据不能实现共享。这些因素严重限制了糖组学生物信息学技术的发展。

（四）糖组学与医药的关系

糖基化是转录后修饰或共翻译修饰的重要事件，已知超过50%的真核细胞蛋白均有糖基化修饰，结合于各种糖蛋白的聚糖在含量、结构和连接位置不尽相同。在病理状态下（如癌症、炎症、衰老等），由于聚糖代谢酶类活力的改变或缺陷，可使糖复合物中的糖链数量和结构产生异常，最终导致细胞功能失常，甚至出现恶性表现；糖链结构异常还可能被机体免疫系统识别，引起细胞免疫和体液免疫应答，导致自身免疫反应及免疫调节功能紊乱。因此，利用糖组学的方法分析病变细胞与正常细胞之间所表现出来的糖蛋白的差异，对于研究疾病的发生、发展及疾病治疗意义重大。目前利用双相凝胶电泳等技术已经成功分离鉴定了多种癌症的糖基化异常的标记物，如肾细胞癌的标记物血清糖蛋白、乳腺癌和结直肠癌标记物HPA相关糖蛋白、肝癌标记物HAb18G/CD147等。另外，免疫球蛋白糖链结构异常可导致一些自身免疫性疾病，如IgA肾病、类风湿关节炎，这为这两类疾病在临床上建立一种特异、灵敏的血清学检测方法提供了理论基础，开辟了一条新途径。

糖基化变化对新药研发亦具有重要意义。利用糖组学技术可分析糖基化对蛋白质活性的影响，从而有可能获得活性最佳的糖蛋白药物。糖基化的差异也可用于构建多糖类疫苗，如以特殊的多糖与合成多肽结合，用于癌症的免疫治疗已在临床试用。Meichenin等发现一种新型肠肿瘤相关抗原——多聚凝集素抗原，抗体的特异性取决于糖链的结构，针对多聚凝集素抗原可以进行免疫治疗。

然而，糖组学在实际应用仍然有很多问题有待解决，比如糖链结构分析在早期诊断中的研究不多，在方法学上也有待改进。但随着糖组学的深入发展，质谱、高效液相色谱、光谱学等技术将为糖蛋白糖基化修饰与肿瘤关系的研究开拓出一片新天地，深入研究糖蛋白或糖链结构及作用机制对肿瘤的预防、诊断、治疗有重要的指导意义。

答案解析

思考题

1. 试根据构成成分的差异对多糖进行分类。
2. 比较淀粉、糖原、葡聚糖、纤维素的结构与功能。
3. 什么是糖胺聚糖？简述常见糖胺聚糖的结构特征及其生物活性。
4. 试述糖蛋白 *N*-聚糖与 *O*-聚糖的结构特征。
5. 简述糖基化对蛋白质结构与功能的影响。

（刘纯慧　王凤山）

书网融合……

微课

习题

第四章　脂　质

PPT

学习目标

1. 通过本章学习，掌握脂类的概念、分类及主要功能，单脂的主要结构特点及种类，复合脂类的主要结构特点及种类；熟悉各种单脂、复合脂类的主要性质及其功能；了解生物膜的组成、结构与功能。

2. 具有利用脂质生物化学理论知识理解疾病发生和药物作用机制的能力。

3. 树立将脂质专业知识内容与兴趣爱好相结合的意识，形成科学探索知识的价值观。

脂质（lipids），也称为脂类，是一类难溶于水、易溶于有机溶剂（如乙醚、丙酮、三氯甲烷等）的生物有机分子。对于大多数脂质来说，其化学本质是由脂肪酸（通常是含有四个或更多碳原子的长链一元羧酸）和醇类（包括甘油醇、鞘氨醇、高级一元醇和固醇等）组成的酯类及其衍生物。脂质的元素组成主要包括碳、氢、氧，部分脂质还含有氮、磷和硫。

第一节　脂质的分类、结构与功能 微课

一、脂质的分类

脂质是根据其溶解性定义的一类生物分子，由于化学组成变化较大，因此对这类物质进行准确分类存在一定困难。通常，脂质可以根据其化学组成分为三大类。

（一）单纯脂质

单纯脂质（simple lipid）是由脂肪酸与醇（甘油醇、高级一元醇）组成的脂质。它们可以进一步分为脂、油和蜡三小类。

1. 脂　通常在室温下呈固态，由3分子脂肪酸和1分子甘油结合而成的三酰甘油，也称为脂肪或真脂，是一种中性脂。

2. 油　通常在室温下呈液态的脂肪，正确名称为脂性油。从化学本质上讲，脂含有较多的饱和脂肪酸，而油含有较多的不饱和脂肪酸和低分子脂肪酸。

3. 蜡　主要由长链脂肪酸和长链醇或固醇组成，例如虫蜡、蜂蜡等。

（二）复合脂质

复合脂质（compound lipid）除了含有脂肪酸和醇外，还包含其他非脂分子成分（如胆碱、乙醇胺、糖等）。复合脂质根据其脂成分的不同，可以分为以下几种。

1. 磷脂　磷脂的非脂成分为磷酸和含氮碱（如胆碱、乙醇胺）。根据醇成分的不同，磷脂可以分为甘油磷脂（如磷脂酸、磷脂酰胆碱、磷脂酰乙醇胺等）和鞘氨醇磷脂（简称鞘磷脂）。

2. 糖脂　糖脂的非脂成分是糖（单己糖、二己糖等），并因醇成分不同，又分为鞘糖脂（如脑苷脂、神经节苷脂）和甘油糖脂（如单半乳糖基二酰基甘油、双半乳糖基二酰基甘油）。鞘磷脂和鞘糖脂合称为鞘脂（sphingolipid）。

（三）衍生脂质

衍生脂质（derived lipid）是指由单纯脂质和复合脂质衍生而来或与之关系密切，但也具有脂质一般性质的物质。

1. 取代烃 主要是脂肪酸及其碱性盐（皂）和高级醇，少量脂肪酸、脂肪胺和烃。

2. 固醇类（甾类） 包括固醇（甾醇）、胆酸、强心苷、性激素、肾上腺皮质激素。

3. 萜 包括许多天然色素（如胡萝卜素）、香精油、天然橡胶等。

4. 其他脂质 如维生素 A、维生素 D、维生素 E、维生素 K、脂酰 CoA、类二十碳烷（前列腺素、凝血烷和白三烯）、脂多糖、脂蛋白等。

此外，根据能否形成皂盐，脂质分为两大类：一类是能被碱水解而产生皂（脂肪酸盐）的称可皂化脂质（saponifiable lipid），另一类是不被碱水解产生皂的称不可皂化脂质（unsaponifiable lipid）。类固醇和萜是两类主要的不可皂化脂质。也可根据脂质在水中和水界面上的行为不同，将它们分为极性（polar）脂质和非极性（nonpolar）脂质两大类。

二、单纯脂质的结构与功能

（一）脂肪的结构

脂肪（fat），又称真脂或中性脂肪，它是由 1 分子甘油与 3 分子脂肪酸组成的脂肪酸甘油三酯，化学名称为三酰甘油（triacylglycerol）、三脂酰甘油、甘油三酯（triglyceride，TG）。在自然界中，脂肪的脂肪酸绝大多数含偶数碳原子。脂肪的结构如下。

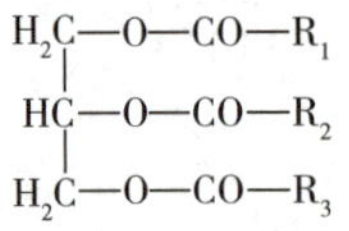

$$\begin{array}{l} H_2C-O-CO-R_1 \\ \;\;| \\ HC-O-CO-R_2 \\ \;\;| \\ H_2C-O-CO-R_3 \end{array}$$

三酰甘油

R_1、R_2、R_3代表脂肪酸的烃基，它们可以相同也可以不同。当 $R_1 = R_2 = R_3$时，称为单纯甘油酯；三者中有两个或三个不同者，称为混合甘油酯。通常 R_1 和 R_3为饱和烃基，R_2为不饱和烃基。一般在常温下为固态的脂（脂肪），其脂肪酸的烃基多数是饱和的；在常温下为液态的油，其脂肪酸的烃基多数是不饱和的。在自然界中还存在二酰甘油（甘油二酯）及单酰甘油（甘油一酯），但含量极少，其结构如下。

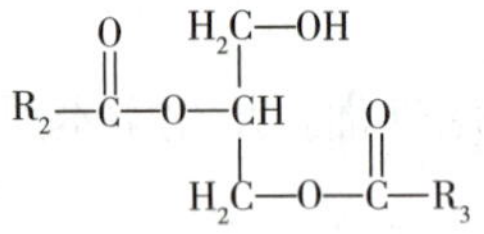

$$\begin{array}{l} \qquad\quad O \quad H_2C-OH \\ \qquad\quad \| \qquad | \\ R_2-C-O-CH \qquad O \\ \qquad\qquad\quad | \qquad\;\; \| \\ \qquad\qquad H_2C-O-C-R_3 \end{array}$$

二酰甘油

$$\begin{array}{l} \qquad\quad O \quad H_2C-OH \\ \qquad\quad \| \qquad | \\ R_2-C-O-CH \\ \qquad\qquad\quad | \\ \qquad\qquad H_2C-OH \end{array}$$

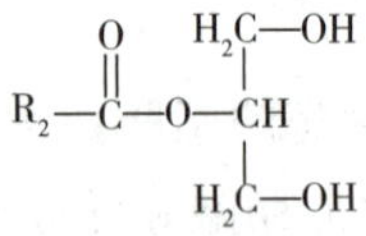

单酰甘油

（二）脂肪酸

1. 脂肪酸的种类 从动植物和微生物中分离出来的脂肪酸已有百余种。在生物体内，大部分脂肪酸都以结合形式如三酰甘油、磷脂、糖脂等存在，但也有少量脂肪酸以游离状态存在于组织和细胞中。

脂肪酸（fatty acid，FA）是由一条长的烃链（“尾”）和一个末端羧基（“头”）组成的羧酸。烃链多数是线形的，分支或含环的烃链很少。烃链不含双键和叁键的为饱和脂肪酸（saturated FA），含一个或多个不饱和键的为不饱和脂肪酸（unsaturated FA）。只含单个不饱和键的脂肪酸称单不饱和脂肪酸（monounsaturated FA），含两个或两个以上不饱和键的称多不饱和脂肪酸（polyunsaturated FA）。不同脂肪酸之间的主要区别在于烃链的长度（碳原子数目）、不饱和键的数目和位置。

2. 脂肪酸的命名 每个脂肪酸可以有通俗名（common name）、系统名（systematic name）和简写符号，而系统命名则遵循有机酸命名的原则，将包括羧基碳原子在内的最长直链碳链作为主链，从羧基端碳原子开始编号，并将双键位置写在其前面。例如，通俗名称的亚麻酸（linolenic acid）为 18 碳 3 烯多不饱和脂肪酸，其双键位置分别为 9、12、15，因此其系统名为 9,12,15-十八碳三烯酸。为简便书写脂肪酸，其原则是先写出碳原子数目，再写出双键的数目，双键位置用 Δ（delta）右上标数字表示，如亚麻酸可简写为 $18:3\ \Delta^{9,12,15}$。脂肪酸的 ω 命名规则是将离羧基碳原子最远的碳原子称为 ω-碳原子（C_ω），依次编为 ω-1、ω-2、ω-3 等。因此，亚麻酸即归类于 ω-3 不饱和脂肪酸，可写成 18∶3，ω-3。此外，ω 编码体系也将离羧基最近的碳原子（C_2）称为 α-碳原子，向左碳原子依次为 β、γ、δ 和 ε 等碳原子。脂肪酸碳原子的编号如下。

$$CH_3—CH_2—CH{=}CH—CH_2—CH{=}CH—CH_2—CH{=}CH—CH_2—CH_2—CH_2—CH_2—CH_2—CH_2—CH_2—COOH$$

Δ编号	18	17	16	15	14	13	12	11	10	9	8	7	6	5	4	3	2	1
ω编号	ω-1	ω-2	ω-3	ω-4	ω-5	ω-6	ω-7	ω-8	ω-9	ω-10			ε	δ	γ	β	α	

3. 饱和脂肪酸 动植物脂肪中的饱和脂肪酸主要以软脂酸和硬脂酸为主，它们分布广泛且具有重要意义。常见的天然饱和脂肪酸如表 4-1 所示。

表 4-1 重要的天然饱和脂肪酸

简写式	分子结构简式	系统名称（n-脂肪酸）	习惯名称	m. p.（℃）
10∶0	$CH_3(CH_2)_8COOH$	n-十烷酸（n-decanoic acid）	癸酸（capric acid）	32
12∶0	$CH_3(CH_2)_{10}COOH$	n-十二烷酸（n-dodecanoic acid）	月桂酸（lauric acid）	43
14∶0	$CH_3(CH_2)_{12}COOH$	n-十四烷酸（n-tetradecanoic acid）	豆蔻酸（n-myristic acid）	54
16∶0	$CH_3(CH_2)_{14}COOH$	n-十六烷酸（n-hexadecanoic acid）	软脂酸（n-palmitic acid）	62
18∶0	$CH_3(CH_2)_{16}COOH$	n-十八烷酸（n-octadecanoic acid）	硬脂酸（n-stearic acid）	69
20∶0	$CH_3(CH_2)_{18}COOH$	n-二十烷酸（n-eicosanoic acid）	花生酸（arachidic acid）	75
22∶0	$CH_3(CH_2)_{20}COOH$	n-二十二烷酸（n-docosanoic acid）	山嵛酸（n-behenic acid）	81
24∶0	$CH_3(CH_2)_{22}COOH$	n-二十四烷酸（n-tetracosanoic acid）	掬焦油酸（lignoceric acid）	84
26∶0	$CH_3(CH_2)_{24}COOH$	n-二十六烷酸（n-hexacosanoic acid）	蜡酸（cerotic acid）	89

4. 不饱和脂肪酸 在不饱和脂肪酸中，比较重要的有亚油酸、亚麻酸和花生四烯酸等（表 4-2）。

表 4-2 重要的天然不饱和脂肪酸

族	简写式	分子结构式	系统命名	习惯名称	m. p.（℃）
ω-7	$16{:}1\Delta^9$ $(16{:}1\omega^7)$	$CH_3(CH_2)_5CH{=}CH(CH_2)_7COOH$	顺-9-十六碳-烯酸（cis-9-hexadecenoic acid）	棕榈油酸（palmitoleic acid）	0
ω-9	$18{:}1\Delta^9$ $(18{:}1\omega^9)$	$CH_3(CH_2)_7CH{=}CH(CH_2)_7COOH$	顺-9-十八碳-烯酸（cis-9-octadecenoic acid）	油酸（oleic acid）	13
ω-6	$18{:}2\Delta^{9,12}$ $(18{:}2\omega^{6,9})$	$CH_3(CH_2)_3(CH_2CH{=}CH)_2(CH_2)_7COOH$	顺，顺-9,12-十八碳二烯酸（cis, cis-9,12-octadecadienoic acid）	亚油酸（linoleic acid）	-5
ω-3	$18{:}3\Delta^{9,12,15}$ $(18{:}3\omega^{3,6,9})$	$CH_3(CH_2CH{=}CH)_3(CH_2)_7COOH$	全顺-9,12,15-十八碳三烯酸（all cis-9,12,15-octadecatrienoic acid）	α-亚麻酸（α-linolenic acid）	-17
ω-6	$18{:}3\Delta^{6,9,12}$ $(18{:}3\omega^{6,9,12})$	$CH_3(CH_2)_3(CH_2CH{=}CH)_3(CH_2)_4COOH$	全顺-6,9,12-十八碳三烯酸（all cis-6,9,12-octadecatrienoic acid）	γ-亚麻酸（γ-linolenic acid）	-14.4

续表

族	简写式	分子结构式	系统命名	习惯名称	m. p. (℃)
ω-6	$20:4\Delta^{5,8,11,14}$ ($20:4\omega^{6,9,12,15}$)	$CH_3(CH_2)_3(CH_2CH=CH)_4(CH_2)_3COOH$	全顺-5,8,11,14-二十碳四烯酸 (all *cis*-5,8,11,14-eicosatetraenoic acid)	花生四烯酸 (arachidonic acid)	-50
ω-3	$20:5\Delta^{5,8,11,14,17}$ ($20:5\omega^{3,6,9,12,15}$)	$CH_3(CH_2CH=CH)_5(CH_2)_3COOH$	全顺-5,8,11,14,17-二十碳五烯酸 (all *cis*-5,8,11,14,17-eicosapentaenoic acid)	鱼油五烯酸 (EPA)	-54
ω-3	$22:6\Delta^{4,7,10,13,16,19}$ ($22:6\omega^{3,6,9,12,15,18}$)	$CH_3(CH_2CH=CH)_6(CH_2)_2COOH$	全顺-4,7,10,13,16,19-二十二碳六烯酸 (all *cis*-4,7,10,13,16,19-docosahexoenoic acid)	DHA	-45.5 约-44.1
ω-9	$24:1\Delta^{15}$ ($24:1\omega^{9}$)	$CH_3(CH_2)_7CH=CH(CH_2)_{13}COOH$	顺-15-二十四烯酸 (*cis*-15-tetracosenic acid)	神经酸 (nervonic acid)	39

5. 脂肪酸的功能 人和哺乳动物含有 Δ^4、Δ^5、Δ^8 和 Δ^9 去饱和酶（desaturase），能够合成软脂酸和油酸等单不饱和脂肪酸。然而，由于缺乏 Δ^9 以上的去饱和酶，人体无法合成亚油酸（linoleic acid，$18:2\Delta^{9,12}$）、亚麻酸（linolenic acid，$18:3\Delta^{9,12,15}$）和花生四烯酸（arachidonic acid，$20:4\Delta^{5,8,11,14}$）等多不饱和脂肪酸。这些脂肪酸对于维持人类正常生理功能是必不可少的，必须从膳食（主要是植物源性食物）中获取，因此称之为必需脂肪酸（essential fatty acid）。必需脂肪酸缺乏会引起生长停滞、生殖衰退和肝肾功能混乱等问题。

亚油酸和亚麻酸（α-亚麻酸）属于 ω-6 和 ω-3 两个不同的多不饱和脂肪酸（PUFA）家族。ω-6 和 ω-3 系列分别指第一个双键离甲基末端 6 个碳和 3 个碳的必需脂肪酸。

亚油酸是 ω-6 家族的起始成员，在人和哺乳类体内能转变为 γ-亚麻酸，并进一步延长为花生四烯酸，后者是维持细胞膜的结构和功能所必需的，也是合成生理活性脂质类二十碳烷化合物的前体。如果发生亚油酸缺乏症，则必须从膳食中获得 γ-亚麻酸和花生四烯酸，因此在某种意义上它们也是必需脂肪酸。

α-亚麻酸是 ω-3 家族的起始成员。当膳食中供给亚麻酸时，人体能合成 ω-3 PUFA 家族的 20 碳和 22 碳成员：二十碳五烯酸（EPA）和二十二碳六烯酸（DHA）。其中，DHA 在视网膜和大脑皮质中特别丰富，大脑中的 DHA 一半是在出生前积累的，一半是在出生后积累的，这突显了脂质在妊娠期和哺乳期的重要性。

人体内 ω-3 和 ω-6 PUFA 不能互相转变。临床研究表明：ω-6 PUFA 能明显降低血清胆固醇的水平，但对降低三酰甘油的效果一般；而 ω-3 PUFA 降低血清胆固醇的能力虽然不强，但能显著降低三酰甘油的水平。它们对血脂水平的不同影响的具体生化机制尚不清楚。

膳食中 ω-6 PUFA 缺乏将导致皮肤病变，ω-3 必需脂肪酸缺乏将导致神经和视觉症状及心脏疾病。

大多数人可以从膳食中获得足够的 ω-6 必需脂肪酸，但可能缺乏最适宜的 ω-3 必需脂肪酸。有些学者认为，膳食中这两类必需脂肪酸的理想比例为 4~10g（ω-6）：1g（ω-3）。ω-6 和 ω-3 必需脂肪酸的主要膳食来源见表 4-3。

表 4-3 ω-6 和 ω-3 多不饱和脂肪酸的来源

ω-6	来源
亚油酸	植物油（葵花籽油、大豆油、棉籽油、红花籽油、玉米油、小麦胚芽油、芝麻油）、坚果和花生酱
γ-亚麻酸和花生四烯酸	肉类、玉米胚芽油等（或在体内由亚油酸合成）

续表

ω-3	来源
α-亚麻酸	油脂（芝麻油、胡桃、大豆、小麦胚芽、油菜籽）、种子、坚果（亚麻籽、大豆、胡桃）
EPA 和 DHA	人乳、海洋动物（鱼、虾、蟹、贝类、沙丁鱼等）、贝类、甲壳类（虾、蟹等）（或在体内由 α-亚麻酸合成）

三、复合脂质的结构与功能

（一）磷脂的结构与功能

磷脂（phospholipid）是有磷酸基的复合脂质，可分为甘油磷脂和鞘磷脂两大类。前者为甘油酯的衍生物，而后者为鞘氨醇酯的衍生物。磷脂是一类结构脂，主要参与细胞膜系统的组成。

1. 甘油磷脂 又称磷脂酰甘油，其结构特点是甘油的两个羟基被脂肪酸酯化，3 位的羟基被磷酸酯化成磷脂酸，其中 1 位羟基常被胆碱和脂肪酸酯化，2 位羟基常被 $C_{16}\sim C_{20}$ 的不饱和脂肪酸如花生四烯酸酯化。磷脂酸的磷酸羟基再被氨基醇（如胆碱、乙醇胺或丝氨酸）或肌醇取代，形成不同的甘油磷脂。磷脂酸的磷酸基再连接其他醇羟基化合物的羟基，即组成不同的磷脂。化学结构式如下。

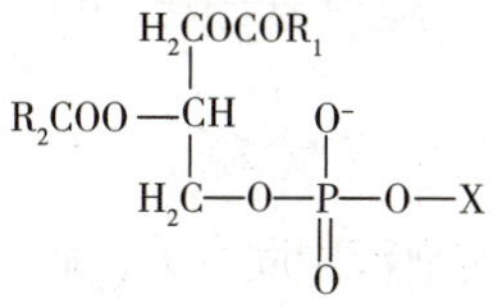

```
          H2COCOR1
           |
R2COO —CH       O-
           |        |
          H2C—O—P—O—X
                    ‖
                    O
```

磷脂

当 X = H 时即为磷脂酸（phosphatidic acid），它是各种甘油磷脂的母体化合物。

磷脂甘油酯的两个长脂肪酸链为非极性的尾部，其余部分则为极性的头部，所以磷脂是两性脂质。磷脂甘油酯分子中一般含有 1 分子的饱和脂肪酸（多连在 C_1 上）和 1 分子的不饱和脂肪酸（多连在 C_2 上）。磷脂甘油酯结构中甘油的第二个碳原子是不对称中心，国际理论和应用化学联合会与国际生物化学联盟的生物化学命名委员会建议采用下列命名原则。

将甘油的三个碳原子指定为 1、2、3 位，2 位上的羟基用投影式表示，一定要放在左边，这种编号称为立体专一编号，用 sn（stereospecific numbering）表示，写在化合物的前面。根据这一命名原则可将甘油磷脂命名如下。

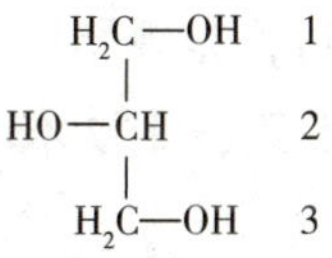

```
     H2C—OH   1
      |
HO—CH         2
      |
     H2C—OH   3
```

sn：立体专一编号

```
     H2C—OH
      |
HO—CH       O
      |       ‖
     H2C—O—P—O-
              |
              O-
```

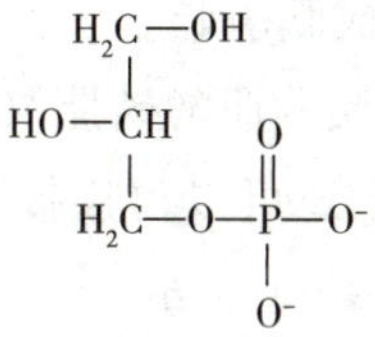

sn-甘油-3-磷酸（3-sn-甘油磷酸）

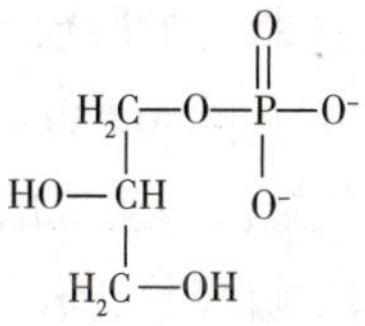

```
                  O
                  ‖
     H2C—O—P—O-
      |           |
HO—CH         O-
      |
     H2C—OH
```

sn-甘油-1-磷酸（1-sn-甘油磷酸）

天然存在的磷脂都属于 3-sn-甘油磷酸的构型，即 L 构型，故可在系统名前冠以 L-α-或 3-sn -。下面介绍几种重要的甘油磷脂。

（1）卵磷脂（lecithin） 又称磷脂酰胆碱（phosphatidylcholine），是组成细胞膜最丰富的磷脂之一，其结构式如下。

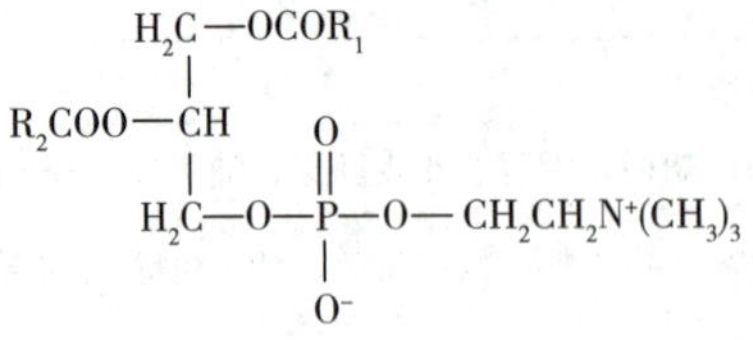

```
        H2C—OCOR1
         |
R2COO—CH        O
         |       ‖
        H2C—O—P—O—CH2CH2N+(CH3)3
                 |
                 O-
```

卵磷脂

式中，R_1和R_2代表脂肪酸的烃基，其中R_1是饱和的，R_2是不饱和的。常见的有硬脂酸、软脂酸、油酸、亚油酸、亚麻酸、花生四烯酸、EPA、DHA 等。

卵磷脂是白色油状物质，极易吸水。由于它含有相对多的不饱和脂肪酸，表面很容易被氧化。卵磷脂在蛋黄和大豆中特别丰富，卵黄中卵磷脂的含量高达 8%~10%，卵磷脂具有抗脂肪肝作用。工业上卵磷脂常作为乳化剂使用，工业用卵磷脂主要从大豆油精炼过程中的副产品中获得。

（2）脑磷脂（cephalin） 即磷脂酰胆胺（phosphatidylethanolamine），又叫磷脂酰乙醇胺（phosphatidylethanolamine），其结构式如下。

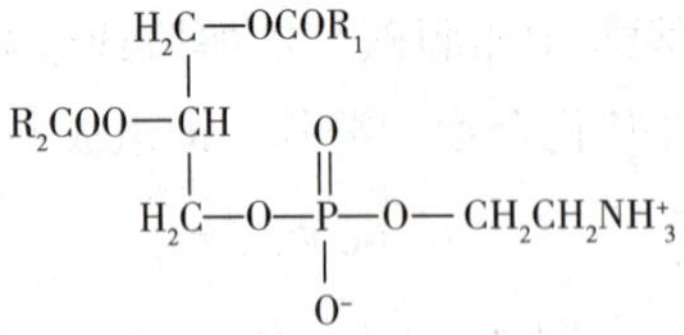

```
        H2C—OCOR1
         |
R2COO—CH        O
         |       ‖
        H2C—O—P—O—CH2CH2NH3+
                 |
                 O-
```

脑磷脂

脑磷脂在动植物体内含量也很丰富，它与血液凝固有关，血小板的脑磷脂可能是凝血酶原激活剂的辅基。

（3）磷脂酰丝氨酸（phosphatidylserine） 又称丝氨酸磷脂，是磷脂酸的磷酸基团与丝氨酸的羟基连成的酯，其结构式如下。

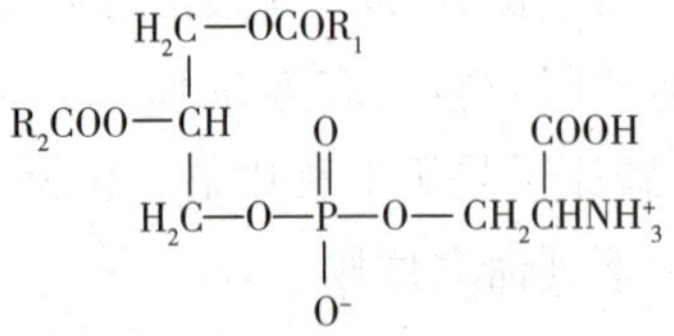

```
        H2C—OCOR1
         |
R2COO—CH        O          COOH
         |       ‖           |
        H2C—O—P—O—CH2CHNH3+
                 |
                 O-
```

磷脂酰丝氨酸

磷脂酰丝氨酸是血小板中带负电荷的酸性磷脂，当血小板因组织受损而被激活时，膜中的这些磷脂转向外侧，作为表面催化剂与其他凝血因子一起致使凝血酶原活化。脑组织中丝氨酸磷脂的含量比脑磷脂还高，在体内丝氨酸磷脂可能脱羧基而转变成脑磷脂。

（4）磷脂酰肌醇（phosphatidylinositol） 又称肌醇磷脂（lipositol），是磷脂酸中的磷酸基团与肌醇（环己六醇）连接而成的酯。所生成的肌醇磷脂还可以再连接第二个、第三个磷酸基团，分别称为肌醇磷脂一磷酸和肌醇磷脂二磷酸等，其结构如图 4－1 所示。

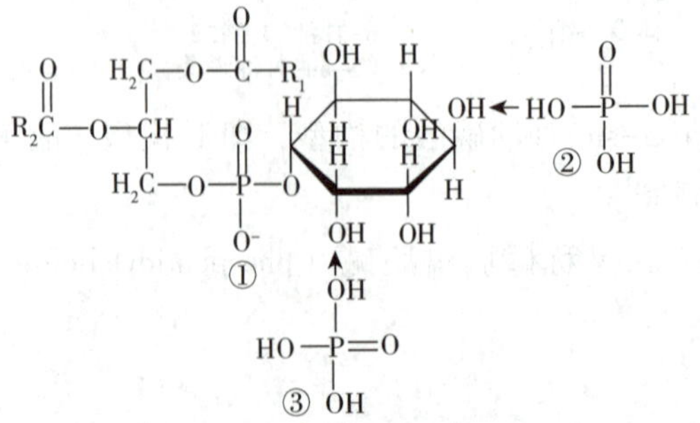

磷脂酰肌醇 R2C(=O)—O—CH(H2C—O—C(=O)—R1)(H2C—O—P(=O)(O-)—O—肌醇环)；① ② ③ 处分别接入 HO—P(=O)(OH)— 基团

图 4－1　磷脂酰肌醇及其磷酸化的衍生物生物结构

①、②、③表明磷酸分子接入结构的顺序，接入后可相应称为肌醇磷脂、磷脂肌醇磷脂和肌醇磷脂二磷酸。

肌醇磷脂与脑磷脂在一起，在肝及心肌中大多数为肌醇磷脂，而脑组织中多为一、二磷酰肌醇磷脂。

（5）缩醛磷脂（plasmalogen） 与一般甘油磷脂不同，它在甘油 C_1 位（即 α 位）以与长链醇形成的醚键（脂性醚基）代替与脂肪酸形成的酯键。它的水解产物之一是长链醇，它很容易互变异构成醛，因此缩醛磷脂具有醛反应。

缩醛磷脂可水解，随水解程度不同而产生不同的产品。缩醛磷脂溶于热乙醇、KOH 溶液，微溶于丙酮或石油醚，不溶于水。缩醛磷脂存在于脑组织及动脉血管中，可能有保护血管的功能。

氨基乙醇缩醛磷脂是最常见的一种缩醛磷脂。有的缩醛磷脂的脂性醚基在 β 位上，也有的不含氨基乙醇，而含胆碱基（图 4－2）。

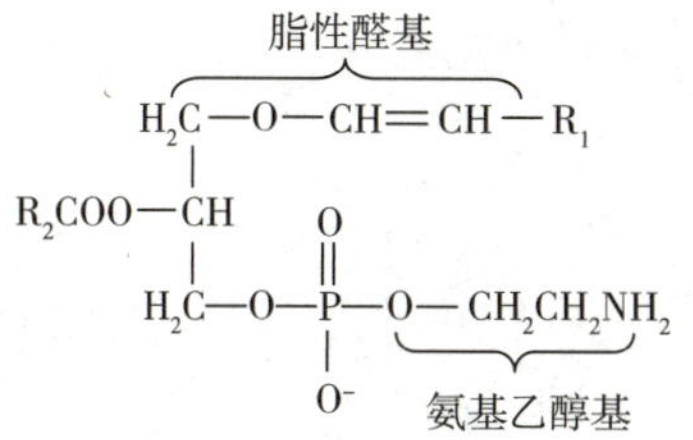

图 4－2 氨基乙醇缩醛磷脂的结构

（6）二磷脂酰甘油（diphosphatidylglycerol） 又称心磷脂（cardiolipin），是由 2 分子磷脂酸与 1 分子甘油结合而成的磷脂，其结构如图 4－3 所示。

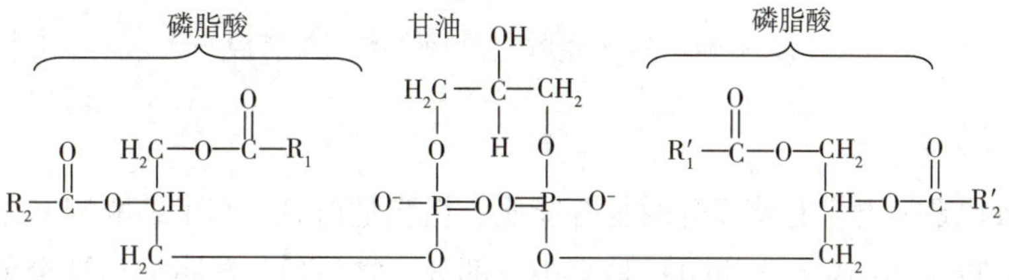

图 4－3 二磷脂酰甘油的结构

心磷脂大量存在于心肌，它有助于线粒体膜的结构蛋白质同细胞色素 c 的连接，是唯一有抗原性的脂质。

甘油磷脂具有以下特征：它有一个高度极性的头部，都带电荷。因其碳氢尾部是从自然界各种脂肪酸以多种组合方式衍生而成，故甘油磷脂的种类繁多。甘油分子 C_3 上连接的脂酰（基）多属饱和的，而 C_2 上所连接的脂酰（基）多属不饱和的。以红细胞卵磷脂的组成为例，其分子含有的碳氢链为 C_{16} ~ C_{24}，双键个数介于 0~6。

C_1：16：0，61%；18：0，24%；18：1，10%；18：2，0.6%。

C_2：16：0，9%；16：1，1.8%；18：1，26%；18：2，35%；18：3，1.0%；
20：3，4%；20：4，12%；20：5，0.5%；22：6，1.6%。

由于卵磷脂含有相对多的不饱和脂肪酸，表现为易被氧化。

甘油磷脂极少溶解于水中、易形成微团。因是两性脂质，故在构成生物膜结构中尤为重要。

所有的甘油磷脂在 pH 7.0 时，其磷酸基团带的是负电荷。

2. 鞘磷脂（sphingophospholipid，sphingomyelin） 是鞘氨醇磷脂的简称，由各分子的（神经）鞘氨醇、脂肪酸、磷酸及胆碱（或胆胺）所组成，是一种不含甘油的磷脂。在高等动物的脑髓鞘和红细胞膜中特别丰富，也存在于许多植物的种子中。神经鞘磷脂与前述几种脂不同，它的脂肪酸并非与醇基相连，而是借酰胺键与氨基结合。神经鞘氨醇（sphingenine）与神经鞘磷脂的结构如图 4－4 所示。

磷酸胆碱为鞘氨醇磷脂的极性头部，脂肪酸和神经鞘氨醇的长链为非极性尾部，即鞘氨醇磷脂也是两性脂质。神经鞘磷脂在脑和神经组织中含量较多，也存在于脾、肺及血液中，是高等动物组织中含量最丰富的鞘磷脂类。

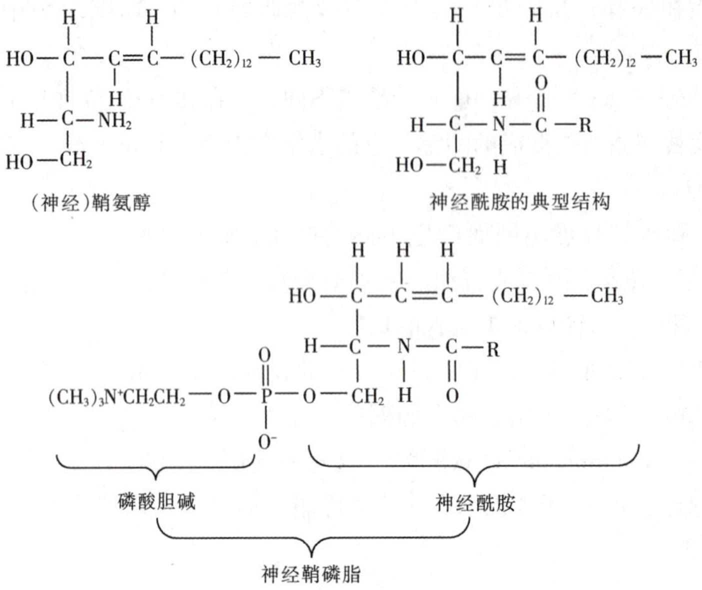

(神经)鞘氨醇

神经酰胺的典型结构

磷酸胆碱

神经酰胺

神经鞘磷脂

图 4－4　神经鞘氨醇与神经鞘磷脂的结构

（二）糖脂的结构与功能

糖脂（glycolipid）是一类含有糖成分的复合脂质。糖脂是糖通过其半缩醛羟基以糖苷键与脂质连接形成的化合物。糖鞘脂（glycosphingolipid）是其中一部分，它包括脑苷脂类和神经节苷脂类，其共同特点是含有鞘氨醇的脂，其头部含糖。它在细胞中含量虽少，但在许多特殊的生物功能中却十分重要，因此引起了生化工作者极大的兴趣。

糖脂的组成和神经磷脂相似，其结构都含有 1 分子神经酰胺（鞘氨醇及脂肪酸各 1 分子）。

1. 脑苷脂类　脑苷脂（cerebroside）是脑细胞膜的重要成分，由 β-己糖（葡萄糖或半乳糖）、脂肪酸（22~26C，最普遍的是 α-羟基二十四烷酸）和鞘氨醇各 1 分子组成，因是以中性糖作为极性头部，故称为中性糖鞘脂类。重要代表物为葡萄糖脑苷脂、半乳糖脑苷脂和硫酸脑苷脂（简称脑硫脂）。它们的分子结构如图 4－5 所示。

糖脂主要分布于脑及神经组织中，亦是动物细胞膜的重要组成成分。糖脂的非极性尾部可以伸入细胞膜的脂双层结构，而其极性头部则露出膜表面，且不对称地朝向细胞外侧定位，它们不仅参与细胞间的通信，而且是 ABO 血型的抗原决定簇，有人成功地用 α-半乳糖苷酶处理 B 型血，使其转变成 O 型血。

2. 神经节苷脂类　神经节苷脂（ganglioside）是一类酸性糖脂。它的极性头部含有唾液酸，即 *N*-乙酰神经氨酸，故带有酸性。人的大脑灰质中含有丰富的神经节苷脂类，约占全部脂质的 6%，非神经组织中也含有少量神经节苷脂。不同的神经节苷脂类所含的己糖和唾液酸的数目与位置各不相同。现已分离出几十种神经节苷脂，几乎所有神经节苷脂都有一个葡萄糖基与神经酰胺以糖苷键相连，此外还有半乳糖、唾液酸和 *N*-乙酰-D-半乳糖胺。神经节苷脂的组成如图 4－6 所示。

神经节苷脂是一类最重要也最复杂的鞘脂，已从脑灰质、脑白质和脾等组织中分离出来。神经节苷脂因在 20 世纪 40 年代从神经节细胞中被发现而得名，它还存在于红细胞中。虽然在细胞膜中含量很少，但有许多特殊的生物功能，它与血型和组织器官的专一性有关，还可能与组织免疫、细胞间的识别以及细胞的瘤变等有关。它在神经系统特别是神经末梢中含量丰富，可能在神经冲动传递中起重要作用。

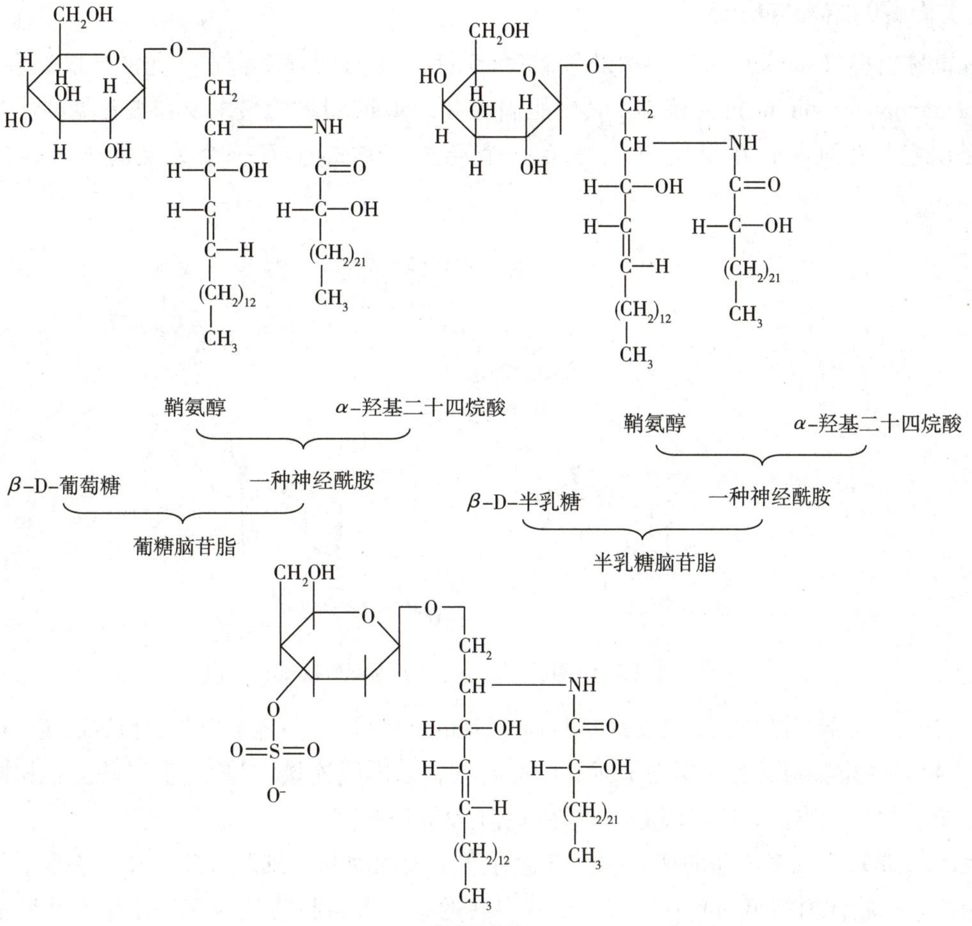

鞘氨醇 α-羟基二十四烷酸

β-D-葡萄糖 一种神经酰胺

葡糖脑苷脂

鞘氨醇 α-羟基二十四烷酸

β-D-半乳糖 一种神经酰胺

半乳糖脑苷脂

硫酸脑苷脂

图 4-5 脑苷脂重要代表物的结构

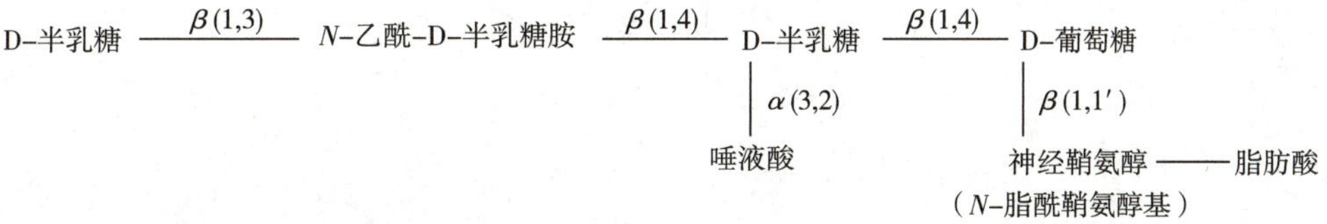

D-半乳糖 —β(1,3)— N-乙酰-D-半乳糖胺 —β(1,4)— D-半乳糖 —β(1,4)— D-葡萄糖

D-半乳糖 —α(3,2)— 唾液酸

D-葡萄糖 —β(1,1′)— 神经鞘氨醇 —— 脂肪酸

（N-脂酰鞘氨醇基）

图 4-6 神经节苷脂的组成

除了上述的鞘氨醇糖脂以外，还有甘油糖脂（glyceroglycolipid），也称糖基甘油酯（glycoglyceride），它是由二酰甘油与己糖（主要为半乳糖或甘露糖）或脱氧葡萄糖结合而成的化合物，主要存在于绿色植物和微生物中。哺乳类虽然含有甘油糖脂，但分布不普遍，主要存在于睾丸和精子的质膜以及中枢神经系统的髓磷脂中。甘油糖脂有的含一分子己糖，也有的含两分子己糖，常见的如乳糖二酰甘油和二甘露糖二酰甘油的结构式如下。

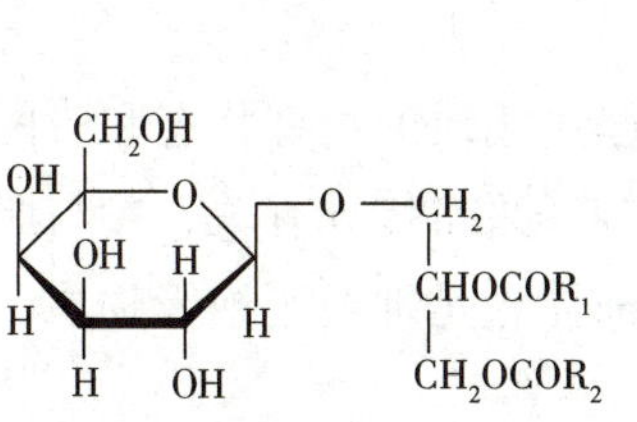

半乳糖二酰甘油（半乳糖甘油二酯）

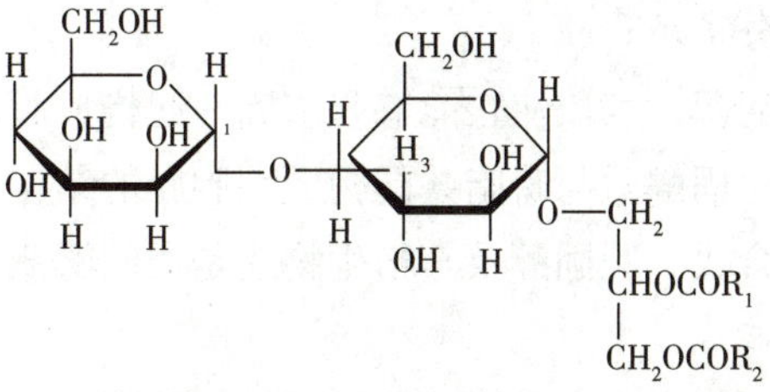

二甘露糖二酰甘油（二甘露糖甘油二酯）

（三）类固醇的结构与功能

类固醇也称甾类（steroid），其结构以 3 个六元环和 1 个五元环融合在一起的环戊烷多氢菲（perhydrocyclopentanophenanthrene）为核心。其中胆固醇（cholesterol）为最主要和最常见的成员，其他甾类几乎都是由它衍生而来；在甾核的 C_3 上有一个羟基，在 C_{17} 上有一个分支的碳氢链；有 α 型和 β 型。

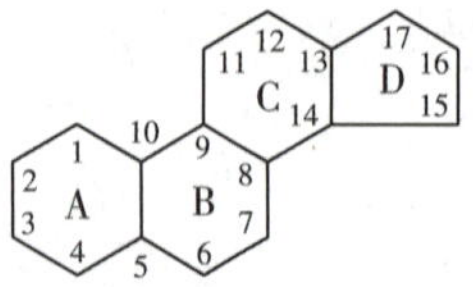

环戊烷多氢菲

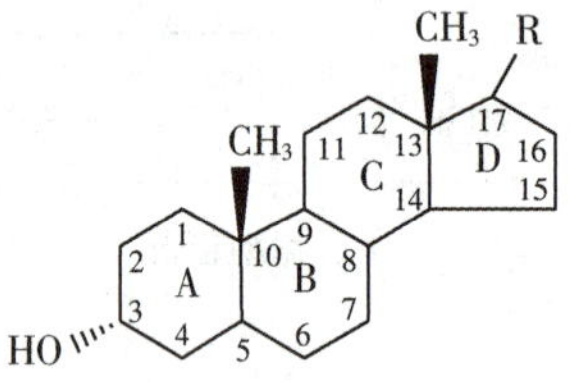

α 型固醇的基本结构 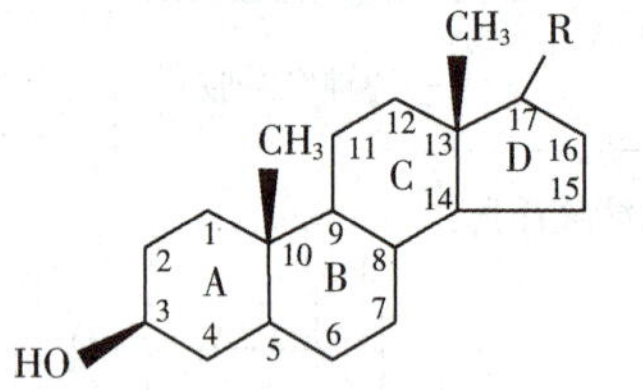　　β 型固醇的基本结构

式中，R 为支链，C_3 上有羟基，α 型或 β 型由 C_3 羟基的立体位置与 C_{10} 上甲基的位置决定。C_3 上的羟基位置与 C_{10} 上甲基的位置相反者（即在平面下）称 α 型，以虚线连接；与 C_{10} 上甲基位置相同者（在平面上）称 β 型，以实线连接。所有固醇的 C_{10} 和 C_{13} 上都有甲基。

1. 胆固醇　是环戊烷多氢菲的衍生物，普遍存在于人和动物的细胞和组织中，在脑、肝、肾和蛋黄中含量很高。生物体内的胆固醇有以游离形式存在的，也有与脂肪酸（多为不饱和脂肪酸）结合而以胆固醇酯的形式存在的。

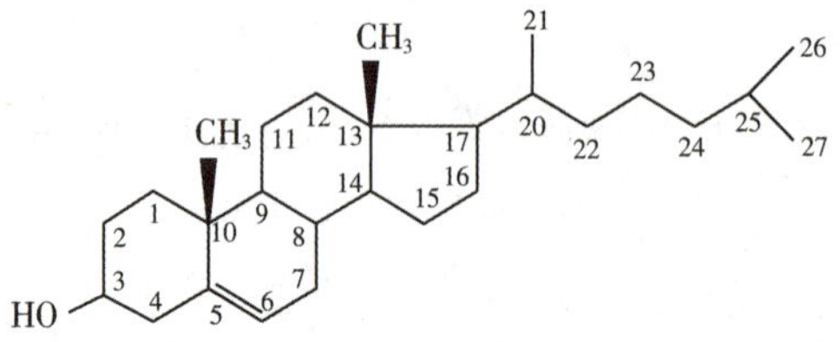

胆固醇

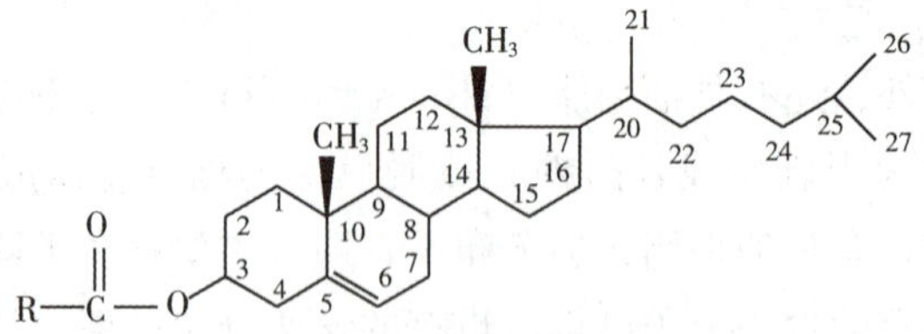

胆固醇酯

胆固醇中位于 C_3 位上的羟基是亲水的，而其余部分完全由碳氢链组成，是疏水的，因此胆固醇也是一种两性分子。

胆固醇的两性性质使它能够与磷脂一起构成膜的组分，并对膜中脂质的物理状态和膜的流动性具有调节作用。胆固醇除与磷脂共同构成细胞膜的结构组分外，还与神经兴奋传导有关，参与脂质代谢和血浆脂蛋白的合成。胆固醇及其衍生物还是类固醇激素和胆汁酸的前体，是神经鞘绝缘物质，同时它们还具有解毒功能。

胆固醇是临床生化的一个重要指标，在正常情况下，机体在肝脏中合成和从食物中摄取的胆固醇，将转化为类固醇激素或成为细胞膜的组分，并使血浆中胆固醇的水平维持稳定。血清胆固醇为游离胆固醇与胆固醇酯的总和，正常值为（3.975 ±0.8）mmol/L[（153 ±31）mg/100ml]。在冠心病和动脉粥样硬化症中，粥样斑块是胆固醇等脂质沉积而成。胆结石症的胆石成分几乎都是胆固醇的晶体。当肝脏发生严重病变时，胆固醇浓度会降低；而在黄疸性梗阻和肾病综合征患者中，胆固醇浓度往往会升高。此外，据国外报道，体内胆固醇长期偏低是诱发癌症的因素之一。

胆固醇为白色斜方晶体，易溶于乙醚、三氯甲烷、苯及热乙醇中，不能皂化。它与毛地黄糖苷容易结合而沉淀。胆固醇在三氯甲烷溶液中与乙酸酐及浓硫酸作用产生蓝绿色（Lieberman-Burchard 反应），可用来测定胆固醇的含量。

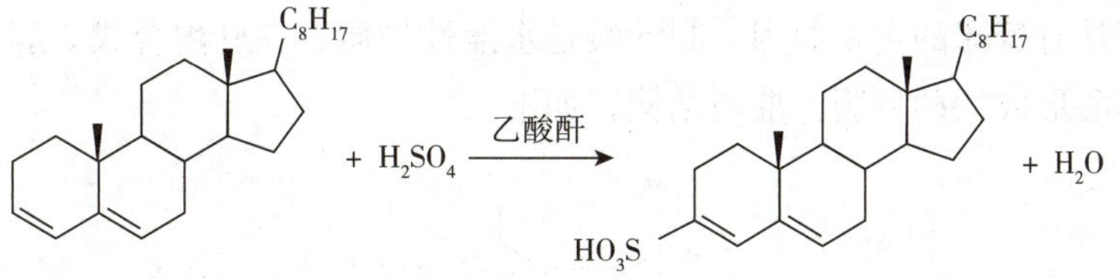

C_8H_{17} + H_2SO_4 —乙酸酐→ C_8H_{17} HO_3S + H_2O

胆固醇　　蓝绿色

2. 胆酸与胆汁酸　胆酸（cholic acid）是人和动物胆囊合成分泌的物质。根据分子中所含羟基的数目、位置及构型的不同可分为多种胆酸。到目前为止，发现的胆酸已超过 100 种，其中常用的不过数种，如胆酸（3α,7α,12α-三羟基胆酸）、去氧胆酸（3α,12α-二羟基胆酸）、猪去氧胆酸（3α,6α-二羟基胆酸）、鸡去氧胆酸（3α,7α-二羟基胆酸）、熊去氧胆酸（3α,7β-二羟基胆酸）以及少量石胆酸（3α-羟基胆酸）。

熊去氧胆酸作为胆石溶解药已被收载于《中国药典》，此外，还有利胆药去氢胆酸（dehydrocholic acid）。

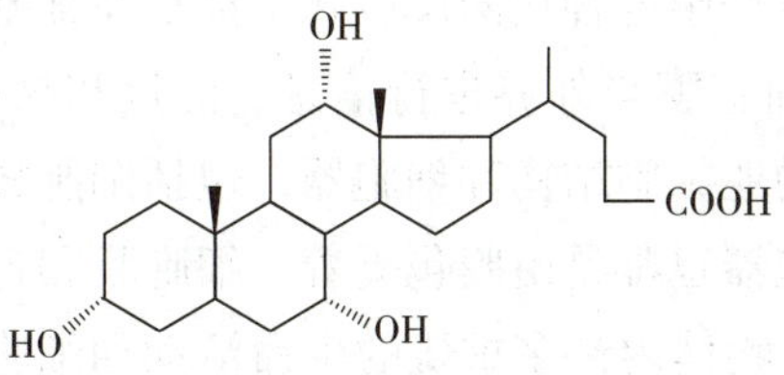

OH COOH HO OH

胆酸（3α,7α,12α-三羟基胆酸）

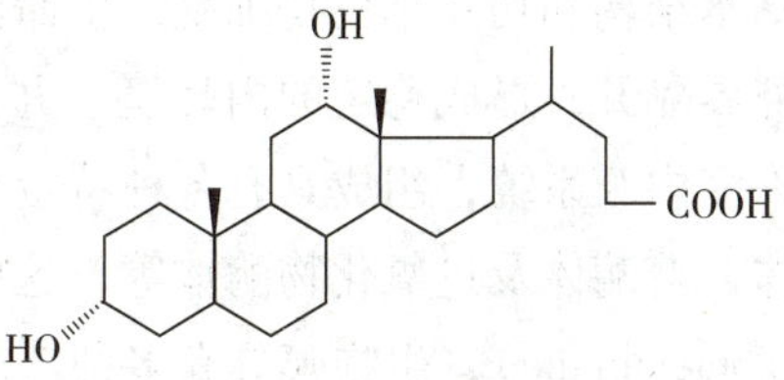

OH COOH HO

去氧胆酸

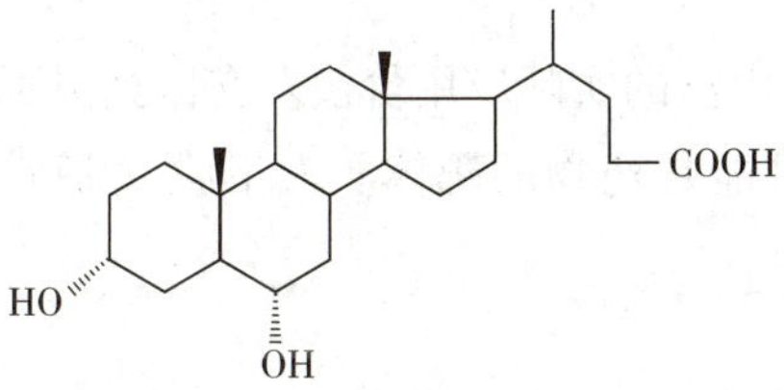

COOH HO OH

猪去氧胆酸

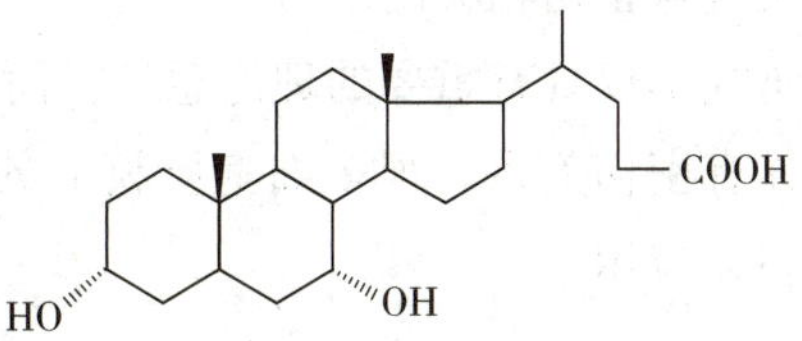

COOH HO OH

鹅去氧胆酸

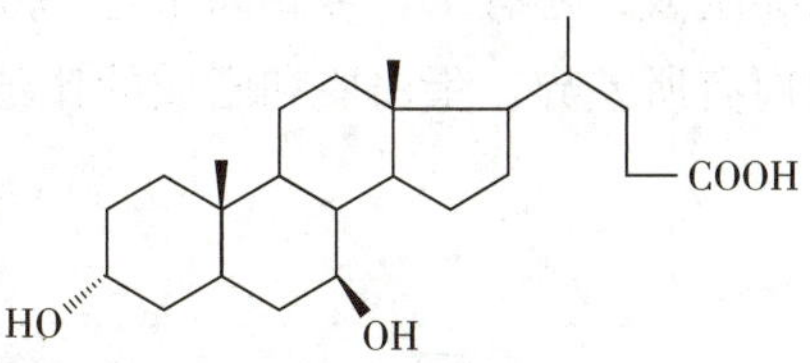

COOH HO OH

熊去氧胆酸

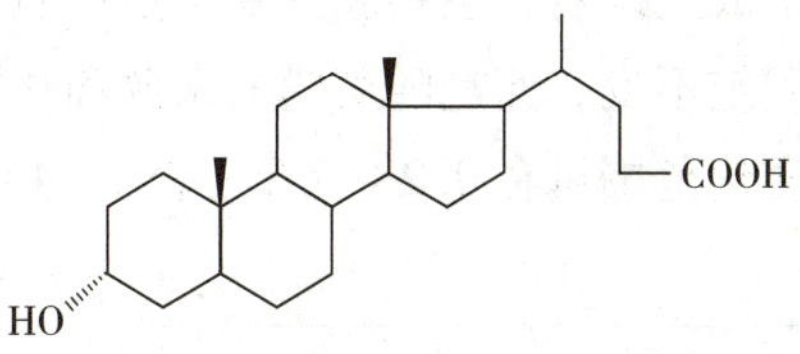

COOH HO

石胆酸

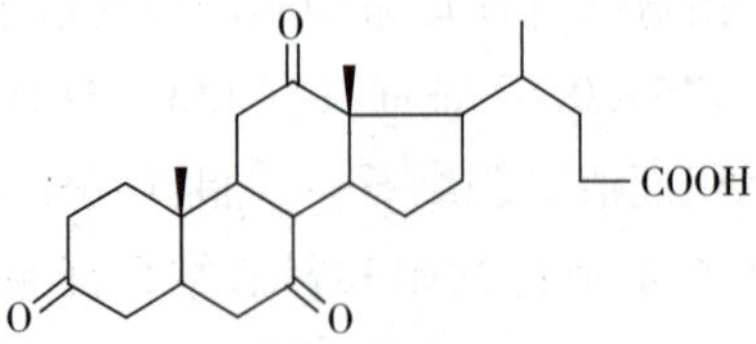

去氢胆酸

胆汁酸（bile acid）是由肝内胆固醇直接转化而来，是胆固醇的主要代谢终产物。人体内每天合成胆固醇1~1.5g，其中0.4~0.6g在肝内转变为胆汁酸。各种胆酸或去氧胆酸均可与甘氨酸（$NH_2CHCOOH$）或牛磺酸（$NH_2CH_2CH_2SO_3H$）以酰胺键结合，形成各种结合胆酸（甘氨胆酸和牛磺胆酸），即胆汁酸。它们是胆汁有苦味的主要原因。胆汁酸是水溶性物质，在肝内合成。胆囊分泌的胆汁，是胆汁酸的水溶液。由胆酸形成的两种胆汁酸的结构式如下。

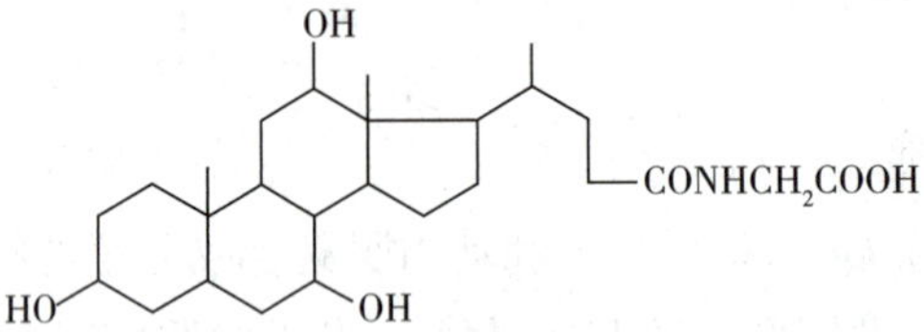

甘氨胆酸

在胆汁中，大部分胆汁酸形成钾盐或钠盐，称为胆盐。胆盐是一种乳化剂，可促进脂肪的消化和吸收。

第二节　生物膜的组成、结构与功能

生物体的基本结构和功能单位是细胞，生命活动过程中各种代谢反应几乎都是在细胞内进行的。细胞以细胞膜与外界隔开，形成稳定的内环境，并通过细胞膜与外界进行信息、能量和物质交换。此外，细胞内还存在许多内膜系统，组成具有各种特定功能的亚细胞结构和细胞器，包括细胞核、线粒体、内质网、高尔基体、溶酶体及过氧化物酶体等，这些细胞器也都是由膜包裹着，细胞膜和各种细胞器膜统称为生物膜（biomembrane），生物膜具有多种功能，生物体内许多重要的生命活动如细胞免疫、神经传导、代谢调控、激素和药物作用以及肿瘤发生等均与生物膜有关，生物膜执行各种生物学功能是与其化学组成、结构及特点密切相关的。

生物膜的研究不仅具有重要的理论意义，而且有着广泛的实际应用价值。在医药方面，几乎所有疾病都与膜的变异有密切关系。很多细胞质膜上的受体可能是药物的靶体。人工膜（脂质体）作为药物载体已经进入临床应用。

一、生物膜的基本化学组成

从化学组成上来看，生物膜主要由蛋白质、脂质和糖类组成，还有水、金属离子等。膜上各成分的比例并不是固定不变，而是随着膜的来源和功能上的不同而有所差异。蛋白质和脂质的比值表现出较大的差别，其变化范围可在0.28~3.2（表4-4）。

表4-4　几种生物膜的化学组成（干重%）

生物膜	神经髓鞘	红细胞膜	肝细胞质膜	心细胞线粒体内膜
蛋白质	22	60	60	76
脂质	78	40	40	24

膜中蛋白质和脂质的比值变化常与膜的功能密切相关。通常功能复杂或多样的膜，蛋白质的含量较高。相反，膜功能越简单，其膜蛋白的种类和含量越少。大多数膜干重的60%左右是蛋白质，脂质在40%以下。神经纤维的髓鞘膜功能单纯，主要起绝缘作用，其脂质高达78%，而线粒体内膜中脂质则为25%，二者剩下的主要是蛋白质。此外，不到10%干重的是糖类，都是以糖脂或糖蛋白的形式存在。生物膜中还含有一定量的水（15%~20%）和金属离子。水与膜紧密结合，也是维持膜结构稳定所必需的。

（一）膜脂

膜脂组成复杂，不同膜中脂质组成差别较大（表4-5），组成生物膜的脂质有磷脂、糖脂及胆固醇等，其中以磷脂为主要组分，分布也较广泛。膜脂主要是作为生物膜的骨架参与膜的构成，同时对极性化合物形成通透屏障，还可激活某些膜蛋白。

表4-5 哺乳动物生物膜中的脂质组成（总脂%）

膜	神经髓鞘	红细胞质膜	肝细胞质膜	内质网	线粒体
磷脂	42	60	54	67	76
磷脂酰胆碱	10	17	24	40	39
磷脂酰乙醇胺	15	18	7	17	35
磷脂酰丝氨酸	9	7	4	5	2
神经鞘磷脂	8	18	19	5	0
糖脂	28	3	7	<1	<1
胆固醇	22	23	17	6	3
其他脂质*	8	13	22	27	21

注：*包括磷脂酸、磷脂酰肌醇、磷脂酰甘油、二磷脂酰甘油等少量膜脂。

生物膜中的脂质种类繁多，分子结构各异，但都是两亲性分子（amphipathic molecule），即在同一分子内既含亲水性头部基团，又有疏水性尾部基团，这种两亲性性质在维持膜的结构上是非常重要的。

1. 磷脂 构成生物膜的主要磷脂成分是甘油磷脂，即以甘油为骨架，甘油中第1、2位碳原子的两个羟基分别与两个脂肪酸生成酯，第3位碳原子的羟基与磷酸生成酯，最简单的是磷脂酸。磷脂酸的含量虽不多，但是其他甘油磷酸酯合成的前体，如磷脂酰胆碱、磷脂酰乙醇胺、磷脂酰丝氨酸、磷脂酰肌醇和二磷脂酰甘油等。生物膜中还含有鞘磷脂。这种磷脂分子以鞘氨醇为骨架，它的氨基以酰胺键与一个长链脂肪酸相连形成神经酰胺，而一个羟基则与磷酸胆碱（或磷酸乙醇胺）相连。无论甘油磷脂还是鞘磷脂都系两性分子。这一特征决定了它们在生物膜中的双分子排列。

2. 糖脂 动物细胞的质膜几乎都含有糖脂，其含量约占外层膜脂的5%，这些糖脂大多是鞘氨醇的衍生物。例如半乳糖脑苷脂（galactocerebroside），这种糖脂是髓鞘膜的主要糖脂，约占外层膜脂的40%。糖脂在质膜中大多含有1~15个糖残基。

细菌和植物细胞质膜的糖脂几乎都是甘油的衍生物，非极性部分以亚麻酸的含量较为丰富，极性部分则是糖残基，可以是一个（如半乳糖）或更多个。

脂中还有一种神经节苷脂，是带有数目不等残基（至少有一个唾液酸）的神经酰胺。这种糖脂具有受体的功能，如霍乱毒素、干扰素、促甲状腺素和破伤风素等的受体都是神经节苷脂类化合物。它们可能还有调节膜蛋白功能的作用。

3. 胆固醇 生物膜组分中的胆固醇具有重要的生物学作用。一般来讲，动物细胞胆固醇的含量较植物细胞高，而质膜的胆固醇含量又多于细胞内膜系。胆固醇的两亲性特点对生物膜中脂质的物理状态有一定调节作用。它不仅可以调节膜的流动性，增加膜的稳定性，还可以降低水溶性物质的通透性。

（二）膜蛋白

膜蛋白作为生物膜的另一重要成分，承担着多种功能，如催化细胞代谢、物质运输、膜上组分及细胞的运动、细胞对外界信息的接受和传递以及维持细胞结构等。膜蛋白的含量因细胞的类型而异，但大多数含量为40%~60%。

按蛋白质在膜中的存在位置及从膜中分离的难易程度，膜蛋白一般分为外在蛋白质和内在蛋白质两类（图4-7）。前者分布于膜的表面，后者埋藏于脂质层内。

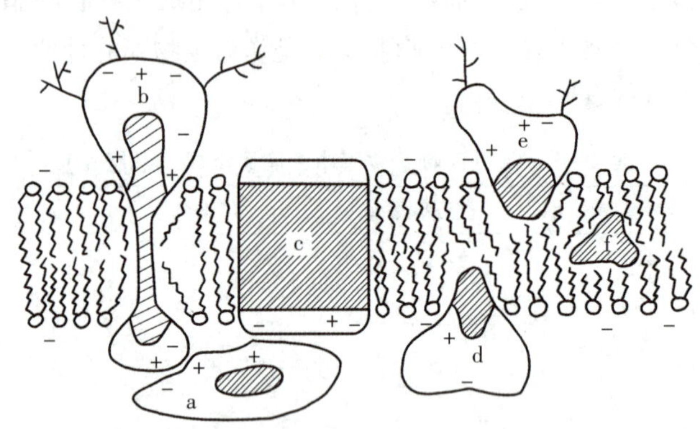

图4-7　膜蛋白的分布

a. 外在蛋白质，它的亲水性部分结合到其他膜蛋白及脂质的极性表面上；b~f. 都是内在蛋白质，各以不同方式嵌入膜中；b和e. 外侧表面的蛋白质，可以带糖链；画阴影线的部位表示非极性区域

1. 外在蛋白质　又称周围蛋白质（extrinsic protein）或外周蛋白质（peripheral protein），主要分布于膜的表面，通过离子键等较弱的次级键与膜表面松散结合。外在蛋白质较易分离，可通过改变介质的pH、离子强度或加入金属螯合剂等从膜中分离出来，并表现出水溶性。例如，构成呼吸链的成分细胞色素c就是典型的外在蛋白质。外在蛋白质一般占膜蛋白的20%~30%。

2. 内在蛋白质（intrinsic protein）　又称整合蛋白质（integral protein），与膜脂一样，属于两性分子，由于内在蛋白质分子内部亲水性和疏水性氨基酸残基分布不均，使分子内形成亲水和疏水区段。亲水基团主要由极性氨基酸残基的侧链基团提供，而疏水部分则由非极性氨基酸残基的侧链基团提供。在生物膜中，内在蛋白质的疏水区域与膜脂上的疏水核心通过疏水作用紧密结合，而亲水部分则伸展在水溶液的环境之中。这种紧密结合使得它很难与生物膜分离，通常需要使用破坏性的试剂如有机溶剂或去污剂（如SDS）才能将它们与膜脂分离。且一旦除去表面活性剂或有机溶剂，内在蛋白质又重新聚合成为不溶状态。

（三）糖类

生物膜中含有一定量的糖类，尤其在真核细胞中，无论质膜还是细胞内膜系，糖类都广泛分布，占质膜重量的2%~10%。糖类大多数与膜蛋白结合，少量与膜脂结合。膜中的糖通常以寡糖链形式与蛋白质或脂质结合，形成糖蛋白或糖脂。构成这些寡糖的单糖主要有半乳糖、甘露糖、岩藻糖、半乳糖、葡萄糖和唾液酸等。糖蛋白在细胞表面发挥重要作用，尤其在接受外界信息以及细胞间相互识别方面具有重要作用。

细胞表面的糖基与细胞的特性密切相关，例如，决定血型ABO抗原之间的差别，只在于寡糖链末端的不同糖基，A型抗原的糖链末端是乙酰氨基半乳糖基，B型的是半乳糖基，而O型则缺少一个糖基（表4-6）。

表 4-6 ABO 血型专一性的结构基础

血型	结构特点
O	半乳糖基—乙酰氨基葡萄糖基 │ 岩藻糖基
A	乙酰氨基半乳糖基—半乳糖基—乙酰氨基葡萄糖基 │ 岩藻糖基
B	半乳糖基—半乳糖基—乙酰氨基葡萄糖基 │ 岩藻糖基

乙酰神经氨酸（一种唾液酸）含一个羧基，常出现在糖蛋白或糖脂的糖链末端，能对抗许多酶的水解，对细胞膜起保护和识别作用。

二、生物膜的结构与特性

生物膜是由蛋白质、脂质和糖类组成的超分子体系。因此，除了探讨生物膜的分子结构与特性外，还必须研究它们之间的相互关系。下面介绍生物膜中分子间作用力、生物膜结构的主要特征以及生物膜结构的分子模型。

（一）生物膜中分子间作用力

生物膜中存在三种主要的分子间作用力：静电引力、疏水作用和范德华力。

1. 静电引力 存在于分子的一切极性和带电基团之间，它们相互吸引或排斥。在生物膜中，脂质与蛋白质的亲水极性基团通过静电引力的相互吸引，有助于形成很稳定的结构。此外，静电引力在膜蛋白之间的相互作用也很重要。由于膜中疏水区的介电常数较低，可以增强蛋白质分子的极性部分之间的静电引力。

2. 疏水作用 对维持膜结构起关键作用。蛋白质分子中的非极性基团的氨基酸侧链和脂双层的疏水脂链都有避免与水接触的趋势。这些非极性基团之间的相互吸引力，称为疏水作用，这种作用依赖于水环境。当非极性基团相互靠近时，范德华力就成为疏水作用的主要贡献者。

3. 范德华力 倾向于使膜中的分子尽可能地彼此靠近，对膜结构的稳定性也十分重要，与疏水作用互补。

（二）生物膜结构的主要特征

尽管生物膜种类繁多，但都具有以下一些特征。

1. 生物膜的流动性 指生物膜内各组分的各种形式的运动。包括膜脂质、膜蛋白的运动状态，有时将膜蛋白的运动状态称为“运动性（mobility）”。流动性是生物膜结构的主要特征，对生物膜正常功能的展现至关重要。例如，能量转换、物质运送、信息传递、细胞分裂、细胞融合、胞吞、胞吐以及激素作用等都与膜的流动性有密切关系。

膜脂的流动性体现在脂质分子可以进行各种形式的运动，如侧向扩散或侧向移动，围绕轴心的自旋运动甚至上下翻转等。这种流动性受脂酰基的碳链长度、不饱和性以及胆固醇含量的影响。一般来说，脂酰基的碳链越短、不饱和度越高，流动性越强。胆固醇作为一种在结构上不同于其他膜脂的分子，对生物膜的流动性有双重影响：在膜具有较高流动性的情况下，其相对强的刚性使得膜的流动性降低；相反，在膜流动性不高的情况下，它的存在能提高膜的流动性。

膜蛋白在膜中的运动主要包括两种形式：一种是沿着与膜平面垂直的轴做旋转运动，这种旋转扩散与周围的脂质有密切关系；另一种是沿着膜表面做侧向扩散运动，这是绝大多数膜蛋白运动所采取的方式。侧向扩散在多数情况下是随意和无序的，但某些膜蛋白并非随意扩散，而是集中到细胞膜的某一固定区域。例如，许多受体蛋白在结合配体以后，会聚合在细胞膜某一特定区域，即膜蛋白的侧向扩散受到细胞骨架的限制。

生物膜的流动性对于生物膜表现各种正常功能是必需的，对生物膜的功能具有深远影响。随着膜的流动性增强，膜对水和其他亲水性的小分子的通透性就会增加。许多药物的作用机制与膜的流动性相关，例如麻醉剂一般都具有增加膜流动性的作用。

2. 生物膜的不对称性 体现在其组成组分脂质、蛋白质和糖类在膜两侧的分布的不均一性。这种不对称性导致了膜两侧电荷数量、流动性等的差异。例如，含有胆碱的磷脂（磷脂酰胆碱和鞘磷脂）主要分布在膜的外层，它们不带有净电荷，避免相互排斥。而带负电荷的氨基磷脂（磷脂酰丝氨酸和磷脂酰乙醇胺）主要分布在膜的内层，使得质膜的内面带负电荷。此外，动物细胞膜中外层的胆固醇含量高于内层，显现不对称分布。

膜蛋白在膜两侧的分布也是不对称的。一些外在蛋白只附着在外层的表面，而另一些外在蛋白则位于内表面；含脂蛋白的分布情况类似。内在蛋白有的插在外层，有的仅插在内层，有的虽然横跨内外两层，但是相连的糖链只存在于膜的外侧。这种不对称性对于生物膜的正常生理功能极为重要，例如，细胞表面受体分子只有当它与配体结合的部位面向细胞膜的外侧才具有功能。

糖类在膜上的分布也不对称，无论质膜还是细胞内膜系，糖脂和糖蛋白的糖的分布都不对称。这种不对称性与其生物学功能密切相关。

3. 生物膜的相变和分相 生物膜的相变是指膜脂质分子上的脂酰基链在不同温度下从有序排列转变为无序状态的过程。当温度低于某一临界值时，脂酰基链高度有序，生物膜呈现类似固体或结晶的状态；当温度高于该临界值时，脂酰基转变得无序，膜脂逐渐转变为流体态或液晶态。这一转变发生的温度称为相变温度（transition temperature）。通常，脂酰基链越长，饱和度越高，相变温度也越高。生物膜中通常存在两种或两种以上的磷脂，它们各自的相变温度不同，在特定温度下，部分磷脂已转变为凝胶态，而其余的则仍处于液晶态，生物膜的这种性质称为分相（phase separation）。

胆固醇作为一种具有特殊结构的分子，在生物膜中发挥调节脂酰基状态的重要作用。当脂酰基处于无序状态，胆固醇通过“浓缩”效应促进膜脂从液态转变为固态；当脂酰基处于有序状态，胆固醇则能破坏其有序状态。

膜脂的相变还影响到其中膜蛋白的功能。对于位于亲水区的内在蛋白，相变对该蛋白的功能影响不大；但是，跨膜运输蛋白，相变可直接影响其运输速度。例如，胰岛素受体活性随着膜脂中不饱和脂肪酸比例的增加而增强，这与膜脂的相变特性密切相关。

（三）生物膜的结构模型

1. 脂双层模型 对生物膜结构的认识经历了一个逐步发展的过程。早在1899年，Charles Overton提出脂质和胆固醇类物质可能是构成细胞膜的主要组分。1925年，E. Gorter 与 F. Grendel 用丙酮抽提红细胞膜的脂质并铺成单分子层，利用Langmuir槽测定了其表面面积，并与红细胞膜的表面面积比较，发现前者为后者的两倍，由此最早提出了膜中脂质分子以双分子排列的结构模型（图4-8）。该模型可以解释生物膜许多重要的现象。

膜脂的两性性质使得它们在水溶性环境之中能自发地形成在热力学上稳定的脂双层结构。在这种脂双层结构中，膜脂质分子的疏水尾部通过疏水作用紧密结合在一起，尽量避免与水分子接触，而亲水的头部则暴露在水相之中。直到如今，脂双层是生物膜结构主体的论点仍然被广泛接受。

2. 流动镶嵌模型 最能反映生物膜化学结构和生物功能的结构模型是由 S. J. Singer 和 G. Nicholson 于1972年提出的流动镶嵌模型（fluid mosaic model）（图4-9）。该模型的主要内容是：生物膜以具有

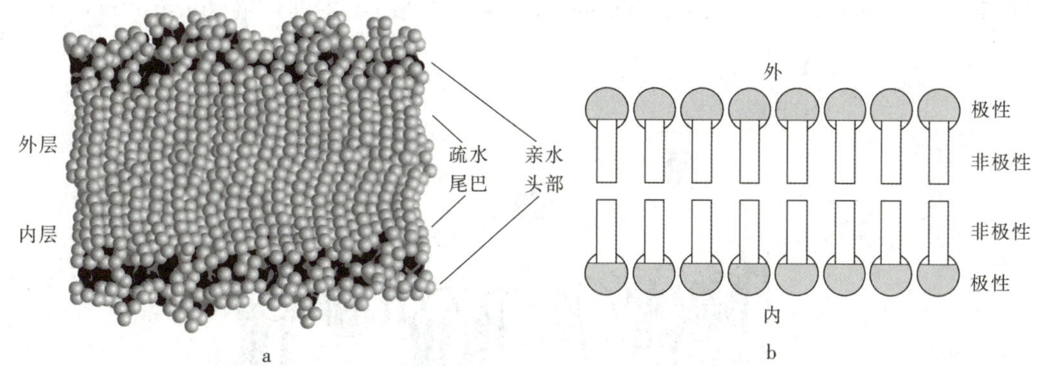

图 4-8 脂双层的结构示意

a. 结构；b. 模型

流动性的二维脂双层作为基本骨架，其上镶嵌各种蛋白质，这些蛋白质有的分布在表面，有的横跨整个脂双层。膜中的蛋白质相对自由地“浮动”在脂双层骨架上，而形成一种镶嵌的样式。

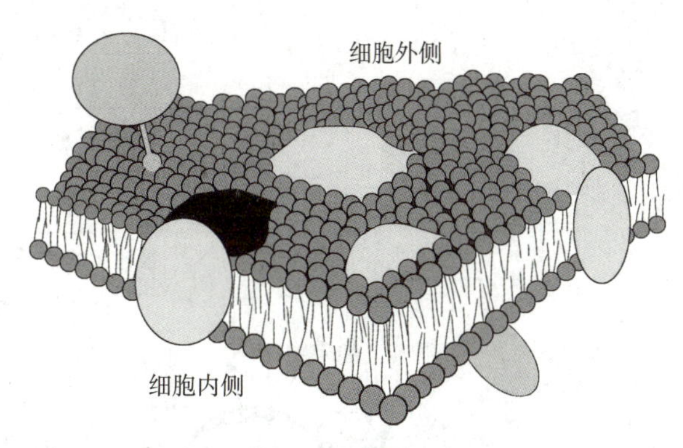

图 4-9 生物膜的流动镶嵌模型

流动镶嵌模型尽管有许多实验证据支持，但它描述的生物膜仍然是一种相对静止的结构。而生物膜真实的结构却更为复杂和更具动态性。例如，许多实验结果表明，膜的不同部分的流动性是不均匀的。由于脂质组成的不同，膜脂质-膜蛋白、膜蛋白-膜蛋白的相互作用以及环境因素（如温度、pH、金属离子等）的影响，在一定的温度条件下，有的膜脂呈现凝胶态，而有的却处于可流动的液晶态。即使同样处于液晶态，膜中各部分的流动性也不尽相同，整个膜可以被看成具有不同流动性“微区”（domain）相间隔的动态结构。因此，尽管该模型虽然得到比较广泛的支持，但它仍然存在一些局限性，还不能算是一种完美无缺的模型。

三、细胞膜上的生物分子结构与功能

细胞膜上的生物大分子主要有蛋白质（包括酶）、脂质和糖类，其基本结构由膜脂质和膜蛋白的性质共同决定，其中最基本的结构骨架是脂双层结构。生物不仅选择性地进行物质运输，包括代谢废物的排出与代谢产物的进入，还为细胞提供能量转换的场所。此外，生物膜负责细胞识别和信息跨膜传递。

（一）膜中的结构脂质

生物膜的结构脂质主要包括磷脂、糖脂和胆固醇三类，其中磷脂的含量最高。不同的生物膜其组成有明显的不同，这与不同组分在生物膜的功能中所起作用的不同有关。磷脂分子有以下几个主要特征。

（1）具有 1 个极性头和 2 个非极性尾（脂肪酸链），除心磷脂具有 4 个非极性的尾部。

（2）多数磷脂为甘油磷脂，少数为鞘磷脂。

（3）除饱和脂肪酸外，还含有不饱和脂肪酸，不饱和脂肪酸多为顺式结构。不饱和脂肪酸对膜的流动性有极大影响，在低温度时，磷脂形成半晶体凝胶状，其分子活动受限制；在高温时，分子活动增加，疏水基团活动性增强。这种转变与脂肪酸的饱和度密切相关。

（二）物质转运

细胞质膜是细胞与环境进行物质交换的通道和屏障，小分子物质进出细胞的方式主要有简单扩散

(simple diffusion)、协助扩散(facilitated diffusion 或称易化扩散)、主动运输(active transport)等(图 4-10)。

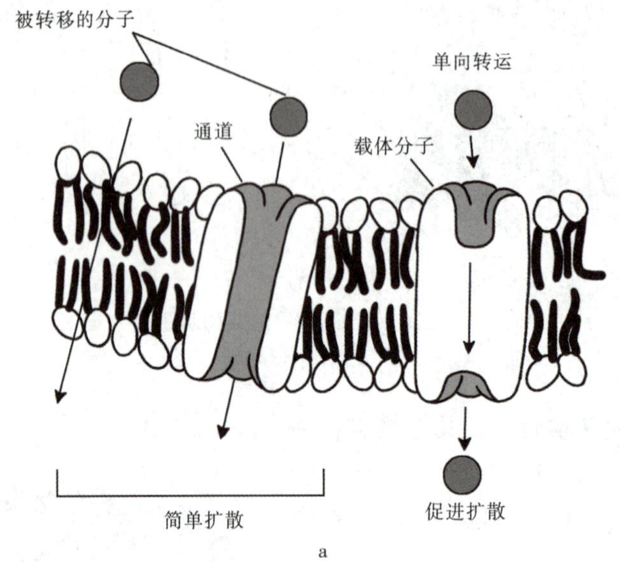

a

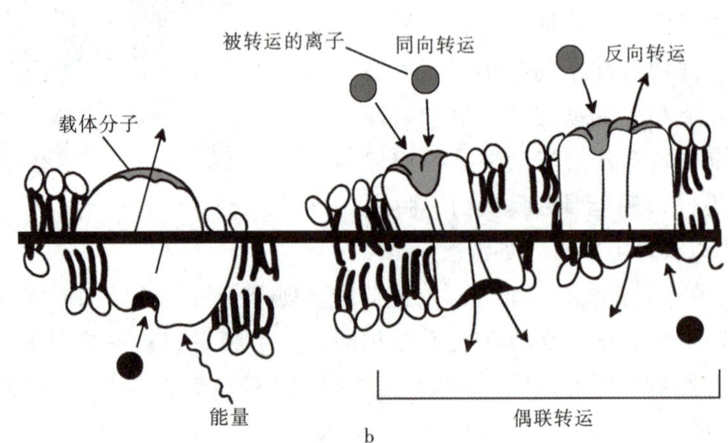

b

图 4-10 生物膜的物质转运模式

a. 被动运输；b. 主动运输

简单扩散是指物质由浓度高的一侧转运到浓度低的一侧，这一过程既不需要提供能量，也不需要膜蛋白的参与，完全依赖于膜两侧物质的浓度差和分子大小。协助扩散也是物质顺浓度梯度的跨膜转运，不需要细胞提供能量，但在特异膜蛋白的协助下进行，这些特异膜蛋白包括载体蛋白和通道蛋白，可以显著提高转运速度和特异性。上述两种转运方式统称为被动运输(passive transport)。被动运输不同，主动运输是一种逆浓度梯度和电化学梯度的跨膜运动方式，需要特异的膜蛋白参与，并消耗细胞能量。

(三) 信息传递

细胞可以接受外界的刺激或信息，并通过结合在质膜上的受体(膜蛋白)将信号传入胞内，触发启动一系列反应，最终产生生物学效应。一些亲水性的化学信号分子，如神经递质、蛋白质激素、生长因子等，通常不进入细胞，而是通过与细胞膜上的特异受体结合来影响靶细胞。

(四) 能量转换

生物膜的另一突出功能是能量转换，线粒体膜是其中的典型代表。线粒体能够将储存于有机物中的化学能转变为细胞可直接被利用的能量，是细胞生命活动直接提供能量来源。线粒体由内膜和外膜组成，内膜上分布着电子传递体系。当糖、脂质等营养物质氧化分解时，通过电子传递逐步释放能量，线粒体内的特殊机制将这种能量转移到高能化合物腺苷三磷酸（ATP），后者即参与多种需能的生理活动。

四、脂质的特殊生物功能

尽管大多数膜脂在细胞中处于被动状态，但有一些脂质虽然量比较少却具有某些特殊的生物功能，在代谢和信号传递中起着积极的作用。第一类脂质可作为强信号因子，如从一个组织携带到另一个组织的激素、对胞外信号（如激素和生长因子）产生应答的胞内信使；第二类在叶绿体和线粒体的电子传递反应，或在糖基化反应的糖基转运过程中作为酶的辅因子；第三类由带共轭双键系统的脂质组成，即色素，它们可以吸收可见光，其中一些在视觉和植物光合作用中作为捕光色素，或生成有特定颜色的天然色素，如南瓜和胡萝卜的橙色、金丝雀羽毛的黄色等。这些特殊的脂质是从质膜中的脂质或脂溶性维生素 A、维生素 D、维生素 E、维生素 K 衍生而来。下面简要介绍这些有机活性脂质。

（一）信号分子

1. 磷脂酰肌醇作为胞内信号分子 磷脂酰肌醇及其磷酸化衍生物在调节细胞结构和代谢方面发挥着关键作用（图 4－11）。磷脂酰肌醇-4,5-二磷酸（PIP2）位于质膜内表面上，作为特定骨架蛋白以及膜融合相关的可溶性蛋白的结合位点。它还作为信号分子贮存点，当细胞外的信号与质膜外表面的特殊受体发生作用时，这些分子产生应答并释放到胞内。信号分子的作用包括：从酶催化移去磷脂头部基团开始，直到最终酶（蛋白激酶 C）被活化。例如，当抗利尿激素与其质膜受体（位于肾集合管的上皮细胞）结合时，PIP2 被活化。PIP2 中甘油与磷脂酰甘油之间的键断裂，形成两个产物：水溶性的肌醇-1,4,5-三磷酸（IP_3）和二酰甘油、二酰甘油与质膜相连。IP_3 引起内质网中 Ca^{2+} 的释放，二酰甘油和胞液中 Ca^{2+} 浓度的增加，从而一起激活蛋白激酶 C。此酶可催化使 ATP 的磷酸基转移到一个或多个靶蛋白的特定残基上，从而改变它们的活性及与之相关的细胞代谢。膜鞘脂质也能作为胞内信使，如神经酰胺和鞘磷脂都是蛋白的强调节子。

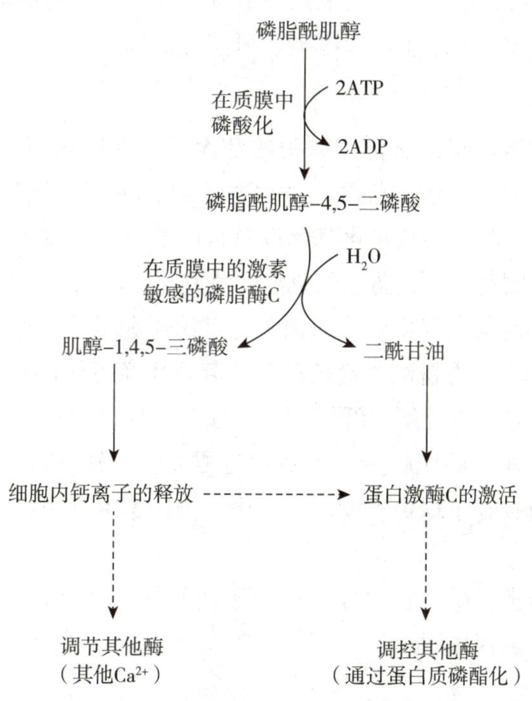

图 4－11 磷脂酰肌醇的细胞内调节作用

2. 类花生酸携带信号 类花生酸是旁分泌激素，只能在其合成位点附近的细胞发生作用，而不能被血液运送到其他组织或器官。这类脂肪酸衍生物在脊椎动物组织中发挥着不同作用，包括调节炎症、发热和疼痛、血液凝聚、血压调节和胃酸分泌等过程。

类花生酸都是20碳的多不饱和脂肪酸——花生四烯酸（20∶4$\Delta^{5,8,11,14}$）的衍生物共分3类：前列腺素、血栓烷和白三烯。

前列腺素（prostaglandin，PG）含有一个五碳环，最早在前列腺中发现而被命名。PG可分为PGE（醚溶性）和PGF（可溶于磷酸缓冲液）两大类。PG在许多组织中发挥作用，主要通过调节胞内信号分子cAMP的合成。cAMP介导了许多激素的作用，因此PG会影响到许多细胞和组织的功能。例如，有些PG促进子宫平滑肌在月经期间或劳动时收缩；另有PG可使血液流入特定器官，影响睡眠周期和某些组织对激素（如肾上腺素和胰高血糖素）的反应；还有PG可以使体温升高（导致发热），引起炎症及疼痛。

血栓烷（thromboxane）有一个六元环和醚键，在血小板中合成，参与血液凝固和诱导血液流向凝块的过程。研究表明，一些非甾体抗炎药（NSAIDs）（阿司匹林、布洛芬、对乙酰氨基苯酚等）能够抑制前列腺素H合酶的活性，此酶在花生四烯酸生成PG和血栓烷的早期反应中起催化作用。

白三烯（leukotriene）最初发现于白细胞，其分子含有3个共轭双键，是强生物信号分子。例如，白三烯D、白三烯A的衍生物能够诱导沿肺通气孔排列的肌肉发生收缩，过量的白三烯会引起哮喘病症。某些抗哮喘药物，如泼尼松可以抑制三烯类的合成。对蜂毒、青霉素及其他过敏原敏感的人群，过敏性休克时非平滑肌的强收缩是过敏反应的一部分。

3. 类固醇激素在组织间传送信号 类固醇激素是固醇类化合物的衍生物，广泛存在于生物体内，不同于胆固醇，它们没有上与D环直接相连的碳氢链。类固醇激素通过血管蛋白质载体运输到靶点，进入细胞内与核中的特异受体结合，调控基因表达和代谢过程。因为激素与其受体有很强的亲和力，即使毫摩尔级或更低浓度的激素也足以激活靶组织。主要的类固醇激素包括雄激素、雌激素，以及肾上腺皮质分泌的皮质醇和醛固酮。此外，泼尼松和脱氢皮质醇等类固醇抗炎药物通过抑制磷酸激酶A，抑制白三烯、前列腺素和血栓烷的合成，可用于治疗哮喘、风湿等疾病。

（二）辅因子

维生素E、维生素K和脂溶性醌是氧化还原酶的辅因子。维生素即生育酚（tocopherol）是一种含芳香环和长碳氢链的化合物。由于其疏水性质，生育酚常与细胞膜、脂质沉积物和血液中的脂蛋白结合。它是一种生物抗氧化剂，可与大多数氧化基团以及自由基反应，破坏其氧化活性，保护不饱和脂肪酸免受氧化损伤，维护细胞膜的完整性，防止红细胞脆性增加。生育酚存在于坚果、植物油和小麦种子中。实验动物在缺乏维生素E时会出现皮肤、肌肉无力、消瘦和不孕等症状。

维生素K在活性凝血酶的形成中扮演关键角色，其芳香环经历氧化还原过程。凝血酶是血浆中的一种蛋白质，作为蛋白水解酶，它可以裂解血纤维蛋白的肽键，使之转化为不可溶的血纤维蛋白，从而促进血液凝固。人体中缺乏维生素K的比较少，少数初生婴儿会因缺乏维生素K而患上致命的出血性疾病。维生素K（叶绿醌）主要存在于绿色植物的叶子中，维生素K（甲萘醌）则由脊椎动物肠道中的细菌合成。

泛醌和质体醌是异戊二烯类脂质，它们分别存在于线粒体和叶绿体中，在驱使ATP合成的氧化还原反应中作为脂溶性电子载体发挥作用。

（三）色素

维生素A也称视黄醇（retinol），是人类和其他脊椎动物必不可少的激素前体，但人和脊椎动物自身不能合成，只能从饮食中摄取。

维生素 A 包括很多不同形式，也分别行使不同的功能，如作为激素和作为脊椎动物眼的视觉色素。视黄酸是维生素 A 的衍生物，通过细胞核内蛋白质受体结合，调节包括上皮组织（如皮肤）在发育过程中的基因表达。视黄酸是药物维甲酸（又叫 Retin-A）中的活性成分，用于治疗严重的皮肤粉刺和皱纹。维生素 A 衍生物视黄醛是一种色素，可以促使视网膜中视杆细胞和视锥细胞对光产生应答，进而对大脑产生神经信号。

维生素 A 最初是从鱼肝油中分离得到的。肝、蛋、牛奶和黄油也是很好的食物来源。在脊椎动物中，β-胡萝卜素可以被酶催化转变成维生素 A。维生素 A 缺乏会导致皮肤、眼睛和黏膜干燥，生长迟缓，夜盲症等，其中夜盲症为维生素 A 缺乏病的早期症状之一。

答案解析

思考题

1. 简述脂质的概念、分类及其在体内的主要生物学作用。
2. 比较单脂与复合脂类结构特点和性质的异同点。
3. 举例介绍几种重要复合脂质在体内的生理功能。
4. 简述生物膜的结构特征与结构模型。

（刘纯慧）

书网融合……

微课

习题

第五章 酶与酶工程

PPT

学习目标

1. 通过本章学习，掌握酶的化学本质，酶的催化特性，酶活性的调控方式，米氏方程、米氏常数的意义及求解方法，不可逆抑制和可逆抑制的分类及特点，酶活性单位概念及测定；熟悉酶的结构与功能的关系，酶的催化机制，核酶与抗体酶，酶浓度、温度、pH、激动剂等对酶促反应速度的影响，酶分离纯化方法，酶比活力的意义；了解酶的分类与命名，化学酶工程技术与生物酶工程技术，酶类药物，酶在疾病诊断上的应用，固定化酶的应用，抑制剂的设计与应用。

2. 具有从事酶相关药品研究与开发、生产与应用等药学工作的基本技能。

3. 树立科学的思维方法、严谨的工作作风，有一定的创新思维、创新能力和创新潜力，能不断将新理论、新技术付诸实践。

酶（enzyme）就是由细胞合成的，在机体内行使催化功能的生物催化剂（biocatalyst）。1926 年，Summer 从刀豆中分离获得了脲酶结晶，并提出酶的化学本质就是蛋白质。后来 Northrop 等得到了胃蛋白酶、胰蛋白酶和胰凝乳蛋白酶的结晶，进一步确认了酶的蛋白质本质。现在已经发现生物体内存在的酶有数千种，并有数百种酶已得到了结晶。20 世纪 80 年代，部分化学本质为 RNA 或 DNA 的酶即核酶（ribozymes）的发现，打破了所有酶的化学本质都是蛋白质的传统概念。因此，酶的本质绝大多数是蛋白质或蛋白质与辅酶的复合体，极少数是 RNA 和 DNA。

由于酶的独特的催化功能，使它在工农业和医疗卫生等领域具有重大战略意义。酶的高效性和专一性以及不需要在高温、强酸、强碱的条件下作用的特性是普通的化学催化反应所无法比拟的。酶的研究成果给催化剂的设计、药物的设计，疾病的预防、诊断和治疗以及遗传和变异等提供了理论依据和新概念、新思路。

第一节 概 述

一、酶的生物学意义

酶是生物体内一类具有催化活性和特定空间构象的生物大分子，包括蛋白质和核酸等。生物体内的各种化学变化几乎都是在酶的催化下进行的，因此，酶量与酶活性的改变都会引起代谢的异常乃至生命活动的停止。

酶在生物机体内发挥的功能有：①执行具体的生理机制，如乙酰胆碱酯酶（acetylcholinesterase）与神经冲动传导有关；②参与消除药物毒物转化等过程，如限制性内切核酸酶（restriction endonuclease）能识别并水解外源 DNA，防止异种生物物质的侵入；③协同激素等物质起信号转化、传递与放大作用，如细胞膜上的腺苷酸环化酶（adenylate cyclase）、蛋白激酶（protein kinase）等可将激素信号转化并放大，增强代谢活性；④催化代谢反应，在生物体内建立各种代谢途径，形成相应的代谢体系，其中最基本的是生命物质的合成系统和能量的转换系统。

由于生命物质的合成与能量转换是一切生物所必需的，因此不论什么生物都具有与此相关的酶系和辅酶。但是，不同生物又有各自特殊的代谢途径和代谢产物，它们还有各自相应的特征酶系、酶谱。即使是同类生物，酶的组成与分布也是有明显的种属差异。其次，在同种生物各种组织中酶的分布也有所不同。而且，在同一类组织中，由于功能需要与所处环境的不同，酶的含量也可能有显著差异。为适应特定功能的需要，酶在同一细胞内，甚至在同一细胞器内，它的组成和分布也是不均一的。因此，酶的组成和分布是生物进化与组织功能分化的基础。

此外，在生物的长期进化过程中，为适应各种生理功能的需要和适应外界条件的千变万化，生物体本身还形成了从酶的合成到酶的结构和活性等各种水平的调节机制。

二、酶的催化特性

受酶催化的化学反应被称为酶促反应，其中的反应物被称为底物（substrate）。酶作为一种特殊催化剂也具有一般催化剂的特征。例如，它只能催化或加速热力学上可能进行的反应，而绝不能改变反应的平衡常数，酶本身在反应前后不发生变化。但是，酶作为一种生物催化剂，它与一般化学催化剂又有所不同，具有下列几个特点：①酶的主要成分是蛋白质，极易受外界条件的影响，例如对热非常敏感，容易变性失活。所以酶作用一般都要求比较温和的条件，如常温、常压、接近中性的酸碱度等；②酶的催化效率非常高，酶促反应比相应的非酶促反应要快 $10^3 \sim 10^{17}$ 倍；③酶具有高度的专一性，酶对所作用的底物有严格的选择性，通常一种酶只能作用于某一类或某一种特定的物质，这也说明酶对底物的化学结构和空间结构有高度严格的要求；④酶的催化活性是受到调节和控制的，它的调控方式包括反馈调节、抑制剂调节、共价修饰调节、酶原激活及激素控制等；⑤酶可催化某些特异的化学反应，体内某些物质的合成只能由酶促反应完成。如某些蛋白质、多肽、核酸以及其他一些生物活性物质的合成都要通过酶促反应进行。

（一）酶催化的高效性

没有酶的催化，生物体内的大多数反应几乎是不能进行的。例如像二氧化碳分子发生水合反应生成碳酸这样简单的反应也是通过体内碳酸酐酶催化的。

$$CO_2 + H_2O \longrightarrow H_2CO_3$$

每个酶分子在 1 秒内可以使 6×10^5 个 CO_2 分子发生水合作用，保证组织细胞中的 CO_2 迅速进入血液，然后再通过肺泡及时排出，这个经酶催化的反应要比未经催化的反应快 10^7 倍。再如刀豆脲酶催化尿素水解的反应。

$$H_2N-\overset{\overset{\displaystyle O}{\|}}{C}-NH_2 + 2H_2O + H^+ \longrightarrow 2NH_4^+ + HCO_3^-$$

20℃时酶催化反应的速度常数是 3×10^4/秒，尿素非催化水解的速度常数为 3×10^{-10}/秒，因此，脲酶催化反应的速度比非催化反应速度快 10^{14} 倍。据报道，如果在人的消化道中没有各种酶的催化参与，在体温 37℃的情况下，要消化一餐简单的午饭，大约需要 50 年。由此可见，酶的催化效率是极高的，在生物细胞内，虽然各种酶的含量很低，但却可催化大量的底物发生反应。

（二）酶作用的专一性

酶对底物的专一性（specificity）是指酶对作用的底物有严格的选择性，即一种酶只作用于一类化合物或特定的化学键，以促进特定的化学变化，生成特定的产物。专一性通常分为以下几种。

1. 立体化学专一性　是从底物的立体化学性质来考虑的一种专一性，可分为两类。

（1）立体异构专一性　当底物具有立体异构体时，有些酶只能作用于其中一种。例如 L-氨基酸氧化酶只催化L-氨基酸氧化，对D-氨基酸无作用；精氨酸酶只催化L-精氨酸水解，对D-精氨酸则无效。

底物分子没有不对称碳原子，而酶促反应产物含有不对称碳原子时，该底物受酶催化后，往往只得到一种立体异构体。如丙酮酸受乳酸脱氢酶催化还原时，只产生L-乳酸。

$$CH_3-CO-COOH + 2H \xrightleftharpoons{\text{乳酸脱氢酶}} HO-CH(CH_3)-COOH$$

丙酮酸　　　　L-乳酸

酶催化的立体专一性在实践中具有很重要的生物学意义，例如某些药物只有某一种构型才有生理效应，有机合成一般得到混合构型产物，若用酶便可进行不对称合成或不对称拆分。如用乙酰化酶制备L-氨基酸时，将有机合成的D,L-氨基酸经乙酰化后，再用乙酰化酶处理，这时只有乙酰-L-氨基酸被水解，于是便可将L-氨基酸与乙酰-D-氨基酸分开。

（2）几何异构专一性　有些酶只能作用于顺反异构体中的一种，这称为几何异构专一性。例如，延胡索酸酶只催化延胡索酸（反丁烯二酸）加水生成L-苹果酸，对马来酸（顺丁烯二酸）则无作用。

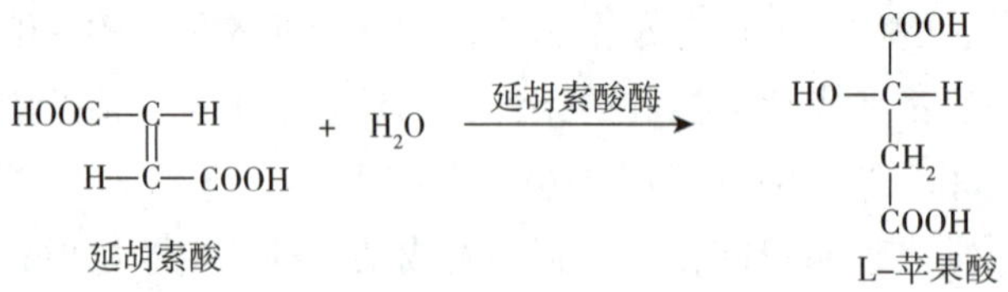

$$HOOC-CH=CH-COOH + H_2O \xrightarrow{\text{延胡索酸酶}} HOOC-CH(OH)-CH_2-COOH$$

延胡索酸　　　　L-苹果酸

2. 非立体化学专一性　有些酶能特异性识别底物的化学键及组成该键的基团，这称为非立体化学专一性。如以A－B为底物，可认为它是由三部分所组成，即A、B与连接它们的键。非立体化学专一性可依据酶对这三种组成部分选择程度的不同而分为三类。

（1）键专一性　对酶来说，在键专一性中，重要的是连接A和B的键必须“正确”。例如，酯酶的作用键必须是酯键，而对构成酯键的有机酸和醇（或酚）则无严格要求。

（2）基团专一性　具有基团专一性的酶除了需要有“正确”的化学键以外，还需要基团A和B中的一侧必须“正确”。基团专一性又称相对专一性。如胰蛋白酶作用于蛋白质的肽键，此肽键的羰基必须由赖氨酸或精氨酸提供，而对肽键的氨基部分没有严格要求。胰蛋白酶作用部位如图5－1所示。

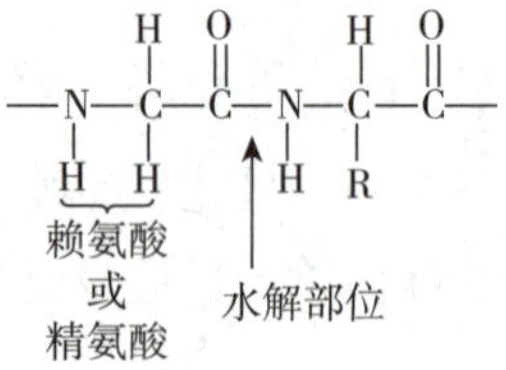

$$-NH-CH(R_{赖氨酸或精氨酸})-CO-\downarrow-NH-CHR-CO-$$

赖氨酸或精氨酸　　水解部位

图5－1　胰蛋白酶的作用部位

（3）绝对专一性　具有绝对专一性的酶要求底物的键和A、B都必须严格的“正确”，否则无作用。如脲酶只催化尿素的水解，对其他一切尿素的衍生物都不起作用。为解释酶作用的专一性，曾提出过不同的假说，早在1894年Fischer曾提出“锁与钥匙学说”（lock and key theory），认为酶与底物之间在结构上就像一把钥匙插入一把锁中去一样有严格的互补关系（图5－2）。该学说有着不能解释酶的逆反应的局限性，如果酶的活性中心是“锁和钥匙”学说中的锁，那么，这种结构不可能既适合于可逆反应的底物，又适合于可逆反应的产物。1958年Koshland提出“诱导契合”假说（induced-fit hypothesis），该假说认为：当底物与酶互补结合时，酶分子本身不是固定不变的，酶分子与底物的契合是动态的契合，当酶分子与底物分子接近时，酶蛋白受底物分子的诱导，其构象发生有利于

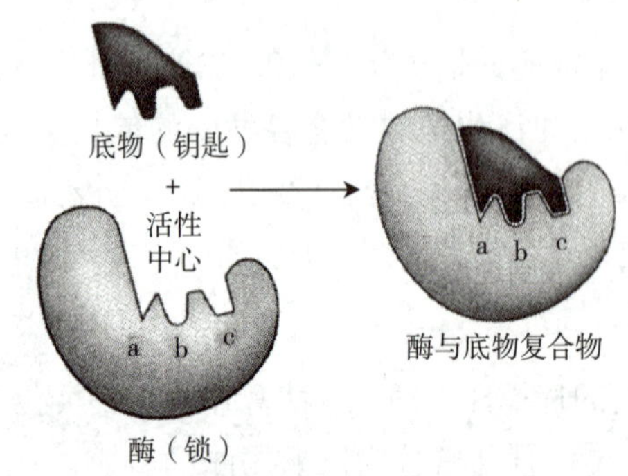

图5－2　酶与底物结合的“锁与钥匙”模型

同底物结合的变化，酶与底物在此基础上互补契合，进行反应。

（三）酶的调节性

生命现象表现了它内部反应历程的有序性。这种有序性是受多方面因素调节和控制的，而酶活性的控制又是代谢调节作用的主要方式，是酶区别于一般催化剂的重要特征。生物体内酶的调节是错综复杂而又十分重要的，是生物体维持正常生命活力必不可少的，失调控会导致代谢紊乱，表现病态甚至死亡。酶活性的调节控制有下列几种方式。

1. 酶浓度的调节 调节酶的浓度主要有两种方式，一种是诱导或抑制酶的合成；一种是调节酶的降解。例如，在分解代谢中，β-半乳糖苷酶的合成，平时处于被阻遏状态。当乳糖存在时，抵消了阻遏作用，于是酶受乳糖的诱导而合成。在大肠埃希菌中，葡萄糖能抑制β-半乳糖苷酶的合成。

2. 激素的调节 激素通过与细胞膜或细胞内受体相结合而引起一系列生物学效应，以此来调节酶活性。这种调节也和生物合成有关，但调节方式有所不同。有些酶的专一性是由激素调控的，例如乳腺组织合成乳糖是由乳糖合成酶催化的，该酶由两个亚基即催化亚基和调节亚基组成。催化亚基本身不能合成乳糖，但可以催化半乳糖以共价键的方式连接到蛋白上形成糖蛋白。调节亚基和催化亚基结合后，改变了催化亚基的专一性，可以催化半乳糖和葡萄糖反应生成乳糖。调节亚基的水平是由激素控制的。妊娠时，调节亚基在乳腺生成，分娩时，由于激素水平的急剧变化，调节亚基大量合成，它和催化亚基结合形成乳糖合成酶，大量合成乳糖以适应生理的需要。

3. 共价修饰调节 这种调节方式本身又是通过酶催化进行的。在一种酶分子上，共价引入一个基团，从而改变酶的活性。引入的基团又可以被第三种酶催化除去。例如，磷酸化酶的磷酸化和去磷酸化，大肠埃希菌谷氨酰胺合成酶的腺苷酸化和去腺苷酸化也是以这种方式调节活性的。

4. 限制性蛋白酶水解调节 限制性蛋白酶水解是一种高特异性的共价修饰调节系统。细胞内合成的新生肽大都以无活性的前体形式存在，一旦生理需要，就会通过限制性水解作用使前体转变为具有生物活性的蛋白质或酶，从而启动和激活以下各种生理功能：酶原激活、血液凝固、补体激活等。除了参与酶活性调控外，限制性蛋白酶还起着切除、修饰、加工等作用，因而具有重要的生物学意义。

5. 酶原激活 是指体内合成的非活化酶的前体，在适当条件下，受到 H^+ 离子或特异的蛋白酶限制性水解，切去某段肽或断开酶原分子上某个肽键而转变为有活性的酶。如胰蛋白酶原，在小肠里被其他蛋白水解酶限制性地切去一个六肽，活化成为胰蛋白酶。血液凝固是由体内十几种蛋白因子参加的级联式酶促激活反应，其中大部分为限制性蛋白水解酶。在凝血过程中首先由蛋白因子（称为因子 X_a 的蛋白酶）激活凝血酶原，生成活性凝血酶，并由它再催化可溶性的纤维蛋白原，转变成不稳定的可溶性纤维蛋白，聚集成网状细丝，以网住血液的各种成分。在凝血酶的作用下，收缩成血块，导致破损的血管被封闭而修复。补体是一类血浆蛋白，和免疫球蛋白一样发挥防御功能。免疫球蛋白对外来异物有“识别”结合作用和激活补体作用。补体是一组蛋白酶（由 11 种蛋白组分组成），通常以非活性前体形式存在于血清中，一旦接收到抗原的入侵信号，被限制性蛋白酶水解而激活补体组分，最终会形成“攻膜复合物”执行其功能。

6. 抑制剂和激活剂的调节 抑制剂的调节指酶活性受到大分子或小分子抑制剂抑制，从而影响酶的活性。大分子如胰脏的胰蛋白酶抑制剂（抑肽酶），小分子如甘油酸-2,3-二磷酸，是磷酸变位酶的抑制剂。激活剂的调节指酶活性受到离子、小分子化合物或生物大分子的激活，从而提高酶的活性。如2,6-二磷酸果糖是磷酸果糖激酶有效的激活剂。

7. 反馈调节 许多小分子物质的合成是由一连串反应组成。催化此物质生成的第一步反应的酶，往往可以被它的终端产物所抑制，这种对自我合成的抑制叫反馈抑制，这在生物合成中是常见的现象。例如，异亮氨酸可抑制其合成代谢通路中的第一个酶——苏氨酸脱氨酶。当异亮氨酸的浓度降低到一定水平时，抑制作用解除，合成反应又重新开始。反馈抑制就是通过这种调节控制方式，调节代谢物流向，从而调节生物合成。

8. 变构调节 源于酶反馈抑制的调节，如某一生物合成途径表示如下。

$$A \rightarrow B \rightarrow C \rightarrow D \rightarrow E \rightarrow F$$

产物 F 作为这一合成途径中几个早期的酶（如 A→B）的变构抑制剂，对这一合成途径加以反馈抑制，避免产物过量堆积。变构抑制剂与酶的结合引起酶构象的改变，使底物结合部位的性质发生变化并改变了酶的催化活性。变构酶大多为寡聚蛋白，因此变构调节的机制涉及亚基之间的相互作用，如将变构酶拆分成单亚基，即失去调节活性，但仍保持了酶的催化活性。

9. 金属离子的调节 有一些酶需要 K^+ 活化，NH_4^+ 往往可以代替 K^+，但 Na^+ 不能活化这些酶，有时还有抑制作用。这一类酶有 L-高丝氨酸脱氢酶、丙酮酸激酶、天冬氨酸激酶和酵母丙酮酸羧化酶等。

另有一些酶需要 Na^+ 活化，K^+ 起抑制作用。如肠中的蔗糖酶可受 Na^+ 激活，二价金属离子如 Ca^{2+}、Zn^{2+}、Mg^{2+}、Mn^{2+} 往往是酶表现活力所必需的，这些离子的浓度变化都会影响有关酶的活性。

20 世纪 90 年代初期，人们又发现了一种蛋白质活性的调节方式——蛋白质剪接（protein splicing）。蛋白质的自我剪接说明成熟的蛋白序列与 mRNA 序列不一定顺序对应，一个单一的前体蛋白通过剪接机制可以产生多种蛋白质分子，这种新的蛋白质活性调节机制还有待进一步研究。此外，酶的区域化（compartmentation）和多酶复合体等与酶活力的调控也有密切关系。

三、酶的分类与命名

（一）酶的分类

依据国际酶学委员会（IEC）的规定，按催化反应的类型可分为六大类。

1. 氧化还原酶类（oxido-reductases） 催化氧化还原反应。

2. 转移酶类（transferases） 催化功能基团的转移。

3. 水解酶类（hydrolases） 催化水解的反应。

4. 裂合酶类（lyases） 催化水、氨或二氧化碳的去除或加入。

5. 异构酶类（isomerases） 催化各种类型的异构作用。

6. 连接酶类（ligases） 催化消耗 ATP 的成键反应。

在此基础上，每一大类又可根据酶作用底物的性质进一步细分为各种亚类，乃至亚亚类。

（二）酶的命名

1. 习惯命名法

（1）一般采用底物加反应类型而命名，如蛋白水解酶、乳酸脱氢酶、磷酸己糖异构酶等。

（2）对水解酶类，只用底物名称即可，如蔗糖酶、胆碱酯酶、蛋白酶等。

（3）有时在底物名称前冠以酶的来源，如血清谷氨酸-丙酮酸氨基转移酶、唾液淀粉酶等。

2. 系统命名法 鉴于新酶的不断发现和过去文献中命名的混乱，国际酶学委员会规定了一种酶只有一种名称的系统命名法。它包括酶的系统命名和 4 个用数字分类的酶编号，例如对催化下列反应的酶命名。

ATP + D-葡萄糖 ⟶ ADP + D-葡萄糖-6-磷酸

该酶的正式系统命名是 ATP：葡萄糖磷酸转移酶，表示该酶催化从 ATP 中转移 1 个磷酸基团到葡萄糖分子上的反应。它的分类数字是 E. C 2. 7. 1. 1.，E. C 代表按国际酶学委员会的规定命名，第 1 个数字 2 代表酶的分类名称（转移酶类），第 2 个数字 7 代表亚类（磷酸转移酶类），第 3 个数字 1 代表亚亚类

（以羟基作为受体的磷酸转移酶类），第 4 个数字 1 代表 D-葡萄糖作为磷酸基的受体。

国际酶学委员会规定，在以酶作为主要论题的文章里，应该把它的编号、系统命名和来源在第一次叙述时写出，以后可按习惯，采用习惯命名或系统命名的名称。

第二节　酶的化学本质、结构与功能

一、酶的化学本质及其组成

（一）酶的化学本质

酶的化学本质除有催化活性的核酶之外几乎都是蛋白质。但是，不能说所有的蛋白质都是酶，只是具有催化作用的蛋白质才称为酶。

酶的催化活性取决于其蛋白质空间构象的完整性，一旦酶被变性或解离成亚基就失去活性。这说明蛋白质酶的空间结构对它们的催化活性是必需的。

（二）酶的化学组成

酶按其分子组成可分为单纯酶和结合酶两类。

有些酶的活性仅仅取决于它的蛋白质结构，如水解酶类（淀粉酶、蛋白酶、脂肪酶、纤维素酶、脲酶等），这些酶的结构由简单蛋白质构成，故称为单纯酶；另一些酶，其结构中除含有蛋白质外，还含有非蛋白质部分，如大多数氧化还原酶类，因而称为结合酶（conjugated enzyme）。在结合酶中，蛋白质部分称为酶蛋白（apoenzyme），非蛋白部分统称为辅因子（cofactor）。辅因子又可分成辅酶（coenzyme）和辅基（prosthetic group）两类。酶蛋白与辅因子结合成的完整分子称为全酶（holoenzyme），即全酶 = 酶蛋白 + 辅因子（辅酶或辅基）。只有全酶才有催化活性，将酶蛋白和辅因子分开后均无催化作用。

（三）单体酶、寡聚酶、多酶复合体

根据酶蛋白的特点和分子大小又把酶分成三类。

1. 单体酶（monomeric enzyme）　一般只有一条多肽链。属于这类的酶很少，大多是催化水解反应的酶，它们的相对分子质量较小，为 $13 \times 10^3 \sim 35 \times 10^3$。这类酶有核糖核酸酶、胰蛋白酶、羧肽酶A、溶菌酶等。但有的单体酶是由多条肽链组成，如胰凝乳蛋白酶是由 3 条肽链组成，肽链之间由二硫键相连构成一个共价整体。

2. 寡聚酶（oligomeric enzyme）　是由几条至几十条多肽链亚基组成，这些多肽链或相同，或不同。多肽键之间不是共价结合，彼此很容易分开。寡聚酶相对分子质量从 35×10^3 到几百万。己糖激酶、甘油醛-3-磷酸脱氢酶等属于这类酶。相当数量的寡聚酶是调节酶，在代谢调控中起重要作用。

3. 多酶体系（multienzyme complex）　是由几种酶靠非共价键彼此嵌合形成的复合体。它有利于一系列反应的连续进行。这类多酶复合物的相对分子质量很高，一般都在几百万以上。在脂肪酸合成中的脂肪酸合成酶复合体就是一种多酶体系，是由 7 种酶和一个酰基携带蛋白构成，相对分子质量为 2200×10^3，*E. coli* 丙酮酸脱氢酶复合体（*E. coli* pyruvate dehydrogenase complex）由 60 个亚基 3 种酶组成，相对分子质量为 4600×10^3。

二、辅助因子的作用

酶的辅助因子包括辅酶和辅基。这是按其与酶蛋白结合的牢固程度来区分的。与酶蛋白结合比较疏松（一般为非共价结合）并可用透析方法除去的称为辅酶；与酶蛋白结合牢固（一般以共价键结合），

不能用透析方法除去的称为辅基。也有人主张根据辅酶或辅基参与酶促反应时，它们所需要的条件不同来区分它们。

辅酶及辅基从其化学本质来看可分为三类：一类为无机金属元素，如铜、锌、镁、锰、铁等（表5-1）；另一类为小分子的有机物，如维生素、铁卟啉等。多数维生素及其衍生物在活细胞中主要是构成许多酶的辅酶或辅基；还有一类是蛋白质辅酶。

表5-1 酶分子中含有或需要的无机元素举例

无机元素	酶	无机元素	酶
Fe^{2+} 或 Fe^{3+}	细胞色素	Ca^{2+}	α-淀粉酶（也需 Cl^-）
Cu^{2+}	细胞色素氧化酶	K^+	丙酮酸激酶（也需 Mn^{2+} 或 Mg^{2+}）
Mg^{2+}	己糖激酶	Na^+	质膜 ATP 酶（也需 K^+ 及 Mg^{2+}）
Mn^{2+}	精氨酸酶	Se	谷胱甘肽过氧化物酶
Zn^{2+}	羧基肽酶	Mo^{3+}	黄嘌呤氧化酶

体内酶的种类很多，而辅酶（或辅基）的种类却较少。通常一种酶蛋白只能与一种辅酶结合而成为一种专一性结合酶。但一种辅酶往往能与不同的酶蛋白构成许多不同专一性的结合酶。例如 NAD^+ 和 $NADP^+$ 可与许多种酶蛋白构成多种专一性不同的脱氢酶类。可见决定酶催化作用的专一性和高效率是酶蛋白部分，而辅酶或辅基在酶促反应中常参与特定的化学反应，它们决定酶促反应的类型。辅酶和辅基在酶促反应中主要起着递氢、传递电子或转移某些化学基团作用。

（一）无机离子对酶的作用

有些酶本质是金属蛋白质，金属离子与酶蛋白牢固结合，如黄嘌呤氧化酶中含 Cu^{2+}、Mo^{3+}；有些酶本身不含金属离子，必须加入金属离子才有活性，称金属活化酶。此种金属离子也常称为激活剂（activator），如 Mg^{2+} 可活化各种激酶。无机离子在酶分子中的作用有以下几个方面。

（1）无机离子维持酶分子活性构象，甚至参与活性中心，如羧基肽酶 A 中的 Zn^{2+}。

（2）无机离子在酶分子中通过本身的氧化还原而传递电子，如各种细胞色素中的 Fe^{3+} 与 Cu^{2+}。

（3）无机离子在酶与底物之间起桥梁作用，将酶与底物连接起来，如各种激酶依赖 Mg^{2+} 与 ATP 结合而发挥作用。

（4）利用离子的电荷影响酶的活性，如中和电荷等。α-淀粉酶利用 Cl^- 中和电荷，以利于其与淀粉结合。

（二）维生素与辅酶的关系

维生素（vitamin）是一类在机体中含量很少，但具有重要生理功能的物质。在人和动物体内，大多数维生素不能由机体合成或合成不足，而必须从食物中获得。

维生素分脂溶性和水溶性两大类。脂溶性维生素有维生素 A、维生素 D、维生素 E、维生素 K 四种，各有其重要生理功能。在水溶性维生素中，除维生素 C 外，统称为 B 族维生素。几乎所有的 B 族维生素，均参与辅酶组成，因此也是许多酶发挥其催化活性所必要的组成部分。B 族维生素参与组成的辅酶及其作用见表 5-2。

表5-2 B族维生素及其辅酶形式

B族维生素	酶	辅酶形式	辅酶作用
维生素 B_1（硫胺素）	α-酮酸脱羧酶	焦磷酸硫胺素（TPP）	α-酮酸氧化脱羧，酮基转移
硫辛酸（非维生素）	α-酮酸脱氢酶复合物	二硫辛酸L(S–S)	α-酮酸氧化脱羧

续表

B族维生素	酶	辅酶形式	辅酶作用
维生素 B_5（泛酸）	乙酰化酶	辅酶 A（CoA）	转移酰基
维生素 B_2（核黄素）	各种黄酶	黄素单核苷酸（FMN）、黄素腺嘌呤二核苷酸（FAD）	传递氢原子
维生素 PP（烟酸和烟酰胺）	多种脱氢酶	烟酰胺腺嘌呤二核苷酸（NAD^+）、烟酰胺腺嘌呤二核苷酸磷酸（$NADP^+$）	传递氢原子
维生素 H（生物素）	羧化酶	生物素	传递 CO_2
维生素 B_{11}（叶酸）	甲基转移酶	四氢叶酸（FH_4）	"一碳基团"转移
维生素 B_{12}（钴胺素）	甲基转移酶	5-甲基钴胺素、5-腺苷钴胺素	甲基转移
维生素 B_6（吡哆醛）	氨基转移酶	磷酸吡哆醛	转氨、脱羧、消旋反应

体内某种维生素不足时可发生相应的缺乏症。有些维生素缺乏的生化机制尚不完全清楚。如B族维生素缺乏往往会导致各种酶促反应的障碍，以致代谢失常。

（三）蛋白质类辅酶

某些蛋白质自身不起催化作用，但起辅酶作用，为某些酶所必需。这些辅酶称基团转移蛋白（group transfer proteins）或蛋白质类辅酶（protein coenzyme），它们一般是较小的分子，而且比多数酶具有更高的热稳定性。蛋白质类辅酶参与基团转移反应或氧化还原反应，主要是通过递氢或递电子而起作用。金属离子、铁硫复合体（iron - sulfur cluster）和血红素（heme group）通常是存在于这些蛋白质类辅酶中的反应中心。如细胞色素是含有血红素辅基的蛋白质类辅酶。有些蛋白质类辅酶含有两个硫醇侧链（thiol side chains）的反应中心。如硫氧还原蛋白（thioredoxins），分子中具有与半胱氨酸残基相同的结构形式（-Cys-X-X-Cys-），这些半胱氨酸残基的硫醇侧链（巯基）在可逆氧化还原反应中，可形成胱氨酸的二硫键，在光合成和核糖核苷酸合成中，硫氧还原蛋白就是一种还原剂。二硫键反应中心位于硫氧还原蛋白的分子表面，有利于形成酶的活性中心。硫氧还原蛋白在二磷酸核糖核苷酸还原成二磷酸脱氧核糖核苷酸中的作用如图 5 - 3 所示。

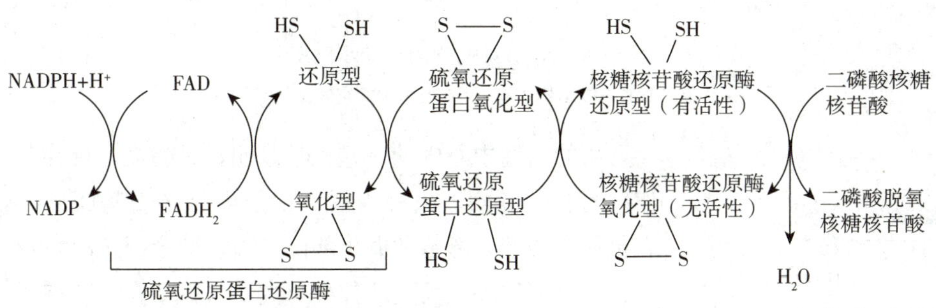

图 5 - 3 二磷酸核糖核苷酸的还原

三、酶的结构与功能

酶的分子结构是酶功能的物质基础。各种酶的生物学活性之所以有专一性和高效性，都是由其分子结构的特殊性决定的。酶的催化活性不仅与酶分子的一级结构有关，还与其空间结构有关。如果酶蛋白变性或解离成亚单位，则酶的催化活性通常会丧失。

（一）酶的活性中心和必需基团

一般认为，一级结构的氨基酸的排列顺序对酶活力的影响是化学性的影响。实验证明，酶的催化活力只集中表现在少数特异氨基酸残基的某一区域，如木瓜蛋白酶由 212 个氨基酸残基组成，当用氨基肽酶从N端水解掉分子中的2/3肽链后，剩下的1/3肽链仍保持活性的99%，说明木瓜蛋白酶的生物活性集中表现在肽链C端的少数氨基酸残基及其所构成的空间结构区域。这些特异氨基酸残基比较集中并构成一定构象，此结构区域与酶活性直接相关称为酶的活性中心（active center），所以酶的活性中心是酶与底物结合并发挥其催化作用的部位。一般处于酶分子的表面或裂隙中，酶的活性中心的化学基团，实际上是某些氨基酸残基的侧链或肽链的末端氨基和羧基，这些基团一般不集中在肽链的某一区域，更不互相毗邻，往往在一级结构上相距较远，甚至可分散在不同链上。主要依靠酶分子的空间结构的形成才使这些在一级结构上互相远离的基团靠近，集中于分子表面的某一空间区域，故“活性中心”又称“活性部位”(active site)。如α-糜蛋白酶其一级结构中含5对二硫键，活性中心内含组氨酸$_{57}$、天冬氨酸$_{112}$和丝氨酸$_{195}$，在一级结构中3种氨基酸残基位置相距较远，（图5-4a），当形成空间结构时，活性中心的关键氨基酸残基相互靠近，集中于特定空间区域起催化作用（图5-4b）。对于需要辅酶或辅基的酶，其辅助因子也是活性中心的重要组成部分。如某些含金属的酶，其中的金属离子也属于活性中心的一部分。

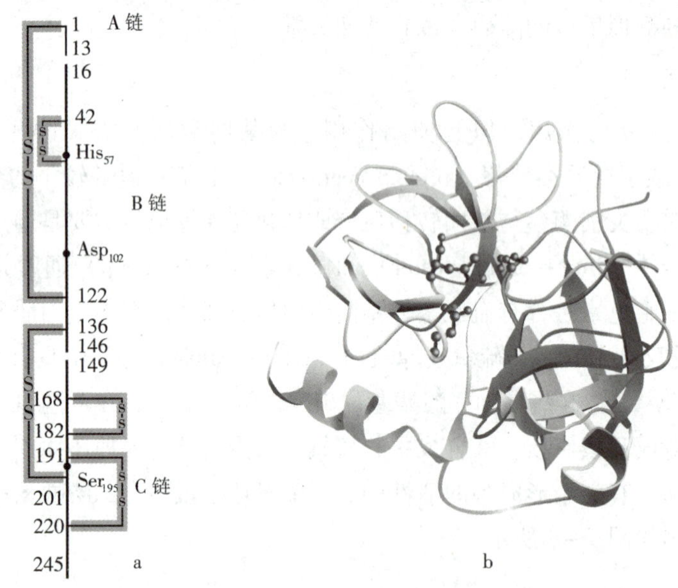

图5-4 α-糜蛋白酶的结构示意图

a. α-糜蛋白酶的一级结构；b. α-糜蛋白酶的空间结构与活性中心

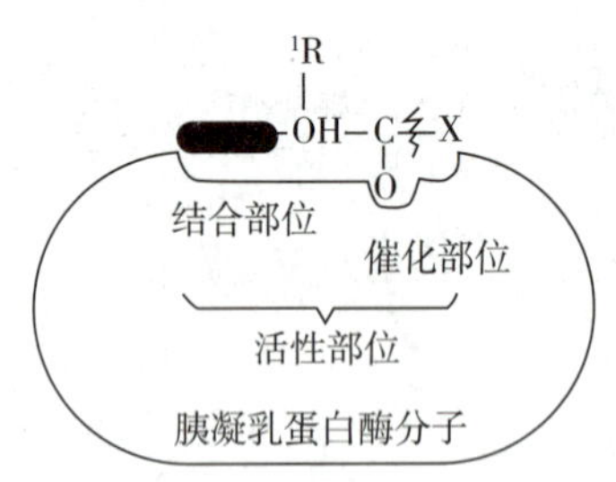

图5-5 胰凝乳蛋白酶活性部位示意图

酶的活性中心内的一些化学基团，是酶发挥催化作用与底物直接作用的有效基团，故称为活性中心内的必需基团（essential group），它包括底物结合部位和催化部位。底物结合部位决定反应底物的特异性，催化部位决定反应的种类与性质（图5-5）。在活性中心外还有一些基团与维持酶活性中心的空间构象有关，间接地对酶的催化发挥其必不可少的作用，这些基团称为活性中心外的必需基团。

催化部位和底物结合部位并不是各自独立存在的，而是相互关联的整体。往往催化效率能否充分发挥，在很大程度上，取决于底物结合的位置是否合适。所以酶的活性中心与酶蛋白的空间构象的完整性之间，是辩证统一的关系。酶的结合部位、催化部位和必需基团，在酶的催化作用上都是重要的，它们之间的关系如下。

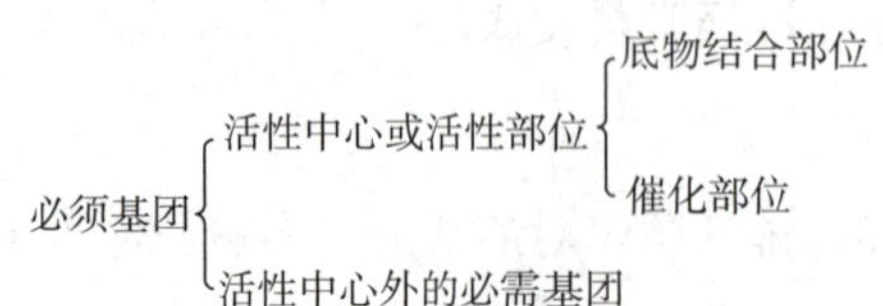

具有相似催化作用的酶往往有相似的活性中心。如多种蛋白质水解酶的活性中心均含有丝氨酸和组氨酸残基，处于这两个氨基酸附近的氨基酸残基顺序也十分相似。有些酶在一条酶蛋白肽链上可以有多个活性中心，能完成多种催化功能，称为多功能酶（multifunctional enzyme），如肝脂肪酸合成酶有七个酶活性中心，协同作用使脂肪酸快速有序地合成。

（二）酶的活性中心与酶作用的专一性

酶作用的专一性主要取决于酶活性中心的结构特异性。如胰蛋白酶催化碱性氨基酸（Lys 和 Arg）的羧基所形成的肽键水解，胰凝乳蛋白酶则催化芳香族氨基酸（Phe、Tyr 和 Trp）的羧基所形成的肽键水解。X 射线衍射显示胰蛋白酶分子的活性中心丝氨酸残基附近有一凹隙，其中有带负电荷的天冬氨酸侧链（为结合基团），故易与底物蛋白质中带正电荷的碱性氨基酸侧链形成盐键而结合成中间产物；而胰凝乳蛋白酶凹陷中则有非极性氨基酸侧链，可供芳香族侧链或其他大的非极性脂肪族侧链伸入，通过疏水作用而结合，故这两种蛋白酶有不同的底物专一性。

（三）空间结构与催化活性

酶的活性不仅与一级结构有关，也与其空间结构紧密相关，在酶活性的表现上，有时空间结构比一级结构更为重要。因为活性中心需借助于一定的空间结构才得以维持。有时只要酶活性中心各基团的空间位置得以维持就能保持全酶的活性，而一级结构的轻微改变并不影响酶活性。如牛胰核糖核酸酶由 124 个氨基酸残基组成，其活性中心为组氨酸$_{12}$及组氨酸$_{119}$，当用枯草杆菌蛋白酶将其中的丙氨酸$_{20}$-丝氨酸$_{21}$的肽键水解后，得到 N 端 20 肽（1~20）和另一 104 肽（21~124）两个片段，前者称 S 肽，后者称 S 蛋白。S 肽含有组氨酸$_{12}$，而 S 蛋白含有组氨酸$_{119}$，两者单独存在时均无活力，但在 pH 7.0 介质中，使两者按 1∶1 重组时，两个肽段之间的肽键并未恢复，但酶活性却能恢复。这是 S 肽通过氢键及疏水键与 S 蛋白结合，使组氨酸$_{12}$又与组氨酸$_{119}$互相靠近，恢复了表现酶活力的空间构象的缘故（图 5-6）。由此可见保持活性中心的空间结构是维持酶活性所必需的。

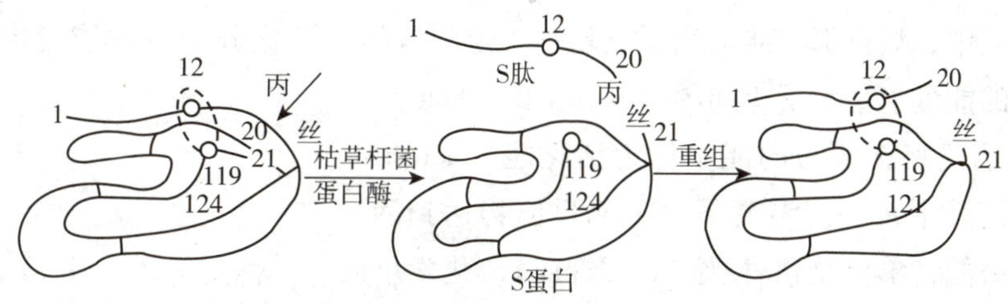

图 5-6 牛胰核糖核酸酶的切断与重组

（四）酶原的激活

某些酶（绝大多数是蛋白酶）在细胞内合成或初分泌时没有活性，这些无活性的酶的前身称为酶原（zymogen），使酶原转变为有活性酶的作用称为酶原激活（zymogen activation）。酶的激活机制主要是分子内肽链的一处或多处断裂，同时使分子构象发生一定程度的改变，从而形成酶活性中心所必需的构象。如胰蛋白酶原在激活过程中，赖氨酸-异亮氨酸之间的肽键被打断，失去一个六肽，断裂后的 N 端肽链的其余部分解脱张力的束缚，这样使它能像一个放松的弹簧一样卷起来，使酶蛋白的构象发生变化，促使催化有关的组氨酸$_{46}$、天冬氨酸$_{90}$转至丝氨酸$_{183}$附近，形成一个合适的排列，自动产生了活性中心。激活胰蛋白酶原的蛋白水解酶是肠激酶，而胰蛋白酶一旦生成后，也可自身激活。胰蛋白酶原激活过程的示意图见图 5-7。

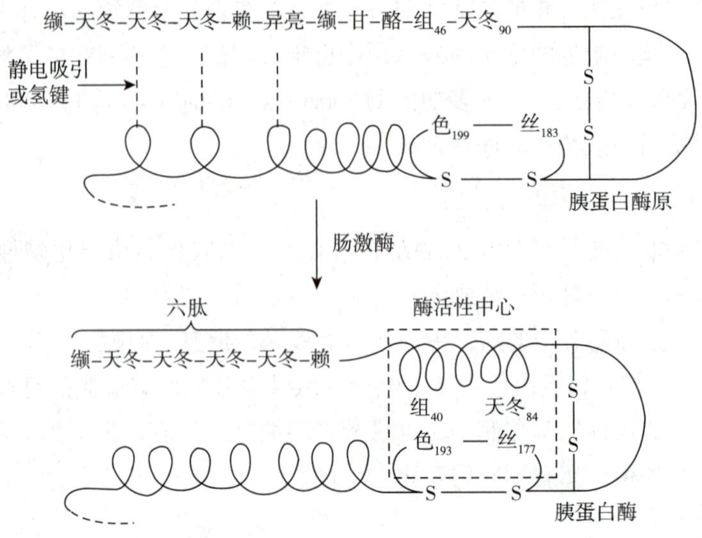

图5-7 胰蛋白酶原的激活过程

除消化道的蛋白酶外，血液中有关凝血和纤维蛋白溶解的酶类，也都以酶原的形式存在。酶原激活的生理意义在于避免细胞产生的蛋白酶对细胞进行自身消化；并使酶在特定的部位和环境中发挥作用，保证体内代谢的正常进行。

第三节 酶的催化作用机制

一、酶能显著降低反应活化能

在任何化学反应中，只有那些能量达到或超过一定限度的“活化分子”才能发生变化，形成产物。能引起反应的最低的能量水平称反应能阈（energy threshold），分子由常态转变为活化状态所需的能量称为活化能（activation energy）。活化能是指在一定温度下，1mol 反应物达到活化状态所需要的自由能，单位是焦耳/摩尔（J/mol）。化学反应速度与反应体系中活化分子的浓度成正比。酶和一般催化剂的作用就是能够降低反应所需的活化能。活化能愈低，反应物分子的活化愈容易，以致相同的能量能使更多的分子活化，从而加速反应的进行。

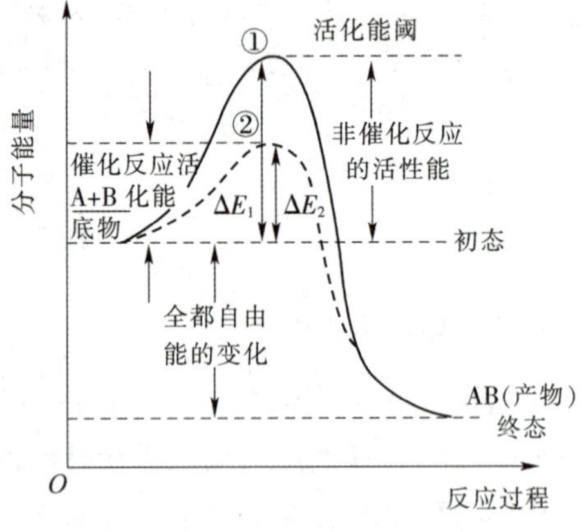

图5-8 非催化反应与催化反应的自由能变化

1. 无酶催化的反应；2. 有酶催化的反应

酶能显著降低活化能，表现为高度的催化效率（图5-8）。例如 H_2O_2 的分解，在无催化剂时，活化能为75kJ/mol，用胶状钯作催化剂时，只需活化能50kJ/mol，当有过氧化氢酶催化时，活化能下降到8kJ/mol。

二、中间复合物学说与反应过渡态

酶之所以能降低活化能，加速化学反应，可用中间复合物学说来解释。已有大量研究结果证实了该学说。即在酶促反应中，酶（E）总是先与底物（S）形成不稳定的酶底物复合物（ES），再分解成酶（E）和产物（P），E 又可与 S 结合，继续发挥其催化功能，所以少量酶可催化大量底物。

$$\underset{\text{底物}}{S} + \underset{\text{酶}}{E} \rightleftharpoons \underset{\text{中间产物}}{ES} \longrightarrow \underset{\text{产物}}{P} + \underset{\text{酶}}{E}$$

由于E与S结合，形成［ES］，致使S分子内的某些化学键发生极化，呈现不稳定状态称过渡态（transition state），大大降低了S的活化能，使反应加速进行。在双底物反应中，其进程如下式。

$$S_1 + E \longrightarrow ES_1 \xrightarrow{S_2} P_1 + P_2 + E$$

酶的活性中心不仅与底物结合，而且与过渡态中间物结合，其结合作用比底物与活性中心的结合更紧密，当底物和酶结合成过渡态的中间产物时，要释放一部分结合能，这部分能量的释放，使得过渡态的中间产物处于比E+S更低的能级，因此使整个反应的活化能进一步降低，从而使反应大大加速。底物同酶结合成中间复合物是一种非共价结合，依靠氢键、离子键、范德华力等次级键来维系。

三、酶催化作用高效率的机制

酶催化的高效率是由其特殊结构决定的。因此，不同的酶可有不同的作用机制，并可由多种机制共同作用。

（一）底物和酶的“邻近”和“定向”效应

酶和底物复合物的形成过程既是专一性的识别过程，又是分子间反应变为分子内反应的过程。在这一过程中包括两种效应：“邻近”效应（approximation，proximity）和“定向”效应（orientation）。

“邻近”效应系指A和B两个底物分子结合在酶分子表面的某一狭小的局部区域，其反应基团互相靠近（邻近），从而降低了进入过渡态所需的活化能，这种效应称为“邻近”效应。显然，“邻近”效应大大增加了底物的有效浓度。由于化学反应速度与反应物的浓度成正比，在这种局部的高浓度下，反应速度将会相应提高。

酶催化反应的“邻近”效应，使得酶表面某一局部范围的底物有效浓度远远大于溶液中的浓度，曾测到过某底物在溶液中的浓度为0.001mol/L，而在酶表面局部范围的浓度高达100mol/L，比溶液中浓度高10^5倍左右。

“定向”效应是指反应物的反应基团之间和酶的催化基团与底物的反应基团之间的正确取位产生的效应。酶不仅能使反应物在其表面某一局部范围互相接近，而且还可使反应物在其表面对着特定的基团立体定向，（图5-9）。因而反应物就可以用一种“正确的方式”互相碰撞而发生反应。

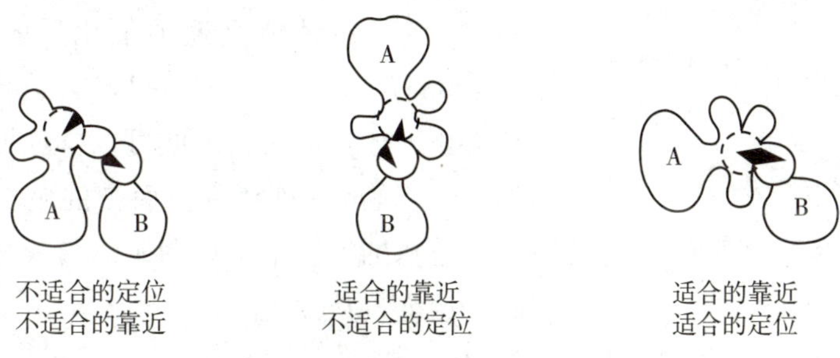

图5-9 底物的“邻近”和“定向”效应

另外，从分子间反应转为分子内反应可加大反应速度的角度来看，也可以加深对“邻近”“定向”效应的理解。例如乙酸苯酯的催化水解以叔胺为催化剂，由分子间转为分子内反应，反应速度可提高1000倍。

$$C_6H_5-O-\overset{O}{\overset{\|}{C}}-CH_3 \xrightarrow[(CH_3)_3N:]{H_2O} C_6H_5-OH + CH_3COO^- + H^+$$

$$C_6H_5-O-\overset{O}{\overset{\|}{C}}-CH_2-CH_2-\ddot{N}(CH_3)-CH_3 \xrightarrow{H_2O} C_6H_5-OH + {}^-O-\overset{O}{\overset{\|}{C}}-CH_2-CH_2-\ddot{N}(CH_3)-CH_3 + H^+$$

总之，酶促反应是因为酶的特殊结构及功能，酶可以通过“邻近”效应和“定向”效应使参加反应的底物分子结合在酶的活性部位上，使作用基团互相邻近并定向，使一种分子间的反应变成类似于分子内的反应，大大提高了酶的催化效率，从而使反应得以高速进行。

（二）底物的变形和诱导契合

当酶遇到其专一性底物时，酶中某些基团或离子可以使底物的某些敏感键发生“变形”，从而使底物分子比较接近于它的过渡态，降低了反应的活化能，同时，由于底物的诱导，酶分子的构象也会发生变化，并对底物产生张力作用（strain）而使底物扭曲，促进 ES 进入过渡状态（图 5－10），使反应易于发生。

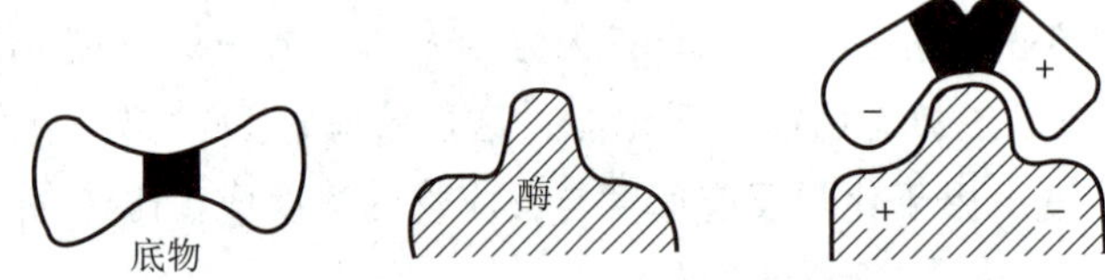

图 5－10　酶的张力作用使底物分子扭曲

前面已指出，酶与底物结合时，酶受到底物分子的诱导，其构象发生适合于与底物结合的变化（有点像戴手套时手套在手的“诱导”下所发生的变化），催化基团转入了有效的作用位置，最终导致酶与底物之间的完全契合。如此形成的一个互相契合的酶－底物复合物，进一步转换成过渡态，酶才能高速地催化反应，这就是目前公认的“诱导契合”学说（图 5－11）。诱导契合学说认为催化部位要诱导才能形成，因此可以排除那些不适合的物质偶然“落入”现成的催化部位而被催化的可能。近年来 X 射线衍射分析的实验结果证明了酶与底物结合时，确有显著的构象改变，从而支持这一学说。

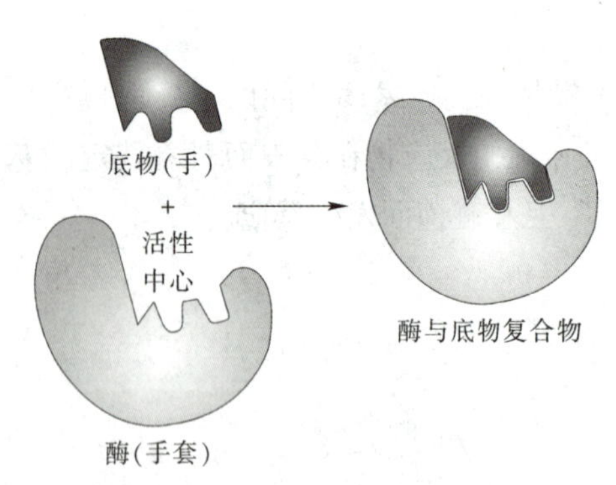

图 5－11　酶与底物结合的“诱导契合”模型

（三）酸碱催化作用

酸碱催化（acid-base catalysis）是通过瞬时的向反应物提供质子或从反应物接受质子以稳定过渡态，从而加速反应的一类催化机制。酸碱催化剂有两种，一种是狭义的酸碱催化剂，即 H^+ 与 OH^-。由于酶促反应的最适 pH 一般接近于中性，因此 H^+ 及 OH^- 的催化作用在酶促反应中的重要性比较有限。另一种是广义的酸碱催化剂作用，即质子受体与质子供体的催化，在酶促反应中的重要性更大。细胞内许多有机反应均属广义酸碱催化作用。这些反应包括羰基的加水，羧酸酯和磷酸酯的水解，各种分子的重排及取代反应等。已知酶分子中含有几种功能基团，可以起广义酸碱催化作用，如氨基、羧基、巯基、酚羟基及咪唑基等（表 5-3）。

表 5-3 酶分子中具有广义酸碱催化功能的基团

氨基酸残基	广义酸基团（质子供体）	广义碱基团（质子受体）
Glu，Asp	—COOH	$—COO^-$
Lys，Arg	$—NH_3^+$	$—\ddot{N}H_2$
Tyr	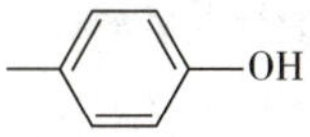 —C₆H₄—OH	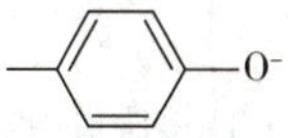 $—C_6H_4—O^-$
Cys	—SH	$—S^-$
His	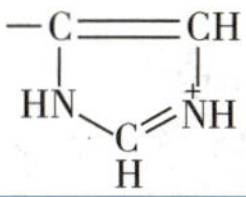 咪唑基（—C=CH，HN、$\overset{+}{N}H$，C—H）	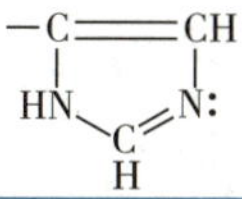 咪唑基（—C=CH，HN、N:，C—H）

影响酸碱催化反应速度的因素有两个。第一个因素是酸碱的强度。在这些功能基团中咪唑基是催化中最有效、最活泼的一个催化功能基。组氨酸咪唑基的解离常数 p*K* 约为 6.0，这意味着由咪唑基上解离下来的质子的浓度与水中的氢离子浓度相近，因此它在接近于生物体液 pH 的条件下（即在中性条件下），有一半以酸形式存在，另一半以碱形式存在。也就是说，咪唑基既可以作为质子供体，又可以作为质子受体在酶促反应中发挥催化作用。

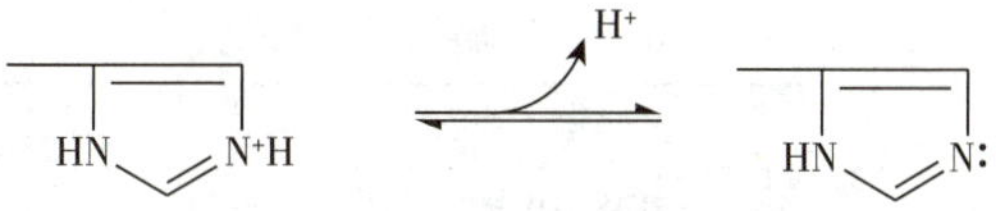

酸形式 $\rightleftharpoons$ 碱形式 + H^+

酸形式　　碱形式

第二个因素是这些功能基供出质子或接受质子的速度。在这方面，咪唑基又因它供出或接受质子的速度十分迅速而有其优越性，其半衰期小于 10^{-10} 秒，而且，供出质子或接受质子的速度几乎相等。由于咪唑基有如此优点，所以，组氨酸在大多数蛋白质中虽然含量很少，却占有很重要的地位。推测组氨酸很可能在生物进化过程中，不是作为一般的蛋白结构成分，而是被选择作为酶分子中的催化结构而保留下来的。事实上，组氨酸是许多酶的活性中心的构成成分。

由于酶分子中存在多种提供质子或接受质子的基团，因此酶的酸碱催化效率比一般酸碱催化剂高得多。例如肽键在无酶存在下进行水解时需要高浓度的 H^+ 或 OH^-，和在高温下长时间（10~24 小时）的作用，而以胰凝乳蛋白酶作为酸碱催化剂时，在常温、中性 pH 下很快就可使肽键水解。

（四）共价催化

共价催化（covalent catalysis）是指某些酶与底物结合形成一个反应活性很高的共价中间产物，这个中间产物以较大的概率，转变为过渡状态，因此反应的活化能大大降低，底物可以越过较低的能阈而形成产物。共价催化作用可分为亲核催化（nucleophilic catalysis）作用和亲电子催化（electrophilic catalysis）作用两大类。

1. 亲核催化作用 亲核催化是指具有一个非共用电子对的基团或原子，攻击缺少电子而具有部分正电性的原子，并利用非共用电子对形成共价键进行催化反应。酶分子具有催化功能的亲核基团主要有组氨酸的咪唑基、丝氨酸的羟基及半胱氨酸的巯基。此外，许多辅酶也具有亲核中心。

亲核催化作用中的最重要一类是有关酰基转移的亲核催化作用。这类酶分子中的亲核基团能首先接受含酰基的底物如酯类分子中的酰基，形成酰化酶中间产物，接着酰基从中间产物转移到最后的酰基受体分子上。酰基受体可能是水分子或某种醇。在亲核催化反应进行时，底物的酰基转移给酶［反应

(2)] 的速度比直接转给最终酰基受体的速度 [反应 (1)] 快得多，酰化酶与最终酰基受体起反应 [反应 (3)] 的速度也较反应 (1) 快。酶促催化两步反应的总速度要比非催化反应大得多。因此形成不稳定的共价中间产物，可以大大加速反应。

非催化反应：

$$\underset{\text{含酰基的反应物}}{RX} + H_2O \xrightarrow{\text{慢}} \underset{\text{最终酰基受体}}{ROH} + \underset{\text{产物}}{HX} \quad (1)$$

含亲核基团的酶催化的反应：

$$RX + \underset{\text{含羟基的酶}}{E-OH} \xrightarrow{\text{快}} \underset{\text{酰化了的酶}}{ROE} + HX \quad (2)$$

$$ROE + H_2O \xrightarrow{\text{快}} ROH + E-OH \quad (3)$$

总反应：

$$RX + H_2O \xrightarrow{\text{酶（快）}} ROH + HX \quad (4)$$

2. 亲电子催化作用 在亲电子催化作用中，催化剂和底物的作用与亲核催化相反，也就是说，亲电子催化剂从底物中吸取一对电子。酶分子亲电子的基团有亲核碱基被质子化的共轭酸，如$-NH_3^+$。在酶的亲电子催化过程中，有时其必需的亲电子物质不是上述的共轭酸，而是由酶中非蛋白组成的辅因子提供，其中金属阳离子是很重要的一类。现已知 100 多种酶在催化过程中形成共价中间物，表 5－4 列举了某些典型的例子。

表 5－4 几种酶的共价催化

亲核基团	实例	共价中间物
Ser（—OH）	丝氨酸蛋白酶	脂酰化酶
Cys（—SH）	半胱氨酸蛋白酶	脂酰化酶
Asp（$-COO^-$）	ATP 酶	磷酸化酶
Lys（$\varepsilon-NH_2$）	乙酰乙酸脱羧酶	Schiff 氏碱
His（咪唑基）	磷酸甘油酸变位酶	磷酸化酶
Tyr（—OH）	谷氨酰胺合成酶	腺苷酸化酶

（五）金属离子催化

在所有已知的酶中，有近三分之一的酶表现活性时需要金属离子的存在，根据金属离子与蛋白质结合作用的大小，将需要金属的酶分成两大类：一类为金属酶（metalloenzymes），另一类为金属－激活酶（metal-activated enzymes）。前者含有紧密结合的金属离子，多数为过渡金属离子，如 Fe^{2+}、Fe^{3+}、Cu^{2+}、Zn^{2+}、Mn^{2+} 或 Co^{3+}，后者与溶液中的金属离子松散地结合，通常是碱金属离子或碱土金属离子，例如，Na^+、K^+、Mg^{2+} 或 Ca^{2+}。

金属离子参与的催化被称为金属催化。金属离子以 5 种方式参与催化：①作为 Lewis 酸接受电子，使亲核基团或亲核分子（如水）的亲核性更强；②与底物结合，使其在反应中正确定向；③作为亲电催化剂，稳定过渡态中间物上的电荷；④通过价态的可逆变化，作为电子受体或电子供体参与氧化还原反应；⑤作为酶结构的一部分。

在许多金属离子参与催化的反应中，金属离子起了类似于质子的作用，类似于 Lewis 酸，但有些金属离子不止带一个正电荷，作用要胜过质子。另外，不少金属离子有络合作用，并且在中性 pH 溶液中，H^+浓度很低，但金属离子却能以高浓度存在，故有“超级酸”（superacids）之称。二甲草酰乙酸脱羧是由 Cu^{2+} 和 Ni^{2+} 金属离子催化反应的实例。

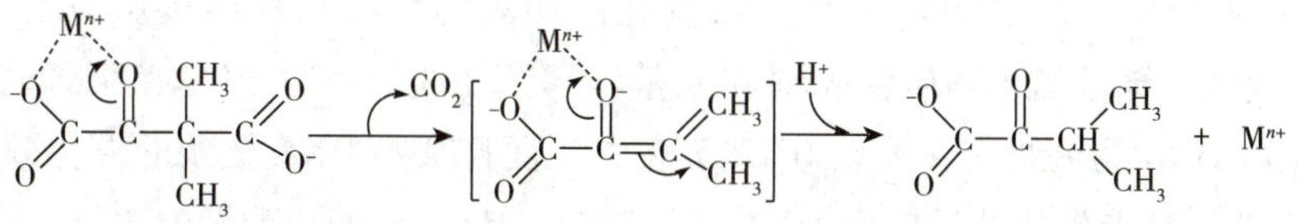

M^{n+}（如 Mn^{2+}、Mg^{2+}、Zn^{2+}）与二甲基草酰乙酸盐螯合，以静电引力稳定过渡态形成的烯醇离子状态。这个机制支持了金属离子不能催化乙酰乙酸脱羧，因其不能形成上述的螯合物。许多草酰乙酸盐的酶的活性都需要金属离子。金属的催化还远远不能很好地解释酶的催化反应，如 Mn^{2+} 的催化和含 Mn^{2+} 酶的催化速度可差 10^8 倍。

金属离子通过电荷的屏蔽催化反应，如激酶的实际底物为 Mg^{2+}－ATP 复合物而不是 ATP。

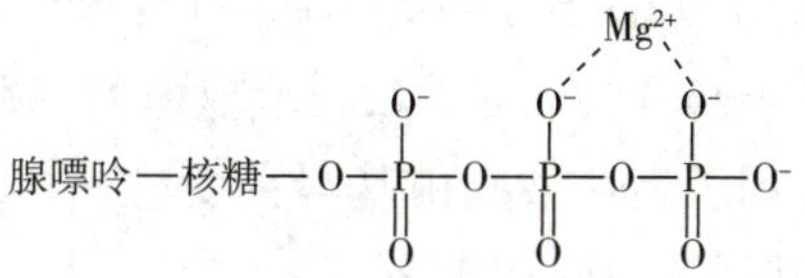

腺嘌呤—核糖—O—P—O—P—O—P—O⁻

Mg^{2+}–ATP复合物

在这里，Mg^{2+} 除了起定向作用外，还对磷酸基团的负电荷起了静电屏蔽作用。否则这些电荷会排斥亲核攻击的电子对，尤其是具有阴离子性质的亲核剂。

金属离子通过水的离子化促进亲核催化。金属离子的电荷性使其结合的水分子比游离水更具酸性，因此甚至在低于中性 pH 下为 OH^- 离子的来源。例如，$(NH_3)_5Co^{3+}(H_2O)$ 的水分子根据下面反应离子化。

$$(NH_3)_5Co^{3+}(H_2O) \rightleftharpoons (NH_3)_5Co^{3+}(OH^-) + H^+$$

产生的金属离子结合的羟基是一种有力的亲核体，pK 值为 6.6，比游离水的 pK 值低约 9 个单位。

四、核酶与抗体酶

知识拓展

核酶的发现

1981 年，Cech 等人在研究四膜虫 rRNA 的功能自我剪接时，在试图确定何种酶参与了 mRNA 剪接的实验中意外地发现 RNA 分子在完全没有蛋白质的情况下可以催化其自身的剪接。

1983 年，Altman 等人在研究细菌 RNase P 时观察到组成 RNase P 的 RNA 分子单独存在时，也能完成切割 rRNA 前体的反应，证明该 RNA 分子具有酶的催化活性。

1986 年，Cech 又发现 L-19RNA 在一定条件下能以高度专一性的方式去催化寡聚核苷酸底物的切割与连接。

1994 年，Breaker 实验室首次发现一个小的单链 DNA 分子同样能够催化 RNA 磷酸二酯键的水解，随后又发现 DNA 还具有连接酶的活性。

Cech 和 Altman 因发现核酶共同获得 1989 年的诺贝尔化学奖。

（一）核酶

1. 核酶的概念 广义地说核酶包括 RNA 核酶和 DNA 核酶（又称脱氧核酶）两类，其生化本质区别是小分子的 RNA 和 DNA。RNA 核酶又称催化 RNA、核糖酶、类酶、酶性 RNA，是具有生物催化活性的 RNA。其功能是切割和剪接 RNA，底物是 RNA 分子。其作用特点是：切割效率低，易被 RNase 破坏，包括催化转核苷酰反应，水解反应（RNA 限制性内切酶的反应）和连接反应（聚合酶活性）等。还可能具有氨基酸酯酶，氨基酰 tRNA 合成酶和肽基转移酶活性，表明核酶在翻译过程中起着重要作用。DNA 核酶既能以 DNA 为底物，又能以 RNA 为底物，而且某些 DNA 核酶的催化效率远高于 RNA 核酶，现在已知的 DNA 核酶能催化的反应有 DNA 连接反应、RNA 磷酸二酯键的水解、DNA 裂解反应等。

2. 核酶的种类 按作用底物，自然界现有催化分子内反应（如自我剪接和自我剪切）的核酶，也有催化分子间反应（如原核生物 RNase P 中的 RNA）的核酶。催化分子内反应的核酶又可分为自我剪接（self - splicing）核酶和自我剪切（self-cleavage）核酶两类。自我剪接共有三种类型：第一类内含子自我剪接反应、第二类内含子自我剪接反应和核 mRNA 前体的剪接反应。

第一类内含子自我剪接反应需要 Mg^{2+} 和鸟苷（或 GTP）参加，剪接的第一步是鸟苷（或 GTP）的—OH 攻击 5′-剪接位点，鸟苷共价结合到内含子的 5′-端，并释放出 5′-外显子；第二步是 5′-外显子的 3′—OH 攻击 3′-剪接位点，5′-外显子与 3′-外显子之间形成磷酸二酯键，同时释放出线状内含子（图 5 - 12a），第一类内含子核酶已被应用于治疗某些由基因突变造成的遗传性疾病。这类核酶可将正确基因引入细胞内，通过剪接将突变的基因片段取代出来。

第二类内含子自我剪接需要 Mg^{2+} 参加，但不需要鸟苷（或 GTP）。在自我剪接的过程中，首先是位于 3′-剪接位点附近的腺嘌呤核苷的—OH（位于 3′-剪接点上游 7~8 个核苷酸处）进攻 5′-剪接位点。使 5′-剪接点断开，并形成“套索”状的中间产物，然后是 3′-剪接位点断开，两个外显子连接，同时释放出“套索”状内含子（图 5 - 12b）。

核 mRNA 前体的剪接与第二类内含子自我剪接相似，但剪接反应必须在“剪接体”中进行。有5 种核内小核糖核蛋白颗粒 SnRNP（u_1、u_2、u_5、u_4/u_6）参加。首先是 u_1、u_2和 u_5分别结合到 5′-剪接位点并剪开，形成游离的 5′-外显子和“套索”状中间物，然后 u_4离开“剪接体”，3′-剪接点断开。最后 5′-外显子和 3′-外显子共价连接，形成成熟的 mRNA 和“套索”状的内含子（图 5 - 12c）。

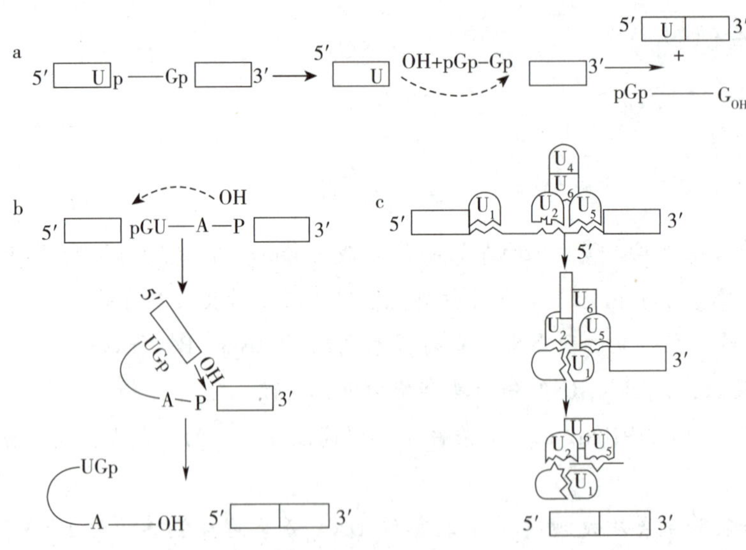

图 5 - 12 RNA 催化的剪接反应

a. 第一类内含子的自我剪接反应；b. 第二类内含子的自我剪接反应；

c. 核 mRNA 前体的剪接反应。方框表示外显子，直线表示内含子

现已证实，无论第一类内含子自我剪接反应，还是第二类内含子自我剪接反应都是可逆的，表明他们都能催化内含子移位和实现 RNA 重组。

3. 核酶的应用 核酶的剪接作用能在阻断基因表达和抗病毒方面发挥作用，因此，在医学上具有广阔的应用前景。例如，利用核酶可以专一性地切割某些序列的特性，设计靶向 mRNA 的核酶，对病毒

mRNA、致癌基因表达的 mRNA 和突变的 mRNA 等进行切割，阻断它们合成蛋白质。如针对 HIV（人类免疫缺陷病毒）的 RNA 序列和结构，设计出专门裂解 HIV 的 RNA 的核酶，而这种核酶对正常细胞 RNA 则没有影响。核酶是催化剂，可以反复作用，因此与反义 RNA 相比，核酶药物不仅用药剂量少，毒性也较小，而且核酶对病毒作用的靶向序列具有专一性，因此病毒较难产生耐受性。脱氧核酶还可以用于抑制有害基因的表达。该类药物的优点是不具有免疫原性，故不会对机体产生免疫反应。

（二）抗体酶

1969 年，Jencks 在过渡态理论基础上预言：若抗体能结合反应的过渡态，理论上它能够获得催化性质。1984 年 Lerner 进一步推测：以过渡态类似物作为半抗原，则其诱发出的抗体即与该类似物有着互补的构象，这种抗体与底物结合后，可诱导底物进入过渡态构象，从而使抗体具有催化作用。1986 年 Lerner 与 Schultz 同时报道了他们成功地得到了具有酶催化活性的抗体，开创了催化剂研究和生产的崭新领域。

1. 抗体酶的概念　抗体酶（abzyme）是具有催化功能的抗体分子，本质上为免疫球蛋白，但在可变区被赋予了酶的属性，故又被称为催化抗体（catalytic antibody），是一类模拟酶。抗体酶的制备过程是根据酶与底物作用的过渡态结构设计合成一些类似物——半抗原，用人工合成的半抗原免疫动物，以杂交瘤细胞技术生产针对人工合成半抗原的单克隆抗体，这种抗体既具有抗体的高度选择性，又具有酶的高效催化效率。

2. 抗体酶的反应类型　抗体酶能催化某些特殊反应。

（1）酰基转移反应　在生物体内合成蛋白质的过程中，氨基酸在掺入肽链之前必须进行活化以获得额外能量，这种活化过程即酰基转移反应，又称氨酰基化反应。以中性磷酸二酯作为反应过渡态的稳定类似物所制备的单抗可以催化带丙氨酰酯的胸腺嘧啶 3′—OH 基团的氨酰化反应，反应速度比无催化反应的速度提高了 10^8 倍。酰基转移抗体酶的研究有利于改进蛋白质的人工合成方法，合成新型 tRNA。

（2）水解反应　主要有酯水解和酰胺水解两类。蛋白质水解都是酰胺水解，如人们用 CoⅢ-三乙烯酰胺-肽复合物作为半抗原，得到能专一切割 Gly-Phe 肽键的抗体酶。酯酶水解酯类是酯的羧基碳原子受到亲核攻击、形成四面体过渡态，过渡态的最终断裂即形成水解产物。以四面体过渡态磷酸酯类似物为半抗原，所得到的抗体能催化酯的水解。

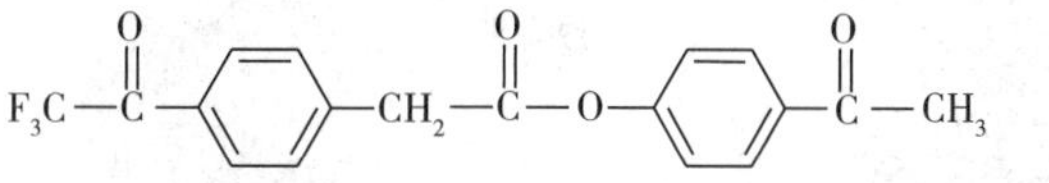

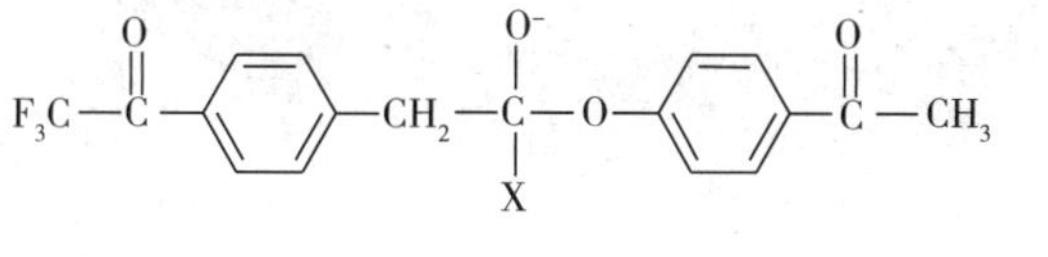

$F_3C-C(=O)-C_6H_4-CH_2-C(=O)-O-C_6H_4-C(=O)-CH_3$　酯

$F_3C-C(=O)-C_6H_4-CH_2-C(O^-)(X)-O-C_6H_4-C(=O)-CH_3$　四面体过渡态

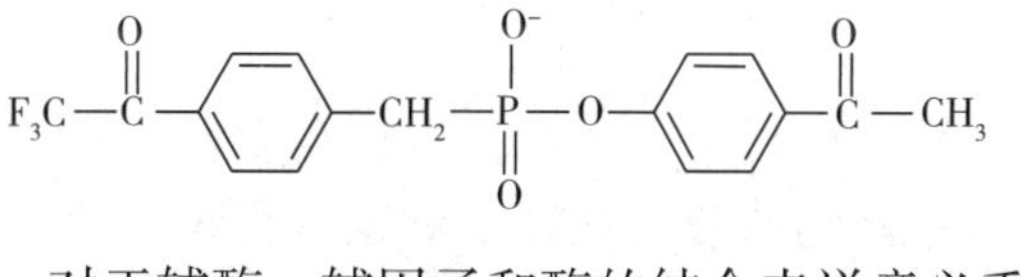

$F_3C-C(=O)-C_6H_4-CH_2-P(O^-)(=O)-O-C_6H_4-C(=O)-CH_3$　磷酸酯类似物

（3）金属螯合反应　对于辅酶、辅因子和酶的结合来说意义重大。Schultz 等用 *N*-甲基原卟啉诱导产生的抗体可以催化平面状卟啉的金属螯合反应。该抗体不仅可催化 Cu^{2+}、Zn^{2+} 和卟啉的螯合，还可催化 Co^{2+}、Mn^{2+} 和卟啉的螯合。所得抗体每小时每个抗体分子可使 80 个卟啉分子与金属螯合，仅比金属螯合酶速度低 10 倍，而非催化反应比抗体酶催化的反应慢 2500 倍。实验表明，抗体酶对其中某些金属卟啉具有很高的亲和力，意味着可以研制抗体血红素复合物为催化剂催化氧化还原反应、电子传递反应等。

由于抗体酶是人工设计的酶，理论上其催化范围十分广泛。迄今为止，已开发出近百种抗体酶，除了上述列举的反应外，尚有多种催化反应类型的抗体酶，如：①有机酸、碳酸酯水解反应；②立体选择性内酯反应；③氧化还原反应和过氧化反应；④胸腺嘧啶二聚体裂解反应；⑤分支酸变位反应；⑥β-消除反应；⑦烯烃的异构化反应；⑧原子重排反应与光诱导反应等。

3. 抗体酶的应用 由于抗体酶具有较高的催化活力和较好的专一性，能够根据人们的意愿设计出天然蛋白酶所不能催化的反应，用以催化在结构上有差异的底物，近年来，相关研究工作得到迅速的发展，抗体酶的研究不仅具有重要的理论价值，其应用前景也不可估量。

抗体酶作为一种催化剂，可用于化学合成药物中对映体的拆分。对映体药物由于性质上的相似而导致拆分困难。使用抗体酶进行化学和药物合成的优势在于抗体酶反应的特异性，因此可以用抗体酶来合成手性药物或者进行外消旋体的拆分，得到手性的产物。

正在研究设计中的可降解可卡因的抗体酶，有望成为一类副作用较小的新药。由于可卡因水解产物芽子碱甲酯（ecgonine methyl ester）并无成瘾性，所以加快可卡因的水解反应，使之在体内尽快转化为芽子碱甲酯和苯甲酸是克服可卡因成瘾性的一个有效途径。动物实验证明，以可卡因这一水解反应的反应过渡态类似物为半抗原所产生的单克隆抗体酶可以高效的催化这一水解反应，从而有效的治疗可卡因成瘾。实验表明，用该单克隆抗体酶治疗可卡因成瘾具有不影响正常生理功能、无明显毒副作用以及半衰期较长等优点。

在药物设计方面，一种称为抗体导向的抗体酶药物前体治疗（antibody-directed abzyme prodrug therapy，ADAPT）令人关注（图 5-13），其原理就是以利用肿瘤细胞特异性表面抗原为靶体，用抗体将以抗癌药物为母核的前体药物运载到肿瘤组织细胞，然后在酶的催化作用下将前体药物转化成具有药理活性的抗癌药物，作用于肿瘤细胞，大大提高了抗癌药物的靶向性。

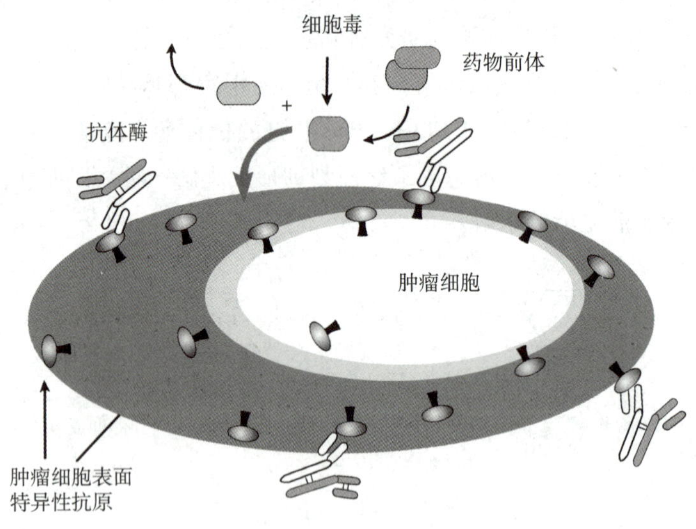

图 5-13 ADAPT 法

ADAPT 提高了作用于肿瘤细胞的抗癌药物浓度，减轻了对正常组织细胞的损害，实际上是生物导弹技术的发展。目前有两种设计方法：①将抗体酶与抗肿瘤前药相连，进入体内后与肿瘤细胞表面相应受体结合，而后水解前药；②抗体酶可与肿瘤细胞特异性结合，前药进入体内识别抗体酶并在其催化下水解成有活性的药物。例如，5FdU 是一种抗癌药物，在体内可以转变成 5-氟脱氧尿苷酸（5FdUMP），它是胸苷酸合成酶的抑制剂，能抑制 DNA 的合成，但它除了抑制肿瘤细胞的 DNA 合成，也同样抑制正常细胞的 DNA 合成，因此毒性很大。如果将 5FdU 设计为无毒前药，静脉给药时前药只有遇到抗体酶后才会释放出有毒的 5FdU，就可只杀死靶部位的细胞。由此设想将抗体酶与肿瘤专一性抗体偶联成双特异性抗体的抗癌药物，可以避免癌症化疗中药物缺乏专一性而导致的毒性高、半衰期短以及到达肿瘤细胞的化疗药物浓度低等缺点。

第四节 酶促反应动力学

酶促反应动力学（kinetics of enzyme - catalyzed reactions）是研究酶催化反应的速度、变化规律以及各种影响因素的科学。影响酶促反应速度的因素很多，诸如温度、氢离子浓度、底物浓度、酶浓度、抑制剂和激活剂等。

研究酶促反应动力学具有重要的理论意义和广泛的实践意义：既有助于阐明酶的结构与功能之间的关系，也可为酶作用机制的研究提供实验证据；不仅有助于寻找最佳的反应条件，以最大限度地发挥酶促反应的高效率，还有助于了解酶在代谢中的作用以及某些药物作用的机制等。

一、底物浓度对酶反应速度的影响

（一）中间络合物学说

1903 年 Henri 用蔗糖酶水解蔗糖做实验，研究底物浓度与反应速度的关系，在酶浓度恒定的条件下，可以测出一系列不同底物浓度下的反应速度，以反应速度对底物浓度作图，可得到图 5 - 14。该曲线可以分为三段。

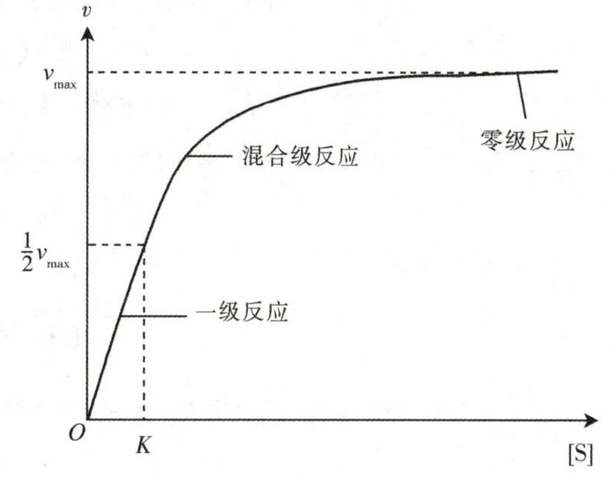

图 5 - 14 底物浓度与酶促反应速度的关系

第一段：当底物浓度较低时，反应速度与底物浓度的关系成正比关系，表现为一级反应。

第二段：随着底物浓度的增加，反应速度不再按正比升高，反应表现为混合级反应。

第三段：当底物浓度远远超过酶浓度（$[S] \gg [E]$）时，底物浓度对反应速度影响变小，最后反应速度与底物浓度几乎无关，反应速度也达极限值即 $v = v_{max}$（最大速度），表现为零级反应。

根据这一实验结果，Henri 和 Wurtz 提出了酶底物中间络合物学说。该学说认为：酶促反应中，酶先与底物形成中间复合物（ES），再转变成产物（P），并重新释放出游离的酶。反应用下式表示。

$$S + E \rightleftharpoons ES \longrightarrow P + E$$

根据中间复合物学说可以解释图 5 - 14 实验曲线，在酶浓度恒定条件下，当底物浓度很小时，酶未被底物饱和，这时反应速度取决于底物浓度。随着底物浓度增大，单位时间内 ES 生成也增多，而反应速度取决于 ES 的浓度，故反应速度也随之增高。当底物浓度加大后，酶逐渐被底物饱和，反应速度的增加和底物的浓度就不成正比，继而底物增加至极大值，溶液中所有的酶全部被底物饱和，溶液中没有多余的酶，虽增加底物浓度也不会有更多的中间复合物生成，因此酶促反应速度与底物无关，反应达到最大反应速度（v_{max}）。当底物浓度对反应速度作图时，就形成一条双曲线。需要指出的是只有酶催化反应才有这种饱和现象，底物浓度对酶促反应速度的影响是非线性的。与此相反，非催化反应无此饱和现象，反应速度与反应物的浓度成正比。

（二）米氏方程及其推导 e 微课

1913 年 Michaelis 和 Menten 在前人工作的基础上，根据酶促反应的中间复合物学说对图 5 - 14 的曲线加以数学处理，提出酶促反应动力学的基本原理，即米氏方程。

$$v=\frac{v_{max}\,[S]}{K_m+[S]}$$

米氏方程反映了底物浓度与酶促反应速度间的定量关系，式中 v_{max} 为酶完全被底物饱和时的最大反应速度，[S] 为底物浓度，K_m 为 ES 的解离常数即米氏常数，v 为底物浓度不足以产生最大速度时的反应速度。

根据上述理论和单底物反应规律，酶促反应可按下式进行。

$$E+S \underset{K_2}{\overset{K_1}{\rightleftharpoons}} ES \xrightarrow{K_3} E+P \tag{5-1}$$

式中，K_1、K_2 分别为 $E+S \rightleftharpoons ES$ 正逆反应两方向的速度常数；K_3 为 ES 生成 P+E 的速度常数。由于反应处于初速度阶段时，S 的消耗很少，产物 P 的量极少，故由 P+E 逆行而重新生成 ES 的可能性可不予考虑，此时反应速度取决于 ES 浓度。

$$V=K_3\,[ES] \tag{5-2}$$

从式（5-1）可知，ES 的生成和解离速度各为

$$\text{ES 的生成速度}=K_1[E][S] \tag{5-3}$$

$$\text{ES 的解离速度}=(K_2+K_3)[ES] \tag{5-4}$$

当处于衡定状态时，ES 复合物的生成速度与分解速度相等，即得下式。

$$K_1[E][S]=(K_2+K_3)[ES] \tag{5-5}$$

将（5-5）重排

$$[ES]=\frac{[E][S]}{(K_2+K_3)/K_1} \tag{5-6}$$

将 $(K_2+K_3)/K_1$ 复合常数用 K_m（米氏常数）来表示，则式（5-6）成为

$$[ES]=[E][S]/K_m \tag{5-7}$$

如 E 的起始浓度为 $[E_0]$，恒态时 $[E]=[E_0]-[ES]$ (5-8)

通常底物浓度比酶浓度过量得多，即 $[S]\gg[E]$，所以 ES 的形成不会明显降低 [S]。故而 [S] 的降低可忽略不计。

将式（5-8）代入（5-7）式，得到

$$[ES]=([E_0]-[ES])[S]/K_m \tag{5-9}$$

从式（5-9）中求解 [ES]。

$$[ES]=[E_0]\frac{[S]/K_m}{1+[S]/K_m} \tag{5-10}$$

$$[ES]=\frac{[E_0][S]}{K_m+[S]} \tag{5-11}$$

将（5-11）代入式（5-2），得

$$v=K_3\frac{[E_0][S]}{K_m+[S]} \tag{5-12}$$

当 [S] 为极大时，全部 E 均转为 ES，$[ES]=[E_0]$，此时 v 即为最大速度 v_{max}，亦即 $v=v_{max}$。

故 $v_{max}=K_3\,[E_0]$ $\quad [E_0]=v_{max}/K_3$ (5-13)

将式（5-13）代入式（5-12）即得

$$v=\frac{v_{max}\,[S]}{K_m+[S]} \tag{5-14}$$

（5－14）式就是米氏方程，它表明了底物浓度与反应速度间的定量关系。若将该式移项、加项及整理可得

$$vK_m + v[S] = v_{max}[S] \quad (5-15)$$

$$vK_m + v[S] - v_{max}[S] - v_{max}K_m = -v_{max}K_m \quad (5-16)$$

$$(v - v_{max})([S] + K_m) = -v_{max}K_m \quad (5-17)$$

因 v_{max}和 K_m均为常数，而 v 及 S 为变数，故式（5－17）实际上可写成（$x-a$）（$y+b$）$=K$。这是典型的双曲线方程。可见米氏方程与实际结果是相符的。

当［S］和 K_m相比如果小得多时，则（5－14）式分母中［S］可略去不计，而得到 $v=v_{max}/K_m[S]$。这说明反应对底物为一级反应，其速度与［S］成正比，即图 5－14 曲线的第一段，反之，当［S］和 K_m相比要大得多时，（5－14）式分母中 K_m可略去不计，而得到 $v=v_{max}[S]/[S]=v_{max}$，说明此时反应速度达到最大的恒定值，与底物的浓度无关，反应为零级，即图 5－14 曲线的第三段。

（三）米氏常数的意义和应用

当酶促反应处于 $v=1/2v_{max}$的特殊情况时，则米氏方程为

$$\frac{v_{max}}{2}=\frac{v_{max}[S]}{K_m+[S]}$$

$K_m+[S]=2[S]$，故 $K_m=[S]$。这说明：米氏常数 K_m为酶促反应速度达到最大反应速度一半时的底物浓度，单位是 mol/L，与底物浓度的单位一样，是酶的一个特征性常数。

米氏常数在酶学和代谢研究中均为重要特征数据。

1. 鉴定酶　K_m的大小只与酶的性质有关，而与酶浓度无关。K_m值随测定的底物、反应的温度、pH 及离子强度而改变。故对某一酶促反应而言，在一定条件下都有特定的 K_m值，可用来鉴别酶。通过测定 K_m值，可鉴别不同来源或相同来源但在不同发育阶段、不同生理状态下催化相同反应的酶是否属于同一种酶。各种酶的 K_m值相差很大，大多数酶的 K_m值为 $10^{-6}\sim10^{-1}$mol/L。

2. 判断酶的专一性和最适底物　同一种酶如果有几种底物，就有几个 K_m值，其中 K_m值最小的底物一般称为该酶的最适底物或天然底物。不同的底物有不同的 K_m值，这说明同一种酶对不同底物的亲和力不同。一般用 $1/K_m$近似地表示酶对底物亲和力的大小，$1/K_m$愈大，表示酶对该底物的亲和力愈大，酶促反应愈易于进行。显然，最适底物时酶的亲和力最大。酶通常是根据最适底物来命名的。例如，蔗糖酶既可催化蔗糖分解（K_m为 2.8×10^{-2}mol/L），也可催化棉籽糖分解（K_m为 350mmol/L），因为前者为最适底物，故称蔗糖酶，而不称棉籽糖酶。

3. 计算一定速度下的底物浓度或一定底物浓度时的反应速度　若已知某个酶的 K_m值，就可以计算出在所要求的反应速度下应加入的底物浓度，也可计算出在某一底物浓度时，某反应速度相当于 v_{max}的百分率（可用于估计产物生成量）。例如当［S］$=3K_m$时，代入（5－14）式

$$v=\frac{v_{max}\times3K_m}{K_m+3K_m}=3/4v_{max}=75\%v_{max}$$

4. 了解酶的底物在细胞内的浓度　通过酶的 K_m值及其底物在细胞内的浓度，可以推知该酶在细胞内是否受到底物浓度的调节。一般说来，作为酶的天然底物，它在体内的浓度水平应接近于它的 K_m值。如酶的 K_m远低于细胞内的底物浓度（低 10 倍以上），说明该酶经常处于底物饱和状态，底物浓度的稍许变化不会引起反应速度有意义的改变。反之，如酶的 K_m值大于底物浓度，则反应的速度对底物浓度的变化就十分敏感。

5. 判断反应方向或趋势　催化可逆反应的酶，对正逆两向底物的 K_m值往往是不同的。测定这些 K_m值的差别以及细胞内正逆两向底物的浓度，可以大致推测该酶催化正逆两向反应的效率，这对了解酶在

细胞内的主要催化方向及生理功能有着重要意义。

6. 判断代谢过程的限速步骤 当一系列不同的酶催化一个代谢过程的连锁反应时，如能确定各种酶的 K_m 及其相应底物的浓度，还有助于寻找代谢过程的限速步骤。例如酶 1、2、3 分别催化 A→B→C→D 三步连锁反应，它们相对底物 A、B、C 的 K_m 分别为 10^{-2}、10^{-3} 和 10^{-4}mol/L，而细胞内 A、B、C 的浓度均接近 10^{-4}mol/L，则可推知限速反应为 A→B 这一步。

7. 推测代谢途径 生物体内的代谢作用常常是在多酶体系下进行的，同一种底物往往可以被几种酶作用，一种物质在体内的代谢途径也不止一条，在一定条件下该代谢物究竟走什么样的代谢路线，可由 K_m 来推测。例如，丙酮酸在某些生物体内可转变成乳酸、乙酰辅酶 A 和乙醛，分别由乳酸脱氢酶、丙酮酸脱氢酶和丙酮酸脱羧酶催化，这 3 种酶催化丙酮酸转变成上述 3 种产物时的 K_m 值分别为 1.7×10^{-5}、1.3×10^{-3} 和 1.0×10^{-3}mol/L。所以，当丙酮酸浓度较低时，主要走乳酸脱氢酶催化丙酮酸形成乳酸的途径（K_m 值小的反应占优势）。

8. 判断抑制类型 测定不同抑制剂对某个酶 K_m 及 v_{max} 的影响，可以判断该抑制剂的抑制作用类型，从而区别该抑制剂是竞争性还是非竞争性抑制剂。

（四）米氏常数的求法

从酶的 $v-[S]$ 图上可以得到 v_{max}，再从 $1/2v_{max}$ 可求得相应的［S］即为 K_m 值。但实际上用这个方法来求 K_m 值是行不通的，因为即使用很大的底物浓度，也只能得到趋近于 v_{max} 的反应速度，而达不到真正的 v_{max}，因此测不到准确的 K_m 值。为了得到准确的 K_m 值，可以把米氏方程的形式加以改变，使它成为相当于 $y=ax+b$ 的直线方程，然后用外推法求出 K_m 值。

1. Lineweaver Burk 方程（双倒数作图法） 将米氏方程两边取倒数

$$\frac{1}{v}=\frac{K_m+[S]}{v_{max}\cdot[S]} \quad 即\frac{1}{v}=\frac{K_m}{v_{max}}\left(\frac{1}{[S]}\right)+\frac{1}{v_{max}} \tag{5-18}$$

右式即称为 Lineweaver Burk 方程。这一线性方程，用 $1/v$ 对 $1/[S]$ 作图即得到一条直线（图 5-15），直线的斜率为 K_m/v_{max}，$1/v$ 轴上的截距为 $1/v_{max}$，1/［S］轴上的截距为 $-1/K_m$。

2. Hanes 作图法

（5-18）式的两侧均乘以［S］可得

$$[S]/v=1/v_{max}[S]+K_m/v_{max} \tag{5-19}$$

（5-19）式也是直线方程式，称为 Hanes 方程式。用［S］/V 对［S］作图（5-16），所得直线的斜率为 $1/v_{max}$，［S］/v 轴上的截距为 K_m/v_{max}，而［S］轴上的截距为 $-K_m$。Hanes 法的优点为数据点在坐标图中的分布较平坦，但因［S］/v 包含两个变数，这就增大了误差，且统计处理也复杂得多。

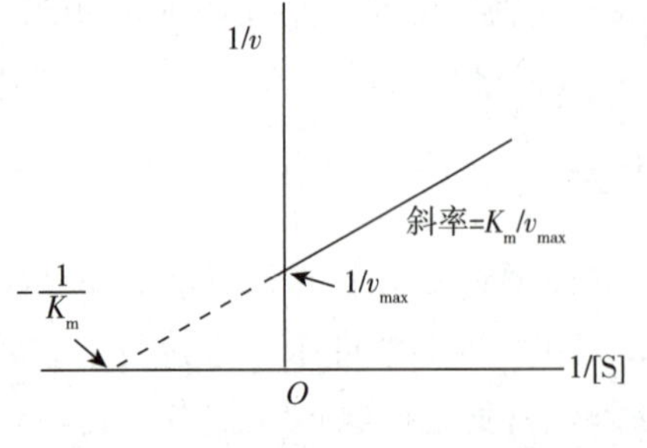

图 5-15 双倒数作图法

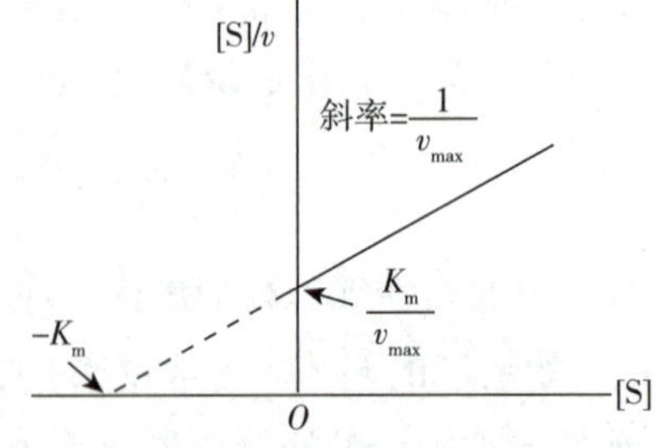

图 5-16 Hanes 作图法

二、pH 的影响与最适 pH

大多数酶的活性受 pH 影响较大。在一定 pH 下酶表现最大活力，高于或低于此 pH，活力均降低。通常把表现出酶最大活力时的 pH 称为酶的最适 pH（optimum pH）。pH 对不同酶的活性影响不同（图 5－17）。典型的最适 pH 曲线是钟罩形曲线。

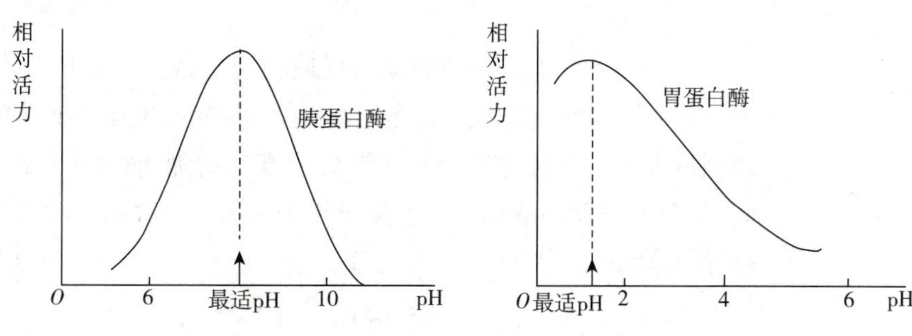

图 5－17　pH 对酶活性的影响

各种酶在一定条件下都有一定的最适 pH。一般说，大多数酶的最适 pH 在 5.0~8.0，动物体的酶多在 pH 6.5~8.0，植物及微生物中的酶多在 pH 4.5~6.5。但也有例外，如胃蛋白酶的最适 pH 为 1.5，肝中精氨酸酶最适 pH 为 9.8。

pH 对酶促反应速度的影响，主要有以下几个方面。

1. 影响酶和底物的解离　酶分子活性部位上有关基团的解离受 pH 影响，有的酶必须处于解离状态才能很好地与底物结合，在此情况下，酶和底物解离最大的 pH 最有利于酶促反应的加速，活力最高。如胃蛋白酶与带正电荷的蛋白质分子结合最为敏感，乙酰胆碱酯酶也只有在底物（乙酰胆碱）带正电荷时，酶与底物最易结合。相反，有的酶如蔗糖酶、木瓜蛋白酶，则要求底物处于兼性离子状态时最易结合。因此，这些酶的最适 pH 在底物的等电点附近。所以，pH 对不同酶和底物的影响不同，对其酶促反应速度的影响也就不同。

2. 影响酶分子的构象　过酸或过碱可以改变酶的活性中心的构象，甚至会破坏酶的空间结构，使酶活性丧失。由于酶活力受 pH 的影响很大，因此在酶的提纯及测活时要选择酶的稳定 pH，一般最适 pH 总是在该酶的稳定 pH 范围内。

三、温度的影响与最适温度

大多数化学反应的速度随温度升高而加快，但酶中的蛋白质会随温度的升高而变性。因此，在不同温度条件下测得的某种酶促反应速度相对于温度作图，可得到图 5－18 所示的钟罩形曲线。在较低的温度范围内，酶促反应速度随温度升高而增大，对大多数酶来讲，温度每升高 10℃，酶促反应速度约增加 1 倍。但超过一定温度后，反应速度反而下降，这是由于随着温度升的高，酶蛋白逐渐变性失活导致。因此只有在某一温度下，反应速度达到最大值，这个温度称为酶促反应的最适温度（optimum temperature）。最适温度不是酶的特征物理常数，最适温度与底物浓度、保温时间、介质 pH 和离子强度等许多因素影响有关。每种酶在一定条件下都有其最适温度。一般讲，动物细胞内的酶最适温度在 35~40℃，植物细胞中的酶最适温度通常在 40~50℃，微生物中的酶最适温度差别较大，如 *Taq* DNA 聚合酶的最适温度可高

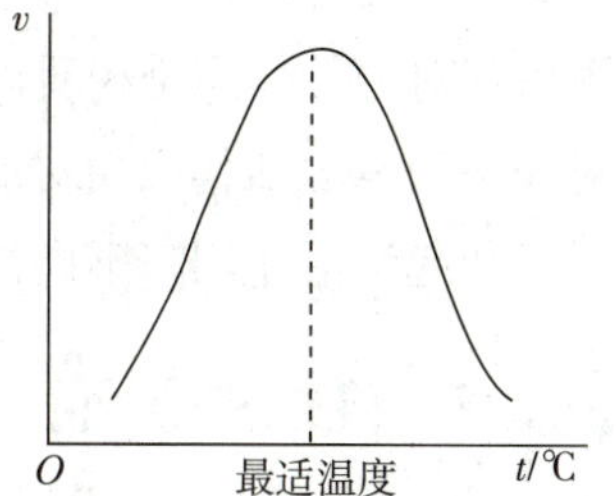

图 5－18　温度对酶促反应速度的影响

达 70℃。

上述温度的综合影响与时间有密切关系，根本原因在于温度促使酶蛋白变性是随时间累加的。一般讲，反应时间越长，酶的最适温度就越低，反应时间短则最适温度就高，因此只有在规定的反应时间内才可确定酶的最适温度。

四、酶浓度的影响

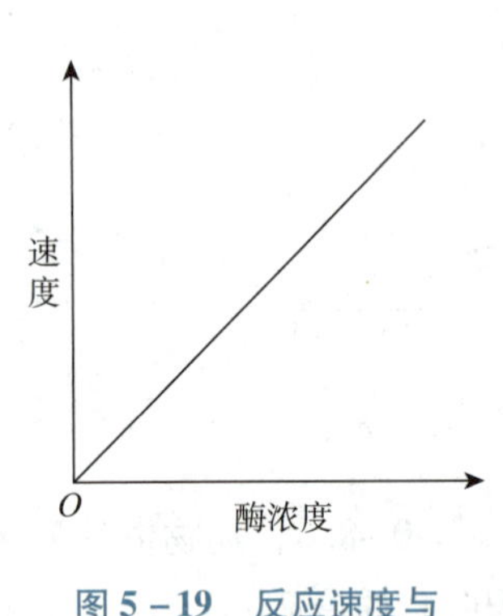

图 5-19 反应速度与酶浓度的关系

在一定条件下，酶的浓度与反应初速度成正比。因为在酶催化的反应中，酶先要与底物形成中间复合物，当底物浓度大大超过酶浓度时，反应达到最大速度，这时反应速度随酶浓度的增加而增加（当温度和 pH 不变时），反应速度与酶浓度两者成正比例关系。这种正比关系也可由米氏方程推导出来。

$$v = v_{max}[S]/(K_m + [S])$$

又因为 $$v_{max} = K_3[E_0]$$

所以 $$v = K_3[E_0][S]/(K_m + [S]) = \frac{K_3[S]}{K_m + [S]} \cdot [E_0]$$

如果固定底物的初始浓度，则 $K_3[S]/(K_m + [S])$ 是常数，并用 K' 表示，故 $v = K'[E_0]$。v 对 $[E_0]$ 作图为一直线（图 5-19）。酶促反应的这种性质是酶活力测定的依据。

五、激活剂的影响

凡能提高酶的活性，加速酶促反应进行的物质都称为激活剂（activator）。酶的激活剂可以是一些简单的无机离子，无机阳离子如 Na^+、K^+、Ca^{2+}、Mg^{2+}、Cu^{2+}、Zn^{2+}、Co^{2+}、Cr^{3+}、Fe^{2+} 等，无机阴离子如 Cl^-、Br^-、I^-、CN^-、NO_3^-、PO_4^{3-} 等。Cl^- 是唾液淀粉酶最强的激活剂。RNA 酶需 Mg^{2+}，脱羧酶需要 Mg^{2+}、Mn^{2+}、Co^{2+} 为激活剂。激活作用可能有这几方面的机制：①与酶分子中的氨基酸侧链基团结合，稳定酶催化作用所需的空间结构；②作为底物或辅酶与酶蛋白之间形成联系的桥梁；③作为辅酶或辅基的一个组成部分协助酶的催化作用。

一些小分子的有机物如维生素 C、半胱氨酸、还原型谷胱甘肽等还原剂，对某些含巯基的酶具有激活作用，这是由于这些酶分子的巯基处于还原状态才具催化作用。如木瓜蛋白酶及甘油醛-3-磷酸脱氢酶在分离提取过程中，其分子上的巯基较易氧化成二硫键而使酶活力降低，当加入上述任何一种化合物后，能使二硫键还原成巯基从而提高酶活力。还有些酶的催化作用易受某些抑制剂的影响，凡能除去抑制剂的物质也可称为激活剂，如乙二胺四乙酸（EDTA），它是金属螯合剂，能除去重金属杂质，从而解除重金属对酶的抑制作用。

激活剂对酶的作用是相对的，有一定的选择性，一种酶的激活剂很有可能是另一种酶的抑制剂，如 Mg^{2+} 对脱羧酶有激活作用而对肌球蛋白腺苷三磷酶却有抑制作用；而 Ca^{2+} 则相反，对前者有抑制作用，但对后者却起激活作用。不同浓度的激活剂对酶活性的影响也不相同。

六、抑制剂的影响

酶的必需基团（尤其是活性中心的必需基团）受到某种化学物质的影响而发生改变，从而导致酶活性的降低或丧失称为抑制作用（inhibition）。能对酶起抑制作用的物质称为酶抑制剂（inhibitor）。抑制剂通常对酶有一定的选择性，一种抑制剂只能引起特定酶类的抑制。抑制作用不同于失活作用。通常酶蛋白受到一些物理因素或化学试剂的影响，破坏了次级键，部分或全部改变了酶的空间构象，从而引起酶活性的降低或丧失，这是酶蛋白变性的结果，凡是使酶变性失活的因素如强酸、强碱等变性剂，其作用对酶没有选择性，不属于此处的抑制剂。

研究抑制剂对酶的作用，对于研究机体的代谢途径、酶活性中心功能基团的性质以及酶作用的机制等方面都具有十分重要的意义。很多药物是酶的抑制剂，通过对某些酶的抑制作用或改变体内某些酶的活性而发挥其治疗功效，了解酶的抑制作用也是阐明药物作用机制和新药开发的重要途径。

（一）不可逆抑制

抑制剂与酶的必需基团以共价键结合而引起酶活力丧失，不能用透析、凝胶过滤等物理方法除去抑制剂而恢复酶活力，称为不可逆抑制（irreversible inhibition）。抑制作用随着抑制剂浓度的增加而逐渐增加，当抑制剂与所有的酶结合时，酶的活性就完全被抑制。根据抑制剂对酶的选择性不同，这类抑制作用可分为两类。

1. 非专一性不可逆抑制　抑制剂可作用于酶分子上的不同基团或作用于几类不同的酶，不论是否必需基团皆进行共价结合。由于酶的必需基团也被抑制剂作用，故可使酶失活。属于这一类的抑制剂有烷化剂（碘乙酸、DNFB 等）和酰化剂（如酸酐、磺酰氯等）等。

某些重金属离子（Pb^{2+}、Cu^{2+}、Hg^{2+}），有机砷化合物及对氯汞苯甲酸等，能与酶分子的巯基进行不可逆结合，许多以巯基为必需基团的酶（称为巯基酶），会因此而被抑制，用二巯丙醇（british anti - lewiste，BAL）和二巯丁二酸钠等含巯基的化合物可使酶复活。

$$\text{酶}\langle^{SH}_{SH} + Pb^{2+}(Hg^{2+}\text{或}Cu^{2+}) \longrightarrow \text{酶}\langle^{S}_{S}\rangle Pb(Hg^{2+}\text{或}Cu^{2+}) + 2H^+$$

$$\text{酶}\langle^{S}_{S}\rangle Pb + \begin{matrix}COONa\\ | \\ HC-SH\\ | \\ HC-SH\\ | \\ COONa\end{matrix} \longrightarrow \text{酶}\langle^{SH}_{SH} + \begin{matrix}COONa\\ | \\ HC-S\\ | \\ HC-S\\ | \\ COONa\end{matrix}\rangle Pb$$

2. 专一性不可逆抑制　抑制剂专一作用于酶蛋白分子中一种氨基酸侧链基团或仅作用于一类酶，进行共价结合，从而抑制酶的活性。例如有机汞（对氯汞苯甲酸）可专一地作用于巯基，二异丙基氟磷酸（DFP）和有机磷农药专一地作用于丝氨酸羟基等。

有机磷杀虫剂专一作用于胆碱酯酶活性中心的丝氨酸残基，使其磷酰化而不可逆抑制酶活性，有机磷杀虫剂的结构与底物愈近似，其抑制愈快，有人称其为假底物（pseudosubstrate）。当胆碱酯酶被有机磷杀虫剂抑制后，乙酰胆碱不能及时分解，导致乙酰胆碱过多而产生一系列胆碱能神经过度兴奋症状。解磷定等药物可与有机磷杀虫剂结合，使酶与有机磷杀虫剂分离而复活。

$$\underset{\text{有机磷杀虫剂}}{(R_1O)(R_2O)P(=O)X} + \underset{\text{胆碱酯酶}}{E-OH} \longrightarrow \underset{\text{磷酰化胆碱酯酶}}{(R_1O)(R_2O)P(=O)OE} + HX$$

$$\underset{\text{磷酰化胆碱酯酶}}{(R_1O)(R_2O)P(=O)OE} + \underset{\text{解磷定（PAM）}}{\text{(N-CH}_3\text{-吡啶}^+\text{)}-CH=NOH} \longrightarrow \underset{\text{磷酰化解磷定}}{\text{(N-CH}_3\text{-吡啶}^+\text{)}-CH=N-O-P(=O)(OR_1)(OR_2)} + \underset{\text{胆碱酯酶}}{E-OH}$$

有些专一性不可逆抑制剂在与酶作用时，通过酶的催化作用，其中某一基团被活化，使抑制剂与酶发生共价结合从而抑制了酶活性，如同酶的自杀，此类抑制剂称为自杀底物（suicide substrate）。例如新斯的明（prostigmin）抑制胆碱酯酶时，先被胆碱酯酶水解，所产生的二甲氨基甲酰基可结合到酶活性中心的丝氨酸羟基而抑制酶活性，故有扩瞳作用。

$$(CH_3)_3N^+\text{—C}_6\text{H}_4\text{—O—}\overset{O}{\overset{\|}{C}}\text{—N}(CH_3)_2 + \text{E—OH} \longrightarrow \text{E—O—}\overset{O}{\overset{\|}{C}}\text{—N}(CH_3)_2 + (CH_3)_3N^+\text{—C}_6\text{H}_4\text{—OH}$$

新斯的明　　胆碱酯酶　　二甲胺基甲酰胆碱酯酶

（二）可逆抑制

抑制剂与酶以非共价键结合而引起酶活性的降低或丧失，可用物理方法除去抑制剂而恢复酶的活性。这种抑制作用是可逆的，称为可逆抑制（reversible inhibition）。这类抑制剂与酶分子的结合部位可以是活性中心，也可以是非活性中心。根据抑制剂与酶结合的关系，可逆抑制作用通常分为三种类型。

1. 竞争性抑制（competitive inhibition） 是较常见且重要的可逆抑制。抑制剂（I）和底物（S）对游离酶（E）的结合有竞争作用，影响了底物与酶的正常结合（图5-20）。因为酶的活性部位不能同时既与底物结合又与抑制剂结合，因而在底物和抑制剂之间竞争酶的过程中形成了一定的平衡关系。大多数竞争性抑制剂的结构与底物结构类似，因此能与酶的活性部位结合，与酶形成可逆的EI复合物，但EI不能分解成产物P，酶促反应速度下降。其抑制作用的强弱取决于抑制剂与底物的相对比例。竞争性抑制通常可用增大底物浓度来消除。此外还有一些因素也可以造成抑制剂与底物和酶的结合互相排斥。比如，两者的结合位置虽然不同，但由于空间障碍使得I和S不能同时与酶结合，故不可能存在IES三联复合体。可用下式表示。

$$\begin{array}{l} E + S \underset{}{\overset{K_s}{\rightleftharpoons}} ES \xrightarrow{K_0} E + P \\ + \\ I \overset{K_i}{\rightleftharpoons} EI \end{array} \qquad (5-20)$$

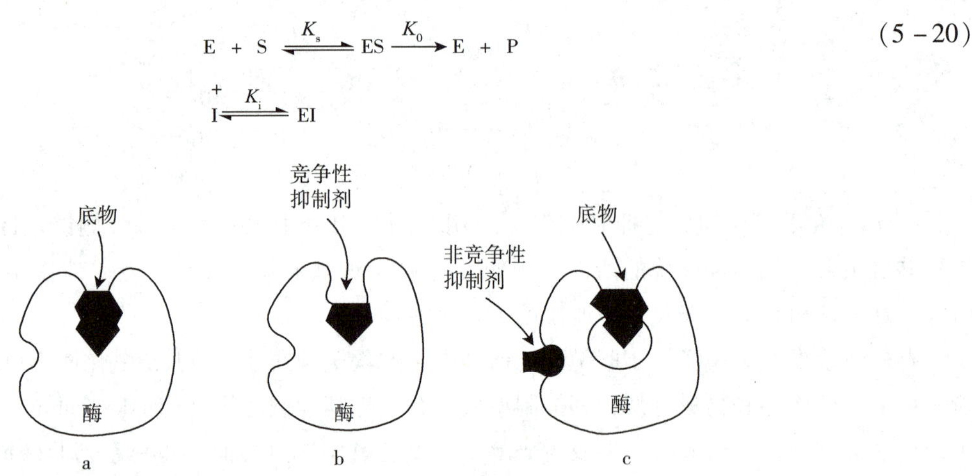

图5-20 竞争性与非竞争性抑制剂的区别

a. 酶-底物复合物；b. 竞争性抑制剂阻止底物与酶的结合；

c. 非竞争性抑制剂不阻止底物与酶的结合

式（5-20）中K_s及K_i分别代表ES复合体和EI复合体的解离常数。在此反应体系中，当加入I时，可破坏E和ES的平衡，使ES→E→EI。此时再增加S的浓度，又可逆转而使EI→E→ES，故在酶量恒定的条件下，反应速度与［S］和［I］的比值有关。

根据平衡学说，式（5-20）可表示如下。

$$K_s = [E][S]/[ES], \text{故} [ES] = [E][S]/K_s \qquad (5-21)$$

$$K_i = [E][I]/[EI], \text{故} [EI] = [E][I]/K_i \qquad (5-22)$$

前已述及，反应的初速度v与ES的浓度成正比，而最大反应速度V_{max}与酶的总浓度［E_0］成正比。

即 $$v=K_0[ES] \qquad v_{max}=K_0[E_0] \tag{5-23}$$

故 $$v/v_{max}=[ES]/[E_0] \tag{5-24}$$

而酶的总浓度 $$[E_0]=[E]+[ES]+[EI] \tag{5-25}$$

将式（5-25）代入式（5-24），再将式（5-21）（5-22）中的［ES］［EI］值代入式（5-25），得

$$\frac{v}{v_{max}}=\frac{[ES]}{[E]+[ES]+[EI]}=\frac{[E][S]/K_s}{[E]+[E][S]/K_s+[E][I]/K_i}$$

$$=\frac{[S]/K_s}{1+[S]/K_s+[I]/K_i}=\frac{[S]}{K_s+[S]+K_s[I]/K_i} \tag{5-26}$$

$$v=\frac{v_{max}[S]}{K_s(1+[I]/K_i)+[S]} \tag{5-27}$$

如以米氏常数 K_m 代替 K_s，则

$$v=\frac{v_{max}[S]}{K_m(1+[I]/K_i)+[S]} \tag{5-28}$$

用 Lineweaver-Burk 法将式（5-28）做双倒数处理，可得

$$\frac{1}{v}=\frac{K_m}{V_{max}}\left(1+\frac{[I]}{K_i}\right)\frac{1}{[S]}+\frac{1}{v_{max}} \tag{5-29}$$

式（5-28）、式（5-29）是竞争性抑制作用的反应速度公式。当［S］为无限大时，式（5-28）分母中 K_m（$1+[I]/K_i$）一项可略去不计，$v=v_{max}$，故当［S］对 v 作图时（图 5-21a），有 I 时的曲线虽较无 I 时的曲线向右下方移动，但在［S］为无穷大时可与无 I 时的曲线相交。若以 $1/[S]$ 对 $1/v$ 作图（5-21b），可见有 I 存在时的直线斜率高于无 I 时的斜率，增加了（$1+[I]/K_i$）倍。当有 I 时，其在横轴上的截距为 $-\frac{1}{K_m}\Big/\left(1+\frac{[I]}{K_i}\right)$，也即 K_m 变为 K_m（$1+[I]/K_i$），可见有竞争性抑制剂存在时，K_m 增大，且 K_m 随［I］的增加而增加，称为表观 K_m，以 K_m^{app} 表示。无 I 与有 I 时的两条动力学曲线在纵轴上相交，其截距为 $1/v_{max}$，即 v_{max} 的数值不变。

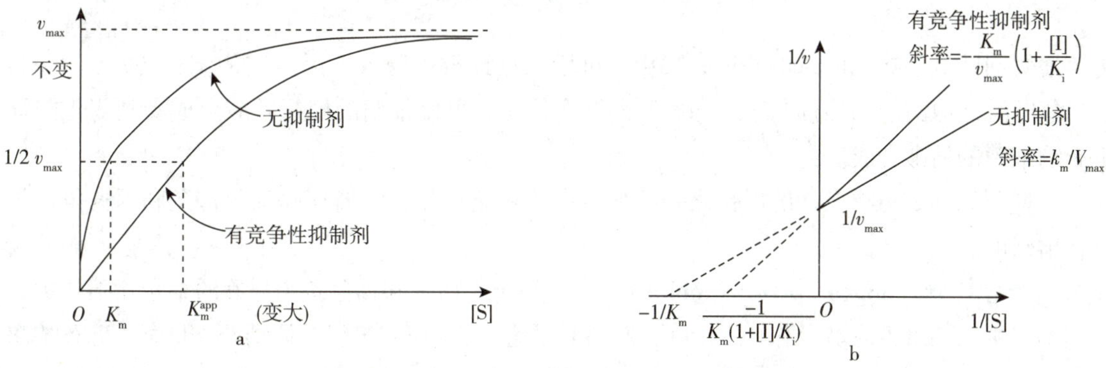

图 5-21 竞争性抑制动力学图

a. ［S］对 v 作图；b. Lineweaver-Burk 双倒数作图

竞争性抑制动力学特点为：①当有 I 存在时，K_m 增大而 v_{max} 不变，故 K_m/v_{max} 也增大；② K_m^{app} 随［I］的增加而增大；③抑制程度与［I］成正比，而与［S］成反比，故当底物浓度极大时，同样可达到最大反应速度，即抑制作用可以解除。

最典型的竞争性抑制是丙二酸对琥珀酸脱氢酶的抑制作用。丙二酸与琥珀酸结构相似，因而竞争性地争夺琥珀酸脱氢酶的活性中心，产生竞争性抑制。

$$\begin{array}{c} COOH \\ | \\ CH_2 \\ | \\ CH_2 \\ | \\ COOH \\ \text{琥珀酸} \end{array} \xrightarrow[\text{琥珀酸脱氢酶}]{-2H} \begin{array}{c} COOH \\ | \\ CH \\ \| \\ CH \\ | \\ COOH \\ \text{延胡索酸（反丁烯二酸）} \end{array}$$

$$\uparrow \text{抑制} \quad \begin{array}{c} COOH \\ | \\ CH_2 \\ | \\ COOH \\ \text{丙二酸} \end{array}$$

若增加底物琥珀酸的浓度，抑制作用即降低，甚至解除。

磺胺类药物也是典型的竞争性抑制剂。对磺胺敏感的细菌在生长和繁殖时不能利用现成的叶酸，只能利用对氨基苯甲酸合成二氢叶酸，而磺胺类药物与对氨基苯甲酸结构类似，竞争占据细菌体内二氢叶酸合成酶，从而抑制细菌生长所必需的二氢叶酸的合成（图 5 – 22）。二氢叶酸可再还原为四氢叶酸，后者是合成核酸所必需的，磺胺抑制了细菌二氢叶酸的合成，使细菌核酸的合成受阻，从而抑制了细菌的生长和繁殖，而人体能从食物中直接利用叶酸，故不受磺胺影响。

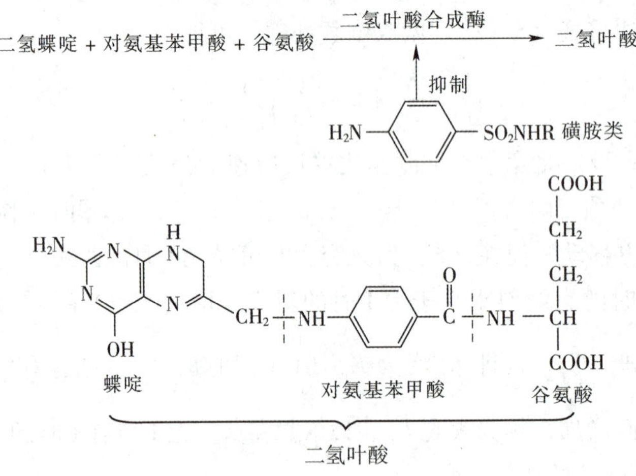

图 5 – 22　二氢叶酸的结构

抗菌增效剂甲氧苄啶（trimethoprim，TMP）可增强磺胺药的药效，因为它的结构与二氢叶酸类似，是细菌二氢叶酸还原酶的强烈抑制剂，与磺胺药配合使用，可使细菌的四氢叶酸合成受到双重阻碍，因而严重影响细菌的核酸合成。

竞争性抑制原理是药物设计的根据之一，如抗癌药阿糖胞苷、6–氟尿嘧啶等都是利用竞争性抑制原理而设计出来的。

2. 非竞争性抑制（noncompetitive inhibition）　是指底物 S 和抑制剂 I 与酶的结合互不相关，既不排斥，也不促进，两者没有竞争作用。S 可与游离 E 结合，也可和 EI 复合体结合。同样 I 可和游离 E 结合，也可和 ES 复合体结合，但三联复合物 IES 不能释放出产物，因此酶活力降低。这种抑制剂通常与酶的非活性中心部位结合。非竞争性抑制作用的强弱取决于抑制剂的绝对浓度，因而不能用增大底物浓度来消除抑制作用。

$$\begin{array}{ccccc} E + S & \overset{K_s}{\rightleftharpoons} & ES & \xrightarrow{K_0} & E + P \\ + & & + & & \\ I & & I & & \\ K_i \updownarrow & & K_i \updownarrow & & \\ IE + S & \overset{K'_s}{\rightleftharpoons} & IES & & \end{array}$$

式中，K_s及K'_s分别为ES及IES解离出S的解离常数；K_i及K'_i分别为IE及IES解离出I的解离常数；当反应体系中加入I，既可使E和IE的平衡倾向IE，又可使ES与IES的平衡倾向IES，并且$K_i=K'_i$，故实际上并不改变E和ES的平衡，也不改变E和S的亲和力。同样在E和I的混合物中加入S，因$K_s=K'_s$，也不改变E和IE的平衡，不改变E和I的亲和力。同样根据平稳学说得

$$[ES]=[E][S]/K_s \quad [IE]=[E][I]/K_i \tag{5-30}$$

$$[IES]=[ES][I]/K'_i=[E][S][I]/K_sK'_i \tag{5-31}$$

或

$$[IES]=[IE][S]/K'_s=[E][I][S]/K_i K'_s \tag{5-32}$$

而

$$[E_0]=[E]+[ES]+[IE]+[IES] \tag{5-33}$$

根据式（5－24）

$$\frac{v}{v_{max}}=\frac{[ES]}{[E_0]}$$

将以上各式代入式（5－24），再经过推导后，得到

$$v=\frac{v_{max}[S]}{K_m\left(1+\frac{[I]}{K_i}\right)+[S]\left(1+\frac{[I]}{K_i}\right)} \tag{5-34}$$

将式（5－34）做双倒数处理，得

$$\frac{1}{v}=\frac{K_m}{v_{max}}\left(1+\frac{[I]}{K_i}\right)\frac{1}{[S]}+\frac{1}{v_{max}}\left(1+\frac{[I]}{K_i}\right) \tag{5-35}$$

式（5－34）、式（5－35）为非竞争性抑制作用的动力学公式。当[S]为无限大时，式（5－35）简化成$\frac{1}{v}=\frac{1}{v_{max}}\left(1+\frac{[I]}{K_i}\right)$或$v=\frac{v_{max}}{(1+[I]/K_i)}$，即$v$恒小于$v_{max}$。以[S]对$V$作图（图5－23a），有I时的曲线低于无I时的曲线而不能相交。若以1/[S]对1/v作图（图5－23b），可见有I时的直线的斜率和竞争性抑制一样，也为$\frac{K_m}{v_{max}}\left(1+\frac{[I]}{K_i}\right)$，高于无I时的直线的斜率，有I时在纵轴上的截距为$\frac{1}{v_{max}}\left(1+\frac{[I]}{K_i}\right)$，高于无I时的截距。说明有I时的最大速度随［I］增加而减小，称为表观v_{max}（v_{max}^{app}），即$v_{max}^{app}=\frac{v_{max}}{1+[I]/K_i}$但有I时在横轴上的截距仍为$-1/K_m$，和无I时的一样，即$K_m$的数值不变，或$K_m^{app}=K_m$。

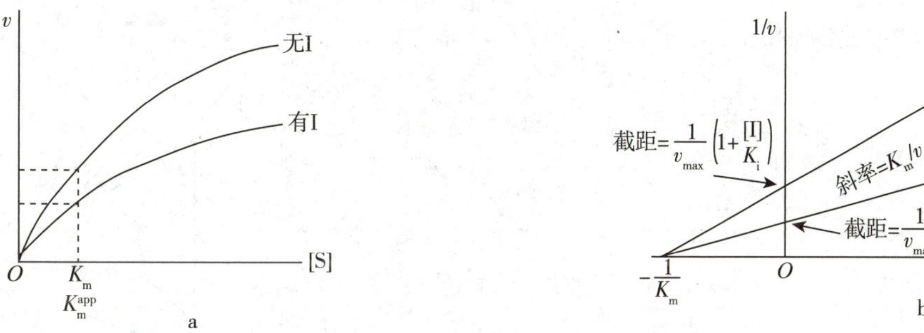

图5－23　非竞争性抑制动力学图

a.［S］对v作图；b. Lineweaver－Burk双倒数作图

非竞争性抑制的动力学特点为：①当有I存在时，K_m不变而v_{max}减小，K_m/v_{max}增大；②v_m^{app}随[I]的加大而减小；③抑制程度只与[I]成正比，而与[S]无关。

3. 反竞争性抑制（uncompetitive inhibition）　为抑制剂I不与游离酶E结合，却和ES中间复合体结合成EIS，但EIS不能释出产物，表示如下。

$$\begin{array}{ccccc} E+S & \overset{K_s}{\rightleftharpoons} & ES & \xrightarrow{K_0} & E+P \\ & & + & & \\ & & I & & \\ & & K_i \updownarrow & & \\ & & IES & & \end{array}$$

K_s和K_i分别为ES及EIS的解离常数，当反应体系中加入I时，可使E+S和ES的平衡倾向ES的形成，因此I的存在反而增加S和E的亲和力。这种情况恰巧和竞争性抑制剂相反，故称为反竞争性抑制。根据平衡学说推导如下。

$$[ES]=[E][S]/K_s \tag{5-36}$$

$$[EIS]=[ES][I]/K_i=[E][S][I]/K_s K_i \tag{5-37}$$

$$[E_0]=[E]+[ES]+[EIS] \tag{5-38}$$

将以上各式代入式（5-24）$\frac{v}{v_{max}}=\frac{[ES]}{[E_0]}$，再经推导后，得到下式。

$$v=\frac{v_{max}[S]}{K_m+[S]\left(1+\frac{[I]}{K_i}\right)} \tag{5-39}$$

用Lineweaver-Burk法将式（5-39）做双倒数处理，可得

$$\frac{1}{v}=\frac{K_m}{v_{max}}\cdot\frac{1}{[S]}+\frac{1}{v_{max}}\left(1+\frac{[I]}{K_i}\right) \tag{5-40}$$

式（5-39）、式（5-40）是反竞争性抑制作用的反应速度公式。当［S］为无限大时，式（5-40）简化为$\frac{1}{v}=\frac{1}{v_{max}}\left(1+\frac{[I]}{K_i}\right)$，故和非竞争性抑制相似，$v$也恒小于$v_{max}$。以［S］对$V$作图（图5-24a），有I时的曲线低于无I时的曲线而不能相交。若以1/［S］对$1/v$作图（图5-24b），可见有I时直线斜率与无I时相同，呈平行，斜率均为K_m/v_{max}。有I时在纵轴上的截距为$\frac{1}{v_{max}}\left(1+\frac{[I]}{K_i}\right)$，即$v_{max}^{app}=\frac{v_{max}}{1+[I]/K_i}$，数值随［I］的增加而减少。有I时在横轴上的截距为$-\frac{1}{K_m}\left(1+\frac{[I]}{K_i}\right)$，即$K_{max}^{app}=\frac{K_m}{1+[I]/K_i}$，可见$K_m^{app}$也随［I］增加而减少。

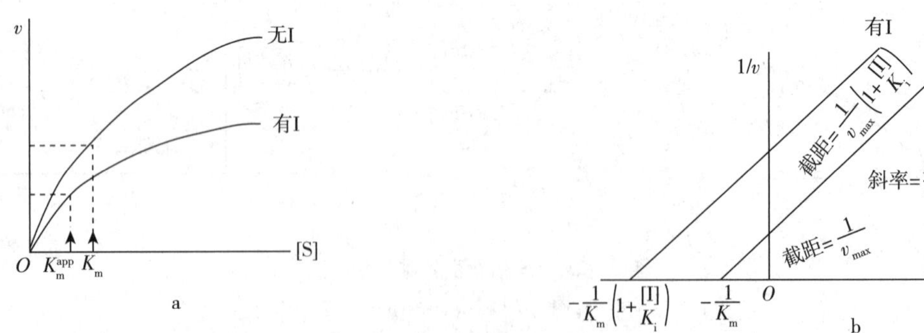

图5-24 反竞争性抑制动力学图

a.［S］对V作图；b. Lineweaber-Burk双倒数作图

反竞争性抑制的动力学特点为：①当I存在时，K_m和v_{max}都减小，而K_m/v_{max}不变；②有I时的K_{max}^{app}和V_{max}^{app}都随[I]的增加而减小；③抑制程度既与[I]成正比，也和[S]成正比。

兹将上述三类抑制作用的各种动力学参数列于表5-5。

表 5-5 三类抑制作用的动力学参数

抑制种类	Lineweaver-Burk 作图法				表观 V_{max} (V_{max}^{app})	表观 K_m (K_{max}^{app})
	斜率	纵轴截距	横轴截距	直线交点		
无	$\frac{K_m}{v_{max}}$	$\frac{1}{v_{max}}$	$-\frac{1}{K_m}$		v_{max}	K_m
竞争性抑制作用	$\frac{K_m}{v_{max}}\left(1+\frac{[I]}{K_i}\right)$ (增大)	$\frac{1}{v_{max}}$ (不变)	$-\frac{1}{K_m}\Big/\left(1+\frac{[I]}{K_i}\right)$ (减小)	纵轴	v_{max} (不变)	$K_m\left(1+\frac{[I]}{K_i}\right)$ (增大)
非竞争性抑制作用	$\frac{K_m}{v_{max}}\left(1+\frac{[I]}{K_i}\right)$ (增大)	$\frac{1}{v_{max}}\left(1+\frac{[I]}{K_i}\right)$ (增大)	$-\frac{1}{K_m}$ (不变)	横轴	$\frac{v_{max}}{1+[I]/K_i}$ (减小)	K_m (不变)
反竞争性抑制作用	$\frac{K_m}{v_{max}}$ (不变)	$\frac{1}{v_{max}}\left(1+\frac{[I]}{K_i}\right)$ (增大)	$-\frac{1}{K_m}\left(1+\frac{[I]}{K_i}\right)$ (增大)	无交点平行	$\frac{v_{max}}{1+[I]/K_i}$ (减小)	$\frac{K_m}{1+[I]/K_i}$ (减小)

第五节 酶的分离、纯化及活性测定

一、酶的分离、纯化

酶的分离纯化是一门实验科学，往往需要通过多次实验摸索，几乎没有通用的规律可循。

生物细胞产生的酶有两类：一类是由细胞内产生后分泌到细胞外发挥作用的酶，称为细胞外酶。这类酶大都是水解酶，如胃蛋白酶、胰蛋白酶就是分别由胃黏膜细胞和胰腺细胞所分泌的。另一类酶在细胞内产生后并不分泌到细胞外，而在细胞内发挥作用，称为细胞内酶。这类酶在细胞内往往与细胞结构结合，有一定的分布区域，催化的反应具有一定的顺序性，使许多反应能有条不紊地进行。如氧化还原酶在线粒体上，蛋白质合成的酶存在于微粒体上。前一类酶一般含量较高，而后一类酶种类较多。一般而言，胞外酶比胞内酶更易于分离纯化。

自然界中，酶来源于动物、植物和微生物。绝大多数酶是蛋白质，故蛋白质分离纯化的方法、策略和注意事项均适用于酶的分离和纯化，如酶的提纯应避免使用强酸强碱并保持在较低的温度下进行。酶的纯化过程与一般的蛋白质纯化过程相比，又有其自身独有的特点：一是虽然生物细胞内产生的总酶量是很高的，但每一种特定的酶在细胞中的含量却很低，如胰腺中起消化作用的水解酶种类虽多，但各种酶的含量却差别很大，在 1000g 湿胰腺中含胰蛋白酶 0.65g，而 DNA 酶仅有 0.0005g；二是酶可以通过测定活力的方法加以跟踪，可以比较容易地追踪酶在分离提纯过程中的去向。前者给纯化带来了困难，而后者可以作为选择分离纯化方法和操作条件的指标。根据使用目的，酶的纯化采用不同方法和步骤，但在整个分离纯化过程的每一步骤，始终要测定酶的总活力和比活力，这样才能知道经过某一步骤回收了多少酶、提高了多少纯度。了解酶的纯化效率，从而决定某一步骤的取舍和每一步骤的次序。

（一）酶的抽提

1. 生物材料的破碎 各种生物组织的细胞有着不同的特点，在考虑破碎方法时，要根据细胞性质和处理量，采用合适的方法。对细胞外酶只要用水或缓冲液浸泡，滤去不溶物，就可得到粗抽提液。对于细胞内酶，则必须先使细胞膜破裂后才能释放出来。动物细胞较易破碎，通过一般的研磨器、匀浆器、高速组织捣碎机等就可达到目的。微生物及植物细胞具有较厚的细胞壁，较难破碎，需要用超声波、细菌磨、溶菌酶、某些化学溶剂（如甲苯、去氧胆酸钠、去垢剂等）在适宜的 pH 和温度下，使菌体自溶液化或经冻融等处理加以破碎，制成组织匀浆。

2. 抽提 由于大多数酶属于清蛋白或球蛋白类，因此一般的酶都可以用稀盐、稀酸或稀碱的水溶液抽提出来。抽提液和抽提条件的选择取决于酶的溶解度、稳定性等。抽提液的 pH 选择应该在酶的稳定 pH 范围内，并且最好能远离其等电点。关于盐的选择，由于大多数蛋白质在低浓度的盐溶液中较易溶解，故一般用等渗盐溶液，最常用的有 0.02~0.05mol/L 磷酸缓冲液、0.15mol/L 氯化钠和枸橼酸缓冲液等。抽提温度通常都控制在 0~4℃。

抽提生物膜中的酶通常需加去垢剂（如 Triton X-100，去氧胆酸盐等）、增溶剂，促使酶的抽提，最后再透析去除增溶剂，恢复酶活性。抽提时为防止过冷、过热引起的酶分子变性失活，可加入适量的二甲基亚砜或甘油加以保护。

（二）酶的纯化

酶的抽提液中除了含有目标酶以外，还含有各种小分子和大分子杂质。小分子物质在纯化过程中会自然地除去，大分子物质包括核酸、黏多糖和杂蛋白等往往干扰纯化。核酸一般可用鱼精蛋白或氯化锰使之沉淀去除，黏多糖可用醋酸铅处理，剩下的就是杂蛋白，因此纯化的主要工作就是将目标酶从杂蛋白中分离出来。

酶的提纯手段一般都是依据酶的分子大小、形状、电荷性质、溶解度、专一结合位点等性质而建立的。要想达到比较理想的纯化结果，得到纯酶，往往需要根据酶本身的性质选择几种方法联合使用。表 5-6 列出了最常用的纯化方法。

表 5-6 常用的酶纯化方法

性质	方法
溶解度	改变离子强度、改变 pH 或温度、改变介电常数
电荷极性	离子交换色谱、聚焦电泳、等电聚焦
大小或质量	离心分离、透析、超滤、凝胶过滤
亲和部位	亲和色谱、染料配体亲和色谱、免疫吸附色谱、共价色谱

分离纯化的方法很多，常用的有盐析法、有机溶剂沉淀法、等电点沉淀法及吸附分离法等。

根据酶和杂蛋白带电性质的差异进行分离的方法有离子交换法和电泳法，前者用于大体积制备，应用很广，分辨力也高，电泳法主要作为分析鉴定的工具或用于少量分离。

选择性变性法在酶的纯化工作中是常用的简便而有效的方法。主要是根据酶和杂蛋白在某些条件下热稳定性的差别，使杂蛋白变性而达到除去大量杂蛋白的目的，常用的除选择性热变性外，还有酸碱变性等。有些酶相当耐热，如胰蛋白酶、RNA 酶加热到 90℃也不破坏，因此在一定条件下将酶液迅速升温到一定温度（50~70℃），经一定时间后（5~15 分钟）迅速冷却，可使大多数杂蛋白变性沉淀，大大提高酶的纯度。

酶是生物催化剂，在提纯时必须尽量减少酶活力的损失，因此全部操作通常控制在 0~5℃的低温下进行。一般用有机溶剂分级分离时必须在零下 15℃进行。为防止重金属使酶失活，有时需在抽提溶剂中加入少量 EDTA 螯合剂，有时为了防止酶蛋白中的巯基被氧化失活，需要在抽提溶剂中加少量巯基乙醇。在整个分离提纯过程中不能过度搅拌，以免产生大量泡沫，导致酶变性。

提纯的目的，不仅在于得到一定量的目标酶，而且要求得到不含或尽量少含其他杂蛋白的酶制品。在纯化过程中，除了要测定一定体积或一定重量的制剂中含有多少活力单位外，还要测定酶制剂的纯度。

一个酶的纯化过程，常常需要经过多个步骤，各种纯化酶的方法都各有其固有的优缺点，因此，在设计某一酶的纯化路线时，应考虑各种因素对选用的纯化方法及先后次序的影响。一般来说，根据溶解度变化建立的纯化方法较适宜于早期的纯化阶段，规模较大；而柱色谱法（如离子交换色谱）或电泳分离更适宜于后期的纯化过程，规模较小。存在蛋白水解酶时为了尽快将酶纯化，宁愿先用一些快速提纯法（如硫酸铵盐析等），而不采用较费时的柱色谱等方法。采用高效液相色谱（HPLC）也能使色谱操作快速进行。凝胶过滤时可采用较坚硬的交联珠状琼脂糖（Superose）介质来提高操作压力，使流速加快，缩短层析时间。离子交换色谱和色谱聚焦的珠状亲水介质与常规介质相比，分辨率较高，但价格比较昂贵，且需要特殊仪器，一般只适用于纯化过程的最后几步。亲和层析具有高度的专一性且技术发展日新月异，但除非用传统法制备得不到均质产品或产生部分失活外，一般不再费力采用亲和色谱技术。

二、酶的活力测定与纯度评价

酶活力（enzyme activity）也称为酶活性，是酶的催化能力，其测定与酶的分离和纯化不可缺少的环节。实际上，酶学研究的诸多方面（如动力学和催化机制的研究）都是在此基础上进行的。酶的活力测定，实际上是酶的定量测定。酶的定性和定量测定的原理不同于一般化学物质，不能直接用重量或体积来表示，而用酶的活力来表示，酶活力的高低是研究酶的特性、进行酶的生产及应用时的一项必不可少的指标。酶纯化的目标是使酶制剂具有最大的催化活性和最高纯度，而对酶纯度的评价是通过酶纯度和酶活性的检验来实现的。

（一）酶活力的测定

1. 酶活力与酶的活力单位 酶活力是指酶催化某一化学反应的能力。酶的活力大小，可以用在一定条件下它所催化的某一化学反应的速度来表示。酶催化的反应速度愈大，则酶的活力也愈大。所以测定酶的活力就是测定酶促反应的速度。

按米氏公式可知反应初速度与酶浓度成正比，即 $v=K'[E_0]$。这是定量测定酶浓度的理论基础，酶反应速度可用单位时间内、单位体积中底物的减少量或产物的增加量来表示。在测定酶活力时，底物往往是过量的，因此底物的减少量占总量的比例极小，不易准确测定。与此相反，产物从无到有，易于准确测定。因此在实际酶活力测定中通常测定产物的增加量，单位是浓度/单位时间。

在实验中必须确保所测定的是初速度，即底物消耗的百分比很低，此时产物浓度-时间（p-t）呈直线关系（图5-25）。否则，由于底物的消耗，反应速度变慢或者由于产物的积累导致的逆反应明显影响反应速度，使得直线关系逐渐偏离。所以测定酶浓度首先要确定 p-t 的直线范围。在酶催化反应中如果其他条件选择好后，决定 p-t 关系的主要因素是底物浓度，酶浓度和反应时间。一般采用高底物浓度［S］$\geq 100K_m$（零级反应）测定反应初速度以定量酶浓度。

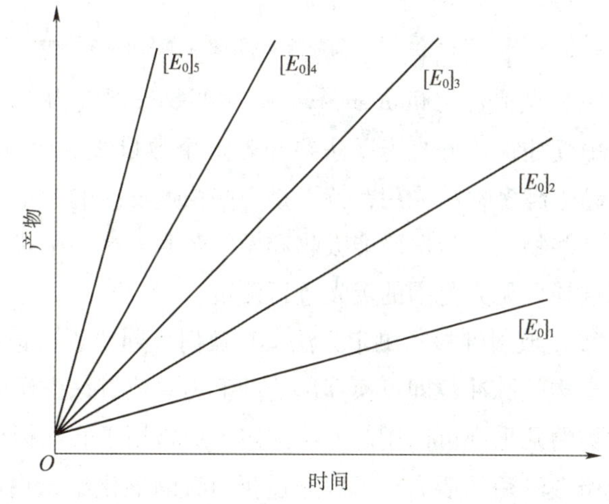

图5-25 当［S］$\geq 100K_m$，在不同酶浓度下产物形成量与时间的关系

酶活力的高低是以酶活力单位（activity unit，U）来表示，是指酶在最适条件下，单位时间内，酶催化底物的减少量或产物的生成量。1961年国际酶学委员会统一规定：1个酶活力国际单位（International Unit，IU）指在特定条件下，1分

钟内生成 1μmol/L 产物的酶量（或转化 1μmol 底物的酶量）。1972 年国际酶学委员会又推荐一个新的酶活力国际单位，即 Katal（Kat）单位，1Kat 单位定义为“在最适条件下，每秒可使 1moL/L 底物转化的酶量。” $1Kat = 6\times10^7$ IU。酶的催化作用受测定环境的影响，因此测定酶活力要在最适条件下进行，即最适温度、最适 pH、最适底物浓度和最适缓冲液离子强度等，只有在最适条件下测定才能真实反映酶活力的大小。

2. 酶的比活力（specific activity） 代表酶的纯度。根据国际酶学委员会的规定：比活力用单位质量（通常是每毫克）酶所含有的活力单位数表示，对同一种酶来说，比活力愈大，表示酶的纯度愈高。

比活力 = 活力（U）/蛋白（mg） = 总活力（U）/总蛋白（mg）

在酶纯化过程中，需要时刻关注比活力的变化。当一种酶的比活力不能再增加的时候，此酶可视为高纯度。需要注意的是，酶的比活力与酶的稳定性有密切的关系。任何一种酶的比活力都会随着时间的推移而下降，稳定性越差，比活力下降得就越快。比活力的大小可用来比较每单位质量蛋白质的催化能力，是酶学研究和酶的应用中经常使用的数据。

3. 常用的酶活力测定方法 通过两种方式可进行酶活力测定，一是测定完成一定量反应所需的时间，二是测定单位时间内酶催化的化学反应量。测定酶活力就是测定产物增加量或底物减少量，主要根据产物或底物的结构和理化特性来决定具体酶促反应的测定方法，最常用的方法有以下几种。

（1）分光光度法（spectrophotometry） 主要利用底物和产物在紫外或可见光范围的光吸收的不同，选择适当的波长，测定反应过程中反应进行的情况。这一方法的优点是简便、省时和样品用量少，可检测到 nmol/L 水平的变化。该方法可以连续地跟踪反应过程中光吸收的变化，几乎所有的氧化还原酶都可用此法测定。

由于分光光度法有其独特的优点，因此把一些原来没有光吸收变化的酶反应与一些能引起光吸收变化的酶反应偶联，使第一个酶反应的产物转变成为第二个酶的具有光吸收变化的产物来进行测量，该方法称为酶偶联分析法（enzyme coupling assay）。例如，己糖激酶（hexokinase，HK）催化 ATP 和葡萄糖的磷酰化反应，它的活力测定可以在含有过量葡萄糖-6-磷酸脱氢酶（glucose-6-phosphate dehydrogenase，G-6-PDH）和 $NADP^+$ 存在下进行，通过测定 NADPH 在 340nm 光吸收值的增加来达到。

$$\text{葡萄糖} + \text{ATP} \xrightleftharpoons{\text{HK}} \text{葡萄糖-6-磷酸} + \text{ADP}$$

$$\text{葡萄糖-6-磷酸} + \text{NADP}^+ \xrightleftharpoons{\text{G-6-PDH}} \text{葡糖酸-6-磷酸} + \text{NADPH} + \text{H}^+$$

（2）荧光法（fluorometry） 主要是根据底物或产物的荧光性质的差别来进行测定。由于荧光方法的灵敏度往往比分光光度法要高若干个数量级，而且荧光强度和激发光的光源有关，因此在酶学研究中，越来越多地被采用，特别是一些快速反应的测定方法。荧光测定方法的一个缺点是易受其他物质干扰，有些物质如蛋白质能吸收和发射荧光，这种干扰在紫外区尤为显著，故用荧光法测定酶活力时，尽可能选择可见光范围的荧光进行测定。

（3）放射性核素测定方法 用放射性同位素标记底物，经酶作用后所得到的产物经过适当的分离，测定产物的脉冲数即可换算出酶的活力单位。该方法的优点是灵敏度极高，可达 fmol 或更高水平。已知六大类酶几乎都可以用此方法测定。通常用于底物标记的放射性同位素有 ^3H、^{14}C、^{32}P、^{35}S 和 ^{131}I 等。例如测定蛋白激酶的活力，可以通过蛋白激酶催化组蛋白的磷酰化反应，用 $[\gamma-^{32}P]$-ATP 作为底物，用三氯乙酸沉淀法把磷酰化的组蛋白和未反应的 $[\gamma-^{32}P]$-ATP 分开，然后经洗涤烘干，计数。通过放射性同位素计数的改变就能计算出蛋白激酶的活力。

（4）电化学方法（electrochemical method） 常用的是 pH 测定法。pH 测定法最常用的是玻璃电极，再配以高灵敏度的 pH 计，跟踪反应过程中 H^+ 变化的情况，用 pH 的变化来测定酶的反应速度。也可以用恒定 pH 测定法，在酶促反应过程中，用不断加入碱或酸来保持其 pH 恒定，用加入的碱或酸的速度来表示反应速度。用此法可以测定许多酯酶的活力。另外还可用离子选择电极法测定某些酶的酶活力，用氧电极可以测定一些耗氧的酶反应，如葡萄糖氧化酶的活力就可用这个方法很方便地测定。

此外还有一些测定酶活力的方法，例如旋光法、量气法、量热法和色谱法等，但这些方法适用范围有限，灵敏度较差，只是应用于个别酶活力的测定。

（二）酶纯度的评价

酶纯度的评价是通过酶纯度和酶活性的检验来实现的。

1. 酶纯度的检验　经分离纯化的酶，需要检验其纯度，以判断是否有进一步纯化的必要。表 5－7 列举了一些常用的检验酶纯度的方法。需要注意的是：由于酶分子结构的复杂性，由两种方法检验为均一的酶制剂可能出现结果不一致的现象，因此，酶的纯度应注明达到何种纯度，如电泳纯、色谱纯、HPLC 纯等。

表 5－7　一些常用的检验酶纯度的方法

方法	注意事项
超速离心	对检测少量杂质（<5%）时不太满意，当存在配合解离体系时也会出现问题
电泳	必须在多重 pH 下进行，在单一 pH 下，两种酶可能一起移动
SDS 电泳	检测与亚基相对分子质量不同的杂质的一个主要方法，对检测制备物中蛋白水解作用非常有用，酶由不同亚基组成时，会出现多条区带
等电聚焦	检测杂质的极灵敏方法，有时当存在表观异质时，会出现假象
免疫技术	高度的专一性，但抗血清制备较为麻烦

用电泳法检验酶的纯度是一般实验室常用的方法，它具有所用样品少（10μg 左右）、仪器简单、速度快（2~4 小时）、操作方便等优点，其中使用最多的为聚丙烯酰胺凝胶电泳。聚丙烯酰胺凝胶电泳分离时，电泳系统兼有“电荷效应”“浓缩效应”和“分子筛效应”，因而分辨率较高。

2. 酶活力的检验　检测纯化酶的催化活性时，需要使测定条件保持在最适状态。如测定体系中有足够的激活剂和辅因子，无抑制剂时，还需搞清酶在什么条件下保存较为稳定。在有些情况下需加入一些还原剂（如二硫苏糖醇、巯基乙醇），以保证半胱氨酸侧链巯基处于还原态。在低温贮存酶时，可将酶在 50%（体积比）的甘油溶液中保存在 －18℃，以减少酶的失活。长期保存酶制剂时，应考虑到痕量蛋白水解酶导致酶降解的可能性。

第六节　酶类药物与酶工程技术

酶作为一种生物催化剂，通过高效、特异的催化作用，参与生命过程和疾病的发生、发展过程，因此，酶是一类重要的药物，且在疾病诊断上也具有重要价值。此外，酶催化的高效专一性，使其在药物生产、食品加工等工业上也具有重要的利用价值。但许多天然酶本身存在着诸如稳定性差、抗原性强、不良反应大、含量低和反应条件特殊等一些不尽如人意的性质，极大地限制了它们的应用。为此，酶工程（enzyme engineering）作为酶学和工程学相互渗透、融合的一门新兴科学技术得到迅速发展，并在 1971 年第一届国际酶工程会议上被正式命名。它是酶学、微生物学的基本原理与化学工程及基因重组技术有机结合而产生的交叉学科，是生物工程的重要组成部分。根据手段不同将酶工程分为化学酶工程和生物酶工程。前者通过对酶的化学修饰或固定化处理，改善酶的性质以提高酶的效率和降低成本，甚至通过化学合成法制造人工酶；后者是酶学和以基因重组技术为主的现代分子生物学技术相结合的产物，生产性能稳定、具有新的生物活性及催化效率更高的克隆酶、突变酶以及合成自然界不曾有的新酶。以下将简要介绍酶类药物、酶工程技术及其在医药中的应用。

一、酶类药物

（一）酶在治疗上的应用

早期酶制剂主要用于治疗消化道、烧伤及感染引起的炎症等疾病，现在国内外酶制剂的应用更为广泛，其制剂品种已超过700余种。用于治疗疾病的酶类药物主要有以下几类。

1. 与治疗胃肠道疾病有关的酶类药物 这类属于助消化酶类药物，作为消化促进剂，早已为人们所采用。有胃蛋白酶、胰酶、纤维素酶及淀粉酶等，作用是水解和消化食物中的蛋白质、糖类和脂类等成分。早期使用的消化剂，其最适 pH 为中性至微碱性，故常将酶与胃酸中和剂 $NaHCO_3$ 一同服用。已从微生物制得不仅在胃中，同时也能在肠中促进消化的复合消化剂，内含蛋白酶、淀粉酶、脂肪酸和纤维素酶。

2. 与治疗炎症有关的酶类药物 临床上应用的消炎酶有胰蛋白酶、凝乳蛋白酶、溶菌酶、菠萝蛋白酶、木瓜蛋白酶、枯草杆菌蛋白酶、胶原蛋白酶、黑曲霉蛋白酶等，能水解炎症部位纤维蛋白及脓液中黏蛋白，适用于消炎、消肿、消疮、排脓与促进伤口愈合。

3. 与防治冠心病有关的酶类药物 胰弹性蛋白酶具有 β-脂蛋白酶的作用，能降低血脂、防治动脉粥样硬化。激肽释放酶（血管舒缓素）有舒张血管作用，临床上用于治疗高血压和动脉粥样硬化。

4. 与溶解血纤维有关的酶类药物 血纤维蛋白在血液的凝固与解凝过程中有着十分重要的作用。健康人体血管中凝血和抗凝血过程保持着良好的动态平衡，其血管内既无血栓形成，也无出血现象发生。目前已用于临床治疗的这类酶不断增加，其中止血酶有凝血酶和凝血酶致活酶；抗血栓酶有纤溶酶、葡激酶、尿激酶与链激酶，但后两者的作用是使无活性的纤溶酶原转化为有活性的纤溶酶，使血液中纤维蛋白溶解，防止血栓形成。

5. 具有抗肿瘤作用的酶类药物 酶能治疗某些肿瘤，如L-天冬酰胺酶能水解破坏肿瘤细胞生长所需的L-天冬酰胺，干扰或破坏肿瘤组织代谢，而正常细胞能自身合成天冬酰胺故不受影响。临床上用于治疗淋巴肉瘤和白血病。谷氨酰胺酶也有类似作用，用于治疗多种白血病、腹水瘤、实体瘤等。神经氨酸苷酶是一种良好的肿瘤免疫治疗剂。此外，尿激酶可用于加强抗癌药物如丝裂霉素C（mitomycin C）的药效，米曲溶栓酶也能治疗白血病和肿瘤等。

6. 其他酶类药物 青霉素酶能分解青霉素，治疗青霉素引起的过敏反应；细胞色素c是参与生物氧化的一种非常有效的电子传递体，可用作为组织缺氧治疗的急救和辅助用药；超氧化物歧化酶用于治疗类风湿关节炎和放射病；透明质酸酶可分解黏多糖，使组织间质的黏稠性降低，有助于组织通透性增加，用作药物扩散剂并治疗青光眼；葡聚糖酶能预防龋齿等。

（二）酶在疾病诊断上的应用

由于酶催化的高效性和特异性，酶学诊断方法具有简便、快捷、可靠的特点，在临床诊断上已得到广泛的应用。酶学诊断方法包括以下两个方面。

1. 根据体液内酶活力的变化诊断疾病 一般健康人体液内所含有的某些酶的量是稳定在一定范围的。若出现某种疾病，则体液内的一种或几种酶的活力将会发生相应的改变，因此，可根据体液内某些酶的活力变化情况来诊断出某些疾病。血清中有很多酶，除少数血清酶在血中发挥重要催化功能外，大多数血清酶的活性很低。但当体内某些器官或组织发生病变时，往往会影响一些血清酶的活性，因此，测定血清酶活力在疾病诊断上具有重要意义。血清酶活力测定已广泛用于诊断肝胆疾病、心肌梗死、肿瘤、骨骼疾病等。

（1）血清酶测定应用于肝胆疾病的诊断 当肝脏病变时，可引起血清中很多酶活力的变化，主要有以下几种。

1）氨基转移酶 包括血清天冬氨酸氨基转移酶（AST）与血清丙氨酸氨基转移酶（ALT），血清氨基转移酶是急性黄疸型肝炎前期最早出现的异常指标，因为它是肝细胞损伤最敏感的指标之一。

2）卵磷脂-胆固醇转酰基酶（lecithin cholesterol acyltransferase，LCAT） 该酶由肝脏合成而分泌入血，催化卵磷脂和游离胆固醇之间的转脂肪酰基作用而生成溶血卵磷脂及胆固醇酯。在肝病时，血清中的酶活力降低。

3）γ-谷氨酰转肽酶（γ-glutamyl transpeptidase，γ-GT） 该酶催化下述反应。

$$\gamma\text{-谷氨酰-半胱氨酰-甘氨酸} + \text{L-氨基酸} \xrightarrow{\gamma\text{-GT}} \gamma\text{-谷氨酰-L-氨基酸} + \text{半胱氨酰-甘氨酸（GSH）}$$

活动性肝病患者血清中γ-GT升高，故γ-GT是活动性肝病的诊断指标。

（2）血清酶的测定应用于急性心肌梗死的诊断 心肌梗死的血清酶主要有血清天冬氨酸氨基转移酶（AST）、乳酸脱氢酶（LDH）和肌酸激酶（CK），其中LDH与CK具有较高阳性率与特异性。

1）LDH同工酶 LDH_1在心肌中含量最高，心肌梗死时，释放LDH_1明显高于其他同工酶，因而患者血清中LDH_1/LDH_2比值明显升高。

2）CK同工酶 CK-MB（M及B表示亚基）同工酶是诊断心肌梗死的最好指标，心肌梗死时，血清中CK-MB可增高6倍。

（3）血清酶的测定应用于诊断肿瘤

1）γ-GT 对肝癌的诊断也有一定意义。实验证明，原发性或继发性肝癌时，血清γ-GT均明显升高。

2）半乳糖基转移酶（Gal T）同工酶 该酶有Ⅰ、Ⅱ两种同工酶。正常人血清中只有Gal T-Ⅰ，而癌症患者血清中的Gal T-Ⅰ虽仅略高于正常，但可出现Gal T-Ⅱ，阳性率为73%~83%。所以Gal T-Ⅱ是一个较好的癌症诊断指标。

2. 用酶测定体液中某些物质的量诊断疾病 酶具有专一性强、催化效率高等特点，可以利用酶来测定体液中某些物质的含量从而诊断某些疾病。如利用葡萄糖氧化酶和过氧化氢酶的联合作用，检测血液或尿液中葡萄糖的含量，从而作为糖尿病临床诊断的依据；利用尿酸酶测定血液中尿酸的含量诊断痛风病。这些酶都可以固定化后制成酶试纸或酶电极，可十分方便地用于临床检测。

此外，利用酶标免疫测定诊断相关疾病。所谓酶标免疫测定，是先把酶与某种抗体或抗原结合，制成酶标记的抗体或抗原。然后利用酶标抗体（或酶标抗原）与待测抗原（或抗体）结合，再借助于酶的催化特性进行定量测定，测出酶-抗体-抗原结合物中的酶含量，就可以计算出欲测定的抗体或抗原的含量。通过抗体或抗原的量就可以诊断某种疾病。常用的标记酶有碱性磷酸酶和过氧化物酶等。通过酶标免疫测定，已在诊断肠虫、毛线虫、血吸虫等寄生虫以及疟疾、麻疹、疱疹、乙型肝炎等多种疾病中广泛使用。

二、化学酶工程技术

化学酶工程又称为初级酶工程（primary enzyme engineering），主要是指化学修饰酶、固定化酶及人工酶的研究和应用。

（一）化学修饰酶

化学修饰酶就是利用化学的手段对酶分子上的氨基酸侧链基团进行修饰，从而改善酶的性能，以适用于医药的应用及研究工作的要求。化学修饰有非特异性修饰和位点特异性修饰两类。前者对被修饰的氨基酸残基无选择性，后者选择性作用于特定的氨基酸残基。化学修饰既可在酶分子表面进行，也可在内部进行。基本原理是充分利用修饰剂所具有的各类化学基团的特性，直接或间接地与酶分子上某种氨基酸残基产生化学反应，从而对酶分子结构进行改造。化学修饰剂主要是小分子，也有高分子化合物，如葡聚糖、聚乙二醇和肝素等。对酶分子的化学修饰主要方法有以下几种。

1. 化学修饰酶的功能基 可修饰的氨基酸残基既可是亲核的（Ser、Cys、Thr、Lys、His），也可是亲电的（Tyr、Trp），或者是可氧化的（Tyr、Trp、Met）。例如通过脱氨基作用，酰化反应可修饰抗白血病药物天冬酰胺酶（asparaginase）的游离氨基，使该酶在血浆中的稳定性提高若干倍。再如，将 α-胰凝乳蛋白酶（α-chymotrypsin）表面的氨基修饰成亲水性更强的—$NHCH_2COOH$，使酶抗不可逆热失活的稳定性在60℃时提高1000倍。

2. 酶的化学交联反应 用具有两个反应活性部位的双功能试剂能使相隔较近的两个氨基酸残基之间或酶与其他分子之间发生交联反应。交联剂有同型双功能、异型双功能和可被光活化试剂三种类型，每类中又可分为可裂解型和不可裂解型。同型双功能交联剂两端具有相同的活性反应基团，可与氨基反应的双亚氨酸酯是一个典型的同型双功能交联剂。此外，*N*-羟琥珀酰亚氨酯、二硝基氟苯等同型双功能交联剂对氨基有专一性，戊二醛除与氨基反应外还能与羟基反应。异型双功能交联剂一端与氨基作用而另一端与巯基作用，用碳二亚胺时，第二个反应基团是羧基。可被光活化的交联剂一端与酶交联后，另一端经光照产生一个活性基团，如碳烯或氮烯，它们具有高反应性，但没有专一性。将人 α-半乳糖苷酶 A 经交联反应修饰后，其酶活性比天然酶稳定，对热变性与蛋白质水解酶的稳定性也明显增加。用戊二醛将胰蛋白酶和碱性磷酸酶交联而成杂化酶，可作为部分代谢途径的有用模型，测定复杂的生物结构。

3. 大分子修饰作用 可溶性高分子化合物如肝素、葡聚糖、聚乙二醇可修饰酶蛋白的侧链，提高酶的稳定性，改变酶的一些重要性质。如 α-淀粉酶与葡聚糖结合后热稳定性显著增加，在65℃结合酶的半衰期为63分钟，而天然酶的半衰期只有2.5分钟。再如用聚乙二醇修饰天冬酰胺酶，肝素、葡聚糖或聚乙二醇修饰尿激酶，修饰过的酶在血液中的半衰期可以呈几十倍的增长，耐热性提高，抗原性消失，并具有耐酸、耐碱和抗蛋白酶的作用。还有研究结果表明，将聚乙二醇连到脂肪酶、胰凝乳蛋白酶上，所得产物溶于有机溶剂，可在有机溶剂中有效地起催化作用。用葡聚糖等大分子修饰超氧化物歧化酶（SOD），大大的改进了一些影响 SOD 临床应用的理化性质，使其耐热性、耐酸碱能力、抗蛋白酶水解能力以及对 EDTA 的稳定性都有了明显的提高。

化学修饰不仅能改变酶的性能，有时甚至能赋予一种酶全新的活性。例如，使用氟化磺酰苯甲烷和硒化氢依次处理枯草杆菌蛋白酶，可选择性地将其活性中心的 Ser_{221} 转变成一个含硒半胱氨酸，成为一种含硒枯草杆菌蛋白酶。有趣的是，这种人造的含硒酶能够模拟谷胱甘肽过氧化物酶，从而有效地催化烷基过氧化物对巯基的氧化。含硒枯草杆菌蛋白酶还能促进活化酯的水解和氨解，但原来的水解肽活性似乎已丧失了。

（二）固定化酶

固定化酶（immobilized enzyme）是从20世纪50年代开始发展起来的一种新技术。其原理是将一种可溶性酶与不溶性的有机或无机基质结合，或者将其包埋到特殊的具有选择透过性的膜内，使之成为不溶于水的，但仍具有酶活性的状态。经过固定化的酶不仅仍具有高催化效率和高度专一性，而且提高了酶的稳定性，延长了酶的使用寿命，简化了后续工艺，便于重复和持续使用。通常固定化酶的方法有载体结合、交联和包埋三种（图5-26）。

1. 载体结合 是将酶结合于水不溶性载体的一种固定化方法，也是最早的固定化酶技术。在这种方法中，与载体结合的酶量和固定以后的酶活性取决于载体的性质。载体的选择又取决于酶的性质以及颗粒大小、表面积、亲水基团与疏水基团的摩尔比和化学组成。一般而言，亲水基团和被结合的酶浓度增加能提高固定化酶的活性。用来固定酶的载体最常见的有多糖衍生物（如纤维素、葡聚糖和琼脂糖）和聚丙烯酰胺凝胶。根据结合的形式不同，载体结合还可以进一步分为物理吸附、离子结合和共价结合三种方法。其中物理吸附法和离子结合法既能用于酶的固定化，又能用于微生物细胞的固定化，而共价结合法只能用于酶的固定化。

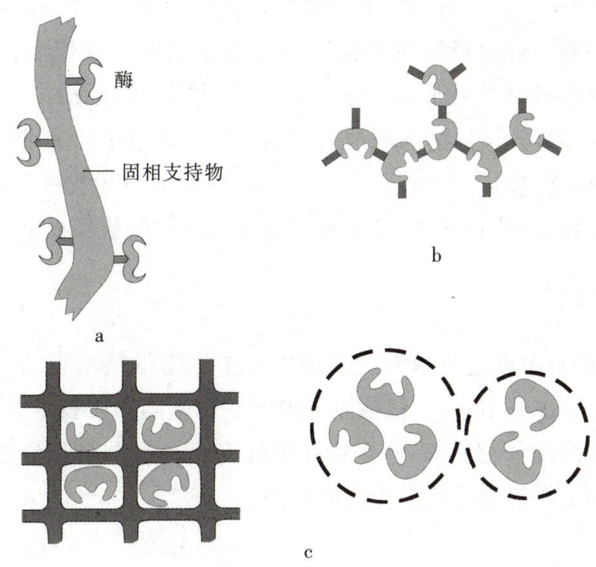

图 5-26　固定化酶制备的三种方法

a. 载体结合；b. 交联；c. 包埋

2. 交联　是通过双功能或多功能试剂的作用使酶蛋白之间形成共价键的一种固定化方法，通常会与其他方法结合起来使用。使用最多的双功能试剂是戊二醛。由于交联反应条件较为激烈，而这样的条件会改变酶活性中心的构象，因此，有时会造成酶活性的显著下降。但是尽可能地降低交联剂浓度和缩短反应时间将有利于提高固定化酶的比活。

3. 包埋　是将酶分子或微生物细胞整合到半透性胶形成的网格内或用半透性的多聚物膜包被酶的一种固定化方法。根据包埋的方式不同，包埋又可以分为网格型和微胶囊型。前者将酶或微生物包在交联的不溶性多聚物（如聚丙烯酰胺、聚乙烯醇或天然淀粉）的细微网格中，后者则将酶包在半透性的多聚物膜内。

与共价结合和交联不一样的是，酶分子在包埋中并不与胶或膜结合，很少改变酶的高级结构，酶活回收率较高，广泛应用于酶和微生物细胞的固定化。但在包埋中化学聚合的反应比较剧烈，会导致酶活性的损失，因此，需要选择合适的包埋条件。

（三）人工酶

人工酶（artificial enzyme）又称为人工合成酶（synzyme），是一类利用化学半合成法或化学全合成法合成的具有类似酶活性且比天然酶简单的多聚物或寡聚物，还包括天然蛋白赋予酶活性的衍生物。人工酶在结构上必须具备两个要素，一个是底物结合位点，另一个是催化位点。一般来说，构成底物结合位点相对简单，而构建催化位点比较困难，在设计时，可分别考虑。但如果底物结合位点能很好地结合反应过渡态类似物，则这样的位点往往也具有催化活性。

许多人工酶是通过模拟天然酶与底物的结合和催化过程而得到的。通过对某些天然或人工合成的化合物引入某些活性基因，使其具有酶的行为。目前用于构建模拟酶的这类酶模型分子有环糊精、冠醚、铁卟啉、环芳烃等。利用环糊精已成功地模拟了胰凝乳蛋白酶、核糖核酸酶、氨基转移酶、碳酸酐酶等。例如，1985 年，有人利用 β-环糊精的空穴作为底物的结合部位，以连在环糊精侧链上的羧基、咪唑基及环糊精自身的一个羟基共同构成催化中心，构建成了胰凝乳蛋白酶的模拟酶。它的催化能力和天然的胰凝乳蛋白酶相近，但模拟酶的热稳定性与 pH 稳定性大大优于天然酶，其活力至少在 80℃ 仍能保持稳定，而其稳定 pH 范围为 2.0~13.0。

有些人工酶是模拟天然酶的活性部位，人工合成的具有催化活性的多肽。1977 年人工合成的八肽 Glu-Phe-Ala-Glu-Glu-Ala-Ser-Phe 具有溶菌酶的活性，其活力为天然酶的 50%。1990 年，以胰凝乳蛋白酶底物酪氨酸乙酯作为模板，通过计算机模拟胰凝乳蛋白酶的活性位点，一种含 73 个氨基酸残基、活性部位由 Ser、Asp 和 His 组成的多肽成功构建，它对烷基酯底物的活力为天然胰凝乳蛋白酶的 1%，并显示了底物特异性以及对胰凝乳蛋白酶抑制剂的敏感性等。将电子传递催化剂 $[Ru(NH_3)_5]^{3+}$ 连到巨头鲸肌红蛋白表面的 3 个 His 残基上，产生了一种“半合成的无机生物酶”，可以将其从氧气的载体转化成一种氧化酶——氧化抗坏血酸同时还原分子氧，效果与天然的抗坏血酸氧化酶差不多。

三、生物酶工程技术

生物酶工程是酶学和以 DNA 重组技术为主的现代分子生物学技术相结合的产物，因此，又称为高级酶工程（advanced enzyme engineering）。包括以下内容：用基因工程技术大量生产酶（克隆酶）；对酶基因进行修饰，产生遗传修饰酶（突变酶）；采用随机突变、基因重组和自然选择等酶分子的定向进化方式在体外改造酶基因，并定向筛选出所需性质的新酶。

（一）克隆酶

酶基因的克隆和高效表达技术的应用，使克隆有实用价值的天然酶基因成为可能。通常先在特定酶的结构基因前加上高效的启动子和必要的调控序列，再将此基因片段克隆到一定的质粒载体中，然后将带有特定酶基因的上述杂交表达载体导入适当的宿主细胞中（细菌或酵母细胞），通过规模发酵方法可以大量制备。

α-淀粉酶基因的克隆，使产酶能力提高 3~5 倍，这是第一个获得批准用基因工程菌生产的酶制剂。青霉素酰胺酶基因和耐热菌亮氨酸合成酶基因已在 *E. coli* 中成功表达。利用 DNA 重组技术使葡萄糖异构酶在 *E. coli* 中表达，在细胞中的酶蛋白含量为 40%，而热稳定性提高了 50% 以上。此外，还构建了耐热的 β-淀粉酶、脂肪酶工程菌，并已用于工业化生产。我国还开展了木糖异构酶、纤维素酶、糖化酶、超氧化物歧化酶、溶菌酶等酶活力的研究，取得了初步成果。在医用酶方面，继第一代溶血栓剂尿激酶、链激酶基因克隆表达以后，第二代溶血栓剂尿激酶原及组织纤溶酶原激活物（tPA）表达成功并投入生产。随着基因工程与蛋白质工程的不断发展，已有数百种酶的基因克隆成功，其中一部分已进行了高效表达，在环境治理、药物合成等方面发挥作用。

（二）定位突变

定位突变（site-directed mutagenesis）就是应用蛋白质工程技术，在基因水平上将天然酶的核苷酸序列进行替换、删除、添加或修饰，以使酶在特定位置的氨基酸序列发生变化，再经过筛选得到“新酶”的过程。这种天然酶活性基团经改造所得到的“新酶”称为突变酶。定位突变是改造酶的催化活性最有效的方法之一。通过对酶基因的定位突变，使得人们可以根据蛋白质结构的研究结果，按照既定的蓝图改造编码蛋白质基因中的 DNA 顺序，经过宿主细胞的表达，能够产生被改造的具有特定氨基酸顺序、高级结构、理化性质和生物功能的新性状酶，从而可以改变酶的催化活性、底物专一性、最适 pH；改变酶对辅酶的依赖性等；提高酶的稳定性。例如，将枯草杆菌蛋白酶的天冬氨酸$_{99}$和谷氨酸$_{156}$这两种酸性氨基酸分别替换成碱性氨基酸 Lys 后，使这个酶在 pH 7.0 和 pH 6.0 时的活力分别提高了 1 倍和 10 倍。近年来，人工智能大量用于生命科学研究，尤其在蛋白质结构的模拟上，其准确率已经在 95% 以上，而且精度还在不断提升，有望加速突变酶的创造。

（三）定向进化

在实验室中模仿自然进化的关键步骤——突变、重组和筛选，在较短时间内完成漫长的自然进化过程，有效地改造蛋白质，使之适于人类的需要，这种具有明确的人为设定的目标，只针对特定蛋白质特定性质的进化过程被称为定向进化（directed evolution）。

近年来，易错 PCR（error-prone PCR）、DNA 改组（DNA shuffling）和高突变菌株等技术的应用，在对目的基因表型有高效检测筛选系统的条件下，建立了酶分子的定向进化策略，基本上实现人为快速进化的目标。

酶分子的定向进化属于蛋白质的非合理设计，它不需要事先了解酶的结构、功能关系和催化机制方面的信息，而是从一个或多个已经存在的亲本酶出发，人为地创造特殊的进化条件，模拟自然进化机制，经过基因的突变和重组，构建一个人工突变酶库，通过筛选最终获得预先期望的具有某些特性的进化酶。以下通过具体举例，说明酶分子基因进行定向进化的基本原理。在待进化酶基因的 PCR 扩增反应中，利用 *Taq* DNA 聚合酶不具有 3′→5′校对功能，并控制突变库的大小使其与特定的筛选容量相适应，选择适当条件以较低的比率向目的基因中随机引入突变，进行正向突变间的随机组合以构建突变库，凭借定向的筛选方法，选出所需性质的优化酶，从而排除其他突变体（图 5－27）。也就是说，定向进化的基本规则是“获取你所筛选的突变体”。简言之，定向进化＝随机突变＋正向重组＋筛选。与自然进化不同，前者是人为引发的，后者相当于环境作用于突变后的分子群，通过选择某一方向的进化而排除其他方向的突变的作用。酶分子的定向进化过程完全是在人为控制下进行的，是酶分子朝向人们期望的特定目标进化。

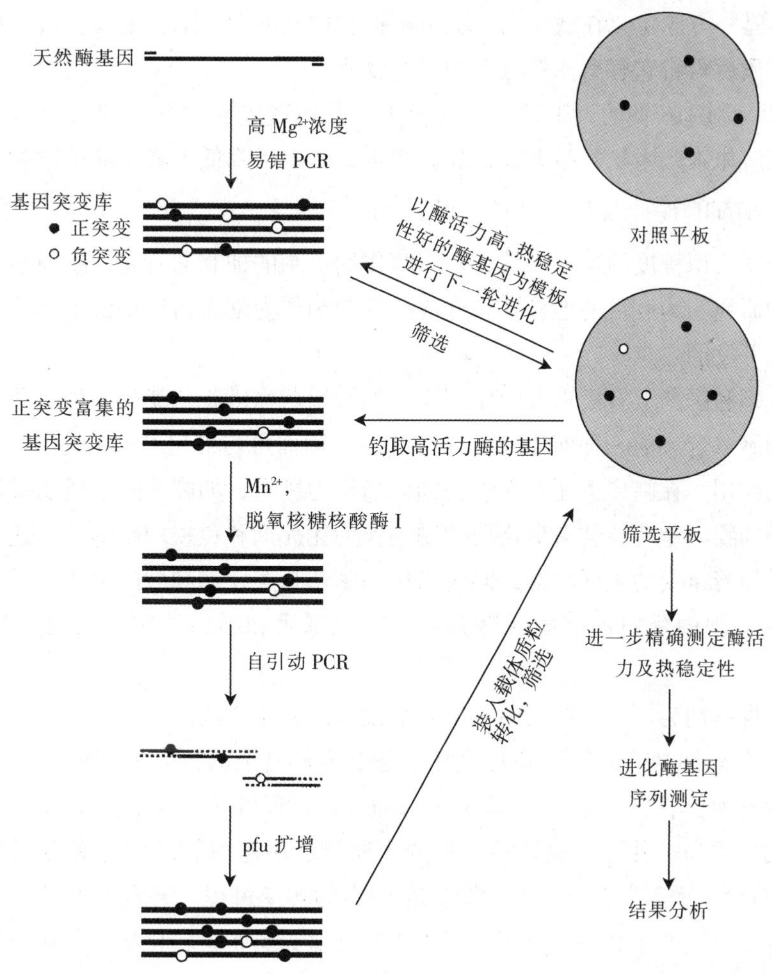

图 5－27　酶分子的体外定向进化原理

定向进化技术已经被广泛应用于各种酶分子的改造。自 1991 年起，人们先后对 L-天冬氨酸酶、天冬氨酰酶二肽酶、海藻糖合成酶系进行定向进化，取得了许多满意的结果。获得 L-天冬氨酸进化酶的活力比天然酶高 28 倍；天冬氨酰酶二肽进化酶的活力比天然酶高 47 倍；对海藻糖-6-磷酸合成酶的操纵子进行了定向进化改造，建立了 Shuffling-PCR 方法，使海藻糖的产量提高了 12.3 倍。细胞色素 P 450 酶系的“定向进化”产生的突变体的活性高而且稳定，并避免了天然酶中所需的辅助因子。

四、酶工程在医药上的应用

（一）固定化酶在医药领域的应用

固定化酶在工业、医学、分析工作及基础研究等方面有广泛用途，与医药有关的主要有以下几个方面。

1. 药物生产中的应用 医药工业是固定化酶用得比较成功的一个领域，并已显示巨大的优越性。如酶法水解 RNA 制取 5′-核苷酸，若将 5′-磷酸二酯酶制成固定化酶用于水解 RNA 制备 5′-核苷酸，比用液相酶提高效果 15 倍。此外，青霉素酰化酶、谷氨酸脱羧酶、延胡索酸酶、L-天冬氨酸酶、L-天冬氨酸-β-脱羧酶等都已制成固定化酶用于药物生产。

2. 亲和色谱中的应用 亲和色谱是利用生物大分子能与其相应的专一分子可逆结合的特性而发展起来的一种色谱方法。如抗体和抗原、酶和底物或抑制剂、核糖核酸与其互补的脱氧核糖核酸间都存在专一的亲和力，若将其一方固定化在载体上，就可根据它们间的专一结合力而将被分离的大分子物质吸附于载体上，洗去杂质后再将它解离，就可得到纯的物质。

3. 医疗上的应用 制造新型的人工肾，这种人工肾是由微胶囊的脲酶和微胶囊的离子交换树脂的吸附剂组成。前者水解尿素产生氨，后者吸附除去产生的氨，以降低患者血液中过高的非蛋白氮。

（二）蛋白酶抑制剂的设计及其在医药上的应用

随着人们对酶分子认识程度的不断深入，基于酶作用机制的抑制剂研究、酶与生物活性物质之间的相互作用及其影响的研究，为有目的地设计和合成酶抑制剂作为临床药物提供了理论基础，并已经成为医学领域中新药研究开发的热点。

酶的抑制剂在生理和医药上有极重大的作用，例如常用药物磺胺药就是一种竞争性抑制剂，磺胺药分子结构类似细菌细胞壁合成的一种前体分子（PABA），因而可与催化 PABA 的酶结合，造成对酶的抑制，达到抗菌消炎的作用。在临床上还有很多药物以酶作为靶点，如胸苷酸合成酶抑制剂和二氢叶酸还原酶抑制剂作为抗癌药物，嘌呤核苷磷酸化酶抑制剂作为化疗剂和免疫抑制剂等。这是因为细胞内数量众多的蛋白酶不仅承担着重要的生理功能，同时与疾病密切相关，如肿瘤的生长、转移等均与蛋白水解酶活性有关，在恶性细胞中蛋白水解酶活性升高，降解基质和结缔组织，从而有利于肿瘤的生长和转移。

下面以 2 个典型抑制剂为例，介绍蛋白酶抑制剂设计的基本方法。

1. 血管紧张素转化酶抑制剂的设计 人的血压是由多种复杂的机制来调控的，其中有两种蛋白水解酶——血管紧张素酶和血管紧张素转化酶（angiotensin converting enzyme，ACE）起着关键作用（图 5-28）。血压产生的原因是一种称为血管紧张素的多肽能够引起血管的收缩和刺激肾上腺皮质激素分泌。主要的机制是前肾素-血管紧张素以及激肽原在体内的转变过程。肾素（血管紧张素原酶）刺激血管紧张素原释放一种无活性的十肽——血管紧张素Ⅰ，在血管紧张素转化酶的作用下，血管紧张素Ⅰ进一步水解为八肽的血管紧张素Ⅱ，血管紧张素Ⅱ是目前已知的最强的内源性升压物质，对血管有直接的升压效应，这可能是一部分高血压的基础。

Asp—Arg—Val—Tyr—Ile—His—Pro—Phe—Leu—¦—His—Val—Ile—His…

血管紧张素原

↓（血管紧张素原酶）

Asp—Arg—Val—Tyr—Ile—His—Pro—Phe—¦—His—Leu

血管紧张素Ⅰ

↓（血管紧张素转化酶 ACE）

Asp—Arg—Val—Tyr—Ile—His—Pro—Phe

血管紧张素Ⅱ

图 5－28　血管紧张素原酶和血管紧张素体系

血管紧张素转化酶抑制剂就是通过与血管紧张素转化酶作用而使血管紧张素Ⅱ的生物合成得到抑制，从而达到降压的效果。那么，如何设计血管紧张素转化酶抑制剂呢？人们从一种常见的含锌蛋白酶——羧肽酶 A 作用机制的研究得到启发。已知 ACE 在活性中心含有金属离子，属于金属蛋白酶家族中的一员，而且 ACE 和羧肽酶 A 一样，也是一种含锌二肽外切酶。因此，有理由认为 ACE 与羧肽酶 A 有相似之处，都可从底物的 C 端水解氨基酸。不同的是羧肽酶 A 从 C 端水解掉一个氨基酸，而 ACE 则从血管紧张素Ⅰ降解掉两个氨基酸。另外，人们发现一种九肽的蛇毒 Glu－Trp－Pro－Arg－Pro－Glu－Ile－Pro－Pro 可降低人的血压，但口服无效，人们希望能找到一种小分子来替代这种吸收差或容易被代谢的肽。1973 年，人们发现 L－苄基琥珀酸是羧肽酶 A 的强抑制剂，据此设计了一个 ACE 抑制剂的分子模型——琥珀酰氨基酸。考虑到已经发现的 ACE 天然多肽抑制剂（如蛇毒）中，C 端都是脯氨酸，因此，琥珀酰脯氨酸作为第一个 ACE 抑制剂研究起始物被合成并对其生理活性进行了系统的研究。通过实验发现羧基端含脯氨酸单元的二肽是 ACE 的弱竞争性抑制剂，从这个抑制剂出发进行结构优化，人们于 1977 年设计出临床上用于治疗高血压的血管紧张素转化酶抑制剂药物——卡托普利（captopril）（图 5－29）。卡托普利与 ACE 抑制剂原型的区别在于与 Zn^{2+} 配位的羧基改为巯基，与蛇毒具有类似的抑制作用且口服有效。卡托普利是第一个通过对酶作用机制的研究设计而用于临床的药物。

2. HIV 蛋白酶抑制剂的设计　人感染人类免疫缺陷病毒（HIV）后可引起人类获得性免疫缺陷综合征。HIV 通过破坏人的免疫系统最终导致人的死亡，人类获得性免疫缺陷综合征是世界十大致命疾病之一。由于导致人类获得性免疫缺陷综合征的 HIV 是一种逆转录病毒，因此治疗此疾病比治疗细菌引起的疾病困难得多。因为逆转录病毒感染宿主细胞后，在逆转录酶作用下，将其 RNA 逆转录成 DNA，在整合酶作用下，病毒 DNA 整合到宿主 DNA 分子上，因此这将会改变宿主细胞中正常的信息流。

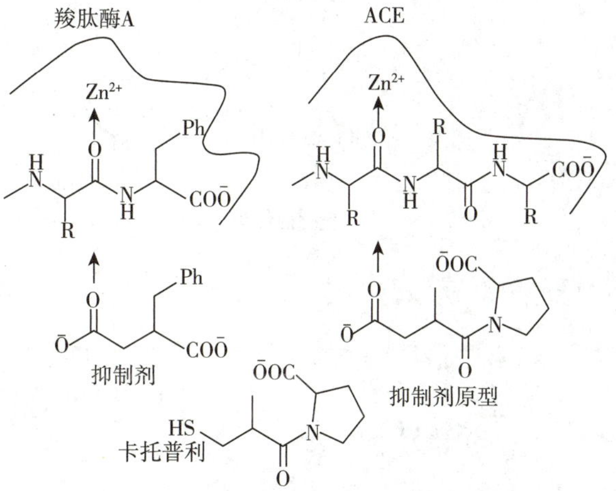

图 5－29　血管紧张素转化酶抑制剂卡托普利的设计过程图

HIV 颗粒进一步繁殖时不仅需要 DNA、RNA，还需要合成蛋白质来提供关键酶和结构蛋白，这些能组装成病毒外壳的蛋白质首先以蛋白前体的形式合成，通过剪切才具有活性，然后进行装配。这一过程需要的剪切酶就是 HIV 蛋白酶。因此，HIV 复制过程中需要的逆转录酶、整合酶和 HIV 蛋白酶都可作为治疗艾滋病的靶酶。血管紧张素原酶抑制剂的设计方法为 HIV 蛋白酶抑制剂的设计提供了很好的思路。研究发现，HIV 蛋白酶和血管紧张素原酶同为酸性蛋白质，并具有对称的活性中心结构。由于血管紧张素原酶抑制剂是在二羟乙烯结构类似的分子上优化而成的，研究人员用 X 射线分析了这种酶和抑制剂复合物的空间结构，根据数据分析的结果设计了用二羟乙烯结构类似物嵌合在环状的尿素分子上，进一步寻找酶和抑制剂之间存在的重要的相互作用力以优化这一抑制剂的结构，最后得到了 DMP323 分子（图 5－30），并且发现如果去掉一个羟基，抑制活性基本不变。

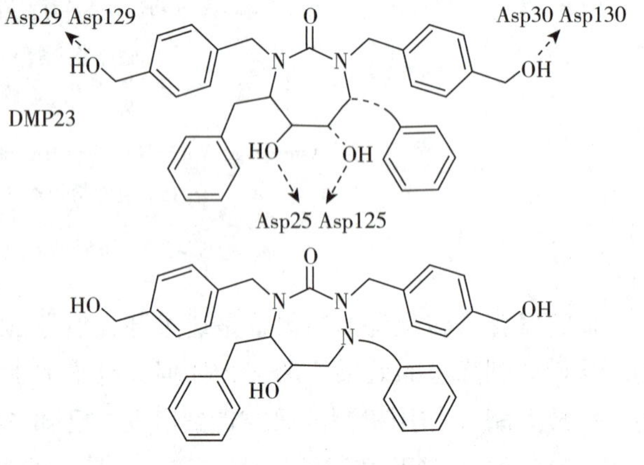

由于化学随机筛选方法的不断改进，现在已经可以提供更多的非多肽结构类似物作为药物设计的起点，Saquinavir 作为 HIV 蛋白酶抑制剂，是这一领域最杰出的研究成果，也是第一个在美国批准为治疗人类获得性免疫缺陷综合征的药物。X 射线晶体研究阐明了酶对底物分子的切割位点（图 5－31），根据底物多肽顺序的框架，人们设计出了最小的多肽结构类似物，P_1 和 P'_1 分别为 Phe 和 Pro，继续引入一羟乙烯基团，得到一个 HIV 蛋白酶的抑制剂，以其作为药物设计的起点进一步优化，在 N 端加上 Asp，对酶的亲和力可增加 50 倍，如将 N 端酶疏水口袋的侧链换成喹啉基团，尤其是顺式结构的萘烷取代了 C 端的 Pro 残基，可得到 HIV 蛋白酶非常强的抑制剂 Saquinavir。药效学和毒理学研究证实可应用于临床。这种人工设计的抑制剂是 HIV 蛋白酶有效的克星。

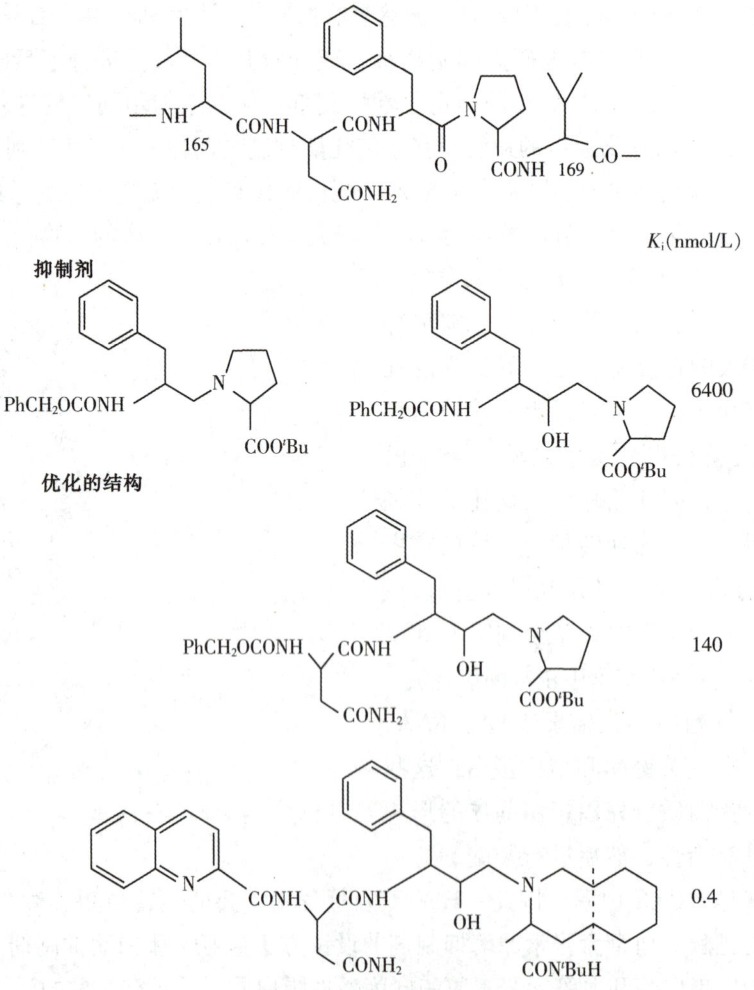

图 5－30　HIV 蛋白酶抑制剂的结构

图 5－31　Saquinavir 药物的发现

蛋白酶抑制剂在治疗人类获得性免疫缺陷综合征上的成功极大地激起了科学家们将它用于治疗其他疾病的兴趣。肝炎 C 病毒、SARS、朊病毒、细胞巨化病毒等蛋白酶的结构已经确定。同时，科学家们开始认识到蛋白酶在非病毒性疾病中的重要性。比如，蛋白酶可能与骨质疏松症和炎症有关。此外，还可能导致脑卒中或者是阿尔茨海默病。

目前，结合人工智能的计算机模拟技术进行快速有效的寻找药物的起始化合物的方法日臻成熟。由于酶及酶抑制剂的 X 射线晶体结构数目不断增加，提供了很多底物和抑制剂与酶相互作用的结构信息，并将这些信息用计算机形象而定量地展现出来，可以非常详细地观察分子之间的相互作用。人们通过对酶与底物的空间结构信息、酶的作用机制进行综合考虑来设计有活性的抑制剂。

（杨刚强）

答案解析

思考题

1. 酶作为生物催化剂，有哪些不同于理化催化剂的特性？
2. 举例说明竞争性抑制剂在药学中的应用。
3. 酶活性的调节方式有哪些？
4. 请举例介绍各种类型抑制剂的作用特点。如何判断两种抑制剂的抑制类型？

书网融合……

微课

习题

第六章　核　酸

PPT

学习目标

1. 通过本章学习，掌握核酸的分子组成、DNA 与 RNA 的结构与功能，核酸的理化性质与研究方法；熟悉 DNA 和 RNA 在组成、结构和功能上的差异，核酸的分离与含量测定原理；了解核酸类药物的研究与应用。

2. 具备理解核酸结构与功能、运用核酸分子实验技术分析生物功能及跟踪核酸研究前沿的能力。

3. 树立严谨的基因与基因编辑领域的科学思维、创新意识及对生命科学伦理与学科发展的责任感。

核酸（nucleic acid）是含有磷酸基团的重要生物大分子，这类物质都是从细胞核中提取出来的，而且都具有酸性，因此称为核酸。在自然界中，一切生物都含有核酸，即使比细菌还小的病毒也含有核酸。所以凡是有生命的地方就有核酸存在。核酸占细胞干重的 5%~15%。核酸在细胞内通常以与蛋白质结合成核蛋白的形式存在。天然的核酸分为两大类，即核糖核酸（ribonucleic acid，RNA）和脱氧核糖核酸（deoxyribonucleic acid，DNA）。DNA 主要分布在细胞核中，RNA 可存在于细胞质和细胞核中。

核酸是生物体遗传变异的物质基础。遗传与变异是最重要、最本质的生命现象。生物遗传信息贮存在 DNA 分子上，但生物性状并不由 DNA 直接表现，而是通过各种蛋白质的生物功能才表现出来。蛋白质的结构是由 DNA 决定的，也就是说遗传信息是由 DNA 传向蛋白质。遗传信息的这种传递不是直接的，而是通过中间信使 mRNA 来传递，即 DNA 把自己的信息先传给 mRNA，然后再由 mRNA 传给蛋白质。所以蛋白质的生物合成和生物性状的表现（如新陈代谢、生长发育、组织分化等）都直接与核酸紧密相关。DNA 是遗传信息的载体，因此 DNA 分子结构的改变，必将导致生物功能的改变。各种先进实验技术不断的创造和使用，为研究核酸的结构和功能奠定了基础。核酸的研究与应用是开发新药、战胜疾病、创造新物种与新品种的有效手段。核酸研究已成为现代生物化学、分子生物学与医药学发展的重要领域。

第一节　核酸的基本结构单元——核苷酸

核苷酸（nucleotide）是一类极为重要的生物小分子，几乎参与细胞内的每一项重要的生物功能，其最重要的功能无疑是作为核酸的基本组成单位，为所有的物种编码各种各样的遗传信息。

核酸是由许多分子的单核苷酸聚合而成的多核苷酸（polynucleotide），所以单核苷酸（mononucleotide）是组成核酸的基本结构单位。单核苷酸还可以进一步分解成核苷（nucleoside）和磷酸。核苷再进一步分解成碱基（base）（嘌呤碱与嘧啶碱）和戊糖（pentose）。戊糖有两种：D-核糖（D-ribose）和 D-2-脱氧核糖（D-2 - deoxyribose），据此将核酸分为核糖核酸（RNA）和脱氧核糖核酸（DNA）。核酸的逐步水解过程如下。

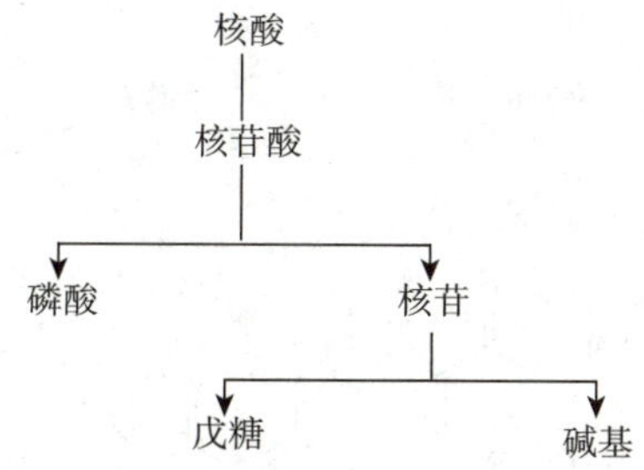

RNA 主要由腺嘌呤、鸟嘌呤、胞嘧啶和尿嘧啶四种碱基组成的核糖核苷酸构成。DNA 主要由腺嘌呤、鸟嘌呤、胞嘧啶和胸腺嘧啶四种碱基组成的脱氧核糖核苷酸组成。RNA 和 DNA 分子中三种碱基是相同的，只有一种碱基不同，RNA 分子中是尿嘧啶，而 DNA 分子中是胸腺嘧啶。RNA 和 DNA 的基本化学组成见表 6－1。

表 6－1 DNA 和 RNA 的基本化学组成比较

	DNA	RNA
嘌呤碱	腺嘌呤	腺嘌呤
	鸟嘌呤	鸟嘌呤
嘧啶碱	胞嘧啶	胞嘧啶
	胸腺嘧啶	尿嘧啶
戊糖	D－2－脱氧核糖	D－核糖
酸	磷酸	磷酸

一、核苷酸的结构与组成

核苷酸由核苷（nucleoside）和无机磷酸组成。核苷实为一种戊糖的糖苷，由碱基与核糖或脱氧核糖通过 β-N-糖苷键连接而成。

（一）碱基

碱基是核苷酸中最重要的部分，因为在核酸分子中，编码遗传信息的是特定的碱基序列。

碱基也被称为含氮碱基（nitrogenous bases），它们是含有 N 原子的嘌呤（purine）或嘧啶（pyrimidine）的衍生物。衍生于嘧啶的碱基被称为嘧啶碱基，衍生于嘌呤的碱基被称为嘌呤碱基。

嘧啶是六元的芳香杂环，含有两个 N 原子，为一个平面结构；嘌呤由六元的嘧啶环与五元的咪唑环（imidazole ring）融合而成，共有九个原子组成，其中有四个 N 原子。嘌呤环不完全在一个平面上，在嘧啶环和咪唑环之间有小的弯曲。无论是嘧啶还是嘌呤，其上的所有原子都被统一编号。按照惯例，编号的方向是顺时针（图 6－1）。

1. 常见的碱基 生物体内最常见的嘧啶碱基是胞嘧啶（cytosine）、尿嘧啶（uracil）和胸腺嘧啶（thymine），胸腺嘧啶即 5－甲基尿嘧啶（5－methyluracil）；嘌呤碱基是腺嘌呤（adenine）和鸟嘌呤（guanine）。其中 RNA 和 DNA 都有的碱基是胞嘧啶、腺嘌呤和鸟嘌呤，而尿嘧啶通常只存在于 RNA，胸腺嘧啶只存在于 DNA。

2. 修饰碱基 除了以上 5 种常见的碱基以外，有机体内还存在着 100 多种其他嘌呤或嘧啶的衍生物，这些碱基有的很少见，有的是 5 种常见碱基的修饰产物或代谢产物，例如，次黄嘌呤（hypoxanthine）、黄嘌呤（xanthine）、尿酸（uric acid）、二氢尿嘧啶（dihydrouracil）。

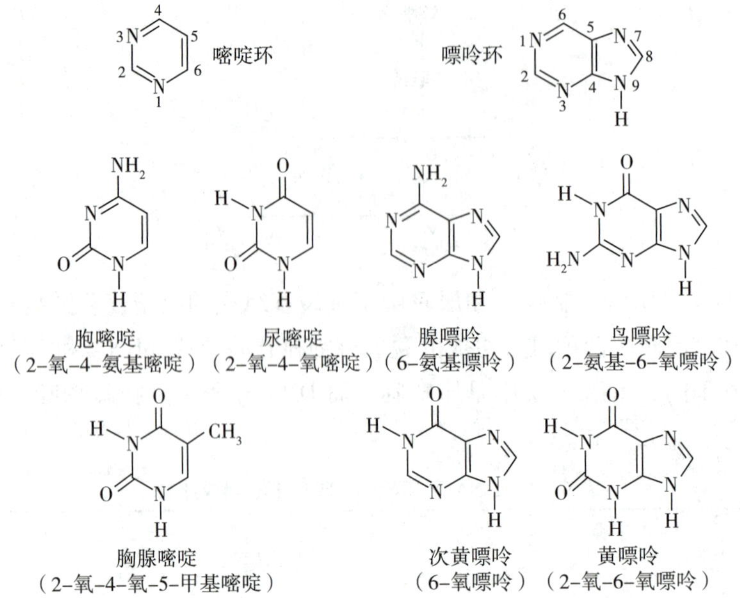

图 6-1　嘧啶环和嘌呤环的编号以及各种碱基的化学结构

（二）核糖和脱氧核糖

RNA 和 DNA 两类核酸是因所含戊糖不同而分类的。RNA 含 β-D-核糖，DNA 含 β-D-2 脱氧核糖。某些 RNA 中含有少量 β-D-2-*O*-甲基核糖。核酸分子中的戊糖都是 β-D-型。

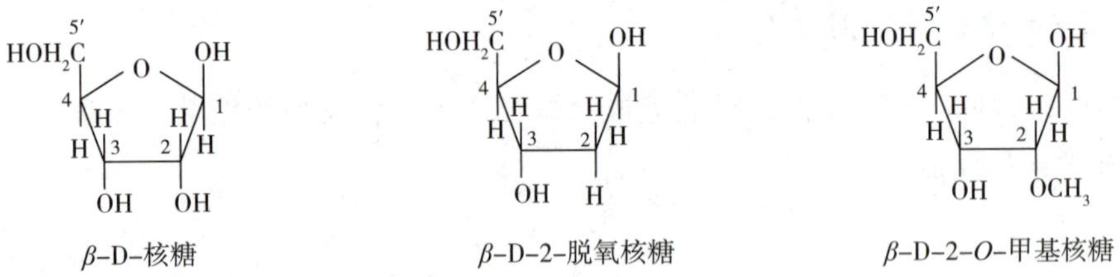

（三）核苷

戊糖和碱基缩合而成的糖苷称为核苷（nucleoside）。戊糖和碱基之间的连接是戊糖的第一位碳原子（C_1）与嘧啶碱的第一位氮原子（N_1）或嘌呤碱的第九位氮原子（N_9）相连接。戊糖和碱基之间的连接键是 N—C 键，一般称为 *N*-糖苷键。

核苷中的 D-核糖和 D-2-脱氧核糖都是呋喃型环状结构。糖环中的 C_1 是不对称碳原子，所以有 α 和 β 两种构型。核酸分子中的糖苷键均为 β-糖苷键。

应用 X 射线衍射法证明，核苷中的碱基与糖环平面互相垂直。

根据核苷中所含戊糖不同，将核苷分为核糖核苷和脱氧核糖核苷两类。

在核苷的编号中，为了避免碱基环上原子的编号与呋喃糖环上原子编号混淆，在呋喃糖环上各原子编号的阿拉伯数字后需加“′”，以便与碱基编号区别。

核糖上的 2′-羟基是否存在似乎是很小的差别，但对于 RNA 和 DNA 的二级结构和对碱水解和酶促水解的敏感性则会产生巨大的影响。

对核苷进行命名时，先冠以碱基的名称，如腺嘌呤核苷、胸腺嘧啶脱氧核苷等。

RNA 中主要的核糖核苷有四种：腺嘌呤核苷（adenosine，A）、鸟嘌呤核苷（guanosine，G）、胞嘧啶核苷（cytidine，C）和尿嘧啶核苷（uridine，U）。其结构式如下。

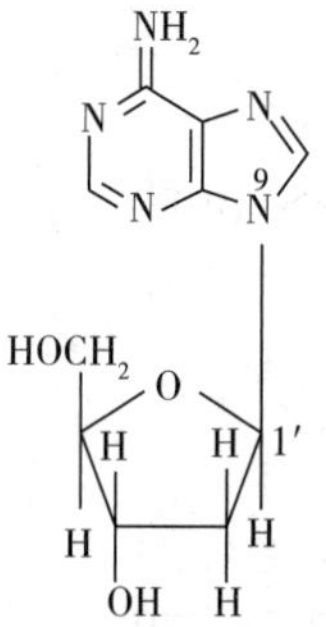

腺嘌呤核苷
（腺苷）

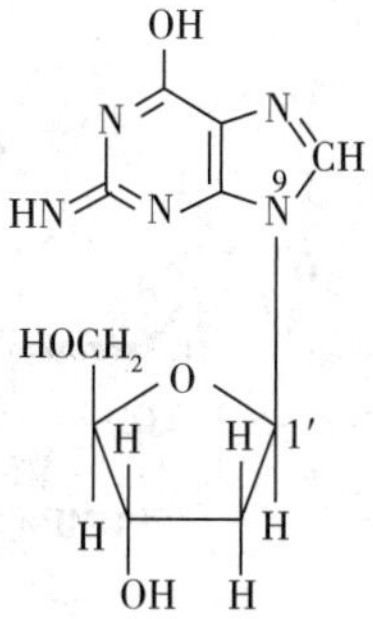

鸟嘌呤核苷
（鸟苷）

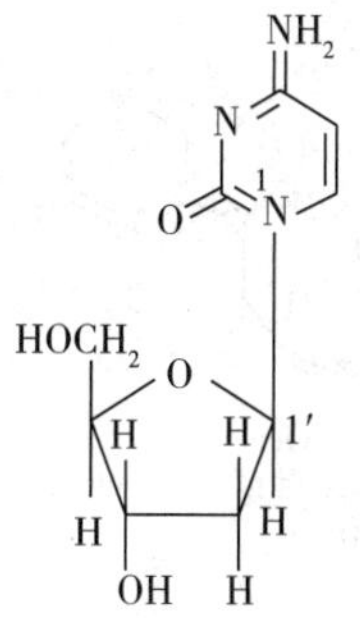

胞嘧啶核苷
（胞苷）

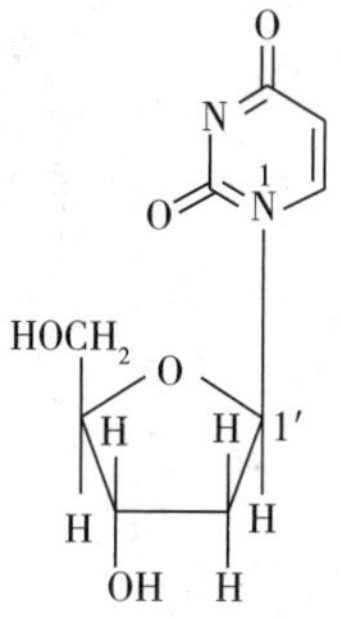

尿嘧啶核苷
（尿苷）

DNA 中主要的脱氧核糖核苷也有四种：腺嘌呤脱氧核苷（deoxyadenosine，dA）、鸟嘌呤脱氧核苷（deoxyguanosine，dG）、胞嘧啶脱氧核苷（deoxycytidine，dC）、胸腺嘧啶脱氧核苷（deoxythymindine，dT）。其结构式如下。

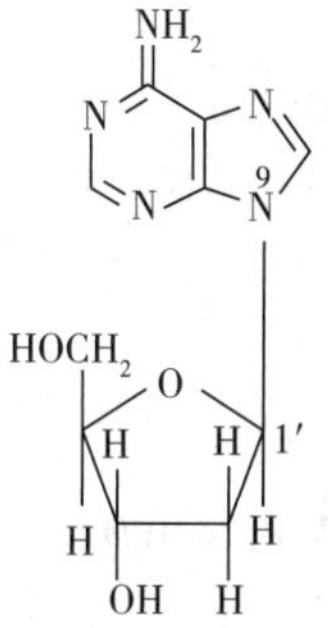

腺嘌呤脱氧核苷
（脱氧核苷）

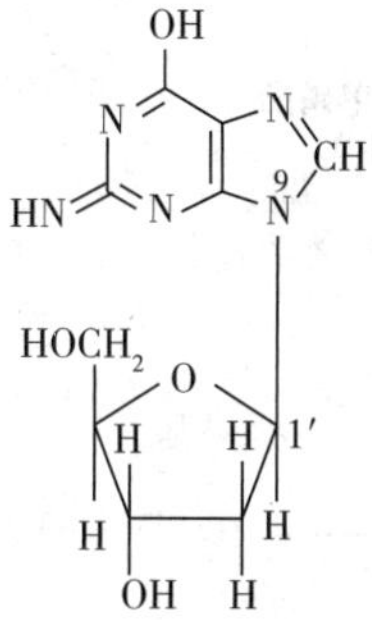

鸟嘌呤脱氧核苷
（脱氧鸟苷）

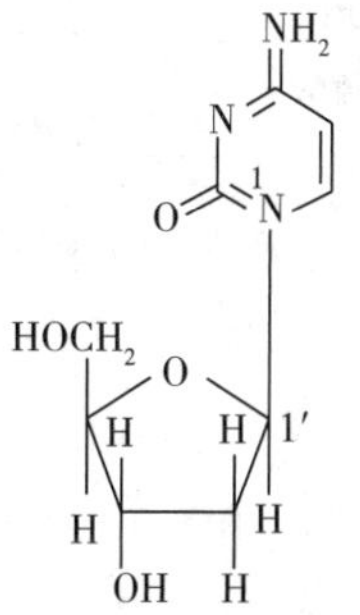

胞嘧啶脱氧核苷
（脱氧胞苷）

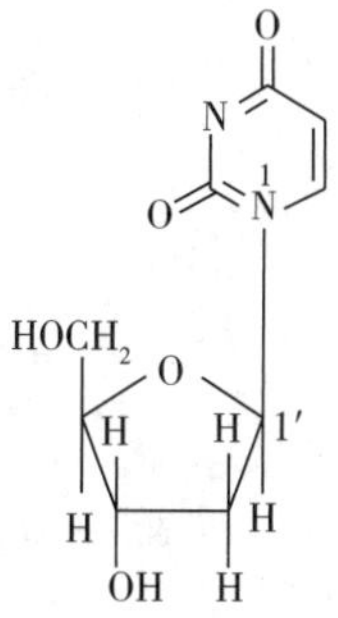

尿嘧啶脱氧核苷
（脱氧胸苷）

生物体内还有一些修饰核苷主要存在于 RNA 分子上（特别是 tRNA 和 rRNA 等），是由修饰碱基与戊糖组成的核苷，如 tRNA 中含有少量假尿嘧啶核苷（pseudouridine），其结构特殊，它的核糖不是与尿嘧啶的 N_1 相连接，而是与嘧啶环的 C_5 相连接，结构式如下。

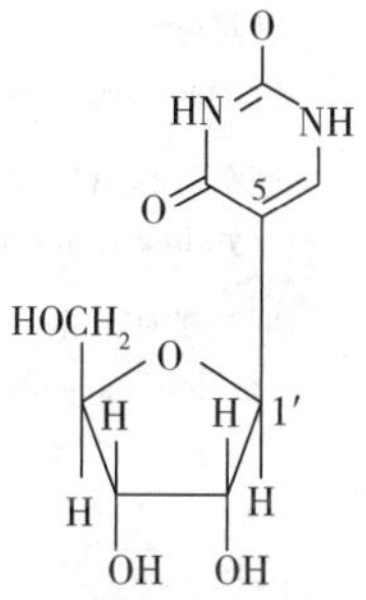

核苷的性质：核苷的水溶性要比自由的碱基高得多，这归于核糖部分的高度亲水性。与糖苷一样，核苷在碱性条件下较稳定。嘧啶核苷还能抵抗酸水解，但嘌呤碱基很容易发生酸水解而产生游离的碱基和戊糖。

假尿嘧啶核苷

（四）核苷酸

核苷中戊糖的羟基磷酸酯化，就形成核苷酸（nucleotide）。核苷酸是核苷的戊糖羟基的磷酸酯。根据核苷酸中的戊糖不同，核苷酸可分为两大类：核糖核苷酸和脱氧核糖核苷酸。由于核糖中有三个游离的羟基（2′,3′和 5′），因此核糖核苷酸有 2′-核苷酸、3′-核苷酸和 5′-核苷酸三种，但是自然界的核苷酸多为核苷 -5′-磷酸。而脱氧核糖只有 3′和 5′两个游离羟基可被酯化，因此只有 3′-脱氧核苷酸和 5′-脱氧核苷酸两种。自然界存在的游离核苷酸为 5′-核苷酸。

核酸（RNA 或 DNA）是由许多单核苷酸分子以 3′,5′-磷酸二酯键连接而成的多核苷酸。其连接方式是：一个核苷酸的戊糖的 5′位碳原子（C'_5）上的磷酸基与相邻核苷酸的戊糖的第 3′位碳原子（C'_3）上的羟基结合，同时脱去一分子水。

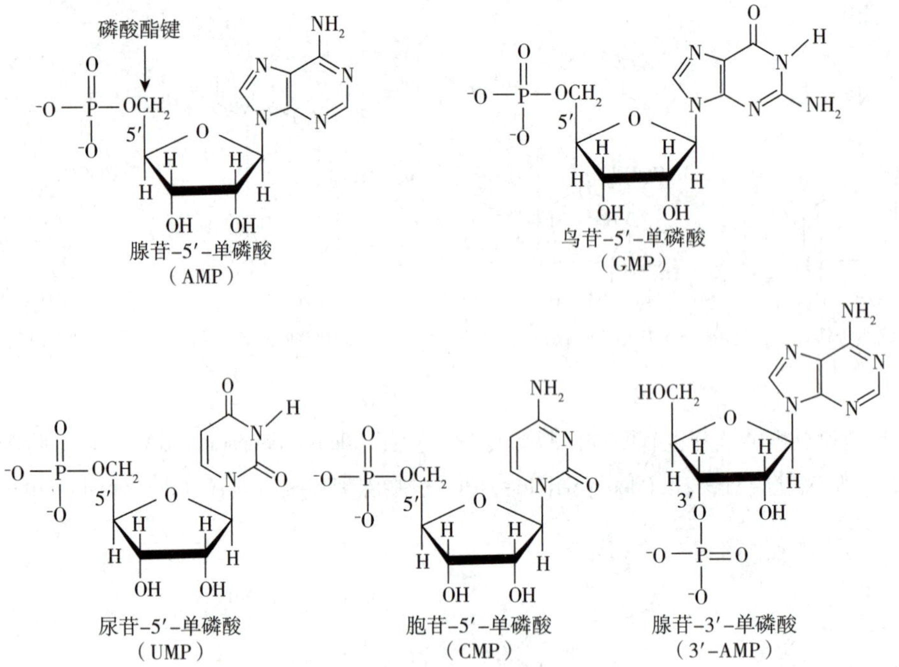

磷酸酯键

腺苷-5′-单磷酸（AMP）

鸟苷-5′-单磷酸（GMP）

尿苷-5′-单磷酸（UMP）

胞苷-5′-单磷酸（CMP）

腺苷-3′-单磷酸（3′-AMP）

图 6-2　常见的核糖核苷酸的化学结构

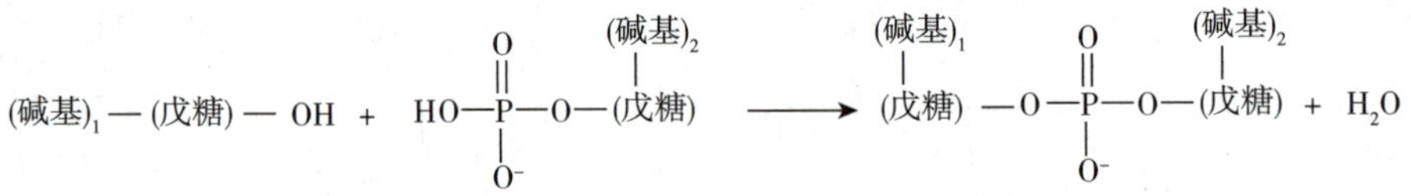

$$(碱基)_1—(戊糖)—OH + HO—\overset{O}{\overset{\|}{P}}(O^-)—O—(戊糖)(碱基)_2 \longrightarrow (碱基)_1(戊糖)—O—\overset{O}{\overset{\|}{P}}(O^-)—O—(戊糖)(碱基)_2 + H_2O$$

构成 RNA 和 DNA 的基本结构单位见表 6-2。

表 6-2　RNA 和 DNA 的基本结构单位

RNA 的基本结构单位	DNA 的基本结构单位
腺嘌呤核苷酸 （adenosine monophosphate，AMP）	腺嘌呤脱氧核苷酸 （deoxyadenosine monophosphate，dAMP）
鸟嘌呤核苷酸 （guanosine monophosphate，GMP）	鸟嘌呤脱氧核苷酸 （deoxyguanosine monophosphate，dGMP）
胞嘧啶核苷酸 （cytidine monophosphate，CMP）	胞嘧啶脱氧核苷酸 （deoxycytidine monophosphate，dCMP）
尿嘧啶核苷酸 （uridine monophosphate，UMP）	胸腺嘧啶脱氧核苷酸 （deoxythymidine monophosphate，dTMP）

二、核苷酸的理化性质

核苷酸的某些性质由碱基决定，例如，紫外吸收、酮式与烯醇式的互变；某些性质由核糖或脱氧核糖决定，例如，易溶于水和具有旋光性；某些性质由磷酸基团和碱基共同决定的，例如，核苷酸的两性解离和具有等电点；某些性质与 *N*-糖苷键有关，如核苷酸特别是嘌呤核苷酸在酸性溶液中不稳定，易发生脱碱基反应。

（一）一般性状

核苷酸为无色粉末或结晶，易溶于水，不溶于有机溶剂。由于戊糖含有不对称碳原子，因此核苷酸溶液具有旋光性。

（二）紫外吸收

由于嘌呤碱和嘧啶碱具有共轭双键，因此碱基、核苷和核苷酸在 240~290nm 波段有吸收峰，其最大吸收值在 260 附近，不同的核苷酸有不同的吸收特性。因此，可以用紫外分光光度法对核苷酸作定性和定量测定。

1. 核苷酸的定量测定 精确称取核苷酸若干毫克，用 0.01mol/L 盐酸定容至一定体积，在波长 260nm 下测定样品的吸收度，根据核苷酸的摩尔吸收系数可以计算出样品中核苷酸的百分含量。计算公式为：

$$核苷酸(\%)=\frac{A_{260}}{E_{260}\times c}\times M\times 100\%$$

式中，A_{260} 为所测样品的吸光度；M 为所测核苷酸的相对分子质量；E_{260} 为所测核苷酸的摩尔吸光系数；c 为所测核苷酸的样品浓度（mg/ml）。

DNA 及 RNA 中某些碱基、核苷和核苷酸的相对分子质量见表 6-3。

表 6-3 某些碱基、核苷和核苷酸的相对分子质量

名称	相对分子质量	名称	相对分子质量	名称	相对分子质量
腺嘌呤	135	腺苷	267	腺苷一磷酸	347
鸟嘌呤	151	鸟苷	283	鸟苷一磷酸	363
胞嘧啶	111	胞苷	243	胞苷一磷酸	323
尿嘧啶	112	尿苷	244	尿苷一磷酸	324
胸腺嘧啶	126	胸腺嘧啶脱氧核苷	242	胸腺嘧啶脱氧核苷一磷酸	322

2. 核苷酸的定性鉴定 由于不同的核苷酸有其独特的紫外吸收曲线，因此，选定某两个波长的吸收值之比，可以用作鉴定不同核苷酸的指标。常用的指标为 A_{250}/A_{260}、A_{280}/A_{260}、A_{290}/A_{260}。其标准比值见表 6-4。由于溶液的 pH 会影响核苷酸的解离状态，因而影响其紫外吸收特性，所以测定时要严格控制溶液的 pH。

表 6-4 四种单核苷酸吸收光谱的标准比值

核苷酸 \ A 比值 / pH	A_{250}/A_{260}		A_{280}/A_{260}		A_{290}/A_{260}	
	2.0	7.0	2.0	7.0	2.0	7.0
CMP	0.46	0.84	2.10	0.99	1.55	0.30
AMP	0.85	0.80	0.22	0.15	0.03	0.003
UMP	0.74	0.73	0.38	0.40	0.03	0.03
GMP	1.22	1.15	0.68	0.68	0.40	0.28

（三）核苷酸的互变异构作用

碱基上带有酮基的核苷酸能转化为烯醇式。在溶液中，酮式和烯醇式两种互变异构体常同时存在，处于平衡态。在生物体内，核酸结构中的核苷酸主要是酮式。

（四）碱基、核苷和核苷酸的解离

1. 碱基的解离 由于嘧啶和嘌呤化合物杂环中的氮及某些取代基团具有结合或释放质子的能力，所以这些化合物既有碱性解离又有酸性解离的性质。胞嘧啶环所含氮原子上有一对未共用电子，可与质子结合，使第 3 位的 ═N—转变成带正电荷的 ═N^+H—基团。此外，胞嘧啶 C_2 位上的烯醇式羟基的性

质与酚羟基相似，具有释放质子的能力，呈酸性。因此，在水溶液中，胞嘧啶的中性分子、阳离子和阴离子之间具有平衡关系。

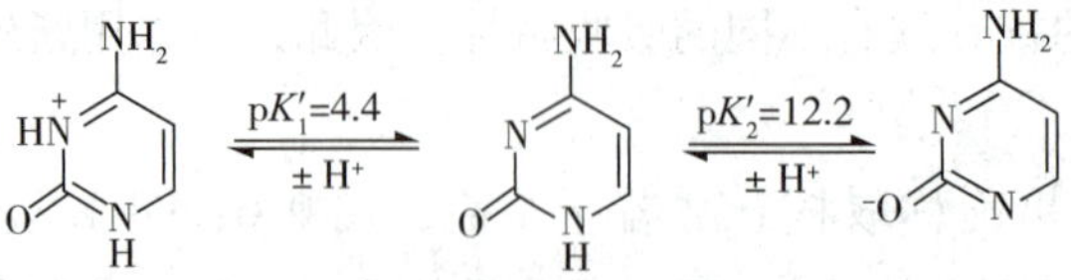

过去认为 pH 4.4 的解离与胞嘧啶的氨基有关，其实氨基在嘧啶碱中所呈的碱性极弱。这是因为嘧啶环与苯环相似，具有吸引电子的能力，使得氨基氮原子上未共用电子对不易与氢离子结合，氢离子主要是与环中的第三位的氮原子（N_3）相结合。

尿嘧啶和胸腺嘧啶环上 C_4位无氨基对 N_3的影响，因此 N_3不易离子化，其 pK_1'值较高。

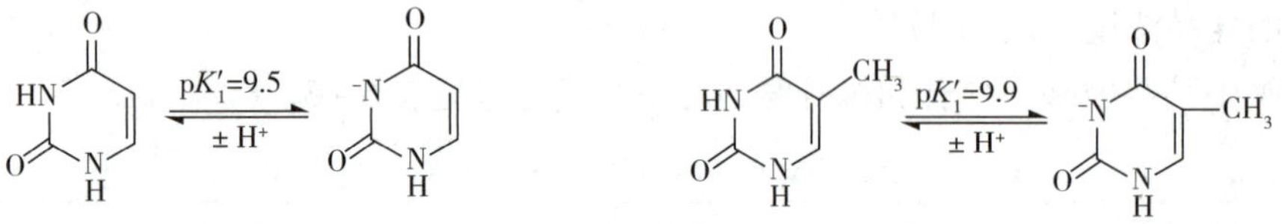

在腺嘌呤中，质子结合在 N_1上，其 $pK_1'=4.15$。腺嘌呤的 $pK_2'=9.8$，是由于 N_3位上—NH—的解离。

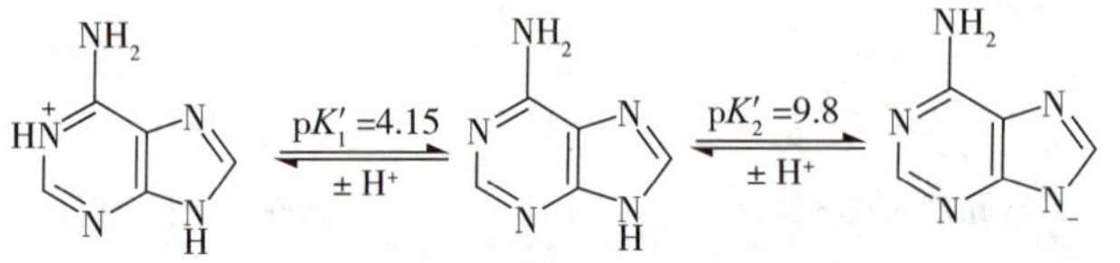

在鸟嘌呤中，质子结合在 N_7上。N_7上的解离 $pK_1'=3.3$，N_1上的解离 $pK_2'=9.6$，N_9上的解离 $pK_3'=12.3$。

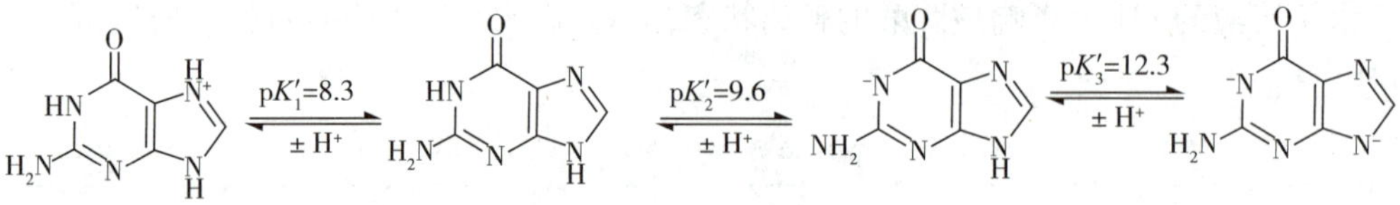

2. 核苷的解离 在核苷中，由于戊糖的存在，对碱基的解离有一定的影响，例如腺嘌呤环的 pK_1'由原来的 4.15 降为 3.63，胞嘧啶的 pK_1'由 4.4 降为 4.1。pK_1'值下降说明糖的存在增强了碱基的酸性解离。核糖中的羟基也可以解离，其 pK_1'值通常在 12 以上。

3. 核苷酸的解离 核苷酸中含有磷酸基，使核苷酸具有较强的酸性。在核苷酸中，碱基部分的 pK'值与核苷的相似，另外两个解离常数是由磷酸基引起的。这两个解离常数分别为 $pK_1'=0.7\sim1.6$，$pK_2'=5.9\sim6.5$。

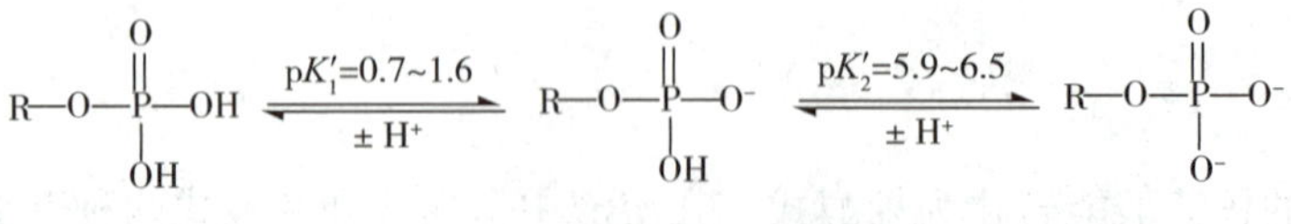

由于核苷酸含有碱基和磷酸基，因此，核苷酸为两性电解质，它们在不同 pH 的溶液中解离程度不同，在一定条件下可形成兼性离子。在腺苷酸、鸟苷酸、胞苷酸中 pK_1'值是由于第一磷酸基——PO_3H_2的解离，pK_2'值是由于含氮环═N^+H—的解离，而 pK_3'则是由于第二磷酸基——PO_3H_2的解离。核苷酸的等电点（pI）可按下式计算。

$$pI=\frac{pK_1'+pK_2'}{2}$$

当处在等电点时，核苷酸主要呈兼性离子存在。尿苷酸的碱基碱性极弱，测不出含氮环的解离曲线，所以不能形成兼性离子。

三、生物体内重要的核苷酸衍生物

（一）5′-二磷酸核苷类和5′-三磷酸核苷类

在生物体内，5′-核苷酸可以在5′位上进一步磷酸化而形成5′-核苷二磷酸和5′-核苷三磷酸。例如腺苷酸（AMP）可以磷酸化产生腺苷二磷酸（adenosine diphosphate，ADP）和腺苷三磷酸（adenosine triphosphate，ATP）。

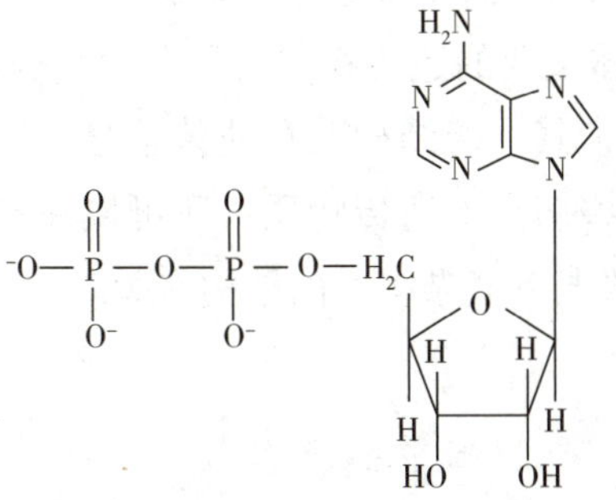

腺苷二磷酸（ADP） 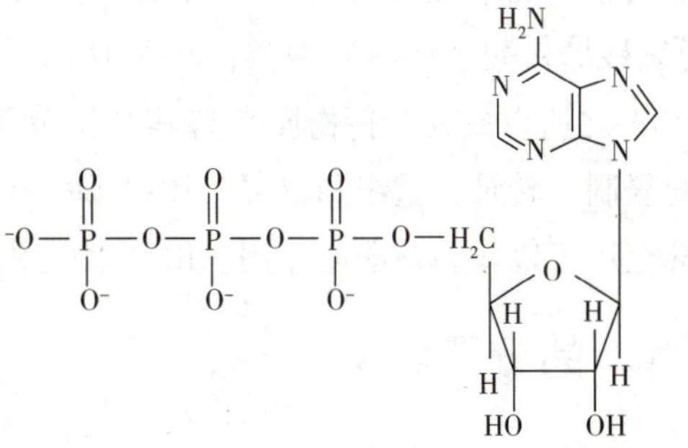　　腺苷三磷酸（ATP）

其他核苷酸也可以和腺苷酸一样在生物体内进行磷酸化，产生相应的核苷二磷酸和核苷三磷酸。四种核苷三磷酸（ATP、CTP、GTP、UTP）是体内 RNA 生物合成的原料。四种脱氧核苷三磷酸（dATP、cATP、dGTP、dTTP）是生物合成 DNA 的原料。

核苷三磷酸化合物在生物体内的能量代谢中起着重要的作用。体内物质氧化时所产生的能量一般不能直接用于生理活动，但释放出来的能量可供 ADP 磷酸化形成 ATP。因此体内物质氧化所放出的能量先储存于 ATP 中，当体内需要能量时，ATP 水解释放出能量以满足生理活动的需要。可见，ATP 在生物体内化学能的储存和利用中起着关键的作用。有些核苷三磷酸参与某些代谢过程，如 CTP 参加磷脂的合成，UTP 参加多糖的合成，GTP 参加蛋白质和嘌呤的合成等，在这些合成代谢过程中 ATP、CTP、UTP 和 GTP 起提供能量的作用。

（二）环化核苷酸

环化核苷酸如环磷腺苷和环化鸟苷酸普遍存在于动植物和微生物细胞中。它们的结构式如下。

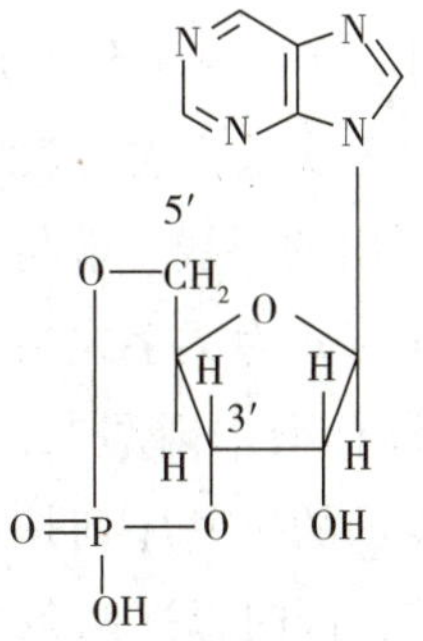

3′, 5′-环腺苷酸 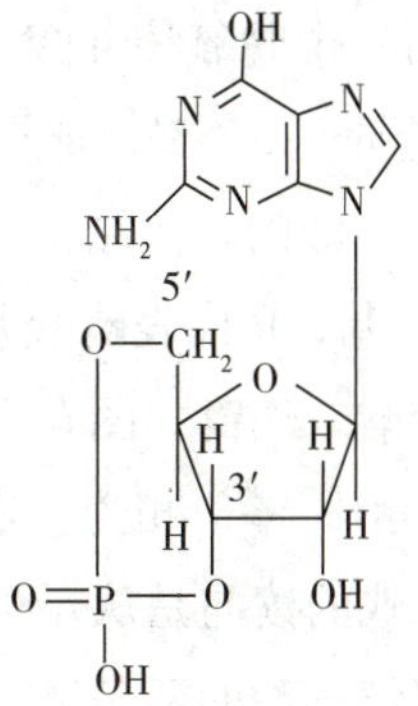　　3′, 5′-环鸟苷酸

3′,5′-环腺苷酸（3′,5′-cyclic adenylic acid）或称环腺一磷（cAMT）。3′,5′-环鸟苷酸（3′,5′-cyclic guanylic acid）或称环鸟一磷（cGMP）。

环化核苷酸参与调节细胞生理生化过程从而控制生物的生长、分化和细胞对激素的效应。cAMP 和

cGMP 分别具有放大激素作用信号和缩小激素作用信号的功能，因此称为激素的第二信使。cAMP 还参与大肠埃希菌中 DNA 转录的调控。

外源 cAMP 不易通过细胞膜，cAMP 的衍生物双丁酰 cAMP 可通过细胞膜，现已应用于临床，对心绞痛、心肌梗死等有一定疗效。

第二节　核酸的种类和结构

核酸即多聚核苷酸，是由多个核苷酸通过 3′,5′-磷酸二酯键相连的多聚物，可分为核糖核酸（RNA）和脱氧核糖核酸（DNA）两类，其中 DNA 是生物体主要的遗传物质，只有少数病毒以 RNA 为遗传物质。DNA 之所以成为遗传物质是与其结构分不开的，其一级结构贮存遗传信息，二级结构有助于遗传物质的复制、转录、重组和修复。RNA 除了作为某些病毒的遗传物质，还可以在基因表达中起主导作用，甚至还可以作为核酶起作用。RNA 功能的多样性与其复杂多变的结构有关。

一、DNA 的分子结构

（一）DNA 的一级结构

DNA 的一级结构是指 DNA 分子中核苷酸的排列顺序和连接方式。由于核苷酸之间的差异仅仅是碱基的不同，故也可称为碱基排列顺序。生物界物种的多样性即寓于 DNA 分子中四种核苷酸（A、T、G、C）千变万化的不同排列组合之中。

1. 脱氧核苷酸之间的连接键　DNA 分子是由数量巨大的 4 种脱氧核苷酸按一定的顺序以 3′,5′-磷酸二酯键连接而成的多聚脱氧核苷酸。3′,5′-磷酸二酯键的形成是由一个脱氧核苷酸的脱氧核糖 5′位上的磷酸基团（已含 5′-磷酸酯键）再与另一个脱氧核苷酸的脱氧核糖 3′位上的羟基形成 3′-磷酸酯键，这种由同一个磷酸所形成的两个酯键合称为 3′,5′-磷酸二酯键，属于共价键，也是稳定 DNA 一级结构的作用力。如果这种共价键发生断裂，DNA 的一级结构便遭到破坏，称为 DNA 降解。图 6－3 所示为 DNA（片段）的一级结构及 3′,5′-磷酸二酯键。

2. 多聚脱氧核苷酸链的方向性　脱氧核苷酸的连接方式是有方向性的，所形成的一条多聚脱氧核苷酸链的两个末端是不同的，一端称为 5′端，另一端称为 3′端。5′端是指该末端的脱氧核苷酸 5′位上的磷酸基团不再与另一个脱氧核苷酸连接（即不再形成 3′,5′-磷酸二酯键）；3′端是指该末端的脱氧核苷酸 3′位上是羟基，不再连接另一个脱氧核苷酸（即没有形成 3′,5′-磷酸二酯键）。对一条链而言，如果从左到右（或从上到下）的走向是 5′→3′，那么，从右到左（或从下到上）的走向就是 3′→5′。

常用一种简单的方式表示核酸的一级结构，图 6－3a 为线条式缩写表示法，图中垂直线表示戊糖的碳链，A、C、G 表示不同的碱基，P 代表磷酸基，由 P 引出的斜线一端与 3′相连，另一端与 5′相连，代表两个核苷酸之间的 3′,5′-磷酸二酯键。图 6－3b 和图 6－3c 为文字式缩写，P 在碱基左侧，表示 P 在 5′位置上；P 在碱基右侧，表示 P 与 3′相连。有时，多核苷酸中磷酸二酯键上的 P 也可省略，而写成 pACG（图 6－3d）。各种简化式的读向是从左到右，所表示的碱基序列是从 5′→3′，核苷酸之间的连接键是 3′,5′-磷酸二酯键；如双链核酸的两条链为反向平行，同时描述两条链的结构时必须注明每条链的走向。

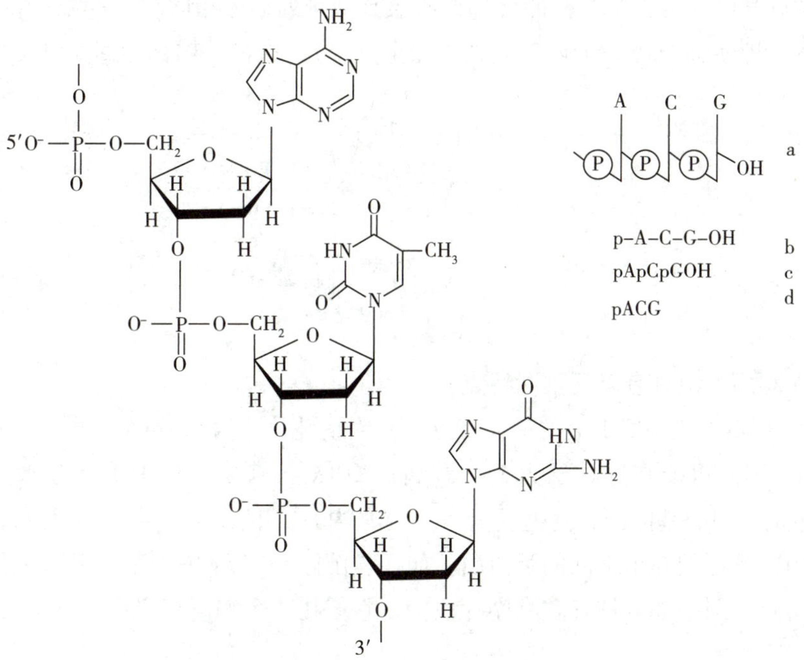

a

p-A-C-G-OH b

pApCpGOH c

pACG d

图 6-3 DNA 的一级结构

不同的 DNA 的核苷酸数目和排列顺序不同，生物的遗传信息就储存记录于 DNA 的核苷酸序列中。测定 DNA 的核苷酸序列，即测定 DNA 的一级结构，如大肠埃希菌 DNA、果蝇 DNA、小鼠 DNA 和人类 DNA 等的一级结构测序工作均已完成。

（二）真核细胞染色质 DNA 与原核生物 DNA 一级结构的特点

真核细胞染色质由 DNA、组蛋白、非组蛋白和 RNA 组成。其中 DNA 相对分子质量很大，它是遗传信息的载体。与原核细胞染色质 DNA 比较在一级结构上真核细胞 DNA 具有以下特点。

1. 重复顺序 真核细胞染色质 DNA 具有许多重复排列的核苷酸序列，称为重复顺序。按重复程序不同可分为高度重复顺序、中度重复顺序和单一顺序三种。

（1）高度重复顺序 许多真核细胞染色质 DNA 都含有高度重复顺序。这种重复顺序结构的“基础顺序”短，含 5~100bp，重复次数可高达几百万次（$10^6 \sim 10^7$）。高度重复顺序结构中 G—C 含量高，进行 CsCl 梯度离心时常在 DNA 主峰旁显示一个或多个小峰，这些小峰称为卫星峰，这部分 DNA 又称为卫星 DNA。这种 DNA 的 GC 含量一般少于主带中的 DNA。浮力密度也低。

（2）中度重复顺序 这种结构的“基础顺序”长，可达 300bp，或更长，重复次数从几百到几千不等。组蛋白基因，rRNA 基因（rDNA）及 tRNA 基因（tDNA）大多数为中度重复顺序。

（3）单一顺序 又称单拷贝顺序，真核细胞中，除组蛋白外，其他所有蛋白质都是由 DNA 中单一序列决定的。每一序列片段决定一个蛋白质结构，为一个蛋白质的结构基因。迄今为止，在真核生物中还没有发现一个蛋白质基因是多顺反子结构。

2. 间隔顺序与插入顺序 在真核细胞 DNA 分子中，除了编码蛋白质和 RNA 的基因序列片段外，还有一些片段不编码任何蛋白质和 RNA，它们可以存在于基因与基因之间，也可以存在于基因之内。前者称为间隔顺序，后者称为插入顺序。在许多 DNA 分子中，常常含有长短不一的间隔顺序，也常常出现一些插入顺序将一个基因分成几段，如鸡卵清蛋白基因、珠蛋白基因都含有插入顺序。通常把基因的插入顺序称为内含子（intron），把编码蛋白质的基因顺序称为外显子（exon）。

3. 回文结构 在真核细胞 DNA 分子中，还存在许多特殊的序列。这种结构中脱氧核苷酸的排列在

DNA两条链中的顺读与倒读意义是一样的（即脱氧核苷酸排列顺序相同），脱氧核苷酸以一个假想的轴成为180°旋转对称（即使轴旋转180°两部分结构完全重合），这种结构称为回文结构（图6-4）。

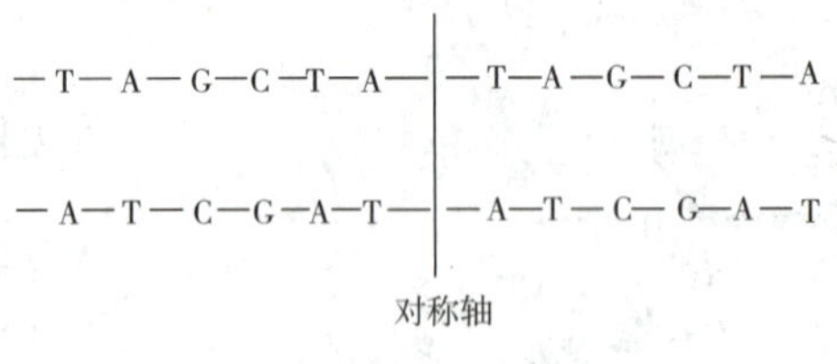

图6-4 回文结构

原核生物DNA顺序组织具有以下不同特点。

(1) 原核生物在DNA顺序组织上的最大特点是基因重叠，如病毒DNA分子一般都不大，但又必须装入相当多的基因，因此可能在这种压力下导致病毒DNA在进化过程中重叠起来。也就是说在同一DNA序列中，常包括不同的基因区，这些重叠在一起的基因，使用的编码组序不同，因此虽然是同样的DNA顺序区段内，都可翻译出不同的蛋白质。如在噬菌体ΦX174中，基因B和基因K重叠在基因A之内。由图6-5可见在同一部分核苷酸顺序片段中，它们在三个编码组之中，含义各不相同。

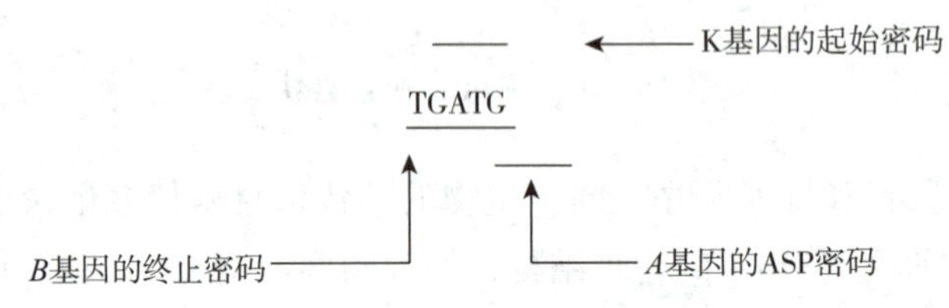

图6-5 噬菌体ΦX174中的基因重叠

由于基因的重叠，在重叠部位一个碱基的突变将影响两个或三个蛋白质的表达。

(2) 在原核生物的DNA顺序组织中，每个转录的mRNA常常包含了多个顺反子，而且功能上有关的顺反子通常串联在一个mRNA分子上。这些编码在同一个mRNA分子中的多种功能蛋白在生理功能上都是密切相关的。这种DNA顺序组织可能是原核基因协同表达的一种调控方式。如ΦX174噬菌体DNA序列，从启动子P_0开始转录的mRNA包含了基因D—(E)—J—F—G—H。其中基因J、F、G、H都是编码噬菌体的外壳蛋白。因此原核生物DNA顺序的另一个特点是功能上相关的结构基因转录在同一个mRNA分子上。

(3) 原核生物DNA顺序所含有的结构基因是连续的，一般不含有插入或间隔序列，而且在转录调控区的DNA顺序的组织形式是多种多样的，调控区的不同组织形式与不同的生物功能有明显关系。

(三) DNA的二级结构

DNA的二级结构主要是各种形式的螺旋，特别是B型双螺旋，此外还有A型双螺旋、Z型双螺旋、三链螺旋和四链螺旋等。

1. B型双螺旋 DNA二级结构的主要形式是James Watson和Francis Crick于1953年提出的B型双螺旋（B-form double helix），其主要内容如下。

(1) DNA由两条呈反平行的多聚核苷酸链组成，两条链相互缠绕形成右手双螺旋。

(2) 组成右手双螺旋的两条链是互补的（complementary），它们通过特殊的碱基对结合在一起，碱基配对规则是一条链上的A总是与另一条链的T，一条链上的G总是和另一条链上的C以氢键配对。其中AT碱基对有2个氢键，GC碱基对有3个氢键。

(3) 碱基对位于双螺旋的内部，并垂直于暴露在外的脱氧核糖磷酸骨架。碱基对之间通过疏水键和范德华力相互垛叠在一起，对双螺旋的稳定起一定的作用。

（4）双螺旋的表面含有明显的大沟（major groove）和小沟（minor groove），其宽度分别为 2.2nm 和 1.2nm。

（5）双螺旋的其他常数包括相邻碱基对距离为 0.34nm，并相差约 36°。螺旋的直径为 2nm，每一转完整的螺旋含有 10 个碱基对（base pairs，bp）（细胞内实际值接近 10.5bp），其高度为 3.4nm（图 6-6）。

2. A 型双螺旋 B 型双螺旋仅是 DNA 双螺旋多种构象中的一种，在一定的条件下，双链 DNA 可以从 B 型转变成其他构象。双螺旋至少已发现有 A、B、C、D、E、T 和 Z 等 7 种，但在正常的细胞环境中能够存在的双螺旋只有 B 型、A 型和 Z 型，其中 B 型是细胞内最主要的形式。

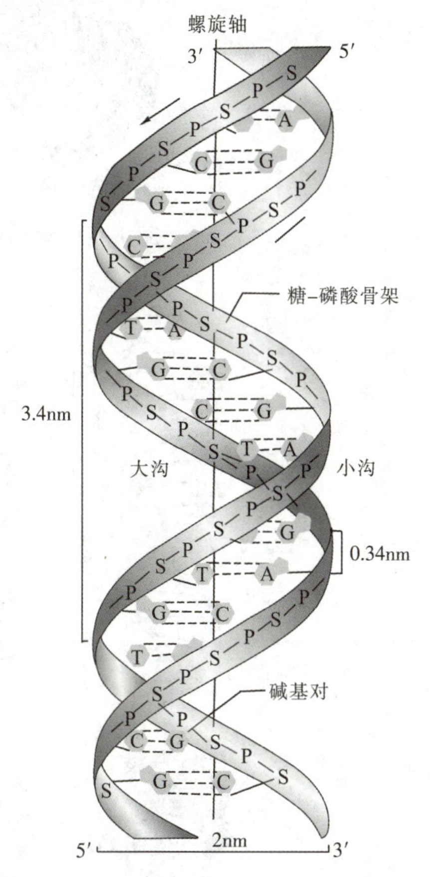

图 6-6 B 型 DNA 双螺旋结构的主要特征

引起 DNA 双链构象改变的主要因素包括：①碱基组成和序列；②盐的种类；③相对湿度。

DNA 在相对脱水的条件下（低湿度），可形成 A 型双螺旋（A-DNA）。与细而长的 B-DNA 相比，A-DNA 更宽、更平和更短：每一圈螺旋为 11bp 而不是 10.5bp；螺距为 2.46nm，而不是 3.4nm；螺旋的直径为 2.6nm，而不是 2.0nm；碱基对不再近乎垂直于螺旋轴，而是相对于螺旋轴倾斜了 19°；相邻的碱基对距离 0.23nm，而不是 0.34nm；它的大沟窄而深，但小沟宽而浅。

尽管在生理条件下，相对脱水的 DNA 纤维能够形成 A-DNA，但是究竟在体内 DNA 会不会形成这样的结构尚不清楚。然而，在基因转录的时候，DNA 与 RNA 形成的杂交双链为 A 型双螺旋。此外，RNA 双螺旋也为 A 型。双链 RNA 或者 DNA-RNA 杂交双链之所以以 A 型双螺旋存在，是因为 RNA 的 2′-羟基造成的空间位阻阻止了 B 型双螺旋的形成。

3. Z 型双螺旋 1972 年，Fritz M. Pohl 等发现人工合成的 GC 相间排列的多聚核苷酸（GCGCGC）在高盐的条件下，旋光性会发生改变。接着 Alexander Rich 对上述六聚脱氧核苷酸的单晶进行了 X 射线衍射分析，提出了 Z-DNA模型。其结构特点如下。

（1）磷酸戊糖骨架呈“Z”字形（zigzag）走向。在 Z-DNA 中 C 和核糖以反式连接，而 G 和核糖以顺式连接，由于 GC 的交替排列，顺式、反式构象也交替排列，致使主链 P—G—P 的走向与螺旋轴平行，而 P—C—P 的走向与螺旋轴垂直而呈“Z”字形。

（2）左手螺旋。G 的糖苷键呈顺式，不仅使螺旋旋转方向发生改变，而且使 G 残基位于分子表面。

（3）分子外形呈波形。这是由于碱基对向螺旋的外表面移动，中轴不再像 B-DNA 位于碱基对，而是移向小沟。

（4）C 的糖环 C_2' 为内式，碱基为反式，使糖环转离小沟，而 G 的糖环 C_3' 为内式，碱基为顺式，使糖环弯向小沟。胞嘧啶的 C_5 和鸟嘌呤的 N_7、C_8 原子填满了大沟，并指向表面，使大沟变得不明显，而小沟窄而深（图 6-7、图 6-8）。

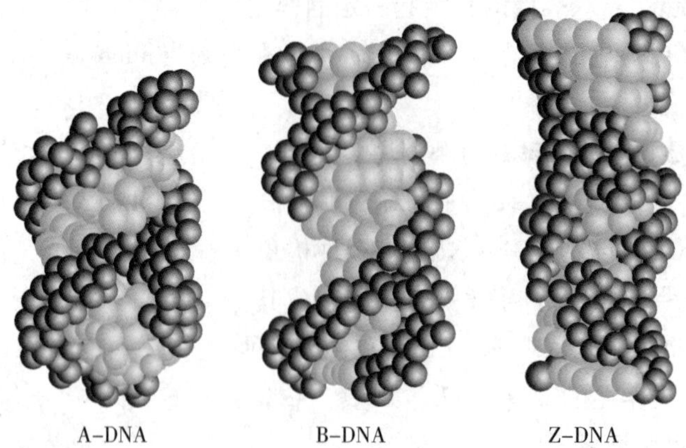

图6－7　A型双螺旋、B型双螺旋和Z型双螺旋的球棍模型

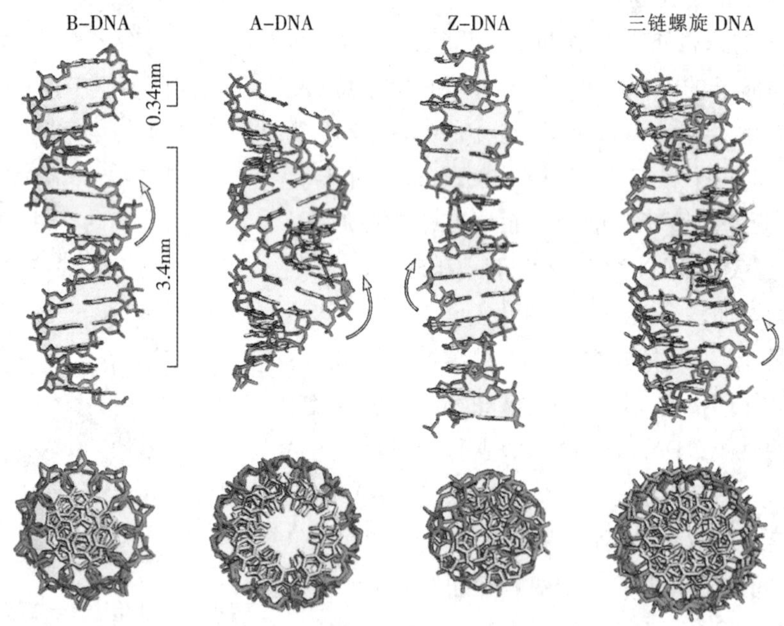

图6－8　A型双螺旋、B型双螺旋和Z型双螺旋的棍式模型
（上方是侧视图，下方是俯视图）

A型双螺旋、B型双螺旋和Z型双螺旋的比较见表6－5。

表6－5　A型双螺旋、B型双螺旋和Z型双螺旋的比较

	A型双螺旋	B型双螺旋	Z型双螺旋
外形	短而宽	长而瘦	长而细
每碱基对上升距离	0.23nm	（0.332±0.19）nm	0.38nm
螺旋直径	2.55nm	2.37nm	1.84nm
螺旋方向	右手	右手	左手
螺旋内每重复单位的bp数	1	1	2
每圈bp数	～11	～10	12
碱基夹角	32.7°	34.6°	60°/2
螺距	2.46nm	3.32nm	4.56nm
碱基对倾角	+19°	1.2°±4.1°	－9°

续表

	A 型双螺旋	B 型双螺旋	Z 型双螺旋
螺旋轴位置	大沟	穿过碱基对	小沟
大沟	极度窄、很深	很宽，深度中等	平坦
小沟	很宽、浅	窄，深度中等	极度窄、很深
糖苷键构象	反式	反式	C 为反式，G 为顺式
糖环折叠	C_3'内式	C_2'内式	嘧啶 C_2'内式，嘌呤 C_3'内式
存在	双链 RNA，RNA/DNA 杂交双链，低温度 DNA（75%）	双链 DNA（高湿度，92%）	嘧啶和嘌呤交替存在的双链 DNA 或 DNA 链上嘧啶和嘌呤交替存在的区域

Z-DNA 最早是在体外发现的，它在体外的存在需要满足两个条件：①高的盐浓度。如果是 NaCl，浓度超过 2mol/L；如果是 $MgCl_2$，浓度要超过 0.7mol/L。高的盐浓度能够减少两条链之间靠得最近的磷酸基团间的排斥力，因为 Z-DNA 的形成导致带负电荷的磷酸根距离更近了（Z-DNA 为 0.8nm，B-DNA 为 1.2nm）；②嘌呤－嘧啶相间排列，例如多聚（dG—dC）。目前认为在适当的盐浓度下，任何不少于 6 个 bp 的嘌呤－嘧啶交替排列顺序都能形成 Z-DNA。有时并不严格的嘧啶-嘌呤相间序列，例如，含有 2 个 5-甲基胞嘧啶（5-methylcytosines，m^5C）的六聚核苷酸 m^5CGAT^m5CG，即使在生理盐水的浓度下在体外也能形成 Z-DNA。事实上，体内 m^5C 上的甲基被认为有利于 B 型向 Z 型的转变，因为在 B-DNA 上，这些疏水的甲基伸入大沟的水溶性环境之中，不利于 B-DNA 的稳定。而在 Z-DNA 中，同样的甲基却能形成一种稳定的疏水“补丁”（hydrophobic patch）。

关于体内 Z-DNA 形成的生物学意义，现在一般认为可能与基因表达调控有关。也许，DNA 的局部区域发生 Z-DNA 和－B-DNA 的可逆性转变充当调节基因表达的开关。当一个 DNA 分子的某个区域从 B-DNA 转变成 Z-DNA 以后，细胞内某些调节蛋白可以结合上去，从而改变基因表达。例如，SV40 DNA 上能够增强基因表达的增强子（enhancer）序列中就有此结构。Z-DNA 一般在移动的 RNA 聚合酶的后面形成，DNA 转录产生的负超螺旋对它有稳定作用。它们出现在移动的 RNA 聚合酶的后面可能阻止下一个 RNA 聚合酶的转录。

Z-DNA 除了参与基因表达调控以外，可能还能通过释放来自螺旋本身的拓扑学张力而促进同源重组。

4. 双螺旋稳定的因素 DNA 的双螺旋结构通常是很稳定的，起稳定作用的因素包括以下几点。

（1）氢键 包括螺旋内部的氢键和螺旋外部的氢键。

螺旋内部的氢键是碱基对之间的氢键。在双螺旋中嘧啶和嘌呤之间的距离正好与一般氢键的键长（0.27nm）差不多，而且氢键供体原子和氢键受体原子处于一条直线上，利于形成氢键。若嘌呤与嘌呤或嘧啶与嘧啶配对，其空间的大小都不适合氢键的形成。单个氢键仍是不稳定的，但由 20 个以上的碱基对组成的双螺旋在室温下已相当稳定。

外部氢键是戊糖－磷酸骨架上的极性原子与周围的水分子之间形成的。

（2）碱基堆积力（base-stacking） 这是碱基对之间在垂直方向上的相互作用所产生的力，它包括疏水作用和范德华力。

虽然多聚核苷酸链的磷酸核糖骨架是高度亲水的，但碱基杂环 π 电子云导致嘧啶和嘌呤本身带有一定程度的疏水性。因此在水溶液中，这些疏水基团自发聚集在一起，正像球状蛋白质的疏水核心一样。从热力学的角度来看，DNA 形成双螺旋有利于高度亲水性的磷酸基团与水的接触增加到最大限度，同时使碱基与水的接触减少到最小限度。

在双螺旋中，相邻碱基对的间隔是 0.34nm，而范德华力的半径（指引力和斥力正好相平衡的距离）

平均为0.17nm，这使得相邻碱基产生范德华引力。

碱基间相互作用的强度与相邻碱基之间环重叠的面积成正比。总的趋势是嘌呤与嘌呤之间 > 嘌呤与嘧啶之间 > 嘧啶与嘧啶之间。另外碱基的甲基化能提高碱基的堆积力。

（3）阳离子或带正电荷的化合物对磷酸基团的中和　核苷酸的磷酸基团上都带有负电荷，因此双链之间存在着静电的排斥作用。溶液中的阳离子（如 Mg^{2+} 或多胺类化合物）可以中和磷酸的负电荷，消除了静电斥力。当离子浓度降低，中和作用减弱时，排斥力加大，DNA 双螺旋稳定性就降低。

5. DNA 的非标准二级结构　除了上述三种最常见的标准二级结构模式以外，细胞内的 DNA 在特殊的条件下还可能形成其他几种非标准的二级结构。这些特殊的条件包括：DNA 受到某些蛋白质的作用（如组蛋白）；DNA 本身所具有的特殊模体，例如，反向重复序列（inverted repeats）、回文结构（palindromic sequences）、镜像重复（mirror repeat）、直接重复（direct repeat）、高嘌呤序列，高嘧啶序列、富含 A 序列和富含 G 序列、弯曲（bending）、十字形（cruciforms）、P-DNA、三链螺旋与 H-DNA、四链螺旋与 G-四联体、滑动错配 DNA（slipped mispaired DNA，SMP-DNA）。

（四）DNA 的三级结构

如图6-9所示，DNA 可以以两种形式存在，右为松弛型（relaxed），左为超螺旋（supercoiling）。在松弛型状态下，DNA 以正常的 B 型双螺旋存在，每一圈 10 个碱基对，这时候双螺旋的能量状态最低。但是，如果通过某种手段使得 DNA 双螺旋每一圈的碱基对数目多于或少于 10 对，将导致 DNA 双螺旋缠绕过多或缠绕不足；如果这时的 DNA 两端被固定或者 DNA 本来是共价闭环的，则 DNA 将会因内部的张力无法释放而自发地形成超螺旋结构。

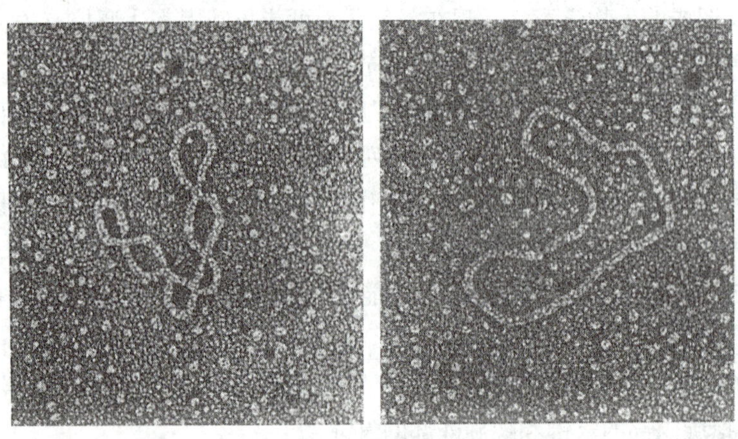

图6-9　超螺旋 DNA（左）和松弛型（右）

DNA 超螺旋分为正超螺旋和负超螺旋，其中正超螺旋为左手超螺旋，由 DNA 双螺旋过度缠绕引起，负超螺旋为右手超螺旋，由 DNA 双螺旋缠绕不足引起。

负超螺旋 DNA 是由于两条链的缠绕不足引起，很容易解链，因此有利于 DNA 的复制、重组和转录。但是，在 DNA 复制和转录过程中，随着解链的深入，原来的负超螺旋会逐渐被消耗，并最终被正超螺旋取代。正超螺旋的出现将会阻碍 DNA 的继续复制和转录，细胞内存在的 DNA 拓扑异构酶，可及时清除正超螺旋。

（五）染色质与染色体

DNA 与蛋白质形成的复合体最为重要的是染色质（chromatin）或染色体（chromosome）以及 DNA 病毒颗粒，这里仅介绍染色质和染色体。

1. 染色质　与原核生物的基因组形成鲜明对照的是，真核生物的基因组 DNA 是高度折叠的，并与一些特殊的蛋白质结合形成一种致密的动态多聚物，即染色质。这种蛋白质-DNA 复合物在细胞核内发生的复制、重组、修复和转录中起重要的作用。

染色质是一种动态的结构，通常在细胞核为高度压缩的无定形的长纤维。在有丝分裂的中期呈高度浓缩。染色质的组成包括 DNA、蛋白质和少量的 RNA。在质量上，DNA 和紧密结合的蛋白质差不多各占一半。在染色质上的蛋白质有组蛋白（histones）和非组蛋白两类（non-histone proteins）。

染色质可分为常染色质（euchromatin）和异染色质（heterochromatin）。常染色质在间期浓缩程度很低，染色淡，具有转录活性；异染色质浓缩程度高，染色深，一般没有转录活性。异染色质 DNA 在 S 期复制时比常染色质要晚，这是由于异染色质中高度浓缩的结果。

染色质中最重要的结构单元是核小体，而核小体是由 DNA 和组蛋白组成的串珠状（beads on a string）结构。

（1）组蛋白　是染色质上含量最丰富的蛋白质，富含碱性氨基酸——Lys 和 Arg，属于一类较小的碱性蛋白。它们在细胞正常 pH 下，带有正电荷，这样就可以和 DNA（其磷酸基团带负电荷）静电结合。

组蛋白主要有 5 种类型，即 H1、H2A、H2B、H3、H4。某些生物或组织还有 H1°或 H5。各种组蛋白在进化上具有很高的保守性，但保守性程度是不一样的，组蛋白在氨基酸顺序的保守性表明它们在各种真核生物的染色质中所起的作用十分相似。

（2）非组蛋白　是指在染色质上除组蛋白以外的各种蛋白质总称。其数目繁多，功能广泛（结构、酶和基因表达调节），成分也不固定，许多尚未定性。

（3）核小体（nucleosome）　可视为染色质的一级结构单位，它在电镜下呈串珠状（图 6-10）：每一个“珠子”由组蛋白核心（histone core）和环绕其上（而不是穿过）的 DNA 组成（约 146bp）；相邻“珠子”之间的连线为 DNA，称为连接 DNA（linker DNA），长度 8~114bp 不等，它最容易受到核酸酶的水解。H1 与连接 DNA 结合，但去除 H1 并不会破坏核小体结构（图 6-11）。

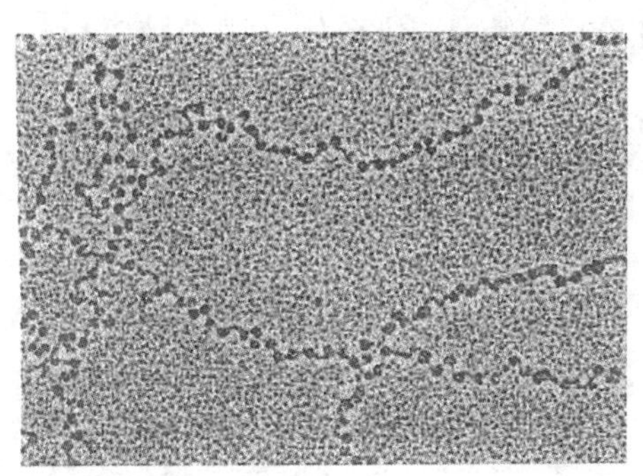

图 6-10　电镜下的核小体结构

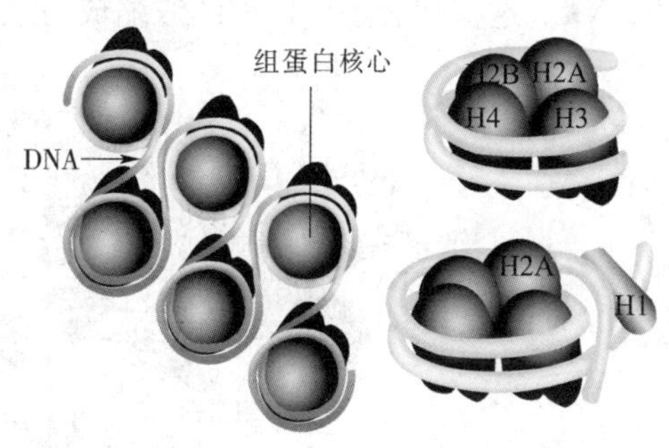

图 6-11　核小体结构模型

组蛋白核心是一个八聚体，由 4 组二聚体通过组蛋白折叠结合在一起。H3 与 H4 通过一个折叠形成异源二聚体，H2A 与 H2B 通过另外一个组蛋白折叠形成另一个异源二聚体。两个 H3-H4 二聚体通过 H3 之间的 4-螺旋束（4-helix bundle）形成 H3-H4 四聚体，最后一对 H2A-H2B 通过 H2B 与 H4 之间的相互作用形成八聚体。

组蛋白核心通过静电引力与 DNA 结合，其表面大约环绕 1.8 圈 DNA 双螺旋，这导致 DNA 长度被压缩 6~7 倍。组蛋白也与一些参与组蛋白核心组装和调节基因表达的非组蛋白结合。有时，组蛋白还会受到乙酰化、甲基化和磷酸化等形式的共价修饰，以改变分子的电荷，从而影响它们与 DNA 的相互作用。

通过 X 射线衍射分析发现构成核小体核心的组蛋白单体 N 端和 C 端尾巴不在核心结构之中，而是伸出来通过超螺旋上的沟与相邻的核小体接触；每隔 10bp DNA 双螺旋小沟面对蛋白质的表面并与 Arg 侧链接触；DNA 的大沟朝外，能够被序列特异性调节蛋白识别和结合；在核小体表面的 DNA 卷曲并略显过分缠绕（螺距为 10.2bp/圈而不是 10.5bp/圈）。

2. 染色体 是基因组的结构单位。它由一个 DNA 分子和与它相结合的蛋白质组成，一般呈高度浓缩的状态。

原核生物含有一个单一的连续环状染色体，呈超螺旋状态，被包装成多个来回的环，没有核膜包围，但集中在某一区域，并与质膜接触。出现在原核生物染色体上的蛋白质主要是一些碱性蛋白。其中最普遍的是 HU 蛋白，此蛋白质由 2 个亚基组成，相对分子质量为 19×10^3。

真核生物染色体为线形，有多个。不同的染色体大小不一样，但都呈高度浓缩的状态。每一条染色体都含有三个重要的功能元件：自主复制序列（autonomously replicating sequence，ARS）、中心粒（centromere）和端粒（telomere）。它们是线性 DNA 复制和正确分离所必需的。其中 ARS 充当 DNA 复制起始区，中心粒负责细胞分裂过程中复制的染色体精确分离，端粒为线性 DNA 的两端，为染色体的复制和稳定所必需。

3. 真核生物染色体的包装 虽然 DNA 通过与组蛋白形成核小体的结构在一定程度实现了压缩，但还远远不够。实际上核小体仅仅是染色质的一级结构，在此结构的基础上，真核的染色质还需要经过更高水平的包装、折叠和浓缩，在细胞分裂中期到达最高水平，形成明晰可见的染色体结构。

首先由核小体构成的 10nm 纤维折叠成一种被称为螺线管的有规则的螺旋结构。螺线管的下一级包装折叠水平是成环。环由 30nm 纤维上面的特殊区域附着在特殊的 DNA 结合蛋白上而形成。

30nm 纤维形成的环从非组蛋白骨架向各个方向辐射展开。而核心骨架沿着螺旋的路径朝向染色单体的轴。这些环还可以进一步卷曲折叠成 6 个单体（相当于 6 枚花瓣）的玫瑰花瓣状结构。每一个玫瑰花瓣含有 300kb 的 DNA，结果产生 200~300nm 的纤维。

在玫瑰花瓣的基础上，环还可以进一步折叠成每圈含有 30 个玫瑰花瓣的螺旋，每个螺旋约含有 9Mb 的 DNA。这些螺旋还可以继续浓缩成为最终的直径为 1400nm 的中期染色体（图 6-12）。

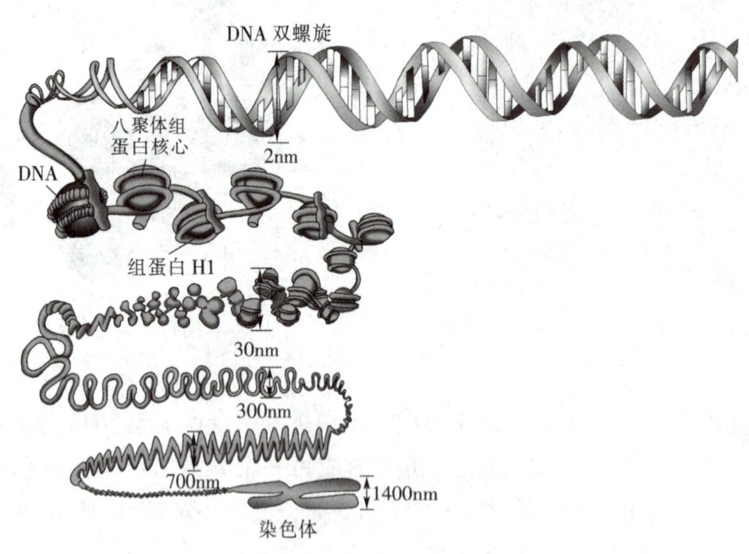

图 6-12 从 DNA 双螺旋到染色体

（六）基因与基因组

1. 基因 位于染色体上，在一条染色体上有很多基因，代表特定性状的特定基因与某一条特定染色体上的特定位置相联系，因此基因是在染色体上占有一定空间的特定 DNA 片段。真核生物的体细胞里每条染色体都有其另一条同源染色体，即一个染色体是由二条染色单体配对存在的，所以体细胞是二倍体（diploid）细胞；而生殖细胞里每条染色体都只有一条，所以是单倍体（haploid）细胞。二倍体细胞每一个基因也是成对存在的，每一对基因分别位于来自双亲的染色体的同一位置上，此位置称基因座（locus），一对同源染色体在同一基因座上的一对基因称为一对等位基因（allele）。每一个体的每一基因座上只有两个等位基因、可是在一个群体中，每个基因座上可以有两个以上等位基因，这就是复等位基因（multiple allele）。

当一个生物体带有一对完全相同的等位基因时，则该生物体就该基因而言是纯合的（homozygous）或可称纯种（true-breeding）；反之，如果一对等位基因不相同，则该生物体是杂合的（heterozygous）或可称杂种（hybrid）。

等位基因各自编码蛋白质产物决定某一性状，并可因突变而失去功能，等位基因之间存在相互作用，当一个等位基因决定生物性状的作用强于另一等位基因并使生物只表现出其自身的性状时，就出现显隐性关系，作用强的是显性，作用被掩盖而不能表现的为隐性，显性完全掩盖隐性的是完全显性（complete dominance），两者相互作用而出现介于两者的中间性状的是不完全显性（incomplete dominance）。

2. 基因组 生物体基因组由整套染色体组成，一条染色体就是一个双链 DNA 分子，DNA 分子中的全部核苷酸序列分别构成了基因和各种结构单元。基因组的 DNA 分子，也可划分为基因的编码序列和非编码序列。分析解剖基因组内多种 DNA 序列的结构特征，有助于解读这些 DNA 序列中包含的遗传信息，认识其生物学功能，以期最终认识所有生物的遗传本性。基因组 DNA 序列按其结构和功能可分成以下几类。

（1）基因序列和非基因序列 基因序列指基因组决定蛋白质（或 RNA 产物）的 DNA 序列，一端为 ATG 起始密码子，另一端则是终止密码子。非基因序列则是基因组中除基因序列以外的所有 DNA 序列，主要是两个基因之间的间插序列（内含子）。

（2）编码序列和非编码序列 编码序列指编码 RNA 和蛋白质的 DNA 序列。由于基因是由内含子和外显子组成，内含子是基因内的非蛋白编码序列，所以内含子序列以及居间序列统称为非蛋白质编码序列。

（3）单一序列和重复序列 单一序列是基因组里只出现一次的 DNA 序列。重复序列指在基因组里重复出现的 DNA 序列。基因组内的重复序列有的是分散分布，有的是成簇存在。根据 DNA 序列在基因组中的重复频率，可将其分为轻度重复序列、中度重复序列和高度重复序列。

基因组学（genomics）是研究生物体基因和基因组的结构组成，稳定性及功能的一门学科。它包括结构基因组学（structural genomics）和功能基因组学（functional genomics）。前者是研究基因和基因组的结构，各种遗传元件的序列，基因组作图的基因定位等；后者是研究不同的序列具有的不同功能，基因表达的调控，基因和环境之间（包括基因与基因、基因与其他 DNA 序列、基因与蛋白质）的相互作用等。

二、RNA 的种类和分子结构

（一）RNA 的种类

根据结构、功能不同，动物、植物和微生物细胞的 RNA 主要有三类：核蛋白体 RNA（ribosomal RNA，rRNA）、转运 RNA（transfer RNA，tRNA）、信使 RNA（messenger RNA，mRNA）。最近的一系列研究发现小分子 RNA 操纵着许多细胞功能，通过互补序列的结合作用于 DNA，从而关闭或调节基因的表达。

1. 核蛋白体 RNA 是细胞中主要的一类 RNA，rRNA 占细胞中全部 RNA 的 80% 左右，是一类代谢稳定、相对分子质量最大的 RNA，存在于核蛋白体内。

核蛋白体（ribosome）又称为核糖体或核糖核蛋白体。它是细胞内蛋白质生物合成的场所。在迅速生长着的大肠埃希菌中，核蛋白体约占细胞干物质的60%。每个细菌细胞约含 16×10^3 个核蛋白体。每个真核细胞约有 1×10^6 个核蛋白体。原核生物核蛋白体中蛋白质约占1/3，rRNA 约占2/3；真核生物核蛋白体中蛋白质和 rRNA 各占一半。核蛋白体由两个亚基组成，一个称为大亚基，另一个称为小亚基，两个亚基都含有 rRNA 和蛋白质，但其种类和数量却不相同。

- 大肠埃希菌核蛋白体（70S）
  - 30S 亚基
    - 16 RNA
    - 21 种蛋白质
  - 50S 亚基
    - 23S RNA
    - 5S RNA
    - 34 种蛋白质
- 高等动物核蛋白体（80S）
  - 40S 亚基
    - 18S RNA
    - 30 种蛋白质
  - 60S 亚基
    - 28S RNA
    - 5. 8S RNA
    - 5S RNA
    - 40 种蛋白质

S 为沉降系数单位，1 个 S 单位 $=1\times10^{-13}$ 秒。

大肠埃希菌核蛋白体的沉降系数为 70×10^{-13} 秒，用 S 单位表示则为70S。

2. 转运 RNA（tRNA） 也叫转移 RNA，是细胞中一类最小的 RNA，tRNA 一般由73~93 个核苷酸构成，相对分子质量 23×10^3~28×10^3。在已测定核苷酸序列的 tRNA 中，链最短的为63 个核苷酸，如牛心线粒体丝氨酸 tRNA，链最长的有 93 个核苷酸，如大肠埃希菌丝氨酸 tRNA。tRNA 的沉降系数为4S。tRNA 约占细胞中 RNA 总量的15%。在蛋白质生物合成中 tRNA 起携带氨基酸的作用。细胞内 tRNA 的种类很多，每一种氨基酸都有与其相对应的一种或几种 tRNA。

3. 信使 RNA（mRNA） 在细胞中含量很少，占 RNA 总量的3%~5%。mRNA 在代谢上很不稳定，它是合成蛋白质的模板，每种多肽链都由一种特定的 mRNA 负责编码。因此，细胞内 mRNA 的种类很多。mRNA 的相对分子质量极不均一，其沉降系数在4S~25S，mRNA 的平均相对分子质量约 500×10^3。大肠埃希菌的 mRNA 平均含有900~1500 个核苷酸。真核 mRNA 中最大的是丝心蛋白 mRNA，它由19000 个核苷酸组成。 微课

mRNA 是异源性很高的 RNA，每一个 mRNA 分子携带一个 DNA 序列的拷贝，在细胞中被翻译成一条或多条多肽链。其代谢活跃，更新迅速，半衰期一般较短。mRNA 的结构特点：①相对分子质量大小不一，由几百至几千个核苷酸组成。②极大多数真核细胞 mRNA 在3′端有一段长约200 个碱基的多聚腺苷酸（polyA）。③真核 mRNA 的5′端有一特殊结构——7-甲基鸟嘌呤核苷三磷酸，称为帽子结构，与蛋白质生物合成的起始有关。④mRNA 分子中有编码区和非编码区。编码区是所有 mRNA 分子的主要结构，该区域编码特定蛋白质分子的一级结构，非编码区与蛋白质合成的调控有关。⑤每分子 mRNA 可与几个至几十个核糖体结合成串珠样的多核糖体（polysome）。

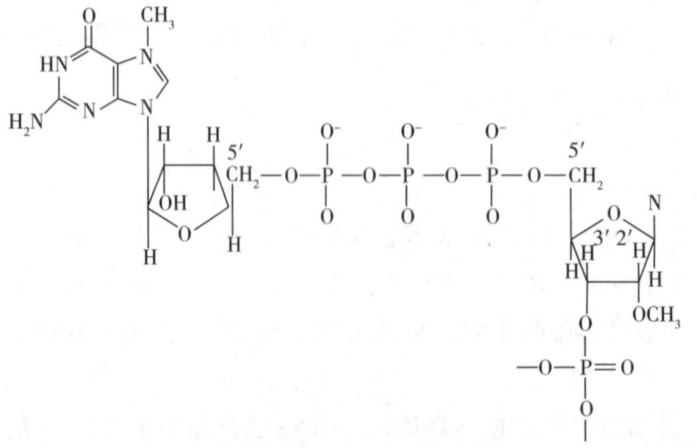

7-甲基鸟嘌呤核苷三磷酸($M^7G^{5'}\ PPP^{5'}\ NP$)

mRNA是在核蛋白体将记录在DNA分子中的遗传信息转化成蛋白质氨基酸顺序时的模板。mRNA的核苷酸排列顺序与基因DNA核苷酸顺序互补。每个细胞约有10^4分子mRNA。mRNA是单链RNA，其长度变化很大。mRNA的长度取决于它所指导合成的蛋白质长度。例如，如果一个蛋白质含有100个氨基酸，那么编码合成这种蛋白质的mRNA至少需要300个核苷酸长度，因为三个核苷酸编码一个氨基酸。但是，实际上，mRNA的长度一般都比指导蛋白质合成所需要的核苷酸链长度为长。这是因为分子中有些区段是不参加翻译的区段。

原核细胞的mRNA具有下列结构特点：①包括细胞和病毒的原核细胞mRNA一般都为多顺反子结构，即一个单链mRNA分子可作为多种多肽和蛋白肽链合成的模板。②原核细胞mRNA的转录与翻译是耦合的，即mRNA分子一边进行转录，同时一边进行翻译。③原核细胞mRNA分子包含有先导区、翻译区和非翻译区，即在两个顺反子之间有不参加翻译的插入顺序。

与原核细胞结构相比较，真核细胞mRNA的结构具有以下明显不同特点：①极大多数真核细胞mRNA的3′端有一段多聚腺苷酸（$polyA^+$），其长度约200个腺苷酸。原核细胞mRNA 3′端一般不含$polyA^+$顺序。而$polyA^+$的结构与mRNA从细胞核移至细胞质过程有关，也与mRNA的半衰期有关。新合成的mRNA $polyA^+$较长，衰老mRNA的$polyA^+$较短；另外，真核细胞mRNA的5′端有一个特殊结构—7-甲基鸟嘌呤核苷三磷酸（通常有三种类型$m^7G^5PPP^5NP$、$m^7G^5PPP^5N'mPNP$和$m^7G^5PPP^5N'mPNmP$）这种结构简称帽子结构，原核生物mRNA无帽子结构。②真核细胞mRNA一般为单顺反子（即一个mRNA分子只为一种多肽编码）。③真核细胞mRNA的转录与翻译是分开进行的，先在核内转录产生前体mRNA（核不均一mRNA，即HnRNA），转运到胞质内后，再在核外加工为成熟mRNA，然后起翻译作用。

除上述三类RNA以外，细胞内还有一些其他类型的RNA，如细胞核内的不均一核RNA（HnRNA，heterogeneous nuclear RNA）、核小RNA（SnRNA，small nuclear RNA）和染色体RNA（ChRNA，chromosomal RNA）等。

4. 小的干扰RNA（small interfering RNA，siRNA）和微小RNA（microRNA，miRNA）

（1）小的干扰RNA（siRNAs）　siRNAs是含有21~22个单核苷酸长度的双链RNA，通常人工合成的siRNA为22个碱基左右的单核苷酸双链RNA。细胞内的siRNA系由双链RNA（dsRNA）经特异RNA酶Ⅲ家族的Dicer核酸酶切割形成的19~21个碱基左右的双链RNA。这种小分子dsRNA可以促使与其互补的mRNA被核酸酶切割降解，从而有效的定向抑制靶基因的表达。将由dsRNA诱导的这种基因沉默效应定义为RNA干扰（RNA interferon，RNAi）。RNAi涉及的步骤与因素较多，属于基因转录后调控，其过程需要ATP参与。一般分为两个阶段：①dsRNA进入细胞后，由依赖ATP的Dicer核酸酶切割，将其分解成具有19~21个碱基左右的双链siRNA；②RISC（RNA诱导的沉默复合物）识别并降解mRNA。RISC是一种蛋白核酸酶复合物（Argonaute是目前唯一已知参与复合物形成的一种蛋白），RISC能够与siRNA互补的mRNA结合，一方面使mRNA被RNA酶裂解，另一方面以siRNA作为引物，以mRNA为模板，在RdRP（依赖于RNA的RNA聚合酶）作用下合成mRNA的互补链。结果mRNA形成双链RNA，此dsRNA在Dicer核酸酶作用下也裂解成siRNA，这些新生成的siRNA也具有诱发RNAi的作用，通过这种聚合酶链式反应，细胞内的siRNA大大扩增，显著增加了对基因表达的抑制。从而使目的基因沉默，产生RNA干扰作用。

（2）微小RNA（miRNAs）　是一类含19~25单核苷酸的单链RNAs，在3′端有1~2个碱基长度变化，广泛存在于真核生物中，如脊椎动物、软体动物、环节动物、节肢动物等，不编码任何蛋白，本身不具有开放阅读框架（open read frame，ORF）；具有保守性、时序性和组织特异性，即在生物发育的不同阶段有不同的miRNA表达，在不同组织中表达不同类型的miRNA。成熟的miRNA 5′端为磷酸基，3′

端为羟基，它们可以和上游或下游序列不完全配对而形成基环结构。miRNA 是通过与靶mRNA 3′-UTR 碱基配对的方式来执行对靶mRNA的转录翻译抑制的功能。

在细胞核内编码 miRNA 的基因转录成 pri-microRNA（pri-miRNA），在 Drosha Rnact 作用下，pri-miRNA 被剪切成约 70 个核苷酸长度的 miRNA 前体（pre-miRNA）。pre-miRNA 在转运蛋白 Exporti5 作用下，从核内转运到胞质中。在 Dicer 酶作用下，miRNA 前体被剪切成 21~25 个核苷酸长度的双链 miRNA。成熟 miRNA 与其互补的 miRNA 结合形成双螺旋结构。

随后，双螺旋解旋，其中一条结合到 RNA 诱导的基因沉默复合物（Risc）中，形成 Risc 复合物。此复合物结合到靶 mRNA 上，平链 miRNA 与靶 mRNA 的 3′-UTR 不完全互补配对，从而阻断该基因的翻译过程。不同种类 RNA 的比较见表 6 -6。

表 6 -6　不同种类 RNA 的比较

RNA 名称		作用	存在
mRNA	信使 RNA	翻译模板	所有的细胞
tRNA	转移 RNA	携带氨基酸，参与翻译	所有细胞
rRNA	核糖体 RNA	核糖体组分，参与翻译	所有细胞
snRNA	小分子细胞核 RNA	参与真核 mRNA 前体的剪接	真核细胞
snoRNA	小分子细胞核仁 RNA	参与真核 rRNA 前体的后加工	真核细胞
7SLRNA	7S 长 RNA	参与蛋白质的定向和分泌	真核细胞
tmRNA	转移信使 RNA	兼有 mRNA 和 tRNA 的功能	原核细胞
micRNA	信使干扰互补 RNA	调节 mRNA 的翻译	原核细胞
gRNA	指导 RNA	参与真核 mRNA 的编辑	某些真核细胞
vRNA	病毒 RNA	作为 RNA 病毒的遗传物质	RNA 病毒
RNAi	干扰 RNA	调节基因的表达	真核细胞
ribozyme	核酶	催化特定的生化反应	原核细胞、真核细胞和某些 RNA 病毒
Y RNA		不明，与细胞质某些特殊的蛋白质形成核糖核酸蛋白复合物	脊椎动物
Xist RNA		调节女性一条 X 染色体转变成巴氏小体	人
V RNA		不明，与细胞质某些特殊的蛋白质形成鞍马状复合物	真核细胞

（二）RNA 的二级结构

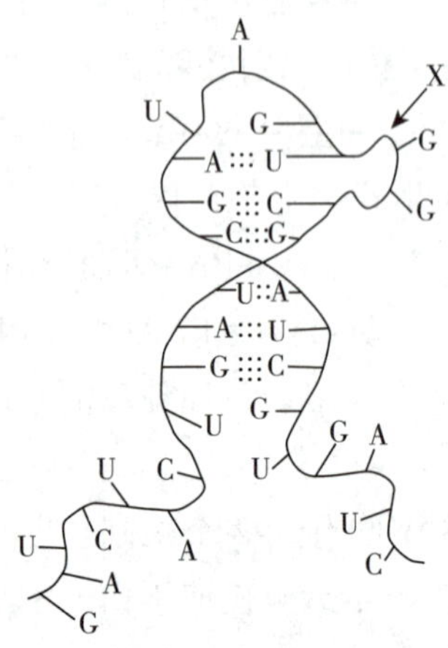

图 6 -13　RNA 的二级结构

（1）RNA 的基本组成单位是 AMP、GMP、CMP 及 UMP。一般含有较多种类的稀有碱基核苷酸，如假尿嘧啶核苷酸及带有甲基化碱基的多种核苷酸等。

（2）每分子 RNA 中约含有几十个至数千个 NMP，与 DNA 相似，彼此通过 3′,5′-磷酸二酯键连接而成多核苷酸链。

（3）RNA 主要是单链结构，但局部区域可卷曲形成双链螺旋结构，或称发夹结构（hairpin structure）。双链部位的碱基一般也彼此形成氢键而互相配对，即 A—U 及 G—C，双链区有些不参与配对的碱基往往被排斥在双链外，形成环状突起（图 6 -13）。具有二级结构的 RNA 进一步折叠形成 RNA 分子的三级结构（图 6 -14）。

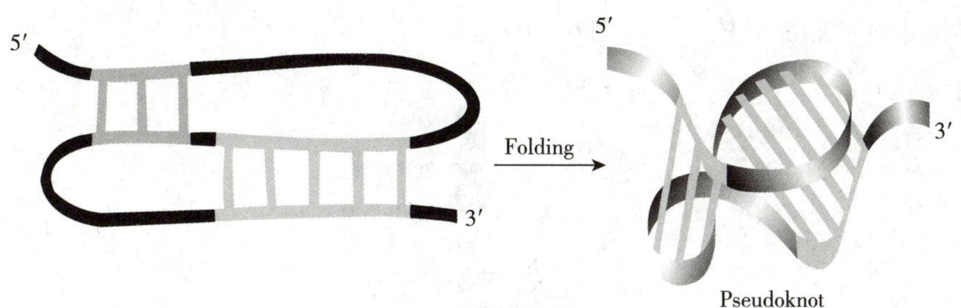

图 6－14 RNA 的三级结构

（4）RNA 与 DNA 对碱的稳定性不同，RNA 易被碱水解，使 5′－磷酸酯键断开，形成 3′－磷酸酯键的单核苷酸。DNA 无 2′－羟基，则不易被碱水解。

（三）参与蛋白质生物合成的三类 RNA 的结构

细胞内 RNA 分子的主要生物功能是参与蛋白质的生物合成，主要有三大类，即核糖体 RNA（ribosomal RNA，rRNA），转运 RNA（transfer RNA，tRNA）及信使 RNA（mssenger RNA，mRNA）。

RNA 的二级结构主要取决于它的碱基组成，其二级结构的多样性可以和蛋白质相媲美。少数病毒 RNA 由两条互补的多聚核糖核苷酸链组成，它的二级结构为 A 型双螺旋。多数 RNA 仅由一条链组成，它们的二级结构主要是由链内碱基的互补性决定的：链内互补的碱基可以相互作用形成链内 A 型双螺旋，非互补的碱基则游离在双螺旋之外，形成如图 6－15 所示的各种二级结构。不同种类 RNA 的二级结构实际就是上述不同二级结构形式的组合，以 tRNA 为例，它的二级结构是由若干茎环结构组合成的三叶草结构。

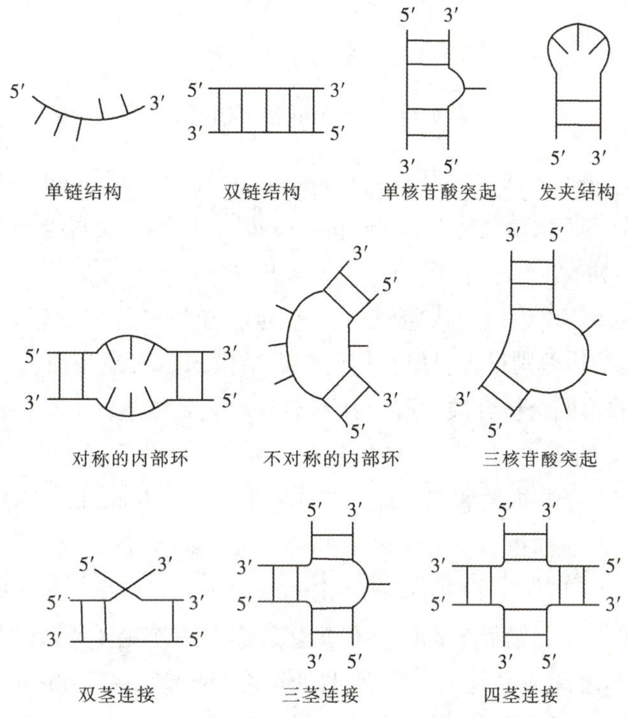

图 6－15 9 种 RNA 的二级结构

1. tRNA 的二级结构 tRNA 分子只有一条链组成，含有 73~94 个核苷酸，其中有不少是修饰核苷酸或修饰碱基（如次黄嘌呤、硫尿嘧啶、假尿苷和甲基化嘌呤），链内的大多数碱基通过氢键相连，但几乎所有的 tRNA 分子上不变的核苷酸都在三叶草结构上非氢键区域。构成 tRNA 二级结构的要素有环（loop）、茎（stem）和臂（arm）。一个典型 tRNA 的二级结构像三叶草（cloverleaf），含有四个环和四个茎。环由链内没有配对的碱基突出而成，茎则是链内互补的碱基之间配对形成的局部 A 型双螺旋，臂则是紧靠着茎又不属于环的非配对核苷酸（图6-16）。

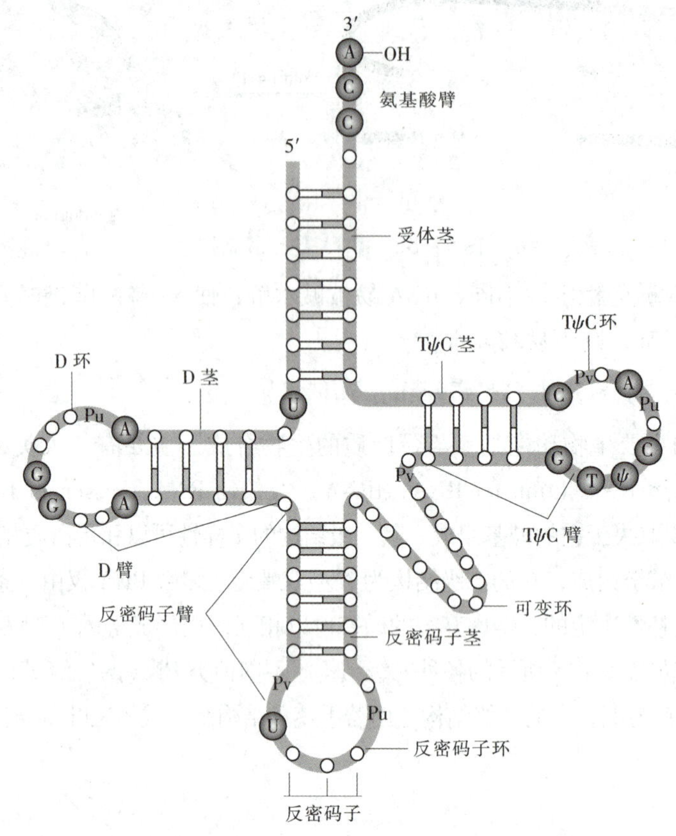

图6-16 tRNA的二级结构

按照从5′到3′的顺序，四个环依次是D环（D loop）、反密码子环（anticodon loop）、可变环（variable loop）和TψC环。四个茎依次是受体茎（acceptor stem）、D茎、反密码子茎和TψC茎。臂有D臂、反密码子臂、TψC臂和氨基酸臂。

受体茎是紧靠氨基酸与tRNA连接形成氨酰-tRNA的地方，它由5′端序列和3′端序列互补配对而成。尽管不同的tRNA一级结构差别很大，但它们的二级结构却惊人地相似，而且3′端的最后三个核苷酸总是CCA，它们与3′端的第四个核苷酸一起，并不参与形成受体茎，而是构成接受氨基酸的臂。氨基酸被添加到CCA末端腺苷酸的2′-羟基或3′-羟基上，在蛋白质生物合成中作为氨基酸的供体。

D环得名于它经常含有一个修饰的碱基，即二氢尿嘧啶（dihydrouridine，D）。

反密码子环因含有反密码子而得名。反密码子由三个核苷酸组成的单位，它能够按照碱基互补配对的原则去阅读mRNA上同样由三个核苷酸组成的特定的密码子，以将核苷酸序列翻译成氨基酸序列。紧靠反密码子5′端的核苷酸总是U，紧靠3′端的核苷酸总是嘌呤核苷酸（通常烷基化）。

在反密码子茎和TψC茎之间通常还有一个所谓的可变环或附加环（extraloop），其大小在不同的tRNA上会有变化，因此，有时可以作为区分不同tRNA的标志。

TψC环含有7个没有配对的碱基，包括TψC序列，其中ψ表示假尿苷。核糖体与tRNA结合通过TψC环的识别。

2. rRNA的二级结构 核糖体是蛋白质生物合成的场所，其中的RNA被称为核糖体RNA（rRNA）。根据沉降系数的高低，rRNA有几种不同的类型。原核生物有5S rRNA、16S rRNA和23S rRNA；真核生物有5S rRNA、5.8S rRNA、18S rRNA和28S rRNA。在所有的rRNA分子上都发现有大量链内互补的序列，这些序列通过互补配对，使得rRNA高度折叠。在不同物种的同一类型的rRNA上存在十分保守的折叠样式。

以16S rRNA为例，其内部存在大量的短螺旋，间隔有单链的环，这是根据形成氢键的序列比对出来的。比较不同物种来源的16S rRNA和类似16S rRNA分子的一级结构和二级结构发现，尽管它们在一级结构上相似性并不高，但它们的二级结构却惊人地相似。显然，16S rRNA的分子进化是二级结构在起作用，而不是在核苷酸的序列上。

3. mRNA的二级结构 mRNA的种类繁多，对于各种mRNA二级结构的研究进行得很少。实际上，人们关心更多的是它们的一级结构，而不是二级结构，因为编码多肽或蛋白质氨基酸序列的是其一级结构。然而，已经发现，mRNA分子的二级结构，特别是两端的二级结构对于翻译有影响，而某些mRNA借助于末端特殊的二级结构对基因的表达进行调控。出现在mRNA分子上最多的二级结构部件也是茎环结构。

（四）锤头核酶的二级结构

锤头核酶（hammerhead ribozymes）是一类小分子、能够进行自我切割而产生两个RNA产物的催化性RNA。图6-17所示所有锤头核酶都含有三个碱基配对的茎（茎Ⅰ、茎Ⅱ和茎Ⅲ）和一个高度保守的为切割必需的CUGA序列。

三个茎的序列可以变化，但必须维持Watson-Crick碱基对。中央核心序列在各种锤头核酶内是高度保守的。

中央核心包括两个结构域：结构域Ⅰ由CUGA序列和尿苷转角（uridine turn）组成，紧靠茎Ⅰ；结构域Ⅱ由非Watson Crick碱基对组成，将茎Ⅱ和茎Ⅲ连接起来。

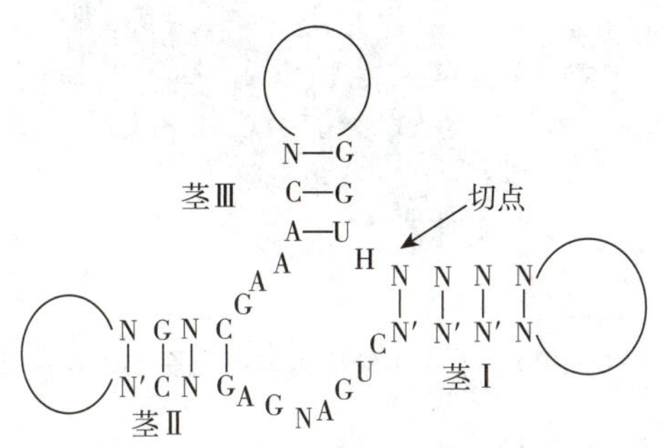

图6-17 锤头核酶的二级结构

（五）RNA的三级结构

如图6-18所示，构成RNA的三级结构的主要元件有假节结构（pseudoknot）、“吻式”发夹结构（kissing hairpins）和发夹环突触结构（hairpin loop-bulge contact）等三种形式。tRNA则可形成倒L型三级结构（图6-19）。

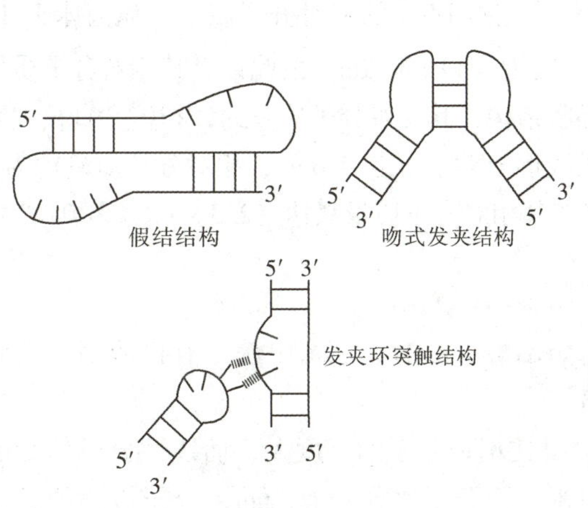

图6-18 三种RNA的三级结构

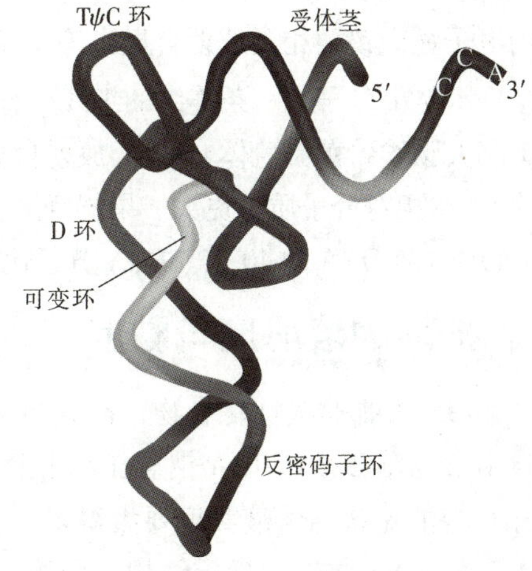

图6-19 tRNA的倒L形三级结构

1. tRNA的三级结构 tRNA三级结构形成的原因是D环上的碱基与不变碱基以及TψC环上的碱基之间的发生的氢键作用。由于氢键涉及tRNA分子上的不变碱基，这就突出了三级结构在tRNA功能上的重要性。这些氢键将D臂和TψC臂折叠到一起，并将三叶草二级结构弯曲成稳定的倒L型三级结构。

在三级结构中，氨基酸受体茎位于L的一端，与L另一端的反密码子相距7nm左右，而D环和

TψC 环形成 L 的角。在 L 型构象中，碱基的排列方向都是尽可能增加碱基平面之间的疏水堆积力，这是仅次于氢键而稳定 L 型构象的因素。

2. rRNA 的三级结构 与 rRNA 二级结构相比，对于 rRNA 三级结构的认识还很少，这主要是因为其天然的 rRNA 在核糖体内与蛋白质在一起，蛋白质对其三级结构有重要的影响。尽管如此，随着人们对完整的核糖体和单个核糖体亚基结构认识的深入，rRNA 三级结构的研究也取得了一些突破，X 射线衍射获得的数据表明，核糖体的整体构象由 rRNA 决定，核糖体蛋白质一般正好位于 RNA 螺旋之间，图 6－20 和图 6－21 分别显示了原核生物核糖体小亚基和大亚基上 rRNA 的三维结构。

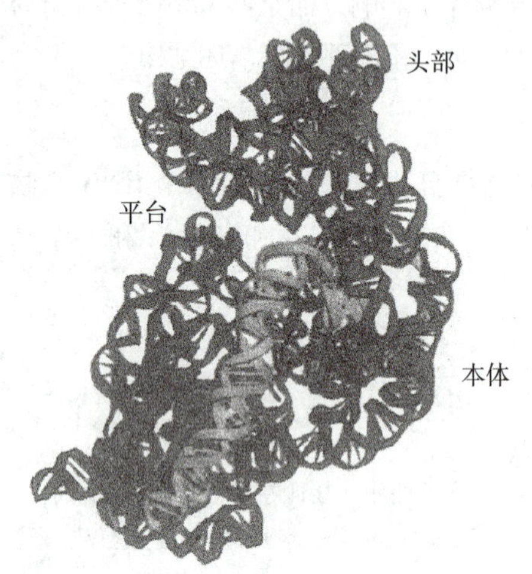

图 6－20 原核生物核糖体小亚基 rRNA 的三维结构

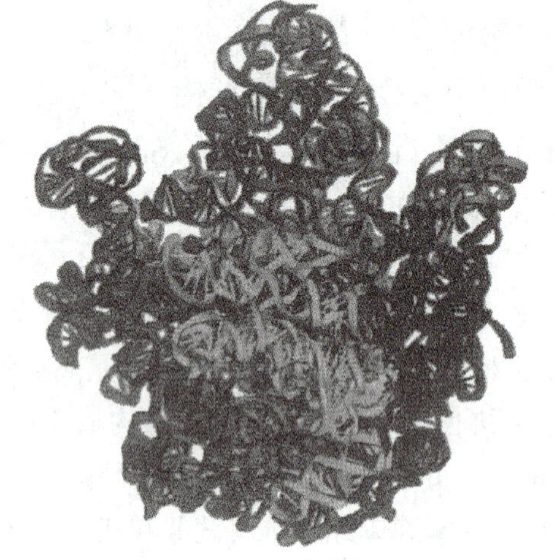

图 6－21 原核生物核糖体大亚基 rRNA 的三维结构

第三节 核酸的理化性质

一、核酸的分子大小

采用电子显微镜照相及放射自显影等技术，已能测定许多完整 DNA 的相对分子质量。噬菌体 T_2 DNA 的电镜像显示整个分子是一条连续的细线，直径为 2nm，长度为（49 ±4）μm。由此计算其相对分子质量约为 1×10^8。大肠埃希菌染色体 DNA 的放射自显影像为一环状结构，其相对分子质量约 2×10^9。真核细胞染色体中的 DNA 相对分子质量更大。果蝇巨染色体只有一条线形 DNA，长达 4.0cm，相对分子质量约为 8×10^{10}，为大埃希菌 DNA 的 40 倍。RNA 分子比 DNA 短得多，其相对分子质量只达（2.3 ×110）$\times10^4$。

二、核酸的溶解度与黏度

RNA 和 DNA 都是极性化合物，都微溶于水，而不溶于乙醇、乙醚、三氯甲烷等有机溶剂。它们的钠盐比自由酸易溶于水，RNA 钠盐在水中溶解度可达 4%。

高分子溶液比普通溶液黏度要大得多，不规则线团分子比球形分子的黏度大，而线性分子的黏度更大。由于天然 DNA 具有双螺旋结构，分子长度可达几厘米，而分子直径只有 2nm，分子极为细长，因此，即使是极稀的 DNA 溶液，黏度也极大。RNA 分子比 DNA 分子短得多，RNA 呈无定形，不像 DNA 那样呈纤维状，RNA 的黏度比 DNA 黏度小。当 DNA 溶液加热，或在其他因素作用下发生螺旋→线团转变时，黏度降低。所以可用黏度作为 DNA 变性的指标。

三、核酸的酸碱性质

碱基上含有可解离的酸碱基团，这些基团的 pK_a 不一样。在中性 pH 下，碱基主要以内酰胺形式存在。尿嘧啶的 N_1 和 N_3 的 pK_a 均超过 8；与此相比，胞嘧啶的 N_3 的 pK_a 为 4.5。嘌呤碱基的解离情况参看表 6－7。各个基团的 pK_a 决定了在中性 pH 下氢原子是否与环上的各个 N 原子结合，而结合与否又决定了这些 N 原子是作为氢键的供体还是受体。嘌呤碱基和嘧啶碱基之间的氢键配对是 DNA 双螺旋结构形成的基础，对于核酸的生物学功能至关重要。

表 6－7 核苷酸的解离性质

核苷酸	碱基 N 的 pK_a	磷酸基团 pK_1	磷酸基团 pK_2
5′-AMP	3.8（N_1）	0.9	6.1
5′-GMP	9.4（N_1）	0.7	6.1
	2.4（N_7）	0.8	6.3
5′-CMP	4.5（N_3）		
5′-UMP	9.5（N_3）	1.0	6.4

多核苷酸中两个单核苷酸残基之间的磷酸残基的解离具有较低的 pK' 值（$pK' = 1.5$），所以当溶液的 pH 高于 4 时，全部解离，呈多阴离子状态。因此，可以把核酸看成是多元酸，具有较强的酸性。核酸的等电点较低，酵母 RNA（游离状态）的等电点为 pH 2.0~2.8。多阴离子状态的核酸可以与金属离子结合成盐。一价阳离子如 Na^+、K^+，两价阳离子如 Mg^{2+}、Mn^{2+} 等都可与核酸形成盐。核酸盐的溶解度比游离酸的溶解度要大得多。多阴离子状态的核酸也能与碱性蛋白，如组蛋白等结合。病毒与细菌中的 DNA 常与精胺、亚精胺等多阳离子胺类结合，使 DNA 分子具有更大的稳定性与柔韧性。

由于碱基对之间氢键的性质与其解离状态有关，而碱基的解离状态又与 pH 有关，所以溶液中的 pH 直接影响核酸双螺旋结构中碱基对之间氢键的稳定性。对 DNA 来说碱基对在 pH 4.0~11.0 最为稳定。超越此范围，DNA 就要变性。

四、核酸的紫外吸收

由于核酸的组成成分嘌呤及嘧啶碱基杂环上的共轭双键使碱基对紫外线具有强烈的吸收，所以核酸也有强烈的紫外吸收。最大吸收值在 260nm 处（图 6－22）。利用这一特性，可以鉴别核酸样品的蛋白质杂质。

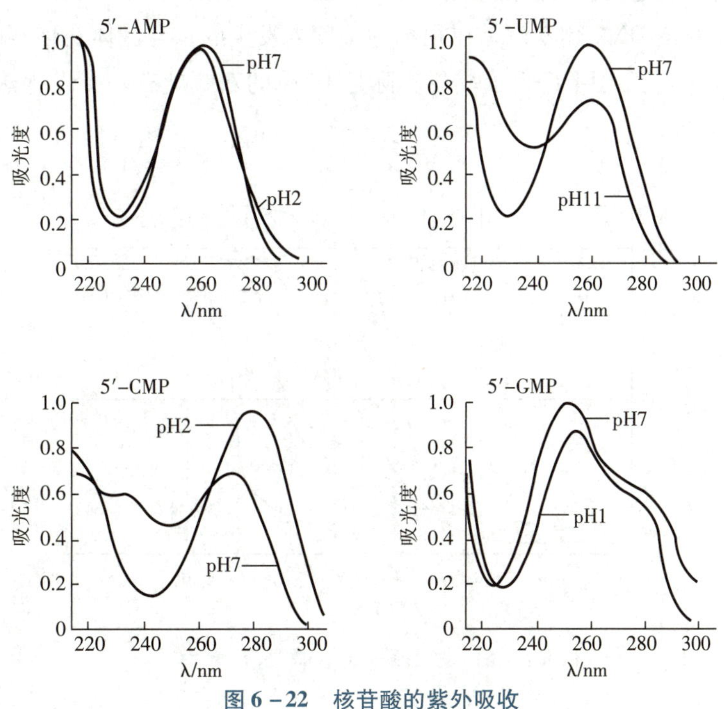

图 6－22 核苷酸的紫外吸收

利用核酸的紫外吸收特性，还可对核酸进行定量测定。核酸（DNA/RNA）吸收强度与浓度的关系：在一定浓度范围内，吸光度（A_{260}）与核酸浓度呈线性关系，符合朗伯-比尔定律

$$A=\varepsilon cl$$

式中，A 表示吸光度；ε 表示摩尔吸光系数，与核酸类型和结构有关；c 表示核酸的浓度，l 表示光程长度。

五、核酸的变性、复性和杂交

（一）变性

如图 6-23 所示，核酸的变性是指核酸受到加热、极端的 pH 或离子强度的降低等因素或特殊的化学试剂（尿素、盐酸胍和甲醛等）的作用，其双螺旋区的氢键断裂，变成单链的过程，其中并不涉及共价键断裂。

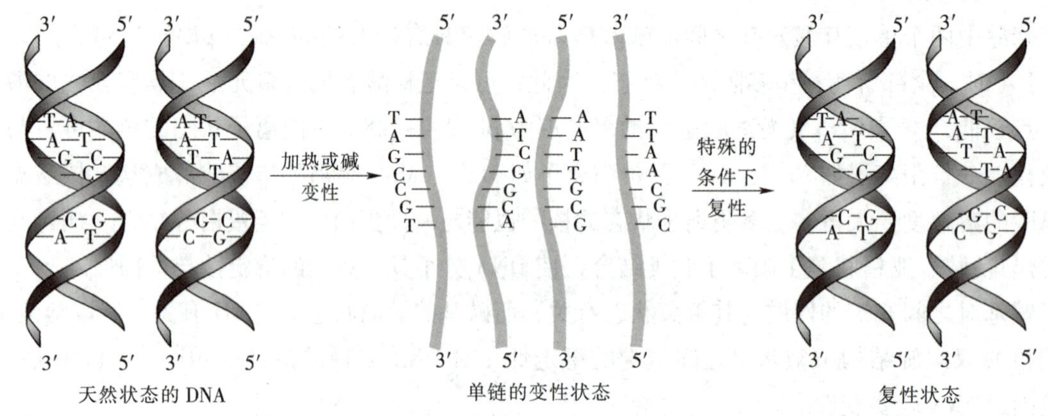

图 6-23 DNA 的变性和复性

核酸在变性时，其一系列理化性质发生改变，例如，紫外吸收和浮力密度升高，黏度降低，生物活性（主要是 RNA）降低和丧失，其中紫外吸收增加的现象称为增色效应（hyperchromic effect）。增色效应产生的原因是双螺旋结构之中的碱基堆积作用降低了紫外吸收，当核酸变性以后，碱基堆积作用被削弱，紫外吸收随之升高。上述性质的变化可用作检测核酸变性的指标。

如图 6-24 所示，双链 DNA 热变性是在很窄的温度内发生的，与晶体在熔点时突然熔化的情形相似，因此 DNA 也具有“熔点”，用 T_m 表示。T_m 实际是 DNA 的双螺旋有一半发生热变性时相应的温度。DNA 的 T_m 通常介于 82~95℃。

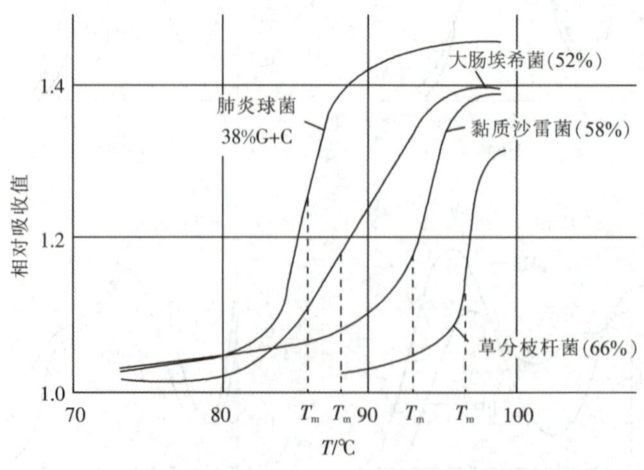

图 6-24 GC 含量对 DNT T_m 的影响

若以温度 T 对 DNA 溶液的紫外吸光率作图，得到的典型 DNA 变性曲线为 S 型。S 型曲线下方平坦段，表示 DNA 的氢键尚未破坏；当加热到某一温度，氢键突然断裂，DNA 迅速解链，同时伴随着吸光率的陡然上升；此后因“无链可解”而出现增色效应丧失的上方平坦段。T_m 定义中包含了使被测 DNA 有一半发生变性的意思，即增色效应达到一半时的温度作为 T_m，它在 S 型曲线上，相当于吸光率增加的中点处所对应的横坐标。

DNA 的 T_m 并不是固定不变的，至少受到四种因素的影响。

1. DNA 的均一性 有两种含义，一是指 DNA 分子中碱基组成的均一性，如人工合成的 poly（dA-dT）或 poly（dG-dC）具有高度的均一性，因为只含有一种碱基对，与天然 DNA 比较，其 T_m 范围就很窄。这是因为前者在变性时的氢键断裂几乎同时进行，故所要求的变性温度更趋于一致；其次还包含有待测样品 DNA 的组成是否均一的意思，即是否含有其他杂 DNA 的污染。例如，所测样品中只含有一种病毒 DNA，其 T_m 范围就窄，若混有其他来源的 DNA，则 T_m 范围就变宽。总的说来，某种 DNA 均一性越高，变性时 DNA 双螺旋之间的氢键断裂所需能量比较接近，其 T_m 范围就越窄，反之亦然。

2. G+C 含量 在溶剂条件固定的前提下，T_m 的高低取决于 DNA 分子中的 G+C 含量。如图 6-25 所示，G+C 含量越高，T_m 值越高。这是因为 G+C 碱基对具有 3 个氢键，而 A+T 碱基对只有 2 个氢键，显然破坏 G+C 间氢键需比破坏 A+T 氢键付出更多的能量，故 G+C 含量高的 DNA，其 T_m 也高。实验证明，DNA 的 T_m，与其 G+C 含量呈正相关。

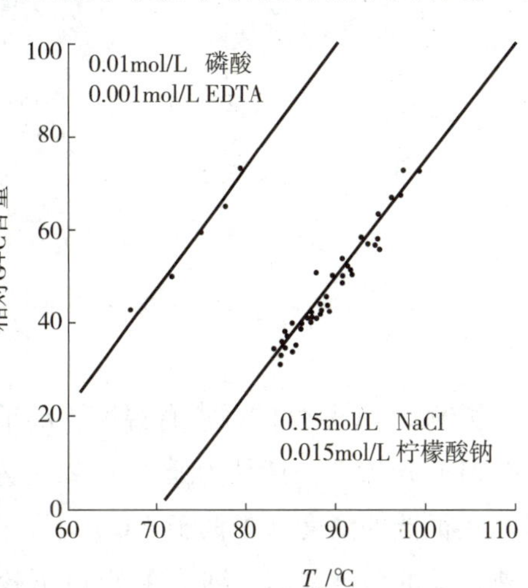

图 6-25 DNA 分子中的 G+C 含量与 DNA T_m 之间的关系曲线

T_m 与 G+C 含量（X）百分比的这种关系可用以下经验公式来表示（DNA 溶解在 0.2mol/L NaCl 中）：$X\%(G+C)=2.44\ (T_m-69.3℃)$。

3. 离子强度 溶液中的阳离子能够中和或屏蔽 DNA 链上磷酸根的负电荷，减弱两条链之间的排斥而增强 DNA 双螺旋结构的稳定性，因此 DNA 溶液中的离子强度越高，T_m 就越高。

4. 其他变性因素的作用 许多容易形成氢键的试剂（例如，尿素和甲酰胺）都能够破坏碱基对之间的氢键，因此可以降低 DNA 的 T_m。而那些能够提高 DNA 上的碱基溶解性的试剂（如甲醇）或者能够破坏 DNA 分子外被水化层的试剂（如氯乙酸），因减弱碱基之间的疏水作用也能导致 T_m 的下降。某些蛋白质（如单链 DNA 结合蛋白）因为能够稳定 DNA 单链状态也能降低 T_m。相反，许多蛋白质与 DNA 结合以后能够阻止 DNA 变性，因此反而提高了 T_m。

RNA 的 T_m 较为复杂，对于少数双链 RNA 来说，其 T_m 的性质与 DNA 相近。但是，绝大多数 RNA 为单链，其分子内的双螺旋区域有限，因此一方面在变性时，性质变化程度不及 DNA，另一方面是它的 T_m 较低、变性曲线较宽。

（二）复性和杂交

1. 复性 与蛋白质变性一样，核酸变性在一定条件下也是可逆的。当各种变性因素不复存在的时候，变性时解开的互补单链全部或部分恢复到天然双螺旋结构的现象称为复性（renaturation）。热变性 DNA 一般经缓慢冷却后即可复性，此过程被称为退火（annealing）。这一术语也用以描述杂交核酸分子的形成。

伴随着 DNA 复性的是其浮力密度和紫外吸收的减少、黏度的增加和生物活性的恢复，其中紫外吸收减少的现象被称为减色效应（hypochromic effect）。

DNA 复性的第一步是两个互补的单链分子间的接触以启动部分互补碱基的配对，这是所谓的“成核”作用（nucleation）。随后，成核的碱基对经历小范围重排以后，单链的其他区域像“拉链”一样迅速复性（图 6－26）。

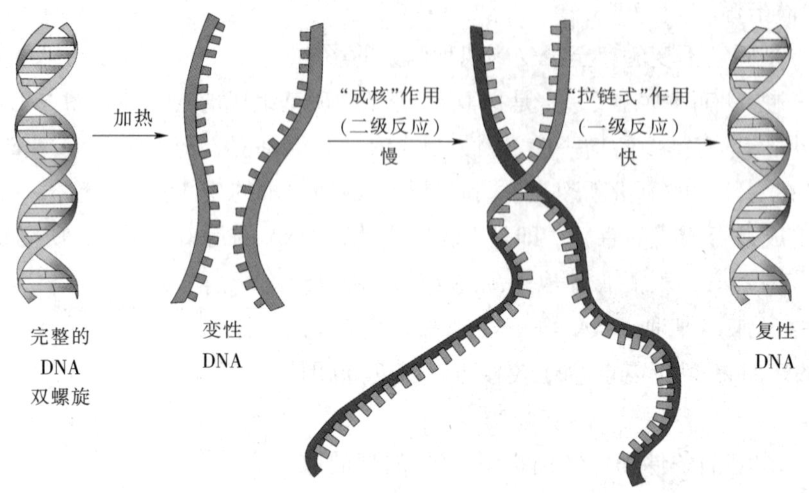

图 6－26　DNA 的复性历程

影响 DNA 复性的因素有温度、离子强度、DNA 浓度和 DNA 序列的复杂度等。

（1）温度　一般认为低于 T_m 25℃左右的温度是复性的最佳温度，越远离于此温度，复性速度就越慢。在很低的温度（如低于 4℃）下，分子的热运动显著减弱，互补链配对的机会自然大大减少。从分子热运动的角度考虑，维持在 T_m 以下较高温度，实际上更有利于复性。此外，复性时温度的下降需缓慢进行，若在超过 T_m 的温度下迅速冷却至低温，复性几乎是不可能的。实验室中经常以此方式保持 DNA 的变性状态。

（2）DNA 浓度　DNA 浓度越高，则溶液中 DNA 分子越多，相互碰撞结合“成核”的机会越大，就越有利于复性。

（3）离子强度　DNA 溶液中的离子强度直接影响到 DNA 链的带电状况，离子强度越高，DNA 链上磷酸根基团被屏蔽的效果就越好，DNA 互补单链之间的排斥作用就越弱，因而越有利于复性。

（4）DNA 序列的复杂度（sequence complexity）　具有简单序列的 DNA 分子（复杂度低），如 poly（dA）和 poly（dT）这两种单链序列复性时，互补碱基的配对很容易实现。而序列复杂的 DNA（复杂度高），如小牛胸腺 DNA 的非重复部分，一般以单拷贝存在于基因组中，这样的序列要完成互补配对，显然要比上述复杂度低的 DNA 分子复性困难得多。

2. 核酸杂交　将不同来源的 DNA 经热变性，冷却，使其复性，在复性时，如这些异源 DNA 之间在某些区域有相同的序列，则会形成杂交 DNA 分子。DNA 与互补的 RNA 之间也会发生杂交。核酸杂交（hybridization）可以在液相或固相载体上进行，它已成为核酸研究中一项常规的技术，被广泛应用于生物化学、分子生物学和医学等相关学科。在医学上，该技术目前已应用于多种遗传性疾病的基因诊断、传染病病原体的检测和恶性肿瘤的基因分析等。

最常用的是以硝酸纤维素膜作为载体进行杂交。英国分子生物学家 E. M. Southern 创立的 Southern 印迹法（Southern blotting）就是将凝胶电泳分离的 DNA 片段转移至硝酸纤维素膜上后，再进行杂交。其操作是将 DNA 样品经限制性内切酶降解后，用琼脂糖凝胶电泳分离 DNA 片段，将胶浸泡在 NaOH 中进行 DNA 变性，然后将变性 DNA 片段转移到硝酸纤维素膜上在 80℃烤 4~6 小时，使 DNA 固定在膜上，再与标记的变性 DNA 探针进行杂交，杂交反应在较高盐浓度和适当温度（68℃）下进行 10 多小时，经洗涤除去未杂交的标记探针、将纤维素膜烘干后进行放射自显影即可鉴定待分析的 DNA 片段。除 DNA 外，RNA 也可用作探针（probe）。可用 ^{32}P 标记探针，也可用生物素标记探针。

将 RNA 经电泳变性后转移至纤维素膜上再进行杂交的方法称 Northern 印迹法（Northern blotting）。根据抗体与抗原可以结合的原理，用类似方法也可以分析蛋白质，这种方法称 Western 印迹法（Western blotting）。应用核酸杂交技术，可以分析含量极少的目的基因，是研究核酸结构与功能的一个极其有用的工具。

六、核酸的水解

酸、碱和酶均可导致核酸水解。

1. 酸水解 核酸分子内的糖苷键和磷酸二酯键对酸的敏感性不同：糖苷键 > 磷酸酯键；而嘌呤糖苷键 > 嘧啶糖苷键。例如，将核酸在 pH 1.6 和室温下对水透析或在 100℃下、在 pH 2.8 溶液中存放 1 小时，多数嘌呤碱基即可脱落。核酸的脱嘧啶作用需要在更加剧烈的条件下进行，如使用 98%~100% 甲酸，在 175℃下作用 2 小时或使用三氟乙酸在 155℃下作用 60~80 分钟，多数嘧啶碱基才会脱落。

2. 碱水解 RNA 的磷酸二酯键对碱异常敏感。在室温下，0.3~1mol/L KOH 溶液在 24 小时左右可将 RNA 完全水解，并得到 2′-核苷酸或 3′-核苷酸的混合物。

DNA 对碱的作用并不敏感，其抗碱水解的生理意义在于作为遗传物质的 DNA 应更稳定，不易水解。而 RNA（主要是 mRNA）是 DNA 的信使，完成任务后应该迅速降解。

3. 酶促水解 核酸可受到多种不同酶的作用而发生水解，但是不同的酶对底物的专一性、水解的方式和磷酸二酯键的断裂方式是不同的，因此可以按照上述性质对有关的酶进行分类。按照底物特异性可分为只能水解 DNA 的 DNA 酶（DNase），只能水解 RNA 的 RNA 酶（RNase）和既能水解 DNA 又能水解 RNA 的核酸酶；按照作用方式可分为内切核酸酶和外切核酸酶；按照磷酸二酯键的断裂方式可分为产物为 5′-核苷酸的水解酶和产物为 3′-核苷酸的水解酶。常见的水解酶的名称和性质参见表 6-8。

表 6-8 不同性质的核酸酶

类别		名称	作用方式	底物	产物
		RNase T1	内切	—GpN—	Gp，—Gp
	R	RNase A	内切	—PypN—	Pyp，—Pup
RNA 酶	N	RNase U2	内切	—PupN—	Pup，—Pup
	A	RNase T2	内切	—NpN—	Np
		RNase H	内切	与 DNA 杂交的 RNA	pN
				DNA	Pn，pN—
	D	DNase Ⅰ	内切	DNA	Np，—Np
DNA 酶	N	DNase Ⅱ	内切	DNA	Pn，pN—
	A	链球菌 DNase	内切	双链 DNA	黏端 DNA，平端 DNA
		限制性内切酶（RE）	内切，切点位于特殊的碱基序列		
	R	核酸酶 P1	内切、外切	DNA、RNA	pN
	N	核酸酶 M	内切	DNA、RNA	Np
核酸酶	A，D	核酸酶 S1	内切	单链 DNA 或 RNA	pN
	N	牛脾磷酸二酯酶	内切	DNA、RNA	Np
	A	蛇毒磷酸二酯酶	内切	DNA、RNA	pN

七、核酸的催化性质

1. 核酶（ribozyme） 主要指一类具有催化功能的RNA，亦称RNA催化剂。核酶是1982年，Cech等研究原生动物四膜虫rRNA时，首次发现RRNA基因转录产物的I型内含子剪切和外显子拼接过程可在无任何蛋白质存在的情况下发生，证明了RNA具有催化功能。为区别于传统的蛋白质催化剂，Cech给这种具有催化活性的RNA定名为核酶。1983年Altman等人在研究细菌RNase P时发现，当约400个核苷酸的RNA单独存在时，也具有完成切割rRNA前体的功能，并证明了此RNA分子具有全酶的活性。随着研究的深入，Cech发现L-19 RNA在一定条件下，能以高度专一性的方式去催化寡聚核苷酸底物的切割与连接。核酶可以识别底物RNA的特定序列，并在专一性位点上进行切割，其特异性接近DNA限制性内切酶，高于RNase，具有很大的潜在的应用价值。

核酶的发现，从根本上改变了以往只有蛋白质才具有催化功能的概念，为此，Cech和Altman也因此获得了1989年的诺贝尔奖。

自然界中已发现多种核酶，目前主要有四种核酶能用于反式切割靶RNA：四膜虫自身剪接内含子、大肠埃希菌RNase P、锤头状核酶和发夹状核酶。

核酶的具体作用主要有：①核苷酸转移作用；②水解反应，即磷酸二酯酶作用；③磷酸转移反应，类似磷酸转移酶作用；④脱磷酸作用，即酸性磷酸酶作用；⑤RNA内切反应，即RNA限制性内切酶作用。

2. 脱氧核酶（deoxyribozyme） 是利用体外分子进化技术合成的一种具有催化功能的单链DNA片段，具有高效的催化活性和结构识别能力。

1994年，Gerald. F. Joyce等报道了一个人工合成的35bp的多聚脱氧核糖核苷酸能够催化特定的核糖核苷酸或脱氧核糖核苷酸形成的磷酸二酯键，并将这一具有催化活性的DNA称为脱氧核酶或DNA酶（DNA enzyme，DE）。

1995年，Cuenoud等在Nature报道了一个具有连接酶活性的DNA，能够催化与它互补的两个DNA片断之间形成的磷酸二酯键。迄今已经发现了数十种脱氧核酶。

尽管到目前为止，还未发现自然界中存在天然的脱氧核酶，但脱氧核酶的发现仍然使人类对于酶的认识又产生了一次重大飞跃，是继核酶发现后又一次对生物催化剂知识的补充。这将有助于了解有关生命的一个最基本问题，即生命如何由RNA世界演化为今天的以DNA和蛋白质为基础的细胞形式。这项发现也揭示出RNA转变为DNA过程的演化路径可能也存在于其它与核酸相似的物质中，有助于了解生命基础结构及其进化过程。

根据催化功能的不同，可以将脱氧核酶分为5大类：切割RNA的脱氧核酶、切割DNA的脱氧核酶、具有激酶活力的脱氧核酶、具有连接酶功能的脱氧核酶、催化卟啉环金属螯合反应的脱氧核酶。其中以对RNA切割活性的脱氧核酶更引人注意，不仅能催化RNA特定部位的切割反应，而且能从mRNA水平对基因进行灭活，从而调控蛋白的表达。

对于脱氧核酶的研究有望成为基因功能研究、核酸突变分析、治疗肿瘤、对抗病毒及肿瘤等疾病的新型基因治疗药物的新型核酸工具酶。

第四节 核酸的合成、分离纯化及含量测定

一、核酸的分离纯化

提取核酸的一般原则是先破碎细胞，提取核蛋白使其与其他细胞成分分离。然后用蛋白质变性剂如

苯酚或去垢剂（十二烷基硫酸钠）等，或用蛋白酶处理除去蛋白质。最后所获得的核酸溶液用乙醇等使其沉淀。

在提取、分离、纯化过程中应特别注意防止核酸的降解。为获得天然状态的核酸，在提取过程中，应防止核酸酶、化学因素和物理因素所引起的降解。

为了防止内源性核酸酶对核酸的降解，在提取和分离核酸时，应尽量降低核酸酶的活性。通常加入核酸酶的抑制剂。在核酸的提取过程中常用酸碱，所以在提取时应注意强酸强碱对核酸的化学降解作用。核酸（特别是DNA）是大分子，高温、机械作用力等物理因素均可破坏核酸分子的完整性。因此核酸的提取过程应在低温（0℃左右）以及避免剧烈搅拌等条件下进行。

（一）核酸的提取

1. 两种核蛋白的分离 核酸在细胞内通常以核蛋白的形式存在。其中RNA以核糖核蛋白（ribonucleoprotein），DNA以脱氧核蛋白（deoxyribonucleoprotein）形式存在。借助两种核蛋白在不同浓度的盐溶液中的溶解度的差别，可将它们分开。脱氧核蛋白在0.14mol/L NaCl溶解度很低，而在1mol/L NaCl溶液中很高，而核糖核蛋白在0.14mol/L NaCl溶液中的溶解度较高，因此常用0.14mol/L NaCl溶液抽取核糖核蛋白，而用1mol/L氯化钠溶液提取脱氧核蛋白。

2. 蛋白质的去除 一旦得到核蛋白，就需要将与核酸结合的蛋白质除去。去除蛋白质的方法包括蛋白质酶K的消化和酚/三氯甲烷的多次抽取。如果抽取DNA，可先用RNA酶消化去除残留的RNA；如果是抽取RNA，事先可用DNA酶尽可能除去残留的DNA。在酚/三氯甲烷抽取中，核酸溶解在上层水相，而蛋白质变性后处于两相交界处。

3. 核酸的沉淀 在酚/三氯甲烷抽取以后，水相中的核酸可在一定盐浓度下，使用2.5~3倍体积的冷无水乙醇进行沉淀。如果纯化的是RNA，尤其是mRNA，需要特别小心，务必采取各种必要的措施防止RNA的降解。

（二）电泳

核酸在一般正常的pH下均带负电荷，因此，也可使用电泳对不同大小的核酸进行分离、鉴定。用于核酸的电泳方法有琼脂糖电泳和聚丙烯酰胺凝胶电泳。使用最多的是琼脂糖电泳，聚丙烯酰胺电泳一般用于小相对分子质量核酸的分离和DNA序列分析之用。

如果使用琼脂糖电泳，可使用溴乙啶（ethidium bromide，EB）染色进行检测，因为EB可插入DNA双螺旋的碱基对之间，在UV照射下发出荧光；如果是聚丙烯酰胺凝胶电泳，一般用放射自显影或银染等法进行检测。

（三）离心

离心也是核酸研究中的一项常见技术，它除了用来收集沉淀的DNA以外，还可以用来进一步纯化核酸，获得高纯度的DNA。此外，还可以用它来测定一种DNA分子中的GC含量。

（四）色谱

各种色谱蛋白质的方法同样可以用来纯化核酸。如利用阴离子交换色谱分离制备核酸，羟基磷灰石分离单链DNA和双链DNA，寡聚dT亲和色谱分离带有多聚腺苷酸尾巴的真核生物mRNA。

二、核酸含量测定的原理

1. 定磷法 RNA和DNA中都含有磷酸，根据元素分析获知RNA的平均含磷量为9.4%，DNA的平均含磷量为9.9%。因此，可从样品中测得的含磷量来计算RNA或DNA的含量。

用强酸（如10mol/L硫酸）将核酸样品消化，使核酸分子中的有机磷转变为无机磷，无机磷与钼酸反应生成磷钼酸，磷钼酸在还原剂（如抗坏血酸、α-1,2,4-羟基萘酚磺酸、氯化亚锡等）作用下还原成钼蓝。可用比色法测定 RNA 样品中的含磷量。

2. 定糖法 RNA 含有核糖，DNA 含有脱氧核糖，根据这两种糖的颜色反应可对 RNA 和 DNA 进行定量测定。

（1）核糖的测定 RNA 分子中的核糖和浓盐酸或浓硫酸作用脱水生成糠醛，糖醛与某些酚类化合物缩合而生成有色化合物。如糠醛与地衣酚（3,5-二羟甲苯）反应产生深绿色化合物，当有高铁离子存在时，则反应更灵敏。

反应产物在 660nm 有最大吸收，并且与 RNA 的浓度成正比。

（2）脱氧核糖的测定 DNA 分子中的脱氧核糖和浓硫酸作用，脱水生成 ω-羟基-γ-酮基戊醛，与二苯胺反应生成蓝色化合物。

反应产物在 595nm 处有最大吸收，并且与 DNA 浓度成正比。

3. 紫外吸收法 核酸纯度检测和核酸定量的最简单方法是紫外-分光光度法，通过测定 A_{260}/A_{280} 来推算。对于 DNA 来说，如果比值大于 1.9，则可视为较纯，如果小于 1.9，则可能有蛋白质污染；对于 RNA 来说，如果比值在 1.8~2.0，则可视为较纯。

对于纯的 DNA 来说，1 个 A_{260} 相当于 50μg/ml 双链 DNA 或 35μg/ml 单链 DNA；对于纯的 RNA 来说，1 个 A_{260} 相当于 40μg/ml RNA。

第五节 核酸药物的研究与应用

一、概述

核酸药物是以核酸（DNA 或 RNA）为基础的新型治疗药物，通过调控基因表达或发挥特定生物学功能，实现疾病治疗的目的。与传统的小分子化学药物和蛋白质类生物药不同，核酸药物能够直接作用于疾病发生的源头——基因，从根本上干预疾病进程。其作用靶点涵盖 DNA、mRNA、非编码 RNA 等多种核酸分子，具有高度特异性和广阔的应用前景。

核酸药物的概念最早可追溯至 20 世纪 60 年代，随着分子生物学、基因技术的发展，逐渐从理论走向实践。近年来，随着化学修饰技术、递送系统的突破，核酸药物迎来了快速发展期，在罕见病、肿瘤、感染性疾病等治疗领域展现出巨大潜力。

二、核酸药物的分类

（一）反义寡核苷酸

反义寡核苷酸（ASO）是一类长度通常为 15~25 个核苷酸的单链 DNA 分子，能够通过碱基互补配对原则与靶标 RNA 结合。结合后，可通过招募核糖核酸酶 H（RNase H）降解 RNA-DNA 杂交体中的 RNA 链，从而抑制靶基因的表达；也可通过空间位阻效应，阻碍 RNA 的剪接、转运、翻译等过程。在临床应用中，ASO 已成功用于治疗脊髓性肌萎缩症（SMA）等罕见病，诺西那生钠注射液就是典型代表，通过调节 *SMN2* 基因的剪接，增加功能性 SMN 蛋白的表达，显著改善患者症状。

（二）小干扰 RNA

小干扰 RNA（siRNA）是长度为 21~23 个核苷酸的双链 RNA 分子，在 RNA 干扰（RNAi）机制中发挥关键作用。当 siRNA 进入细胞后，会被整合到 RNA 诱导沉默复合体（RISC）中，其中的反义链引导 RISC 识别并结合与自身互补的靶 mRNA，进而介导 mRNA 的降解，实现基因沉默。siRNA 药物在肿瘤治疗方面具有极大潜力，例如针对肿瘤相关基因的 siRNA 药物，可特异性抑制肿瘤细胞的生长和增殖。不过，由于 siRNA 分子较大，且容易被核酸酶降解，因此递送系统的开发是 siRNA 药物应用的关键。

（三）信使核糖核酸

信使核糖核酸（mRNA）药物是将编码特定蛋白质的 mRNA 序列导入细胞，利用人体自身的蛋白质合成机制，生产具有治疗作用的蛋白质。mRNA 药物可用于肿瘤治疗、蛋白质替代疗法等，例如编码肿瘤抗原的 mRNA 可激活免疫系统攻击肿瘤细胞，编码缺失或功能异常蛋白质的 mRNA；治疗遗传性疾病。

（四）适配体

适配体（Aptamer）是通过指数富集的配体系统进化技术（SELEX）筛选得到的单链核酸（DNA 或 RNA）分子，能够特异性结合蛋白质、小分子、金属离子等靶标。适配体与靶标的结合类似于抗体－抗原的结合，但具有相对分子质量小、合成方便、稳定性高、免疫原性低等优势。在疾病诊断和治疗中均有应用，如在眼科疾病治疗中，适配体药物可靶向结合血管内皮生长因子（VEGF），抑制新生血管生成，用于治疗湿性年龄相关性黄斑变性（AMD）。

三、核酸药物的作用机制

核酸药物的核心作用机制是基于核酸分子的碱基互补配对原则，实现对基因表达的精准调控。无论是 ASO、siRNA 对靶 RNA 的结合与降解，还是 mRNA 指导蛋白质合成，以及适配体与靶标的特异性结合，都依赖于这一基本原理。此外，核酸药物还可通过与转录因子、染色质修饰蛋白等相互作用，影响基因的转录过程；或通过调节非编码 RNA 的功能，干预细胞内的信号传导通路，从而在分子、细胞和整体水平上发挥治疗作用。

四、核酸药物研发的进展与挑战

近年来，核酸药物研发成果丰硕。例如，givosiran 是一款用于治疗急性肝卟啉病的 siRNA 药物，通过抑制氨基乙酰丙酸合酶 1（ALAS1）的表达，减少卟啉前体的生成，缓解疾病症状；Inclisiran 是靶向 PCSK9 的 siRNA 降脂药物，可实现长效降低低密度脂蛋白胆固醇（LDL－C）水平。在临床研究方面，众多核酸药物针对肿瘤、神经系统疾病、心血管疾病等展开探索，部分项目已取得积极结果。

尽管核酸药物前景广阔，但在研发和应用过程中仍面临诸多挑战。首先是稳定性问题，核酸分子在体内易被核酸酶降解，导致药物无法到达靶细胞或在靶细胞内发挥作用，因此需要对核酸进行化学修饰以提高稳定性。其次是递送难题，核酸药物分子量大、带负电荷，难以穿透细胞膜，且需要精准递送至靶细胞，目前常用的递送系统包括脂质纳米颗粒（LNP）、阳离子聚合物、外泌体等，但仍需进一步优化以提高递送效率和靶向性。此外，核酸药物还可能引发免疫反应，核酸及其载体可能被免疫系统识别为外来物质，引发免疫应答，影响药物的安全性和有效性。最后，核酸药物的生产成本较高，生产工艺复杂，限制了其大规模应用和普及。

五、核酸药物的发展展望

随着技术的不断进步，核酸药物有望在更多疾病领域取得突破。在化学修饰方面，新型修饰技术的开发将进一步提高核酸药物的稳定性和活性；递送系统的创新，如靶向性更强的纳米载体、智能化递送系统的应用，将解决核酸药物的递送难题。此外，人工智能（AI）和机器学习（ML）技术在核酸药物研发中的应用，将加速药物靶点的发现、核酸序列的设计和优化，提高研发效率。未来，核酸药物可能与其他治疗手段，如小分子药物、免疫治疗等联合应用，形成更有效的治疗方案，为患者带来更多希望。

答案解析

思考题

1. 根据 Watson - Crick 模型，为何 DNA 双螺旋结构中嘌呤碱基总是与嘧啶碱基配对？这种配对方式对遗传信息传递有何意义？

2. 某抗癌药物通过与癌基因 mRNA 的特定序列结合，抑制其翻译过程。从核酸结构角度，分析该药物需具备什么特性才能精准识别靶 mRNA？

3. 科学家从化石中提取古人类 DNA 时，常面临样本降解、污染等问题。为何古 DNA 易发生降解？现代人类 DNA 污染是古基因组研究的主要干扰因素，如何通过核酸序列分析区分内源 DNA 与污染 DNA？

4. 核酸疫苗包括 mRNA 疫苗和 DNA 疫苗是当前疫苗研发的重要方向。DNA 疫苗需进入细胞核表达抗原，而 mRNA 疫苗在细胞质中即可发挥作用，结合遗传信息传递过程分析两者的差异与潜在风险。为何 mRNA 疫苗通常需修饰核苷？从核酸免疫原性和稳定性角度阐述。

（李　谦）

书网融合……

微课

习题

第二篇　物质代谢与能量代谢

第七章　氧化磷酸化与光合磷酸化

PPT

学习目标

1. 通过本章学习，掌握生物氧化、呼吸链、底物水平磷酸化和氧化磷酸化的概念及生物氧化的特点、两条氧化呼吸链的组成；熟悉化学渗透学说、氧化磷酸化的调控作用和细胞质中NADH的氧化；了解微粒体氧化体系、过氧化物酶体氧化体系、超氧化物歧化酶。

2. 具有一定的科学思维能力，培养提出问题、分析问题、解决问题的能力。

3. 树立科学的思维方法，培养严谨求实的科学精神。

氧化磷酸化是耗氧生物产能代谢的顶峰。糖类、脂肪、蛋白质分解过程中的所有氧化步骤都在细胞呼吸的最后阶段汇集，其中氧化所释放的能量驱动着ATP的合成。光合磷酸化是光合生物捕获太阳能（生物圈中最终的能量来源）并且利用这种能量合成ATP的手段。总而言之，氧化磷酸化和光合磷酸化是绝大多数生物在绝大部分时间合成大部分ATP的途径。

第一节　生物氧化与氧化磷酸化

微课

一、生物氧化的概念与特点

（一）生物氧化的概念

生物氧化（biological oxidation）是指糖、脂类、蛋白质等有机物质在细胞中被氧化分解，产生CO_2和H_2O，同时释放出能量的过程。生物氧化是在组织细胞中进行的一系列氧化还原反应，又称组织或细胞的呼吸作用。在真核生物细胞内，生物氧化主要是在线粒体内膜上进行，故称为线粒体氧化体系；在原核生物细胞内，生物氧化是在质膜上进行。

（二）生物氧化中物质氧化的方式

生物氧化中物质的氧化是失去电子，但表现形式有加氧、脱氢、失电子和加水脱氢等方式，遵循氧化还原反应的一般规律，其中脱氢和加水脱氢最为常见。

例如，醛氧化为酸的过程，首先是醛分子结合1分子水后再脱去2个氢原子（一对质子和一对电子），其结果是醛分子加入一个来自水分子的氧原子，总反应仍表现出失去电子。

$$CH_3-\overset{O}{\overset{\|}{C}}-\boxed{COOH} \xrightarrow[Mg^{2+},TPP]{丙酮酸脱羧酶} CH_3-\overset{O}{\overset{\|}{C}}-H + CO_2$$

丙酮酸　　　　乙醛

$$\begin{array}{c} COOH \\ | \\ \alpha \quad C{=}O \\ | \\ \beta \quad CH_2 \\ | \\ COOH \end{array} \xrightarrow{\alpha\text{-酮酸脱羧酶}} \begin{array}{c} COOH \\ | \\ C{=}O \\ | \\ CH_3 \end{array} + CO_2$$

草酰乙酸　　　　丙酮酸

（三）生物氧化的特点

从化学本质上看，生物氧化与非生物氧化没有很大差别，它们都是在反应过程中一种物质失去电子被氧化，另一种物质得到电子被还原，能量的转换也遵循能量守恒定律。但从反应过程上看，生物氧化与非生物氧化有明显不同，主要表现在以下几个方面。

1. 生物氧化只能在活细胞的温和条件下进行 细胞内的反应通常是在常温、常压、pH 接近中性的多水环境下进行；而非生物氧化大多在高温、高压等剧烈条件下进行。

2. 生物氧化需要一系列酶、辅酶和中间传递体参与 生物氧化是在一系列酶、辅酶和中间传递体的作用下逐步进行的，反应途径迂回曲折，井然有序。

3. 生物氧化中的能量是逐步释放，大部分能量储存在 ATP 中 生物氧化反应分阶段进行，逐步释放能量，不会因为氧化过程中能量的骤然释放而对机体产生损害，同时逐步释放的能量可以被生物体充分、有效地利用；氧化过程中释放出的能量通常与磷酸化反应偶联在一起，从而将能量储存于高能磷酸化合物（如 ATP）中，供生命活动之需。而非生物氧化的能量则是一次性的释放，释放的能量大多以光和热的形式散失。

二、线粒体氧化体系

机体内存在着多种生物氧化体系，其中最重要的存在于线粒体内的细胞色素氧化酶体系，或称线粒体氧化体系。此外还有微粒体氧化体系、过氧化物氧化体系以及存在于植物和微生物中的多酚氧化酶体系、抗坏血酸氧化酶体系等。

（一）电子传递过程

细胞内糖、脂肪、氨基酸等通过各自的分解途径，所形成的还原型辅酶，包括 NADH 和 $FADH_2$ 通过电子传递途径被重新氧化。还原型辅酶上的氢原子以质子形式脱下，其电子沿着一系列的电子载体转移，最后转移到分子氧。质子和离子型氧结合而成水。在电子传递过程中释放出的大量自由能则使 ADP 磷酸化成 ATP。

还原型的辅酶通过电子传递再氧化。它脱下的电子经过一整套电子传递途径。电子传递过程包括电子从还原型辅酶通过一系列的电子载体所构成的电子传递链传递到氧的过程。这些电子载体都具有氧化还原作用。电子传递和形成 ATP 的偶联机制称为氧化磷酸化作用。氧化磷酸化作用是电子在沿着电子传递过程中所伴随的，将 ADP 磷酸化而形成 ATP 的全过程。这个过程又称为氧化呼吸或呼吸代谢。

在电子传递过程中，还原型辅酶借助氧分子得以氧化的过程可用下式表示。

$$NADH + H^+ + 1/2O_2 \rightarrow NAD^+ + H_2O \qquad \Delta G^{\ominus} = -220.07\text{kJ/mol}(-52.6\text{kcal/mol})$$

$$FADH_2 + 1/2O_2 \rightarrow FAD + H_2O \qquad \Delta G^{\ominus} = -181.58\text{kJ/mol}(-43.4\text{kcal/mol})$$

上述反应式既表明还原型辅酶的氧化、氧的消耗，又表明在此反应中有水的生成。细胞对其燃料物质的彻底氧化是形成 CO_2 和 H_2O 的过程。CO_2 是通过柠檬酸循环形成的；水则是在电子传递过程的最后阶段生成。

上式所表明的标准自由能 $\Delta G^{\ominus}$ 显示，无论是 NADH 或 $FADH_2$ 的氧化，都有大量自由能的释放。表明它们所带的电子对，都具有高的转移势能。此势能推动电子从还原型辅酶顺坡而下，直到转移至分子氧上。同时，在电子传递过程中由自由能降低而释放出的自由能即用于合成 ATP。在葡萄糖的分解代谢中，1 分子葡萄糖共生成 10 分子 NADH 和 2 分子 $FADH_2$。它们的标准自由能为 $10\times52.6+2\times43.4=613$kcal/mol（2564. 8kJ/mol）。在燃烧时，一个葡萄糖分子可释放出 2870. 23kJ/mol（686kcal/mol）的热，因此可推算葡萄糖分子所释放自由能的 90% 都储存在还原型辅酶中，随后细胞再进一步利用。据计算，还原型辅酶所释放的自由能超过 3 个 ATP 的自由能，这有利于推动电子的传递。在此过程中，能量的逐步释放，有利于 ADP 形成 ATP；特别是有利于形成并维持跨膜电势。

电子传递链在原核细胞存在于质膜上，在真核细胞存在于线粒体的内膜上。

电子传递过程中，电子的传递仅发生在相邻的传递体之间，它的传递方向取决于每个电子所具有的电化学势能的大小。电子传递还伴有 H^+ 的结合和释放，通过这一步骤，H^+ 能定向转移，通过 H^+ 的定向转移维持质子的跨膜电势，从而推动 ATP 的合成。

（二）呼吸链概念的建立

呼吸链概念的建立是由两个不同的研究途径经过几十年的研究，最后结合起来才形成的。

1890—1920 年，科学家发现了催化脱氢作用的脱氢酶可以在完全没有氧的条件下，将底物的氢原子脱下，于是产生了氢激活作用学说。有人提出，氢的激活是生物氧化的主要过程，而氧分子不需要激活，即可与被激活的氢分子结合。1913 年 Otto Heinrich Warburg 发现，极少量的氰化物能全部抑制组织和细胞对分子氧的利用，而氰化物对于脱氢酶并没有抑制作用。氰化物与铁原子可以形成非常稳定的化合物（如铁氰化物），于是有人提出生物氧化作用需要一种含铁的“呼吸酶”，这种呼吸酶起着激活分子氧的用，氧的激活是生物氧化的主要步骤。后来匈牙利的科学工作者 A. Szent-Gyorgyi 将两种学说合并在一起，提出在生物氧化过程中氢的激活和氧的激活都是需要的，还提出“呼吸酶”和脱氢酶之间起电子传递作用的是黄素蛋白类物质。1925 年 David Keilin 提出，细胞色素起着连续传递电子的作用。这时，对生物氧化的研究，越来越多地改用分离提纯的电子传递链碎片或组分在试管中进行重组研究的方法，为进一步阐明生物氧化问题开辟了广阔的前景。应该指出，直到现在有关呼吸电子传递链及 ATP 的生成机制还未全部阐明，还有待进一步研究。

知识拓展

呼吸链研究的新进展

线粒体呼吸链是真核细胞中的关键能量转换器。呼吸链四种复合物协同工作，将来自各种代谢途径的电子转移到氧分子上，从而在内膜上建立起一个电化学梯度，为 ATP 合成提供动力。最初呼吸链的各个复合体（Ⅰ、Ⅱ、Ⅲ和Ⅳ）之间被认为是相互独立的，需要借助传递体（辅酶 Q 和细胞色素 c）相连而传递电子。直到 2000 年，Cruciat 等和 Schägger 、Pfeiffer 分别在酵母和哺乳动物线粒体膜中发现超级复合体，标志着科学家对呼吸链的研究进入了新阶段。

（三）电子传递链的组成成分

糖、脂肪、氨基酸等有机物质代谢形成的还原型辅酶（包括 NADH 和 $FADH_2$）通过电子传递被重新氧化，即还原型辅酶上的氢原子以质子的形式脱下，其电子沿一系列按一定顺序排列的电子传递体转移，最后转移给氧分子生成水的全部体系称为电子传递链（electrontransport chain，ETC）。由于消耗氧，它也叫呼吸链。

根据代谢物上脱下的初始氢受体不同，分为 NADH 呼吸链和 $FADH_2$呼吸链（图 7 – 1），这是两条在线粒体内非常典型的呼吸链。

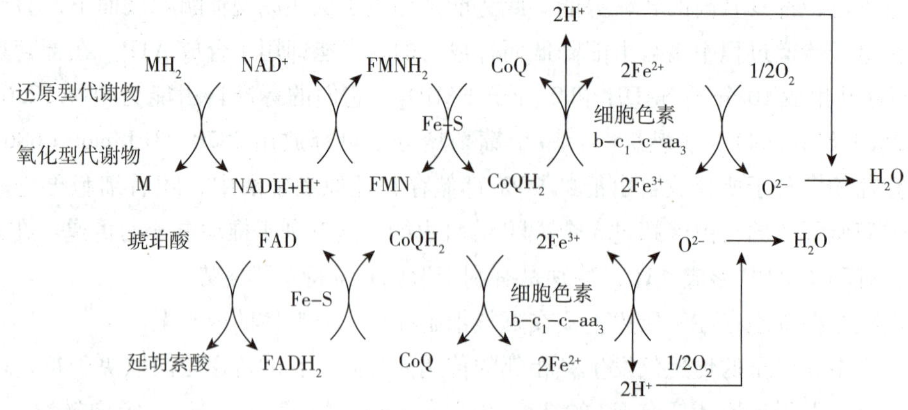

图 7-1 NADH 呼吸链（上）和 $FADH_2$ 呼吸链（下）

线粒体内膜上的电子传递链是典型的多酶氧化还原体系，由多种氧化还原酶组成，包括烟酰胺脱氢酶、黄素脱氢酶、铁硫蛋白、辅酶 Q（或泛醌）、细胞色素等，以下分别予以介绍。

1. 烟酰胺脱氢酶（nicotinamide dehydrogenase） 是一类以 NAD^+ 或 $NADP^+$ 为辅酶的不需氧脱氢酶，属于烟酰胺的衍生物。在此类酶催化下，可将代谢物脱下的氢传递给其辅酶（NAD^+ 或 $NADP^+$）生成 NADH 或 NADPH，后者在 340nm 处有一吸收峰；而当有新的氢受体时，该酶在传递氢的同时又可将 NADH 或 NADPH 转化成 NAD^+ 或 $NADP^+$，后者在 260nm 处有一吸收峰。根据这个特点可以判定该辅酶处于氧化态还是还原态，并用于此类脱氢酶活力的测定。以 NAD 为辅酶的脱氢酶主要参与线粒体底物到氧分子的传递过程；而 NADP 为辅酶的脱氢酶，主要是将代谢中间产物上的电子传递给需要电子的生物合成过程，如脂肪酸的生物合成。

$$NAD^+ + 2H^+ + 2e^- \rightleftharpoons NADH + H^+$$
$$NADP^+ + 2H^+ + 2e^- \rightleftharpoons NADPH + H^+$$

2. 黄素脱氢酶（flavin dehydrogenase） 是一类以黄素单核苷酸（FMN）或黄素腺嘌呤二核苷酸（FAD）作为辅基的不需氧脱氢酶。此类酶催化脱氢时，可将代谢物上的一对氢原子直接传递 FMN 或 FAD 的异咯嗪基而形成 $FMNH_2$ 或 $FADH_2$。参与线粒体电子传递链的黄素脱氢酶主要有两种：NADH 的脱氢酶和琥珀酸脱氢酶。前者以 FMN 为辅基，能从 NADH 上接受一个质子和两个电子，而成为还原型，然后又将接收的质子和电子传递给另外的中间载体，成为氧化型。

$$NADH + H^+ + FMN \rightleftharpoons NAD^+ + FMNH_2$$
$$\text{琥珀酸} + FAD \rightleftharpoons \text{延胡索酸} + FADH_2$$

此类酶所表现的催化活性与某些金属离子的存在有密切关系，如 NADH 脱氢酶和琥珀酸脱氢酶等含有几个非血红素铁原子，这些铁原子能与硫原子结合形成铁硫蛋白或铁硫中心，依赖铁的价态改变（$Fe^{2+} \longleftrightarrow Fe^{3+}$）来传递电子。

3. 铁硫蛋白（iron-sulfyr protein） 又称非血红素铁蛋白（nonheme iron protein），含非卟啉和不耐酸的硫，其作用是借铁的变价进行电子传递。

$$Fe^{3+} + e^- \longrightarrow Fe^{2+}$$

铁硫蛋白最重要的特征是酸化时释放 H_2S（酸不稳定的硫）。其络合物中的铁硫一般以等摩尔存在，通常构成铁硫中心 Fe_2S_2 和 Fe_4S_4，然后再与蛋白质中的半胱氨酸连接（图 7-2）。某些铁硫蛋白只含有一个铁原子，它以四面体的形式与蛋白质中四个半胱氨酸的巯基结合。

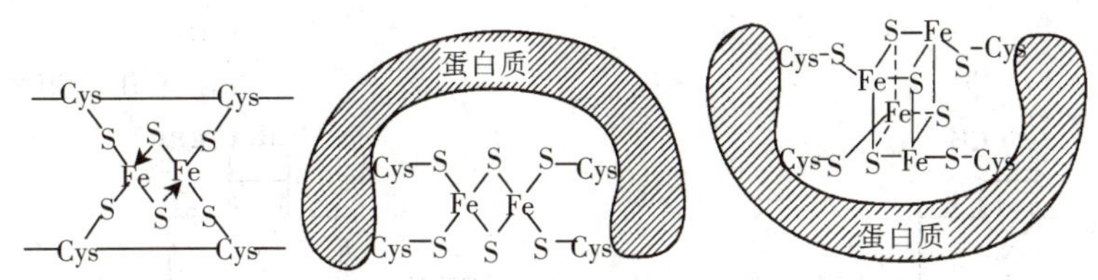

图 7-2 铁硫蛋白

铁硫蛋白最早从厌氧菌中发现，后来发现其在生物界中广泛存在。在线粒体内膜上通常与黄素酶或细胞色素结合。虽然铁硫蛋白的作用与电子传递有关，但目前对其具体作用尚不十分清楚。

4. 辅酶 Q（CoQ） 广泛存在于生物界，所以又称泛醌（ubiquinone），它是电子传递链中唯一的非蛋白质组分，是一种脂溶性的醌类化合物，广泛存在于生物界。它具有三种不同的氧化还原状态，即氧化态 Q、还原态 QH_2 以及介于两者之间的半醌 QH·。

$$\text{氧化型CoQ} \underset{}{\overset{+2H}{\rightleftharpoons}} \text{还原型CoQ}$$

辅酶 Q 含有很长的脂肪族侧链，容易结合到膜上或与膜脂混溶。不同来源的辅酶 Q，其侧链长度也是不同的。其异戊二烯的 n 值在 6～10。辅酶 Q 是一种中间传递体，它通过醌/酚结构互变传递氢。但是辅酶 Q 在电子传递链中的顺序尚有异议，有人认为在细胞色素 b 之前，也有人认为在细胞色素 b 和细胞色素 c 之间。另外，辅酶 Q 还参与植物光合作用的电子传递，在其中也起着重要作用。

5. 细胞色素（cytochrome） 是一类以铁-卟啉为辅基的色素蛋白，铁原子处于卟啉结构的中心，构成血红素（heme）。细胞色素都以血红素为辅基，而使这类蛋白质具有红色，通过辅基中铁离子价态的可逆变化进行电子传递。

电子传递链中的细胞色素最初是由 D. Keilin 根据其在可见光区有特征的吸收光谱，即出现了 α、β 和 γ 三条吸收带，所以将细胞色素分为 a、b、c 三类。其中，细胞色素 c 是唯一的可溶性细胞色素，也是目前了解最透彻的细胞色素蛋白质，其氨基酸序列被广泛测定，依据氨基酸序列的不同，可作为生物系统发生关系的一个判断指标。在线粒体的电子传递链中至少含有五种不同的细胞色素，称为细胞色素 b、细胞色素 c、细胞色素 c_1、细胞色素 a 和细胞色素 a_3，其中细胞色素 c 为线粒体内膜的周边蛋白，其余均为内膜的整合蛋白，细胞色素 b、细胞色素 c_1、细胞色素 c 的辅基都是血红素，而细胞色素 a、细胞色素 a_3 以血红素 A 为辅基，它与血红素的区别在于卟啉环上第 2 位以一个长的碳氢链代替乙烯基，在第 8 位以一个甲酰基代替甲基（图 7-3）。

细胞色素 aa_3 以复合物形式存在，称为细胞色素 c 氧化酶（cytochrome c oxidase）。除含有血红素 A 外，还含有两个必需的铜离子。铜在氧化还原反应中也发生价态变化（$Cu^+ \rightleftharpoons Cu^{2+} + e^-$）。除细胞色素 aa_3 外，其余的细胞色素中铁原子均与卟啉环和蛋白质形成六个共价键或配位键（其中与卟啉环形成四个配位键外，与蛋白质上的组氨酸和甲硫氨酸侧链相连形成两个共价键），因此不能再与 O_2、CO、CN^- 等结合。而细胞色素 aa_3 的铁原子与卟啉环和蛋白质只形成五个配位键，所以还可与 O_2、CO、CN^- 等结合。在典型的线粒体电子传递链中，细胞色素的传递顺序是：Cyt b→ Cyt c_1→Cyt c→Cyt aa_3→O_2。

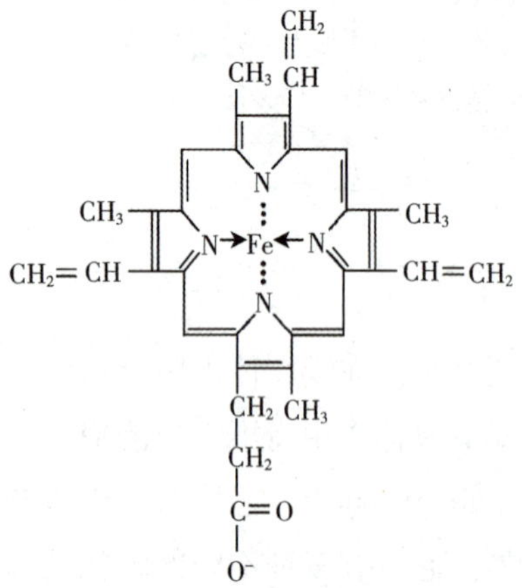

血红素(heme)
(存在于细胞色素 b 和细胞色素 c 中)

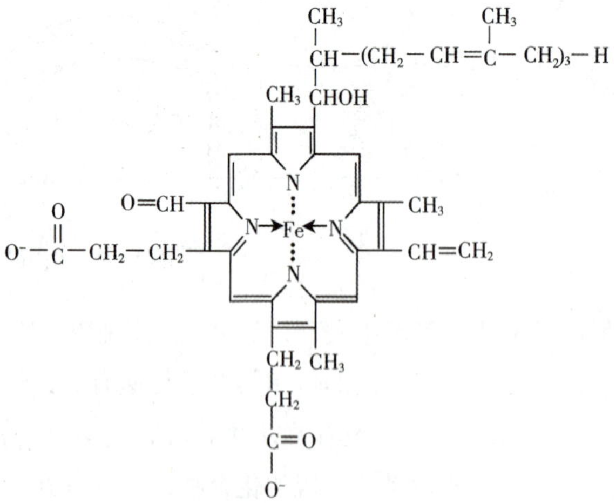

血红素 A(hemeA)
(存在于细胞色素 aa_3 中)

图 7-3　血红素与血红素 A 的结构

(四) 电子传递

电子传递是将来自还原型辅酶 NADH（或 $FADH_2$）的电子通过电子传递链传递给 O_2。电子传递链就是由复合物Ⅰ（NADH-CoQ 氧化还原酶)、复合物Ⅱ（琥珀酸-CoQ 氧化还原酶)、复合物Ⅲ（CoQ-细胞色素 c 氧化还原酶)、复合物Ⅳ（细胞色素 c 氧化酶）组成的。这些复合物中的电子载体排序基本上是按照它们标准还原电位逐渐增大，即对电子亲和力逐渐增大排列的（表 7-1）。

表 7-1　底物和复合物中的氧化还原半反应和还原电位

	氧化还原半反应	还原电位（$E^{\ominus}$/V）
复合物Ⅰ	$NADH + H^+ + 2e^- \rightarrow NADH$	-0.32
	延胡索酸 $+ 2H^+ + 2e^- \rightarrow$ 琥珀酸	0.030
	$CoQ + 2H^+ + 2e^- \rightarrow CoQH_2$	0.045
复合物Ⅲ	细胞色素 b（Fe^{3+}） $+ e^- \rightarrow$ 细胞色素 b（Fe^{2+}）	0.08
	细胞色素 c_1（Fe^{3+}） $+ e^- \rightarrow$ 细胞色素 c_1（Fe^{2+}）	0.22
	细胞色素 c（Fe^{3+}） $+ e^- \rightarrow$ 细胞色素 c（Fe^{2+}）	0.23
复合物Ⅳ	细胞色素 a（Fe^{3+}） $+ e^- \rightarrow$ 细胞色素 a（Fe^{2+}）	0.29
	细胞色素 a_3（Fe^{3+}） $+ e^- \rightarrow$ 细胞色素 a_3（Fe^{2+}）	0.35
	$1/2O_2 + 2H^+ + 2e^- \rightarrow H_2O$	0.82

复合物含有很多氧化还原辅因子。通过这些辅因子的氧化和还原反应能够产生电子流，流动的方向是从一个还原剂到一个氧化剂。传递链中各个成分的还原电位都落在强还原剂 NADH 和最终的氧化剂 O_2之间，辅酶 Q 和细胞色素 c 位于电子传递链复合物之间的纽带。辅酶 Q 将电子由复合物Ⅰ和复合物Ⅱ转移至复合物Ⅲ，细胞色素 c 连接复合物Ⅲ和Ⅳ，复合物Ⅳ利用电子氧化还原为水。

图 7-4 给出了电子传递反应的次序，并标出了底物和主要中间电子载体以及 O_2的还原电位。

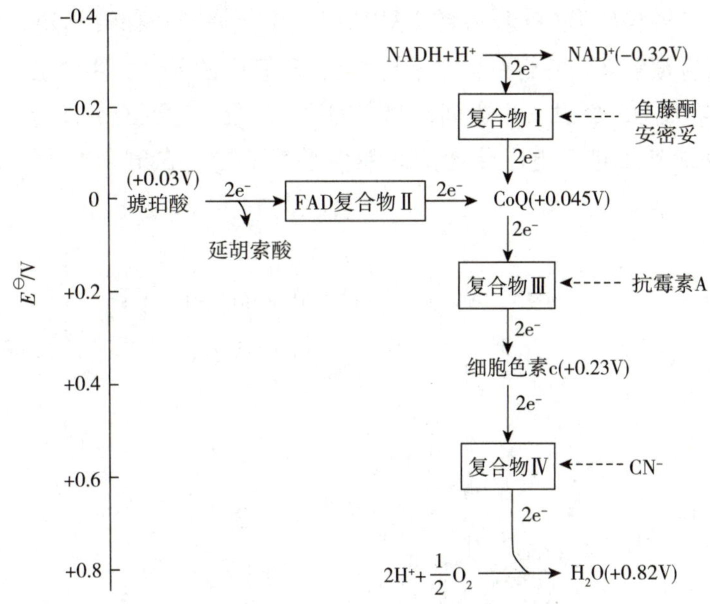

图 7-4 电子传递反应的次序

从图 7-4 可以看出，复合物Ⅰ将来自 NADH 的电子传递给 CoQ。

$$\text{NADH}+\text{CoQ（氧化型）}\longrightarrow \text{NAD}^{+}+\text{CoQ（还原型）}$$

$$\Delta E^{\ominus}=0.360\text{V},\ \Delta G^{\ominus}=-69.5\text{kJ/mol}$$

复合物Ⅲ将来自还原型 CoQ 的电子传递给细胞色素 c。

$$\text{CoQ（还原型）}+\text{细胞色素 c（氧化型）}\longrightarrow \text{CoQ（氧化型）}+\text{细胞色素 c（还原型）}$$

$$\Delta E^{\ominus}=0.190\text{V},\ \Delta G^{\ominus}=-36.7\text{kJ/mol}$$

复合物Ⅳ将来自还原型细胞色素 c 的电子传递给 O_2。

$$\text{细胞色素 c（还原型）}+1/2O_2\longrightarrow \text{细胞色素 c（氧化型）}+H_2O$$

$$\Delta E^{\ominus}=0.59\text{V},\ \Delta G^{\ominus}=-113.8\text{kJ/mol}$$

从图 7-4 中电子传递链还存在另一个“入口”，即复合物Ⅱ将来自经琥珀酸脱氢酶催化琥珀酸脱氢反应的 $FADH_2$ 电子传递给 CoQ。

$$FADH_2+\text{CoQ（氧化型）}\longrightarrow \text{FAD}+\text{CoQ（还原型）}$$

$$\Delta E^{\ominus}=0.058\text{V},\ \Delta G^{\ominus}=-16.4\text{kJ/mol}$$

复合物Ⅰ、复合物Ⅲ和复合物Ⅳ催化的每步反应释放的能量足以驱动 1 分子 ATP 合成。正是由于这三步反应释放的能量使得基质内质子跨膜转移到膜间隙，形成的质子梯度驱动 ATP 合成。复合物Ⅱ是出现在柠檬酸循环中的琥珀酸脱氢酶复合物，它对于质子浓度梯度的形成没有贡献，因为释放的能量太少，其作用是将电子由琥珀酸转移到 CoQ，形成电子传递链的一个支路。

1. 复合物Ⅰ将来自 NADH 的电子传递给泛醌 复合物Ⅰ即 NADH-CoQ 氧化还原酶（NADH-ubiquinone oxidoreductase）（也称为 NADH 脱氢酶）催化 NADH 的两个电子转移给 CoQ（辅酶 Q）。复合物Ⅰ是个非常复杂的酶，例如牛线粒体复合物Ⅰ至少由 41 个亚基组成。图 7-5 给出了 NADH 的电子在复合物Ⅰ中依次进行传递的过程。

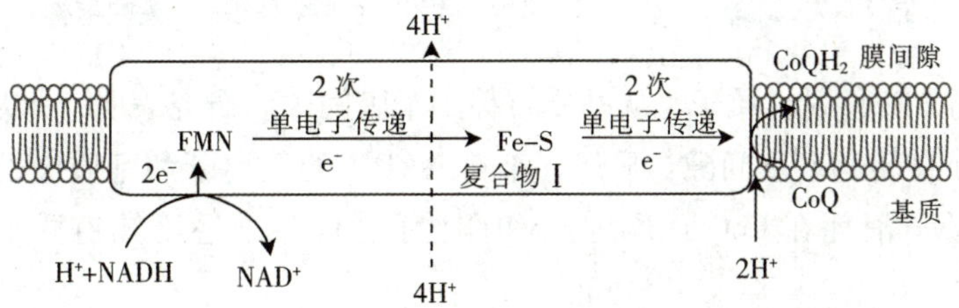

图 7-5 复合物Ⅰ中电子传递和质子转移

通过复合物Ⅰ的电子转移的第一个反应是 NADH 将一个氢原子转移给 FMN，形成 $FMNH_2$，后者经半醌中间物通过两步反应被氧化，并将两个电子传给铁-硫簇中的 Fe^{3+}，生成还原型 Fe^{2+}。然后还原型铁-硫簇再将电子传递给 CoQ，经过一个中间产物 CoQH·，最后达到充分还原型 $CoQH_2$（图 12－6）。如果将鱼藤酮或安密妥加到可进行电子传递的线粒体悬浮液中，在复合物Ⅰ中进行的电子传递将被阻断。

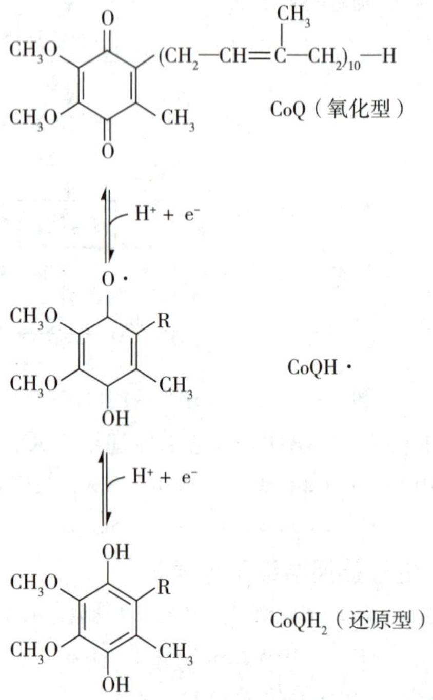

图 7－6　CoQ 接受电子变成还原型 $CoQH_2$

铁－硫簇是铁－硫蛋白的辅基，主要有（2Fe－2S）和（4Fe－4S）两种类型，不仅复合物Ⅰ中含有，而且复合物Ⅱ和复合物Ⅲ中也有（图 7－7）。铁－硫簇中的铁与无机硫化物（S^{2+}）和铁－硫蛋白中半胱氨酸残基的巯基螯合。铁－硫簇中的三价铁离子（Fe^{3+}）和二价铁离子（Fe^{2+}）之间进行还原和氧化转换时，每个铁－硫簇接受或给出 1 个电子。

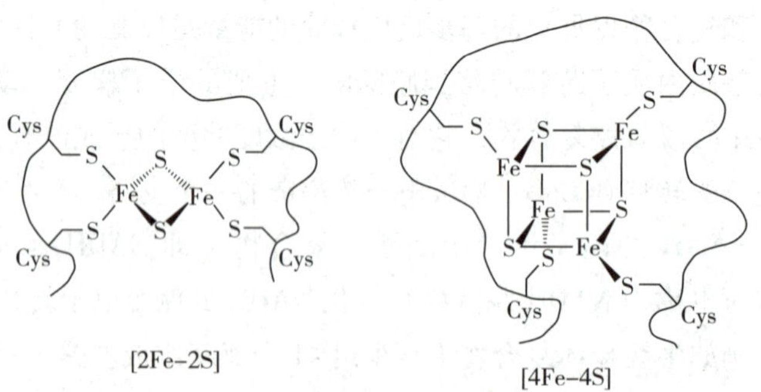

图 7－7　［2Fe－2S］和［4Fe－4S］两种类型铁-硫簇的结构

在电子通过复合物Ⅰ转移时，质子也从基质转移到了膜间隙。研究表明，每从 NADH 转移 1 对电子给 CoQ 就将有 4 个质子被转移到膜间隙。显然，来自 NADH 的氢离子和基质中的质子被转移给了 FMN 形成 $FMNH_2$，这两个质子消耗在 CoQ 还原为 $CoQH_2$ 上了，但目前还不知道质子是怎样被转移到膜间隙的。

2. 复合物Ⅱ将电子由琥珀酸转移到 CoQ　复合物Ⅱ即琥珀酸-CoQ 氧化还原酶［succinate-ubiquinone oxidoreductase，也称为琥珀酸脱氢酶复合物（succinate dehydrogenase complex）］接受来自琥珀酸的电子，同时也像复合物Ⅰ一样催化 CoQ 还原为 $CoQH_2$。哺乳动物的复合物Ⅱ是由四个亚基组成的，两个大的亚基构成琥珀酸脱氢酶，它含有 FAD 辅基和三个铁-硫簇，另外两个亚基似乎是体内为了将琥珀酸脱氢酶结合到膜上以及使电子转移到受体 CoQ 所需要的。

来自琥珀酸的两个电子转移给 CoQ，涉及 FAD 被一个氢阴离子还原和还原型黄素的两个单电子传递给 3 个铁－硫簇的过程（图 7－8）。由复合物Ⅱ催化的反应中释放的自由能很少，所以该复合物对跨线粒体膜的质子浓度梯度没有什么贡献，它的主要贡献是将来自琥珀酸氧化的电子引入电子传递链中。CoQ 可以接受来自复合物Ⅰ或复合物Ⅱ的电子，然后再将电子传给复合物Ⅲ。

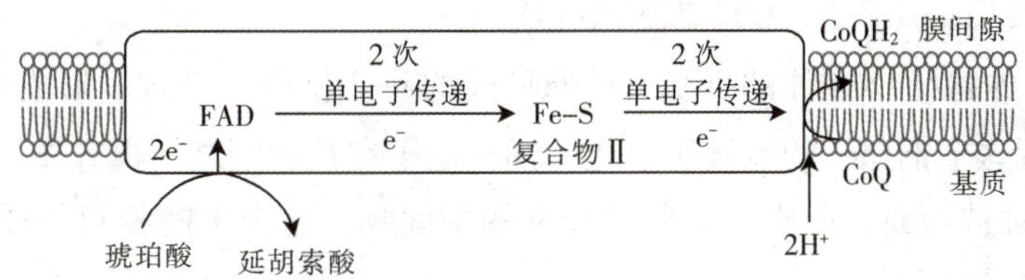

图 7－8　通过复合物Ⅱ的电子传递

3. 复合物Ⅲ将电子由 $CoQH_2$ 传给细胞色素 c　复合物Ⅲ即 CoQ-细胞色素氧化酶（ubiquinol-cytochrome c oxidoreductase），含有 9 个或 10 个不同的亚基、1 个［2Fe-2S］以及细胞色素 c_1。其中，细胞色素 b 在单一的 1 条多肽链上含有 b_{560} 和 b_{566} 两个血红素，伴随着 1 分子 $CoQH_2$ 的氧化有 4 个质子被转移到线粒体膜间隙中（图 7－9），其中的 2 个质子来自 $CoQH_2$，另 2 个来自基质。电子被单电子载体细胞色素 c 接受，细胞色素 c 沿着内膜的外表面一侧移动并将 1 个电子转移给复合物Ⅳ。

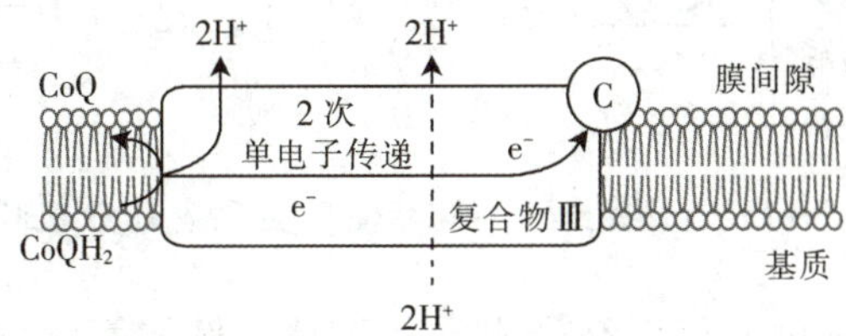

图 7－9　复合物Ⅲ电子传递和质子转移

根据 Mitchell 于 1975 年提出的 CoQ 循环途径，电子在复合物Ⅲ中的传递顺序可能是 CoQ→Cyt b→Cyt c_1→Cyt c。如果将抗霉素加到可进行电子传递的线粒体悬浮液中，在复合物Ⅲ中进行的电子传递将被阻断。

4. 复合物Ⅳ将电子从细胞色素 c 传给 O_2　复合物Ⅳ即细胞色素 c 氧化酶（cytochrome c oxidase）是电子传递链的最后一个成员，这个复合物催化分子氧（O_2）中的氧原子接受经细胞色素 c 2 次单电子传递来的 2 个电子被还原成水（H_2O），并将基质中质子转移到膜间隙（图 7－10）

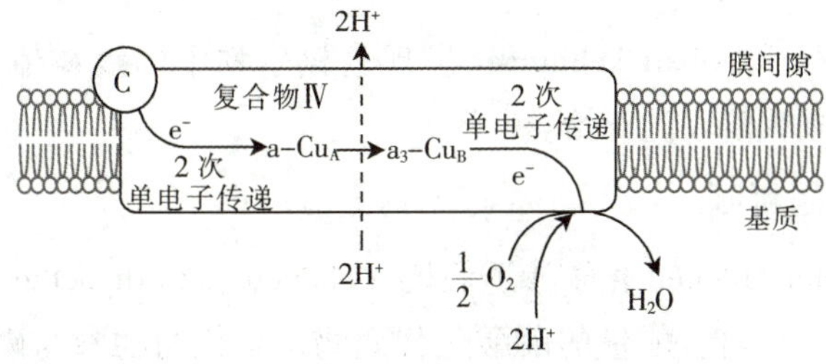

图 7－10　复合物Ⅳ中电子传递和质子流动

哺乳动物中的复合物Ⅳ是二聚体，含有 13 条多肽链，总的相对分子质量大约为 40 万。复合物Ⅳ中含有细胞色素 a 和细胞色素 a_3，以及 Cu_A 和 Cu_B，两个铜离子，当它们参与电子传递时，变换于 Cu^{2+} 和 Cu^+ 状态之间。

细胞色素 c 氧化酶对质子浓度梯度的贡献是通过两种方式表现出来的。第一种方式是每传递 1 对电子（还原 O_2 中的每一个氧原子）就转移 2 个 H^+，第二种方式是当氧被还原为水时消耗基质 H^+。后一种方式虽然不参与实际的跨膜 H^+ 转移，但仍然对质子梯度形成有贡献，这一效果与每传递 1 对电子可净转移 4 个 H^+ 的效果是一样的。

O_2 的还原发生在酶的一个催化中心上，该中心包括细胞色素 a_3 的血红素铁原子和相邻的铜原子 Cu_B。细胞色素 a 和 Cu_A 每次从细胞色素 c 分子转移 1 个电子到使氧还原的部位，使得细胞色素 a_3 中的 Fe^{3+} 和 Cu_B^{2+} 还原 Fe^{2+} 和 Cu_B^+（Fe^{2+}、Cu_B^+ 双核中心）。

图 7－11 给出了一种解释 O_2 还原的机制。还原形式的 Fe^{2+} 和 Cu_B^+ 结合氧形成过氧中间化合物。第 3 个电子还原 Cu^{2+}，靠近这个铜原子的氧被质子化，同时电子在铁和铜之间再分布。当加入另一个质子和第 4 个电子时，O—O 键被切断，形成 1 个含有羟基的中间物，这个中间物再接受 2 个质子后释放出 2 分子的水，同时使酶呈现氧化型。

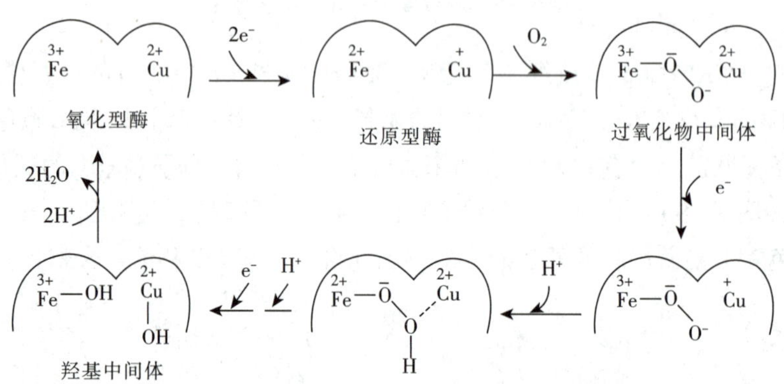

图 7－11 细胞色素 c 氧化酶使 O_2 还原成 H_2O 机制

这个所谓的 Fe^{2+}、Cu_B^+ 双核中心可以结合有毒的配体，例如氰化物和一氧化碳，电子传递将被阻断。

三、氧化磷酸化

（一）氧化磷酸化的概念

氧化磷酸化（oxidative phosphorylation）是需氧细胞的主要能量来源，是生物产生 ATP 的主要途径。氧化磷酸化作用指的是与生物氧化作用相伴而生的磷酸化作用；是将生物氧化过程释放的自由能，用以使 ATP 和无机磷酸生成高能 ATP 的作用。真核生物的电子传递和氧化磷酸化都是在细胞的线粒体内膜发生的作用。

1948 年，Eugene Kennedy 和 Albert Lehninger 发现真核生物中的线粒体是氧化磷酸化发生的场所，这标志着生物能量转换研究现代阶段的开始。

（二）氧化磷酸化的作用机制

氧化磷酸化机制来自 Peter Mitchell 化学渗透假说（chemiosmotic hypothesis）以及一些实验证据。许多早期的研究试图证实存在一个富含能量的磷酸化代谢物，该代谢物参与磷酸基团转移到 ADP 上，形成 ATP，而实际研究结果证实不存在这样的一个代谢物。

1961 年 Peter Mitchell 提出了电子传递与 ATP 合成是通过电子传递释放的自由能导致跨线粒体内膜的质子梯度偶联的化学渗透假说（chemiosmotic hypothesis）。化学渗透假说主要包括以下几点内容。

（1）一个完整的线粒体内膜对于偶联是绝对需要的。膜对 H^+、OH^-、K^+ 以及 Cl^- 等应当是不通透的，否则，质子浓度梯度将消失。

（2）电子通过电子传递链传递产生质子浓度梯度，使得线粒体内膜外侧（膜间隙）的 H^+ 浓度增大。

（3）跨膜的质子转移驱动 ADP 磷酸化。某些增加膜通透性的所谓解偶联剂可使底物（NADH 和琥珀酸）氧化继续进行，但抑制 ATP 合成。另外，增加线粒体内膜外侧的酸性（增加 H^+ 浓度）可刺激 ATP 合成。

按照该假说电子通过电子传递链传递导致质子由线粒体基质泵到膜间隙，同时由于基质中质子浓度变低，形成一个带负电的电场（图 7 - 12）。质子转移带来了两种效应：在线粒体内膜内外产生了质子浓度差，以及形成电场导致膜电位出现，这两种效应经计算对于每摩尔质子大约可产生相当于 21. 8kJ 的能量。可以说质子动力通过 ATP 合酶驱动 ATP 合成。

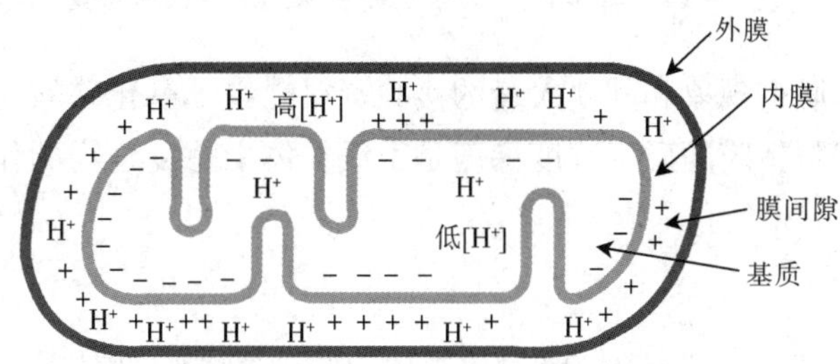

图 7 - 12　电子传递导致质子梯度和膜电位形成

在 Peter Mitchell 提出化学渗透假说之前，已经积累了许多物质氧化以及线粒体电子载体循环氧化和还原的信息，人们推测这些氧化反应可能驱动 ATP 的形成，但氧化与 ADP 磷酸偶联的途径还不清楚。1956 年，Britton Chance 和 Ronald Williams 发现，一个悬浮在磷酸缓冲液的完整的线粒体只有当加入 ADP 和 Pi 时才会快速氧化底物和消耗氧（图 7 - 13）。换言之，一个底物（如琥珀酸）的氧化是与 ADP 磷酸化偶联的。

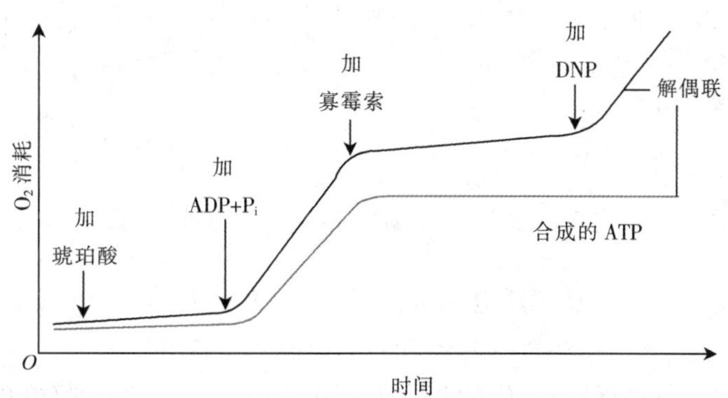

图 7 - 13　解偶联剂存在和不存在条件下线粒体的呼吸

DNP 为 2,4-二硝基苯酚

当加入寡霉素后 ATP 合成停止（寡霉素抑制 ATP 合成），同时氧消耗的也很少，表明氧消耗和 ATP 合成偶联，即电子传递和磷酸化偶联。偶联关系还可以通过加 2,4-二硝基苯酚（DNP）证实。如图 7 - 13 所示，当加入 DNP 后，氧消耗快速增加，但 ATP 没有进一步合成。表明在底物的氧化过程中并没有发生 ADP 磷酸化，即电子传递和磷酸化两个过程的偶联关系被破坏。像 2,4-二硝基苯酚破坏偶联的化合物称之为解偶联剂。

像 2,4-二硝基苯酚那样的解偶联剂大多数是脂溶性的弱酸，可结合质子跨过线粒体内膜进入基质（图 7－14），破坏了电子传递产生的质子梯度，使得驱动 ATP 合成的动力消失，这也证明了 Peter Mitchell的质子浓度梯度驱动 ATP 合成的化学渗透假说。

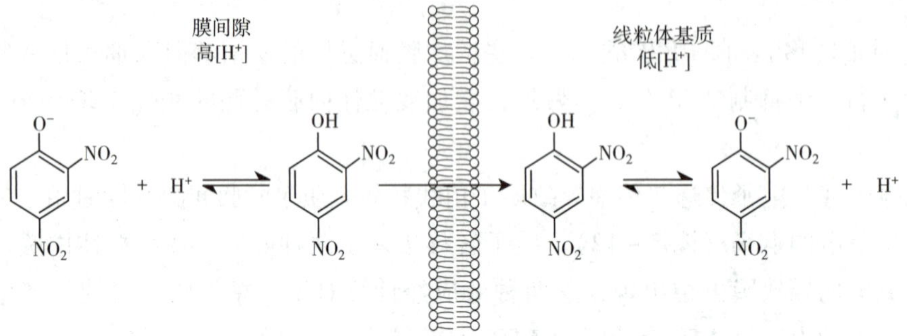

图 7－14　解偶联剂 2,4-二硝基苯酚的解偶联作用

Peter Mitchell 根据解偶联剂现象和其他大量的实验资料提出了氧化磷酸化的机制。在化学渗透理论中，Peter Mitchell 认为跨线粒体膜的质子浓度梯度是由线粒体中酶复合物的作用产生的，这一梯度提供的能量用于 ADP 磷酸化。

（三）质子梯度的形成

电子传递使复合体Ⅰ、Ⅲ和Ⅳ推动 H^+ 跨过线粒体内膜到线粒体的间隙（图 7－15），线粒体间隙与细胞溶胶相接触。H^+ 跨膜流动的结果造成线粒体内膜内部基质的 H^+ 浓度低于间隙。线粒体基质形成负电势，而间隙形成正电势，这样产生的电化学梯度即电动势（electromotive force，emf），称为质子动势或质子动力（protonmotive force，pmf）。其中蕴藏着自由能即 ATP 合成的动力。

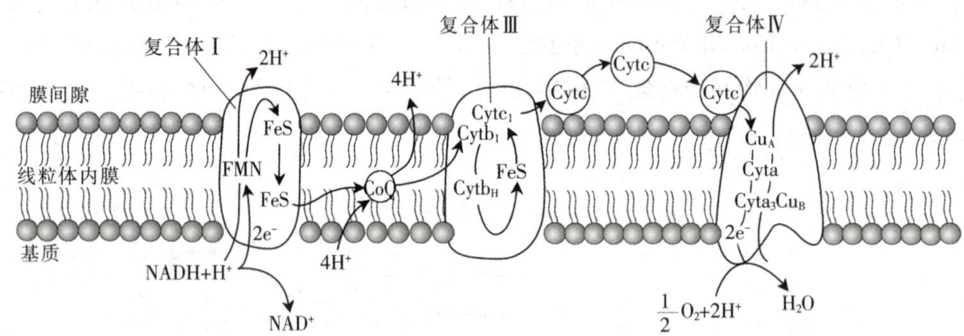

图 7－15　线粒体电子传递链图解表明电子传递和 H^+ 排出的途径

1. 质子泵出是需能过程　一个质子逆电化学梯度跨过线粒体膜的自由能变化公式如下。

$$\Delta G = 2.3RT[\text{pH(膜内)} - \text{pH(膜外)}] + ZF\Delta\psi$$

式中，Z 为质子上的电荷（包括符号）；F 为法拉第（faraday）常数；ψ 为膜电势。$\Delta\psi$ 的符号习惯上是当一个电子从负转移到正时，$\Delta\psi$ 为正值。线粒体内膜外的 pH 低于膜内的 pH，因此质子从线粒体基质逆质子梯度转移到膜外是一个吸能过程。而且质子从基质出去后使内膜的内表面比外表面电负性更强。一个正离子（阳离子）向外转移必然使 $\Delta\psi$ 为正值，而且使自由能增加，这就是需能过程。但是如果一个负离子被转移出去，就会得到完全相反的结果。

2. 质子转移的机制有两种假设　电子传递链的 4 种电子传递复合体中的 3 种复合体即复合体Ⅰ、Ⅲ

和Ⅳ都和质子转移有密切关系。

质子主动转移和电子传递产生的自由能相偶联的机制当前存在两种假设：一种是氧化－还原回路机制（redox loop mechanism），另一种是质子泵机制（proton pump mechanism）。

（1）氧化-还原回路机制　该机制由 Mitchell 提出，简称为氧-还回路。他认为线粒体内膜呼吸链的各个氧化-还原中心即 FMN、CoQ、细胞色素以及铁-硫聚簇的排列可能既能执行电子的转移，又能转移基质的质子。前一个被还原的氧化－还原中心被后一个氧化-还原中心再氧化，同时相伴而生的是质子的转移，包括质子由基质泵出和在线粒体内膜外的质子回流到基质一边。氧化-还原回路机制可用图 7－16 表示。在线粒体内电子传递与质子转移相结合的设想 FMN 和 CoQ 起着（$H^+ + e^-$）载体的作用。铁-硫聚簇和细胞色素是单纯的 e^- 载体，这些组分的排列既能满足电子传递又能伴有 H^+ 的转移。在传递过程中应有一种（$H^+ + e^-$）的载体存在。图 7－16 中的 X 应该是第 3 个 H^+ 的转移部位。

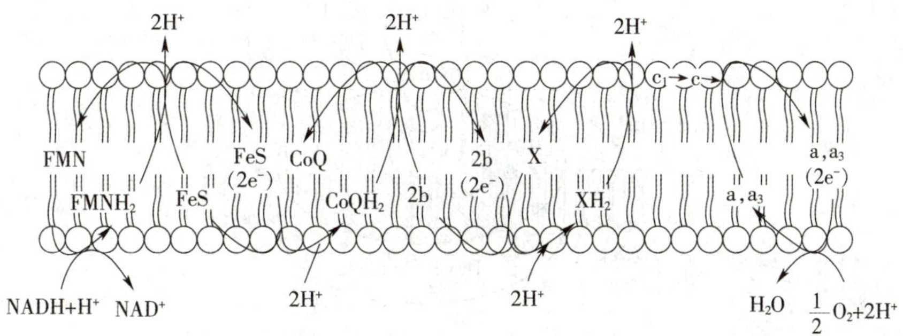

图 7－16　氧还－回路机制

氧化-还原回路机制需要第 1 个氧化-还原载体处在还原态时比其氧化态含有更多的氢原子，其第 2 个氧化-还原载体在氧化态和还原态时所含的氢原子没有差异。事实上 FMN 和 CoQ 在还原态时确实含有较多的氢原子，因此可以起质子载体和电子载体的双重作用。如果这些中心专一地与细胞色素和铁-硫聚簇纯电子载体进行交换，这种机制设想是可以成立的。图 7－16 即表示这种交换机制。

这种氧化-还原回路机制的主要问题是，并没有发现一种（$H^+ + e^-$）的电子载体存在。15 个纯电子载体（最多有 8 个铁-硫蛋白、5 个细胞色素和两个 Cu 原子）中只有两个（$H^+ + e^-$）载体。而已知的是有 3 个部位能合成 ATP，这表明至少应有 3 个质子转运部位。因此，按此种机制设想必须有另外一个（$H^+ + e^-$）X 载体存在（图 7－16）。

为了解决上述问题，Peter Mitchell 曾提出一种设想，即 CoQ 可能在复合体的质子转移中发挥两次作用，即所谓 Q 循环。在 Q 循环中，CoQ 被认为是通过两个步骤还原，其中一个步骤就是半醌作为一个稳定的中间产物。如上所述，通过复合体Ⅲ的作用步骤，就使得当每个电子从复合体 Ⅰ 转移到细胞色素 c_1 时转运两个质子成为可能，但是 Q 循环不能在复合体Ⅳ起作用，这是因为复合体Ⅳ没有（$H^+ + e^-$）载体。虽然如此它还是在电子传递过程中将质子从基质“泵”出到内膜外的细胞质中。

（2）质子泵机制　这个机制的内容是电子传递导致复合体的构象变化。质子的转移是氨基酸侧链 p*K* 值变化产生影响的结果。构象变化造成氨基酸侧链 p*K* 值的改变，结果发挥质子泵作用的侧链暴露在外并交替地暴露在线粒体内膜的内侧或外侧，从而使质子发生移位。这种系统即认为是质子泵的机制。

以上两种机制各自都有一些旁证，但尚未能在电子传递链本身得到完整的证据。

质子的跨膜转运和 ATP 形成机制是复杂的，也可能在一条电子传递链的不同部位的质子转运通过不同的机制。这正是当前引人注目的课题。

（3）合成一个 ATP 需要 2~3 个跨膜质子，在生理条件下合成一个 ATP 分子所需自由能为 40~50kJ/mol。

这个值不可能只需要由一个质子流回到线粒体基质的跨膜驱动力，至少需要 2 个质子。此值很难精确测得，因为被转移的质子还有一部分又漏回基质。测定的结果表明，每合成 1 分子 ATP 有 2~3 个质子跨膜。

（四）ATP 合成机制

ATP 的合成是由一个酶的复合体系完成的。这个复合体系称为 ATP 合酶（ATP synthase）由两个主要的单元（unit）构成，如图 7－17 所示。起质子通道作用（proton－conducting）的单元称为 F_0单元，催化 ATP 合成的单元称为 F_1单元。因此，ATP 合酶又称为 F_0F_1－ATP 酶（F_0F_1－ATPase）。线粒体 ATP 合酶组分见表 7－2。

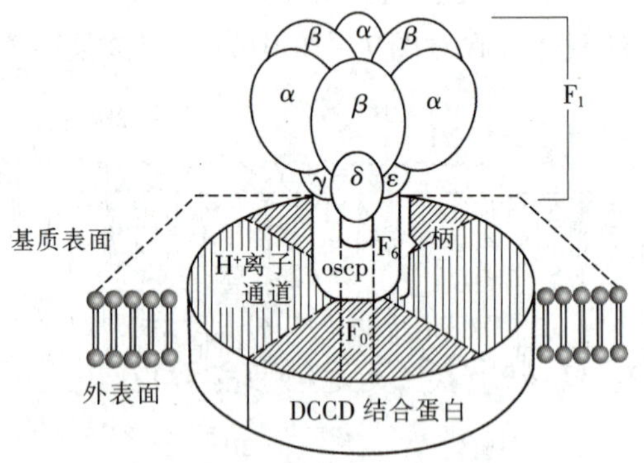

图 7－17　ATP 合酶结构

表 7－2　线粒体 ATP 合酶体组分

亚基	相对分子质量	作用	定位
F_1	378×10^3	含有合成 ATP 的催化部位	线粒体内膜向基质侧的球状体
α	56×10^3		
β	52×10^3		
γ	34×10^3		
δ	14×10^3		
ε	6×10^3		
F_0	25×10^3	含有质子通道	跨膜部位
	21×10^3		
	12×10^3		
	8×10^3		
F_1 抑制剂（IF_1）	10×10^3	调节质子流及 ATP 的合成	F_0F_1 之间的柄
寡酶素敏感性付与蛋白质（OSCP）	23×10^3		
F_6	8×10^3		

1. F_1单元和 F_0单元的结构　F_1单元是球状结构，其直径为 8.5~9.0nm，已知由 5 种不同的多肽链组成。化学计算表明其组分为 $\alpha_3\beta_3\gamma\delta\varepsilon$，它的相对分子质量为 378×10^3。用电子显微镜观察重组后的 F_0F_1颗粒可清楚地看到这个颗粒呈哑铃状。F_0和 F_1之间由一个大约 5nm 的柄相连，柄包含有两种蛋白质。一种称为寡霉素敏感性付与蛋白（oligomycin－sensitivity－conferring protein，OSCP）。因这种蛋白质使酶复合体对寡霉素产生敏感性而得名。寡霉素（oligomycin ）是一种抗生素，它的结构如下。

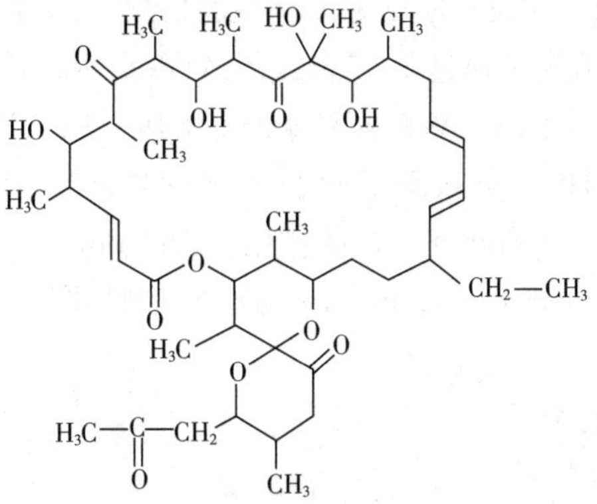

寡霉素 B

它干扰对质子梯度的利用从而抑制 ATP 的合成。柄的另一种蛋白质称为偶合因子 6（coupling factor 6，F_6）。F_1催化 ATP 合成的部位在 β 亚基上，δ 亚基是 F_1和 F_0相连接所必需的。F_0是跨线粒体内膜的疏水蛋白质。它是质子通道，由 4 种多肽链组成。这 4 种多肽链的相对分子质量分别为 25×10^3、21×10^3、12×10^3 和 8×10^3。每个 F_1单元含有 6 条相对分子质量为 8×10^3 的肽链，很可能这六条肽链构成 H^+的跨膜孔道。寡霉素抑制剂对 ATP 合酶的抑制作用是由于它结合到 ATP 合酶的 F_0亚基上，从而抑制 H^+通过 F，有趣的是寡霉素抑制剂并不是结合到寡霉素敏感性赋予蛋白上。

有一种脂溶性的羧基试剂（carboxyl reagent）称为二环已基碳二亚胺（dicyclohexylcarbod Ⅱ imide）简称 DCCD，也称 DCC 或 DCCI，它的结构如下。

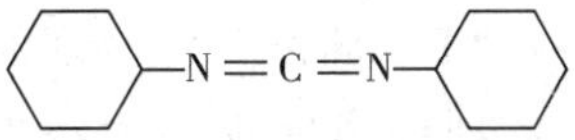

二环已基碳二亚胺，DCCD

DCCD 也有抑制质子通过 F_0的作用，对哺乳动物，它只要与 F_0蛋白中的一个亚基的一个谷氨酸（Glu）残基结合，就可起到抑制作用。对大肠埃希菌（*E. coli*）是与天冬氨酸（Asp）结合。

因 DCCD 是一个脂溶性的羧基试剂，与 DCCD 发生反应表明有一个羧基位于脂质环境，也即埋藏在膜内。

哺乳动物的 F_0共有 6 个，这种能与 DCCD 结合的蛋白质，称为 DCCD–结合蛋白（DCCD –binding protein），也称 DCCD–结合蛋白脂（DCCD–binding proteolipid）。这些蛋白质拼合起来好像木桶的桶板构成具有极性的 H^+通道。这个通道中埋藏着谷氨酸残基。

2. 质子流通过 ATP 合酶同时释出与酶牢固结合的 ATP 分子　质子流是如何驱动 ATP 合成的？一种假设认为最初是能化的质子（energized protons）通过 F_0质子通道集中到 F_1的催化部位，在此处质子脱去无机磷酸上的一个氧原子，结果使平衡驱向 ATP 合成。但是用放射性核素实验却证明了与酶结合着的 ATP 在没有质子动力的情况下合成很容易。将 ADP 和无机磷酸加入含有 $H_2^{18}O$ 的 ATP 合酶中，标记^{18}O 通过 ATP 的合成和随后的水解被掺入无机磷酸分子中。

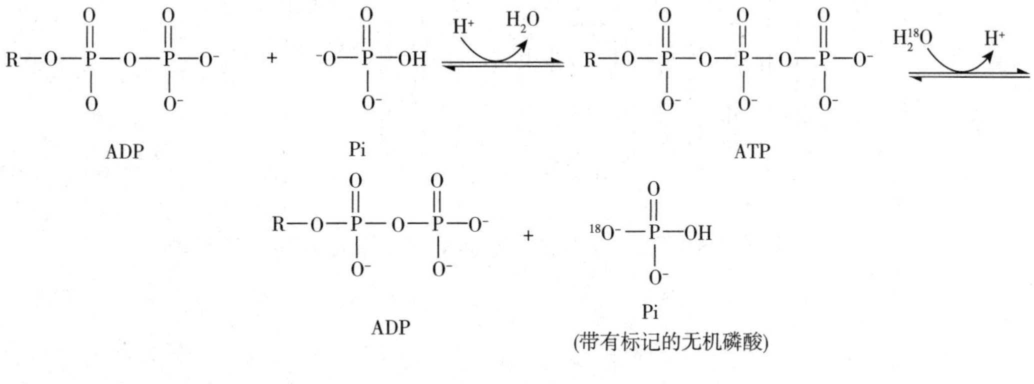

ADP　Pi　ATP

ADP　Pi（带有标记的无机磷酸）

^{18}O 掺入无机磷酸的速度表明，在没有质子梯度存在的情况下，与 F_1 催化部位结合的 ATP 和游离的 ADP 处于平衡状态。但是如果质子流不通过 F_0，合成的 ATP 就不离开催化部位。因此 Paul Boyer 认为质子梯度的作用并不是形成 ATP，而是使 ATP 从酶分子上解脱下来。Paul Boyer 还发现，ATP 合酶分子与 ADP 和 Pi 的结合，有促使 ATP 分子从酶上解脱下来的作用。这表明 ATP 合酶分子上的核苷酸（ATP、ADP）结合部位在催化过程中有相互协调的作用。Paul Boyer 对于质子驱动 ATP 合成的机制问题提出“结合变化机制”（binding - change mechanism）。这个机制如图 7 - 18 所示。

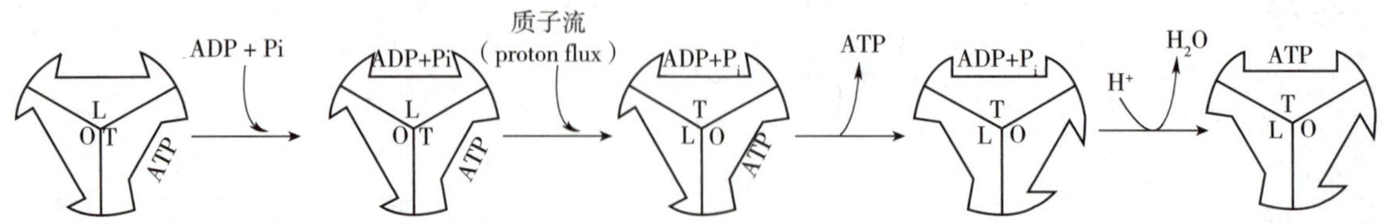

图 7 - 18 ATP 合酶的结构变化机制

Paul Boyer 提出在 ATP 合酶上的 3 个 β 亚基本质上是相同的，但它们的作用在任何情况下都是不相同的。其中之一处于“O”状态，即开放形式，对底物的亲和力极低。第 2 种状态是“L”形式。这种状态与底物的结合较松弛，对底物没有催化能力。第 3 种是“T”形式，与底物结合紧密，并有催化活性。如果在酶分子的“T”部位结合着一个 ATP 分子，又有 ADP 和 Pi 结合到它的“L”部位，这时质子流的能量使“T”部位转变为“O”部位，“L”部位转变为“T”部位，“O”部位转变为“L”部位。当 ATP 所处的部位转变为“O”部位时，就使 ATP 容易地从这个新形成的“O”部位解脱下来，同时又使 ADP 和 Pi 由原来“L”部位转变成“T”部位并合成新的 ATP 分子。只有当质子流从 F_0 流至膜的 F_1 时才发生 O、L 和 T 的相互转化。这种构象转化是连续发生的，很可能是亚基相互作用发生的变化。

ATP 合酶的作用是由质子动力所驱动的。这种动力实质上是由 pH 梯度和膜电势产生的。某些氨基酸残基在 pH 梯度的条件下可以发生质子化（protonation）或去质子化（deprotonation），例如某些氨基酸的羧基即以质子化状态—COOH 存在。这种在一边的质子化和另一边的去质子化能够驱动一个单方向的反应循环即构成促使 ATP 合成的驱动力。

对于膜电势的作用可做如下的设想：假如在细胞质一侧的膜电势为 +0.18V，而膜两侧的 pH 都是 7.5。在 F_0 通道的 H^+ 浓度不可能是均一的。因为 H^+ 必然被膜的基质侧相对于另一侧的电负性所吸引，如图 7 - 19 表示。如果电势差为 0.18V，即可导致 H^+ 浓度在 $F_0 - F_1$ 接头处比 F_0 通道入口处高出 1000 倍。也就是说，膜的正电势由于在 F_0 和接头处形成局部的高 H^+ 浓度而导致 ATP 的合成。特别是 0.18V 电势产生的浓度梯度和膜两边 3 个 pH 单位差所产生的浓度梯度是相同的。如果有 3 个 H^+ 通过 ATP 合酶的 $F_0 - F_1$ 接头处，即合成 1 个 ATP 分子。

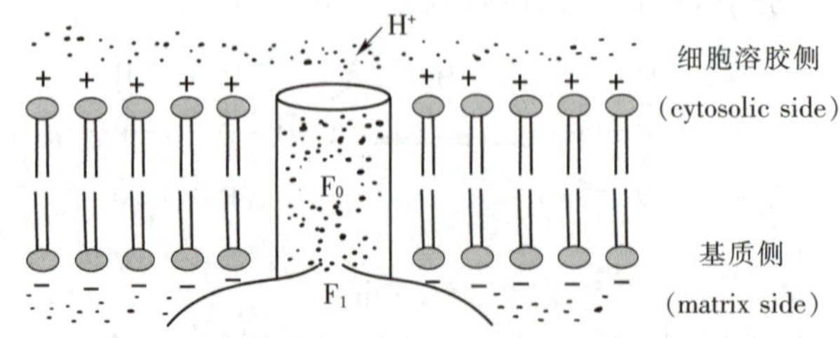

图 7 - 19 膜的正电势导致 H^+ 浓度在 F_0 和 F_1 接头处远远高于 F_0 入口处

（五）氧化磷酸化的解偶联和抑制

正常情况下，电子传递和磷酸化是紧密结合的。在静止状态（resting state），氧化磷酸化处于最低水平，这时通过线粒体内膜的电化学梯度的大小，正好能够阻止质子泵的活动，于是电子传递也就受到抑制。在有些情况下，电子传递和磷酸化作用可被解偶联，列举如下。

1. 特殊试剂的解偶联作用 用特殊的试剂可将氧化磷酸化过程分解成单个的反应，这是研究氧化磷酸化中间步骤的有效方法。氧化磷酸化和电子传递过程相似，都能受到许多化学因素的作用。不同的化学因素对氧化磷酸化作用的影响方式不同。根据它们的不同影响方式可划分为三大类：一类称为解偶联剂；另一类称为氧化磷酸化抑制剂；第三类称为离子载体抑制剂。

（1）解偶联剂（uncouplers） 这类试剂的作用是使电子传递和 ATP 形成两个过程分离，失掉它们的紧密联系。它只抑制 ATP 的形成过程，不抑制电子传递过程，使电子传递产生的自由能都变为热能。因为这种试剂使电子传递失去正常的控制，亦即不能形成离子梯度，造成过分地利用氧和燃料底物而能量得不到贮存。典型的解偶联剂是弱酸性亲脂试剂 2,4-二硝基苯酚（2,4-dinitrophenol，DNP），它的作用机制如图 7－20 所示。解偶联剂的作用只抑制氧化磷酸化的 ATP 形成，对底物水平磷酸化没有影响。

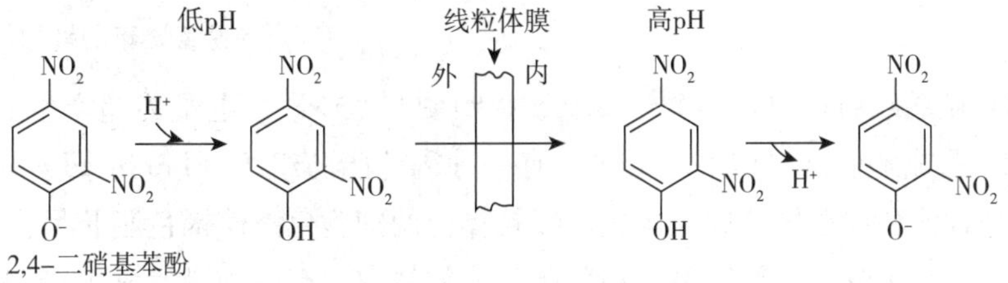

低pH 线粒体膜 高pH

外 内

NO_2 H^+ NO_2 NO_2 NO_2 H^+

O^- OH OH O^-

2,4-二硝基苯酚

图 7－20 2,4-二硝基苯酚的作用机制

在 pH 7.0 的环境下，2,4-二硝基苯酚以离解的形式存在（2,4-二硝基苯酚负离子结构式：NO_2，NO_2，O^-），这种形式不能透过膜，因它是非脂溶性的。在酸性的环境中 2,4-二硝基苯酚接受质子后成为不解离的形式而变为脂溶性的，从而容易地透过膜，同时将一个质子带入膜内。解偶联剂使内膜对 H^+ 的通透性增加。亲脂的膜能结合 H^+，将其带到 H^+ 浓度低的一方。这样就破坏了跨膜梯度的形成，这种破坏 H^+ 梯度而引起解偶联现象的试剂又称质子载体试剂。

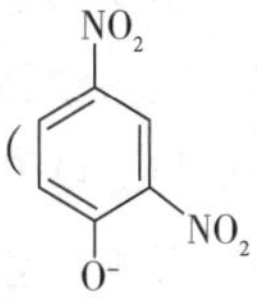

其他一些酸性芳香族化合物如三氟甲氧基苯腙羰基氰化物（carbonylcyanide－*p*－trifluoromethoxy phenylhydrazone，FCCP）也有同样作用。FCCP 的结构式如图 7－21 所示。

（2）氧化磷酸化抑制剂 这类试剂的作用特点是既抑制氧的利用又抑制 ATP 的形成，但不直接抑制电子传递链上载体的作用，这一点和电子传递抑制剂不同。氧化磷酸化抑制剂的作用是直接干扰 ATP 的生成过程，由于它干扰了由电子传递的高能状态形成 ATP 的过程，结果也使电子传递不能进行。寡霉素（oligomycin）就属于这类抑制剂。寡霉素作用和 2,4-二硝基苯酚（解偶联试剂）作用之不同，可用实验清楚地表明（图 7－22）：当在线粒体悬浮液中，加入寡霉素后，再加入 ADP，不见有刺激呼吸的作用发生，这时若加入 DNP 解偶联试剂，则可看到呼吸作用立即加快，表明寡霉素对利用氧的抑制作用可被解偶联试剂解除。

（3）离子载体抑制剂（ionophores inhibitors） 脂溶性物质能与某些离子结合并作为它们的载体使这些离子能够穿过膜。它和解偶联试剂的区别在于它是除 H^+ 以外其他一价阳离子的载体，例如缬氨霉素（valinomycin）能够结合 K^+ 离子，与 K^+ 形成脂溶性的复合物，使 K^+ 容易透过膜。如果 K^+ 离子不与缬氨霉素结合，它透过膜的速度就很低。又如短杆菌肽（gramicidin）可使 K^+、Na^+ 以及其他一些一价阳离子穿过膜。因此，这类抑制剂是通过增加线粒体内膜对一价阳离子的通透性而破坏氧化磷酸化过程。

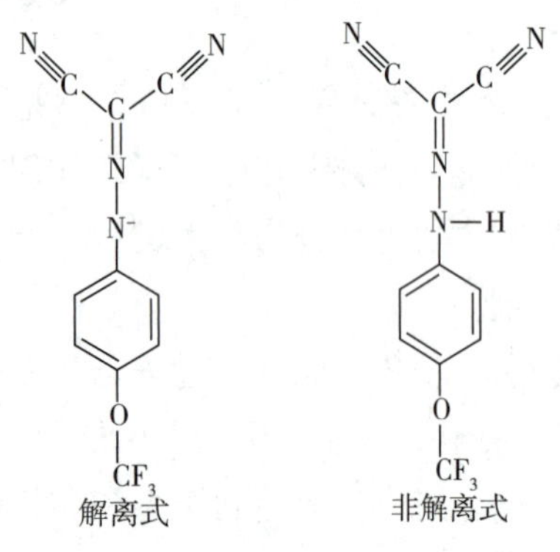

图 7-21 FCCP（三氯甲氧基苯腙羰基氰化物）解离式与非解离式的结构式

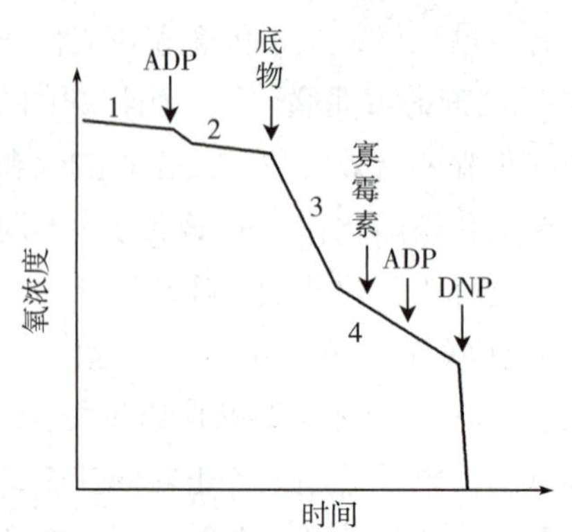

图 7-22 线粒体呼吸的四种状态，及寡霉素对氧消耗的抑制作用，以及 DNP 解除寡霉素的抑制作用

2. 激素控制褐色脂肪线粒体氧化磷酸化解偶联机制使产生热量 电子传递产生的电化学 H^+ 离子梯度受到破坏而与 ATP 形成解偶联，结果产生热。有一种褐色脂肪组织（brown adipose tissue）又称褐色脂肪，由含大量三酰甘油和线粒体的细胞构成。线粒体内的细胞色素使褐色脂肪呈褐色。褐色脂肪的产热机制是线粒体氧化磷酸化解偶联的结果。褐色脂肪线粒体内含有一种激素称为产热素（thermogenin），是一种含有两个亚基形成二聚体蛋白质。这种激素只存在于褐色脂肪线粒体中，它控制着线粒体内膜对质子的通透性。该激素可被游离脂肪酸激活，又可被嘌呤核苷酸抑制。核苷酸类对它的抑制又可被游离脂肪酸解除。它刺激质子流使其通过该激素蛋白并使氧化磷酸化解偶联从而产生热量。该褐色脂肪中的游离脂肪酸又受到去甲肾上腺素与 cAMP 的调节。在去甲肾上腺素的作用下，去甲肾上腺素受体系统合成 cAMP，于是变构激活 cAMP-依赖性蛋白激酶（cAMP-dependent protein kinase），随后激酶又通过磷酸化作用激活激素敏感的三酰甘油脂肪酶（hormone - sensitive triacylglycerol lipase），最后被激活的脂肪酶催化三酰甘油水解产生游离脂肪酸。

（六）穿梭机制

线粒体内生成的 NADH 和 $FADH_2$ 可直接参加氧化磷酸化过程，但在胞液中生成的 NADH 不能自由透过线粒体内膜，故胞液中 NADH 所携带的氢必须通过某种转运机制进入线粒体，才能经过呼吸链进入氧化磷酸化过程。这种转运机制主要有甘油磷酸穿梭机制和苹果酸-天冬氨酸穿梭机制。

1. 甘油磷酸穿梭 甘油磷酸穿梭途径涉及两个酶：一个是细胞质中的依赖于 NAD^+ 的甘油-3-磷酸脱氢酶，另一个是嵌膜的甘油-3-磷酸脱氢酶复合物，该复合物含有一个 FAD 辅基和一个位于线粒体内膜外表面上的底物结合部位。在细胞质甘油-3-磷酸脱氢酶催化下，首先 NADH 使磷酸二羟丙酮还原生成甘油-3-磷酸，然后，甘油-3-磷酸被嵌膜的甘油-3-磷酸脱氢酶复合物（glycerol-3-phosphate dehydrogenase complex）转换回磷酸二羟丙酮（图 7-23）。在转换过程中，两个电子被转移到嵌膜酶的 FAD 辅基上生成 $FADH_2$。$FADH_2$ 将两个电子转给可移动的电子载体 CoQ，然后再转给 CoQ - 细胞色素 c 氧化还原酶（复合物Ⅲ），进入电子传递链。

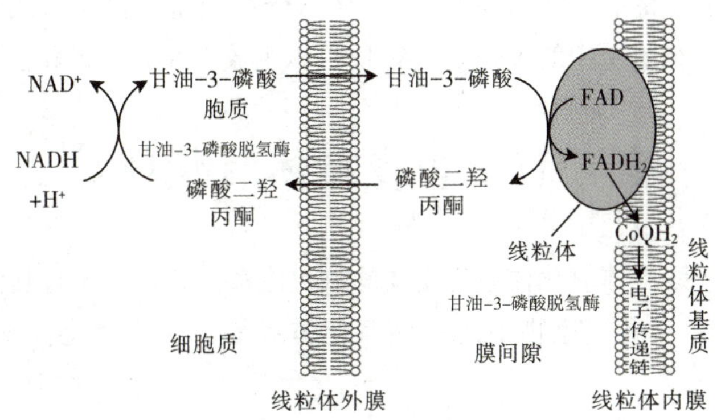

图 7－23　甘油磷酸穿梭途径

从总体来看，甘油磷酸穿梭使细胞质中的 NADH 氧化，并在线粒体内膜中生成 $CoQH_2$。细胞质中的 NADH 通过这一途径转换成 $CoQH_2$ 后氧化所产生的能量（$FADH_2$ 呼吸链 P/O＝1.5ATP）比线粒体内 NADH 氧化的能量（NADH 呼吸链 P/O＝2.5ATP）少。

2. 苹果酸－天冬氨酸穿梭　这一穿梭途径主要存在哺乳动物的肝脏和心肌等组织中，涉及细胞质和基质中的苹果酸脱氢酶和天冬氨酸氨基转移酶，以及线粒体内膜中的移位酶（translocase）（图 7－24）。

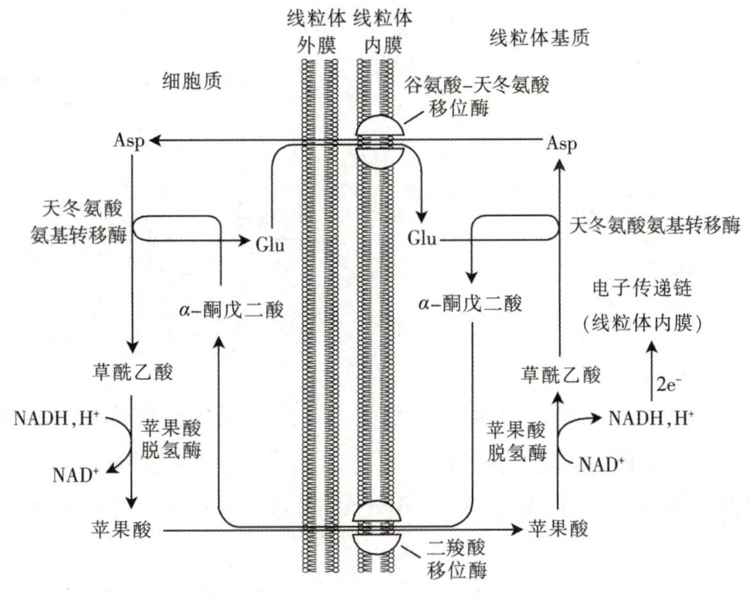

图 7－24　苹果酸－天冬氨酸穿梭途径

首先，在细胞质中的苹果酸脱氢酶的催化下，细胞质 NADH 使草酰乙酸还原为苹果酸，然后，苹果酸经二羧酸移位酶（dicarboxylate translocase）作用，在与 α－酮戊二酸交换过程中进入线粒体基质。在基质中，线粒体苹果酸脱氢酶催化苹果酸重新氧化为草酰乙酸，同时线粒体内的 NAD^+ 还原为 NADH，然后 NADH 被呼吸电子传递链的复合物 Ⅰ 氧化。穿梭的连续进行需要将草酰乙酸转运回细胞质中，但转运不是直接进行的，因为草酰乙酸不能被直接跨过线粒体内膜转运回细胞质中。所以在基质中，在线粒体天冬氨酸氨基转移酶的催化下，草酰乙酸先与谷氨酸反应生成 α－酮戊二酸和天冬氨酸，α－酮戊二酸经二羧酸移位酶作用，在与进入线粒体的苹果酸交换过程中被排出线粒体。天冬氨酸在谷氨酸－天冬氨酸移位酶（glutamate－aspartate translocase）的催化下，在与进入线粒体的谷氨酸交换中被排出线粒体。

在细胞质中，天冬氨酸和 α－酮戊二酸作为细胞质中天冬氨酸氨基转移酶的底物生成谷氨酸和草酰乙酸，谷氨酸在与天冬氨酸的交换中重新进入线粒体，而草酰乙酸与细胞质中的另一分子 NADH 反应，重复上述循环。由于细胞质中的 NADH 经苹果酸-天冬氨酸穿梭途径转换为线粒体中的 NADH，再经电子传递和氧化磷酸化过程，细胞质中的 1 分子 NADH 可以生成 2.5 分子 ATP。

第二节　非线粒体氧化体系

在高等动植物细胞内，线粒体氧化体系是主要的氧化体系，此外，还有其他一些氧化体系，如微粒体或过氧化体中的氧化体系、高等植物中的一些氧化体系等，这些氧化体系一般没有能量的储存与利用。

一、微粒体氧化体系

微粒体（microsome）中存在一类加氧酶（oxygenase），这类加氧酶也参与物质的氧化作用。该酶催化的氧化反应不是使底物脱氢或失电子，而是加氧到底物分子上。加氧酶类可分为加双氧酶（dioxygenase）和加单氧酶（monoxygenase）两类。

（一）加双氧酶类

加双氧酶催化氧分子直接加到底物分子上。

$$R + O_2 \longrightarrow RO_2$$

如色氨酸吡咯酶（tryptophanpyrrolase）、β-胡萝卜素加双氧酶等，它们催化两个氧原子加到构成双键的两个碳原子上。

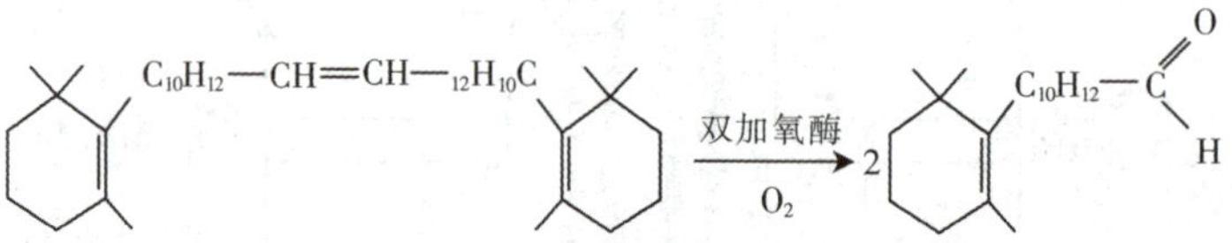

$C_{10}H_{12}—CH=CH—{}_{12}H_{10}C$ $\xrightarrow[O_2]{双加氧酶}$ 2 $C_{10}H_{12}—CHO$

β-胡萝卜素　　视黄醛

（二）加单氧酶类

加单氧酶类催化在底物分子上加一个氧原子的反应，许多羟化反应都属于这种情形，又称羟化酶（hydroxylase）。在反应中，参加反应的氧分子起了混合的功能：一个氧原子进入底物分子中，另一个氧原子还原为水，此类酶称为混合功能氧化酶（mixed function oxidase）。这类酶所催化的加氧反应表示如下。

$$RH + NADH + H^+ + O_2 \longrightarrow ROH + NADP^+ + H_2O$$

加单氧酶并不是一种单一的酶，而是一个酶体系。细胞色素 P450 酶系是药物生物转化的主要酶类，它存在于肝脏及其他组织细胞内的内质网中。该酶系在微粒体的运转（催化作用）有赖于 NADPH（还原型辅酶Ⅱ）、NADH（还原型辅酶Ⅰ）、黄素蛋白、非血红素铁蛋白、细胞色素、细胞色素 P450 等，也就是说由一组铁原卟啉偶联的单加氧酶系。

细胞色素 P450 酶系主要是通过“活化”分子氧，使其中一个氧原子和药物分子结合，同时将另一个氧原子还原成水，从而在药物的分子中引入氧。

细胞色素 P450 酶系催化多种类型的氧化还原反应，主要是使脂溶性药物转化为极性较大的化合物，从而易于排泄。

微粒体中的加氧反应虽然不能产生可供利用的能量（不产生 ATP），但在体内多种物质代谢中也是不可缺少的。例如类固醇激素的合成，维生素 D 的活化（25 位的羟化由单加氧酶催化）、胆汁酸、胆色素代谢、某些毒物和药物的转化等都需要加氧酶的催化作用。

二、过氧化物酶体氧化体系

过氧化物酶体（peroxisome）即微体（microbody），它是细胞内也能进行生物氧化还原的细胞器，它主要含过氧化氢酶（catalase）和过氧化物酶（peroxidase）等，这些酶能催化另一些氧化还原反应。

（一）过氧化氢的生成

过氧化物酶体中含有较多的需氧脱氢酶，此酶可催化 L-氨基酸、D-氨基酸、黄嘌呤等化合物脱氢氧化，产物之一为过氧化氢（H_2O_2）。

$$\underset{\text{氨基酸}}{H-\underset{COOH}{\overset{R}{C}}-NH_2} \xrightarrow[\text{氨基酸氧化酶}]{O_2,H_2O} \underset{\alpha\text{-酮酸}}{\underset{COOH}{\overset{R}{C}}=O} + NH_3 + H_2O_2$$

$$\text{黄嘌呤} \xrightarrow[\text{黄嘌呤氧化酶}]{+H_2O} \text{中间产物} \xrightarrow{O_2} \text{尿酸} + H_2O_2$$

此外，在人体及动物的中性粒细胞中还存在 NADH 氧化酶，分别将糖代谢产生的 NADH 及 NADPH 与氧结合氧化产生 H_2O_2。

$$NADH + H^+ + O_2 \xrightarrow{\text{NADH氧化酶}} NAD^+ + H_2O_2$$

$$NADPH + H^+ + O_2 \xrightarrow{\text{NADPH氧化酶}} NADP^+ + H_2O_2$$

在呼吸链的终末氧化酶或加氧酶的反应中，每分子氧需要接受 4 个电子才能还原成氧离子，并进一步生成水。如果接受的电子不足，就形成超氧化基团（O^{2-}）或过氧化基团（O_2^{2-}）；后者在接受 $2H^+$ 后即形成 H_2O_2，而前者在线粒体或细胞质中超氧化物歧化酶（superoxide dismutase，SOD）的催化下与 H^+ 作用，一个 O_2^- 被氧化成 O_2，另一个 O_2^- 被还原成 H_2O_2，该反应可能是体内 H_2O_2 的重要来源。

$$O_2 + 2e^- \longrightarrow O_2^{2-} \xrightarrow{2H^+} H_2O_2$$

$$O_2 + e^- \longrightarrow O_2^-$$

$$2O^{2-} + 2H^+ \xrightarrow{\text{超氧化物歧化酶}} H_2O_2 + O_2$$

（二）过氧化氢的处理和利用

对于大多数组织来说，H_2O_2 是一种毒物，它可以氧化某些具有重要生理作用的含巯基的酶和蛋白质，使其丧失活性；还可以将细胞膜磷脂分子高度不饱和脂肪酸氧化成脂性过氧化物，结果使磷脂功能障碍，对生物膜造成严重损伤。如红细胞膜被损伤就易发生溶血，线粒体膜被损伤，则能量代谢受阻。过氧化物酶体中所含的过氧化氢酶和过氧化物酶可将 H_2O_2 处理和利用。

1. 过氧化氢酶（catalase） 又称（触酶），其辅基含四个血红素。可催化两分子 H_2O_2 反应生成水，并放出 O_2。实际上这是一种氧化还原反应，即一分子 H_2O_2 被氧化成 O_2，另一分子 H_2O_2 则被还原成 H_2O。

$$H_2O_2 + H_2O_2 \xrightarrow{\text{过氧化氢酶}} 2H_2O + O_2$$

2. 过氧化物酶（peroxidase） 也含有血红素辅基。可催化 H_2O_2 直接氧化酚类和胺类等底物，催化底物脱氢，脱下的氢将 H_2O_2 还原成水。

$$RH_2 + H_2O \xrightarrow{\text{过氧化物酶}} R + 2H_2O$$

第三节 光合磷酸化

1954 年 Arnon D 等人发现，照光的菠菜叶绿体在光合电子传递过程中由 ADP 和 Pi 形成 ATP。此后又有人在称为载色体（chromatophore）的光合细菌的含色素膜结构中观察到光诱导的 ATP 的合成。因此得出结论：被这些生物的光系统捕获的光能一部分能量转化为 ATP 的磷酸酯能。这一过程称为光合磷酸化（photophosphorylation），以区别于线粒体中的氧化磷酸化。光合磷酸化是光合作用过程的一部分。

一、光系统Ⅱ：裂解水

非循环的电子传递过程分为两个过程，一个过程是在光系统Ⅱ（PS Ⅱ）中水被裂解产生氧和电子，以及电子在光系统Ⅱ中的传递；另一个过程是电子在光系统Ⅰ（PSⅠ）中传递，最终传递给 $NADP^+$ 生成 NADPH 的过程（图 7－25）。

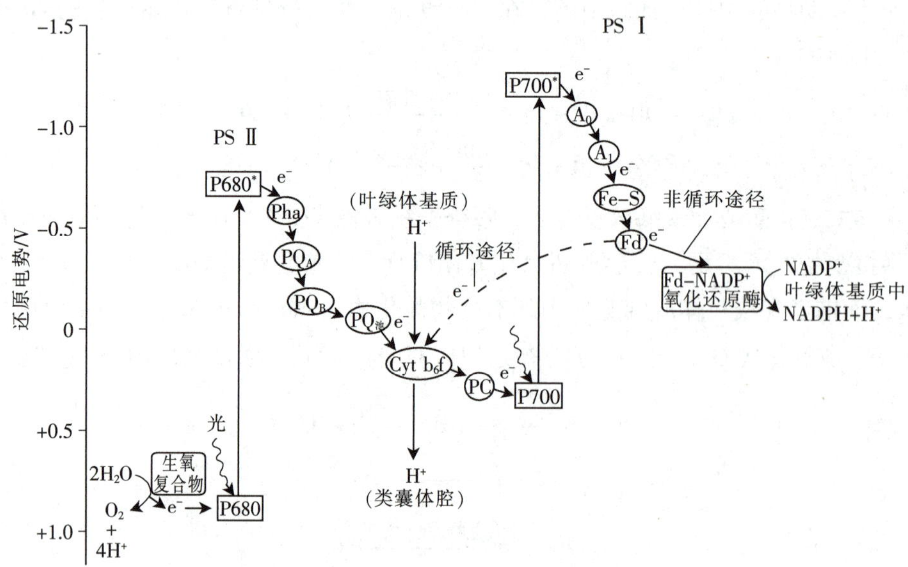

图 7－25 Z 字形电子传递链

发生在光系统Ⅱ中的反应：水裂解生成氧。图 7－25 光系统Ⅱ可看到在光照条件下，在生氧复合物（oxygen-evolving complex）催化下，2 分子 H_2O 被裂解成 1 分子 O_2、4 个质子和 4 个电子。生氧复合物主要由几个外周蛋白和 4 个锰离子等成分组成，与位于类囊体膜边上的 PS Ⅱ相连。锰离子直接与反应中心的蛋白质结合，构成了活性中心。外周蛋白与反应中心非共价结合，在生成氧的反应中起协助作用。

生氧复合物 H_2O 氧化是由复合物中含有的一个由 4 个锰离子组成的锰离子簇完成的，锰离子按特殊的取向排列，传递来自水的 4 个电子，每次传递一个电子（图 7－26）。电子首先转移给 PS Ⅱ反应中心的一个蛋白亚基上的一个 Tyr，然后经 Tyr 转移给氧化的 P680（$P680^+$）。一旦锰离子簇卸掉它的 4 个电子，水裂解的过程就又发生了：2 个水分子被氧化，4 个电子使锰离子簇还原，同时 4 个质子释放到腔中并生成 1 分子 O_2。

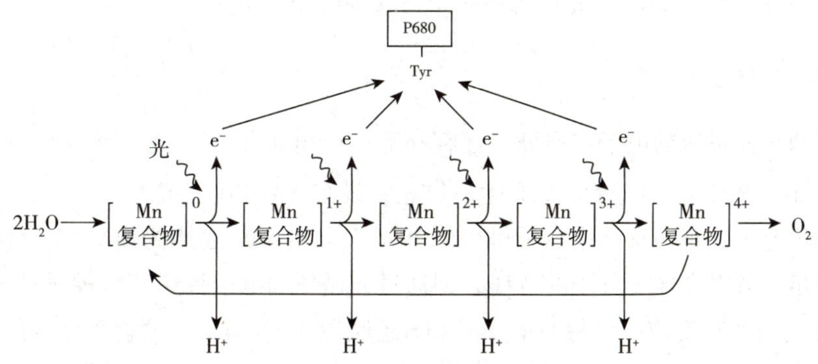

图 7－26　生氧复合物的水裂解作用

$P680^+$ 接受来自水的一个电子，在光激发下变成激发态 $P680^*$，然后 $P680^*$ 将电子传给脱镁叶绿素（pheophytin，Pha），也称之为褐藻素。Pha 的结构与叶绿素 a（Chla）类似，只是 Chla 中的镁离子被 2 个质子取代。接下来还原的 Pha 将电子传给质体醌（plastoquinone，PQ）A，PQ 结构类似于线粒体的 CoQ，其作用也是转移电子和质子（图 7－27）。

PQA 将 2 个电子传递（每次传递 1 个电子）给第 2 个质体醌分子 PQB，质子化的 $PQBH_2$ 被释放到与类囊体膜结合的质体醌库中。来自质体醌的电子传给细胞色素 b_6f 复合物，然后将电子传递给质体蓝素，同时净转移 4 个质子到类囊体腔中。质体醌和细胞色素 b_6f 复合物的联合作用像一个质子泵，由于这个泵的贡献，形成了驱动 ATP 合成的质子动力。

细胞色素 b_6f 将电子传递给一个位于囊体腔表面的外周蛋白质体蓝素（palstocyanin，PC），质体蓝素是个含铜蛋白质，靠铜原子氧化态的变化传递电子，可以在类囊体膜中侧向移动，穿梭于细胞色素 b_6f 和 PS Ⅰ 之间。接受电子的质体蓝素将电子传给 PS Ⅰ 中处于氧化态 $P700^+$，被还原为 P700，P700 就可以通过色素激发变成能量高的 $P700^*$。

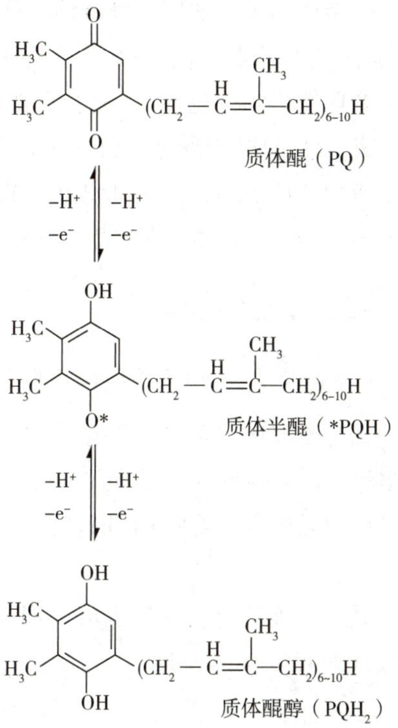

质体醌（PQ）

$-H^+$　$-e^-$

质体半醌（*PQH）

$-H^+$　$-e^-$

质体醌醇（PQH_2）

图 7－27　质子体醌还原为质子醌醇

二、光系统 Ⅰ：生成 NADH

激发态 $P700^*$ 大约具有 －1.3V 的还原电位，是个很强的还原剂。$P700^*$ 中的电子很容易传给 A_0（一个叶绿素 a 分子），还原型 A_0 再将电子传给 A_1（叶绿醌）。电子从 A_1 传递给一系列的铁－硫簇（Fe－S），最后传递给称为铁氧还蛋白（ferredoxin，Fd）的铁－硫簇蛋白。Fd 是叶绿体基质中的一个小的水溶性蛋白。

Fd 的低的还原电位（$E^{\ominus}$ = －0.43V），很容易使 $NADP^+$ 还原为 NADPH（$E^{\ominus}$ = －0.32V），还原过程是在 Fd－$NADP^+$ 氧化还原酶催化下实现的。这个氧化还原酶松散地结合在类囊体膜的基质侧，含有辅基 FAD，FAD 被还原型 Fd 还原为 $FADH_2$，然后 $FADH_2$ 再使 $NADP^+$ 还原。这一还原过程使得跨类囊体膜的 pH 差值增加了，因为来自基质中的一个质子消耗在 $NADP^+$ 转换为 NADPH 上，至此，NADPH 的形成完成了非循环电子传递。

电子从 H_2O 开始经 PSⅡ和 PSⅠ传递给 $NADP^+$ 生成了 NADPH 的净反应，可用下面方程式表示。

$$2H_2O + 2NADP^+ \longrightarrow 2NADPH + 2H^+ + O_2$$

三、循环电子传递

除了上述涉及两个光系统的电子传递外，还存在另一个电子传递方式，不涉及 O_2 和 PSⅡ，只涉及 PSⅠ的循环电子传递。循环电子传递与 ATP 生成偶联，没有 NADPH 生成。

在非循环电子传递中，每转移两个电子可以使 1 分子的 $NADP^+$ 还原为 NADPH，同时产生的跨类囊体膜的质子驱动力足以可以合成 1 分子的 ATP，即通过非循环的电子传递产生的 ATP 和 NADPH 的比例是 1∶1。但在将要讨论的暗反应中，每使 1 分子 CO_2 还原为（CH_2O）要消耗 2 分子的 NADPH 和 3 分子的 ATP，从化学计量看，光反应和暗反应之间的 ATP 和 NADPH 量显然是不平衡的，所以需要另外的补偿途径合成 ATP，这个途径就是循环电子传递途径。

在循环电子传递中，可溶性的铁氧还蛋白将电子返还给细胞色素 b_6f 复合物（图 7－25 中的虚线所示），经质体蓝素又进入 PSⅠ。在循环电子传递途径中电子不再转移给 $NADP^+$ 生成 NADPH，但可通过电子循环使得细胞色素 b_6f 复合物将基质中的质子泵入腔内，进一步增加质子浓度梯度，伴随质子梯度的形成，使 ADP 磷酸化生成 ATP。所以电子的循环传递补充了在非循环电子传递中产生的质子驱动力，可以增加 ATP 的生成。一般来说，循环和非循环电子传递的相对速率受 NADPH 和 $NADP^+$ 的相对含量的影响，当基质中的 NADPH 对 $NADP^+$ 比例高，非循环电子传递的速率受到限制，循环电子传递活跃。

四、光合磷酸化

（一）光合磷酸化的作用机制

光合磷酸化与氧化磷酸化一样是通过化学渗透机制进行的。储存在质子梯度中的能量（$\Delta\psi$），称为电化学势（electrochemical potential）。它由两项组成：一项是膜电势（$\Delta\psi$），由于电荷分离造成（当质子跨膜转移时无相应的反离子同时转移）；另一项是化学势，由膜间隙的两个区域内质子浓度差（ΔpH）引起。

$$\Delta G = \mathscr{F}\Delta\psi - 2.303RT\Delta pH$$

质子梯度的电化学势也可以用质子动势（Δp）表示。质子动势定义为自由能变化 ΔG 除以 Farady 常数（96485J/V · mol）

$$\Delta p = \Delta G/\mathscr{F} = \Delta\psi - (2.303RT/\mathscr{F})\Delta pH$$

在叶绿体中 ΔpH 是主要项；因为类囊体膜对阴离子是可以通透的，也即反离子移动损失大部分电势能，$\Delta\psi$ 只有 －50mV 左右；而 ΔpH＝3。在 25℃叶绿体中每 1mol 质子贮存在质子梯度中的能量

$$\Delta G = -22\text{kJ/mol 或 } \Delta p = -0.23\text{V}$$

因此 12mol 质子通过类囊体膜相当于贮存约 260kJ 的能量，此能量足以驱动几个摩尔 ATP（$\Delta G^{\ominus}$ = 30.5kJ/mol）的合成。实验测得，每放出 1 个 O_2 合成约 3 个 ATP。

（二）循环和非循环光合磷酸化

光合电子传递能量能以两种方式进行，但它们都导致跨膜质子动势的形成，因此这两种方式都与 ATP 合成相偶联，并且它们的光合磷酸化的机制也是相同的。这两种方式，一种称为非循环光合磷酸化，另一种称为循环光合磷酸化。

1. 非循环光合磷酸化（noncyclic photophosphorlation） 光合磷酸化的机制见图 7－28，这里，在 PSⅡ和 PSⅠ中被光子活化的电子从 H_2O 流到 $NADP^+$，同时建立了质子动势（$3H^+/e^-$），驱动 ATP 合成。注意，在非循环光合磷酸化中有 O_2 释放和 $NADP^+$ 还原。

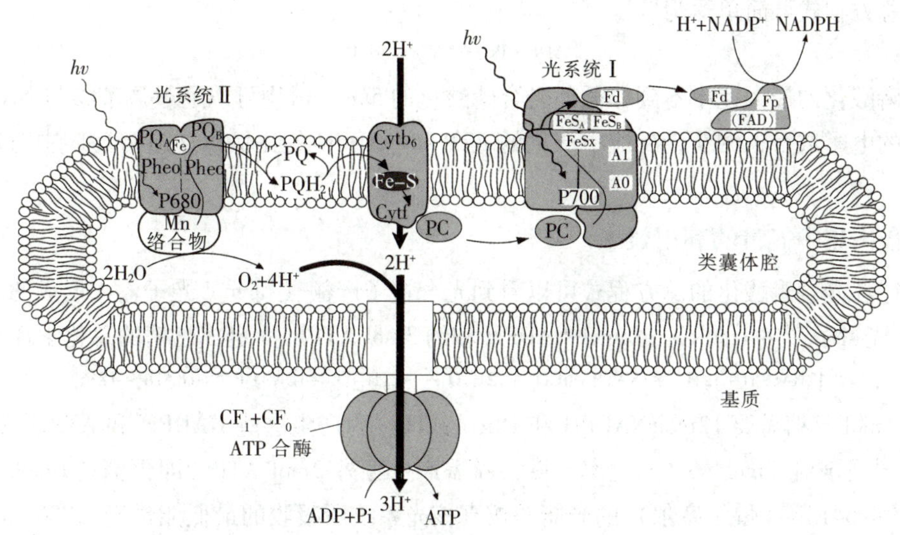

图 7-28 在类囊体中质子和电子流的线路（光合磷酸化的机制）

非循环光合磷酸化的总方程是

$$2H_2O + 8h\nu + 2\ NADP^+ + 3ATP + 3Pi \longrightarrow O_2 + 2NADPH + 2H^+ + 3ATP + 3H_2O$$

2. 循环光合磷酸化（cyclic photophosphorlation） 是循环光合电子流起的。在循环电子流中 P700 丢失电子形成的 $P700^+$ "电子空穴"不是由衍生自 H_2O 经 PSⅡ传递过来的电子填补，而是由 P700 的光激发电子沿循环途径最终返回 $P700^+$。此循环途径在图（图 7-29）中用连接 PSⅠ中 $Fe-S_B$ 和细胞色素 b_6f 复合体的虚线标出。细胞色素 b_6（cyt b_6）的功能是经质体醌库连接细胞色素 b_6f 复合体和 PSⅠ的结合型铁氧还蛋白（$Fe-S_B/Fe-S_A$）。此途径使活化的电子不流向 $NADP^+$，而经质体蓝素返回 $P700^+$。

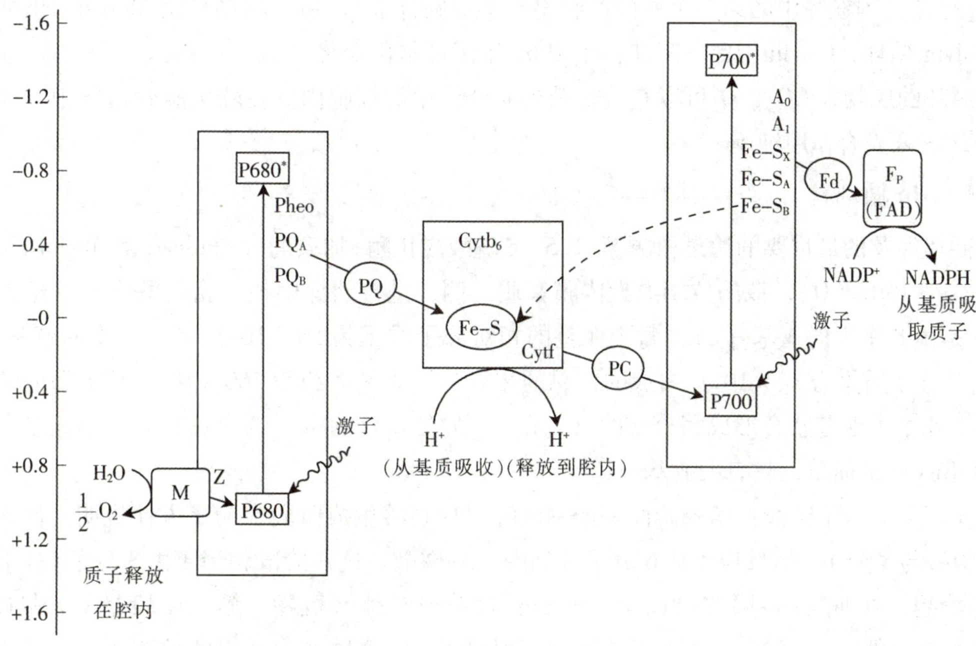

图 7-29 真核光合电子传递的 Z 图式

循环电子流中无 NADPH 产生，也无 O_2 释放，因为它不涉及 PSⅡ。但循环途径中也有质子被细胞色素 b_6f 复合体（经 Q 循环）泵送到类囊体腔中（$2H^+/e^-$），因此伴有 ADP 的磷酸化。循环电子流和

光合磷酸化的总方程式可简单写为

$$ADP + Pi \longrightarrow ATP + H_2O$$

循环光合磷酸化的最大速率不到非循环光合磷酸化的5%。植物可以通过调节参与 $NADP^+$ 还原和循环光合磷酸化的电子数目，调节光反应中产生的 ATP 和 NADPH 的比例以适应暗反应中对这些化合物的需求。

（三）光合作用中能量的利用效率

从前面非循环光合磷酸化的总方程式可以看到光合量子产额（每 mol 光子输入形成的产物量）相当于每吸收 8mol 光量子产生 1mol O_2，2mol NADPH 和约 3mol ATP。固定成己糖的总化学计量方程是

$$12NADPH + 12H^+ + 18ATP + 6CO_2 + 12H_2O \longrightarrow C_6H_{12}O_6 + 12NADP^+ + 18ADP + 18Pi$$

也即合成 1mol 己糖需要 12mol NADPH 和 18mol ATP。为产生这些 NADPH 和 ATP 需要 48mol 光子，如果按每 8mol 光子产生 2mol ATP 的比率计算，尚需产生额外 2mol ATP，即再消耗 6mol 光子，这样合成 1mol 己糖需要 54EIN（量子摩尔）的光能。按真核光系统所吸收的最低能量光（700nm 波长）计算，1 量子摩尔约为 170kJ，54 量子摩尔为 9180kJ。根据细胞呼吸链逆转，从 CO_2 和 H_2O 合成己糖的标准自由能变化 $\Delta G^{\ominus'}$ 为 +2870kJ。因此可算得光合电子传递过程中能量利用效率为（2870/9180）×100% = 31%，即光系统吸收的能量 31% 转化为贮存的化学能。

五、暗反应

光合作用的第二个阶段是使 CO_2 还原转化为糖的暗反应阶段，反应不是直接依赖于光，而是消耗光反应中产生的 ATP 和 NADPH 的过程。糖是在叶绿素的基质中通过酶催化的循环反应生成的。整个暗反应包括三个主要阶段：一是 CO_2 受体固定大气中 CO_2；二是将固定的 CO_2 还原为糖；三是可接受 CO_2 的受体分子的重新生成。CO_2 还原生成糖的途径称为还原性磷酸戊糖（reductive pentose phosphate，RPP）循环，或 C_3 途径（因途径中的第一个中间产物是一个三碳分子），由于该循环由 Melvin Calvin 提出，所以也称为 Calvin 循环，Calvin 因此贡献获得了 1961 年诺贝尔化学奖。

Calvin 循环的底物是 CO_2，O_2 可以直接扩散到光合作用的细胞内。在陆生脉管植物中，通过称为气门的表面结构进入光合作用细胞。

（一）Calvin 循环

Calvin 循环涉及的最重要的酶是核酮糖-1,5-二磷酸羧化酶-加氧酶（ribulise1,5-biphosphate carboxylase oxygenase，RuBisCO），该酶位于类囊体膜基质一侧，是自然界中最丰富的酶之一。藻类和蓝细菌的 RuBisCO 是由 8 个大的亚基（L）（每个亚基的相对分子质量为 56×10^3）和 8 个小的亚基（S）（每个亚基的相对分子质量为 14×10^3）组成的，总的相对分子质量大约为 560×10^3。整个酶分子的组成可表示为 L_8S_8。8 个大亚基联合形成酶分子的核（L_8），而在 L_8 核的每一端存在着 4 个小亚基。光合作用细菌中的 RuBisCO 最简单，只有大亚基。

Calvin 循环分为两个阶段：第一阶段是产物油醛-3-磷酸生成阶段，为了方便说明，使 3 分子核酮糖-1,5-二磷酸与 3 分子 CO_2 反应生成 6 分子甘油醛-3-磷酸。这一阶段相当于由 3 分子 CO_2 合成 1 分子甘油醛-3-磷酸，甘油醛-3-磷酸可以用于合成葡萄糖或其他有机物。第二阶段是 CO_2 载体核酮糖-1,5-二磷酸再生阶段，第一阶段生成的其余 5 分子甘油醛-3-磷酸经一系列碳重新组合生成 3 分子核酮糖-1,5-二磷酸。

下面按照上面划分的两个阶段对 Calvin 循环进行说明。

1. 第一阶段：生成甘油醛-3-磷酸 在 RuBisCO 催化下，3 分子 CO_2 分子与 3 分子核酮糖-1,5-二磷酸反应生成 6 分子甘油酸-3-磷酸，反应如下。

3 核酮糖-1,5-二磷酸 + 3 CO_2 + 3 H_2O —RuBisCO→ 6 甘油酸-3-磷酸 + 6 H^+

在甘油酸-3-磷酸激酶催化下，6分子甘油酸-3-磷酸转化为6分子甘油酸-1,3-二磷酸，反应需要6分子ATP。6分子甘油酸-1,3-二磷酸在甘油醛-3-二磷酸脱氢酶的作用下被6分子NADPH还原为6分子甘油醛-3-磷酸，反应如下。

6 甘油酸-3-磷酸 + 6ATP —甘油酸-3-磷酸激酶→ 6 甘油酸-1,3-二磷酸 + 6ADP

6 甘油酸-1,3-二磷酸 + 6NADPH + 6H^+ —甘油醛-3-二磷酸脱氢酶→ 6 甘油醛-3-磷酸 + 6$NADP^+$ + 6P_i

2. 第二阶段：核酮糖-1,5-二磷酸再生 在第一阶段生成的6分子甘油醛-3-磷酸中的1分子用于合成葡萄糖或其他有机物，其余5分子甘油醛-3-磷酸用于再生3分子核酮糖-1,5-二磷酸。

甘油醛-3-磷酸 + 磷酸二羧丙酮→果糖-1,6-二磷酸

果糖-1,6-二磷酸→果糖-6-磷酸 + P_i

果糖-6-磷酸 + 甘油醛-3-磷酸→木酮糖-5-磷酸 + 赤藓糖-4-磷酸

赤藓糖-4-磷酸 + 磷酸二羧丙酮→景天庚酮糖-1,7-二磷酸 + P_i

景天庚酮糖-1,7-二磷酸 + 甘油醛-3-磷酸⟶木酮糖-5-磷酸 + 核糖-5-磷酸

核糖-5-磷酸⟶核酮糖-5-磷酸

2（木酮糖-5-磷酸）⟶2（核铜糖-5-磷酸）

3（核酮糖-5-磷酸） + 3ATP⟶3（核酮糖-1,5-二磷酸） + 3ADP

经过两个阶段的暗反应后，净反应可写成如下形式。

$3CO_2 + 9ATP + 6NADPH + 6H^+ + 5H_2O \longrightarrow 9ADP + 8Pi + 6NADP^+ +$ 甘油醛-3-磷酸

（二）Calvin循环的调控

从上面介绍的光反应和暗反应可以看出，只有当光合作用生成ATP和NADPH时才能保证Calvin循环的运转。Calvin循环与ATP和NADPH合成之间存在着协同性，协同性取决于光、基质Mg^{2+}和基质pH对Calvin循环中几个酶的调节。这一协同性在光合作用条件改变时，对于维持Calvin循环中间代谢物的平衡是非常必要的。

Calvin循环中受到光特殊调节的酶（光调节酶）是催化几步不可逆反应的酶：核酮糖-5-磷酸激酶、果糖-1,6-二磷酸酶、景天庚酮糖-1,7-二磷酸酶。这些酶含有暴露于表面的二硫键，光间接驱动二硫键的还原，引起酶三级结构的变化，导致酶激活。

实际上二硫键还原开始于光驱动的PSⅠ的电子传递链，当电子传递到铁氧还蛋白后，生成的还原型铁氧还蛋白没有将电子传递给$NADP^+$，而是给了基质中的一个小的蛋白质硫氧还蛋白。硫氧还蛋白的氧化作用和还原作用是由于蛋白中的1对巯基的氧化和还原，铁氧还蛋白-硫氧还蛋白还原酶催化二硫键还原为巯基。可溶性的硫氧还蛋白的巯基可与受光调节的酶的表面的二硫键自发地进行巯基-二硫键交换。从而导致酶的激活（图7-30）。所以酶的激活受光调节是通过依赖于光的电子传递提供的电子，是一种间接的调节作用。

当质子转移到类囊体腔导致基质的Mg^{2+}浓度和基质pH都增加时，Mg^{2+}浓度和基质pH浓度变化也是Calvin循环中某些酶的调节信号。RuBisCO激活需要Mg^{2+}和CO_2，景天庚酮糖-1,7-二磷酸表现出最

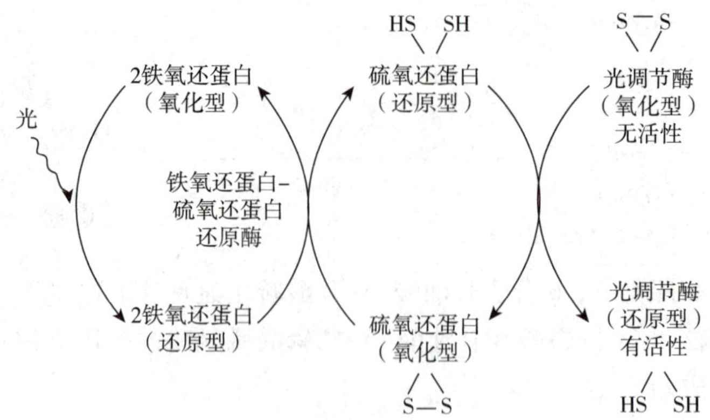

图 7－30　Calvin 循环中光调节酶的光激活示意图

大活性时需要碱性 pH 和高浓度的 Mg^{2+}。磷酸核酮糖激酶受到另外一种类型的 pH 调节，即通过 RuBisCO产物甘油酸-3-磷酸（3-PG）的抑制，但只是受到 3-PG^{2-} 离子型的抑制。在光合作用活跃，基质为碱性时，3-PG 的主要离子形式是 3-PG^{3-}。但当光合作用活性降低，基质 pH 下降时，3-PG^{2-} 水平增加，导致对磷酸核酮糖激酶抑制的增加。

答案解析

思考题

像很多谍战片里的特工一样，电影《悬崖之上》里的楚良，在最后时刻从衣领处拿出白色小药片放入嘴中而离世，保留一个特工最后的尊严和荣耀。

1. 请问这种能引起特工快速死亡的白色小药片是什么？它属于呼吸链哪种复合体的抑制剂？
2. 该白色小药片为什么能引起细胞窒息死亡？
3. 它的解毒药物有哪些？

（李　荷　李春梅）

书网融合……

微课

习题

第八章　糖类的代谢

PPT

学习目标

1. 通过本章学习，掌握糖无氧分解，糖有氧分解，三羧酸循环，磷酸戊糖途径的概念、基本过程和生理意义以及三羧酸循环的特点；熟悉糖原的合成与糖原的分解，糖异生，乳酸循环的概念、基本过程、生理意义及血糖的来源和去路；了解糖的消化、吸收、糖主要代谢途径的调节作用。

2. 具有运用理论知识解析实际问题的能力。

3. 树立科学健康的生活理念，培养科学的世界观、人生观、价值观。

糖类是人和动物的主要能源物质，通过氧化分解而释放出大量能量，以保证机体的一切活动。正常人体所需能量的50%~70%来自糖类分解代谢提供的，每克葡萄糖完全分解为 CO_2 和 H_2O 可提供17kJ（约4.1kcal）能量，其中约34%的能量可以转化为ATP供机体利用。糖类除了是体内重要的能源物质外，它还能为体内其他含碳化合物的合成提供碳源，如糖在体内可转变为非必需氨基酸、脂肪酸、核苷等其他含碳化合物。另外，它还是构成生物体的是重要组成成分，例如糖蛋白和糖脂是细胞膜的重要构成成分，蛋白聚糖和糖蛋白构成结缔组织、软骨和骨基质等。此外，体内还有一些具有重要生理功能的糖蛋白（如激素、酶、免疫球蛋白等）和糖的磷酸衍生物（如 NAD^+、FAD、ATP、RNA等）。

第一节　概　述

一、糖类的消化吸收

糖类物质是人类食物的主要成分，约占食物总量的50%。食物中的糖类物质主要包含植物淀粉和动物糖原以及蔗糖、麦芽糖、乳糖等。食物中还含有大量的由 β-1,4-糖苷键构成的纤维素，因人体内缺乏 β-1,4-糖苷酶不能对其分解利用，故无营养价值，但它具有刺激肠蠕动的作用，因此是维持健康所必需的糖类。而食物中的其他糖类物质除单糖外，都需在消化道中被水解为单糖后才能被机体吸收利用。

食物中的糖类物质以淀粉为主，它的消化从口腔开始。唾液中含有 α-淀粉酶，可催化淀粉中 α-1,4-糖苷键水解。一般来说，食物在口腔中停留时间较短，所以淀粉主要消化部位在小肠。肠液中含有胰腺分泌的 α-淀粉酶，此酶能催化淀粉中的 α-1,4-糖苷键水解，生成麦芽糖、异麦芽糖、麦芽三糖、有支链的 α-临界糊精和4~9个葡萄糖聚合成的麦芽寡糖。而后，在小肠黏膜刷状缘中，α-葡萄糖苷酶（包括麦芽糖酶）可水解没有分支的麦芽糖和麦芽三糖，α-临界糊精酶（包括异麦芽糖酶）可水解 α-1,4-糖苷键和 α-1,6-糖苷键，将临界糊精和异麦芽糖分解为葡萄糖。蔗糖酶和乳糖酶分别水解蔗糖和乳糖。有些成年人由于缺乏乳糖酶，不能分解牛奶中的乳糖而引起喝牛奶后腹胀、腹泻等症状。

糖分解为葡萄糖、果糖及半乳糖等单糖后被吸收。吸收的部位主要在小肠上段。上皮细胞刷状缘细胞对葡萄糖的吸收是一个依赖特定载体转运、主动耗能的过程，在吸收过程中伴有 Na^+ 的转运。吸收的葡萄糖扩散入血，经门静脉入肝，再输送到全身各组织器官利用。

葡萄糖吸收入血后，通过葡萄糖转运体（GLUT）介导进入机体各个细胞内进行代谢。现发现5种主要的葡萄糖转运体（GLUT 1~5），它们均有 12 个跨膜结构域，在不同组织的细胞膜上发挥作用。如 GLUT 1 主要分布于脑、肌肉、脂肪组织，GLUT 5 主要分布于小肠黏膜上皮细胞。

二、糖类代谢的概述

糖代谢主要是指葡萄糖在体内进行的一系列复杂化学反应。在不同类型的细胞中，葡萄糖的代谢途径并不同，而且它的分解代谢很大程度上受供氧情况的影响：在缺氧情况下进行糖酵解，生成乳酸及少量 ATP；在供氧充足时进行有氧氧化，生成 CO_2、H_2O 及大量 ATP。葡萄糖还可以通过磷酸戊糖途径分解为 NADPH、磷酸戊糖和 CO_2，发挥不同的生理功能。此外，葡萄糖也可以通过糖原合成和糖异生等途径合成，满足机体不同状态的需求。

第二节 糖酵解

葡萄糖或糖原在机体无氧或缺氧条件下分解生成乳酸（lactate），同时产生少量能量的过程，与酵母菌的生醇发酵的过程基本相似，故称为糖酵解（glycolysis），也称为糖的无氧氧化。

糖酵解在生物界（除蓝藻外）普遍存在，是生物在长期进化过程中保留下来的最古老的糖代谢途径。糖酵解的全部代谢反应过程均在细胞质中进行。

一、糖酵解的反应过程

糖酵解分为两个阶段：第一阶段是由葡萄糖或糖原分解成丙酮酸（pyruvate）的过程，第二阶段是由丙酮酸还原成乳酸的过程。由葡萄糖生成乳酸共需 11 步连续反应，而由糖原开始则需要 12 步连续反应。

（一）葡萄糖或糖原分解成丙酮酸

1. 葡萄糖磷酸化为葡萄糖-6-磷酸 进入细胞内的葡萄糖在己糖激酶（hexokinase，HK）催化下，生成葡萄糖-6-磷酸（glucose-6-phosphate，G-6-P）而活化，此反应需要 ATP 提供能量和磷酸基团。这个耗能不可逆反应是糖酵解的第一步反应，用到的酶也是糖酵解过程的第一个限速酶，Mg^{2+} 为该酶的必需激活剂。此过程既能活化葡萄糖，利于它进一步参与组织细胞的合成与分解代谢，同时还能使进入细胞的葡萄糖不再逸出细胞。

若从糖原开始酵解，糖原在糖原磷酸化酶的催化下，从非还原末端的葡萄糖基进行分解生成葡萄糖-1-磷酸（glucose-1-phosphate，G-1-P），此反应不需要消耗 ATP。然后在葡萄糖磷酸变位酶催化下葡萄糖-1-磷酸异构成葡萄糖-6-磷酸。这里的磷酸来自细胞质中的无机磷。

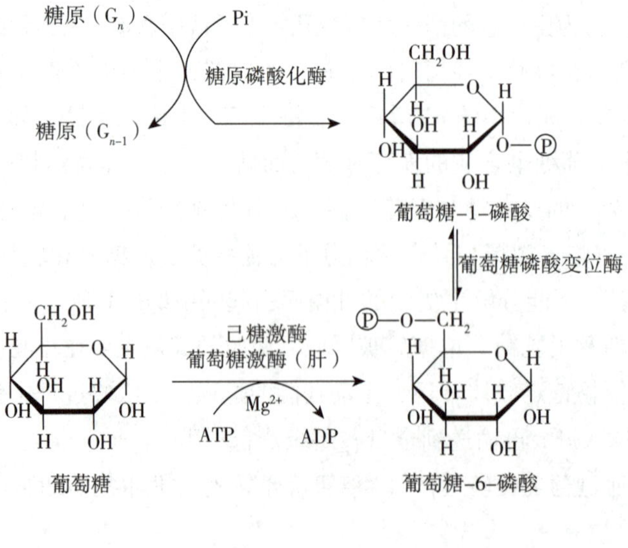

糖原（G_n） Pi 糖原磷酸化酶 糖原（G_{n-1}）

葡萄糖-1-磷酸

葡萄糖磷酸变位酶

己糖激酶 葡萄糖激酶（肝） Mg^{2+} ATP ADP

葡萄糖 葡萄糖-6-磷酸

己糖激酶广泛存在于各组织中，专一性不强，可作用于葡萄糖、果糖、甘露糖、氨基葡萄糖等多种己糖。哺乳动物体内有四种己糖激酶同工酶，分别为Ⅰ、Ⅱ、Ⅲ、Ⅳ型。其中Ⅰ、Ⅱ、Ⅲ型己糖激酶主要存在于肝外组织，由于它们K_m值较低（0.1mmol/L左右），尽管它对底物的特异性不高，但却有较强的亲和力，使其即使在底物浓度较低时仍可发挥较强的催化作用，从而保证了大脑等重要器官即使在饥饿、血糖浓度较低情况下，仍可有效地摄取利用葡萄糖以维持能量供应。Ⅳ型己糖激酶也称为葡萄糖激酶（glucokinase, GK），存在于肝细胞内，专一性较强，只能催化葡萄糖磷酸化。此酶K_m值较高（10mmol/L），与葡萄糖的亲和力较小，只有当饱食、血糖浓度较高时，才能充分发挥催化作用。这样利于餐后大量吸收的葡萄糖进入肝脏，在葡萄糖激酶作用下，参与合成糖原并贮存起来，以维持血糖浓度相对恒定。

2. 葡萄糖-6-磷酸异构生成果糖-6-磷酸 葡萄糖-6-磷酸是重要的中间代谢物，是许多糖代谢途径（无氧酵解、有氧氧化、磷酸戊糖途径、糖原合成、糖原分解）的连接点。

葡萄糖-6-磷酸在己糖磷酸异构酶（phosphohexose isomerase）催化下可逆的转变生成果糖-6-磷酸（fructose-6-phosphate），反应需要Mg^{2+}参与，反应的方向由底物与产物含量控制。

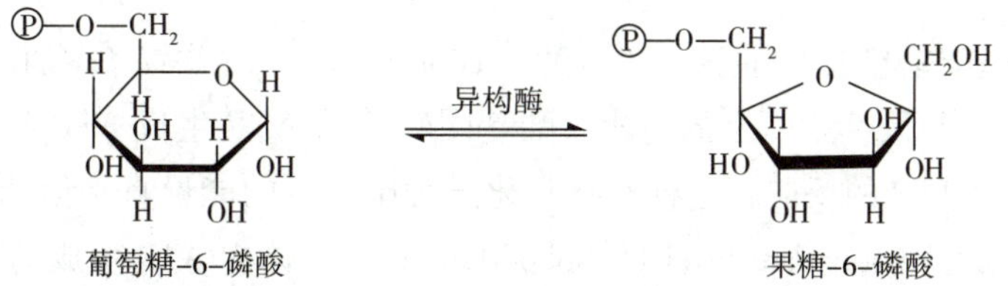

葡萄糖-6-磷酸 ⇌（异构酶） 果糖-6-磷酸

3. 果糖-6-磷酸转变生成果糖-1,6-二磷酸 在磷酸果糖激酶-1（phosphofructokinase 1, PFK 1）的催化下果糖-6-磷酸C_1进一步磷酸化生成果糖-1,6-二磷酸（fructose-1,6-biphosphate, F-1,6-BP, FBP），磷酸基团由ATP供给，反应不可逆。该反应为糖酵解第二次消耗ATP的磷酸化反应，由糖酵解的第二个限速酶催化，需要Mg^{2+}参与。

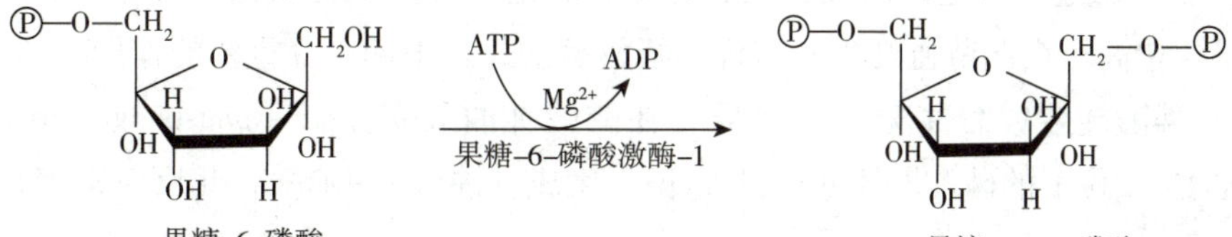

果糖-6-磷酸 →（ATP → ADP，Mg^{2+}，果糖-6-磷酸激酶-1） 果糖-1,6-二磷酸

4. 果糖-1,6-二磷酸转变生成2分子磷酸丙糖 果糖-1,6-二磷酸在醛缩酶（aldolase）的催化下裂解生成磷酸二羟丙酮（dihydroxyacetone phosphate）和甘油醛-3-磷酸（glyceraldehyde-3-phosphate）。该反应为醇醛缩合反应，标准自由能$\Delta G^{\theta'}$很大，倾向于果糖-1,6-二磷酸的合成。但是正常生理条件下，细胞内进行糖酵解的时候，甘油醛-3-磷酸不断被消耗，从而使反应向裂解方向进行。

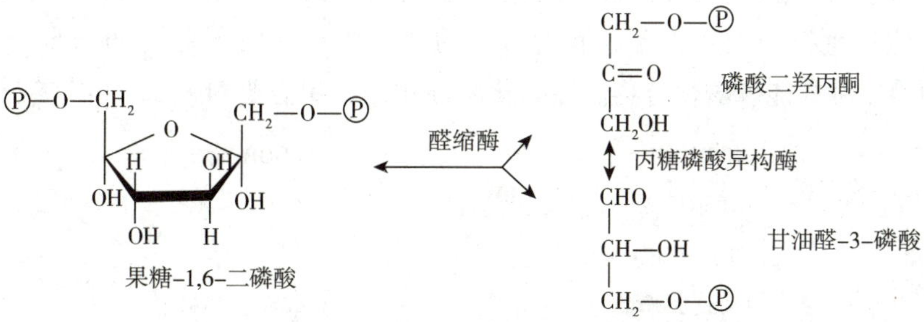

果糖-1,6-二磷酸 ⇌（醛缩酶） 磷酸二羟丙酮 + 甘油醛-3-磷酸（磷酸二羟丙酮 ⇌ 甘油醛-3-磷酸：丙糖磷酸异构酶）

5. 磷酸二羟丙酮和甘油醛-3-磷酸的相互转化 磷酸二羟丙酮和甘油醛-3-磷酸是同分异构体，在丙糖磷酸异构酶（triose - phosphate isomerase）催化下相互转变，这是一个吸能反应，但在细胞内甘油醛-3-磷酸不断进入下一步反应，它的浓度低，所以磷酸二羟丙酮会向着生成甘油醛-3-磷酸的方向进

行代谢，可视为1分子葡萄糖生成了2分子甘油醛-3-磷酸。果糖、半乳糖和甘露糖等己糖也可转变成甘油醛-3-磷酸。磷酸二羟丙酮是连接糖代谢与甘油代谢的中介分子。

6. 甘油醛-3-磷酸氧化为甘油酸-1,3二磷酸 甘油醛-3-磷酸在甘油醛-3-磷酸脱氢酶（glyceraldehyde-3-phosphate dehydrogenase）的催化下氧化脱氢并磷酸化，生成含有1个高能磷酸键的甘油酸-1,3-二磷酸。该反应是糖酵解途径唯一的脱氢反应，脱下的氢由NAD^+接受还原为$NADH+H^+$，同时形成含有一个高能磷酸酯键（酸酐键）的甘油酸-1,3-二磷酸，也是糖酵解途径中第一个形成高能化合物的步骤。反应中的磷酸来自细胞质中的无机磷。

CHO / CH—OH / CH_2—O—Ⓟ（甘油醛-3-磷酸） ⇌ [甘油醛-3-磷酸脱氢酶；Pi；NAD^+ → $NADH+H^+$] O═C—O～Ⓟ / CH—OH / CH_2—O—Ⓟ（甘油酸-1,3-二磷酸）

反应（1）~（5）可视为糖酵解途径的投入阶段，消耗ATP；而从反应（6）起则可视为产出阶段，产生ATP。

7. 甘油酸-1,3-二磷酸转变成甘油酸-3-磷酸 甘油酸-1,3-二磷酸在磷酸甘油酸激酶（phosphoglycerate kinase，PGK）催化下，将C_1上的高能磷酸基团转移给ADP生成ATP和甘油酸-3-磷酸。这是糖酵解过程中第一次产生ATP的反应，这种底物氧化过程中产生的能量直接使ADP磷酸化生成ATP的过程，称为底物水平磷酸化（substrate level phosphorylation），是体内ATP生成的一种方式。

O═C—O～Ⓟ / CH—OH / CH_2—O—Ⓟ（甘油酸-1,3-二磷酸） ⇌ [甘油酸磷酸激酶；ADP → ATP] COOH / CH—OH / CH_2—O—Ⓟ（甘油酸-3-磷酸）

甘油酸-1,3-二磷酸还可以通过磷酸甘油酸变位酶催化生成甘油酸-2,3-二磷酸（2,3-BPG）。人红细胞中2,3-BPG含量高，在调节血红蛋白结合与释放氧的过程中起十分重要的作用。

8. 甘油酸-3-磷酸转变成甘油酸-2-磷酸 在磷酸甘油酸变位酶（phosphoglycerate mutase）催化下，甘油酸-3-磷酸C_3位上的磷酸基团转变到C_2位上生成甘油酸-2-磷酸，此反应常需2,3-BPG作为辅助因子，反应可逆。

COOH / CH—OH / CH_2—O—Ⓟ（甘油酸-3-磷酸） ⇌ [甘油酸磷酸变位酶] COOH / CH—O—Ⓟ / CH_2—OH（甘油酸-2-磷酸）

9. 甘油酸-2-磷酸脱水生成磷酸烯醇式丙酮酸 在烯醇化酶（enolase）催化，甘油酸-2-磷酸脱水的同时，分子内部能量重新分配生成含高能磷酸键的磷酸烯醇式丙酮酸（phosphoenolpyruvate，PEP），这是糖酵解途径中第二种高能磷酸化合物。烯醇化酶催化的反应需要Mg^{2+}或Mn^{2+}参与。

COOH / CH—O—Ⓟ / CH_2—OH（甘油酸-2-磷酸） ⇌ [烯醇化酶；→ H_2O] COOH / C—O～Ⓟ / ‖ CH_2（磷酸烯醇丙酮酸）

10. 磷酸烯醇式丙酮酸转变成丙酮酸 在丙酮酸激酶（pyruvate kinase，PK）催化下，磷酸烯醇式丙酮酸上的高能磷酸基团转移至ADP生成ATP，而磷酸烯醇式丙酮酸转变为烯醇式丙酮酸，后者不稳定，可自发转变成稳定的丙酮酸。

这是糖酵解过程中第二次底物水平磷酸化。此反应不可逆，需 K^+、Mg^{2+} 或 Mn^{2+} 参加。催化该反应的丙酮酸激酶是糖酵解过程中的第三个限速酶。

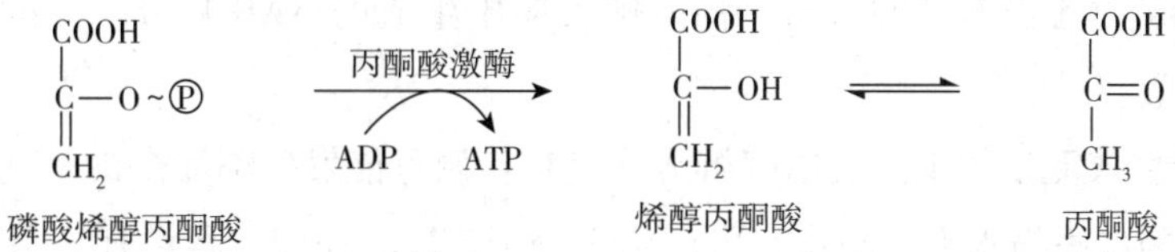

$$\text{磷酸烯醇丙酮酸}\ \xrightarrow[\text{ADP}\ \to\ \text{ATP}]{\text{丙酮酸激酶}}\ \text{烯醇丙酮酸}\ \rightleftharpoons\ \text{丙酮酸}$$

磷酸烯醇丙酮酸（COOH—C(—O~Ⓟ)=CH$_2$）　烯醇丙酮酸（COOH—C(—OH)=CH$_2$）　丙酮酸（COOH—C(=O)—CH$_3$）

（二）丙酮酸转变为乳酸

在机体或组织处于氧供给不足情况下（如缺氧、剧烈运动的肌肉组织等），丙酮酸可以在乳酸脱氢酶催化下加氢还原为乳酸。该反应的供氢体为上述第 6 步反应中的甘油醛-3-磷酸脱氢时产生的 $NADH + H^+$，$NADH + H^+$ 脱氢后成为 NAD^+，保证了无氧酵解过程持续进行。

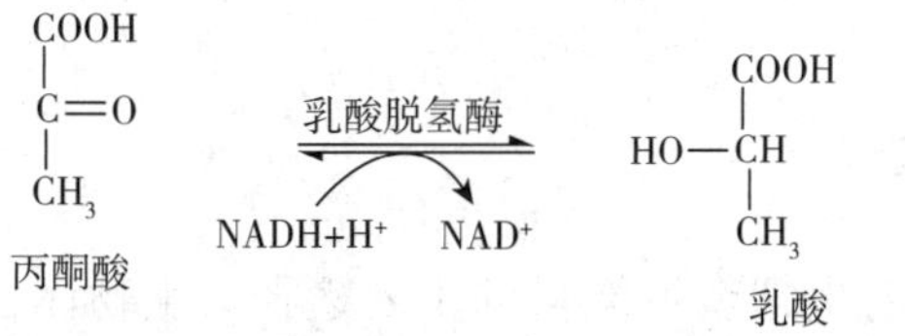

$$\text{丙酮酸}\ \underset{\text{NADH+H}^+\ \to\ \text{NAD}^+}{\overset{\text{乳酸脱氢酶}}{\rightleftharpoons}}\ \text{乳酸}$$

丙酮酸（COOH—C(=O)—CH$_3$）　乳酸（COOH—CH(OH)—CH$_3$）

在有氧条件下甘油醛-3-磷酸脱氢产生的 $NADH + H^+$ 通过两种穿梭方式从细胞质中进入线粒体经电子传递链传递给氧生成水同时释放能量形成 ATP。

糖酵解的总反应式可表示为

$$C_6H_{12}O_6 + 2NAD^+ + 2ADP + 2H_3PO_4 \longrightarrow 2CH_3CHOHCOOH + 2NADH + 2H^+ + 2ATP + 2H_2O$$

糖酵解反应全过程可用图 8－1 表示。

除葡萄糖外，其他己糖也可转变成磷酸己糖进入酵解途径中，例如果糖可在己糖激酶催化下转变成果糖-6-磷酸；半乳糖经半乳糖苷酶催化生成半乳糖-1-磷酸，再转变为葡萄糖-1-磷酸，又经变位酶催化生成葡萄糖-6-磷酸；甘露糖经己糖激酶催化生成甘露糖-6-磷酸，后者在异构酶的作用下转变成果糖-6-磷酸。

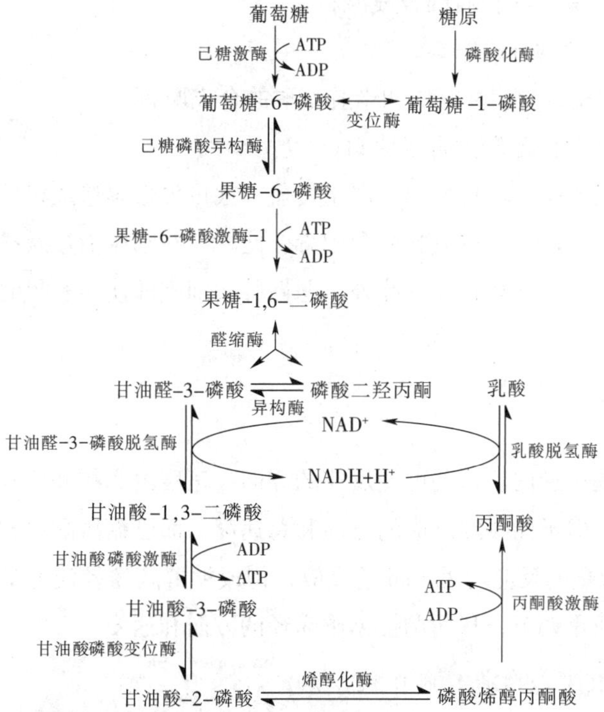

图 8－1　糖酵解反应全过程

二、糖酵解反应的特点

1. 糖酵解反应的全过程没有氧的参与。糖酵解反应中生成的 NADH + H^+ 只能将 2H 交给丙酮酸使之还原为最终产物乳酸。

2. 糖酵解反应中释放能量较少。糖以酵解方式进行代谢只能发生不完全的氧化，1 分子葡萄糖可酵解为 2 分子乳酸，经两次底物水平磷酸化，可产生 4 分子 ATP，反应过程消耗 2 分子 ATP，故只净生成 2 分子 ATP；若从糖原开始酵解生成 2 分子乳酸，仅消耗 1 分子 ATP，则净生成 3 分子 ATP。

3. 糖酵解反应的全过程中有 3 个限速酶。在糖酵解反应的全过程中，有三步是不可逆反应。这三步反应分别由己糖激酶（葡萄糖激酶）、果糖-6-磷酸激酶-1 和丙酮酸激酶 3 个限速酶催化，其中果糖-6-磷酸激酶-1 的催化活性最低，是最重要的限速酶，其活性大小对糖的分解代谢的速度起着决定性的作用。

三、糖酵解的生理意义

1. 糖酵解是机体相对缺氧时生理获得能量的主要途径。生物体在进行剧烈运动或长时间运动时，能量需求增加，糖酵解加速，此时即使呼吸和循环加快以增加氧的供应，仍不能满足需要，肌肉处于相对缺氧状态，必须通过糖酵解提供急需的能量。人们从平原初到高原时，组织细胞也往往通过增强糖酵解以获得足够的能量来适应高原缺氧。

2. 糖酵解是某些组织在有氧时获得能量的有效方式。糖酵解是成熟红细胞获得能量的唯一方式。成熟红细胞没有线粒体，尽管它以运氧为其主要功能，却不能利用氧进行有氧氧化，只能靠糖酵解取得能量。也是神经、白细胞、骨髓等组织细胞在有氧情况下获得部分能量的有效方式。

3. 糖酵解是无氧条件下生存的微生物，如炭疽杆菌、肉毒杆菌及酵母菌等获得能量、维持生命活动的一种主要代谢方式。

4. 糖酵解的中间产物是某一些物质的合成原料。

（1）磷酸二羟丙酮是甘油的合成原料。

（2）甘油酸-3-磷酸是丝氨酸、甘氨酸和半胱氨酸的合成原料。

（3）丙酮酸是丙氨酸和草酰乙酸的合成原料。

在病理情况下，如呼吸或循环功能障碍、严重贫血、大量失血等造成机体缺氧时，导致糖酵解加速甚至过度，因而导致乳酸产生过多，造成乳酸酸中毒。此时，在临床治疗及护理中除应纠正患者的酸中毒外，还应注意针对病因改善其缺氧状况。此外，恶性肿瘤细胞即使在有氧时也通过糖酵解消耗大量葡萄糖而产生过多的乳酸。

四、糖酵解的调节

糖酵解中大多数反应是可逆的。这些可逆反应的方向、速度由底物和产物浓度控制。催化这些可逆反应的酶，其活性可改变，但不能决定反应的方向和总速度。而己糖激酶/葡萄糖激酶、磷酸果糖激酶-1 和丙酮酸激酶这三个酶催化的反应均为不可逆反应，构成糖酵解途径流量的 3 个调节点，其活性可分别受别构效应剂和激素的双重调节，从而调控糖解途径的方向和速度。

（一）别构效应剂对限速酶的别构调节

1. 果糖-6-磷酸激酶-1（PFK -1）的调节 PFK-1 的催化效率最低，所以它在酵解途径中起决定性作用。PFK -1 是一个四聚体蛋白质，受多种别构效应剂的影响，其中 ATP 和柠檬酸是其别构抑制剂，而 AMP、ADP、果糖-1,6-BP、果糖-2,6-BP 是其别构激活剂。PFK -1 有 2 个 ATP 的结合位点：一个是活性中心内的催化部位，低浓度的 ATP 可作为底物结合；另一个是活性中心以外的调节部位，与 ATP 的亲和力较低，因而较高浓度的 ATP 才能与之结合，此部位结合 ATP 能降低该酶对果糖-6-磷酸的亲和力，使糖酵解反应速度减慢。而 AMP 和 ADP 可与 ATP 竞争别构结合部位，当细胞内 ADP、AMP 增多时，糖酵解反应速度加快，ATP 生成增多，使糖酵解对细胞能量需要得以应答。

果糖-2,6-BP 是 PFK -1 最强的别构激活剂，可与 AMP 一起消除 ATP、柠檬酸对 PFK -1 的别构抑制作用。果糖-2,6-BP 在体内是由果糖-6-激酶-2（PFK2）催化果糖-6-磷酸 C_2 磷酸化生成，又可被果糖-1,6 -二磷酸酶-2（FBPase2）脱磷酸生成果糖-6-磷酸（图 8 -2）。

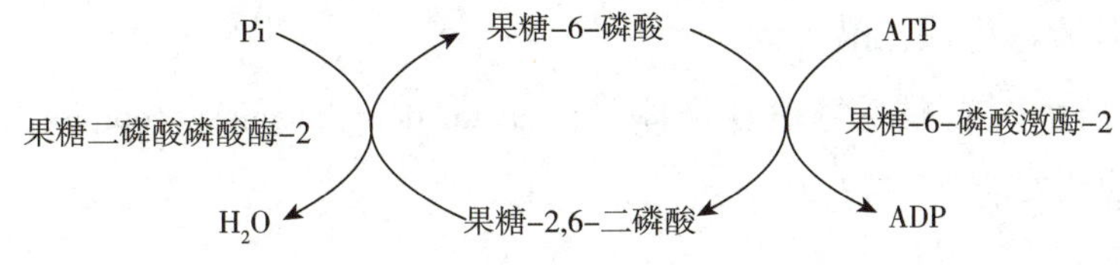

图 8 -2　果糖 -2,6-二磷酸的合成与分解

2. 丙酮酸激酶的调节　果糖-1,6-二磷酸 ADP 是丙酮酸激酶的别构激活剂，而 ATP 和丙酮酸则有抑制作用。此外，丙酮酸激酶还受共价修饰调节。cAMP 依赖性蛋白激酶和 Ca^{2+}-钙调蛋白依赖性蛋白激酶均可使其磷酸化而失活。胰高血糖素可通过 cAMP 抑制丙酮酸激酶活性。

3. 己糖激酶或葡萄糖激酶的调节　己糖激酶受其反应产物葡萄糖-6-磷酸的反馈抑制，而葡萄糖激酶分子内不存在葡萄糖-6-磷酸的别构部位，故不受葡萄糖-6-磷酸的影响。长链脂酰 CoA 对其有别构抑制作用，可以在饥饿时减少肝和其他组织对葡萄糖的摄取。胰岛素可诱导葡萄糖激酶基因的转录，促进酶的合成。

（二）激素调节

胰岛素能诱导体内葡萄糖激酶、磷酸果糖激酶-1、丙酮酸激酶的合成；同时，在胰岛素作用早期还有直接促进这些酶活性的作用。一般来说，激素的调节比关键酶的别构调节或共价修饰调节慢，但作用比较持久。

第三节　糖的有氧氧化 微课

葡萄糖或糖原在有氧条件下彻底氧化分解生成二氧化碳和水并释放大量能量的过程称为糖的有氧氧化（aerobic oxidation）。有氧氧化是糖分解代谢的主要方式，也是机体获取能量的主要方式。

一、糖有氧氧化的反应过程

糖的有氧氧化可分为四个阶段（图 8 -3）。第一阶段：由葡萄糖或糖原在细胞质中降解为丙酮酸；第二阶段：丙酮酸进入线粒体，被氧化脱羧生成乙酰 CoA；第三阶段：乙酰 CoA 在线粒体内通过三羧酸循环氧化脱羧生成 CO_2、NADH + H^+ 和 $FADH_2$ 等；第四阶段：NADH + H^+ 和 $FADH_2$ 中的氢经呼吸链传递与氧结合生成 H_2O，同时伴有 ADP 磷酸化生成 ATP。在此主要介绍丙酮酸的氧化脱羧和三羧酸循环的反应过程。

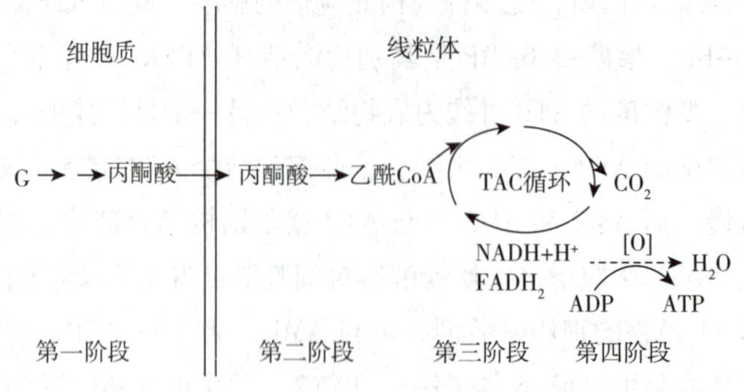

图8-3　糖的有氧氧化概况

（一）丙酮酸氧化脱羧生成乙酰 CoA

丙酮酸在线粒体内由丙酮酸脱氢酶复合体（pyruvate dehydrogenase complex）催化生成乙酰 CoA（acetyl-CoA），总反应式为

$$\underset{\text{丙酮酸}}{\begin{array}{c}COOH\\|\\C{=}O\\|\\CH_3\end{array}} + HSCoA + NAD^+ \xrightarrow[\text{TPP,FAD,硫辛酸}]{\text{丙酮酸脱氢酶复合物}} \underset{\text{乙酰CoA}}{CH_3-\overset{\overset{\displaystyle O}{\|}}{C}\sim SCoA} + NADH + H^+ + CO_2$$

丙酮酸脱氢酶复合体，也被称为丙酮酸脱氢酶系，是糖有氧氧化途径的限速酶系。该复合物存在于线粒体内，由丙酮酸脱氢酶（辅酶是 TPP）、二氢硫辛酰胺转乙酰酶（辅酶是硫辛酸和 CoA）和二氢硫辛酰胺脱氢酶（辅酶是 FAD）三种酶和辅酶按一定比例组合成多酶体系，三种酶的比例随生物体不同而异。在哺乳类动物细胞中，酶复合体由 60 个转乙酰酶组成核心，周围排列着 12 个丙酮酸脱氢酶和 6 个二氢硫辛酰胺脱氢酶。它们形成了紧密相连的连锁反应体系，提高催化效率。

丙酮酸脱氢酶复合体催化的具体反应包括（图 8-4）：①丙酮酸脱氢酶催化丙酮酸脱羧并与 TPP 结合形成羟乙基-TPP；②二氢硫辛酰胺转乙酰酶先催化羟乙基-TPP 与硫辛酸结合生成乙酰二氢硫辛酸；③而后，二氢硫辛酰胺转乙酰酶（E_2）再将乙酰二氢硫辛酸上的乙酰基转移给 CoA 生成乙酰 CoA 和二氢硫辛酸；④二氢硫辛酰胺脱氢酶先催化二氢硫辛酰酸脱氢生成硫辛酸，脱下的 2H 传递给 FAD，生成 $FADH_2$；⑤二氢硫辛酰胺脱氢酶继续催化，将 $FADH_2$ 上的 2H 转移给 NAD^+，形成 $NADH+H^+$。

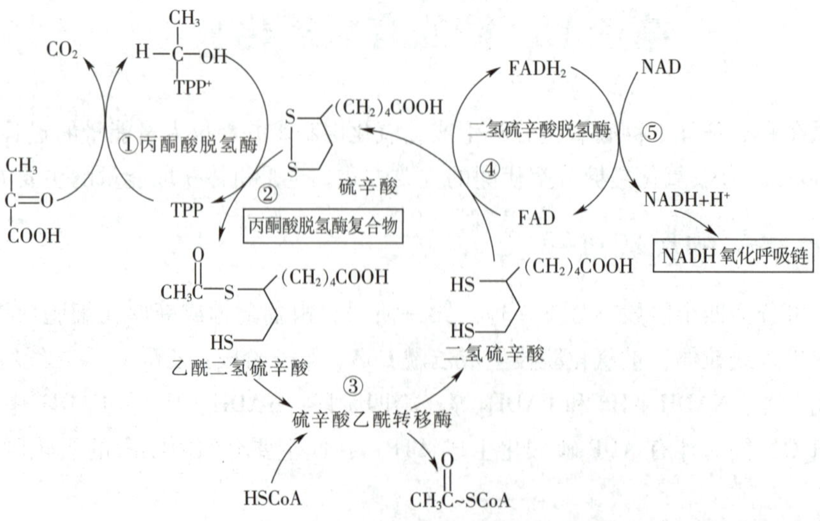

图8-4　丙酮酸脱氢酶复合体作用机制

在整个反应过程中，中间产物并不离开酶复合体，使得上述各步反应得以迅速完成，而且因没有游离的中间产物，所以不会发生副反应。丙酮酸氧化脱羧反应的$\Delta G^{\ominus'}=-33.5$kJ/mol（$-8.0$kcal/mol），故反应是不可逆的。

（二）三羧酸循环

乙酰 CoA 在线粒体内通过三羧酸被彻底氧化分解生成 H_2O 和 CO_2。所谓三羧酸循环（tricarboxylic acid cycle，TCA）指的是反应从乙酰 CoA 与草酰乙酸缩合生成含有三个羧基的柠檬酸（citrate）开始，经过一系列脱氢和脱羧的连续反应，最后再生成草酰乙酸进入下一循环结束，因该循环反应的第一产物是三个羧基的柠檬而得名，也称为柠檬酸循环（citric acid cycle）。该循环反应由德国科学家 Hans Krebs 正式提出，故又称为 Krebs 循环（Krebs cycle）。

1. 三羧酸循环的反应过程

（1）乙酰 CoA 与草酰乙酸缩合生成柠檬酸　在柠檬酸合酶（citrate synthase）的催化下，乙酰 CoA 的高能硫酯键水解，释放的能量促使乙酰基与草酰乙酸缩合生成柠檬酸，同时释放出 HSCoA。此反应为不可逆反应，是三羧酸循环的第一个限速反应，因此柠檬酸合酶是三羧酸循环的第一个限速酶。

$$CH_3-\overset{O}{\overset{\|}{C}}\sim SCoA + HOOC-CH_2-\overset{O}{\overset{\|}{C}}-COOH \xrightarrow{\text{柠檬酸合酶}} HO-\underset{CH_2-COOH}{\overset{CH_2-COOH}{C}}-COOH + HSCoA$$

乙酰 CoA　草酰乙酸　柠檬酸

（2）柠檬酸异构为异柠檬酸　在顺乌头酸酶（aconitase）催化下，柠檬酸先脱水生成中间产物顺乌头酸，而后再加水生成异柠檬酸（isocitrate）。该两步可逆反应总结果将柠檬酸 C_3上的羟基转到 C_2上生成了异柠檬酸。

$$HO-\underset{CH_2-COOH}{\overset{CH_2-COOH}{C}}-COOH \underset{}{\overset{\text{顺乌头酸酶}}{\rightleftharpoons}} H_2O + \begin{matrix}CH-COOH\\ \|\\ C-COOH\\ |\\ CH_2-COOH\end{matrix} \overset{\text{顺乌头酸酶}}{\rightleftharpoons}(+H_2O) \begin{matrix}CH_2-COOH\\ |\\ CH-COOH\\ |\\ HO-CHCOOH\end{matrix}$$

柠檬酸　顺乌头酸　异柠檬酸

（3）异柠檬酸氧化脱羧转变为 α-酮戊二酸　在异柠檬酸脱氢酶（isocitrate dehydrogenase）催化下，异柠檬酸氧化脱羧产生 CO_2，余下的碳链骨架部分转变为 α-酮戊二酸（α-ketoglutarate），脱下的氢由 NAD^+接受生成 $NADH+H^+$。此反应为不可逆反应，是三羧酸循环的第二个限速反应，异柠檬酸脱氢酶也是三羧酸循环最重要的限速酶，许多因素通过调节其活性控制三羧酸循环的速度。

$$\begin{matrix}COOH\\ |\\ CH_2\\ |\\ CH-COOH\\ |\\ HO-CH\\ |\\ COOH\end{matrix} \xrightarrow[NAD^+ \rightarrow NADH+H^+,\ Mg^{2+}]{\text{异柠檬酸脱氢酶}} CO_2 + \begin{matrix}COOH\\ |\\ C=O\\ |\\ CH_2\\ |\\ CH_2\\ |\\ COOH\end{matrix}$$

异柠檬酸　α-酮戊二酸

细胞内有两种异柠檬酸脱氢酶：一种是以 NAD^+为辅酶，存在于线粒体内；另一种以 $NADP^+$为辅酶，主要存在于细胞质中。

（4）α-酮戊二酸氧化脱羧生成琥珀酰 CoA　在 α-酮戊二酸脱氢酶复合体（α-ketoglutarate dehydrogenase complex）催化下，α-酮戊二酸氧化脱羧生成琥珀酰 CoA（succinyl-CoA）。该过程类似于丙酮酸脱氢酶复合体催化的丙酮酸氧化脱羧过程，产物琥珀酰 CoA 同样具有一个高能硫酯键，这一步反应高度不可逆，是三羧酸循环中第三个限速酶系和重要调节点。

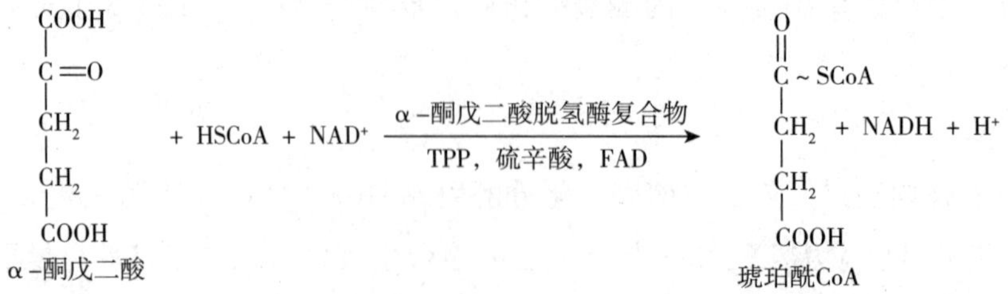

$$\underset{\alpha\text{-酮戊二酸}}{HOOC-CO-CH_2-CH_2-COOH} + HSCoA + NAD^+ \xrightarrow[\text{TPP，硫辛酸，FAD}]{\alpha\text{-酮戊二酸脱氢酶复合物}} \underset{\text{琥珀酰CoA}}{CoAS\sim CO-CH_2-CH_2-COOH} + NADH + H^+$$

（5）琥珀酰 CoA 生成琥珀酸　在琥珀酰 CoA 合成酶（succinyl-CoA synthetase）催化下，琥珀酰 CoA 的高能硫酯键水同时释放能量，驱动 GDP 磷酸化生成 GTP，分子本身转变为琥珀酸。生成的 GTP 通常可将高能磷酸基团转移给 ADP 生成 ATP。这是三羧酸循环中发生的唯一底物水平磷酸化反应。

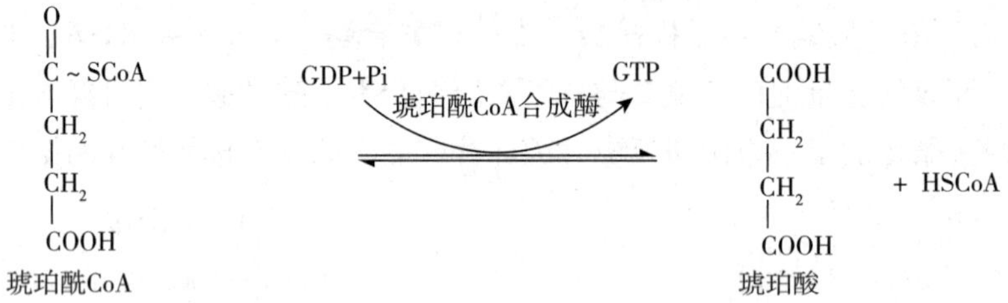

$$\underset{\text{琥珀酰CoA}}{CoAS\sim CO-CH_2-CH_2-COOH} \underset{}{\overset{GDP+Pi \quad \text{琥珀酰CoA合成酶} \quad GTP}{\rightleftharpoons}} \underset{\text{琥珀酸}}{HOOC-CH_2-CH_2-COOH} + HSCoA$$

$$GTP + ADP \longrightarrow GDP + ATP$$

（6）琥珀酸脱氢生成延胡索酸　在琥珀酸脱氢酶（succinate dehydrogenase）催化下，琥珀酸脱氢生成延胡索酸，脱下的氢由 FAD 接受生成 $FADH_2$。

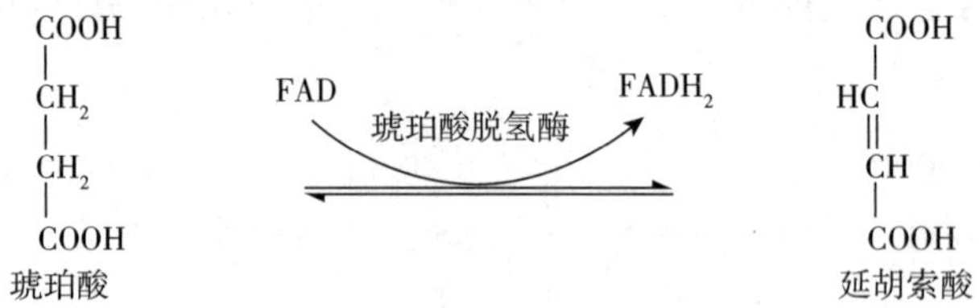

$$\underset{\text{琥珀酸}}{HOOC-CH_2-CH_2-COOH} \overset{FAD \quad \text{琥珀酸脱氢酶} \quad FADH_2}{\rightleftharpoons} \underset{\text{延胡索酸}}{HOOC-HC=CH-COOH}$$

（7）延胡索酸加水生成苹果酸　在延胡索酸酶（fumarate hydratase）催化下，延胡索酸水化生成苹果酸，此可逆反应。

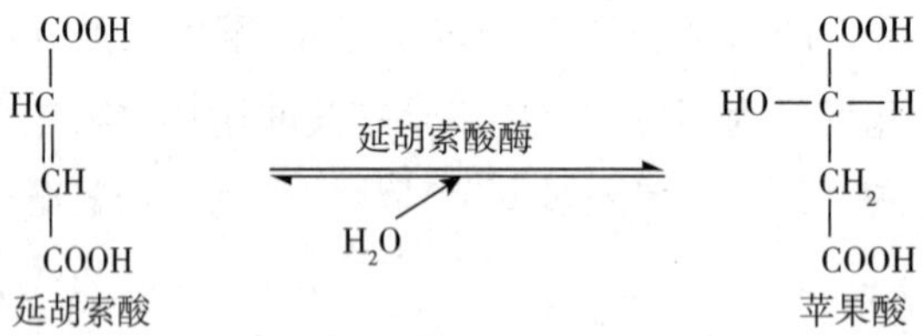

$$\underset{\text{延胡索酸}}{HOOC-HC=CH-COOH} \underset{H_2O}{\overset{\text{延胡索酸酶}}{\rightleftharpoons}} \underset{\text{苹果酸}}{HOOC-CH(OH)-CH_2-COOH}$$

（8）苹果酸脱氢生成草酰乙酸　在苹果酸脱氢酶（malate dehydrogenase）催化下，苹果酸脱氢生成草酰乙酸，脱下的氢由 NAD^+ 接受生成 $NADH + H^+$，反应是可逆的。再生的草酰乙酸则可继续与乙酰 CoA 结合成柠檬酸，参与下一轮三羧酸循环（图 8-5）。

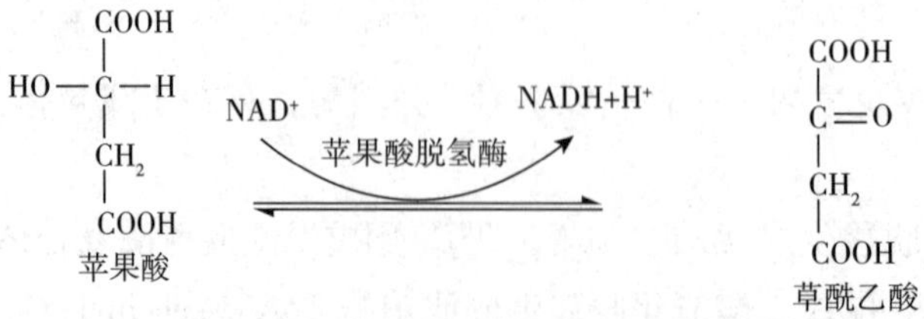

$$\underset{\text{苹果酸}}{HOOC-CH(OH)-CH_2-COOH} \overset{NAD^+ \quad \text{苹果酸脱氢酶} \quad NADH+H^+}{\rightleftharpoons} \underset{\text{草酰乙酸}}{HOOC-CO-CH_2-COOH}$$

三羧酸循环的反应过程如图 8-5 所示。三羧酸循环的总反应为：

$$CH_3CO\sim SCoA + 3NAD^+ + FAD + GDP + Pi + 2H_2O \longrightarrow 2CO_2 + 3NADH + 3H^+ + FADH_2 + HS\sim CoA + GTP$$

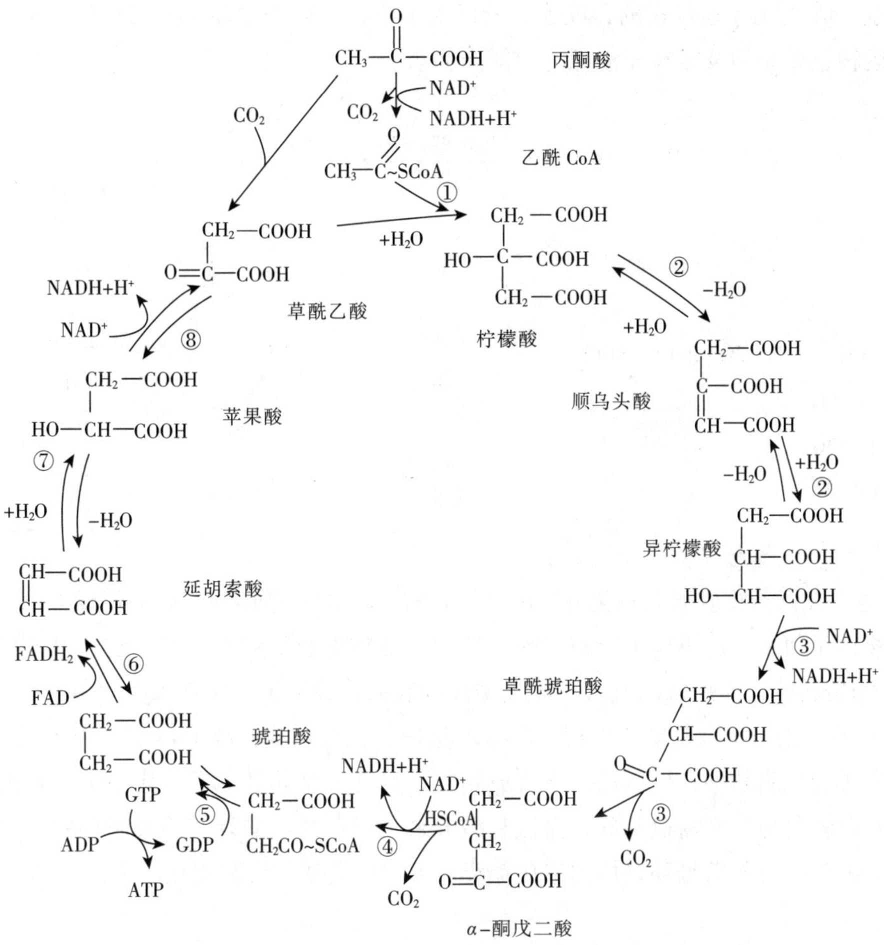

图 8－5　三羧酸循环

①柠檬酸合酶；②顺乌头酸酶；③异柠檬酸脱氢酶复合体；④α-酮戊二酸脱氢酶复合体；⑤琥珀酰 CoA 合成酶；⑥琥珀酸脱氢酶；⑦延胡索酸酶；⑧苹果酸脱氢酶

2. 三羧酸循环反应特点

（1）三羧酸循环是乙酰基彻底氧化的过程　TCA 反应过程每循环 1 次，经过两次脱羧反应，消耗 1 个乙酰基，生成 2 分子 CO_2，这是体内 CO_2 的主要来源。循环反应还有 4 次脱氢过程，生成 3 分子 NADH、1 分子 $FADH_2$，它们经呼吸链将氢和电子传递给氧原子生成水，同时释放 ATP。此外，TAC 还可通过底物水平磷酸化生成 1 分子 GTP 或 ATP，故 TAC 每循环一次可生成 10 分子 ATP。

在 TAC 中，从量上来说一个 2 碳化合物被氧化成 2 分子 CO_2。但用 ^{14}C 标记乙酰 CoA 进行的实验发现，CO_2 的碳原子来自草酰乙酸而不是乙酰 CoA。这是由于中间反应过程中碳原子置换所致。但 TAC 运转一周的净结果仍是氧化了一分子乙酰 CoA。

（2）三羧酸循环中有 3 个限速酶　三羧酸循环代谢途径中的限速酶包括柠檬酸合酶、异柠檬酸脱氢酶和 α-酮戊二酸脱氢酶复合物，其中异柠檬酸脱氢酶是三羧酸循环中最重要的调节酶。它们催化的反应在生理条件下是不可逆的，所以三羧酸循环是不能逆转的，这就保证了线粒体供能系统的稳定性。

（3）三羧酸的中间产物可不断更新，保证循环正常进行　TCA 的中间产物包括草酰乙酸在内起类似于催化的作用，本身并无量的变化，不可能通过 TCA 单独从乙酰 CoA 合成草酰乙酸或 TCA 中的其他中间产物；同样，这些中间产物也不可能直接在 TCA 中被氧化成 CO_2 和 H_2O。TCA 中的草酰乙酸主要来自丙酮酸的直接羧化，也可通过苹果酸脱氢生成；而三羧酸循环的中间产物常移出循环而参与其他代谢途径，如草酰乙酸可转变为天冬氨酸或先转变为丙酮酸再转变为丙氨酸，而后两者均参与蛋白质的合成，再如琥珀酰 CoA 可用于血红素的合成等。所以为了维持三羧酸循环中间产物的一定浓度，保证三羧酸循环的正常运转，就必须及时补充消耗的中间产物。

$$\underset{\text{丙酮酸}}{CH_3-CO-COOH} + CO_2 + ATP + H_2O \xrightarrow[\text{生物素}]{\text{丙酮酸羧化酶}} \underset{\text{草酰乙酸}}{HOOC-CO-CH_2-COOH} + ADP + Pi$$

$$\underset{\text{丙酮酸}}{CH_3-CO-COOH} + CO_2 \xrightarrow[\text{苹果酸酶}]{NADPH+H^+ \rightarrow NADP^+} \underset{\text{苹果酸}}{HOOC-CH_2-CH(OH)-COOH} \xrightarrow[\text{苹果酸脱氢酶}]{NAD^+ \rightarrow NADH+H^+} \underset{\text{草酰乙酸}}{HOOC-CH_2-CO-COOH}$$

3. 三羧酸循环的生理意义

（1）TAC 是三大营养物质彻底氧化分解的共同途径　三羧酸循环的起始物乙酰 CoA，除了可以由糖分解成的丙酮酸转化而来，还可以由脂肪水解产生的甘油转化或脂肪酸分解生成，也可以由氨基酸脱氨基后生成的 α-酮酸转化，而后都能进入三羧酸循环彻底氧化成 CO_2、H_2O 和大量 ATP。

（2）TAC 是糖、脂肪、氨基酸代谢相互联系的枢纽　糖分解成乙酰 CoA 经三羧酸循环合成柠檬酸，可被转运到细胞质合成脂肪酸，而后进一步合成脂肪；另外，糖和甘油通过代谢生成草酰乙酸等三羧酸循环中间物，可以转化为非必需氨基酸；而氨基酸分解生成草酰乙酸等三羧酸循环中间物，也可以转化为糖或甘油等。因此，三羧酸循环是体内连接糖类、脂肪和氨基酸代谢相互联系的枢纽（图 8－6）。

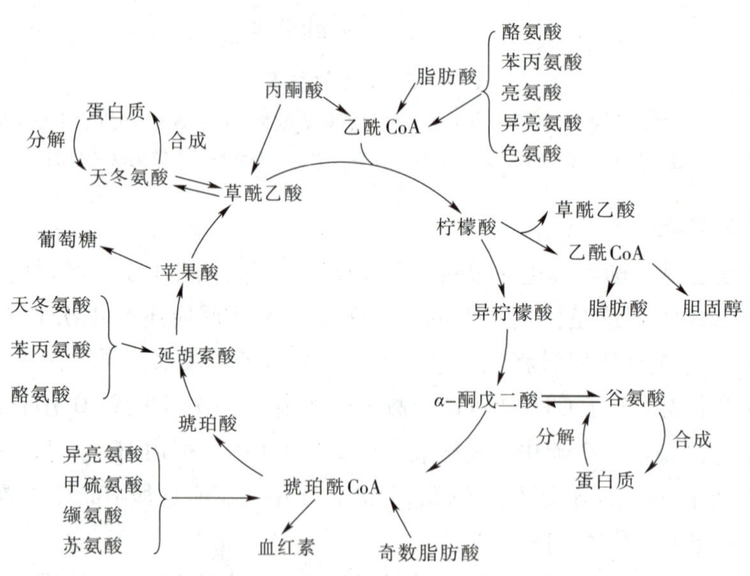

图 8－6　物质代谢相互联系的枢纽——三羧酸循环

（3）TAC 提供了生物合成的前体　例如三羧酸循环的中间产物琥珀酰 CoA 可用于与甘氨酸合成血红素；乙酰 CoA 是合成胆固醇、脂肪酸等物质的原料等。

二、糖有氧氧化的生理意义

三羧酸循环中 4 次脱氢反应产生的 NADH 和 $FADH_2$ 可传递给电子传递链产生 ATP。除三羧酸循环外，糖酵解途径中甘油醛-3-磷酸脱氢生成甘油酸-3-磷酸时生成的 NADH，在氧供应充足时进入电子传递链，而不是用以还原丙酮酸成乳酸。NADH 的氢传递给氧时，可生成2.5分子 ATP，$FADH_2$的氢被氧化时只能生成1.5分子 ATP。1分子葡萄糖彻底氧化生成 CO_2和 H_2O，可净生成30或32分子 ATP（表8-1）。

表8-1　葡萄糖有氧氧化生成的 ATP

反应	辅酶	最终获得 ATP
第一阶段（细胞质）		
葡萄糖→6-磷酸		-1
果糖-6-磷酸→果糖-1,6-二磷酸		-1
2×甘油醛-3-磷酸→甘油酸-2×1,3-二磷酸	2NADH	3或5
2×甘油酸-1,3-二磷酸→2×甘油酸-3-磷酸		2
2×磷酸烯醇式丙酮酸→2×丙酮酸		2
第二阶段（线粒体基质）		
2×丙酮酸→2×乙酰 CoA	2NADH	5
第三阶段（线粒体基质）		
2×异柠檬酸→2×α-酮戊二酸	2NADH	5
2×α-酮戊二酸→2×琥珀酰 CoA	2NADH	5
2×琥珀酰 CoA→2×琥珀酸		2
2×琥珀酸→2×延胡索酸	$2FADH_2$	3
2×苹果酸→2×草酸乙酸	2NADH	5
由一个葡萄糖糖总共获得		30或32

因此，糖有氧氧化的主要生理意义是为全身各个组织提供能量。在正常情况下，机体绝大多数组织细胞通过葡萄糖有氧氧化供给各种生理活动与代谢反应所需要的 ATP。葡萄糖有氧氧化是机体获得能量的主要方式。

三、糖有氧氧化的调节

糖的有氧氧化是机体获得能量的主要方式。机体对能量的需求变动很大，因此有氧氧化的速率必须加以调节。在有氧氧化的前3个阶段中，糖酵解途径的调节已讲述，这里主要介绍丙酮酸脱氢酶复合体的调节以及三羧酸循环的调节。

（一）丙酮酸脱氢酶复合体的调节

丙酮酸脱氢酶复合体可通过别构调节和共价修饰调节两种方式进行快速调节。

别构调节抑制剂有 ATP、乙酰 CoA、NADH、长链脂肪酸等。反应产物乙酰 CoA 和 NADH 对丙酮酸脱氢酶复合物有反馈抑制作用，使有氧氧化反应速度减慢；ATP、长链脂肪酸可增强其抑制作用。而 ADP、HSCoA、NAD^+和 Ca^{2+}等则是该酶复合体的别构激活剂，当进入三羧酸循环的乙酰 CoA 减少，而 AMP、HSCoA 和 NAD^+堆积时，则对该酶复合物有激活作用。

丙酮酸脱氢酶复合物可被丙酮酸脱氢酶激酶催化发生磷酸化，酶蛋白构象改变而失去活性；而丙酮酸脱氢酶磷酸酶则使其脱磷酸而恢复活性。NADH、乙酰 CoA 除对丙酮酸脱氢酶复合体有直接抑制作用外，还可间接通过增强丙酮酸脱氢酶激酶的活性，使 NADH 和乙酰 CoA 生成不致过多而 NAD^+和 ADP 则有相反作用胰岛素可增强丙酮酸脱氢酶活性促进糖的氧化分解（图8-7）。

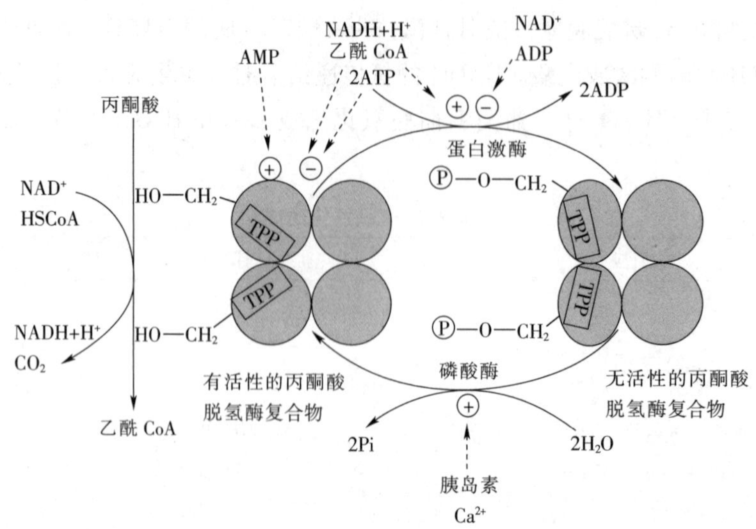

图 8-7 丙酮酸脱氢酶复合体的调节

（二）三羧酸循环的调节

三羧酸循环的速率和流量受多种因素的调控。在三羧酸循环中有三个不可逆反应，分别是柠檬酸合酶、异柠檬酸脱氢酶和 α-酮戊二酸脱氢酶复合体催化的反应。柠檬酸合酶活性可决定乙酰 CoA 进入三羧酸循环的速率，曾被认为是三羧酸循环主要的调节点。但是，柠檬酸可转移至细胞质，分解成乙酰 CoA，用于合成脂肪酸，所以其活性升高并不一定加速三羧酸循环的运转。目前一般认为异柠檬酸脱氢酶和 α-酮戊二酸脱氢酶复合体才是三羧酸循环的调节点。

异柠檬酸脱氢酶和 α-酮戊二酸脱氢酶复合体在 NADH/NAD^+、ATP/ADP 比例高时被反馈抑制，三羧酸循环速度减慢；而 ATP/ADP 比值下降则可激活两种酶的活性。另外，当线粒体内 Ca^{2+} 浓度升高时，Ca^{2+} 不仅可直接与异柠檬酸脱氢酶和 α-酮戊二酸脱氢酶复合体结合，降低其对底物的 K_m 而使酶激活，也可激活丙酮酸脱氢酶复合体，从而推动三羧酸循环和有氧氧化的进行。

氧化磷酸化的速率对三羧酸循环的运转也有重大的影响作用。三羧酸循环中 4 次脱氢生成的 $NADH + H^+$ 及 $FADH_2$ 中的氢和电子通过呼吸链传递进行氧化磷酸化生成 ATP，使氧化型 NAD^+ 及 FAD 得以再生，否则三羧酸循环中的脱氢反应将无法进行。因此，凡是抑制呼吸链各环节的因素均可阻断三羧酸循环运转（图 8-8）。

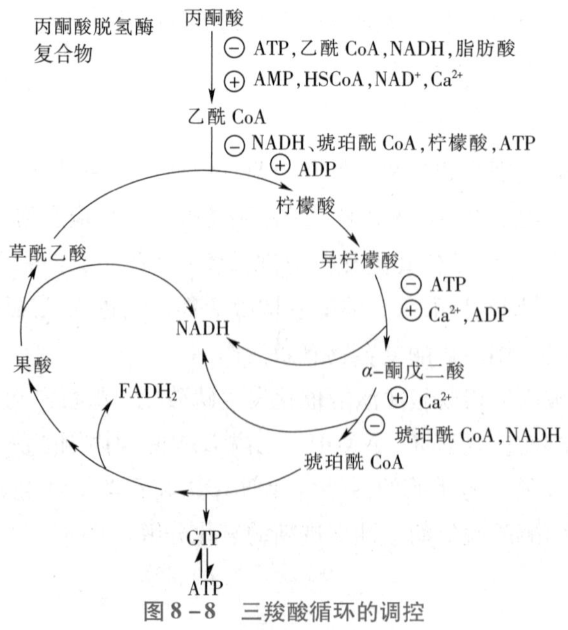

图 8-8 三羧酸循环的调控

四、巴斯德效应与瓦尔堡效应

（一）巴斯德效应

法国科学家 L. Pasteur 在研究酵母发酵时发现，在供氧充足的条件下细胞内糖酵解作用受到抑制，葡萄糖消耗、乳酸生成减少，这种有氧氧化对糖酵解的抑制作用称为巴斯德效应（Pasteur effect）。肌肉组织也有这种效应：氧气供应充足时 NADH 可进入线粒体内氧化，丙酮酸进入线粒体进行三羧酸循环，乳酸生成减少，肌肉细胞内 ATP/ADP 值升高，有氧氧化抑制无氧酵解；而供氧不足时，丙酮酸被还原成乳酸，而不能进入三羧酸循环，氧化磷酸化受阻，ADP 与 Pi 不能合成 ATP，ADP/ATP 比例升高，所以糖的无氧酵解抑制了糖的有氧氧化。

（二）瓦尔堡效应

在一些代谢旺盛的正常组织（如视网膜、睾丸、颗粒白细胞等）和肿瘤组织中，即使在有氧的条件下，仍然以糖酵解为产生能量的主要方式，这种现象由德国化学家 Otto Heinrich Warburg 发现，故称瓦尔堡效应（Warburg effect）。肿瘤细胞为何偏爱这种低产能的代谢方式？研究认为，Warburg 效应使肿瘤细胞获得生存优势，至少体现在两个方面：一是提供大量碳源，用以合成蛋白质、脂类、核酸，满足肿瘤快速生长对生物大分子的需要；二是关闭有氧氧化通路，避免产生自由基，从而逃避细胞凋亡。在肿瘤细胞内糖酵解酶系（如己糖激酶、果糖-6-磷酸激酶-1、丙酮酸激酶）活性强，而线粒体中产生 ATP 的酶系活性较低，氧化磷酸化减弱，因此以糖酵解酶系催化生成 ATP 为主。

第四节　糖的磷酸戊糖途径

磷酸戊糖途径（pentose phosphate pathway，PPP）是葡萄糖在体内氧化分解的另一条重要途径，该途径不产生 ATP，而是产生细胞所需的具有重要生理作用的特殊物质 NADPH + H^+ 和核糖-5-磷酸。该途径在肝、哺乳期乳腺、脂肪组织、甲状腺皮质、骨髓和红细胞等组织中最为活跃。

一、磷酸戊糖途径的反应过程

磷酸戊糖途径的全部代谢反应均在细胞质中进行，其过程可分为两个阶段：第一阶段是氧化反应阶段，生成磷酸戊糖、NADPH 及 CO_2；第二阶段则是非氧化反应阶段，包括一系列基团转移。

（一）氧化反应阶段

1. 葡萄糖-6-磷酸氧化生成葡萄糖酸-6-磷酸　在葡萄糖-6-磷酸脱氢酶（glucose-6-phosphate dehydrogenase）催化下，葡萄糖-6-磷酸脱氢生成葡萄糖酸内酯-6-磷酸脱下的氢由接受 $NADP^+$。而后葡萄糖酸内酯-6-磷酸又在葡萄糖酸内酯水解酶催化下，酯键断裂生成葡萄糖酸-6-磷酸。葡萄糖-6-磷酸脱氢酶活性决定葡萄糖-6-磷酸进入此途径的流量，是磷酸戊糖途径的关键酶。

葡萄糖-6-磷酸 —（葡萄糖-6-磷酸脱氢酶，$NADP^+$ → NADPH + H^+，Mg^{2+}）→ 葡萄糖酸内酯-6-磷酸 —（内酯水解酶，H_2O，Mg^{2+}）⇌ 葡萄糖酸-6-磷酸

2. 葡萄糖酸-6-磷酸脱羧脱氢生成核酮糖-5-磷酸 在葡萄糖酸-6-磷酸脱氢酶催化下，葡萄糖酸-6-磷酸再次脱氢脱羧和脱氢，生成核酮糖-5-磷酸、NADPH 及 CO_2。

葡萄糖酸-6-磷酸 —(葡萄糖酸-6-磷酸脱氢酶；NADP⁺ → NADPH+H⁺)→ 核酮糖-5-磷酸 + CO_2

3. 核酮糖-5-磷酸同分异构化 在磷酸核糖差向异构酶或异构酶催化下，核酮糖-5-磷酸可同分异构化为木酮糖-5-磷酸或核糖-5-磷酸。

核酮糖-5-磷酸 ⇌ 烯二醇(中间产物) ⇌ 核糖-5-磷酸

核酮糖-5-磷酸 ⇌(戊糖磷酸差向异构酶) 木酮糖-5-磷酸

（二）非氧化反应阶段

1. 景天庚酮糖-7-磷酸及甘油醛-3-磷酸的生成 氧化反应阶段生成的木酮糖-5-磷酸与核糖-5-磷酸相互作用，生成景天庚酮糖-7-磷酸（sedoheptulose-7-phosphate）及甘油醛-3-磷酸。催化此反应的酶为转酮醇酶（transketolase），辅酶是 TPP。转酮反应是将酮糖的二碳单位（羟乙醛基）转移到醛糖的 C1 上，生成新的酮糖。

木酮糖-5-磷酸 + 核糖-5-磷酸 ⇌(转酮醇酶) 甘油醛-3-磷酸 + 景天庚酮糖-7-磷酸

2. 赤藓糖 -4 -磷酸和果糖-6-磷酸的生成 上步反应生成的庚酮糖-7-磷酸及甘油醛-3-磷酸在转醛醇酶（transaldolase）的催化下又可相互作用，生成赤藓糖-4-磷酸（erythrose-4-phosphate）和果糖-6-磷酸（fructose-6-phosphate）。转醛醇酶催化酮糖的三碳单位（二羟丙酮基）转移到醛糖的 C_1 上，此酶不需辅酶。

景天庚酮糖-7-磷酸 + 甘油醛-3-磷酸 $\rightleftharpoons$（转醛醇酶）赤藓糖-4-磷酸 + 果糖-6-磷酸

3. 果糖-6-磷酸及甘油醛-3-磷酸的生成 木酮糖-5-磷酸和赤藓糖-4-磷酸之间发生转酮基作用，生成糖酵解途径的两个中间产物：果糖-6-磷酸和甘油醛-3-磷酸。

木酮糖-5-磷酸 + 赤藓糖-4-磷酸 $\rightleftharpoons$（转醛醇酶）甘油醛-3-磷酸 + 果糖-6-磷酸

综上所述，磷酸戊糖途径的反应见图8-9。第一阶段主要生成磷酸戊糖和NADPH：前者用以合成核苷酸，后者用于许多化合物的合成代谢；而第二阶段反应的意义在于通过一系列基团转移反应，将核糖转变成果糖-6-磷酸和甘油醛-3-磷酸而进入糖酵解途径。因此磷酸戊糖途径也称磷酸戊糖旁路（pentose phosphate shunt）。

磷酸戊糖途径的总反应为

$$3\times\text{葡萄糖-6-磷酸}+6NADP^{+}\longrightarrow 2\times\text{果糖-6-磷酸}+\text{甘油醛-3-磷酸}+6NADPH+6H^{+}+3CO_2$$

二、磷酸戊糖途径的生理意义

磷酸戊糖途径的主要意义在于为机体提供磷酸核糖和NADPH。

（一）提供核糖-5-磷酸为核苷酸合成提供核糖

核糖是核酸和游离核苷酸的组成成分。磷酸戊糖途径是机体利用葡萄糖生成核糖-5-磷酸的唯一途径。核糖-5-磷酸参与核苷酸的合成，核苷酸是合成核酸的原料，核酸参与蛋白质的生物合成，故在繁殖旺盛或损伤后修复再生作用强的组织，如梗死后的心肌和肝脏部分切除后残存的再生组织中磷酸戊糖途径往往进行得比较活跃。肌肉组织中缺乏葡萄糖-6-磷酸脱氢酶，故不能进行完整的磷酸戊糖途径，其合成核苷酸所需的核糖-5-磷酸可来自糖酵解生成的果糖-6-磷酸和甘油醛-3-磷酸经转酮醇酶、转醛醇酶、差向异构酶及异构酶的作用而形成。

（二）提供NADPH作为供氢体参与多种代谢反应

NADPH与NADH不同，它携带的氢不是通过电子传递链氧化以释放出能量，而是作为体内的供氢体参与许多代谢反应，发挥不同的功能。

1. NADPH参与体内许多合成代谢 脂肪酸、胆固醇、类固醇激素等物质的生物合成需要大量NADPH作为供氢体，绝大多数NADPH由磷酸戊糖途径提供。机体合成非必需氨基酸也需要先由NADPH与α-酮戊二酸、NH_3结合生成谷氨酸，而后经谷氨酸与其他α-酮酸转氨基反应生成。

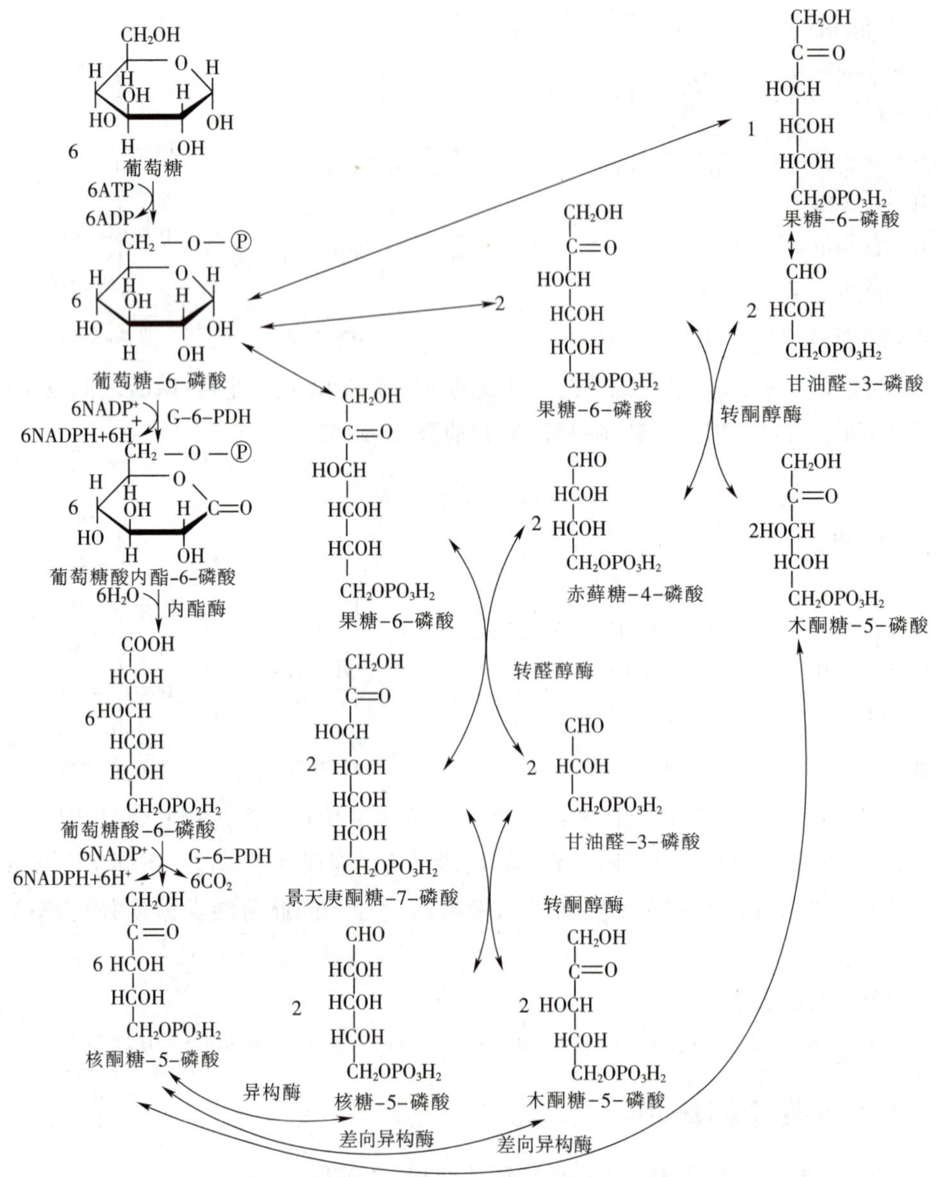

图 8-9 磷酸戊糖途径

2. NADPH 参与体内羟化反应 有些羟化反应与生物合成相关，如鲨烯合成胆固醇，从胆固醇合成胆汁酸、类固醇激素等。有些羟化反应则与生物转化（biotransformation）有关，NADPH 是组成肝脏单加氧酶体系的成分，参与激素灭活、药物、毒物等非营养物质生物转化过程中的羟化反应。

3. NADPH 是谷胱甘肽还原酶的辅酶 NADPH 对维持还原型谷胱甘肽（GSH）正常含量起重要作用，GSH 能保护某些蛋白质或酶，如血红蛋白的巯基（—SH）免受氧化，因此有些红细胞内缺乏葡萄糖-6-磷酸脱氢酶的人，因缺乏 NADPH + H^+，GSH 含量低，红细胞易于破坏而发生溶血性贫血，经常在食用蚕豆后诱发，故称蚕豆病。

4. 其他作用 非氧化反应阶段生成的三碳糖、四碳糖、五碳糖、六碳糖及七碳糖可以为机体提供多种糖。

三、磷酸戊糖途径的调节

葡萄糖-6-磷酸脱氢酶是磷酸戊糖途径的关键酶，其活性决定葡萄糖-6-磷酸进入此途径的流量。葡萄糖-6-磷酸脱氢酶活性的快速调节主要受 NADPH/$NADP^+$ 比例的影响，比值大，磷酸戊糖途径被抑制，比值降低时则被激活。因此，磷酸戊糖途径的流量取决于 NADPH 的需求。

第五节 糖原的合成与分解

饮食中的葡萄糖被吸收后，一部分被转化为贮存糖原。糖原是动物体内糖的储存形式。糖原分子是由很多葡萄糖基通过 α-1,4 -糖苷键相连形成直链部分，而分支部分借助 α-1,6 - 糖苷键相连。糖原分子具有一个还原末端和多个非还原末端。在糖原的合成和分解过程中，葡萄糖糖基的增减均发生于非还原末端。

一、糖原的合成

由葡萄糖合成糖原的过程称为糖原合成（glycogenesis），反应在肝、肌肉组织的细胞质中进行，需要消耗 ATP 和 UTP。

1. 葡萄糖-6-磷酸的生成 在葡萄糖激酶（GK，肝）或己糖激酶（HK，肌肉组织）的作用下，葡萄糖磷酸化生成葡萄糖-6-磷酸（G-6-P），反应式如下。

$$\text{葡萄糖} \xrightarrow[\text{己糖激酶（葡萄糖激酶）}]{\text{ATP} \quad \text{ADP}} \text{葡萄糖-6-磷酸}$$

2. 葡萄糖-1-磷酸的生成 在磷酸葡萄糖变位酶催化下，G-6-P 经过 1,6-二磷酸中间产物生成葡萄糖-1-磷酸（G-1-P），反应可逆。

$$\text{葡萄糖-6-磷酸} \xrightleftharpoons{\text{变位酶}} \text{葡萄糖-1-磷酸}$$

3. 尿苷二磷酸葡萄糖的生成 在 UDPG 焦磷酸化酶（UDPG pyrophosphorylase）催化下，葡萄糖-1-磷酸与尿苷三磷酸（UTP）反应生成尿苷二磷酸葡萄糖（uridine diphosphate glucose，UDPG）和焦磷酸（PPi）。

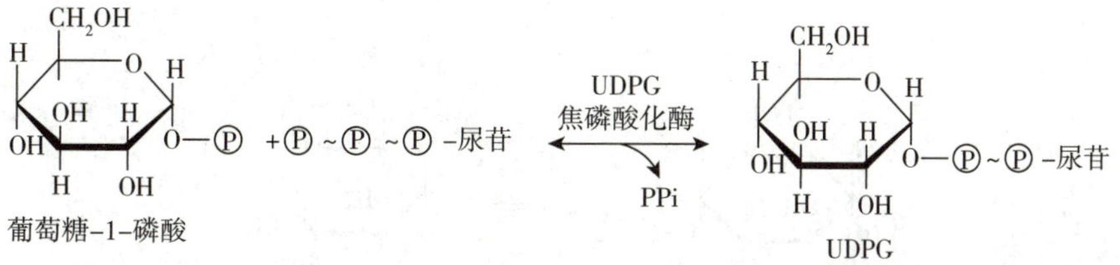

4. 形成 α-1,4 -糖苷键的葡萄糖聚合体 在糖原合酶（glycogen synthase）催化下，UDPG 中的葡萄糖基通过 α-1,4-糖苷键结合到已经合成的糖原分子（相当于糖原引物）的非还原末端。糖原合成需要一个至少含有 4 个葡萄糖基的引物，植物和某些细菌合成淀粉或糖原时，使用的底物是 ADP-葡萄糖而不是 UDPG。

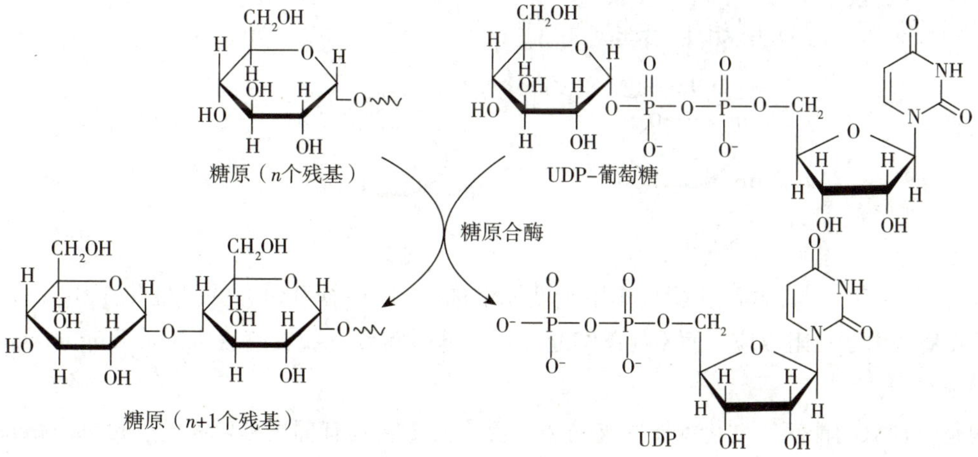

图 8-10 葡萄糖基加到糖原非还原性末端

5. 形成糖原分支 糖原合酶只能催化生成 α-1,4-糖苷键形成直链的多糖分子。当糖链长度达到12~18个葡萄糖基时，由分支酶（branching enzyme）催化，将5~8个葡萄糖残基寡糖直链转移到另一链的葡萄糖基的 C_6，以 α-1,6-糖苷键相连，生成分支糖链。新的分支点至少离开最近分支点4个葡萄糖残基以上。糖原分支的形成不仅使其水溶性增加有利于储存，而且在糖原合成或分解时可从多个非还原末端同时开始，以提高合成和分解速度（图8-11）。

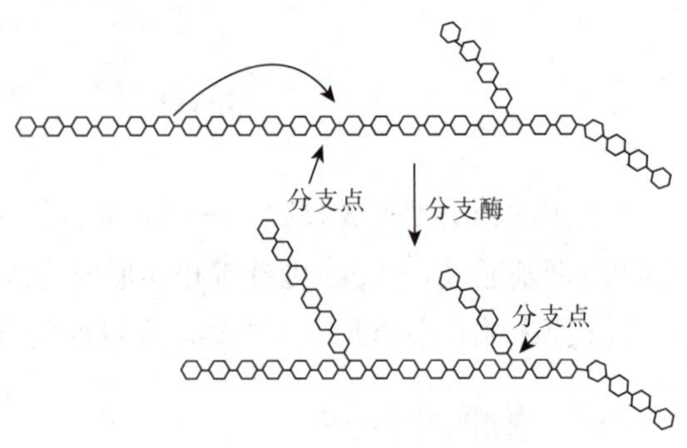

图8-11 糖原分支的形成

二、糖原的分解

糖原分解（glycogenolysis）一般指肝糖原分解为游离葡萄糖的过程。有时广义的糖原分解也包括肌糖原分解为葡萄糖-6-磷酸的过程。

1. 葡萄糖-1-磷酸的生成 在糖原磷酸化酶（glycogen phosphorylase）催化下，糖原的非还原末端的葡萄糖残基被水解，生成葡萄糖-1-磷酸（G-1-P）和少1个葡萄糖残基的糖原分子。

G_n + Pi → G-1-P + G_{n-1}

2. 葡萄糖-6-磷酸的生成 在磷酸葡萄糖变位酶的催化下，G-1-P转变生成葡萄糖-6-磷酸（G-6-P）。

葡萄糖-1-磷酸 ⇌ 葡萄糖-6-磷酸

3. 游离葡萄糖的生成 在葡萄糖-6-磷酸酶的催化下，G-6-P被水解成葡萄糖。肝内存在葡萄糖-6-磷酸酶，可将G-6-P转化为葡萄糖释放入血，所以空腹时肝糖原能补充血糖。而肌肉组织缺乏此酶，G-6-P只能进行糖酵解，为肌收缩提供能量。

葡萄糖-6-磷酸 $\xrightarrow{+H_2O}$ 葡萄糖 +Pi

4. 糖原脱支反应 糖原磷酸化酶只作用于糖原上的 α-1,4-糖苷键，并且催化至距 α-1,6-糖苷键4个葡萄糖残基时由于位阻效应，而不能继续起作用，这时需要有脱支酶（debranching enzyme）的参与才可将糖原完全分解。

脱支酶是一种双功能酶，催化糖原脱支的两个反应：①它具有葡聚糖转移酶（glucanotransferase）活性，能将糖原分支链末端的3个葡聚糖基转移到同一糖原分子或相邻糖原分子末端，仍以 α-1,4-糖苷键相连；②它具有α-1,6-葡萄糖苷酶活性，能将分支处仅剩的以α-1,6-葡萄糖苷键相连的1个葡萄糖残基被水解成为游离的葡萄糖。在磷酸化酶与脱支酶的协同和反复作用下，糖原可以被完全水解（图8-12）。

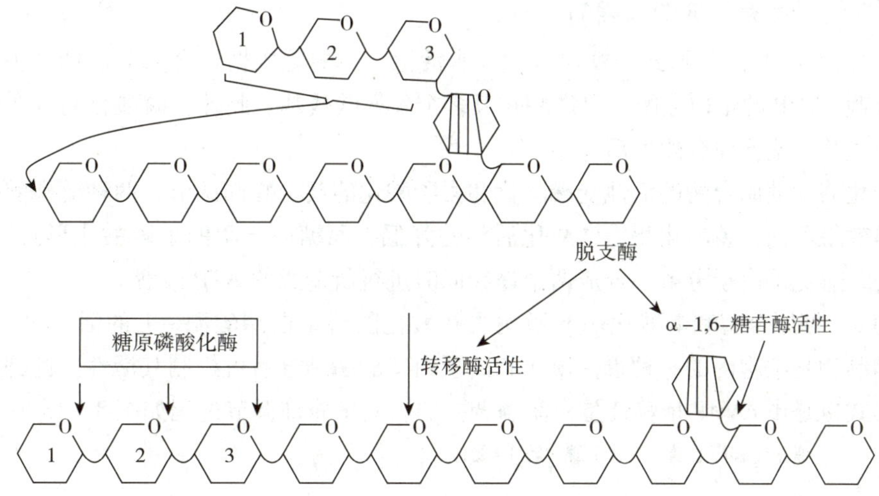

图8-12　脱支酶的作用

三、糖原合成与分解的生理意义

糖原作为葡萄糖储备的生物学意义在于当机体需要葡萄糖时，它可以迅速被动用，以供急需，而脂肪则不能。肝和骨骼肌是储存糖原的主要器官，但肝糖原和肌糖原的生理意义不同。肌糖原主要供肌肉收缩的急需能量，而肝糖原则是血糖的重要来源，后者对于一些依赖葡萄糖作为能量来源的组织如脑、红细胞等尤为重要。

四、糖原合成与分解的调节

糖原的合成与分解不是简单可逆反应，而是分别通过两条不同途径进行的，这样才能进行精细的调节。当糖原合成途径活跃时，分解途径则被抑制，才能有效地合成糖原，反之亦然。这种合成与分解两条不同途径进行的现象，是生物体内的普遍现象。

糖原合成途径中的糖原合酶和糖原分解途径中的糖原磷酸化酶都是催化不可逆反应的关键酶。这两种酶的活性决定不同途径的代谢速率，从而影响糖原代谢的方向。糖原合酶和糖原磷酸化酶的快速调节有共价修饰调节和别构调节两种方式。

（一）糖原磷酸化酶是糖原分解的关键酶

肝糖原磷酸化酶有磷酸化和去磷酸化两种形式。当该酶第14位丝氨酸残基被磷酸化时，活性很低的磷酸化酶（称为磷酸化酶b）就转变为活性强的磷酸型磷酸化酶（称为磷酸化酶a），这种磷酸化过程由磷酸化酶b激酶催化。磷酸化酶b激酶也有两种形式，去磷酸化的磷酸化酶b激酶没有活性。在依赖cAMP的蛋白激酶作用下转变为磷酸化的具有活性的磷酸化酶b激酶，其去磷酸化则由磷蛋白磷酸酶-1催化。

cAMP依赖性蛋白激酶（cAMP-dependent protein kinase，PKA）也有活性及无活性两种形式，其活性受cAMP调节。ATP在腺苷酸环化酶作用下生产cAMP，而腺苷酸环化酶的活性受激素调节。cAMP在体内很快被磷酸二酯酶水解成AMP，蛋白激酶随即转变为无活性型。这种通过一系列酶促反应将激素信号放大的连锁反应称为级联放大系统（cascade system），与酶含量调节相比（一般以几小时或以天计），反应快、效率高，而且各级联反应都存在各自可被调节的方式。

此外，磷酸化酶还受别构调节，葡萄糖是其别构抑制剂。当血糖升高时，葡萄糖进入肝细胞，与磷酸化酶a的别构调节部位结合，引起构象改变，暴露出磷酸化的第14位丝氨酸残基，然后在磷蛋白磷酸酶-1催化下去磷酸化而失活。因此，当血糖浓度升高时，可降低肝糖原的分解。这种别构调节速度更快，仅需几毫秒。

（二）糖原合酶是糖原合成的关键酶

糖原合酶亦分为a、b两种形式。糖原合酶a有活性，磷酸化成糖原合酶b后即失去活性。催化其磷酸化的也是依赖cAMP的蛋白激酶，可磷酸化其多个丝氨酸残基。此外，磷酸化酶b激酶也可磷酸化其中1个丝氨酸残基，使糖原合酶失活。

综上，磷酸化酶和糖原合酶的活性受磷酸化和去磷酸化的共价修饰调节。两种酶磷酸化和去磷酸化的方式相似，但效果不同，磷酸化酶去磷酸化后活性降低，而糖原合酶的去磷酸化形式则是有活性的。这种精细的调控，避免了由于分解、合成两个途径同时进行所造成的ATP浪费。

使磷酸化酶a、糖原合酶和磷酸化酶b激酶去磷酸化的磷蛋白磷酸酶-1的活性也受到精细调节。磷蛋白磷酸酶抑制物是细胞内的一种蛋白质，和磷蛋白磷酸酶结合后可抑制其活性。此抑制物本身具有活性的磷酸化形式也是由cAMP依赖性蛋白激酶调控的。共价修饰调节过程如图8-13所示。

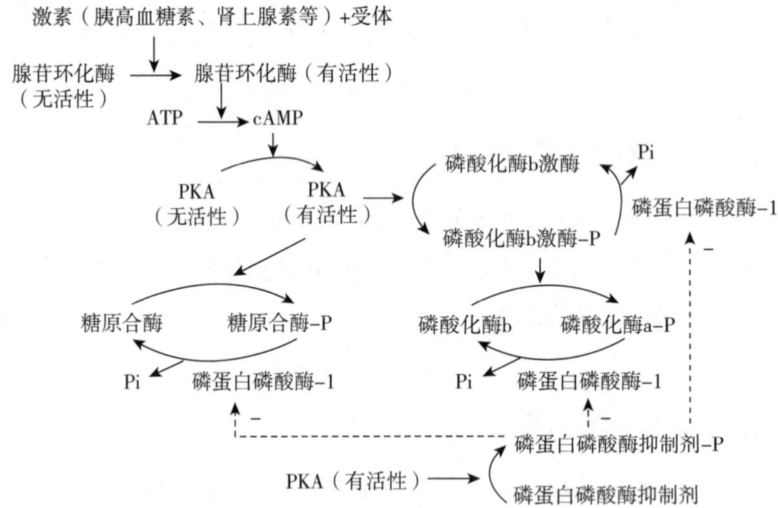

图8-13 糖原合成与分解的共价修饰调节

糖原合成与分解的生理性调节主要靠胰岛素和胰高血糖素。胰岛素抑制糖原分解，促进糖原合成，但其机制还未完全确定。胰高血糖素可诱导生成cAMP，促进糖原分解。肾上腺素也可通过cAMP促进糖原分解，但可能仅在应激状态下发挥作用。

肌糖原代谢的两个关键酶的调节与肝糖原不同。在糖原分解代谢时，肝糖原主要受胰高血糖素的调节，而肌糖原主要受肾上腺素调节。肌肉内糖原合酶及磷酸化酶的别构效应物主要是AMP、ATP及葡萄糖-6-磷酸。AMP可激活磷酸化酶b，而ATP、葡萄糖-6-磷酸可抑制磷酸化酶a，但对糖原合酶有激活作用，使肌糖原的合成和分解受细胞内能量状态的控制。当肌肉收缩、ATP被消耗时，AMP浓度升高，而葡萄糖-6-磷酸水平降低，这就使得肌糖原分解加快，合成被抑制。而当静息时，肌内ATP及葡萄糖-6-磷酸水平较高，有利于糖原合成。

Ca^{2+}的升高可引起肌糖原分解增加。当神经冲动引起细胞质内Ca^{2+}升高时，因为磷酸化酶b激酶的δ亚基就是钙调蛋白（calmodulin），Ca^{2+}与其结合，即可激活磷酸化酶b激酶，促进磷酸化酶b磷酸化成磷酸化酶a，加速糖原分解。这样，在神经冲动引起肌肉收缩的同时，即加速糖原分解，以获得肌肉收缩所需能量。

五、糖原贮积病

糖原贮积病（glycogen storage disease）是一组由于遗传代谢缺陷所致的糖原在组织中大量蓄积的疾

病，其病因是先天性缺乏糖原代谢相关的酶类。糖原代谢中不同酶的缺陷引起不同的病理反应。糖原贮积病分型见表 8－2。

表 8－2 糖原贮积病分型

类型/病名	受累器官	缺陷的酶	受害器官的糖原
Ⅰ型/Glerke 病	肝、肾	葡萄糖-6-磷酸酶	含量增加，结构正常
Ⅱ型/Pompe 病	所有器官	溶酶体 α-1,4-葡萄糖苷酶	含量极度增加，结构正常
Ⅲ型/Con 病	肝、肌	脱支酶	含量增加，分支多，外周糖链短
Ⅳ型/Anderson 病	肝、脾	分支酶	含量正常，分枝少，外周糖链长
Ⅴ型/Anderson 病	肌	肌磷酸化酶	含量增加，结构正常
Ⅵ型/MeArdle 病	肝	肝磷酸化酶	含量增加，结构正常
Ⅶ型/Hers 病	肌	肌磷酸果糖激酶-1	含量增加，结构正常
Ⅷ型	肝	肝磷酸化酶激酶	含量增加，结构正常

第六节 糖异生

由于外部供给的和细胞内贮存的糖的利用是有限的，大多数生物都有一个生物合成葡萄糖的途径。微生物可以将许多营养物质转化为葡萄糖的磷酸酯和糖原；哺乳动物的某些组织，主要是肝脏、肾脏可以由非糖前体物质，例如由乳酸和丙氨酸从头合成葡萄糖。由非糖前体物质（乳酸、甘油、生糖氨基酸等）转变为葡萄糖或糖原的过程称糖异生（gluconeogenesis）。能够生糖的糖异生原料主要有生糖氨基酸（20 种氨基酸中除亮氨酸、赖氨酸外，其余均可异生为糖，其中以甘氨酸、丙氨酸、苏氨酸、丝氨酸活力最强）、有机酸（乳酸、丙酮酸及三羧酸循环的中间产物）和甘油等。各种糖异生原料转变为糖的速度不同。图 8－14 比较了由丙酮酸合成葡萄糖的糖异生过程与由葡萄糖降解至丙酮酸的酵解过程。

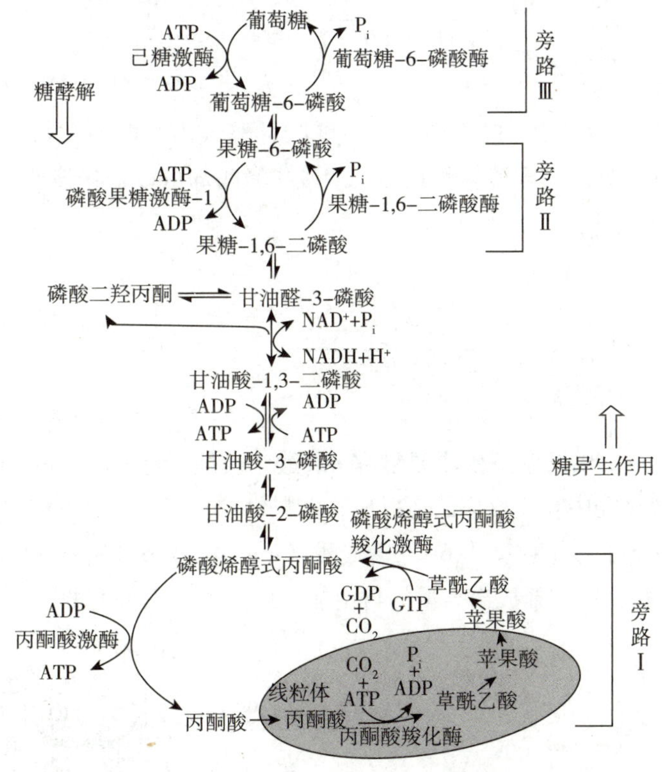

图 8－14 糖异生与糖酵解过程的比较

一、糖异生途径

从图 8 - 14 中可以看出，糖异生和酵解两个过程中的许多中间代谢物是相同的，一些反应以及催化反应的酶也是一样的。酵解途径的 7 步可逆反应只要改变反应的方向就变成了糖异生中的反应了。但糖异生并非糖酵解的逆转，其中由丙酮酸激酶、磷酸果糖激酶和己糖激酶催化的 3 个高放能反应就是不可逆转的，需要消耗能量走另外途径，或由其他的酶催化来克服这 3 个不可逆反应带来的能障。下面以丙酮酸转化为葡萄糖为例，说明糖异生途径中与酵解途径不同的 4 个主要反应步骤。

1. 旁路 I：丙酮酸转化为磷酸烯醇式丙酮酸

（1）丙酮酸羧化生成草酰乙酸　在丙酮酸羧化酶（生物素作为辅基）的催化下，丙酮酸羧化生成草酰乙酸，反应消耗 1 分子的 ATP。丙酮酸羧化酶的相对分子质量为 520×10^3，由 4 个相同亚基组成的，每个亚基的一个赖氨酸残基共价连接一个生物素辅基，生物素是丙酮酸羧化所必需的。丙酮酸羧化酶催化的反应是不可逆反应，反应受乙酰 CoA 别构激活。

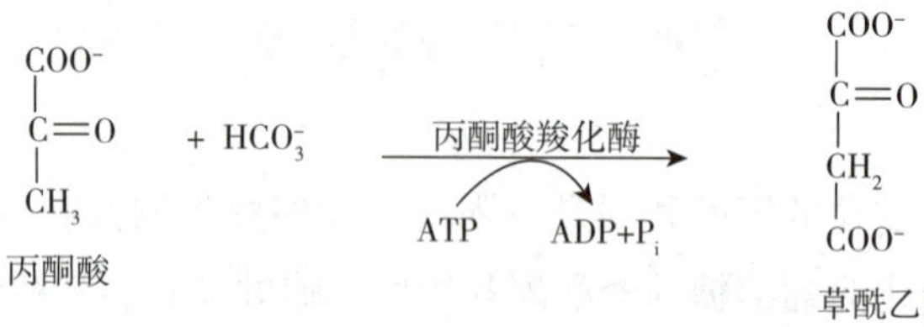

$$COO^- - C(=O) - CH_3\ (\text{丙酮酸}) + HCO_3^- \xrightarrow[\text{ATP}\ \rightarrow\ \text{ADP}+P_i]{\text{丙酮酸羧化酶}} COO^- - C(=O) - CH_2 - COO^-\ (\text{草酰乙酸})$$

（2）草酰乙酸转化为磷酸烯醇式丙酮酸　丙酮酸羧化生成的草酰乙酸经磷酸烯醇式丙酮酸羧化激酶（phosphoenolpyruvate car-boxykinase）催化生成磷酸烯醇式丙酮酸。

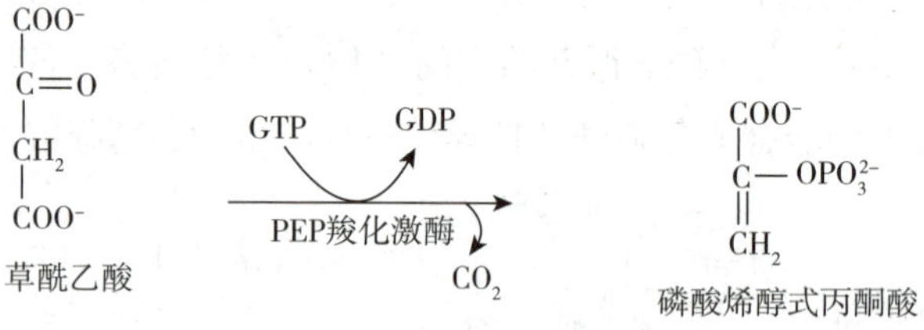

$$COO^- - C(=O) - CH_2 - COO^-\ (\text{草酰乙酸}) \xrightarrow[\text{PEP羧化激酶}\ \ \rightarrow CO_2]{\text{GTP}\ \rightarrow\ \text{GDP}} COO^- - C(-OPO_3^{2-}) = CH_2\ (\text{磷酸烯醇式丙酮酸})$$

这个脱羧反应用 GTP 作为高能磷酰基的供体。磷酸烯醇式丙酮酸羧化激酶是单体酶。在体内该反应是不可逆的，但在体外，分离的磷酸烯醇式丙酮酸羧化激酶却可以催化该反应的逆反应。

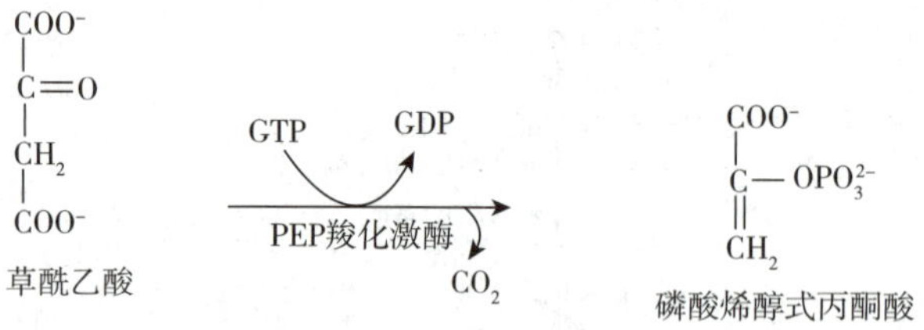

$$COO^- - C(=O) - CH_2 - COO^-\ (\text{草酰乙酸}) \xrightarrow[\text{PEP羧化激酶}\ \ \rightarrow CO_2]{\text{GTP}\ \rightarrow\ \text{GDP}} COO^- - C(-OPO_3^{2-}) = CH_2\ (\text{磷酸烯醇式丙酮酸})$$

2. 旁路 II：果糖-1,6-二磷酸水解生成果糖-6-磷酸　磷酸烯醇式丙酮酸和果糖-1,6-二磷酸之间的糖异生反应都是糖酵解途径中相应反应的逆反应，但果糖-1,6-二磷酸不能再沿着酵解的逆反应生成果糖-6-磷酸，糖异生途径可通过果糖-1,6-二磷酸酶（fructose-1,6-bisphosphatase）催化果糖-1,6-二磷酸水解生成果糖-6-磷酸，反应释放出大量的自由能，反应也是不可逆的。

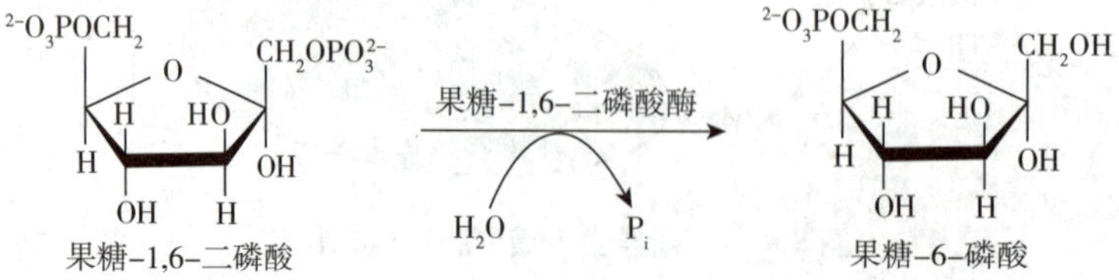

$$\text{果糖-1,6-二磷酸} \xrightarrow[H_2O\ \rightarrow\ P_i]{\text{果糖-1,6-二磷酸酶}} \text{果糖-6-磷酸}$$

果糖-1,6-二磷酸（$^{2-}O_3POCH_2$，$CH_2OPO_3^{2-}$）　果糖-6-磷酸（$^{2-}O_3POCH_2$，CH_2OH）

果糖-1,6-二磷酸酶是相对分子质量为 15×10^3 的四聚体酶，表现出S形动力学曲线，受AMP以及调节分子果糖-2,6-二磷酸的别构抑制。但在糖酵解中，果糖-2,6-二磷酸是磷酸果糖激酶-1的激活剂，所以催化果糖-6-磷酸和果糖-1,6-二磷酸相互转换的两个酶受到果糖-2,6-二磷酸相反的调节。

3. 旁路Ⅲ：葡萄糖-6-磷酸水解生成葡萄糖　果糖-6-磷酸沿酵解的逆反应异构化生成葡萄糖-6-磷酸。而下一步反应，由葡萄糖-6-磷酸水解为葡萄糖和无机磷酸糖异生途径则需要葡萄糖-6-磷酸酶（glucose-6-phosphatase）催化完成，该反应是不可逆的。

$$\text{葡萄糖-6-磷酸} \xrightarrow[H_2O \quad P_i]{\text{葡萄糖-6-磷酸酶}} \text{葡萄糖}$$

葡萄糖-6-磷酸酶位于内质网，所以需要一个转运系统将其从胞液转运到内质网。水解反应完成后，还需要转运系统将葡萄糖和磷酸基团再转运回胞液。现在已分离出来磷酸基团的转运蛋白。

从以上过程可以看出，糖异生是一个需能过程，由2分子丙酮酸合成1分子葡萄糖需要4分子ATP和2分子GTP，同时还需要2分子NADH，糖异生总反应方程式为

$$2\text{丙酮酸}+4ATP+2GTP+2NADH+2H^++6H_2O\longrightarrow\text{葡萄糖}+4ADP+2GDP+6P_i+2NAD^+$$

二、糖异生的生理意义

1. 维持血糖浓度恒定　空腹或饥饿时，机体可通过某些氨基酸、甘油等原料异生成葡萄糖，以维持血糖水平恒定。

糖异生的主要原料为乳酸、氨基酸及甘油。乳酸来自肌糖原分解，但肌肉组织中糖异生活性低，生成的乳酸不能重新合成糖，需经血液转运至肝后才能异生成葡萄糖。而在饥饿时，糖异生的原料主要为氨基酸和甘油。饥饿早期，随着脂肪组织中脂肪的分解加速，运送至肝的甘油增多，每天可生成10～15g葡萄糖。糖异生的主要原料为氨基酸。肌肉组织的蛋白质分解成氨基酸后，可以丙氨酸和谷氨酰胺形式运行至肝后异生为糖，每天可生成90～120g葡萄糖，需分解180～200g蛋白质。长期饥饿时每天消耗这么多蛋白质是无法维持生命的。经过适应，脑每天消耗的葡萄糖可减少，其余依赖酮体供能。这时甘油仍可异生提供约20g葡萄糖，所以每天消耗的蛋白质可减少至35g左右。

2. 补充肝糖原　糖异生是肝补充或恢复糖原储备的重要途径，这在饥饿后进食更为重要。长期以来，进食后肝糖原储备丰富的现象被认为是肝直接利用葡萄糖合成糖原的结果，但近年来发现并非如此。肝灌注和肝细胞培养实验表明：只有当葡萄糖浓度达12mmol/L以上时，才观察到肝细胞摄取葡萄糖。这样高的浓度在体内是很难达到的。即使在消化吸收期，门脉内葡萄糖浓度也仅8mmol/L。其原因被认为是由于葡萄糖激酶的 K_m 太高，肝摄取葡萄糖能力低。葡萄糖激酶活性是决定肝细胞摄取、利用葡萄糖的主要因素。另一方面，如在灌注液中加入一些可异生成糖原的甘油、谷氨酸、丙酮酸、乳酸，则肝糖原迅速增加。以同位素标记不同碳原子的葡萄糖输入动物后，分析其肝糖原中葡萄糖标记的情况，结果表明：摄入的相当一部分葡萄糖先分解成丙酮酸、乳酸等三碳化合物，后者再异生成糖原。这既解释了肝摄取葡萄糖的能力低，但仍可合成糖原，又可解释为什么进食2~3小时内，肝仍要保持较高的糖异生活性。合成糖原的这条途径称为三碳途径，也有学者称之为间接途径。相应地葡萄糖经UDPG合成糖原的过程称为直接途径。

3. 调节酸碱平衡　长期饥饿时，肾糖异生增强，有利于维持酸碱平衡。长期禁食后，肾的糖异生作用增强。发生这一变化的原因可能是饥饿造成的代谢性酸中毒造成的。此时体液PH降低，促进

肾小管中磷酸烯醇式丙酮酸羧激酶的合成，从而使糖异生作用增强。另外，当肾中 α-酮戊二酸因异生成糖而减少时，可促进谷氨酰胺脱氨生成谷氨酸以及谷氨酸的脱氨反应，肾小管细胞将 NH_3 分泌入管腔中，与原尿中 H^+ 结合，降低原尿 H^+ 的浓度，有利于排氢保钠作用的进行，对于防止酸中毒有重要作用。

三、糖异生的调节

糖异生的限速酶主要有以下 4 个酶：丙酮酸羧化酶、磷酸烯醇式丙酮酸羧激酶、果糖二磷酸酶和葡萄糖磷酸酶。

1. 激素对糖异生的调节 激素调节糖异生作用对维持机体的恒稳状态十分重要，激素对糖异生调节实质是调节糖异生和糖酵解这两个途径的调节酶以及控制供应肝脏的脂肪酸，更有大量的脂肪酸的获得使肝脏氧化更多的脂肪酸，也就促进葡萄糖合成，胰高血糖素促进脂肪组织分解脂肪，增加血浆脂肪酸，所以促进糖异生；而胰岛素的作用则正相反。胰高血糖素和胰岛素都可通过影响肝脏酶的磷酸化修饰状态来调节糖异生作用，胰高血糖素激活腺苷酸环化酶以产生 cAMP，也就激活 cAMP 依赖的蛋白激酶，后者磷酸化丙酮酸激酶而使之抑制，这一酵解途径上的调节酶受抑制就刺激糖异生途径，因为阻止磷酸烯醇式丙酮酸向丙酮酸转变。胰高血糖素降低果糖-2,6-二磷酸在肝脏的浓度而促进果糖-1,6-二磷酸转变为果糖-6-磷酸，这是由于果糖-2,6-二磷酸是果糖二磷酸酶的别构抑制剂，又是果糖-6-磷酸激酶的别构激活剂，胰高血糖素能通过 cAMP 促进双功能酶（果糖-6-磷酸激酶、果糖-2,6-二磷酸酶）磷酸化。这个酶经磷酸化就灭活激酶部位，但活化磷酸酶部位，因而果糖-2,6-二磷酸生成减少而被水解为果糖-6-磷酸增多。这种由胰高血糖素引致的果糖-2,6-二磷酸下降的结果是果糖-6-磷酸激酶活性下降，果糖二磷酸酶活性增高，果糖二磷酸转变为果糖-6-磷酸增多，有利糖异生，而胰岛素的作用正相反。

除上述胰高血糖素和胰岛素对糖异生和糖酵解的调节外，它们还分别诱导或阻遏糖异生和糖酵解的调节酶，胰高血糖素/胰岛素比例高诱导大量磷酸烯醇式丙酮酸羧激酶，果糖 6-磷酸酶等糖异生酶合成而阻遏葡萄糖激酶和丙酮酸激酶的合成。

2. 代谢物对糖异生的调节 血浆中甘油、乳酸和氨基酸浓度增加时，使糖的异生作用增强。例如在饥饿情况下，脂肪动员增加，组织蛋白质分解加强，血浆甘油和氨基酸增高；激烈运动时，血乳酸含量剧增，都可促进糖异生作用。

3. 乙酰辅酶 A 浓度对糖异生的影响 属于代谢物对糖异生调节的一种，乙酰辅酶 A 决定了丙酮酸代谢的方向，脂肪酸氧化分解产生大量的乙酰辅酶 A 可以抑制丙酮酸脱氢酶系，使丙酮酸大量蓄积，为糖异生提供原料，同时又可激活丙酮酸羧化酶，加速丙酮酸生成草酰乙酸，使糖异生作用增强。

此外，乙酰 CoA 与草酰乙酸缩合生成柠檬酸由线粒体内透出而进入细胞液中，可以抑制磷酸果糖激酶，使果糖二磷酸酶活性升高，促进糖异生。

第七节 多糖的生物合成

在高等植物、动物体内，游离的单糖不能参与双糖和多糖的合成反应，延长反应中提供的单糖基必须是活化的糖供体，这种活化的糖是一类糖核苷酸，即糖与核苷酸结合的化合物。糖核苷酸的作用是在双糖、多糖或几糖蛋白等复合糖合成过程中，作为参与延长糖链的单糖基的活化形式或供体。最早发现的糖核苷酸是尿苷二磷酸葡萄糖（uri-dine diphosphate glucose，UDPG），1957 年 Luis Leloir 因这一发现于1970年获诺贝尔奖。

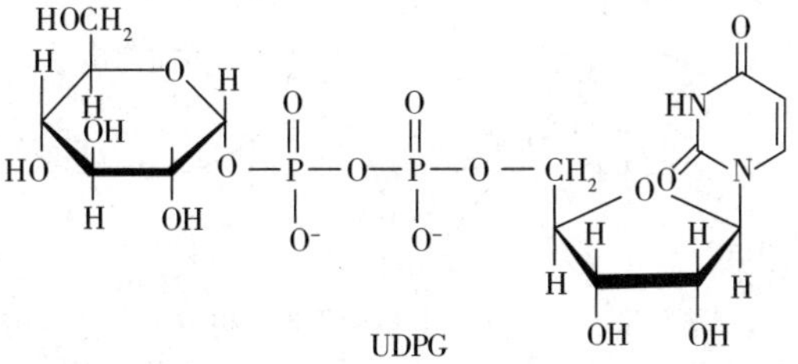

UDPG

以后，又发现了腺苷二磷酸葡萄糖（ADPG）、鸟苷二磷酸葡萄糖（GDPG）等。它们之间的差异仅在于碱基不同。不同的双糖和多糖合成酶系对各种糖核苷酸的专一性有差异。如蔗糖合成酶系、糖原合成酶系均优先采用UDPG，淀粉合成酶系优先采用ADPG，纤维素合成酶系优先采用GDPG和UDPG等。现以UDPG形成例，介绍糖核苷酸的合成反应，见图8－15。

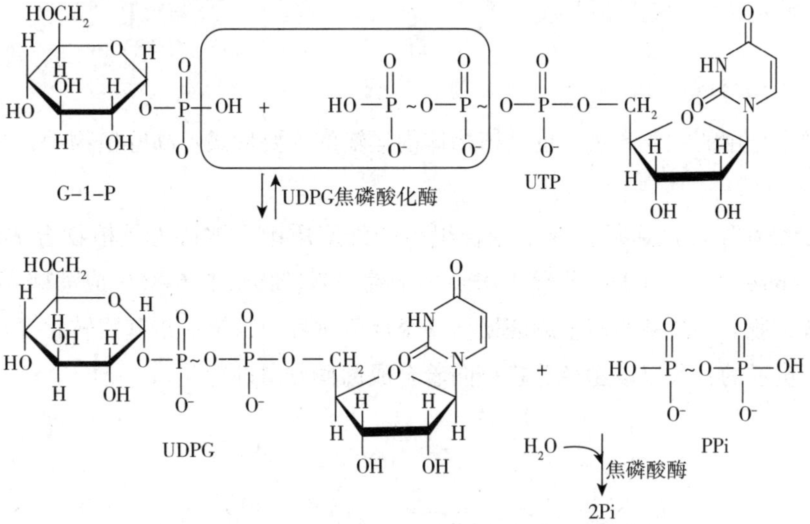

G-1-P + UTP ⇌(UDPG焦磷酸化酶) UDPG + PPi；PPi + H_2O →(焦磷酸酶) 2Pi

图8－15 UDPG形成反应

UDPG焦磷酸化酶（UDP－glucose pyrophosphorylase）是一种转移酶类，催化UTP中焦磷酸的脱落，将UMP残基转移到G-1-P上，组合形成UDPG。虽然，活化反应中的第一步是可逆的，但接着焦磷被水解成无机磷酸是不可逆的放能反应，所以，整个活化反应就趋向于向着形成UPG的方向进行。UDPG形成的反应可简写成

$$\text{G-1-P} + \text{UTP} + H_2O \xrightleftharpoons{\text{UDPG焦磷酸化酶}} \xrightarrow{\text{焦磷酸酶}} \text{UDPG} + 2\text{Pi}$$

同理，ADPG形成的反应可简写成

$$\text{G-1-P} + \text{ATP} + H_2O \xrightleftharpoons{\text{ADPG焦磷酸化酶}} \xrightarrow{\text{焦磷酸酶}} \text{ADPG} + 2\text{Pi}$$

以此类推，糖核苷酸合成反应通式可简写成

$$\text{G-1-P} + \text{NTP} + H_2O \xrightleftharpoons{\text{NDPG焦磷酸化酶}} \xrightarrow{\text{焦磷酸酶}} \text{NDPG} + 2\text{Pi}$$

由上述反应和图8－16可知：以G-1-P为原料，每活化一个葡萄糖残基，至少消耗一分子的NTP，即至少损失了一个高能磷酸键。糖的活化反应中气味可来自多种途径。

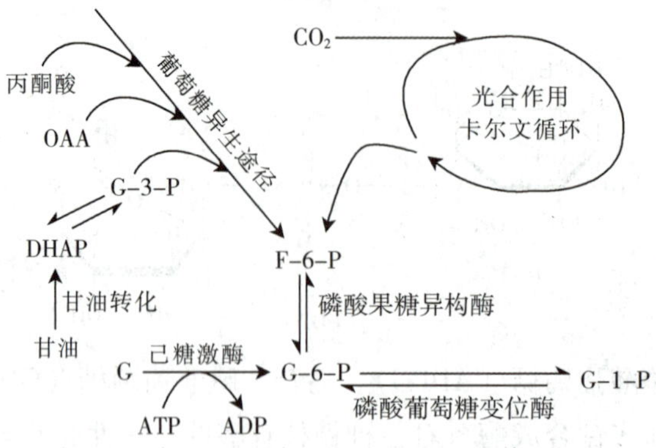

图 8-16　G-1-P 的多种来源途径

一、蔗糖与淀粉的生物合成

（一）蔗糖的生物合成

蔗糖是植物光合作用的主要产物，也是植物体内运输的主要形式。高等植物中，主要有两种与蔗糖合成有关的途径。

1. 磷酸蔗糖合酶途径　该途径存在于光合组织的细胞质中，被认为是植物合成蔗糖的主要途径。磷酸蔗糖合酶（sucrose phate synthase）将 UDPG 的葡萄糖基转移给 F-6-P 生成蔗糖-6-磷酸；而后者可被蔗糖磷酸酶水解，脱去磷酸基团而生成蔗糖。整个反应过程中，第一步基团转移反应是可逆的，但第二步水解反应是不可逆的，所以该途径总趋势向着合成蔗糖方向进行。

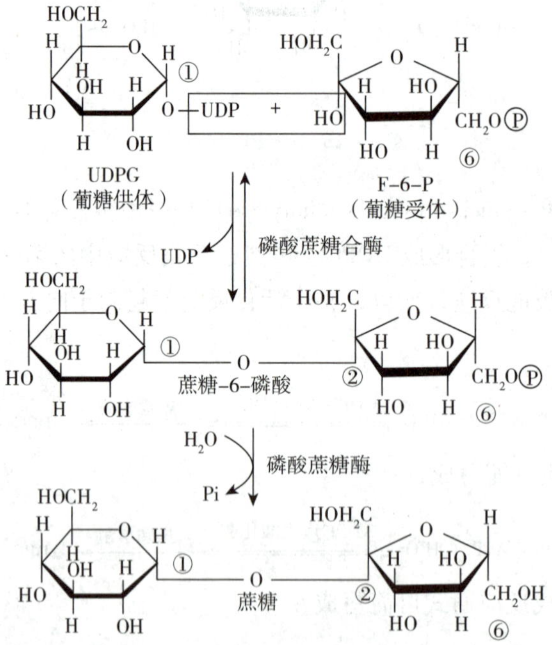

植物在叶绿体中进行光合作用，使空气中的 CO_2 固定、还原形成丙糖磷酸化合物，再将丙糖磷酸类转移到细胞质中。丙糖磷酸缩合形成六碳糖，进而合成蔗糖。蔗糖再运输到各个器官，用以各种多糖的合成或供生命活动的其他需要。

2. 蔗糖合酶途径　在非光合组织中蔗糖合酶（sucrose synthase）活性较高。蔗糖合酶也属于转移酶类，可催化糖基转移。反应过程可简写为

$$\left.\begin{matrix}\text{ADPG}\\\text{UDPG}\end{matrix}\right\} + \text{果糖} \underset{}{\overset{\text{蔗糖合酶}}{\rightleftharpoons}} \text{蔗糖} + \left\{\begin{matrix}\text{ADP}\\\text{UDP}\end{matrix}\right.$$

(葡糖供体)　(葡糖受体)

玉米和绿豆等许多植物中发现的蔗糖合酶是由四个相同亚基组成的均一寡聚酶（相对相对分子质量为 375×10^3）。现经实验证明：在发育的谷物籽粒中，上述可逆反应向着蔗糖的分解，形成糖核苷酸方向进行呈活跃状态。产生的糖核苷酸，尤其是 ADPG 为淀粉合成提供了活化的单糖基。该途径的主要用途应该是蔗糖向淀粉转变，形成糖核苷酸，而不能视作蔗糖合成的主要途径。

（二）淀粉的生物合成

植物体内的淀粉（starch）和动物体内的糖原（glycogen）都属于葡聚糖（glucan）。糖原比淀粉具有更多的分支：支链淀粉（amylopectin）每 24~30 个葡萄糖残基有一个分支，而糖原每 8~12 个葡萄糖残基有一个分支。

淀粉和糖原的生物学意义在于它们既是能量和碳架物质的贮存形式，又是容易动员的多糖。如禾谷类植物种子中积累了大量的淀粉，是种子萌芽和生长的能量和物质基础；动物在肝等细胞中储备了糖原，当大脑和肌体运动时，就会启动糖原分解供能。医学证明，当人血糖水平低下时，会影响中枢神经系统的正常功能，严重的会出现休克症状。有些人采用饥饿方式减肥，导致四肢无力，头晕眼花，可能和糖原含量下降、低血糖有关。

1. 直链淀粉的生物合成　参与直链淀粉合成的酶和途径主要有以下几种。

（1）淀粉合酶（starch synthase）　是直链淀粉延长中的主要酶类。它以糖核苷酸（ADPG 等）为原料，将活化的葡萄糖基转移到“引物”上，延长了葡聚糖链。引物是糖基受体，由三个以上的葡萄糖基以 α-1,4-糖苷键连接成的麦芽三糖、寡糖或直链淀粉。加成反应不断进行，葡聚糖链逐渐延长。催化反应可简写成

$$\text{ADPG} + G_n\text{（引物）}\xrightarrow{\text{淀粉合酶}} G_{n+1}\text{（直链淀粉）} + \text{ADP}$$

式中，①引物的 $n>3$；②活化的葡萄糖基从引物的非还原端延长；③淀粉合酶催化连接的键是 α-1,4-糖苷键。

图 8-17 介绍了以麦芽三糖为引物，淀粉合酶催化 ADPG 的葡萄糖基转移，由麦芽三糖（G_3）延长为麦芽四糖（G_4）的反应。

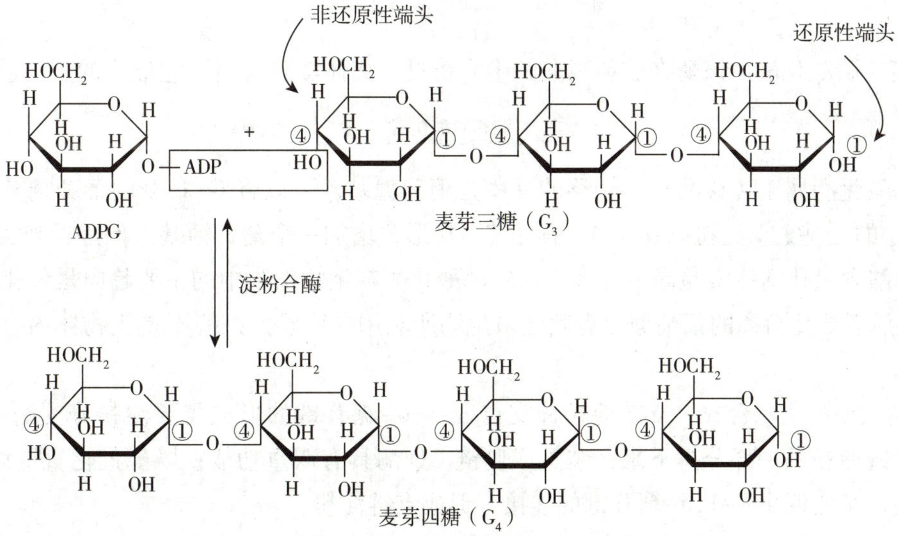

图 8-17　淀粉合酶催化反应

糖核苷酸含有较高的自由能，当其降解为核苷二磷酸和糖时，释放的自由能为33.5kJ/mol；淀粉合酶催化反应中，每个单糖基加到引物上，需要自由能21kJ/mol，因此反应的自由能变化为$\Delta G^{\ominus} = -2.5$kJ/mol，表明反应能自发地向着淀粉延长的方向进行。

（2）D 酶　是在马铃薯、大豆中发现的一种糖苷基转移酶，可转移麦芽糖残基。D 酶的存在，有利于葡萄糖转变为麦芽多糖，为直链淀粉延长反应提供了必要的引物。例如，当葡萄糖与麦芽五糖混合时，D 酶可催化产生两分子的麦芽三糖。

●●○○○ ＋ ○ ⇌(D 酶) ○○○ ＋ ●●○

麦芽五糖（给体）　葡萄糖（受体）　麦芽三糖（给体）　麦芽三糖（受体）

上式是可逆的，D 酶可以在不消耗 ATP 的情况下催化产生两个G_3引物，也可以两个麦芽三糖为底物催化产生麦芽五糖和葡萄糖。麦芽五糖也可以作为引物，参与淀粉合酶的延长反应。

（3）蔗糖转化为淀粉　光合组织中蔗糖的合成活性较高，蔗糖可运输到非光合组织中，通过一些酶的催化转变为淀粉。图 8－18 列举了蔗糖转化为淀粉的一种途径。

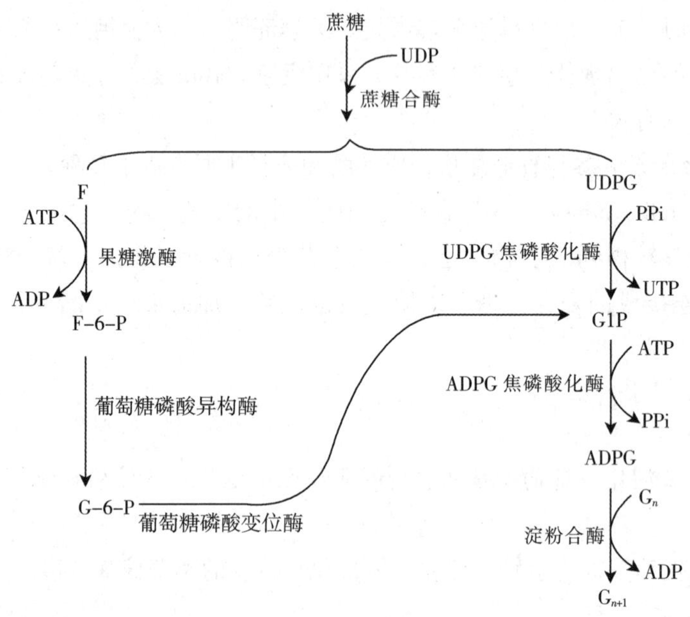

图 8－18　蔗糖转化为淀粉的一种途径

（4）淀粉磷酸化酶　该酶在淀粉磷酸解中介绍过。离体实验表明，它催化的是可逆反应。

$$\text{G-1-P}+G_n \xrightleftharpoons{\text{淀粉磷酸化酶}} G_{n+1}+\text{Pi}\ (n\geqslant 3)$$

淀粉磷酸化酶属于转移酶类，转移的基团是葡萄糖基，可以将 G-1-P 的葡萄糖基转移到淀粉非还原性末端C_4的羟基上，淀粉以α-1,4-糖苷键连接形式增加一个葡萄糖基。但是近来实验证明，植物细胞中无机磷酸含量比离体实验高出许多，淀粉磷酸化酶在生物细胞中的主要趋向是催化淀粉磷酸解生成 G-1-P，且后者要比游离的葡萄糖更有效地被生物所利用。所以，该酶不是生物体内直链淀粉合成的主要酶类。

2. 支链淀粉的生物合成　支链淀粉分支点α-1,6-糖苷键的形成需要淀粉分支酶（也称 Q 酶）作用，能将直链淀粉的一部分拆下来，装配成侧链。Q 酶具有双重功能：既能催化直链淀粉的α-1,4-糖苷键的断裂；又能催化α-1,6-糖苷键的连接，形成支链淀粉。

支链淀粉合成是通过淀粉合酶与 Q 酶等共同作用完成的：先在淀粉合酶作用下进行直链淀粉的合

成；接着在 Q 酶的作用下，从直链淀粉的非还原性末端切下一含 6~7 个葡萄糖残基的寡糖片段，再将该片段寡糖转移到淀粉中某一葡萄糖残基上，以 α-1,6-糖苷键相连形成支链淀粉。

二、纤维素的生物合成

纤维素（cellulose）是植物和某些微生物细胞壁的主要成分。纤维素占植物碳素含量的 50% 以上，尤其是棉花、麻、树木和麦秆中纤维素含量非常丰富。纤维素分子是由葡萄糖残基以 β-1,4 -糖苷键连接成的直链葡聚糖。

催化 β-1,4 -糖苷键连接的酶是纤维素合酶。延长纤维素的合成反应可简写为

$$\text{NDPG} + \text{G}_n \xrightarrow{\text{纤维素合酶}} \text{NDP} + \text{G}_{n+1}$$

式中，G_n 是一段由 β-1,4 -糖苷键连接的葡聚糖，被认为是纤维素合成所需的引物。NDPG 是糖核苷酸，作为延长纤维素的糖基供体。物种不同，糖核苷酸的种类有差异：玉米、绿豆、豌豆、茄子、棉花等植物采用的 GDPG，而细菌中采用的是 UDPG。

三、半纤维素的生物合成

半纤维素是从植物细胞壁中去掉果胶物质，能被 15% 的 NaOH 提取的多糖统称，属于碱溶性的植物细胞壁多糖。它主要包括木聚糖（xylan）、甘露聚糖（mannan）、葡甘露聚（glucomannan）、半乳葡甘露聚糖（galacto glucomannan）和木葡聚糖（xyldgluean）等。它们的主链多数是 β-1,4-糖苷键连接的多聚己糖或多聚戊糖，侧链上以 1,6-糖苷键形式连接杂糖。少数主链是 β-1,3-糖苷键连接的，如愈创葡聚糖（callose）也叫 β-1,3-葡聚糖。

半纤维素的合成比较复杂，而且不同植物中半纤维素的糖类也不一样。合成过程中，UDPG 等糖核苷酸可经脱氢酶、脱羧酶、异构酶的催化，转变为各种半纤维素的糖基供体，再参与半纤维素的合成，见图 8 -19。

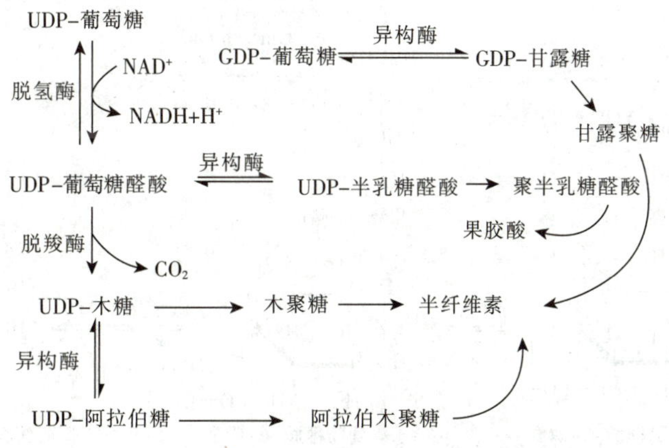

图 8 -19　半纤维素、果胶酸合成中糖核苷酸的转化

四、果胶的生物合成

果胶物质（pectic substance）是细胞壁中的基质多糖衍生物。果胶物质中的杂多糖主要是酸性的，故也称作果胶酸（pectic acid）。果胶酸的结构比半纤维素更复杂，主链是聚半乳糖醛酸（galacturonan）或聚鼠李半乳糖醛酸（rhamnogalacturonan），侧链的杂糖数目、种类、连接方式以及取代基情况也因物种、组织、发育阶段不同而有很大的差异。

合成果胶酸所用的糖核苷酸最初也是UDPG，经脱氢、异构等步骤转变为UDP-半乳糖醛酸等各种所需的糖核苷酸，再参与果胶酸的合成，如图8-19所示。

果胶酸羧基不同程度甲酯化可转变为果胶，其甲基供体是*S*-腺苷-甲硫氨酸。甲基化程度<45%的为低甲氧基果胶；果基化程度>45%的为高甲氧基果胶。果胶溶液是一种亲水胶体果胶，进一步与纤维素或半纤维结合就成为水不溶性的原果胶（protopectin）

五、细菌肽聚糖的生物合成

肽聚糖（peptidoglycan）是绝大多数原核生物细胞壁中特有的杂多糖成分，尤其是G^+细菌的细胞壁上肽聚糖厚达20~80nm，由40层左右网状结构的肽聚糖大分子组成。网状的肽聚糖是由肽聚糖单体重复连接形成的。肽聚糖单体又是通过三种基本成分组成的：双糖单位、肽"尾"、肽"桥"（图8-20）。

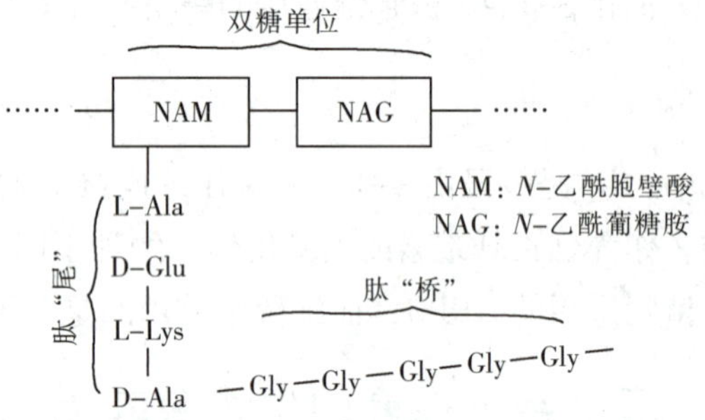

图8-20　G^+细菌肽聚糖单体结构示意图

现以革兰阳性（G^+）细菌金黄色葡萄球菌（*S. aureus*）中的肽聚糖合成为例，介绍有关糖蛋白合成、糖蛋白-脂复合物转移与装配的复杂过程和基本原理。

肽聚糖的生物合成在细胞中变换了三个部位：细胞质、细胞膜、细胞膜外，大约有20步反应。现分三个阶段介绍其合成过程。

1. 细胞质中的生物合成　G^+细菌合成肽聚糖时，在细胞质中发生以下反应。

（1）葡萄糖衍生物的形成　以葡萄糖为原料，经一系列酶催化反应，可形成葡萄糖衍生物-*N*-乙酰葡萄糖胺-1-磷酸。其转变过程见图8-21。

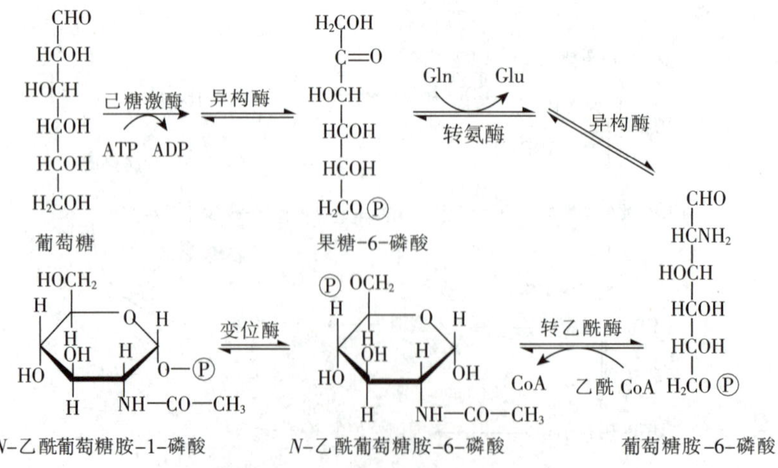

图8-21　葡萄糖转变为*N*-乙酰葡萄糖胺-1-磷酸过程

（2）糖核苷酸的形成　在UDP-NAG焦磷酸化酶的催化下，以*N*-乙酰葡萄糖胺-1-磷酸活化为

UDP-*N*-乙酰胞壁酸（UDP-NAM）。

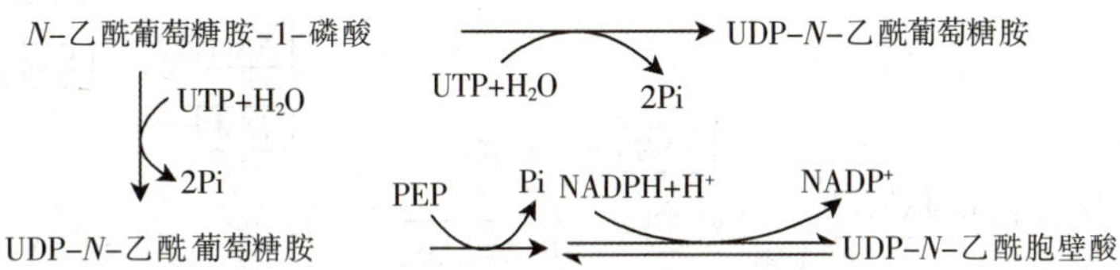

（3）糖核苷酸与肽“尾”的连接　UDP-NAM 先后与肽“尾”的五个氨基酸共价键连接，形成“糖核苷酸-小肽”复合物。糖核苷酸与肽“尾”连接的简要过程见图 8-22。

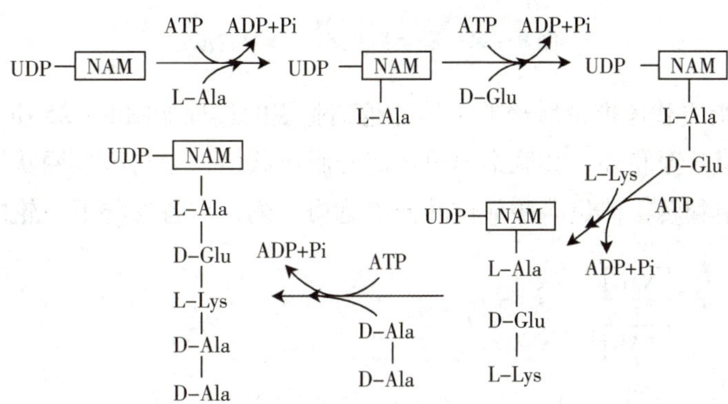

图 8-22　糖核苷酸-小肽的形成过程

2. 细胞膜上的生物合成　细胞质中合成的糖核苷酸-小肽复合物是亲水性的物质，无法直接穿过疏水性的细胞膜转移到膜外，需要一种脂质载体细菌萜醇（bactoprenol）运送。这种脂质载体是含有 11 个异戊二烯单位的长醇。脂质载体通过 1~2 个磷酸基团的连接后，再与糖相连。细菌萜醇与焦磷酸结构见图 8-23 所示。

$$\underbrace{\text{H-}[\text{CH}_2\text{—}\overset{\text{CH}_3}{\overset{|}{\text{C}}}\text{=CH—CH}_2]_{10}\text{—CH}_2\text{—}\overset{\text{CH}_3}{\overset{|}{\text{C}}}\text{=CH—CH}_2}_{\text{脂质长醇}}\underbrace{\text{—O—}\underset{\text{OH}}{\overset{\text{O}}{\overset{\|}{\underset{|}{\text{P}}}}}\text{—O—}\underset{\text{OH}}{\overset{\text{O}}{\overset{\|}{\underset{|}{\text{P}}}}}\text{—O}}_{\text{焦磷酸}}\text{—糖}$$

图 8-23　与糖结合的细菌萜醇及焦磷酸结构

脂质载体以磷酸基团为桥梁与单糖或寡糖结合时，具有糖核苷酸的类似功能，能够使单糖或寡糖成为活化形式的供体，在特定的糖基转移酶的催化下，参与各种复合型多糖、糖脂、糖蛋白的合成反应。除细菌外，真菌和植物中发现的脂质长醇有 14~24 个异戊二烯单位；动物的脂质长醇有 17~21 个异戊二烯单位。

细菌在细胞质中合成的糖核苷酸以及糖核苷酸-小肽复合物，转移到细胞膜上，与脂质载体一边结合，一边进一步合成为肽聚糖的单体，穿梭到细胞膜外，具体过程如下。

（1）膜上合成　具体过程如图 8-24 所示：①脂质载体插在细胞膜中，焦磷酸在细胞质一侧，经水解去除一个磷酸基团；②游离在细胞质中的糖核苷酸一小肽复合物与脂质载体连接后，“锚钉”在细胞膜靠近细胞质的一侧；③活化的 *N*-乙酰葡萄糖胺（NAG.）在糖基转移酶的催化下，与复合糖脂中的 *N*-乙酰胞壁酸（NAM）以 β-1,4-糖苷键形式连接，产生了肽聚糖中双糖单位结构；④携带着活化甘氨酸的 tRNA，在肽基转移酶的催化下，合成肽聚糖单体中肽“桥”结构。至此，肽聚糖单体的合成在细胞膜上完成了。

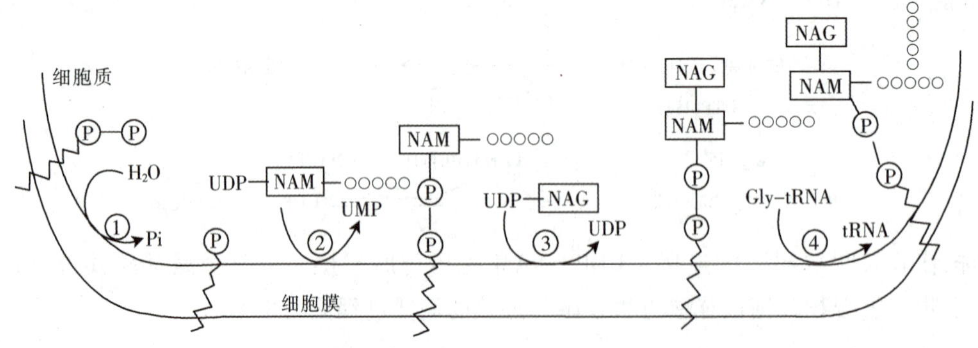

图 8-24 膜上肽聚糖单体的合成

（2）穿越细胞膜 脂质载体携带肽聚糖单体穿越细胞膜的过程如图 8-25 所示：①焦磷酸脂质载体将肽聚糖单体穿越细胞膜送至膜外；②肽聚糖单体离开脂质载体，参与膜外网状结构肽聚糖装配；③游离的脂质载体再次在膜中翻转，使焦磷酸部位转向细胞质一侧，准备参与下一轮的膜上合成与穿梭。

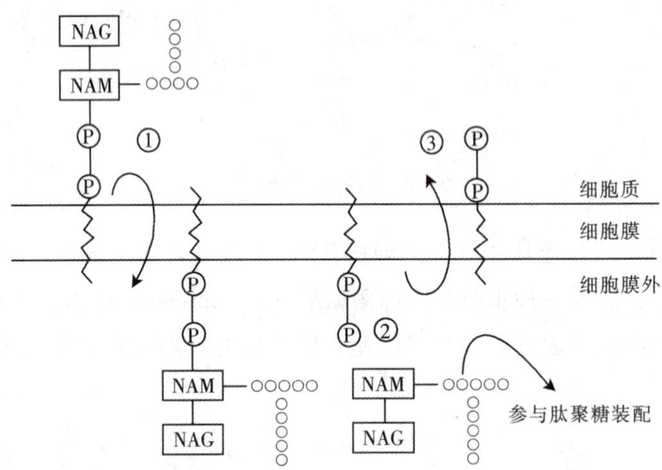

图 8-25 脂质载体携带肽聚糖单体穿越细胞膜的过程

3. 细胞膜外的生物合成 被送至膜外的肽聚糖单体，参与网状结构的肽聚糖的装配，主要是两个方面：一是糖链的连接，二是肽“桥”的连接。

（1）糖链的连接 在细胞膜外，糖基转移酶能够将双糖单位的肽聚糖单体，转移到延长反应中接受肽聚糖单体的引物上，进行 β-1,4-糖苷键连接。该糖基转移酶在延长肽聚糖链时，对“引物”的要求是至少含有 6~8 个肽聚糖单体的肽聚糖链，如图 8-26 所示。

（2）肽“桥”的连接 已经连成一排排的肽聚糖链，还需转肽酶等因子的作用，先将肽“尾”上第 5 个氨基酸 D-丙氨酸水解去掉；再把各排糖肽链之间的肽“尾”通过肽“桥”，一边与肽“尾”的第 3 个氨基酸 L-Lys 连接，另一边与肽“尾”的第 4 个氨基酸 D-Ala 连接的方式“搭桥”。这样网状结构的肽聚糖就形成了。其中网状结构肽聚糖中糖链的连接方式以及小肽“搭桥”的形式见图 8-27 所示。

在其他微生物中，甚至在动物、植物中也发现了一些糖蛋白、糖脂的合成机制。其基本规律与 G^+ 细菌中肽聚糖的合成有相似之处，也有区别。G^+ 细菌的肽聚糖较厚，网状结构较致密；而 G^- 细菌中肽聚糖较薄，且肽“桥”的比例较小。如大肠埃希菌（*E. coli*）是 G^- 细菌的代表，其肽聚糖与 G^+ 细菌肽聚糖不同的是：肽“尾”中第三个氨基酸残基不是 L-赖氨酸，而是内消旋二氨基庚二酸（m-DAP）；肽“桥”比例小，即肽聚塘的“网眼”大，许多肽“尾”像植物根须一样垂钓在糖链的下面。

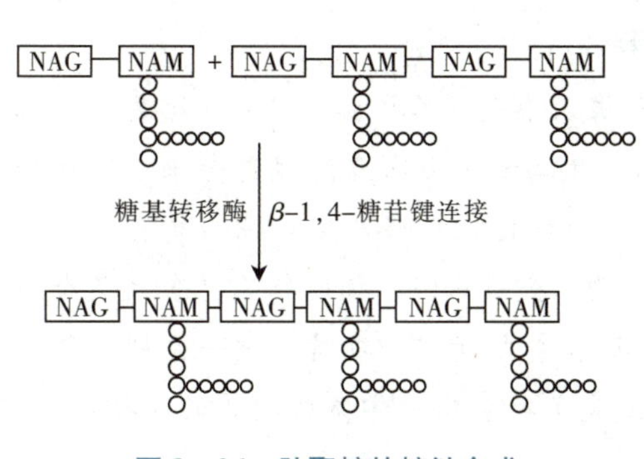

图 8－26　肽聚糖的糖链合成

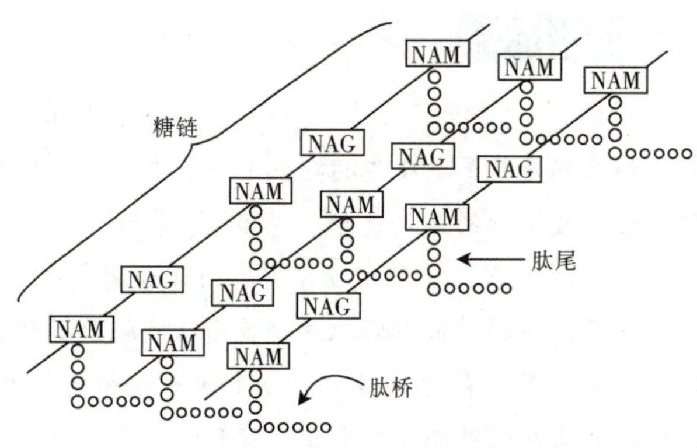

图 8－27　金黄色葡萄球菌肽聚糖结构

第八节　血糖与血糖水平的调节

一、血糖的来源和去路

血糖（blood sugar）是指血中的葡萄糖。血糖水平相当恒定，维持在 3.89~6.11mmol/L，这是进入和移出血液的葡萄糖平衡的结果（图 8－28）。血糖的来源为肠道吸收、肝糖原分解和肝糖异生葡萄糖释入血液内。血糖的去路则为周围组织以及肝的摄取利用。这些组织中摄取的葡萄糖利用、代谢方式各异。某些组织利用其氧化供能；肝、肌肉用其合成糖原；脂肪组织和肝将其转变为三酰甘油等。

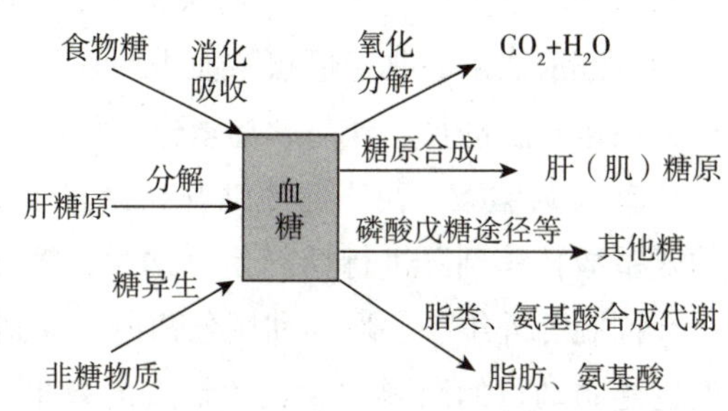

图 8－28　血糖的来源与去路

二、血糖水平的调节

调节血糖水平的激素主要有胰岛素、胰高血糖素、肾上腺素和糖皮质激素等。血糖水平的恒定是这些激素联合作用的结果。

1. 胰岛素（insulin）　是体内唯一的降低血糖的激素，也是唯一同时促进糖原、脂肪、蛋白质合成的激素。胰岛素的分泌受血糖控制，血糖升高立即引起胰岛素分泌；血糖降低，分泌即减少。胰岛素降血糖是多方面作用的结果：①促进肌肉、脂肪组织等的细胞膜葡萄糖载体将葡萄糖转运入细胞；②通过增强磷酸二酯酶活性，降低 cAMP 水平，从而使糖原合酶活性增强、磷酸化酶活性降低，加速糖原合成，抑制糖原分解；③通过激活丙酮酸脱氢酶磷酸酶而使丙酮酸脱氢酶激活，加速丙酮酸氧化为乙酰 CoA，从而加快糖的有氧氧化；④抑制肝内糖异生，这是通过抑制磷酸烯醇丙酮酸羧化酶的合成以及促进氨基酸进入肌肉组织并合成蛋白质，减少肝糖异生的原料；⑤通过抑制脂肪组织的激素敏感性脂肪酶，可减缓脂肪动员的速率。若脂肪酸大量动员至肝、肌肉、心肌，这些组织内葡萄糖的氧化可被抑制。因此，胰岛素减少脂肪动员，就可促进上述组织利用葡萄糖。

知识拓展

糖尿病与胰岛素

糖尿病是最早被发现的疾病之一，在很长一段时间内都被认为是不治之症。以前的记载尽管比较简略，但比较明确的是：患者“尿多”“尿甜”。1776 年英国医生马修·多布森发现患者尿中的甜分来自葡萄糖。1889 年，德国生物学家冯梅林和闵科夫斯基发现，动物胰脏能够产生一种物质有效地控制血糖。此后很多科学家都想把这种物质从胰腺里提炼出来，但均以失败告终，提取物里包含大量杂质，引发严重副作用。直到 1921 年，加拿大医生弗雷德思克·班廷和查尔斯·贝斯特通过一系列的实验，最终成功地从狗的胰腺中提取出了胰岛素，而后在生理学家麦克劳德和生化学家科利普的支持和帮助下，胰岛素得以纯化、批量生产，并在临床试验中获得成功。

2. 胰高血糖素（glucagon） 是体内升高血糖的主要激素。血糖降低或血液氨基酸浓度升高刺激胰高血糖素的分泌。其升高血糖的机制包括：①经肝细胞膜受体激活 cAMP 依赖性蛋白激酶，从而抑制糖原合酶和激活磷酸化酶，迅速使肝糖原分解，血糖升高；②通过抑制磷酸果糖激酶-2，激活果糖二磷酸酶-2，从而减少果糖-2,6-二磷酸的合成，后者是磷酸果糖激酶-1 的最强的别构激活剂，又是果糖二磷酸酶-1 的抑制剂。于是糖酵解被抑制，糖异生则加速；③促进磷酸烯醇丙酮酸羧化酶的合成，抑制肝 L 型丙酮酸激酶，加速肝摄取血中的氨基酸，从而增强糖异生；④通过激活脂肪组织内激素敏感性脂肪酶，加速脂肪动员。这与胰岛素作用相反，从而间接升高血糖水平。

3. 糖皮质激素 可引起血糖升高，其作用机制可能有两个方面：①促进肌肉蛋白质分解，分解产生的氨基酸转移到肝进行糖异生，这时，糖异生途径的关键酶之一磷酸烯醇丙酮酸羧化酶的合成常增强；②抑制肝外组织摄取和利用葡萄糖，抑制点为丙酮酸的氧化脱羧。此外，在糖皮质激素存在时，其他促进脂肪动员的激素才能发挥最大的效果。这种协助促进脂肪动员的作用，可使血中游离脂肪酸升高，也可间接抑制周围组织摄取葡萄糖。

4. 肾上腺素 能强有力地升高血糖。给动物注射肾上腺素后，血糖水平迅速升高，可持续几个小时，同时血乳酸水平也升高。肾上腺素的作用机制是通过肝和肌肉的细胞膜受体、cAMP、蛋白激酶级联激活磷酸化酶，加速糖原分解。在肝内糖原分解为葡萄糖，在肌肉则经糖酵解生成乳酸，并通过乳酸循环间接升高血糖水平。肾上腺素主要在应激状态下发挥调节作用，对于其他状态，尤其是进食情况引起的血糖波动没有生理意义。

三、血糖水平异常

临床上因糖代谢障碍可发生血糖水平紊乱，常见有以下两种类型。

1. 高血糖及糖尿症（hyperglycemia and glucosuria） 临床上将空腹血糖浓度高于 7.22~7.78mmol/L 称为高血糖。当血糖浓度高于 8.89~10.00mmol/L，则超过了肾小管的重吸收能力，则可出现糖尿，这一血糖水平称为肾糖阈。持续性高血糖和糖尿病，特别是空腹血糖和糖耐量曲线高于正常范围，主要见于糖尿病（diabetes mellitus）。某些慢性肾炎、肾病综合征等引起肾对糖的重吸收障碍也可出现糖尿，但血糖及糖耐量曲线均正常。生理性高血糖和糖尿可因情绪激动，交感神经兴奋，肾上腺素分泌增加，从而使得肝糖原大量分解所致。临床上静脉滴注葡萄糖速度过快，也可使血糖迅速升高并出现糖尿病。

2. 低血糖（hypoglycemia） 空腹血糖浓度低于 3.33~3.89mmol/L 时称为低血糖。低血糖影响脑的正常功能，因为脑细胞所需要的能量主要来自葡萄糖的氧化。当血糖水平过低时，就会影响脑细胞的功能，从而出现头晕、倦怠无力、心悸等，严重时出现昏迷，称为低血糖休克。如不及时给患者静脉补充葡萄糖，可导致死亡。出现低血糖的病因有：①胰性（胰岛 B 细胞功能亢进、胰岛 A 细胞功能低下等）；②肝性（肝癌、糖原累积病等）；③内分泌异常（垂体功能低下、肾上腺皮质功能低下等）；④肿瘤（胃癌等）；⑤饥饿或不能进食者等。

答案解析

思考题

患者，女，16 岁，学生，口干，全身无力，排尿增大，无明显心悸，多汗，食欲佳，体重减轻 5kg，空腹血糖 15.1mmol/L，餐后 2 小时血糖 21.5mmol/L 近期出现肾功能衰竭，失明。

1. 请推断该患者可能患有哪种疾病？其判断的依据是什么？
2. 简述该病的病因及特点。
3. 常用的口服降糖类药物分哪几种？

（李　荷　李春梅）

书网融合……

微课

习题

第九章　脂类的代谢

PPT

学习目标

1. 通过本章学习，掌握脂肪酸与甘油的分解途径；熟悉脂类的消化吸收过程及胆盐的重要作用，酮体的生成及其利用，脂肪酸和脂肪的合成途径；了解类脂的主要代谢途径。

2. 具备解析脂类代谢通路与调控机制、分析代谢异常相关疾病、设计代谢研究实验及整合跨学科知识的综合能力。

3. 树立严谨的科学思维、创新探究意识、健康生活观念及对代谢相关疾病防治与生物技术伦理的责任感。

脂类是脂肪及类脂的总称，是一类不溶于水而易溶于有机溶剂，并能为机体利用的有机化合物。脂肪又称三酰甘油、甘油三酯或三脂酰甘油，脂肪的主要生理功能是储存能量及氧化供能。类脂包括胆固醇及其酯、磷脂及糖脂等，是生物膜的重要组成成分。

第一节　脂类在体内的消化和吸收

一、脂肪在体内的消化和吸收

（一）脂肪的消化

膳食中的脂类主要为脂肪，此外还含少量磷脂、胆固醇及其酯和一些游离脂肪酸（free fatty acid，FFA）。因唾液中无消化脂肪的酶，故脂肪在口腔里不被消化；胃液中仅含有少量的脂肪酶，它的最适pH为6.3~7.0，而成年人胃液pH为1.5~2.0，不适于脂酶的作用，故脂肪在成人胃中几乎不能被消化。在婴儿胃中，由于胃酸较少且乳汁中的脂肪已经乳化，故脂肪在婴儿胃中可少量被消化。无论成年人或婴儿，脂肪消化的部位主要在小肠。

脂类不溶于水，必须在小肠经胆汁中胆汁酸盐的作用，乳化并分散成细小的微团（micelles）后，才能被消化酶消化。胆汁酸盐是较强的乳化剂，降低油与水相之间的界面张力，使脂肪及胆固醇酯等疏水的脂质乳化成细小微团，增加消化酶对脂质的接触面积；胆汁酸盐还能激活胰脂酶，促进脂肪的水解，有利于脂肪及类脂的消化及吸收。胰腺分泌大量的胰脂酶（pancreatic lipase）它能水解特异三酰甘油的第1、3位酯键，对第2位酯键的水解能力很弱，生成2-单酰甘油（2-monoglyceride）及2分子脂肪酸。胰脂肪酶必须吸附在乳化脂微团的水油界面上，才能作用于微团内的三酰甘油。胰液中有辅脂酶（colipase），它是胰脂酶对脂肪消化不可缺少的蛋白质辅因子。

$$\begin{matrix} & & CH_2-O-\overset{\overset{O}{\|}}{C}-R_1 \\ R_2-\overset{\overset{O}{\|}}{C}-O- & CH & \\ & & CH_2-O-\underset{\underset{O}{\|}}{C}-R_3 \end{matrix} \xrightarrow[2H_2O \;\curvearrowright\; R_1COOH+R_3COOH]{} \begin{matrix} & CH_2-OH \\ R_2-\overset{\overset{O}{\|}}{C}-O- & CH \\ & CH_2-OH \end{matrix} \xrightarrow{H_2O} \begin{matrix} CH_2-OH \\ CH-OH \\ CH_2-OH \end{matrix} + R_2COOH$$

（二）脂肪的吸收

脂肪水解，主要产生两分子的脂肪酸和一分子 α-单酰甘油；后者可进一步水解为甘油和脂肪酸。

体内小肠既能吸收脂肪完全水解的产物，也能吸收部分水解产物或未经水解乳化了的微滴（droplet）。吸收的途径大部分由淋巴系统进入血液循环，也有一小部分直接经门静脉进入肝，而未吸收的脂肪，进入大肠后被细菌分解。脂肪吸收有三种方式。

1. 部分水解物　大约有一半（50%~57%）的脂肪，在小肠中部分水解为脂肪酸、二酰甘油以及单酰甘油。这些水解产物进入肠黏膜细胞后，再合成三酰甘油，然后通过淋巴系统进入血液循环。

2. 完全水解物　约有 40% 脂肪，经脂肪酶的作用完全水解为脂肪酸和甘油。甘油溶于水，与其他水溶性物质一起进入肠黏膜；脂肪酸虽不溶于水，但能与胆汁酸盐按一定比例结合，形成可溶于水的复合物，从而使脂肪酸也可透过肠黏膜细胞。脂肪酸与胆汁酸盐的复合物进入肠黏膜上皮细胞后，就在细胞内被分解，分解出的胆汁酸盐透过细胞进入血液循环到肝贮存于胆囊中，以供再次分泌时使用。进入肠黏膜细胞内的甘油和脂肪酸，可经门静脉进入肝，重新合成中性脂肪；另一部分脂肪酸与胆固醇结合成胆固醇酯。

3. 完全不水解物　尚有一部分脂肪，可不经水解而直接被吸收，但需要高度乳化为脂肪微滴后，才能被吸收进入肠黏膜细胞。经淋巴系统进入血液循环。

进入肠黏膜后的脂肪、部分水解物、完全水解物。可以有两个途径被吸收：一是甘油和脂肪酸溶于水，经毛细血管吸收；二是乳化的脂肪微粒、高级脂肪酸及相应水解物等经淋巴管吸收。脂肪的水解产物——游离脂肪酸和单酰甘油，可与胆汁酸盐形成乳化微粒，在小肠绒毛膜上，乳化微滴中的单酰甘油和脂肪酸被吸收，胆汁酸盐不被吸收，在小肠重吸收经门静脉入肝，与胆汁一起重新分泌，这就是胆汁的肝肠循环。

二、类脂的消化和吸收

食物中的甘油磷脂可被肠道中各种磷脂酶（phospholipase）水解，分别作用于甘油磷脂分子中的不同酯键（图 9-1），生成小分子产物，包括甘油、脂肪酸、磷酸、含氮碱等。

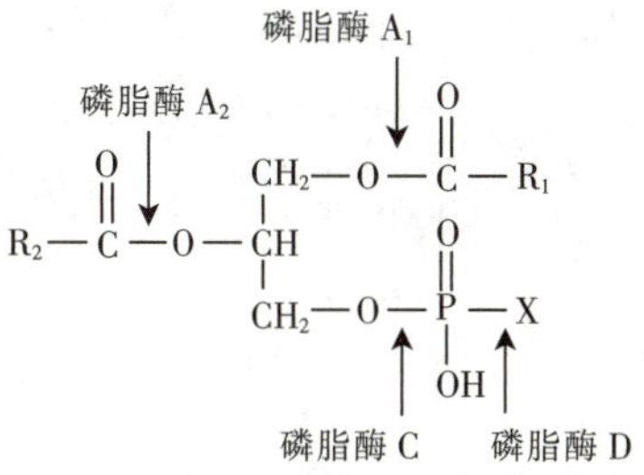

胰腺分泌一种磷脂酶 A_2 原，受胰蛋白酶激活生成磷脂酶 A_2（phospholipase A_2），在胆汁酸盐和 Ca^{2+} 协同下才有催化活性。此酶催化卵磷脂水解释放出一分子脂肪酸（R_2COOH），生成溶血磷脂（lysophospholipid），溶血磷脂具有溶血作用。蛇的毒液中含有磷脂酶 A_2，故被蛇咬伤后，毒液进入体内可引起严重的溶血症状。磷脂酶 A_2 也存在于小肠黏膜中。溶血卵磷脂也是一种有效的表面活性剂，有助于食物脂类的乳化，促进脂肪消化。磷脂酶 A_1（hospholipase A_1）广泛分布于动物细胞的内质网，它能催化甘油磷脂第 1 位酯键断裂，释放出一分子脂肪酸（R_1COOH）和溶血磷脂。磷脂酶 B（hospholipase B）催化溶血磷脂第 1 或 2 酯键水解，释放出两分子脂肪酸，生成甘油磷酸胆碱或甘油磷酸乙醇胺等。磷脂酶 B 被认为是磷脂酶 A_1 和 A_2 的混合物。溶血磷脂亦可受磷脂酶 B 的作用，水解释放出一分子脂肪酸，同时生成甘油磷酸胆碱。甘油磷酸酶又称磷脂酶 C（hospholipase C），胆碱磷酸酶又称为磷脂酶 D（hospholipase D），这两种酶分别作用于第 3 酯键和磷脂分子中磷酸与取代基团（如胆碱等）间的酯键水解，可将甘油磷酸胆碱完全水解成甘油、磷酸和胆碱。磷脂酶 C、D 酶分布不广，尤其是后者主要存在于高等植物组织中，但动物体内存在另一种甘油磷酸二脂酶，可将甘油磷酸胆碱水解，释放出胆碱和磷酸甘油，后者再经磷酸甘油脱氢酶作用，生成磷酸二羟丙酮或磷酸甘油醛。脑磷脂与丝氨酸磷脂的水解过程与卵磷脂相似。

图 9-1　磷脂酶的作用位点

在胆汁酸盐协助下，磷脂在肠内约有25%可以不经消化就直接吸收进入肝中，但大部分磷脂仍是水解后被吸收的。吸收后的磷脂水解产物，在肠壁上重新合成完整的磷脂分子，再进入血液分布于全身。

食物中的胆固醇全部来自动物性食品，如蛋黄、动物内脏、奶油等。植物性食品不含胆固醇。所含植物固醇如豆固醇和谷固醇，不仅本身不被吸收，还能抑制胆固醇的吸收。食物所含的胆固醇，一部分与脂肪酸结合形成胆固醇酯，胆固醇酯仅占10%~15%。另一部分以游离状态存在，是主要的存在形式。后者经胆汁酸盐乳化后，被胆固醇酯酶水解为游离胆固醇。

在肠内还有随胆汁及其他消化液分泌的胆固醇，它们都是以游离形式为主。胰液和肠液中均含有胆固醇酯酶（cholesteryl esterase），催化胆固醇酯水解，生成游离胆固醇和脂肪酸。胆固醇作为脂溶性物质，需借助胆汁酸盐的乳化作用才能在肠内被吸收。吸收后的胆固醇约有1/3在肠黏膜细胞内，经酶的催化又重新酯化成胆固醇酯。然后，三酰甘油、胆固醇酯、磷脂和未酯化的少量游离胆固醇与载脂蛋白B-48、C、A-Ⅰ、A-Ⅳ一起组成乳糜微粒，经淋巴进入血循环。因此，淋巴液和血液循环中的胆固醇，大部分以胆固醇酯的形式存在。乳糜微粒的组成中绝大部分（80%~95%）为三酰甘油，是食物脂肪的运输形式。胆固醇在肠道的吸收率不高，一般仅占食物中含量的20%~30%。未被吸收的食物胆固醇在肠腔内被细菌还原为粪固醇排出体外。生物体内的胆固醇主要由自身合成。

食物中的纤维素、果胶、琼脂等能与胆汁酸盐结合成复合物，影响胆汁酸盐对脂类的乳化，减少胆固醇的吸收。所以冠心病患者多吃蔬菜、豆类对降低胆固醇的吸收有好处。

未被吸收的类脂进入大肠，被肠道微生物分解成各种组分，并被微生物利用。胆固醇被还原生成粪固醇而排出体外。

脂类的消化与吸收见图9-2。

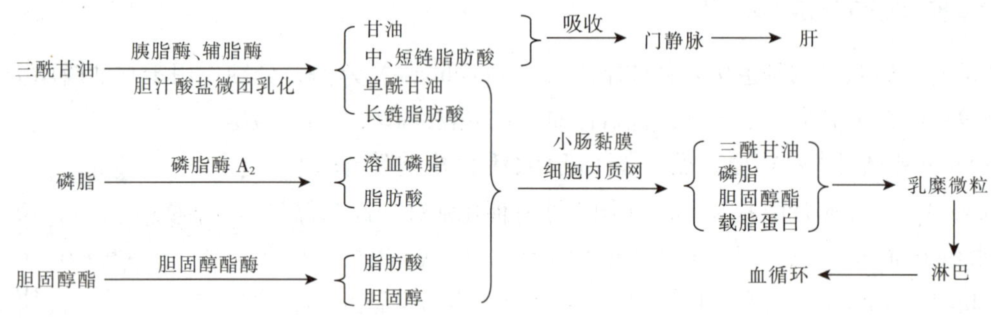

图9-2 脂类的消化与吸收

第二节 脂类在体内的贮存和运输

一、脂类在体内的贮存和动员

（一）脂库

脂肪组织是贮存脂肪的主要场所，以皮下、肾周围、肠系膜和大网膜等最多，这些贮存脂肪的部位称为脂库。其含量因人而异，一般占体重的10%~20%。脂肪主要作为贮能物质，故称为贮存脂。贮存脂的量受营养状况、运动、神经和激素等多种因素的影响而变动，故又称为可变脂。脂库内的脂肪经常处于不断地合成（称贮存）与不断地分解（称动员）的更新状态，保持动态平衡。人体内共有三大脂库。第一大脂库在内脏周围。内脏周围有适量脂肪可以支撑、固定内脏，起到保护和稳定的作用。但是这部分脂肪过多，就会限制和影响内脏的功能和活动，如肥胖的人一活动就会感到心慌气短，这与心脏受到周围脂肪组织的挤压有一定关系。正常的肝脏也含有脂肪，如果脂肪含量超过肝重的5%即为脂肪肝。第二大脂库在腹腔中的腹膜上。腹膜属于浆膜，覆盖于腹、盆腔壁的内面和脏器的外表，薄而透明，光滑且有光泽。依其覆盖的部位不同可分为壁腹膜或腹膜层和脏腹膜或腹膜脏层。前者被覆于腹壁、盆壁和膈下面；后者包被脏器，构成脏器的浆膜。两者互相延续构成腹膜囊。腹膜除对脏器有支持固定的作用外，还具有分泌和吸收功能。正常情况下腹膜可分泌少量浆液，以润滑脏器表面，减少它们运动时的摩擦。由于腹膜具有广阔的表面积，所以有较强的吸收能力。腹膜的主要功能就是贮存脂肪。如果腹膜贮存了过量的脂肪，其外在的表现就是大腹便便的“将军肚”。第三大脂库是皮下组织。皮下组织里含有适量脂肪，具有保持体温恒定的功能。尽管按照贮存脂肪的能力，是皮下组织最大，腹膜次之，内脏最弱；但是如果脂肪过剩，其贮存脂肪的次序却正好相反，首先贮存在内脏周围，其次是腹膜，最后才是皮下组织。

消化吸收的脂类大部分通过小肠绒毛的中央乳糜管，从淋巴进入血液，少量也可直接经门静脉进入肝脏，再由肝脏进入血液运至全身各组织器官。血液中的脂类均以脂蛋白的形式运输。这些脂肪可被各组织氧化利用，也可储存在脂肪组织中。除了由食物经消化道吸收的脂肪可贮存于脂库外，人体还能利用糖和氨基酸等原料合成脂肪，而且人体的脂肪主要由糖转化而来，食物脂肪仅是次要来源，如果食物中只有少量的脂肪，但有大量过剩的糖类，同样也会使人发胖。

贮存的脂肪与食物中的脂肪不同，食物中的脂肪是构成体内脂肪的原料，其中的脂肪酸须在肝脏、脂肪组织及肠壁进行碳链长短及饱和度的改造后，才能变成机体自身贮存的脂肪。

（二）脂肪的动员

贮存在脂肪细胞中的脂肪，被脂肪酶逐步水解为游离脂肪酸及甘油并释放入血，以供给全身各组织氧化利用的过程称为脂肪动员。在能量供求平衡的情况下人体内也有一定数量的脂肪酸和甘油被动员释放而进入血液。

在脂肪组织中三酰甘油被不同的脂肪酶分解为脂肪酸和甘油，反应分三步进行。

$$\underset{\text{三酰甘油}}{\begin{matrix} CH_2OCOR \\ | \\ R'COOCH \\ | \\ CH_2OCOR'' \end{matrix}} \xrightarrow[H_2O \quad RCOOH]{\text{三酰甘油脂肪酶}} \underset{\text{二酰甘油}}{\begin{matrix} CH_2OH \\ | \\ R'COOCH \\ | \\ CH_2OCOR'' \end{matrix}} \xrightarrow[H_2O \quad R''COOH]{\text{二酰甘油脂肪酶}}$$

$$\underset{\text{单酰甘油}}{\begin{matrix} CH_2OH \\ | \\ R'COOCH \\ | \\ CH_2OH \end{matrix}} \xrightarrow[H_2O \quad R'COOH]{\text{单酰甘油脂肪酶}} \underset{\text{甘油}}{\begin{matrix} CH_2OH \\ | \\ CHOH \\ | \\ CH_2OH \end{matrix}}$$

脂肪细胞中的脂肪分解成游离脂肪酸和甘油，释放入血。脂肪酸不溶于水，必须与血浆清蛋白结合成为脂肪酸-清蛋白复合物而运输。每分子清蛋白可结合10分子游离脂肪酸。血浆中长链脂肪酸都以清蛋白结合的形式存在；短链脂肪酸有一定水溶性。空腹血浆脂肪酸浓度为0.7~0.8mmol/L，饱食状态下比空腹时的浓度低很多。血液中脂肪酸主要被心、肝和骨骼肌等摄取利用。脂肪酸在血液中的清除速率极快，血浆脂肪酸-清蛋白复合物清除一半所需时间仅1~2分钟。甘油溶于水，可直接由血液运送到肝、肾、肠等组织。脂肪的贮存、动员和运输见图9-3。

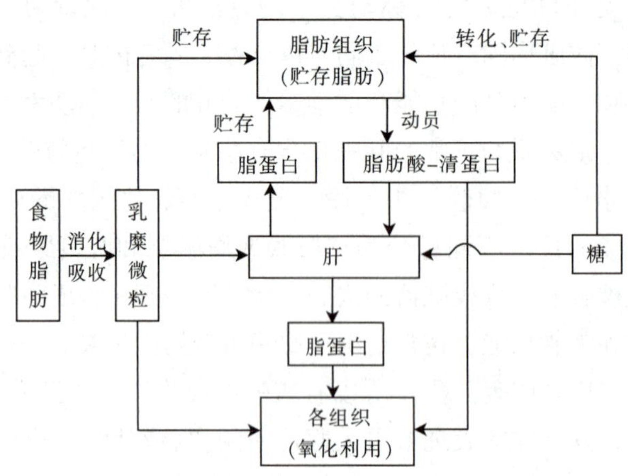

图 9-3 脂肪的贮存、动员和运输

（三）脂肪酶的作用

催化脂肪分解各步反应的酶分别是三酰甘油脂肪酶、二酰甘油脂肪酶和单酰甘油脂肪酶。三酰甘油脂肪酶的活性受多种激素的调节，故又称为激素敏感性脂肪酶（hormone sensitive lipase，HSL）。该酶活性较低，是脂肪动员的限速酶。肾上腺素、去甲肾上腺素、胰高血糖素、生长素等激素，能作用于脂肪细胞膜表面受体，激活腺苷酸环化酶，促进 cAMP 合成，激活依赖 cAMP 的蛋白激酶，使细胞质内 HSL 磷酸化而活化，从而促进三酰甘油脂肪酶的活性，增加脂肪的动员，称为脂解激素（lipolytic hormones）；而胰岛素、前列腺素、雌二醇等激素，因能降低脂肪细胞中的 cAMP 浓度，故能抑制三酰甘油脂肪酶的活性，减少脂肪的动员，拮抗脂解激素的脂解作用，称为抗脂解激素（antilipolytic hormones）。正常情况下，因血液中脂解激素与拮抗脂解激素保持相对平衡，故使脂肪的贮存和动员也处于动态平衡。

二、血浆脂蛋白和脂类的运输

（一）血脂的组成和含量

血浆中所含的脂类统称为血脂，主要包括三酰甘油、磷脂、胆固醇和胆固醇酯以及游离脂肪酸等。

血脂的含量受膳食、种族、性别、年龄、职业、运动状况、生理状态以及激素水平等多因素影响，波动范围较大。例如，青年人血浆胆固醇水平低于老年人，某些疾病时，血脂含量有很大变化，如糖尿病和动脉粥样硬化的患者，血脂一般都明显升高。因此，测定血脂的含量有助于疾病的诊断，在临床上具有重要的意义。空腹时血脂相对稳定，故临床上采用清晨测定空腹（禁食 12~16 小时后）血脂的含量，它能反映体内脂类代谢的动态概况。正常成年人空腹血脂组成和含量见表 9-1。

表 9-1 正常成年人空腹血脂的组成和含量

脂类名称	正常参考值	
	mmol/L（平均值）	mg/dl（平均值）
总脂	—	400~700（500）
总磷脂	48.44~80.73（64.58）	150~250（200）
三酰甘油	0.11~1.69（1.13）	10~150（100）
总胆固醇	2.59~6.21（5.17）	100~240（200）
胆固醇酯	1.81~5.17（3.75）	70~200（145）
游离胆固醇	1.03~1.81（1.42）	40~70（55）
游离脂肪酸	—	5~20（15）

（二）血脂的来源和去路

血浆中脂类的含量虽然受多种因素的影响而易发生变化，但健康成年人血脂的含量在400~700mg/dl波动。这是因为在正常情况下血脂的来源和去路维持着动态平衡。

血脂的来源主要有：①外源性，食物经消化吸收入血的脂类；②内源性，由肝脏等组织合成和脂库动员释放入血的脂类。血脂的主要去路有：①经血液循环到各组织氧化供能；②进入脂库贮存；③构成生物膜；④还可转变成其他物质。

（三）血浆脂蛋白的分类及其分离方法

1. 血浆脂蛋白的概念　脂类物质的分子极性小，难溶于水，血浆中的脂类必须与蛋白质结合形成水溶性的脂蛋白复合物，这种复合物称血浆脂蛋白（plasma lipoprotein），是脂类在血浆中的存在与运输形式。脂肪动员释入血浆中的长链脂肪酸则与蛋白质结合而运输。

2. 血浆脂蛋白的分类　血浆脂蛋白呈球状，由脂类和蛋白质两类成分组成。因其所含的脂类和蛋白质成分不尽相同，可形成多种血浆脂蛋白。通常利用电泳法和超速离心法，可分别将血浆脂蛋白分为四种。

（1）电泳分离法　一般常用滤纸、醋酸纤维薄膜、琼脂糖或聚丙烯酰胺凝胶作为支持物。主要是由于各类脂蛋白所含蛋白质的种类和数量不同，颗粒表面电荷不同，故在电场中的迁移率也不同（图9-4），从而彼此分离。根据其在电场中的移动速度的快慢，并对照血清蛋白电泳图谱相对位置给予命名。依次分为α-脂蛋白、前β-脂蛋白、β-脂蛋白和乳糜微粒四类。①α-脂蛋白移动速度最快，相当于血浆蛋白电泳时α_1-球蛋白的位置，正常含量占脂蛋白总量的30%~47%；②β-脂蛋白相当于血浆蛋白电泳时β-球蛋白的位置，含量最多，占血浆脂蛋白的48%~68%；③前β-脂蛋白位于α-脂蛋白和β-脂蛋白之间，相当于血浆蛋白电泳时α_2-球蛋白的电泳位置，其含量占脂蛋白的4%~16%。前β-脂蛋白含量少时在一般电泳谱上甚至看不到；④乳糜微粒停留在原点。乳糜微粒仅在进食后才出现，故正常人空腹血浆中不应检出乳糜微粒。

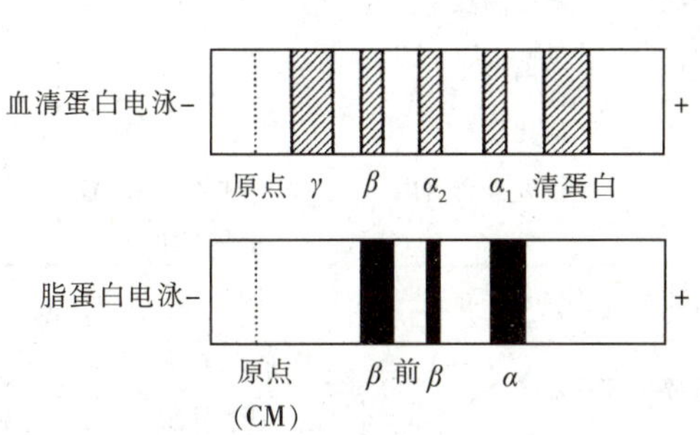

图9-4　血浆脂蛋白电泳与蛋白电泳图谱与命名

（2）密度分离法（超速离心法）　各类脂蛋白中脂类及蛋白质的含量不同，因而密度也就各不相同。若脂蛋白组成中脂类含量高，蛋白质含量少，则密度低；反之，密度就高。将血浆在一定密度的蔗糖或盐溶液中进行超速离心时，各种脂蛋白因密度不同而漂浮或沉降，按密度由小到大也可将血浆脂蛋白分为四类：①乳糜微粒（chylomicrons，CM），密度最小，在最上层；②极低密度脂蛋白（very low density lipoprotein，VLDL）；③低密度脂蛋白（low density lipoprotein，LDL）；④高密度脂蛋白（high density lipoprotein，HDL），密度最大，在最下层。

电泳分类法与密度分类法的对应关系是：α-脂蛋白相当于HDL、前β-脂蛋白相当于VLDL、β-脂蛋白相当于LDL。

除上述四类脂蛋白外，血浆中还有中间密度脂蛋白（intermediate density lipoprotein，IDL）和脂蛋白（a）[lipoprotein，LP（a）]。IDL是VLDL在血浆中的中间代谢物，其颗粒大小介于VLDL和LDL之间，密度为1.006~1.019g/ml；LP（a）的脂类组成与LDL相似，但含有载脂蛋白ApoA。目前认为LP（a）与心血管疾病有关，LP（a）水平高者患心血管疾病的危险性也高。

3. 血浆脂蛋白的组成　血浆脂蛋白可分为脂类和蛋白质两大成分。

（1）脂类　各类脂蛋白均含有三酰甘油、磷脂、胆固醇及其酯等成分。但含量及组成比例却相差甚远。CM含三酰甘油最多，占脂蛋白颗粒的（80%~95%），蛋白质最少（约占1%），故密度最小，颗粒最大；VLDL含三酰甘油亦多，占脂蛋白的（50%~70%），但其中三酰甘油的来源与乳糜微粒不同，主要为肝脏合成的内源性三酰甘油，且蛋白质含量高于CM，密度比CM大；LDL含胆固醇及胆固醇酯较多（40%~50%），因此是一类运输胆固醇的脂蛋白颗粒；HDL中蛋白质含量最多（50%），故密度最高，颗粒最小，亦含磷脂及胆固醇。血浆脂蛋白的组成、性质和主要生理功能见表9－2。

表9－2 血浆脂蛋白的组成、性质和主要生理功能

分类	密度法 电泳法	CM CM	VLDL 前β－脂蛋白	LDL β－脂蛋白	HDL α－脂蛋白
物理性质	形态	微粒	小泡	微小泡	平圆面
	颗粒直径（nm）	90~100	30~90	20~30	7.5~10
	密度（g/ml）	<0.95	0.95~1.006	1.006~1.063	1.063~1.210
	Sf值（漂浮系数）	>400	20~400	0~20	沉降
	电泳迁移率	原点	前β－脂蛋白	β－脂蛋白	α－脂蛋白
化学组成（%）	蛋白质	1~2	5~10	20~25	45~55
	脂质	98~99	90~95	75~80	45~55
	三酰甘油	80~95	50~70	8~10	6~8
	磷脂	8	16~20	20~24	21~23
	总胆固醇	4	20~22	43~47	18~20
	游离型	1	6~8	6~10	4
	酯化型	3	12~16	37~39	15
	主要载脂蛋白	ApoB 48 ApoAⅠ ApoC ApoE	ApoB 100 ApoC ApoⅡ ApoE	ApoB 100	ApoAⅠ ApoAⅡ ApoCⅠ
合成部位		小肠	肝、小肠	血浆	肝、肠、血浆
主要生理功能		转运外源性三酰甘油	转运内源性三酰甘油	转运内源性胆固醇	逆向转运胆固醇

（2）载脂蛋白 血浆脂蛋白中的蛋白质部分称载脂蛋白（apolipoprotein，apo），迄今为止已从血浆中分离出至少20种载脂蛋白，主要有ApoA、ApoB、ApoC、ApoD、ApoE等五大类。每类载脂蛋白又可分为若干亚类，其中ApoA又分为ApoAⅠ、ApoAⅡ和ApoAⅣ；ApoB又分为ApoB 100和ApoB 48；ApoC又分为ApoCⅠ、ApoCⅡ和ApoCⅢ等。不同的脂蛋白所含的载脂蛋白不同，如CM主要含ApoB 48和ApoCⅢ；VLDL主要含ApoB 100、ApoCⅠ、ApoCⅡ、ApoCⅢ和E；LDL几乎只含ApoB 100；HDL主要含ApoAⅠ、ApoAⅡ（表9－3）。

表9－3 血浆脂蛋白中主要载脂蛋白的含量 （%）

载脂蛋白	血浆脂蛋白			
	CM	VLDL	LDL	HDL
ApoAⅠ	7			67
ApoAⅡ	4			22
ApoB 48	23			
ApoB 100		37	98	
ApoCⅠ	15	3		2
ApoCⅡ	15	7		2
ApoCⅢ	36	40		4
ApoD				痕量
ApoE		13		痕量

载脂蛋白的主要功能是结合及转运脂质，而且还发现有某些特殊功能。ApoAⅠ能激活卵磷脂-胆固醇脂酰转移酶（lecithin cholesterol acyltransferase，LCAT），从而促进HDL成熟和胆固醇从血浆逆向转运至肝脏。ApoCⅡ是脂蛋白脂肪酶（lipoprotein lipase，LPL）的激活剂，能够促进CM和VLDL的降解。ApoCⅢ能够抑制LPL的活性。ApoB100和ApoE参与对LDL受体及肝脏ApoE受体的识别，促进LDL以及CM和VLDL的降解。ApoD促进胆固醇及三脂酰甘油在VLDL、LDL与HDL之间的转运，又被称为脂质转运蛋白。

4. 血浆脂蛋白的结构 各种血浆脂蛋白都具有相似的基本结构，非极性较强的三酰甘油及胆固醇酯位于脂蛋白的内部构成内核，而其表面覆盖有由载脂蛋白、磷脂及胆固醇等双性分子组成的单层外壳结构，它们的非极性基团向内与内核结合，极性基团朝外，增加了脂蛋白颗粒的亲水性，致使脂蛋白颗粒能均匀分散在血液中，而使脂类易于在血浆中运输 。绝大多数的载脂蛋白含有亲脂兼亲水的α螺旋（amphipathic α-helix）结构，不带电荷的疏水性氨基酸残基组成螺旋的非极性面，而带电荷的亲水性氨基酸残基组成螺旋的极性面。这种双性α螺旋结构有利于载脂蛋白与脂质的结合，而且还能稳定脂蛋白的结构。载脂蛋白可分为两类：一类是镶嵌于外壳结合紧密的内在载脂蛋白，在血液运输和代谢过程中彼此不脱离脂蛋白分子，如VLDL和LDL中的ApoB100；另一类是于外壳结合较松散的外周载脂蛋白，在血液运输和代谢过程中它们可在不同脂蛋白之间穿梭，促进脂蛋白的代谢，如ApoE和ApoC。脂蛋白的基本结构见图9-5。

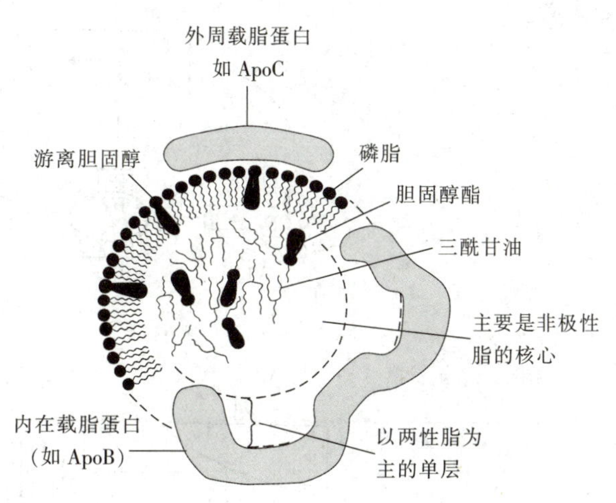

图9-5 血浆脂蛋白的结构

（四）血浆脂蛋白的功能和代谢

不同血浆脂蛋白合成的部位不同，功能不同，代谢过程也不同（图9-6）。

1. 乳糜微粒

（1）CM的合成 CM功能是运输外源性三酰甘油。CM在小肠上皮细胞中合成，其特点是含有80%~95%脂肪，而蛋白质含量很少。食物中脂肪被消化吸收的单酰甘油和脂肪酸，在小肠黏膜细胞中再重新合成三酰甘油，连同合成和吸收的磷脂、胆固醇及ApoB48、ApoAⅠ、ApoAⅡ、ApoAⅣ和等形成新生的CM，经淋巴管进入血液。ApoB 48是合成CM所必需的载脂蛋白，其含量多少与摄入食物中的三酰甘油含量有关。由于乳糜微粒的颗粒半径较大，能使光散射而呈现乳浊，这就是在饱餐后血清浑浊的原因。

（2）CM的降解 新生的CM进入血液后，在血液循环中CM主要经历两方面的变化：一是从HDL分子中获得ApoC及ApoE，同时将部分ApoAⅠ、ApoAⅡ、ApoAⅣ转移给HDL，形成成熟CM；二是成熟CM中获得的ApoCⅡ能激活存在于肌肉、骨骼肌及脂肪等组织中毛细血管壁内皮细胞表面的脂蛋白脂肪酶（lipoprotein lipase，LPL）。LPL催化CM中三酰甘油和磷脂水解，生成甘油、脂肪酸及溶血磷脂等，被各组织吸收利用。在LPL作用下，CM内核90%以上的三酰甘油被水解，其表面的磷脂、胆固醇及ApoAⅠ、ApoAⅡ、ApoAⅣ、ApoC等脱离CM，转移到HDL上，形成新生的HDL。CM颗粒逐渐变小，最终成为富含ApoB 48、ApoE和胆固醇酯的CM残余颗粒，与肝细胞膜上的ApoE受体结合后，进入肝细胞降解。其代谢过程见图9-6a。

正常人 CM 在血浆中代谢十分迅速，半衰期仅 5~15 分钟，饭后 12~14 小时血浆中不再含有 CM。若在空腹血浆中存有明显的 CM，表示有血浆脂蛋白的异常。

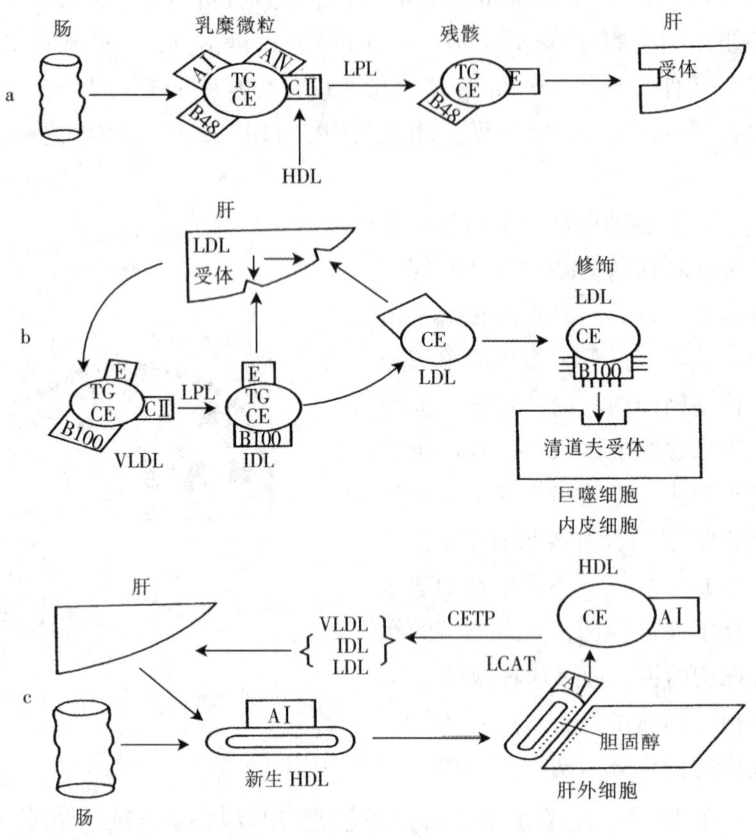

图 9-6　各类脂蛋白的代谢

a. CM 代谢；b. VLDL 及 LDL 代谢；c. HDL 代谢

2. 极低密度脂蛋白

（1）VLDL 的合成　VLDL 功能是运输内源性三酰甘油。VLDL 主要在肝细胞中合成，有小部分在小肠黏膜细胞合成。其特点是含有 50%~70% 脂肪，而蛋白质含量也很少。肝细胞可利用葡萄糖或食物来源的以及脂肪动员释出的脂肪酸作为原料合成的三酰甘油，再与磷脂、胆固醇及 ApoB 100、ApoE 等形成新生 VLDL。其中胆固醇来自 CM 残余颗粒及肝脏自身合成，ApoB 100 全部由肝脏合成，肝脏合成的 VLDL 分泌后经肝静脉进入血液。

（2）VLDL 的降解　VLDL 入血后，亦从 HDL 分子获得 ApoC 和 ApoE，形成成熟的 VLDL。然后 ApoCⅡ激活肝外组织血管内皮表面的 LPL，LPL 催化 VLDL 中的三酰甘油水解释放出甘油和脂肪酸，供组织吸收利用，同时 VLDL 颗粒表面的磷脂、胆固醇及 ApoC 向 HDL 转移，而 HDL 的胆固醇酯向 VLDL 转移。在此过程中，VLDL 颗粒逐渐变小，密度逐渐增大，形成富含 ApoB 100 及 ApoE 的中间密度脂蛋白（IDL），一部分 IDL 与肝细胞膜 ApoE 受体结合而进入肝细胞代谢，在肝细胞脂肪酶（HTCL）催化下水解三酰甘油和磷脂，另一部分未被肝细胞摄取的 IDL 则进一步被 LPL 催化水解其三酰甘油，同时将其表面多余的 ApoE 转移给 HDL，最后仅剩下 ApoB 100，IDL 转变成 LDL 继续代谢（图 9-6b）。因此 IDL 是 VLDL 的代谢产物，同时也是 LDL 的前体。VLDL 在血中的半衰期为 6~12 小时。

当血液经过脂肪组织、肝、肌肉等组织毛细管时，经管壁的脂蛋白脂肪酶的作用，使乳糜微粒和极低密度脂蛋白中的脂肪水解成脂肪酸和甘油，这些水解产物的大部分进入细胞，被氧化或重合成脂肪而储存。这种作用进行得很快，所以正常人空腹血浆几乎不易检出乳糜微粒，而且极低密度脂蛋白也很少。

3. 低密度脂蛋白

（1）LDL 的合成 LDL 功能是转运肝脏合成的内源性胆固醇至肝外。LDL 的合成途径有两条：①在血浆中由 VLDL 转变而来的；②有小部分在肝脏合成后直接分泌到血液中。其特点是胆固醇的含量约占 50%，其中 2/3 左右为胆固醇酯。

（2）LDL 的降解 血浆中 2/3 LDL 代谢主要通过 LDL 受体途径被全身各组织细胞摄取利用。体内各组织细胞膜表面广泛分布 LDL 受体，其中以肝、肾上腺皮质、卵巢和睾丸等组织的 LDL 受体数量较多，代谢 LDL 的能力也较强，而有一半在肝脏降解。该受体能特异地识别并结合含 ApoB 100 或 ApoE 的脂蛋白，故又称 ApoB、ApoE 受体。当血浆 LDL 与受体结合后，在质膜聚集形成内吞泡进入细胞，在内吞泡中经膜 H^+-ATPase 作用，pH 降低酸化，使 LDL 与受体分离并与溶酶体融合。在各种溶酶体水解酶、胆固醇酯酶的作用下，ApoB 100 被水解为氨基酸，胆固醇酯被水解为游离胆固醇和脂肪酸。释出的游离胆固醇可被细胞利用，具有重要的生理功能和调节作用：①构成、更新细胞膜的重要成分；②合成类固醇激素；③抑制内质网 HMG-CoA 还原酶的活性，降低胆固醇的合成；④从转录水平抑制 LDL 受体的基因表达，使 LDL 的摄入减少；⑤激活内质网脂酰 CoA 胆固醇脂酰转移酶（acy CoA cholesterol acyltransferase，ACAT），胆固醇酯合成增加并储存于细胞质。如果 LDL 受体缺陷，VLDL 残粒不能经肝脏 LDL 受体识别进行代谢，只能转变成 LDL，使血浆中 LDL 浓度增加（图 9-6b）。另外，血浆中剩余的 1/3 LDL 亦可被单核-吞噬细胞系统中的巨噬细胞及血管内皮细胞清除。这两类细胞膜表面具有清道夫受体（scavenger receptor，SR），可与修饰 LDL 结合而摄取，清除血浆中的修饰 LDL。LDL 在血浆中的半衰期为 2~4 天。

血浆中 LDL 水平与动脉粥样硬化呈明显的正相关，因此 LDL 被认为是导致动脉粥样硬化的危险因子。

4. 高密度脂蛋白

（1）HDL 的合成 HDL 功能是将胆固醇从肝外组织逆向转运至肝脏代谢。HDL 主要在肝脏合成，其次在小肠亦可合成。刚从细胞内合成分泌的 HDL 或由 CM 和 VLDL 代谢水解后形成的 HDL 均称为新生 HDL，主要由磷脂、游离胆固醇和 ApoA、ApoC、ApoE 等组成，呈圆盘状磷脂双层结构。新生的 HDL 进入血后，在 LCAT 的作用下，其颗粒表面磷脂酰胆碱第 2 位脂酰基转移至胆固醇分子的 C_3 羟基上，生成溶血磷脂酰胆碱和胆固醇酯，新生成的胆固醇酯再转移到圆盘状 HDL 双脂层核心内部，形成内核，同时其表面的 ApoC 和 ApoE 又移到 CM 和 VLDL 上。此过程所消耗的磷脂酰胆碱和游离可不断从细胞膜、CM 和 VLDL 处得到补充。随着 LCAT 反复作用，进入 HDL 内核的逐渐增多，使磷脂双层伸展分离，新生的双层盘状 HDL 逐渐转变为单脂层球状成熟 HDL。

（2）HDL 的降解 主要在肝脏降解，成熟 HDL 可被肝细胞膜上的 HDL 受体结合和摄取，完成了胆固醇由肝外向肝内转运，与 LDL 转运胆固醇的方向相反。肝细胞中胆固醇酯水解生成的胆固醇大部分转变为胆汁酸，后者通过胆汁分泌发挥乳化作用。此外，HDL 内核的胆固醇酯在血浆胆固醇酯转运蛋白（cholesleryl ester transport protein，CETP）的作用下，转移给 VLDL 和 LDL，再通过 IDL 及 LDL 被肝脏最后清除（图 9-6c）。HDL 在血浆中的半衰期为 3~5 天。

综上所述，HDL 在代谢中，HDL 在 LCAT、ApoA Ⅰ 和其他蛋白的作用下，可将肝外组织、其他血浆脂蛋白颗粒以及动脉壁中的胆固醇逆向转运到肝脏代谢转化或排出体外，阻止了游离胆固醇在动脉壁等组织的沉积，维持细胞内胆固醇的相对恒定，从而防止动脉粥样硬化的发生发展，因而有对抗动脉粥样硬化的作用。

第三节　脂肪的分解代谢

体内脂肪可来自食物，也可由糖与蛋白质转化合成。脂肪分解代谢是机体能量来源的重要手段。在脂肪分子中氢原子及碳原子所占的比例比糖高得多，而氧原子则相对很少，所以，同样质量的脂肪和糖完全氧化分解生成 CO_2 和 H_2O 时，脂肪所需的氧就比糖多，氧化磷酸化亦进行得较多，因而释放的能量也较糖的多。正因为脂肪分子中含氧少，必须有充足的氧供应才能进行，缺氧即受阻，这和糖可以在无氧条件下进行分解（酵解）是不同的。

一、脂肪的氧化分解

体内各组织细胞除了成熟的红细胞外，几乎都具有水解脂肪并氧化分解利用其水解产物的能力。一般情况下，脂肪在体内氧化时，首先在脂肪酶的催化下，水解成脂肪酸和甘油，然后再分别进行氧化分解。

$$\underset{\text{三酰甘油}}{\begin{array}{l} \qquad\qquad\qquad CH_2-O-\overset{O}{\overset{\|}{C}}-R_1 \\ R_2-\overset{O}{\overset{\|}{C}}-O-\overset{|}{\underset{|}{C}}-H \\ \qquad\qquad\qquad CH_2-O-\overset{O}{\overset{\|}{C}}-R_3 \end{array}} + 3H_2O \longrightarrow \underset{\text{甘油}}{\begin{array}{c} CH_2OH \\ HOC-H \\ CH_2OH \end{array}} + \underset{\text{脂肪酸}}{\begin{array}{c} R_1COOH \\ R_2COOH \\ R_3COOH \end{array}}$$

二、甘油的氧化分解

甘油既可来自脂肪组织的脂肪动员，也可来自血浆中的脂蛋白脂肪酶对三酰甘油的水解，甘油扩散入血后随血液循环运至肝、肾和肠等组织细胞进一步氧化分解，甘油经甘油激酶（glycerokinase）的催化，消耗 ATP，生成甘油-3-磷酸。在这些组织细胞中甘油激酶活性较高，是甘油代谢的主要器官。骨骼肌和脂肪细胞中此酶的活性很低，故不能很好地利用甘油。

甘油-3-磷酸可在甘油-3-磷酸脱氢酶的催化下转变成为磷酸二羟丙酮。脱下的氢可使该酶的辅酶 NAD^+ 还原为 $NADH+H^+$。磷酸二羟丙酮是糖代谢的重要中间物质。通过磷酸甘油与磷酸二羟丙酮的可逆转变，可经糖的分解代谢途径继续氧化分解并释放能量，或甘油可经糖异生途径转变为糖或糖原，糖也可转变为甘油和脂肪酸，进而合成为脂肪。

$$\begin{array}{c} CH_2OH \\ HO-CH \\ CH_2OH \end{array} \xrightarrow[\text{甘油激酶（肝、肾、肠）}]{ATP \quad ADP} \underset{\text{甘油-3-磷酸}}{\begin{array}{c} CH_2OH \\ HO-CH \\ CH_2O-Ⓟ \end{array}} \underset{\text{甘油-3-磷酸脱氢酶}}{\overset{NAD^+ \quad NADH+H^+}{\rightleftharpoons}} \underset{\text{磷酸二羟丙酮}}{\begin{array}{c} CH_2OH \\ C=O \\ CH_2O-Ⓟ \end{array}} \begin{array}{l} \xrightarrow{\text{糖酵解}} \text{乳酸} \\ \xrightarrow{\text{糖异生}} \text{糖或糖原} \end{array}$$

三、脂肪酸的 *β*-氧化 微课

脂肪酸是人体重要的能源物质之一。在供氧充足的条件下，脂肪酸在体内可分解成 CO_2 和 H_2O 并释放出大量能量。除脑组织外，大多数组织都能氧化利用脂肪酸，但以肝脏和肌肉组织最活跃。

（一）脂肪酸的活化——脂酰 CoA

脂肪酸进行氧化分解前必须活化。脂肪酸转变为脂酰 CoA 的过程称为脂肪酸的活化。活化过程在线粒体外进行。位于内质网或线粒体外膜上的脂酰 CoA 合成酶（acyl-CoA synthetase）在 ATP、HSCoA 及 Mg^{2+} 存在的条件下，催化脂肪酸活化，形成脂酰 CoA，这也是脂肪酸氧化分解中唯一消耗 ATP 的反应。

$$脂肪酸 + ATP + CoASH \xrightarrow[Mg^{2+}]{脂酰CoA合成酶} 脂酰\sim SCoA + AMP + PPi$$

脂肪酸活化生成的脂酰 CoA 不仅含有高能硫酯键，而且增加了水溶性，从而使脂肪酸的代谢活性明显提高。反应过程中生成的焦磷酸（PPi）迅速被细胞内的焦磷酸酶水解，阻止了逆向反应的进行。1 分子脂肪酸活化虽然仅消耗了 1 分子 ATP，但实际消耗了 2 分子高能磷酸键，这在计算脂肪酸氧化分解产能时应予注意。

（二）脂酰 CoA 进入线粒体

脂肪酸的活化在细胞质中进行，而催化脂肪酸氧化的酶系则存在于线粒体基质内，因此，活化的脂酰 CoA 必须进入线粒体内才能进行氧化分解，但其不能直接通过线粒体内膜，需要一种特定的转运载体，才能转运至线粒体内膜。这个载体是肉碱（carnitine，L-3-羟基-4-三甲基铵丁酸）。

$$CH_3-\overset{CH_3}{\underset{CH_3}{\overset{|}{\underset{|}{N^+}}}}-CH_2-\underset{OH}{\underset{|}{CH}}-CH_2-\overset{O}{\overset{\|}{C}}-O^-$$

L-3-羟基-4-三甲基铵丁酸（肉碱）

肉碱通过其羟基与脂酰基连接成酯，生成的脂酰肉碱很容易通过线粒体内膜。线粒体内膜的两侧都存在肉碱脂酰转移酶（carnitine acyl transferase，CAT）。位于线粒体内膜外侧面的为肉碱脂酰转移酶Ⅰ（CATⅠ），催化脂酰 CoA 与肉碱生成脂酰肉碱，后者借助线粒体内膜的肉碱-脂酰肉碱转位酶（carnitine acylcarnitine translocase）的作用下，通过内膜进入线粒体基质。此转位酶实际上是线粒体内膜转运肉碱及脂酰肉碱的载体，它在将 1 分子脂酰肉碱转运入线粒体基质的同时又将 1 分子肉碱转运到线粒体内膜的外侧。进入线粒体内的脂酰肉碱，则在位于线粒体内膜内侧面的肉碱脂酰转移酶Ⅱ（CAT Ⅱ）的作用下，转变为脂酰 CoA 并释放肉碱，脂酰 CoA 即可在线粒体基质中酶体系的作用下，进行β-氧化（图 9-7）。

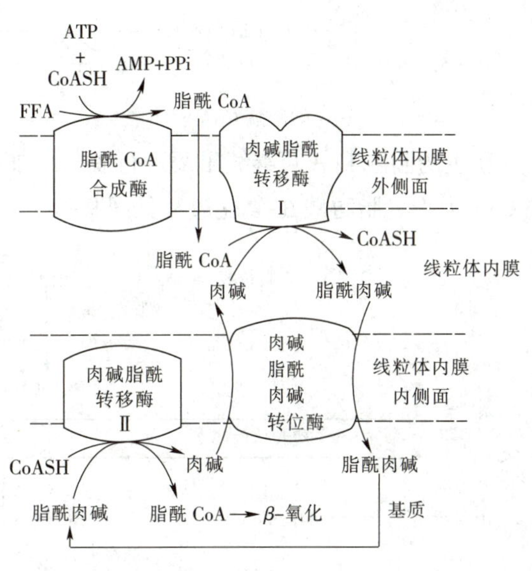

图 9-7　脂酰 CoA 进入线粒体的转运机制

CATⅠ与 CATⅡ属于同工酶，其中 CATⅠ为脂肪酸β-氧化的限速酶。在饥饿、高脂低糖膳食及糖尿病等时，体内糖的氧化利用降低，此时，CATⅠ的活性增高，脂肪酸氧化增强。相反，饱食后脂肪酸合成加强，丙二酸单酰 CoA 含量增加，抑制 CATⅠ活性，使脂肪酸的氧化被抑制。

（三）β-氧化的反应过程

脂酰 CoA 进入线粒体后逐渐进行氧化分解，由于氧化发生在脂酰基的β-碳原子上，故称为β-氧化（β-oxidation）。脂酰 CoA 经脱氢、加水、再脱氢、硫解 4 步连续反应，β-氧化是体内脂肪酸氧化的主要形式。

1. 脱氢　脂酰 CoA 在脂酰 CoA 脱氢酶催化下，α-碳原子和β-碳原子上各脱去 1 个氢原子，生成反 Δ^2-烯脂酰 CoA，脱下的 2H 由 FAD 接受生成 $FADH_2$。

$$\underset{脂酰\ CoA}{RC_\gamma H_2C_\beta H_2C_\alpha H_2COSCoA} \xrightarrow[FAD \quad FADH_2]{} \underset{烯脂酰CoA（反式）}{RC_\gamma H_2\overset{}{\underset{H}{\underset{|}{C_\beta}}}=\overset{H}{\overset{|}{C_\alpha}}COSCoA}$$

2. 加水 反 Δ^2-烯脂酰 CoA 在 Δ^2-烯脂酰水解酶的催化下，加水生成 L(+)-β-羟脂酰 CoA。

$$RC_{\gamma}H_2\underset{H}{C_{\beta}}=\overset{H}{C_{\alpha}}COSCoA \xrightarrow{H_2O} RC_{\gamma}H_2\overset{OH}{\underset{H}{C_{\beta}}}C_{\alpha}H_2COSCoA$$

烯脂酰 CoA(反式)　　　　L(+)-β-羟脂酰 CoA

3. 再脱氢 L(+)-β-羟脂酰 CoA 在β-羟脂酰 CoA 脱氢酶的催化下，在β-碳原子上脱去 2 个氢原子，生成β-酮脂酰 CoA，脱下的 2H 由 NAD 接受生成 NADH + H^+。

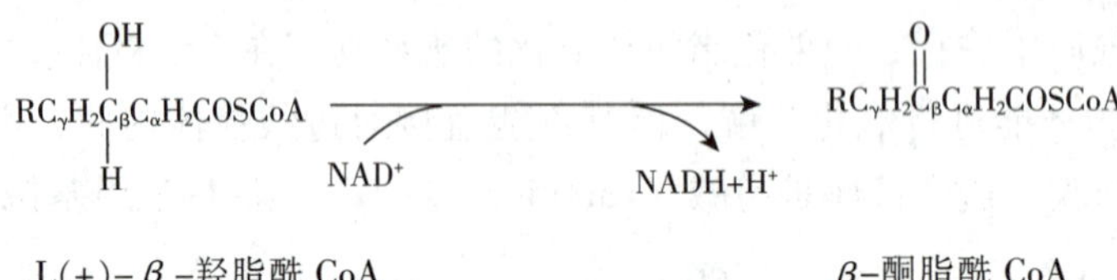

4. 硫解 β-酮脂酰 CoA 在β-酮脂酰 CoA 硫解酶的催化下，加入 1 分子 HSCoA 参与反应，使碳链从α-碳原子与β-碳原子之间断裂，生成 1 分子乙酰 CoA 和 1 分子比原来少 2 个碳原子的脂酰 CoA。

$$RC_{\gamma}H_2\overset{O}{\overset{\|}{C_{\beta}}}C_{\alpha}H_2COSCoA \xrightarrow{HSCoA} RC_{\gamma}H_2C_{\beta}OSCoA + C_{\alpha}H_3COSCoA$$

β-酮脂酰 CoA　　　　脂酰 CoA(比原来少2个碳原子)

新生的脂酰 CoA 可继续重复进行脱氢、加水、再脱氢、硫解反应，最终将脂酰 CoA 全部分解为乙酰 CoA 为止。脂肪酸β-氧化过程见图 9-8。

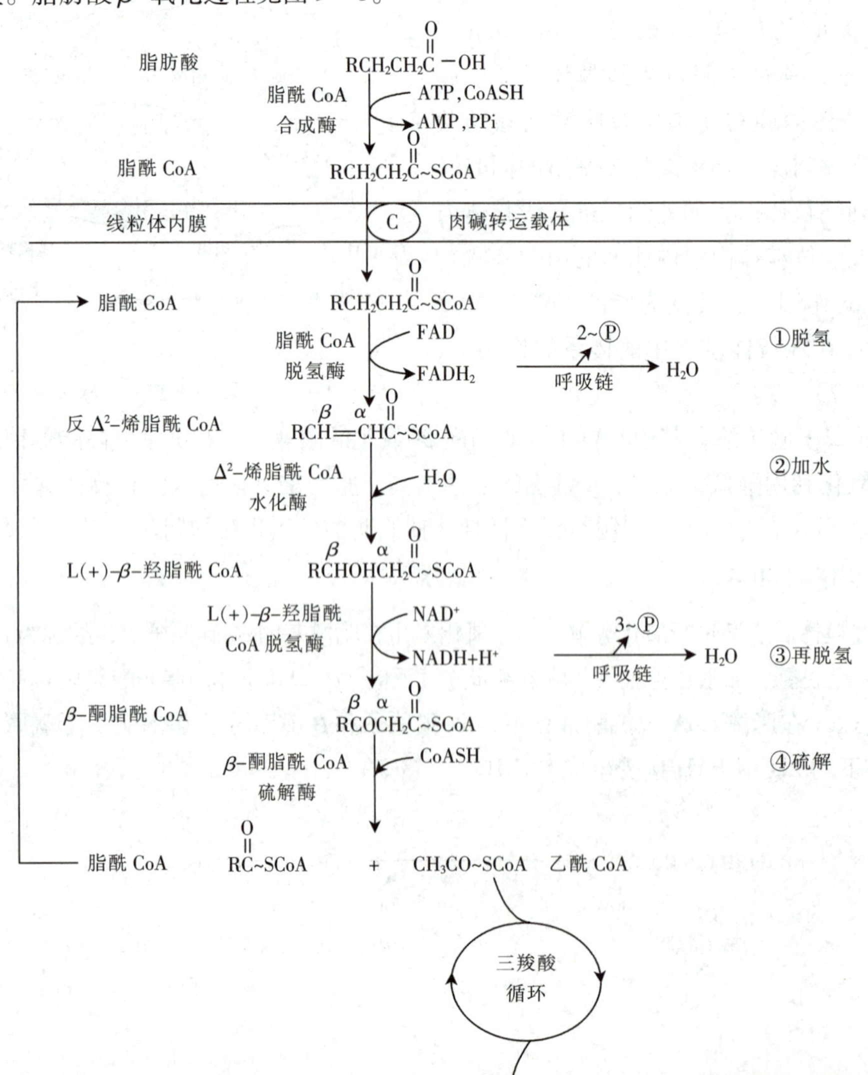

（四）乙酰 CoA 的彻底氧化

脂肪酸β-氧化生成的乙酰 CoA 在线粒体中进入三羧酸循环被彻底氧化生成 CO_2 和 H_2O 并释放出大量能量。此外，乙酰 CoA 还可作为合成酮体、脂肪酸、胆固醇等物质的原料。

（五）脂肪酸氧化的能量计算

脂肪酸β-氧化是体内重要的能量来源。以 1 分子 16 碳的软脂酸为例，其氧化的总反应式如下。

$$CH_3(CH_2)_{14}CO\sim SCoA + 7HSCoA + 7FAD + 7NAD^+ + 7H_2O \longrightarrow 8CH_3CO\sim SCoA + 7FADH_2 + 7NADH + H^+$$

软脂酰 CoA 共进行 7 次β-氧化，分解生成 8 分子乙酰 CoA、7 分子 $FADH_2$、7 分子 $NADH+H^+$，每分子乙酰 CoA 通过三羧酸循环氧化可产生 10 分子 ATP。因此，1 分子软脂酸彻底氧化总共生成 $(7\times1.5)+(7\times2.5)+(8\times10)=108$ 个 ATP。减去脂肪酸活化时消耗的 2 个高能磷酸键（相当于 2 分子 ATP），净生成 106 分子 ATP（或 106 分子 ATP×51.6＝5469.6kJ/mol）。

软脂酸相对分子质量为 256，其彻底氧化生成 106 分子 ATP，而葡萄糖相对分子质量为 180，其彻底氧化生成 30 或 32 分子 ATP。相比较可见脂肪酸氧化产能比葡萄糖多得多。

1 分子软脂酸在体外氧化成 CO_2 和 H_2O 所释放的能量为 9781KJ，故其能量利用率约为 56%（5469.6÷9781×100%），其余以热能形式散发。若按细胞内反应物和产物的实际浓度运算，这个过程中能量的回收率超过 80%，表明人体能十分有效地利用脂肪酸氧化提供的能量。

（六）脂肪酸β-氧化的生理意义

1. 脂肪酸的彻底氧化为机体提供能量 脂肪酸的彻底氧化可为机体生命活动提供能量，其供能效率比糖的氧化还高。例如软脂酸（16 碳）经氧化彻底分解可净生成 106 分子 ATP。这说明脂肪酸是体内有效供能和贮能的物质。除脑组织外，大多数组织均能以这种方式氧化脂肪供能，其中肝和肌肉最强。

2. β-氧化的终产物乙酰 CoA 的去路 β-氧化的终产物乙酰 CoA 除了可以氧化产生能量供机体需要外，还可作为合成酮体、脂肪酸、胆固醇等物质的原料。

3. β-氧化产生的水的去路 β-氧化过程产生大量的水可供陆生动物体内物质代谢时对水的需求。

四、奇数碳脂肪酸的氧化

大多数哺乳动物组织中奇数碳原子的脂肪是罕见的，但在反刍动物，如牛、羊中，奇数碳链脂肪酸氧化提供的能量相当于它们所需能量的 25%。人体脂肪也含有少量的奇数碳原子脂肪酸，奇数碳原子的脂肪酸也像偶数碳原子的脂肪酸一样进行β-氧化，它们经β-氧化后除生成乙酰 CoA 外，还会生成 1 分子丙酰 CoA。如具有 17 个碳的直链脂肪酸可经正常的β-氧化途径，产生 7 个乙酰-CoA 和 1 个丙酰-CoA。另外，缬氨酸、异亮氨酸和蛋氨酸等支链氨基酸氧化降价亦可产生丙酰 CoA。丙酰 CoA 经β-氧化及异构酶的作用可转变为琥珀酰 CoA，进入三羧酸循环氧化分解或经糖异生途径转变成糖。

丙酰 CoA 的氧化途径经 3 步酶促反应转化为琥珀酰-CoA（图 9-9）。①丙酰 CoA 在丙酰 CoA 羧化酶（propionyl-CoA carboxylase）（生物素作为辅酶）的催化下，与 HCO_3^-（提供 CO_2）结合 ATP 供能而生成 D-甲基丙二酰 CoA。②甲基丙二酰 CoA 差向异构酶（methylmalonyl-CoA epimerase）催化 D-甲基丙二酰 CoA 转化为 L-甲基丙二酰 CoA。③最后一步的反应在甲基丙二酰 CoA 变位酶（methylmalonyl-CoA mutase）（腺苷钴胺素为辅助因子）催化下，发生一个少见的羰基 CoA 基团转移到甲基并置换一个氢的反应，而生成琥珀酰 CoA，产物琥珀酰 CoA 可以进入柠檬酸循环又可转换成草酰乙酸，由于草酰乙酸可用作糖异生的底物，因此，来自奇数碳脂肪酸的丙酰基可以净转化为葡萄糖。

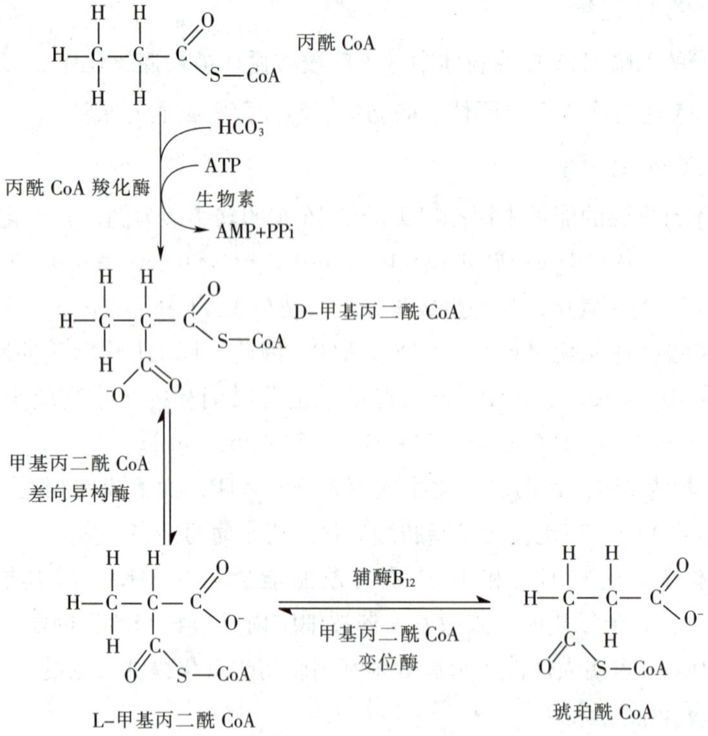

丙酰 CoA

丙酰 CoA 羧化酶（HCO_3^-、ATP、生物素 → AMP+PPi）

D-甲基丙二酰 CoA

甲基丙二酰 CoA 差向异构酶

L-甲基丙二酰 CoA

辅酶B_{12} 甲基丙二酰 CoA 变位酶

琥珀酰 CoA

图 9-9 丙酰 CoA 转化为琥珀酰 CoA 的反应过程

五、不饱和脂肪酸的氧化

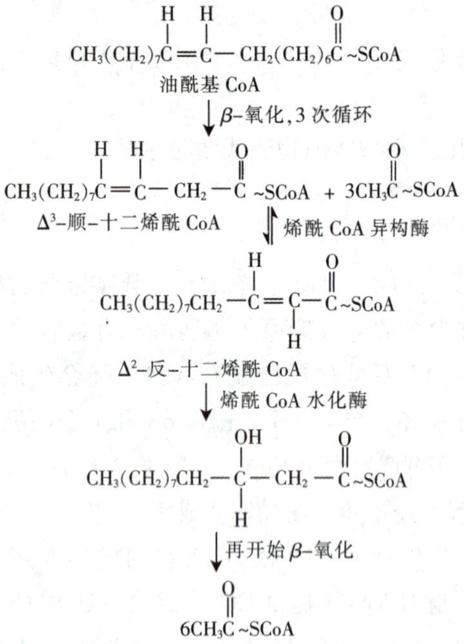

$CH_3(CH_2)_7CH{=}CH-CH_2(CH_2)_6CO{\sim}SCoA$

油酰基 CoA

↓ β-氧化，3 次循环

$CH_3(CH_2)_7CH{=}CH-CH_2-CO{\sim}SCoA + 3CH_3CO{\sim}SCoA$

Δ^3-顺-十二烯酰 CoA

⇅ 烯酰 CoA 异构酶

$CH_3(CH_2)_7CH_2-CH{=}CH-CO{\sim}SCoA$

Δ^2-反-十二烯酰 CoA

↓ 烯酰 CoA 水化酶

$CH_3(CH_2)_7CH_2-CH(OH)-CH_2-CO{\sim}SCoA$

↓ 再开始 β-氧化

$6CH_3CO{\sim}SCoA$

图 9-10 不饱和脂肪酸的氧化

脂肪组织中的各种不饱和脂肪酸约占 3/4。不饱和脂肪酸与饱和脂肪酸氧化基本相似，均在线粒体内进行β-氧化而降解，但前者还需要另外两个酶：一个是异构酶，一个是差向异构酶。如油酰基 CoA（oleoyl-CoA）的降解与硬脂酰 CoA 的降解在β-氧化的最初 3 步轮回中是完全相同的。其不相同之处在于，饱和脂肪酸β-氧化过程中生成的脂酰基 CoA 为Δ^2-反式-烯脂酰 CoA，而天然不饱和脂肪酸分子中含有一个或多个双键，这些双键均为顺式（*cis*）构型，在β-氧化过程中其油酰基 CoA 生成Δ^3-顺式-十二烯酰 CoA，Δ^3-顺-十二烯酰 CoA 要继续进行β-氧化，必须转化为Δ^2-反式（*trans*）构型。线粒体内存在有特异的Δ^3-顺式→Δ^2-反式-烯脂酰 CoA 异构酶，能够催化Δ^3-顺式转化为Δ^2-反式构型，再继续进行β-氧化。油酰基 CoA 的氧化过程见图 9-10。

六、酮体的生成和利用

酮体（ketone bodies）是乙酰乙酸（acetoacetate）、β-羟丁酸（β-hydroxybutyrate）及丙酮（acetone）3 种有机化合物的总称。其中以β-羟丁酸最多，约占酮体总量的 70%，乙酰乙酸占 30%，而丙酮的量极微。酮体是脂肪酸在肝脏氧化分解正常产物，因肝脏中有活性较强的合成酮体的酶系，但其在肝内不能进一步氧化分解需转运至肝外彻底氧化利用。若肝内生成超过肝外组织利用的能力，则可能形成酮血症、酮尿症和酮症酸中毒。

（一）酮体的生成

酮体在肝细胞线粒体内合成，原料是脂肪酸β-氧化产生的乙酰 CoA，合成过程如下。

1. 乙酰乙酰 CoA 的生成 2 分子乙酰 CoA 在硫解酶（thiolase）的作用下，缩合生成乙酰乙酰 CoA，并释放出 1 分子的 HSCoA。

2. HMG-CoA 的生成 乙酰乙酰 CoA 在β-羟基-β-甲基戊二酸单酰 CoA 合酶（β-hydroxy-β-methyl glutaryl-CoA synthase）作用下，再与 1 分子乙酰 CoA 缩合生成β-羟基-β-甲基戊二酸单酰 CoA（β-hydroxy-β-methyl glutaryl-CoA，HMG-CoA），并释放出 1 分子的 HSCoA。

3. 酮体的生成 HMG-CoA 在裂解酶（liase）的作用下，裂解生成乙酰乙酸和 1 分子乙酰 CoA。因为肝脏同时具有 HMG-CoA 合酶和 HMG-CoA 裂解酶，所以合成酮体是肝脏特有的功能。

4. 乙酰乙酸还原为β-羟丁酸 乙酰乙酸在线粒体内膜β-羟丁酸脱氢酶（β-hydroxy-butyrate dehydrogenase）的作用下，还原生成β-羟丁酸，反应所需的氢由 NADH + H^+ 提供，还原速度取决于线粒体内 NAD/ NAD^+ 的比值。

5. 丙酮的形成 部分乙酰乙酸可自发脱羧生成少量的丙酮（图 9-11）。

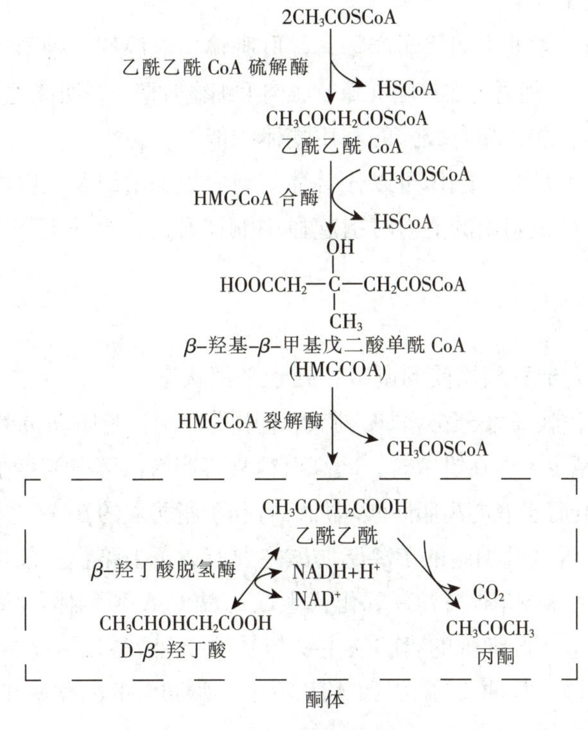

图 9-11 酮体的生成

肝脏线粒体内含有各种合成酮体的酶系，尤其是 HMG-CoA 合酶是合成酮体的限速酶。但肝内却缺乏氧化酮体的酶系，因此肝脏不能利用酮体，酮体合成在肝内合成后，必须通过血液运输至肝外组织氧化分解。

（二）酮体的利用

肝外许多组织，特别是心肌、骨骼肌及脑和肾等组织具有活性很强的利用酮体的酶系，如琥珀酰 CoA 转硫酶、乙酰乙酸硫激酶及乙酰乙酰 CoA 硫解酶，在这些酶的作用下，乙酰乙酸被活化成为乙酰乙酰 CoA，然后在硫解酶作用下分解成 2 分子乙酰 CoA，后者进入三羧酸循环彻底氧化成 CO_2 和 H_2O，并释放出大量能量（图 9-12）。

1. 琥珀酰 CoA 转硫酶 主要存在于心、肾、脑和骨骼肌的线粒体中，在有琥珀酰 CoA 存在时，在

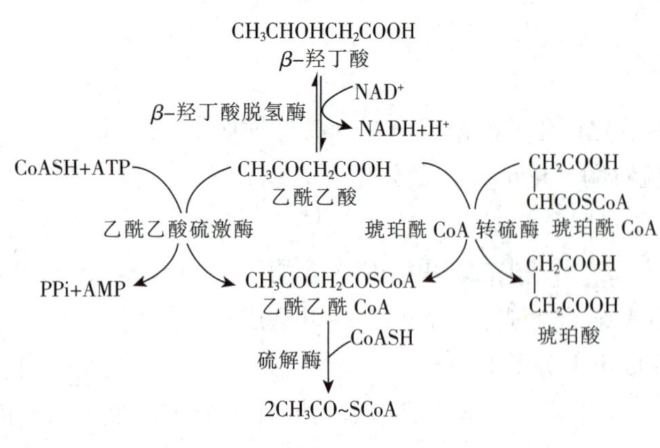

图 9-12 酮体的氧化利用

此酶的催化下，使乙酰乙酸活化生成乙酰乙酰 CoA 和琥珀酸。

2. 乙酰乙酸硫激酶 主要存在于肾、心、脑组织中，在此酶的催化下，通过消耗 ATP 直接使乙酰乙酸与 HSCoA 结合生成乙酰乙酰 CoA。

3. 乙酰硫解酶 乙酰乙酰 CoA 和 HSCoA 在此酶的催化下，生成 2 分子乙酰 CoA。

4. β-羟丁酸脱氢酶 此酶以 NAD^+ 为辅酶，催化β-羟丁酸脱氢生成乙酰乙酸，然后再转变为乙酰 CoA 被进一步氧化分解。

此外，部分丙酮可在一系列酶作用下，可转变为丙酮酸或乳酸，进而异生成糖。这是脂肪酸的碳原子转变成糖的一个途径。

总之，肝脏是生成酮体的器官，但不能利用酮体；肝外组织不能生成酮体，却可以利用酮体。

（三）酮体生成的生理意义

（1）酮体是脂肪在肝内正常的中间代谢产物，是肝脏输出能源的一种形式。

（2）酮体溶于水，分子小，能通过血-脑屏障及肌肉毛细血管壁，是肌肉尤其是脑组织的重要能源。

（3）脑组织不能氧化脂肪酸，却有较强的利用酮体的能力。

（4）长期饥饿和糖供应不足时，酮体可以代替葡萄糖成为脑组织及肌肉组织的主要能源。

（5）酮体生成超过肝外组织利用的能力时引起血中酮体升高，严重时可导致酮血症、酮症酸中毒，尿中出现酮体称酮尿症。

（四）酮体生成的调节

在正常代谢中，酮体的合成和利用受到调节，处于平衡状态。

1. 激素的影响 饱食后，胰岛素分泌增加，脂解作用受抑制，脂肪动员减少，进入肝脏的脂肪酸减少，因此，使酮体的生成量减少。而在饥饿时，胰高血糖素等脂解激素分泌增加，使脂肪酸动员加强，血中游离脂肪酸浓度升高，使肝脏摄取游离脂肪酸增加，有利于脂肪酸的β-氧化和酮体的生成。

2. 饱食和饥饿的影响 进入肝细胞的游离脂肪酸主要有 2 条去路：一条是在细胞质中酯化合成三酰甘油和磷脂；另一条是进入线粒体内进行β-氧化，生成乙酰 CoA 和酮体。饱食及糖供应充足时，肝糖原丰富，糖代谢旺盛，此时进入肝细胞的脂肪酸主要与甘油-3-磷酸反应生成三酰甘油和磷脂。而饥饿或糖供应不足时，糖代谢减慢，甘油-3-磷酸和 ATP 不足，脂肪酸的酯化减少，主要在线粒体内进行β-氧化，酮体的生成也增多。

3. 丙二酰 CoA 控制脂酰 CoA 进入线粒体的速率 饱食后糖氧化分解所生成的乙酰 CoA 及柠檬酸能激活乙酰 CoA 羧化酶，促进丙二酰 CoA 的合成。而后者能竞争性地抑制肉碱脂酰转移酶 Ⅰ 的活性，从而阻止脂酰 CoA 进入线粒体内进行β-氧化。

从上述可见，脂肪酸的氧化及酮体生成受多个环节的影响。

（五）酮血症、酮尿症与酮症酸中毒

在正常情况下，糖供应充足，生物体主要依靠糖有氧氧化供能，脂肪动员较少，酮体合成也较少，并且很快地被肝外组织摄取利用，所以血液中仅含有少量酮体，为 0.05~0.85mmol/L(0.3~5mg/dl)。

1. 酮血症 在饥饿、糖尿病、高脂低糖膳食时，脂肪动员增加，酮体生成增加，如果超过肝外组织利用酮体的能力时，将导致血中酮体含量异常升高，称为酮血症（ketonemia）。

2. 酮尿症 发生酮血症的同时，在尿中也可出现大量酮体的现象，称为酮尿症（ketonuria）。

3. 酮症酸中毒 酮体中乙酰乙酸和β-羟丁酸（约占酮体总量的99%以上）都是酸性较强的有机酸，当血中酮体过高时，易使血液pH下降导致酸中毒，称为酮症酸中毒。酮症酸中毒（ketoacidosis）是一种临床常见的代谢性酸中毒。治疗时除对症给予碱性药物外，糖尿病患者可给予胰岛素和葡萄糖，以纠正糖代谢紊乱，增加糖的氧化供能，减少脂肪动员和酮体的生成。

第四节 脂肪的合成代谢

从食物中摄入的脂肪酸及机体合成的脂肪酸，大多酯化成三酰甘油、胆固醇酯等储存在体内，其中三酰甘油主要储存在脂肪组织中，是机体能量的储存形式，在禁食、饥饿时供机体能量所需。脂肪组织，肝脏和小肠是体内合成脂肪的主要部位。其他组织如肾、脑、肺、乳腺等组织也都能合成脂肪，合成过程是在细胞质中进行，这些组织细胞的胞液中存在脂肪酸合成酶系，共同催化完成脂肪酸的合成。其中以肝脏合成脂肪酸的能力最强，但肝脏合成的脂肪酸酯化后主要参与低密度脂蛋白形成，并转运出肝脏。故正常情况下肝细胞中无脂肪储存。合成脂肪的原料是甘油-α-磷酸和脂肪酸，主要由糖代谢提供，人和动物即使完全不摄取脂肪，亦可由糖大量转变来获得脂肪。

一、脂肪酸的生物合成

对于脂肪酸合成的研究开始于Knoop提出β-氧化学说以后不久，最初推测脂肪酸合成可能是β-氧化的逆反应，但事实并非如此，脂肪酸合成采取的是一条与其β-氧化不同的途径，两者在反应的场所、催化酶、电子受体与供体、脂酰基的载体或二碳单位的形式等方面都具有显著的差异。饱和脂肪酸的生物合成有两种途径：①由非线粒体酶系（即细胞质酶系）合成饱和脂肪酸的途径；②饱和脂肪酸碳链延长的途径。

（一）非线粒体酶系合成饱和脂肪酸的途径（丙二酸单酰CoA途径）。

非线粒体酶系存在于细胞的可溶部分。实验证明，在有生物素、ATP、NADPH、Mn^{2+}、CO_2、乙酰CoA羧化酶和脂肪酸合酶系（包括酰基载体蛋白质，ACP）参加条件下，可从乙酰CoA合成棕榈酸（C_{16}脂肪酸）。关于合成的化学途径分两个阶段，7步反应（表9-4）。

第一阶段：乙酰CoA ⟶丙二酸单酰 - ACP。

第二阶段：丙二酸单酰 - ACP ⟶丁酰 - ACP。

表9-4 脂肪酸生物合成的主要反应

步骤		反应及有关酶
第一阶段	1	乙酰CoA + HCO_3^- + ATP→丙二酸单酰CoA + ADP + Pi + H^+（乙酰CoA羧化酶）
	2	乙酰CoA + HS - ACP→乙酰ACP + CoA（乙酰转酰基酶）
	3	丙二酸单酰CoA + HS - ACP→丙二酸单酰ACP + HSCoA（丙二酸单酰转酰基酶）
第二阶段	4	乙酰ACP + 丙二酸单酰ACP→乙酰乙酰ACP + ACP-SH + CO_2（脂酰丙二酰-ACP缩合酶）
	5	乙酰乙酰ACP + NADPH + H^+→D-3-羟丁酰-S-ACP + $NADP^+$（β-酮脂酰ACP还原酶）
	6	D-3-羟丁酰ACP→烯丁酰ACP + H_2O（β-羟脂酰ACP缩合酶）
	7	烯丁酰ACP + NADPH + H^+→丁酰ACP + $NADP^+$（烯酰基ACP还原酶）

第一阶段：包括乙酰CoA的转运、乙酰-ACP和丙二酸单酰ACP的形成。

乙酰CoA的转运：饱和脂肪酸的合成是在细胞质中进行的。反应所需的乙酰CoA是由脂肪酸经β-

氧化和丙酮酸脱羧而来，这两个过程都是在线粒体中进行的。乙酰 CoA 不易透过线粒体膜进入细胞质，需要经柠檬酸合酶催化与草酰乙酸缩合生成柠檬酸，在 ATP 供能情况下才扩散透过线粒体膜进入细胞质。进入细胞质的柠檬酸经柠檬酸裂解酶（citrate lyase）催化产生乙酰 CoA 和草酰乙酸。乙酰 CoA 供脂肪酸合成，草酰乙酸需回到线粒体。但草酰乙酸不能透过线粒体内膜，需通过苹果酸转变为丙酮酸才能回到线粒体。或者苹果酸也可以直接通过线粒体膜上的载体蛋白直接跨膜转运。这一系列反应也产生了脂肪酸合成所需的 NADPH。这是通过柠檬酸作为乙酰基的载体，称三羧酸转运体系（或称柠檬酸-丙酮酸循环）。

乙酰 ACP 和丙二酸单酰 ACP 的形成：乙酰 CoA 经乙酰转酰基酶催化与 ACP-SH 作用产生乙酰 ACP；乙酰 CoA 经乙酰 CoA 羧化酶催化与 HCO_3^- 一起作用产生丙二酸单酰 CoA，再经丙二酰转酰基酶催化与 ACP-SH 作用生成丙二酸单酰 ACP。

第一阶段的反应可如下式及图 9－13 所示。

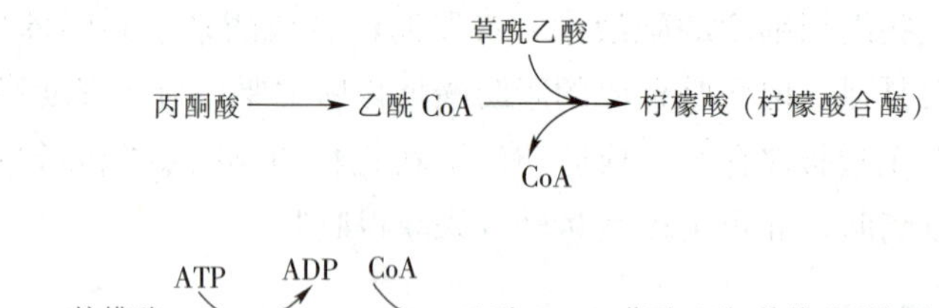

草酰乙酸 $\xrightarrow[\text{苹果酸脱氢酶}]{NADP+H^+ \quad HAD^+}$ 苹果酸 $\xrightarrow[\text{苹果酸酶}]{NADP^+ \quad NADPH+H^+ \quad CO_2}$ 丙酮酸

乙酰 CoA + HS－ACP ⟶ 乙酰－S－ACP + CoA（乙酰转酰基酶　）

乙酰 CoA + HCO_3^- + ATP ⟶ 丙二酸单酰 CoA + ADP + Pi + H^+（乙酰 CoA 羧化酶）

丙二酸单酰 CoA + HS－ACP ⟶ 丙二酸单酰－S－ACP + CoA（丙二酰转酰基酶）

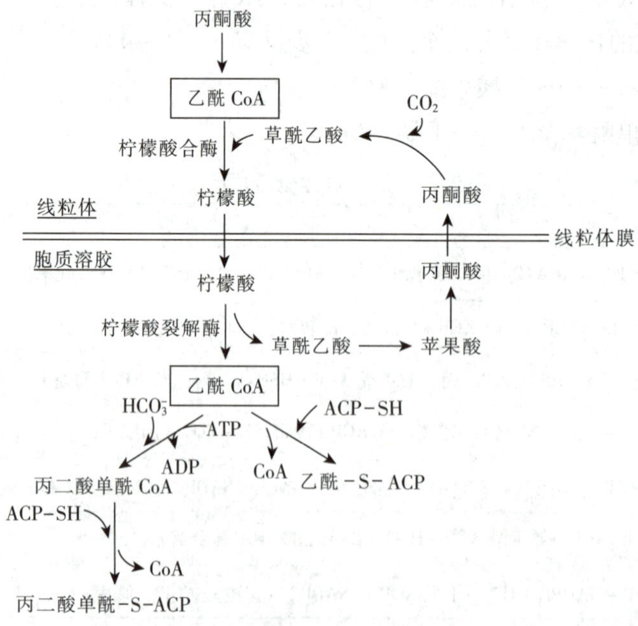

图 9－13　饱和脂肪酸合成的第一阶段反应

乙酰 CoA 羧化成丙二酸单酰 CoA 的反应是脂肪酸合成的限速反应，催化该反应的乙酰 CoA 羧化酶（辅基为生物素）包括生物素羧基载体蛋白（biotin carboxyl carrier protein，BCCP）、生物素羧化酶（biotin carboxylase，BC）和羧基转移酶（transcarboxylase，CT）3 个亚基，如图 9－14a 所示。生物素的羧基以酰胺键与生物素羧基载体蛋白中赖氨酸的 ε-氨基相连，生物素羧化酶催化生物素羧基载体蛋白上的生物素羧化，羧基转移酶将活化的 CO_2转移到乙酰 CoA 上，形成丙二酸单酰 CoA，如图 9－14b 所示。

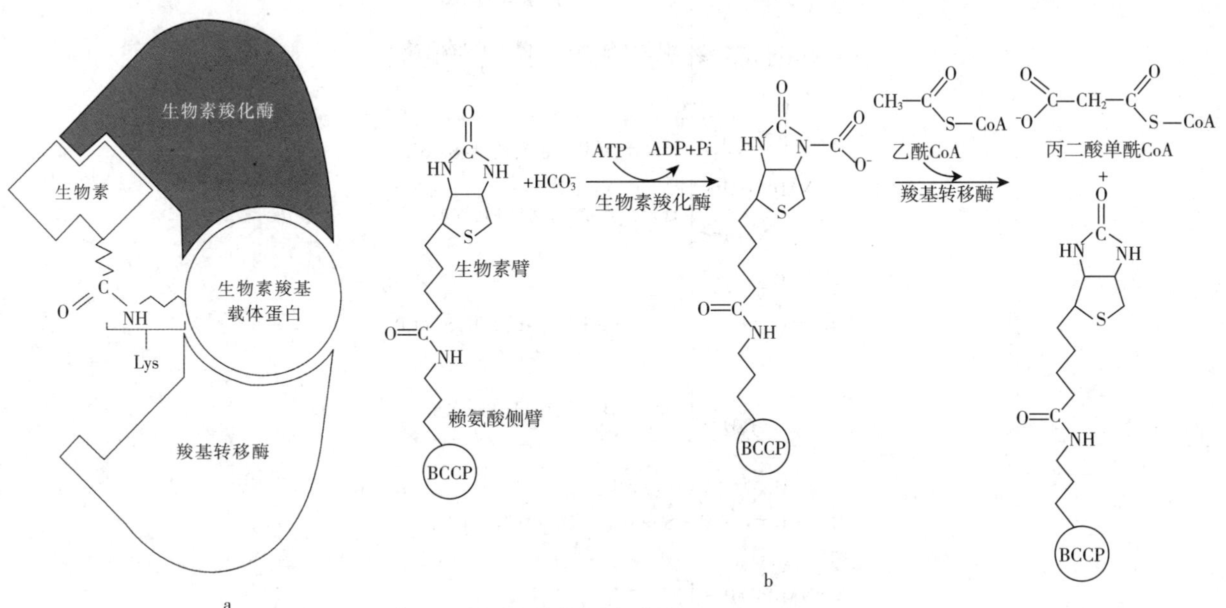

图 9－14 乙酰 CoA 羧化酶及其催化的反应

a. 乙酰 CoA 羧化酶 3 个亚基示意；b. 乙酰 CoA 羧化酶催化的反应

在以上这些反应中生物素羧基载体蛋白（BCCP）扮演了一个中心角色，它上面的赖氨酰生物素就像自由旋转的臂一样，将活化的羧基由生物素羧化酶转移到羧基转移酶的乙酰 CoA 分子上，从而形成的丙二酸单酰 CoA。

ACP（acyl carrier protein）是脂肪酸生物合成中的酰基载体蛋白。它是以共价键与其辅基磷酸泛酰巯乙胺（4′-phosphopantetheine，pp）结合，其结构如下。

半胱胺基　　泛酰基

$HS-CH_2-CH_2-NH-C(=O)-CH_2-CH_2-NH-C(=O)-CH(OH)-C(CH_3)_2-CH_2-O-P(=O)(O^-)-OCH_2-Ser-ACP$

4′-磷酸泛酰巯基乙胺
（ACP 的辅基）

磷酸泛酰巯乙胺为泛酸与半胱胺的衍生物，是连接 ACP 和脂酰基的单位。ACP 与其辅基 4′-磷酸泛酰巯乙胺的连接是通过它本身的丝氨酸残基（Ser）；ACP 与脂酰基的结合则是通过其辅基磷酸泛酰巯乙胺（pp）的—SH 基。ACP 耐热，相对分子质量约为 9500。大肠埃希菌的 ACP 为 77 个氨基酸残基组成。在哺乳动物中 ACP 是同细胞牢固结合，不易分离，但在大肠杆菌和某些细菌体中，ACP 同细胞的结合不紧，可以分离。这一特点为研究 ACP 在脂肪酸生物合成中的功用提供了极大的方便。

第二阶段：第一阶段形成的丙二酸单酰 ACP 与乙酰 ACP 经缩合、还原、脱水、再还原 4 个步骤即为一轮的合成反应（图 9－15）。

上述第二阶段反应完成了饱和脂肪酸生物合成的第一轮反应。所产生的丁酰 ACP（C_4）比原来的乙酰 CoA（C_2）多 2 个碳原子。丁酰 ACP 经同样方式与丙二酸单酰 ACP 缩合，重复循环 6 次就可得长链

（C_{16}）的脂酰 ACP。最后经水解即生成长链饱和脂肪酸（主要为 C_{16} 棕榈酸）。这些途径（包括上述丙二酸单酰 ACP 的形成）可综合如图 9－16 所示。

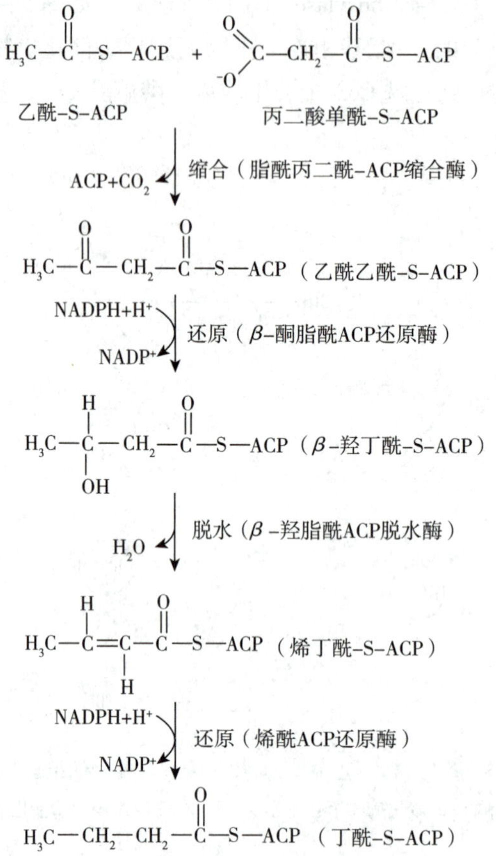

$$H_3C-\overset{O}{\overset{\|}{C}}-S-ACP + {}^{-}O(O=)C-CH_2-\overset{O}{\overset{\|}{C}}-S-ACP$$

乙酰-S-ACP　丙二酸单酰-S-ACP

↓ 缩合（脂酰丙二酰-ACP缩合酶）→ $ACP+CO_2$

$$H_3C-\overset{O}{\overset{\|}{C}}-CH_2-\overset{O}{\overset{\|}{C}}-S-ACP$$（乙酰乙酰-S-ACP）

$NADPH+H^+$ → $NADP^+$ ↓ 还原（β-酮脂酰ACP还原酶）

$$H_3C-CH(OH)-CH_2-\overset{O}{\overset{\|}{C}}-S-ACP$$（β-羟丁酰-S-ACP）

↓ 脱水（β-羟脂酰ACP脱水酶）→ H_2O

$$H_3C-CH=CH-\overset{O}{\overset{\|}{C}}-S-ACP$$（烯丁酰-S-ACP）

$NADPH+H^+$ → $NADP^+$ ↓ 还原（烯酰ACP还原酶）

$$H_3C-CH_2-CH_2-\overset{O}{\overset{\|}{C}}-S-ACP$$（丁酰-S-ACP）

图 9－15　脂肪酸合成第一轮第二阶段反应序列

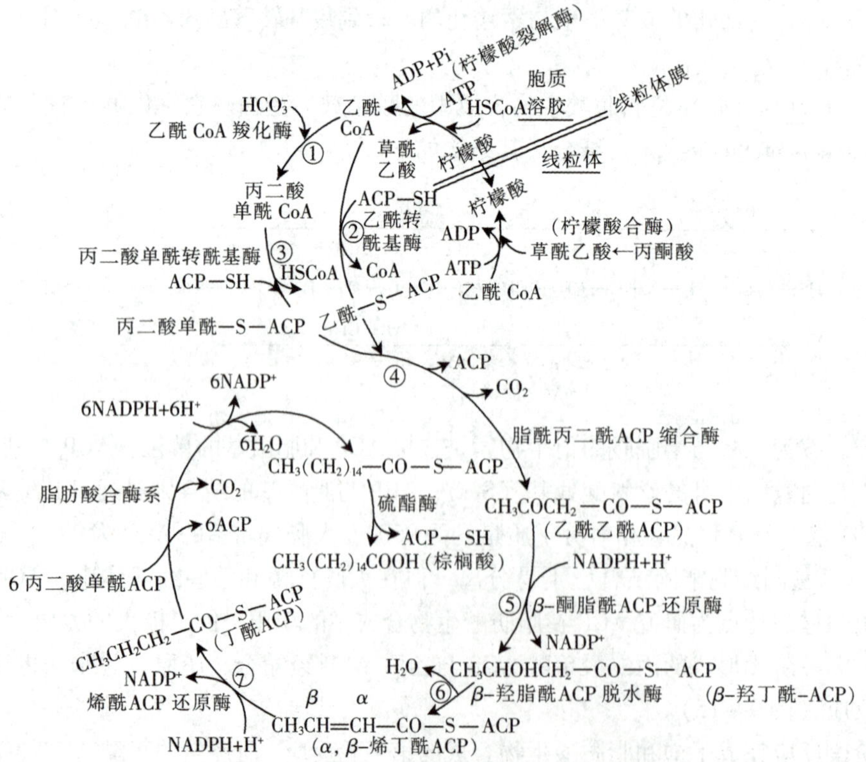

图 9－16　非线粒体酶系合成饱和脂肪酸途径

棕榈酸合成的总反应式如下。

$$CH_3CO—SCoA + 7HOOC—CH_2—CO—SCoA + 14NADPH + 14H^+ \longrightarrow CH_3(CH_2)_{14}COOH + 7CO_2 + 8CoASH + 14NADP^+ + 6H_2O$$

1. 在线粒体中乙酰 CoA 与草酰乙酸缩合变成柠檬酸再进入细胞质是非线粒体酶系合成饱和脂肪酸的第一个关键步骤。

2. 由乙酸 CoA 羧化酶催化的乙酰 CoA 转变为丙二酸单酰 CoA 的反应是非线粒体酶系合成饱和脂肪酸的第二个关键步骤，因丙二酸单酰 CoA 是丙二酸单酰 ACP 的前体，而后者是非线粒体酶系合成不饱和脂肪酸的主要物质。柠檬酸能促进乙酰 CoA 羧化酶的活力，也是控制非线粒体酶系脂肪酸合成的重要因素之一。

3. 图 9-16 由反应④到反应⑦为脂肪酸合成的一轮反应，合成 C_{16}的棕榈酸共需要 7 轮反应。合成的棕榈酸分子中，除了甲基末端的二碳单位来自乙酰 CoA 外，其他 7 个二碳单位都来自丙二酸单酰 CoA。

4. 脂肪酸的合成由乙酰 CoA 羧化酶和脂肪酸合酶系催化，脂肪酸合酶系由下列酶② ~ 酶⑦的 6 种酶和酰基载体蛋白组成的多酶复合物。

5. 脂肪酸生物合成中所需的 NADPH 大部分是细胞的葡萄糖经磷酸戊糖途径和三羧酸循环所供给。NADH 也是脂肪酸合成所需要的。

参加上述各反应（图 9-16）的酶为：①乙酰 CoA 羧化酶（acetyl CoA-carboxylase，又称 acetyl-CoA：carbondioxide ligase），其辅酶为生物素。柠檬酸能促进，棕榈酰 CoA 可抑制其活性。②乙酰转酰基酶（acetyl transacylase），又称乙酰 CoA-ACP 转酰基酶（acetyl-CoA-ACP transacetylase）或 ACP 酰基转移酶（ACP-acyltransferase）。③丙二酸单酰转酰基酶（malonyl transacylase），又称丙二酸单酰 CoA-ACP 转移酶（malomyl-CoA-ACP transferase）。④脂酰丙二酸单酰 ACP 缩合酶（acyl-malonyl-ACP-condensing enzyme），又称 β-酮脂酰 ACP 合酶（β-ketoacyl-ACP synthase）。⑤β-酮脂酰 ACP 还原酶（β-ketoacyl - ACP reductase），又称依赖 NADPH-3-氧-旨酰基 ACP 还原酶（NADPH-dependent-3-oxoacyl - ACP-reductase）。⑥β-羟脂酰 ACP 脱水酶（β-hydroxy - acyl - dehydratase），又称 3-羟脂酰脱水酶（3-hydroxyacyl - dehydratase）或烯丁酰脂酰基 ACP 脱水酶（crotonyl-acyl-ACP-dehydratase）。⑦烯酰基 ACP 还原酶（enoyl - ACP reductase）。

酶② ~ 酶⑦这些酶都是同酰基载体蛋白结合在一起的，它们彼此之间的结合相当密切。细菌和植物的脂肪酸合酶系各组分之间的结合就比较松散，细菌的细胞被破裂后，各个组分酶即易被分离出来。

原核生物如大肠埃希菌脂肪酸合成的各个反应是由各个酶分别进行催化，由图 9-16 中的酶② ~ 酶⑦的 6 种酶和 1 分子 ACP 组成了脂肪酸合酶多酶复合物（即脂肪酸合酶系），其中 ACP 是多酶复合物的核心，它的辅基 4′-磷酸泛酰巯乙胺作为酰基载体，将脂肪酸合成的中间物由一个酶的活性部位转到另一个酶的活性部位上，这可提高脂肪酸合成的效率。

真核生物的脂肪酸合酶与原核生物不同，催化脂肪酸合成的 7 种酶和 1 分子 ACP 均在一条单一的多功能多肽链上（相对分子质量为 260×10^3），由两条完全相同的多肽链首尾相连组成的二聚体称脂肪酸合酶（fatty acid synthase）。脂肪酸合酶的二聚体若解离成单体，则部分酶活性丧失。二聚体的每条多肽链（即每个亚基）上均有 ACP 结构域，其丝氨酸残基连接有 4′-磷酸泛酰巯乙胺，可与脂酰基相连，作为脂肪酸合成中脂酰基的载体，在每个亚基不同催化部位之间转运底物或中间物，这犹如一个高效的生产线，大大提高了脂肪酸合成的效率。

由以上可知，脂肪酸的合成与脂肪酸的β-氧化是两条不同的代谢途径，两者的主要区别见表9-5。

表 9-5 脂肪酸合成与脂肪酸降解的主要区别

区别点	脂肪酸的合成	脂肪酸的降解（β-氧化）
细胞中部位	细胞质	线粒体
酰基载体	ACP	CoASH
二碳单元的供体/产物	丙二酸单酰 CoA	乙酰 CoA
电子的供体/受体	NADPH	FAD、NAD^+
β-羟中间代谢物的构型	D 型	L 型
转运机制	三羧酸转运机制（转运乙酰 CoA）	肉碱载体（转运脂酰 CoA）

奇数碳链脂肪酸和带支链脂肪酸也是经丙二酸单酰 CoA 途径合成，只是起始物不同，前者以丙酰 CoA 作起始物，后者以异丁酰 CoA 作起始物。

（二）饱和脂肪酸碳链的延长

在脂肪酸合成过程中，细胞质内的脂肪酸合成酶复合体只能催化合成 16 碳的软脂酸，若需合成更长碳链的饱和脂肪酸，则需通过碳链延长系统完成。该过程主要在内质网和线粒体中进行，两者在底物、酶系及产物碳链长度上存在差异。

1. 内质网中的脂肪酸延长系统 哺乳动物的肝、脂肪组织和乳腺细胞的内质网延长系统最为活跃，其中肝细胞是合成硬脂酸的主要场所，能够延长饱和或不饱和脂肪酸碳链，如软脂酰 CoA、硬脂酰 CoA、油酸、亚油酸等，为膜脂（如磷脂）合成及极低密度脂蛋白（VLDL）组装提供原料。内质网延长系统以丙二酰 CoA 为二碳单位供体，以 NADPH 为还原力，通过类似脂肪酸合成的循环反应延长碳链，由辅酶 A 代替 ACP 作为脂酰基载体，每次循环增加 2 个碳原子。

以软脂酰 CoA（或更长链脂酰 CoA）作为起始物，需先从细胞质转运至内质网腔。由多种膜结合酶组成的脂肪酸延长酶复合体催化完成，包括脂酰 CoA 转移酶、β-酮脂酰 CoA 合成酶、β-酮脂酰 CoA 还原酶、β-羟脂酰 CoA 脱水酶和烯脂酰 CoA 还原酶。

反应步骤如下。① 缩合：脂酰 CoA 与丙二酰 CoA 在β-酮脂酰 CoA 合成酶催化下生成β-酮脂酰 CoA，释放 CO_2；② 还原：β-酮脂酰 CoA 在β-酮脂酰 CoA 还原酶催化下，由 NADPH 供氢生成β-羟脂酰 CoA；③ 脱水：β-羟脂酰 CoA 在β-羟脂酰 CoA 脱水酶催化下脱水生成反式烯脂酰 CoA；④再还原：烯脂酰 CoA 在烯脂酰 CoA 还原酶催化下，由 NADPH 供氢生成更长链的脂酰 CoA。上述反应循环进行，直至生成目标碳链长度［通常为 18～24 碳，以硬脂酰 CoA（C_{18}：0）为主］。

2. 线粒体中的脂肪酸延长系统 线粒体延长系统以乙酰 CoA 为二碳单位供体，利用 NADPH 和 NADH 作为还原力，直接延长脂酰 CoA 碳链，反应过程类似脂肪酸β-氧化的逆过程，但部分酶不同。

底物主要为软脂酰 CoA 或硬脂酰 CoA，需通过肉碱转运系统进入线粒体基质。依赖线粒体基质中的脂肪酸延长酶系，包括β-酮脂酰 CoA 合成酶、β-酮脂酰 CoA 还原酶、烯脂酰 CoA 还原酶（与β-氧化的酶不同）。

反应步骤如下。① 缩合：脂酰 CoA 与乙酰 CoA 缩合生成β-酮脂酰 CoA（无需 CO_2 参与）；② 还原：β-酮脂酰 CoA 由 NADH 供氢还原为β-羟脂酰 CoA；③ 脱水：生成反式烯脂酰 CoA；④ 再还原：由 NADPH 供氢生成更长链脂酰 CoA（如 $C_{18:0}$→$C_{20:0}$）。该系统每次循环同样增加 2 个碳原子，主要合成 20～24 碳脂肪酸，用于特殊脂质（如神经鞘脂）的合成。

3. 两种脂肪酸链延长系统的比较 见表 9－6。

表 9－6 两种脂肪酸链延长系统的比较

特征	内质网延长系统	线粒体延长系统
亚细胞定位	内质网腔	线粒体基质
二碳供体	丙二酰 CoA	乙酰 CoA
还原力	NADPH（主要来自磷酸戊糖途径）	NADPH ＋ NADH（来自线粒体呼吸链）
起始底物	脂酰 CoA（$C_{16:0}$及以上）	脂酰 CoA（$C_{16:0}$及以上）
产物范围	$C_{18:0}$～$C_{24:0}$（以 $C_{18:0}$为主）	$C_{18:0}$～$C_{24:0}$（可至 $C_{26:0}$）
关键酶	脂肪酸延长酶复合体（膜结合）	线粒体脂肪酸延长酶（基质酶）
主要功能	合成膜脂及分泌性脂蛋白原料	合成特殊长链脂肪酸（如神经脂类）

饱和脂肪酸碳链的延长是脂肪酸合成代谢的重要延伸，通过内质网和线粒体两种特异性系统，精准调控不同碳链长度脂肪酸的生成，以满足机体在能量储存、膜结构维持、信号分子合成等多方面的需

求。这一过程的异常（如延长酶缺陷）可能导致脂质代谢紊乱，与神经退行性疾病、肥胖等病理状态相关，也是生物制药领域潜在的药物干预靶点（如靶向内质网 KCS 酶开发降脂药物）。

（三）不饱和脂肪酸的生物合成

许多生物体能使饱和脂肪酸的第 9 位和第 10 位碳之间脱氢，形成一个双键成为不饱和脂肪酸，例如硬脂肪酸脱氢即成油酸。但只有植物和某些微生物才能使第 12 位和第 13 位碳间脱氢形成双键，例如从油酸（十八碳一烯酸）合成亚油酸（十八碳二烯酸）。某些微生物如大肠埃希菌、酵母菌和霉菌能合成含 2 个、3 个、4 个甚至更多双键的不饱和脂肪酸。动物细胞的脱饱和酶与内质网密切结合。

不饱和脂肪酸的生物合成途径有氧化脱氢和β-碳位氧化成羟酸，再脱水两种途径。

1. 氧化脱氢途径 这个途径一般在脂肪酸的第 9 位、第 10 位碳位脱氢，例如硬脂肪酸由脂酰脱饱和酶（存在于微粒体内，肝和脂肪组织含此酶较多）催化，需 NADH（或 NADPH）及氧分子参加，即生成油酸。

$$\underset{\text{硬脂酸}}{CH_3(CH_2)_{16}-COOH}\xrightarrow[O_2\ \ \ \ \ 2H_2O]{NADH+H^+\ \ \ \ \ NAD^+}\underset{\text{油酸}}{CH_3(CH_2)_7-CH=CH-(CH_2)_7-COOH}$$

在此反应中，有 NADH-细胞色素 b_5还原酶（NADH-cytochromeb，reductase）、细胞色素 b_5和脱饱和酶（desaturase）参加由硬脂酰 CoA 脱饱和释放出的电子传递给受体的作用，其机制可表示如下。

H^++NADH → NAD$^+$；E-FAD ⇌ E-$FADH_2$（NADH-细胞色素 b_5 还原酶）；Fe^{3+} → Fe^{2+}（细胞色素 b_5）；Fe^{3+} ⇌ Fe^{2+}（脱饱和酶）；硬脂酰 CoA+O_2 → 油脂酰 CoA+$2H_2O$

首先电子从 NADH 转移到 NADH-细胞色素 b_5还原酶的 FAD 辅基上，然后使细胞色素 b_5血红素中的铁离子还原成 Fe^{2+}，再使脱饱和酶中的非血红素铁还原成 Fe^{2+}，最后与分子氧（O_2）和硬脂酰 CoA 作用，形成双键并释放 2 分子水。2 个电子来自 NADH，另外 2 个电子来自底物饱和脂肪酸中的单键。

植物合成不饱和脂肪酸的机制与此类似。所不同者，植物是用铁-硫蛋白代替细胞色素 b_5。脱饱和酶是可溶性的，它以硬脂酰 ACP 为底物。

2. β-氧化、脱水途径 这一途径是先在饱和脂肪酸的β碳位氧化成羟酸，在α、β碳位间脱水形成双键。再经碳链延长作用即可得油酸。例如一个 C_{10}脂肪酸，经β-氧化、脱水、双键移位和连续 4 次延长碳链，即得油酸。

$$\underset{\text{十碳脂酸}}{CH_3(CH_2)_6-\overset{\beta}{C}H_2-\overset{\alpha}{C}H_2-COOH}\xrightarrow{\beta\text{-氧化}}\underset{\beta\text{-羟十碳脂酸}}{CH_3(CH_2)_6-\overset{H}{\underset{OH}{C}}-CH_2-COOH}\xrightarrow{\text{脱水}}$$

$$\underset{\text{烯十碳脂酸}}{CH_3(CH_2)_6-\overset{\beta}{C}H=\overset{\alpha}{C}H-COOH}\xrightarrow{\text{碳链延长}}\underset{\text{油酸}}{CH_3(CH_2)_6-CH=CH-(CH_2)_7-COOH}$$

含 2、3 或 4 个双键的高级不饱和脂肪酸，也可能用此类似方法（即氧化脱饱和、脱水和碳链延长）合成。植物细胞含有 Δ^9、Δ^{12}及 Δ^{15}去饱和酶，能够合成两个以上双键的多不饱和脂肪酸。

人体及有些高等动物（哺乳类）不能合成或不能合成足够维持其健康的十八碳二烯酸（亚油酸）和十八碳三烯酸（亚麻酸），必须从食物摄取，因此，这两种不饱和脂肪酸对人类和哺乳类动物是必需脂肪酸（essential fatty acid）。但动物能用脱饱和及延长碳链方法从十八碳二烯酸或十八碳三烯酸合成二十碳四烯酸。

二、α-甘油磷酸的生物合成

合成脂肪所需的L-α-磷酸甘油可由糖酵解产生的二羟丙酮磷酸还原而成，亦可由脂肪水解产生的甘油与ATP作用而成。

$$\begin{array}{l} CH_2O-Ⓟ \\ | \\ C=O \\ | \\ CH_2OH \end{array} \xrightarrow[\text{磷酸甘油脱氢酶}]{NADH+H^+ \quad NAD^+} \begin{array}{l} \quad\ CH_2O-Ⓟ \\ \quad\ | \\ HO-CH \\ \quad\ | \\ \quad\ CH_2OH \end{array}$$

二羟丙酮磷酸　　　　L-α-磷酸甘油

$$\begin{array}{l} \quad\ CH_2-OH \\ \quad\ | \\ HO-CH \\ \quad\ | \\ \quad\ CH_2OH \end{array} \xrightarrow[\text{甘油激酶}]{ATP \quad ADP} \begin{array}{l} \quad\ CH_2O-Ⓟ \\ \quad\ | \\ HO-CH \\ \quad\ | \\ \quad\ CH_2OH \end{array}$$

甘油　　　　L-α-磷酸甘油

三、脂肪（三酰甘油）的生物合成

肝、脂肪组织及小肠是合成脂肪的主要场所，其中肝的合成能力最强 。上述三种组织、细胞均有合成三酰甘油的脂酰CoA转移酶，位于内质网的胞液侧。肝细胞能合成脂肪，但不能贮存脂肪。三酰甘油在肝内质网合成后，与ApoB100、ApoC等以及磷脂、胆固醇结合生成极低密度脂蛋白（VLDL），由肝细胞分泌入血而运输至肝外组织。如肝细胞合成的三酰甘油因营养不良、中毒、必需脂肪酸缺乏、胆碱缺乏或蛋白质缺乏不能形成VLDL分泌入血时，或合成的三酰甘油过多超过肝细胞转运分泌入血的能力，则聚集在肝细胞质中，形成脂肪肝。

脂肪组织是机体合成脂肪的另一重要组织。脂肪组织可利用从食物脂肪而来的乳糜微粒（CM）或VLDL中的脂肪酸合成脂肪，更主要以葡萄糖为原料合成脂肪。脂肪细胞可以大量贮存脂肪，是机体合成及贮存脂肪的“仓库”，机体需要能量时，储脂分解释放出游离脂肪酸及甘油入血，以满足心、骨骼肌、肝、肾等的需要。因此脂肪组织在脂肪代谢上具有重要的地位。

小肠黏膜细胞则主要利用脂肪消化产物再合成脂肪，以乳糜微粒形式经淋巴进入血液循环。

机体内脂肪的合成有两条途径，即甘油一酯途径和甘油二酯途径。甘油一酯途径（外源性途径）是小肠黏膜上皮细胞合成甘油三酯的主要途径，即小肠黏膜细胞利用消化吸收的脂肪分解产物甘油一酯和脂肪酸，重新合成甘油三酯。

甘油二酯途径是肝细胞及脂肪细胞合成甘油三酯的主要途径。脂肪酸先与CoA结合成脂酰CoA，在转酰基酶的催化下，两分子酯酰CoA的酯酰基与α-磷酸甘油作用产生α-磷酸甘油二酯（又称磷脂酸），在磷酸酯酶的作用下，α-磷酸甘油二酯脱去磷酸根，再与另一分子脂酰CoA作用生成三脂酰甘油（脂肪）。脂肪的生物合成过程如下。

$$\begin{array}{l} CH_2OH \\ | \\ CHOH \\ | \\ CH_2-O-P \end{array} \xrightarrow[\text{磷酸甘油转酰基酶}]{+R_1COCoA} \begin{array}{l} CH_2OCOR_1 \\ | \\ CHOH \\ | \\ CH_2-O-P \end{array} \xrightarrow[\text{溶血磷脂酸转酰基酶}]{+R_2COCoA} \begin{array}{l} CH_2OCOR_1 \\ | \\ CHOCOR_2 \\ | \\ CH_2-O-P \end{array}$$

α-磷酸甘油　　　　溶血磷脂酸　　　　α-磷酸甘油二酯

$$\xrightarrow[\text{磷脂酸磷酸酶}]{+H_2O} \begin{array}{l} CH_2OCOR_1 \\ | \\ CHOCOR_2 \\ | \\ CH_2-OH \end{array} \xrightarrow[\text{甘油二酯转酰基酶}]{+R_3COCoA} \begin{array}{l} CH_2OCOR_1 \\ | \\ CHOCOR_2 \\ | \\ CH_2OCOR_3 \end{array}$$

甘油二酯　　　　脂肪

脂肪合成中的脂肪酸主要为软脂酸、硬脂酸、棕榈油酸和油酸。如三个脂肪酸均为硬脂酸的甘油三酯被称为三硬脂酸甘油酯，含有两种或三种脂肪酸的甘油三酯称为混合甘油三酯，其组成十分复杂。

第五节　其他脂类的代谢

一、磷脂的代谢与生物合成

磷脂是含有磷酸基的脂类，按化学组成不同可分为甘油磷脂和鞘磷脂两大类，甘油磷脂以甘油为基本结构，鞘磷脂以鞘氨醇为基本结构。体内含量最多的磷脂是甘油磷脂，且分布广泛。鞘磷脂主要分布在大脑和神经髓鞘中。

（一）磷脂的生理功能

1. 生物膜的基本成分　组成生物膜的不连续的流动双分子层，疏水性脂酰链朝向双分子层内侧区，亲水性磷脂酰衍生物取代基朝向双分子层外侧水相区，这种结构决定了生物膜的性质，决定了膜的一系列生物学功能。

2. 磷脂是脂蛋白的组成成分　磷脂与载脂蛋白位于脂蛋白分子表面，而疏水部分朝向核心，将三酰甘油、胆固醇不溶于水的物质包裹在核心，形成溶于水的脂蛋白颗粒，使脂蛋白在血液中具有运输脂类物质的功能。

3. 合成第二信使的原料　磷脂衍生物三磷酸肌醇是某些激素的第二信使。

4. 组成肺泡表面的活性物质　二软脂酰磷脂酰胆碱（二软脂酰卵磷脂）是肺泡表面的活性物质中的主要脂质，对于维持肺泡正常呼吸功能是非常重要的。

5. 组成神经鞘磷脂　神经鞘磷脂是神经髓的鞘组成成分，神经髓鞘能防止神经冲动向周围神经纤维扩散，能保证神经冲动的定向传导。

（二）磷脂的分解代谢

体内磷脂的分解代谢由磷脂酶（phospholipase）催化完成。在磷脂酶催化下大部分磷脂可逐步被水解生成脂肪酸、甘油、磷酸及胆碱、胆胺等，然后被吸收进入体内，小部分磷脂可不经过水解而包含在乳糜微粒中完整地吸收。

参与磷脂水解的酶主要有磷脂酶 A、磷脂酶 B、磷脂酶 C 和磷脂酶 D 等，它们作用于磷脂中不同的化学键（图 9－17）。

1. 磷脂酶 A_1　自然界分布广泛，主要存在于细胞的溶酶体中，此外蛇毒及某些微生物中亦有。它能催化甘油磷脂的第 1 位酯键断裂，产物为脂肪酸和溶血磷脂（lysophospholipid）。

2. 磷脂酶 A_2　普遍存在于动物各组织细胞膜及线粒体膜内，能使甘油磷脂分子中第 2 位酯键水解，产物为溶血磷脂及不饱和脂肪酸（多为花生四烯酸），Ca^{2+} 为此酶的激活剂。溶血磷脂是各种甘油磷脂经水解脱去一个脂酰基后的产物，是一类具有较强表面活性的物质，能使红细胞及其他细胞膜破裂，引起溶血或细胞坏死。多种蛇毒中含有此酶。

3. 磷脂酶 B　催化溶血磷脂的第 1 位或第 2 位酯键水解，其产物为脂肪酸和甘油磷酸胆碱或甘油磷酸乙醇胺等。

4. 磷脂酶 C　存在于细胞膜及某些细菌中，特异水解甘油磷脂分子中第 3 位磷酸酯键，其结果是释放磷酸胆碱、磷酸乙醇胺、磷酸肌醇、磷酸丝氨酸等，并余下作用物分子中的其他组分。

5. 磷脂酶 D　主要存在于植物，动物脑组织中亦有，催化磷脂分子中磷酸与取代基团（如胆碱等）间的酯键水解，释放出取代基团。

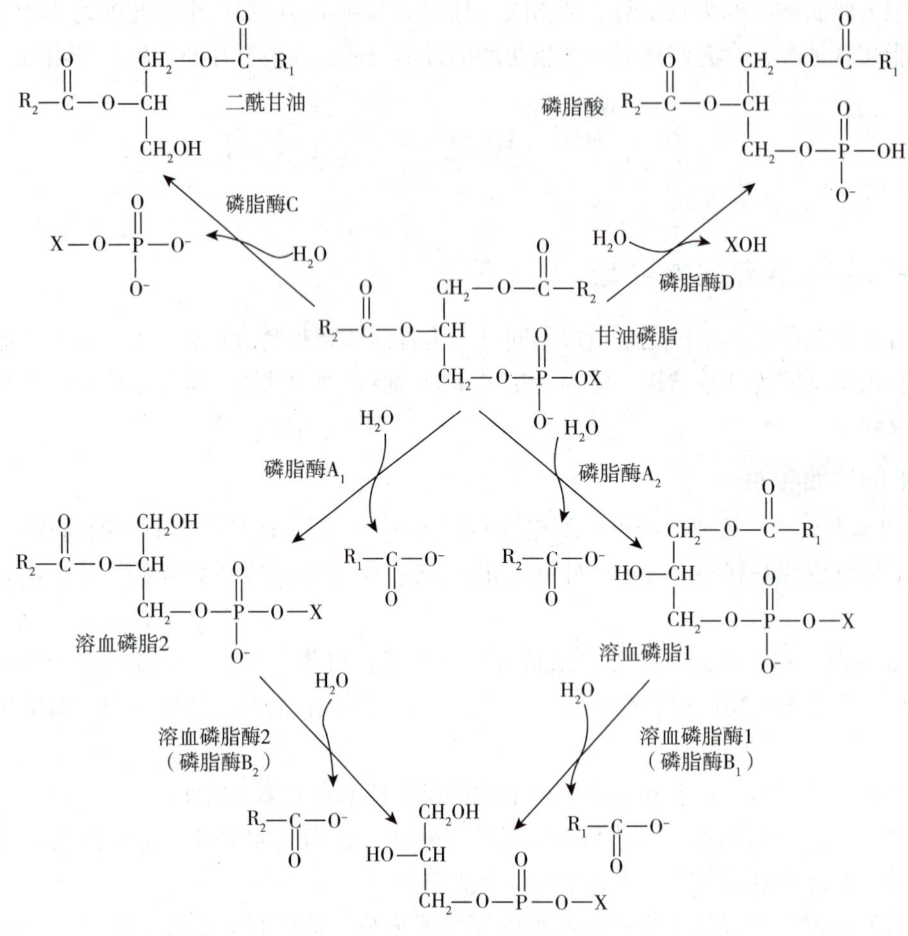

图 9－17　磷脂酶对磷脂的水解

（三）磷脂的生物合成

合成磷脂的原料为磷酸、甘油、脂肪酸、胆碱或胆胺等。其中必需脂肪酸由食物供给，其他原料可在体内合成。蛋白质分解所产生的甘氨酸、丝氨酸及蛋氨酸即可作为合成胆碱、胆胺的原料。

磷脂的生物合成近年有所发展，中间产物磷脂肪酸是合成甘油醇磷脂（包括磷脂酰胆碱、磷脂酰乙醇胺、磷脂酰丝氨酸、磷脂酰肌醇和双磷脂酰甘油）的关键物质，而胞嘧啶衍生物 CTP 和 CDP 则是合成所有磷脂的关键。磷脂的生物合成不仅需要 CTP 供能，而且被活化的化合物（胆碱、胆胺或磷酸甘油二酯）需要 CDP 分子作为载体。

肝、肠、肾、肌肉、脑组织都能合成磷脂，肝的合成力较大（肝＞肠＞肾＞肌肉＞脑）。血浆中的磷脂，大都在肝中合成。脑组织的磷脂含量很高，但它合成磷脂的效率最慢。

甘油醇磷脂和鞘氨醇磷脂的生物合成途径是有区别的。

1. 甘油醇磷脂的生物合成　包括磷脂酰胆碱、磷脂酰乙醇胺、磷脂酰丝氨酸、磷脂酰肌醇、双磷脂酰甘油、醚磷脂和缩醛磷脂等。

（1）磷脂酰胆碱的生物合成　磷脂酰胆碱的生物合成分下列步骤。

第②③两步反应可综合见图 9－18。图 9－18 是动物细胞合成磷脂酰胆碱的主要途径，此外，磷脂酰胆碱亦可由磷脂酰乙醇胺的氨基经 3 次甲基化而生成，甲基供体是 *S*－腺苷甲硫氨酸，催化这步反应的酶是甲基转移酶。

① 甘油 —(ATP→ADP，甘油激酶)→ L-α-甘油磷酸

或二羟丙酮磷酸 —($NADH+H^+$→NAD^+，L-α-甘油磷酸脱氢酶)→ L-α-甘油磷酸

② L-α-甘油磷酸 —(RCO-CoA)→ L-1,2-二酰甘油

胆碱——→ 胞苷二磷酸-胆碱（CDP-胆碱）

③ L-1,2-二酰甘油 + CDP-胆碱 ——→ α-磷脂酰胆碱

当缺乏甲基化合物（如甲硫氨酸、胆碱）时，不能使脂肪变成磷脂，脂肪在肝中累积，造成脂肪肝，所以磷脂代谢与脂肪代谢关系很密切，磷脂代谢可保证脂肪代谢的正常。

（2）磷脂酰乙醇胺的生物合成　磷脂酰乙醇胺的生物合成途径与磷脂酰胆碱的主要合成途径相似。不过在磷脂酰乙醇胺的合成是以 CDP -乙醇胺代替 CDP -胆碱（图 9 - 19）。

（3）磷脂酰丝氨酸的生物合成　磷脂酰乙醇胺的乙醇胺基被丝氨酸取代后即得磷脂酰丝氨酸，故其合成途径基本与磷脂酰乙醇胺相同（图 9 - 20）。

在有些细菌体中还可由磷脂肪酸开始按照下列途径合成磷脂酰丝氨酸。

L-磷脂酸 —(CTP→PPi，磷脂酰胞苷酸转移酶)→ 胞苷二磷酸二酰甘油（CDP-二酰甘油）—(丝氨酸→CMP，CDP-二酰甘油丝氨酸-磷脂酰转移酶)→ 磷脂酰丝氨酸

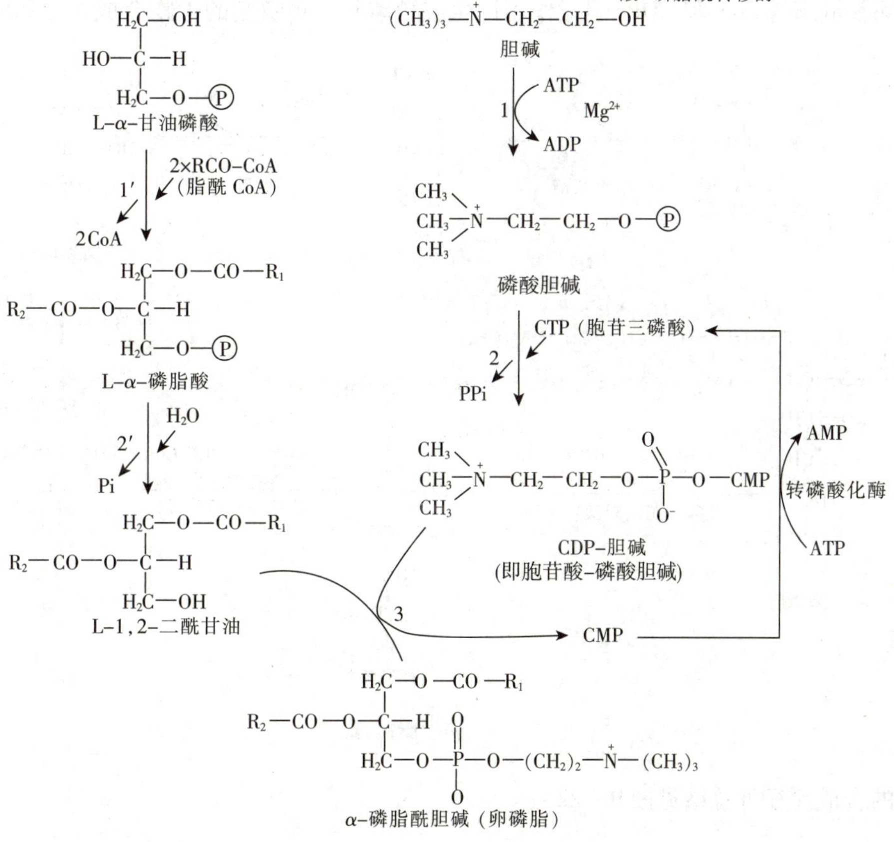

图 9 - 18　L-α-磷脂酰胆碱的生物合成

注：1. 磷酸胆碱激酶；2. 磷酸胆碱胞苷酸转移酶；3. 磷酸胆碱转移酶；1′. 甘油磷酸脂酰基转移酶；2′. 二磷脂肪酸磷酸酯酶

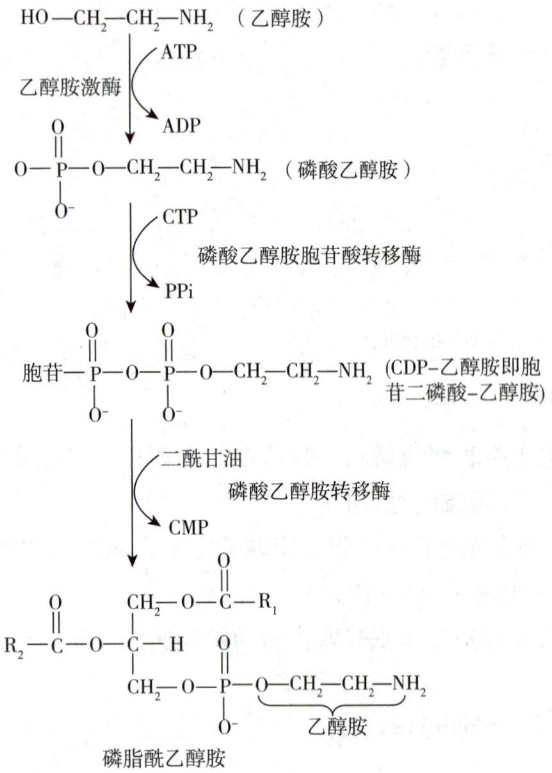

$HO-CH_2-CH_2-NH_2$（乙醇胺）

↓ 乙醇胺激酶（ATP → ADP）

$O^--P(=O)(O^-)-O-CH_2-CH_2-NH_2$（磷酸乙醇胺）

↓ 磷酸乙醇胺胞苷酸转移酶（CTP → PPi）

胞苷$-P(=O)(O^-)-O-P(=O)(O^-)-O-CH_2-CH_2-NH_2$（CDP-乙醇胺即胞苷二磷酸-乙醇胺）

↓ 磷酸乙醇胺转移酶（二酰甘油 → CMP）

$R_2-C(=O)-O-CH(CH_2-O-C(=O)-R_1)-CH_2-O-P(=O)(O^-)-O-CH_2-CH_2-NH_2$（乙醇胺）

磷脂酰乙醇胺

图 9－19　磷脂酰乙醇胺的生物合成途径

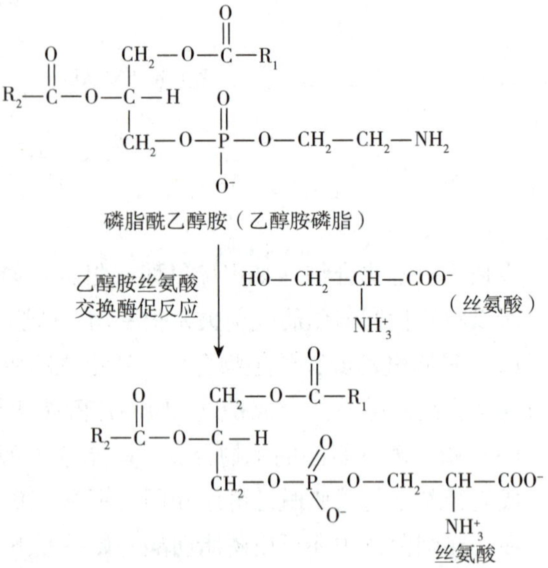

$R_2-C(=O)-O-CH(CH_2-O-C(=O)-R_1)-CH_2-O-P(=O)(O^-)-O-CH_2-CH_2-NH_2$

磷脂酰乙醇胺（乙醇胺磷脂）

↓ 乙醇胺丝氨酸交换酶促反应（$HO-CH_2-CH(NH_3^+)-COO^-$（丝氨酸））

$R_2-C(=O)-O-CH(CH_2-O-C(=O)-R_1)-CH_2-O-P(=O)(O^-)-O-CH_2-CH(NH_3^+)-COO^-$

丝氨酸

图 9－20　磷脂酰丝氨酸的生物合成途径

2. 鞘氨醇磷脂的生物合成　鞘氨醇磷脂如鞘磷脂在动物体中，可从棕榈酸开始经一系列反应形成鞘氨醇，再经同长链脂酰 CoA 和 CDP-胆碱作用即生成鞘磷脂。鞘磷脂的生物合成途径如图 9－21 所示。

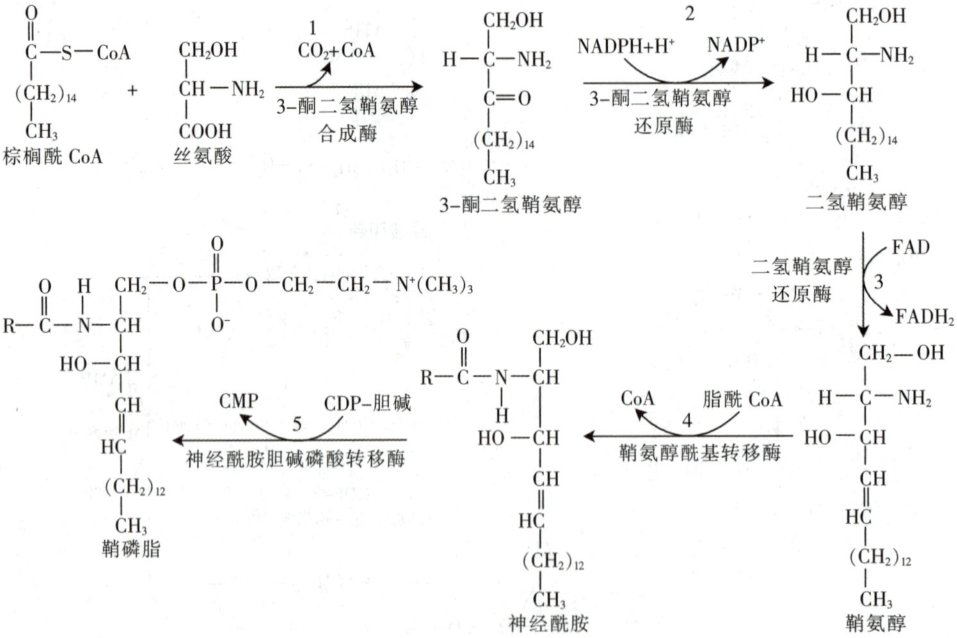

$CH_3(CH_2)_{14}-C(=O)-S-CoA$（棕榈酰 CoA）＋ $HOCH_2-CH(NH_2)-COOH$（丝氨酸）

→ 1　3-酮二氢鞘氨醇合成酶（CO_2+CoA）

$CH_2OH-CH(NH_2)-C(=O)-(CH_2)_{14}-CH_3$（3-酮二氢鞘氨醇）

→ 2　3-酮二氢鞘氨醇还原酶（NADPH+H^+ → $NADP^+$）

$CH_2OH-CH(NH_2)-CH(OH)-(CH_2)_{14}-CH_3$（二氢鞘氨醇）

↓ 3　二氢鞘氨醇还原酶（FAD → $FADH_2$）

$CH_2-OH-CH(NH_2)-CH(OH)-CH=CH-(CH_2)_{12}-CH_3$（鞘氨醇）

← 4　鞘氨醇酰基转移酶（脂酰 CoA → CoA）

$R-C(=O)-NH-CH(CH_2OH)-CH(OH)-CH=CH-(CH_2)_{12}-CH_3$（神经酰胺）

← 5　神经酰胺胆碱磷酸转移酶（CDP-胆碱 → CMP）

$R-C(=O)-NH-CH(CH_2-O-P(=O)(O^-)-O-CH_2-CH_2-N^+(CH_3)_3)-CH(OH)-CH=CH-(CH_2)_{12}-CH_3$（鞘磷脂）

图 9－21　鞘磷脂的合成

各种磷脂的合成途径可总结见图 9－22。

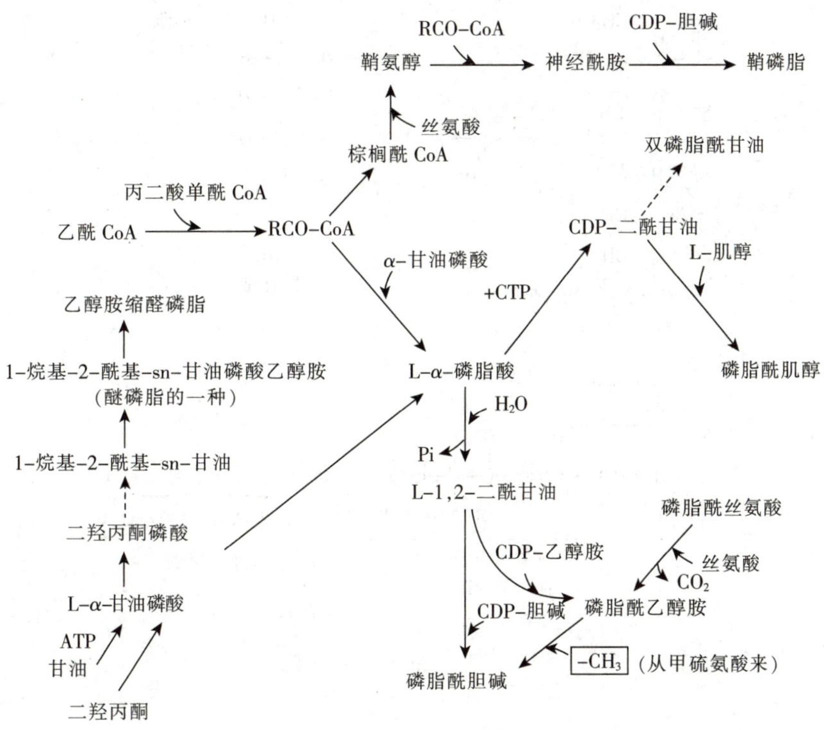

图 9-22　各种磷脂的生物合成途径

二、糖脂的生物合成

糖脂分子含半乳糖、鞘氨醇和脂肪酸，大部分存在于大脑神经鞘（myelin sheath）和神经细胞中。肝及其他组织也含小量糖脂。

鞘氨醇是合成神经酰胺糖脂（即 *N*-酰基鞘氨醇糖脂）的基本物质，UDP-糖是输入糖基的关键物质。在机体中鞘氨醇可由棕榈酰 CoA 与丝氨酸缩合而成。鞘氨醇与脂酰 CoA 作用产生神经酰胺，后者与 UDP-糖作用即得脑苷脂和神经节苷脂。这一系列反应如图 9-23 所示。

$$\underset{\text{棕榈酰 CoA（十六碳酰 CoA）}}{CH_3(CH_2)_{14}C(=O)\sim S-CoA} + \underset{\text{丝氨酸}}{H_2N-CH(CH_2OH)-COOH} \xrightarrow[\text{合成酶}]{H^+ \quad HSCoA+CO_2} \underset{\text{3-酮基二氢鞘氨醇}}{CH_2OH-CH(NH_2)-C(=O)-(CH_2)_{14}-CH_3} \xrightarrow[\text{还原酶}]{NADPH+H^+ \quad NADP^+}$$

$$\underset{\text{二氢鞘氨醇}}{CH_2OH-CH(NH_2)-CH(OH)-(CH_2)_{14}-CH_3} \xrightarrow{FAD \quad FADH_2} \underset{\text{鞘氨醇}}{CH_2OH-CH(NH_2)-CH(OH)-CH=CH-(CH_2)_{12}-CH_3} \xrightarrow[\text{鞘氨醇酰基转移酶}]{\text{脂酰 CoA} \quad HSCoA}$$

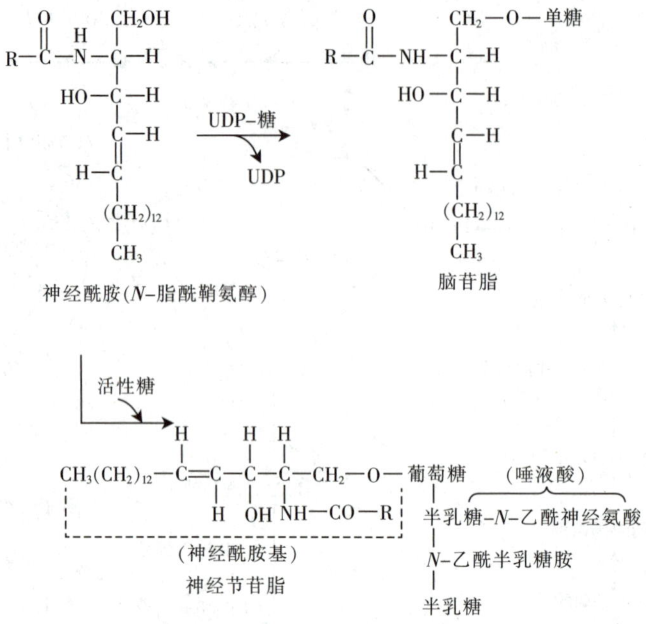

神经酰胺（N-脂酰鞘氨醇） UDP-糖 → UDP 脑苷脂

活性糖 （神经酰胺基） 神经节苷脂 葡萄糖 半乳糖-N-乙酰神经氨酸（唾液酸） N-乙酰半乳糖胺 半乳糖

图 9-23 糖脂的生物合成

三、胆固醇的代谢与生物合成

胆固醇是体内最丰富的类固醇化合物，既是生物膜的组成成分，又是许多重要生理活性物质的前体。胆固醇广泛存在于全身各组织中，其中约1/4分布在脑及神经组织中，占脑组织总重量的2%左右。肝、肾及肠等内脏以及皮肤、脂肪组织亦含较多的胆固醇，每100g组织中含200~500g，以肝为多，而肌肉较少，肾上腺、卵巢等组织胆固醇含量可高达1%~5%，但总量很少。

（一）胆固醇的生理功能

（1）胆固醇与磷脂是组成各种生物膜结构的重要成分。生物膜结构中胆固醇均为游离胆固醇，深入脂质双层的母核及侧链是疏水的，具有一定的刚性，限制了膜磷脂的流动，阻碍其形成晶体，使膜的相变温度范围变宽，即在含有大量不饱和脂肪酸膜的区域中，胆固醇则增加膜的流动性，从而保证膜在较低温度时的流动性及正常功能。

（2）胆固醇在肝中转变为胆汁酸盐，这是胆固醇在体内代谢的主要去路。胆汁酸盐随胆汁一同排入肠道促进脂类物质的消化吸收。

（3）胆固醇是合成类固醇激素的基本原料。类固醇激素的共同结构特点就是都带有固醇的母核，以胆固醇为合成原料。它包括盐皮质激素（如醛固酮）、糖皮质激素（如皮质醇、可的松）、性激素（雄激素、雌激素）等。

（4）胆固醇在体内还能被转变为维生素 D_3，促进钙和磷的吸收。

（二）胆固醇的来源和影响因素

机体胆固醇有两个来源：外源性摄取和内源性合成。所谓外源性胆固醇就是机体通过膳食摄入获得的胆固醇，约占体内胆固醇来源的1/3。正常膳食每天提供0.3~0.5g胆固醇。

1. 膳食中胆固醇的来源 膳食中胆固醇的有无和含量高低直接影响机体对外源性胆固醇的摄取。

（1）膳食中的胆固醇全部来自动物性食物，如动物内脏、动物脑髓、蛋黄、奶油等。植物性食物不含胆固醇，而含植物固醇如谷固醇和豆固醇等，植物固醇不但不被人体吸收利用，而且还能抑制胆固醇的吸收。

（2）不同动物性食物中胆固醇的含量相差很多，高低相差数百甚至数千倍。动物蛋白的营养价值一般高于植物蛋白，不同的动物性食物含胆固醇的多少也不尽相同。

（3）食物中的胆固醇多以游离胆固醇的形式存在，胆固醇酯仅占10%~15%。胆固醇酯经胆汁酸盐乳化后，在胰腺分泌的胆固醇酯酶的作用下水解为游离胆固醇，吸收入小肠黏膜细胞，在小肠黏膜细胞约85%的游离胆固醇与脂肪酸再合成胆固醇酯，然后游离胆固醇及胆固醇酯与三酰甘油、磷脂和ApoB48、ApoC、ApoAⅠ、ApoAⅣ一起形成乳糜微粒，经淋巴进入血液循环。未被吸收的食物胆固醇在肠腔被细菌还原为粪固醇排出体外。胆固醇在肠道的吸收率不高，仅占食物总量的20%~30%。

2. 影响胆固醇吸收的因素 影响机体胆固醇吸收的因素是多样的。首先机体胆固醇的吸收显示有明显的个体差异，提示有遗传因素的存在，其次下述的一些环境因素也可以影响机体胆固醇的吸收。

（1）膳食中胆固醇的含量 肠道对胆固醇的吸收率随膳食中胆固醇的含量增加而降低。膳食中胆固醇含量越多，肠道吸收率越低，但吸收总量有所增加。一般情况下，外源性摄取的减少而机体内源性合成代偿性增强。

（2）植物固醇 不仅本身难于吸收，而且可以竞争性地抑制胆固醇的吸收。因此增加膳食中植物固醇的含量有助于降低胆固醇的吸收。

（3）胆汁酸盐 既有促进脂质的乳化和增强胰胆固醇酯酶活性等作用，又有利于混合微团的形成。食物中不能被利用的纤维素、果胶等容易与胆汁酸盐形成复合物，降低胆汁酸盐的有效浓度和功能，所以也有助于降低胆固醇的吸收。

（4）膳食中脂肪的质和量 食物中脂肪能增加胆固醇的吸收。首先脂肪可以促进胆汁的分泌，有利于胆固醇酯的水解和吸收；其次脂肪水解产物脂肪酸可为游离胆固醇的重新酯化提供必要的脂酰基，有利于乳糜微粒的形成。脂肪对胆固醇吸收的影响与脂肪酸的饱和度有关，增加膳食中多不饱和脂肪酸的含量或提高不饱和脂肪酸与饱和脂肪酸的比值能有效地降低血胆固醇的水平。

（5）药物及其他 一些药物如为阴离子交换树脂的考来烯胺，它们能与胆汁酸盐结合，形成不能再发挥作用和重吸收的复合物，能有效地减少胆固醇的吸收和胆汁酸的肠肝循环。肠道细菌能使胆固醇还原为不易被吸收的粪固醇，因此临床长期应用广谱抗生素的患者常能增加胆固醇的吸收。

（三）胆固醇在体内的转化和排泄

胆固醇在人体内不能分解成CO_2和H_2O，也不能作为能源物质，除了构成生物膜和血浆脂蛋白的成分外，主要的代谢去路是转化成为具有重要生理活性的物质，调节代谢反应或随胆汁排出体外。

1. 转变为胆汁酸 体内75%~85%胆固醇可在肝脏转变为胆汁酸（bile acid），胆汁酸再与甘氨酸或牛磺酸结合成结合胆汁酸（conjugated bile acid）。胆汁酸以钠盐或钾盐的形式存在，称为胆汁酸盐或胆盐。它们不仅在脂类和脂溶性维生素的消化吸收中发挥着重要作用，同时也是机体胆固醇最主要的排泄途径。促进胆固醇向胆汁酸的转化和排泄，是降低血胆固醇水平重要的可行途径之一。胆汁酸可抑制肝脏中胆固醇转化生成胆汁酸的限速酶7α-羟化酶。因此，胆汁酸回吸收则对肝7α-羟化酶有反馈抑制作用；相反，阻断胆汁酸回吸收则有利于解除对7α-羟化酶的抑制作用和促进胆汁酸的合成和排泄。一些激素可通过调节7α-羟化酶的活性影响胆汁酸合成。如甲状腺素虽能促进胆固醇的合成，但促进胆固醇转化为胆汁酸的能力更强，所以甲状腺功能亢进患者多伴有血清胆固醇水平降低，而甲状腺功能减退患者多伴高胆固醇血症。而一些药物如考来烯胺是通过有效地阻断胆汁酸回吸收，促进胆汁酸的合成和排泄，从而达到降低血胆固醇水平的目的。

2. 转变为类固醇激素 胆固醇在肾上腺皮质细胞内可转变为肾上腺皮质激素；在卵巢可转变为雌二醇、孕酮等雌激素；在睾丸可转变为睾酮等雄性激素。

3. 转变为维生素 D_3 在肝脏及肠黏膜细胞内，胆固醇可转变成7-脱氢胆固醇，后者储存于皮下，经紫外线照射后可转变成维生素D_3。维生素D_3本身无生物活性，需经肝、肾的代谢转化才能生成有活性的1,25-$(HO)_2$-D_3。1,25-$(HO)_2$-D_3具有显著的调节钙、磷代谢的活性，能促进钙、磷的吸收，有利于骨骼的生成，故儿童适当的进行日光浴，对生长发育有促进作用（图9-24）。

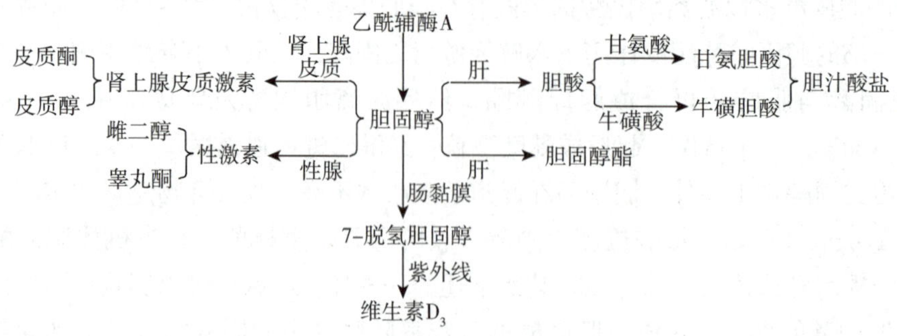

图9-24 胆固醇的转化

4. 胆固醇的排泄 胆固醇在人体内不能彻底氧化，部分胆固醇在肝脏转变为胆汁酸，随胆汁分泌经胆道系统排入小肠，其大部分又被肠黏膜重吸收，经门静脉返回肝脏，再排泄至肠道，即构成所谓胆汁酸的“肠肝循环”。最终只有少部分随粪便排出体外。此外，也有一部分胆固醇直接随胆汁或通过肠黏膜排入肠道，其中大部分也被重吸收，而部分胆固醇被肠道细菌还原变成粪固醇，随粪便排出体外。

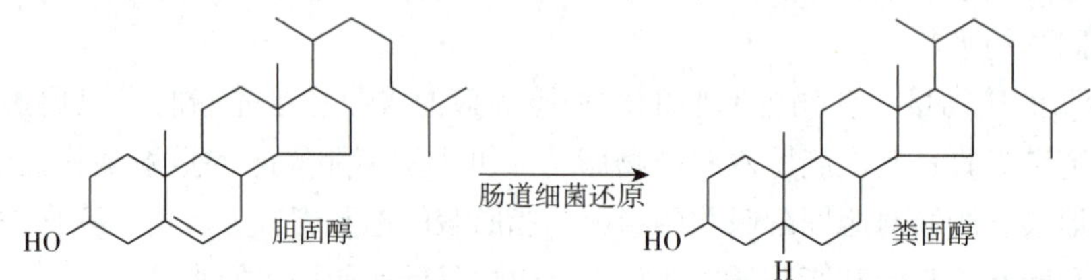

类固醇激素主要在肝脏中灭活，变为易于排出的形式，大部分从尿中排出，很少部分随胆汁排出。

皮肤通过皮脂腺尚可排出少量胆固醇和鲨烯，成年人每天约排出0.1g。

（四）胆固醇的生物合成

1. 合成的部位 除成年动物脑组织及成熟红细胞外，几乎机体各组织均可合成胆固醇，每天合成量在1g左右。肝脏是合成胆固醇的主要场所，体内胆固醇的70%~80%是由肝脏合成，10%由小肠合成。胆固醇合成酶系存在于细胞质及滑面内质网膜上，因此，胆固醇的合成主要在细胞质及内质网中进行。

2. 合成的原料 乙酰CoA是体内合成胆固醇的原料。用^{14}C及^{13}C标记的甲基碳及羧基碳，与肝脏切片在体外保温证明：乙基分子中的2个碳原子均参与构成胆固醇，是合成胆固醇的唯一碳源。乙酰CoA是葡萄糖、脂肪酸及氨基酸在细胞线粒体内分解代谢的产物，乙酰CoA不能通过线粒体内膜，首先需在线粒体内与草酰乙酸缩合成柠檬酸，后者通过线粒体内膜的载体进入胞质；然后柠檬酸在裂解酶的催化下，裂解生成乙酰CoA作为合成胆固醇的原料。每转运1分子乙酰CoA，由柠檬酸裂解成乙酰CoA时，需要消耗1分子ATP。此外，在胆固醇合成时，还需要大量的$NADPH+H^+$以及ATP供给还原反应所需要的氢及能量。每合成1分子胆固醇需18分子乙酰CoA、36分子ATP及10分子$NADPH+H^+$。乙酰CoA及ATP，主要来自线粒体中糖的有氧氧化及脂肪酸的β-氧化，而$NADPH+H^+$主要来自胞质中的磷酸戊糖通路。

3. 合成的基本过程 胆固醇合成过程极其复杂，有将近30步酶促反应，大致可分为三个阶段：①甲羟戊酸（mevalonic acid，MVA）的合成；②鲨烯（sequalene）的合成；③胆固醇的合成。

（1）甲羟戊酸的合成 在胞质中，2分子乙酰CoA，首先缩合成乙酰乙酰CoA，再与另1分子乙酰CoA，缩合成β-羟基-β-甲基戊二酸单酰CoA（β-hydroxy-β-methylglutaryl CoA，HMG-CoA），HMG-CoA是合成胆固醇和酮体的重要中间产物。在线粒体中，3分子乙酰CoA缩合成HMG-CoA，裂解后生成酮体；而在胞质中，生成的 HMG CoA 则在内质网 HMG－CoA 还原酶（HMG-CoA reductase）的催化下，由 NADPH＋H^+供氢，还原生成甲羟戊酸（MVA）。HMG-CoA 还原酶是合成胆固醇的限速酶，因此，这步反应也是胆固醇生物合成的限速步骤。

（2）鲨烯的合成 MVA（C_6化合物）与 2 分子 ATP 作用，生成 5-焦磷酸 MVA，在与 ATP 作用的同时，5-焦磷酸 MVA 脱去 CO_2和 H_2O，生成活泼的异戊烯醇焦磷酸酯（Δ^3-isopentenyl pyrophosphate，IPP）（C_5化合物）。IPP 异构化生成二甲基丙烯焦磷酸酯（DPP），而后 IPP 和二甲基丙烯焦磷酸酯合成二甲基辛二烯醇焦磷酸酯（GPP），GPP 与另 1 分子 IPP 缩合成三甲基十二碳三烯醇焦磷酸酯，又称焦磷酸法呢酯（farnesyl pyrophosphate，FPP（C_{15}化合物）。由 2 分子 FPP 脱去 2 分子焦磷酸，再缩合、还原生成鲨烯（C_{30}化合物）。

（3）胆固醇的合成 鲨烯为含 30 个碳原子的多烯烃，具有与胆固醇母核相近似的结构。鲨烯结合在胞质中固醇载体蛋白（sterol carrier protein，SCP）上，经内质网单加氧酶、环化酶等作用，环化生成羊毛固醇。后者再经氧化、脱羧、还原等反应，以 CO_2形式脱去 3 个碳原子，生成 27 个碳原子的胆固醇。全部合成途径可总结见图 9－25 。

4. 胆固醇合成的调节 在胆固醇生物合成过程中，HMG CoA 还原酶是胆固醇合成的限速酶，对调节胆固醇的合成具有重要意义，各种因素对胆固醇合成的调节，主要是通过对 HMG-CoA 还原酶活性的影响来实现的。

当摄入高胆固醇的食物后，肝脏中胆固醇含量升高时，可反馈地抑制 HMG-CoA 还原酶的活性，从而影响肝脏中胆固醇的合成速率。动物实验发现，大鼠肝脏合成胆固醇具有昼夜节律性，午夜时合成最高，中午时合成最低。胆固醇合成的周期节律，是 HMG CoA 还原酶活性周期性改变的结果，胆固醇合成速率昼夜之间，可相差 4～5 倍之多。

HMGCoA 还原酶存在于肝脏、肠及其他组织细胞的内质网，由 887 个氨基酸残基组成的糖蛋白，相对分子质量 97×10^3。在 ATP 协同下，胞质中的依赖于 cAMP 蛋白激酶，催化 HMG-CoA 还原酶进行磷酸化而使其丧失活性；胞质中的磷酸化蛋白磷酸二酯酶，催化磷酸化的 HMG-CoA 还原酶脱磷酸而恢复酶活性。某些多肽激素，如胰高血糖素能快速抑制 HMG-CoA 还原酶的活性，从而抑制胆固醇的合成速率；甲状腺素除能促进 HMG-CoA 还原酶的合成外，同时又促进胆固醇在肝脏内转变为胆汁酸，且后者作用较前者强，总的结果是使血浆胆固醇水平降低。

胆固醇的生物合成速率，还受一种固醇载体蛋白的控制，它可与鲨烯结合成水溶性中间产物，促进下一步酶催化反应的进行，从而有利于胆固醇的合成。肝脏中胆固醇的合成速率，还受脂肪代谢的影响，当脂肪动员加强，不仅血中三酰甘油可升高，胆固醇的合成速率也明显增强。

依据 HMG-CoA 还原酶是胆固醇生物合成的限速酶，在新的降血脂药物开发上，选择 HMG-CoA 还原酶抑制剂，其中于 20 世纪 80 年代后期相继在国内外上市的药品，有洛伐他汀（lovastatin）、普伐他汀（pravastatin）及塞伐他丁（simvastatin）等。它们抑制肝脏胆固醇的合成，可降低总胆固醇，临床上用于治疗高胆固醇血症。

（五）胆固醇与胆结石

在胆囊或胆道形成结石称为胆结石。胆结石的形成往往是因血浆胆固醇过高、胆汁浓而淤积或与发病部位感染有关，如炎症、寄生虫、术后等原因造成的。胆结石主要是由胆固醇、胆色素、胆酸、脂肪酸钙、碳酸钙等无机盐组成。

临床治疗上常采用利胆药如去氢胆酸、鹅去氧胆酸、熊胆酸等，去氢胆酸主要作用是促进胆汁分泌，增加胆汁中的水分及总量，使胆汁稀释而有利于排空胆汁；鹅去氧胆酸和熊去氧胆酸改变胆汁中胆酸的成分，减少胆固醇的合成和分泌，有利于溶解胆结石的作用。

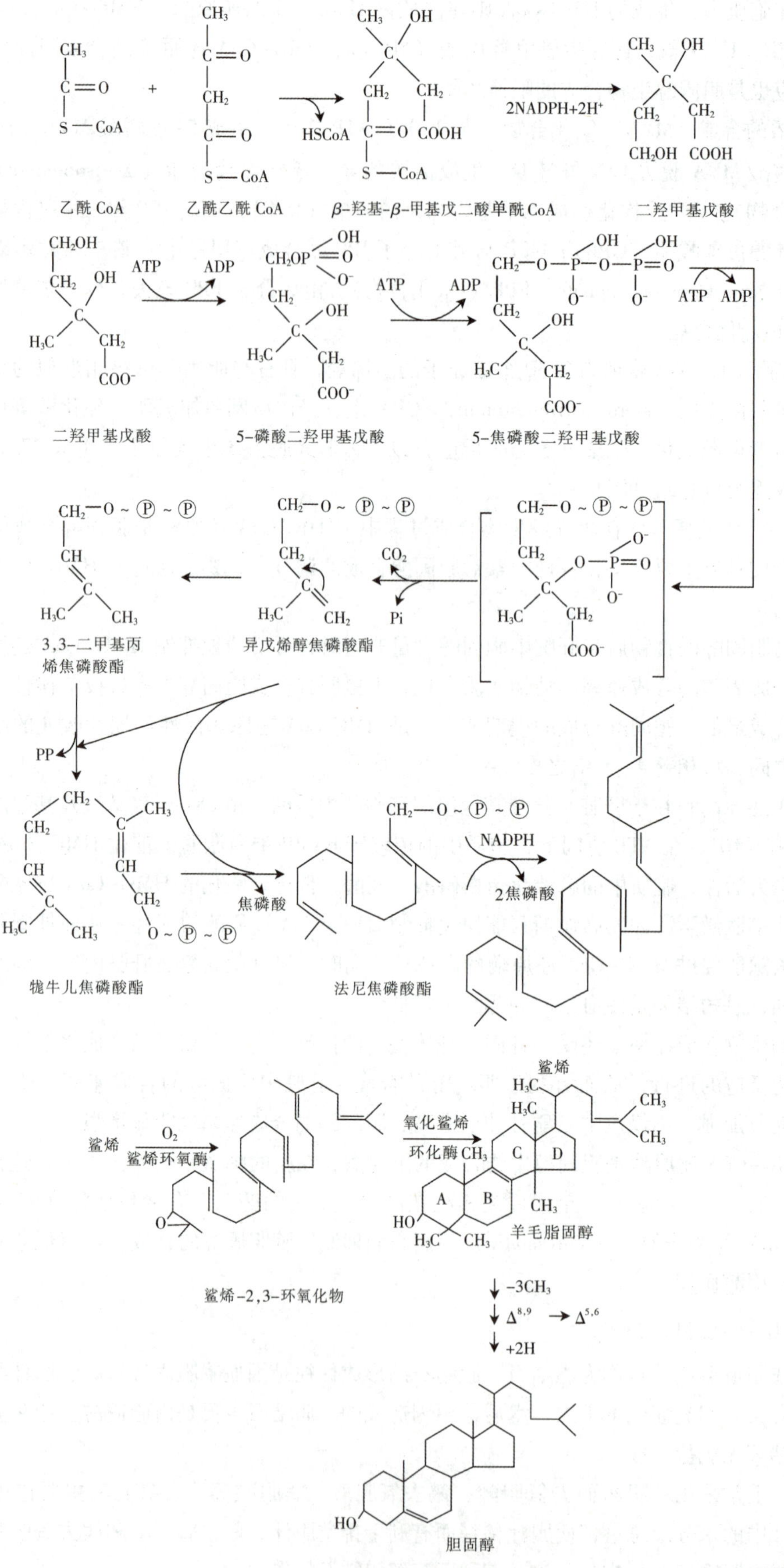

乙酰 CoA + 乙酰乙酰 CoA → (HSCoA) β-羟基-β-甲基戊二酸单酰 CoA → ($2NADPH+2H^+$) 二羟甲基戊酸

二羟甲基戊酸 → (ATP → ADP) 5-磷酸二羟甲基戊酸 → (ATP → ADP) 5-焦磷酸二羟甲基戊酸 → (ATP → ADP) → (CO_2, Pi) 异戊烯醇焦磷酸酯 → 3,3-二甲基丙烯焦磷酸酯

→ (PP) 牻牛儿焦磷酸酯 → (焦磷酸) 法尼焦磷酸酯 → (NADPH, 2焦磷酸) 鲨烯

鲨烯 → (O_2, 鲨烯环氧酶) 鲨烯-2,3-环氧化物 → (氧化鲨烯环化酶) 羊毛脂固醇

↓ $-3CH_3$

↓ $\Delta^{8,9} \rightarrow \Delta^{5,6}$

↓ +2H

胆固醇

图 9-25 胆固醇的生物合成途径

四、类二十烷酸的生物合成

类二十烷酸家族化合物，主要包括前列腺素（prostaglandins，PG）、凝血噁烷（thromboxanes，TX）、白三烯（leukotrienes，LT）和脂氧素（lipoxins，LX），统称为前列腺素类。哺乳动物体内绝大多数组织，都能以花生四烯酸或其他二十碳多不饱和脂肪酸作为初始原料，合成前列腺素类化合物。这类化合物不能贮存在细胞中，也不能随血液循环而转移，但作为一个大家族的化学信号分子，能够使机体产生各种生理效应。

自花生四烯酸及以下的类二十烷酸化合物的合成路线，根据其产物的结构，可分为两条途径：一是环加氧酶途径（cyclooxygenase pathway）；二是脂加氧酶途径（linear lipoxygenase pathway）。前者的产物为前列腺素及其衍生物和凝血噁烷等化合物，他们都含有五元环；后者的产物是线形的白三烯类、脂氧素等，分别为含有三个双键的三烯、四个双键的四烯一类化合物。

（一）类二十烷酸生物合成前体

花生四烯酸或其他二十碳多不饱和脂肪酸是类二十烷酸化合物合成的前体，而这些前体是磷脂复合物中的一部分贮存于生物膜中。机体需要这些前体时，经专一的磷脂酶 A_2 的催化作用，从磷脂复合物释出。此外，在磷脂酰肌醇专一的磷脂酶 C 的作用下，磷脂酰肌醇可降解产生二酰甘油及磷酸肌醇。二酰甘油又在二酰甘油脂酶（diacylglycerol lipase）的催化下水解，产生花生四烯酸和单酰甘油。二酰甘油还可经二酰甘油激酶（diacylglycerol kinase）催化，生成磷脂肪酸（phosphatidic acid，PA），再通过磷脂酶 A_2 作用，产生花生四烯酸。磷脂酶 A_2 的催化作用所释放出花生四烯酸的反应，是类二十烷酸化合物生物合成途径的限速步骤。血管紧张素Ⅱ、凝血酶、缓激肽等化合物，可以促进花生四烯酸的生成量；而抗炎类皮质类固醇，则减缓花生四烯酸的生成。

（二）前列腺素和凝血噁烷的合成

1. 前列腺素 H_2 的合成　前列腺素和凝血噁烷生物合成的关键，是花生四烯酸的氧化和成环，产物依次为 PGG_2 和 PGH_2（前列腺素 G_2 及前列腺素 H_2），上述反应是由内质网膜结合的双功能酶——环加氧酶催化实现的，此酶也称前列腺素内过氧（化）物酶（prostaglandin synthase）。该酶被称为“双功能酶”，是由于它具有环加氧酶（cyclooxygenase）和过氧化物酶（peroxidase）两种活性。

在环加氧酶的作用下，花生四烯酸依次转变 PGG_2 及 PGH_2，PGH_2 又是其他前列腺素及凝血噁烷合成的前体。环加氧酶具有很独特的酶学性质，它可以催化“自我毁灭”或称“自杀性反应”，大约在对400个底物进行催化作用后，环加氧酶就不可逆地失活，而且这种“自我毁灭”的性质，在“体内”和“体外”实验均能体现。

环加氧酶催化花生四烯酸依次转变 PGG_2 及 PGH_2 反应的速率，可被消炎药物阿司匹林（乙酰水杨酸）、吲哚美辛（消炎痛）、对乙酰氨基酚（醋氨酚）等化合物抑制。阿司匹林对环加氧酶活性的抑制作用是不可逆的，这种不可逆抑制作用，是阿司匹林分子中的乙酰基，与环加氧酶分子的活性必需基团共价结合，也就是说，阿司匹林使环加氧酶分子活性必需基团乙酰化，导致酶分子不可逆失活。环加氧酶的失活，直接导致 PGH_2 生成量的减少，从而引起其他一些前列腺素（如 PGE_2、PGF_{α}）、前列环素（PGI_2）和凝血噁烷（如 TXA_2、TXB_2）的合成受到抑制。其他非类固醇抗炎药物，也可以抑制环加氧酶活性，但与阿司匹林不同，它们是以非共价键形式与酶分子结合。

2. 前列腺和凝血噁烷的合成　花生四烯酸经环加氧酶催化，依次转变 PGG_2 及 PGH_2 后，PGH_2 经过一个异构化反应，其环戊烷环9位和11位碳原子所连接的双氧键断开，9位碳原子的氧形成酮，而11位碳原子的氧形成羟基，使 PGH_2 形成 PGE_2。PGH_2 过氧化结构的两个氧，分别被还原成两个羟基而形

成 $PGF_{2\alpha}$。前列环素合成酶催化 PGH_2 转化为前列环素（PGI_2），PGI_2 含有一个新的含氧五元环，这个反应是 9 位碳原子的氧与 6 位碳原子间形成醚键；PGI_2 可以水解形成 6－酮 $PGF_{1\alpha}$。在凝血噁烷合成酶（thromboxane）的催化下，PGH_2 环戊烷环 9 位与 11 位碳原子间形成醚键（环氧结构），11 位碳原子与 12 位碳原子间形成醚键，从而形成凝血噁烷 A_2（TXA_2）；凝血噁烷 A_2 水解，9、11 位碳原子的环氧结构转化为两个羟基，形成凝血噁烷 B_2（TXB_4）。前列腺和凝血噁烷合成过程如图 9－26 所示。

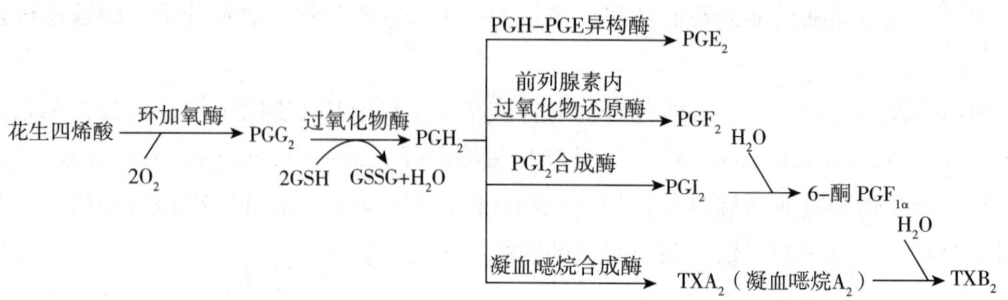

图 9－26　前列腺素和凝血噁烷合成过程

（三）白三烯的合成

花生四烯酸（20∶4，$\Delta^{5,8,11,14}$）经脂加氧酶（lipoxygenase）的催化作用，其 $\Delta^{8,11,14}$ 位碳原子的双键不变，6、7 位碳原子间形成一个双键，5 位碳原子上形成过氧基，产物为 5－氧过氧化二十碳四烯酸（20∶4，$\Delta^{6,8,11,14}$）（hydroperoxyeicosatetraenoate，HPETE）。HPETE 脱水并异构而形成一个环氧化物（C_5－C_6），该化合物称为白三烯 A_4（leukotriene A_4，LTA_4）。在谷胱甘肽－*S*－转移酶作用下，谷胱甘肽（GSH）的巯基与白三烯 A_4 的 C_6 形成硫醚，原来的环氧结构转变为羟基（C_5），形成白三烯 C_4。在 γ－谷氨酰转肽酶的作用下，白三烯 C_4 的谷胱甘肽经水解释放出一分子的谷氨酸，自身形成了二肽－*S*－白三烯 C_4，称白三烯 D_4。在二肽酶的作用下，白三烯 D_4 水解释放出一分子的甘氨酸，自身形成了白三烯 C_4－*S*－Lys，该化合物称为白三烯 E_4。由花生四烯酸经一系列的酶促反应，转化白三烯类化合物的过程如图 9－27 所示。

COO^-　花生四烯酸

O-O-H
COO^-　5-HPETE
H　H

脱水酶
H_2O

白三烯A_4
O
COO^-　白三烯A_4
(LTA_4)

谷胱甘肽－S－转移酶
GSH

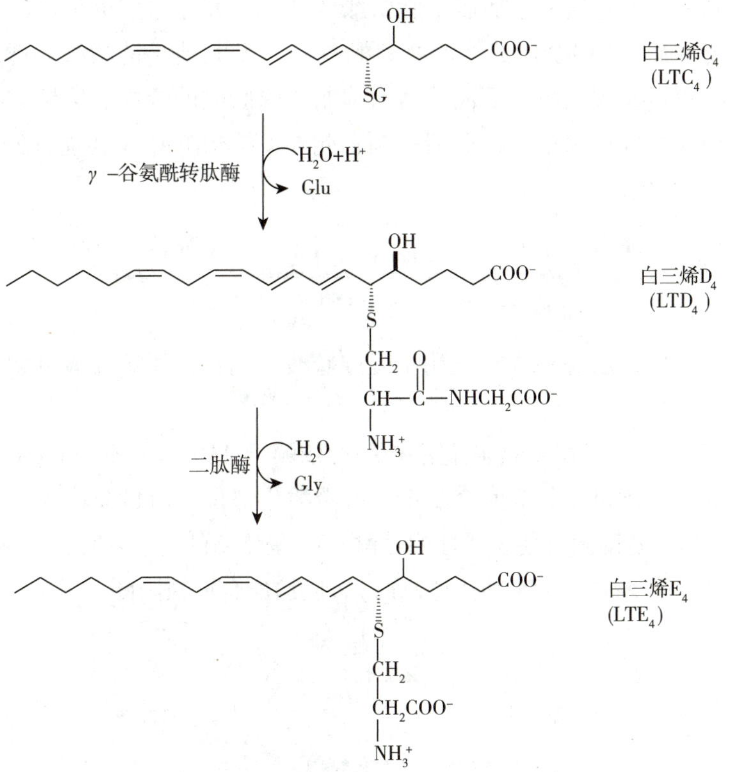

图 9-27　白三烯类化合物生物合成过程

第六节　脂质代谢的调节

脂质的代谢也受神经和激素控制。据动物实验结果，切除大脑半球的小狗，其肌肉及骨中的脂肪含量均减少，但肝脂略有增加，肝胆固醇亦显著增加，这说明大脑在调节脂质代谢上具有重要意义，视丘下部亦与脂代谢有关，因为动物视丘下部受伤可使动物肥胖。

激素对脂质代谢的调节更为显见，如果因胰岛功能失调，糖代谢受到抑制，则脂肪（脂肪酸）代谢即同时受阻肾上腺素、生长激素、ACTH、甲状腺素和性激素有促进储脂动员和氧化的作用，胰岛素可抑制脂肪分解。激素分泌反常即会导致脂代谢障碍，例如性腺萎缩或摘除即能引起肥胖，有些人在中年以后，往往发胖也是由于性腺激素及某些激素（如甲状腺素、垂体激素等）分泌减退所引起。

一、脂肪酸合成的调节

在脂肪酸合成中乙酰 CoA 与草酰乙酸合成柠檬酸再进入胞质溶胶是合成脂肪酸的第一个关键反应。

由乙酰 CoA 羧化酶催化形成丙二酸单酰 CoA 的反应是脂肪酸合成的第二个关键反应，是脂肪酸合成的限速步骤。

调节脂肪酸合成的关键酶是乙酰 CoA 羧化酶，它是脂肪酸合成的限速酶。它的活性受到别构调节、磷酸化和脱磷酸化以及激素的调节。此外，脂肪酸的合成还受到代谢物的调节。

1. 别构调节　真核生物中的乙酰 CoA 羧化酶有两种存在形式，一种是无活性的单体，另一种是有活性的多聚体，它们之间的互变是别构调节。

柠檬酸是关键的别构激活剂，它使平衡点偏向活性的多聚体形式。当细胞处于高能荷状态，乙酰 CoA 和 ATP 含量丰富时，可抑制异柠檬酸脱氢酶的活性，使柠檬酸浓度升高，从而激活了乙酰 CoA 羧化酶，使丙二酸单酰 CoA 的产量增加，加速了脂肪酸的合成。异柠檬酸也是乙酰 CoA 羧化酶的别构激活剂，加速脂肪酸合成。而脂肪酸合成的终产物棕榈酰 CoA 及其他长链脂酰 CoA 是别构抑制剂，抑制单体的聚合，抑制了乙酰 CoA 羧化酶的活性，从而抑制了脂肪酸的合成。棕榈酰 CoA 是脂肪酸合成的产物，它对乙酰 CoA 羧化酶的抑制是一种反馈抑制。此外，棕榈酰 CoA 还能抑制柠檬酸从线粒体进入细胞质及抑制 NADPH 的产生。

乙酰 CoA 羧化酶单体（无活性） $\underset{\text{棕榈酰 CoA、长链脂酰 CoA}}{\overset{\text{柠檬酸、异柠檬酸}}{\rightleftharpoons}}$ 乙酰 CoA 羧化酶多聚体（有活性）

在 *E. Coli* 和其他细菌中，乙酰 CoA 羧化酶不受柠檬酸的调控，而鸟苷酸可调控乙酰 CoA 羧化酶中的羧基转移酶。

2. 磷酸化/脱磷酸化调节 乙酰 CoA 羧化酶被一种依赖于 AMP（而不是 cAMP）的蛋白激酶磷酸化而失活。每个乙酰 CoA 羧化酶单体上至少存在 6 个可磷酸化部位，但目前认为只有其第 79 位 Ser 的磷酸化与酶活性有关。蛋白质磷酸酶可使无活性的乙酰 CoA 羧化酶的磷酸基移去，从而使它恢复活性。因此，当细胞的能荷低时（即 AMP：ATP 的比值高时），脂肪酸合成被阻断。

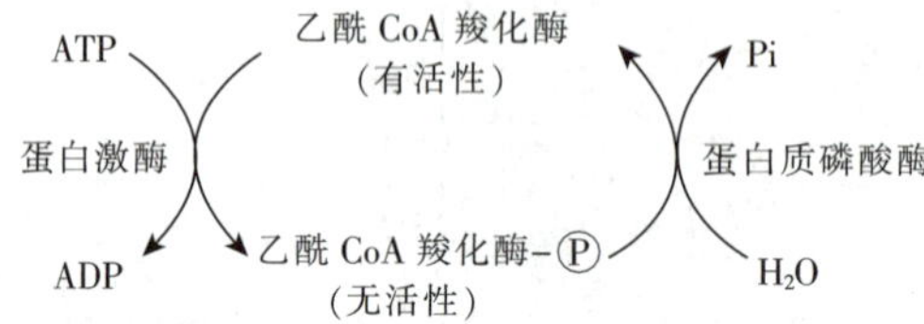

细菌中的乙酰 CoA 羧化酶不受磷酸化/脱磷酸化的调节。

3. 激素的调控 乙酰 CoA 羧化酶还受激素的调控，参与脂肪酸合成调节的激素主要有胰高血糖素、肾上腺素和胰岛素。当需能时，胰高血糖素和肾上腺素使细胞内 cAMP 含量升高，激活依赖于 cAMP 的蛋白激酶，促使乙酰 CoA 羧化酶第 79 位 Ser 的磷酸化，抑制了乙酰 CoA 羧化酶，从而抑制脂肪酸的合成。在饱食状况下，当高血糖时，胰岛素通过活化蛋白质磷酸酶，使磷酸化的乙酰 CoA 羧化酶脱磷酸而活化乙酰 CoA 羧化酶，同时还能诱导乙酰 CoA 羧化酶、脂肪酸合酶、柠檬酸裂解酶等的合成，故胰岛素可促进脂肪酸的合成。

4. 代谢物的调节 当体内的糖分充足而脂肪酸水平低时，对脂肪酸合成最有利。进食糖类物质，糖代谢加强，有利于脂肪酸合成。这是因为糖代谢加强时，脂肪酸合成的原料乙酰 CoA 及 NADPH 供应增多，同时细胞内 ATP 增多可抑制异柠檬酸脱氢酶的活性，造成异柠檬酸及柠檬酸增多，透出线粒体，可别构激活乙酰 CoA 羧化酶，故促进脂酸合成。当进高脂肪食物或饥饿而脂肪动员加强时，细胞内脂酰 CoA 增多，可别构抑制乙酰 CoA 羧化酶的活性，故脂肪酸的合成被抑制。

二、胆固醇合成的调节

合成胆固醇的主要场所是在肝，在胆固醇的生物合成反应中，由 HMG-CoA 到 MVA 和鲨烯环化两步反应都是调节点，但由 HMG-CoA 到 MVA 是合成胆固醇的关键一步，催化这反应的酶即 HMG-CoA 还原酶是胆固醇生物合成中的限速酶。它是由 887 个氨基酸残基构成的糖蛋白，相对分子质量为97×10^3。

HMG-CoA 还原酶的合成和活性受多种因素的影响，分述如下。

1. 胆固醇 当细胞内胆固醇浓度高时，就反馈抑制了 HMG-CoA 还原酶的合成，HMG-CoA 还原酶的量随之而减少，因而合成胆固醇的速率下降。HMG-CoA 还原酶半衰期很短，为 2～4 小时，所以在调节上很灵敏。动物饥饿时可使 HMG-CoA 向酮体方面转变，去合成酮体，这样就减少了胆固醇的合成。

当进食后，特别是摄取较多的饱和脂肪酸后，能诱导 HMG-CoA 还原酶的合成，使胆固醇合成增加。

2. 酶的磷酸化和脱磷酸化　HMG-CoA 还原酶存在有活性和无活性的两种形式，它们之间可相互转化。未修饰的 HMG-CoA 还原酶有活性，而它的磷酸化形式是无活性的。HMG-CoA 还原酶的磷酸化由 HMG-CoA 还原酶激酶催化，它的脱磷酸化由蛋白质磷酸酶（protein phosphatases）催化。

3. 激素　胰岛素能诱导 HMG-CoA 还原酶的合成，因而增加胆固醇的合成。胰高血糖素和糖皮质激素能降低 HMG-CoA 还原酶的活性，因而减少胆固醇的合成。甲状腺素既可促进 HMG-CoA 还原酶的合成，又可使胆固醇转化为胆汁酸，促进胆固醇的排泄，但后者的作用大于前者，因而总的效应是使血浆胆固醇含量下降。

4. 低密度脂蛋白（LDL）受体　细胞膜上的 LDL 受体对抑制胆固醇的生物合成起关键性作用。含胆固醇及胆固醇酯较多的 LDL 经 LDL 受体接受，带进细胞内并被溶酶体降解，胆固醇酯被水解释放出游离胆固醇，胆固醇对 HMG-CoA 还原酶的合成起抑制作用，因而抑制了胆固醇的合成。

5. 固醇载体蛋白（sterol carrier protein，SCP）　是一种可溶性蛋白质，它可与鲨烯、羊毛固醇以及胆固醇等不溶于水的中间产物结合，增加其水溶性，并将其携带到微粒体酶系中，促使酶促反应的进行，促进胆固醇的合成。实验发现，成熟红细胞及衰老肝细胞合成胆固醇的能力减弱，若从外部增加 SCP，即能增加胆固醇的合成。

有一些真菌代谢物，对 HMG-CoA 还原酶有竞争性抑制作用，如通常使用洛伐他汀（lovastatin）（它是甲羟戊酸的类似物）来治疗高胆固醇血症（hypercholesterolemia）。此外，应控制饮食，进食低胆固醇食物。

三、脂质代谢失调与疾病

脂质代谢失调所导致的常见疾病有下列几种。

1. 高脂血症（hyperlipidemia，HLP）　是人体脂代谢异常导致的空腹血脂浓度持续高于正常范围。临床上的高脂血症主要是指血浆胆固醇及三酰甘油的含量单独超过正常上限，或者二者同时超过正常上限的异常状态。正常人血浆胆固醇和三酰甘油的上限标准因地区、种族、膳食、年龄、职业以及测定方法等的不同而有差异。一般成年人空腹 12～14 小时血浆三酰甘油超过 2.26mmol/L（200mg/dl），胆固醇超过 6.21mmol/L（240mg/dl），儿童胆固醇超过 4.14mmol/L（160mg/dl）作为高脂血症的诊断标准。由于血脂在血浆中均以脂蛋白的形式存在和运输，因此高脂血症实际上也可以认为是高脂蛋白血症（hyperlipoproteinemia），高脂血症可因不同的脂蛋白水平升高造成。高脂血症可根据脂蛋白电泳图谱进行分型。1970 年世界卫生组织（WHO）建议将高脂蛋白血症分为六型，即Ⅰ、Ⅱa、Ⅱb、Ⅲ、Ⅳ、Ⅴ型。此分型法对了解高脂血症产生原因及防治等都有帮助（表 9－7）。我国高脂蛋白血症约占 40% 属于Ⅱ型，50% 属于Ⅳ型。

表 9－7　高脂蛋白血症分型

分型	血浆脂蛋白变化	血脂变化	血清外观	原因
Ⅰ	乳糜微粒增高	三酰甘油↑↑↑ 胆固醇↑	奶油样层	ApoCⅡ缺乏， LPL 活性低下
Ⅱa	低密度脂蛋白增高	胆固醇↑↑	轻度浑浊	LDL 受体缺陷或缺乏
Ⅱb	低密度及极低密度 脂蛋白同时增高	胆固醇↑↑ 三酰甘油↑↑	浑浊	VLDL 合成增加， LDL 分解降低
Ⅲ	中间密度脂蛋白增加 电泳出现宽 β－带）	胆固醇↑↑ 三酰甘油↑↑	浑浊	VLDL 合成亢进及分解障碍 ApoE 缺乏

续表

分型	血浆脂蛋白变化	血脂变化	血清外观	原因
Ⅳ	极低密度脂蛋白增加	三酰甘油↑↑	浑浊	VLDL 合成增加而分解降低
Ⅴ	极低密度脂蛋白及乳糜微粒同时增加	三酰甘油↑↑↑ 胆固醇↑	浑浊并有奶油样层	ApoCⅡ缺乏 LPL 活性降低

血脂增高是导致心脑血管疾病的危险因素。高脂血症从病因上分为原发性和继发性两大类。继发性高脂血症是继发于某些疾病，如糖尿病、肾病和甲状腺功能减退等。原发性高脂血症病因多不明确。现已证实，有些是由于遗传性缺陷所致。已确认至少有六种遗传缺陷，扰乱内源性运输系统，引起脂蛋白代谢障碍，使血浆中一种或多种脂蛋白水平增高。如患者 LPL 或 ApoCⅡ遗传性缺陷，因 LPL 是降解 CM 和 VLDL 中三酰甘油的关键酶，ApoCⅡ则是 LPL 的激活因子，所以可使血浆 CM 和 VLDL 水平增高，呈现Ⅰ型或Ⅴ型高脂血症。若患者 LDL 受体遗传性缺陷，则 LDL 难以代谢清除，使血中胆固醇明显升高。

2. 动脉粥样硬化（atherosclerosis，AS） 主要是由于血浆中胆固醇含量过多，沉积于大、中动脉内膜上，形成粥样斑块，导致动脉内皮细胞损伤，脂质浸润，管腔狭窄甚至阻塞，从而影响了受累器官的血液供应。以动脉粥样硬化为病理基础的疾病如冠状动脉粥样硬化性心脏病，简称冠心病。严重冠心病会引起心肌缺血，甚至心肌梗死而危害人类的健康。

血脂紊乱是 AS 发生的重要诱发因素和独立危险因素。血脂水平异常可引起血黏稠度增高，血流缓慢，血液中过多的脂质沉积于血管壁，巨噬细胞摄入大量脂质成为泡沫细胞。内皮细胞和巨噬细胞分泌的生长因子以及脂质本身可刺激平滑肌细胞增殖，最后形成粥样斑块，导致 AS 的发生。放射性核示踪实验证明，粥样斑块中的胆固醇来自血浆 LDL。而 VLDL 是 LDL 的前体，因此，血浆 LDL 和 VLDL 增高的患者，冠心病的发病率显著升高。而近年来的研究表明 HDL 的水平与冠心病的发病率呈负相关，HDL 的含量较高者，冠心病的发病率较低。HDL 通过多种机制发挥其抗 AS 作用，如减轻 LDL 的氧化、保护内皮细胞、结合脂多糖（lipopolysaccharides，LPS）、调节血凝与纤溶等，其中最重要的是参与胆固醇的逆向转运（reverse cholesterol transport，RCT）过程。RCT 途径是将肝外组织包括动脉平滑肌细胞、巨噬细胞等过多的胆固醇转变成为胆固醇酯，并将其转运至肝脏代谢转化，促进了外周组织胆固醇的清除，有利于降低血浆胆固醇水平，防止泡沫细胞的形成，延缓 AS 发生和发展，是体内抗 AS 的天然防御机制。因此，血浆 LDL 和 VLDL 含量升高和 HDL 含量降低是导致动脉粥样硬化的关键因素，故降低 LDL 和 VLDL 的水平、提高 HDL 的水平是防治动脉粥样硬化、冠心病的基本原则。

3. 肥胖症（obesity） 是由于全身性脂肪堆积过多，而导致体内发生一系列病理生理变化。目前国际上用体质指数（body mass index，BMI）作为肥胖度的衡量标准。BMI = 体重（kg）/身高^2（m^2）。成年人肥胖表现为脂肪细胞体积增大，但数目一般不增多；生长发育期儿童肥胖表现为脂肪细胞体积增大，数目也增多。

引起肥胖症的发生是机体能量代谢失调的结果，其确切发生机制尚未明了，目前认为与遗传、中枢神经系统异常、内分泌功能失调、营养过剩、体力活动过少等有关，其中常见的原因为营养过剩，同时活动过少，导致过多的糖、脂肪酸、甘油、氨基酸等大量转变成三酰甘油储存于脂肪组织中，而成为肥胖症，临床会出现如怕热、多汗、疲乏、心悸、呼吸困难、嗜睡和腹胀等各种表现。

近年来已成功克隆肥胖基因——*ob* 基因，并发现其表达产物瘦素（leptin）是脂肪细胞分泌的一种激素，可作用于瘦素受体，参与糖、脂肪及能量代谢的调节，促使机体减少摄食，增加能量的释放，抑制脂肪的合成，使体重减轻。瘦素抵抗是指机体组织对瘦素的调节作用不敏感或无反应。大多数肥胖患者体内存在高瘦素血症，只有约 5% 的肥胖者瘦素水平低。同时有报道人类肥胖者的瘦素浓度为正常者 4 倍。提示肥胖者普遍存在瘦素抵抗，瘦素抵抗与人类肥胖的发生密切相关。

4. 脂肪肝和抗脂肪肝药物　正常人肝脏中脂类含量约占肝重的5%，其中磷脂约占3%，而三酰甘油约占2%。肝脏中合成的脂类是以脂蛋白的形式转运出肝脏的，其中所含的磷脂是合成脂蛋白不可缺少的材料，因此，当磷脂在肝脏中合成减少时，肝脏中脂肪不能顺利地运出，引起脂肪在肝脏中的堆积过多而形成脂肪肝（fatty liver），此时肝脏被脂肪细胞所浸润，肝实质细胞脂肪化超过30%，形成非功能性脂肪组织。脂肪肝所含脂类占肝重的10%以上，其中主要是三酰甘油。形成脂肪肝主要原因如下。

（1）肝脏三酰甘油来源过多　常见于三酰甘油或糖的摄入过多以及脂肪动员加强。高脂肪及高糖膳食时，进入肝脏的三酰甘油和脂肪酸增多；糖在体内吸收后产生的乙酰CoA、3-磷酸甘油、NADPH和ATP多用于合成三酰甘油；糖尿病患者脂肪动员加强，血浆游离脂肪酸水平上升，肝内三酰甘油的合成速度超过了作为运载工具的脂蛋白的合成速度时，也会发生脂肪肝。

（2）VLDL形成障碍　VLDL能将肝内三酰甘油转运至外周组织，其组成成分中所含磷脂对三酰甘油转运起重要作用。胆碱和胆胺摄入或合成不足及必需脂肪酸供给不足均可影响肝细胞卵磷脂和脑磷脂的合成，导致VLDL形成障碍，VLDL形成比三酰甘油的合成慢，致使肝细胞内的三酰甘油不能正常运出而使含量升高，形成脂肪肝。

（3）肝功能障碍　影响VLDL的合成与释放，也会形成脂肪肝。

甲硫氨酸是胆碱的合成原料，合成过程需要维生素B_{12}参与；胆碱或胆胺和CTP是卵磷脂或脑磷脂的合成原料。甲硫氨酸、维生素B_{12}、胆碱、CTP和卵磷脂等都能促进肝脏VLDL的的形成，具有抗脂肪肝作用，因此，胆碱、胆胺、磷脂、甲硫氨酸等可作为抗脂肪肝药物。此外，维生素B_{12}和叶酸是转甲基作用的辅因子，是合成胆碱所必需的，它们和胆碱、甲硫氨酸及其他辅因子组成复合制剂，对抗脂肪肝更有利。抗脂肪肝药物又称趋脂药，除上述药物外，还有肌醇也有抗脂肪肝作用，可能是肌醇能合成肌醇磷脂、促进了脂蛋白的合成和脂类的转运，因而起到抗脂肪肝作用。还有多不饱和脂肪酸也有抗脂肪肝的作用。

答案解析

思考题

1. 简述脂肪酸β-氧化的四个基本反应步骤并指出关键酶及发生场所。为何奇数碳脂肪酸与偶数碳脂肪酸的氧化终产物不同？举例说明其代谢差异。

2. 对比肝组织与脂肪组织中甘油三酯合成的原料差异，解释为何脂肪细胞缺乏甘油激酶？

3. 高密度脂蛋白（HDL）为何被称为“抗动脉粥样硬化脂蛋白”？结合胆固醇逆向转运（RCT）机制解释。

4. 长期饥饿时机体为何优先利用脂肪酸供能？此时糖代谢与脂代谢如何协同维持能量平衡？

5. 生酮饮食（极低碳水化合物）为何能短期内减轻体重？长期使用可能存在哪些代谢风险？

（李　谦）

书网融合……

微课

习题

第十章　蛋白质与氨基酸的代谢

PPT

学习目标

1. 通过本章学习，掌握氨基酸代谢基本概念和基本过程，氨基酸脱氨基作用，转氨作用，一碳基团；熟悉尿素合成，泛素介导的蛋白质降解；了解氨基酸脱羧基作用，α－酮酸代谢过程，氨基酸代谢相关疾病。

2. 具有综合分析氨基酸代谢过程及其影响的能力。

3. 养成从不同角度分析和思考问题的批判性思维。

第一节　蛋白质的营养价值与蛋白质的消化、吸收

一、蛋白质的营养价值

组成蛋白质的氨基酸有 20 多种，从营养上分为必需氨基酸（essential amino acid）和非必需氨基酸（nonessential amino acid）两类。必需氨基酸是指机体需要，但是机体不能合成或合成量少，不能满足需要，必须由食物供给的氨基酸。机体本身合成能够满足需要，不是必须由食物供给的氨基酸称为非必需氨基酸。不同动物的必需氨基酸的种类不同，人体必需氨基酸有赖氨酸、色氨酸、缬氨酸、苯丙氨酸、亮氨酸、异亮氨酸、苏氨酸和甲硫氨酸 8 种。不论必需氨基酸还是非必需氨基酸，都是生命活动必不可少的。

食物蛋白质在体内的利用率称为蛋白质的营养价值。食物蛋白质营养价值的高低，主要取决于其必需氨基酸的种类和数量。不同食物蛋白质因其所含的必需氨基酸的种类和数量不同，其营养价值也高低各异。一般来说，动物蛋白质比植物蛋白质所含的必需氨基酸的种类和数量更接近人体蛋白质的组成，因此动物蛋白质的营养价值比植物蛋白质高。

日常生活中，人们并不是以单一的某种蛋白质为食，而是摄入混合蛋白质，这样不同来源的蛋白质可以相互补充氨基酸的种类和数量，从而提高蛋白质在体内的利用率，称为蛋白质的互补作用。如谷类含赖氨酸较少，含色氨酸相对较多，而豆类含赖氨酸较多，相对含色氨酸较少。这两类食物如果单独食用，蛋白质的营养价值都不太高，如果混合食用就可以相互补充必需氨基酸，提高营养价值（表 10－1）。

表 10－1　蛋白质的营养价值和互补作用

食物蛋白质	营养价值	食物蛋白质	营养价值	
			单独用	混合用
鸡蛋	94	豆腐	65	
牛奶	85	面筋	67	77
猪肉	74	小麦	67	
红薯	72	小米	57	
玉米	57	大豆	64	89
白菜	76	牛肉	64	
面粉	47	面粉＋赖氨酸		71

二、蛋白质的消化

蛋白质是生物大分子，食物蛋白质消化后便于机体吸收与利用。并且蛋白质具有种属特异性，如果未经消化就被吸收进入体内，可能作为抗原引起过敏反应，消化过程可以消除蛋白质的种属特异性。蛋白质消化的基本过程如下。

$$\text{食物蛋白质}\xrightarrow[\text{胃}]{\text{水解酶}}\text{胨及多肽}\xrightarrow[\text{肠}]{\text{水解酶}}\text{寡肽和氨基酸}$$

食物中蛋白质的消化过程是指蛋白质经过消化道中各种蛋白酶和肽酶的作用，水解成寡肽和氨基酸的过程。唾液中没有水解蛋白质的酶，因此在口腔中没有蛋白质的消化和吸收，蛋白质的消化和吸收是从胃中开始的。胃酸使胃蛋白酶原激活变成有催化活性的胃蛋白酶（pepsin），胃蛋白酶可催化部分蛋白质水解为脲、胨和多肽。胃蛋白酶也可以激活胃蛋白酶原。

$$\text{胃蛋白酶原}\xrightarrow[\text{胃蛋白酶}]{HCl}\text{胃蛋白酶}$$

在肠中有胰脏分泌的胰液和肠壁细胞分泌的肠液，它们都含有多种蛋白酶和肽酶。胰液中含有胰蛋白酶（trypsin）、糜蛋白酶（chymotrypsin）、弹性蛋白酶（elastase）和羧肽酶（carboxypeptidase）。这些蛋白酶刚分泌出来时，以没有活性的酶原的形式存在，经肠激酶或胰蛋白酶的作用后才转变成有活性的酶。肠液中含有肠激酶（enterokinase）、氨肽酶（aminopeptidase）和二肽酶（dipeptidase）。脲、胨、多肽和在胃中未水解的蛋白质在肠中经过上述多种酶的作用水解成寡肽和氨基酸。

$$\text{胰蛋白酶原}\xrightarrow[\text{胰蛋白酶}]{\text{肠激酶或}}\text{胰蛋白酶}$$

$$\begin{matrix}\text{糜蛋白酶原}\\ \text{弹性蛋白酶原}\\ \text{羧基肽酶原}\end{matrix}\xrightarrow{\text{胰蛋白酶}}\begin{matrix}\text{糜蛋白酶}\\ \text{弹性蛋白酶}\\ \text{羧基肽酶}\end{matrix}$$

上述蛋白酶和肽酶都作用于肽键，催化肽键水解。根据其作用部位不同，可以分为肽链内切酶和肽链外切酶。内切酶催化肽链内部的肽键水解，如胃蛋白酶、胰蛋白酶、糜蛋白酶和弹性蛋白酶等。肽链外切酶催化肽链末端肽键水解，如羧肽酶、氨肽酶和二肽酶。

水解蛋白质的不同酶具有不同的底物专一性，它们分别作用于多肽链的不同肽键。胃蛋白酶主要作用于酸性氨基酸的羧基和芳香族氨基酸的氨基所形成的肽键。胰蛋白酶主要作用于碱性氨基酸的羧基和其他氨基酸的氨基形成的肽键。糜蛋白酶作用于芳香族氨基酸的羧基与其他氨基酸所形成的肽键。弹性蛋白酶作用于脂肪族氨基酸的羧基与其他氨基酸的氨基所形成的肽键。氨肽酶作用于寡肽的氨基末端肽键，羧肽酶 A 作用于中性氨基酸的羧基末端肽键，而羧肽酶 B 则作用于碱性氨基酸的羧基末端肽键（图 10－1）。蛋白质的消化过程如图 10－2 所示。

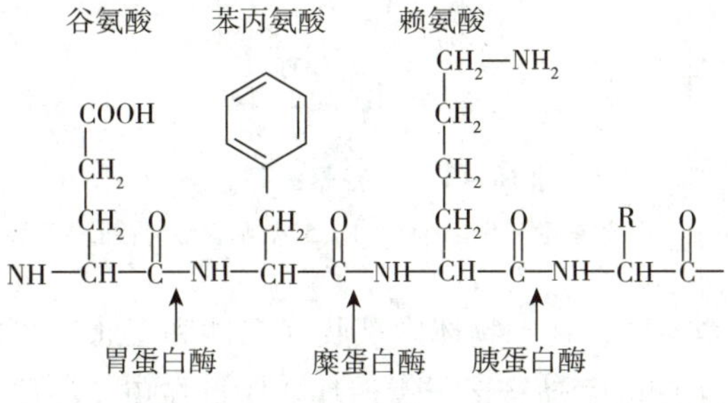

图 10－1 蛋白酶作用位点

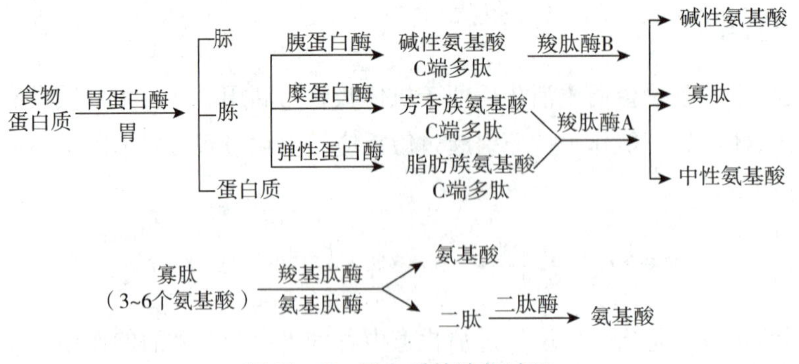

图 10－2　蛋白质的消化过程

三、肽和氨基酸的吸收

食物中蛋白质在胃肠道中经酶的催化作用，水解成氨基酸和寡肽。寡肽和氨基酸都可以被吸收，吸收的机制尚未完全阐明。一般认为氨基酸的吸收主要有主动转运和γ-谷氨酰基循环两种方式，两种方式均需 ATP。

氨基酸的主动转运过程消耗 ATP，伴随钠离子的转运。肠黏膜细胞膜上具有转运氨基酸的载体，它们与氨基酸和钠离子形成复合体，转入细胞膜内，钠离子则由钠泵排出细胞外。转运氨基酸的载体有中性氨基酸载体、酸性氨基酸载体、碱性氨基酸载体、亚氨基酸与甘氨酸载体等。

γ-谷氨酰基循环通过谷胱甘肽的代谢来完成氨基酸的吸收，包括多种酶催化多种反应（图 10－3），其中γ-谷氨酰基转移酶位于细胞膜上，是该循环的关键酶。每转运 1 分子氨基酸需要消耗 3 分子 ATP。

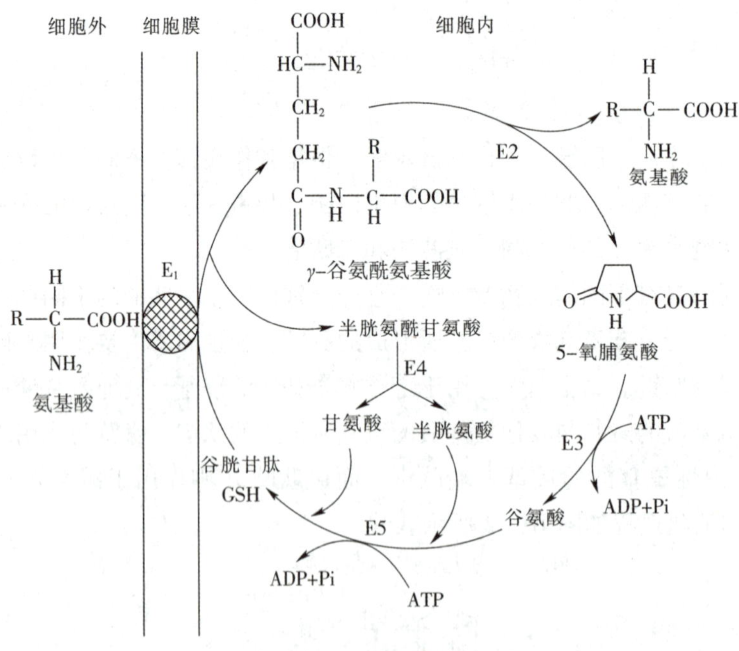

图 10－3　γ-谷氨酰基循环

E_1. γ-谷氨酰基转移酶；E_2. γ-谷氨酰环化转移酶；E_3. 5-氧脯氨酸酶；E_4. 肽酶；E_5. 谷胱甘肽合成酶

肽的吸收机制与氨基酸完全不同，在动物体内寡肽（二肽和三肽）可能存在以下 3 种转运机制。

（1）依赖氢离子或钙离子浓度的主动转运，需消耗 ATP。在兔、小鼠、猪和人的空肠刷状缘膜囊上皮细胞中存在肽的主动加速转运，Ca^{2+} 对这种逆 H^+ 梯度转运有一定的作用，可能与 Ca^{2+} 能激活 ATP 酶有关。这种方式在缺氧和添加代谢抑制剂的情况下被抑制。

（2）依赖 pH 的氢离子或钠离子的交换转运体系，不需消耗 ATP。小肽转运的动力来源于质子的电化学梯度，位于小肠膜刷状缘顶端细胞 Na^+/H^+ 互运通道的活动引起质子活动。当小肽以易化扩散方式进入细胞，导致细胞内 pH 下降，从而使 Na^+/H^+ 互运通道活化而释放出氢离子，使细胞内 pH 恢复到原来的水平。当缺少氢离子浓度时，小肽的吸收依靠膜外的底物浓度进行；当细胞外氢离子浓度高于细胞内时，则通过产电共转运系统逆底物浓度转运。细胞去极化的发生和静息电位的恢复主要由 Na^+/H^+ 交换系统完成。

（3）谷胱甘肽转运系统，谷胱甘肽在细胞内有抗氧化作用。因而这一转运系统可能具备独特的生理意义，但其机制目前并不十分清楚。目前认为谷胱甘肽转运系统与钠、钾、钙、锰离子的浓度梯度有关，而与氢离子的浓度无关。

而对于较大的肽的吸收机制提出的假设有：对亲水性肽利用细胞间隙或进行孔隙扩散；对疏水性肽利用细胞膜的脂质进行扩散、上皮细胞的胞饮或内吞作用进行吸收。

第二节　氨基酸代谢 微课

食物中蛋白质分解产生的氨基酸和体内蛋白质分解产生的氨基酸，其中一部分用于蛋白质合成，另一部分不参与合成新的蛋白质，那么这些不参与合成蛋白质的多余氨基酸会被分解，因为氨基酸在体内不能被储存，也不能直接排泄。此外，长期饥饿或其他原因引起糖类物质摄入不足或不能被正常分解时，氨基酸分解产生能量供生命活动需要。

组成蛋白质的 20 种基本氨基酸在化学结构上都含有 α-氨基（脯氨酸除外）和 α-羧基，因此它们有共同的代谢规律。氨基酸脱掉氨基，形成 α-酮酸。脱下的氨基合成尿素排出体外，或参与体内碱基等重要含氮化合物合成。氨基酸脱氨基后生成的 α-酮酸可以再合成氨基酸，或转变成糖、乙酰 CoA 和酮体等，也可能氧化成 CO_2 和水，并释放出能量以供机体需要。氨基酸在体内代谢过程如图 10－4 所示。

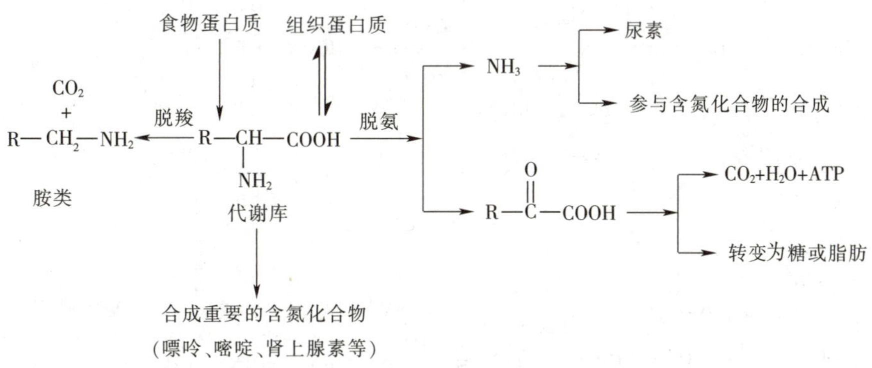

图 10－4　氨基酸在体内的代谢过程

一、转氨作用

大多数氨基酸的代谢是在肝脏中进行的，代谢过程的第一步都是通过转氨作用脱氨，即将其氨基转移给一个 α-酮酸，产生与原来氨基酸相应的酮酸和一个新的氨基酸。催化转氨作用的酶称为氨基转移酶（amino-transferase）或转氨酶（transaminase）。氨基转移酶的种类很多，不同的氨基酸各有特异的氨基转移酶催化转氨反应。除甘氨酸、赖氨酸和组氨酸外，其余 α-氨基酸均可参加转氨作用，并各自有其特异的酶。转氨作用的反应通式如下。

转氨酶

大多数氨基转移酶需要α-酮戊二酸作为氨基的受体，新生成的氨基酸是谷氨酸，这样通过转氨作用，氨基酸中的氨基被转移到谷氨酸中了，谷氨酸作为氨基的供体排出体外或用于生物合成途径。如丙氨酸可通过转氨，将氨基转移给α-酮戊二酸，生成谷氨酸，丙氨酸脱掉氨基生成丙酮酸。谷氨酸中的氨基还可以再经过第二个转氨反应转移给草酰乙酸，产生天冬氨酸。

GPT

谷氨酸　丙酮酸　α-酮戊二酸　丙氨酸

GOT

谷氨酸　草酰乙酸　α-酮戊二酸　天冬氨酸

氨基转移酶需要辅酶磷酸吡哆醛（pryidoxal-5′-phosphate，PLP）。磷酸吡哆醛是维生素 B_6 的磷酸酯，磷酸吡哆醛接受氨基酸分子中的氨基转变成磷酸吡哆胺，氨基酸成为相应的α-酮酸。磷酸吡哆胺进一步将氨基转移给另一种α-酮酸生成新的氨基酸，同时磷酸吡哆胺又变回磷酸吡哆醛。磷酸吡哆醛是氨基酸分解和合成过程中的一种氨基转移体，转氨作用机制大致如图 10－5 所示。

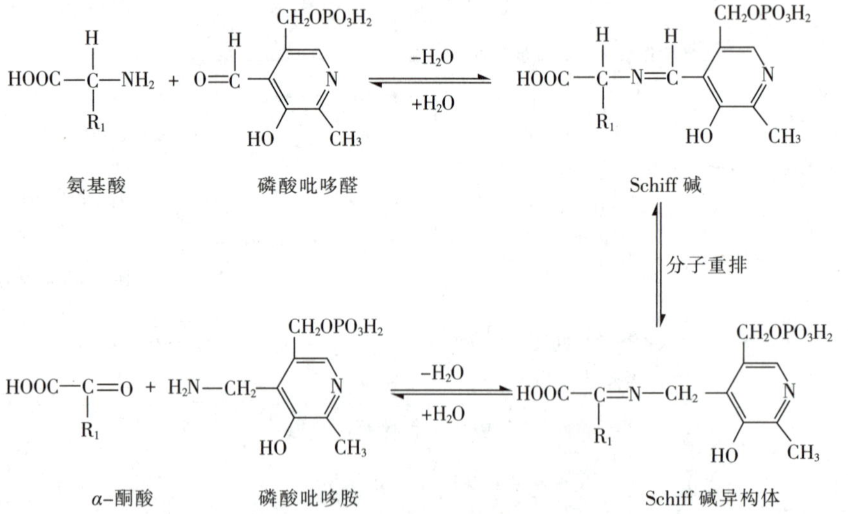
-H₂O
+H₂O
氨基酸
磷酸吡哆醛
Schiff 碱
分子重排
α-酮酸
磷酸吡哆胺
Schiff 碱异构体

图 10－5　转氨作用机制

转氨反应是可逆反应，平衡常数在 1 左右，反应的方向取决于四种反应物的相对浓度。所以转氨作用既是氨基酸的分解代谢过程，也是体内某些非必需氨基酸的合成的重要途径。

肝脏中天冬氨酸氨基转移酶活力最高，当肝细胞病变时，如患急性肝炎，由于细胞通透性增加，天冬氨酸氨基转移酶大量释放到血液中，于是血液中此酶活力明显增高，因此临床上常用此来推断肝功能是否正常。

二、脱氨作用

通过转氨作用，氨基酸将氨基转移到谷氨酸中，只是一种新的氨基酸代替原来的氨基酸，并没有氨基的脱除。氨基酸需要通过脱氨作用脱除氨基，脱氨作用有氧化脱氨和联合脱氨两种方式，其中联合脱氨是主要的方式。

（一）氧化脱氨

在酶的催化下，氨基酸被氧化成 α-酮酸，同时脱下氨基，此过程消耗氧，这种作用称为氧化脱氨。氧化脱氨作用主要的酶有氨基酸氧化酶、甘氨酸氧化酶和 L-谷氨酸脱氢酶等。

氨基酸氧化酶有 L 型和 D 型两类。L 型氨基酸氧化酶催化 L-氨基酸氧化脱氨基，反应分两步进行，先由 L-氨基酸氧化酶催化 L-氨基酸脱氢，产生亚氨基酸，亚氨基酸在水中不稳定，自发分解成α-酮酸和氨。L-氨基酸氧化酶属脱氢酶，辅基是 FAD 或 FMN，二者接受氢后直接将氢传递给氧，产生过氧化氢。L-氨基酸氧化酶在体内分布不广，活性较弱。D-型氨基酸氧化酶催化 D-氨基酸脱氨，辅基是 FAD，主要存在于肾脏中。

$$\begin{matrix} R \\ | \\ CH—NH_2 \\ | \\ COOH \end{matrix} + H_2O \xrightarrow[O_2]{\text{氨基酸氧化酶}} \begin{matrix} R \\ | \\ C=O \\ | \\ COOH \end{matrix} + NH_3 + H_2O_2$$

甘氨酸氧化酶只能催化甘氨酸脱氨，产生乙醛酸和氨，辅基是 FAD。

$$\underset{\text{甘氨酸}}{NH_2—CH_2—COOH} + 1/2O_2 \xrightarrow{\text{甘氨酸氧化酶}} \underset{\text{乙醛酸}}{CHO—COOH} + NH_3$$

L-谷氨酸脱氢酶以 NAD^+ 或 $NADP^+$ 为辅酶，催化 L-谷氨酸氧化脱氢，产生 α-酮戊二酸和氨。反应可逆进行，平衡点偏向合成谷氨酸，这是工业发酵生产味精的主要原理。L-谷氨酸脱氢酶分布广，活力强，但特异性很高，只能催化 L-谷氨酸脱氨，不能催化其他氨基酸。

$$\underset{\text{L-谷氨酸}}{\begin{matrix} COOH \\ | \\ CH_2 \\ | \\ CH_2 \\ | \\ CHNH_2 \\ | \\ COOH \end{matrix}} \xrightarrow[NAD(P)^+ \quad NAD(P)H+H^+]{\text{L-谷氨酸脱氢酶}} \underset{\alpha\text{-亚氨基戊二酸}}{\begin{matrix} CONH_2 \\ | \\ CH_2 \\ | \\ CH_2 \\ | \\ C=NH \\ | \\ COOH \end{matrix}} \underset{-H_2O}{\overset{+H_2O}{\rightleftharpoons}} \underset{\alpha\text{-酮戊二酸}}{\begin{matrix} CONH_2 \\ | \\ CH_2 \\ | \\ CH_2 \\ | \\ C=O \\ | \\ COOH \end{matrix}}$$

（二）联合脱氨

转氨作用和氧化脱氨的联合作用，称为联合脱氨作用。联合脱氨有两种方式：转氨偶联氧化脱氨和转氨偶联 AMP 循环脱氨。

转氨偶联氧化脱氨是指在氨基转移酶的作用下，氨基酸把氨基转给 α-酮戊二酸生成谷氨酸，谷氨酸从胞质中进入线粒体基质，在 L-谷氨酸脱氢酶的作用下氧化脱氨，又重新变成 α-酮戊二酸。在此过程中，α-酮戊二酸起氨基传递体的作用，作用的结果是氨基酸脱去氨基变成相应的 α-酮酸和氨。这个过程是可逆的，因此也是非必需氨基酸合成的重要途径（图 10-6）。

转氨偶联嘌呤核苷酸循环过程是：氨基酸中氨通过两次转氨作用转给草酰乙酸，即氨基酸先将氨基转给 α-酮戊二酸，生成谷氨酸，谷氨酸再与草酰乙酸转氨生成天冬氨酸。天冬氨酸与次黄嘌呤核苷酸生成腺苷酸基琥珀酸，此反应由腺苷酸基琥珀酸合成酶催化。腺苷酸基琥珀酸在裂解酶催化下，生成腺苷酸和延胡索酸。腺苷酸脱氢酶催化腺苷酸脱去氨基重新形成次黄嘌呤核苷酸。在这个循环过程中，次黄嘌呤核苷酸起传递氨基的作用（图 10－7）。

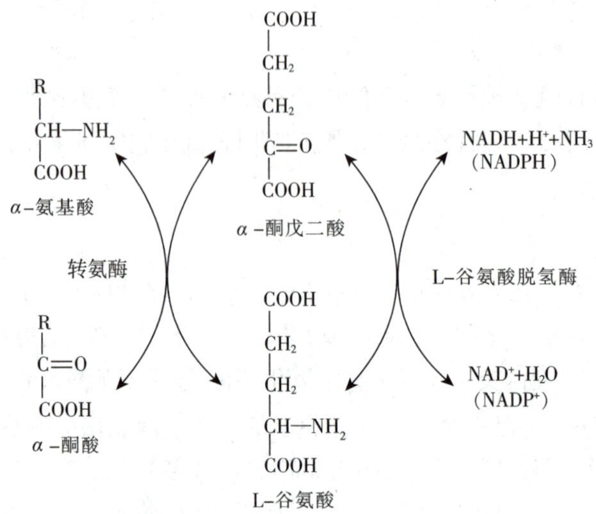

图 10－6 转氨偶联氧化脱氨

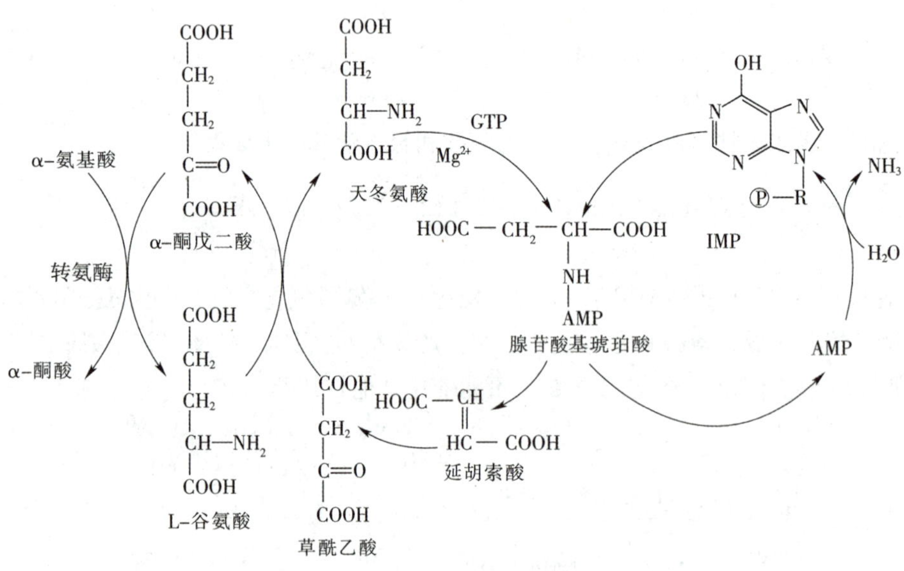

图 10－7 转氨-AMP 循环脱氨

L-谷氨酸脱氢酶虽然在机体中广泛存在，但转氨偶联谷氨酸氧化脱氨不是所有组织细胞的主要脱氨方式。骨骼肌、心肌、肝脏及脑的脱氨方式可能都是以转氨偶联嘌呤核苷酸循环为主。实验证明，脑组织中的氨有 50% 是通过嘌呤核苷酸循环产生的。

三、氨的转运

包括脑在内的许多肝外组织中，核苷酸降解等代谢过程会产生游离的氨，而氨对机体是有毒的，因而游离的氨必须转变成无毒的物质转运到肝脏，氨在体内以谷氨酰胺和丙氨酸两种形式运输。

（一）谷氨酰胺的生成

组织中游离的氨基与谷氨酸结合产生无毒的谷氨酰胺，催化这个反应的酶是谷氨酰胺合成酶，谷氨酰胺合成酶在所有的组织中都广泛存在，反应需要 ATP 提供能量。肝外组织中的氨以谷氨酸和谷氨酰胺形式运输到肝脏，因此肝外组织中谷氨酸和谷氨酰胺的含量高于其他氨基酸。谷氨酰胺既是氨在体内的运输形式，也可以作为生物合成反应中氨基的供体。在肝脏、肾脏和小肠中，多余的谷氨酰胺被谷氨酰胺酶水解成谷氨酸和氨。

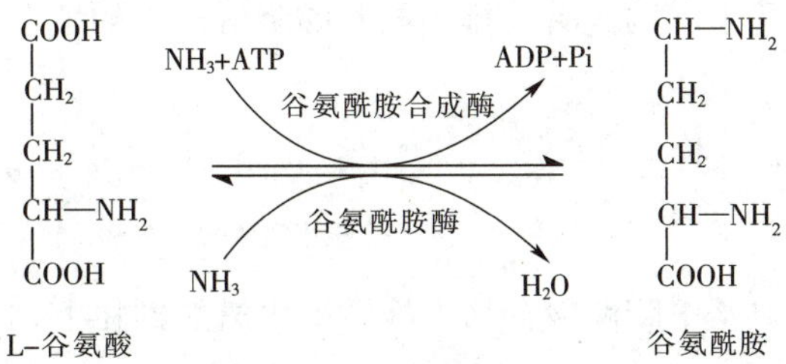

（二）葡萄糖-丙氨酸循环

在骨骼肌中，氨基酸在丙氨酸氨基转移酶的作用下，把氨基转移给肌肉中糖分解的产物丙酮酸生成丙氨酸，将氨基从血液中运往肝脏。在肝脏细胞胞质中，丙氨酸氨基转移酶把氨基从丙氨酸转移给 α-酮戊二酸，形成丙酮酸和谷氨酸。丙氨酸将氨从肌肉中转运到肝脏，这就是葡萄糖丙氨酸循环（图 10 -8）。谷氨酸进入线粒体，在线粒体中由谷氨酸脱氢酶脱氨，或者谷氨酸将氨基转给草酰乙酸生成天冬氨酸，用于尿素合成。

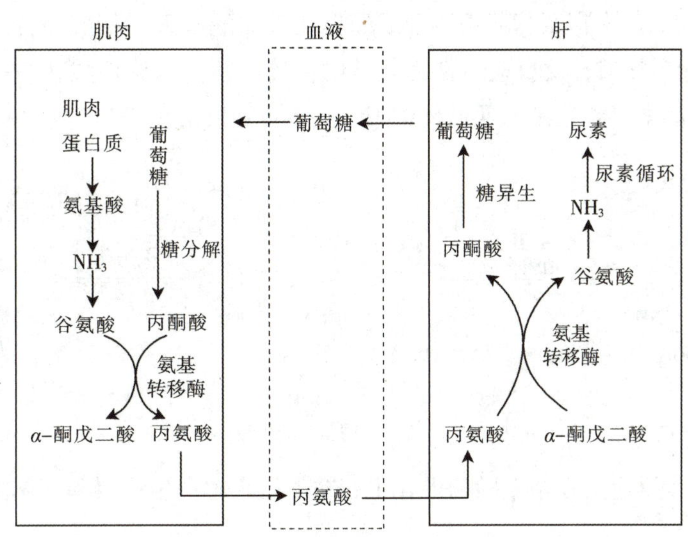

图 10 -8　丙氨酸-葡萄糖循环

骨骼肌剧烈收缩，无氧分解产生的丙酮酸和乳酸，以及蛋白质分解产生氨，这些产物必须运往肝脏，丙酮酸和乳酸需要转变成葡萄糖运回肌肉，氨转变成尿素排出体外。葡萄糖丙氨酸循环完成这种转运，这样糖异生的能量压力从骨骼肌转为肝脏，肌肉中 ATP 就可以全部用于肌肉收缩。

四、尿素循环

在氨基不用于合成新的氨基酸或其他含氮物质时，氨基转变为唯一的一种终产物尿素排出体外。尿素循环（urea cycle）是 Hans Kreb 于 1932 年发现。尿素合成只在肝脏中进行，体内绝大多氨都集中于此。尿素进入血液，运往肾脏，随尿液排出体外。

尿素合成的原料是氨和 CO_2，循环过程是氨和 CO_2先与 ATP 反应生成氨基甲酰磷酸，然后鸟氨酸接受氨基甲酰磷酸中的氨甲酰基形成瓜氨酸，瓜氨酸与天冬氨酸结合生成精氨琥珀酸，接着精氨琥珀酸分解为精氨酸和延胡索酸，最后精氨酸水解为尿素和鸟氨酸。尿素合成的主要反应过程如下。

首先，氨和 CO_2 与 ATP 反应生成氨基甲酰磷酸，此反应由氨基甲酰磷酸合成酶Ⅰ催化。反应不可逆，为尿素循环的第一个限速步骤，*N*-乙酰谷氨酸是此酶的变构激活剂。*N*-乙酰谷氨酸是由谷氨酸和乙酰 CoA 合成的，当氨基酸降解速度增加时，转氨作用使谷氨酸浓度增加，随之促进 *N*-乙酰谷氨酸合成，进而激活氨甲酰磷酸合成酶Ⅰ，因此有效排出氨基酸降解产生的氨。

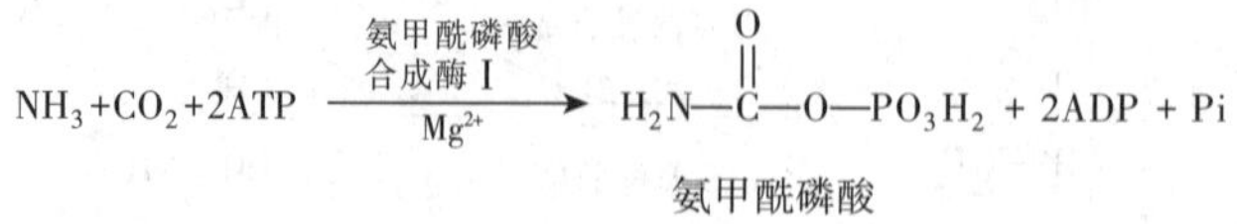

$$NH_3 + CO_2 + 2ATP \xrightarrow[Mg^{2+}]{\text{氨甲酰磷酸合成酶 I}} H_2N-\overset{\overset{\displaystyle O}{\|}}{C}-O-PO_3H_2 + 2ADP + Pi$$

氨甲酰磷酸

尿素循环的第一步反应是氨基甲酰磷酸在鸟氨酸转氨甲酰酶催化下，将氨甲酰基转移给鸟氨酸形成瓜氨酸。

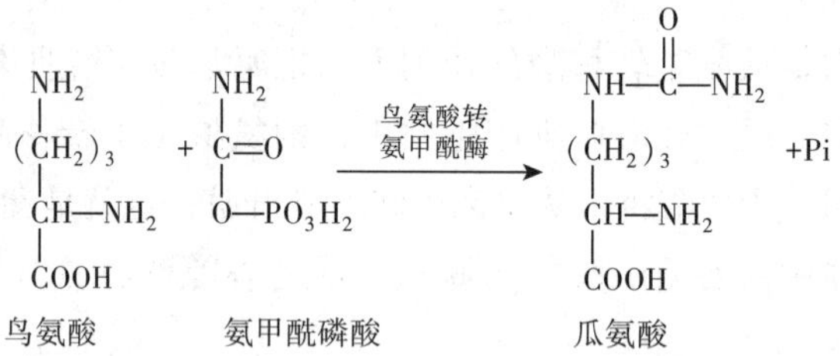

$$\underset{\text{鸟氨酸}}{NH_2-(CH_2)_3-CH(NH_2)-COOH} + \underset{\text{氨甲酰磷酸}}{NH_2-C(=O)-O-PO_3H_2} \xrightarrow{\text{鸟氨酸转氨甲酰酶}} \underset{\text{瓜氨酸}}{NH_2-C(=O)-NH-(CH_2)_3-CH(NH_2)-COOH} + Pi$$

在 ATP 和 Mg^{2+} 存在下，由精氨基琥珀酸合成酶催化瓜氨酸和天冬氨酸缩合成精氨基琥珀酸，同时产生 AMP 和焦磷酸。天冬氨酸在此反应中作为氨基的供体。精氨基琥珀酸在精氨基琥珀酸裂解酶的催化下，生成精氨酸和延胡索酸。这是尿素循环中唯一一步可逆反应。

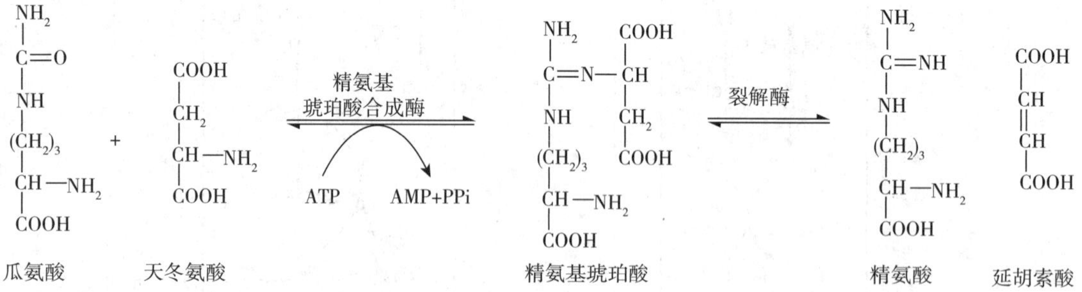

$$\underset{\text{瓜氨酸}}{NH_2-C(=O)-NH-(CH_2)_3-CH(NH_2)-COOH} + \underset{\text{天冬氨酸}}{COOH-CH_2-CH(NH_2)-COOH} \underset{ATP \to AMP+PPi}{\overset{\text{精氨基琥珀酸合成酶}}{\rightleftharpoons}} \underset{\text{精氨基琥珀酸}}{NH_2-C(=N-CH(COOH)-CH_2-COOH)-NH-(CH_2)_3-CH(NH_2)-COOH} \overset{\text{裂解酶}}{\rightleftharpoons} \underset{\text{精氨酸}}{NH_2-C(=NH)-NH-(CH_2)_3-CH(NH_2)-COOH} + \underset{\text{延胡索酸}}{COOH-CH=CH-COOH}$$

尿素循环的最后一步反应是在精氨酸酶催化下，精氨酸水解产生尿素和鸟氨酸。

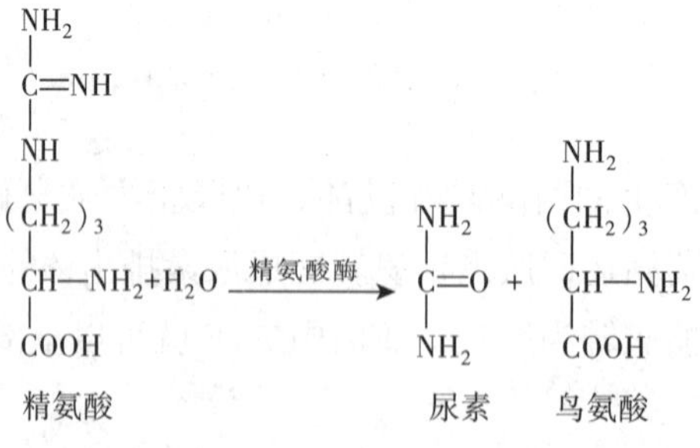

$$\underset{\text{精氨酸}}{NH_2-C(=NH)-NH-(CH_2)_3-CH(NH_2)-COOH} + H_2O \xrightarrow{\text{精氨酸酶}} \underset{\text{尿素}}{NH_2-C(=O)-NH_2} + \underset{\text{鸟氨酸}}{NH_2-(CH_2)_3-CH(NH_2)-COOH}$$

尿素循环过程如图 10－9 所示，尿素循环部分反应发生在线粒体中，部分发生在细胞质中，其通路分别经过鸟氨酸和瓜氨酸在特异的运输体系下穿过线粒体膜实现的。

除氨甲酰磷酸合成酶Ⅰ外，尿素循环中其他酶受各自的底物浓度调控。尿素循环中某种酶如果发生遗传缺陷使酶的合成减少（精氨酸酶除外），相应的底物会在体内积累，一方面使该步反应速度增加，结果尿素生成速度正常；另一方面也会使尿素循环逆行直至产生氨的各个途径，结果会发生高血氨症（hyperammonemia）。脑对高氨浓度尤其敏感，可能原因包括影响神经递质 GABA 合成及其与受体结合有关等。尿素循环中酶缺陷的症状包括智力迟钝和嗜眠症等，有些情况能够通过饮食管理缓解。但是如果尿素循环中任何一种酶完全缺失，都会导致新生儿死亡。

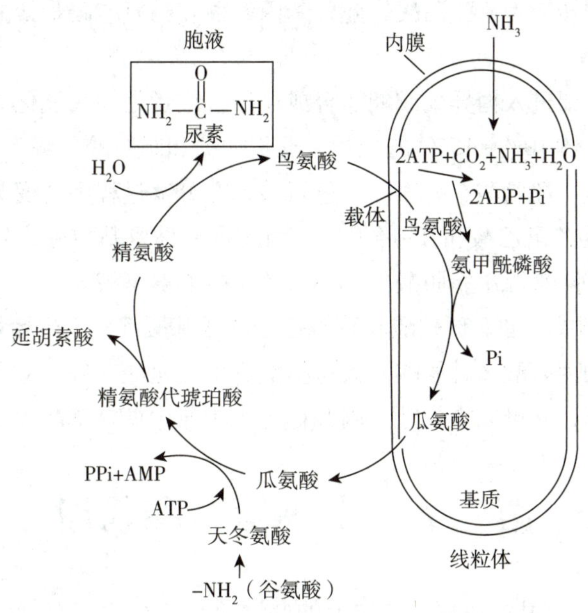

图 10-9　尿素合成过程

五、氨基酸碳骨架的降解

20 种基本氨基酸的碳骨架可以再合成氨基酸，或转变成乙酰-CoA、α-酮戊二酸、延胡索酸、草酰乙酸、丙酮酸 5 种产物进入柠檬酸循环（图 10-10）。

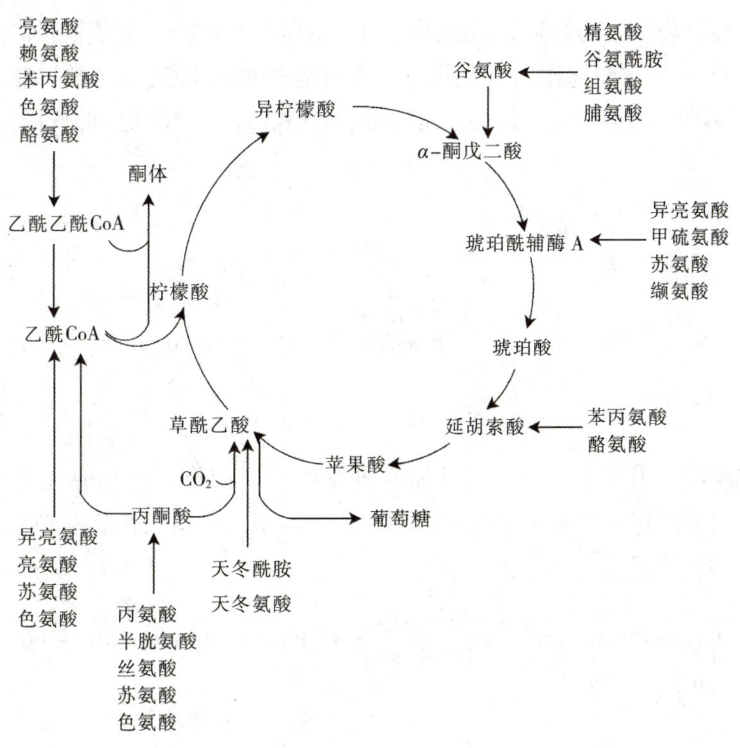

图 10-10　氨基酸碳骨架的降解

其中丙氨酸、苏氨酸、丝氨酸、半胱氨酸、甘氨酸、苯丙氨酸、酪氨酸、亮氨酸、赖氨酸及色氨酸共 10 种氨基酸的碳骨架分解后形成乙酰 CoA，精氨酸、组氨酸、谷氨酰胺、脯氨酸及谷氨酸共五种氨基酸形成α-酮戊二酸，异亮氨酸、甲硫氨酸和缬氨酸转变为琥珀酰 CoA，苯丙氨酸、酪氨酸形成延胡索酸，天冬氨酸、天冬酰胺转变为草酰乙酸。此外苯丙氨酸和酪氨酸碳骨架的一部分也以乙酰 CoA 的形式进入柠檬酸循环。

在柠檬酸循环中，碳骨架进入糖异生或酮体合成途径，或者是彻底氧化成 CO_2和 H_2O，并且释放出能量。氨基酸代谢只产生人体 10%~15% 的能量，远不如糖和脂肪酸分解。

有些氨基酸如苯丙氨酸、酪氨酸、亮氨酸、色氨酸，在分解过程中转变为乙酰乙酰 CoA，而乙酰乙酰 CoA 在肝脏中可以转变为乙酰乙酸和β-羟丁酸，因此这五种氨基酸称为生酮氨基酸。糖尿病患者的肝脏中所形成的大量酮体，除来源于脂肪酸外，还来源于生酮氨基酸。

能够形成丙酮酸、α-酮戊二酸、琥珀酸和草酰乙酸的氨基酸都称为生糖氨基酸，因为这些物质都能导致生成葡萄糖和糖原，如丙氨酸、甘氨酸、天冬氨酸、甲硫氨酸、谷氨酸等。有些氨基酸如苯丙氨酸和酪氨酸，既可以生成酮体，又可以生成糖，因此称为生酮兼生糖氨基酸。

第三节 个别氨基酸代谢

组成蛋白质的 20 种基本氨基酸在化学结构上的共同特点使得它们有着共同的代谢规律，但是不同的氨基酸侧链 R 基团不同，因此每种氨基酸又各有其代谢特点。

一、氨基酸的脱羧作用

在生物体内，氨基酸分解代谢的主要途径是脱氨基作用，然而有些氨基酸也可以进行脱羧基作用，生成相应的 CO_2和胺。肾上腺素、γ-氨基丁酸及组胺等生理活性胺的生物合成，都涉及相应的前体氨基酸的脱羧。催化氨基酸脱羧反应的酶是氨基酸脱羧酶，氨基酸脱羧酶的专一性很高，一般是一种氨基酸一种脱羧酶，而且只对 L-氨基酸起作用。脱羧酶的辅酶是磷酸吡哆醛，只有组氨酸脱羧酶不需要辅酶。

谷氨酸脱羧产生γ-氨基丁酸（γaminobutyric acid，GABA），GABA 是抑制性神经递质，对中枢系统有抑制作用。

$$\underset{\text{L-谷氨酸}}{\begin{array}{l}COOH\\|\\CH_2\\|\\CH_2\\|\\CH-NH_2\\|\\COOH\end{array}} \xrightarrow[\text{碳酸吡哆醛}]{\text{L-谷氨酸脱羧酶}} \underset{\gamma\text{-氨基丁酸}}{\begin{array}{l}COOH\\|\\CH_2\\|\\CH_2\\|\\CH_2-NH_2\end{array}} + CO_2$$

组氨酸脱羧生成组胺，组胺是一种强烈的血管舒张物质，创伤性休克或炎症病变部位都有组胺释放，它还有刺激胃黏膜分泌胃蛋白酶和胃酸的作用。在神经组织中组胺是感觉神经的一种递质，和周围神经的感觉与传递有密切关系。

$$\underset{\text{L-组氨酸}}{\text{CH=C—CH}_2\text{CH—COOH (NH, N, C–H; NH}_2)} \xrightarrow[\text{碳酸吡哆醛}]{\text{组氨酸脱氢酶}} \underset{\text{组胺}}{\text{CH=C—CH}_2\text{—CH}_2\text{—NH}_2\text{ (NH, N, C–H)}} + CO_2$$

色氨酸先通过色氨酸羟化酶的作用生成 5-羟色氨酸，再经 5-羟色氨酸脱羧酶的作用生成 5-羟色胺。5-羟色胺是一种神经递质，与神经系统的兴奋与抑制有密切关系。脑中 5-羟色胺与睡眠、镇痛和体温调节等有关，当 5-羟色胺浓度降低时，可引起睡眠障碍、痛阈降低。此外，5-羟色胺可促进微血管收缩、血压升高和促进胃肠蠕动。

色氨酸 $\xrightarrow{\text{色氨酸羟化酶}}$ 5-羟色氨酸 $\xrightarrow{\text{5-羟色氨脱羧酶}}$ 5-羟色胺

酪氨酸脱羧形成的酪胺有升高血压的作用。

酪氨酸 $\xrightarrow{\text{酪氨酸酶}}$ 3,4-二羟苯丙氨酸（DOPA） $\xrightarrow{\text{DOPA 脱羧酶}}$ 多巴胺（DA）

鸟氨酸脱羧产生腐胺，再与 *S*-腺苷甲硫氨酸反应生成精脒（spermidine）和精胺（spermine）。精脒和精胺中含有多个氨基，因此被称为多胺，多胺在细胞分裂过程中起重要调节作用。

鸟氨酸 $\xrightarrow{\text{鸟氨酸脱羧酶}}$ 腐胺 $\xrightarrow{+SAM}$ 精脒 $\xrightarrow{+SAM}$ 精胺

氨基酸脱羧产生的胺在相应的胺氧化酶的作用下，氧化成醛，醛继续氧化产生酸，酸再氧化成 CO_2 和水。

$$RCH_2NH_2+O_2+H_2O \xrightarrow{\text{胺氧化酶}} RCHO+NH_3+H_2O_2$$

$$RCHO+1/2O_2 \xrightarrow{\text{醛氧化酶}} RCOOH \longrightarrow CO_2+H_2O$$

二、氨基酸与“一碳基团”代谢

生物体合成嘌呤、嘧啶等化合物时，需要氨基酸提供含有一个碳原子的基团。含有一个碳原子的基团称为一碳基团或一碳单位（one carbon unit），生物体内一碳基团有许多形式，如甲基（$—CH_3$）、亚甲基（$—CH_2—$）、次甲基（$—CH=$）、羟甲基（$—CH_2OH$）、甲酰基（—CHO）及亚氨甲基（—CH=NH）等。

一碳基团的转移需要以四氢叶酸（5,6,7,8-tetrahydrofolic acid，FH_4）为载体。四氢叶酸是甲基蝶呤依次与对氨基苯甲酸和谷氨酸残基相连的衍生物，由二氢叶酸还原酶催化叶酸两次还原形成（图 10－11）。

哺乳动物不能合成叶酸，必须由食物中获得或由肠道微生物提供。磺胺类药物是四氢叶酸中对氨基苯甲酸的类似物，因而可以竞争性抑制微生物体内四氢叶酸合成，哺乳动物不能合成叶酸，因此不受磺胺类药物的影响。

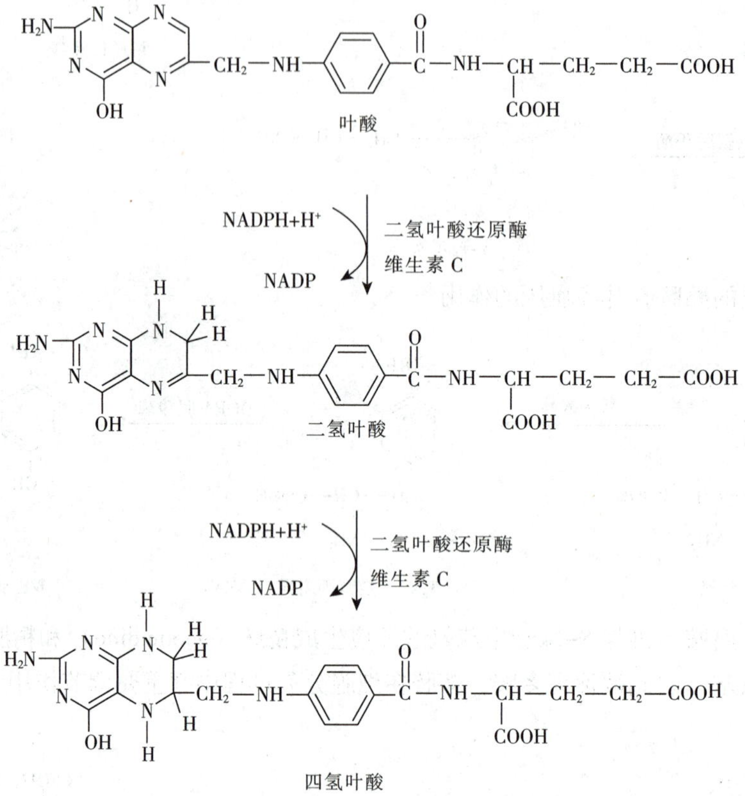

叶酸

$NADPH+H^+$ → NADP；二氢叶酸还原酶，维生素 C

二氢叶酸

$NADPH+H^+$ → NADP；二氢叶酸还原酶，维生素 C

四氢叶酸

图 10－11 叶酸的转化

一碳基团与四氢叶酸在 N^5,N^{10}或 N^5和 N^{10}以共价键相连，如 N^5,N^{10}-亚甲基四氢叶酸可以简写成 FH_4-N^5,$N^{10}-CH_2$，化学结构和简式如下。

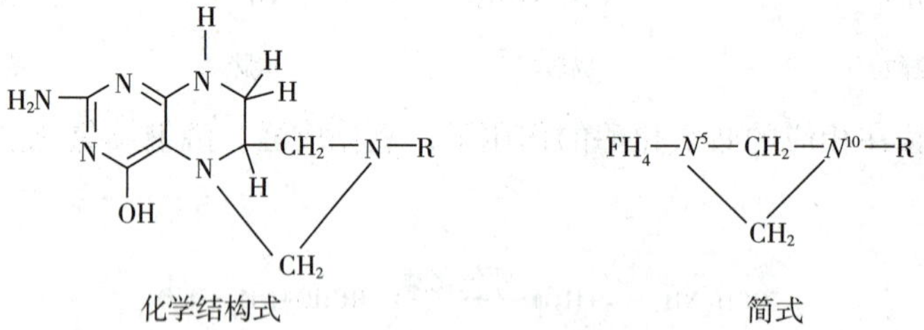

化学结构式　　简式（$FH_4—N^5—CH_2—N^{10}—R$，N^5与N^{10}间以 CH_2 相连）

许多氨基酸都可以作为一碳基团的来源，如甘氨酸、色氨酸、苏氨酸、丝氨酸和组氨酸等。氨基酸和一碳基团的关系如下。

甘氨酸氧化脱氨生成乙醛酸，再氧化成甲酸，甲酸和乙醛酸可分别与四氢叶酸反应生成 N^{10}-甲酰四氢叶酸和 N^5,N^{10}-次甲基四氢叶酸（图 10－12）。凡是在代谢过程中产生甲酸的都可以通过这种方式产生一碳单位，如色氨酸等。苏氨酸可以分解为甘氨酸和乙醛，所以苏氨酸通过甘氨酸形成一碳基团。

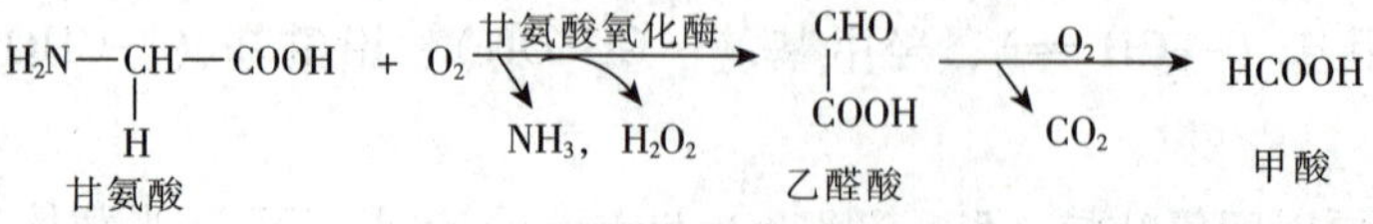

$$H_2N-CH_2-COOH + O_2 \xrightarrow[NH_3,\ H_2O_2]{\text{甘氨酸氧化酶}} CHO-COOH \xrightarrow[CO_2]{O_2} HCOOH$$

甘氨酸　　乙醛酸　　甲酸

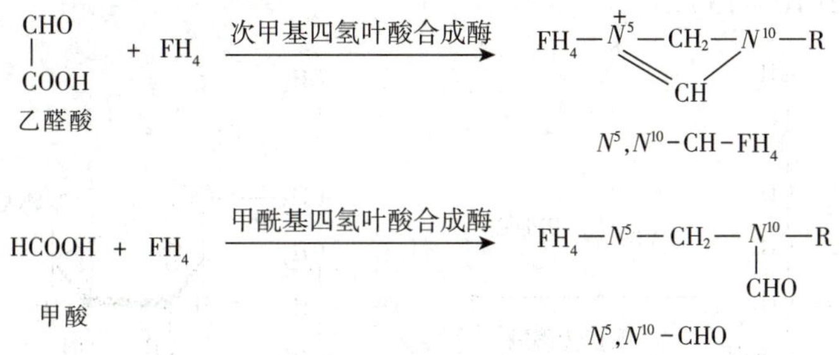

乙醛酸（CHO—COOH）$+ FH_4$ $\xrightarrow{\text{次甲基四氢叶酸合成酶}}$ $FH_4—\overset{+}{N^5}—CH_2—N^{10}—R$（$N^5$ 与 N^{10} 之间以 CH 桥连）

$N^5,N^{10}-CH-FH_4$

甲酸 $HCOOH + FH_4$ $\xrightarrow{\text{甲酰基四氢叶酸合成酶}}$ $FH_4—N^5—CH_2—N^{10}(CHO)—R$

$N^5,N^{10}-CHO$

图 10－12　甘氨酸与一碳基团生成

丝氨酸分子上的 β-碳原子可以转移到四氢叶酸上，同时脱去一分子水，生成 N^5,N^{10}-亚甲基四氢叶酸。丝氨酸的 β-碳原子转移后变为甘氨酸，因此丝氨酸既可以直接与四氢叶酸作用生成一碳基团，也可以通过甘氨酸形成 N^5,N^{10}-次甲基四氢叶酸（图 10－13）。

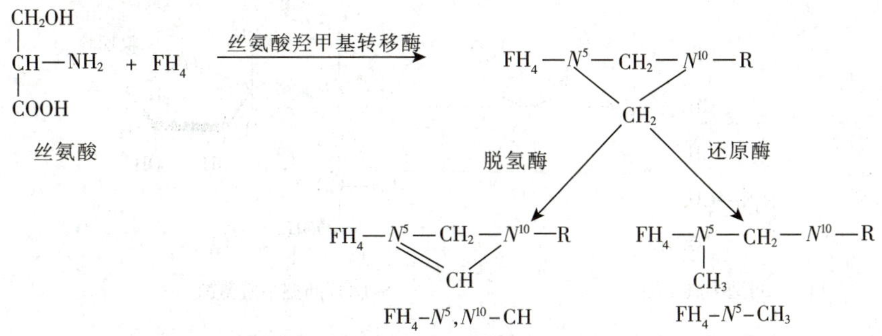

丝氨酸（$CH_2OH—CH(NH_2)—COOH$）$+ FH_4$ $\xrightarrow{\text{丝氨酸羟甲基转移酶}}$ $FH_4—N^5—CH_2—N^{10}—R$（N^5 与 N^{10} 之间以 CH_2 桥连）

脱氢酶 → $FH_4—N^5—CH_2—N^{10}—R$（CH 桥连）　$FH_4-N^5,N^{10}-CH$

还原酶 → $FH_4—N^5(CH_3)—CH_2—N^{10}—R$　$FH_4-N^5-CH_3$

图 10－13　丝氨酸与一碳基团生成

组氨酸在分解过程中产生亚氨甲基谷氨酸和甲基谷氨酸，它们可以分别与四氢叶酸作用，生成亚氨甲基四氢叶酸和 N^5－甲基四氢叶酸（图 10－14）。

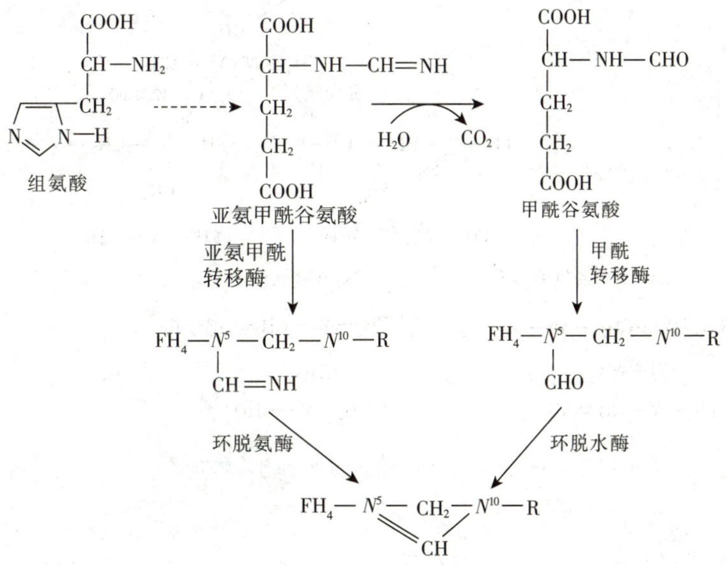

图 10－14　组氨酸与一碳基团生成

甲硫氨酸活化为 S-腺苷甲硫氨酸（S-adenosylmethionine，SAM），SAM 在甲基转移酶作用下，提供甲基参与合成胆碱、肌酸和肾上腺素等化合物，SAM 本身转变为 S-腺苷同型半胱氨酸，后者水解为同型半胱氨酸。同型半胱氨酸又可以从四氢叶酸中接受甲基形成甲硫氨酸，并重复参与上述过程，称为甲硫氨酸甲基转移循环（图 10－15）。

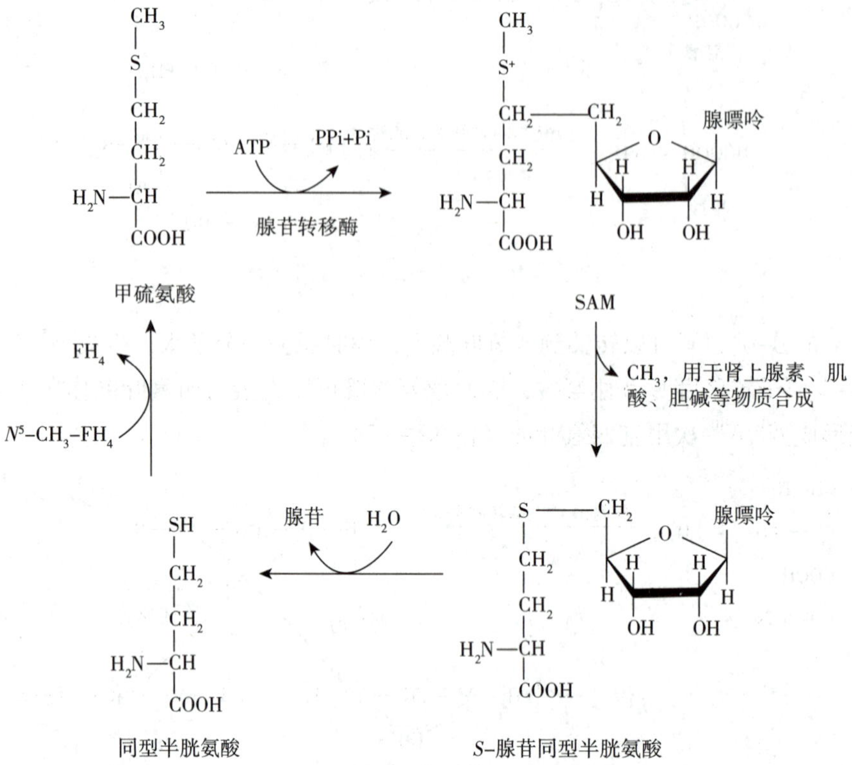

ATP
PPi+Pi
腺苷转移酶
腺嘌呤
甲硫氨酸
SAM
FH_4
N^5-CH_3-FH_4
CH_3，用于肾上腺素、肌酸、胆碱等物质合成
腺苷
H_2O
同型半胱氨酸
S-腺苷同型半胱氨酸

图 10－15　甲硫氨酸与一碳基团生成

一碳基团的几种形式之间可以发生相互转变，如 N^5,N^{10}－亚甲基四氢叶酸脱氢生成 N^5,N^{10}－次甲基四氢叶酸，加氢生成 N^5－甲基四氢叶酸，生成 N^5－甲基四氢叶酸的反应为不可逆反应（图 10－16）。

FH_4—N^5,N^{10}—CH_2
脱氢酶
还原酶
FH_4—N^5,N^{10}—CH
FH_4—N^5—CH_3
环脱氨酶
环脱水酶
FH_4—N^5—CH=NH
FH_4—N^5—CHO

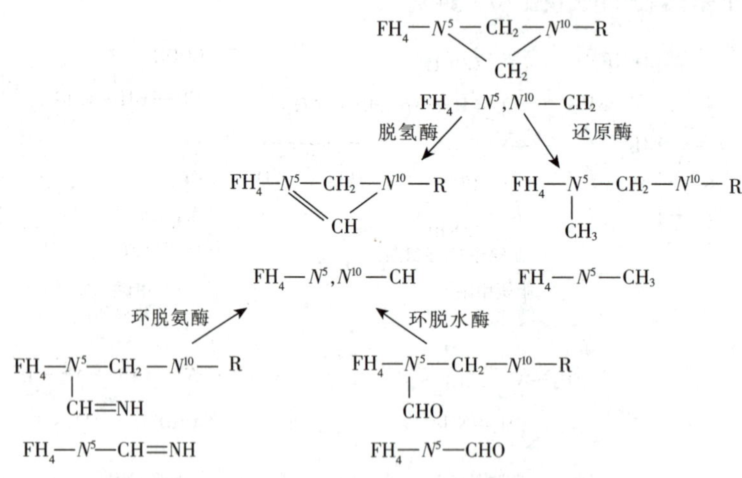

图 10－16　一碳基团之间相互转变

三、含硫氨基酸代谢

体内有三种含硫氨基酸，分别是甲硫氨酸、半胱氨酸和胱氨酸。这三种氨基酸的代谢是相互联系的，甲硫氨酸可以转变成半胱氨酸，半胱氨酸和胱氨酸可以相互转变。

甲硫氨酸可以通过甲硫氨酸甲基转移循环生成同型半胱氨酸，同型半胱氨酸可以由 N^5-甲基四氢叶酸提供甲基，发生甲基化重新生成甲硫氨酸。或者同型半胱氨酸与丝氨酸结合生成胱硫醚（cystathionine)，随后再生成半胱氨酸和α-酮丁酸。α-酮丁酸继续降解成丙酰 CoA，再转化为琥珀酰 CoA，进入柠檬酸循环（图 10-17）。

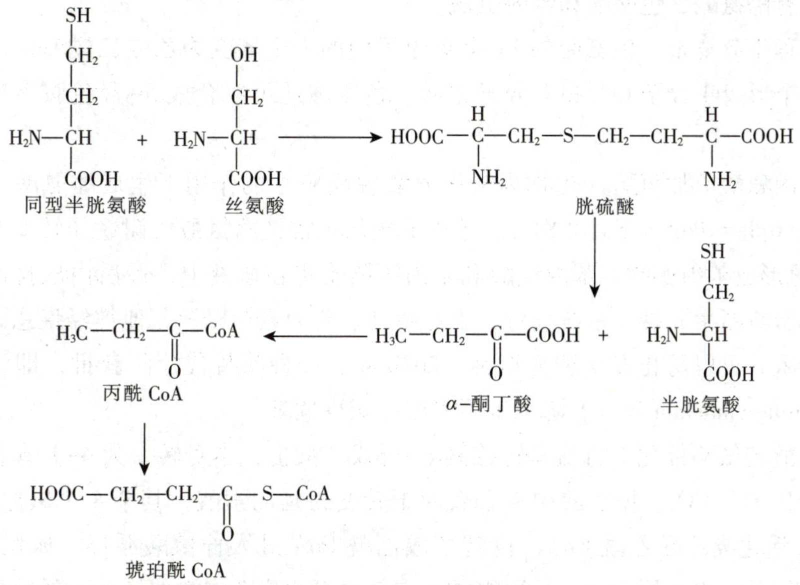

$HS-CH_2-CH_2-CH(NH_2)-COOH$（同型半胱氨酸）+ $HO-CH_2-CH(NH_2)-COOH$（丝氨酸）→ $HOOC-CH(NH_2)-CH_2-S-CH_2-CH_2-CH(NH_2)-COOH$（胱硫醚）

胱硫醚 → $H_3C-CH_2-CO-COOH$（α-酮丁酸）+ $HS-CH_2-CH(NH_2)-COOH$（半胱氨酸）

α-酮丁酸 → $H_3C-CH_2-CO-CoA$（丙酰 CoA）→ $HOOC-CH_2-CH_2-CO-S-CoA$（琥珀酰 CoA）

图 10-17 同型半胱氨酸分解

2 分子半胱氨酸巯基脱氢形成胱氨酸，胱氨酸加氢还原为 2 分子半胱氨酸。胱氨酸中含有二硫键，二硫键是许多蛋白质维持活性所必需的。半胱氨酸分解可以产生丙酮酸和牛磺酸，半胱氨酸转变为丙酮酸主要分三步进行，第一个中间产物半胱氨酸硫酸（cysteinesulfate）是一个分支点，一方面可以形成丙酮酸，另一方面也可以形成牛磺酸（图 10-18）。

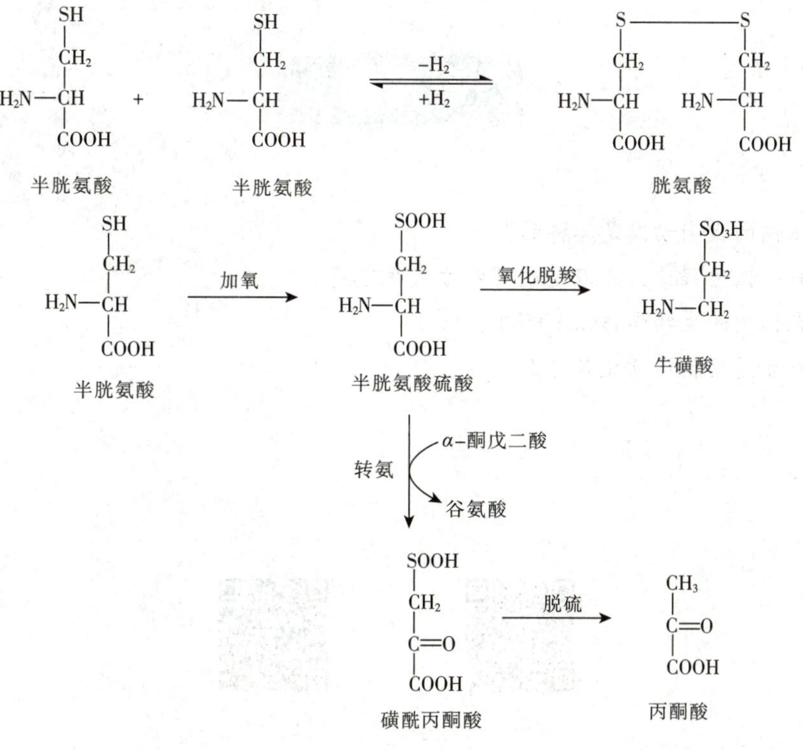

图 10-18 半胱氨酸代谢

四、芳香族氨基酸代谢

芳香族氨基酸有酪氨酸、色氨酸和苯丙氨酸。

色氨酸分解过程十分复杂，色氨酸的 11 个碳原子中的 1 个转变为乙酰乙酰 CoA，另外 2 个转变为乙酰 CoA，其余 5 个形成 4 分子 CO_2 和 1 分子甲酸。色氨酸还可以合成 5-羟色胺、吲哚乙酸、烟酸等物质。

苯丙氨酸在苯丙氨酸单加氧酶（也称为苯丙氨酸脱氢酶）的作用下生成酪氨酸，如果这种酶缺乏则引起苯丙酮尿症（phenylketonuria，PKU）。苯丙氨酸从正常经酪氨酸代谢途径转变为第二条途径，即与 α-酮戊二酸转氨形成苯丙酮酸。苯丙氨酸和苯丙酮酸聚集在血液中，最后由尿排出体外。苯丙氨酸及其代谢物的聚集影响新生儿神经系统发育，引起呕吐、智力迟钝以及其他神经疾患。患者在儿童时期控制苯丙氨酸的摄入，可以防止发生智力迟钝。2018 年，一种酶替代疗法获批，即注射苯丙氨酸氨基裂合酶（phenylalanine ammonia lyase）降解苯丙氨酸以减少危害。

酪氨酸在酪氨酸转氨酶催化下将氨基转移到 α-酮戊二酸上，本身转变为 4-羟苯丙酮酸，后者脱羧形成尿黑酸，并产生 1 个 CO_2。尿黑酸中 4 个碳原子转变为延胡索酸，其余 4 个碳原子形成乙酰乙酸，后者经琥珀酰 CoA 活化成乙酰乙酰 CoA，再转变成乙酰 CoA 进入柠檬酸循环。尿黑酸氧化酶缺乏时，引起尿黑酸症。尿黑酸症患者尿中含有的尿黑酸在空气中氧化聚合成类似黑色素的物质，因此尿液呈黑色，并且患者的结缔组织有不正常的色素沉着。

酪氨酸代谢可以生成黑色素，如果代谢途径中酪氨酸酶缺乏，表现为黑色素合成减少，称为白化病，临床症状为皮肤白化成粉色，头发白色等。酪氨酸还可以衍生成多巴、多巴胺、肾上腺素和去甲肾上腺素。这些物质在神经系统中起重要作用，它们和神经活动、行为、以及大脑皮层的醒觉和睡眠节律等都有关系。

答案解析

思考题

1. 氨基酸在体内的代谢动态是怎样的？
2. 氨基酸分解代谢过程中，可以通过哪些方式脱氨基？
3. 谷氨酰胺在体内的生物学作用有哪些？
4. 一碳基团产生的生物学意义是什么？

（刘岩峰）

书网融合……

微课

习题

第十一章　核酸与核苷酸的代谢

微课

PPT

学习目标

1. 通过本章学习，掌握核苷酸相关基本概念，碱基合成原料；熟悉碱基分解产物；了解核苷酸从头合成与补救合成途径，脱氧核糖核酸合成。

2. 具有综合分析核苷酸在代谢网络中作用的能力。

3. 养成从不同角度分析和思考问题的批判性思维。

第一节　核酸的分解代谢

一、核酸的消化与吸收

食物中的核酸多与蛋白质结合为核蛋白，在胃中受胃酸的作用，或在小肠中受蛋白酶作用，分解为核酸和蛋白质。核酸的消化、吸收主要在小肠进行。

核酸由胰液核酸酶和磷酸二酯酶降解为单核苷酸。后者再经肠液中核苷酸酶水解为核苷和磷酸，核苷经核苷磷酸化酶催化，磷酸解而生成含氮碱（嘌呤碱或嘧啶碱）与磷酸戊糖。磷酸戊糖可以进一步受磷酸化酶催化，分解成戊糖与磷酸。核酸的消化过程如图 11－1 所示。

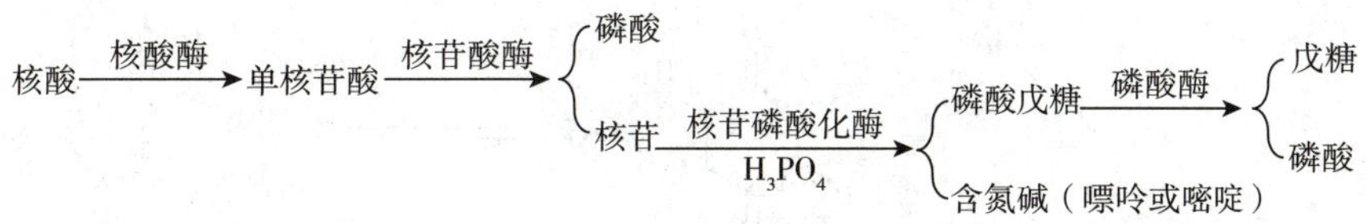

图 11－1　核酸的消化过程

核苷酸及其水解产物均可被细胞吸收，但它们的绝大部分在肠黏膜细胞中又被进一步分解。分解产生的戊糖被吸收而参加体内的戊糖代谢；嘌呤和嘧啶碱则主要被分解而排出体外。因此，实际上食物来源的嘌呤和嘧啶碱很少被机体利用。

二、核酸的分解

体内核酸的分解代谢类似于食物中核酸的消化过程。核酸分解的第一步是水解核苷酸之间的磷酸二酯键，生成寡核苷酸和单核苷酸。水解磷酸二酯键的酶称为核酸酶（nuclease），只能水解 RNA 的核酸酶称为核糖核酸酶（RNase），只能水解 DNA 的核酸酶称为脱氧核糖核酸酶（DNase）。根据核酸酶作用的位置不同，又可将核酸酶分为核酸外切酶（exonuclease）和核酸内切酶（endonuclease）。核酸外切酶能从 DNA 或 RNA 链的一端逐个水解下单核苷酸，核酸内切酶催化水解多核苷酸内部的磷酸二酯键。

生物体内广泛存在核苷酸酶，将核苷酸分解成为核苷与磷酸。核苷经核苷磷酸化酶作用，磷酸解成自由的碱基及磷酸戊糖。碱基既可以参加核苷酸的补救合成，也可进一步水解。

三、嘌呤的分解

嘌呤在体内分解的终产物是尿酸，尿酸随尿液排出体外。尿酸仍然具有嘌呤环，只有取代基发生氧化。人体内只有腺嘌呤核苷脱氨酶，没有腺嘌呤脱氨酶，所以腺嘌呤核苷需要在腺嘌呤核苷脱氨酶作用下，脱去氨基成为次黄嘌呤核苷，再受核苷磷酸化酶催化分解成核糖-1-磷酸和次黄嘌呤。次黄嘌呤在黄嘌呤氧化酶的催化下，先氧化成黄嘌呤，然后氧化成尿酸。鸟嘌呤受鸟嘌呤脱氨酶催化脱氨生成黄嘌呤，黄嘌呤氧化成尿酸（图 11 -2）。

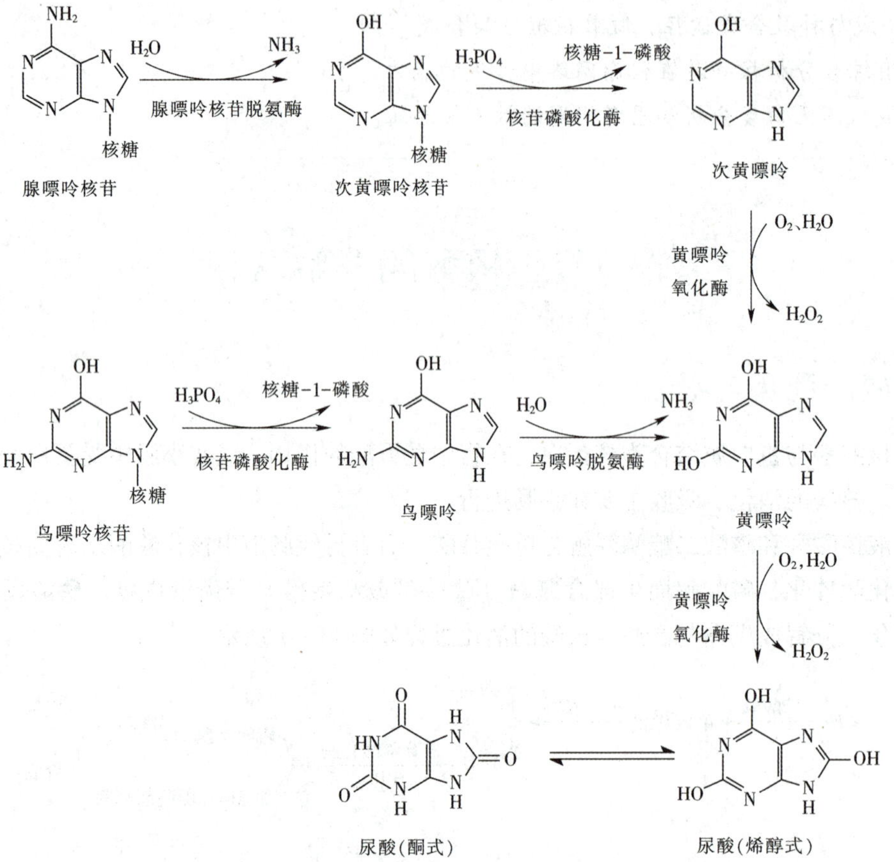

图 11 -2　嘌呤分解代谢

痛风是由尿酸在血液和组织中浓度过高引起的关节疾病，尿酸钠结晶在关节中沉积导致关节发炎、疼痛、关节炎。尿酸在肾小管中沉积也会影响肾脏。痛风多发于男性，精确的原因未知，但经常涉及尿酸盐的排出减少。一个或另一个嘌呤代谢酶基因缺陷在一些病例中也是一个因素。

痛风可以通过营养与药物联合进行有效的治疗。饮食中减少富含核酸或核苷酸的食物如动物的内脏、鱼子和海参等。别嘌呤醇（图 11 -3）可以缓解痛风的大部分症状，别嘌呤醇抑制黄嘌呤氧化酶，黄嘌呤氧化酶催化嘌呤转变为尿酸。别嘌呤醇是黄嘌呤氧化酶的底物，黄嘌呤氧化酶把别嘌呤醇转化为别黄嘌呤，别黄嘌呤与酶的活性中心紧密结合，使酶始终处于还原性形式而活力降低。当黄嘌呤氧化酶被抑制时，嘌呤代谢的产物是黄嘌呤与次黄嘌呤，它们比尿酸水溶性好，不容易形成结晶沉积。

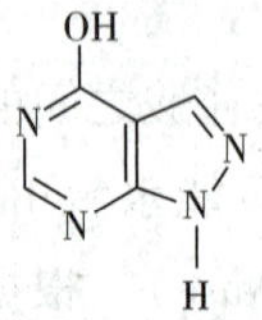

7-碳-8-氮次黄嘌呤
（别嘌呤醇）

图 11 -3　别嘌呤醇结构

四、嘧啶的分解

嘧啶的分解代谢主要在肝脏中进行。分解代谢过程中有脱氨基、氧化、还原及脱羧基等反应。胞嘧啶脱氨基转变为尿嘧啶，尿嘧啶和胸腺嘧啶先在二氢嘧啶脱氢酶的催化下，由 $NADPH + H^+$ 供氢，分别还原为二氢尿嘧啶和二氢胸腺嘧啶。二氢嘧啶酶催化嘧啶环水解，分别生成β-丙氨酸（β-alanine）和β-氨基异丁酸（β-aminosiobutyrate）。β-丙氨酸和β-氨基异丁酸可继续分解代谢。β-氨基异丁酸亦可随尿排出体外。摄入含 DNA 丰富的食物、经放射线治疗或化学治疗的患者以及白血病患者，尿中β-氨基异丁酸排出量增多。

胸腺嘧啶与尿嘧啶相似，还原、开环、水解生成β-氨基异丁酸，可直接从尿排出，也可转氨生成甲基丙二酸半醛，最后生成琥珀酰辅酶 A，进入三羧酸循环（图 11-4）。

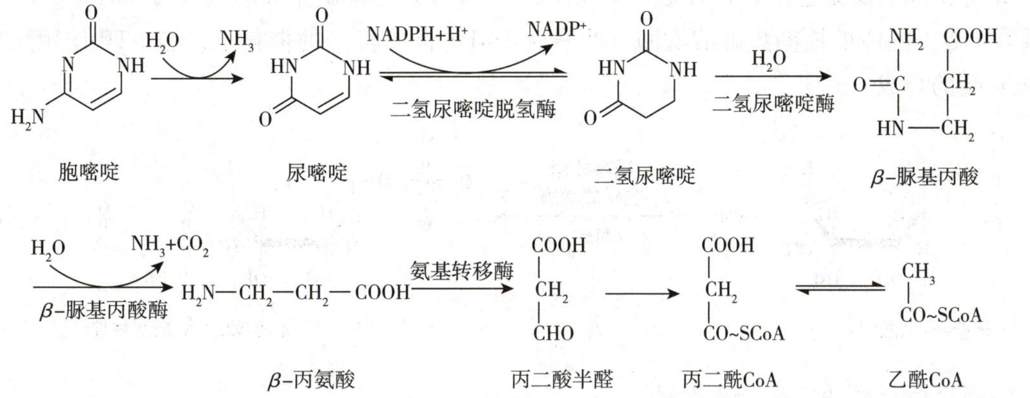

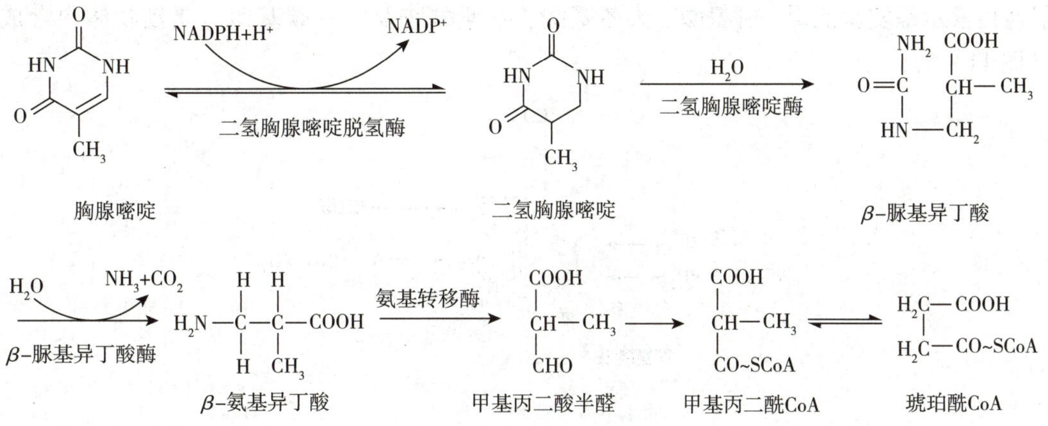

图 11-4 嘧啶分解代谢

a. 胞嘧啶的分解代谢；b. 胸腺嘧啶的分解代谢

第二节 核苷酸与脱氧核苷酸的生物合成

核苷酸在体内发挥重要作用，例如 ATP 是能量的直接利用形式，NAD 和 FAD 等核酸衍生物是重要的酶辅助因子，cAMP 和 cGMP 在细胞信号传递过程中发挥第二信使的作用。

核苷酸的生物合成有从头合成和补救合成两条途径。核苷酸中糖来自葡萄糖经磷酸戊糖途径分解产生的核糖-5-磷酸，碱基则可以利用氨基酸和氨基酸代谢产生的一碳基团合成。因而只要食物中不缺乏蛋白质，体内核酸就可以正常合成。

除了 ATP 之外，细胞中核苷酸的含量很少，仅占核酸合成所需的1%甚至更少。特别是在分裂期的细胞，核苷酸的含量是核酸合成的限速因素。因此在核酸合成过程中，细胞必须持续合成核苷酸。

一、嘌呤核苷酸的生物合成

（一）核糖-5-磷酸焦磷酸的生物合成

核糖-5-磷酸焦磷酸（1-焦磷酸-5-磷酸核糖，PRPP）是核苷酸合成的重要中间体。核苷酸分子中的核糖，来源于磷酸戊糖途径中的葡萄糖-6-磷酸（G-6-P）经降解生成的核糖-5-磷酸（R-5-P）。核糖-5-磷酸在专一的磷酸核糖焦磷酸激酶（也称为 PRPP 合成酶）的催化下，与 ATP 作用生成 PRPP，用于单核苷酸的合成。

核糖-5-磷酸(R-5-P) + ATP —(磷酸核糖焦磷酸激酶, Mg^{2+})→ 1-焦磷酸-5-磷酸核糖 + AMP

（二）嘌呤核苷酸的生物合成途径

放射性核素示踪实验证明，甘氨酸、天冬氨酸、谷氨酰胺及“一碳基团”是动物体内合成嘌呤环的原料（图 11－5）。

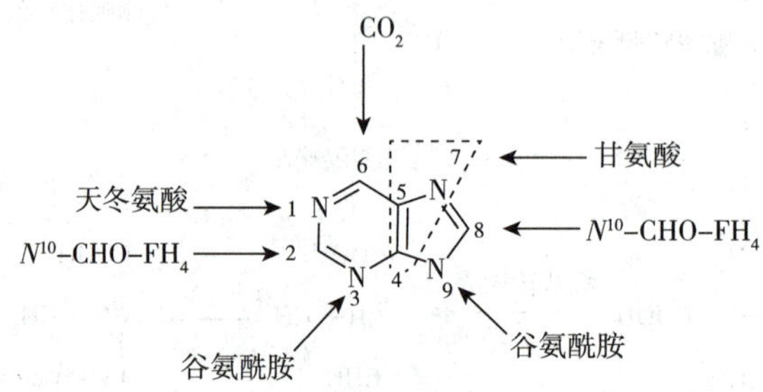

图 11－5 嘌呤环合成原料

1. 嘌呤核苷酸的从头合成（de novo synthesis）途径 在体内嘌呤核苷酸并非在嘌呤环形成之后再与磷酸核糖化合而成，而是核糖-5-磷酸焦磷酸先与合成嘌呤碱的原料相结合，再通过一系列变化而合成次黄嘌呤核苷酸（肌苷一磷酸，肌苷酸，IMP），然后转变成腺嘌呤核苷酸（AMP）和鸟嘌呤核苷酸（GMP）。

（1）次黄嘌呤核苷酸（IMP）的生物合成 第一步反应是由谷氨酰胺提供酰氨基取代 PRPP 中的焦磷酸基形成 5-磷酸核糖胺（1-氨基-5 磷酸核糖，RPA），此反应由谷氨酰胺-PRPP 酰胺转移酶所催化。接着的反应是加甘氨酸，N^{10}-甲酰四氢叶酸提供甲酰基，谷氨酰胺氮原子的转移，脱水与环化而生成 5-氨基咪唑核苷酸（AIR）。下一步是 AIR 的羧基化，天冬氨酸的加合及延胡索酸的去除，留下天冬氨酸的氨基。再由 N^{10}-甲酰四氢叶酸提供甲酰基，最后脱水和环化形成 IMP。上述各步反应均由相应的酶催化，并且有四个步骤需要消耗 ATP（图 11－6）。

（2）腺嘌呤核苷酸（AMP）和鸟嘌呤核苷酸（GMP）的合成　IMP 可进一步由天冬氨酸提供氨基，合成腺嘌呤核苷酸或氧化成黄嘌呤核苷酸（XMP），再由谷氨酰胺提供氨基合成鸟嘌呤核苷酸（图 11－7）。小肠黏膜、胸腺、肝等组织均按此途径合成嘌呤核苷酸。

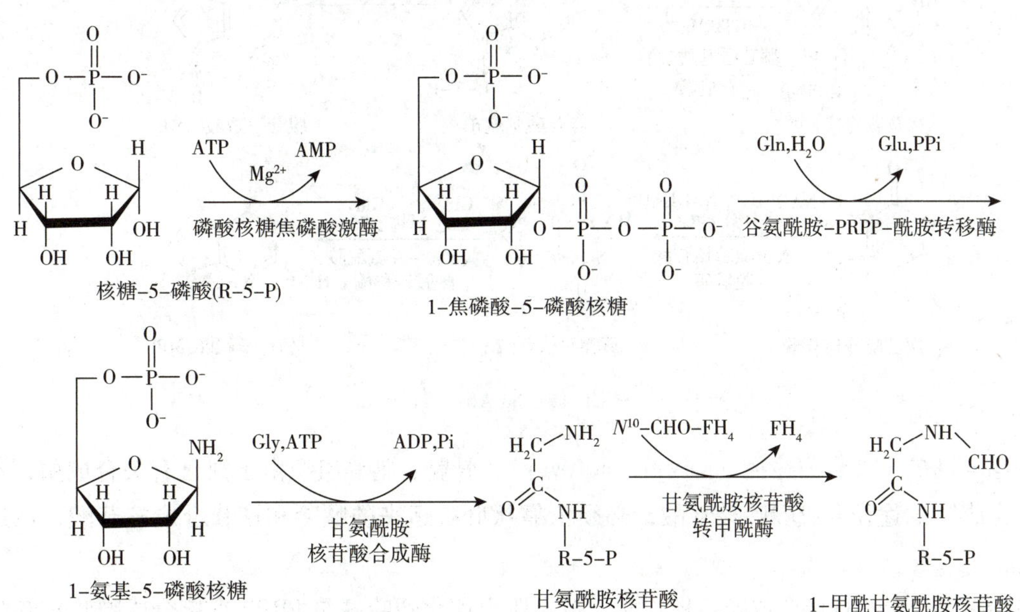

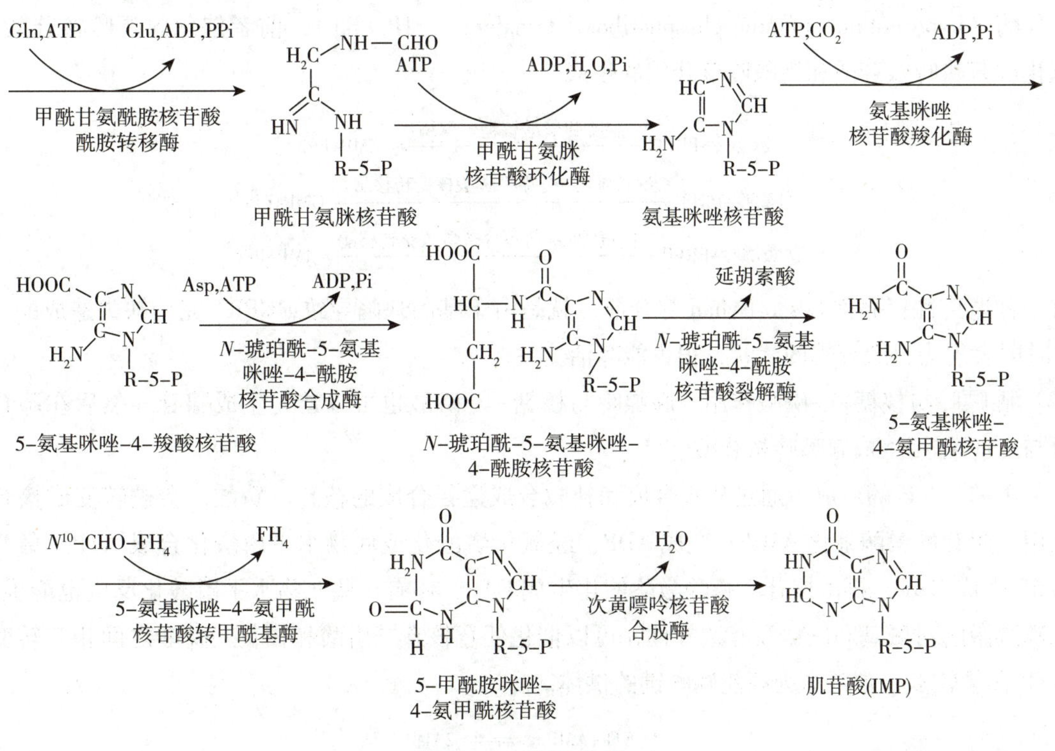

图 11－6　IMP 合成

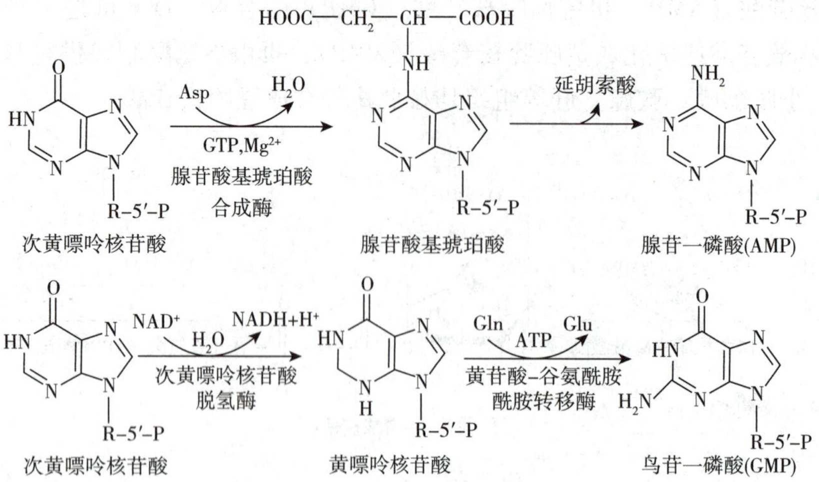

图 11 -7 IMP 转变成 AMP 和 GMP

2. 嘌呤核苷酸的补救合成途径（salvage pathway） 骨髓、脑等组织由于缺乏有关合成酶，不能按上述“从头合成”的途径合成嘌呤核苷酸，必须依靠从肝脏运来的嘌呤和核苷合成核苷酸，该过程称为补救合成。

（1）嘌呤碱与 PRPP 直接合成嘌呤核苷酸 在人体内催化嘌呤碱与 PRPP 直接合成嘌呤核苷酸的酶有两种，即腺嘌呤磷酸核糖转移酶（adenine phosphoribosyl transferase，APRT）和次黄嘌呤-鸟嘌呤磷酸核糖转移酶（hypoxanthine guanine phosphoribosyl transferase，HGPRT），前者催化腺嘌呤核苷酸的生成，后者催化次黄嘌呤核苷酸和鸟嘌呤核苷酸的生成。

$$\text{腺嘌呤+PRPP} \xrightarrow{\text{腺嘌呤磷酸核糖转移酶}} \text{AMP+PPi}$$

$$\text{鸟嘌呤+PRPP} \xrightarrow{\text{次黄嘌呤-鸟嘌呤磷酸核糖转移酶}} \text{GMP+PPi}$$

$$\text{次黄嘌呤+PRPP} \xrightarrow{\text{次黄嘌呤-鸟嘌呤磷酸核糖转移酶}} \text{IMP+PPi}$$

有一种遗传性疾病称 Lesch Nyhan 综合征，就是由于基因缺陷导致 HGPRT 完全缺失造成的。患儿在 2~3 岁时即表现为自毁容貌的症状，很少能存活。

（2）腺嘌呤与核糖-1-磷酸作用 腺嘌呤与核糖-1-磷酸也可以首先生成腺苷，然后在腺苷激酶催化下再与 ATP 作用生成腺嘌呤核苷酸。

3. ATP 和 GTP 的生成 通过从头合成和补救合成途径合成的核苷一磷酸，会被转变成核苷三磷酸加以利用。腺苷酸激酶催化 AMP 转变成 ADP，经氧化磷酸化或底物水平磷酸化合成 ATP。鸟苷酸激酶催化 GMP 生成 GDP，再由核苷二磷酸激酶催化生成 GTP，还有一些底物水平磷酸化反应也能生成 GTP。核苷二磷酸激酶对碱基和戊糖没有选择性，可以催化任意核苷二磷酸和核苷三磷酸之间相互转变。因为体内 ATP 含量较多，常常作为高能磷酸键的供体。

$$\text{ATP+AMP} \rightleftharpoons \text{2ADP}$$

$$\text{ATP+GMP} \rightleftharpoons \text{ADP+GDP}$$

二、嘧啶核苷酸的生物合成

根据放射性核素示踪证明，氨甲酰磷酸与天冬氨酸是合成嘧啶碱的原料，如图 11 -8 所示。

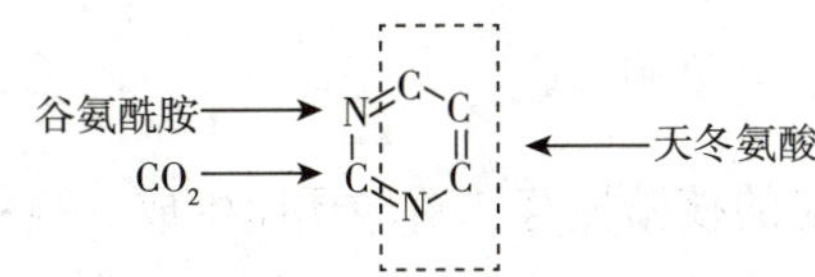

图 11－8　嘧啶碱合成的原料

（一）尿嘧啶核苷酸的从头合成途径

用于合成嘧啶碱的氨甲酰磷酸是在细胞质中由氨甲酰磷酸合成酶Ⅱ催化，在 ATP 提供能量的条件下，由谷氨酰胺与二氧化碳合成（合成尿素的氨甲酰磷酸是由肝线粒体中的氨甲酰磷酸合成酶Ⅰ所催化，其氮的来源为氨），氨甲酰磷酸再与天冬氨酸结合，经一系列变化生成乳清酸（orotic acid）即尿嘧啶甲酸，然后再与核糖－5－磷酸焦磷酸作用生成乳清酸核苷酸，最后脱羧生成尿嘧啶核苷酸（图 11－9）。

CO_2 （Gln,ATP → Glu,ADP,Pi；氨甲酰磷酸合成酶Ⅱ）→ 氨甲酰磷酸 （Asp → Pi；天冬氨酸氨基甲酰转移酶）→ *N*－氨甲酰天冬氨酸 （→ H_2O；二氢乳清酸酶）→ 二氢乳清酸

（NAD^+ → $NADH+H^+$；二氢乳清酸脱氢酶）→ 乳清酸 （PRPP → PPi）→ 乳清酸核苷酸 （→ CO_2；乳清酸核苷酸脱羧酶）→ 尿嘧啶核苷酸

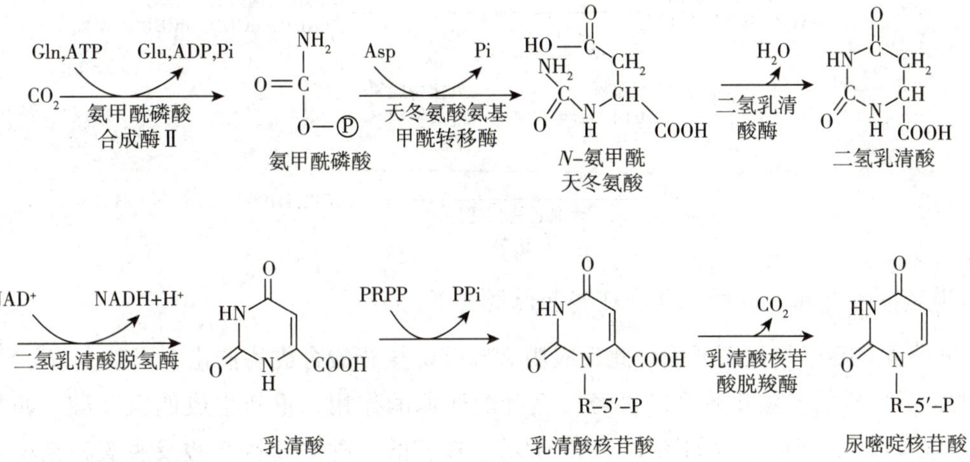

图 11－9　尿嘧啶核苷酸合成

（二）胞嘧啶核苷酸的合成途径

机体能将 ATP 的高能磷酸基团转移给 UMP 而生成 UDP 与 UTP，在 CTP 合成酶的催化下由谷氨酰胺提供氨基可使 UTP 转变成 CTP。

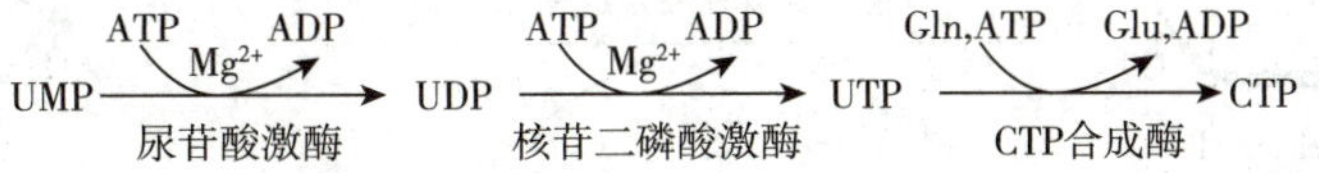

$$\text{UMP} \xrightarrow[\text{尿苷酸激酶}]{\text{ATP}\ \ Mg^{2+}\ \ \text{ADP}} \text{UDP} \xrightarrow[\text{核苷二磷酸激酶}]{\text{ATP}\ \ Mg^{2+}\ \ \text{ADP}} \text{UTP} \xrightarrow[\text{CTP合成酶}]{\text{Gln,ATP}\ \ \text{Glu,ADP}} \text{CTP}$$

（三）嘧啶核苷酸的补救合成途径

各种嘧啶核苷主要通过嘧啶核苷激酶的催化而生成相应的嘧啶核苷酸，也可通过磷酸核糖转移酶的作用而生成核苷酸，例如尿嘧啶核苷酸可通过下列两种反应生成。

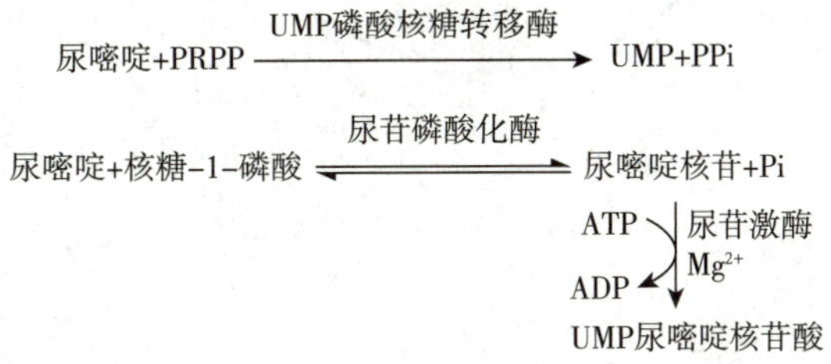

$$\text{尿嘧啶+PRPP} \xrightarrow{\text{UMP磷酸核糖转移酶}} \text{UMP+PPi}$$

$$\text{尿嘧啶+核糖-1-磷酸} \xrightleftharpoons{\text{尿苷磷酸化酶}} \text{尿嘧啶核苷+Pi}$$

尿嘧啶核苷 （ATP → ADP；尿苷激酶，Mg^{2+}）→ UMP尿嘧啶核苷酸

三、脱氧核糖核苷酸的生物合成

生物体内脱氧核糖核苷酸由相应的核糖核苷二磷酸还原生成。脱氧核糖核苷酸，包括脱氧嘌呤核苷酸和脱氧嘧啶核苷酸，其所含的脱氧核糖并非先形成后再结合成为脱氧核糖核苷酸，而是在核糖核苷二磷酸水平上直接还原生成的，由核糖核苷酸还原酶催化。脱氧胸腺嘧啶核苷酸则由 UMP 先还原成 dUMP，然后再甲基化而生成。

（一）核糖核苷二磷酸还原生成脱氧核糖核苷二磷酸

核糖核苷二磷酸经还原酶催化，以硫氧化还原蛋白为还原剂生成脱氧核糖核苷二磷酸。硫氧还蛋白有还原型和氧化型两种，还原型含 2 个巯基，氧化型则含二硫键，因此还原型硫氧还蛋白可作为核糖核苷酸的天然还原剂，硫氧还蛋白还原酶属黄酶类，它的辅基是 FAD，反应过程如下。

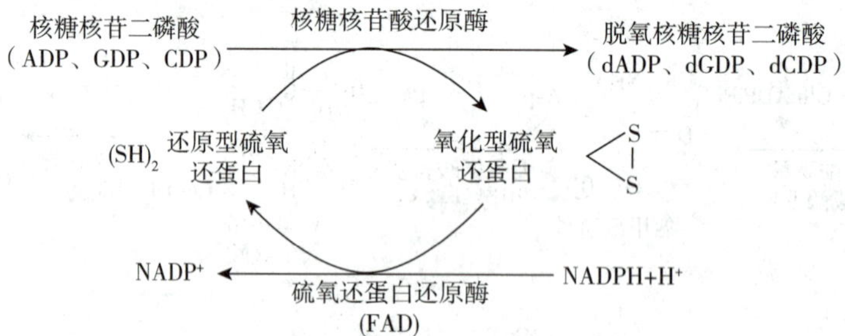

（二）脱氧尿嘧啶核苷酸甲基化合成脱氧胸腺嘧啶核苷酸

dTMP 可由 dUMP 甲基化而形成，此反应由胸腺嘧啶核苷酸合成酶催化，甲基由 N^5,N^{10}-亚甲基四氢叶酸提供，后生成的二氢叶酸可以再经二氢叶酸还原酶作用，重新生成四氢叶酸，四氢叶酸又可再携带“一碳基团”，反应过程如图 11－10 所示。核苷酸三种嘧啶核苷酸及脱氧核糖核苷酸互变的关系如图 11－11 所示。

图 11－10　dTMP 合成

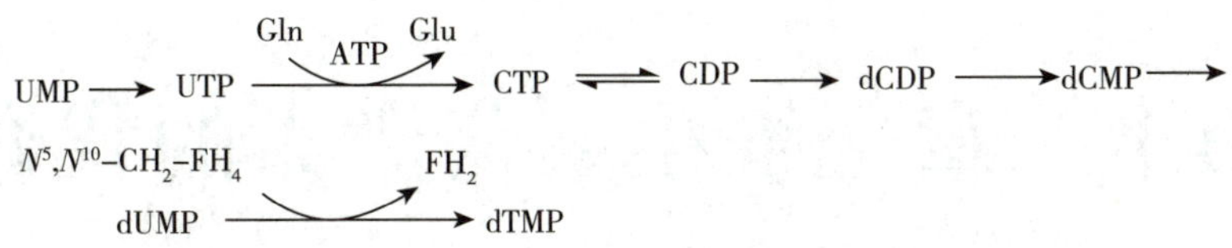

图 11-11 核苷酸三种嘧啶核苷酸及脱氧核糖核苷酸互变的关系

思考题

答案解析

1. 核苷酸中碱基在体内分解终产物是什么？
2. 核苷酸中碱基在体内合成的原料是什么？
3. 核苷酸在体内代谢网络中作用有哪些？

（刘岩峰）

书网融合……

习题

第十二章　维生素与激素的代谢

PPT

学习目标

1. 通过本章学习，掌握维生素的分类与功能，辅酶与维生素的关系，激素的分类与作用机制；熟悉其他维生素的作用与代谢特点，激素的合成、分泌与代谢；了解维生素的吸收、转运与储存，激素与代谢性疾病。

2. 具有能够系统识别激素与维生素的分类、作用机制及代谢关联，结合生理病理现象分析其功能异常的原因，在实际应用中解决营养缺乏、激素失调等相关问题。

3. 树立对激素与维生素的科学认知观念，养成关注机体代谢平衡、合理营养及健康调控的理性思维与社会责任意识。

第一节　维生素代谢

一、概述

维生素（vitamin）是机体维持正常生理功能所必需，体内不能合成或合成量很少，必须由食物供给的一组低相对分子质量有机化合物。维生素种类很多，化学结构差异很大。按溶解度差异维生素分为水溶性维生素（water-soluble vitamin）和脂溶性维生素（lipid-soluble vitamin）两大类。水溶性维生素包括B族维生素和维生素C两类。B族维生素又包括维生素 B_1、维生素 B_2、维生素 B_6、维生素 B_{12}、维生素PP、泛酸、叶酸、生物素等。脂溶性维生素包括维生素A、维生素D、维生素E、维生素K四种。

维生素在物质代谢过程中发挥各自特有的生理功能。维生素的每日需要量甚少，它们既不是构成机体组织的成分，也不是体内供能的物质。但机体缺乏某种维生素时，可发生物质代谢的障碍并出现相应的维生素缺乏症。

（一）水溶性维生素

1. 维生素 B_1　含有硫的噻唑环和含氨基的嘧啶环通过甲烯基连接而成，故名硫胺素（thiamine）。维生素 B_1 在植物中广泛分布，谷类、豆类的种皮中含量很丰富。焦磷酸硫胺素（thiaminepyrophosphate，TPP）为其体内的活性形式。TPP是α-酮酸氧化脱羧酶系的辅酶。TPP也是转酮醇酶的辅酶，参与磷酸戊糖途径。磷酸戊糖途径是合成核糖的来源，因此维生素 B_1 缺乏使体内核苷酸合成及神经髓鞘中的鞘磷脂的合成受影响，可导致末梢神经炎和其他神经病变，如脚气病。因此，维生素 B_1 又称抗神经炎或脚气病维生素。

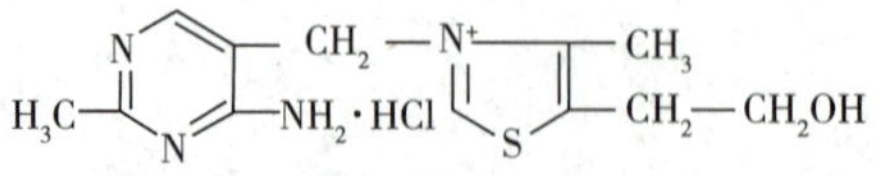

盐酸硫胺素

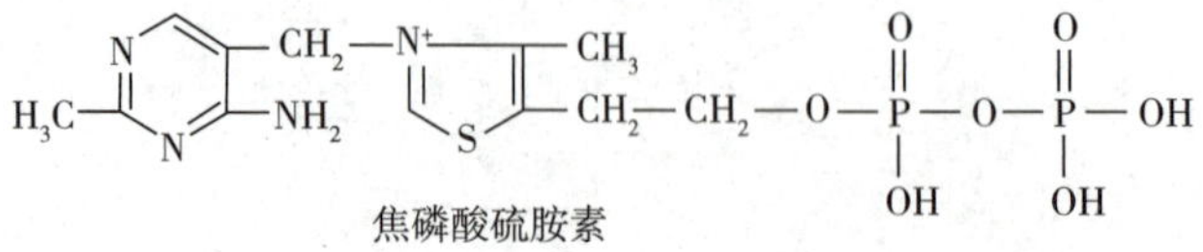

焦磷酸硫胺素

2. 维生素 B_2 　又名核黄素（1ibofiavin），它的化学本质是核糖醇和6,7-二甲基异咯嗪的缩合物。维生素 B_2分布很广，从食物中被吸收后在小肠黏膜的黄素激酶的作用下可转变成黄素单核苷酸（flavin mononucleotide，FMN），在体细胞内还可进一步在焦磷酸化酶的催化下生成黄素腺嘌呤二核苷酸（flavin adenine dinucleotide，FAD），FMN 及 FAD 为其活性型。N^1 位和 N^{10}位之间有两个活泼的双键，易起氧化还原作用。FMN 及 FAD 是体内氧化还原酶的辅基，主要起递氢体的作用。它对维持皮肤、黏膜和视觉的正常功能均有一定作用。人类缺乏维生素 B_2 时，可引起口角炎、唇炎、阴囊炎、眼睑炎等症。维生素 B_2（核黄素）、黄素单核苷酸（FMN）和黄素腺嘌呤二核苷酸（FAD）的结构如图12-1 所示。

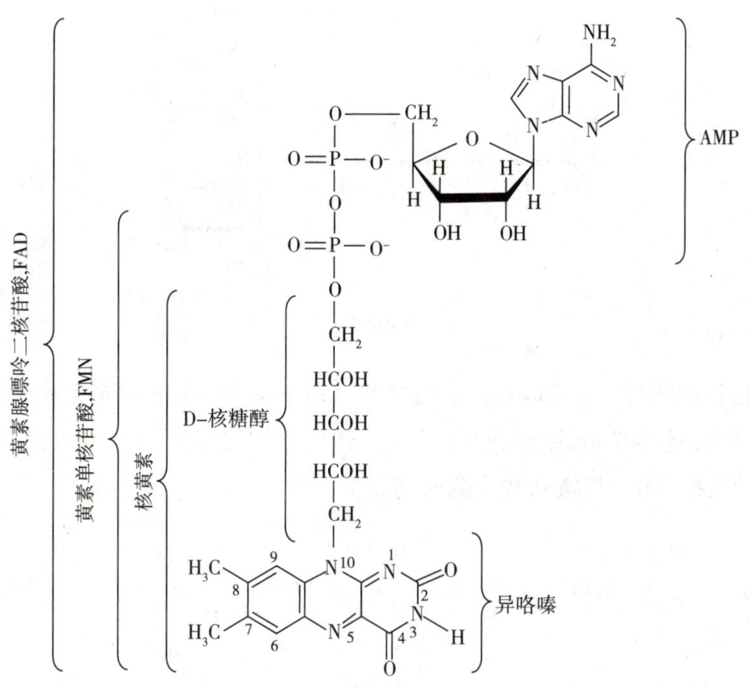

图 12-1　维生素 B_2（核黄素）、黄素单核苷酸（FMN）和黄素腺嘌呤二核苷酸（FAD）的结构

3. 维生素 PP 　又称抗癞皮病因子，包括烟酸（nicotinic acid，曾称尼克酸）及烟酰胺（nicotinamide，曾称尼克酰胺），二者在体内可相互转化。与烟酸相比，烟酰胺（nicotinamide）更适于通过饮食补给，因为它对胃刺激较小。大剂量的烟酸可以通过抑制胆固醇和三酰甘油的合成，具有降血脂作用。维生素 PP 广泛存在于自然界，人类维生素 PP 缺乏症称为癞皮病（pellagra），主要表现是皮炎、腹泻及痴呆。维生素 PP 的结构如下。

烟酸（吡啶-3-COOH）　　烟酰胺（吡啶-3-C(=O)-NH_2）

在体内烟酰胺可经几步连续的酶促反应与核糖、磷酸、腺嘌呤生成烟酰胺腺嘌呤二核苷酸（NAD^+）和烟酰胺腺嘌呤二核苷酸磷酸（$NADP^+$），它们是维生素 PP 在体内的活性型。NAD^+ 和 $NADP^+$ 在体内是多种不需氧脱氢酶的辅酶，分子中的烟酰胺部分具有可逆地加氢及脱氢的特性。

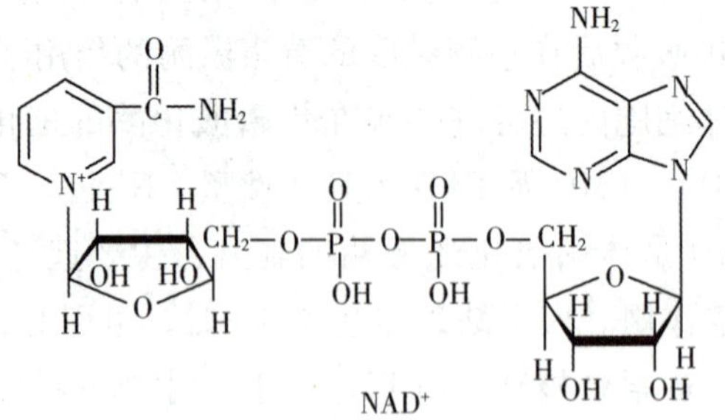

NAD^+

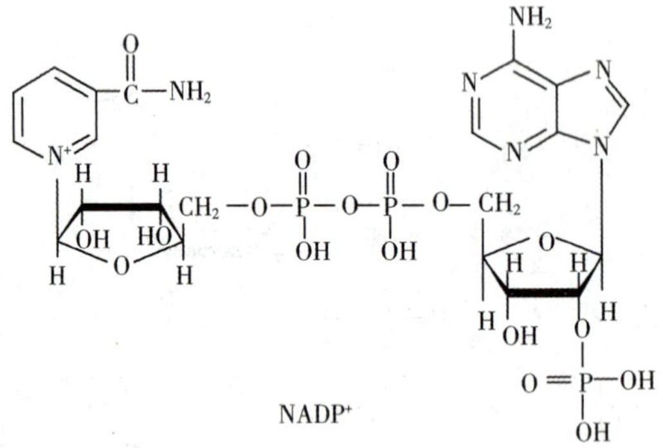

$NADP^+$

4. 维生素 B_6 包括吡哆醇（pyridoxine）、吡哆醛（pyridoxal）及吡哆胺（pyridoxamine），在体内以磷酸酯的形式存在。磷酸吡哆醛和磷酸吡哆胺可相互转变，均为活性型。维生素 B_6 在氨基酸的转氨基作用和脱羧作用中起辅酶作用，与氨基酸代谢密切相关。

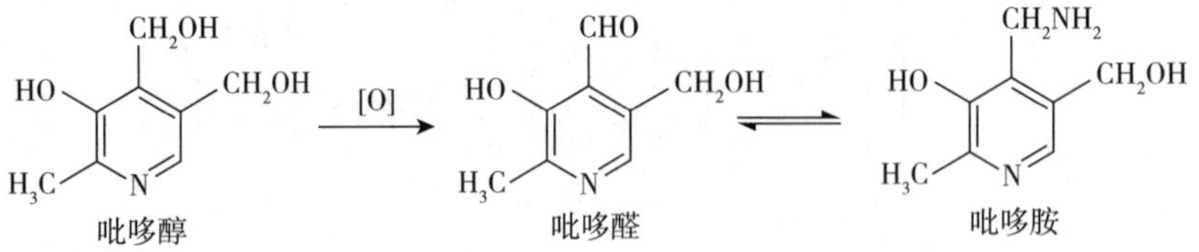

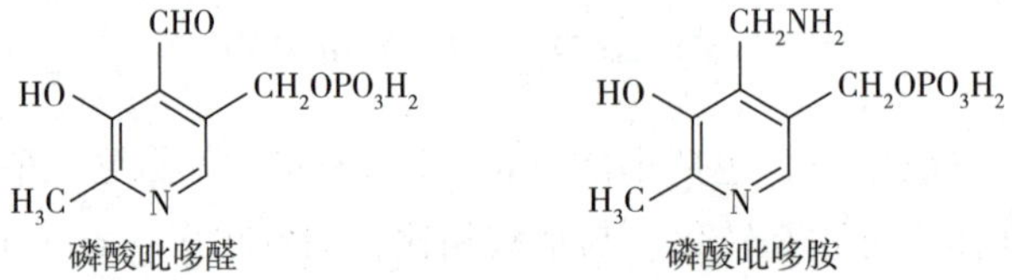

吡哆醇 吡哆醛 吡哆胺

磷酸吡哆醛 磷酸吡哆胺

5. 泛酸（pantothenie acid） 又称遍多酸。泛酸广泛存在于生物界，很少见泛酸缺乏症。泛酸在肠内被吸收进入人体后，经磷酸化并获得巯乙胺而生成4-磷酸泛酰巯乙胺。4-磷酸泛酰巯乙胺是辅酶A（CoA）及酰基载体蛋白（acyl carrier protein，ACP）的组成部分，所以CoA及ACP为泛酸在体内的活性型（图12-2）。在体内CoA及ACP构成酰基转移酶的辅酶，广泛参与糖、脂类、蛋白质代谢及肝的生物转化作用，约有70多种酶需CoA及ACP。

6. 生物素（biotin） 是由噻吩环和尿素结合而形成的一个双环化合物，侧链有一戊酸。生物素是体内多种羧化酶的辅酶，如丙酮酸羧化酶等，参与 CO_2 的羧化过程。生物素来源极广泛，人体肠道细菌也能合成，很少出现缺乏症。新鲜鸡蛋中有一种抗生物素蛋白（avidin），它能与生物素结合使其失去活性并不被吸收，蛋清加热后这种蛋白便被破坏，也就不再妨碍生物素的吸收。

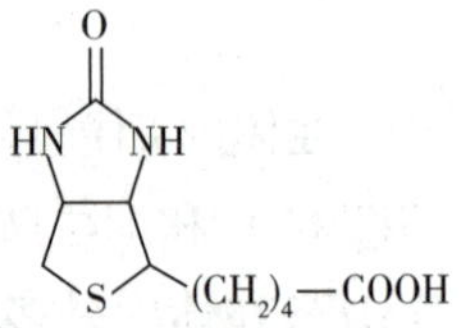

生物素

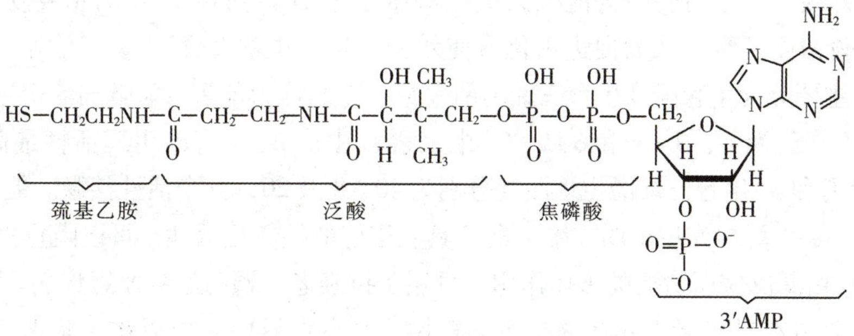

$$HS-CH_2CH_2NH-\underset{\underset{O}{\|}}{C}-CH_2-CH_2-NH-\underset{\underset{O}{\|}}{C}-\underset{\underset{H}{|}}{\overset{\overset{OH}{|}}{C}}-\underset{\underset{CH_3}{|}}{\overset{\overset{CH_3}{|}}{C}}-CH_2-O-\underset{\underset{O}{\|}}{\overset{\overset{OH}{|}}{P}}-O-\underset{\underset{O}{\|}}{\overset{\overset{OH}{|}}{P}}-O-CH_2\text{-(3'AMP)}$$

硫基乙胺　泛酸　焦磷酸　3′AMP

图 12-2　辅酶 A 的结构组成

7. 叶酸（folic acid）　是体内重要的维生素，它由2-氨基-4-羟基-6-甲基蝶呤啶（pteridine）、对氨基苯甲酸（*p*-aminobenzoic acid，PABA）和L-谷氨酸组成，又称蝶酰谷氨酸（PGA）。四氢叶酸是叶酸的活性形式。FH_4是一碳单位的载体，分子中 N^5 和 N^{10} 是结合、携带一碳单位的部位。叶酸在肉及水果、蔬菜中含量较多，肠道的细菌也能合成，所以一般不发生缺乏症。

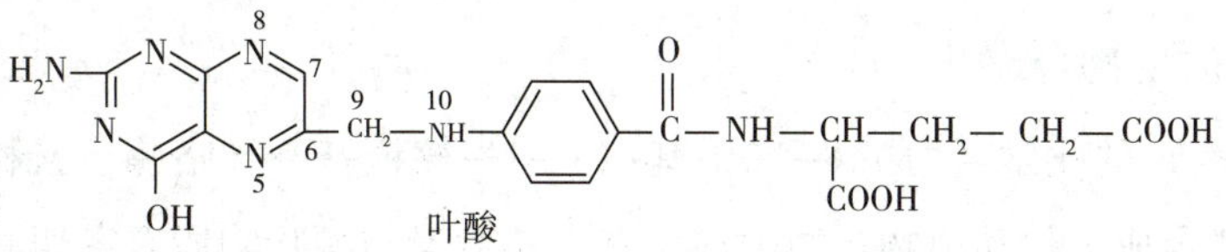

叶酸

8. *α*-硫辛酸（upoicacid）　结构是6,8-硫辛酸，能还原为二氢硫辛酸，为硫辛酸乙酰转移酶的辅酶。目前，尚未发现人类有硫辛酸的缺乏症。

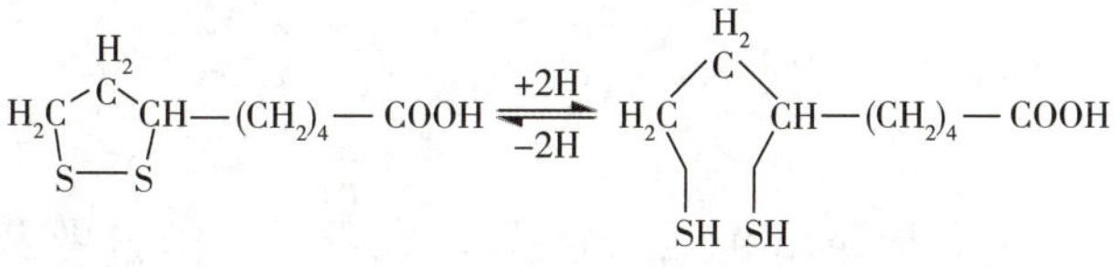

$$\text{硫辛酸}\ \underset{-2H}{\overset{+2H}{\rightleftharpoons}}\ \text{二氢硫辛酸}$$

硫辛酸　二氢硫辛酸

9. 维生素 B_{12}　又称钴胺素（cobalamin），其结构中含有一个金属钴离子，是唯一含金属元素的维生素。甲钴胺素和5′-脱氧腺苷钴胺是维生素 B_{12}的活性型，参与甲基的转移，具有辅酶的功能，又称辅酶 B_{12}。

10. 维生素 C　又称 L-抗坏血酸（ascorbic acid），它是含有 6 个碳原子的不饱和多羟基化合物，以内酯形式存在。食物中长期缺乏水果和新鲜蔬菜会导致坏血病，抗坏血酸能用于坏血病的防治和增强机体对感染的抵抗能力，是一种辅助性治疗药物，能促进各种支持组织及细胞间黏合物形成。维生素 C 可在谷胱甘肽还原酶作用下，促使氧化型谷胱甘肽（G—S—S—G）还原为还原型（G—SH）。还原型 G—SH 能使细胞膜的脂质过氧化物还原，起保护细胞膜的作用。

（二）脂溶性维生素 微课

1. 维生素 A　又称抗干眼病维生素，又叫视黄醇（retinol），是一个具脂环的不饱和一元醇，通常以视黄醇酯（retinol ester）的形式存在，醛的形式称为视黄醛（retinal）。天然的维生素 A 有维生素 A_1及维生素 A_2两种形式。维生素 A 在体内的活性形式包括视黄醇、视黄醛（retinal）和视黄酸（retinoic acid）。植物中不存在维生素 A，但有多种胡萝卜素，其中以*β*-胡萝卜素（*β*-carotene）最为重要。它在小肠黏膜处由*β*-胡萝卜素加氧酶作用，加氧断裂，生成 2 分子视黄醇，所以通常将*β*-胡萝卜素称为维生素 A 原。

2. 维生素 D　又称为抗佝偻病维生素，是甾体类衍生物，含有还戊烷多氢菲结构，其中活性最大的为维生素 D_2和维生素 D_3。维生素 D_2又称麦角钙化醇（ergocalciferol），维生素 D_3 又称胆钙化醇（cholecalciferol）。体内可由胆固醇变为 7-脱氢胆固醇，储存在皮下，在紫外线作用下再转变成维生素 D_3，是人体内维生素 D 的主要来源。因而称 7-脱氢胆固醇为维生素 D 原。在酵母和植物油中有不能被人吸收的麦角固醇，在紫外线照射下可转变为能被人吸收的维生素 D_2。维生素 D 的主要功能是调节钙、磷代谢，维持血液钙、磷浓度正常，从而促进钙化，使牙齿、骨骼正常发育。

3. 维生素 E 主要分为生育酚及生育三烯酚两大类。它们均为苯骈二氢吡喃的衍生物。每类又可根据甲基的数目、位置不同分为 α、β、γ 和 δ 四种。维生素 E 中以 α-生育酚生理活性最高，若以它为基准，β-生育酚及 γ-生育酚和 α-生育三烯酚生理活性分别为40、8及20，其余活性甚微。但就抗氧化作用而论，δ-生育酚作用最强，α-生育酚作用最弱。维生素 E 具有很好的抗氧化活性，可以阻止生物膜上维生素 A 与不饱和脂肪酸发生自由基反应所造成的破坏作用，可用于抗衰老、预防心脑血管疾病。

4. 维生素 K 是具有异戊烯类侧链的萘醌化合物，在自然界中主要以维生素 K_1 和维生素 K_2 两种形式存在，其化学结构都是2-甲基-1,4-萘醌的衍生物，区别仅在于 R 基团。维生素 K_1 存在于绿叶蔬菜中，称为叶绿基甲萘醌（phytylmenaquinone）。维生素 K_2 是人体肠道细菌的代谢产物，又称多异戊烯基甲萘醌（multiprenylmenaquinoe）。维生素 K 的主要作用是促进肝合成凝血酶原及几种凝血因子（Ⅶ、Ⅸ、Ⅹ），当肝功能失常时，维生素 K 失去促进血液凝固作用。

二、水溶性维生素的生物合成

（一）维生素 B_2 的生物合成

维生素 B_2（核黄素）的化学名为7,8-二甲基-(D-1′-核糖基)-异咯嗪，又称核黄素（riboflavin），分布较广，人体虽不能合成，但动植物食物中均含有。核黄素与嘌呤物质有密切联系，较早观察到的是嘌呤促进核黄素的合成。通过同位素标记技术证明鸟嘌呤是核黄素合成的直接前体，维生素 B_2 合成过程如图 12-3 所示。

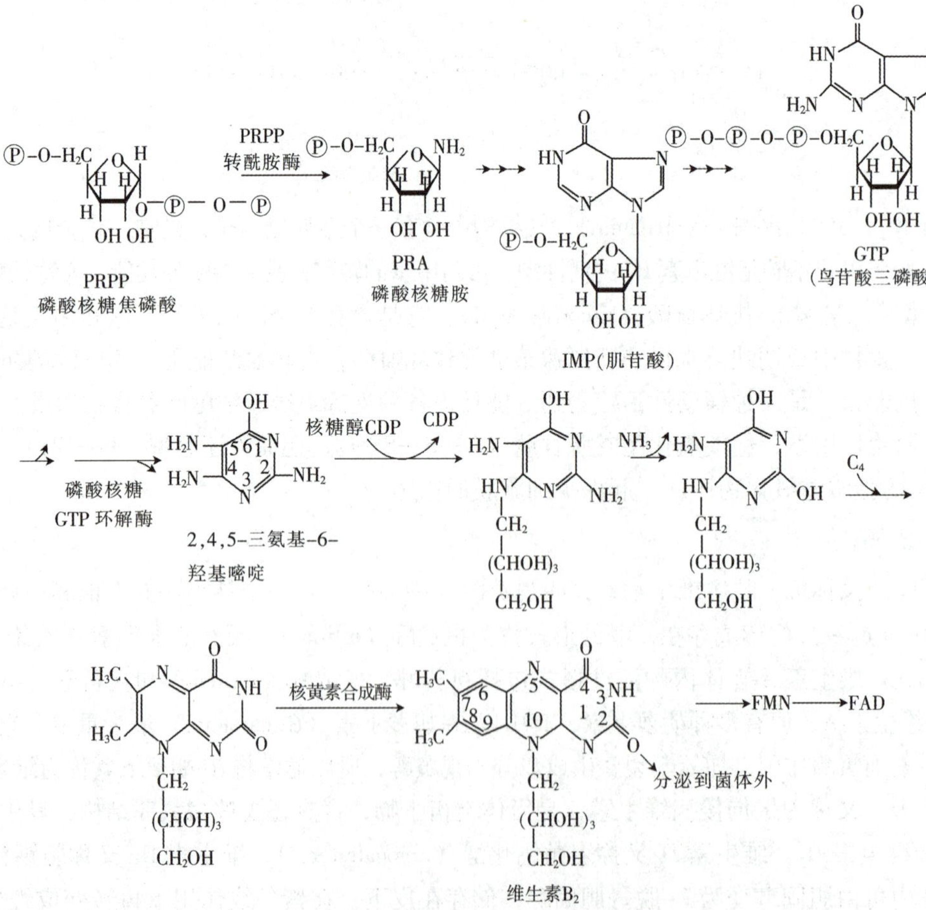

图 12-3 维生素 B_2 的生物合成

（二）维生素 PP 的生物合成

维生素 PP 又名烟酸（niacin），它是辅酶 NAD 和 NADP 的主要组成成分，它们是代谢反应中重要的氢和电子转运载体。色氨酸在人体肝内通过一系列酶的催化反应可以转化为维生素 PP，但转变率较低，其生物合成过程如图 12－4 所示。

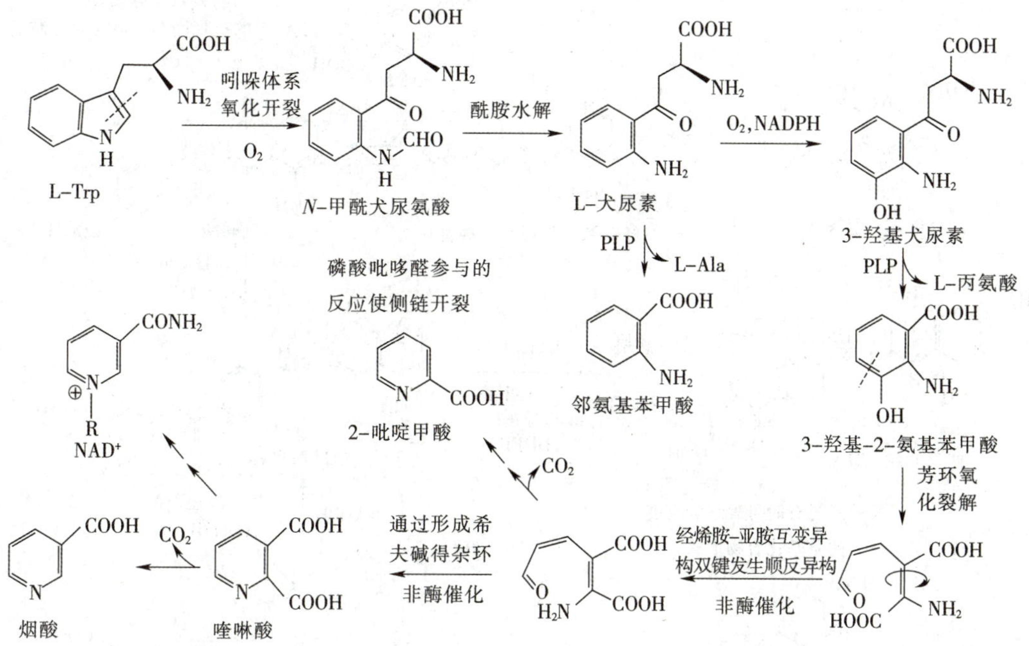

图 12－4 人体内烟酸的生物合成

植物中，烟酸则由甘油醛-3-磷酸和 L-天门冬氨酸经酶催化缩合而生成，其过程如图 12－5 所示。

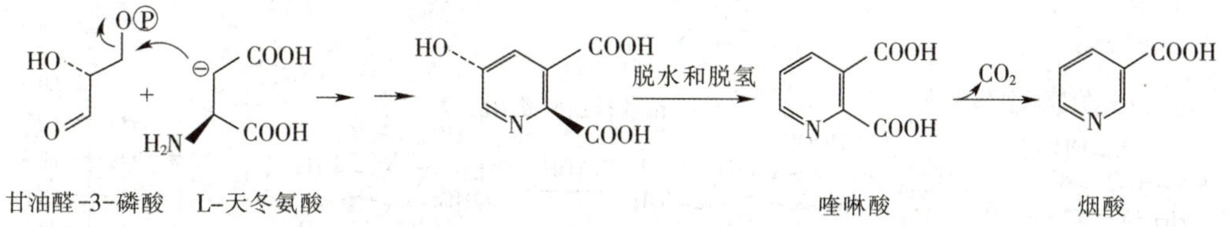

图 12－5 植物体中烟酸的生物合成

（三）叶酸的生物合成

叶酸（folic acid）由蝶呤啶、对氨基苯甲酸和谷氨酸组成。哺乳动物必须从食物中获取四氢叶酸，而微生物则能自身合成。四氢叶酸可作为一碳单位的载体，它在氨基酸代谢和核苷酸代谢中起重要作用。磺胺类药物是对氨基苯甲酸的抗代谢物，可作为抗菌剂。甲氨蝶呤能抑制二氢叶酸还原酶，临床上用作抗肿瘤药物。叶酸的生物合成过程如图 12－6 所示。

（四）维生素 C 的生物合成

维生素 C 又称 L-抗坏血酸（L-Ascorbic acid），L-抗坏血酸广泛存在于柠檬、柑橘等水果和新鲜蔬菜中，作为还原剂，有抗氧化作用。人体不能合成维生素 C，植物中维生素 C 的生物合成的过程如图 12－7 所示。首先葡萄糖氧化为葡萄糖醛酸，然后经羰基还原形成 L-古洛糖酸，后者发生分子内酯化反应生成 L-古洛糖酸内酯，其内酯再经氧化生成 2-酮-古洛糖酸内酯，经烯醇重排生成维生素 C。人类和其他灵长类动物因体内缺乏古洛糖酸内酯氧化酶，不能将 L-古洛糖酸内酯氧化为 2-酮-古洛糖酸内酯，因此需要依赖饮食补充维生素 C。微生物中具有这种酶，因此工业上采用微生物发酵法生产维生素 C。

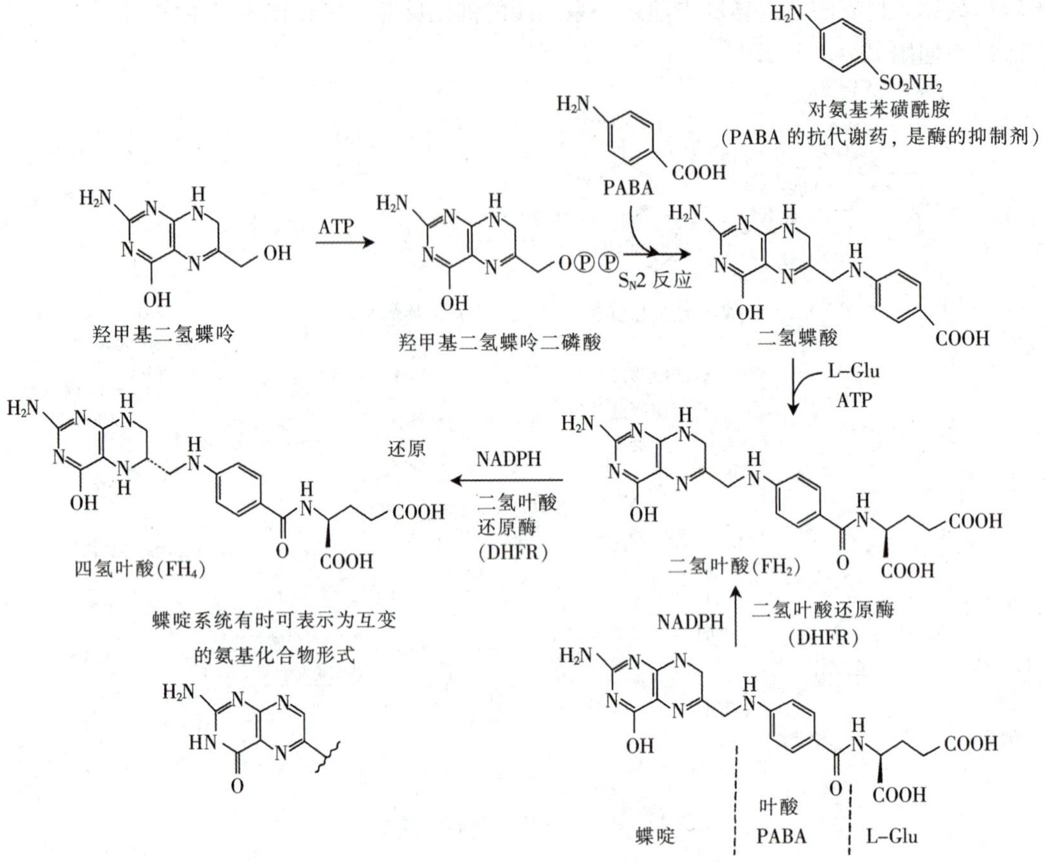

图 12－6　叶酸的生物合成

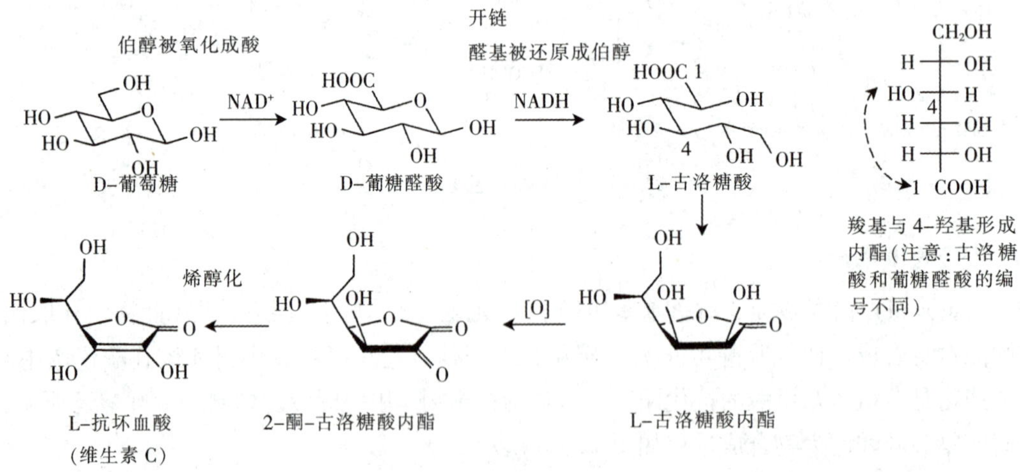

图 12－7　维生素 C 的生物合成

三、脂溶性维生素的生物合成

（一）维生素 A 的生物合成

自然界中的胡萝卜素是由 8 个具有 5C 的异戊二烯衍生物互相连接聚合形成的脂溶性四萜类（40C）

化合物。3 分子的乙酰辅酶 A 通过甲羟戊二酸（MVA）途径合成异戊烯焦磷酸酯（IPP），IPP 可异构化为二甲基丙烯焦磷酸酯（DPP），IPP 与 DPP 缩合生成二甲基辛二烯焦磷酸酯（GPP），GPP 再与两分子 IPP 缩合形成香叶基香叶焦磷酸酯（GGPP），GGPP 尾尾缩合生成 Z-八氢番茄红素，其生物合成过程如图 12－8 所示。这个过程的起始与胆固醇合成过程的起始阶段相似。

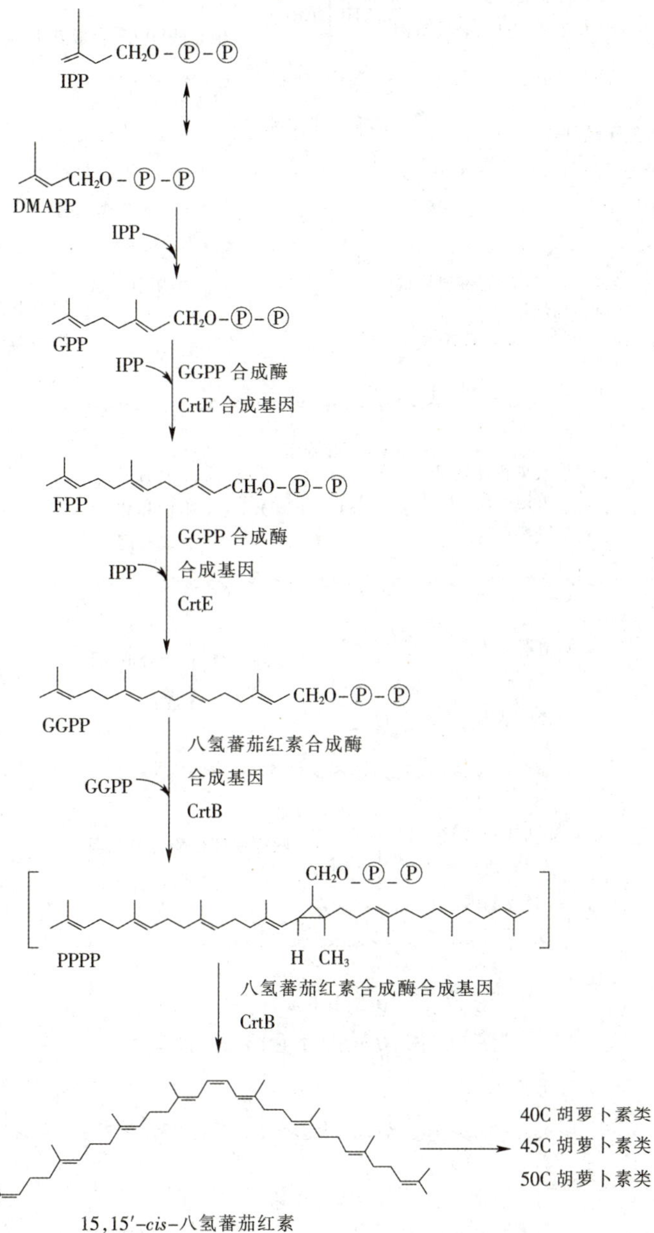

图 12－8 Z-八氢番茄红素的生物合成

Z-八氢番茄红素通过去饱和酶生成番茄红素，番茄红素再经环化酶催化生成 β-胡萝卜素（图 12－9）。

β-胡萝卜素经氧化均裂生成视黄醛，再经 NADH 还原生成维生素 A_1，又称为视黄醇。视黄醇经脱氢酶去饱和作用生成去氢视黄醇（维生素 A_2）（图 12－10）。它们的功能主要为维持上皮组织结构完整与功能及正常视觉所必需。

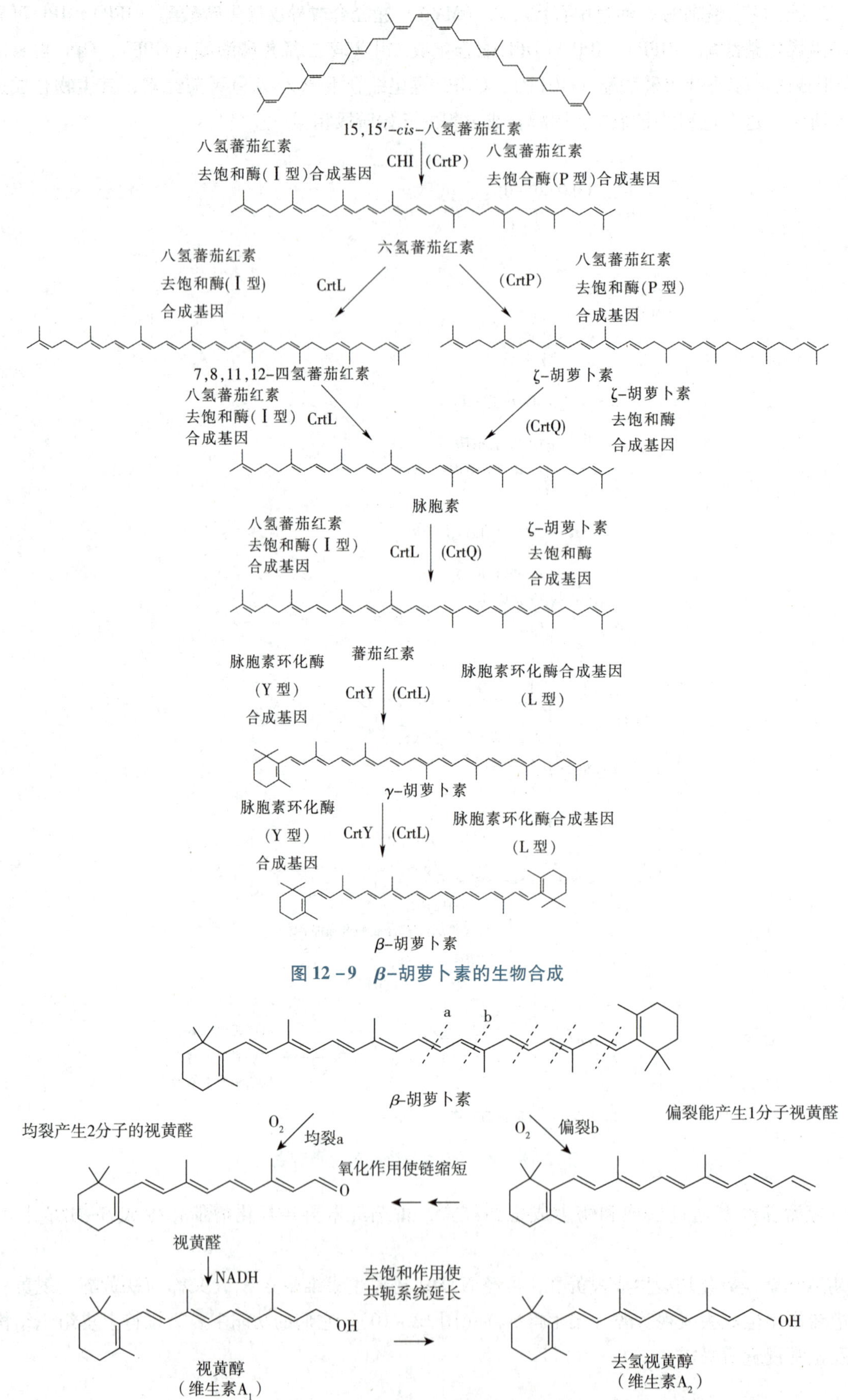

图 12-9 β-胡萝卜素的生物合成

图 12-10 维生素 A 的生物合成

（二）维生素 D 的生物合成

维生素 D 又称抗软骨病维生素。已知有 4 种，即维生素 D_2、维生素 D_3、维生素 D_4 及维生素 D_5。动植物体内含有可以转化为维生素 D 的固醇类物质，称为维生素 D 原。经紫外线照射可转变为维生素 D。植物中的麦角固醇和人体内的 7-脱氢胆固醇是典型的维生素 D 原。维生素 D_3（vitamin D_3）是动物体中存在的脂溶性维生素 D 的主要形式，它是甾醇的代谢产物。动物皮肤经光照射，体内的 7-脱氢胆固醇发生光化学反应，通过开环和构型转化而产生维生素 D_3，维生素 D_3 本身不是维生素的活性形式，它在体内羟化为钙二醇和钙三醇才是其活性形式。它们的生物合成过程如图 12－11 所示。

（三）维生素 E 的生物合成

维生素 E 是一组脂溶性维生素，又名生育酚，如 α-生育酚、β-生育酚、γ-生育酚和 δ-生育酚。其中 α-生育酚的活性最高。植物绿叶能合成维生素 E，动物组织的维生素 E 来自食物。α-生育酚乙酸酯是市场上用作食物添加剂和药物的主要形式。体内生育酚的生物合成如图 12－12 所示。对羟基苯丙酮酸氧化脱羧生成尿黑酸，尿黑酸与茄呢基焦磷酸进行烷基化和脱羧反应同步进行，经 SAM 提供甲基进行苯环甲基化反应，再经对苯二酚环化反应生成生育酚。

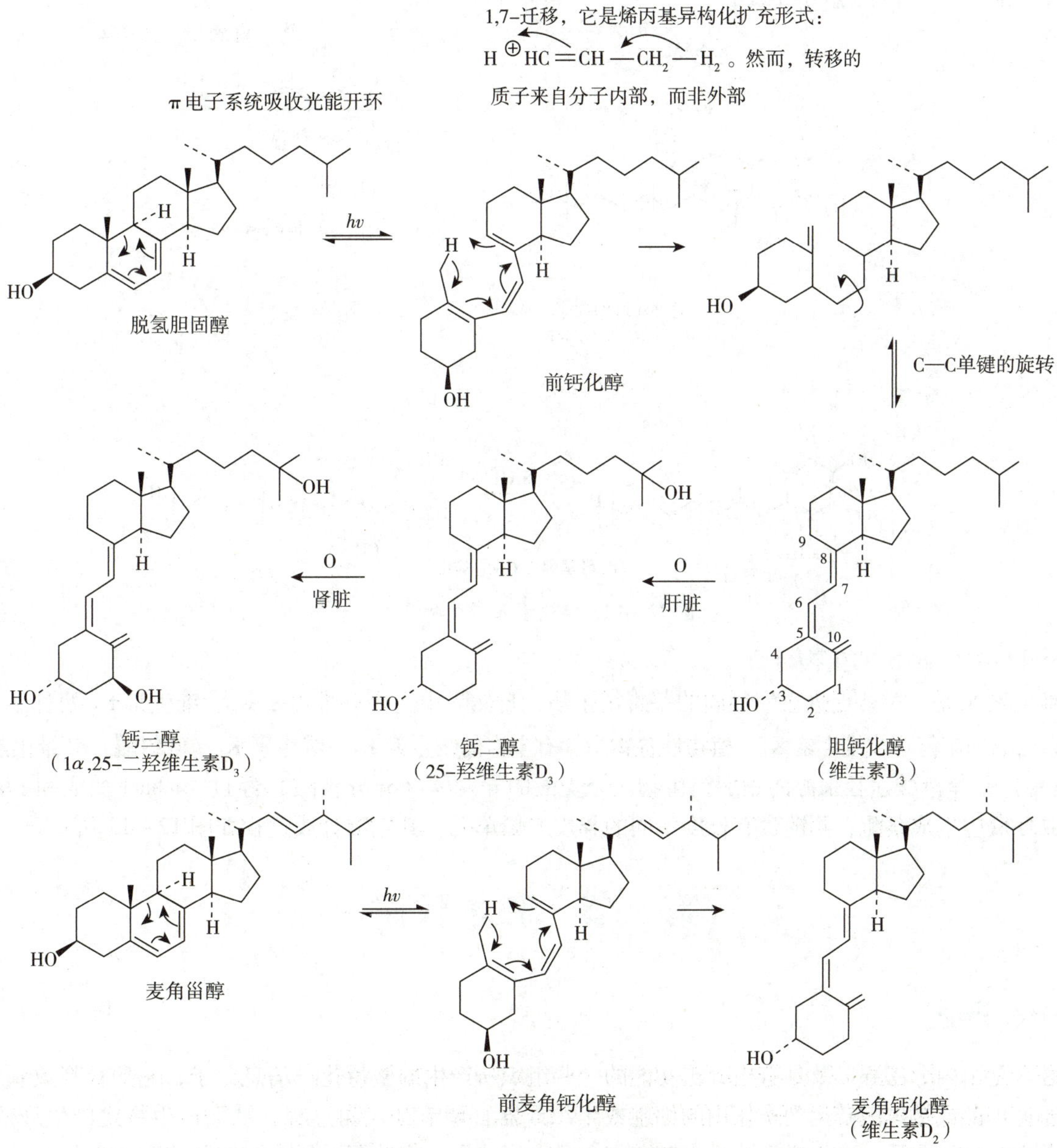

图 12－11 维生素 D_3 的生物合成

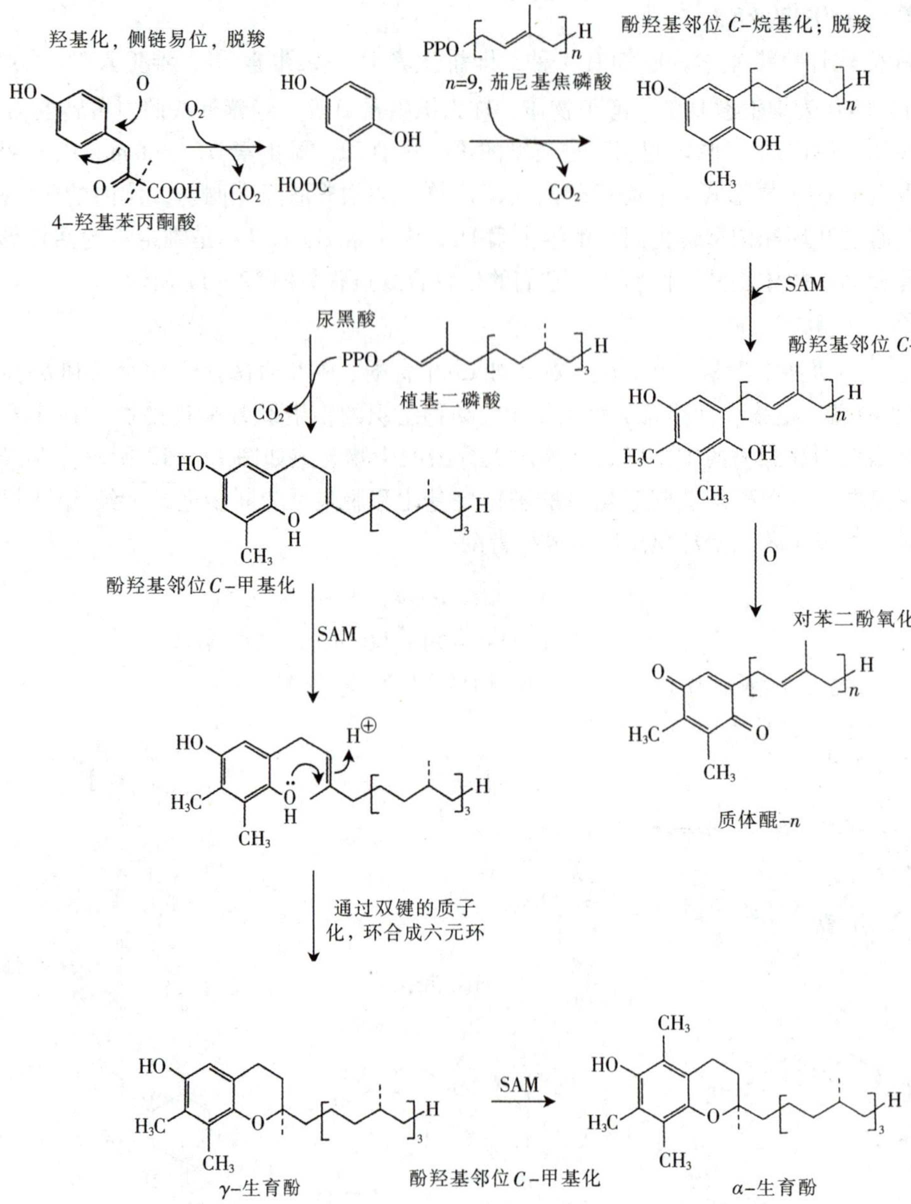

羟基化，侧链易位，脱羧
4-羟基苯丙酮酸
n=9，茄尼基焦磷酸
酚羟基邻位C-烷基化；脱羧
SAM
酚羟基邻位C-甲基化
尿黑酸
植基二磷酸
酚羟基邻位C-甲基化
SAM
O
对苯二酚氧化为醌
质体醌-n
通过双键的质子化，环合成六元环
γ-生育酚
SAM
酚羟基邻位C-甲基化
α-生育酚

图12-12　维生素E的生物合成

（四）维生素K的生物合成

维生素K是一类能促进血液凝固的萘醌衍生物，自然界中主要有维生素K_1、维生素K_2两种。人和动物肠内的细菌能合成维生素K_1。植物性食物中含有丰富的维生素K_2。维生素K_1（叶绿醌）和维生素K_2（甲萘醌）是莽草酸途径来源的萘醌衍生物。分支酸的异构体（异分枝酸）经过Michael加成和Claisen缩合成环反应生成萘醌，侧链含有长度不同的异戊二烯单元，其生物合成过程如图12-13所示。

第二节　激素代谢

一、概述

激素是由内分泌腺以及具有内分泌功能的一些组织所产生的微量化学信息分子，它们被释放到细胞外，通过扩散或被体液转运到所作用的细胞或组织或器官调节其代谢过程，从而产生特定的生理效应。依据激素的化学本质，可将激素分为氨基酸衍生物、甾体类、多肽蛋白质类和脂肪族四大类。

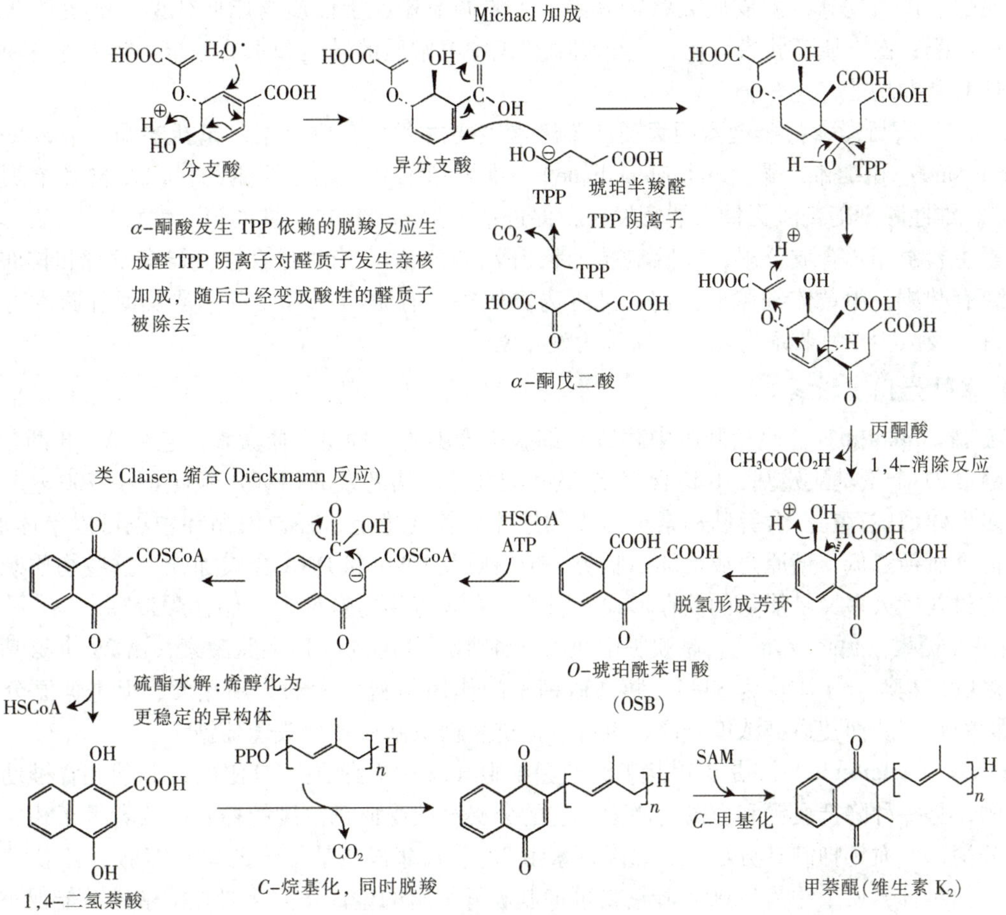

图 12-13 维生素 K_2 的生物合成

（一）氨基酸衍生物激素

1. 甲状腺素 为两种具有生理活性的碘化酪氨酸衍生物：L-甲状腺素（thyroxine，L-3,5,3′,5′-四碘甲腺原氨酸，以 T_4 表示）和 L-3,5,3′-三碘甲腺原氨酸（以 T_3 表示）。T_4 含量多于 T_3，而 T_3 的生理活性比 T_4 大 3～5 倍。甲状腺素有促进物质代谢、增加耗氧量及产热作用。故甲状腺功能亢进的患者常有低热、消瘦和基础代谢率升高的现象。

2. 肾上腺素 由肾上腺髓质嗜铬细胞合成分泌，包括肾上腺素、去甲肾上腺素和多巴胺。肾上腺素、去甲肾上腺素和多巴胺是生物体内重要的神经递质，属儿茶酚胺类化合物。肾上腺素对糖代谢的影响与胰岛素有拮抗作用，它可促进肝糖原分解和肌糖原酵解，使血乳酸和血糖升高，并有增强糖异生作用。另外，它对脂肪和蛋白质代谢也有影响，促进蛋白质分解，抑制脂肪合成，增强脂肪动员与氧化，加强能量的利用和产热，使机体处于能量动员状态。

已发现多个肾上腺素能受体。当动物遇到紧急情况时，肾上腺会分泌肾上腺素（adrenaline，epinephrine）。肾上腺素主要激动 α 肾上腺素受体和 β 肾上腺素受体，临床用于心搏骤停、过敏性休克的急救之用。去甲肾上腺素主要作用于 α 肾上腺素受体，是强效的外周血管收缩药，用于急性低血压时的血管恢复。多巴胺是去甲肾上腺素生物合成的前体，主要激动 α 肾上腺素受体、β 肾上腺素受体和外周多巴胺受体，临床用于多种休克的抢救之用。

（二）甾体类激素

1. 肾上腺皮质激素 肾上腺皮质分泌的激素种类很多，化学本质为甾体类化合物。肾上腺皮质激素的生理功能可分为两类：一类的主要功能为调节糖代谢，通过增加糖异生，促进肝糖原贮藏；另一类为调节水盐代谢，主要是保钠排钾。因此，前者被称为糖皮质激素，后者又被称为盐皮质激素。糖皮质激素有皮质醇、皮质酮等，由皮质束状带分泌，主要调节糖、蛋白质与脂肪代谢。盐皮质激素有醛固酮、脱氢皮质酮，由皮质环状带分泌，主要调节组织中电解质的转运和水的分布。肾上腺皮质网状带也具有分泌性激素的功能。

2. 性激素 有雄激素与雌激素两大类。雄激素主要由睾丸合成分泌，包括睾酮（testosterone）、雄酮（androsterone）和雄烯二酮（androstenedione）。雄酮和雄烯二酮是睾酮的代谢产物（睾酮→雄烯二酮→雄酮）。雄性激素能刺激男性性器官发育，促进精子生成及促进男性的第二性特征。

雌激素主要由卵巢合成分泌，包括雌酮、雌二醇和雌三醇。有促进女性性器官发育和排卵功能。黄体激素主要有孕酮，由黄体细胞所分泌，又称为黄体酮。有激动子宫准备受孕及促乳腺发育，抑制排卵、停止月经及减少子宫收缩等功效，又称为妊娠素。

（三）多肽蛋白类激素

1. 胰岛素（insulin） 是由胰脏中胰岛 B 细胞所分泌的一种蛋白质激素。它由 A、B 两条肽链连接组成，A 链含 21 个氨基酸残基，B 链含 30 个氨基酸残基。胰岛素的相对分子质量为 5700 左右，常以二聚体以及多聚体形式存在。含锌胰岛素可形成六聚体，较为稳定，在血液循环中也可以单体形式存在。胰岛素可促进血糖降低，糖原合成增加，脂肪、蛋白质及 RNA 和 DNA 合成加强。这些物质既是细胞或组织的结构材料，大多又是能量的储存形式，因此，有人将胰岛素称为“储存激素”。

2. 胰高血糖素（glucagon） 是胰脏中胰岛 A 细胞所分泌的一种多肽激素，由 29 个氨基酸残基组成的单链多肽，相对分子质量为 3485。胰高血糖素的作用与胰岛素的作用相反，促进糖原分解与糖异生，抑制糖酵解，从而使血糖浓度升高，也可以促进生糖氨基酸转变成葡萄糖。

3. 降钙素（calcitonin） 是由甲状腺滤泡旁细胞（又称 C 细胞）分泌的或非哺乳脊椎动物的腮腺合成分泌的，是一种降低血钙和血磷的激素。它的分泌直接受血钙浓度的控制，两者呈正相关，即高血钙促进其分泌，低血钙抑制其分泌。成熟降钙素由 32 个氨基酸残基组成的单链多肽，且 C 端经酰胺化的脯氨酸，相对分子质量约为 3800。降钙素可抑制破骨细胞的生成，阻止骨盐溶解，并能促进破骨细胞转变为成骨细胞，使钙离子沉淀于骨中，并对 PTH（甲状旁腺素）有拮抗作用，因而使血钙降低。降钙素可用来治疗某些骨病，如甲状旁腺功能亢进引起血钙过高症、维生素 D 过多症和骨质疏松症。

4. 甲状旁腺素（parathormone，PTH） 是由甲状旁腺主细胞合成分泌的一种单纯单链多肽，是维持机体钙平衡的重要激素之一。甲状旁腺素由 84 个氨基酸残基组成，相对分子质量约为 9500。用人工合成的多肽证明，PTH 的氨基末端的 34 肽就能表现 PTH 的全部活性。甲状旁腺素主要功能是调节钙、磷代谢，使血钙升高、血磷降低。

5. 垂体激素 垂体在神经系统以及下丘脑分泌激素的控制下，分泌多种激素，这些激素又调控机体各种内分泌腺对其各种相应激素合成和分泌。

垂体分前叶、后叶及中叶三部分，由垂体柄与下丘脑相连。垂体前叶及中叶能自行合成激素，后叶仅贮存并分泌激素，后叶所分泌的激素是由下丘脑合成的，经血液输送到后叶贮存待分泌。垂体前叶分泌的激素主要有生长激素、促甲状腺素、促肾上腺皮质激素、催乳素、促卵泡激素（follicle stimulating hormone，FSH）及促黄体生成素（luteinizing hormone，LH）等；垂体中叶和后叶分泌的激素主要有促黑素细胞激素、催产素和加压素。

6. 下丘脑激素 下丘脑分泌几种激素释放因子及激素释放抑制因子以调节垂体前叶的功能，控制脑垂体中促甲状腺激素、促性腺激素、促肾上腺皮质激素、生长激素等的分泌。常见下丘脑激素有促甲状腺激素释放因子、促黄体生成激素释放因子、促肾上腺皮质激素释放因子和生长激素释放抑制因子等。

另外，下丘脑和垂体合成分泌一类吗啡样多肽，称内啡肽（endorphin）。α-内啡肽、β-内啡肽、γ-内啡肽具有很强的吗啡样活性。

（四）脂肪族激素

多不饱和脂肪酸花生四烯酸（arachidonic acid，AA）在体内的代谢途径主要有两种：一是经环加氧酶的作用生成各种前列腺素（prostaglandin，PG），如 PGE_2、$PGF_{2\alpha}$、凝血噁烷（血栓烷）A_2（thromboxane

A_2，TXA_2）和前列环素 I_2（prostacyclin I_2；prostaglandin I_2，PGI_2）；二是经脂质加氧酶的作用生成白三烯（leukotriene，LT）、脂质过氧化物等。花生四烯酸的衍生物广泛分布在人和哺乳动物的组织和体液中，它们虽含量甚微，但活性很强，代谢迅速，作用广泛。这些活性物质对细胞代谢的调节起重要作用。

1. 前列腺素（prostaglandins） 是从人或动物精液中分离得到的一类具有20个碳原子的脂肪酸衍生物，最初被认为由前列腺所分泌。研究表明，前列腺素广泛分布于人和动物各组织中，但含量极低，在激素浓度水平上调节人体多种生理作用，对血压、平滑肌收缩、胃液分泌及血小板凝集有调节作用。因此，前列腺素被列为脂肪酸衍生物激素，这是一群激素，有A、B、C、D、E、F、G、H等几类。由于前列腺素生物活性的多样性增加了作为特异药物使用的难度。

2. 血栓素（thromboxanes，TX） 是从血小板中分离获得的，其中血栓素 A_2（TXA_2）具有很强的凝血活性，它通过增加细胞质中钙离子的浓度，促使血小板变形破裂，聚集凝结成血块或血栓。为了降低血栓患者体内血小板的凝集，血栓素拮抗剂研究成为研究热点。

3. 白三烯（Leukotrienes，LT） 最初从白细胞中分离获得，参与体内过敏反应和炎症过程。抗原与抗体反应促使机体内组胺及过敏性慢反应物质释放。过敏性慢反应物质是花粉症、哮喘等过敏反应的介质，由 LTC_4、LTD_4 和 LTE_4 组成，它们的分子中含半胱氨酸基团，能够引起强烈的支气管和血管收缩、促进黏液分泌等典型的哮喘症状。具有抑制 LTC_4 和 LTB_4 生物合成作用的药物已进行临床试验，拮抗 LTD_4 受体的孟鲁司特和扎鲁司特已用于临床过敏性哮喘治疗。

二、氨基酸衍生物激素的生物合成

（一）肾上腺素的生物合成

肾上腺髓质嗜铬细胞内，酪氨酸经羟化酶作用，氧化生成二羟苯丙氨酸（dopa），再经芳香族氨基酸脱羧酶作用，脱去 CO_2 生成多巴胺，再进一步氧化生成去甲肾上腺素（noradrenaline），后者经甲基转移酶作用，接受甲基生成肾上腺素（adrenaline）。肾上腺素、去甲肾上腺素和多巴胺三者在体内由酪氨酸转化而生成（图12－14）。

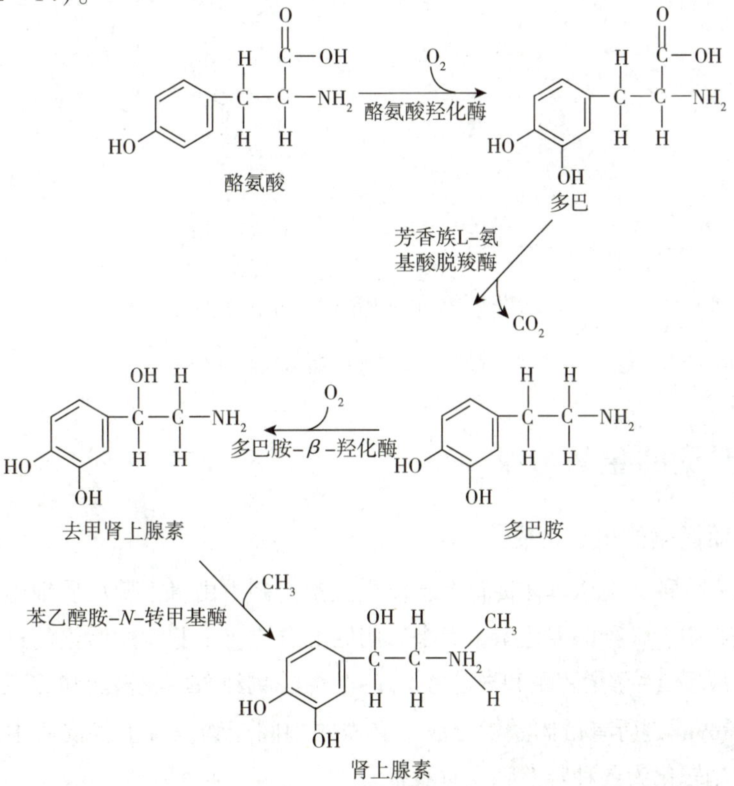

图12－14 肾上腺素的生物合成

（二）甲状腺素的生物合成

在甲状腺细胞内，碘离子被甲状腺过氧化物酶及过氧化氢氧化成活性碘，活性碘与甲状腺球蛋白中的酪氨酸残基作用产生一碘酪氨酸残基，进而产生3,5-二碘酪氨酸残基。碘化酪氨酸残基之间进一步反应，并通过甲状腺球蛋白的水解生成三碘甲状腺原氨酸（T_3）和甲状腺素（T_4）（图12－15）。

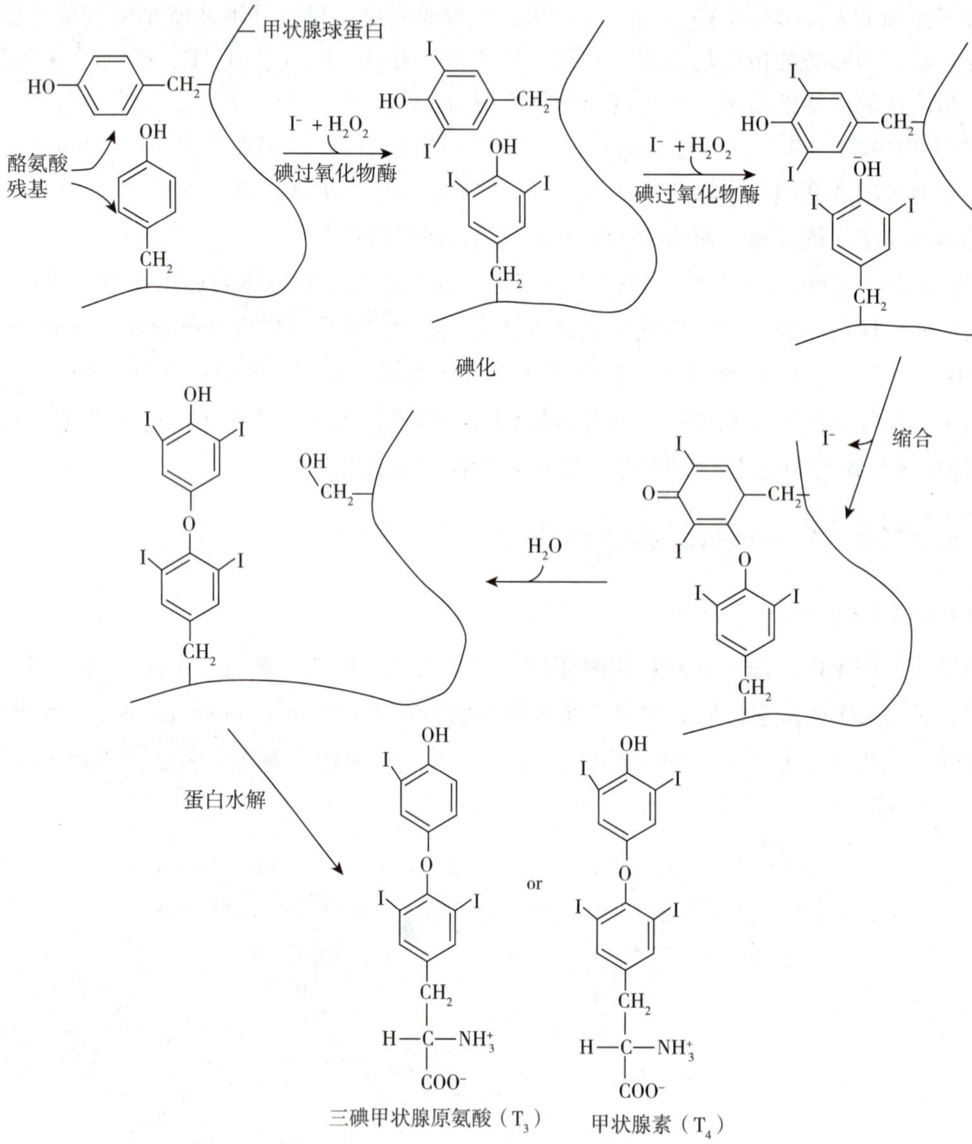

图12－15　三碘甲状腺原氨酸和甲状腺素的生物合成

三、甾体类激素的生物合成

（一）肾上腺皮质激素的生物合成

肾上腺皮质激素有多种，在腺垂体促肾上腺皮质激素控制下由肾上腺皮质细胞合成分泌的。肾上腺皮质激素由胆固醇经细胞内各种酶催化衍生而来。胆固醇合成肾上腺皮质激素的过程见图12－16。胆固醇侧链被切除后就形成了Δ^5-孕烯醇酮和异己醛。Δ^5-孕烯醇酮经3β－脱氢酶和$\Delta^{4,5}$-异构酶的作用下直接转变为孕酮，Δ^5-孕烯醇酮是所有甾体激素合成所必需的中间产物。肾上腺皮质中，内质网羟化酶和线粒体羟化酶将孕烯醇酮转化为各种肾上腺皮质激素。

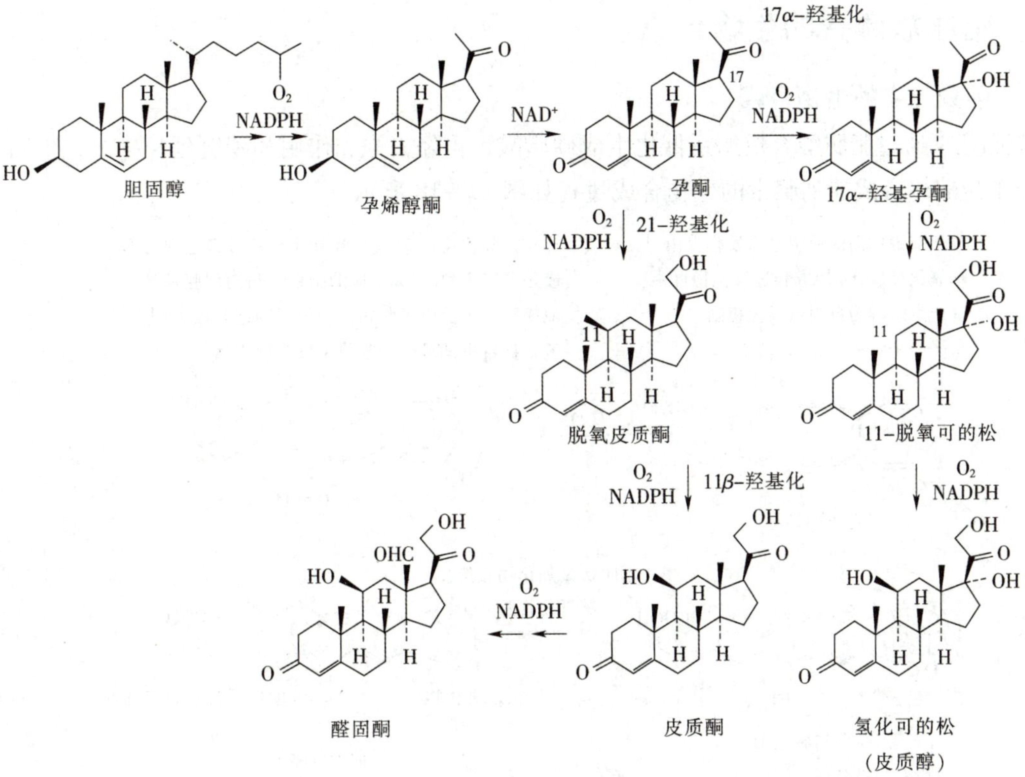

17α-羟基化
O_2
NADPH
NAD⁺
O_2
NADPH
HO
胆固醇
孕烯醇酮
孕酮
17α-羟基孕酮
O_2
NADPH
21-羟基化
O_2
NADPH
脱氧皮质酮
11-脱氧可的松
O_2
NADPH
11β-羟基化
O_2
NADPH
O_2
NADPH
醛固酮
皮质酮
氢化可的松
（皮质醇）

图 12-16　肾上腺皮质激素的生物合成

（二）性激素的生物合成

在垂体促性腺激素调控下，由性腺合成分泌性激素。在性腺中胆固醇首先转化为 Δ^5-孕烯醇酮和孕酮，然后经羟化酶和脱氢酶催化转变为各种性激素，其生物合成过程如图 12-17 所示。

17α-羟基化
O_2
NADPH
氧化脱去支链
O_2
NADPH
孕烯醇酮
17α-羟孕烯醇酮
脱氢表雄酮
NAD⁺
3-羟基氧化，异构化为共轭系统
C_{10}甲基连续氧化生成醛
O_2
NADPH
芳构化酶
O_2
NADPH
芳构化酶
雄烯二酮
O_2
NADPH
芳构化酶
氧化脱去C_{10}醛基
A 环的芳构化
NADH/
NADPH
NADH/
NADPH
O_2
NADPH
芳构化酶
雌酮
雌二醇
睾酮

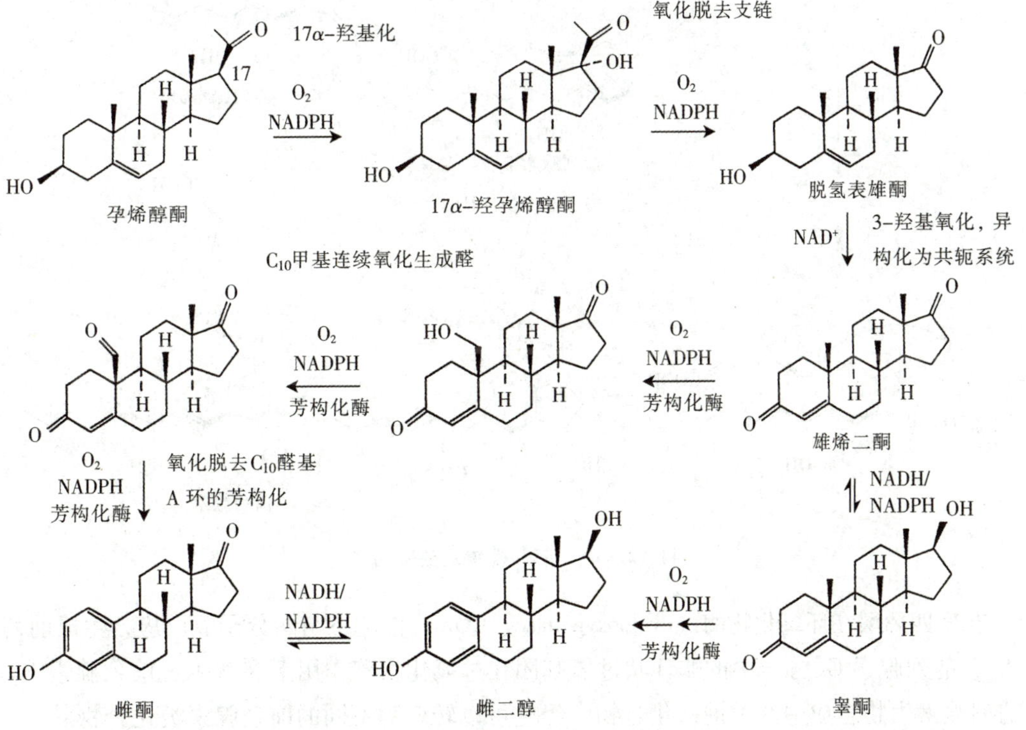

图 12-17　性激素的生物合成

四、脂肪族激素的生物合成

（一）前列腺素的生物合成

乙酰辅酶 A 通过脂肪酸合成酶系催化生成硬脂酸，再经去饱和作用和碳链延长生成花生四烯酸。花生四烯酸作为前体合成前列腺素的生物合成过程如图 12－18 所示。

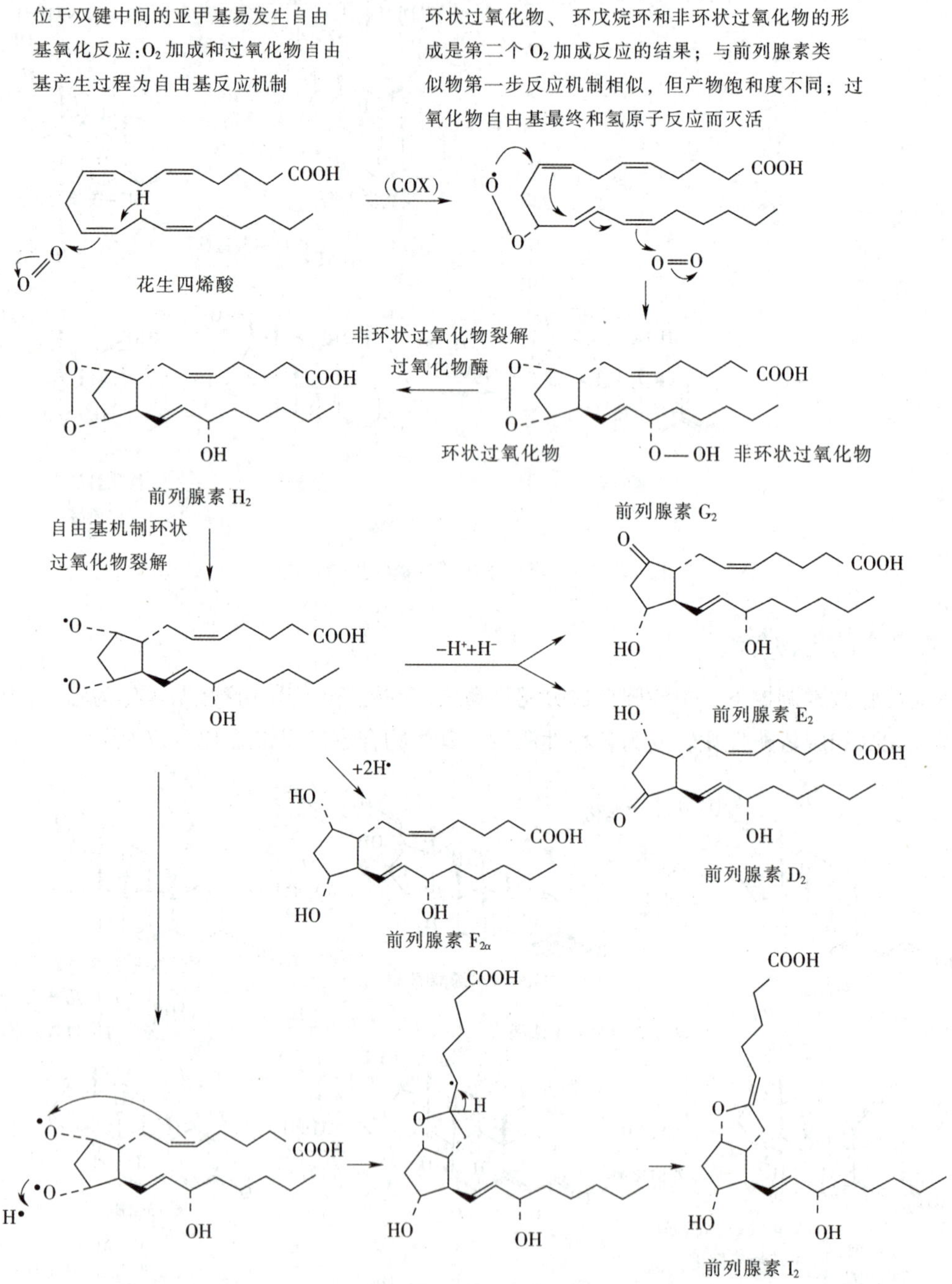

图 12－18 前列腺素的生物合成

第一步花生四烯酸在环氧化物酶（cyclooxygenase，COX）催化下与两分子氧反应，生成前列腺素 G_2。第二步反应，前列腺素 G_2 分子中的非环状过氧基团在过氧化物酶作用下裂解生成前列腺素 H_2。前列腺素 H_2 是前列腺素生物合成中的关键性化合物，经它可以转变为不同的前列腺素类化合物。

（二）血栓素的生物合成

血栓素的生物合成是前列腺素合成途径的一个小分支，如图 12－19 所示。由前列腺素 H_2 环状过氧桥和环戊烷环开环，重新环合生成血栓素 A_2。PGH_2 是血栓素和前列腺素共同的前体，其在血小板中转化为血栓素，而在血管壁上生成前列环腺素。血栓素 A_2 分子中的四元氧环张力较大，不稳定，易于亲核试剂反应，因而化学合成难度大。

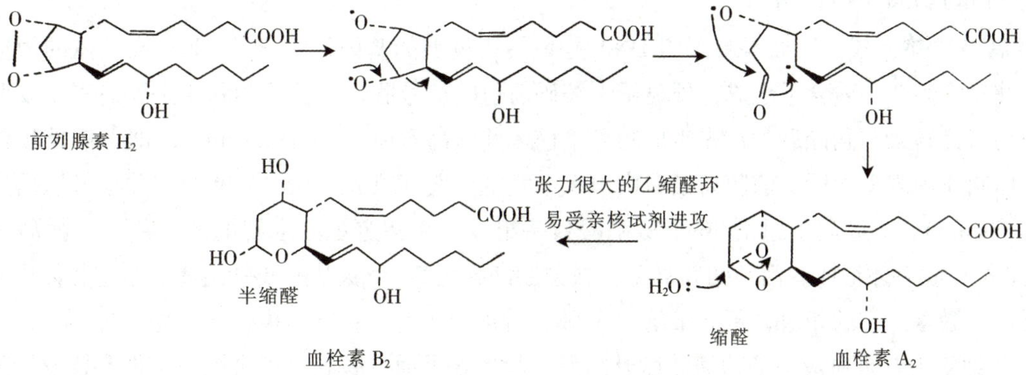

前列腺素 H_2

张力很大的乙缩醛环易受亲核试剂进攻

半缩醛　缩醛

血栓素 B_2　血栓素 A_2

图 12－19　血栓素的生物合成

五、多肽和蛋白质类激素的生物合成

（一）降钙素的生物合成

降钙素（calcitonin）基因位于人体 11 号染色体短臂，含有 66 个外显子，初始转录产物 hnRNA 在甲状腺中被剪接产生含有外显子 1、2、3、4 的成熟 mRNA，并被翻译为降钙素。此外，降钙素相关肽（calcitonin gene-related peptide，CGRP）与降钙素具有相同的基因，CGRP 的初始转录产物 hnRNA 在脑组织则被剪接为含有外显子 1、2、3、5、6 的成熟 mRNA，从而转译为 CGRP，结果如图 12－20 所示。

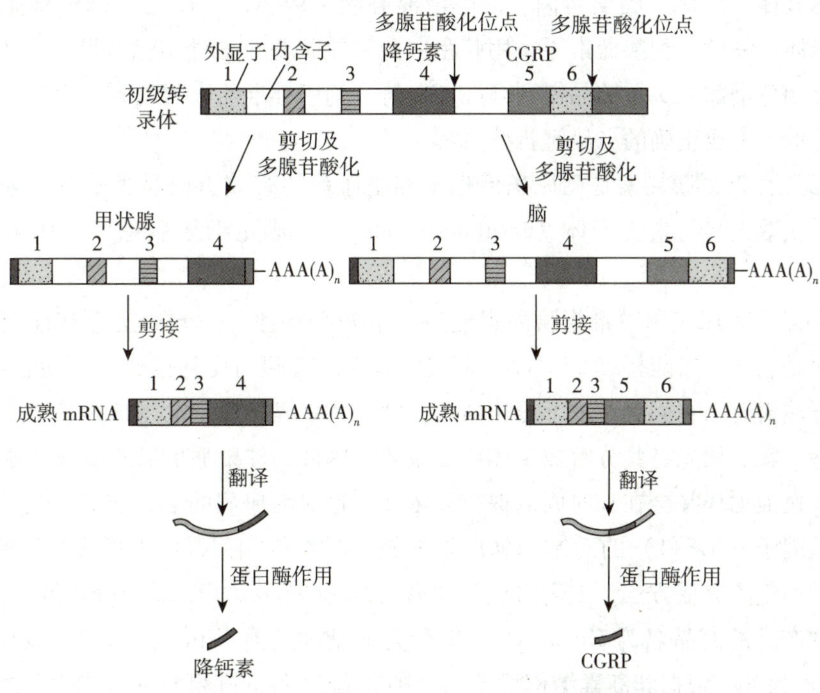

图 12－20　降钙素与降钙素基因相关肽的转录与翻译

降钙素是甲状腺C细胞合成的由32个氨基酸残基组成的多肽，其C端为脯氨酰胺，这是一个非天然氨基酸，是经翻译后修饰产生的氨基酸。降钙素的作用靶器官为骨和肾。CT通过抑制破骨细胞的活性和激活成骨细胞，促进骨盐沉积，从而降低血钙与血磷含量。CT还抑制肾小管对钙、磷的重吸收。CT的总体作用是降低血钙与血磷。由于鲑鱼降钙素的活性比人降钙素活性高，因此临床上常用鲑鱼降钙素治疗骨质疏松症等骨病。

（二）胰岛素的生物合成

1. 胰岛B细胞合成 胰岛素基因组DNA是单一拷贝型的基因，位于第11号染色体的短臂上。基因由3个外显子和2个内含子组成，外显子1编码前边的信号肽，外显子2和3是胰岛素主要肽链的编码区。胰岛素经转录与翻译后，首先生成胰岛素前体前胰岛素原（preproinsulin），即含信号肽和C肽的胰岛素前体叫作前胰岛素原。前胰岛素原由105个氨基酸残基组成，在内质网腔切除信号肽后生成胰岛素原（proinsulin）。人胰岛素原由86个氨基酸残基组成，在特定蛋白水解酶的作用下，胰岛素原切除A、B链间的C肽后才形成有活性的胰岛素。成熟胰岛素由51个氨基酸残基组成，是生物体内具有降糖作用的蛋白质激素。它的相对分子质量约为5700，等电点为5.2~5.3。胰岛B细胞合成后，以六聚体形式贮存于B细胞中，当血液中葡萄糖浓度升高后，胰岛素可通过胰腺分泌进行血液循环，发挥降低血糖作用。

2. 重组DNA技术制备 胰岛素已成为治疗糖尿病的重要药物，1982年以前人类应用的胰岛素来自动物胰腺中提取的产品。随着1973年重组DNA技术的诞生，1982年人类首次运用重组DNA技术将重组胰岛素投放市场，标志着第一个重组蛋白质药物的诞生。最初人们采用*E. coli*表达系统分别构建表达A、B两条链的原核表达载体，表达产量高，表达产物占细菌总蛋白的20%~30%，表达产物为不溶解的包涵体，易于纯化。但这种表达方法制备有活性胰岛素产物的正确复性率很低，使最终产品成本高，此方法现已被淘汰。20世纪90年代，科学家们仿照自然界过程，先表达出胰岛素原后，再经酶切得到具有生物活性的胰岛素。首先分离纯化胰岛素原mRNA，通过逆转录得到胰岛素原cDNA，通过DNA分子操作构建其表达载体，转化大肠埃希菌，发酵液离心收集菌体，高压匀浆破碎细胞，离心收集包涵体，尿素溶解包涵体，复性得到胰岛素原，用胰蛋白酶和羧肽酶B处理切除C肽得到人胰岛素。再经过离子交换色谱、反相色谱和三次重结晶得到高纯度、符合药用标准的人胰岛素。上述方法的关键点是利用了胰岛素原，有助于形成正确的二硫键折叠过程。

3. 胰岛素类似物生产 胰岛素是糖尿病治疗中控制血糖的有效蛋白质类药物，采用蛋白质工程和基因工程技术可以获取人胰岛素突变体（Insulin variants），以满足糖尿病患者临床上对胰岛素的不同需求。

（1）速效胰岛素 临床应用中希望胰岛素能有以下两个特性：一方面是它在注射进入人体后能快速起效；另一方面是它的功效能持续24小时。1型糖尿病患者胰岛受到损伤，不能合成与分泌胰岛素。用胰岛素进行皮下注射时，它们会在皮下很快聚集，胰岛素在高浓度下会形成六聚体。要想被血管吸收并转运到目的细胞，就必须先将其分解成单体或二聚体。因此，注射后的胰岛素进入血液循环的速度太慢，并且一旦进入血液循环又会在长时间内保持高浓度，这对糖尿病的治疗非常不利。

类胰岛素生长因子（IGF-1）的C端与胰岛素B链C端结构相似，但不形成紧密的六聚体。根据蛋白质工程原理，利用定点突变方法，人们将正常胰岛素氨基酸序列的第28位脯氨酸和第29位赖氨酸进行位置交换，这种产品的商品名为Humalog®，也称为赖脯胰岛素lispro胰岛素，该词从“lysine-proline”演变而来的。另外，根据胰岛素结构特点，直接将第28位的脯氨酸替换为门冬氨酸，从而创造出另一个产品速效胰岛素，称为门冬胰岛素，商品名为Aspart®。这两种胰岛素变体产品在人体内起效快，均以单体形式存在，起效时间短（10~20分钟），作用高峰40分钟，持续时间为3~5小时，它们能够产生更符合生理需要的胰岛素。患者可以在注射速效胰岛素后立即进餐，进餐期间很少出现低血糖，能较好地控制血糖。

（2）长效胰岛素　Glargine 是第一个长效胰岛素类似物，又称为基础胰岛素类似物，通过氨基酸点突变，提高胰岛素等电点而实现的。将 A 链第 21 位天冬氨酸用甘氨酸取代，B 链 C 端加 2 个精氨酸改变而成的，使胰岛素等电点由 pI 5.4 转为 pI 7.2。其在酸性药液（pH 4.0）中呈溶解状态，注射到皮下组织（中性环境）后，酸性的 Glargine 溶液被中和，可形成一些微沉淀物，主要为稳定的六聚体，在超过 24 小时的时间范围内缓慢释放、发挥效用。它的起效时间为 2~3 小时，持续时间为 20 ~ 30 小时，只在睡前给药 1 次即可维持 24 小时的基础胰岛素水平，血药浓度无明显主峰，而是平稳的吸收相，可以减少血糖特别是夜间低血糖的发生。

Determir 是另一个长效胰岛素类似物，它是在 B 链去除了第 30 位的苏氨酸，而在第 29 位的赖氨酸位点上连接了一个豆蔻基侧链（myristic acid），豆蔻酸是一种含有 14 个碳原子的脂肪酸，在有锌离子存在的药液中，胰岛素分子以六聚体形式存在，豆蔻酸的修饰会使六聚体在皮下组织的扩散和吸收减慢。皮下注射后，胰岛素 Determir 六聚体可通过脂肪酸侧链与一个清蛋白分子结合，这样会进一步减慢吸入血液循环的速度。Determir 在中性 pH 环境中是可溶性的，因此药物吸收比中效胰岛素（neutral protamine hagedorn，NPH）和长效甘精胰岛素（glargine）更稳定，对血糖控制的个体差异更小。Determir 的药代动力学曲线平坦，没有明显的作用高峰，因此发生夜间低血糖的危险性更小。

答案解析

思考题

1. 讨论维生素 A 的代谢过程及其在视觉形成、免疫功能中的作用，长期过量摄入可能引发哪些毒性反应？

2. 分析胰岛素与胰高血糖素在糖代谢中的拮抗作用，举例说明两者如何维持血糖稳态。

3. 从维生素与激素代谢的角度，分析孕妇补充叶酸、维生素 D 及钙的生理学意义，并说明过量补充后可能的风险。

4. 长期使用糖皮质激素（如泼尼松）的患者，可能出现哪些代谢紊乱？结合激素对糖、蛋白质、脂肪代谢的影响解释其机制。

（李　谦）

书网融合……

微课

习题

第十三章　物质代谢与代谢调控

微课

PPT

学习目标

1. 通过本章学习，掌握糖、脂和蛋白质代谢的相互关系；熟悉体内代谢调控的方式以及酶水平的调节；了解代谢抑制剂和抗代谢物的基本概念与应用。

2. 具有能够独立分析新陈代谢归路，代谢调节原理，代谢联系网络以及组织器官代谢功能规律的能力。

3. 树立系统分析物质代谢和代谢调控的意识。

第一节　物质代谢的相互关系

生物体内的新陈代谢是一个完整统一的过程，并且存在复杂的调节机制，这些代谢过程是密切相互促进和制约的。糖、脂类及蛋白质代谢的密切联系，主要表现于三者的各个代谢的中间产物可以互相转变。蛋白质和脂类代谢进行的程度取决于糖代谢进行的程度。当糖和脂类不足时，蛋白质的分解就增强，当糖多时又可减少脂类的消耗。糖、脂类及蛋白质三大代谢之间有密切的相互联系，对机体的正常生理活动起着重要的保证作用。由于体内存在有一系列的代谢调节，因而使各个代谢反应成为完整而统一的过程。

在合成代谢方面，它们在一定条件下可以相互转变。这种转变是通过它们在代谢过程中所产生的中间产物，如丙酮酸、乙酰辅酶 A、草酰乙酸及 α-酮戊二酸等来实现的。糖和脂类可以转变成蛋白质分子中某些非必需氨基酸，但不能转变为必需氨基酸。蛋白质的分解产物 α-酮酸能转变成糖或脂类。糖和脂类之间也可以互变，来自食物的糖除合成糖原储存外，经常有一部分转变为体脂储存起来。反过来，脂肪的分解产物甘油也可以转变为糖。

在分解代谢方面，它们虽然都能氧化分解成 CO_2 与 H_2O，并释放能量供机体各种生理活动的需要，但是由于它们各自的生理功能不同，在氧化供能上是以糖和脂肪为主，其中糖氧化分解的能量为体内能量的主要来源。这样不仅节约了蛋白质的消耗，并且有利于蛋白质的合成和氨的解毒。下面分别讨论糖、脂类、蛋白质代谢之间的互相联系。

一、糖与蛋白质代谢的相互联系

蛋白质可以分解为氨基酸，在体内转变为糖。许多氨基酸在脱氨后转变为丙酮酸、α-酮戊二酸、草酰乙酸而生成葡萄糖和糖原。因此，蛋白质在体内是能转变成糖的。

组成蛋白质的 20 种氨基酸，大多数是非必需氨基酸，这些氨基酸中有的可以互相转变，其碳链部分还可以依靠糖来合成。糖是生物机体重要的碳源和能源，可用于合成各种氨基酸的碳链结构。例如糖在分解代谢过程中可产生许多 α-酮酸，如丙酮酸、α-酮戊二酸、草酰乙酸等，它们通过氨基化或转氨作用就可以生成其相对应的氨基酸。但是必需氨基酸在体内无法合成，这是因为机体不能合成与它们相对应的 α-酮酸。因此，依靠糖来合成整个蛋白质分子中各种氨基酸的碳链，在机体内是不可能的，所以不能用糖完全来代替食物中蛋白质的供应。相反，蛋白质在一定程度上可以代替糖。

二、糖与脂类代谢的相互联系

糖与脂类物质也能互相转变。已知填鸭或肥猪的储存脂肪很丰富，它们的饲料中很少有脂肪，而是以糖为主，这充分说明动物体内能将糖转变成脂肪。

乙酰辅酶 A 是糖分解代谢的重要中间产物，这个中间产物正是合成脂肪酸与胆固醇的主要原料；另一方面，糖分解的另一中间产物磷酸二羟丙酮又是生成甘油的材料，所以糖在人及动物体内合成脂肪及胆固醇是可以理解的。但是必需脂肪酸是不能在体内合成的，亦即不能由糖转变而成，因此食物中不可绝对缺少脂类的供给，尤其是含必需脂肪酸的脂类。

在正常生理状况下，脂肪分子中的甘油可通过糖异生作用转变为糖。由于机体内丙酮酸的氧化脱羧作用是不可逆的，所以脂肪酸分解的中间产物乙酰辅酶 A 不能变成丙酮酸再转变为糖。但是乙酰辅酶 A 可能在通过三羧酸循环变成草酰乙酸后，有少量转变成糖。当用 $CH_3^{14}COOH$ 喂饲动物时，发现有少量 ^{14}C 可掺入到肝糖原分子中。在某些病理状态下，也可以观察到糖代谢与脂类代谢之间的关系。例如，糖尿病患者的糖代谢发生了障碍，同时也常伴有不同程度的脂类代谢紊乱。

总之，在一般生理情况下依靠脂肪大量合成糖是困难的，但是糖转变成脂肪则可大量进行。

三、蛋白质与脂类代谢的相互联系

细胞膜由类脂和蛋白质组成。脂类在分解过程中能释放出较多的能量，因此可作为体内贮藏能量的物质。脂类与蛋白质之间可以互相转变。无论是成糖氨基酸或成酮氨基酸，其对应的 α-酮酸，在进一步代谢过程中都会产生乙酰辅酶 A，然后转变为脂肪或胆固醇。此外，甘氨酸或丝氨酸等还可以合成胆胺与胆碱，因此氨基酸也是合成磷脂的原料。总之，蛋白质是可以转变成各种脂类的。

脂肪酸 β-氧化所产生的乙酰辅酶 A 虽然可进入三羧酸循环而生成 α-酮戊二酸，后者可通过转氨作用而成为谷氨酸。实际上单纯依靠脂肪酸来合成氨基酸是极其有限的。至于甘油部分，因其可以转变成糖，故和糖类一样可生成一些与非必需氨基酸相对应的 α-酮酸。但是由于脂肪分子中甘油所占的比例较少，所以从甘油转变成氨基酸的量也是很有限的。

四、核酸与糖、脂类和蛋白质代谢的相互联系

核酸是细胞中重要的遗传物质，它通过控制蛋白质的合成，影响细胞的组成成分和代谢类型。许多核苷酸在代谢中起着重要的作用。例如 ATP 是能量和磷酸基团转移的重要物质，GTP 供给合成蛋白质肽链时所需要的能量，UTP 参与多糖的生物合成，CTP 参与卵磷脂的生物合成。体内许多辅酶或辅基含有核苷酸组分，如辅酶 A、辅酶Ⅰ、辅酶Ⅱ、FAD、FMN 等。反之，核苷酸的嘌呤和嘧啶环是由几种氨基酸作为原料合成的，核苷酸的核糖又是从糖代谢的磷酸戊糖途径而来的。核酸参与了蛋白质生物合成的几乎全过程，而核酸的生物合成又需要许多蛋白质因子参与作用。

综上所述，糖、脂类、蛋白质和核酸等物质在代谢过程中都是彼此影响、相互转化和密切相关的。三羧酸循环不仅是各类物质共同的代谢途径，而且也是它们之间相互联系的渠道。现将四类物质的主要代谢关系总结如图 13 - 1 所示。

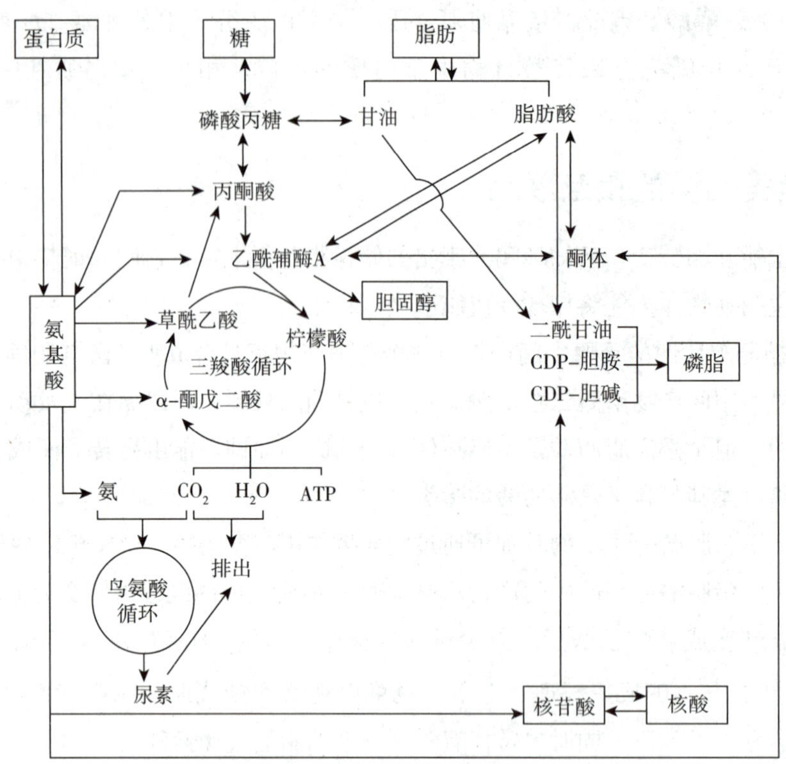

图 13-1 糖、脂类、蛋白质和核酸代谢的相互关系

第二节 物质代谢的调控

生物机体的新陈代谢是一个完整统一的体系。机体代谢的协调配合，关键在于它存在精密的调节机制。代谢的调节使生物机体能够适应其内、外复杂的变化环境，从而得以生存。这种精密的调节机制是生物在长期演化中获得的。

代谢调节在生物界普遍存在，它是生物在长期进化过程中，为适应环境的变化而形成的。进化越高的生物，其代谢调节机制就越复杂。最原始的调节方式为细胞内代谢调节，它是代谢物通过影响细胞内酶活力和酶合成量的变化，以改变合成或分解代谢过程的速度，称为细胞或酶水平的调节，这类调节为一切其他高级调节的基础。内分泌腺随着生物的进化而出现，它所分泌的激素通过体液输送到一定组织，作用于靶细胞，改变酶活性而调节代谢反应的方向和速度，称为激素水平的调节。高等生物则不仅有完整的内分泌系统，还有功能复杂的神经系统。在中枢神经的控制下，通过神经递质对效应器发生直接影响，或者改变某些激素的分泌，再通过各种激素的互相协调，对整体的代谢进行综合调节。

一、细胞或酶水平的调节

酶在细胞内有一定布局和定位，相互有关的酶往往组成一个多酶系统而分布于细胞内特定部位。这些酶互相接近，容易接触，使反应迅速进行；而其他酶系则分布在不同部位，不至互相干扰，而且能互相协调和制约。例如糖酵解、戊糖磷酸支路和脂肪酸合成的酶系存在于细胞质中；三羧酸循环、脂肪酸β-氧化和氧化磷酸化的酶系存在于线粒体中；核酸生物合成的酶系大多在细胞核中；这样的隔离分布为细胞或酶水平代谢调节创造了有利条件，使某些调节因素可以专一地影响某一细胞部位的酶活性，而不致影响其他部位的酶活性，从而保证代谢顺利进行。

细胞或酶水平的调节可有两种方式：一种是酶活力的调节，属快调节，它是通过改变酶分子的结构来实现对酶促反应速度的调节；另一种是酶合成量的调节，属慢调节，它是通过改变分子合成或降解的速度来改变细胞内酶的含量，从而实现其对酶促反应速度的调节。

（一）酶活力的调节

1. 反馈调节与别构酶 细胞内的物质代谢是由一系列酶所组成的多酶体系依次进行催化而完成的。要调节代谢速度往往不需要改变全部参与反应的酶的活性，而是仅仅只要改变某些甚至是个别关键酶的活性即可。这种关键酶常是代谢途径中的限速酶。例如细胞内胆固醇的生物合成需要数十种酶的参与，其中只有 HMG-CoA 还原酶是限速酶，该酶抑制剂洛伐他汀因具有很好的降胆固醇的作用。限速酶通常处于多酶体系中的起始反应阶段，通过这些酶的调节可以更经济、更有准备地改变整个反应的代谢过程，并能防止过多的中间代谢物的堆积。限速酶的活性常常受到其代谢体系终产物的抑制，这种抑制称为反馈抑制。通过反馈抑制可在最终产物积累时使反应速度减慢或停止。当最终产物被消耗或转移而降低浓度时，这种抑制作用逐渐取消，反应再度开始并且速度渐渐加快，如此不断地调节反应速度，维持终产物的动态平衡。反馈抑制的效果属于负性的，故也称为负反馈。有时最终产物可激活整个代谢反应，这种情况称为反馈激活，也称正反馈。

研究发现，上述调节酶活性的反馈抑制剂在结构上常与底物不相似，作用时也不直接作用于酶的活性中心。显然此类酶结构中存在着能与反馈调节剂结合的部位，此部位与反馈调节剂结合后，酶分子的构象发生改变，导致该酶活性中心构象改变，从而调节酶活性。与反馈抑制剂结合的部位被称为别构部位（allosteric site），此类酶称为别构酶，调节其活性的抑制剂和激活剂分别称为别构抑制剂和别构激活剂，统称别构效应剂（allosteric effector）。终产物对代谢过程的抑制通常是通过对别构酶的作用来完成的。

［例 13-1］肝胆固醇生物合成的反馈调控

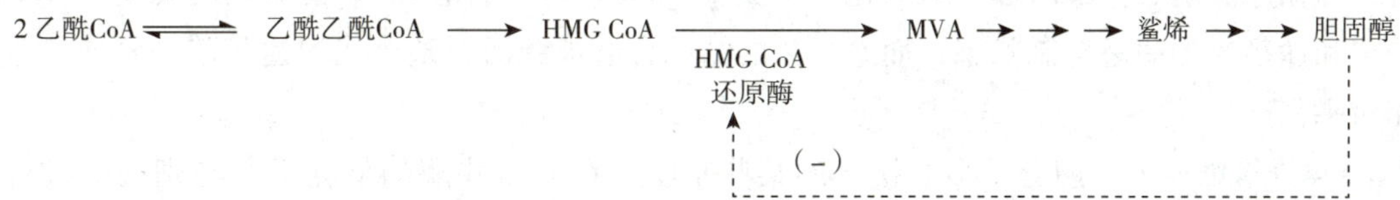

［例 13-2］大肠埃希菌 CTP 生物合成的反馈调控

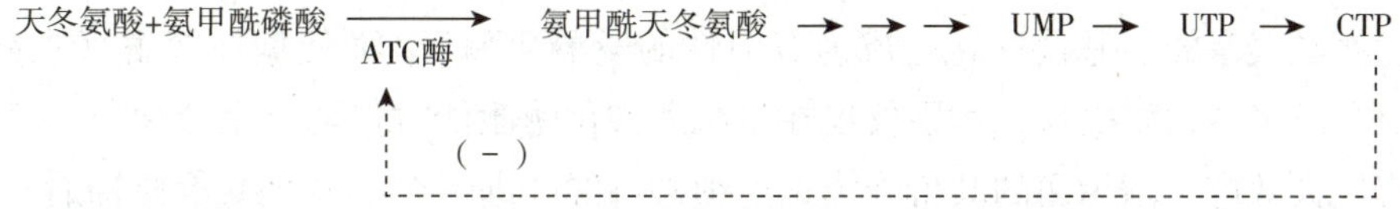

［例 13-3］氨基酸生物合成的反馈调控

在有分支的连锁反应，除了起始步骤外，尚有其他分支步骤相协调的反馈抑制，现以大肠埃希菌中一些氨基酸对天冬氨酸代谢的调节为例说明如下（图 13-2）。

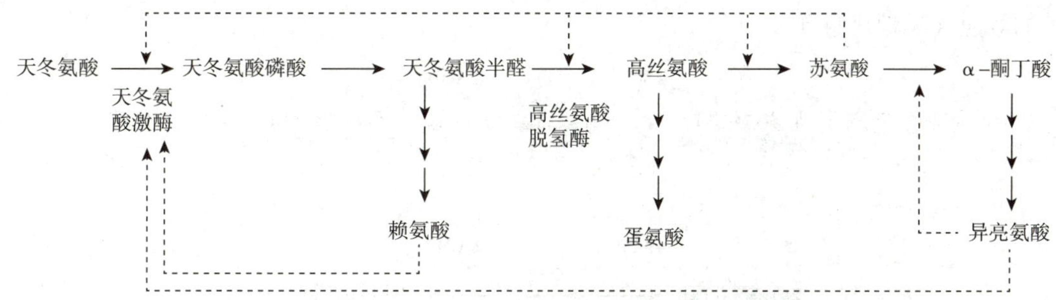

图 13-2 天冬氨酸在大肠埃希菌的代谢

（1）协同反馈抑制　是指两个或以上的反馈抑制作用，其作用点是一个酶时，反馈作用的强度大于两者单独作用之和。上述天冬氨基酸代谢途径中的 A 可被两种不同调节剂 L－异亮氨酸、赖氨酸和苏氨酸所反馈抑制。当 L－异亮氨酸、赖氨酸和苏氨酸同时堆积时，其反馈抑制作用大大超过其单独作用时的强度。

（2）顺序反馈抑制　是指串联反应中的每一步的中间代谢物都能反馈抑制合成其本身的酶，从而造成终产物的反馈抑制作用逆向于串联反应的传递。如从天冬氨酸到 L－异亮氨酸的系列反应中，催化起始步骤的酶是通过顺序反馈抑制的，即 L－异亮氨酸抑制苏氨酸转变为 α－酮丁酸，引起苏氨酸的堆积，而苏氨酸的堆积又抑制生成它自己的酶的活性，即由高丝氨酸、天冬氨酸半醛和天冬氨酸合成途径的酶的活性。

2. ATP、ADP 和 AMP 的调节　代谢途径中酶所催化的反应速度，除由最终产物的反馈调节外，尚可由其他代谢物来进行调节，例如 ATP、ADP 和 AMP 等。这些化合物实际上也是一种别构剂，通过它们对别构酶的抑制或激活而对各个代谢途径起着协调作用，现以糖代谢的三个代谢途径为例说明其调节作用。

一般来说，分解代谢或合成代谢终产物可作为别构抑制剂，抑制分解代谢或合成代谢起始步骤的别构酶。细胞内各个代谢途径的酶有些依赖于 ATP/ADP 或 ATP/AMP 浓度之比值，其比例的变化往往反映了某种代谢途径的趋向。在机体内葡萄糖转化为葡萄糖－6－磷酸，通过酵解和有氧氧化分解生成 CO_2 和 ATP（途径 1）或通过葡萄糖－1－磷酸合成糖原储存起来（途径 2），当需要时糖原可通过磷酸化酶再进行分解（途径 3）。

$$\text{糖原} \underset{\text{途径2}}{\overset{\text{途径3}}{\rightleftharpoons}} \text{葡萄糖} \xrightarrow{\text{途径1}} CO_2+H_2O+ATP$$

当运动需要供给较多能量时，由于 ATP 消耗转变成 ADP 和 AMP，使 AMP 和 ADP 浓度升高，可激活途径 1 的果糖磷酸激酶和途径 3 的糖原磷酸化酶，而途径 2 的糖原合酶呈抑制状态，整个代谢途径趋向于分解，即糖原分解、糖酵解和有氧氧化，生成 CO_2 和 ATP。当休息时，能量消耗减少，ATP 浓度升高，途径 1 和途径 3 的酶呈抑制状态，而途径 2 的糖原合酶被激活，整个代谢途径趋向合成，维持体内糖代谢相对平衡。

3. 酶的共价修饰调节　酶分子多肽链上的某些基团，在另一些酶的催化下可与别构剂进行可逆共价结合，结合后引起分子变构，使酶的活力发生变化（激活或抑制），而达到调节作用，这种作用称为酶的共价修饰调节。例如肝和肌肉中的磷酸化酶 a 和 b，其中 b 型为无活性，通过激酶和 ATP，使酶分子多肽链亚基丝氨酸残基的羟基磷酸化，成为有活性的磷酸化酶 a，而使糖原分解（见糖代谢章）。肌磷酸化酶的情况和肝磷酸化酶类似，区别仅仅在于肌磷酸化酶激活时伴随有聚合现象。酶的共价修饰作用迅速，并且有较大效应。因为酶的共价修饰是连锁进行的，即一个酶发生共价修饰后，被修饰的酶又可催化另一种酶反应修饰，每修饰一次，发生一次放大效应，连锁放大后，即可使极小量的调节因子产生显著的效应。这种连锁反应中一个酶被激活，连续地发生其他酶被激活，导致原始信息的放大，称为级联（cascade）系统。肾上腺素或胰高血糖素对磷酸化酶的作用就是通过酶蛋白的修饰和变构使反应逐渐放大的效应（见糖代谢章）。

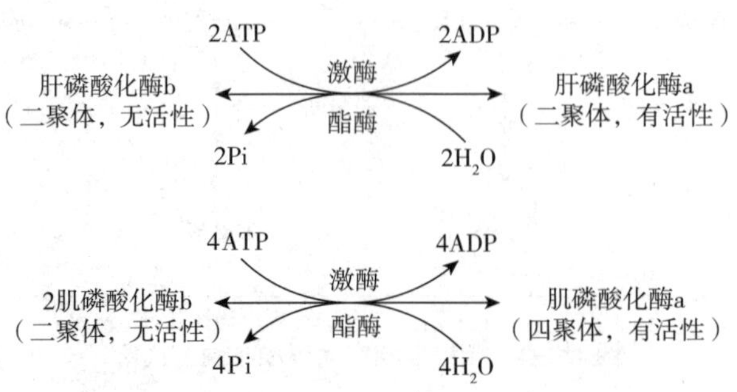

（二）酶量的调节

对酶量的调节主要表现在对酶蛋白的合成和降解调节。许多调节信号能影响有关酶蛋白的生物合成，这是以基因水平为基础的调节。当机体需要某些酶时，可以开放指导这些酶合成的基因来增加这些酶的合成，提高细胞中的酶含量。例如糖皮质激素可以通过诱导肝中有关糖异生的几个关键酶而起到增加糖异生、升高血糖的作用，又如苯巴比妥类药物可通过诱导作用使药物代谢酶蛋白生物合成增加，因而有促进药物代谢的作用。原核生物和真核生物有不同的调节机制。下面主要介绍酶蛋白的合成和降解的特点。

1. 酶蛋白合成的诱导与阻遏　酶的底物、产物、激素或药物均可影响酶的合成。一般将加速酶合成的化合物称为酶的诱导剂（inducer），减少酶合成的化合物称为酶的阻遏剂（repressor）。诱导剂或阻遏剂是在酶蛋白生物合成的转录或翻译过程中发挥作用，但影响转录较常见。

（1）底物对酶合成的诱导　普遍存在于生物界。高等动物体内，因有激素的调节，底物诱导作用不如微生物重要。例如尿素循环的酶可受摄入蛋白质增多而诱导其合成增加。

（2）产物对酶合成的阻遏　代谢反应的产物不仅可别构抑制或反馈抑制关键酶或催化起始反应酶的活性，而且还可阻遏这些酶的合成。例如HMG-CoA还原酶是胆固醇合成的关键酶，肝中该酶的合成可被胆固醇阻遏。但肠黏膜中胆固醇的合成不受胆固醇的影响，因此摄取高胆固醇的食物后，血胆固醇仍有升高的危险。

（3）激素对酶合成的诱导　例如糖皮质激素能诱导一些氨基酸分解酶和糖异生关键酶的合成，而胰岛素则能诱导糖酵解和脂肪酸合成途径中关键酶的合成。

（4）药物对酶合成的诱导　很多药物和毒物可促进肝细胞微粒体中单加氧酶（或混合功能氧化酶）或其他一些药物代谢酶的诱导合成，从而使药物失活，具有解毒作用。然而，这也是引起耐药现象的原因。

2. 酶蛋白降解　改变酶蛋白分子的降解速度也能调节细胞内酶的含量。细胞蛋白水解酶主要存在于溶酶体中，故凡能改变蛋白水解酶活性或影响蛋白酶从溶酶体释出速度的因素，都可间接影响酶蛋白的降解速度。通过酶蛋白的降解，调节酶的含量远不如酶的诱导和阻遏重要。除溶酶体外，细胞内还存在蛋白酶体（proteasome）由多种蛋白水解酶组成，相对分子质量为1000×10^3，当待降解的蛋白质与泛素（ubiquitin）结合后，即可将该蛋白质降解。泛素系由76个氨基酸组成的蛋白质，相对分子质量为8500。当泛素与待降解的蛋白质结合时，即泛素化后即可使蛋白迅速降解。参与泛素化作用的尚需不同的识别蛋白，识别蛋白有多种，各自识别不同种类的降解蛋白质。目前已知与细胞增殖有关的一类蛋白激酶的调节亚基即细胞周期蛋白（cyclin）的降解，即与此方式有关。泛素诱导细胞周期蛋白的降解在细胞周期的调控中起重要作用。

二、激素调控

（一）第二信使的种类与作用

激素与靶细胞膜上受体识别结合形成二元复合物后，通过激活效应器合成一些小分子化合物——第二信使。目前，已发现的第二信使有cAMP、cGMP、IP_3（三磷酸肌醇）、Ca^{2+}、DAG（二酰甘油）、NO、神经酰胺（ceramide）和花生四烯酸等。

1. cAMP　当激素与靶细胞膜外侧的相应受体结合后，或通过G蛋白的G_s家族的介导，使得靶细胞内腺苷酸环化酶被激活，或通过G蛋白的G_i家族的介导，使得靶细胞内腺苷酸环化酶的活性被抑制。活化的环化酶催化ATP生成cAMP，后者作为第二信使，产生多种生物学效应。cAMP可由cAMP磷酸酯酶水解生成AMP。

cAMP 的生物学作用主要是通过依赖于 cAMP 蛋白激酶来实现。这种蛋白激酶的催化亚基是催化其下游底物-蛋白发生磷酸化，蛋白激酶的调节亚基是其催化亚基的抑制剂。当调节亚基与催化亚基结合时，催化亚基的酶活性呈抑制状态。cAMP 存在时，与调节亚基结合，而使调节亚基变构并与催化亚基脱离分开，游离的催化亚基发挥作用使底物蛋白发生磷酸化。底物蛋白通过磷酸化而改变其生物活性，从而实现由激素→受体→G 蛋白→腺苷酸环化酶→cAMP→依赖于 cAMP 蛋白激酶→底物蛋白磷酸化的信号转导过程。

2. IP_3和 DAG 同 cAMP 模式类同，当激素与靶细胞膜外侧的相应受体结合后，通过 G 蛋白（这种 G 蛋白为 G 蛋白家族的一类称 G_P）的介导使得靶细胞内磷脂酶 C-β（phospholipase C-β，PLC-β）被激活，活化的 PLC-β 将细胞膜上的磷脂酰肌醇-4,5-二磷酸（phosphatidylinositol -4,5 -diphosphate，PIP_2）分解成三磷酸肌醇和二酰甘油。

作为第二信使的 IP_3，开放内质网膜上的钙通道使其腔内的 Ca^{2+} 流出释放到胞质，Ca^{2+} 作为下游的信息转导者进一步激动细胞的信号转导。蛋白激酶 C（protein kinase C，PKC）受到 Ca^{2+} 激活调控时，必须与 DAG 和磷脂酰丝氨酸（phosphatidylserine，PS）一起协同作用。激活的 PKC（是一种丝氨酸/苏氨酸蛋白激酶）催化其下游底物-蛋白发生磷酸化，磷酸化蛋白的活性随之发生变化，进而激动细胞的信号转导。IP_3 和 DAG 可由其他酶的水解而消失，因此，激素与受体结合之后，启动磷脂酰肌醇级联反应，使靶细胞内 Ca^{2+} 浓度和 DAG 增加，随后激活了蛋白激酶 C。

3. 钙离子 靶细胞内的 Ca^{2+}，一方面可由细胞膜上依赖于受体的钙通道开放，使胞内的 Ca^{2+} 升高；另一方面通过启动磷脂酰肌醇级联反应，使胞内 Ca^{2+} 升高；再者通过特定类型 G 蛋白介导，使胞内 Ca^{2+} 升高。

Ca^{2+} 发挥第二信使作用主要是通过钙调蛋白（calmodulin，CaM）。一般 CaM-Ca^{2+} 与它所控制的下游酶相连，CaM 与 Ca^{2+} 结合后引起三维结构变化而改变与它相连的酶的活性，如依赖于 CaM-Ca^{2+} 的蛋白激酶。CaM-Ca^{2+} 系统还能活化环核苷酸磷酸酯酶，由此增强细胞内 cAMP、cGMP 的分解速率，从而调控细胞内环核苷酸的水平。

4. cGMP 靶细胞内 cGMP 的生成，一方面可由 G_i 家族的 G_t 亚型介导的鸟苷酸环化酶；另一方面也可由特定的膜受体胞内侧鸟苷酸环化酶，被活化的环化酶催化细胞质 GTP 环化成 cGMP。cGMP 与 cAMP 同属于环核苷酸，但生物功能的许多方面是相反的，cAMP 的浓度低，而 cGMP 的浓度高；反之，cAMP 的浓度上升，则 cGMP 的浓度降低。

cGMP 作为第二信使，通过激活依赖于 cGMP 蛋白激酶 G（PKG）实现其信号的转导。PKG 是一种丝氨酸/苏氨酸蛋白激酶，激活后可使其底物蛋白发生磷酸化，从而改变底物蛋白生物活性。

5. 一氧化氮（NO） 是一种性质活泼、具有毒性的小分子气体，在体内由一氧化氮合酶（nitric oxide synthase，NOS）催化 L-Arg 与 O_2 和 NADPH 反应而得到的，反应如下。

$$\text{Arg} + O_2 + \text{NADPH} + H^+ \longrightarrow \text{瓜氨酸} + \text{NO} + H_2O + \text{NADP}^+$$

NOS 由两个相同的亚基组成，机体有两种形式的 NOS：一种是所谓的原生型，它主要存在于内皮细胞和脑细胞之中。这类 NOS 在细胞中事先已被合成好，在合适的条件下能迅速被激活，它的活性完全依赖于 CaM-Ca^{2+}，因此，磷脂酰肌醇系统与这种 NOS 的激活有一定的关系；另一种是所谓的诱导型，它只有在特殊的条件下，如细胞因子或细菌内毒素（脂多糖）存在下，其基因才被诱导表达，该酶的活性与 CaM-Ca^{2+} 的关系较为复杂，一般不依赖于 CaM-Ca^{2+}。

血管内皮细胞合成的 NO 或与平滑肌接头的神经细胞合成的 NO 很容易扩散到邻近的平滑肌细胞中，并激活鸟苷酸环化酶（与其血红素辅基反应，诱导酶的构象发生变化，提高酶活性达 50 倍之多）产生 cGMP，cGMP 再激活 PKA 的活性，通过 PKA 实现其信号的转导最终导致平滑肌的松弛。

（二）激素调控方式

1. 糖代谢的激素调控

（1）糖原合成与分解　糖原合成代谢途径中的糖原合酶和糖原分解代谢途径中的糖原磷酸化酶，分别是两者各自代谢途径的关键酶。

糖原合酶具有 a 型、b 型两种结构形式，b 型在生理条件下几乎是完全没有活性的，而 a 型则具有生物活性。糖原合酶活性的调控主要是通过糖原合酶磷酸化与否来实现，糖原合酶 a 型是糖原合酶的非磷酸化形式，而糖原合酶 b 型则是磷酸化形式。细胞内的糖原合酶活性受到磷酸化与否的调控关系是非常复杂的，其中比较清楚的是未磷酸化的糖原合酶（糖原合酶 a 型）受到包括磷酸化酶激酶和蛋白磷酸酶-1（protein phosphatase-1，PP1）在内的双重级联调控。激酶的作用方式是使同型四聚体糖原合酶（糖原合酶 a 型）的亚基中九个酪氨酸残基的一个或多个发生磷酸化（糖原合酶 b 型），从而使酶发生不同程度的失活。参与调控的激酶包括依赖 cAMP 蛋白激酶、依赖钙调蛋白的蛋白激酶、蛋白激酶 C、糖原合酶激酶-3 等。糖原合酶的去磷酸化，是通过 PP1 将 b 型糖原合酶亚基中酪氨酸残基的磷酸基水解掉而形成 a 型。利用这种糖原合酶是否磷酸化的双重调控，通过糖原合酶生物活性的强度，实现细胞内糖原合成的调节。

糖原磷酸化酶也具有 a 型、b 型两种结构形式，b 型没有生物活性，而 a 型则具有生物活性。糖原磷酸化酶 a 型是糖原磷酸化酶的磷酸化形式，而糖原磷酸化酶 b 型则是非磷酸化形式。糖原磷酸化酶活性的调控也是通过糖原磷酸化酶的磷酸化与否来实现，糖原磷酸化酶由两个相同的亚基组成，通过糖原磷酸化酶激酶的作用，使磷酸基共价结合在糖原磷酸化酶（激活前的 b 型）的亚基肽链 Ser 14 上，从而激活糖原磷酸化酶（激活后的 a 型）。同样，糖原磷酸化酶的去磷酸化，也是通过 PP1 将 a 型糖原磷酸化酶分子上的磷酸基水解掉而形成 b 型。

糖原磷酸化酶激酶催化糖原磷酸化酶磷酸化，从而激活了糖原磷酸化酶（b 型转化为 a 型）。骨骼肌中的糖原磷酸化酶激酶，是由四种不同亚基构成的异型十六聚体［$(\alpha\beta\gamma\delta)_4$］，其中 α、β 和 δ 亚基是调节亚基，γ 亚基是催化亚基。糖原磷酸化酶激酶的活性与其自身磷酸化程度成正比，也就是说，糖原磷酸化酶激酶被磷酸化，使它从低活性形式转变为高活性形式。此外，糖原磷酸化酶激酶还受到 Ca^{2+} 的调控，是一种依赖 Ca^{2+} 的蛋白激酶。

蛋白激酶 A 也称依赖 cAMP 蛋白激酶，是依赖细胞内 cAMP 活化的蛋白激酶，也是细胞内一个关键性的调节酶，催化许多酶蛋白分子的 Ser 或 Thr 残基的磷酸化，其中也包括糖原磷酸化酶激酶和糖原合酶等的磷酸化。依赖 cAMP 蛋白激酶由四个亚基构成（R_2C_2），两个亚基属于调节亚基（R），两个亚基属于催化亚基（C）。如果细胞内缺少 cAMP，则依赖 cAMP 蛋白激酶处于无活性的四聚体状态 R_2C_2。当 cAMP 与激酶的调节亚基 R 结合后，四聚体解聚而使催化亚基 C 游离出来行使激酶的催化活性。因此，细胞内 cAMP 的浓度，不仅决定着依赖 cAMP 蛋白激酶的活性状态，也决定着它对其底物磷酸化的速度。

PP1 是将磷酸化的酶分子上磷酸基团水解下来，它和由“激酶”催化的磷酸化作用正好相反，一同控制细胞内许多蛋白磷酸化作用的动态平衡。PP1 有两个亚基，一个是催化亚基，另一个是糖原结合亚基（也称 G 亚基）。单独的催化亚基与糖原颗粒的亲和力很低，必需与 G 亚基结合才能对糖原颗粒表现出高的亲和力。此外，G 亚基又受依赖 cAMP 蛋白激酶的磷酸化而抑制与催化亚基的结合。PP1 作用的底物酶分子包括肌肉中糖原磷酸化酶 a（磷酸化状态），糖原磷酸化酶激酶 α 与 β 亚基和糖原合酶 b（磷酸化状态）。PP1 的生物活性也具有调控性，如果和蛋白磷酸酶抑制剂结合，其活性就受到抑制。蛋白磷酸酶抑制剂是一种小的蛋白质，它又受到其他酶相互作用的控制，也是由依赖 cAMP 蛋白激酶催化的磷酸化而激活，并由 PP1 的去磷酸化而失活。依赖 cAMP 蛋白激酶，通过激活糖原磷酸化酶激酶活性和通过激活蛋白磷酸酶抑制剂进而抑制蛋白磷酸酶活性，双重地激活糖原磷酸化酶活性。因此，当 cAMP 浓度增加时，糖原磷酸化酶不单单是被提高了催化反应的能力，同时也降低了该酶被抑制的程度。

肝脏中的糖原代谢主要受到胰高血糖素的调控，在肌肉及其他各种组织中，糖原代谢受肾上腺素类激素的调控。上述激素作用于细胞表面，通过激活一种 G 蛋白而激活腺苷酸环化酶，活化的腺苷酸环化酶使 ATP 环化形成 cAMP，cAMP 进而又激活了依赖 cAMP 蛋白激酶。通过依赖 cAMP 蛋白激酶活性的增加，靶细胞内许多酶的磷酸化速度增高而去磷酸化的速度下降。其中依赖 cAMP 蛋白激酶不仅将糖原磷酸化酶激酶磷酸化而激活，同时也将糖原合酶磷酸化而使其失去活性，上述这两种酶的磷酸化状况，就构成了糖原合成和分解相互调节的基础。胰高血糖素或肾上腺素类激素经过受体的介导，可导致靶细胞内数以百计的 G 蛋白分子活化，每个活化的 G 蛋白分子又激活了大量的腺苷酸环化酶，从而诱发合成大量的 cAMP（可使胞内 cAMP 的浓度由 10^{-3} μmol/L 提高到 10μmol/L），cAMP 浓度的骤增又大量激活依赖 cAMP 蛋白激酶，结果是一方面引起大量糖原的分解，另一方面又可使大量的糖原合酶磷酸化而失去合成糖原的活性，于是释放出大量的葡萄糖，最终结果是机体血糖升高。上述激素作用的信号，可通过一系列连续反应使其作用不断加以放大，这种连锁放大的反应系统称为级联系统（cascade system）。

胰岛素对糖代谢的作用主要是刺激糖原的合成。它的作用途径主要是通过去磷酸化作用使糖原合酶解除抑制，同时使糖原磷酸化酶激酶和糖原磷酸化酶 a 由于去磷酸化而受到抑制。胰岛素发挥作用，首先是与靶细胞膜上的专一受体结合，其受体由四个亚基（$\alpha_2\beta_2$）构成。胰岛素与受体的 α 亚基结合后，致使 β 亚基上的酪氨酸激酶能够利用 ATP 将自身的特定酪氨酸残基磷酸化，这种自身磷酸化的结果进一步使该酪氨酸激酶活化。活化的酪氨酸激酶随后又通过磷酸化而激活一种激酶，后者又激活了胰岛素敏感蛋白激酶。胰岛素敏感蛋白激酶被活化后，又使 PP1 磷酸化而活化。前述的胰高血糖素和肾上腺素类激素也可以通过依赖 cAMP 蛋白激酶使 PP1 磷酸化而活化。但两种蛋白激酶对 PP1 的磷酸化部位不同，胰岛素敏感蛋白激酶使 PP1 糖原结合亚基（G 亚基）部位 1 磷酸化。胰岛素作用诱发的对 PP1 激活活性比肾上腺素诱发的更强，最终导致的糖原合酶、糖原磷酸化酶激酶和糖原磷酸化酶 a 的去磷酸化，结果是促进糖原的合成以及抑制糖原的分解，从而使机体血糖降低。

（2）糖异生和糖酵解　激素对糖异生和糖酵解的调节，主要通过调节糖异生和糖酵解途径的关键酶活性，包括快速调节已有酶的活性以及诱导或阻遏酶的合成。此外，也调控肝脏的脂肪酸供应以及增加糖异生作用的原料供应等。

肝脏中糖异生和糖酵解途径的激素调节是通过果糖-2,6-二磷酸介导的。细胞中果糖-2,6-二磷酸的浓度取决于一种双功能酶的两种相对活性：一种活性表现为果糖磷酸激酶-2 的功能，催化果糖-6-磷酸磷酸化形成果糖-2,6-二磷酸；另一种活性表现为果糖二磷酸磷酸酶-2 的功能，催化果糖-2,6-二磷酸水解形成果糖-6-磷酸。糖酵解途径中生成的果糖-6-磷酸，在果糖-6-磷酸激酶-1 的催化下，生成果糖-1,6-二磷酸，进而可以沿着糖酵解途径进行代谢。果糖-1,6-二磷酸也可以在果糖二磷酸磷酸酶-1 的作用下，脱掉磷酸基生成果糖-6-磷酸，进而可以进行糖异生作用。同时，果糖-6-磷酸也可以在果糖磷酸激酶-2 的催化下，形成果糖-2,6-二磷酸，而此代谢物是果糖-6-磷酸激酶-1 的最强别构激活剂。当果糖-2,6-二磷酸结合于果糖磷酸激酶-1 的别构部位时，增强了果糖磷酸激酶-1 与其底物果糖-6-磷酸的亲和力，同时降低了果糖磷酸激酶-1 与其别构抑制剂（ATP 和柠檬酸）的亲和力，从而上调了果糖磷酸激酶-1的活性。当果糖-2,6-二磷酸与果糖二磷酸磷酸酶-1 结合时，则降低该酶对其底物果糖-1,6-二磷酸的亲和力，从而抑制了果糖二磷酸磷酸酶-1 活性，结果使肝细胞的糖酵解途径增强，而使糖异生作用受到抑制。

在肝脏中，上述双功能酶的两种活性主要是由胰高血糖素和胰岛素调节的。胰高血糖素通过依赖 cAMP 蛋白激酶，促使双功能酶磷酸化。该酶磷酸化后，其果糖磷酸激酶 -2 活性下调而果糖二磷酸磷酸酶 -2 活性则上调，致使细胞内果糖 -2,6 - 二磷酸水平下降，结果抑制了糖酵解途径而促进了糖异生作用。胰岛素通过激活靶细胞内磷酸二酯酶活性，使胞内 cAMP 浓度下降，结果使双功能酶去磷酸化，果糖二磷酸磷酸酶 -2 活性下调而果糖磷酸激酶 -2 活性则上调，细胞内果糖 -2,6 - 二磷酸水平增高，结果抑制了糖异生作用而促进了糖酵解途径。胰岛素对糖异生和糖酵解的调节作用，与胰高血糖素的作用正好相反。

2. 脂代谢的激素调控

（1）胆固醇合成代谢　体内胆固醇来源于食物和自身合成，肝脏是合成胆固醇的主要场所。细胞内胆固醇生物合成代谢受多种因素调控，其合成途径的限速酶 HMG-CoA 还原酶是主要的调控位点。HMG-CoA 还原酶具有两种结构形式：一是磷酸化状态，该结构形式没有酶活性；一是非磷酸化状态，该结构形式具有酶活性。HMG-CoA 还原酶的上述两种活性状态，是通过两种酶来调控其平衡：HMG-CoA 还原酶激酶使得 HMG-CoA 还原酶磷酸化；磷酸化 HMG-CoA 还原酶磷酸酯酶使得磷酸化 HMG-CoA 还原酶去磷酸化。胰高血糖素作用靶细胞所引发的信号转导，最终通过促进 HMG-CoA 还原酶磷酸化继而下调 HMG-CoA 还原酶活性，从而抑制胆固醇的生物合成代谢；而胰岛素、甲状腺素则通过促进磷酸化 HMG-CoA 还原酶的去磷酸化，上调 HMG-CoA 还原酶活性进而增强胆固醇的生物合成代谢。

（2）脂肪酸分解代谢　脂肪组织中的三酰甘油的水解速度，受激素敏感的三酰甘油脂肪酶活性的调控。三酰甘油脂肪酶具有两种结构形式：一是磷酸化状态，该结构形式具有酶活性；一是非磷酸化状态，该结构形式没有酶活性。三酰甘油脂肪酶是否磷酸化，又受到由激素控制的 cAMP 水平的调控。肾上腺素、胰高血糖素均能使脂肪组织中的 cAMP 含量升高，后者激活了依赖性 cAMP 蛋白激酶，该酶使三酰甘油脂肪酶磷酸化水平增加，从而加速了脂肪组织中的脂解作用。脂解作用的加强，又进一步使血液中脂肪酸水平增高，进而上调了其他组织（如肝脏，肌肉）β-氧化途径的代谢速率。此外，肾上腺素、胰高血糖素通过上调依赖 cAMP 蛋白激酶水平，后者对乙酰辅酶 A 羧化酶进行磷酸化，进而下调了乙酰辅酶 A 羧化酶活性，该酶是脂肪酸合成代谢中的一个限速酶。因此，通过依赖 cAMP 蛋白激酶的特定磷酸化作用，既刺激了脂肪酸的氧化，又抑制了脂肪酸的合成代谢。而胰岛素与肾上腺素、胰高血糖素的作用正相反。胰岛素通过降低脂肪组织中的 cAMP 水平，后者导致磷酸化三酰甘油脂肪酶的磷酸化水平增强，从而下调了三酰甘油脂肪酶的活性，于是使供给 β-氧化所需的脂肪酸量减少。此外，胰岛素也激活一些不依赖 cAMP 蛋白激酶，这些激酶使另外一些酶发生磷酸化，如乙酰辅酶 A 羧化酶的磷酸化。因此，胰高血糖素和胰岛素的比例在决定脂肪酸代谢的速度和方向，起着至关重要的作用。

（3）脂肪酸合成代谢　脂肪酸生物合成代谢途径中，乙酰辅酶 A 羧化酶催化乙酰辅酶 A 生成丙二酸单酰辅酶 A，后者是脂肪酸生物合成过程中的重要起始物之一。丙二酸单酰辅酶 A 生成反应，是脂肪酸生物合成代谢的调控关键。胰高血糖素、肾上腺素作用靶细胞使 cAMP 含量升高，进而通过依赖 cAMP 蛋白激酶上调引发乙酰辅酶 A 羧化酶的磷酸化，而使乙酰辅酶 A 羧化酶活性被抑制，从而减缓脂肪酸生物合成代谢的速率。此外，柠檬酸裂解酶使柠檬酸裂解生成草酰乙酸和乙酰辅酶 A，后者是丙二酸单酰辅酶 A 合成的原料。胰岛素通过上调蛋白激酶活性使柠檬酸裂解酶磷酸化，从而激活柠檬酸裂解酶，最终增强了脂肪酸生物合成代谢的速率。

第三节　代谢相关疾病

生物体内新陈代谢虽然错综复杂，但互相配合有条不紊，在一定条件下，保持着相对稳定。这说明机体内有自我调节机制，这种调节机制发生异常，就会引起代谢紊乱而发生疾病。

一、糖代谢疾病

（一）乳糖不耐症

几乎所有的婴儿和幼儿都能消化乳糖，但到青年或成年之后，有许多人小肠细胞的乳糖酶活性大部分或是全部消失，致使乳糖不能被完全消化或完全不能消化，也不能被小肠吸收。乳糖在小肠腔内会产生很强的渗透效应（osmotic effect）导致流体向小肠内流（inflax）；在大肠内，乳糖被细菌转变为有毒物质。因此出现腹胀、恶心、绞痛以及腹泻等症状，临床上称为乳糖不耐症（lactose intolerance）。乳糖酶的消失和遗传有关，可能是常染色体的隐性症状。据统计各国患乳糖酶缺失症的人数有很大差异，亚洲人患乳糖酶缺失症的人数多于欧美人。

（二）胰岛素抵抗与2型糖尿病

胰岛素抵抗（insulin resistance）又称高胰岛素血症，是肥胖的重要特征，胰岛素抵抗与肥胖是一对孪生兄弟。正常情况下，胰岛素作用于下丘脑受体，通过抑制神经肽Y（neuropeptide Y，NPY）释放、刺激α-促黑激素（α-melanocyte-stimulating hormone，α-MSH）产生，从而抑制摄食、增加产热，并通过一定信号途径促进骨骼肌、肝和脂肪组织的分解代谢。脂肪组织则可通过释放游离脂肪酸、甘油、瘦素、脂联素等调节机体代谢。此外，瘦素、脂联素可增加胰岛素的敏感性。瘦素、脂联素或其他相关因子缺陷可引起胰岛素抵抗和肥胖症。

胰岛素在肥胖形成的不同时期有不同表现。在早期即肥胖形成期，靶细胞对胰岛素敏感，血糖正常，耐糖能力正常，对胰岛素没有抵抗。在后期，又称为肥胖稳定期，此期高胰岛素血症持续存在，外围组织对胰岛素敏感性降低，即出现胰岛素抵抗症状，胰岛素代偿性分泌增加，表现为糖耐量下降、血糖正常或有所升高。随着病情进展，糖脂代谢都出现紊乱，不及时干预，将会导致代谢综合征、高血压、糖尿病和心脑血管疾病的发生。

糖尿病（diabetes mellitus，diabetes）实际上是一种常见的、复杂的疾病。糖尿病的显著临床症状是血和尿中的葡萄糖含量超出正常范围。糖尿病的发生，直接原因是血中胰岛素含量不足。葡萄糖-6-磷酸的命运受到胰高血糖素和胰岛素拮抗作用的控制。胰高血糖素启动cAMP级联系统，使糖原降解，胰岛素正好相反，拮抗胰高血糖素的作用。糖尿病患者由于糖代谢的紊乱进而使脂类代谢及蛋白质代谢都受到损害。

2型糖尿病占糖尿病患者90%以上，通常发生在中年和老年肥胖人群。目前已基本确定，肥胖症和胰岛素抵抗是2型糖尿病的主要病因。肥胖症患者血中游离脂肪酸浓度升高，而游离脂肪酸会导致外周组织对胰岛素的敏感性下降，即出现胰岛素抵抗。在肥胖症早期时，胰岛B细胞会代偿性扩张，产生更多的胰岛素来调节血糖，维持血糖稳态。但是随着病情恶化，长期过度产生胰岛素会使B细胞衰竭，无法维持正常血糖水平，从而转变为2型糖尿病。

2型糖尿病是多因性疾病，与遗传、环境、年龄、生活方式甚至种族等多种因素有关。2型糖尿病最关键性的两个问题就是胰岛素抵抗（胰岛素敏感性下降）和胰岛B细胞功能障碍（或凋亡）。因此，2型糖尿病的治疗就需要从这两方面着手。

肥胖症是2型糖尿病的发病原因，所以节食和加强锻炼可以减肥，从而可以预防或缓解2型糖尿病的发生或进展。目前已有多种药物用于治疗2型糖尿病，但其机制有所不同。例如，双胍类药物（如二甲双胍）能够减少肝糖异生，从而减少肝脏输出葡萄糖的能力，并能帮助肌肉细胞、脂肪细胞和肝脏从血液中吸收更多的葡萄糖，从而降低血糖水平；磺脲类药物（如格列美脲、格列本脲、格列齐特和格列喹酮）和苯甲酸衍生物类药物（如瑞格列奈和那格列奈）能够刺激胰岛B细胞释放更多胰岛素；噻唑烷二酮类药物（如罗格列酮和吡格列酮）可以增强胰岛素敏感性，帮助肌肉细胞、脂肪细胞和肝脏吸收更多血液中的葡萄糖。

如果通过改变生活方式和使用口服降糖药仍然不能很好地控制血糖，或者药物有严重不良反应，需要通过皮下注射胰岛素来减轻病情。

（三）糖原贮存症

糖原贮存症（glycogen storage disease）种类很多，主要是由于缺乏糖原代谢过程中的某种酶。这种病是由先天性遗传缺欠引起。现将已发现的几种主要糖原累积症，其缺欠的酶种类、其受影响的器官及其中糖原含量的情况，糖原结构的情况以及临床症状等见表 13－1。

表 13－1　几种遗传性糖原贮积症

类型	疾病名称	缺欠酶	受损器官	受损器官糖原含量	糖原结构	临床症状
Ⅰ型	Von Gierk's 病	葡萄糖-6-磷酸酶	肝、肾	增加	正常	肝及肾曲小管细胞糖原大量沉积，低血糖，酮血，高尿酸血，生长发育受影响
Ⅱ型	Pompe's 病	溶酶体内缺乏 α-1,4-葡萄糖苷酶	全部器官（全部溶酶体）	大量增加	正常	细胞溶酶体堆积糖原，心脏、呼吸衰竭，通常 2 周岁前致死，血糖正常
Ⅲ型	Cori's 病	脱支酶	全部器官特别是肌肉和肝脏	增加	外部链缺失或极短	和Ⅰ型情况类似，病情较轻
Ⅳ型	Andersen's 病	分支酶（α-1,4→α-1,6）	肝脏及全部器官	无影响	长支多，分支少	肝脏进行性硬化，通常 2 周岁前死于肝衰竭
Ⅴ型	McArdle's 病	肌糖原磷酸化酶	肌肉	稍有增加	正常	肌肉痛性痉挛，无法从事剧烈运动，但生长发育正常
Ⅵ型	Hers'病	肝糖原磷酸化酶	肝脏	增加	正常	低血糖，类似Ⅰ型情况但较轻
Ⅶ型		果糖磷酸激酶	肌肉	增加	正常	与Ⅴ型类似
Ⅷ型	Tarui's 病	磷酸化酶激酶	肝脏	增加	正常	肝略增大，轻度低血糖
Ⅸ型		糖原合酶	肝脏	下降	正常	糖原含量不足

二、蛋白质代谢疾病

（一）高血氨症

线粒体酶之一的氨甲酰磷酸合成酶Ⅰ承担着尿素循环关键的第一步反应，它被 *N*-乙酰谷氨酸别构激活。这个代谢物是由 *N*-乙酰谷氨酸合酶从谷氨酸和乙酰辅酶 A 催化合成的。肝脏中尿素生成的速度实际上与这个 *N*-乙酰谷氨酸合酶的浓度直接相关。尿素循环中其余的酶受其底物浓度的调控。尿素循环中除精氨酸酶外其他酶有遗传缺陷的个体，相应的底物就会在体内累积，从而使缺陷反应速度增加。底物浓度的提升会使尿素循环逆行直至产生氨的各个途径，结果会发生“高氨血症（hyperammonemia)”。氨的高浓度会使“氨清除体系”过分耗力，特别是在脑中（尿素循环中酶缺陷的症状包括智力迟钝和嗜眠症)。

（二）氨基酸代谢缺陷症

患有遗传缺欠症的患者，由于先天性基因的突变，在体内往往表现为缺乏某一种酶，致使为该酶作用的前体不能进一步参加代谢过程，从而造成这种前体物的积累。测定这些代谢中间物有助于阐明有关的代谢途径。氨基酸代谢中缺乏某一种酶，都可能引起疾患，这种疾病称为代谢缺陷症。由于某种酶的缺乏，致使该酶的作用物在血中或尿中大量出现。这种代谢缺陷属于分子疾病。其病因和 DNA 分子突变有关，往往是先天性的，又称为先天性遗传代谢病。目前已发现的氨基酸代谢病已达 30 多种。表 13－2 列举一些与先天性氨基酸代谢病有关的酶，以及血或尿中出现的不正常代谢产物。

表 13－2　先天性氨基酸代谢缺陷症

病名	涉及的氨基酸代谢途径	临床症状	代谢缺陷
精氨酸血和高氨血症	精氨酸和尿素循环	智力迟钝，血中出现精氨酸及氨	缺乏精氨酸酶
鸟氨酸血和高氨血症	尿素循环	新生儿死亡、昏睡、惊厥智力迟钝	缺乏氨甲酰磷酸合成酶、鸟氨酸脱羧酶
高甘氨酸血症	甘氨酸	严重的智力迟钝	甘氨酸代谢系统疾患
高组氨酸血症	组氨酸	语言缺陷，某些情况有智力迟钝	组氨酸酶缺欠
分支链酮酸尿症	异亮氨酸，亮氨酸，缬氨酸	新生儿呕吐、惊厥、死亡，严重的智力迟钝	分支链酮酸脱氢酶复合物缺欠
甲基丙二酸血症	异亮氨酸，甲硫氨酸，苏氨酸及缬氨酸	除血中积累甲基丙二酸外，其他症状，智力迟钝等	缺乏甲基丙二酰 CoA、变位酶
异戊酸血症	亮氨酸	新生儿呕吐、酸中毒、昏睡及昏迷，智力迟钝	缺乏异戊酰 CoA 脱氢酶
高赖氨酸血症	赖氨酸	智力迟钝，同时某些非中枢神经系统不正常	缺乏赖氨酸－酮戊二酸还原酶
高胱氨酸尿症	甲硫氨酸	智力迟钝，眼疾患，血栓栓塞，骨质疏松	胱硫醚-β-合酶缺乏
苯丙酮尿症和高苯丙氨酸尿症	苯丙氨酸	新生儿呕吐，智力迟钝以及其他神经疾患	缺乏苯丙氨酸 L-单加氧酶
高脯氨酸血症 I 型	脯氨酸	临床检验血中含有过量脯氨酸	缺乏脯氨酸氧化酶、脯氨酸脱氢酶
尿黑酸症	酪氨酸	尿中含有尿黑酸，在碱性条件空气中变黑。成人皮肤和软骨变黑	缺乏尿黑酸氧化酶
白化病	酪氨酸	眼皮肤白化。头发白色，皮肤呈粉色。畏光，眼睛缺少色素	缺失黑色素细胞的酪氨酸酶

三、脂代谢疾病

（一）高脂血症

空腹血脂浓度持续高于正常称为高脂血症。临床上的高脂血症主要指血浆胆固醇及三酰甘油的含量单独超过正常上限，或者二者同时超过正常上限的异常状态。由于血脂在血浆中均以脂蛋白的形式存在和运输，因此高脂血症实际上也可以认为是高脂蛋白血症（hyperlipoproteinemia）。正常人上限标准因地区、膳食、年龄、劳动状况、职业以及测定方法不同而有差异。一般以成年人空腹 12~14 小时血三酰甘油超过 2.26mmol/L（200mg/dl），胆固醇超过 6.21mmol/L（240mg/dl），儿童胆固醇超过 4.14mmol/L（160mg/dl）为高脂血症标准。事实上，在高脂血症血浆中，一些脂蛋白脂质含量升高，而另外脂蛋白脂质含量可能降低。因此将高脂血症称为脂蛋白异常血症（dyslipoproteinemia）可能更为合理。1970 年世界卫生组织（WHO）建议将脂蛋白异常血症分为六型，其血浆脂蛋白及血脂的变化见表 13－3。

脂蛋白异常血症还可分为原发性和继发性两大类。原发性脂蛋白异常血症发病原因不明，已证明有些是遗传性缺陷。现已发现，参与脂蛋白代谢的调节酶如 LPL 及 LCAT，载脂蛋白如 apoA Ⅰ、apoB、apoC Ⅱ、apoC Ⅲ和 apoE，以及脂蛋白受体如 LDLR 等的遗传性缺陷，都能导致血浆脂蛋白代谢异常，引起脂蛋白异常血症。

表 13 - 3　脂蛋白异常血症分型

分型	血浆脂蛋白变化	血脂变化	
Ⅰ	乳糜微粒增高	三酰甘油↑↑↑	胆固醇↑
Ⅱa	低密度脂蛋白增加	胆固醇↑↑	
Ⅱb	低密度及极低密度脂蛋白同时增加	胆固醇↑↑	三酰甘油↑↑
Ⅲ	中间密度脂蛋白增加	胆固醇↑↑	三酰甘油↑↑
Ⅳ	极低密度脂蛋白增加	三酰甘油↑↑	
Ⅴ	极低密度脂蛋白及乳糜微粒同时增加	三酰甘油↑↑↑	胆固醇↑

继发性脂蛋白异常血症是继发于其他疾病，如糖尿病、肾病和甲状腺功能减退等。当然，引起脂蛋白异常血症的原因很多，如多吃糖类、动物油、含胆固醇多的食物等都可引起脂蛋白异常血症。但在同样高脂肪或高糖饮食的条件下，相较于体力劳动者，脑力劳动者的血浆胆固醇更容易增高。控制饮食（少吃高胆固醇、高糖及动物油脂质食物）主要是减少外源性胆固醇，对内源性胆固醇和脂肪合成过多还应服用药物，如一些抑制脂质合成或促进脂质转化的药物进行治疗。对外源性脂质，也可用减少吸收或增加排泄的药物，以减少脂质在体内的蓄积。

降血脂药物很多，有些是抑制脂质转运的药物，如氯贝丁酯及其铝盐、烟酸和烟酸肌醇等。氯贝丁酯能显著降低血浆中 VLDL 的含量，从而降低血浆三酰甘油的浓度，多数患者血浆 LDL 和胆固醇的浓度也下降，可能是因为氯贝丁酯增强了脂蛋白还原酶的活性，加速了组织摄取和利用脂质，因而使血脂下降，又因抑制 HMG-CoA 还原酶，而抑制肝脏中胆固醇的合成。烟酸主要是减少了脂肪的动员和游离脂肪酸的释放，因而减少了肝脏中脂肪的合成，使肝脏中释放的 VLDL 减少。烟酸和烟酸肌醇也可抑制 cAMP 的生成，使 cAMP 浓度降低，抑制脂肪动员，从而减少游离脂肪酸的释放。

（二）动脉粥样硬化

动脉粥样硬化主要是由于血浆中胆固醇含量过多，沉积于大、中动脉膜上，形成粥样斑块，导致管腔狭窄甚至阻塞，从而影响了受累器官的血液供应。冠状动脉如有上述变化，会引起心肌缺血，甚至心肌梗死，称为冠状动脉硬化性心脏病，简称冠心病。研究表明，血浆脂蛋白质与量的变化与动脉粥样硬化（atherosclerosis）的发生发展密切相关。其中血浆 LDL、VLDL 水平升高往往与动脉粥样硬化发病率呈正相关，而 HDL 则呈负相关。

多不饱和脂肪酸如花生四烯酸、二十碳五烯酸（EPA）及二十二碳六烯酸（DHA）等都有显著的降低血清三酰甘油和总胆固醇的作用，用于治疗高脂血症，也适用于冠心病及脑血栓的防治。

近年来还发现，来自动物、植物、真菌等的多糖类物质具有降血脂及抗凝血作用。结缔组织的成分硫酸软骨素是酸性黏多糖，它能增强脂蛋白脂肪酶的活性，使乳糜微粒中三酰甘油分解成脂肪酸，后者被氧化利用，使血中乳糜微粒减少而澄清，此外还具有抗凝血及抗血栓形成作用，对治疗动脉粥样硬化有一定效果。

（三）肥胖症

全身性的脂肪堆积过多，而导致体内发生一系列病理生理变化，称为肥胖症。肥胖症的发生是机体能量代谢失调的结果，目前认为与遗传、中枢神经系统异常、内分泌功能紊乱、营养过剩，体力活动过少等因素有关，其中比较常见的原因为营养过剩，同时体力活动减少，导致过多的糖、脂肪酸、甘油、氨基酸等转变成三酰甘油储存于脂肪组织中，而成为肥胖症。

肥胖症诊断可有不同方法，如标准体重、体重指数和腰围等，而目前国际上常用标准是体质指数

[body mass index，BMI，BMI = 体重（kg）/身高的平方（m^2）]。BMI 在 18.5~24.9 为正常，25.0~29.9 为超重（overweight），≥30.0 为肥胖（obesity）。脂肪沉积的解剖学部位可以很好地预示肥胖症的发病率，中心分布的脂肪（腹部）比外周分布的脂肪（皮下）的健康风险更高。肥胖症的病因很复杂，肥胖症是一种多因性疾病，是机体物质与能量代谢调节失衡引起的代谢紊乱。肥胖还与阿尔茨海默病、脂肪肝病、呼吸道疾病和某些肿瘤的发生相关。

人体通过复杂的神经内分泌系统调节正常食欲和进食行为，进而调节体重，这涉及胃、肝、胰腺、脂肪组织及消化道分泌的多种激素。这些激素可以参与摄食、能量/物质代谢调节。能够抑制食欲和进食的激素有胆囊收缩素（cholecystokinin，CCK）、α-MSH、胰岛素和瘦素等。能够促进食欲和进食的激素有 NPY、生长激素释放肽等。瘦素是 *ob* 基因编码、由脂肪细胞合成的由 167 个氨基酸残基组成的蛋白质。脂肪组织体积增加时分泌瘦素，通过血液循环输送至下丘脑弓状核，与瘦素受体结合，抑制食欲和脂肪合成，同时刺激脂肪酸氧化，增加耗能，减少储脂。瘦素还能增加线粒体解偶联蛋白表达，使氧化与磷酸化解偶联，增加产热。瘦素或瘦素受体缺陷都会导致肥胖。

肥胖症很难治愈，目前一些可用于治疗肥胖症的药物，因有副作用而限制了临床长期使用。例如抑制食欲的苯海拉明类药物会有失眠和心率加快的副作用，而抑制外源性脂肪吸收胰脂肪酶抑制剂奥利司他类药物会有乳糜性腹泻等副作用。瘦素只能用于治疗瘦素缺乏的肥胖患者。日常生活中，减少热量摄入（节食）和增加能量消耗（锻炼）是干预肥胖的有效手段，但必须长期坚持。对于一些不能通过药物和控制饮食等方法治疗的肥胖患者，可考虑采用外科手术法去除多余脂肪或减少胃的容积以阻止饥饿感和进食。

四、嘌呤核苷酸代谢疾病

体内嘌呤核苷酸的分解代谢主要在肝脏、小肠及肾脏中进行，经过系列反应生成尿酸，随尿排出体外。正常生理情况下，嘌呤合成与分解处于相对平衡状态，所以尿酸的生成与排泄也较稳定。当体内核酸大量分解（白血病、恶性肿瘤等）或摄入高嘌呤食物或肾疾病尿酸排泄障碍时，血中尿酸（盐）水平升高，当浓度超过 0.48mmol/L 时，尿酸盐将过饱和而形成结晶，沉积于关节、软组织、软骨及肾脏等处，而导致关节炎、尿路结石及肾疾患，引起疼痛及功能障碍，称为痛风症。痛风症多见于成年男性，可能与嘌呤核苷酸代谢酶的先天性缺陷有关。

五、其他代谢疾病

（一）高胆红素血症

胆色素（bile pigment）是体内铁卟啉化合物分解代谢的主要产物，包括胆绿素、胆红素、胆素原和胆素。胆红素居于胆色素代谢的中心，肝是胆红素代谢的主要器官。胆色素代谢异常时可引起黄疸，熟知胆色素代谢过程对于伴有黄疸体征的疾病诊断具有重要意义。各种原因造成胆红素生成过多或肝脏对胆红素摄取、生物转化、排泄过程发生障碍都可引起血中胆红素浓度升高，造成高胆红素血症（hyperbilirubinemia）。胆红素是橙黄色物质，血清中含量过高，大量的胆红素扩散入组织，造成组织黄染，称为黄疸（jaundice）。根据发生的原因不同，临床上将黄疸分为溶血性黄疸、肝细胞性黄疸和阻塞性黄疸。某些疾病（如恶性疟疾、过敏、镰状细胞贫血、葡萄糖-6-磷酸脱氢酶缺乏等）、某些药物或输血不当等均可引起红细胞大量破坏，导致溶血性黄疸。肝细胞性黄疸是由于肝细胞损伤造成肝脏摄取、转化和排泄胆红素的能力降低所致，常见于肝实质性病变，如各种肝炎、肝硬化、肝肿瘤等。阻塞性黄疸是由于各种原因引起胆道阻塞，胆汁排泄受阻，造成血清胆红素升高所致，常见于胆道结石、胆管炎症、肿瘤或先天性胆管闭锁等疾病。

（二）线粒体病

线粒体基因组结构异常与衰老和疾病关系的研究一直是生命科学的热点。线粒体内膜上的氧化磷酸化反应是细胞进行各项生命活动所需 ATP 的主要来源。如果线粒体发生损伤，将会因为能量供应出现障碍而导致整个细胞生命活动发生异常。与核内染色体 DNA 不同，线粒体 DNA 是裸露的，缺乏蛋白质保护，容易受到外界因素的干扰，累积到一定程度就会损伤线粒体 DNA。损伤后不易被修复，最终影响 ATP 的合成。能量供应不足而使机体代谢能力和免疫能力下降从而发生衰老或疾病，如造血干细胞的线粒体 DNA 突变导致家族性疾病，而体细胞突变则会导致一些散发性疾病和与年龄相关的氧化磷酸化系统功能衰退性疾病，这类线粒体异常引发的疾病统称为“线粒体病”（mitochondrial disease）。

第四节　代谢组学

系统生物学是在细胞、体液、排泄物、组织、器官或及生物体整体水平上研究相关结构和功能各异的各种分子及其相互作用，定量描述和预测生物功能、表型和行为的科学。系统生物学一般可以从基因组开始，历经转录组、蛋白质组、代谢组等，进而从不同层面、不同角度解释生命过程与本质。如果将生命体看成是一个在基因组调控下的无数相互关联的生化反应所组成的一个物质与能量代谢网络，那么系统生物学将要鉴别每一个反应节点的各种分子及其相互作用与结果，从局部到整体，最终完成生命活动的整个框架与线路网络图。

一、代谢组学的概念和研究意义

根据代谢组学研究的对象和目的不同，一般将生命体或生物样本代谢产物分析分为四个层次。①代谢物靶标分析：对生命体或生物样本中某个或几个特定组分的分析。②代谢轮廓分析：对生命体或生物样本中少数所预设的一些代谢产物的定量分析。如某一代谢途径的所有中间产物或多条代谢途径的标志性组分。③代谢指纹分析：不分离鉴定具体单一组分，而是对代谢物整体进行高能量的定性分析。④代谢组分析：在特定条件下，对细胞、器官或生物体内所有内源性目标代谢组分的定性和定量分析。

（一）代谢组学的概念

代谢组（metabolome）是一些参与生命体代谢、维持生命体正常功能和生长发育的小分子化合物的集合，主要是相对分子质量小于 1000 的内源性小分子。代谢组学（metabonomics or metabolomics）是指在特定条件下生物样本中所有内源性目标代谢组分的定性和定量状况。具体来说，代谢组学是通过内源性代谢组分的定性和定量分析，研究生命体或生物样本在不同时间、不同环境、健康与病理、干预前后等状况下，其代谢组或目标代谢组分的变化及其规律，进而阐明生命体及其活动。与其他组学一样，生命体或生物样本可以针对细胞、体液、排泄物、组织、器官乃至生物的整体；不同时间是生命体的不同生长发育阶段；干预可以是药物或化合物影响生命体或生物样本，也可以是生命体或生物样本单个或多个基因变异，或是目标基因的人为敲出与敲入，或是目标基因的人为转录水平下调等。

（二）代谢组学研究的意义

代谢物是生物体在其生命活动过程中形成的小分子中间物或终产物，其种类繁多，浓度改变迅速。各种理化因素、病理生理因素和药理毒理因素对生物体的影响，最终都会导致代谢物谱的改变。因此，通过代谢组学分析获得的代谢物谱，更能迅速并准确地反映机体生命活动的变化，是判断细胞、组织器官或生物体的基因表达调控、物质代谢调节及病理生理效应的有效指标之一，也是分析和理解生物体代谢网络组成结构与生理功能的重要途径。

二、代谢组学的研究方法

代谢组学研究一般包括样品采集和制备、代谢组数据的采集、数据处理与分析、标志物识别和途径分析等步骤。生物样品采集后首先进行生物反应灭活、预处理；然后运用适宜的高分辨率仪器进行相应的分离，检测其中代谢物的种类、含量、状态及其变化，得到代谢轮廓或代谢指纹；而后使用多种及其组合数据分析方法，对获得的复杂数据进行归纳、整理与信息挖掘，识别出有显著变化的代谢标志物，研究所涉及的代谢途径和变化规律，从而阐述生命体对相应影响因素的响应及其机制。

（一）样品采集与制备

样品的采集与制备是代谢组学研究的初始步骤，也是最重要的步骤之一。首先是需要采集足够数量的代表性样本，从而减少样本的个体差异对分析结果的影响。除了需要考虑样本收集的时间、部位、种类以及样本群体等以外，对某些要求更为严格的样本，还需考虑饮食、性别、年龄、昼夜和地域等诸多因素的影响。

根据研究对象、目的和拟采用的分离、分析技术等，所需样品的提取和预处理方法也各异。由于特定的提取条件往往仅适合性质类同和相近的代谢物，目前尚无一种能够适合所有代谢物的提取方法。因此，应根据代谢物性质的不同，选择不同的提取方法，同时也应对提取条件进行优化。

（二）数据采集

完成样品的采集和预处理后，需要选择适宜的高灵敏度、高通量、无偏向性且稳定性好的分析方法，对样品中的代谢物进行检测分析。与其他组学技术所检测分析特定类型化合物不同，代谢组学所检测分析目标物的大小、数量、官能团、挥发性、荷电性及程度、电泳迁移率、极性以及其他理化性质的差异很大。此外，由于代谢物以及生物样本体系的复杂性，迄今为止，还没有一个能满足上述所有要求的代谢组学检测分析技术体系，现有的技术体系都有各自的优势和适用范围。目前的主要分析手段包括磁共振技术（NMR）、气相色谱技术、液相色谱技术、毛细管电泳技术和质谱技术等。在实际工作中，可以选择一种分析技术，如 NMR，特别是^{1}H-NMR 对含氢代谢物的普遍性和适宜性，已成为最主要的分析技术体系；也可以将上述技术体系进行组合，如色谱-质谱联用技术、毛细管电泳-质谱联用技术，这种组合兼备了色谱、毛细管电泳分离的高分辨以及质谱检测的高灵敏度。

（三）数据分析

在代谢组学的研究中，大多数情况是要从检测到的代谢产物信息中进行两类（如基因突变前后的响应）或多类（如不同表型间代谢产物状况）的判别分类以及生物标志物的发现。代谢组学能够得到大量多维信息，但为了充分挖掘上述所介绍的数据采集系统所获得数据中的潜在信息，需要应用一系列的化学计量学方法对数据进行分析。代谢组学研究中的数据分析过程，应用的主要手段为模式识别方法，包括无监督（unsupervised）学习方法和有监督（supervised）学习方法。

三、代谢组学在医药研究中的应用

代谢组学在基础医学、药学和临床医学领域中应用十分广泛。

（一）在医学研究中的应用

自从代谢组学形成并快速发展以来，已广泛地应用于生命科学的各个领域，如疾病诊断以及临床干预后评估、药物研发、植物代谢组学和微生物代谢组学等研究与应用。

代谢组学分析可从整体上反映机体的代谢网络及其变化。通过比较生理与病理状态下机体代谢组学的改变，可发现与疾病相关的有价值的代谢模式。例如，Joanne T Brindle 等采用 NMR 技术，对心血管疾病患者血清进行代谢组学分析，从而建立了判断患者心血管疾病及其严重程度的诊断方法。此外，也发现了与乳腺癌、肝癌和脑膜炎等疾病相关的代谢模式。

代谢组学是一种确定基因突变引起个体表型改变的极好工具。通过与已知基因突变所致代谢紊乱进行比较，可以推测未知基因的功能。例如，Cravatt 实验室采用这种技术方法，确定了 *N*-酰基牛磺酸是脂肪酸酰胺水解酶的内源性底物。

（二）在药学研究中的应用

代谢组学在新药开发和药理学研究、药效及毒性评价等方面有着广泛的应用。药物毒副作用的判定是新药开发过程中十分重要的环节。化学药物所致机体生理功能的改变，常常导致血液或尿液中代谢模式的改变。特别是肝肾功能的损伤，其代谢模式的改变常具有特异性。采用代谢组学的分析方法来判定药物的毒副作用比常规毒理学实验更为灵敏、可靠和经济。除了单一化学药物以外，在复方中药制剂药理毒理作用的研究中，代谢组学分析也是一种有效的分析方法。此外，代谢组学分析也常用于寻找新的药物作用靶点。

药物的靶向研发策略，有其积极的一面，但同样存在不利的一面。如这种策略致使 90% 的药物仅对 30%~50% 的患者有效，也就是说 50%~70% 的患者，不但未从所接受的药物治疗中受益，反而要承担其所带来的毒副作用。因此，需要从代谢组学角度，鉴定出有效的、具有生理和临床意义的标志物，从而建立针对特定人群有效或有毒药物的廉价、快捷筛选与预测方法。

思考题

答案解析

1. 患者，女，60 岁，诊断为 2 型糖尿病，长期服用二甲双胍后血糖控制尚可，但近期出现血脂异常（三酰甘油显著升高）。从糖脂代谢相互关系及药物作用机制角度，分析该患者血脂异常的可能原因，并说明调脂药物的选择原则及相关生化原理。

2. 某患者因肝功能衰竭导致血氨升高，出现肝性脑病。结合蛋白质代谢及尿素循环机制，分析血氨升高的原因，并说明降低血氨的治疗措施及生化依据。

3. 在肿瘤化疗中，甲氨蝶呤通过抑制二氢叶酸还原酶阻断嘌呤和嘧啶合成，导致肿瘤细胞死亡。结合核酸代谢及抗代谢物作用机制，分析甲氨蝶呤为何对正常细胞也有毒性，并说明可采取的解救措施及生化原理。

（崔　勇）

书网融合……

微课

习题

第三篇 生物信息的传递

第十四章 基因信息的传递

微课

PPT

学习目标

1. 通过本章学习，掌握 DNA、RNA 及蛋白质的复制、合成以及调控；熟悉 DNA 的损伤修复、转录加工过程以及蛋白质合成及其调控；了解突变、反转录的概念及生物学意义并了解蛋白质转录后加工。

2. 具有能够完整描述基因信息在细胞内的传递过程，并对其过程中的调控具备正确认识的能力。

3. 树立完整基因信息传递的知识体系。

1953 年 Watson 和 Crick 等在前人工作的基础上提出了 DNA 双螺旋结构模型，随后 Crick 又提出了遗传信息传递的规律——遗传中心法则：DNA 是合成 RNA 的模板，RNA 又是蛋白质合成的模板，这个信息流称之为中心法则（centrol dogma）。随着研究的不断发展，人们对原中心法则进行了相应的补充，生物遗传信息的传递可归纳如下（图 14－1）。

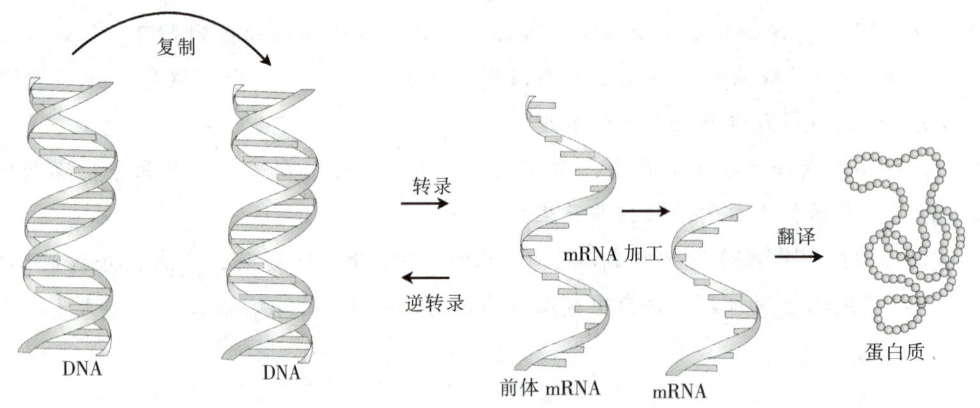

图 14－1 生物遗传信息传递过程

首先，任何生命体必须将自身所有的遗传信息精密地传递给子代，从而使其得以繁衍，而大多数生命体的遗传信息都是贮存在 DNA 中，少数则贮存于 RNA 中。所以，生命体利用相关的体系进行核酸的复制，而使其遗传信息毫不保留地准确传递给子代。对于核酸的复制（replication），其实质是以本身为模板，在碱基互补的原则下，合成出与自身完全相同的核酸分子。

同样，生命体在表现其生命活动行为中，主要是通过特异的蛋白质执行各种生命功能，使后代表现出与亲代相似的遗传性状。生命体中的蛋白质是由其本身遗传信息——DNA 所决定的，但 DNA 并不直接参与蛋白的生物合成，而是通过转录与翻译实现遗传信息的传递。由 DNA 指导合成 mRNA 的过程，称为转录（transcription），也就是在 DNA 分子上合成出与其核苷酸顺序相对应的 RNA 的过程。而由 mRNA 在核糖体中指导蛋白质的生物合成过程，称为翻译（translation），也就是在 RNA 的控制下，根据核酸链上每三个核苷酸决定一个氨基酸的三联体密码（triplet code）规则，合成出具有特定氨基酸顺序的蛋白质肽链过程。

在许多生命体中（主要是真核生物），由 DNA 指导转录的最初“mRNA”是没有生物学功能，需要通过一系列加工修饰后才能作为模板来指导蛋白质的生物合成，这一过程称转录后加工。同样，蛋白质最初被合成时也需要一系列加工修饰，如肽链折叠形成天然状态的三维结构，二硫键的正确配对与形成，N 端甲酰甲硫氨酸（原核细胞）或甲硫氨酸（真核细胞）的切除，肽链的糖基化、磷酸化等修饰，这一过程可称翻译后加工修饰。

一些少数生命体，其遗传信息是储存于 RNA 分子中，这些生命体中，一部分是由 RNA 作为模板直接复制 RNA，使其遗传信息传递给子代；一部分是由 RNA 作为模板，首先合成 DNA，即逆转录（reverse transcription），进而使遗传信息传递给子代。

第一节　DNA 的复制与重组及修复

一、DNA 复制

原核生物的每个细胞只含有一个染色体，而真核生物的通常含有多个染色体。在细胞增殖周期的特定阶段，其整个染色体组都将进行精确的复制，复制的产物会平均分配到两个子代细胞中去。复制一旦完成，就可启动细胞分裂。当细胞分裂结束后，又可以开始新一轮的 DNA 复制。

（一）DNA 半保留复制

DNA 由两条多核苷酸链形成螺旋，螺旋中两条核苷酸链间互补对应位置的碱基，按照碱基互补的原则，通过腺嘌呤 - 胸腺嘧啶以及鸟嘌呤 - 胞嘧啶之间的氢键连接在一起，因此，一条链上的核苷酸排列顺序就决定了另一条链上的核苷酸排列顺序，也就是说，DNA 分子的每一条链，都含有与其互补链的全部遗传信息。

Watson 和 Crick 在提出 DNA 双螺旋结构模型时认为，在 DNA 复制过程中，首先 DNA 双链碱基间的氢键需断裂以使双链分离成单链状态，然后每条单链均作为模板指导其互补链的合成，新形成的两个 DNA 分子（子一代）与原来 DNA 分子（亲代）的碱基顺序完全一致，也就是说，每个子一代 DNA 分子的一条链是来自亲代 DNA 的，另一条链则是新合成的，这种复制方式称为半保留复制（semi-conservative replication）（图 14 - 2）。

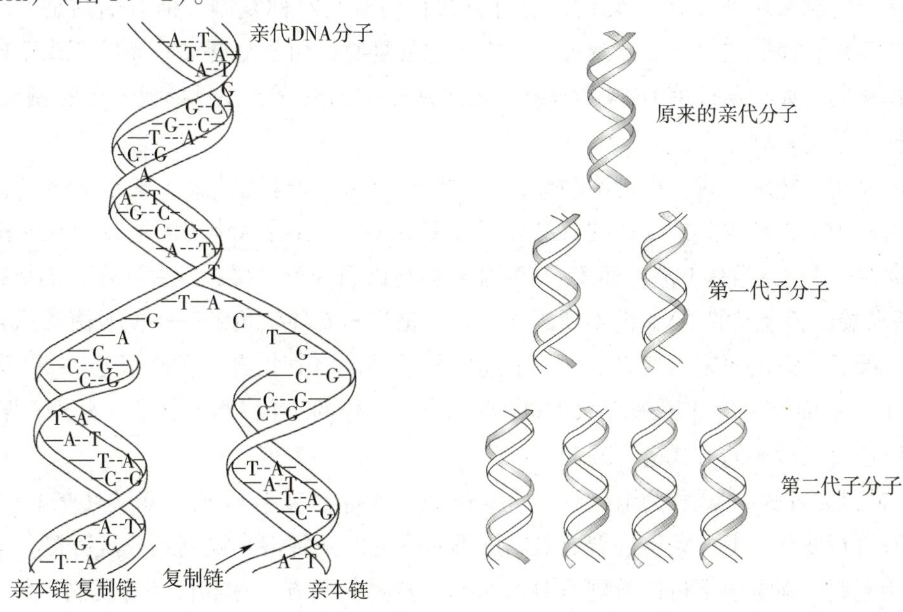

图 14 - 2　DNA 半保留复制

（二）DNA 复制的方式

基因组能够独立进行复制的单位（区域）称复制子（replicon）。每个复制子都含有控制复制起始的特定区域称复制起点（replicon origin），用 ori 或 O 表示；有的还含有控制终止复制的区域称复制终点（replicon terminus）。许多生物的复制起点都是富含 A-T 配对的区域，因为 A-T 之间的键能较 G-C 之间的弱，所以富含 A-T 的 DNA 区域经常处于开放（单链状态）与闭合（双链状态）的动态平衡状态——DNA 呼吸作用，这一区域产生的瞬时单链状态，对 DNA 复制的起始十分重要。DNA 的复制是在其起始阶段进行控制，复制子一旦启动复制就需要连续进行下去直至整个复制完成。在复制起点的两条链解离成单链状态，每条单链分别作为模板指导合成其互补链，由双链解离成单链状态的结构区域如同 Y 形，这种结构称为复制叉（replication fork）（图 14－3）。

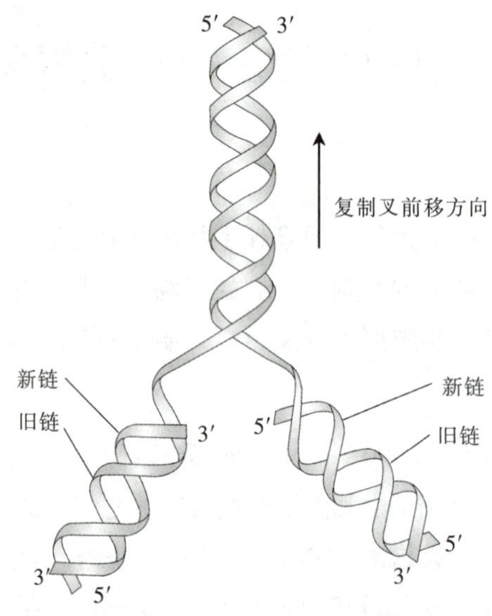

图 14－3　复制叉结构示意

DNA 复制的方式有多种类型：双向复制和单向复制；双向复制又有对称的和不对称的。大多数原核和真核生物的 DNA 复制都是从固定的起点开始，以双向对称方式进行复制，即从复制起点开始，在两个方向各有一个复制叉在进行 DNA 复制，这种方式称为双向对称复制。但有的则是在复制起点首先从一个方向进行复制，而后在复制起点从另一个方向进行复制，两个复制叉移动的距离不同，这种方式称为双向不对称复制，如枯草杆菌 DNA 的复制。如果从复制起点开始，只形成一个复制叉进行 DNA 复制，这种方式称为单向复制。

有一种单向复制的特殊方式，称为滚动环式（rolling circle）。这种复制方式的 DNA 可以是环状单链分子，在复制过程中首先形成共价闭环的双链分子（复制型）；然后由特定的酶分子在正链分子的固定位置切开，游离出一个 3′-羟基末端，而 5′-磷酸基末端与该酶分子连接；随后以环状的负链为模板，从正链的 3′-羟基末端使新合成的 DNA 链不断延长，也就是说随着环状负链——模板滚动而合成出新的正链；滚动合成一圈后，露出原来的切口序列，上述酶分子再次将其切开，并将其连在 5′-磷酸基末端形成环状单链分子，从而复制出与原来环状单链 DNA 分子一样的子代 DNA 分子。此外，某些双链 DNA 的合成，也可以通过滚动环的方式进行复制。

另一种单向复制的特殊方式称为取代环（displacement loop）或 D 环式。双链环状 DNA 在固定位置解离成单链状态进行复制，但两条链的合成是高度不对称的，一条链先复制到一定程度，露出另一链的复制起点才开始复制，在电镜下可以看到呈 D 环形状，这种复制方式称取代环式复制。如许多生物的细胞器——线粒体和叶绿体 DNA 就是采用 D 环的方式进行复制。

（三）DNA 的半不连续复制

DNA 的两条链均能作为模板指导两条新的互补链合成（复制），但由于 DNA 分子的两条链是反向平行的，一条链的走向为 5′→3′，另一条链为 3′→5′。而且，目前已知进行复制的 DNA 聚合酶合成方向均为 5′→3′，而没有 3′→5′。因此，在 DNA 同一区域、同一时间是无法同时进行复制的。日本学者冈崎通过实验验证，提出了 DNA 的不连续复制模型。以复制叉向前移动的方向为标准，DNA 的一条模板链走向是 3′→5′，在该模板链上，新合成的互补链是能够以 5′→3′方向连续合成，此合成链称为前导链（leading strand）（图 14－4）；在 DNA 相同区域的另一条模板链，其走向是 5′→3′，此时是无法以该模板链指导合成新的互补链，但随着复制叉继续向前移动一定距离后，该模板链在某一位点开始指导合成新的互补链，互补链合成的走向与复制叉的走向相反，随着复制叉不断向前移动，该模板链上形成了许多不连续的 DNA 片段，最后连接成一条完整的互补 DNA 链，该合成链称为后随链（lagging strand）（图 14－4）。

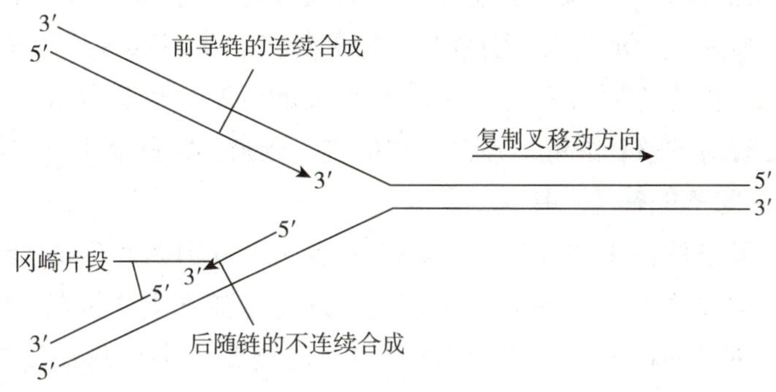

图 14－4　DNA 半不连续复制过程中的前导链与后随链

后随链首先合成的是较短的 DNA 片段，最后连接成后随链，上述 DNA 片段称冈崎片段（Okazaki fragment）。细菌细胞的冈崎片段长度为 1000~2000 个核苷酸，相当于一个顺反子或是基因的大小；真核细胞的冈崎片段长度为 100~200 个核苷酸，相当于一个核小体 DNA 的大小。由此可见，DNA 复制时，一条链（前导链）是连续的，另一条链（后随链）是不连续的，这种模式称半不连续复制（semi-discontinuous replication）。

（四）DNA 复制相关蛋白质因子

DNA 复制的过程可以分成起始、延长和终止三个阶段。在起始过程中，有许多蛋白质因子和酶参与，有的辨认起始位点，有的打开 DNA 双螺旋，有的使解开的 DNA 单链稳定。在延长过程中，主要由 DNA 聚合酶催化完成新链的合成，同时，在复制部位上游也需要一些酶参与，来解开复制过程中所形成的 DNA 超螺旋拓扑结构。在终止阶段，复制过程中所形成的 DNA 小片段，需要 DNA 连接酶将其连接成完整的大分子。因此，在 DNA 复制过程中，需要解链酶、单链 DNA 结合蛋白、拓扑异构酶、引物酶、DNA 聚合酶和 DNA 连接酶等许多蛋白质因子和酶参与。

1. DNA 拓扑异构酶与解螺旋酶　细胞内 DNA 具有负超螺旋，在复制和转录时更容易分开，使参与复制的酶类和蛋白质因子更容易与 DNA 结合。其意义不仅有利于复制叉的形成，也可以缓解在复制叉的前移过程中由于解旋作用而造成 DNA 的正超螺旋。DNA 是双螺旋结构，当复制到一定程度时，原有的负超螺旋已经被耗尽，双螺旋的解旋作用使复制叉前方双链进一步扭紧而使下游出现正超螺旋，进一步影响双螺旋的解旋。为了使 DNA 复制能够顺利继续进行下去，正超螺旋必须解除，而能够使超螺旋松解或形成的因素主要是拓扑异构酶（topoismerases）。拓扑异构酶 Ⅰ 能切断 DNA 的一条链，解除超螺旋结构，但它只能作用于负超螺旋。拓扑异构酶 Ⅱ，也称旋转酶（gyrase），通过切断 DNA 的两条链，待正超螺结构解除（超螺旋恢复正确旋转程度）后再使两条链重新接上，此外，也可在 DNA 分子中形成负超螺旋来中和正超螺旋。细胞内 DNA 的超螺旋结构状态，取决于拓扑异构酶Ⅰ和Ⅱ的平衡。

DNA 解螺旋酶（DNA helicase）是将 DNA 双螺旋结构解除。在 *E. coli* 细胞的四种 DNA 解旋酶中，DnaB 在 DNA 复制中，通过 ATP 水解释放出的能量，推动复制叉前 DNA 双螺旋结构解开而形成单链结构状态。

2. 单链 DNA 结合蛋白（single-stranded DNA-binding protein，SSB） 是选择性结合并覆盖在单链 DNA 上的一类蛋白质，以防止解开的 DNA 单链被酶水解以及重新结合成双链。在 DNA 复制过程中，一旦 DNA 双链被解开形成单链状态，SSB 就会立刻结合上去并使其稳定，而且 SSB 这种结合具有协同效应；当 DNA 合成形成双链结构时，SSB 就被替代而脱离 DNA 分子。

3. DNA 聚合酶（DNA polymerase） 是以四种脱氧核苷三磷酸（dATP、dGTP、dCTP 和 dTTP）为底物，在 DNA 复制模板的指导下，按照新生多聚脱氧核苷酸链与模板链间的碱基互补原则，催化多聚脱氧核苷酸链的合成（复制）。DNA 聚合酶催化反应的特点：①以四种脱氧核糖核苷三磷酸作底物；②反应需要模板的指导；③反应需要有引物且 3′端有自由的羟基，也就是说不能直接使两个 dNTP 聚合，而是需要一个引物或较短的核苷酸链，并在其 3′端进行延长；④新生 DNA 链的延长方向为 5′→3′；⑤新生 DNA 链与模板链之间遵循碱基互补原则。

大肠埃希菌细胞（大肠杆菌）中共含有五种 DNA 聚合酶，分别称为 DNA 聚合酶Ⅰ、Ⅱ、Ⅲ、Ⅳ和Ⅴ。DNA 聚合酶是一个多功能酶，DNA 聚合酶Ⅰ催化的反应有如下主要特点：①脱氧核苷酸聚合反应的方向是 5′→3′；②具有对 DNA 分子的 3′端水解活性，也就是 3′→5′的核酸外切酶活性；③具有对 DNA 分子的 5′端水解活性，也就是 5′→3′核酸外切酶活性。其中 3′→5′核酸外切酶活性也被认为起着校对的功能，纠正 DNA 聚合过程中的碱基错配。在正常聚合条件下，DNA 聚合酶的 3′→5′外切酶活性是处于非活性状态；当新生链与模板链之间出现碱基错配时，聚合反应停止而其 3′→5′外切酶活性被激活，将出现碱基错配的新生链 3′端的脱氧核苷酸水解去除；当新生链 3′端的错配脱氧核苷酸被除去后，聚合反应又得以继续进行。5′→3′外切酶活性的作用，是聚合酶在模板上移动遇到引物（小片段 RNA）区时，从引物的 5′→3′方向将其水解掉，同时酶的聚合作用又将该区域补齐。此外，当 DNA 双链的单链出现损伤时，5′→3′外切酶活性将单链损伤区域从 5′→3′方向将其水解掉，并利用聚合作用又将该区域补齐。DNA 聚合酶Ⅰ、Ⅱ、Ⅲ性质的异同见表 14－1。DNA 聚合酶Ⅳ和Ⅴ表现为 DNA 的错误倾向复制修复功能，当 DNA 受到较严重损伤时便诱导产生。由于这两个酶对 DNA 复制修复缺乏准确性，因而出现高突变率。虽然高突变率会杀死许多细胞，但至少可以克服复制障碍，使少数突变的细胞得以存活。

表 14－1 大肠埃希菌三种 DNA 聚合酶性质的比较

	DNA 聚合酶Ⅰ	DNA 聚合酶Ⅱ	DNA 聚合酶Ⅲ
3′→5′外切核酸酶	+	+	+
5′→3′外切核酸酶	+	-	-
聚合速度（核苷酸/分）	1000~1200	2400	15000~60000
功能	切除引物，DNA 修复	DNA 修复	DNA 复制

真核细胞的 DNA 聚合酶有五种，分别以 α、β、γ、δ、ε 来命名。α 和 δ 主要合成细胞核 DNA，相当于大肠埃希菌 DNA 聚合酶Ⅲ的作用，此外，α 还具有合成引物的功能；β 和 ε 主要参与 DNA 的修复；γ 主要参与线粒体 DNA 的复制。真核细胞 DNA 聚合酶的性质列于表 14－2。

表 14 - 2　真核细胞 DNA 聚合酶性质的比较

	DNA 聚合酶 α	DNA 聚合酶 β	DNA 聚合酶 γ	DNA 聚合酶 δ	DNA 聚合酶 ε
细胞定位	细胞核	细胞核	线粒体	细胞核	细胞核
外切酶活性	无	无	3′→5′外切酶	3′→5′外切酶	3′→5′外切酶
引物合成酶活性	有	无	无	无	无
功能	引物合成和核 DNA 合成	修复	线粒体 DNA 合成	核 DNA 合成	修复

4. 引物酶与 DNA 连接酶　在 DNA 复制过程中，DNA 聚合酶不能直接启动催化合成 DNA 的新生链，而只是在一个引物的 3′端进行 DNA 单链的延长（复制）。引物是由引物酶（primase）催化形成的，是按照碱基互补的原则，在 DNA 模板链的指导下，催化小片段 RNA 的生成。引物的长度通常为几个核苷酸至十几个核苷酸，DNA 聚合酶Ⅲ可在其 3′端聚合脱氧核糖核苷酸，直至完成冈崎片段的合成。冈崎片段的引物消除以及其缺口的填补，是由 DNA 聚合酶Ⅰ来完成的。

DNA 聚合酶只能在多核苷酸链的 3′端进行延长反应，而不能通过形成 3′,5′-磷酸二酯键将两个核苷酸链连接起来。因此，细胞内存在一种 DNA 连接酶，催化双链 DNA 分子中单链缺口处的 5′-磷酸基和 3′-羟基生成磷酸二酯键，从而将两个单链末端之间连接起来。如 DNA 复制的后随链合成时，首先合成的冈崎片段，通过 DNA 连接酶将其连接成后随链（图 14 - 5）。大肠埃希菌和其他细菌 DNA 连接酶，以烟酰胺腺嘌呤二核苷酸作为能量来源以推动连接反应；动物细胞和噬菌体的连接酶则以腺苷三磷酸（ATP）作为能量来源。

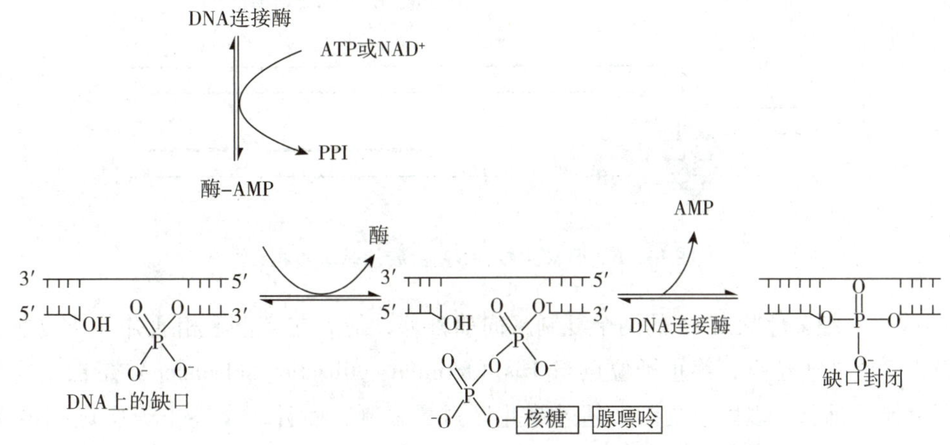

图 14 - 5　DNA 连接酶与 DNA 缺口的封闭

（五）DNA 复制过程

1. 复制的起始　在 *E. coli* 细胞中，首先在 DNA 复制起点（简写 Ori）形成一个起始复合体（也称引发体），进而启动 DNA 复制。起始复合体由 DnaA、DnaB（解螺旋酶）、引物酶、拓扑异构酶Ⅱ、组蛋白样蛋白、单链结合蛋白（SSBP）和 RNA 聚合酶组成，起始复合体启动 DNA 复制的过程：①DnaA 协助 DnaB 结合到 Ori 区；②RNA 聚合酶合成一个 RNA 小片段并形成 R 环后与 Ori 区连接；③组蛋白样蛋白诱导双链 DNA 弯曲；④R 环和 DNA 的弯曲造成 DNA 双螺旋不稳定，从而在 DnaB 作用并有拓扑异构酶Ⅱ参与下进行 DNA 的解螺旋；⑤随后 SSB 结合到解开的 DNA 单链上并使其稳定；⑥在 DnaB 的刺激下，引物酶结合上来形成了起始复合体。起始复合体一直存在于复制过程中，不仅启动了前导链的复制，也启动了后随链冈崎片段的复制。

2. 复制的延长　当复制起始复合体一旦形成，DNA 双链被解开，进而形成了复制叉，DNA 就开始了复制。首先是前导链的合成，起始复合体的引物酶以 DNA 的 3′→5′链作为模板合成引物，随后 DNA 聚合酶Ⅲ以四种脱氧核糖核苷三磷酸作底物，在模板链的指导下，按照碱基互补的原则，在引物的 3′端进行延长反应，并以 5′→3′方向复制出一条 DNA 新生链；随着前导链的不断延伸而置换出后随链的模板，当后随链模板上 RNA 引物信号序列出现时，由引物酶合成 RNA 引物，随后再由 DNA 聚合酶Ⅲ延伸合成冈崎片段，冈崎片段的引物由 DNA 聚合酶Ⅰ切除，并填补引物被切除后留下的空缺，冈崎片段间的缺口由 DNA 连接酶将其连接起来形成后随链（图 14－6）。由于后随链需要周期性地引发，因此，其合成进度总是与前导链相差一个冈崎片段的距离。

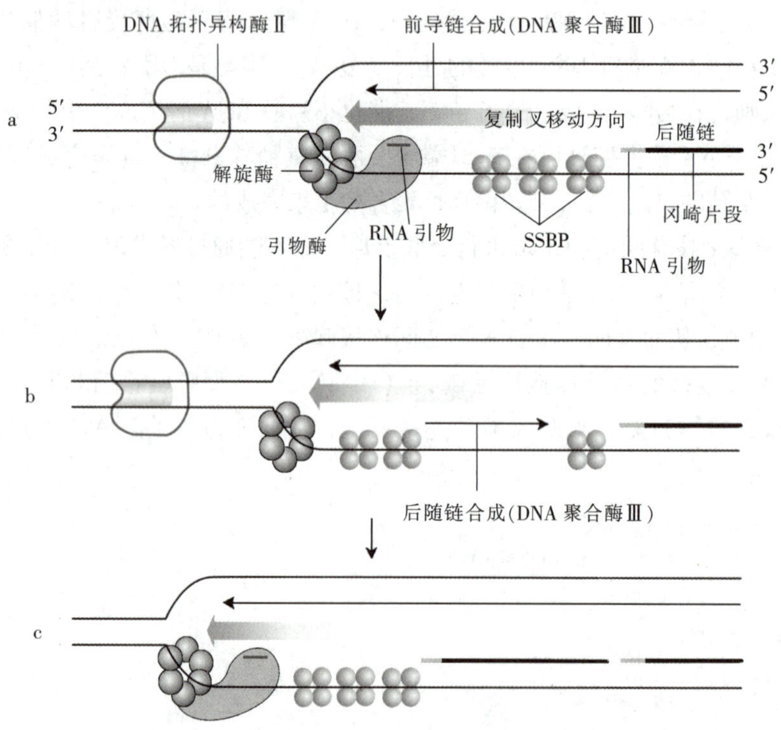

图 14－6　原核生物 DNA 合成的基本过程

3. 复制的终止　细菌环状 DNA 的两个复制叉向前推移，最后在终止区相遇并停止复制。大肠埃希菌终止区含有六个终止子位点，终止子位点与 Tus（terminus utilization substance）蛋白结合后，形成的复合物阻止了复制叉前移，以防止复制叉超过终止区过量复制，而且一个终止子位点-Tus 复合物只阻止一个方向复制叉的前移。在正常情况下，两个复制叉前移的速度是相等的，到达终止区后就都停止复制；如果一个复制叉前移速度慢，另一个复制叉达到终止区就会受到终止子位点-Tus 复合物的阻挡，以便等待速度慢复制叉的汇合。复制被终止后，仍有 50~100bp DNA 链没有被复制，此时，在两条子一代 DNA 链分开后，通过修复方式将其空缺填补。

真核细胞 DNA 复制的基本原则和过程与大肠埃希菌的基本一致，但在细节上有一些不同，其比大肠埃希菌需要更多蛋白质因子参与，因此也就更加复杂和精确。真核细胞 DNA 多为线性分子，长度相对较长，因此复制时常有多个起始位点。原核细胞是由同一个 DNA 聚合酶来同时完成前导链和后随链的合成，而真核细胞前导链与后随链是由不同 DNA 聚合酶来合成的，DNA 聚合酶 δ 合成前导链，DNA 聚合酶 α 合成后随链。

（六）端粒及端粒酶

在 DNA 复制的后随链合成中，各 DNA 片段（冈崎片段）在去除其引物后，由相应的 DNA 聚合酶来填补引物被切除后留下的空缺，但由于 DNA 聚合酶不能催化 3′→5′聚合反应，以致总有一个冈崎片段在去除其引物后的空隙无法被填补。同样，在线性 DNA 的前导链复制中，也存在一个前导链的引物被去除后而无法实现该空隙被填补的问题。真核生物线性染色体的末端有一种特殊的结构，称为端粒（telomere）或端区，是真核细胞染色体末端的蛋白质-DNA 结构，从单细胞生物到高等动植物，端粒的结构和功能都很保守。其功能是完成染色体末端的复制，可防止染色体融合、重组或降解。

大多数真核生物的端粒 DNA 由非常短而且数目精确的串联重复 DNA 排列而成，富含鸟嘌呤（G）。在不同生物中端粒 DNA 的序列多种多样，其功能并不需要独特的序列来维持。端粒结构中的 DNA 重复序列，一般一条链上为 $Gn(T/A)m$，互补链为 $Cn(A/T)m$，（其中 $n>1$，m 为 1~4），平均长度随生物种类而不同。人的染色体端粒含有 TTAGGG 的重复序列，平均长度 15bp。

端粒酶（telomerase）的组成中包括 RNA 和蛋白质，其中 RNA 作为合成端粒 DNA 的模板，而合成所需要的酶则由蛋白质部分来完成，因此端粒酶是一种自身携带模板 RNA 的逆转录酶。该酶能够在缺少 DNA 模板的情况下延伸端粒内 3′端的寡聚核苷酸片段，以弥补复制过程的局限性（图 14－7）。端粒酶的活性取决于酶内 RNA 和蛋白质亚基。端粒酶至少包含有两个活性位点，即具有逆转录酶活性和核酸内切酶活性。

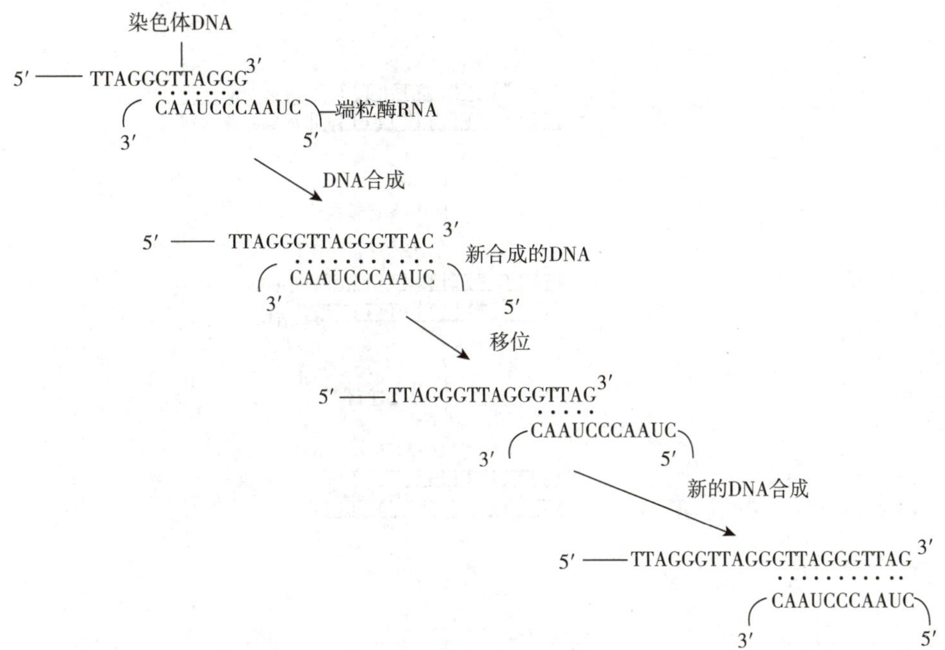

图 14－7　端粒酶的作用

二、基因重组

基因重组也称 DNA 重组（DNA recombination），是指 DNA 分子内或分子间的断裂并重新连接而形成基因重新组合的过程。基因重组的意义在于它能迅速增加群体的遗传多样性，使物种的有利突变与不利突变分开，通过优化组合积累有意义的遗传信息。此外，重组也为 DNA 损伤或复制障碍提供了一种修复机制。根据重组过程所涉及的 DNA 序列和蛋白质因子，可将基因重组分为三类：同源重组（homologous recombination）、位点特异性重组（site-specific recombination）和转座重组（transposition recombination）。

（一）同源重组

同源重组是指由两条同源区的 DNA 分子，通过配对、链的断裂和再连接，从而产生大片段同源 DNA 序列交换的过程。在同源重组中，只要两条 DNA 序列相同或接近相同，就可以在该序列的任何一处发生同源重组。此外，涉及负责 DNA 配对和重组的蛋白质因子，对重组基因的碱基序列没有特异性要求。

对同源重组机制的解释，主要是 1964 年 Robin Holliday 提出的 Holliday 模型（图 14－8）。其关键步骤：①两条方向相同的 DNA 单链，在相应的位置被切断形成缺口；②两条分别切断的游离单链末端相互进行交换；③在 DNA 连接酶的作用下，分别将两个交换后的断裂点通过磷酸二酯键连接起来，形成一种分子间交叉结构（也称 Holliday 连接）；④Holliday 交叉中的分支结构，可以向 DNA 分子的任意方向迁移，迁移过程中，双链间的碱基对可被解开并再形成以使分支点能够迁移，这一过程称为分支迁移，分支迁移实际上是两条 DNA 分子之间交叉的同源单链互相置换的结果，并扩展异源双链交换区；⑤Holliday 交叉的上半部或下半部，经过 180°旋转形成一个去交叉结构的 Holliday 中间体；⑥从 Holliday 中间体的中心，切断两条 DNA 单链的各自磷酸二酯键，随后再将断裂点以另一种方式将其连接起来，从而实现了将 Holliday 交叉结构或 Holliday 中间体拆分成两个独立的 DNA 双链。Holliday 中间体切断的方式不同，所得到的重组产物也不同。如果切开的链与原来断裂的是同一条链，重组体含有一段异源双链区（水平分离），这种拆分体称为片段重组体（patch recombination）；如果切开的链与原来断裂的不是同一条链，也就是切开的链并非原来断裂的链（垂直分离），这种拆分体称为拼接重组体（splice recombinant）。

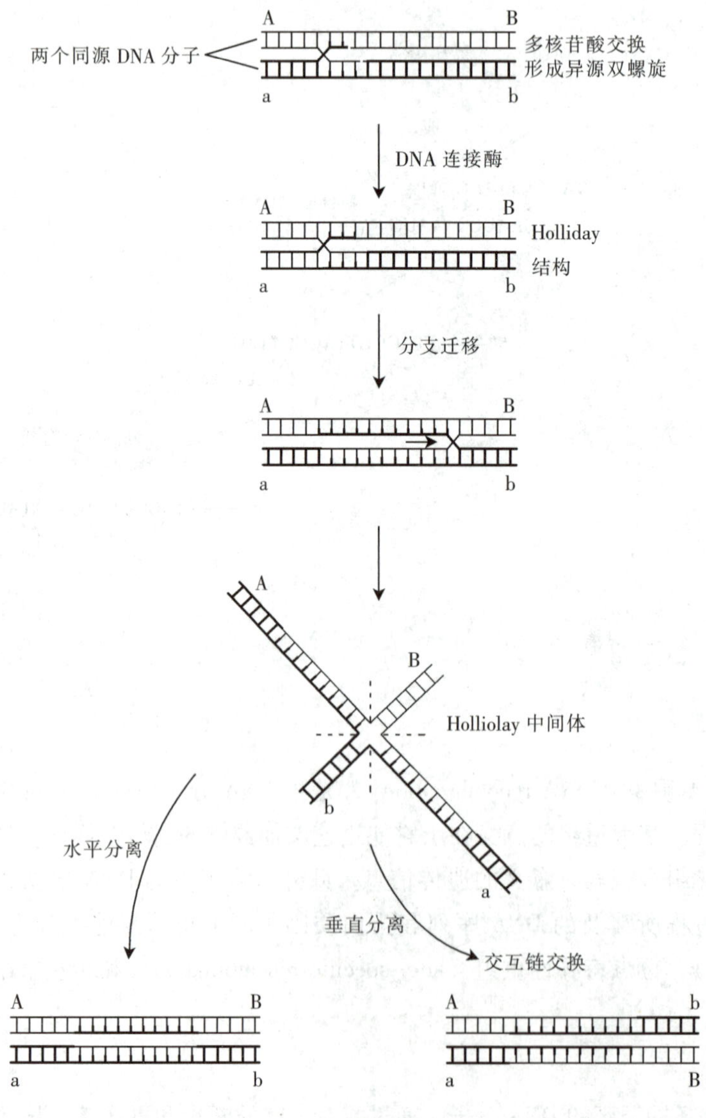

图 14－8　同源重组的 Holliday 模型

（二）位点特异性重组

位点特异性重组是指不依赖于欲重组 DNA 序列的同源性，而是依赖于能够参与 DNA 重组的重组酶识别结合的 DNA 特异序列。这些参与 DNA 重组的特异性酶，能够催化重组 DNA 链的断裂和重新连接，实现位点特异性重组作用。位点特异性重组广泛存在于各类细胞中。其作用包括某些基因表达的调控、发育过程中程序性 DNA 重排以及某些病毒和质粒 DNA 复制循环过程中发生的整合与切除等。位点特异性重组与同源重组的主要区别：在同源重组中，DNA 链切断是完全随机的，暴露出一些参与 DNA 重组的顺序，进而启动重组，重组后，在染色体内的 DNA 序列一般仍按原来的次序排列；在位点特异性重组中，重组是发生在某些特异 DNA 序列，在重组后，相对位置发生了移动，即 DNA 序列发生重排，从而得到不同的结果。

（三）转座重组

转座重组是通过转座因子（transposable element）实现基因重新组合。转座因子也称转座子（transposon），是一种可以由染色体的一个位置转移到另外一个位置的遗传因子，即一段可以发生转座的 DNA。

最早发现能转移的遗传因子是玉米转座子，随后发现真核生物广泛存在各种转座子。此外，原核生物也存在转座子。真核生物的转座子与原核生物的十分相似：①转座依赖于转座酶（transposase）；②转座子两端具有被转座酶识别的反向重复序列；③转座的位置（转座靶位点）是随机的；④转座位点交错切开，插入转座子后经修复形成两侧正向重复序列。但真核生物只要存在转座酶，任何序列片段具有该酶识别的反向重复末端均可发生转移，无需由被转移序列自身编码这些酶；而原核生物的转座酶主要作用于产生它的转座子，也就是说转座子（转移序列自身）编码了转座酶。

三、突变与单核苷酸多态性

（一）突变

突变（mutation）是指遗传物质中产生任何可遗传的改变，但不涉及重组所带来的改变。对于一个多细胞生物来说，如果突变仅发生在体细胞中，那么这种突变只传递给子细胞而不会传递给后代，这种突变称体细胞突变（somatic mutation）；如果突变发生在生殖细胞中，那么这种突变能够通过配子传递给下一代，在后代个体的体细胞和生殖细胞中产生同样的突变，这种突变称种系突变（germ-line mutation）。突变可以发生在染色体水平或者基因水平，如果是染色体结构或及数目的改变，称染色体畸变（chromosomal aderration）或染色体突变（chromosome mutation）；当染色体畸变涉及基因组中染色体套数改变时的突变称为基因组突变（genome mutation）；如果突变发生在基因内，这种突变称为基因突变（gene mutation）。基因突变涉及基因内的一个或多个序列的改变，包括一对或多对碱基对的替换、增加或缺失。基因内的一对碱基对发生改变的突变称为点突变（point mutation）。

突变分为自发突变和诱发突变两大类。生物体自然发生的突变称自发突变（spontaneous mutation），而一些物理因素或化学试剂都能增加自发突变的频率，因此，通过外界理化因素诱发机体发生的突变称为诱发突变（induced mutation）。自发突变主要在 DNA 复制过程中引入错误（错配），尽管 DNA 复制的聚合酶具有校对功能（3′→5′核酸外切酶活性），但仍会有极少数的错误被保留下来。紫外线和各种辐射等物理因素以及烷化剂、亚硝酸盐、抗生素及类似物等化学因素，它们均可以导致基因突变（诱发突变）。如紫外线可引起 DNA 链上相邻两个嘧啶碱基发生共价结合生成嘧啶二聚体，从而增加了子代 DNA 分子序列发生改变的频率；烷化剂和亚硝酸盐等通过化学修饰，引起 DNA 分子中碱基发生改变，产生碱基类似物，从而增加了子代 DNA 分子序列发生改变的频率；抗生素等通过嵌入 DNA 双螺旋结构中，造成碱基的插入或缺失，从而增加了子代 DNA 分子序列发生改变的频率。

根据突变的结果，基因突变包括各种类型。基因中一个碱基对被另一碱基对所替换，这种突变称碱基替换突变（base-pair substitution mutation）；如果替换是在嘌呤与嘌呤之间或嘧啶与嘧啶之间进行，这种方式称转换（transition mutation）；如果替换是在嘌呤与嘧啶之间进行，这种方式称颠换（transversion mutation）。当 DNA 发生突变后，由此转录的 mRNA 相应密码子也随之发生改变，编码了另一种氨基酸，使蛋白质中的氨基酸发生了替换，这种突变称错义突变（missense mutation）；如果在错义突变中，替换的氨基酸并不影响蛋白质本身固有的功能（如 Gly→Ala 或 Asp→Glu），这种突变称中性突变（neutral mutation）；如果在中性突变中，基因发生突变并导致其 mRNA 相应的密码子也发生改变，但改变的密码子仍编码同一个氨基酸残基（与突变前的氨基酸残基一样），也就是说，突变前后其编码肽链的氨基酸残基序列并未发生变化，这种突变称沉默突变（silent mutation）或同义突变；如果突变导致了肽链合成的提前终止，产生一条不完整的、没有功能的肽链，这种突变称无义突变（nonsense mutation）；如果突变导致了基因中增加或减少 1~2 个碱基（或是增加或减少的碱基数不是 3 或 3 的倍数），结果使该位点后面的肽链氨基酸残基序列发生变化，这种突变称移码突变（frameshift mutation）。

基因发生了一次突变，通过另一次突变纠正了第一次突变所引发的后果，所说的另一次突变称回复突变（reverse mutation）。回复突变可以使编码的肽链序列回复到原初的序列，也可以在另一位点发生新的突变，从而使第一次突变基因产生的无功能或有部分功能的蛋白质恢复部分或完全功能，后者回复突变也称抑制突变；回复突变和第一次突变发生在不同的基因内，这种抑制突变称基因间抑制突变。一般来说，在基因间抑制的回复突变，通常是第二次突变发生在编码 tRNA 的基因内，而且第二次突变位点恰好是该 tRNA 的反密码子。

（二）单核苷酸多态性

在人类基因组研究中发现，遗传信息不仅在物种之间存在差异，即便在人类个体之间也存在一定的差异。单核苷酸多态性（single nucleotide polymorphism，SNP）是一个物种的个体之间遗传信息差异的一种基本模式，是一种二等位基因的标记，表现在基因组中特定位点上的单核苷酸差异——单点变异，该位点的碱基可以被其他三种碱基替换。

虽然 SNP 这种差异小于千分之一，但它是人类个体得以相互区别的物质基础，也就是说，人类个体之间的差别主要是由 SNP 决定，如体貌特征、性格、疾病易感性等，甚至有些遗传性疾病仅由一个 SNP 决定，如血友病、镰状细胞贫血等。

四、DNA 的损伤与修复

在介绍基因突变时，已经提及 DNA 复制过程中会出现大量的错配，尽管大多数错配可以通过 DNA 聚合酶的校对功能得以纠正，使 DNA 合成出现的大多数错配在复制过程中已被纠正，但仍会有许多错配被保留在子一代 DNA 中，并破坏局部 DNA 的双螺旋结构。同时，DNA 重组、病毒基因的整合等，也常常会对 DNA 双螺旋结构产生局部破坏作用。此外，一些物理和化学因素，通过作用于 DNA，造成其结构与功能的破坏。上述各种因素均对 DNA 产生了损伤，如果 DNA 损伤得不到及时的修复，就会引起基因、细胞乃至生物体的突变，甚至导致生物个体的死亡。然而，在原核和真核细胞中均存在着许多修复系统，这些修复系统可恢复不同的 DNA 损伤，有的直接作用 DNA 损伤位点来进行修复，有的则是通过切除损伤部分来进行修复。

（一）DNA 的损伤

DNA 损伤的原因主要有三种：复制时的错配、物理因素和化学因素。物理因素主要包括紫外线和各种电离辐射等；化学因素主要包括碱基烷化剂、亚硝酸盐、化学致癌物、氧自由基、抗生素及类似物等。DNA 损伤的结果各式各样，如相邻碱基之间形成二聚体，糖苷键断裂造成核苷酸的去嘌呤或去嘧啶，胞嘧啶和腺嘌呤脱氨变成尿嘧啶和次黄嘌呤，碱基烷基化后改变了碱基配对的性质，DNA 嵌入化合物的介入造成核苷酸缺失等。DNA 的损伤一般只作用于 DNA 双链中的一条，两条链同时损伤的机会很少，因此，在修复时，未受损伤的链可以作为模板来实现修复。

（二）DNA 损伤的修复

细胞中 DNA 损伤的修复系统有五种：直接修复（direct repair）、切除修复（excision repair）、错配修复（mismatch repair）、重组修复（recombination repair）和易错修复（error-prone repair）。

1. 直接修复 是针对 DNA 损伤位点直接实施修复。如紫外线照射可以使 DNA 分子中同一条链相邻的两个胸腺嘧啶碱基之间，以共价键连接成环丁烷的结构而形成二聚体（—N—【T═T】—N—）（N 表示三种碱基，T 为胸腺嘧啶碱基）。碱基二聚体的形成（—【T═T】—），影响了 DNA 的双螺旋结构，使其复制和转录功能均受到阻碍。胸腺嘧啶二聚体的修复系统有多种类型，常见的有光复活修复（photo-reactivation repair）和暗修复（dark repair）。最早发现细菌在紫外线照射后立即用可见光照射，可以显著提高细菌存活率，这种作用称光复活修复。光复活修复在生物界分布很广，从低等单细胞生物到鸟类都存在。其作用机制是可见光激活了细胞内的光复活酶（photoreactivating enzyme），该酶能够将由紫外线照射而形成的嘧啶二聚体进行解聚化水解。光复活修复是一种高度专一的直接修复方式，它只针对由于紫外线所引起的 DNA 分子中嘧啶二聚体进行解聚化水解。高等动物对于嘧啶二聚体主要采用暗修复，首先是切除掉包含嘧啶二聚体的核苷酸片段，然后再利用 DNA 聚合酶将空缺补齐而实现修复。

针对碱基烷基化损伤 DNA 的修复也是直接修复方式。如碱基烷基化损伤位 O^6-甲基鸟嘌呤的修复，是通过 O^6-甲基鸟嘌呤-DNA 甲基转移酶的作用，将甲基转移到酶自身的半胱氨酸残基上，该甲基转移酶由此而失活，此种酶也称自杀酶。

2. 切除修复 是在一系列酶的作用下，将 DNA 分子中损伤部分切除掉，并以完整的另一条链作为模板将空缺补齐，最后将修复合成链与原来链连接起来而实现修复，从而使 DNA 恢复正常结构。这种修复是比较普遍的一种修复方式，对多种损伤均能进行修复作用。切除修复包括两个过程：一是由特异的酶捕捉到 DNA 损伤的部位，切除含有损伤部位的核苷酸单链片段；二是由 DNA 聚合酶和 DNA 连接酶将空缺补齐并将修复合成链与原来链连接起来。

细胞内有许多种特异的 DNA 糖苷酶，能够识别 DNA 分子中不正常的碱基（该碱基与对应链的碱基间不严格遵循碱基互补）并将其水解切除下来。如脱氧尿苷酸掺入 DNA 链中，DNA 链中胞嘧啶脱氨基后转变成尿嘧啶。对于 DNA 链上出现的这些尿嘧啶，尿嘧啶-*N*-糖苷酶可将这些尿嘧啶水解切除掉。腺嘌呤脱氨后转变成次黄嘌呤，次黄嘌呤-*N*-糖苷酶可将次黄嘌呤水解切掉。烷化剂使碱基修饰，如甲基磺酸甲酯作用于 DNA 可引起鸟嘌呤第 7 位氮原子或嘌呤第 3 位氮原子甲基化，相应的 DNA 糖苷酶可识别并除去烷基化碱基。

3. 错配修复 DNA 复制过程中总会出现错配，尽管可以通过 DNA 聚合酶的校对功能进行纠正，使基因编码信息得以恢复，但仍有一些错配被保留在子一代 DNA 中。在复制前的亲代 DNA，细胞通过特异性的甲基化酶，在 DNA 分子特定序列中对相应的碱基进行甲基化修饰，以区分“旧”链和“新”链。复制后初级阶段的子一代 DNA，其模板链是固有模式的甲基化，而新生链还没来得及被甲基化。此时，如果新生链中存在错配碱基，修复系统就通过识别“旧”链和“新”链的功能，利用 DNA 分子特定序列的甲基化位点进行锚定，针对含有错配碱基的未甲基化的“新”链，在其错配碱基位点的前或后进行切除而形成一个空缺以去除错配碱基，并以甲基化的链（“旧”链）为模板进行修复合成，这种修复称错配修复系统。

4. 重组修复 DNA 的两条单链序列是互补的，当一条链受到损伤时，可以利用另一条链作为模板进行修复。但在有些情况下无法为修复提供正确的模板，如模板链也受到损伤、双链断裂、双链交联等。当复制遇到还未修复的DNA损伤位点时，正常的复制受到阻碍，在这种情况下重组修复或易错修复将被启动。

如果在复制前，DNA损伤部位已经被修复，这种修复方式称复制前修复；如果在复制的时候，DNA损伤部位仍然没有被修复，此时采取先复制再修复的策略，这种修复方式称复制后修复。如嘧啶二聚体、烷基化引起交联等DNA损伤，DNA仍然可以进行复制，但在损伤部位，复制酶系无法实现碱基匹配原则而进行子代DNA链的合成，此时复制酶系就跳过损伤部位，在下一个冈崎片段的起始位置或前导链的相应位置上，重新启动引物合成并继续DNA链的复制，其结果是子代DNA链在模板链损伤部位的相对应处留下一段空缺。通过这种模式，子代DNA双链中的新生链的空缺（损伤部位）仍然没有被修复，但子代DNA的这种损伤可以通过DNA重组的方式加以弥补，也就是从同源DNA的母链上，将相应的正常核苷酸片段（包含损伤部位）移植到子链的空缺处以实施修复，而母链上遗留的空缺处，通过DNA聚合酶和DNA连接酶将空缺处补齐连接修复。

5. 应急反应 许多DNA损伤或复制抑制均能引起细胞内一系列复杂的诱导反应，以应对DNA损伤或复制抑制，该反应称应急反应（SOS response）。SOS反应是DNA受到损伤或复制受到抑制的紧急状况下，细胞为求得生存而表现出的应急效应，该反应诱导的修复系统包括无错修复（error - free repair）和易错修复（error-prone repair）两类。无错修复包括直接修复、切除修复、错配修复和重组修复系统，这些系统能够识别DNA的损伤位点或错配碱基位点而加以消除，在修复过程中总是避免引入差错。SOS反应除了能够诱导切除修复和重组修复系统中的某些关键酶和蛋白质的含量上调，加强切除修复和重组修复的能力外，还能诱导产生缺乏校对功能的DNA聚合酶，该酶能在DNA损伤部位进行所谓“强行复制”而避免细胞的死亡，但这种复制却带来了高的变异频率，此类修复就属于易错修复。

原核细胞DNA聚合酶Ⅰ（主要参与复制）具有3′核酸外切酶活性的校对功能，当复制进行到DNA损伤部位时，由于新合成链的碱基不能与模板链对应的碱基呈现碱基匹配关系，该核苷酸会被聚合酶Ⅰ的外切酶活性功能域切除掉，当再次在该位引入的核苷酸还是不能与模板链匹配仍将被切除时，DNA聚合酶Ⅰ就会在DNA损伤部位表现出延宕现象——原地打转不前移，或是脱落下来而使DNA链的合成终止。此时，SOS反应将诱导细胞产生DNA聚合酶Ⅳ和Ⅴ，由于这两种聚合酶不具有3′核酸外切酶活性的校对功能，在DNA的损伤部位通过碱基不匹配而使复制仍能继续进行。尽管通过这种模式允许错配的存在而使突变概率增加，但总比细胞在此阶段就死亡要好得多，或许可以通过其他的修复系统，将该损伤部位进行修复。SOS反应广泛存在于原核生物和真核生物中，大多数能在细菌中诱导产生SOS反应的因素，对高等动物都是致癌的，如X射线、紫外线、烷化剂及黄曲霉素等，而某些不能致癌的因素，却不引起高等动物的SOS反应，如5-溴尿嘧啶。

第二节 转录与基因表达调控

DNA分子所携带的遗传信息，首先转变成信使RNA（mRNA）分子，在蛋白质合成酶系的作用下，mRNA所携带的信息在核糖体中翻译成蛋白质信息——肽链氨基酸残基的序列，在蛋白质合成过程中，还需有能专一性携带氨基酸的tRNA和构成核糖体的rRNA。这三类RNA都必须以DNA为模板，在依赖于DNA的RNA聚合酶作用下，进行RNA链的起始、延长、终止等步骤，这一系列过程就称转录或RNA的合成。在转录过程中，DNA的一条链作为模板链，在其上合成出RNA分子，合成以碱基配对方式进行，所产生的RNA链与DNA模板链互补。细胞的各类RNA，包括参与翻译过程的mRNA、rRNA、tRNA以及具有特殊功能的小RNA，都是以DNA为模板，在RNA聚合酶的催化下合成的。最初转录的

RNA 产物通常需要经过一系列断裂、剪接、修饰等加工过程才能成为成熟的 RNA 分子。在遗传信息流由 DNA→RNA→蛋白质的传递过程中，RNA 是中心环节。但在自然界中，转录并不是产生 RNA 的唯一途径，有的 RNA 病毒可以以其 RNA 为模板复制新的 RNA（RNA→RNA），有的还能以 RNA 为模板进行反转录而产生互补的 DNA 链（即 RNA→DNA）。

基因的转录是一种选择性的过程，随着细胞的不同生长发育阶段和细胞内外条件的改变将转录不同的基因。转录是基因表达的第一步，也是最关键的一步，生物体基因表达调控的第一步也就是决定是否要让该基因转录，对于大多数基因来说，这是最重要的调控机制，在有些情况下甚至是唯一的调控机制。

一、转录

（一）转录的基本特征

RNA 链的合成起始于 DNA 模板的一个特定位点，并在另一位点处终止，此转录区域称为转录单位（transcription unit）。一个转录单位可以是一个基因，也可以有多个基因。转录的起始是由多个功能区域序列组成的启动子（promoter）所调控，而控制转录终止的区域则称为终止子（terminator）。转录是通过 DNA 指导的 RNA 聚合酶来实现的，其过程包括许多特征。

（1）RNA 的合成是以四种三磷酸核糖核苷（NTP）——ATP、GTP、CTP 和 UTP 为前体或者原料。

（2）RNA 的合成是由 RNA 聚合酶催化完成，反应需要 Mg^{2+}，与 DNA 聚合酶不同，RNA 聚合酶自己能够启动一条新核苷酸链的合成，起始的核苷酸一般为三磷酸嘌呤核苷，而且在转录产物-RNA 的 5′端始终保持这个三磷酸基团。

（3）RNA 链的生长方向也是从 5′→3′，核苷三磷酸加到新生链的 3′端，同时除去 1 分子焦磷酸并生成磷酸二酯键，焦磷酸可进一步分解成无机磷酸，此反应放热，从而使整个反应向聚合方向进行。

（4）同 DNA 复制一样，转录同样需要模板，并按碱基互补的原则，在一个转录区内，只有一条 DNA 单链作为模板进行转录，这条 DNA 单链称为模板链，也称反义链或负链；而与这条模板链相对的另一条 DNA 单链称为编码链，也称有义链或正链。

（二）DNA 指导下的 RNA 聚合酶

1. 原核生物 RNA 聚合酶 大肠埃希菌 RNA 聚合酶由 σ 因子以及核心酶（core enzyme）两部分组成，负责合成细菌中所有 RNA。σ 因子是一种蛋白质因子，负责 RNA 合成的起始；核心酶由两个 α 亚基、一个 β 亚基和一个 β′亚基组成（$\alpha_2\beta\beta'$）。σ 因子与核心酶结合后称为全酶（holoenzyme）。

σ 因子的作用是负责模板链的选择和转录的起始，它是核心酶的别构效应物，使全酶专一性识别模板上的启动子。σ 因子能够改变 RNA 聚合酶与 DNA 之间的亲和力，极大地减少了酶与 DNA 一般序列的结合常数和停留时间，同时又大大地增加了酶与 DNA 启动子的结合常数和保留时间，这样就使得全酶能迅速找到启动子并与之结合。

核心酶的四个亚基，其功能各不相同。β 亚基与三磷酸核苷具有很高的亲和力，参与了与三磷酸核苷和新生 RNA 链的结合以及催化磷酸二酯键的形成（RNA 链的延伸）；β′亚基参与了与模板链的结合；α 亚基参与全酶和启动子的牢固结合，而且这一牢固结合需要 DNA 双螺旋的局部解链。此外，当核心酶沿着模板前移进行 RNA 链的延伸时，需要不断地在前面将双螺旋进行解链，在后面恢复双螺旋，这些作用均需要两个 α 亚基的参与。

2. 真核生物 RNA 聚合酶 尽管第一个 RNA 聚合酶是从哺乳动物细胞中分离出来的，但因真核生物 RNA 聚合酶含量极少，不易纯化。所以，对于真核生物 RNA 聚合酶的了解，远不如对 *E. coli* RNA 聚合酶那样清楚。真核细胞中有三种 RNA 聚合酶——RNA 聚合酶Ⅰ、Ⅱ和Ⅲ。因不同生物三种 RNA 聚合酶从 DEAE-纤维素层析柱上洗脱的先后顺序不同，改用 RNA 聚合酶对于 α-鹅膏蕈碱（α-amanitine）的敏感性不同来进行区别。RNA 聚合酶Ⅰ基本不受 α-鹅膏蕈碱的抑制，在大于 10^{-3}mol/L 时才表现出轻微的抑制作用；RNA 聚合酶Ⅱ对于 α-鹅膏蕈碱最为敏感，在 10^{-9} ~ 10^{-8}mol/L 浓度下就会被抑制；RNA 聚合酶Ⅲ的敏感性介于Ⅰ、Ⅱ之间，在 10^{-5} ~ 10^{-4}mol/L 表现抑制作用。RNA 聚合酶Ⅰ存在于核仁中，其功能是合成 5. 8S rRNA、18S rRNA 和 28S rRNA；RNA 聚合酶Ⅱ存在于核质中，其功能是合成 mRNA 以及 snRNA；RNA 聚合酶Ⅲ也存在于核质中，其功能是合成 tRNA 和 5S rRNA 等。三种 RNA 聚合酶，每种聚合酶均含有两个大亚基和 4~8 个小亚基。此外，在真核生物的线粒体和叶绿体中，也存在独特的核基因编码的 RNA 聚合酶，它们相对分子质量小，活性也较低，在细胞质中合成以后再被运送到相应的细胞器中，负责线粒体和叶绿体的一些基因转录。

真核生物也像原核生物一样，不同种类的基因需要不同的蛋白质辅助因子协助 RNA 聚合酶，而且这种现象比原核生物更常见、更复杂。如非洲爪蟾的 RNA 聚合酶Ⅲ在转录 5S rRNA 基因时，需要一种相对分子质量为 37000 的蛋白质因子参与，而转录其他基因则不需要这一蛋白质因子。

（三）启动子

启动子是指 RNA 聚合酶识别、结合和起始转录的一系列 DNA 序列，也就是位于转录单位 5′端上游区的一系列 DNA 序列，能指导全酶与模板的正确结合，活化 RNA 聚合酶，并使之具有起始特异性转录的形式。RNA 聚合酶在实施转录时，还需要一些辅助因子（蛋白质）参与作用，这些蛋白质辅助因子称之为转录因子。习惯上，转录单位的 DNA 序列按其转录的 RNA 同样序列的一条链（正链）来书写，从左到右相当于 5′→3′方向，与 mRNA 序列相同的 DNA 单链为正链（也就是编码链或称有义链）；互补的链为负链（也就是模板链或称反义链）。转录起点（start point）是指新生 RNA 链第一个核苷酸相对应 DNA 链上的碱基，一般为嘌呤碱。转录起点的核苷酸定为 +1，从转录的近端向远端计数，转录起点的左侧为上游（upstream），用负的数码来表示，如起点前一个核苷酸为-1，前两个核苷酸为-2；起点后为下游（downstream），即转录区。转录的真实性取决于：一是特异的转录起点；二是转录起始后按照碱基互补原则准确地转录模板 DNA 序列；三是特异的终止部位。转录的起始是基因表现功能化的关键阶段，而这一阶段的关键是 RNA 聚合酶与启动子的相互作用。启动子的结构影响了它本身与 RNA 聚合酶的亲和力，从而影响该启动子所在的转录单位基因的转录水平。

1. 原核生物启动子 从 mRNA 开始转录的位点以上，就存在启动子的序列。启动子可以分两个部分：上游部分是调控转录区域，负责调控转录单位是否能够转录等；下游部分是 RNA 聚合酶介入区域，包括识别位点和结合位点，此部分是启动转录的核心区域。

（1）Pribnow 框 在转录起点的-10 左右一段核苷酸序列中，大多为 TATAAT 序列或是稍有不同的变化形式（TATPuAT）这样的六核苷酸序列称为 Pribnow 框，由于在-10 位点附近，所以又称为-10 序列，它是 RNA 聚合酶的牢固结合位点（简称结合位点）。在-10 序列，由于 RNA 聚合酶的诱导作用，使富含 AT 碱基 Pribnow 框内的 DNA 双螺旋首先“溶解”，这个泡状物扩大到 17 个核苷酸左右，与 RNA 聚合酶形成二元开链式启动子复合物，从而使 RNA 聚合酶定向并按顺流方向移动而行使其转录功能。

（2）Sextama 框 启动子的 RNA 聚合酶介入区域的另一个位点，称之为 Sextama 框，由于位置在-35附近，故又称-35 序列，各种启动子-35 序列的较高一致性序列为 TTGACA。-35 序列是 RNA 聚合酶初始结合位点，RNA 聚合酶依靠其 σ 亚基识别该位点，因此，又称 RNA 聚合酶识别位点。其重要性在于这一序列的核苷酸结构在很大程度上决定了启动子的强度。RNA 聚合酶很容易识别强启动子，而对弱启动子的识别较差，而 Pribnow 框的碱基序列通过影响开链式启动子复合物的形成速度而控制转录，这两个序列是决定启动子强度的重要因素。这样，细胞可以由此来调节单位时间内所转录的 mRNA 分子数，从而控制蛋白质的合成速度。

（3）调控转录区域　在大肠埃希菌启动子的调控转录区域中，常见的是 CAP 结合位点，该位点能够特异性识别结合分解代谢物激活蛋白（CAP）。当大肠埃希菌生长在缺乏葡萄糖的培养基中时，cAMP 合成量增加，与 CAP 结合所形成的复合物，具有激活乳糖操纵子等的启动子功能。游离的 CAP 与 DNA 的亲和力较弱，cAMP 的结合能提高 CAP 对 DNA 的亲和力。因此，CAP 与启动子的结合，是激活转录的必要条件。

乳糖启动子有两个 CAP 结合位点，一个是在-70 到-50（位点Ⅰ），包含一个反向重复序列；另一个是在-50 到-40（位点Ⅱ）。位点Ⅱ是一个很弱的结合位点，但是当 cAMP-CAP 复合物结合于位点Ⅰ时，位点Ⅱ与 cAMP-CAP 复合物的结合能力显著提高，表现正协同效应。一旦位点Ⅱ被占据，RNA 聚合酶就很快与-35 序列结合，然后再与-10 序列结合。如果细胞缺少 CAP，尽管乳糖启动子的-35 序列和-10 序列存在并保持完整，但是 Sextama 框（-35 序列）不能很好地结合 RNA 聚合酶，而 Pribnow 框（-10 序列）确实能结合 RNA 聚合酶，但得到的是一个闭链式二元复合物。也就是说，在这个起始区域内的 DNA 双螺旋结构不发生解链作用，开链式二元复合物不能形成，也就无法启动转录。

2. 真核生物启动子　真核生物有三种 RNA 聚合酶，每一种都有自己的启动子类型。RNA 聚合酶Ⅰ只转录 rRNA，只有一种启动子类型；RNA 聚合酶Ⅱ负责蛋白质基因和部分 snRNA 基因的转录，其启动子结构最为复杂；RNA 聚合酶Ⅲ负责转录 tRNA 和5S rRNA，其启动子位于转录的 DNA 序列之内，故称下游启动子。

（1）RNA 聚合酶Ⅰ　真核生物的核糖体 RNA 基因先转录成一个较长的前体分子，随后进行转录后加工，成为成熟的 18S、5. 8S、28S rRNA，以便参与核糖体的组建。对于大多数真核生物，rRNA 基因启动子可以分为两个部分：-40~ +5 称近启动子，其功能决定转录起始的精确位置；-165~ -40 称为远启动子，其功能是影响转录的频率。每种生物都有特定的转录因子与 RNA 聚合酶Ⅰ结合，从而促进与启动子形成转录起始复合物。

（2）RNA 聚合酶Ⅱ　真核生物 RNA 聚合酶Ⅱ的启动子是多部位结构，主要有四个部位，其中前三个部位是大多数启动子都具备的。

1）帽子位点（cap site）　即转录起始位点，其碱基大多为 A（指的是非模板链），两侧各有若干个嘧啶核苷酸，这与原核生物 *E. coli* 转录起始点的所谓“CAT 规律”相一致，其中 A 为转录起点。

2）TATA 框　又称 Hogness 框或 Goldberg-Hogness 框，其一致性较高的序列为 TATA(A/T)A(A/T)，在 TATA 框的两侧却倾向于富含 G-C 碱基对的序列，这也是 TATA 框发挥作用的重要因素之一。TATA 框一般位于-25 附近，除这一点外，其结构与功能均类似于原核生物的 Pribnow 框，决定了转录起始点的选择，也就是说 RNA 聚合酶Ⅱ与 TATA 框牢固结合之后才能开始转录。

3）CAAT 框　其一致的序列为 GG(C/T)CAATCT，一般位于-75 附近，虽然名为 CAAT 框，但头两个 G 的重要性并不亚于 CAAT 部分，CAAT 框的功能是控制转录起始的频率。

4）增强子（enhancer）　又称为远上游序列（far upstream sequence），一般都在-100 以上，是指能使和它连锁的基因转录频率明显增加的 DNA 序列。增强子大多为重复序列，一般长约 50bp，适合与某些蛋白质因子结合，其内部常有一个核心序列 TGG(A/T)(A/T)(A/T)，该序列是产生增强效应所必需的。

（3）RNA 聚合酶Ⅲ　不但能转录 5S rRNA 基因，而且还能转录 tRNA 基因等。5S rRNA 基因的启动子位于转录区内，在转录起始点下游 50bp 之后，这种位于转录起始点下游的启动子又称为内部启动子或称下游启动子。tRNA 基因的启动子与 5S rRNA 基因有所不同，是由不连续的两个区域所组成，靠近 5′方向的称为 A 区，靠近 3′方向的称为 B 区。对于 tRNA 基因来说，A 区相应于 tRNA 分子的 D 臂，而 B 区相应于 tRNA 分子的 TψC 臂，在 A 区和 B 区之间的序列是可变的。

（四）转录过程

1. 转录的起始 启动转录首先发生在启动子上，RNA 聚合酶识别 DNA 上的特殊序列，经过一系列的协调和作用，RNA 聚合酶打开 DNA 双链并介入需要转录的碱基部位，然后开始合成 RNA。在这一系列过程中，主要是由启动子的 RNA 聚合酶介入区域的碱基序列和 RNA 聚合酶的 σ 亚基参与，过程可分三步：①RNA 聚合酶通过识别位点并初步结合启动子；②移动定位并牢固结合在结合位点上；③在起始位点上建立一个开链式启动子复合物（图 14－9）。

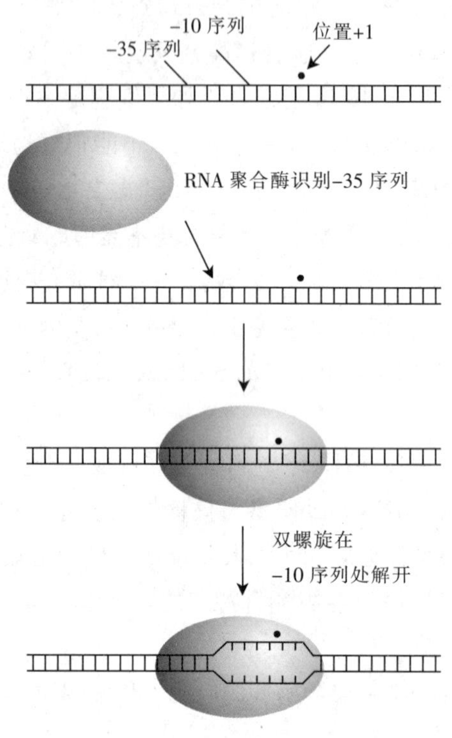

图 14－9　大肠埃希菌的转录起始

RNA 聚合酶与启动子相互作用的过程中，由于电荷影响，酶本身对 DNA 也有一定亲和力，但是，这种仅仅由于荷电状况而产生的，对 DNA 的亲和力缺乏序列特异性，而 σ 因子的结合，保证了聚合酶只能与启动子区而不是其他区域形成稳定的二元复合物。因此，σ 因子在酶与启动子特异结合及其过程中起着极其重要的作用，提高了酶辨认启动子的能力，降低了酶与 DNA 的非特异性结合，减少了在单链 DNA 缺口处起始非特异性的转录，促进了 DNA 开链，提高了 RNA 链合成起始的速度，阻止了酶分子聚合等。某些细菌细胞内含有不同的 σ 因子，它们可以辨认不同的启动子，具有调控不同基因转录的作用，以适应生长发育不同阶段的要求。

在转录起始过程中，当 σ 亚基发现起始识别位点时，全酶就与-35 序列结合（初始结合），形成一个闭链式二元复合物。由于 RNA 聚合酶全酶的相对分子质量很大，其一端可以到达-10 序列，随着整个酶分子向-10 序列转移并与之牢固结合后，促使-10 序列及起始位点处发生局部解链，一般为 12~17bp。此时，全酶与启动子形成了一个开链式二元复合物。在开链式二元复合物中，RNA 聚合酶上的起始点和延长位点，均被相应的核苷酸前体充满，在 σ 亚基的催化下形成 RNA 的第一个磷酸二酯键，此时，由 RNA 聚合酶、DNA 模板和新生的 RNA 链所组成的复合物称为三元复合物。三元复合物形成并有 6~9 个核苷酸被合成后，就变成了稳定的酶-DNA-RNA 三元复合物，σ 因子从全酶解离下来，致使三元复合物中，核心酶与 DNA 的亲和力下降到非特异性结合水平以下。其结果不仅使三元复合物容易在 DNA 链上移动，又使核心酶继续合成 RNA 链而不致中途脱落。

随着第一个核苷酸的结合，起始过程似乎结束，RNA 链的延伸随之开始。从起始阶段到延伸阶段，随着 RNA 链的延伸，DNA 双链也随之进一步解链，而原来的单链部位则重新形成完整的双螺旋。与此同时，酶分子的构象也发生变化，在起始阶段，全酶与 DNA 形成稳定复合物；在延伸阶段，为了能够移动，酶必须放松对 DNA 的结合。通过酶与 DNA 相互作用的变化，在转录起始后立即从酶分子上释放 σ 因子。因此，转录起始至延伸阶段，也是 σ 因子与 RNA 聚合酶的结合与解离的循环。

2. 转录的延长　在 RNA 聚合酶上有两个核苷酸位点：一个是起始核苷酸位点；一个是延长核苷酸位点。只有嘌呤核苷三磷酸充填了起始位点，另外一个核苷三磷酸（可以为任何一种）充填了延长位点并且均与模板碱基互补，才能合成第一个磷酸二酯键。当 RNA 链起始合成之后，起始位点就充当了 RNA 的 3′端位点，而延长位点的职能不变。任何一个磷酸二酯键的形成都必须要使成键的碱基与模板链互补，否则就会被排斥出来，这个功能和催化功能一样，都是 β 亚基产生的。

当核心酶按 5′→3′方向延伸 RNA 链时，与聚合酶结合的部分 DNA 双链需要解链形成单链状态，随着核心酶向前移动，解链的 DNA 区域也随之移动。当双链 DNA 解链释放出模板链时，两条 DNA 单链进入核心酶的不同部位，其中模板链主要与核心酶的 β′亚基结合，而 β 亚基主要结合三磷酸核苷，后者被核心酶加到新生 RNA 链的 3′端上，形成长约 12 个核苷酸的 DNA-RNA 杂合体。随着核心酶在模板链上的前移，双链 DNA 不断解链，新生 RNA 的 3′端又不断聚合上新的核苷酸并与模板链形成 DNA-RNA 杂合体，与此同时，由于核心酶的前移又不断将 RNA 链挤出 DNA-RNA 杂合体。

RNA 合成速度为每秒 30~50 个核苷酸。但是，RNA 链的延长，并不是以恒定速度进行的，有时会降低速度或暂时停顿（延宕），这是延长阶段的重要特点。RNA 聚合酶在通过一个富含 G-C 对的模板以后 8~10 个碱基，则会出现一次延宕。这种暂时停顿作用，在 RNA 链合成的终止和释放过程中起重要作用。

3. 转录的终止　当 RNA 聚合酶启动了基因转录，它就会沿着模板 3′→5′方向不停地移动，合成 RNA 链，直到遇到终止信号时才释放新生的 RNA 链，并与模板 DNA 脱离。终止发生时，所有参与形成 RNA-DNA 杂合体的氢键被破坏，模板 DNA 链与有义链重新组合成 DNA 双链。

原核生物 RNA 转录终止信号存在于 RNA 聚合酶已转录过的序列之中，这种提供终止信号的序列就称为终止子（terminator）。终止子可以分为两类：一类是不依赖于蛋白质辅助因子而能实现终止作用；另一类是依赖蛋白质辅助因子才能实现终止作用，这种蛋白质辅助因子称为释放因子，通常又称为 ρ 因子。两类终止子有着共同的序列特征，在转录终止点之前有一段回文序列，其两个重复序列部分被不重复的几个碱基对区段隔开；回文序列的对称轴一般距转录终止点 16~24bp。两类终止子碱基组成的不同点是：不依赖 ρ 因子的终止子的回文序列中富含 G-C 碱基对，在回文序列的下游方向又常有 6~8 个 A-T 碱基对（模板链上为 A）；而依赖 ρ 因子的终止子中，回文序列的 G-C 对含量较少，在回文序列下游方向的序列没有固定特征，其 A-T 对含量比前一种终止子低。ρ 因子是一个相对相对分子质量为 200×10^3 的六聚体蛋白，它能水解各种三磷酸核苷，其活性依赖于单链 RNA 的结构，通过三磷酸核苷的水解，促使新生的 RNA 链从三元转录复合物中解离出。

依赖于 ρ 因子的转录终止区 DNA 序列缺乏共性，ρ 因子不能识别这些终止位点。在 RNA 合成起始以后，ρ 因子即附着在新生的 RNA 链上，靠水解 ATP 提供的能量，沿着 5′→3′方向朝 RNA 聚合酶移动。当 RNA 聚合酶遇到模板上的暂时停顿作用点出现转录暂时停顿时，在适宜的条件下激活 ρ 因子水解 NTP，促使转录三元复合物解体而终止转录。

不依赖于 ρ 因子的转录终止与终止子的结构特点有关。凡在 GC 丰富区、AT 丰富区以后紧接有多个 T 结尾时，转录的终止可以发生在这种结构的不远处，因为新生的 RNA 链会通过回文序列在此区域自动互补配对形成发卡式结构。当 RNA 聚合酶在这一结构内暂时停顿时，由于茎-环结构后的 poly(U)

与模板 DNA 上的 poly(A) 相互作用力较弱，新生的 RNA 链就容易从模板上掉下来，形成了不依赖于 ρ 因子的转录终止。

二、RNA 的成熟

由 RNA 聚合酶合成的原始转录产物，往往需要经过一系列的加工修饰，包括 RNA 链的裂解、5′端与 3′端的切除和特殊结构的形成、剪接（splicing）以及碱基修饰和糖苷键改变等的过程，才能转变成具有功能的 RNA 分子，这个过程称 RNA 的成熟，或称转录后加工（post-transcriptional processing）。

（一）mRNA 的成熟

原核生物的 mRNA 一经转录立即进行翻译，即转录与翻译是偶联的，除少数例外，一般不进行转录后加工。但稳定的 RNA（tRNA 和 rRNA），都要经过一系列加工修饰才能成为有活性的相应 RNA。真核生物由于存在细胞核结构，转录与翻译在时间和空间上都被分隔开来，其 mRNA 前体的加工修饰极为复杂，而且真核生物的大多数基因都被插入序列（intervening sequence）即内含子（intron）所分隔而成为间断基因（interrupted gene）即外显子（exon），因此，转录后需通过剪接使编码区成为连续序列，另外，在真核生物中还能通过不同的加工方式，表达出不同的信息。

mRNA 的原始转录产物是相对分子质量较大的前体，在核内加工过程中形成分子大小不等的中间物，它们被称为核内不均一 RNA（hnRNA），其中有一少部分可转变成细胞质中的成熟 mRNA。

由 hn RNA 转变成 mRNA 的加工修饰过程包括：①5′端形成特殊的帽子结构；②在链的 3′端切断一段序列并加上多聚腺苷酸［poly(A)］尾巴；③通过剪接除去由内含子转录来的序列；④链内部核苷被甲基化。

1. 5′端加帽 真核生物 mRNA 的转录也是以嘌呤（pppA 或 pppG）作为起始点的，但成熟 mRNA 的 5′端，是一个以 5′,5′-三磷酸酯键相连的二核苷酸，末端第一个核苷酸为 N^7-甲基鸟苷酸（m^7GpppX）或其衍生物，这种结构就称帽子。不同真核生物的 mRNA 具有不同的帽子，而同一种真核生物也常具有不同的帽子。m^7GpppX 这种结构称帽子 0；如果在原始转录产物的第一个核苷酸（X）的 2′-*O* 位上甲基化，则构成帽子 1（包括帽子 0 部分），其符号为 m^7GpppXm；在第二个核苷酸（Y）的 2′-*O* 位上甲基化，构成帽子 2（包括帽子 1 部分），其符号为 m^7GpppXmpYm。

mRNA 的 5′帽子结构是由一系列的酶促反应生成的，其反应如下。

$$\text{pppXpYpZ} \xrightarrow{\text{RNA 三磷酸酯酶}} \text{ppXpYpZ} + P_1 \quad (1)$$

$$\text{Gppp} + \text{ppXpYpZ} \xrightarrow{\text{RNA 鸟苷酸基转移酶}} \text{GpppXpYpZ} + pp_1 \quad (2)$$

$$\text{GpppXpYpZ} + \text{SAM} \xrightarrow{\text{RNA 鸟嘌呤-7-甲基转移酶}} m^7\text{GpppXpYpZ} + \text{SAH} \quad (3)$$

$$m^7\text{GpppXpYpZ} + \text{SAM} \xrightarrow{\text{RNA 核苷 2}'\text{-}O\text{-甲基转移酶}} m^7\text{GpppXmpYpZ} + \text{SAH} \quad (4)$$

$$m^7\text{GpppAmpYpZ} + \text{SAM} \xrightarrow{\text{RNA2}'\text{-}O\text{-甲基腺嘌呤-6-甲基转移酶}} m^7\text{Gppp}^m\text{AmpYpZ} + \text{SAH} \quad (5)$$

$$m^7\text{GpppXmpYpZ} + \text{SAM} \xrightarrow{\text{RNA 核苷 2}'\text{-}O\text{-甲基转移酶}} m^7\text{GpppXmpYmpZ} + \text{SAH} \quad (6)$$

由反应（3）、（4）、（6）分别生成帽子 0、帽子 1 和帽子 2。在这些反应中，甲基供体都为 *S*-腺苷甲硫氨酸（SAM），失去甲基后变为 *S*-腺苷高半胱氨酸（SAH），反应（2）中的 RNA 鸟苷酸基转移酶常被称为戴帽酶（capping enzyme）。

2. 3′端的产生和多聚腺苷酸化 大多数真核 mRNA 都具有 3′端的多聚（A）尾巴，长度大约为 200bp。具有这种特征的 mRNA 表示为 poly(A^+)；不具这一特征的则写作 poly(A^-)。

poly(A) 尾巴并不是由 DNA 编码，而是在一个 300kD 的 RNA 末端腺苷酸转移酶（RNA terminal riboadenylate transferase）催化之下，以 ATP 为前体，一个一个地聚合到 mRNA 的 3′端，其反应如下。

$$\text{mRNA}-\text{X}-\text{OH}+n\text{ATP} \xrightarrow{Mg^{2+}\text{或 }Mn^{2+}} \text{mRNA}-\text{X}-(\text{A})_n-\text{A}-\text{OH}+n\text{PPi}$$

如图 14－10，poly(A) 尾巴并不是直接加在转录产物终止的 3′端，而是转录产物的 3′端由一个 360×10^3 的特异性酶切除一段，该酶能够识别切点上游方向 13~20bp 附近的序列 AAUAAA 以及切点下游方向的 GUGUGUG（单细胞真核生物除外），然后再由 poly(A) 聚合酶催化逐个加上 A 形成 poly(A) 尾巴。不但细胞核中有 poly(A) 聚合酶，而细胞质中也有类似的酶，但细胞质中酶的主要作用是将已有的 poly(A) 延长，而不是重新起始 poly(A) 的合成。

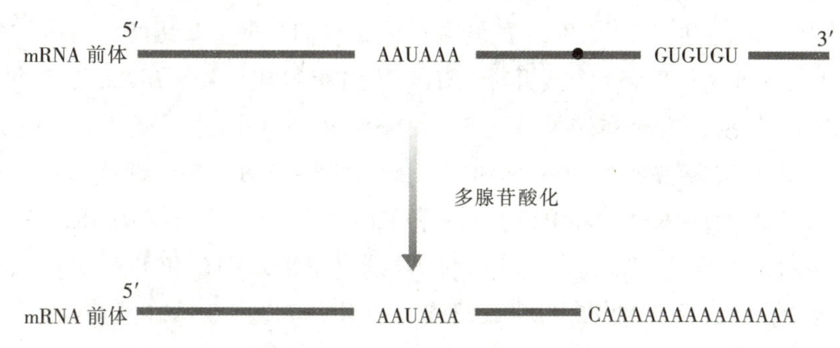

图 14－10 真核 mRNA 的多聚腺苷化

3. 剪接 一个基因的外显子和内含子都转录在一条原始转录产物 RNA 分子中，通过将内含子切除而将外显子连接起来的过程称 RNA 剪接（图 14－11）。内含子上游方向的一个剪接点称为 5′剪接点或左剪接点，内含子下游方向的一个剪接称为 3′剪接点或右剪接点。mRNA 内含子的两个剪接点序列一般为：5′–外显子–↓GU －－－…内含子…－－－－AG↓–外显子–3′。此外，在内含子的 5′端和 3′端，各有一个保守序列（TACTAAC）且两者呈互补关系。该保守序列在 mRNA 剪接中非常重要，然而，单靠这样简单的保守序列是不可能做到 mRNA 正确剪接，snRNA 参与了这种作用。

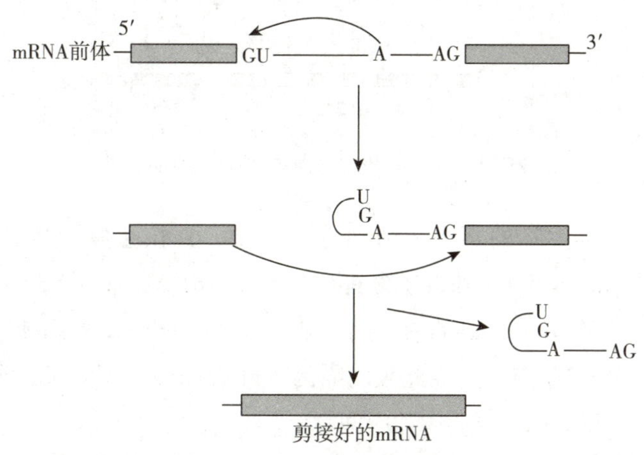

图 14－11 mRNA 的剪接示意

真核生物细胞中的 snRNA 都是以核蛋白（snRNP）形式存在的，各种 snRNA 之间有序列的共同性，各种 snRNP 也有共同的蛋白质亚基。每种 snRNA 与蛋白质结合，就构成了一个复杂的剪接体（spliceosome），snRNA 决定了剪接体的具体功能。U1 snRNA 的 5′端十余个核苷酸呈单链状态，该单链序列能够与 mRNA 前体的 5′剪接点序列互补，U1 snRNA 只有在剪接体状态下，才能识别剪接点序列；U2 snRNP 通过其 RNA 识别并结合分枝点；U5 snRNP 结合 3′剪接点。

4. 甲基化 真核生物 mRNA 分子中往往有甲基化的碱基，主要是 N^6–甲基腺嘌呤（m^6A）。这种甲基化的碱基总数约占 1‰概率，即平均长度 1800~2000bp 的 mRNA 分子出现 1~2 个 N^6–甲基化腺苷酸，这类修饰成分在 hnRNA 中已经存在。

（二）rRNA 的成熟

在原核生物中，rRNA 基因与某些 tRNA 基因组成混合操纵子，其余 tRNA 基因也成簇存在，并与编码蛋白质的基因组成操纵子。rRNA 基因与某些 tRNA 混合操纵子在形成多顺反子转录物后，经断链成为 rRNA 和 tRNA 的前体，然后分别进一步加工修饰而成熟。线粒体和叶绿体 rRNA 基因的排列方式和转录后加工修饰过程一般都与原核生物的 rRNA 基因类似。

1. 内切断链 大肠埃希菌共有 7 个 rRNA 的转录单位，它们分散在基因组的各处，每个转录单位由 16S rRNA、23S rRNA、5S rRNA 以及一个或几个 tRNA 基因所组成。16S rRNA 与 23S rRNA 基因之间常插入 1 个或 2 个 tRNA 基因，有时在转录单位 3′端的 5S rRNA 基因之后还有 1 个或 2 个 tRNA 基因。rRNA 基因原始转录产物的沉降常数为 30S（P30），由识别特定 rRNA 双螺旋区的 RNaseⅢ，将 P30 裂解产生 16S 和 23S rRNA 的前体 P16 和 P23，P16 和 P23 的两个末端序列互补，它们比相应的成熟 rRNA 分子略长，5′端和 3′端各含相应的插入序列，分别由 RNaseM16 和 RNaseM23 两种酶进一步加工切除。5S rRNA 的前体 P5，由识别 P5 两端双螺旋区的 RNaseE 将双螺旋区切除掉，P5 的 5′端插入序列则在 RNase M5 的作用下被切除。不同细菌 rRNA 前体的裂解加工过程不完全一样，但基本过程类似（图 14－12）。

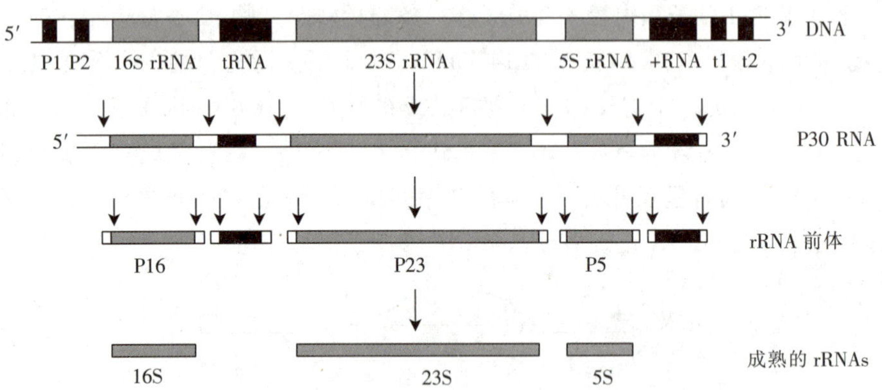

图 14－12 原核生物前体 rRNA 的加工

真核生物的核糖体比原核生物的更大，结构也更复杂。真核生物核糖体的小亚基含有一条 18S rRNA；大亚基除 28S rRNA 和 5S rRNA 外，还含有一条 5.8S rRNA，该 5.8S rRNA 在原核生物中是没有的。真核生物 rRNA 基因拷贝数较多，通常在几十至几千之间，rRNA 基因成簇排列在一起，由 5.8S、28S、18S rRNA 基因组成一个转录单位，彼此被间隔区分开。经过一系列酶的作用，将 rRNA 初始转录产物 P45 内切断链成 P41、P32、P20 等前体和中间物。

2. 剪接 多数真核生物 rRNA 基因不存在内含子，有些 rRNA 基因含有内含子但并不转录，有些 rRNA 基因的内含子被转录出来。例如四膜虫的核 rRNA 基因和酵母线粒体 rRNA 基因均含有内含子，其转录产物可自动切去内含子。

rRNA 内含子的两个剪接点序列一般为：5′-外显子-U↓----…内含子…----G↓-外显子-3′，除此之外，内含子还有四个 10~12 核苷酸的较保守序列，分别以 5′-P-Q-R-S-3′表示。P 序列能与 Q 序列互补，R 序列能与 S 序列互补，形成一个所谓中部核心结构。位于内含子序列中，靠近 5′剪接点的一段序列称为内部引导序列，该序列能与两个剪接点的边界序列配对，将两个剪接点拉在一起便于磷酸二酯键的切断和再连接。rRNA 内含子 3′剪接点上游有一段 6~12bp 的较保守序列，该序列有一个百分之百保守的 $\overset{*}{A}$。该 $\overset{*}{A}$ 在内含子的 5′剪接点，首先进攻第一个外显子与内含子之间的磷酸二酯键，使第一个外显子 3′端形成羟基，然后，第一个外显子的 3′-羟基进攻内含子与第二个外显子之间的磷酸二酯键，结果导致两个外显子序列连接起来并释放出内含子。

3. 甲基化　原核生物 rRNA 前体在加工成熟过程中需进行甲基化，以产生甲基化修饰成分，特别是 2′-甲基核糖。16S rRNA 含有约 10 个甲基，23S rRNA 含有约 20 个甲基，其中 N^4,2′-O-二甲基胞苷是 16S rRNA 特有的成分。5S rRNA 中一般无修饰成分，不进行甲基化反应。

真核生物 45S 前体上有百余个甲基化位点，几乎全部在核糖上，甲基化位点是 rRNA 加工修饰过程中酶的识别标志，且这些甲基化的核苷酸序列全部进入成熟的 rRNA。

（三）tRNA 的成熟

原核生物 tRNA 基因大多成簇存在，或与其他 RNA 基因组成混合转录单位。tRNA 的序列是高度保守的，各种 tRNA 都是有三叶草形结构。tRNA 前体分子中的 tRNA 原有结构，除了反密码子环（loop）外均与成熟的 tRNA 相同，这种保守性不仅反映了它们结合并携带氨基酸这种功能上的共性，而且很重要的是反映了它们转录加工方面的共性。另外，真核 tRNA 还反映了其转录时所需的下游启动子的共性。tRNA 前体的加工成熟包括：①由内切核酸酶在 tRNA 两端切断；②外切核酸酶从 3′端逐个切去附加的顺序进行修剪（trimming）；③在 tRNA3′端加上胞苷酸-胞苷酸-腺苷酸（—CCAOH）；④核苷的修饰。

1. 内切断链　tRNA 转录原始产物经过一系列 tRNA 加工酶，将 tRNA 两端多余片段切除、从 3′端逐个切去附加的顺序等。涉及的酶包括 RNaseP、RNaseD、RNaseⅢ以及 $RNaseP_4$ 等 tRNA 加工酶，此类酶并不识别其切割位点的特异序列，而是识别加工底物及其切割部位的空间结构。tRNA 5′端均由 RNaseP 产生。RNaseD 是一种外切核酸酶，作用于Ⅰ型 tRNA3′端多余的核苷酸，一次切除一个，产生 5′单核苷酸，直到 CCA 序列为止。此过程 RNaseP 也参与了 3′端的加工。此外，还有与 RNaseD 相当的酶，如 RNaseQ、RNaseY、$RNaseP_3$ 等。RNaseⅢ以及相关的酶是负责切开插入序列，此外，还有其他类似作用的酶，如 RNaseO、$RNaseP_2$ 等。

2. CCA 的生成　tRNA 核苷酸转移酶（tRNA nucleotidyl transferase）能特异地以 ATP 和 CTP 为前体，催化 tRNA 3′端 CCA 的生成。该酶同 tRNA 加工酶一样，不识别其切割位点的特异序列，而是识别加工底物及其切割部位的空间结构。

tRNA 基因有两种类型，一种是有 CCA 序列（Ⅰ型），一种是没有 CCA 序列（Ⅱ型），但是成熟的有功能的 tRNA 均有 CCA 3′-羟基末端，这是 tRNA 结合并携带氨基酸的功能所必需的。原核生物的 tRNA基因绝大部分为Ⅰ型，只有少数噬菌体（如 T_4）具有Ⅱ型 tRNA 基因，而真核生物 tRNA 基因均为Ⅱ型。然而无论是原核生物，还是真核生物，都有 tRNA 核苷酸转移酶。tRNA 核苷酸转移酶不仅在于给Ⅱ型 tRNA 加上 CCA 3′-羟基末端，而且要负责 3′端发生损伤的 tRNA 分子的修复。

3. 剪接　真核生物 tRNA 基因含有较少内含子，其长度从 14~46 个碱基对不等，它们之间并无保守序列，因此，该类内含子的切除仅依靠共同的二级结构，而不是共同的序列。通常内含子插入到靠近反密码子处，与反密码子碱基配对，未成熟 tRNA 的反密码子环不存在，而是以插入的内含子构成环。

tRNA 前体整个剪接反应为两步：第一步由一个核酸内切酶所催化的两个磷酸二酯键的断裂，释放出一条线性内含子分子和由二级结构作用力连接在一起的两个 RNA 片段聚合物——所谓“tRNA 半分子”（tRNA half-molecules），这一步反应不需要 ATP，tRNA 半分子很快采取成熟 tRNA 分子的构象，只不过在反密码子环上留下一个切口；然后再发生第二步反应，即由 RNA 连接酶所催化的依赖于 ATP 的连接反应。tRNA 前体去除其内含子的内切核酸酶，与其他参与 tRNA 转录后处理的酶不同，在每个切点上断裂磷酸二酯键后产生 5′-羟基和 3′-磷酸，而 3′-磷酸很快转变为 2′,3′-环式核苷酸，这样，生成的 tRNA 半分子，一个含有两个磷酸末端，一个含有两个羟基末端。第一个外显子的 3′端的环核苷酸，在环磷酸二酯酶作用之下开环，使 3′端成为羟基，而第二个外显子的 5′端在多聚核苷酸激酶的作用下，使羟基转变为磷酸基，这样，RNA 连接酶才能将两个外显子连接起来，最后切除第一个外显子的 2′-磷酸（这是

tRNA 内含子剪接的重要特点之一)，从而完成了 tRNA 的剪接，形成新的磷酸二酯键的磷酸基团，仍然是原来存在于第一个外显子末端的那个磷酸基。

4. 甲基化 成熟的 tRNA 的分子中存在众多的修饰成分，其中包括各种甲基化碱基和假尿嘧啶核苷。tRNA 修饰酶具有高度特异性，每一种修饰核苷都有催化其生成的修饰酶。tRNA 甲基化酶对碱基及 tRNA 序列均有严格要求，甲基供体一般为 *S*-腺苷蛋氨酸（SAM）。tRNA 假尿嘧啶核苷合成酶，催化尿苷的糖苷键发生移位反应，由尿嘧啶的 N_1 变为 C_5。

（四）RNA 的催化功能

按照生物化学的传统概念，只有蛋白质才具有酶的活性。然而，上述 RNA 前体能够自动切除自身的内含子，并将外显子连接起来，这种反应可以在没有任何蛋白质存在的条件下就能进行，因此，这种剪接称为自我剪接，或自身催化。从这一意义上来说，内含子可以看作是 RNA 重排酶（RNA rearrangease）或 RNA 异构酶（RNA isomerase）。尽管这种催化是 RNA 本身的性质，但在体内，某些蛋白质能够稳定 RNA 的结构，从而协助了 RNA 的催化作用，在这些蛋白质中，有的竟是内含子本身所编码的。内含子具有酶的主要特征：专一性强，加快反应速度，反应前后酶分子保持不变。这种由 RNA 构成的酶，称之为核酶（ribozyme）。

三、基因转录的调控

基因表达（gene expression）是指基因通过转录和翻译而产生其蛋白质产物，或转录后直接产生其 RNA 产物（如 tRNA、rRNA 等）的过程。在不同时期和不同条件下，基因表达的开或关以及基因表达的增加或减弱等均受到调节和控制，这种作用称基因表达调控。调控可以发生在基因表达的任何阶段，包括 DNA 转录、转录后加工和翻译等。但不论调控发生在哪个阶段，转录水平调控是基因表达调控最有效和最经济的模式。

转录调控是通过各种反式作用因子与其顺式作用元件相互作用来实现的。顺式作用元件是与相关基因同处一个 DNA 分子上，对基因转录起调控作用的一段 DNA 序列，这种模式称顺式调控作用。顺式作用元件一般不转录任何产物，位于基因的 5′上游区、3′下游区或基因内部。一个基因的产物（蛋白质或 RNA）对另一个基因的表达具有调控作用，这种作用模式称反式调控作用，基因的产物称反式作用因子。反式作用因子的种类很多，如转录因子就是一种反式作用因子，在 RNA 聚合酶自身无法直接启动基因转录时，通过转录因子的参与启动基因转录。

（一）原核生物转录水平的调控

操纵子（operon）是原核生物细胞 DNA 上的一段区域，由功能相关的结构基因成簇排列以及控制这些基因表达的顺式作用元件等所组成的一个完整的连续的功能单位（图 14－13）。一个操纵子的结构基因簇，受同一个启动子的调控，转录成一个多顺反子 mRNA。由于功能相关的基因簇被共同调控，一开俱开，一闭全闭，同时还保持各基因产物的适宜比例，使原核细胞可以对环境条件的改变做出快速反应，而不必对每个基因逐个地进行调控。因此，操纵子是原核生物转录调控的主要模式。除了操纵子以外，原核生物转录水平的调控还有其他各种形式，如 DNA 重组，通过 σ 因子的更换调节转录的起始，通过衰减子调控转录的终止等。

操纵子顺式作用元件包括启动子（*P*）、操纵基因（*O*）和转录调节有关的序列；调控操纵子的反式作用因子是由调节基因（regulator gene）所编码的，称调节蛋白（图 14－13）。操纵子调控结构基因转录的核心，是 RNA 聚合酶能否结合到启动子上以及能否通过操纵基因，如果 RNA 聚合酶能够结合到启动子上，并且可以通过操纵基因区域，则结构基因就可以转录；如果能够结合到启动子上，但不能通过操纵基因区域，则结构基因就不能转录；如果 RNA 聚合酶不能够结合到启动子上，自然结构基因也就不转录。

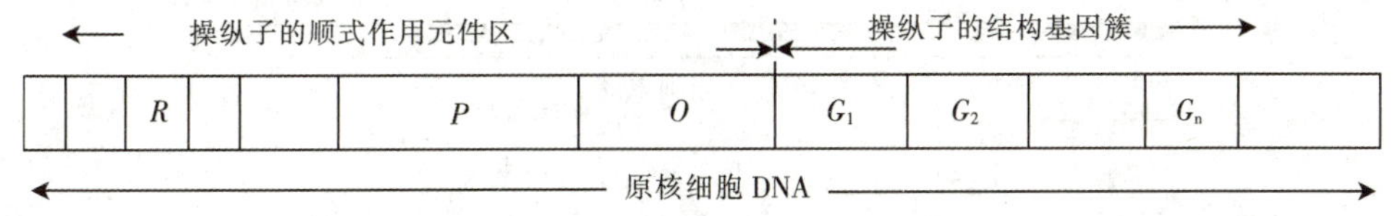

图 14－13　操纵子组成示意

R. 调节蛋白基因；*P*. 启动子；*O*. 操纵基因；G_1、G_2、G_n. 结构基因

根据操纵子对调节蛋白（阻遏蛋白或激活蛋白）的应答，分为负调控系统和正调控系统。在操纵子的负调控系统中，调节蛋白（也可称阻遏蛋白）能够直接与操纵基因结合，从而阻止了启动子上的 RNA 聚合酶向结构基因方向移动，结果是阻遏了结构基因的转录。在操纵子的正调控系统中，调节蛋白上调了 RNA 聚合酶与启动子的结合，从而激活了结构基因的转录，这种调节蛋白也称激活蛋白。根据操纵子对某些调节小分子的应答，分为可诱导操纵子和可阻遏操纵子。前者是小分子诱导物能够开启可诱导操纵子的结构基因转录，后者是小分子辅阻遏物能关闭可阻遏操纵子的结构基因转录。调控体内分解代谢的操纵子，一般属于可诱导操纵子，调控合成代谢的操纵子一般属于可阻遏操纵子。

负调控系统的可诱导操纵子对结构基因转录调控的模式是：该类型操纵子的结构基因转录始终处于关闭，原因是阻遏蛋白结合在操纵基因上；当细胞存在小分子诱导时，它与阻遏蛋白结合并变构，致使阻遏蛋白从操纵基因上解离下来，从而使启动子上的 RNA 聚合酶能够通过操纵基因并向结构基因方向移动，结果实现了结构基因从不转录到转录的转换。负调控系统的可阻遏操纵子的模式是：该类型操纵子的结构基因始终处于转录状态，原因是细胞内的调节蛋白不能直接结合到操纵基因上，启动子上的 RNA 聚合酶能够通过操纵基因；当细胞存在小分子辅阻遏物时，它与调节蛋白结合并变构，该复合物能够结合到操纵基因上，从而使启动子上的 RNA 聚合酶不能通过操纵基因，结果实现了结构基因从转录到不转录的转换。无论是负调控还是正调控，都是通过调节基因表达产物与小分子诱导物或辅阻遏物之间的相互作用来完成诱导和阻遏。当诱导物使阻遏蛋白失活或使激活蛋白活化时，操纵子处于诱导可转录状态；当辅阻遏物活化阻遏蛋白或使激活蛋白失活时，操纵子处于阻遏不能转录状态。

1. 可诱导操纵子调控模式——乳糖操纵子　乳糖操纵子有三个结构基因分别编码 β-半乳糖苷酶、通透酶和半乳糖苷乙酰化酶，三个酶的作用使细胞开始利用乳糖作为能量来源。当细菌以葡萄糖作为能量来源时，细胞内的阻遏蛋白牢固地结合在操纵基因（约为 35bp）上，从而挡住启动子（约为 70bp）上 RNA 聚合酶前移的通路，结构基因无法转录，因而细胞不表达上述三种酶（图 14－14a）。这是符合细菌生理功能的，在没有乳糖时，不盲目生成与乳糖代谢的酶类。当细胞仅以乳糖作为能量来源时，乳糖本身作为诱导物与阻遏蛋白结合，使阻遏蛋白发生变构，从而使变构的阻遏蛋白从操纵基因上解离下来，结果是三个酶的基因开始转录并翻译（图 14－14b）。当细胞内乳糖的浓度随代谢降低后，与乳糖结合的阻遏蛋白浓度也随之降低，游离的阻遏蛋白又牢固地结合在操纵基因上，从而使结构基因转录水平下调甚至关闭转录。

2. 可阻遏操纵子调控模式——色氨酸操纵子　色氨酸操纵子有五个结构基因，分别编码色氨酸合成代谢途径的酶。当细胞内色氨酸浓度较低时，色氨酸操纵子调控的五个结构基因是处于转录状态，表达的色氨酸合成代谢途径的酶，能够利用相应的原料合成色氨酸（图 14－15a）。当细胞内色氨酸浓度较高时，色氨酸作为辅阻遏物，与胞内没有活性的阻遏蛋白结合，使阻遏蛋白发生变构，从而使变构的阻遏蛋白能够牢固地结合在操纵基因上，结果挡住启动子上 RNA 聚合酶前移的通路，结构基因无法转录，因而细胞不再表达上述五种酶（图 14－15b）。当细胞内色氨酸浓度降低后，色氨酸从阻遏蛋白解离下来，阻遏蛋白也随之从操纵基因上脱离下来，色氨酸操纵子的五个结构基因又处于转录状态。

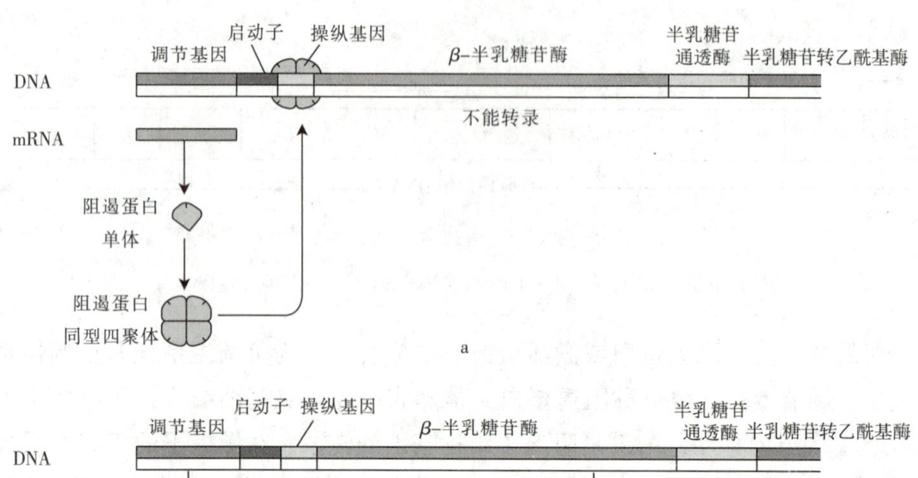

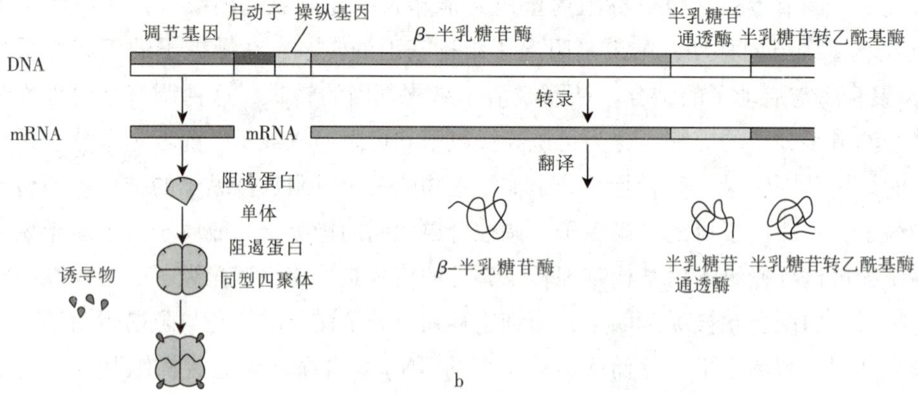

图 14－14　乳糖操纵子调控机制

a. 阻遏蛋白与操纵基因结合；b. 阻遏蛋白与诱导物结合

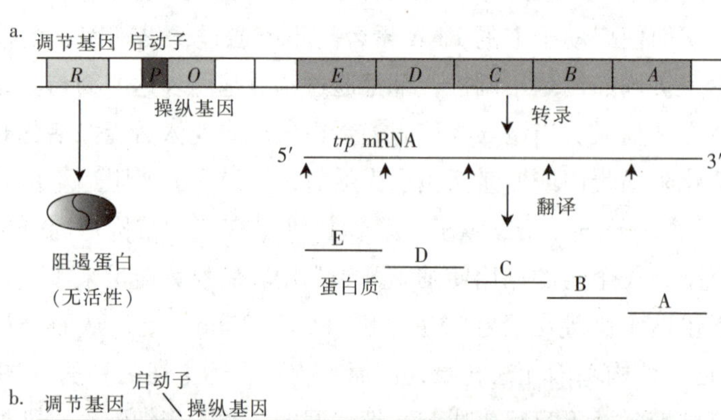

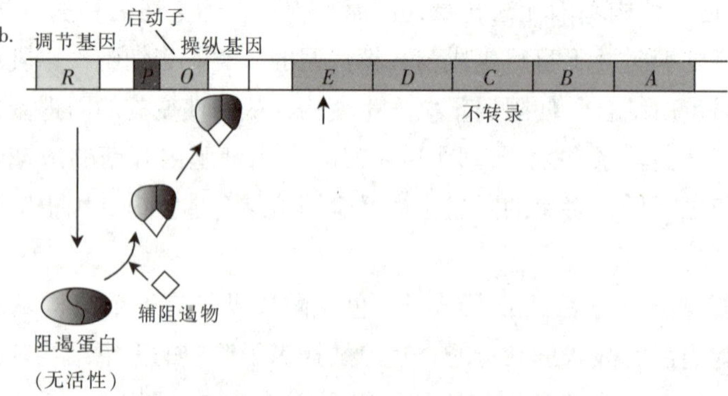

图 14－15　色氨酸操纵子调控机制

a. 细胞缺乏 Trp 时 Trp 合成代谢酶基因处于转录状态；b. Trp 作为辅阻遏物阻遏其合成代谢酶基因的转录

（二）真核生物转录水平的调控

真核生物基因的表达调控主要在转录水平上进行，这一点与原核生物的类似，但真核生物中目前还未发现有操纵子模式。真核生物有三种不同的 RNA 聚合酶，因此也就有三种不同的启动子。在起始转录时，三种 RNA 聚合酶都不能直接与启动子结合，必须依赖转录因子与启动子结合后，聚合酶才能进入启动子区域参与转录起始复合物的组装。因此，真核生物基因的转录调控，主要是通过顺式作用元件和反式作用因子的相互作用来实现。

1. 顺式作用元件　真核细胞一个特定基因表达的强度，主要取决于该基因转录调控区的顺式作用元件组成以及各成分的结构等。根据基因调控区中顺式作用元件所处的位置和在转录中的功能、作用方式等，可将顺式作用元件分为启动子、增强子、衰减子、沉默子和各种与转录活度有关的应答元件等。有关真核生物启动子、增强子等的结构状况已在前面做过介绍。

涉及 mRNA 转录的聚合酶Ⅱ启动子，由核心启动子和上游启动子元件组成。核心启动子包括 TATA 框和转录起始点附近的起始子，上游启动子元件位于核心启动子的上游，主要包括 CAAT 框、GC 框等。TATA 框是决定转录方向和精确的起始位点所必需的，是许多基础转录因子的装配位点，但只能引起相当低水平的转录；CAAT 框主要是控制转录起始的频率；有些没有 TATA 框的启动子中，常含有 GC 框，此外，GC 框常常出现在一些管家基因（housekeeping gene）的启动子中，它也是控制基因的转录效率，但作用强度不及 CAAT 框的；增强子不启动基因的转录，但却有增强启动子转录的作用；沉默子与调控蛋白结合后可阻断转录起始复合物的形成和活化，使基因转录水平下调，它是一种基因表达的负调控元件。

2. 反式作用因子　顺式作用元件是转录调控的基础，如果没有顺式作用元件，该基因也就无法转录。顺式作用元件存在，但没有反式作用因子，该基因同样无法转录。真核细胞 RNA 聚合酶需要在许多转录因子的帮助下，才能结合到启动子上起始转录，而有的反式作用因子就是一类转录因子。如 TATA盒结合蛋白（TBP）和许多种 TBP 相关因子一同形成了 RNA 聚合酶Ⅱ转录因子 D，后者才能够识别结合到聚合酶Ⅱ和其他因子所形成的起始复合物上，并与启动子的 TATA 盒元件结合而启动转录过程。真核细胞中，有些基因经常表达，有些基因表达具有组织特异性，有些基因是诱导基因，有些基因受到负调控，有些则是几种调控方式联合起作用。但不同类型的调控关键就在于它们具有不同的转录因子，通过特异的转录因子来调控特定基因的转录。

反式作用因子具有各种功能区域，主要包括 DNA 结合结构域和转录激活结构域。前者是识别和结合 DNA 元件，后者与其他蛋白因子相互作用以激活转录。DNA 结合域的核心部分为 DNA 结合基序，它只是整个蛋白质分子中的一个肽段，可以识别双螺旋 DNA 的靶位点并与之特异性结合。根据转录因子 DNA 结构域的结构，具有典型特征的 DNA 结合基序包括螺旋-转角-螺旋、锌指、亮氨酸拉链和螺旋-环-螺旋等。

（1）螺旋-转角-螺旋　DNA 结合基序中的两个 α 螺旋，通过短肽（由四个氨基酸残基构成）转折形成 120 度的 β 转角，基序的两个 α 螺旋可以与 DNA 靶位点的大沟结合，这种结构特征的基序称螺旋-转角-螺旋（helix-turn-helix，HTH）。当反式作用因子的 DNA 结合域（主要是 DNA 结合基序）与基因顺式作用元件识别结合后，通过反式作用因子的转录激活结构域与其他蛋白因子相互作用，以激活该基因的转录。

（2）锌指（zinc finger）　基序是一组保守的氨基酸残基和锌离子结合，在蛋白质分子中形成相对独立的功能域，由于在锌离子结合位点上突出的氨基酸环如同手指，并可伸向 DNA 靶位点的大沟而得名，锌指蛋白通常含有串联排列的锌指基序。锌指基序的结构具有多样性，最常见的类型是 C_2H_2 型和 C_2C_2 型。

C_2H_2型锌指基序是DNA结合基序肽链的四个氨基酸残基（2Cys/2His）R侧链，与锌离子通过配位键将其固定在四面体的中心，锌离子是形成和维持基序指状三维结构的关键（图14－16）。

（3）亮氨酸拉链（leucine zipper）　是DNA结合基序中富含亮氨酸残基的一段肽链，Leu周期性地出现且每隔六个氨基酸残基出现一个含亮氨酸残基，该肽链形成α螺旋后，在螺旋表面的一侧线型排列着亮氨酸残基，另一侧排列着带电荷的亲水性氨基酸残基。两个亮氨酸拉链基序靠近，通过各自α螺旋的Leu残基的疏水性作用，相互吸引而二聚化，形成一个稳定的非共价结合的拉链状结构（图14－17）。

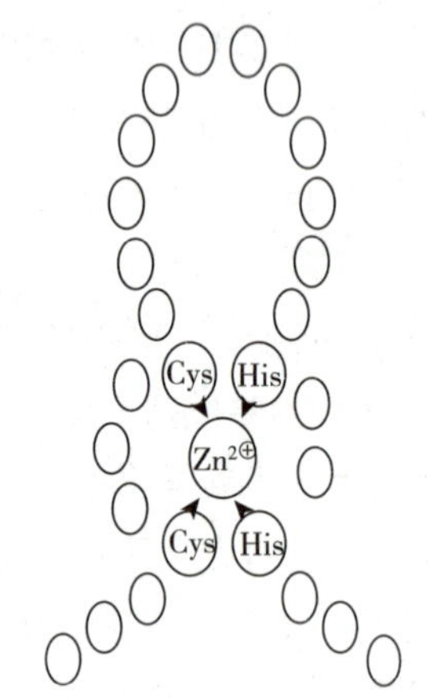

图14－16　C_2H_2锌指基序结构

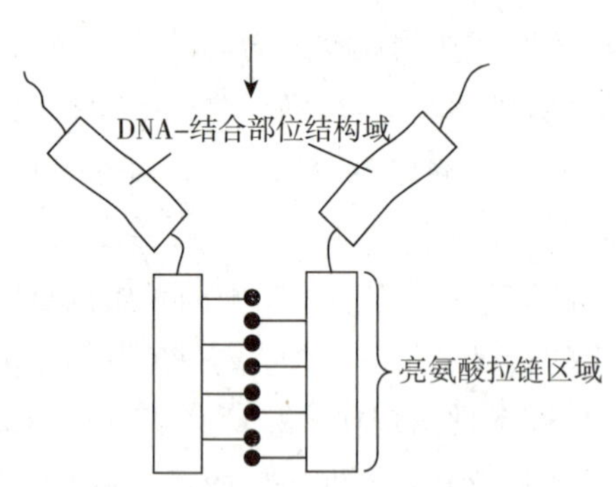

图14－17　亮氨酸拉链蛋白二聚体结构模式

亮氨酸拉链基序N端的上游，是一个富含碱性氨基酸残基的区域，由亮氨酸拉链区域与上述碱性氨基酸残基区域相连的结构，被称碱性拉链（bzip）。亮氨酸拉链蛋白的活性状态是二聚体形式，且呈Y型结构，其柄部为亮氨酸拉链区域，两个叉臂为带正电的碱性氨基酸残基区域，此区域呈α螺旋。亮氨酸拉链蛋白活性状态的二聚体结构，可使两个叉臂插入靶位点DNA双螺旋的两条大沟中。

四、RNA编辑

在有些蛋白质的表达过程中，发现有新的编码序列产生或是编码序列发生了改变，而且这种改变的发生不是在DNA水平上的，而是在RNA水平，通常会增加一些原来DNA模板中不曾编码的碱基，这种现象是由RNA编辑所产生的。RNA编辑（RNA editing）是指转录后的RNA在编码区发生碱基的加入、丢失或转换等现象。RNA编辑产生的“基因”可称为隐蔽基因（croptogenes），其产物的结构不能从基因组DNA序列中推导获得。

RNA编辑主要类型有：①简单编辑，单碱基转变的转录后调节；②插入编辑，插入单个核苷酸或少量核苷酸的丢失，其机制是转录链的跳格；③泛编辑，插入或缺失多个尿嘧啶核苷酸或转录后插入多个胞嘧啶，其机制是编辑序列由外源反义引导RNA（gRNA）提供，gRNA在编辑体（editosome）核蛋白颗粒中与前编辑mRNA配对，鉴别作为错配的位点进行编辑；④多聚腺嘌呤编辑，在转录产物末端加腺嘌呤，完善终止密码子。RNA编辑的生物学意义主要有：①校正作用，因4个核苷酸的插入移码，使其肽链的序列和其他生物的相似；②调控翻译，通过编辑可以引入或去除起始密码子或终止密码子；③扩充遗传信息，经编辑后增加了肽链的编码信息量。

五、逆转录

以RNA为模板，即按照RNA中的核苷酸顺序合成DNA，这与通常转录过程中遗传信息流从DNA到RNA的方向相反，故称反转录或逆转录（reverse transcription）。催化逆转录反应的酶称逆转录酶

(reverse transcriptase)，也可以说是 RNA 指导下的 DNA 聚合酶。

严格意义来说，逆转录并不属于转录的范畴。不仅逆转录的过程和产物与转录完全相反，而且介导这一过程的逆转录酶与 RNA 聚合酶截然不同。从本质上来说，逆转录酶是属于 DNA 聚合酶，其前体物为 dNTP（dATP、dGTP、dCTP、dTTP），产物为 DNA 链，必须有引物存在的情况下才能起始聚合作用，Zn^{2+} 为这类金属蛋白所不可缺少的成分。

致癌 RNA 病毒是一大群能引起鸟类、哺乳类等动物白血病和肉瘤以及其他肿瘤的病毒，这类病毒侵染细胞后并不引起细胞死亡，却可以使细胞发生恶性转化。逆转录酶存在于所有致癌 RNA 病毒中，因此，它的存在与 RNA 病毒引起细胞恶性转化有关。

第三节　蛋白质的生物合成

蛋白质生物合成的过程，就是遗传信息如何由 mRNA 转换给新合成的蛋白质，也就是以 mRNA 作为模板，如何将遗传信息具体地转译成蛋白质分子中氨基酸的排列顺序。DNA 虽不直接参与蛋白质的合成，但它却控制着蛋白质合成时氨基酸加入的顺序。参与蛋白质生物合成的多种 RNA（mRNA、tRNA、rRNA）都是以 DNA 为模板转录来的，因此，任何蛋白质的一级结构中氨基酸的排列顺序，归根到底都是由 DNA 分子中的特定核苷酸序列所决定的。蛋白质合成不仅需要各种氨基酸作为原料，还需要 mRNA 作为合成蛋白质时的模板、tRNA 作为特异氨基酸的“搬运工具”以及核糖体作为使氨基酸互相缩合成肽链的“装配机”。新合成的肽链本身并没有生物活性，需要经过一个加工修饰过程，才能转变成有活性的蛋白质。同时，合成的蛋白质还需要被输送到特定部位——转运，以行使其生物学功能。

一、RNA 在蛋白质生物合成中的作用

（一）mRNA 的作用

mRNA 的基本组成是从 5′端到起始密码子 AUG 区域，称为 5′端非密码区，其中含有调控翻译的序列；从起始密码子到终止密码子区域称编码区，也是开放阅读框区域，此区域的密码子编码肽链的氨基酸残基序列，也就是肽链的合成是从起始密码子开始，到终止密码子结束；从终止密码子到 3′端区域称 3′端非密码区。mRNA 在所有细胞内执行着相同的功能，即通过开放阅读框的三联体密码，在核糖体指导肽链的生物合成。在原核和真核生物细胞内，肽链生物合成的具体过程和成熟 mRNA 的结构是不同的。真核细胞 mRNA 的最大特点在于它往往以一个相对分子质量较大的前体 RNA 出现在核内，经剪接修饰的、相对分子质量明显减小的 RNA（核内不均一 RNA）中，有部分被运送到细胞质而成为成熟 mRNA，并参与蛋白质合成，而且只编码一种肽链，所以真核细胞 mRNA 的合成和表达发生在不同的空间和时间范畴内；mRNA 的 poly(A) 不仅与其从细胞核到细胞质的转移有关，也与其半衰期有关；5′-帽子与蛋白质合成的正确起始作用有关，协助核糖体与 mRNA 相结合，使翻译在 AUG 起始密码子处开始。原核生物 mRNA 的转录和翻译过程几乎是同时进行的，蛋白质合成往往在 mRNA 一开始转录就被引发，有的 mRNA 可以携带几种肽链的编码序列；通常在mRNA 5′端区（也可以在任何区域）起始密码子 AUG 的上游 10 个碱基左右的位置，含有一段富含嘌呤碱基的序列称 SD 序列，它能与核糖体小亚基 16S rRNA 的一段碱基产生互补，从而在翻译起始过程中将核糖体小亚基固定在 AUG 附近。

（二）tRNA 的作用

在核糖体中，mRNA 的开发阅读框序列作为模板指导肽链的生物合成。接合体假说认为，氨基酸必须与一种接合体结合，才能被带到核糖体中，并与 mRNA 模板的恰当位置对应，以指导肽链的正确合成。所说的接合体就是 tRNA，通过相应的氨酰 tRNA 合成酶，将氨基酸连接到特定的 tRNA 分子上。氨酰 tRNA 生成牵涉到信息的转移和转换问题，信息从 DNA 分子转移至另一种结构上极为相似的 RNA 分子中，是靠碱基互补原则来完成；信息从 mRNA 分子转移到结构绝不相同的蛋白质分子时，不仅需要遵循碱基互补原则，而且通过 tRNA 将信息进行转换。这种转换就是一种解码机制。氨基酸本身并不识别 mRNA 上的密码子，tRNA 上的反密码子与 mRNA 上的密码子可以匹配而互相识别，氨基酸必须结合到特定 tRNA 上，才被带到 mRNA-核糖体复合体上，通过氨酰 tRNA 的反密码子以及 mRNA 的密码子，才能够被插入正在合成的肽链的适当位置上。一种氨基酸结合到一种特定 tRNA 分子上，是由 AA-tRNA 合成酶、氨基酸结构和 tRNA 结构三者共同决定的。对于 tRNA 主要涉及反密码子和副密码子（paracodon），后者是有些 tRNA 分子上决定携带何种氨基酸的区域。

有一类能特异识别 mRNA 模板上起始密码子的 tRNA 叫起始 tRNA，其他 tRNA 统称为延伸 tRNA。原核生物起始 tRNA 携带甲酰甲硫氨酸（fMet），真核生物起始 tRNA 携带甲硫氨酸（Met），原核生物中 Met-$tRNA^{fMet}$ 必须先甲基化生成 fMet-$tRNA^{fMet}$ 才有功能，甲酰基的供体是 N^{10}-甲酰四氢叶酸（THFA-CHO）。

（三）rRNA 的作用

细胞内，核糖体像一个能沿 mRNA 模板移动的工厂，执行着肽链合成的功能，一条 mRNA 链上，一般间隔 40 个核苷酸结合有一个核糖体，因此，mRNA 链上可以结合多个核糖体，这种状况称多聚核糖体。在肽链合成过程中，不同的 tRNA 将相应的氨基酸残基携带到蛋白质合成部位——核糖体，并与 mRNA 进行专一性的相互识别，以便将碱基的排列顺序信息转换成氨基酸的排列顺序信息。核糖体是由几十种蛋白质和几种核糖体 RNA 组成的亚细胞颗粒，这些颗粒以及在真核细胞中所有正在进行肽链合成的核糖体，大部分都不能在细胞质中自由漂浮，而是直接或间接与细胞骨架结构关联或者与内质网膜结构相连。细菌核糖体大都通过与 mRNA 的相互作用，被固定在核基因上。

核糖体由大小两个亚基组成，每种亚基包含一个或几个 rRNA 以及许多功能不同的蛋白质分子，rRNA 在核糖体中具有重要的作用。原核生物核糖体中有三种 rRNA，16S rRNA 存在小亚基中，5S rRNA 和 23S rRNA 存在大亚基中；真核生物核糖体中四种 rRNA，18S rRNA 存在小亚基中，5S rRNA 和 28S rRNA 存在大亚基中，在哺乳类生物的大亚基还有 5.8S rRNA。原核细胞 5S rRNA 有两个高度保守的区域，一个是与 tRNA 分子 TψC 环上的 GTψCG 序列相互识别作用；另一个与 23S rRNA 一段序列互补。16S rRNA 的 3′端有一段保守序列（ACCUCCUUA），与 mRNA 5′端翻译起始区的 SD 序列互补，实现翻译起始的定位；邻近 3′端处还有一段与 23S rRNA 互补的序列，在大小亚基结合中起作用。23S rRNA 存在一段能与起始 tRNA 互补的序列片段，即 23S rRNA 与起始 tRNA 的结合有关，此外也有与 5S rRNA 结合的互补序列。5.8S rRNA 是真核细胞核糖体大亚基所特有的，含有与原核细胞 5S rRNA 的保守序列（CGAAC）相同序列，是与 tRNA 相互识别的，也就是说，5.8S rRNA 与 5S rRNA 具有相似的功能。

二、遗传密码及特点

在肽链生物合成中，mRNA 开放阅读框的碱基序列指导肽链的合成以及其氨基酸残基的顺序——翻译，这种翻译是通过遗传密码来实现的。核酸分子中只有 4 种碱基，要为蛋白质分子的 20 种氨基酸编码，一个碱基不可能编码，两个碱基决定一个氨基酸，也只能编码 16 种氨基酸，如果是 3 个碱基决定一个氨基酸，就可以编码 64 种氨基酸（$4^3=64$），这是编码氨基酸所需要碱基的最低数目。通过有关大量实验证明：在 mRNA 的开放阅读框——密码区，从起始密码子开始，沿着 5′→3′的方向，每 3 个相邻的碱基组成一个密码子（codon），也称为三联密码子，每个密码子对应一个氨基酸（表 14－3）。

表 14－3　氨基酸密码表

第一位 5′端	第二位 U	C	A	G	第三位 3′端
U	UUU；苯丙氨酸	UCU；丝氨酸	UAU；酪氨酸	UGU；半胱氨酸	U
	UUC；苯丙氨酸	UCC；丝氨酸	UAC；酪氨酸	UGC；半胱氨酸	C
	UUA；亮氨酸	UCA；丝氨酸	UAA；终止密码子	UGA；终止密码子	A
	UUG；亮氨酸	UCG；丝氨酸	UAG；终止密码子	UGG；色氨酸	G
C	CUU；亮氨酸	CCU；脯氨酸	CAU；组氨酸	CGU；精氨酸	U
	CUC；亮氨酸	CCC；脯氨酸	CAC；组氨酸	CGC　精氨酸	C
	CUA；亮氨酸	CCA；脯氨酸	CAA；谷氨酰胺	CGA　精氨酸	A
	CUG；亮氨酸	CCG；脯氨酸	CAG；谷氨酰胺	CGG　精氨酸	G
A	AUU；异亮氨酸	ACU；苏氨酸	AAU；天冬酰胺	AGU；丝氨酸	U
	AUC；异亮氨酸	ACC；苏氨酸	AAC；天冬酰胺	AGC；丝氨酸	C
	AUA；异亮氨酸	ACA；苏氨酸	AAA；赖氨酸	AGA；精氨酸	A
	AUG；甲硫氨酸	ACG；苏氨酸	AAG；赖氨酸	AGG；精氨酸	G
G	GUU；缬氨酸	GCU；丙氨酸	GAU；天冬氨酸	GGU；甘氨酸	U
	GUC；缬氨酸	GCC；丙氨酸	GAC；天冬氨酸	GGC；甘氨酸	C
	GUA；缬氨酸	GCA；丙氨酸	GAA；谷氨酸	GGA；甘氨酸	A
	GUG；缬氨酸	GCG；丙氨酸	GAG；谷氨酸	GGG；甘氨酸	G

从原核生物到真核生物，目前所发现的遗传密码有许多特点。

1. 连续性　编码区——开放阅读框的两个密码子之间，没有任何“标点”等信息将其隔开，从 AUG 开始，连续不断的一个密码子接一个密码子，从 5′→3′方向编码，直到终止密码子结束，这就是遗传密码的连续性。如果在 mRNA 的编码区中，插入 1~2 个或缺失 1~2 个碱基，就会从此碱基处以后的区域发生编码结果的改变，这种情况称为移码（frame shift），由移码引起的突变称移码突变。

2. 简并性　在 64 种密码子中，AUG 编码了 Met，但如果 AUG 是在开放阅读框的 5′端第一个，此时它也是肽链合成的起始密码子；UAA、UAG、UGA 这 3 个密码子是肽链合成的终止密码子，当肽链合成到此位置时，肽链合成宣告结束。除了 3 个终止密码子外，余下 61 个密码子可以编码 20 种氨基酸，因此，氨基酸的密码子可以有一个或最多 6 个。同一种氨基酸有两个或更多密码子的现象称密码子的简并性（degeneracy）。对应于同一种氨基酸的不同密码子称同义密码子。

3. 变偶性　密码的简并性往往表现在密码子的第三位碱基上，也就是说许多氨基酸密码子的前两位碱基是相同的，只是第三位碱基不同。有些氨基酸只有两个密码子，通常第三位碱基或者都是嘧啶，或者都是嘌呤。显然，密码子的专一性基本上取决于前两位碱基，第三位碱基起的作用有限。所以，几乎所有氨基酸的密码子，都可以用 N_1N_2（U/C）和 N_1N_2（A/G）来表示。tRNA 上的反密码子与 mRNA 密码子匹配时，密码子第一位、第二位碱基配对都是严格的，第三位碱基可以有一定的变动，这一现象称密码的变偶性（wobble）。在 tRNA 反密码子中除 A、U、G、C 4 种碱基外，还经常在第一位出现次黄嘌呤（Ⅰ）。次黄嘌呤的特点是可以与 U、A、C 三者之间形成碱基配对，这就使得带有次黄嘌呤的反密码子，可以识别更多的简并密码子。此外，反密码子的第一位碱基与密码子的第三位碱基配对时，在一定范围内是可以变动－变偶。如 U 可以和 A 或 G 配对；G 可以和 U 或 C 配对。由于变偶性的存在，细胞内只需要 32 种 tRNA，就能识别 61 个编码氨基酸的密码子。

4. 通用性 不论高等或低等生物，从细菌到人类，都拥有一套共同的遗传密码，这种现象称密码的通用性。但近年来发现，线粒体的编码方式与通常遗传密码有所不同。如在线粒体的遗传密码中，AUA、AUG、AUU 为起始密码子，AUA 也可为甲硫氨酸密码子，UGA 为色氨酸密码子，AGA、AGG 为终止密码子等。

三、蛋白质生物合成的核糖体途径

蛋白质合成过程可以分为四个阶段：①氨基酸的活化与搬运；②肽链合成的起始；③肽链的延长；④肽链的终止。后三步均在核糖体上进行，且是一个循环过程，因此，多肽链的合成过程也称核糖体循环。

（一）氨基酸的活化

肽链合成中，氨基酸本身不能入核糖体，必须结合到特定 tRNA 上，才能被带到 mRNA-核糖体复合体上，该连接是由氨酰 tRNA 合成酶催化完成，而且氨基酸活化后才能连接到 tRNA 分子上，这种过程称氨基酸活化，反应过程分两步。

（1）在 Mg^{2+} 或 Mn^{2+} 参与下，由 ATP 供能，氨酰 tRNA 合成酶（E）接纳活化的氨基酸并形成中间复合物。

$$\mathrm{R{-}\underset{}{\overset{NH_2}{\overset{|}{C}}}H{-}COOH + ATP + E \xrightarrow{Mg^{2+}或Mn^{2+}} R{-}\overset{NH_2}{\overset{|}{C}}H{-}\underset{\underset{O}{\|}}{C}{-}O{-}AMP\cdot E + PPi}$$

（2）中间复合物与特异的 tRNA 作用，将氨酰基从 AMP 转移到 tRNA 的氨基酸臂（即 3′端 CCA—OH）上。

$$\mathrm{R{-}\overset{NH_2}{\overset{|}{C}}H{-}\underset{\underset{O}{\|}}{C}{-}O{-}AMP\cdot E + tRNA\,CCA \longrightarrow tRNA{-}CCA{-}O{-}\underset{\underset{O}{\|}}{C}{-}\overset{NH_2}{\overset{|}{H}}C{-}R + AMP + E}$$

$$总反应：氨基酸 + \mathrm{ATP} + \mathrm{tRNA} \xrightarrow{Mg^{2+}或Mn^{2+}} 氨酰\mathrm{tRNA} + \mathrm{AMP} + 2\mathrm{Pi}$$

形成氨酰 tRNA 有两方面的意义：①tRNA 结合的氨基酸是活化状态，有利于在核糖体形成肽键；②tRNA 将携带的活化氨基酸转送到核糖体特定位置，通过其反密码子与 mRNA 上的密码子互相识别，将活化的氨基酸掺入正在合成肽链的合适位置中。也就是说，氨酰 tRNA 的形成，不仅为肽链的合成解决了能量问题，而且还解决了专一性问题。

每一种氨基酸都有与之对应的氨酰 tRNA 合成酶，该酶既能够识别相应的氨基酸，又能识别与此氨基酸相对应的一个或多个 RNA 分子。氨酰 tRNA 合成酶是通过 tRNA 三维结构（主要是反密码子或副密码子）以及氨基酸结构，来识别双方是否是正确的对应关系，如果是，氨酰 tRNA 合成酶就能够使两者连接起来。许多氨酰 tRNA 合成酶具有校对功能，如果形成的氨酰 tRNA 产物不是正确的对应关系，则该酶会立刻启动校对功能活性，将上述氨酰 tRNA 产物水解。在氨酰 tRNA 合成酶双重功能的监控下，可使翻译过程的错误频率得以有效降低。

（二）肽链合成的起始

除了特例，所有蛋白质翻译的起始均源于甲硫氨酸，而且需要一个特殊的 tRNA 称起始 tRNA（简写 $tRNA_i^{Met}$）参与。通常，细胞中只有两种 tRNA 携带甲硫氨酸，一种是 $tRNA_i$，另一种 tRNA。前者参与翻译的起始过程，生成的 $tRNA_i^{Met}$ 能够被起始因子所识别；后者参与翻译过程中肽链延长阶段，生成的 $tRNA^{Met}$ 能够被延伸因子所识别，将携带的甲硫氨酸掺入正在合成的肽链之中。在原核细胞中，有一种特异的甲酰化酶，能够使得 $tRNA_i^{Met}$ 中的氨基发生甲酰化生成 fMet-$tRNA_i^{fMet}$，其意义使其参与翻译的起始而不参与肽链的延伸过程。在真核细胞中，这种甲酰化作用是不存在的。

翻译——肽链合成的起始，需要在 mRNA 分子上捕获到并定位在起始密码子 AUG 位置，这一过程需要核糖体小亚基、mRNA、fMet-$tRNA_i^{fMet}$ 和一些起始因子（initiation factor，IF）共同参与完成。大肠埃希菌有 3 个起始因子可以与 30S 小亚基结合，其中起始因子-3（IF-3）的功能是使核糖体解离，30S 和 50S 亚基彼此分开；起始因子-1（IF-1）和起始因子-2（IF-2）的功能，是促进 fMet-$tRNA_i^{fMet}$ 和 mRNA 与 30S 小亚基的结合。

翻译起始的过程和机制是：①IF-3 通过与小亚基结合而解离核糖体，也可以说，IF-3 与小亚基的结合，阻止了大亚基与小亚基的结合；②在 IF-1 和 IF-2 以及 GTP 的协助下，mRNA、fMet-$tRNA_i^{fMet}$、小亚基、IF-1 和 IF-2 以及 GTP 形成一个五元起始复合物，同时 IF-3 从小亚基上解离出来；在 mRNA 的起始 AUG 上游 10 个 bp 左右位置，有一段富含嘌呤碱基的序列（SD 序列），该序列能与小亚基 16S rRNA 3′端的一段序列呈碱基互补性的识别，使起始密码子 AUG 能够与 fMet-$tRNA_i^{fMet}$ 的反密码子进行配对，从而协助从起始 AUG 处开始翻译；③IF-3 解离下来的结果，使 50S 大亚基能够与起始复合物的 30S 小亚基结合形成核糖体，进而使 IF-1 及 IF-2 从起始复合物上解离下来，同时结合在 IF-2 上的 GTP 也发生水解生成 GDP；原核生物的起始过程需要 1 分子的 GTP 发生水解以提供能量；④由 mRNA、fMet-$tRNA_i^{fMet}$ 和核糖体构成一个可以启动翻译的三元起始复合物（图 14－18）。

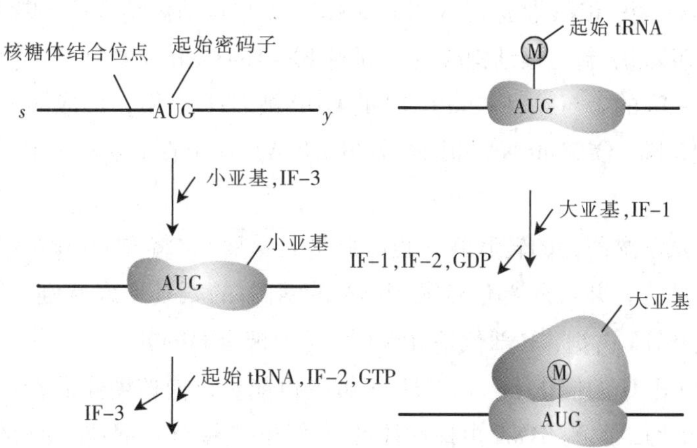

图 14－18 大肠埃希菌翻译的起始

虽然不同生物细胞核糖体的大小有别，但其组织结构基本相同，而且执行的功能也完全相同。核糖体至少有四个活性部位：mRNA 结合部位、氨酰 tRNA 结合部位（A 位）、肽酰 tRNA 结合部位（P 位）和肽键形成部位（转肽酰酶中心-E 部位）。此外，还有负责肽链延伸的各种延伸因子结合部位等。在上述三元起始复合物中，fMet-$tRNA_i^{fMet}$ 占据核糖体的肽基 tRNA 结合部位（P 位），而 AA-tRNA结合部位（A 位）则是空白，等待第二个 AA-tRNA 进入该部位，以便与 fMet-$tRNA_i^{fMet}$ 的 fMet 进行肽链的合成。

（三）肽链的延长——核糖体循环

三元起始复合物形成后，与起始密码子紧邻的下游密码子被其氨酰 tRNA 的反密码子识别并结合进入氨酰 tRNA 结合部位（A 位），肽链合成的延长反应阶段就开始。肽链延伸过程可分为三个步骤：注册、成肽和转位。在核糖体每完成上述三个步骤，就会在肽链的 C 端加上一个氨基酸残基，故肽链的延长是一个上述三个步骤反复循环的过程，此过程也称核糖体循环（图 14－19）。在核糖体循环过程中，需要一些蛋白质因子参与，这些蛋白质因子称延长因子（elongation factor，EF）。在原核细胞中，有 EF-Tu、

EF-Ts 和 EF-G 参与核糖体循环。

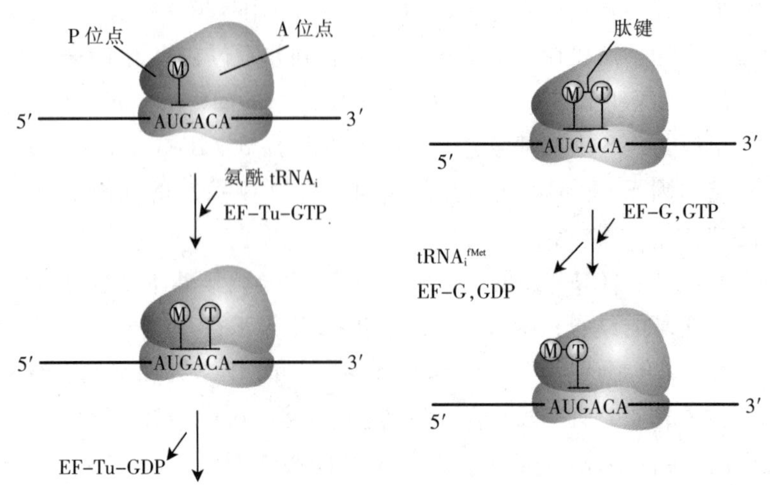

图 14-19 核糖体循环

1. 注册 与第二个密码子对应的氨酰$_2$tRNA 与 EF-Tu-GTP 结合，形成的二元复合物进入核糖体，将氨酰 tRNA 引领定位在核糖体的 A 部位，此时，氨酰 tRNA 的反密码子与对应 mRNA 的密码子之间呈碱基互补关系，否则，该氨酰 tRNA 将退出 A 部位。EF-Tu 与核糖体结合后，就表现出 GTP 酶活性，将其结合的 GTP 水解成 GDP 而引起三维结构改变，同时 EF-Tu-GDP 与氨酰 tRNA 分开，并从核糖体上脱离下来。在胞质通过 EF-Ts 的参与，EF-Tu-GDP 的 GDP 被 GTP 交换，形成的 EF-Tu-GTP 准备参与另一次注册。此时，核糖体上结合着 mRNA 和两个氨酰 tRNA，一个在 P 部位（fMet-$tRNA_i^{fMet}$），一个在 A 部位（氨酰$_2$tRNA）。

2. 成肽 位于二个氨基酰附近的转肽酶（也称肽酰转移酶），将 fMet-$tRNA_i^{fMet}$的甲酰甲硫氨酰基从核糖体的 P 部位移至 A 部位，并与 A 部位氨酰$_2$tRNA 的氨酰$_2$的氨基形成肽键。第一个肽键形成后，核糖体的 A 部位是二肽酰 tRNA 占据，P 部位是 $tRNA_i^{fMet}$（不携带 fMet）。

3. 转位 在转位酶 EF-G 的催化下，由 GTP 水解提供能量，使核糖体沿着 mRNA 5′→3′的方向移动一个密码子的距离。结果是二肽酰 tRNA 由核糖体的 A 部位转移至 P 部位，而原 P 部位的 $tRNA_i^{fMet}$脱离核糖体。

当转位完成后，核糖体的 A 部位是空白，等待 EF-Tu-GTP 携带氨酰$_3$tRNA 进入 A 部位，以便进行下一轮核糖体循环过程，直至肽链完成其合成。

（四）肽链合成的终止

在肽链合成过程中，当核糖体移动使其 A 部位对应 mRNA 的终止密码子时，翻译就进入终止阶段。这一过程除了需要终止密码子外，还需要一些释放因子（release factor，RF）核糖体释放因子（ribosome release factor，RRF）的参与。

在大肠埃希菌中，当终止密码子进入核糖体的 A 部位后，由于细胞通常没有能够识别终止密码子的 tRNA，此时产生肽链合成的延宕。在延宕的过程中，核糖体 A 部位就被释放因子识别，RF-1 能够识别 UAA 和 UAG，RF-2 能够识别 UAA 和 UGA，RF-3 不识别终止密码子，但能刺激另外两个因子的活性。当释放因子识别在 A 部位上的终止密码子后，改变核糖体的肽酰转移酶的属性，由肽酰转移酶活性转变为酯酶活性，将 P 部位肽酰 tRNA 的肽链 C 端酯键水解，同时释放出合成完毕的肽链。在 RRF 的作用下，mRNA 和 tRNA 从核糖体上脱落下来（图 14-20）。核糖体在 IF-3 的作用下解离，30S 小亚基又可以进入另一轮肽链合成的起始过程。

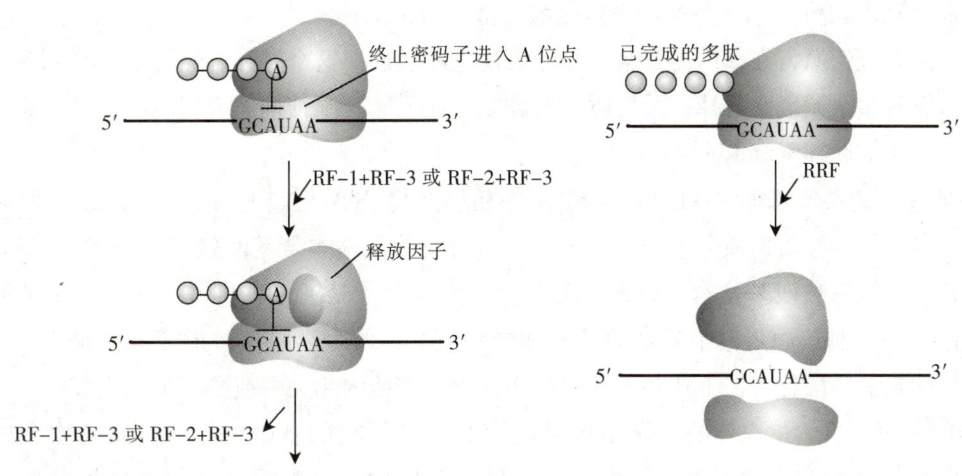

图 14-20 大肠埃希菌翻译的终止

（五）真核细胞的肽链合成

在真核生物的mRNA中，最靠近5′端的AUG序列通常是起始密码子。核糖体小亚基首先结合在mRNA的5′端，然后向3′端移动，直到AUG序列被$tRNA_i^{Met}$上的反密码子识别，且这种识别可以被特定序列所加强。如果没有这种特定序列，40S小亚基将不识别AUG，而是继续向3′端移动，直到识别到含有这种特定序列的AUG时，才开始翻译的起始。

真核细胞蛋白质合成过程基本上与原核细胞相同，主要差别在于：①参与翻译的起始因子（eIF）较多；②形成三元起始复合物的氨基酸是甲硫氨酸，而不是甲酰甲硫氨酸；③形成起始复合物的机制不同，首先是帽子结合蛋白与mRNA的帽子结合，在eIF2和其他起始因子参与下，Met-$tRNA_i^{Met}$、40S小亚基与mRNA的5′端形成起始复合物，然后由ATP供给能量，复合物向下游移动直到遇到第一个AUG密码子，此时60S大亚基才加入复合物，完成起始复合物的形成；④原核细胞的mRNA为多顺反子，有多少个SD序列，就有多少个起始位点，而真核细胞的mRNA为单顺反子；⑤原核细胞的延长因子EF-Tu和EF-G，对应真核细胞的为延长因子1和延长因子2。

四、肽链翻译后的加工修饰与转运

一般来说，从核糖体释放出来的新合成肽链不具有生物学活性，必须经过复杂的加工修饰过程，才能转变成具有天然三维结构的活性蛋白质。肽链翻译后加工修饰过程主要包括：肽链一级结构的修饰、多肽链的折叠和三维结构的修饰等。同时，合成的蛋白质还需要通过复杂的机制，被输送到特定部位——转运，以行使其生物学功能。

（一）肽链翻译后的加工修饰

肽链合成开始之后其加工修饰过程就立即进行，肽链加工修饰与其本身在什么部位合成以及将要被运送到细胞什么部位密切相关。有的蛋白质留在细胞质中，则从核糖体上释放后即可行使其功能；有的被运送到它处，则在运送的过程中发生加工修饰。如膜结合核糖体合成出来的蛋白质，在被运往高尔基体、分泌小泡、质膜或溶酶体等过程中，肽链就进行加工修饰。加工修饰主要包括N端Met加工修饰、个别氨基酸残基的共价修饰、某些肽段的去除、肽链的折叠以及三维结构形成等等。

1. N端Met和肽链水解加工修饰 胞质合成肽链的N端均为甲硫氨酸（或甲酰甲硫氨酸），但实际上天然蛋白质多数没有这样的N端。原核细胞内的脱甲酰基酶，将N端甲酰甲硫氨酸残基的甲酰基水解去除掉。胞内氨基肽酶，可以将 N 端甲硫氨酸残基水解去除掉。

蛋白质前体以及酶原，在体内需要激活才能表现生物活性。这个过程是经特定的系列蛋白酶，将蛋白质前体或酶原的多余肽段水解掉，蛋白质或酶可以形成天然三维结构而表现出应有的生物活性。如胰岛素原被水解，生成胰岛素和 C 肽。

2. 个别氨基酸的共价修饰 蛋白质生物合成的初始产物是单纯蛋白，而且最多是由 20 种基本氨基酸残基组成。但天然活性蛋白质分子中，许多蛋白质含有除了基本氨基酸残基以外的其他氨基酸残基；有的蛋白质分子中氨基酸残基是磷酸化的；还有的蛋白质分子是通过共价键连接了糖类或脂类化合物（糖蛋白或脂蛋白），如胶原蛋白中的羟赖氨酸和羟脯氨酸，两个半胱氨酸形成的二硫键，丝氨酸、苏氨酸和酪氨酸残基的磷酸化等。上述各种共价修饰，均由细胞内相关酶或酶系催化完成。

3. 肽链的折叠 虽然蛋白质的一级结构是决定其三维结构的基础，但蛋白质生物合成时肽链的正确折叠，需要一些特定蛋白质因子的参与和协助，否则肽链自身很难全部正确折叠形成天然三维结构。参与蛋白质正确折叠的因子主要有两类：一类是酶，另一类称之为分子伴侣（molecular chaperones）。

参与蛋白质折叠的酶类主要有蛋白质二硫键异构酶和肽链脯氨酸异构酶等，前者当肽链半胱氨酸残基之间形成二硫键连接错误时，可以将错误连接的二硫键断裂，再形成正确连接，如不纠正就会使蛋白质形成错误的三维结构；后者当肽链出现脯氨酸残基时，因其在肽链可以形成顺式或反式构型，保证肽链呈现正确的构型，以免形成错误的三维结构。

分子伴侣是一类特殊的蛋白质，这类蛋白质在细胞中表现两方面功能：一方面是防止新生肽链错误的折叠和聚合；另一方面则是帮助或促进新生肽链快速地折叠成正确（天然）的三维结构。分子伴侣主要是通过疏水序列识别伸展肽链的骨架部分，利用 ATP 提供的能力，以保证和促进新生肽链折叠成天然的三维结构。分子伴侣主要有：热休克蛋白（heat shock proteins，HSP）和伴侣蛋白（chaperonins）等。前者属于应激反应蛋白，高温应激可诱导该蛋白质合成；后者是此类蛋白质构成一个加盖子的圆筒形结构复合体，利用 ATP 水解供能，使未折叠的、正在进行折叠的肽链反复进出圆筒内腔，通过圆筒内腔的微环境使肽链得以正确折叠。

（二）肽链翻译后的转运

核糖体上新合成的肽链被送往并定位在细胞的各个部位，以行使各自的生物学功能。大肠埃希菌新合成的肽链，一部分就滞留在胞质中行使其功能，一部分则被转运至质膜、外膜或质膜与外膜之间的空隙，有的也可分泌到胞外。真核细胞新合成的肽链，往往被输送至溶酶体、线粒体、叶绿体、细胞核等细胞器中，有的最终定位在生物膜上（膜的内外侧或膜中），有的分泌到胞外。细胞内新合成肽链的转运是有目的地定向进行，不论蛋白质被送往何处，都是由蛋白质本身的结构所决定。

尽管蛋白质转运系统非常复杂，但有着一个比较简单的模式实现转运。每个需要转运的肽链都含有一段氨基酸序列，引导该肽被输送至不同的转运系统，这一段氨基酸序列称信号肽（signal peptide）。信号肽序列通常位于被转运肽链的 N 端，长度在 10~40 个氨基酸残基范围，由三部分组成。①氨基端碱性区：含有一个或多个荷正电的氨基酸残基；②中部疏水核心区：长度为 10~15 个氨基酸残基，主要由疏水性氨基酸残基组成，这些氨基酸残基 R 侧链的疏水性高度保守，如果其中某个被极性氨基酸残基替换后，信号肽即失去其功能；③羧基端加工区：有一个信号肽酶识别切割位点，位点上游常有 5 个氨基酸残基的疏水性肽段，切点前后常常是一类小侧链氨基酸，信号肽可以在肽链转运过程中被信号肽酶切掉。有些蛋白质的信号肽是位于肽链的中部，但不论其位置处于何处，功能都是相同的。

对于每一种蛋白质，其信号肽序列决定了该蛋白质在细胞的最后归宿。细胞内有一部分核糖体是以游离状态存在，这类核糖体只合成供线粒体或叶绿体膜装配的蛋白质；另一部分核糖体，由新合成肽链N端的信号肽控制而与内质网结合，使滑面内质网变成粗面内质网，粗面内质网核糖体合成三类主要蛋白质：溶酶体蛋白，分泌到胞外蛋白质和构成质膜骨架的蛋白质。

信号肽是由一种核糖体称信号识别体（signal recognition particle，SRP）。SRP有两个功能域，一个是识别信号肽，另一个是干扰氨基酰RNA与肽酰移位酶的反应，以便延缓核糖体的肽链延伸过程。新生肽链合成几十个氨基酸残基后，其N端信号肽与SRP结合，随后核糖体肽链的延伸作用暂时被停顿（或延伸速度大大减低），进而SRP-新生肽链-核糖体复合体就移动到内质网上，并与内质网上的SRP受体结合。在SRP受体的作用下，带有新生肽链的核糖体被送入多肽移位装置，SRP被释放到胞质中，此时，核糖体肽链的延伸又重新开始。

1. 分泌型蛋白的转运　真核细胞分泌蛋白、膜整合蛋白和溶酶体蛋白的转运，首先利用其N端的信号肽将正在合成的肽链引导插入内质网膜，肽链经跨内质网膜通道进入内质网腔，随后信号肽被腔内的信号肽酶切除并迅速降解。同时，肽链在内质网腔中被一系列相关酶和酶系加工修饰，随后被膜包装进入分泌小泡转运至高尔基体，这些分泌小泡可以转移、融合到细胞其他部位或分泌出细胞。

高尔基体主要有两方面功能：一是对糖蛋白上的寡聚糖核进一步修饰与调整；二是将各种蛋白质进行分类并送往溶酶体、分泌粒和质膜等目的地。同时，甘露糖酯-6-磷酸是一种导向溶酶体的标志，但对分泌蛋白与质膜蛋白却并不起导向作用。

2. 细胞器和核蛋白的转运　线粒体和叶绿体的大部分蛋白质都是由细胞核基因组DNA编码的，在胞质内由游离核糖体合成这些蛋白质，并转运到这些细胞器中去。

五、多肽合成的非核糖体途径

在细菌、放线菌和真菌中，存在许多具有药用价值的多肽类生物活性物质，包括抗生素、细胞生长抑制剂和抗病毒物质等。如青霉素、头孢霉素、万古霉素等抗生素；免疫抑制剂环孢素（cyclosporin）；分枝杆菌素（mycobactin）、鼠疫杆菌素（yersiniabactin）等毒性载铁多肽（siderophoric peptides）。尽管这类多肽多种多样，但它们都是在一类称为非核糖体合成酶系（non-ribosomal peptide synthetases，NRPSs）的蛋白质多功能复合体上被合成的。

1. 非核糖体多肽合成酶系统　非核糖体多肽合成酶系（NRPSs）由一系列非核糖体合成酶组成，每一个非核糖体合成酶（模块）负责多肽上一个肽键的形成，能够识别特定的氨基酸，并直接将其连接形成肽链。NRPSs由一系列的模块依次排列组成，大多数的模块数量为4~10个，但也有高达50个的。每一个模块负责一个反应循环，包括对选择性底物（氨基酸或其他化合物）的识别，并将其活化成相应的腺苷酸化合物，共价中间物的固定和肽键的形成。因此，NRPSs中依序排列的模块就构成了酶系所合成多肽的一种模板。

2. 非核糖体多肽合成过程　一种多肽的合成需要一个非核糖体合成酶系。一个非核糖体合成酶系的每一个非核糖体合成酶（模块）负责多肽上一个肽键的形成。各种多肽的氨基酸序列特异性，是由不同NRPSs模块的排列顺序所决定的。实际上，合成的多肽氨基酸序列，是由特定NRPSs的每一个非核糖体合成酶的缩合功能域上模具结构（modular structure，具有特定构象的空间结构域）所决定的。因此，这些缩合功能域具有模板功能-多肽合成模板。不同NRPS的缩合功能域组成一个酶系，决定一种多肽的特异序列。通常情况下，NRPSs的相关缩合功能域，在空间位置上按它们合成的多肽序列排列，但也有混排或者分散的情况。

答案解析

思考题

1. 患者，男，40岁，长期暴露于电离辐射环境，近期体检发现白细胞减少，骨髓象显示DNA损伤。结合DNA复制与修复机制，分析辐射导致DNA损伤的类型及细胞可能启动的修复方式，以及临床可采取的干预措施。

2. 某细菌感染患者，使用利福平治疗后出现耐药性。从原核生物转录调控角度，分析利福平的作用机制及细菌耐药的可能原因，结合RNA聚合酶结构说明如何设计新型抗菌药物。

3. 在基因治疗中，需将目的基因通过载体转入宿主细胞并表达。结合真核生物转录调控元件（启动子、增强子）及转录因子作用机制，分析如何提高目的基因的表达效率及组织特异性。

（崔　勇）

书网融合……

微课

习题

第十五章　受体与细胞信号转导

微课

PPT

学习目标

1. 通过本章学习，掌握细胞信号转导相关基本概念；熟悉G蛋白偶联受体信号转导途径；了解细胞信号转导的网络性。

2. 具有通过查阅文献资料学习细胞信号转导途径的能力。

3. 养成从不同角度分析和思考问题的批判性思维。

第一节　细胞间信号传递

单细胞生物之间信号传递对其形态、功能、代谢、增殖和分化、存活都有重要的影响。多细胞有机体中每个细胞的活动不是孤立进行的，在众多细胞之间存在着一套复杂的跨膜信号传递系统，使细胞间能相互联系和沟通，协调不同组织器官中各个细胞的代谢、分泌、分化和增殖等活动，保持生物体整体功能的顺利进行。

一、细胞间通信的类型

细胞间通信可以分为三种类型：①通过质膜表面分子的直接接触；②通过间隙连接通道的直接联系；③通过分泌化学信号分子的间接联系。其中细胞分泌化学信号是细胞间通信的最主要途径。

（一）膜分子表面直接接触通信

膜分子表面直接接触通信是指细胞之间借助细胞质膜表面分子直接进行细胞间联系，不同细胞之间的相互识别与黏附都有可能采取直接接触型细胞间通信。细胞识别是指邻近细胞之间通过质膜表面特性而相互接受或排斥，相识的细胞可以发生进一步黏附。

在细胞识别与黏附过程中，细胞黏附分子（cell adhesion molecules，CAM）起着重要作用。CAM是众多介导细胞间或细胞与细胞外基质间相互接触和结合分子的统称，黏附分子以受体-配体结合的形式发挥作用，使细胞和细胞间、细胞和基质间或细胞-基质-细胞间发生黏附，参与细胞的识别，细胞的活化和信号转导，细胞的增殖与分化，细胞的伸展与移动，是免疫应答、炎症反应、凝血、肿瘤转移以及创伤愈合等一系列重要生理和病理过程的分子基础。黏附分子根据其结构特点可分为整合素家族、选择素家族、免疫球蛋白超家族、钙黏蛋白家族及一些尚未归类的黏附分子。值得注意的是并非所有黏附分子都通过直接接触型细胞间联系，有些黏附分子介导细胞与细胞外基质相互接触和结合，如整合素配基是细胞外基质中纤连蛋白和层黏连蛋白。

（二）间隙连接

间隙连接（gap junction）存在于脊椎动物的很多成年细胞和正在发育的细胞中。在连接处相邻细胞间有2~4nm的缝隙，而且连接区域比紧密连接大得多，最大直径可达0.3μm。在间隙与两层质膜中有大量蛋白质颗粒，是构成间隙连接的基本单位，称连接子（connexon），其由6个相同或相似的跨膜蛋白亚单位环绕而成，直径8nm，中心形成一个直径约1.5nm的亲水性小孔或通道。允许小分子信号分子和离子如Ca^{2+}、cAMP通过，有助于相邻同型细胞对外界信号的协同反应，如可兴奋细胞的电偶联现象。

间隙连接的通透性是可调节的。在实验条件下，降低细胞 pH 或升高钙离子浓度均可降低间隙连接的通透性。当细胞破损时，大量钙离子进入，导致间隙连接关闭，以免正常细胞受到伤害。间隙连接的功能包括协调代谢、参与细胞分化、细胞增殖的调控、构成电紧张突触等。

研究表明，间隙连接处在神经迁移中发挥一定作用，而对迁移来说重要的是间隙连接蛋白的黏附性能及细胞之间接触点的性质，不是它们通道的导通性能。这一发现的意义已经超出了脑发育研究范围，因为很多其他间隙连接功能（包括参与肿瘤的转移）也可能取决于黏附性能而不是小孔功能。

（三）间接联系型

间接联系细胞通信是通过一种细胞提供通信信号——信号分子，作为信号分子的有激素、神经递质、细胞因子等，而另一种细胞首先要提供能够接收信号分子的接收器——受体，当信号分子特异性地与受体识别并结合后，通过信号应答转换系统，转变为细胞内信号，才使细胞产生应答反应，最终表现制定生理效应。此类细胞间通信的特点是相隔一定距离的细胞之间靠分泌发放化学信号分子，并通过血液或体液进行相互联系与通信。

细胞间信号传递包括以下 5 个过程：①信号分子的合成及分泌；②信号分子运转至靶细胞；③靶细胞特异受体识别信号分子并与之结合；④信号分子-受体复合物经细胞内信号传递系统的联级生物化学反应，最终导致细胞功能的变化；⑤信号分子的清除、终止靶细胞的反应。

二、细胞间信号分子

细胞之间的信号传递系统是由数量众多的信号分子所介导，外界刺激、其他细胞产生的刺激及高等动物中神经刺激都可以引起细胞分泌信号分子。分泌细胞或神经末梢等细胞感受刺激，分泌信号分子到细胞外，通过运输到达靶细胞，实现细胞间通信。

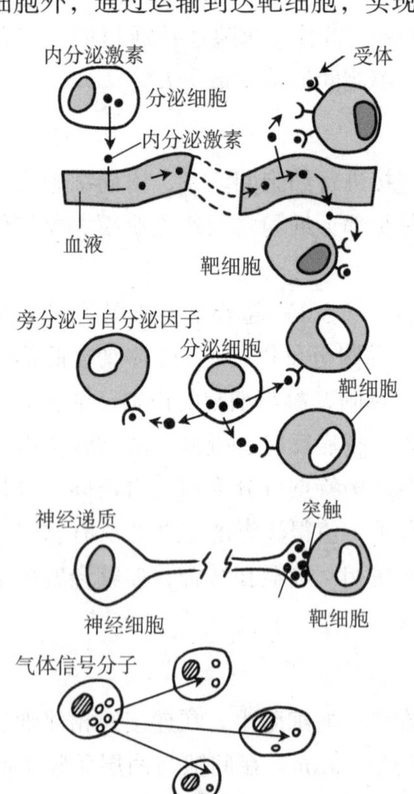

图 15-1　细胞间信号分子

在化学组成上细胞间信号分子包括蛋白质、肽、氨基酸、核酸、甾体、脂肪酸和一氧化氮等，分别由发出信号的细胞合成分泌，经过扩散或血液循环到达靶细胞。据化学信号分子可以作用的距离范围，信号传递的作用可分为内分泌、旁分泌、自分泌、气体信号分子和突触传递五大类（图 15-1）。

1. 内分泌　是指信息分子分泌到细胞外，经血液或体液运送至远距离的靶细胞。大多数动物的激素属内分泌型信号分子，他们通过体内各种特殊内分泌细胞分泌，释放入血液，随血液运输到生物体各部分。在血液中混合的各种激素到达靶细胞后，被其表面专一性受体识别，其作用距离很长。

2. 突触传递　是神经末梢释放的信号分子（神经递质），经突触间隙扩散至突触后膜，并与受体结合。神经递质为神经元末梢在受到神经动作电位刺激时的分泌物，在神经细胞之间或神经细胞与靶细胞之间形成化学突触连接。

神经通信和激素通信同为高等动物两个最主要的细胞间通信系统，激素通信相对缓慢而弥散，但后效深远，影响面广；神经通信迅速、准确、集中，两者协调配合是完成高等动物胞间通信最重要的保证。与激素通信不同的是，神经递质从突触前细胞释放，只是近距离影响突触后细胞的兴奋和抑制，而不能经过长距离传递到靶细胞。

3. 旁分泌和自分泌　某些化学信号分子分泌到细胞外液后很快被细胞吸收或破坏，进入血液中的数量极少，一次只作用于临近细胞或自身，又不像神经递质那样由专一突触结构释放，因而这类物质不同于激素，也不同于神经递质，而是属于旁分泌和自分泌因子。

旁分泌是信息分子通过细胞外液弥散至邻近的靶细胞。自分泌指细胞对自身分泌的信号分子产生反应，是细胞自我调节。大多数细胞因子及细胞生长因子都有旁分泌或自分泌的特点，它们是细胞产生的多肽，分泌后仅作用于附近的其他细胞或分泌细胞自身。

细胞因子主要是参与高等动物细胞的造血反应和免疫反应，并对细胞增殖分化等多种功能有调节作用的多肽分子，主要有白细胞介素（interleukin，IL）、干扰素（interferons，IFNs）、集落刺激因子（colony-stimulating factor，CSF）、肿瘤坏死因子（tumor necrosis factors，TNFs）等。生长因子主要是指具有较专一调节生长和分化的细胞外信号分子，主要有神经生长因子（nerve growth factor，NGF）、表皮生长因子（epidermal growth factor，EGF）、血小板生长因子（platelet derived growth factor，PDGF）等。

4. 气体信号分子　许多化学物质如乙酰胆碱引起血管舒张时，血管内皮细胞合成一种自由基气体一氧化氮（NO），NO 作为气体信号分子以气体形式从血管内皮细胞直接扩散到其周围细胞并穿过其质膜作用于靶细胞内部。NO 的产生及其作用方式都符合其他信号分子的特点，如 NO 具有迅速产生和灭活的特点，并有相应的靶分子接收其信号。目前已知 NO 的作用不仅限于血管功能的调节，它在许多类型的细胞如脑细胞、神经细胞中都存在。需要注意的是，NO 作为气体小分子，无需跨膜转导机制即可进入细胞内迅速扩散而直接作用于胞内靶酶。

以上分类并不是绝对的，同一种化学物质有时起着两种或更多种类的作用。如去甲肾上腺素作为一种激素，由肾上腺分泌，起刺激心肌、骨骼肌收缩和肺支气管扩张的作用，但它又是一种神经递质，在交感神经中使血管收缩，从而升高血压。

第二节　受体与受体跨膜信号传递途径

一、受体的分类与作用

质膜将细胞同外界环境分开，只允许脂溶性小分子通过，例如类固醇类激素可以通过细胞质膜进入细胞质，但是细胞质膜不允许水溶性物质如离子、无机小分子、多肽或蛋白质自由通过。细胞对不能透膜的外界刺激分子的应答一般分为两个基本类型。

通过位于脂质双分子层中的蛋白质通道进行运输，使之从细胞外传递到细胞质。经过物理传递的物质包括离子、糖类、蛋白质等。物质传递的方式主要有离子通道，载体运输和内吞等。

外界信号通过改变膜蛋白的性质，激活它的细胞质结构域而传导。细胞对环境中亲水物质的应答依赖于这些物质同细胞质膜外侧的相互作用，它们与膜镶嵌蛋白的细胞外结构域特异性结合。这些细胞外分子通常称为配体（ligand），而这些分子结合的膜镶嵌蛋白称为受体（receptor）。

配体和受体形成复合物，通过某种手段激活定位在细胞膜内侧的特定的酶，一方面被激活的酶再调控其他酶、蛋白活性，进而引发一系列生化反应，使靶细胞产生特定生物学效应；另一方面导致某些小分子物质的合成。这些小分子物质被释放到细胞质中之后，可代替原来的激素行使功能。如果把激素本身看成第一信使（first messenger），那么，被合成的小分子物质可以看成第二信使（second messenger），而催化第二信使合成的酶称作效应器（effectors）。目前，已发现的第二信使有 cAMP、cGMP、IP_3、Ca^{2+}、DAG（二酰甘油）、神经酰胺（ceramide）、花生四烯酸和 NO 等。

受体结合配体之后，会从非活性状态转变成活性状态，原理是受体在细胞外的结构域与配体结合，激活了细胞质结构域的活性，这个过程称为信号转导（signal transduction）。实质上，信号已经被跨膜转导，细胞质信号强度远远超过原来的细胞外信号，所以信号转导放大了原来的信号。

（一）受体及其配体的基本概念

受体是细胞表面或亚细胞组分中的一种生物大分子物质，可以识别并特异性地与有生物活性的化学信号物质结合，从而引发细胞内一系列生化反应，最终导致该细胞（靶细胞）产生特定的生物效应。从化学本质上来看，受体主要是蛋白质，特别是糖蛋白，也有一些糖脂作为受体，如霍乱毒素和破伤风毒素的受体均为神经节苷脂。

对受体具有选择性结合能力，结合后使该细胞产生特定生物效应的生物活性化学信号分子，称为配体（ligand）。配体除了与受体结合之外，本身并无其他功能，它不能参加代谢，不能直接诱导任何细胞活性，更没有酶的特点，它唯一的功能是通知细胞在环境中存在一种特殊的信号或刺激因素。配体与其靶细胞的受体结合，所产生的生物效应是与受体所处的微环境有关，因为受体大分子本身大多存在于靶细胞膜结构上，并镶嵌在双层脂膜结构中，如果改变其环境因素，也会影响配体与受体的相互作用。

配体与受体结合后，使靶细胞产生特定的生物效应，这种配体称作激动剂（agonist）。虽然能与受体结合，但并不使靶细胞产生生物效应，这种配体称为拮抗剂（antagonist），它可拮抗激动剂的作用。既具有激动作用，又具有拮抗作用的配体，称作部分激动剂（partial agonist）。此外，有一类配体称为反向激动剂（inverse agonist）或负性拮抗剂（negative antagonist）或抑制激动剂（inhibitory agonist），这一类配体主要与反向活性构象（Ri）受体具有亲和力，而产生与激动剂作用相反的效应。

（二）受体的功能

根据以上概念，受体具有两方面的功能：第一个功能是识别自己特异的信号分子——配体，并且与之结合。正是通过受体与信号配体分子的识别，使得细胞能够在充满无数生物分子的环境中，辨认和接收某一特定信号。受体的第二个功能是把识别和接受的信号，准确无误地放大并传递到细胞内部，从而启动一系列胞内信号级联反应，最后导致特定的细胞生物效应。要使胞间信号转换为胞内信号，受体的两个功能缺一不可。

（三）受体与配体结合的主要特征

受体与配体之间结合的结果是受体被激活，并产生受体激活后续信号传递的基本步骤。在生理条件下，受体与配体之间的结合不可能通过共价键介导，两者结合主要靠离子键、氢键、范德华力和疏水作用等，这样的相互作用是能够实现作用的可逆性。一个真正的受体在与配体结合时，具有高亲和性、专一性、可逆性、饱和性等特性。

1. 高度专一性 受体和配体的结合与酶和底物的结合很相似，都表现出高度的专一性。配体对受体的三维结构具有严格的选择性；反之，受体对配体也是如此，它们之间的选择是相互的。如胰岛素只会与胰岛素受体结合，而不会与胰高血糖素的受体结合；反之，胰高血糖素也只与胰高血糖素受体结合。当然，结合专一性是相对的，如肾上腺素有5种不同的受体（α_1、α_2、β_1、β_2和β_3），它可以与每一种受体结合，但每一种受体对肾上腺素的选择性是有差异的，从而产生的生物效应也不尽相同。具有结构和功能上区别的几种受体均能识别并结合同一配体，这些受体称为同工受体（isoreceptors）。专一性结合表现为高亲和性与低容量，而非专一性结合则表现为低亲和性与高容量，其剂量反应曲线呈非饱和性。

2. 高亲和性 受体与配体结合的亲和力高低，是以其解离常数 K_d 表示，一般在 10^{-11}~10^{-9}mol/L。

尽管机体内配体的浓度很低，但仍然能够识别相应的受体并与其结合，这是细胞信号转导高度敏感的原因。

3. 结合的可逆性 由于激素、神经递质、细胞因子等配体分子的生理效应是可逆的，受体与配体的结合是通过非共价键（氢键、疏水键、离子键等）的作用，故配体与受体的结合也是可逆的。配体与受体复合物不仅可以解离，而且解离得到的配体绝非其代谢产物，而应是配体原形本身。这一特性与酶和底物相互作用的结果不同，酶和底物相互作用后，释放出来的是底物被转化成的产物——代谢产物。

4. 结合可产生强大的生物学效应 配体与受体结合后，形成二元复合物，进行信息传递。通过酶促反应，在毫秒内产生几个数量级的级联放大，最终导致靶细胞产生特定的生物学效应。10^{-9}mol/L浓度的激素，能够导致靶细胞代谢物的浓度发生10^{6}倍的变化，由此可见，激素引发的生物学效应是巨大的。受负反馈调节等因素影响，配体持续存在的情况下，细胞信号系统敏感性会下降。配体浓度下降到一定程度后，细胞信号系统敏感性得到恢复。

5. 结合的饱和性 一个细胞上特定受体的数目是有限的，因此，配体与受体的结合具有饱和性。当配体浓度增加到一定的水平，所有的受体都被配体所占据，这时候靶细胞结合的配体达到了一定数量，而且结合的配体数量，并不会随着配体浓度的增加而增加，也就说靶细胞结合的配体达到了饱和状态。当然，靶细胞上特定受体的数目，并不是固定不变的，在特殊的生理条件下或病理情况下，受体的数目会发生变化。在正常情况下，调节靶细胞受体数目的主要原因是配体本身，配体浓度的提高或配体长时间与靶细胞接触，都可引起靶细胞受体数目的下调（downregulation）。

6. 体外重组受体的功能再现性 当分离纯化获得的受体蛋白及相关因子，在体外模拟天然靶细胞结构而进行受体系统的重组，同天然靶细胞受体－配体作用的结果一样，人工模拟的体外重组受体系统，也能表现出对配体分子的应答效应。

（四）受体的分类

根据受体在细胞中的位置，将其分为细胞表面受体（细胞膜受体，膜上受体）和细胞内受体两大类。不论是膜上受体，还是胞内受体，受体本身至少含有两个活性部位：一个是识别并结合配体的活性部位；另一个是负责产生应答反应的功能活性部位，这一部位只有在与配体结合，形成二元复合物并变构才能产生应答反应，由此启动一系列的生化反应，最终导致靶细胞产生生物效应。

受体的类型不同，细胞信号转导过程大致相同。首先是配体与受体结合，受体被激活后产生第二信使或者引起细胞内蛋白质活性变化。接下来靶细胞的代谢活性变化，最后细胞信号转导结束。

1. 细胞膜受体 大多数配体信号分子是亲水性的生物大分子，如细胞因子、蛋白多肽类激素、水溶性激素、前列腺素、亲水性神经递质等，由于不能通透靶细胞膜进入胞内，因此，这类配体信号分子的受体是定位于靶细胞膜上。

配体信号分子与靶细胞膜上受体识别结合后，使受体分子三维结构发生改变——变构，结果是通过受体偶联的相应效应器的活性发生变化，并由此启动一系列的生化反应，最终使靶细胞产生生物效应。

根据其作用模式的不同，细胞膜受体可以进一步分为两类：第一类为与G蛋白偶联的受体（G protein-linked receptors），这类受体作用模式是与G蛋白紧密偶联；第二类为酶偶联受体，酶偶联受体是指那些受体自身具有酶活性，或者自身没有酶活性，但与酶分子结合存在的一类受体，主要是生长因子和细胞因子的受体。

2. 细胞内受体 大多数配体信号分子的受体是在靶细胞表面上，这是因为信号分子是亲水性的，不能通过细胞膜。但有一些配体信号分子可以直接穿过靶细胞膜的分子，与细胞质或细胞核受体相互作用，通过调控特定基因的转录，利用基因表达产物的表达上调或下调，由此启动一系列的生化反应，最终导致靶细胞产生生物效应。这种信号分子作用的例子，包括脂溶性的甾体类激素、甲状腺激素和维甲酸以及气体一氧化氮等。

甾体类激素调节许多与发育有关的生理过程，相对分子质量一般在 30 左右，又是疏水性分子，可以靠简单扩散进入靶细胞内，然后与胞内受体结合后引起其构象变化，增加与 DNA 的亲和力，最终调节特定基因转录的活性，这是甾体类激素作用最基本的特点。但也有少数脂溶性激素的受体位于细胞膜上（如孕酮在爪蟾体内的受体就位于其卵母细胞的细胞膜上）。甲状腺素也是一种疏水小分子，其作用机制与甾体类激素相同。上述这类受体最后都进入细胞核，而且作用位点都是在细胞核染色体上的 DNA 分子，所以这类受体又称为核受体。

从细胞信号传递的角度来看，这些疏水性配体信号分子比水溶性配体信号分子在靶细胞内（上）存留时间长，而且是通过调控基因表达实现靶细胞生物效应，因此，常常引起长期的细胞效应，如生长发育的调节。而细胞表面受体的作用，往往是通过胞外的配体结合后，使“胞内效应器”活性改变而实现靶细胞生物效应，虽然有的也可调控基因表达而产生长期效应，但常常具有引起短暂而迅速的细胞生理反应特点。

二、G 蛋白偶联受体的信号转导途径

“经典”细胞信号转导的基本内容，主要集中在激素及其受体，第二信使的产生及其作用，特别是环核苷酸和钙离子。正是由于这一领域的发展，特别是 G 蛋白的发现，才会有细胞“信号转导”（signal transduction）一词的使用。

G 蛋白偶联受体细胞信号转导途径包括三种主要的成分，分别是具有七次跨膜结构的 G 蛋白偶联受体，G 蛋白与酶效应器。

（一）G 蛋白偶联受体

G 蛋白偶联受体（guanine nucleotide-binding protein coupled receptors，GPCRs）是通过鸟苷酸结合蛋白（G 蛋白）家族的成员发挥作用的受体。G 蛋白偶联受体是一条单链多肽，其中心疏水区域形成 7 次跨膜结构。在靶细胞膜外侧，GPCR 的 N 端区结构域与配体结合。在靶细胞膜内侧，C 端区结构域与 G 蛋白的三聚体相结合。

G 蛋白偶联受体是人类基因组中最大超家族蛋白质，人类基因组编码超过 800 种 G 蛋白偶联受体，其中 350 种为激素等内源性受体配体，例如 α_1、α_2、β_1 和 β_2 型肾上腺素受体，胰高血糖素受体，促甲状腺素受体等。哺乳动物的视觉、嗅觉和味觉受体也通过 G 蛋白偶联产生生理性反应。G 蛋白可能还参与许多哺乳类细胞，如免疫 B 细胞，T 细胞，血小板、肺、肾、肝细胞等其他许多生理反应的调节。

（二）G 蛋白

G 蛋白也称为鸟苷酸结合蛋白，它在靶细胞信号转导系统中的功能是作为一个中间介质，在受体和效应器之间传递信息，调节效应器。在人体中有近 200 种大小和结构不同 G 蛋白，在不同细胞中表达，行使多样的功能。

G 蛋白是一种由 α、β 和 γ 亚基所组成的异源三聚体复合物。在非活性形式时，G 蛋白的 α 亚基与 GDP 结合而形成了异源三聚体；在活性形式时，G 蛋白的 α 亚基与 GTP 结合（或者说 α 亚基结合的 GDP 被 GTP 所替代）而解离成 β、γ 二聚体和 α 亚基-GTP。当 G 蛋白偶联受体与配体结合后变构，结果使受体偶联的非活性形式 G 蛋白被激活成活性形式，α 亚基-GTP 从 G 蛋白三聚体中解离出来，自由的 α 亚基-GTP 继而激活或抑制效应器，影响效应器产生第二信使或其他效应。

在哺乳动物中已经发现了 20 多种类型的 α 亚基和多种类型的 β、γ 亚基，它们可以形成多种组合的三聚体。α 亚基经常是下游效应器或分子的基本调节因子，发现的四类主要的 G 蛋白家族的 α 亚基与不

同类型的效应分子作用，对细胞内第二信使产生不同的效应。β、γ 二聚体也可以介导下游反应。对 G 蛋白调控的精确反应，是由特定的 α、β、γ 亚基亚型和下游效应分子的特殊亚型，同时来控制。如不同类型的腺苷环化酶，显示了对 G_s 和 G_i 调节的不同反应。

G 蛋白调节的下游效应器中有的是质膜上的效应酶或离子通道，也有近膜和胞质中的效应酶，它们由 G 蛋白的 α 或 β、γ 亚基单独或两者共同调节。如表 15－1 所示，G 蛋白调节的质膜上的效应酶主要有腺苷酸环化酶、磷脂酶 PLC-β 和 PLA2、磷酸二酯酶等。G 蛋白调节的质膜上的离子通道主要是钙通道和钾通道。近年来发现在肾细胞中，Gαi3 存在于高尔基复合体中，因此 G 蛋白的功能可能不仅限于介导接受细胞表面刺激后的跨膜效应。

表 15－1 G 蛋白 α 亚基家族、主要亚型及其效应器和被激活的第二信使

家族	主要亚型	效应分子功能	第二信使的反应
G_s	G_s	刺激腺苷环化酶和 Ca^{2+} 通道	cAMP 增加，Ca^{2+} 通道开放
	G_{alf}	刺激腺苷环化酶	cAMP 增加
G_i	G_{i1}，G_{i2}，G_{i3}，G_0	抑制腺苷环化酶	cAMP 减少
		刺激 K^+ 通道	膜电位改变
		抑制 Ca^{2+} 通道	Ca^{2+} 通道关闭
	G_{i1}，G_{i2}	刺激 cGMP-PDE	cGMP 减少
	G_{gust}，G_z	不清楚	不清楚
G_q	G_q，G_{11}	激活磷脂酶 C-β	IP_3 增加
	G_{14}，G_{15}，G_{16}		DAG 增加
G_{12}	G_{12}	刺激/抑制 Na^+/H^+ 交换	pH 改变
	G_{13}		

注：PDE 为磷酸二酯酶；IP_3 为肌醇三磷酸；DAC 为二酰甘油。

（三）G 蛋白激活腺苷酸环化酶

很多肽类、蛋白质与儿茶酚胺类激素如促肾上腺皮质激素，胰高血糖素，多巴胺，肾上腺素（α_1、α_2、β_1 和 β_2），组胺，促黑素，甲状旁腺素，前列腺素 E_1、前列腺素 E_2，嗅觉和味觉信号等，与受体结合后，使得靶细胞内腺苷酸环化酶被激活，活化的环化酶催化 ATP 生成 cAMP，后者作为第二信使，引发产生多种生物学效应（图 15－2）。

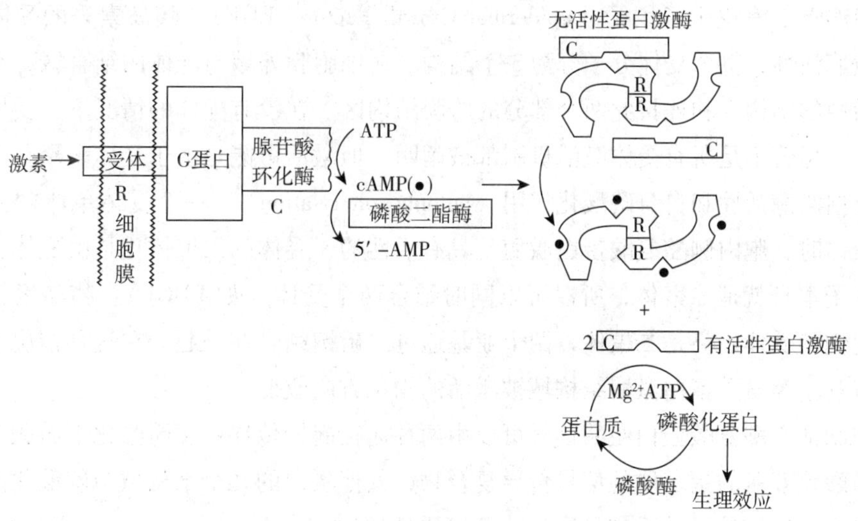

图 15－2 G 蛋白偶联腺苷酸环化酶生成第二信使的作用模式

此类受体模式的初步信号传导系统由三部分组成：跨膜的受体、膜内侧游离的 G 蛋白和腺苷酸环化酶，后两者分别在膜内侧流动。受体膜外侧结构域与激素结合后变构，受体的膜内侧结构域征集并激活了 G 蛋白，通过 G 蛋白解离下来的 GTP-α 亚基，调控膜内侧上腺苷酸环化酶的活性，从而使靶细胞内第二信使 cAMP 的浓度发生改变，进而启动一系列的生化反应，最终导致靶细胞产生生物效应。

cAMP 变构激活蛋白激酶 A（Protein Kinase A，PKA），由 PKA 调节信号转导通路下游多种酶的活性。尽管下游这些酶功能各异，但是他们具有类似的丝氨酸或苏氨酸序列特征，受 PKA 磷酸化共价修饰调节。PKA 催化下游的酶分子磷酸化，活性激活或者被抑制，从而影响生物学功能。已发现许多蛋白质，可以通过 PKA 的磷酸化而改变其生物活性。例如激活糖原磷酸化酶促进糖原分解，抑制糖原合酶抑制糖原合成。PKA 还可以使某些蛋白磷酸化，从而促进活化的转录因子的形成，进而调控特定基因的转录效率。

信号转导途径的终止，有多个环节协调控制。①当配体在血液中浓度下降到与受体 K_d 以下时，信号转导途径不再激活。配体与受体分离，受体也不再激活 G 蛋白。②G 蛋白的 α 亚基具有内在的 GTPase 活性，α 亚基所结合的 GTP 被水解成 GDP 后，α 亚基-GDP 迅速与 β、γ 二聚体重新组建成三聚体，从而将 α 亚基激活效应器的作用灭活掉。单独 α 亚基水解活性较弱，GTP 酶激活蛋白（GTPase activator proteins，GAPs）提高水解活性，加速失活过程。③环核苷酸磷酸二酯酶将 cAMP 水解为 5′-AMP，降低第二信使 cAMP 的浓度。④那些被 PKA 催化产生的磷酸化共价修饰的酶或蛋白，由磷蛋白磷酸酶水解去除磷酸基团，活性丧失。

三、酶偶联受体的信号转导途径

前面介绍的细胞信号转导途径，其共同特点是外界刺激信号或激素、神经递质等配体，通过接受刺激→跨膜→产生第二信使→蛋白质可逆磷酸化模式传递信息，调节细胞反应。下面介绍另一种跨质膜与细胞内信号途径，它们的共同特点是受体单独可以完成跨膜信号传递，胞内信号传递不产生经典意义上的第二信使，受体胞内域具有磷酸化等酶活性或具有募集细胞质膜蛋白能力，因此引起的以级联磷酸化反应为主的跨质膜信号转导，最终调节基因表达和细胞反应。

（一）受体酪氨酸激酶

此类受体中较重要的是动物细胞许多生长因子的受体，如血小板衍生生长因子（platelet-derived growth factor，PDGF）、表皮生长因子（epidermal Growth Factor，EGF）、胰岛素等的受体，它们本身具有酪氨酸蛋白激酶活性，整个受体分子分为 3 个结构区、细胞膜外域与配体的结合区，细胞内侧具有酪氨酸蛋白激酶活性的结构区和连接此两个部分的跨膜结构区。在没有配体的情况下，受体是单体且胞内侧没有激酶活性。尽管不是所有受体激活机制都被阐明，但激活可能是由于受体多聚化引起的，多聚化刺激了酪氨酸蛋白激酶活性和自身磷酸化作用（autophosphorylation）（一个受体单体被另一个磷酸化）。很多受体在二聚体时，胞内侧酪氨酸蛋白激酶是具有活性的，受体的二聚体化是由配体分子结合所引起的，因为配体分子本身就是二聚体，所以可以同时结合两个受体（如 PDGF）。胰岛素受体家族在这方面是相反的，它们的受体始终是二聚体，两个亚基通过二硫键结合在一起。在这种情况下，配体分子结合受体诱导了有利于酪氨酸蛋白激酶结构域被激活的构象方向改变。

一旦受体被激活，酪氨酸蛋白激酶信号可以由两种途径起始传导：①磷酸化下游靶分子。②重建包含特异性识别磷酸化残基的蛋白质的信号传导复合物，其他蛋白的几个结构域与磷酸化酪氨酸残基特异性作用。胰岛素受体家族的下游反应是通过胰岛素受体底物-1（insulin receptor substrate 1，IRS-1）被胰岛素受体酪氨酸蛋白激酶磷酸化来介导。

（二）其他蛋白激酶

细胞膜表面具有酶活性的受体，除了受体酪氨酸激酶之外，还有受体丝氨酸/苏氨酸激酶。涉及受体丝氨酸/苏氨酸蛋白激酶的信号传导，需要受体的多聚体化。催化磷酸化的位点丝氨酸和苏氨酸，不是酪氨酸。

同样，细胞内还有酪氨酸、丝氨酸和苏氨酸激酶，催化细胞内相应氨基酸的磷酸化，控靶细胞生物学效应。例如依赖于 cAMP 的蛋白激酶 A（PKA），依赖于 Ca^{2+}-DAG-磷脂酰丝氨酸的蛋白激酶 C（PKC），依赖于 cGMP 的蛋白激酶 G（PKG），依赖于 CaM-Ca^{2+} 的蛋白激酶，依赖于 DNA 的蛋白激酶、MAPK、MOS/Raf 蛋白激酶等。

四、细胞内受体的细胞信号转导途径作用机制

细胞内受体包括肾上腺素皮质激素、性腺激素和甲状腺激素等，这些激素都为脂溶性激素，非常容易通过细胞膜，而与细胞内的受体结合，激素与受体结合的二元复合物直接或间接作用于染色体上 DNA 分子，调节靶细胞特定 DNA（基因）转录，至此转录产物翻译的结果就同真核细胞基因表达调控系统联系在一起。

依据细胞内受体存在位置可分两类：胞质受体和核内受体。前者是配体（激素）进入靶细胞后，与胞质的特异性受体结合形成配体-受体二元复合物，这种二元复合物结构发生改变，从而容易通过核膜孔进入细胞膜。不论是胞质受体，还是核内受体，当配体（激素）与之结合并变构后，最终结果是配体-受体二元复合物引起染色体 DNA 特定区域转录活性的改变。

配体（激素）-受体二元复合物在核内与染色体相结合是无疑的，但是它是与染色体上的蛋白质（组蛋白或非组蛋白）专一识别结合呢？还是直接与特定 DNA 序列结合？配体-受体二元复合物识别并结合到特定的 DNA 顺序，从而诱导基因转录活性，即受体本身就是一种转录调节因子。被激素活化的受体结合的 DNA 序列，即激素调节元件（hormon regulatory elements，HRE）介导配体-受体二元复合物在靶细胞内对基因的调节作用，这些识别-调节序列就在激素调节靶基因序列的两侧，HRE 具有增强子的作用。

从 cDNA 已推出多种甾体类激素受体的氨基酸顺序，尽管它们的氨基酸总数由 400 多到 900 个左右不等，但都具有一个高度保守的富含半胱氨酸的区域，它由 70~80 个氨基酸组成两个“锌指结构”（zinc finger）的重复单位。几种甾体激素受体的共同特点是有 4 个主要功能区域。

1. DNA 结合区 它是与靶基因中激素反应元件结合序列，富含 Cys，每两个 Cys 络合一个 Zn^{2+} 形成锌指结构。位于受体分子中部，由 66~68 个氨基酸组成，富含碱性氨基酸，便于与带负电荷的 DNA 结合，此区保守性最强。

2. 核定位序列（nuclear localization sequence，NLS） 它由 8 个氨基酸（RKTKKKIK）组成可决定甾体类激素受体进入细胞核，此功能区存在于 DNA 结合区中。

3. 激素结合区 位于 C 端，由 250 个氨基酸组成。它是与甾体激素结合并将受体活化，并能进一步与 DNA 结合的关键结构，也就是依赖激素诱导的转录激活区。

4. 受体调节区 受体分子 N 端具有一个非激素依赖的组成性转录激活结构，可决定启动子专一性和细胞专一性。

在非活性受体上的 DNA 结合区及激素结合区上结合着一种抑制蛋白（称热激蛋白或热休克蛋白），它妨碍了受体与 DNA 的结合。激素与其受体的结合，改变了受体三维结构，使抑制蛋白解离下来，从而使受体 DNA 结合区暴露而活化。

细胞内受体也可发生磷酸化，当激素与其受体结合变构，与特定的DNA结合之后，进行磷酸化并参与转录启动复合体的激活，cAMP和Ca^{2+}、CaM依赖的蛋白激酶和酪氨酸蛋白激酶也参与这种激活过程。此外，有些胞质受体与相应激素结合后，激活胞质一种激酶，并通过MAP激酶配体信号转导系统而产生特定生理效应。

配体（激素）受体调节基因的活化常常是分两步进行的，以少数基因转录活性的直接调控作用称为初级反应，由这些基因产物继而调控其他基因，称为延缓性次级反应，它对初始激素效应起到了扩增的作用。除一部分初级反应产物产生次级反应外，另外部分初级反应产物进行反馈调控，阻遏了初级反应基因进一步转录。

五、信号在胞内的整合

靶细胞对配体（激素）信号的反应，不仅依赖于配体本身（反映了不同配体成分的有效性）和反应细胞的状态，而且也依赖于配体的耐受性，这反映了靶细胞被激活后，关闭配体信号所需的时间。配体信号传导途径的每种传导信号强度的减弱是关键，这样配体信号机制才不会饱和。因此，针对配体信号途径的每一个活性成分，都有一个抑制因子。抑制因子可以以几种方式起作用。

（1）当配体信号传导途径被激活，其中的一个激活成分经常是相同途径的抑制因子，而且抑制因子比激活因子作用晚一些，这样配体信号不会在信息转移之前被关闭。

（2）最初配体信号的发起，依赖于途径中激活因子和抑制因子之间的平衡。

（3）有些配体信号的目的，是通过激活特定的抑制因子，抑制其他信号的传导。

靶细胞可以被认为是一个信息加工整合的中心，它表面的外界信息被转换成有相反活性的不同分子的合成和激活，如激酶和磷酸酶。配体信号途径被交互和反馈环路的复杂系统所控制，这种系统依赖于靶细胞内不同方面约束或作用之间的平衡。新的外界信息转导后，打破了原有细胞中维持的平衡，引起特定的激酶瞬时的活性，比相反的磷酸酶活性更强；或引起特定的磷酸酶瞬时的活性，比相反的激酶活性更强。这样在配体信号通过反馈和新的平衡建立而关闭前，使激酶或磷酸酶活性爆发，在特定的转录因子或酶的激活时活性达到最高值，从而相反的激酶活性更强，使靶细胞产生特定的生物学效应。当靶细胞不再接受配体（激素）信号的刺激时，靶细胞又会恢复到它原始环境下的、平衡的生理状态。

第三节　信号转导途径的相互关系

前面讨论的信号转导途径只是目前研究较为清楚、最主要的几种，但远不是细胞中仅有的信号传递方式。更重要的是不能简单地认为细胞信号传递仅仅是一种刺激，通过一种信号传递途径、产生一种细胞反应。在生物体及细胞内，多样的、复杂的信号传递途径之间通过复杂的相互作用形成信号网络外界刺激通过这种信号网络的作用，能专一性地调节特定基因表达及产生某种细胞反应。

一、细胞信号转导途径的多样性

细胞信号转导途径涉及生长、分化、凋亡、细胞周期等多个不同的过程。除了前面介绍的激素和生长因子作为配体和受体结合激活信号转导通路之外，细胞信号转导途径还包括黏附分子等介导的信号转导过程等。

（一）蛋白质的共价修饰

蛋白质共价修饰包括磷酸化、乙酰化、甲基化、泛素化、生物素化、Sumo化等不同的类型，蛋白质共价修饰与癌症的发生发展有着密切的关系，这一领域的重要研究目的是尝试了解导致癌症等疾病的细胞转化机制，从而找到有效的治疗方法。

蛋白质的磷酸化修饰是信号转导途径中重要过程，因而催化蛋白质发生磷酸化的激酶也成为大多数细胞信号转导通路的关键调节分子，与许多疾病相关，或者是疾病的起因，或者成为疾病治疗、干预的靶点。一些激酶抑制剂已经被批准用于癌症的治疗，还有不少正在开发。例如伊马替尼（imatinib，商品名格列卫）是受体酪氨酸激酶 Abl1 的抑制剂，临床用于慢性粒细胞白血病和胃肠道间质瘤的治疗。

（二）丝裂原激活的蛋白激酶级联系统

丝裂原激活蛋白激酶（mitogen-activated protein kinase，MAPK，Erk）是一组能被不同配体信号分子，如细胞因子、生长因子、神经递质、激素等激活的丝氨酸/苏氨酸蛋白激酶。由于 MAPK 是在培养细胞的外源有丝分裂原刺激时被激活而发现的，故因此而得名。MAPK 信号转导通路，基本是一个保守的三级激酶级联放大系统模式，首先被激活的 MAPK 的激酶的激酶（mitogen-activated protein kinase kinase kinase，MAPKKK；有丝分裂原激活蛋白激酶的激酶的激酶）激活了 MAPK 的激酶（MAPKK，Raf），MAPKK 又随之激活了 MAPK，形成了一个三级激酶依次激活的通路，激活的 MAPK 启动一系列的生化反应，最终导致靶细胞产生生物学效应。

受体酪氨酸激酶（RTK）、整合素和离子通道等参与生长和分化的受体能够激活 MAPK 信号转导途径，基本传导结构是接头分子如 Shc 等将鸟苷酸交换因子和受体连接在一起，然后把信号向小 G 蛋白传递，激活核心级联反应。G 蛋白偶联受体也可以激活小 G 蛋白/MAPK 级联反应。p38MAPK 和压力激活蛋白激酶（Stress-activated kinase，SAPK，或称 Jun 氨基端激酶，Jun aminoterminal kinase，JNK）是 MAPK 的家族成员，它们被环境压力和炎症细胞因子等激活，转移到细胞膜内调节转录。

（三）凋亡信号转导途径

细胞凋亡是一种受调节的细胞自杀机制，通常表现为细胞核的浓缩、起皱、膜发泡及 DNA 的片段化。凋亡后期的共同途径是天冬氨酸蛋白酶 caspase 级联反应激活，由 caspase-3、caspase-6、caspase-9 等对细胞内蛋白特定的天冬氨酸进行切割实现细胞凋亡。细胞生存需要积极地抑制凋亡发生，一方面需要抑制促凋亡分子的表达，另一方面需要表达一些抗凋亡的基因。

1. 死亡受体信号转导途径 死亡受体包括 Fas、TNFR、DR3、DR4、DR5，当配体与这些受体结合后，这些蛋白被激活并起始凋亡。死亡配体通过使受体多聚化后引起相关接头蛋白的结合并且激活 caspase 级联反应。

2. 线粒体参与的细胞凋亡途径 Bcl-2 家族通过控制线粒体细胞色素 c 的释放来控制凋亡。抗凋亡蛋白 Bcl-2 定位于线粒体外膜，抑制细胞色素 c 的释放。促凋亡的 Bad、Bid 和 Bim 收到凋亡信号后，转移到线粒体中，促进细胞色素 c 的释放。细胞色素 c 从线粒体释放后与 Aapf-1 结合，激活 caspase 级联反应促进凋亡。

（四）自噬信号转导途径

自噬是一种代谢过程，在自噬体和溶酶体中消化和降解大部分细胞质组分。通常自噬现象是在营养缺乏的时候发生，但是也和发育、分化、神经退行性疾病、感染和癌症等有关。mTOR 激酶是自噬过程中的关键分子，激活 mTOR 通路抑制自噬，沉默的 mTOR 通路促进自噬。凋亡和自噬之间存在广泛的信号“交谈”，当营养缺乏的时候自噬具有促进细胞生存的功能，过多的自噬也会导致细胞死亡，这是在形态上和凋亡不同的过程。

（五）翻译调控

新蛋白的合成是一个受到严密调控的过程，通过这一过程细胞在没有转录的情况下快速地应对各种刺激。真核生物翻译起始因子 eIF 催化翻译的起始过程。大多数的刺激如生长因子和压力等，通过促进或者抑制 eIF 来调节翻译过程。细胞内钙离子和 cAMP 水平升高可以减弱翻译，这是通过抑制 eIF2 来实现的。

（六）细胞周期调控

细胞周期调控的重要节点主要有 G_1/S 节点和 G_2/M DNA 损伤节点。G_1/S 节点控制真核细胞是否从 G_1 期通过并且进入 DNA 合成期 S 期。两种周期激酶 CDK4/6-周期蛋白 D 和 CDK2-周期蛋白 E 相互协作，磷酸化 Rb 蛋白，与之结合的抑制因子脱离，允许关键的 S 期促进基因转录，包括一些 DNA 复制所需蛋白。

G_2/M DNA 损伤节点阻止带有基因组 DNA 损伤的细胞进入分裂期 M 期。在这个节点，cdc2-周期蛋白 B 的活性是调节中心，cdc2 在 G_2 期被酪氨酸激酶 Weel 和 Mytl 保持在无活性状态。当细胞接近分裂的时候 PLK1 磷酸化并激活磷脂酶 cdc25，cdc25 激活 cdc2 形成正反馈，有效地使细胞进入分裂期。

而 Ras 信号转导途径、Akt 信号转导途径、死亡受体/NF-κB 信号转导途径、Notch 信号转导途径、Hedgehog 信号转导途径、TGFβ 信号转导途径、Wnt/βCatenin 信号转导途径、GPCR 信号转导途径等还与癌症的发生发展密切相关。

二、细胞信号转导途径间的相互作用

细胞信号转导途径之间不是孤立的，而是存在着复杂的相互作用。一种细胞外信号常常可同时引起多条信号转导途径的活化或抑制，这些信号途径相互作用，甚至形成一个复杂的信号转导网络，特别是细胞常常处于多种信号分子组合的共同作用下，细胞信号网络的存在就成为更普遍的现象。通过这个网络对不同信号途径进行整合，最后引发特定的细胞反应。

（一）细胞信号转导途径之间的“交谈”

不同信号转导途径间的相互作用往往称为“交谈（cross talk）”，很多时候“交谈”表现为部分信号转导链的共享。经典第二信使途径，如 cAMP 与 Ca^{2+} 信号途径之间，cAMP 与磷脂酰肌醇信号途径间，Ca^{2+} 与磷脂酰肌醇信号途径间都存在交谈。并且，酶受体介导的下游信号途径之间也存在交谈，如 JAK-STAT、Ras 与 Smads 之间，GPCR 与 RTK 途径之间，RPTK 与整合素之间。此外，脂溶性与水溶性信号转导途径间也存在交谈现象。图 15-3 显示了 GPCR 与 RTK 途径之间的交谈。

（二）细胞信号转导网络的形成

多条细胞信号转导途径相互作用，形成了一个复杂的细胞信号转导网络，如不同的 MAPK 级联反应构成的信号转导网络，这一网络对来自多条途径的信号进行整合，最后引发特定的细胞反应，一般是一组基因的转录。多数情况下，组成特定信号转导通路的成员的基因多是一些多基因家族的成员。细胞信号网络的形成涉及三个层次。

1. 通过不同膜受体间的相互作用 细胞膜上存在多种类型的受体，不仅同种受体间存在相互作用，异种受体间也存在相互作用，从而使多种信号途径之间在信号转导的始端就开始“交谈”。

受体酪氨酸激酶和本身无激酶活性的细胞因子受体超家族是两种不同的受体，激素、生长因子、细胞因子是它们的配体，这些配体分子与其受体结合可使受体分子同源或异源寡聚化，寡聚化的受体分子间可通过彼此磷酸化调节受体的活性，使信号得以向下传递。

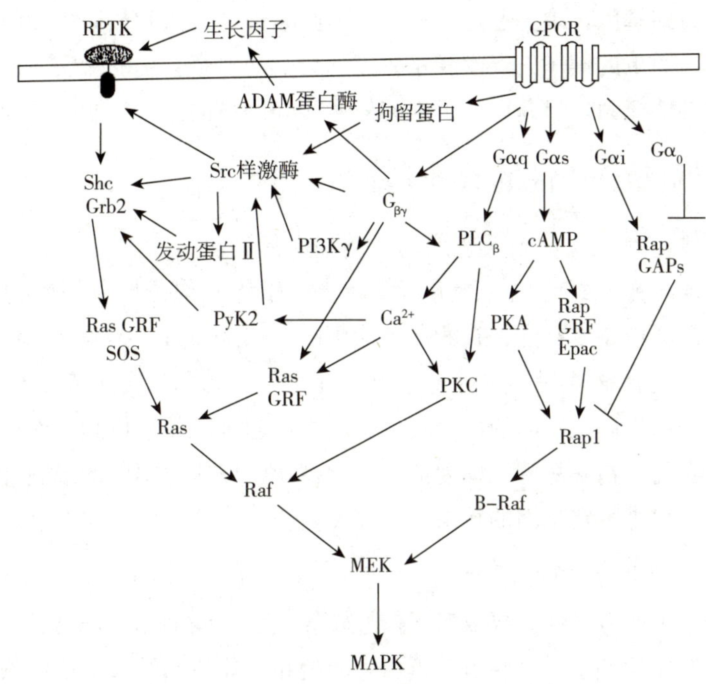

图 15-3　GPCR 与 RTK 信号途径间的“交谈”

GPR 家族有许多成员，同源性相近的受体分子间可相互作用，如阿片受体 δ 与 κ 亚基间可形成二聚体，而同源性较远的 GPCR 间也可形成寡聚体，如有学者报道多巴胺 D_2 受体与生长激素抑制素受体 SST5 可形成异源二聚体。

2. 通过不同的信号转导蛋白间的相互作用　信号转导中的许多蛋白激酶可以磷酸化不同信号转导途径的成员，这使由单一信号引起的刺激在传导过程中多样化，同一信号可以产生多种不同的下游反应。Ras-MAPK 与 Jak-STAT 途径的交谈就多赖于此。例如，干扰素的信号一般是通过 Jak/STAT 信号途径传导，但这一途径还可以通过磷酸化胞外 ERK（一种 MAPK）使干扰素信号通过 MAPK 途径来传导。而主要通过 MAPK 途径传导的胰岛素信号则可以将 Jak-1 磷酸化而活化 Jak/STAT 途径。

很多情况下 PKA 活化可抑制 MAPK 信号转导途径。例如，在人类的动脉平滑肌细胞中，PKA 抑制 MAPK 通路的作用位点是在 Raf 蛋白上，PKA 很可能是通过磷酸化第 43 位的丝氨酸使 Raf 失活，从而阻断这一信号转导途径。在某些情况下，PKA 还可以活化 MAPK/ERK 途径，但有趣的是，尽管 PKA 可以刺激 MAPK 信号系统的活性，却仍旧抑制 MAPK 信号转导途径对细胞增殖的刺激，这可能是因为 PKA 可以调节多种信号转导途径，各种信号转导途径最后整合而得到的结果。

3. 通过不同转录因子与 DNA 元件的相互作用　转录因子 Fos/Jun 家族和与 cAMP 反应元件结合蛋白质（CREB）家族都具有亮氨酸拉链，并可通过亮氨酸拉链相互作用，形成混合的异源二聚体。可是，这些异源二聚体却又有完全不同的 DNA 结合特异性。比如，活性转录因子 4（CREB 家族成员）与 Fos/Jun 形成的二聚体优先结合 cAMP 反应元件，这也可以解释为什么 Fos/Jun 也有一定的 CRE 结合活性。所以，由于细胞转录因子组分的数量、比例和它们相互作用形成的异源二聚体等的差别，可以在各种信号转导通路的末端 - 即基因转录水平形成自由“交谈”的局面，从而在细胞核内造成非常复杂的基因表达调节格局。

总的来说，细胞信号转导网络具有高度的非线性特点和强大的整合作用。有人将细胞信号转导比喻为电脑的工作，细胞接收外界信号如同键盘输入的字母，细胞内各种信号转导途径如同电脑线路板，电脑中的信号经过处理后会输出一个最终的结果，显示在荧光屏上，而细胞中的信号经分析整合后输出结果则是一个特定的反应，如基因转录。但是最复杂的电脑恐怕也无法和最简单的细胞相比，电脑作为一种纯粹的机械电子装置，简单的操作失误或线路故障都会引起整个系统的瘫痪，而细胞信号转导网络则具有一定的自我修复和补偿能力。但是，关于细胞信号转导网络的运行机制，目前的了解还很少。

三、转导通路网络专一性的分子基础

信号转导网络的一些特性是非常令人迷惑的。例如在酿酒酵母中，发现了多条 MAPK 信号转导途径，分别参与调节酵母的生殖、纤维化、渗透压反应、壁重建和孢子形成等生物学过程。在这些通路中，有的信号转导蛋白是各通路专有的，有的却是通用的。那么，每一条通路如何在这样一个复杂的网络中保持其信号转导途径的特殊性呢？或者说如何保证某一条信号转导通路的专一性呢？现已初步了解，细胞确实能够通过一些机制把不同的信号转导蛋白组织起来，使它们相互作用乃至结合以形成一个专一的信号转导链，或者更为精确一些，称为信号转导模块，以应答不同的细胞外刺激，最终通过对转录因子的专一性激活，以促进特定基因的转录。

（一）细胞质信号转导的专一性

细胞质信号转导网络中的专一性主要依赖于信号转导蛋白之间的相互作用乃至结合。例如信号转导复合体的形成就是一个明显的例子。这些信号蛋白之间的相互作用和结合主要依赖于它们的调节性结合结构域，如 SH2、SH3、PTB 等，特定的接合蛋白、锚定蛋白、脚手架蛋白在这一过程中起着重要作用。静息状态下，构成细胞信号转导途径的各组分分散于胞质的不同部位，外来刺激作用下，这些信号蛋白会重新定位，通过信号转导复合体等形式有序地组织起来，形成多个特定的信号模块，这些模块可以在某些特定节点交叉，并由此最终形成一条独立于其他信号转导通路的、专一性的细胞信号转导途径。

1. 调节信号转导蛋白相互作用的结构域 细胞信号传导的主要途径之一是通过第二信使依赖的可逆蛋白质磷酸化进行的，具有酶活性的信号转导蛋白以部分氨基酸残基磷酸化的形式向下传递信号，而这些信号蛋白不仅具有催化位点，更重要的是还有结合位点，并且这些结合位点是可以调节的。结合位点具有识别特异性，分别与上游信号蛋白和下游底物分子结合，形成复合体，定位在细胞特定区域，从而决定了细胞信号转导途径的空间专一性，称之为调节信号转导蛋白相互作用的结构域。这些结构域包括 SH2、SH3、PH、PTP、PDZ、WW 等。SH2 是最先明确的调节细胞信号转导蛋白相互作用的结构域，由约 100 个氨基酸残基组成，可以特异性识别含有磷酸化酪氨酸的短序列，RTK 胞内域含有相应序列，可以被 RTK 靶蛋白上 SH2 特异性识别，进而起到调节作用。

2. 连接蛋白与锚定蛋白 信号转导蛋白的上述保守结构域不仅存在于具有酶活性的信号转导蛋白中，也存在于没有酶活性的信号蛋白中。连接蛋白（adaptors）就是信号转导通路组分之间起连接或接头作用的蛋白。受体酪氨酸激酶信号转导途径基本上是由含 SH2 区的接头蛋白所介导的，不同的 SH2 蛋白结合在受体酪氨酸激酶的特定区域。一般来说，受体酪氨酸激酶自身磷酸化后可以启动四条常见的信号转导途径，他们分别是 PI3K、PLCγ、Ras 和 JNK/STAT 途径。PI3K 途径中，接头蛋白是 IRS1；PLCγ 途径中，PLCγ 本身带有三个 PH 区，一个 SH2 区和一个 SH3 区，通过 PH 区与 PI3 结合，使 PLCγ 结合到质膜上，并进一步通过 SH2 区域磷酸化的受体酪氨酸激酶结合；Ras 途径中接头蛋白是 Grb2。

细胞的区域化是细胞的重要特性之一，信号转导分子的分布也有其区域分布的特应性，细胞信号转导重要组分蛋白激酶和蛋白磷酸酶通过一些锚定成分定位在细胞的一定区域，如细胞质膜、核膜、高尔基体膜或细胞骨架等，这对于信号转导的专一性具有重要意义。通常锚定蛋白 N 端具有 PH 域、豆蔻酰化位点、PTB 域等，锚定的激酶和磷酸酶有利于底物的接近，从而提高底物磷酸化的效率和专一性。有的锚定蛋白可以同时与多个信号转导分子结合，形成信号复合体。

连接蛋白、锚定蛋白及脚手架蛋白的发现，改变了人们对传统信号传导扩散理论的看法：即使所有的信号转导成员都在，细胞也不一定能准确有效地对刺激作出反应。信号转导途径中所有成员必须在正确的时间、出现在正确的位置才能保证信号传导的高效和精确。细胞就是利用连接蛋白、锚定蛋白及脚手架蛋白的作用，将信号分子组合成大的信号复合物来调节信号传导的传递速度、传递的专一性和传递的可调节性。

（二）基因转录的专一性

几乎所有的信号转导都会涉及基因转录的调节。G 蛋白受体可通过 cAMP 依赖的蛋白激酶激活含 cAMP 反应元件基因的转录，受体酪氨酸激酶通过 Ras-MAPK 途径激活一系列基因的转录，细胞因子受体通过 Jak-STAT 途径激活基因转录，TGF-β 家族通过 Smad 途径激活基因转录，NF-κB 则代表了一类依靠蛋白水解的基因活化途径。因此，很多情况下，各种信号在网络中整合后最终的反应往往是激活特定的基因转录，那么，细胞又是如何在复杂的信号网络中保持这些基因转录的专一性呢？或者说，为什么许多不同的信号刺激都可以诱导相同的信号转导途径，但是最终却激活了不同基因的表达呢？细胞的基因表达对信号转导相应的专一性是什么呢？目前认为，信号转导途径和转录因子之间的相互作用和相互协调，使细胞在信号作用下基因转录可作出专一性的响应，其机制如下。

1. 不同基因结构的专一性 受信号刺激调节的转录因子的靶基因元件有容易接近的、松散的和舒展的染色质结构，或者有不容易接近的、压缩的和致密的染色质结构。这种结构将严重影响染色质区基因的转录可能性。

2. 辅转录因子的专一性 受信号刺激调节的转录因子常常需要与细胞内的其他蛋白质因子（辅转录因子）相互作用才能激活基因转录。而这些辅转录因子常常是有细胞类型专一性的。例如，信息素可激活酵母细胞中的 MAPK 信号转导途径，并激活转录因子 STE12。但 STE12 须与另一个辅转录因子 MAT 结合才能与 DNA 相互作用，激活基因表达。而 MAT 蛋白是有细胞类型专一性的。酵母的 α 结合型细胞中有 MATα1 蛋白，STE12 与 MATα1 相互作用的结果是 α 结合型基因的表达，使酵母细胞变成为 α 结合型细胞。

3. 转录因子的相互作用 许多基因启动子的激活需要有多个转录因子同时存在，因此只有同时激活所有这些转录因子的信号才能激活这个基因；而只能够激活一部分转录因子的信号将不足以激活这个基因转录。同样，如果这些转录因子激活信号来自不同的信号转导途径，那么，这些信号将会被细胞汇集、分析和整合，通过形成细胞内的信号转导网络而起作用。这种结合于同一个启动子的转录因子的协同相互作用还可以改变转录因子的行为，甚至决定着究竟是激活还是抑制基因转录，或者是启动子的活性持续时间是被延长还是被缩短。信号转导激活的转录活动是十分复杂的，是受到许多因素制约的，也是有很强的专一性的。正是这种专一性使细胞对信号刺激能够作出不同的响应，产生不同的细胞反应。

4. 不同强度和持续时间的信号作用引发不同的转录活动 即使是完全相同的信号刺激，仅仅由于它的强度或者作用持续时间的不同，或者两者都不同，也可以使细胞作出完全不同的基因转录反应。目前认为，至少有下列因素参与这种专一性的调节：转录因子在细胞核内的浓度梯度；转录因子在靶基因的调控元件上结合位点数量的多少；转录因子与基因调节元件结合的相对亲和力；转录因子与其他蛋白质因子的相互作用等。

四、细胞信号转导途径的抑制

某些化学合成的小分子物质以及单克隆抗体，作为细胞信号转导途径的抑制剂，一方面用于复杂的细胞信号转导途径研究，另一方面也被开发成为药物，治疗疾病。

甲磺酸伊马替尼临床应用于治疗费城染色体阳性慢性粒细胞白血病（chronic myelogenous leukemia，CML）治疗，患者第 9 号和第 22 号染色体发生互换产生费城染色体，Bcr-Abl 酪氨酸激酶受体过量表达，甲磺酸伊马替尼与 ATP 竞争受体结合位点抑制细胞信号途径，从而抑制细胞增殖，诱导细胞凋亡。

甲磺酸伊马替尼

答案解析

思考题

1. 什么是受体？
2. G 蛋白偶联受体信号途径是怎样的？
3. 请查阅资料，列举 3~5 种教材内容之外的细胞信号转导途径。

（刘岩峰）

书网融合……

微课

习题

参考文献

[1] 郑里翔. 生物化学 [M]. 3 版. 北京: 中国医药科技出版社, 2023.

[2] 姚文兵. 生物化学 [M]. 9 版. 北京: 人民卫生出版社, 2022.

[3] 杨荣武. 生物化学原理 [M]. 4 版. 北京: 高等教育出版社, 2025.

[4] 张冬梅, 陈钧辉. 普通生物化学 [M]. 6 版. 北京: 高等教育出版社, 2021.

[5] 查锡良. 生物化学 [M]. 8 版. 北京: 人民卫生出版社, 2013.

[6] 朱圣庚, 徐长法. 生物化学 [M]. 4 版. 北京: 高等教育出版社, 2017.

[7] 杨志敏, 张炜. 生物化学 [M]. 北京: 高等教育出版社, 2022.

[8] 孙大业, 崔素娟, 孙颖. 细胞信号转导 [M]. 4 版. 北京: 科学出版社, 2010.

[9] 周春燕, 药立波. 生物化学与分子生物学 [M]. 10 版. 北京: 人民卫生出版社, 2024.